Gerrit Horn

Holzrahmenbau

Modernes Hausbau-System

Zur Erleichterung der Arbeit mit den Bauteil- und Detailzeichnungen in diesem Buch stehen als Download unter nachfolgendem Link folgende Dateien zur Verfügung:

- Übersicht zu Kapitel 4 Bauteile und Kapitel 5 Details
- die im Buch verwendete Nomenklatur (in Anlehnung an dataholz.eu)
- Legende der Positionsnummern in den Bauteildarstellungen

www.baufachmedien.de/holzrahmenbau.html#buch
oder nebenstehender QR-Code.

Holzrahmenbau

Modernes Hausbau-System

Herausgabe:
Holzbau Deutschland – Bund Deutscher Zimmermeister
im Zentralverband des Deutschen Baugewerbes e.V., Berlin

Neubearbeitung 6. Auflage und Überarbeitung zur 7. Auflage
Dipl.-Ing. Gerrit Horn, Architekt, Zimmermeister,
Architektur-und Ingenieurbüro bau.werk – Energie bewusst gestalten, Kaiserslautern

Überarbeitung zur 5. Auflage
Dipl.-Ing. (FH) Klaus Fritzen
Dipl.-Ing. Peter Metzger, Ingenieurbüro Holzbau, Karlsruhe
Franz-Josef Krämer, Ingenieurbüro Holzbau, Karlsruhe

Überarbeitung zur 4. Auflage
Dipl.-Ing. (FH) Klaus Fritzen mit Dipl.-Ing. Peter Metzger, Franz-Josef Krämer,
Ingenieurbüro Holzbau im Bruderverlag Karlsruhe
Dr.-Ing. Mandy Peter, Institut des Zimmerer- und Holzbaugewerbes e.V., Berlin
Dipl.-Ing. Harald Schwab, Wilhelm-Klauditz-Institut für Holzforschung, Braunschweig
Dipl.-Ing. Steffen Tobisch, Institut für Holztechnologie, Dresden
Professor Dipl.-Ing. Dieter Steinmetz, Lehrauftrag an der Hochschule Karlsruhe

Überarbeitung zur 3. Auflage
Dipl.-Ing. (FH) Klaus Fritzen mit Dipl.-Ing. Ulrich Meier,
Dipl.-Ing. (FH) Thomas Duchardt, Ingenieurbüro Holzbau im
Bruderverlag, Karlsruhe, und cand.-ing. Gerhard Müller, Berlin
Professor Dipl.-Ing. Dieter Steinmetz, Prüfingenieur für Baustatik und Lehrbeauftragter
für Ingenieurholzbau an der Fachhochschule Karlsruhe, Ettlingen

Überarbeitung zur 2. Auflage
Professor Dipl.-Ing. Georg Küttinger,
Dipl.-Ing. Gerhard Gicklhorn, Lehrstuhl für Hochbaukonstruktion und Baustoffkunde
an der Technischen Universität München
Dipl.-Ing. Dieter Steinmetz, Prüfingenieur für Baustatik und Lehrbeauftragter
für Ingenieurholzbau an der Fachhochschule Karlsruhe, Ettlingen
Professor Dipl.-Ing. Horst Schulze, Lehrstuhl für Baukonstruktion und Holzbau
an der Technischen Universität Braunschweig
Professor Dr.-Ing. Gerhard Hausladen, Lehrstuhl für Technische Gebäudeausrüstungen
an der Gesamthochschule Kassel, Universität
Dipl.-Ing. (FH) Dieter Kuhlenkamp, Bund Deutscher Zimmermeister, Bonn
Dipl.-Ing. (FH) Klaus Fritzen, Dipl.-Ing. (FH) Dietrich Masuhr,
Ingenieurbüro Holzbau im Bruderverlag, Karlsruhe

Bearbeitung der 1. Auflage
Professor Dipl.-Ing. Georg Küttinger, Dipl.-Ing. Gerhard Gicklhorn, Lehrstuhl für
Hochbaukonstruktion und Baustoffkunde an der Technischen Universität München
Dipl.-Ing. Dieter Steinmetz, Prüfingenieur für Baustatik und Lehrbeauftragter
für Ingenieurholzbau an der Fachhochschule Karlsruhe, Ettlingen
Dipl.-Ing. (FH) Dietrich Masuhr, Ingenieurbüro Holzbau im Bruderverlag, Karlsruhe, mit
Dipl.-Ing. Fritz Kunz
Dipl.-Ing. (FH) Klaus Fritzen, Bund Deutscher Zimmermeister, Bonn

RM Rudolf Müller

HOLZBAU
DEUTSCHLAND
BUND DEUTSCHER
ZIMMERMEISTER
im Zentralverband
des Deutschen Baugewerbes

Bibliografische Information der Deutschen Nationalbibliothek
Die Deutsche Nationalbibliothek verzeichnet diese Publikation in der Deutschen Nationalbibliografie; detaillierte bibliografische Daten sind im Internet über https://dnb.de abrufbar.

7. überarbeitete Auflage 2025

Maßgebend für das Anwenden von Regelwerken, Richtlinien, Merkblättern, Hinweisen, Verordnungen usw. ist deren Fassung mit dem neuesten Ausgabedatum, die bei der jeweiligen herausgebenden Institution erhältlich ist. Zitate aus Normen, Merkblättern usw. wurden, unabhängig von ihrem Ausgabedatum, in neuer deutscher Rechtschreibung abgedruckt.

Das vorliegende Werk wurde mit größter Sorgfalt erstellt. Verlag und Autor können dennoch für die inhaltliche und technische Fehlerfreiheit, Aktualität und Vollständigkeit des Werkes keine Haftung übernehmen. Für jedes Bauvorhaben sind die erforderlichen Nachweise gesondert nach den Vorschriften zu führen.

Wir freuen uns, Ihre Meinung über dieses Fachbuch zu erfahren. Bitte teilen Sie uns Ihre Anregungen, Hinweise oder Fragen per E-Mail: fachmedien.bau@rudolf-mueller.de mit.

Umschlaggestaltung: Satz+Layout Werkstatt Kluth GmbH, Erftstadt
Satz: Barbara Horn, Kaiserslautern
Druck und Bindearbeiten: Westermann Druck Zwickau GmbH, Zwickau
Printed in Germany

ISBN 978-3-481-04917-1 (Buchausgabe), Produktionscharge *001
ISBN 978-3-481-04919-5 (Buch-Ausgabe + Download Konstruktionsdetails), Produktionscharge *001
ISBN 978-3-481-04930-0 (E-Book)
ISBN 978-3-481-04918-8 (E-Book + Download Konstruktionsdetails)

FSC
www.fsc.org
MIX
Papier aus verantwortungsvollen Quellen
FSC® C110508

Geleitwort zur 7. Auflage

Vor vierzig Jahren, im Jahr 1985, erschien die erste Auflage des Katalogs zum „Holzrahmenbau“. Damit wurde der Grundstein für ein Werk gelegt, das die Entwicklung des modernen Holzbaus in Deutschland bis heute begleitet – und in vielerlei Hinsicht mitgestaltet hat. Was damals als wegweisendes Nachschlagewerk für eine innovative Bauweise gedacht war, ist heute ein unverzichtbarer Bestandteil von Planung, Lehre und Baupraxis. Der Holzrahmenbau selbst hat sich seither zu einer tragenden Säule eines zukunftsorientierten, ressourcenschonenden und klimagerechten Bauens entwickelt.

Die Erfolgsgeschichte des Holzbaus zeigt sich nicht nur im stetigen inhaltlichen Ausbau dieses Buches, sondern auch in der wachsenden Holzbauquote, die seit Mitte der 1980er Jahre kontinuierlich gestiegen ist. Mit dem Aufschwung der Holzbauweise ist auch das Berufsbild des Zimmerers in den Fokus gerückt: Während viele Bauberufe mit rückläufigen Ausbildungszahlen kämpfen, erfreut sich das Zimmererhandwerk wachsender Beliebtheit – ein Ausdruck des gestiegenen Ansehens und der Attraktivität eines Berufs mit Zukunft.

Dass der Holzbau heute so stark im Zentrum der Aufmerksamkeit steht, ist auch den Herausforderungen unserer Zeit geschuldet. Die Klimakrise erfordert tiefgreifende Veränderungen – auch und gerade im Bausektor. Beim 1. Internationalen Holzbau-Symposium im März 2025 fand der Klimaforscher Prof. Hans Joachim Schellnhuber dafür eindringliche Worte: „Repair or despair“ – reparieren oder verzweifeln. Nur durch aktiven Kohlenstoffentzug, etwa durch die konsequente Nutzung nachwachsender Baustoffe wie Holz, lasse sich die globale Erwärmung noch in Richtung der 1,5-Grad-Marke umkehren. Der Holzbau ist in diesem Zusammenhang kein bloßes Alternativmodell, sondern ein zentrales Instrument zur Klimareparatur.

Der vorliegende Holzrahmenbaukatalog liefert das notwendige Handwerkszeug, um Gebäude normgerecht, wirtschaftlich und zukunftsfähig zu planen und zu realisieren. Herzstück des Buches sind die zahlreichen praxiserprobten Konstruktions- und Ausführungsdetails, die die gängige Baupraxis abbilden und sich bautechnisch als schadenfrei bewährt haben. Ergänzt wird dies durch umfangreiche Informationen zu Materialien, Bauteilen und zur Integration moderner Haustechnik.

Die 7. neu bearbeitete und aktualisierte Auflage berücksichtigt unter anderem die Anforderungen der neuen Muster-Holzbau-Richtlinie 2024 (MHolzBauRL) sowie die Vorgaben des Gebäudeenergiegesetzes 2024 (GEG). Die Detailzeichnungen zeigen Lösungen für die Integration regenerativer Energiesysteme wie Photovoltaik sowie für moderne Haustechnik und brandschutztechnische Anforderungen. Damit bleibt der Katalog auf dem neuesten Stand der Technik und bietet eine verlässliche Grundlage für das Bauen mit Holz.

Ein wesentlicher Grund für die hohe Relevanz des Standardwerks „Holzrahmenbau“ ist seine enge Verzahnung mit den geltenden Regelwerken. Ob Eurocode 5, DIN-Normen, ETA-Zulassungen oder Landesbauordnungen – das Werk überträgt abstrakte Vorgaben in konkret umsetzbare Konstruktionslösungen und fungiert so als Brücke zwischen Normung und Praxis. Architekt:innen, Planer:innen, Tragwerksplaner:innen und ausführende Betriebe finden hier gleichermaßen Orientierung und Sicherheit.

Planende profitieren von geprüften Bauteilaufbauten, Anschlussdetails und bauphysikalischen Kennwerten für den sicheren Entwurf. Statiker:innen greifen auf Vorbemessungstabellen zurück, die eine normgerechte Vordimensionierung ermöglichen. Und Ausführende finden praxisgerechte Detailvorgaben, die Fehler vermeiden und Qualität sichern. Ergänzt durch digitale Zeichnungen, unterstützt das Fachbuch „Holzrahmenbau“ alle Projektbeteiligten dabei, effizient und auf hohem fachlichen Niveau zu arbeiten.

Verfasst wurde die 7. Auflage erneut von Dipl.-Ing. Gerrit Horn, der mit großer Fachkenntnis und Praxisnähe die Inhalte erweitert und aktualisiert hat. Unterstützt wurde er dabei vom Ausschuss Technik und Umwelt von Holzbau Deutschland sowie dem Holzbau Deutschland Institut. Gerrit Horn ist langjähriger Wegbegleiter des Holzbaus und geschätzter Mitstreiter im Vorstand von Holzbau Deutschland – Bund Deutscher Zimmermeister im Zentralverband des Deutschen Baugewerbes. Als Fachgruppenleiter der Fachgruppe Zimmerer und Holzbaugewerbe im Verband der Bauwirtschaft Rheinland-Pfalz e.V. und öffentlich bestellter Sachverständiger steht er für Kompetenz, Erfahrung und Engagement.

Auch vier Jahrzehnte nach seiner Erstveröffentlichung erscheint die Neuauflage „Holzrahmenbau“ zur rechten Zeit. Sie bietet robuste, regelkonforme und klimafreundliche Lösungen für die Bauaufgaben von heute und morgen. Ich bin überzeugt: Auch diese 7. Auflage wird ihren festen Platz in der Planung, der Ausbildung und auf der Baustelle haben – und einen wichtigen Beitrag zur dringend erforderlichen Bauwende mit Holz leisten.

Berlin, im August 2025

Peter Aicher

Vorsitzender von Holzbau Deutschland –
Bund Deutscher Zimmermeister im ZDB,
Präsident von Timber Construction Europe
und Präsident des Landesinnungsverbands
des Bayerischen Zimmererhandwerks

HOLZBAU
DEUTSCHLAND
BUND DEUTSCHER
ZIMMERMEISTER
im Zentralverband
des Deutschen Baugewerbes

Vorwort

Mit Vorliegen der 7. Auflage jährt sich das Erscheinen der ersten Ausgabe des damals betitelten Konstruktionskataloges „Holzrahmenbau – individuelles kostensparendes Bausystem" zum 40. Mal. Vor vier Jahren wurde dieses Werk mit der 6. Auflage komplett neu bearbeitet und an den aktuellen Stand der Technik im Holzbau angepasst, denn der Holzbau hatte sich in den letzten Jahrzehnten zu einer sehr modernen Bauweise entwickelt. Die komplette Neubearbeitung wurde von der Fachwelt gut aufgenommen, so dass nun schon nach relativ kurzer Zeit die Möglichkeit besteht mit einer neuen Auflage die stetige Weiterentwicklung von Gesetzen, Verordnungen und Normen in diese Ausgabe einzuflechten.

Der Holzbau passt in eine Zeit, in der intensiv über Klimaschutzfragen und zukünftige Nutzung der zur Verfügung stehenden Ressourcen diskutiert werden muss. Um die Ziele des Klimaschutzes im Gebäudesektor zu erreichen, erfordert es ein weltweites Umdenken zu erheblich mehr Nutzung nachwachsender Rohstoffe, wie Holz und Pflanzenfasern, im Bausektor. Grundsätzlich steht dafür ausreichend Biomasse zur Verfügung. Auch der Blick auf Deutschland zeigt dafür ausreichende Kapazitäten bei der Waldnutzung, auch wenn eine klimaresilienter Waldumbau mit den jetzt schon spürbaren Klimaveränderungen einhergehen muss.

Aufgrund positiver Entwicklung der gesetzlichen Rahmenbedingungen ist es heute viel einfacher, Holzbauten in allen Gebäudeklassen zu errichten, als es bei der Erstauflage vor 40 Jahren möglich gewesen war und noch in erster Linie Ein- und Zweifamilienhäuser im Fokus des Holzbaus standen. Heute entstehen darüber hinaus Holzgebäude als Mehrgeschosser mit 10 und mehr Geschossen. Dabei zeigt auch der Nichtwohnungsbau, dass Holz an vielen Stellen als Grundkonstruktion eingesetzt werden kann. Viele Kindergärten, Schulgebäude, Gewerbebauten und Verwaltungsgebäude werden regelmäßig bereits in hochwertigen Holzkonstruktionen gebaut.

Grundlage für einen Großteil dieser Gebäude ist der Holzrahmenbau. Dazu gehört die Holztafelbauweise, die einen hohen Vorfertigungsgrad und damit eine schnelle Bauweise ermöglicht. Neben dem klassischen Holzrahmenbau haben sich in der letzten Dekade auch verschiedene Massivholzbauweisen etabliert, die die Möglichkeiten, mit Holz zu bauen, stark erweitern. Gerade die Kombination aus Holzrahmenbau und Holzmassivbau kann die jeweiligen Vorteile für das Gebäude nutzbar machen.

Die jetzt vorliegenden 7. Auflage berücksichtigt den 2024 in die Muster-Verwaltungsvorschrift Technische Baubestimmung MVV TB aufgenommenen Teil 11 der DIN 1052, welcher die seit 1992 geltende Holztafelbauart-Überwachungs-Richtlinie ersetzt. Diese Richtlinie galt bislang nur für beidseitig geschlossene Wand-, Dach und Deckentafeln. Mit der bauaufsichtlichen Einführung der MVV TB 2024 in den Bundesländern erstreckt sich die Überwachungspflicht erstmalig auch auf einseitig beplankte Holzrahmenbauelemente. In welchen Fällen die Eigenüberwachung des Herstellers ausreichend ist und wann eine Fremdüberwachung hinzukommen muss, ist neuer Gegenstand des ersten Kapitels, in dem auch auf die Muster-Richtlinie über brandschutztechnische Anforderungen an Bauteile und Außenwandbekleidungen in Holzbauweise MHolzBauRL eingegangen wird.

Das Gebäudeenergiegesetz GEG und die Förderprogramme erfuhren seit der letzten Auflage eine Überarbeitung, die in die Überarbeitung eingeflossen ist. Die Normung steht nicht still. Alle in dem Fachbuch aufgeführten Normen und Fachregeln wurden bezüglich des zum Erscheinen geltenden Stands überprüft und Inhalte bei Bedarf angepasst. Während die heute geltenden Regeln bei Bauwerken umgesetzt werden, wird in den Normenausschüssen und den dafür zuarbeitenden Verbandsstrukturen, Hochschulen und Universitäten bereits an der Aktualisierung von Regelwerken gearbeitet. Die Akteure in diesen

Bereich versuchen stetig, die Hemmnisse, die dem Holzbau auch heute noch an vielen Stellen entgegenstehen, zu beseitigen. Deshalb zeigt dieses Buch den aktuellen Stand des modernen Holzrahmenbaus und demonstriert damit, in welch hoher Qualität heute mit Holz gebaut wird. Der Holzbau steht damit anderen Bauweisen in keiner Weise nach. Das Gegenteil ist der Fall: Moderner Holzbau hat viele Vorteile, die sich bei der Umsetzung einer gut geplanten Konstruktion für Bauherrschaft und Nutzer auszahlen. Und richtet man den Blick auf die Gesellschaft, so zahlt sich die Umsetzung von vielen guten Holzgebäuden auch hinsichtlich des Klimaschutzes durch deutliche CO_2-Einsparung als auch Reduktion des Raubbaus an Sand und Kies im Vergleich zu herkömmlichen Nassbauweisen aus.

Damit es vielen im Bereich der Planung und Ausführung tätigen Menschen möglich ist, richtig zu bauen, stellt dieses Werk die relevanten Punkte des Holzrahmenbaus anschaulich dar. So war es das Ziel der ersten Verfasser, als in den Achtzigerjahren die „Entwicklungsgruppe Holzrahmenbauart des Bundes Deutscher Zimmermeister“ unter Vorsitz des vor zwei Jahren verstorbenen Adam „Adi“ Sommerrock das erste Buch konzipiert wurde. Für den lebenslangen Einsatz für den Holzbau spreche ich Adi hiermit Dank und Anerkennung aus. Lange Jahre wurde dieses Werk von mehreren Autoren, welche am Anfang des Buches aufgeführt sind, bearbeitet. Durchgängig von der ersten bis zur 5. Auflage wirkte Fachautor Klaus Fritzen in erheblichem Umfang an den Inhalten mit. Als Nachfolger seit der 6. Auflage danke ich Ihm für die über Jahrzehnte geleistete Arbeit.

Gerade die Anzahl an möglichen Konstruktionen, die der moderne Holzrahmenbau bietet, ist zum einen faszinierend, kann aber auf der anderen Seite für so manchen auch verwirrend sein. Deshalb stellt dieses Buch viele Möglichkeiten für die Bauteile eines Gebäudes in Verbindung mit den wichtigen technischen Kennwerten dar. Dabei stehen natürliche, nachwachsende Baustoffe im Vordergrund, aber auch herkömmliche Materialien, die sich für diese Bauweisen anbieten, werden berücksichtigt. Der Inhalt erstreckt sich auch auf Bereiche des Bauwesens, die die Konstruktion des Holzbaus berühren. So wird das Thema Haustechnik intensiv beleuchtet und dazu erforderliches Grundwissen zu Sanitär- und Heizungsinstallationen sowie Lüftungs- und Elektrotechnik dargestellt. Schließlich muss gerade bei der Arbeitsvorbereitung für die Vorfertigung von Holztafelelementen bereits an vieles gedacht werden, was beim herkömmlichen Bau oftmals erst auf der Baustelle entschieden wird. Insofern hilft dieses Wissen gerade Planenden im Holzbau und auch den ausführenden Unternehmen bei der Kundenberatung im Vorfeld, wenn noch nicht feststeht, welche Unternehmen für die Haustechnik verantwortlich zeichnen werden und keine diesbezügliche Planung vorliegt. Dennoch wird damit keine Haustechnikplanung ersetzt. Im Sinne einer integralen Planung sollten alle an der Fachplanung Beteiligten von Anfang an gemeinsam wirken, um ein bestmögliches Ergebnis zu erreichen.

Meinen Kollegen aus dem Ausschuss Technik und Umwelt (ATU) von Holzbau Deutschland sowie Mitarbeitern aus der Geschäftsstelle von Holzbau Deutschland und dem Holzbau Deutschland Institut, insbesondere Johannes Niedermeyer, möchte ich herzlichst für die Unterstützung bei der Umsetzung der vergangenen 6. und der nun aktuellen 7. Auflage danken. Auch der rege Austausch mit vielen weiteren Freunden aus dem Holzbau und auch aus der Leserschaft gibt mir die Motivation, dieses umfangreiche Werk weiterzuentwickeln. Ich wünsche mir, dass die enthalten Informationen und Darstellungen dazu beitragen, viele schöne und gut gebaute Holzgebäude entstehen zu lassen. So freue ich mich auch weiterhin über Rückmeldungen, die sich kritisch mit dem Inhalt auseinandersetzen und Anregungen für zukünftige Auflagen geben.

Gerrit Horn

Inhalt

	Übersicht zu den Bauteilen in Kapitel 4	14
	Übersicht zu den Details in Kapitel 5	15
	Danksagung	16
1	**Einführung**	17
1.1	Moderner Holzrahmenbau	17
1.2	Vergleich konventioneller und diffusionsoffener Holzrahmenbau	20
1.3	Holz(rahmen)bau in allen Gebäudeklassen	21
1.3.1	Musterbauordnung und Landesbauordnungen	21
1.3.2	Verwendbarkeitsnachweise für Holzbausysteme im Geschosswohnungsbau Beitrag von Johannes Niedermeyer, Holzbau Deutschland Institut	24
1.4	Vorfertigung	29
1.4.1	Der Weg zum Holztafelbau	29
1.4.2	Güteüberwachung	30
1.4.3	Anforderungen an die Elementvorfertigung	32
1.5	Holzbauplanungsinstrumente	34
1.6	Bezeichnung der im Buch enthaltenen Bauteile	35
1.7	Internet-Bauteilkatalog dataholz.eu	35
2	**Bauweisen und Bauteile**	39
2.1	Einführung	39
2.1.1	Bauweisen im Holzrahmenbau	40
2.1.2	Massivholzbauweisen	40
2.1.3	Nachhaltig, gesund und ökologisch bauen mit Holz	41
2.2	Allgemeine Entwurfsgrundlagen	46
2.2.1	Bauteilschichten, Raster und Höhenmaße	46
2.2.2	Barrierefreies Bauen	48
2.2.3	Abmessungen vorgefertigter Bauelemente	52
2.2.4	Baustellenorganisation	53
2.3	Technische Bauteilanforderungen	56
2.3.1	Brandschutz	56
2.3.2	Schallschutz	60
2.3.3	Wärmeschutz	64
2.3.3.1	Winterlicher Wärmeschutz	68
2.3.3.2	Sommerlicher Wärmeschutz	71
2.3.4	Energieeffizienz	74
2.3.5	Luftdichtes Bauen	77
2.3.6	Feuchteschutz	83

2.3.7 Baulicher Holzschutz ... 85

2.4 Statik ... 90
2.4.1 Gebäudeaussteifung ... 90
2.4.1.1 Entwurfsprinzipien der Windaussteifung ... 91
2.4.1.2 Aussteifungselemente ... 92
2.4.1.3 Aspekte der Gebäudeaussteifung bei Wandscheiben aus Holztafeln ... 96
2.4.2 Gebrauchstauglichkeit und Tragfähigkeit ... 101
2.4.2.1 Gebrauchstauglichkeit – Qualitätsklassen für zulässige Verformungen ... 101
2.4.2.2 Berechnung von Durchbiegungen ... 104
2.4.2.3 Grenzzustand der Tragfähigkeit ... 106
2.4.2.4 Grenzzustand der Gebrauchstauglichkeit ... 107
2.4.3 Querschnittsabmessungen als Orientierungshilfe ... 107
2.4.4 Checkliste für die Tragwerksplanung ... 114

2.5 Haustechnikinstallationen ... 118
2.5.1 Elektroinstallationen ... 127
2.5.1.1 Planungs- und Installationshinweise ... 128
2.5.1.2 Elektroleitungen ... 129
2.5.1.3 Sicherheit von Elektroanlagen ... 134
2.5.1.4 Gebäudesystemtechnik, EDV-Netzwerk und Fotovoltaikanlagen ... 137
2.5.1.5 Netzwerkinstallationen ... 138
2.5.2 Sanitärinstallationen ... 139
2.5.2.1 Sanitärobjekte ... 139
2.5.2.2 Trinkwasserleitungen ... 140
2.5.2.3 Entwässerungsleitungen ... 143
2.5.3 Lüftungsanlagen ... 147
2.5.4 Gebäudebeheizung ... 152
2.5.5 Kamine und Abgasleitungen ... 155

3 Baustoffe und Bauprodukte ... 157

3.1 Bauaufsichtlich zugelassene Bauprodukte ... 157

3.2 Holz in der Konstruktion ... 158
3.2.1 Konstruktionsvollholz und Massivholz ... 164
3.2.2 Brettschichtholz ... 165
3.2.3 Balkenschichtholz ... 166
3.2.4 Brettsperrholz/Kreuzlagenholz ... 167
3.2.5 Holzstegträger ... 168
3.2.6 Furnierschichtholz für tragende Zwecke ... 169
3.2.7 Latten, Bretter, Bohlen und Kanthölzer ... 171

3.3 Beplankungen und Bekleidungen ... 172
3.3.1 Holzwerkstoffplatten ... 172
3.3.2 Innenausbauplatten ... 179
3.3.3 Verschalungen und Fassadenbeplankungen ... 184

3.4 Dämmstoffe ... 187
3.4.1 Holzweichfaserdämmung ... 192
3.4.2 Zellulosedämmung ... 192
3.4.3 Mineralfaserdämmung ... 193
3.4.4 Expandierte Polystyroldämmung ... 193
3.4.5 Perimeterdämmung ... 194
3.4.6 Schaumglasdämmplatten und Schaumglasschotter ... 194
3.4.7 Polyurethandämmung ... 195
3.4.8 Naturdämmstoffe ... 195

3.4.8.1 Stroh ... 195
3.4.8.2 Weitere Naturdämmstoffe ... 196
3.4.9 Sonstige Dämmstoffe ... 196
3.4.9.1 Vakuumdämmpaneel ... 196
3.4.9.2 Calciumsilikatplatten ... 197
3.4.9.3 Geschlossenzellige Dämmung ... 197

3.5 Verbindungsmittel ... 198
3.5.1 Schrauben ... 198
3.5.2 Nägel ... 198
3.5.3 Klammern ... 198
3.5.4 Schwerlastanker ... 198
3.5.5 Blechformteile ... 199
3.5.6 Unterlegscheiben ... 199
3.5.7 Muttern ... 199
3.5.8 Kunststoffdübel ... 199
3.5.9 Dübel besonderer Bauart ... 199
3.5.10 Stabdübel ... 199
3.5.11 WDVS-Dübel ... 200
3.5.12 WDVS-Befestigung ... 200

3.6 Folien, Klebematerialien und Dichtbänder ... 200
3.6.1 Folien ... 202
3.6.1.1 Unterspannbahnen ... 202
3.6.1.2 Unterdeckbahnen ... 202
3.6.1.3 Dampfbrems- und Luftdichtigkeitsmembranen ... 203
3.6.1.4 Dampfsperren ... 203
3.6.1.5 Fassadenbahnen ... 204
3.6.2 Klebematerialien ... 204
3.6.2.1 Flüssigkleber ... 204
3.6.2.2 Klebebänder ... 205
3.6.3 Dichtbänder ... 205
3.6.3.1 Vorkomprimierte Dichtungsbänder ... 205
3.6.3.2 Nageldichtbänder ... 206

4 Bauteile ... 207

4.1 Bezeichnungen, Positionsnummern und technische Werte ... 208
4.1.1 Bezeichnungen gemäß Nomenklatur und Legende der Positionsnummern .. 208
4.1.2 Tabellen „Technische Werte“ ... 212

4.2 Bodenplatten und Kellerdecken ... 213
4.2.1 Aussparungsplan ... 213
4.2.2 Unterschiedliche Maßtoleranzen ... 213
4.2.3 Bodenplatten ... 217
4.2.4 Kellerdecken ... 224

4.3 Außenwände ... 229
4.3.1 Die Innenseite der Außenwand ... 229
4.3.2 Außen verputzt, ohne Hinterlüftung ... 230
4.3.3 Vorgehängte Außenwandbekleidungen ... 232
4.3.4 Verklinkerte Fassaden (Vormauerung) ... 238
4.3.5 Außenwandaufbauten im Detail ... 239

4.4 Gebäudeabschlusswände ... 254

4.5 Innenwände ... 264

4.5.1 Nicht tragende und tragende Innenwände 264
4.5.2 Installationswände 269
4.5.3 Wohnungstrennwände 270

4.6 Stürze, Unterzüge und Stützen 272

4.7 Geschossdecken 275
4.7.1 Fußbodenaufbauten im Holzrahmenbau 275
4.7.2 Holzbalkendecke 280
4.7.3 Massivholzdecken (BSP/BSH) 298
4.7.4 Decken gegen unbeheizte Räume: Spitzbodendecken 303
4.7.5 Decken über Außenluft 307

4.8 Dächer 309
4.8.1 Überblick über Dachsysteme im Holzrahmenbau 309
4.8.2 Statische Systeme von Pfetten- und Sparrendächern 311
4.8.3 Gauben 313
4.8.4 Nagelplattenbinderdächer 314
4.8.5 Dachaufbauten im Detail 318
4.8.6 Holzstegträger in der Dachkonstruktion 325
4.8.7 Flachdächer 328

4.9 Treppen 332
4.9.1 Treppenmaße 332
4.9.2 Ermittlung der Treppenlochgröße 337
4.9.3 Treppenan- und -austritt, Treppenbefestigung 338
4.9.4 Treppenöffnung/Treppenaussparung 343
4.9.5 Abschluss- und Treppengeländer 345

5 Details 347

5.1 Struktur der Detailzusammenstellung 348

5.2 Sockelanschlüsse 348
5.2.1 Anschluss Außenwand an Bodenplatte 350
5.2.2 Anschluss Außenwand an Kellerdecke 356
5.2.3 Anschluss Kellerwand an Gründungsplatte 360
5.2.4 Anschluss tragende Innenwand an Bodenplatte 362

5.3 Wandanschlüsse 363
5.3.1 Anschluss Außenwand-Außenecke 364
5.3.2 Anschluss Außenwand-Innenecke 372
5.3.3 Außenwand Wand-Elementstoß 380
5.3.4 Anschluss Außenwand an Gebäudetrennwand/Abschlusswand 388
5.3.5 Anschluss Innenwand an Außenwand 392
5.3.6 Anschluss Innenwandecke 395
5.3.7 Anschluss Innenwandstoß an durchlaufende Innenwand 398
5.3.8 Anschluss Wohnungstrennwandanschluss an Außenwand 402

5.4 Deckenanschlüsse 404
5.4.1 Deckenanschluss an Außenwand 404
5.4.2 Anschluss Spitzbodendecke an Außenwand 411
5.4.3 Anschluss tragende Innenwand an Decke 412
5.4.4 Anschluss nicht tragende Innenwand an Decke 414
5.4.5 Elementstoß Deckenelemente 416

5.4.6 Anschluss Unterzug an Decken ... 418
5.4.7 Anschluss Außenwand an Decke gegen Außenluft ... 421

5.5 Dachanschlüsse (Schrägdach) ... 423
5.5.1 Traufe: Anschluss Dach an Außenwand ... 424
5.5.2 Anschluss Dach an Mittelpfette/Kehlbalkenlage ... 430
5.5.3 Firstdetails ... 436
5.5.4 Ortgang: Anschluss Dach an Außenwand ... 441
5.5.5 Elementstoß Dach ... 445
5.5.6 Pultfirst: Anschluss Dach an Außenwand ... 449
5.5.7 Anschluss versetztes Pultdach ... 451
5.5.8 Anschluss Gebäudetrennwand an Dach ... 452
5.5.9 Anschluss Dachflächenfenster in Dach ... 454

5.6 Dachanschlüsse (Flachdach) ... 455
5.6.1 Attika ... 456
5.6.2 Anschluss Flachdachrand mit Dachüberstand an Außenwand ... 457

5.7 Fensteranschlüsse und Verschattungseinrichtungen ... 458
5.7.1 Fensteranschlüsse – prinzipielle Angaben ... 458
5.7.2 Fensteranschlüsse ohne Verschattungseinrichtungen ... 464
5.7.3 Fensteranschlüsse mit Verschattungseinrichtungen ... 468
5.7.4 Fenstertüranschlüsse bei Balkonen und Terrassen ... 472

5.8 Haustüranschlüsse ... 474
5.8.1 Haustüranschluss horizontal ... 475
5.8.2 Haustüranschluss vertikal am Sockel ... 476

5.9 Innentüranschlüsse ... 478

6 Haustechnik ... 481

6.1 Integration der Haustechnik im Holzbau ... 481

6.2 Hauseinführung durch den Versorger ... 492

6.3 Montage Elektroinstallation ... 495

6.4 Montage Sanitärinstallation ... 497

6.5 Montage Heizungsinstallation ... 506
6.5.1 Heizungsanlage ... 506
6.5.2 Heizwärmeverteilung ... 506
6.5.3 Kamine ... 508

6.6 Montage Lüftungsinstallation ... 510

6.7 Vorgefertigte Fertigbäder als Raummodule ... 515

6.8 Montage Solarthermie und Fotovoltaik ... 516

7 Literaturverzeichnis ... 519

8 Stichwortverzeichnis ... 523

Übersicht zu Kapitel 4
Bauteile

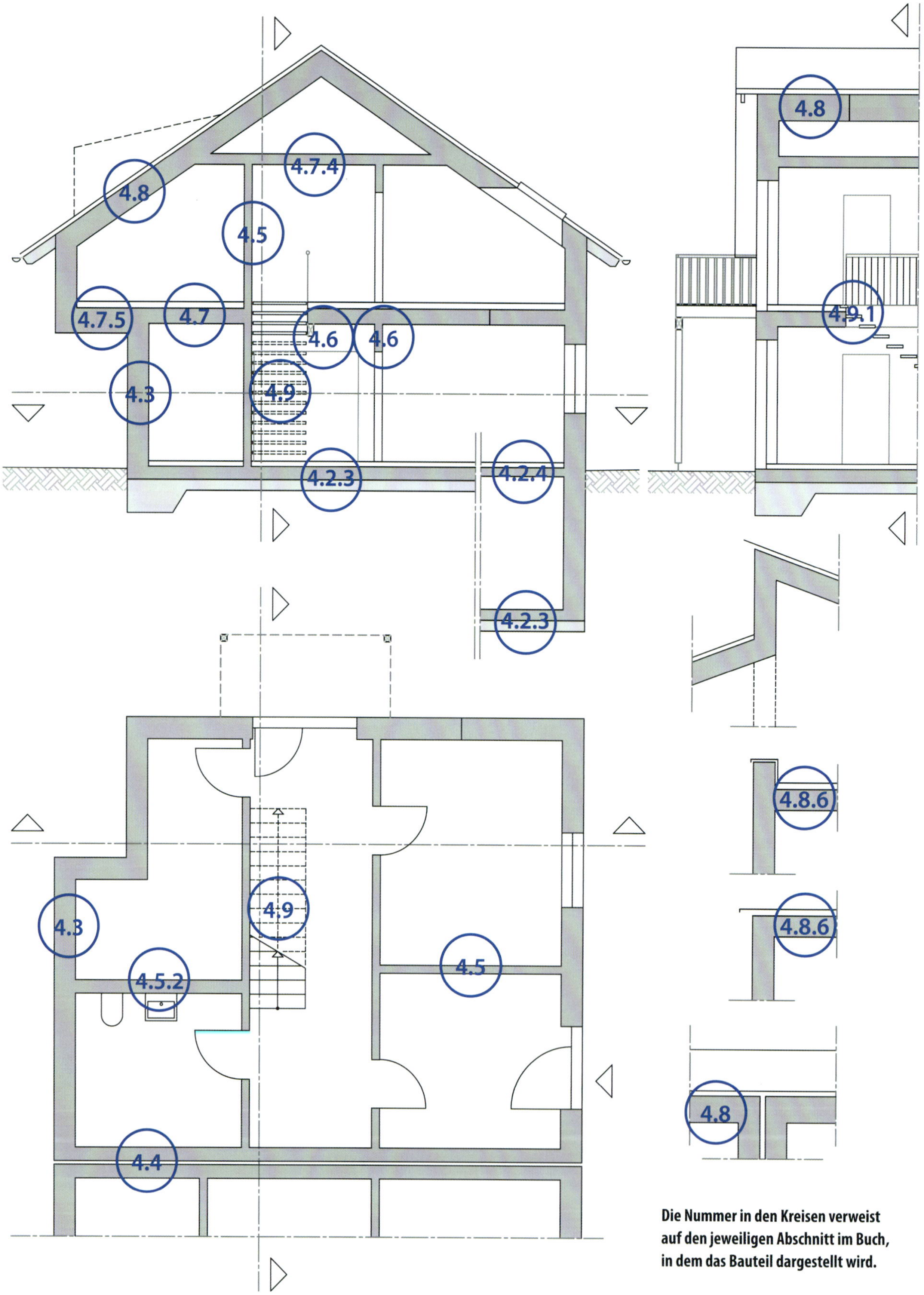

Die Nummer in den Kreisen verweist auf den jeweiligen Abschnitt im Buch, in dem das Bauteil dargestellt wird.

Übersicht zu Kapitel 5
Details

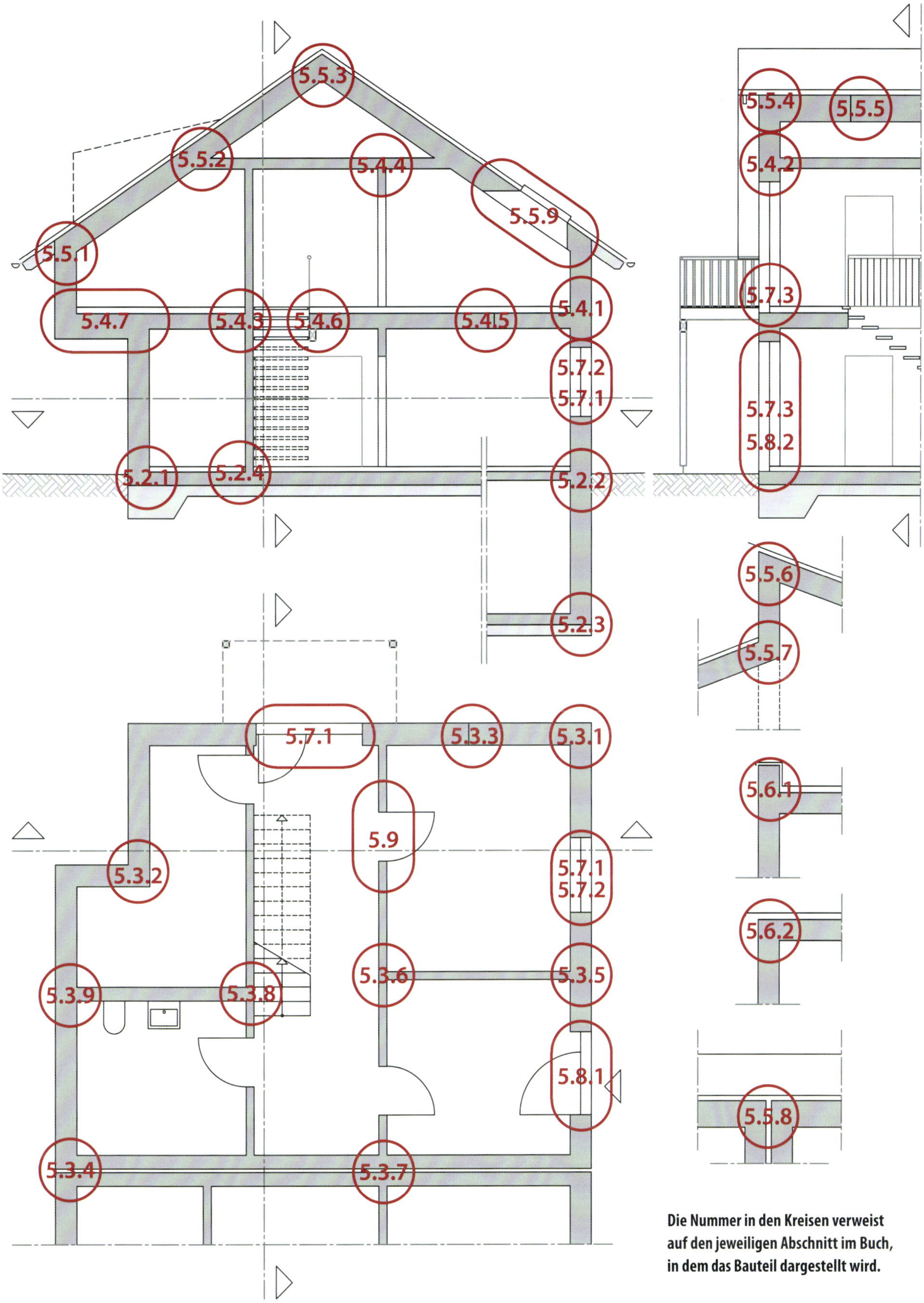

Die Nummer in den Kreisen verweist auf den jeweiligen Abschnitt im Buch, in dem das Bauteil dargestellt wird.

Danksagung

Verlag und Autor danken allen, die zur Realisierung dieses Buches, z.B. durch die Bereitstellung von Inhalten, Abbildungsvorlagen oder Fotoaufnahmen, beigetragen haben, hier in besonderer Erwähnung:

- Holzbau Deutschland Institut, Kronenstraße 55 – 58, 10117 Berlin, insbesondere Johannes Niedermeyer (Abschnitt 1.3.2),
- den Mitgliedern des „Ausschuss Technik und Umwelt", Holzbau Deutschland – Bund Deutscher Zimmermeister im Zentralverband Deutsches Baugewerbe e.V., Kronenstraße 55 – 58, 10117 Berlin, für die Durchsicht und Unterstützung bei den Bauteilaufbauten,
- Holzbau-Cluster Rheinland-Pfalz, Hannsjörg Pohlmeyer (Abb. 1.3, 1.4),
- der Zimmerei Heidtmann GmbH, Hamburger Straße 17 d, 22946 Trittau (Abb. 4.25, 4.26),
- Klaus Fritzen und den weiteren Autoren der vorangegangenen 5 Auflagen dieses Werkes

Köln/Kaiserslautern, im August 2025

RM Rudolf Müller Medien GmbH & Co. KG/Gerrit Horn

1 Einführung

1.1 Moderner Holzrahmenbau

Grundlagen

Annähernd jeder vierte Neubau in Deutschland wird inzwischen als Holzkonstruktion errichtet. Von einem solchen Holzbauanteil am Gesamtbaugeschehen war man 1985, als die 1. Auflage dieses Buches erschien, noch weit entfernt. Ein Großteil dieser Gebäude wird als Holzrahmenbau erstellt.

An dem Erfolg des Zuwachses an gut gebauten Holzrahmenbauwerken haben die vorigen Auflagen dieses Konstruktionskatalogs sicherlich einen gewissen Anteil. Die letzten Jahrzehnte seit erstem Erscheinen waren in der Normung u.a. geprägt von der europäischen Harmonisierung. Aber auch die Normen, die im Bauwesen gelten, die nicht oder noch nicht europäisch harmonisiert sind, haben sich teilweise grundlegend geändert. Ein Fachbuch hat den Anspruch, die allgemein anerkannten Regeln der Technik gut verständlich darzustellen. Mit diesem Werk sollen Grundlagen des modernen Holzrahmenbaus zusammengefasst werden, um dem täglichen Gebrauch bei der Planung und Ausführung von fachgerechten Holzbauten zu dienen.

Moderner Holzbau ist standsicher und bauphysikalisch bei Brandschutz, Schallschutz, Feuchteschutz auf der sicheren Seite und berücksichtigt Holzschutz sowie Energieeffizienz beim Wärmeschutz. Gesetzliche Vorgaben aus den Landesbauordnungen der 16 Bundesländer und begleitenden Regelungen kann der Holzbau sicher erfüllen. Deswegen gibt es fast keine Bauaufgabe, die im Holzbau nicht ermöglicht werden könnte.

Holzgebäude zu planen sollte heute nicht aufwendiger sein als in anderen Bauweisen. Deswegen sind in den folgenden Kapiteln Regeldetails und nützliche Angaben dargestellt, die es dem Planer erleichtern, die richtige Ausführung zu wählen.

Die Angaben in diesem Buch beziehen sich auf allgemein anerkannte Regeln der Technik. Darüber hinaus gibt es gute Lösungen, die von Produktherstellern entwickelt wurden, mit denen auch fachgerechte Ausführungen im Holzbau hergestellt werden können. Jedoch kann ein Fachbuch darauf nicht gesondert eingehen, soll es doch eine gewisse Allgemeingültigkeit behalten. Insbesondere im Brandschutz haben Hersteller geprüfte und zugelassene Konstruktionen entwickelt, die eine Umsetzung von Holzbauten auch außerhalb des normativen Rahmens leichter machen. Wünschenswert ist, dass auch solche konstruktive Lösungen Eingang in das Normwesen finden und dadurch der Holzbau noch wirtschaftlicher wird. Gerade bei Gebäuden, die von der öffentlichen Hand errichtet werden, muss eine produktneutrale Planung und Ausschreibung erfolgen. Deshalb bleiben bei solchen Objekten gute Sonderlösungen, die von Herstellern angeboten werden, meist außen vor.

Auch wenn für das Buch intensiv recherchiert worden ist, wird trotzdem an dieser Stelle darauf hingewiesen, dass Planende und Ausführende stets überprüfen müssen, ob die gewählte Konstruktion tatsächlich zu dem Bauvorhaben und den dafür geltenden Randbedingungen passt. Deshalb kann hier nur dringend geraten werden, stets zu fragen:

- Was sagt die im jeweiligen Bundesland eingeführte Muster-Verwaltungsvorschrift + Technische Baubestimmungen (MVVTB)?
- Was sagt die Landesbauordnung?
- Was sagen die umgebenden Regeln der Technik?
- Wie sind diese Fragestellungen im Zusammenhang mit den Wünschen der Auftraggeberseite des Bauprojekts bauvertraglich sinnvoll in Einklang zu bringen?

Allgemeines

Die Holzrahmenbauart ist ein Bausystem, das aus Holz und Plattenwerkstoffen die tragende Konstruktion eines Hauses bildet. Dabei übernehmen die Hölzer wesentlich die Abtragung der vertikalen Lasten und die Plattenwerkstoffe die Aussteifung des Gebäudes. Die Holzverbindungen werden durch Kontakt der Hölzer und durch Befestigungsmittel hergestellt. Der Ausbau, auch der technische Ausbau, erfolgt im Wesentlichen, wie er aus dem Montagebau nicht tragender Wände und Deckenbekleidungen bekannt ist. Die Bauart hat sich in Nordamerika und in skandinavischen Ländern schon seit über einem halben Jahrhundert bewährt.

In den Achtzigerjahren ist eine Übernahme der insbesondere in den USA und Kanada verbreiteten standardisierten Bauart (timberframe) verschiedentlich versucht worden, jedoch hat sich herausgestellt, dass die dortigen Standards in vielen wesentlichen Punkten den hiesigen Verhältnissen nicht entsprechen. Daraus ergab sich die Notwendigkeit, ausgehend von dem Bauprinzip aus den hierzulande geltenden technischen Regeln und Baugewohnheiten ein Kompendium zu erarbeiten, in dem für ausgewählte Standardkonstruktionen die erforderlichen baukonstruktiven Details und die technischen Kennwerte zusammengestellt sind.

Bei dem hier beschriebenen Bausystem wurden die Standardkonstruktionen so ausgewählt, dass sie bei normalen Gegebenheiten von Wohnhausbebauung bis hin zu 2 Vollgeschossen die heute gegebenen Anforderungen ohne „Umkonstruktion" erfüllen. Es gibt eine Fülle von Wahlmöglichkeiten, die dem Bauherrn, Planer und Holzbauer standardisiert zur Verfügung stehen. Gleichwohl ist das System so gehalten, dass sich nahezu beliebige Anforderungen an die innere und äußere Gestaltung von Wohnhäusern erfüllen lassen.

Konstruktionskatalog Holzrahmenbau

Der „Konstruktionskatalog Holzrahmenbau" behandelt Wohnhäuser freistehend, freistehend mit vermindertem Grenzabstand, Doppel- und Reihenhäuser bis zur Gebäudeklasse 2. Es werden Standardkonstruktionen so beschrieben, dass alle Angaben von der Planung bis zur Bauausführung enthalten sind. Für die angebotene Konstruktion sind die Angaben über bautechnische Spezifikationen wie Werkstoffe, Bauphysik, Standsicherheit usw. durch die ingenieurtechnische Betrachtung abgesichert.

Beim Zusammentragen und bei der Ausarbeitung dieses Werkes hat sich der Bearbeiter größte Sorgfalt auferlegt, gleichwohl können sich Fehler eingeschlichen haben. Daher sei Benutzern dringend empfohlen, vor der Ausführung die „Katalogwerte" anhand der zum Zeitpunkt der Ausführung geltenden technischen Regelwerke zu überprüfen, zumal die Angaben des „Kataloges" den technischen Regelwerken, die zum Zeitpunkt der Herausgabe gültig waren, entspringen, die sich jedoch zwischenzeitlich, z.B. aufgrund der Normenfortschreibung, geändert haben können. Haftung für die Angaben wird nicht übernommen.

Entwerfen, Planen

Auch die Holzrahmenbauart setzt bestimmte definierte Baustellenspezifikationen voraus und es müssen bei der Planung bestimmte Werkstoffe und konstruktionsbedingte Maßnahmen eingehalten werden. Dies ist erforderlich, um im Rahmen des Bausystems zu bleiben und damit dessen wirtschaftliche Vorteile nutzen zu können und um ein solides, beständiges Bauwerk zu erhalten.

Der „Katalog" enthält die erforderlichen Angaben über die zu verwendenden Baustoffe, über Bauteileigenschaften und zu Maßen sowie die komplette Problemlösung und Detaillierung – soweit möglich in zeichnerischer Form. Es werden für jedes Bauteil verschiedene Varianten angeboten, die jedoch in ihrer Anzahl so beschränkt wurden, dass die Darstellung jeder Variante bis zur Ausführung auf der Baustelle vollständig ist. Diese umfassenden übersichtlichen Informationen sind so gehalten, dass sie zunächst eine ausführliche Beratung der Bauherrschaft durch den Entwurfsverfasser ermöglichen. Für die Ausarbeitung des Entwurfs können die Bauteile unmittelbar nach den Anforderungen ausgewählt werden und es sind nur wenige Maßgaben und Einschränkungen beim Entwurf einzuhalten, da das Bausystem sehr vielgestaltig ist. Die vorgesehenen Standardbaustoffe sind mit Kurzbeschreibungen angegeben. Diese Hilfen werden Entwurfsverfassern mit bisher im Bereich des Holzbaus wenig Erfahrungen erlauben, relativ einfach Ausschreibungen und Vergaben vorzunehmen. Bei der Detaillierung kann aus einer Fülle von Problemlösungen das jeweils gewünschte Detail ausgewählt werden. Weiterhin stehen alle relevanten bauphysikalischen Daten zur Verfügung. Für die Vorbemessung sind leicht zu handhabende Tabellen vorhanden und für die Planung sind

Abb. 1.1: Reihenhausanlage in Holztafelbauweise als Passivhäuser, Kaiserslautern. Architekturbüro: bau.werk – Energie bewusst gestalten, Kaiserslautern

einerseits standardisierte Konstruktionen angegeben und andererseits die zugrunde gelegten Berechnungsverfahren erläutert. Die Angaben wurden so ausgewählt, dass das planende Architektur- oder Ingenieurbüro bzw. der Zimmereibetrieb bei den Arbeiten möglichst entlastet wird, ohne jedoch eine bestimmte Grundriss- oder Gebäudegestaltung vorzugeben oder vorauszusetzen.

Die Bauteile sind so ausgewählt, dass die Anforderungen an den Brand- und Schallschutz für Wohnhäuser, auch in verdichteter Bauweise, erfüllt werden können. Die wärmedämmenden Eigenschaften der Außenbauteile sind ausgezeichnet. Aspekte besonders energiesparenden Bauens in förderfähigem Niedrigstenergie- oder Passivhausniveau sind berücksichtigt.

Bauen

Für das hier dargestellte Bausystem werden nur Baustoffe vorgeschlagen, die bewährt sind und deren Güte entweder durch Überwachung sichergestellt ist oder die vom Ausführenden bzw. Bauüberwachenden festgestellt werden kann. Die bauaufsichtlich zugelassenen Baustoffe, Bauteile und Konstruktionen haben während der 35 Jahre von der 1. bis zu dieser 6. Auflage erheblich zugenommen. Dieser Entwicklung wird mit entsprechenden Hinweisen Rechnung getragen.

Bei der Ausführung wirken die Planung, die Konstruktion, die Stoffe und die handwerkliche Verarbeitung zusammen. Wie bei allen Bausystemen sind neben den üblichen Ausführungen einige weit weniger geläufige Dinge besonders zu beachten. Hierzu werden die wichtigsten Hinweise gegeben. Die Beschreibungen der Bauteile sind so gehalten, dass alle Informationen für die Ausführung bis hin zur Bestellung der Baustoffe enthalten sind, und zum anderen ist die Darstellung so gewählt, dass für die Ausführung vollständige zeichnerische Unterlagen und Detaillierungen vorliegen, die entsprechend den Vorgaben der Planung sofort im Betrieb und auf der Baustelle als Arbeitsunterlagen dienen können.

Nachträgliche Änderungen am Gebäude

„Ein Haus ist nie fertig“– dieser weise Spruch trifft natürlich auch auf Häuser in Holzrahmenbauart zu. Schon beim Entwurf werden bestimmte spätere Veränderungen mit bedacht. Während der Bauphase ergeben sich manchmal gewisse Änderungen und späterhin können Veränderungen z.B. durch Vermietung bestimmter Teile, durch Zuzug oder Auszug von Familienmitgliedern notwendig werden. Grundsätzlich ist die Holzrahmenbauweise ein sehr flexibles Bausystem, das schon in der Planungsphase erlaubt, eine Vielzahl von späteren Änderungen vorzusehen. Diese sind dann sehr leicht und ohne großen Anfall von Schmutz durchzuführen und machen oftmals keine Umbauarbeiten an anderen anschließenden Bauteilen erforderlich. Aber auch unvorhergesehene Änderungen sind an den bestehenden Gebäuden aus Holz sehr leicht und sauber durchzuführen. Nicht nur Veränderungen, sondern auch Verbesserungen der Qualität des Hauses werden teilweise erst nach dem Einzug vorgenommen, um die Entstehungskosten möglichst gering zu halten. Wird zunächst eine einfache Ausführung vorgesehen, so können ohne große

Abb. 1.2: Produktionshalle in Holztafelbauweise, Wittlich. Architekt: Gerrit Horn

Einschränkung der Benutzbarkeit der Räume nachträglich sehr schnell und sauber – z.B. ohne Bohren – anspruchsvollere Wand- und Deckenbekleidungen eingebaut oder andere nachträgliche Maßnahmen zur Verbesserung der Wohnqualität vorgenommen werden. Anbauten wie Balkone oder Wintergärten, aber auch zusätzliche Wohnräume lassen sich einfach anfügen. Der Aufwand für Instandhaltung und Renovierung unterscheidet sich nicht von dem anderer Häuser. Angesichts der Veränderbarkeit und zu erwartenden Veränderungen von dauerhaften, beständigen Bauwerken werden Lösungen bevorzugt, die robust sind.

Dabei hilft der Verzicht auf Dampfbrems- bzw. Dampfsperrfolien, die noch vor ein bis 2 Dekaden bei Holzbauweisen zum Standard gehörten. Die leichte Verletzbarkeit solcher Folien stellte damals ein gewisses Risiko für das bauphysikalische Funktionieren dar. Die dargestellten Konstruktionen verwenden als Dampfbremse robuste Holzwerkstoffplatten – meist OSB-Platten –, die auch als luftdichte Ebene wirken und an den Plattenstößen und Bauteilanschlüssen mit geeigneten Klebematerialien luftdicht angeschlossen werden müssen. Bei Veränderungen an diesen Bauteilen werden Beschädigungen der luftdichten Ebene aus diesen harten Platten vermieden und bei nachträglichen Durchbrüchen und Anschlüssen durch diese Luftdichtheitsschicht kann bei den Arbeiten die luftdichte Ebene leicht vollständig hergestellt werden.

Energiesparendes Bauen

Holzrahmenbau hat seine hervorragende Eignung für energiesparendes und umweltverträgliches Bauen bewiesen.

Es würde den Rahmen dieses Werkes sprengen, die vielen verschiedenen „Energielabels“ und „Energiestandards“, die von den unterschiedlichsten Organisationen, Verbänden und Herstellern auf den Markt gebracht wurden, darzustellen und ihre substanziellen und konstruktiven Besonderheiten zu behandeln.

Das Werk bietet jedoch Grundlagen, die in solchen Systemen mit Wänden in Holztafelbauart gut angewandt werden können. Im Jahr 2020, wurde vom Gesetzgeber das „Gesetz zur Einsparung von Energie und zur Nutzung Erneuerbarer Energien zur Wärme- und Kälteerzeugung in Gebäuden – Gebäudeenergiegesetz (GEG)“ neu beschlossen. Dieses Gesetz führte die bisherige Energieeinsparverordnung (EnEV 2014/2016) und das bisherige Erneuerbare-Energien-Wär-megesetz (EEWärmeG) zusammen und ersetzt seitdem diese beiden Rechtsvorschriften. Jedoch ergaben sich aus dem neuen Gesetz keine höheren Anforderungen an das Gebäude selbst als die schon seit 2016 geltenden. Erst seit Anfang 2024 wurden höhere energetische Anforderungen mit dem zwischenzeitlich novellierten GEG festgelegt. Mit dem Holzrahmenbau besteht ohne großen Aufwand die Möglichkeit, die gesetzlichen Maximalwerte beim Primärenergiebedarf des Gebäudes und bei der Dämmung der Gebäudehülle deutlich zu unterschreiten.

1.2 Vergleich konventioneller und diffusionsoffener Holzrahmenbau

Als vor einigen Jahrzehnten der Holzrahmenbau noch in den Kinderschuhen steckte, wurde noch kein besonderes Augenmerk auf die Luftdichtheit der Gebäudehülle gelegt. Zwar findet sich bereits seit der Mitte des vergangenen Jahrhunderts in der DIN 4108 der allgemeine Hinweis, es solle luftdicht gebaut werden, doch bis Ende der Neunzigerjahre fehlte jede normative Festlegung in dieser Richtung. Feuchtigkeit, die innerhalb von Bauteilen auftrat, wurde zu jener Zeit eher mit Diffusionsvorgängen in Verbindung gebracht als mit Kondensation feuchtwarmer Luft, die durch Fugen und Ritzen strömt. Inzwischen hat sich im Baubereich die Erkenntnis durchgesetzt, dass luftdichtes Bauen nicht nur der Vermeidung von Zugluft im Gebäude und zur Steigerung der Energieeffizienz des Gebäudes dient, sondern dass das luftdichte Bauen erheblich auch zur Bauschadensfreiheit beiträgt, da Konvektion von feuchter und warmer Luft an Bauteilanschlüssen und Durchdringungen vermieden wird. Dadurch kommt es bei luftdichter Bauweise zu keiner schädlichen Kondensation aufgrund von Luftströmen innerhalb von Außenbauteilen.

Da diese Erkenntnis und Erfahrung erst reifen mussten, ging man im letzten Jahrhundert im Großen und Ganzen davon aus, dass Feuchteschutz im Wesentlichen durch Begrenzung der Diffusion durch Bauteile erreicht wird. In dieser Zeit etablierte sich die stationäre Feuchteberechnung nach Glaser. Bei diesem Verfahren wird der Tauwasserausfall innerhalb des Bauteils während der Winterphase mit der Verdunstung im Sommer verglichen. Rechnerisch lassen sich dabei gute Ergebnisse erzielen, wenn das untersuchte Bauteil raumseitig möglichst diffusionsdicht ist und zur Außenseite hin immer diffusionsoffener wird. Baupraktisch wurde dieser Zustand durch das Anordnen einer Dampfsperre unterhalb der raumseitigen Beplankung mit Gipskartonplatten erreicht. Zwar mag das rechnerisch eine sichere Konstruktion ergeben, doch wenn nicht gleichzeitig durch gute Detaillösungen und eine sorgfältige Ausführung eine sehr gute Luftdichtheit der Gebäudehülle erreicht wird, erhöht sich die Gefahr von Feuchteschäden gerade durch die hohe Diffusionsdichtheit zum Raum hin. Denn durch die Dampfsperre ist bei Tauwasserausfall aufgrund von Infiltration (Luftdurchgang durch Fugen) eine Rücktrocknung in den Raum hinein behindert. Bei Verdunstung wird nur ein kleiner Teil des Verdunstungswasserdampfs durch die vorhandenen Fugen nach innen kommen, deshalb bleibt nur der Trocknungsweg nach außen. Dieses einseitige Verdunstungspotenzial ist je nach Tauwassermenge nicht ausreichend. Somit verbleibt schädliches Tauwasser in der Konstruktion und kann über die Jahre sogar auffeuchten. Ende des vergangenen Jahrtausends reifte in der Fachwelt auch die Erkenntnis, dass eine raumseitige diffusionsoffene Bauweise dem Bauteil eine Rücktrocknung in den Raum gibt und damit eine Verdopplung des Trocknungspotenzials möglich ist. Die gleichzeitig einhergehende größere Diffusion in der Winterzeit ist dabei nicht so bedeutend wie die Verbesserung der Trocknungsmöglichkeiten.

Können Wände atmen?

Oft werden in diesem Zusammenhang **„atmende Wände“** angepriesen. Ein Haus kann nicht atmen! Der Feuchteaustausch eines Gebäudes geschieht fast vollständig durch die Lüftung. Der hygienisch erforderliche Luftaustausch kann nur über die Fensterlüftung oder eine mechanische Lüftungsanlage erfolgen. Die Diffusion spielt dabei keine wesentliche Rolle.

Nachdem sich inzwischen luftdichtes Bauen nicht nur normativ etabliert hat, sondern auch auf der Baustelle angekommen ist, und gleichzeitig die Erkenntnis im Bereich des Diffusionsverhaltens von Bauteilen fortgeschritten ist, sind Folien bei Außenbauteilen des Holzrahmenbaus, insbesondere bei den Außenwänden, recht selten anzutreffen. Wenn dennoch Folien eingesetzt werden, dann handelt es sich im Regelfall um sogenannte feucht-variable Bahnen. Diese Materialien verändern ihren Diffusionswiderstand und sind in der Tauperiode, im Winter, diffusionsdichter als in der Verdunstungsperiode, dem Sommer.

Moderner Holzrahmenbau

Der grundsätzliche Verzicht auf Folien in den Außenwänden kommt auch den Wünschen der Holzbau-Kundschaft entgegen. Der oft geäußerte Satz: „Ich möchte nicht in einer Folie wohnen“ zeigt, was viele Bauinteressenten über Holzhäuser denken. Der handwerkliche Holzbau hat schon früh auf Folien verzichtet. Dagegen wurde und wird in der Fertighausindustrie in den Außenwänden nach wie vor auch noch mit Folien gearbeitet, teilweise sind dort sogar Dampfsperren im Einsatz. Fortschrittliche Unternehmen der Fertighausbranche verzichten auf diese Materialien aus Kunststoff und setzen somit die Erkenntnisse des modernen Holzrahmenbaus praktisch um.

Alle in diesem Buch gezeigten Konstruktionen wurden feuchtetechnisch untersucht und erfüllen die Anforderungen an den Feuchteschutz. Dennoch sei darauf hingewiesen, dass Abweichungen in den einzelnen Materiallagen eine Veränderung des Feuchteverhaltens bewirken können. In diesen Fällen ist dringend zu raten, eine Feuchteberechnung gemäß DIN 4108-3 „Wärmeschutz und Energie-Einsparung in Gebäuden – Teil 3: klimabedingter Feuchteschutz; Anforderungen, Berechnungsverfahren und

Hinweise für Planung und Ausführung" zu erstellen. Die aktuelle Fassung dieser Norm beinhaltet auf der einen Seite ein statisches Berechnungsverfahren, verweist aber ebenso auf die Nachweismöglichkeit über dynamische Berechnungsverfahren, die das Feuchteverhalten im Bauteil über den Jahresgang bzw. über mehrere Jahre simulieren. Gerade bei diesen instationären Berechnungsmethoden kann festgestellt werden, ob die Feuchtigkeit im Bauteil ausgehend von einer Anfangsfeuchte über mehrere Jahre eher zunimmt oder tatsächlich wie gefordert abnimmt.

Die Regel

Auch bei diffusionsoffenen Bauweisen behält die altbekannte Grundregel „Innen dichter als außen" ihre volle Gültigkeit. Weitere Ausführungen zum Feuchteschutz sind in Abschnitt 2.3.6 enthalten.

1.3 Holz(rahmen)bau in allen Gebäudeklassen

1.3.1 Musterbauordnung und Landesbauordnungen

Der Holzbau erobert die Höhe. War es zu Zeiten der 1. Auflage dieses Buches gerade so möglich, Ein- und Zweifamilienhäuser und ähnlich große Gebäude gemäß den Landesbauordnungen der einzelnen Bundesländer in Holzbauweise herzustellen, so erweiterte sich im auslaufenden letzten Jahrhundert die Genehmigungsfähigkeit von Holzbauten für Gebäude bis oberste Geschossdeckenhöhe von 7 m, also 3 Geschosse, das entspricht der heutigen Gebäudeklasse 3. Das föderale System in Deutschland sorgt für unterschiedliche Umsetzungszeitpunkte der Möglichkeiten des modernen Holzbaus. Richtschnur für die Länder in der Fassung ihrer Landesbauordnungen ist die Musterbauordnung (MBO). Deren Entwicklung orientiert sich aber oft an Regelungen in fortschrittlichen Bundesländern, die als Erste Erweiterungen zur Zulässigkeit von Holzbauten gesetzlich festschreiben. In der MBO 2002 erschien erstmalig die Feuerwiderstandsklasse „hochfeuerhemmend" und eröffnete mit den zum gleichen Zeitpunkt in der MBO definierten 5 Gebäudeklassen grundsätzlich die Möglichkeit, dass die Bundesländer in ihren Landesbauordnungen bis Gebäudeklasse 4 mit bis 13 m oberste Geschossdecke über Terrain, das sind dann 5 Geschosse, in Holzbauweise erlauben. Die Umsetzung dieser Erweiterung auf bis zu 5 Geschosse erfolgte in den Bundesländern zu unterschiedlichen Zeitpunkten. Baden-Württemberg war sehr früh mit dabei, andere Bundesländer kamen nur zögerlich nach.

Schon Anfang des zweiten Jahrtausends wurden Holzbau-Projekte in Angriff genommen, die auch die 5 Geschosse überschritten. So baute das Architekturbüro Kaden Klingbeil Architekten im Jahr 2008 in Berlin einen ersten Siebengeschosser in Holz, danach folgten im deutschsprachigen Raum Holzgebäude mit 8, 9 und jüngst auch 10 Geschossen. Diese zunächst als Einzelprojekte mit jeweiliger Zustimmung im Einzelfall errichteten Musterbeispiele zeigen die Möglichkeiten, die man mit Holz als Tragkonstruktion hat. Nun findet sich das in jüngster Zeit auch in allen Landesbauordnungen wieder. Alle ermöglichen inzwischen das Bauen mit Holz bei Bauteilen, für die „feuerbeständig" vorgeschrieben ist. War bislang der Begriff feuerbeständig mit der Verwendung nicht brennbarer Baustoffe verknüpft, so erlauben die Landesbauordnungen auch brennbare Baustoffe bei feuerbeständigen Bauteilen durch die folgende Formulierung der MBO 2024: *„Abweichend von Abs. 2 Satz 3 sind andere Bauteile, die feuerbeständig oder hochfeuerhemmend sein müssen, aus brennbaren Baustoffen zulässig, sofern sie den Technischen Baubestimmungen nach § 85a entsprechen."* (§ 26 Abs. 2 Satz 4 MBO 2024) Der im Zitat genannte § 85a MBO bezieht sich auf die Einführung der Muster-Richtlinie über brandschutztechnische Anforderungen an Bauteile und Außenwandbekleidungen in Holzbauweise (MHolzBauRL) in den einzelnen Bundesländern (siehe Kapitel 1.3.2).

Abb. 1.3: Sanierung und Erweiterung in vorgefertigter Holztafelbauweise, Trier. Architektur: Arcinplan und Dominik Heinrich, Fotograf: Hannsjörg Pohlmeyer

Mag so manchem der Föderalismus in diesem Zusammenhang problematisch erscheinen, da in den einzelnen Bundesländern voneinander abweichende Regeln gelten, sich diese immer nur über längere Zeiträume einigermaßen aneinander angleichen, so kann man aus Sicht des Holzbaus einen Vorteil der Kulturhoheit der Länder erkennen. Das Bauen gehört zur Landeskultur. Deshalb können auch einzelne Bundesländer mit neuen Regelungen vorpreschen und andere ziehen nach, wenn erkannt wird, dass es sinnvoll und richtig ist. So wurden in den letzten Jahren gerade bei der Zulässigkeit von Holzbauweisen aus Sicht des Brandschutzes schneller Fortschritte erreicht, als wenn Baugesetze nur auf Bundesebene möglich wären. Gerade im Süden Deutschlands hat der Holzbau eine lange Tradition und auch Vertrauen in die technische Qualität bei Entscheidungsträgern. Deswegen konnte beispielsweise Baden-Württemberg gesetzgeberische Zeichen setzen und Vorbild sein.

Somit ist der Holzbau inzwischen in allen Gebäudeklassen zuhause und gilt als anerkannte und gleichwertige Bauweise zu anderen Techniken aus bauaufsichtlicher Sicht.

Tabelle 1.1: Einteilung der Gebäudeklassen (GK) in der Musterbauordnung (MBO) und Übernahme in die Landesbauordnungen der 16 Bundesländer. Die Höhe *H* ist das Maß der Fußbodenoberkante des höchstgelegenen Geschosses, in dem ein Aufenthaltsraum möglich ist, über der Geländeoberfläche im Mittel. Die Grundflächen der Nutzungseinheiten im Sinne der Bauordnungen sind die Brutto-Grundflächen; bei der Berechnung der Brutto-Grundflächen bleiben Flächen in Kellergeschossen außer Betracht.

Bundesland	**Bezeichnung/ Stand**	**GK 1**	**GK 2**	**GK 3**	**GK 4**	**GK 5**	**Hochhäuser**
Musterbau-ordnung	MBO 2024	a) freistehend, $H =$ maximal 7 m, bis 2 Nutzungseinheiten mit insgesamt maximal 400 m^2 b) freistehende land-/forstwirtschaftliche Gebäude	$H =$ maximal 7 m, bis 2 Nutzungseinheiten mit insgesamt maximal 400 m^2	sonstige Gebäude mit $H =$ maximal 7 m	Gebäude mit $H =$ maximal 13 m und Nutzungseinheiten mit jeweils nicht mehr als 400 m^2	sonstige Gebäude einschließlich unterirdischer Gebäude	GK 5 mit $H > 22$ m
Baden-Württemberg	LBO BW 2025	wie MBO	wie MBO	wie MBO	wie MBO	wie MBO	
Bayern	BayBO 2024	wie MBO	wie MBO	wie MBO	wie MBO	wie MBO	GK 5 mit $H > 22$ m
Berlin	BauO Bln 2023	wie MBO	wie MBO	wie MBO	wie MBO	wie MBO	GK 5 mit $H > 22$ m
Brandenburg	BbgBO 2023	wie MBO	wie MBO	wie MBO	wie MBO	wie MBO	GK 5 mit $H > 22$ m
Bremen	BauO BR 2024	wie MBO	wie MBO	wie MBO	wie MBO	wie MBO	GK 5 mit $H > 22$ m
Hamburg	HbauO 2023	wie MBO	wie MBO	wie MBO	wie MBO	wie MBO	GK 5 mit $H > 22$ m
Hessen	HBO 2023	wie MBO	wie MBO	wie MBO	wie MBO	wie MBO	GK 5 mit $H > 22$ m
Mecklenburg-Vorpommern	LBauO M-V 2024	wie MBO	wie MBO	wie MBO	wie MBO	wie MBO	GK 5 mit $H > 22$ m
Nieder-sachsen	NbauO 2024	wie MBO	wie MBO	wie MBO	wie MBO	wie MBO	GK 5 mit $H > 22$ m
Nordrhein-Westfalen	BauO NRW 2024	wie MBO	wie MBO	wie MBO	wie MBO	wie MBO	
Rheinland-Pfalz	LBauO RLP 2024	freistehende Wohngebäude mit einer Wohnung in nicht mehr als 2 Geschossen, andere freistehende Gebäude ähnlicher Größe, freistehende landwirtschaftliche Betriebsgebäude	Gebäude, $H =$ maximal 7 m a) mit maximal 2 Wohnungen, b) mit 3 Wohnungen in freistehenden Gebäuden in Hanglage, wenn 3. Wohnung im untersten Geschoss liegt und Zugang unmittelbar vom Freien An die Stelle der Wohnungen können jeweils sonstige Nutzungseinheiten treten, wenn Nutzfläche des Gebäudes maximal 400 m^2	wie MBO	wie MBO	wie MBO	GK 5 mit $H > 22$ m

Tabelle 1.1: (Fortsetzung)

Bundesland	Bezeichnung/ Stand	GK 1	GK 2	GK 3	GK 4	GK 5	Hochhäuser
Saarland	LBO SL 2023	wie MBO	wie MBO	wie MBO	wie MBO	wie MBO	GK 5 mit $H > 22$ m
Sachsen	SächsBO 2024	wie MBO	wie MBO	wie MBO	wie MBO	wie MBO	GK 5 mit $H > 22$ m
Schleswig-Holstein	LBO SH 2024	wie MBO	wie MBO	wie MBO	wie MBO	wie MBO	
Thüringen	ThürBO 2024	wie MBO	wie MBO	wie MBO	wie MBO	wie MBO	GK 5 mit $H > 22$ m

Abb. 1.4: IBA Soft House, Augsburg. Architektur: Kennedy & Violich Architecture/360 Grad+, Fotograf: Hannsjörg Pohlmeyer

1.3.2 Verwendbarkeitsnachweise für Holzbausysteme im Geschosswohnungsbau Beitrag von Johannes Niedermeyer, Holzbau Deutschland Institut

Für den Holzbau eröffnet sich seit Jahren zunehmend das Marktsegment des Geschosswohnungsbaus. Während vor zehn Jahren der Marktanteil bei den Genehmigungszahlen noch bei ca. 2 % für Mehrfamilienhäuser in Holzbauweise lag, entwickelten sich die Genehmigungszahlen seitdem durch den Wohnungsbaubedarf in den mittleren und großen Ballungszentrum 2024 auf über 7,5 % Marktanteil. Diese Situation stellt alle Akteure in der Planung und Ausführung vor die Aufgabe, für die Verwendung in den höheren Gebäudeklassen geeignete und zugelassene Bauprodukte und Bauarten auszuwählen.

Neben den Landesbauordnungen (LBO) und den jährlich angepassten Verwaltungsvorschriften Technische Baubestimmungen (VV TB) gilt es zur Qualitätssicherung und zur Begrenzung von Haftungsrisiken Nachweise über die Verwendbarkeit von Bauprodukten und über die Anwendbarkeit von Bauarten aktuell zu führen und zu dokumentieren. Wesentlich dabei ist, die baurechtlichen Regelungen für die Planung und Ausführung zu kennen.

Bauordnungsrechtliche Grundlagen

a) **Die Musterverwaltungsvorschriften Technische Baubestimmungen (VV TB)** führt technische Baubestimmungen und Regelungen für vier Kategorien auf.

Tabelle 1.2: Übersicht Musterverwaltungsvorschriften Technische Baubestimmungen MVV TB

Teil	Regelungsbereich
A	Technische Baubestimmungen, die bei der Erfüllung der Grundanforderungen an Bauwerke zu beachten sind;
	Konkretisierung der Grundanforderungen an bauliche Anlagen; Planungs-,
	Bemessungs- und Ausführungsregeln
B	Technische Baubestimmungen für Bauteile und Sonderkonstruktionen, die zusätzlich zu den in Abschnitt A aufgeführten Technischen Baubestimmungen zu beachten sind;
	Konkretisierung der Grundanforderungen für Sonderkonstruktionen
C	Technische Baubestimmungen für Bauprodukte, die nicht die CE-Kennzeichnung tragen, und für Bauarten;
	Bestimmungen für national geregelte Bauprodukte
D	Bauprodukte, die keines Verwendbarkeitsnachweises bedürfen;
	Untergeordnete Bauprodukte für welche überwiegend allgemein anerkannte Regeln der Technik (aaRT) gelten
Anhänge	Eigenständige Technische Baubestimmungen

Grundsätzlich wird in der Musterbauordnung (MBO) bei der Anwendung zwischen Bauprodukt (§ 16b MBO) und Bauart (§ 16a MBO) unterschieden. Ferner wird zwischen geregelten und ungeregelten Bauprodukten bzw. Bauarten unterschieden. Für ungeregelte Bauprodukte und Bauarten gelten folgende Nachweisregelungen, siehe Tabelle 1.3.

b) Ungeregelte Bauprodukte: nationale Nachweise

Unter Bauprodukte versteht man Produkte, Baustoffe, Bauteile und Anlagen sowie Bausätze, die hergestellt werden, um dauerhaft in bauliche Anlagen eingebaut zu werden bzw. um mit dem Erdboden verbunden zu werden.

Nach § 17 MBO ist für ein Bauprodukt ein Verwendbarkeitsnachweis erforderlich, wenn

- es keine Technische Baubestimmung und keine allgemein anerkannte Regel der Technik gibt,
- das Bauprodukt von einer Technischen Baubestimmung (§ 85a Abs. 2 Nr. 3) wesentlich abweicht oder
- eine Verordnung nach § 85 Abs. 4a es vorsieht.

Ein Verwendbarkeitsnachweis ist nicht erforderlich für ein Bauprodukt,

- das von einer allgemein anerkannten Regel der Technik abweicht oder
- das für die Erfüllung der Anforderungen nach MBO nur eine untergeordnete Bedeutung hat.

Hinsichtlich der Verwendbarkeit von Bauprodukten, die von einer technischen Regel bzw. Baubestimmung abweichen, unterscheidet die Musterbauordnung zwischen

- **allgemeiner bauaufsichtlicher Zulassung (abZ)**
  Eine allgemeine bauaufsichtliche Zulassung wird durch das Deutsche Institut für Bautechnik (DIBt) ausgestellt. Sie gilt in der Regel für 5 Jahre. In der Zulassung können auch Angaben zum Einbau enthalten sein. Ob zusätzlich eine Bauartgenehmigung erforderlich ist, kann nicht pauschal beurteilt werden und muss jeweils geprüft werden.
  Beispiel: Kabelabschottung
- **allgemeinem bauaufsichtlichem Prüfzeugnis (abP)**
  Das allgemeine bauaufsichtliche Prüfzeugnis gilt für Bauprodukte, die nach allgemein anerkannten Prüfverfahren beurteilt werden. Die Prüfungen und die Ausstellung des abP erfolgen durch die Materialprüfanstalten.
  Beispiel: Wand in Holzständerbauweise mit biogenen Dämmstoffen
- **Nachweis der Verwendbarkeit von Bauprodukten im Einzelfall (ZiE)**
  Mit Zustimmung der obersten Bauaufsichtsbehörde dürfen im Einzelfall Bauprodukte verwendet werden, wenn ihre Verwendbarkeit nachgewiesen ist. Die Zustimmung ist zu beantragen und wird in der Regel durch die oberste Bauaufsichtsbehörde des jeweiligen Bundeslandes erteilt.

  Eine Zustimmung im Einzelfall darf nicht auf andere Einbauorte desselben Bauvorhabens und nicht auf andere Bauvorhaben übertragen werden.

Tabelle 1.3: Bauarten und Bauprodukte/Bausätze gemäß Musterverwaltungsvorschrift Technische Baubestimmungen (MVV TB), Stand 12/2018 (Quelle: INFORMATIONSDIENST HOLZ Holzbau Handbuch Reihe 3, Teil 5, Folge 1 „Brandschutzkonzepte für mehrgeschossige Gebäude und Aufstockungen", Prof. Dr.-Ing. Dirk Kruse)

Bauarten und Bauprodukte/Bausätze gemäß MVV TB				
Bauarten – 3. Teil MBO Bauarten ist das Zusammenfügen von Bauprodukten zu baulichen Anlagen oder Teilen von baulichen Anlagen		**Bauprodukte – 4. Teil M** § 16 b MBO – Allgemeine Anforderungen für die Verwendung von Bauprodukten		
§ 16 a MBO		Bauprodukte und Bausätze mit CE-Kennzeichnung – § 16 c MBO	Nationale Bauprodukte §§ 17-25 MBO	
Anwendbarkeit der Bauart		Bauprodukt ist verwendbar, wenn die erklärten Leistungen den Bauwerksanforderungen (MBO/VwV TB) entsprechen	„Geregelte Bauprodukte"	„Nicht geregelte Bauprodukte"
„Geregelte Bauarten"	„Nicht geregelte Bauarten"			
Bauarten in Übereinstimmung mit einer technischen Regel bzw. technischen Baubestimmung z.B. nach DIN 4102-4	Bauarten abweichend von technischer Regel bzw. Baubestimmung	Bauprodukt/Bausatz entspricht hEN oder EAD/ETA	Bauprodukt in Übereinstimmung mit technischer Regel/technischer Baubestimmung	Bauprodukt abweichend von technischer Regel bzw.Baubestimmung bzw. ohne techn. Regel
	VwV TB C4	Hersteller erstellt **Leistungserklärung** (DoP) mit Angabe mind. einer Leistung bezogen auf ein wesentliches Merkmal der hEN/EAD; werden weitere wesentliche Merkmale nicht erklärt, müssen diese als NPD (No Performance Determined) deklariert werden.	VwVTB C2	VwV TB C3
	aBG, abP, vBG		kein Verwendbarkeits-nachweis	abZ, abP, ZIE
Übereinstimmungsbestätigung durch den Anwender/Errichter gemäß § 16 a Abs. 5 MBO		Nachweis von zus. Leistungen durch freiwillige technische Dokumentation gem. VwV TB D3	Übereinstimmungserklärung durch den Hersteller	
		ggf. zusätzliche Anwendungsregeln nach VwV TB [ehem. LTB II]	Ü-Zeichen	

c) Ungeregelte Bauprodukte: europäische Nachweise

- **Europäisch-Technischen Bewertung (ETA)**
  ETAs erfüllen nicht grundsätzlich die nationalen Anforderungen nach den Landesbauordnungen (LBO) und den zugehörigen Verwaltungsvorschriften Technische Baubestimmungen (VV TB). In eine ETA können aber länderspezifische Leistungsmerkmale aufgenommen werden, um die nationalen Bauwerksanforderungen zu erfüllen. Bei ETAs ist daher immer ein Abgleich zwischen der ausgewiesenen Leistung und den nationalen Anforderungen notwendig.
- **Klassifizierungsbericht (KB)**
  Das Format des Klassifizierungsberichtes wird u.a. zur Dokumentation des Brandverhaltens im Brandschutz angewendet. Er definiert die Klassifizierung, die dem Bauprodukt in Übereinstimmung mit den Verfahren nach EN 13501-1 zugeordnet wird. Hierbei wird das Brandverhalten (Entzündbarkeit, Flammausbreitung) von Bauprodukten in sieben Euroklassen (A1 bis F) sowie zusätzlich Brandnebenerscheinungen wie Rauchentwicklung (s1-s3) und Abfallen/ Abtropfen (d0-d2) klassifiziert.

Der Klassifizierungsbericht wird in Verbindung mit der 2024 veröffentlichten Muster-Richtlinie über brandschutztechnische Anforderungen an Bauteile und Außenwandbekleidungen in Holzbauweise (M-HolzBauRL) als weiteres Nachweisformat für die Standsicherheit im Brandfall, den Raumabschluss und die brandschutztechnisch wirksame Bekleidung von Bauteilen in Holzbauweise angewendet, wenn diese abweichend von der M-HolzBauRL als hochfeuerhemmend oder feuerbeständig eingesetzt werden.

c) Ungeregelte Bauarten: nationale Nachweise

Unter einer Bauart versteht man das Zusammenfügen von Bauprodukten zu baulichen Anlagen oder Teilen von baulichen Anlagen.

Für ungeregelte Bauarten gelten folgende Nachweisvarianten:

- **allgemeiner Bauartgenehmigung (aBG)**
  Eine allgemeine Bauartgenehmigung wird durch das Deutsche Institut für Bautechnik (DIBt) ausgestellt. Sie gilt für alle nicht geregelten Bauarten.
  Beispiel: Bauart zum Verschließen von Elektroinstallationsöffnungen in feuerwiderstandsfähigen Bauteilen

Tabelle 1.4: Tabelle 1.4: MVV TB 2024/1, C 2.3.1.4 ff, Regelungen Holztafelbau

Lfd. Nr.	Bauprodukt	Technische Regeln/Ausgabe	Übereinstimmungs-bestätigung
C 2.3.1.4	Beidseitig geschlossene, nicht geklebte Holztafelelemente DIN 1052-11, Typ M2	DIN 1052-11:2022-12	ÜZ, gilt auch für Nichtserienfertigung
C 2.3.1.5	Beidseitig bekleidete oder beplankte geklebte Wand-, Decken- und Dachelemente, z.B. Tafelelemente für Holzhäuser in Tafelbauart	DIN 1052-10:2012-05 Zusätzlich gilt sinngemäß: Richtlinie für die Überwachung von Wand-, Decken- und Dachtafeln für Holzhäuser in Tafelbauart nach DIN 1052 Teil 1 bis Teil 3 (1992-06)	ÜZ, gilt auch für Nichtserienfertigung
C 2.3.1.6	Einseitig geschlossene, nicht geklebte Holztafelelemente, DIN 1052-11, Typ M1A und M1B	DIN 1052-11:2022-12	ÜH
C 2.3.1.7	Beidseitig geschlossene, nicht geklebte Holztafelelemente DIN 1052-11, Typ M2	DIN 1052-11:2022-12	ÜZ, gilt auch für Nichtserienfertigung

- **allgemeinem bauaufsichtlichem Prüfzeugnis für Bauarten (abP)**
  Das allgemeine bauaufsichtliche Prüfzeugnis gilt für nicht geregelte Bauarten, für die es allgemein anerkannte Prüfverfahren gibt. Die Prüfungen und die Ausstellung des allgemeinen bauaufsichtlichen Prüfzeugnisses erfolgen durch die Materialprüfanstalten.
- **vorhabenbezogener Bauartgenehmigung (vBG)**
  Die vorhabenbezogene Bauartgenehmigung wird durch die zuständige oberste Baubehörde im jeweiligen Bundesland erteilt. Sie kommt für Bauarten zur Anwendung, die von Technischen Baubestimmungen wesentlich abweichen oder für die es keine allgemein anerkannte Regel der Technik gibt.
- **Kombibescheid: Allgemeine bauaufsichtliche Zulassung (abZ)/Allgemeine Bauartgenehmigung (aBG)**
  Mit der abZ/aBG können regelungsbedürftige Bauprodukte und konstruktive Lösungen deutschlandweit in Einklang mit den Bauordnungen ver- und angewendet werden. Hierbei werden Regelungen zu Produkteigenschaften und Regelungen zur Planung, Bemessung und Ausführung in einem Bescheid kombiniert.

Anwendung im Holztafelbau

Üblicherweise werden im Holztafelbau Wand-, Decken- und Dachelemente beidseitig oder einseitig geschlossen vorgefertigt und vor Ort montiert. Hierzu gibt es die in den Tabellen 1.5 bis 1.7 dargestellten Regelungen in der Muster-

Tabelle 1.5: Elementtypen nach DIN 1052-11 sowie die zugeordneten Verfahren zur Übereinstimmungsbestätigung nach MVV TB 2024/1 – einseitig geschlossene, nicht geklebte Holztafelelemente

einseitig geschlossene, nicht geklebte Holztafelelemente		
Typ	**Elementaufbau und -abmessungen**	**Übereinstimmungsbestätigung**
Typ M1A nach MVV TB C 2.3.1.6	**Elementaufbau:** - einseitig geschlossen - einlagige Bekleidung/Beplankung - mechanisch befestigt **Wandelement** / **Deckenelement** / **Dachelement** 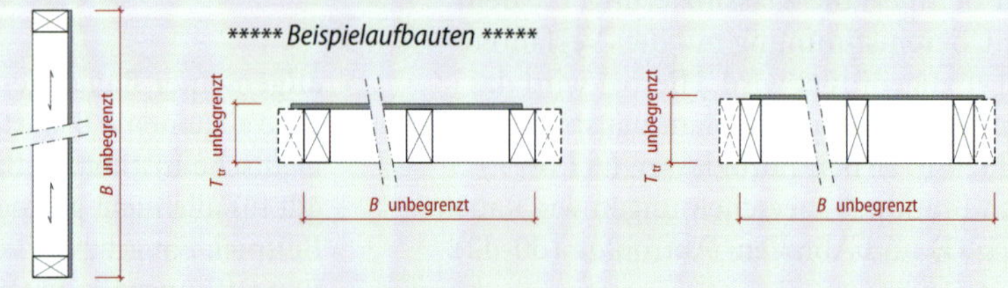 **Elementabmessungen:** unbegrenzt / unbegrenzt / unbegrenzt	**ÜH**

Fortsetzung Tabelle 1.5: Elementtypen nach DIN 1052-11 sowie die zugeordneten Verfahren zur Übereinstimmungsbestätigung nach MVV TB 2024/1 – einseitig geschlossene, nicht geklebte Holztafelelemente

<table>
<tr><th colspan="6">einseitig geschlossene, nicht geklebte Holztafelelemente</th></tr>
<tr><th>Typ</th><th colspan="4">Elementaufbau und -abmessungen</th><th>Überein-stimmungs-bestäti-gung</th></tr>
<tr><td rowspan="9">Typ M1B nach MVV TB C 2.3.1.6</td><td>Elementaufbau:</td><td colspan="3">- einseitig geschlossen
- einlagige Bekleidung/Beplankung
- mechanisch befestigt</td><td rowspan="9">ÜH</td></tr>
<tr><td></td><td>Wandelement</td><td>Deckenelement</td><td>Dachelement</td></tr>
<tr><td></td><td>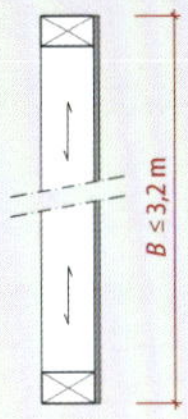</td><td colspan="2">***** Beispielaufbauten *****
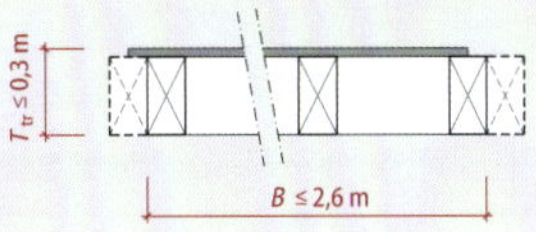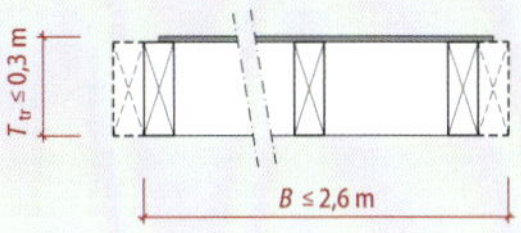</td></tr>
<tr><td>Elementabmessungen:</td><td></td><td></td><td></td></tr>
<tr><td>Fertigungslänge L:
Fertigungsbreite B:</td><td>L ≤ 12,0 m
B ≤ 3,2 m</td><td>L ≤ 12,0 m
B ≤ 2,6 m</td><td>L ≤ 12,0 m
B ≤ 2,6 m</td></tr>
<tr><td>Dicke tragenden Komponenten T_{tr}:</td><td>T_{tr} unbegrenzt</td><td>T_{tr} ≤ 0,3 m</td><td>T_{tr} ≤ 0,3 m</td></tr>
<tr><td>Fertigungsdicke T_{ges}:</td><td>T_{ges} unbegrenzt</td><td>T_{ges} unbegrenzt</td><td>T_{ges} unbegrenzt</td></tr>
<tr><td>Sonstiges für Wandelemente:
max. horizontale Beanspruchung:</td><td colspan="3">"gering belastet"</td></tr>
<tr><td>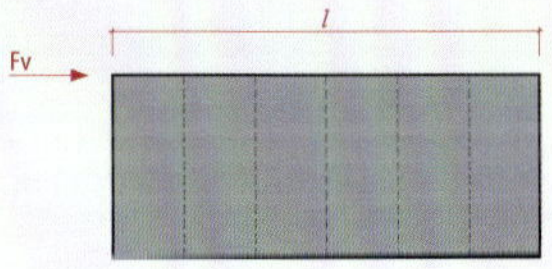</td><td colspan="3">Klammern Ø 1,53:
$F_v/l \leq 3,5$ N/mm → Abgleich mit Statik erforderlich!

Klammern ≥ Ø 1,8:
$F_v/l \leq 4,0$ N/mm → Abgleich mit Statik erforderlich!</td></tr>
<tr><td rowspan="4">Typ M1C nach MVV TB C 2.3.1.7</td><td>Elementaufbau:</td><td colspan="3">- einseitig geschlossen
- einlagige Bekleidung/Beplankung
- mechanisch befestigt</td><td rowspan="4">ÜZ
gilt auch für Nicht-Serien-fertigung</td></tr>
<tr><td></td><td>Wandelement</td><td>Deckenelement</td><td>Dachelement</td></tr>
<tr><td></td><td>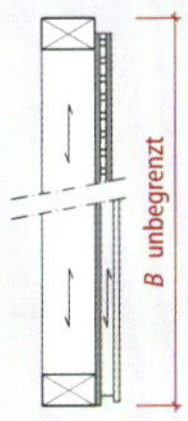</td><td colspan="2">***** Beispielaufbauten *****
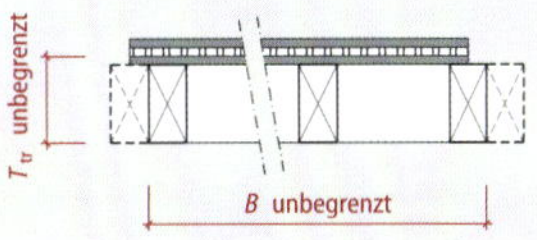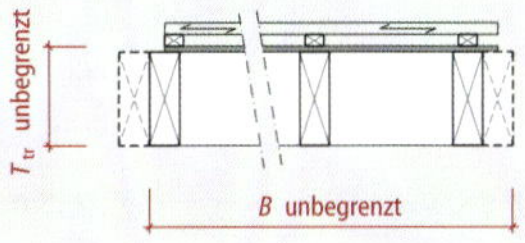</td></tr>
<tr><td>Elementabmessungen:</td><td>unbegrenzt</td><td>unbegrenzt</td><td>unbegrenzt</td></tr>
</table>

Verwaltungsvorschrift Technische Baubestimmungen (MVV TB), die für jede Anwendung von Holztafelelementen unabhängig von der Gebäudeklasse gelten.

In der DIN 1052-11:2022-12 „Holzbauwerke - Herstellung und Ausführung von Holzbauwerken - Teil 11: Vorgefertigte Wand-, Decken- und Dachelemente - Anforderungen an die Herstellung“ werden die einzelnen Fertigungstiefen analog zu der Einteilung in der MVV TB unter C 2.3.1.4 ff detailliert aufgeführt (siehe Tabelle 1.5).

Dabei bedeutet:

- **ÜH**: Die Übereinstimmungserklärung erfolgt allein durch den Hersteller. Er bestätigt eigenverantwortlich, dass er die technischen Baubestimmungen eingehalten hat und eine WPK führt. Eine Fremdüberwachung ist nicht notwendig.
- **ÜZ**: Die Übereinstimmungserklärung erfolgt mittels Übereinstimmungszertifikat, ausgestellt durch eine anerkannte Zertifizierungsstelle. Der Hersteller führt eine WPK und wird fremdüberwacht.

Tabelle 1.6: Elementtypen nach DIN 1052-11 sowie die zugeordneten Verfahren zur Übereinstimmungsbestätigung nach MVV TB 2024/1– beidseitig geschlossene, nicht geklebte Holztafelelemente

beidseitig geschlossene, nicht geklebte Holztafelelemente					
Typ	**Elementaufbau und -abmessungen**				**Übereinstimmungsbestätigung**
Typ M2 nach MVV TB C 2.3.1.4	**Elementaufbau:**	- beidseitig geschlossen - einlagige oder mehrlagige Bekleidung/Beplankung - mechanisch befestigt			**Übereinstimmungsbestätigung ÜZ gilt auch für Nicht-Serienfertigung**
		Wandelement	**Deckenelement**	**Dachelement**	
		***** *Beispielaufbauten* ***** 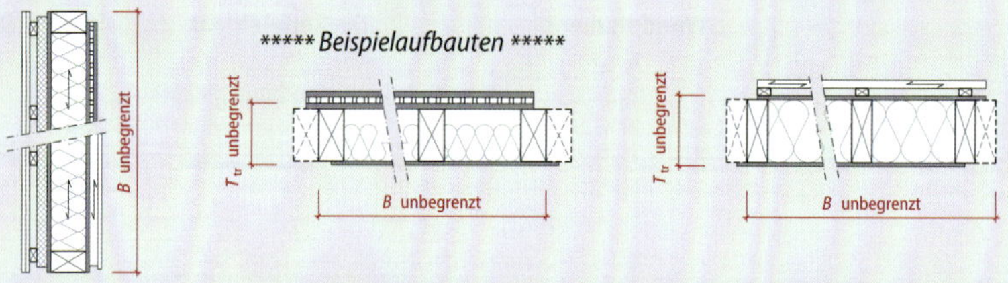			
	Elementabmessungen:	unbegrenzt	unbegrenzt	unbegrenzt	

Tabelle 1.7: Elementtypen nach DIN 1052-11 sowie die zugeordneten Verfahren zur Übereinstimmungsbestätigung nach MVV TB 2024/1– geklebte Holztafelelemente

geklebte Holztafelelemente					
Typ	**Elementaufbau und -abmessungen**				**Übereinstimmungsbestätigung**
Typ K nach MVV TB C 2.3.1.5	**Elementaufbau:**	- ein- oder beidseitig geschlossen - einlagige oder mehrlagige Bekleidung/Beplankung - mindestens eine aufgeklebte Bekleidung/Beplankung [→ Anforderungen an die Verklebung nach DIN 1052-10 sowie DIN 1052-11, Abschnitt 8]			**ÜZ gilt auch für Nicht-Serienfertigung**
		Wandelement	**Deckenelement**	**Dachelement**	
		***** *Beispielaufbauten* ***** 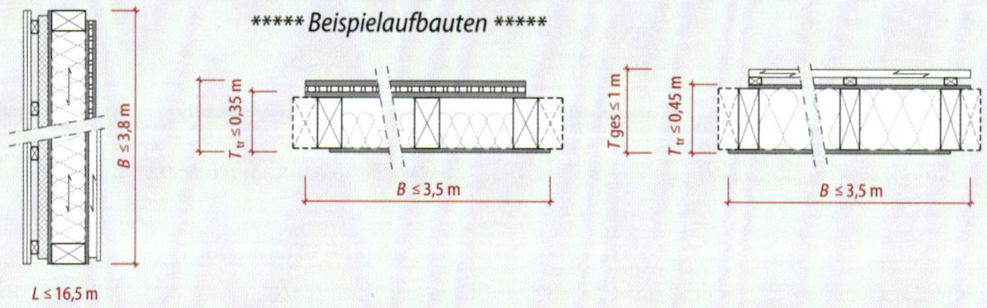			
	Elementabmessungen:				
	Fertigungslänge L:	L ≤ 16,5 m	L ≤ 12,5 m*	L ≤ 12,5 m*	
	Fertigungsbreite B:	B ≤ 3,8 m	B ≤ 3,5 m	B ≤ 3,5 m	
	Dicke tragenden Komponenten T_{tr}:	T_{tr} unbegrenzt	T_{tr} ≤ 0,35 m	T_{tr} ≤ 0,45 m	
	Fertigungsdicke T_{ges}:	T_{ges} unbegrenzt	T_{ges} ≤ 1,0 m	T_{ges} ≤ 1,0 m	
			* bei B ≤ 2,6 m darf L ≤ 15,0 m betragen		

Regelungen im Brandschutz für den Geschosswohnungsbau in Holzbauweise

a) Muster-Richtlinie über brandschutztechnische Anforderungen an Bauteile und Außenwandbekleidungen in Holzbauweise – MHolzBauRL

Die MHolzBauRL wurde im September 2024 in einer überarbeiteten Fassung veröffentlicht. Die Vorgängerversion aus dem Jahr 2020 löste die Muster-Richtlinie über brandschutztechnische Anforderungen an hochfeuerhemmende Bauteile in Holzbauweise – M-HFHHolzR (2004) ab.

Die MHolzBauRL:2024-09 regelt hochfeuerhemmende Bauteile nach § 26 Absatz 2 Satz 2 Nummer 3 der Muster-

Tabelle 1.8: Umgang mit Abweichungen im bauaufsichtlichen Verfahren (Quelle: INFORMATIONSDIENST HOLZ Holzbau Handbuch Reihe 3, Teil 5, Folge 1 „Brandschutzkonzepte für mehrgeschossige Gebäude und Aufstockungen", Prof. Dirk Kruse)

	Umgang mit Abweichungen			
Art der Abweichung	Abweichungen von der LBO oder von Sonderbauverordnungen	Abweichungen von technischen Baubestimmungen (z.B. LAR, M-HFH-HolzR, IndBauRL)	Abweichungen von Verwendbarkeitsnachweisen	
			Wesentliche Abweichungen	Nicht wesentliche Abweichungen
Genehmigungsverfahren	Zustimmung durch untere Bauaufsicht oder Prüfingenieur Brandschutz erforderlich, z.B. im Rahmen eines Brandschutzkonzepts, Beantragungspflicht		Zustimmung im Einzelfall (ZiE) durch oberste Bauaufsicht	Erklärung durch Anwender, Absicherung durch Hersteller, Prüfstellen, Gutachten
Leistungsphase	Genehmigungsplanung		Ausführungsplanung	

bauordnung sowie abweichend hochfeuerhemmende und abweichend feuerbeständige Bauteile im Sinne von § 26 Absatz 2 Satz 4 der Musterbauordnung. Feuerwiderstandsfähige Bauteile nach MHolzBauRL sind mit brandschutztechnisch wirksamer Bekleidung und, soweit erforderlich, mit Dämmstoffen (in der Regel nicht brennbar) auszuführen.

Es wird in Holztafelbauweise und Massivholzbauweise unterschieden. Die Richtlinie beinhaltet Regelungen für die Ausführung von Fugen zwischen einzelnen Elementen sowie Anschlüssen von Bauteilen untereinander.

Die MHolzBauRL gilt auch für Wände anstelle von Brandwänden gemäß § 30 Absatz 3 Satz 2 Nummer 1 und 2 der Musterbauordnung.

Für Sonderbauten ist die Richtlinie grundsätzlich nur anwendbar, bei Gebäuden mit brandschutztechnisch abgetrennten Räumen/Raumgruppen, die nicht größer als 400 m^2 sind und deren bestimmungsgemäße Nutzung für selbstrettungsfähige Personen vorgesehen ist.

Bauarten bedürfen keiner weiteren Anwendbarkeitsnachweise, sofern sie von der MHolzBauRL (2024-09) erfasst sind.

b) Abweichungen

Hinsichtlich der unterschiedlichen Arten von möglichen Abweichungen im Rahmen des Bauordnungsrechts bestehen in der Praxis häufig Unklarheiten, wie eine Abweichung im bauaufsichtlichen Sinne korrekt einzuordnen ist. Die korrekte Einordnung der Art der Abweichung ist aber entscheidend für die weitere Nachweisführung im bauaufsichtlichen Verfahren. Tabelle 1.8 stellt die verschiedenen Verfahren gegenüber.

Die entscheidende Frage bei dem zuvor dargestellten Prozedere ist: Handelt es sich um eine wesentliche Abweichung, ja oder nein? Sie bestimmt den Aufwand in der Ausführungsplanung.

Für die Anforderungen an den Brandschutz ist eine nicht wesentliche Abweichung von den im Verwendbarkeitsnachweis zugesicherten Eigenschaften der Konstruktion derart charakterisiert, dass durch sie die Feuerwiderstandsfähigkeit der Konstruktion nicht negativ beeinflusst wird.

Diese Beurteilung sollte in der Regel durch einen Brandschutzexperten vorgenommen und durch den Ausführenden bestätigt werden. Letzterer trägt die Verantwortung.

1.4 Vorfertigung

1.4.1 Der Weg zum Holztafelbau

Während der handwerkliche Bau von Holzhäusern vor der Jahrtausendwende oft das bereits abgebundene (zugesägte) Holzskelett auf der Baustelle montiert und gedämmt hatte, hat sich auch bei handwerklich orientierten Holzbauunternehmen die Holztafelbauweise durchgesetzt, die im Holzfertigbau schon seit den Sechzigerjahren des letzten Jahrhunderts üblich sind. Dabei geht der Holztafelbau sogar auf die schon vor über 100 Jahren entwickelten Bauweisen zurück, deren größter Protagonist zu damaliger Zeit der Architekt Konrad Wachsmann war. Bekannt ist dessen Wohnhaus für Albert Einstein in Caputh in der Nähe von Potsdam, welches damals schon zeigte, wie fortschrittlich Vorfertigung im Holzbau sein kann.

Beim Holzrahmenbau kommen folgende Bauweisen vor:

- Holzskelettbau (Aussteifung durch Streben),
- Holztafelbau (Aussteifung durch Beplankung),

- Balloon-Frame und Platform-Framing (übliche Bauweisen in Amerika).

Beim auf der Baustelle montierten Holzskelettbau sowie bei Balloon-Frame und Platform-Framing lässt sich lediglich ein Vorfertigungsgrad von ca. 15 bis 25 % erreichen. Dagegen bietet die Holztafelbauweise Vorfertigungsmöglichkeiten bis zu 90 %. Dabei werden Wand-, Decken- und Dachtafeln im Werk vorgefertigt und auf der Baustelle montiert. Die Vormontage kann inklusive der Wandbeplankung, Dämmung, Fenster, Türen und auch der Sanitär-/Elektroinstallation erfolgen. Holzhaushersteller erreichen durch eine ausgefeilte Logistik und den Einsatz modernster Fertigungsmethoden, wie z.B. CNC-gesteuerte Wand-, Dach- und Deckenproduktion, sehr kurze Bauzeiten:

- 1 bis 2 Tage Produktion,
- 1 bis 2 Tage Montage,
- 3 bis 6 Wochen Ausbau.

In der Anfangszeit vorgefertigter Holzbauweisen waren Typenhäuser üblich, die nur wenig Variationsmöglichkeiten zuließen. Diese Einschränkungen sind schon lange überholt und die individuelle Planung ist auch bei der Holztafelbauweise absolut üblich und kennt fast keine Grenzen.

Je höher der Vorfertigungsgrad, desto aufwendiger werden die Anschlussdetails. Durch Vermeiden von Montageöffnungen innerhalb von Dämmebenen kann auf zeitaufwendige Nachdämmarbeiten und nachträgliches Schließen solcher Öffnungen verzichtet werden. Das Anschließen der luftdichten Ebene zwischen 2 Elementen birgt durchaus Probleme; so wird oftmals bei der Detailplanung nicht an die Ausführbarkeit unter Baustellenbedingungen gedacht. Bei rauem Wetter flattern überlappende Folien im Wind und werden eventuell umgeknickt oder eingeklemmt (auch Antackern hilft nicht immer). Durch Aneinanderscheuern der schweren Elemente (3 t sind für Holzhaustafeln durchaus möglich) kann die überstehende Folie beschädigt und nicht mehr mit den anschließenden Bauteilen verklebt werden. Folien, die an der Wandoberseite herausragen und z.B. die Höhe des aufliegenden Deckenelements überbrücken sollen, werden durch Nässe zu einer „Rutschfalle" für Montagearbeiter, die sich z.B. beim Positionieren der Deckenelemente auf den Wänden abstützen müssen. Durch Feuchtigkeit während der Montage lassen sich möglicherweise Anschlüsse nicht richtig luftdicht verkleben, die später nicht mehr zugänglich sind.

Dennoch: In der Vorfertigung liegt längst die Zukunft

Trotz der Hinweise zu möglichen Problempunkten vorgefertigter Konstruktionen, die teilweise auch für die Baustellenfertigung gelten, soll das nicht bedeuten, dass Vorfertigung nicht sinnvoll ist. Ganz im Gegenteil: Die Zukunft des Holzbaus liegt nach wie vor in weitgehend vorgefertigten und sehr gut gedämmten Gebäuden. Nur die Vorfertigung unter optimalen Werkstattbedingungen kann eine wiederkehrend gute Qualität im Holzhausbau garantieren, denn der größte Feind moderner und schneller Bauweisen ist die Feuchte: aus Witterung und bei nicht ausreichend getrockneten Hölzern.

Die erforderliche hohe Qualität der Vorfertigung wird durch die verpflichtende Güteüberwachung gesichert. Hersteller von beidseits geschlossenen Wand-, Dach- und Deckentafeln sind verpflichtet, Eigen- und Fremdüberwachung zu veranlassen. Dies wird durch eine Zertifizierung bzw. durch Gütezeichen dokumentiert. Dadurch können Bauaufsicht, Bauleitung bzw. die Auftraggeberseite erkennen, dass die angelieferten Bauteile auch den gestellten Anforderungen entsprechen. Die Güteüberwachung wird in Abschnitt 1.4.2 näher beschrieben.

1.4.2 Güteüberwachung

Überwachung bei vollständig geschlossenen Konstruktionen

Für vorgefertigte Wand-, Dach- und Deckentafeln ist vorgeschrieben, dass der jeweilige Herstellerbetrieb eine Eigenüberwachung durchführt und sich fremdüberwachen lässt (siehe Kapitel 1.3.2). Für diese Güteüberwachung ist das Hinzuziehen einer dafür anerkannten Stelle erforderlich. Dabei handelt es sich meist um an Hochschulen oder Universitäten angeschlossene Materialprüfanstalten. Es ist empfehlenswert, wenn ein Unternehmen über die Mitgliedschaft in einem Verband Unterstützung bei der Umsetzung der Qualitätsüberwachung erhält und diese Güteüberwachung nicht nur als Pflicht sieht, sondern auch die Chancen darin erkennt. Neben dem Marketingvorteil, da durch Gütezeichen beim Kunden Vertrauen erweckt wird, erhöht dieses Vorgehen die Qualität der eigenen Leistung. Die permanente Prüfung im Rahmen der Eigenüberwachung stellt sicher, dass schon im Produktionsprozess erkannt wird, wenn es Unstimmigkeiten zwischen Soll und Ist gibt. Dadurch werden Kosten vermieden, die entstehen, wenn erst auf der Baustelle Fehler der Vorproduktion entdeckt werden.

Der Grund für die bauaufsichtlich geforderte Güteüberwachung vorgefertigter Elemente liegt darin, dass der bauleitende Architekt oder der Tragwerksplaner, der zur Abnahme des Tragwerks die Baustelle besucht, im fertig geschlossenen Element keine Möglichkeit hat, zu überprüfen, ob die Vorgaben der statischen Berechnung, aber auch die in der Heizwärmebedarfsberechnung angenommenen Bauteilaufbauten korrekt umgesetzt wurden. Im Rahmen der Eigenüberwachung muss der güteüberwachte Betrieb jede Materialanlieferung dokumentieren. Im Wareneingangsbuch werden bei Holzlieferungen die Holzfeuchte und die genauen Abmessungen, Sortierklassen und Gütezeichen des Herstellers, Zulassungsnummern sowie der Lieferant vermerkt. Die Messung der Holzfeuchte sollte am besten noch auf dem anliefernden Lkw erfolgen, sodass bei Überschreiten der vereinbarten Maximalfeuchte die Warenannahme verweigert werden kann. Auch alle anderen Produkte, wie Holzwerkstoffe, Befestigungsmittel, Dämmstoffe, Trockenbauplatten usw., werden auf diese Weise erfasst. Es kann unmittelbar festgestellt werden, ob seitens des Lieferanten Fehllieferungen vorliegen oder beispielsweise bauaufsichtliche Zulassungen bzw. Übereinstimmungszertifikate nicht vorliegen.

Im Rahmen der Eigenüberwachung gehört zur Güteüberwachung darüber hinaus auch die konsequente Erfassung der für das auszuführende Projekt erforderlichen Unterlagen. Sofern die Unterlagen nicht sowieso vom ausführenden Holzbauunternehmen selbst erstellt werden, sind vom Auftraggeber Projektdokumente einzufordern und projektbezogen abzulegen (siehe 1.4.3).

Stellt der Unternehmer eine Abweichung zwischen den vom Auftraggeber vorgelegten Planungsunterlagen und der beauftragten Holzbauleistung fest, die zur Nichteinhaltung von Vorgaben aus der Tragwerksplanung oder Energiebedarfsberechnung führen oder von den Vorgaben aus den Mindeststandards der Güteüberwachung abweichen, so hat er das mit dem Auftraggeber zu klären. Eine von den Vorgaben abweichende Ausführung darf nicht mit dem Überwachungszeichen gekennzeichnet und mit dem Gütezeichen beworben werden.

Bei der zweimal jährlich unangekündigt stattfindenden Fremdüberwachung durch die Zertifizierungsstelle erfolgt eine Überprüfung der Aufzeichnungen aus der Eigenüberwachung und der im Lager befindlichen Materialien. Für die aktuell in der Produktion befindlichen Projekte wird die Einhaltung der Vorgaben aus Statik und Wärmeschutz sowie der Mindeststandards aus der RAL-Güteüberwachung überprüft. Stellt der Prüfer eine Abweichung vom Erlaubten fest, wird eine Nachfrist zur Beseitigung festgelegt, die Abweichung wird im Prüfprotokoll festgehalten.

Für den Unternehmer ergeben sich aus der Güteüberwachung folgende Vorteile:

- höhere Sicherheit in der Bauausführung, da die Übereinstimmung mit der Tragwerksplanung und Bauphysik durch Eigen- und Fremdüberwachung überprüft wird,
- frühzeitiges Erkennen falsch gelieferter Waren,
- Fehlerreduktion, dadurch Kosteneinsparung auf der Baustelle während der Montage, im Bereich Kundendienst und Gewährleistung,
- höhere Kundenzufriedenheit,
- Marketingvorteil gegenüber Wettbewerbern.

Gütezeichen und Qualitätsgemeinschaften

Verschiedene Vereine und Verbände haben sich zum Ziel gesetzt, Qualitätsstandards im Holzhausbau zu definieren und vorzuschreiben. Die Mitgliedsunternehmen lassen sich bezüglich der Einhaltung dieser Qualitätsstandards von unabhängiger Stelle überprüfen und durch den Zertifikatsgeber zertifizieren. Für den Hersteller von Holzhäusern bedeutet die Mitgliedschaft und die damit verbundene Überprüfung der Einhaltung der jeweiligen Kriterien zum einen einen Marketingvorteil gegenüber nicht zertifizierten Mitbewerbern, zum anderen aber auch einen reinen Wissenstransfer, da in der Regel zwischen den Unternehmen im Rahmen von Verbandsversammlungen oder Seminaren ein intensiver Wissensaustausch stattfindet.

Die holzbauspezifischen Verbände haben sich auf die gemeinsame Verwendung der RAL-Gütezeichen „Holzrohelementherstellung“ und „Holzhausbau“ geeinigt. Damit wurden einheitliche Qualitätslabel geschaffen, die beim Endkunden Sicherheit vermitteln.

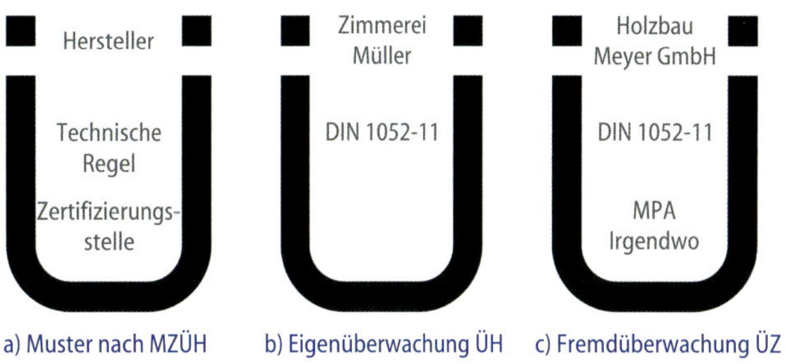

Abb. 1.5: IBeispielhafte Ü-Zeichen

Für den Holzhausbau interessant sind folgende RAL-Gütezeichen:

- **RAL-GZ 421 Holzrohelementherstellung:**
  Herstellung vorgefertigter Holzrohelemente (beidseitig bekleidete oder beplankte Wand-, Decken- und Dachelemente),
- **RAL-GZ 422 Holzhausbau:**
  Holzhausbau, Herstellung vorgefertigter Bauprodukte (beidseitig bekleidete oder beplankte Wand-, Decken- und Dachelemente) sowie Errichtung von Holzhäusern (Montage) in den folgenden Bauarten: Holztafelbauart/ Holzrahmenbauart, Holzskelettbauart, Massivholzbauart und Modulbauart,
- **RAL-GZ 402 Blockhausbau:**
  Herstellung von Teilen aus Massivholz und Montage von Blockhäusern,
- **RAL-GZ 427 Brettstapel- und Dübelholz:**
  Herstellung von statisch tragenden und nicht tragenden Brettstapelelementen mit mechanischen Holzverbindungsmitteln; Brettstapelelemente sind massive flächige Bauteile aus nebeneinanderstehenden Lamellen,
- **RAL-GZ 429 Dachbau Bauen im Bestand:**
  - Rohbau von Dachkonstruktionen aus Holz, Holzwerkstoffen und Holzverbundbauteilen,
  - Herstellung von Zweckbauten zur forst-und landwirtschaftlichen Nutzung,
  - Herstellung von witterungs-und strömungsdichten Hüllen,
  - Dachbau und Umbau von Dachgeschossen,
  - bauphysikalische und statische Ertüchtigungen an Bestandsgebäuden,
  - Dachdeckungen,
  - Dachentwässerungen,
  - Balkon-und Terrassenkonstruktionen,
- **RAL-GZ 405 Ingenieurholzbau:**
  Errichtung von Ingenieurholzbauten,
- **RAL-GZ 601 Nagelplattenprodukte:**
  Herstellung von Nagelplattenbindern, Nagelplattenwandelementen und sonstigen Nagelplattenprodukten sowie deren Montage.

1.4.3 Anforderungen an die Elementvorfertigung

Mit der bauaufsichtlichen Einführung der DIN 1052-11 wird Güteüberwachung vorgefertigter Wand- , Decken- und Dachtafeln zum Regelfall für alle vorfertigenden Holzbaubetriebe, ob Industriebetrieb oder handwerkliche Zimmerei. Auch wenn für die einseitig geschlossenen und nur einlagig bekleideten bzw. beplankten Elementtypen M1A und M1B nach MVV TB keine Fremdüberwachung (ÜZ) erforderlich ist, so muss der Herstellbetrieb selbst mit der Übereinstimmungsbestätigung (ÜH) für jedes Element bestätigen, dass die entsprechenden Vorgaben aus den technischen Baubestimmungen erfüllt sind (siehe Kapitel 1.3.2). Jedes einzelne gefertigte Element erhält ein Ü-Zeichen in Form eines Stempels oder eines Aufklebers gemäß der in den Bundesländern eingeführten Übereinstimmungszeichenverordnung (gemäß bundeseinheitlichem Muster: MÜZVO – siehe Abbildung 1.5)

Arbeitsvorbereitung

Am Beginn des Herstellungsprozesses vorgefertigter Holztafelelemente steht die Arbeitsvorbereitung (AV). Dabei geht es um die Umsetzung der bautechnischen Vorgaben und die Grundlagen der Entwurfs und Genehmigungsplanung in die Werkstattplanung und die Zusammenstellung aller Materialien für das Bestellwesen. Grundlagen bilden die Vorgaben der Standsicherheit alle Bauphysikalische Nachweise und das Raumbuch mit den Bauherrenwünschen und Planungsvorgaben der beteiligten Planungsbüros, wie Architektur sowie Brand- und Schallschutz, usw.).

Rahmen der Arbeitsvorbereitung entstehen bei der dreidimensionalen Planung des Holzbaukörpers Fertigungspläne für jedes vorzufertigende Holztafelelement und jedes weitere Holzbauteil. Im Zuge dessen werden Elementdatenblätter erstellt, die die Bauteile von Beginn der Fertigung bis zur Baustelle begleiten.

Im Anhang B der DIN 1052-11: 2022-12 ist ein solches Elementdatenblatt als Beispiel der Dokumentation der hergestellten Elemente und Kontrolle der Ausführung enthalten. Das konsequente Führen und Überprüfen dieser Datenblätter ist ein wesentlicher Teil der werkseigenen Produktionskontrolle (WPK) im Rahmen der Eigenüberwachung, für die der Hersteller selbst die Verantwortung übernehmen muss. Verantwortliche Personen in der Arbeitsvorbereitung und in der Produktion geben die Elementdatenblätter zur Weitergabe an den nächsten Bearbeitungsschritt durch Signatur frei.

Wareneingang

Zur Werkseigenen Produktionskontrolle gehört auch die Wareneingangskontrolle (WEK). Alle angelieferten Baumaterialien und Baustoffe werden auf die Übereinstimmung mit den jeweiligen Vorgaben geprüft. Bei Holz und Holzwerkstoffen wird dabei auch die Lieferfeuchte und die Dimensionen bei Anlieferung gemessen und im Wareneingangsbuch mit den Liefermengen eingetragen und mit den Bestellmengen und Bestelldaten abgeglichen. Die Qualität der angelieferten Ware wird so festgestellt und es kann bei Schäden oder zu hohen Feuchtegehalten unmittelbar reagiert werden. Gleichzeitig sind Verwendbarkeitsnachweise der Produkte, wie Leistungserklärungen, DoP, CE-Kennzeichen oder Ü-Zeichen zu kontrollieren und zu dokumentieren. Dabei sind insbesondere Vorgaben zu beispielsweise Festigkeitsklasse, Wärmeleitfähigkeit, Brandverhalten mit den produktspezifischen Werten abzugleichen. So können gegebenenfalls falsch gelieferte Waren reklamiert werden und rechtzeitig vor Beginn des eigentlichen Produktionsprozesses ein Austausch ermöglicht werden. Auf diese Weise kann ein störungsfreier Herstellungsprozess vorbereitet werden. Gleichzeitig dient die Dokumentation des Wareneingangs – ob per Hand geführt oder

Abb. 1.6: maschinelle Vorfertigung von Wandelementen

Tabelle 1.9: Im Rahmen der Eigenüberwachung zu kontrollierende bautechnische Nachweise mit Hinweis auf dafür üblicherweise vorliegender Unterlagen

Bautechnische Nachweise (gemäß DIN 1052-11 Tab. 4)		Übliche Unterlagen aus dem Verantwortungsbereich des Auftraggebers, die vorliegen müssen
Vorgaben aus der Baugenehmigung	Unterlagen zur Baugenehmigung entsprechend den bauordnungsrechtlichen Bestimmungen	Vollständige Baugenehmigung mit allen Genehmigungsunterlagen und dazugehörige Behördenschreiben der Bauaufsicht mit behördlichen Auflagen.
Standsicherheit	Nachweis zur Standsicherheit nach DINEN1995-1-1 und DIN EN1995-1-1/NA	Standsicherheitsnachweis des Tragwerksplaners mit Positionsplan und ggf. Detailplanungen. Ggfs. Dokumente des Prüfingenieurs.
Brandschutz	Festlegung der Brandschutzanforderungen nach den bauordnungsrechtlichen Bestimmungen Nachweis zur Erfüllung der Brandschutzanforderungen nach DIN4102-4 Muster-Richtlinie über brandschutztechnische Anforderungen an Bauteile und Außenwandbekleidungen in Holzbauweise (MHolzBauRL) bauaufsichtliche Ver- und Anwendbarkeitsnachweise	Objektbezogene Brandschutzplanung sofern für das Projekt vorliegend. Ansonsten Angaben aus der genehmigten Genehmigungsplanung des Entwurfsverfassers.
Schallschutz	Festlegung der Mindestschallschutzanforderungen nach DIN4109-1 Nachweis zur Erfüllung der Mindestschallschutzanforderungen nach DIN4109-2	Sofern öffentlich-rechtlich gefordert (z.B. durch Angaben im B-Plan) Schallschutznachweis eines Bauphysikers aus der Genehmigungsplanung
Wärmeschutz	Wärmeschutznachweis nach Normenreihe DIN4108, DINV18599 (alle Teile) Berücksichtigung des Nenn- und Bemessungswertes der Wärmeleitfähigkeit nach DIN4108-4	Im Rahmen der Genehmigungsplanung oder aufgrund von Fördertatbeständen erstellter Wärmeschutznachweis mit Angaben der U-Werte und Bauteilaufbauten für alle Bauteile eischließlich der
Feuchteschutz	Feuchteschutznachweis nach DIN4108-3 Numerisches Simulationsverfahren nach DIN EN 15026	dazugehörige Feuchteschutznachweise.
Dauerhaftigkeit	Holzschutz nach DIN68800-1 und konstruktiver Holzschutz nach DIN68800-2 Korrosionsschutz von Verbindungsmitteln nach DINEN1995-1-1 in Verbindung mit DINEN1995-1-1/NA Dauerhaftigkeit Korrosionsschutz von Stahlbauteilen nach DINEN1090-2 für Bauteile aus nichtrostenden Stählen in Verbindung mit DIN EN 1993-1-4 und DIN EN 1993-1-4/NA	Im Rahmen der Ausführungsplanung ist der Holzschutz festzulegen und zu dokumentieren. Für den Korrosionsschutz Verwendbarkeitsnachweise der Hersteller

elektronisch erfasst – als Grundlage der Eigenüberwachung und wird bei Fertigungsprozessen mit Fremdüberwachung von der Zertifizierungsstelle stichprobenartig geprüft.

Eigenüberwachung

Für die Eigenüberwachung gibt Teil 11 der DIN 1052 den Rahmen vor: Bei jedem Bauvorhaben sind die für die Ausführung notwendigen Angaben aus den bautechnischen Nachweisen oder aus einem durch die für die Planung verantwortlichen freigezeichnet Elementdatenblatt zu kontrollieren. Tabelle 1.9 listet die zu prüfenden bautechnischen Nachweise auf.

Hinweis:
Verantwortlichkeit für die Bereitstellung der bautechnischen Nachweise:

Im Rahmen der Beauftragung muss zwischen dem Hersteller der vorgefertigten Holztafelelemente und dem Besteller eindeutig vereinbart werden, welche Unterlagen zum Gebäude vom Besteller bereitgestellt werden und welche der Hersteller im Rahmen der Auftragsabwicklung selbst erstellt werden sollen. Für die Übergabe der Unterlagen muss ein verbindlicher Zeitpunkt festgelegt werden, der vor Beginn der Arbeitsvorbereitung (AV) liegen muss.

Herstellerseits zu erstellende bautechnische Nachweise müssen vor AV-Beginn durch die Bestellerseite freigegeben werden.

Fremdüberwachung

Sofern Elementtypen M1C und M2 nach DIN 1052-11 gefertigt werden ist eine Fremdüberwachung im ÜZ-Verfahren erforderlich, die nur von einer bauaufsichtlich anerkannten prüf-, Überwachungs- und Zertifizierungsstelle (PÜZ-Stelle) durchgeführt werden kann. Das Deutsche Institut für Bautechnik DIBt stellt mit dem „PÜZ-Verzeichnis" eine Auflistung aller PÜZ-Stellen zur Verfügung, aus der ersichtlich ist, welche Bauprodukte die jeweiligen PÜZ-Stellen überwachen.

Wenn ein Hersteller an einer Betriebsstätte eine Fremdüberwachung erstmalig beginnt, erfolgt zunächst eine Erstüberwachung. Darauf baut die anschließend laufende Regelüberwachung auf. Die Überwachungsstelle stellt jeweils über Erst- und Regelüberwachung Überwachungsberichte auf, die als Grundlage zur Ausstellung- bzw. Verlängerung des Übereinstimmungszertifikat gilt. Mit diesem Zertifikat wird die Berechtigung zur Kennzeichnung der vorgefertigten Wand, Decken- und Dachtafeln mit dem Ü-Zeichen erklärt. Der Bericht ist dem Hersteller auszuhändigen.

Zwei Mal jährlich ist die Regelüberwachung mit mindestens 8 Wochen Abstand durchzuführen. Bei geringen jährlichen Stückzahlen kann in Absprachen mit der Überwachungsstelle auf eine Regelüberwachung im Jahr reduziert werden. Wird die Produktion von Elementen länger unterbrochen und bei Wiederaufnahme der Produktion, ist die Überwachungsstelle zu informieren.

Zur Erstüberwachung gehört die Kontrolle der

- persönlichen Anforderungen, also der Qualifikationen im Herstellungsbetrieb,
- räumlichen Anforderungen, wie z.B. die witterungsunabhängige Produktion und
- technischen Anforderungen mit den maschinellen und produktionstechnischen Voraussetzungen, die im Betrieb gegeben sind.

Bei Erst- und Regelüberwachungen sind folgende Bereiche Inhalt der Kontrolle:

- Vorhandensein und Nachvollziehbarkeit **Dokumentation der WPK:** Verantwortlichkeit, WEK, Auflistung verwendeter Bauprodukte und Kontrolle über die Elementproduktion
- **Bautechnischen Nachweise:** stichprobenartige Überprüfung zu Projekten über das Vorhandensein und Einhalten der Unterlagen, wie Baugenehmigung, Statik, Bauphysik und Dauerhaftigkeit
- **Komponenten und Bauprodukte:** Entspricht die Kennzeichnung der Leistungserklärung und werden die Produkte fachgerecht gelagert?
- **Elementherstellung:** Vorhandensein der Werkstattplanung und Übereinstimmung mit den bautechnischen Vorgaben, Prüfung von Abständen und Eigenschaften der Verbindungsmittel zwischen Beplankungen und Rippen sowie der Dämmstoffe bzgl. fachgerechter Ausführung und deren Protokollierung. Zudem wird die fachgerechte Ausführung von Abdichtungen und Abklebungen sowie die Maßhaltigkeit der Elemente kontrolliert.

1.5 Holzbauplanungsinstrumente

In Holzbauunternehmen werden fast durchgängig modernste CAD-Zeichenprogramme eingesetzt, die die zu planenden Gebäude vollständig dreidimensional abbilden. Das fängt bei den Programmen an, in denen die Stabwerke des Holzbaus mit allen Bearbeitungen, die an den Einzelstäben vorzunehmen sind, dargestellt und vermaßt sind sowie die Daten an eine CNC-Bearbeitungsanlage, eine sogenannte Abbundanlage, abgeben und endet bei EDV-Programmen, die weit über die normalen CAD-Abbund-Programme hinausgehen und auch das Building-Information-Modelling (BIM) einbeziehen können. Mit diesen Holzrahmenbau-Programmen werden Holzgebäude komplett einschließlich aller Bauteilaufbauten erfasst. Damit werden alle Materialmengen ermittelt, sodass automatisch Bestelllisten und Fertigungslisten sowie Fertigungszeichnungen generiert werden können. Abhängigkeiten zwischen Bauteilen sind klar definiert und Kosten sowie Materialangaben können den einzelnen Elementen des gesamten Baukörpers zugewiesen werden.

Building-Information-Modelling (BIM)

Mit den vorgenannten Planungsinstrumenten, die bereits in vielen Holzbaubetrieben im Einsatz sind, ist der Holzbau für den Übergang zu der aktuell überall diskutierten BIM-Planung gut vorbereitet. Die Hersteller dieser Holzbauprogramme haben zum größten Teil die notwendigen BIM-Schnittstellen in ihre Software integriert. Das bedeutet, dass ein Austausch des Gebäudemodells mit anderen an der Planung beteiligten Personen oder Büros grundsätzlich möglich ist. Dafür kommt u.a. die IFC-Schnittstelle zum Einsatz. IFC ist ein Datenaustauschformat, welches für das Bauwesen entwickelt wurde, damit die verschiedenen Planungsebenen gut gemeinsam an einem Projekt arbeiten können.

Während es bislang üblich ist, dass jeder einzelne Projektbeteiligte die für ihn notwendige Planung jeweils selbst erstellt, ist der Hauptgedanke des Building-Information-Modellings der, dass über die gesamte Laufzeit eines Projektes nicht nur während der Planung, sondern auch während der Bauausführung, in der späteren Nutzung, bei Umbauten und am Ende des Gebäudelebens bei der Entsorgung nur ein virtuelles Gebäudemodell existiert. Das bedeutet, der Entwurfsverfasser legt dieses Gebäudemodell in seinem CAD-Programm erstmalig an und arbeitet selbst immer in genau diesem Modell mit allen Phasen der Veränderungen. Auch Varianten werden in diesem einen Modell dargestellt und können für den Kunden bzw. den Gebäudenutzer vor der Realisierung visualisiert und zur Entscheidung vorgelegt werden. Alle fachlich an der Planung beteiligten Fachplaner integrieren ihre Planungsergebnisse in genau dieses eine Gebäudemodell. Das setzt voraus, dass jeder Beteiligte jeweils Planungsinstrumente verwendet, die einen Datenaustausch mit dem Gebäudemodell über die definierte IFC-Schnittstelle vornehmen können.

Dazu ist es natürlich erforderlich, dass es jemanden gibt, der diese Vielzahl an Beteiligten koordiniert, damit keine Fehler bzw. Planungsüberschneidungen stattfinden. Diese Person, der sogenannte BIM-Manager, vergibt an die Projektbeteiligten entsprechende Rechte, sodass der Einzelne nur die Bauteile ändern, löschen oder neu einfügen kann, für die er die Rechte besitzt.

Auch die ausführenden Unternehmen sollen zukünftig an diesem BIM-Prozess teilnehmen. Das bedeutet, dass das Unternehmen die Planungsdaten elektronisch als Gebäudemodell erhält und ebenso wie die Fachplaner seine eigene Werkstattplanung dort integriert und über die Schnittstelle an den BIM-Manager zurückführt, sodass seine Planung vollständig in dem einzigen existierenden virtuellen Gebäudemodell enthalten ist. Disziplin ist bei der Bearbeitung vorauszusetzen, aber sie bietet die Chance, dass Kollisionen verschiedener Bauelemente, die von vielen Personen in einem solchen Gebäudemodell integriert werden, erkannt und vermieden werden. Diese Erkenntnis erfolgt bereits in der Planungsphase und dadurch nicht auf der Baustelle. Denn Letzteres führt sehr häufig zu Planungsänderungen und großen Kosten und dadurch auch zu Störungen im Bauablauf.

Im Gegensatz zu vielen anderen ausführenden Baugewerken sind Zimmerer und Holzbauunternehmer mit den vorgenannten Computerprogrammen auf diese Arbeitsweise schon gut vorbereitet. In Nordamerika, aber auch in vielen europäischen und asiatischen Ländern ist das Planen bei Architekten und Ingenieuren mit BIM weiter fortgeschritten, als es in Deutschland derzeit der Fall ist. Doch die Vorteile dieser Planungsmethode liegen auf der Hand und werden zunehmend auch von Auftraggeberseite gefordert. Gerade für vorgefertigte Holzrahmenbauten ist dies von Vorteil, weil dann im Planungsprozess bereits durch die Architekten viele Dinge berücksichtigt werden müssen, die für die Vorfertigungsplanung von besonderer Bedeutung sind. Dazu gehören z.B. die Sanitär- und Elektroinstallationen, die im Rahmen der Vorfertigung bereits in die Holzbauelemente integriert werden können.

1.6 Bezeichnung der im Buch enthaltenen Bauteile

Im Holzbau gibt es eine große Menge unterschiedlicher Konstruktionsmöglichkeiten. Diese Variantenvielfalt eröffnet Planenden ein großes Spektrum an Lösungen für unterschiedliche Bauaufgaben. Damit man dabei den Überblick behält, muss man sich auf eine Struktur der Bezeichnungen der Bauteile und Bauteilfügungen festlegen. Eine solche Bezeichnungsdefinition wird hier für alle in diesem Werk enthaltenen Bauteilaufbauten und Bauteilanschlüsse in einer einheitlichen Nomenklatur durchgängig angewandt. Diese Nomenklatur orientiert sich an dataholz.eu. Dieses Internet-Tool wird im folgenden Kapitel näher erläutert.

Die von dataholz verwendete Nomenklatur Tour erfasst nicht alle möglichen Bauteilkombinationen. Deshalb wurden für dieses Werk Erweiterungen vorgenommen, die auch in den Nassbau hineingreifen, da der Holzbau auch mit Beton- oder Mauerwerksbauten kombiniert wird. Die nachstehende Nomenklatur-Tabelle (Tabelle 1.10) enthält auch Bauteilbezeichnungen, die nicht in diesem Buch enthalten sind, jedoch möglichst viele Bauweisen und Bauteile abdecken sollen. Auf dieser Basis kann der Nutzer dieses Buches – sofern er für sich nicht ohnehin eine eigene durchgängige Nomenklatur nutzt – für die eigenen Projekte eine Struktur festlegen. So können Details in der Dateiablage bzw. in den Planlegenden eindeutig benannt werden. Das hilft bei der schnellen Suche nach ähnlichen Details oder rückblickend, wenn eine bestimmte Lösung schon mal erarbeitet wurde und für ein neues Projekt wieder Verwendung finden soll.

Die Bauteilbezeichnung selbst besteht aus insgesamt 10 Stellen mit folgendem Aufbau:

- Stelle 1 und 2: Bauteilklasse,
- Stelle 3: Bauweise,
- Stelle 4: Konstruktionsaufbau außen bzw. oben,
- Stelle 5: Art der Fassadenausführung bzw. Art der Dacheindeckung,
- Stelle 6: Konstruktionsaufbau auf der Raumseite,
- Stelle 7 bis 9: dreistellige Nummerierung; in dataholz ist die Nummerierung nur zweistellig. Durch die Dreistelligkeit kann eindeutig unterschieden werden, ob das Detail ein originales Detail aus dataholz ist oder ob es sich um eines aus diesem Buch handelt. Hier werden an erster Stelle die Ziffern 0 oder 1 verwendet, für eigene Anwendungen könnte bei der Planung eine höhere an erster Stelle verwendet werden.
- Stelle 10: bezeichnet die raumseitige Beplankungsart.

Die Bezeichnung von Bauteilfügungen besteht aus 12 Stellen:

- Stelle 1 bis 4 bezeichnen das erste Bauteil,
- an Stelle 5 steht ein Bindestrich „-“,
- Stelle 6 bis 9 bezeichnen das zweite Bauteil,
- Stelle 12 bis 10 nummerieren diese Fügungen.

Dabei sind die jeweils 4 Stellen der Bauteilbezeichnung identisch mit den zuvor genannten Bauteilbezeichnungen, also in den ersten 2 Stellen die Bauteilklasse, in der 3. und 4. Stelle dann die Bauweise.

1.7 Internet-Bauteilkatalog dataholz.eu

Im vorangegangenen Abschnitt wurde bereits in Bezug auf die Nomenklatur auf dataholz.eu verwiesen. Bei dataholz.eu handelt es sich um einen Online-Katalog bauphysikalisch und ökologisch geprüfter und/oder zugelassener Holz- und Holzwerkstoffe, Baustoffe, Bauteile und Bauteilfügungen für den Holzbau, die von akkreditierten Prüfanstalten freigegeben sind. Ein Anliegen dieser Zusammenstellung im Holzbau gängiger Bauweisen ist es, jeweiligen Nutzenden die Möglichkeit zu bieten, Kennwerte als Grundlage für die Nachweisführung gegenüber Baubehörden zu verwenden.

Tabelle 1.10: Nomenklatur im Buch Holzrahmenbau in Anlehnung an dataholz
Beispiel: awropi101a = Außenwand mit Rahmenwerk, Putzfassade, Installationsebene, einfach beplankt

Bauteilklasse Stelle 1 + 2 Bedeutung	**Bauweise** Stelle 3	Bedeutung	**Konstruktionsaufbau außen/oben** Stelle 4	Bedeutung	**Fassade bzw. Dacheindeckung** Stelle 5	Bedeutung	**Konstruktionsaufbau innen/unten** Stelle 6	Bedeutung	**Bauteilnummer** Stelle 7–9	Bedeutung	**Beplankungsart** Stelle 10	Bedeutung
aw	r	Rahmenwerk	h	hinterlüftete/ belüftete Fassade	p	Putz	i	mit Installationsebene	101	Nummerierung	a	einfach beplankt
Außenwand	j	Stegträger	o	nicht hinterlüftete Fassade	h	Holz/Holzwerkstoffe	o	ohne Installationsebene	102	Nummerierung	b	doppelt beplankt
	m	Massivholz	m	monolithisch	z	Vormauerziegel	s	Sichtmauerwerk	103	Nummerierung	o	ohne Beplankung
	n	Nassbau (Mauerwerk, Beton)	w	WDVS			b	Sichtbeton	…			
							p	Putz				
iw	r	Rahmenwerk	x	Platzhalter unbenutzt	b	Brüstungswand	i	mit Installationsebene	101	Nummerierung	a	einfach beplankt
Innenwand	j	Stegträger	t	tragend	i	Installationswand	o	ohne Installationsebene	102	Nummerierung	b	doppelt beplankt
	m	Massivholz	n	nicht tragend	x	Platzhalter unbenutzt	s	Sichtmauerwerk	103	Nummerierung	o	ohne Beplankung
	t	Trockenbau-Metallprofil	m	monolithisch			b	Sichtbeton	…			
	n	Nassbau (Mauerwerk, Beton)					p	Putz				
tw	r	Rahmenwerk	x	Platzhalter unbenutzt	3	F 30	i	mit Installationsebene	101	Nummerierung	a	einfach beplankt
Trennwand	j	Stegträger	g	Gebäudetrennwand	6	F 60	o	ohne Installationsebene	102	Nummerierung	b	doppelt beplankt
	m	Massivholz	w	Wohnungstrennwand	9	F 90	s	Sichtmauerwerk	103	Nummerierung	o	ohne Beplankung
	n	Nassbau (Mauerwerk, Beton)			g	Geb. Abschlusswand F 30-B – F 90-B	b	Sichtbeton	…			
					x	Platzhalter unbenutzt	p	Putz				
gd	r	Rahmenwerk	p	Gehwegplatten	n	Nassestrich, schwimmend	s	Holzoberfläche sichtbar	101	Nummerierung	a	einfach beplankt
Geschossdecke	s	Sichtbalken	s	schwere Schüttung	t	Trockenestrich	a	abgehängte Decke	102	Nummerierung	b	doppelt beplankt
	m	Massivholz	k	keine Deckenbeschwerung	e	Massivestrich	n	nicht abgehängte Decke	103	Nummerierung	o	ohne Beplankung
	b	Holz-Beton-verbunddecke	x	Platzhalter unbenutzt	d	Dielenboden mit Unterkonstruktion	f	Federschiene	…			
	j	Stegträger			k	kein Estrich	x	Platzhalter unbenutzt				
	b	Beton			x	Platzhalter unbenutzt	b	Sichtbeton				
							p	Putz				

Tabelle 1.10: (Fortsetzung)

Bauteilklasse Stelle 1 + 2 Bedeutung	Bauweise Stelle 3	Bedeutung	Konstruktionsaufbau außen/oben Stelle 4	Bedeutung	Fassade bzw. Dacheindeckung Stelle 5	Bedeutung	Konstruktionsaufbau innen/unten Stelle 6	Bedeutung	Bauteilnummer Stelle 7–9	Bedeutung	Beplankungsart Stelle 10	Bedeutung
dd	r	Rahmenwerk	p	Gehwegplatten	n	Nassestrich	x	Platzhalter unbenutzt	101	Nummerierung	a	einfach beplankt
Decke gegen unbeheizt	s	Sichtbalken	s	schwere Schüttung	t	Trockenestrich	s	Holzoberfläche sichtbar	102	Nummerierung	b	doppelt beplankt
da	m	Massivholz	k	keine Deckenbeschwerung	k	kein Estrich	a	abgehängte Decke	103	Nummerierung	o	ohne Beplankung
Decke gegen Außenluft	j	Stegträger	x	Platzhalter unbenutzt	x	Platzhalter unbenutzt	a	nicht abgehängte Decke	…			
	b	Beton					b	Sichtbeton				
							p	Putz				
sd	r	Rahmenwerk	h	hinterlüftete/belüftete Dachhaut	z	Dachziegel/Betondachstein	s	Holzoberfläche sichtbar	101	Nummerierung	a	einfach beplankt
geneigtes Dach (steildach)	s	Sichtbalken	o	nicht hinterlüftete Dachhaut	m	Metalleindeckung	a	abgehängte Decke	102	Nummerierung	b	doppelt beplankt
	m	Massivholz			g	Gründach	n	nicht abgehängte Decke	103	Nummerierung	o	ohne Beplankung
	j	Stegträger			a	Abdichtungsbahn			…			
	b	Beton										
fd	r	Rahmenwerk	h	hinterlüftete/belüftete Dachhaut	a	Abdichtungsbahn	s	Holzoberfläche sichtbar	101	Nummerierung	a	einfach beplankt
Flachdach/	s	Sichtbalken	o	nicht hinterlüftete Dachhaut	m	Metall	a	abgehängte Decke	102	Nummerierung	b	doppelt beplankt
flach geneigtes Dach	m	Massivholz			g	Gründach	n	nicht abgehängte Decke	103	Nummerierung	o	ohne Beplankung
	j	Stegträger					b	Sichtbeton	…			
	b	Beton					p	Putz				
bo	b	Beton	o	Dämmung nur oben	n	Nassestrich	x	Platzhalter unbenutzt	101	Nummerierung	a	einfach beplankt
Bodenplatte	k	Kappendecke	u	Dämmung nur unten	t	Trockenestrich	s	Holzoberfläche sichtbar	102	Nummerierung	b	doppelt beplankt
kd	r	Rahmenwerk	b	Dämmung oben und unten	k	kein Estrich	a	abgehängte Decke	103	Nummerierung	o	ohne Beplankung
Kellerdecke	j	Stegträger	g	im Gefach	x	Platzhalter unbenutzt	n	nicht abgehängte Decke	…			
	m	Massivholz	n	nicht gedämmt			b	Sichtbeton				
							p	Putz				

Auf Basis dieser Nomenklatur können auch nicht im Buch enthaltene Bauteile bezeichnet werden.
Bezeichnung von Bauteilfügungen:
Bauteil 1 Stelle 1 bis 4 + „-" + Bauteil 2 Stelle 1 bis 4 + Nummer 3-stellig
Beispiel: awro-bobu001: Sockeldetail Außenwand mit Rahmenwerk, nicht hinterlüftete Fassade auf Beton-Bodenplatte mit Perimeterdämmung

Ursprünglich aus Österreich kommend stellt dieses von vielen Projektpartnern getragene Projekt ein sehr gutes und innovatives Tool für den Holzbau und insbesondere auch für den Holzrahmenbau dar. Neben dem Initiator proHolz Austria und anderen österreichischen Akteuren sind neben den Universitäten Graz und München auch verschiedene deutsche Institutionen eingebunden. Ziel dieser mittlerweile von Holzbauunternehmen und Holzbauplanern gut angenommenen Plattform ist die Datensammlung der vielen rund um Holzbaukonstruktionen vorhandenen Informationen an einer Stelle. Damit stellt dataholz.eu ein Nachschlagewerk dar, welches seit 2004 auf der einen Seite den Ansprüchen der Nutzer gerecht werden soll und auf der anderen Seite auch den Anforderungen der Bauordnungen entsprechen sollte. Gerade Letzteres ist besonders wichtig, da Holzbauunternehmen oft sowohl in Deutschland als auch in Österreich tätig sind. So hat man auf diese Weise auch einen Einblick in die Zulässigkeit der gewählten Konstruktion in dem jeweils infrage kommenden Land.

In diesem Internetauftritt sind 3 wesentliche Bereiche präsent. Zum einen werden sämtliche Basisinformationen über im Holzbau eingesetzte Baustoffe wie Holz und Holzwerkstoffe und andere wichtige Materialien geliefert. Dazu können jeweils Datenblätter heruntergeladen werden und es existieren Verweise auf Produkthersteller, die die erforderlichen Anforderungen auch erfüllen. Ein weiterer Bereich beschäftigt sich mit den Bauteilen, dabei werden 7 Bauteilarten in insgesamt 42 Grundkonstruktionen dargestellt. Dabei gibt es für die verschiedenen Grundkonstruktionen wiederum jeweils mehrere Varianten mit unterschiedlichen Dämmstoffstärken bzw. Dämmstoffarten und Achsabständen. Als Drittes werden unter dem Stichwort Bauteilfügungen exemplarisch Leitdetails aufgeführt.

Die Nutzung von *www.dataholz.eu* stellt eine gute Ergänzung zu diesem Buch dar und ist zu jeder Tages- und Nachtzeit an allen 7 Tagen der Woche erreichbar.

Abb. 1.7: Holzhaus in Tafelbauweise, Konken.
Architektur: bau.werk – Energie bewusst gestalten, Kaiserslautern

2 Bauweisen und Bauteile

2.1 Einführung

Charakteristika des Holzrahmenbaus

- Holztafelbauart,
  d.h. die Bildung von flächigen Bauteilen aus Holzrippen (-stäben) und Platten mit Scheibenwirkung;
- ausschließliches Tragwerksraster,
  kein Planungsraster, d.h. Orientierung der Planung im Wesentlichen an den Erfordernissen der Gestaltung, des Tragwerks (Stützweiten u.Ä.), der Bauphysik und des Energiekonzeptes sowie der Haustechnik;
- geschossweises Aufbauprinzip,
  d.h., Errichtung der geschosshohen Wände jeweils auf einer geschlossenen „Plattform" (Decke) errichtet;
- frei wählbaren Grad der Vorfertigung,
  d.h., von handwerklicher Fertigung bis zu halb- oder ganz industrieller Fertigung ist alles möglich, ohne das System zu verlassen.

Empfehlung für Planungsschritte

Um einen Holzbau zu planen, bedarf es auf der einen Seite bekannter Planungsschritte aus herkömmlichen Bauweisen, auf der anderen Seite jedoch empfiehlt es sich, auch weitere Dinge zu beachten. Deswegen sind nachfolgend Empfehlungen als Grundlage einer guten Holzbauplanung aufgeführt:

a) Anforderungsprofil erarbeiten
   - Grundlagenermittlung (Bebaubarkeit, Erschließung, Baugrund, Klimadaten, Gebäudeausrichtung in Bezug auf aktive und passive Solarnutzung sowie Verschattungssituation in Bezug auf die Topografie oder umliegende Dächer bei vorhandener Bebauung, bauaufsichtliche Anforderungen usw.)
   - Zielvorstellungen des Erscheinungsbildes (Raumprogramm und Raumgrößen, Optik, Materialien usw.)
   - Zielvorstellungen nicht sichtbarer Werte (z.B. Wiederverwertbarkeit/Recycling, ökologischer Fußabdruck, Barrierefreiheit, Suffizienz usw.)
   - mögliche haustechnische Anlagen (z.B. Forderung des Bauherrn besonders effizienter Geräte, Verzicht auf fossile Energieträger, einfache Steuerung usw.)
   - Definition der Möglichkeit der Veränderbarkeit des Grundrisses oder der Konstruktion während der Nutzungsphase
   - Zielgröße des Energiebedarfs des Gebäudes (KfW-Effizienzhaus-Standards, Passivhaus, Energiegewinnhaus usw.)
   - Zielgrößen des Schallschutzes (bauaufsichtlich vorgeschrieben, Standardwerte oder erhöhte Anforderungen an den Schallschutz auf Wunsch der Bauherrschaft)
   - Brandschutzanforderungen

b) Vorentwurf anfertigen
   - anhand des Raumprogramms und der Vorgaben aus a) skizzenhaft die Geschossigkeit und Raumbeziehungen festlegen
   - dabei von Anfang an Berücksichtigung von Installationen (Räume mit Entwässerungsleitungen übereinander/nebeneinander anordnen, bei einer Lüftungsanlage Zulufträume und Ablufträume jeweils gruppieren zur Vermeidung von Leitungskreuzungen aus Zuluft- und Abluftrohren usw.)

c) mögliche Bauteile auswählen
   - nach bauphysikalischen Anforderungen (Wärmeschutz, Luftdichtheitskonzept, Schallschutz, Brandschutz)
   - nach gestalterischen Anforderungen
   - nach sonstigen Anforderungen (z.B. Ökologie, Ökonomie usw.)

d) Energiekonzept und haustechnisches Grundkonzept erarbeiten
   - Energiebedarf ermitteln
   - sommerlichen Wärmeschutz festlegen
   - Bedarf an Zu- und Ableitungen der haustechnischen Versorgung, Entsorgungsleitungen ermitteln und festlegen (Entwässerungsleitungen, Frischwasserleitungen, Strom- sowie Gasanschluss, Telekommunikation, Kamine bzw. Abgasrohre, Erdwärmenutzung u.Ä.)
   - Raumbedarf für Wärmeerzeuger und Wärmespeicher, Lüftungsanlage, Regenwasserpumpe, Wechselrichter und Stromspeicher
   - Konzept für die Grundverteilung der haustechnischen Installation
   - Konzept für die Feinverteilung

e) Entwurf anfertigen unter Berücksichtigung
   - des Vorentwurfs
   - der Bauteildicken
   - der erforderlichen Installationsräume, Hohlräume, Durchbrüche
f) Entwurf im Hinblick auf das Tragwerk überprüfen
   - Sind genügend aussteifende Wandscheiben vorhanden?
   - Ergeben sich Auswirkungen aus dem Schallschutz für das Tragwerk (z.B. Trennfugen in dem Tragwerk bei Wohnungstrennwänden)?
   - Ist bei der Tragwerksplanung berücksichtigt worden, dass aus Transportgründen oder wegen Kranentladung bzw. Produktionsmöglichkeiten Bauteile geteilt hergestellt und angeliefert werden müssen?
g) Ausführungsplanung erstellen
   - detaillierte Ausführungsplanung erst nach Klärung der Buchstaben a) bis f) möglich
   - Nutzung moderner Planungsinstrumente: Holzbauprogramme/Abbundprogramme, BIM
   - Berücksichtigung der Montageabläufe, Kranstandort, Arbeitssicherheit

2.1.1 Bauweisen im Holzrahmenbau

Im Holzrahmenbau werden die Bauweisen Holzskelettbau, Holztafelbau sowie Balloon-Frame und Platform-Framing unterschieden. Der Holzskelettbau entspricht im Prinzip der alten Tradition des Fachwerkbaus mit senkrechten Stielen zur Lastabtragung und Streben zur Aussteifung. In Europa ist der Fachwerkbau sehr unterschiedlich ausgeprägt, doch das Grundprinzip ist ähnlich: Die einzelnen Bauteile aus Holz werden abgebunden, d.h., sie werden angerissen und ausgearbeitet, dann vor Ort zu einzelnen Fachwerkwänden liegend zusammengesteckt und anschließend in die Senkrechte gebracht, sodass sich Wand für Wand ein Geschoss bildet, auf dem die Deckenbalken aufgelegt werden. So kann das nächste Geschoss wie zuvor beschrieben errichtet werden. Das amerikanische Platform-Framing gleicht dieser Bauweise – im Gegensatz zum Balloon-Framing, bei dem nicht geschossweise gearbeitet wird, sondern die senkrechten Stiele durch 2 oder mehrere Geschosse hindurchgehen und die Geschossdecken dazwischengehängt werden. In Nordamerika etablierte sich im letzten Jahrhundert die sogenannte Two-by-four-Bauweise, die sich über die Stielabmessungen in Inch definiert ($2 \cdot 2{,}54$ cm = 5,08 cm; $4 \cdot 2{,}54$ cm = 10,16 cm).

Aufgrund des hohen Aufwandes auf der Baustelle und der damit verbundenen langen Bauzeiten, wodurch das Holz länger der Witterung ausgesetzt ist, sind der Holzskelettbau und seine amerikanischen Entsprechungen in Mitteleuropa nicht mehr üblich. Durchgesetzt hat sich die Holztafelbauweise, bei der die Außenbauteile Außenwand und Dach sowie die Innenwände und Decken möglichst weitgehend vorgefertigt auf die Baustelle geliefert werden.

Im Wesentlichen besteht eine Wandtafel im Holztafelbau aus folgenden Bauteilen:

- Wandobergurt oder Rähm,
- Wanduntergurt oder Schwelle,
- im Raster stehende Wandstiele, auch Pfosten oder Rippen genannt,
- Riegel und Sturz als untere und obere Begrenzung von Fenster- und Türöffnungen,
- innere und äußere Beplankung, eventuell mehrlagig,
- teilweise Luftdichtheits- und Dampfbremsfolien oder -pappen, sofern Beplankungen nicht die Aufgabe der luftdichten Ebene übernehmen,
- Dämmung der Gefache.

An dieser Art zu bauen können auch Zimmereibetriebe mitwirken, die selbst keine Möglichkeit haben, vorzufertigen. Es gibt zahlreiche Holzbauunternehmen, die als Zulieferer individuell gefertigte Holztafelelemente frei Baustelle liefern. Für die Montage sind auf der Baustelle im Regelfall ohnehin nur 3 bis 5 Mitarbeiter gleichzeitig sinnvoll einsetzbar, solange die notwendigen Kranarbeiten den Bauablauf bestimmen. Somit kann eine örtliche Zimmerei als regionaler Anbieter auch den Hausbau durchaus in hoher Qualität am Markt platzieren, ohne große Investitionen vornehmen zu müssen.

2.1.2 Massivholzbauweisen

Als Ergänzung zum Holzrahmenbau etablieren sich verschiedene Massivholzbauweisen. Damit antwortet der Holzbau auf das Gefühl mancher Auftraggeber, eine „echte" Wand anstelle des Leichtbaus, wie ihn der Holzrahmenbau darstelle, zu benötigen. Dabei ist der Holzmassivbau konstruktiv näher an den üblichen Nassbauweisen als am Holzrahmenbau. Vergleichbar mit dem Mauerwerk stellt bei dieser Konstruktion die Holzmassivbauwand einen tragenden Kern aus Holz dar, der entweder so auch sichtbar bleibt oder raumseitig direkt mit Gipsplatten oder sonstigen Verkleidungen beplankt wird. Bei Außenwänden reicht die üblicherweise ca. 10 bis 20 cm dicke Massivholzmauer nicht aus, den notwendigen Wärmeschutzstandard zu erreichen. Deswegen ist dann außen eine zusätzliche Dämmschicht erforderlich, ein sogenanntes Wärmedämm-Verbundsystem (WDVS), wie es aus dem Massivbau bekannt ist.

Bei Außenwänden wird daher bei Holzmassivbau deutlich mehr Holz eingesetzt als für vergleichbare Holzrahmenbauwände. Dagegen sind Massivholzdecken bezüglich des Holzeinsatzes annähernd vergleichbar mit Holzbalkendecken und wirtschaftlich herstellbar. Deshalb eignet sich die Kombination aus Holzrahmenbau bei den Wänden und massiven Holzbauteilen für die Decken. Bei Dächern werden massive Holzbauteile selten eingesetzt. Dort herrscht die Verwendung von Einzeltraggliedern (Sparren) vor – auch wenn Wände und Decken aus Massivholz sind.

Der Massivholzbau hat seine Stärken insbesondere bei mehrgeschossigen Bauten. Das ergibt sich aus den hohen aufnehmbaren Traglasten der Bauteile und den guten Eigenschaften bei Schall- und Brandschutz.

Systeme des Massivholzbaus:

- Brettsperrholz (BSP),
- Brettschichtholz (BSH),
- Dübelholz,
- Brettstapelbauweisen,
- Blockbohlen- und Blockhausbauweisen,
- Massivholzbauteile, vernagelt,
- Massivholzbauteile mit Holzschrauben,
- Massivholzbauteile aus Holzwerkstoffplatten.

2.1.3 Nachhaltig, gesund und ökologisch bauen mit Holz

Von jeher wurde Holz als nachwachsender Rohstoff in großem Stil für den Hausbau verwendet – oftmals in Kombination mit anderen nachwachsenden Rohstoffen. Heute hat der Holzbau in Deutschland zwar bereits einen Anteil von fast einem Viertel am Neubaugeschehen. Unter dem Aspekt, dass nachhaltiges, gesundes und ökologisches Bauen doch eigentlich höchste Priorität bei allen Baumaßnahmen haben sollte, ist dieser Anteil jedoch noch zu gering. Sind Holzgebäude ökologischer und gesünder als andere Bauweisen? Vom Bauchgefühl her gibt es sicherlich viele, die diese Frage bejahen. Aber es gibt auch Skeptiker und Vertreter der Meinung, dass von Holzbauten auch ungesunde Wirkungen ausgehen und die herkömmliche Nassbauweise ökologisch mindestens mithalten kann.

Ressourcenschonend Bauen mit Holz

Mit Blick auf die Nachhaltigkeit beim Bau von Gebäuden wird grundsätzlich davon ausgegangen, dass Holzhäuser sehr gut abschneiden, da naturbasiertes, nachwachsendes Baumaterial zum einen mit sehr wenig Energieeinsatz und gleichzeitig sehr geringer Kohlendioxidemission entlang der Herstellungs- und Lieferketten produziert wird. Zum anderen wird der im Holz enthaltene Kohlenstoff im Bauwerk und auch in Nachnutzungen gespeichert. Dieser Kohlenstoff wurde bereits beim Wachsen der verarbeiteten Pflanzen und Bäume durch die Fotosynthese gebunden und bleibt der Atmosphäre entzogen, solange das Holz nicht verbrennt oder vorrottet.

Damit erweist sich der Holzbau insgesamt im Vergleich zu energieintensiven anderen Bauweisen, wie Mauerwerks-, Beton- oder Stahlbau, die beim Herstellprozess viel treibhausschädliche Gase erzeugen, als nachhaltiger. Innerhalb der verschiedenen möglichen Holzbaukonstruktionen muss allerdings bezüglich der Nachhaltigkeit unterschieden werden.

Bei der Betrachtung von Konstruktionen, die im modernen energieeffizienten Holzbau üblich sind, fällt auf, dass schon

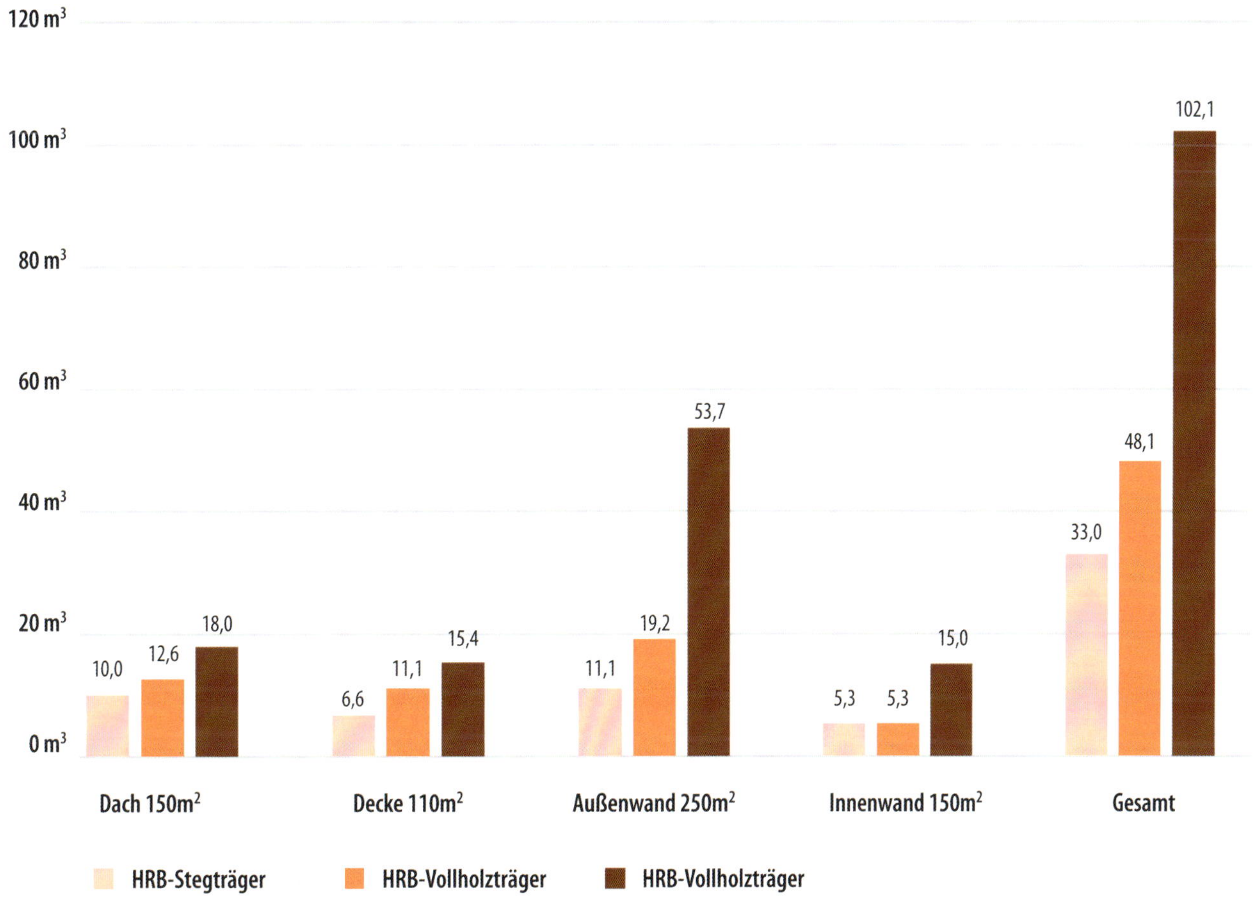

Abb. 2.1: Verbautes Holzvolumen (Konstruktions- und Beplankungsholz) unterschiedlicher Holzbauweisen am Beispiel eines Einfamilienhauses: einerseits Holzrahmenbauten mit Holzstegträgerkonstruktionen sowie Vollholzträgern und andererseits ein Massivholzbau aus Brettsperrholz

die Wahl der Holz-Grundkonstruktion einen wesentlichen Einfluss auf den tatsächlichen Holzanteil hat.

Bei der Wahl der Holzkonstruktionsart für ein Gebäude lohnt sich der Blick auf die einzubauende Holzmenge. Holzrahmenbauten mit Holzstegträgern weisen beispielsweise im reinen Anteil des Konstruktionsholzes lediglich ein Viertel des Holzeinsatzes von Massivholzkonstruktionen auf. Unter Berücksichtigung der notwendig einzusetzenden Holzwerkstoffplatten liegt der Unterschied der benötigten Holzmenge bei den verschiedenen Holzbauweisen bei einem Faktor von 3.

Bezüglich des Holzeinsatzes erweisen sich die insbesondere im Passivhausbau vorkommenden Holzstegträgerkonstruktionen auch als um ein Drittel günstiger als klassische Holzrahmenbauten mit Vollholzquerschnitten. Eine optimierte Holzbauplanung reduziert die tatsächlich erforderliche Holzmenge bei gleicher statischer Qualität. Das wirkt sich nicht nur positiv auf die Verwendung der Ressource Holz aus, sondern auch in Bezug auf die Wärmebrückenfreiheit und auf die Wirtschaftlichkeit der Konstruktion.

CO_2-Minderungspotenzial

Auch wenn sich die Holzverwendung in Gebäuden zur CO_2-Speicherung anbietet, so sollte dennoch nur die tatsächlich erforderliche Holzmenge eingebaut werden. Denn auch der Rohstoff Holz steht nicht unbegrenzt zur Verfügung und soll in Zukunft auch an anderen Stellen als nachwachsender Rohstoff Verwendung finden können. Bereits heute ist fast jedes vierte neu gebaute Wohnhaus aus Holz – mit stets wachsender Tendenz. Dabei bekommen auch die Massivholzkonstruktionen immer größeren Zuspruch. Diese Entwicklung ist aus Sicht des sinnvollen Holzeinsatzes kritisch zu bewerten. Jede Holzbauweise weist unterschiedliche Vor- und Nachteile auf. Deswegen bedarf es einer spezifischen Betrachtung in Abhängigkeit von den Anforderungen an die Bauaufgabe. Die Massivholzbauweisen stellen sich für Planer scheinbar einfacher dar, wodurch diese oft bevorzugt werden. Doch diese Bauweise benötigt im Grundriss aufgrund dickerer Außenwände bei gleichem U-Wert mehr Konstruktionsfläche und weist höhere Baukosten auf als der Holzrahmenbau. Somit sind Massivholzbauweisen eher unwirtschaftlicher als Holzrahmenbaukhinweg onstruktionen und verbrauchen relativ große Mengen der Ressource Holz.

Im Vergleich zum Nassbau aus Mauerwerk und Beton steht jedoch jede der vorgenannten Holzbauweisen bezüglich des Ressourceneinsatzes über die Lebensdauer von Bauwerken positiv da.

Mit dem konsequenten Einsatz der klassischen Holzrahmenbauweise wird der wertvolle nachwachsende Rohstoff Holz ressourcenschonend eingesetzt. Holztafelelemente benötigen nur ca. ein Viertel bis ein Drittel der Holzmenge von Massivholztafeln und sind bei vergleichbaren bauphysikalischen Werten ca. ein Fünftel bis ein Sechstel schlanker. Das bringt bei gleichen Gebäude-Außenmaßen eine größere Nutzfläche mit sich. Um die Zukunftsaufgaben des nachhaltigen Bauens gut zu meistern, sollten Massivholzelemente, wie Brettsperrholz-, Dübelholz- oder Brettschichtholztafeln, nur dort eingesetzt werden, wo sie den Holzrahmenbau sinnvoll ergänzen. Das können Bauteile mit hohen Brand- und Schallschutzanforderungen, wie Wohnungstrenn- oder Gebäudeabschlusswände, sein. Geeignet sind diese massiven Holzplatten auch bei Decken: Zwar benötigen Holzbalkendecken ungefähr 25 bis 30 % weniger Holz als Massivholzdecken, doch sind letztere deutlich schlanker und sparen bei gleicher lichter Geschosshöhe eine Treppensteigung ein. Das reduziert nicht nur den Platzbedarf der Treppe im Grundriss, sondern auch die umlaufende Fassadenfläche bzw. ermöglicht eine höhere Kniestockhöhe bei Ausnutzen der baurechtlich festgesetzten Traufhöhe.

Aus Sicht des nachhaltigen Bauens stellt somit nach wie vor der auf Bodenplatte oder Keller komplett errichtete Holzrahmenbau die sinnvollste und schnellste, aber auch ökologischste Baumaßnahme dar.

Der aktuelle Beitrag der Bauwirtschaft zum Entstehen klimaschädlicher Gase liegt bei mehr als einem Drittel. Unter anderem haben das Potsdam-Institut für Klimafolgenforschung (PIK) und die Bauhaus der Erde gGmbH ermittelt, dass nur die konsequente Umstellung hin zur Verwendung von naturbasierten Baumaterialien anstelle von mineralischen Baustoffen eine ausreichende CO_2-Senke der Treibhausgase in der Atmosphäre bewirken kann, so dass mit dem auf den Gebäudesektor entfallenden Anteil langfristig das Einhalten des 1,5-Grad-Ziels aus dem Pariser Klimaabkommen erreicht werden kann. Zwischenzeitlich bleibt ein höherer Temperaturanstieg jedoch unausweichlich. Prof. Dr. Dr. Joachim Schellnhuber (PIK) nennt diesen Effekt „Overshot". Wie Studien zeigen, ist auch eine Veränderung der Waldnutzung mit einer Verjüngung des Baumbestandes und einem Waldumbau nötig und möglich.

Gesund bauen

Alle Baustoffe haben durch flüchtige organische Verbindungen (Volatile Organic Compounds [VOCs]) schon immer Einfluss auf die Raumluftqualität. Dazu tragen auch Holz und Holzwerkstoffe durch ihre natürlichen flüchtigen organischen Verbindungen (natural VOCs [nVOCs]) bei. Alle Ausdünstungen werden durch richtiges Lüften aus den Räumen transportiert. Wird jedoch zu wenig gelüftet, können Substanzen wie Aldehyde und Terpene, die in Holz und Holzprodukten enthalten sind, in der Raumluft bei Messungen nachgewiesen werden. Es kann vorkommen, dass Messergebnisse oberhalb der vom Umweltbundesamt (UBA) für diese Stoffe vorgegebenen Richtwerte liegen. Auch wenn solche Messergebnisse gesundheitlich unbedenklich sind, könnten sie juristisch problematisch werden, denn die nVOC-Richtwerte gelten als hygienebezogene Empfehlung. So wird das, was viele wie folgt kommentieren würden: „Riecht das hier aber gut nach Holz", möglicherweise als Mangel angesehen, obwohl keine Gesundheitsgefährdung vorliegt.

Für Produktprüfungen im Labor werden vom Ausschuss zur gesundheitlichen Bewertung von Bauprodukten (AgBB) toxikologisch begründete, gesundheitsbezogene Stoffbewertungen anhand der NIK-Werte (Werte der niedrigsten interessierenden Konzentration) vorgenommen. Dabei sind um den Faktor 10 höhere nVOC-Werte erlaubt, als es die Grenzwerte bei Raumluftmessungen gemäß

Umweltbundesamt vorgeben. Raumluftanalysen vor Ort im fertig gebauten Zustand bergen viele Risiken und können nicht so genau sein wie die Messung im Prüflabor. Vor Ort gibt es viele Faktoren, die das Messergebnis direkt beeinflussen: Neben üblichen Messfehlern hat das Lüftungsverhalten vor und während der Messung einen Einfluss, das herrschende Klima, die Vielzahl an verbauten Produkten, verwendete Putzmittel, Stoffe von außen (z.B. Abgase) und auch der Eintrag von VOCs durch anwesende Personen selbst. Auch können vor der Messung eingebrachte Einrichtungsgegenstände Ausdünstungen gehabt haben, die in die Bauteiloberflächen diffundiert sind. Selbst wenn bei der Messung die Räume vollständig leer geräumt sind, können diese flüchtigen Stoffe dennoch nachweisbar sein – werden aber der Ursache nicht zugeordnet. Insofern ist es schwierig, ein Messergebnis richtig zu interpretieren und tatsächlich einem konkreten Bauteil direkt zuzuordnen. Diese Erkenntnis ist unabhängig davon, ob mit Holz oder Stein gebaut wurde. Denn auch bei letzterer Bauweise sind viele Einflussfaktoren hinsichtlich der Raumluftqualität vorhanden.

Die Messung in der Prüfkammer unter definierten Randbedingungen und mit nur genau dem Stoff, Produkt oder Bauteil, der oder das untersucht werden soll, ist viel genauer. Dabei werden die relevanten NIK-Werte festgestellt und mit den gesundheitlich unbedenklichen Grenzwerten verglichen. Deshalb lassen sich Vor-Ort-Messungen und Prüfkammerwerte nicht vergleichen. Es ist für Personen, die nicht in dieser Thematik zu Hause sind, schwer zu verstehen, wieso ein Messergebnis im betroffenen Gebäude selbst als oberhalb der Grenzwerte benannt wird, wo doch die einzelnen Produkte gemäß Laborprüfung als völlig unbedenklich gelten. Das ist besonders für Planende und Bauausführende nicht zufriedenstellend. Denn vor der Realisierung eines Gebäudes kann nur auf Prüfwerte zurückgegriffen werden. Was letztendlich auf der Baustelle messbar ist, kann in der Planung und Ausführung nicht vorherbestimmt werden.

Tabelle 2.1: Vergleich der Prüfbedingungen bei Prüfkammermessung und bei Raumluftmessung (Quelle: Holzbau Deutschland Institut: „Kann Natur denn schädlich sein?")

Prüfbedingungen	Prüfkammer-messung	Raumluftmessung
	DIN EN 16516	DIN EN ISO 16000-1
Temperatur	23 °C ± 1	19–24 °C
rel. Luftfeuchtigkeit	50 % ± 5	20–80 %
Luftwechsel	0,25–2	ca. 0,1
Raum	definiert	individuell
Produkte	1 Produkt	Kombination
Zeit der Messung	nach 3 und nach 28 Tagen	bei Bauabnahme, nach 8 Stunden Verschluss

Das Problem ist: Raumluftwerte sind wegen der unsicheren Prüfbedingungen meist höher als Laborergebnisse. Dagegen sind die Grenzwerte genau andersherum definiert. Deshalb fordern die Holzbauverbände seit Längerem, dass die UBA-Richtwerte für nVOCs dringend überprüft und angepasst werden müssen. Wie kann es denn sein, dass zur Gesundheitsförderung empfohlen wird, Waldspaziergänge zu machen und sich dabei den vielen – angenehmen – Gerüchen auszusetzen, wenn in Wäldern nVOCs in hoher Konzentration vorhanden sind?

Viele medizinische Studien zeigen, dass die aus Holz entweichenden nVOCs einen verschwindend geringen Einfluss auf menschliche Erkrankungen haben, die aus mit Schadstoffen verunreinigter Raumluft herrühren.

Deshalb ist zu beachten:

- Richtwerte sind rechtlich nicht verbindlich, denn sie gelten nur als Empfehlung.
- Die vom UBA empfohlenen Richtwerte stehen im Widerspruch zu wissenschaftlichen Erkenntnissen und haben keine Aussagekraft hinsichtlich tatsächlich vorhandener gesundheitlicher Auswirkungen.
- Bei der Übernahme von Richtwerten in den Bauvertrag werden diese zu rechtlich verbindlichen Grenzwerten.
- Wenn eine Raumluftmessung bei vertraglich vereinbarten Richtwerten durchgeführt wird, werden diese Grenzwerte zur verbindlichen Grundlage.
- Die Raumluftanalyse selbst hängt von sehr vielen äußeren Faktoren ab, die das Ergebnis verfälschen und ggf. höher ausfallen lassen als den Wert, der durch die vom Auftragnehmer eingebauten Baustoffe tatsächlich emittiert wird.
- Die Überschreitung von vereinbarten Grenzwerten für nVOCs kann zu einem Baumangel führen, der Rechtsstreitigkeiten nach sich ziehen kann.
- Eine örtliche Raumluftmessung ist nur dann sinnvoll, wenn aufgrund von örtlich auftretenden Problemstellungen eine Ursachensuche notwendig wird. Das erfordert eine intensive Objektvorbereitung, die möglichst alle äußeren Einflüsse vermeidet bzw. so weit minimiert, dass das Messergebnis nicht negativ beeinflusst wird. Deswegen entsteht für eine aussagekräftige Raumluftmessung ein sehr hoher Aufwand, verbunden mit hohen Kosten.
- Messanbieter, die für nur geringe Kosten solche Prüfungen anbieten, können keine aussagekräftigen Ergebnisse ermitteln.

► Um Rechtsstreitigkeiten zu vermeiden, sollten daher keine vor Ort zu messenden Richtwerte vertraglich fixiert werden, sondern es sollten produktbezogene Grenzwerte im Vertrag vereinbart werden, die in Zertifikaten über Prüfkammermessungen nachgewiesen sind. Außerdem sollte im Vertrag genau festgehalten werden, für welche Bauteile bzw. Bauteilschichten die Nachweise erbracht werden sollen und bis zu welchem Zeitpunkt sie vorgelegt werden müssen.

Auch ein reines Blockhaus aus Rundstämmen, ohne moderne Holzwerkstoffe, Dämmstoffe, Klebematerialien usw. wird bei einer Raumluftmessung Gefahr laufen, Ergebnisse oberhalb der UBA-Richtwerte zu liefern. Es existieren keine Hinweise darauf, dass Bewohner solcher Häuser wegen dieser Stoffe erkrankt sind. Trotzdem muss betont werden, dass es sehr wichtig ist, auf die Innenraumluft und Einflüsse aus verwendeten Baustoffen auf die Umgebungsluft beim Wohnen und Arbeiten zu achten. Deshalb sollte bei der Verwendung aller Materialien im Bauwesen ein genaues Augenmerk darauf gerichtet werden, welche Prüfergebnisse aus den Laboren dafür vorliegen. Es wird empfohlen, für alle Materialien, die einen Einfluss auf die Raumluftqualität haben könnten, eine Dokumentation anzulegen, die einen jederzeitigen Nachweis der besonderen Berücksichtigung dieses Punktes ermöglicht.

Formaldehyd

Sowohl im Holz selbst als auch in Holzwerkstoffen kommt Formaldehyd vor. Schon natürliches Holz enthält einen geringen Anteil an Formaldehyd, bei Holzwerkstoffen kann zusätzliches Formaldehyd in den Bindemitteln enthalten sein. Ausdünstendes Formaldehyd kann aufgrund guter Wasserlöslichkeit schon in einer relativ geringen Konzentration Schleimhäute reizen. Das betrifft die oberen Atemwege und die Augenbindehäute. Eine hohe Konzentration von Formaldehyd kann Überempfindlichkeitsreaktionen in den Atemwegen auslösen. Bei den Holzwerkstoffen, die in Innenräumen verarbeitet werden, ist es das Bestreben, auf Bindemittel mit Formaldehydgehalt zu verzichten.

Ein großer Teil der Bauprodukte aus Holz enthält in den Klebstoffen und Zusatzmitteln kein Formaldehyd. Solche Produkte werden dann mit dem Hinweis „formaldehydfrei verleimt“ versehen. Dabei wird meist PU-Leim oder PVAc-Leim (Weißleim) verwendet. Zwar enthalten auch solche Produkte einen sehr geringen Anteil an Formaldehyd, das im Holz natürlich vorkommt, jedoch geben diese nahezu kein Formaldehyd an die Raumluft ab. Insofern können keine formaldehydfreien Holzgebäude angeboten werden. Auch wenn Formaldehyd als kanzerogen der Kategorie 1B und als mutagen der Kategorie 2 eingestuft wird (Classification and Labelling and Packaging of Substances [CLP]),

Abb. 2.2: „Kann Natur denn schädlich sein?“

Abb. 2.3: Holzoberflächen sind nicht nur optisch ansprechend – auch der Geruch im Raum wird geschätzt.

ist bei den in Innenräumen üblicherweise auftretenden Raumluftkonzentrationen von Formaldehyd nicht mit einem relevanten Krebsrisiko zu rechnen. Als sicher wird eine Konzentration von 0,1 ppm Formaldehyd angesehen. Dabei ist das Krebsrisiko für den Menschen nicht nennenswert erhöht. Vom Bundesamt für Raumordnung und vom Bundesumweltamt wird ein „Safe Level“ von 0,1 ppm empfohlen, das entspricht bei üblichen Raumtemperaturen etwa 0,12 mg/m^3. Zur weiteren Reduktion wurde das E½-Kriterium eingeführt mit Begrenzung der Formaldehydemission auf 0,05 ppm.

Lüften

Untersuchungen zur Wirkung von Lüftungsanlagen haben gezeigt, dass die in der Raumluft vorhandene Konzentration von VOCs und Formaldehyd bei stetiger Lüftung abnimmt. Direkt nach dem Einbau von Baustoffen ist die Anfangskonzentration in der Raumluft relativ hoch. Sie nimmt erst in der Folge ab. Im Vergleich zwischen einer Fensterlüftung und dem Einsatz mechanischer Lüftungsanlagen wurde gezeigt, dass bei Letzteren ein Abklingen der Raumluftbelastung in den ersten Wochen deutlich messbar ist und sich die Raumluftbelastung dann dauerhaft auf einem sehr niedrigen Niveau einpendelt. Bei einer Fensterlüftung ist dieser Effekt signifikant langsamer und auch unkontrolliert. Auch aus diesem Grund ist der Einsatz von Lüftungsanlagen sehr zu empfehlen.

Fazit: Gesundheit!

Holzhäuser sind gesund – auch wenn die vorangegangenen Ausführungen möglicherweise das Gegenteil vermuten lassen. Da die Raumluftqualität von einer großen Anzahl von Einflussfaktoren bestimmt wird, muss das Thema sehr ernst genommen und bei der Planung die richtige Baustoffauswahl getroffen werden. Bei einigen Holzbauprojekten führten Farbanstriche auf Holzwerkstoffen über einen längeren Zeitraum hinweg zu einer verstärkten Herauslösung von Inhaltsstoffen aus dem Holzwerkstoff und zur Abgabe dieser Stoffe an die Raumluft, da eine Reaktion zwischen den Anstrichmitteln und den Holzwerkstoffen stattfand. Deshalb ist gerade bei Beschichtungen von Holz und Holzwerkstoffen besonders darauf zu achten, dass solche Effekte vermieden werden. Eine Eignung der Anstriche für das jeweilige Produkt und für die Verwendung in Innenräumen muss mit den Herstellern abgeklärt und auch entsprechend bescheinigt werden. Es reicht dabei nicht aus, wenn der Farbhersteller seine Produkte in Katalogen als „gesund“ bezeichnet. Laborprüfungen des vorgesehenen Anstrichmittels auf genau dem zu beschichtenten Material geben diesbezüglich Klarheit und Sicherheit in der Anwendung.

Ökologisch bauen

Ökologie wird aus vielen Richtungen betrachtet. Ökologisch ist es zum einen, wenn der Eingriff in die Natur zur Herstellung von Baustoffen sehr gering ist. Demzufolge stel-len sich nachwachsende Rohstoffe – wie Holz – auf den ersten Blick als sehr ökologisch dar. Dennoch muss natürlich die gesamte Prozesskette betrachtet werden – vom Anbau über die Ernte über die Weiterverarbeitung bis hin zum Einbau selbst. Darüber hinaus muss ein weiterer Blick auf die Nutzungsphase und auf erforderliche Wartungsaufwendungen geworfen werden, und am Ende müssen auch die Recyclingmöglichkeiten bzw. der Entsorgungsaufwand berücksichtigt werden.

Zum anderen gehört zur Ökologie auch die Betrachtung in einem größeren Maßstab als in dem des zu errichtenden Gebäudes selbst. Wo steht das Gebäude und wie groß ist der Eingriff in die Natur, damit dieses Gebäude an dieser Stelle errichtet werden kann? Welche Verkehrsströme entstehen aus der Realisierung des Gebäudes, dessen Nutzer Fahrtwege auf sich nehmen müssen? Wie flexibel ist die Nutzung dieses Gebäudes? Lassen sich An- und Umbauten oder Aufstockungen später gut realisieren?

Es gilt, den „ökologischen Rucksack“, also die Summe aller ökologischen Auswirkungen, die eine umzusetzende Maßnahme mit sich bringt, möglichst leicht zu machen. Dazu werden im Regelfall CO_2-Äquivalente herangezogen. Anhand von Datenbanken, in denen für jeden Baustoff die CO_2-Last angegeben ist, können Bauteile entsprechend berechnet werden. Damit kann für das gesamte Gebäude eine Lebenszyklusanalyse ermittelt werden, sodass ein Vergleich verschiedener Bauvarianten in Bezug auf den CO_2-Ausstoß erfolgen kann.

Mit Blick auf einzelne Produkte werden Ökobilanzen erstellt. Dabei handelt es sich um Methoden zur Bewertung der Umweltauswirkungen zu untersuchender Produkte oder Produktsysteme bei Betrachtung der wesentlichen Stoffströme und Energieströme. Dazu werden in einer Sachbilanz die Stoff- und Energieströme erfasst, die Sachbilanzergebnisse hinsichtlich ihrer Umweltauswirkungen in einer Wirkungsabschätzung klassifiziert und charakterisiert und anschließend werden die Ergebnisse ausgewertet. Für die Auswertung ist es wichtig, eine klare Zieldefinition zu haben, um die Ergebnisse für die jeweilige Zielstellung bewerten zu können. Das Ziel einer Ökobilanz kann die Entwicklung und Verbesserung eines Produkts sein, der Vergleich mehrerer Produkte als Grundlage für Entscheidungsprozesse oder das Produktmarketing. Die Anforderungen und Anleitungen sowie die Rahmenbedingungen und Grundsätze für Ökobilanzierungen sind in den Normen DIN EN ISO 14040 „Umweltmanagement – Ökobilanz – Grundsätze und Rahmenbedingungen“ (2021) und DIN EN ISO 14044 „Umweltmanagement – Ökobilanz – Anforderungen und Anleitungen“ (2021) geregelt.

Die Ökobilanz eines Produktes fasst dessen Wirkung auf die Umwelt über den gesamten Zeitraum seiner Existenz zusammen. Das beginnt bei der Rohstoffgewinnung, beinhaltet die Emissionen für Bearbeitung und Transportvorgänge und endet schließlich bei der Entsorgung. Auch alle vor- und nachgeschalteten Prozessabläufe und die damit verbundenen Roh-, Hilfs- und Betriebsstoffe finden Berücksichtigung.

Umweltproduktdeklarationen (EPD)

Damit Hersteller von Bauprodukten vergleichbare Daten für die Bewertung der Nachhaltigkeit von Bauwerken zur Verfügung stellen, wird in DIN EN ISO 14025 „Umweltkennzeichnungen und -deklarationen – Typ III Umweltdeklarationen – Grundsätze und Verfahren“ (2011) sowie DIN EN 15804 „Nachhaltigkeit von Bauwerken – Umweltproduktdeklarationen – Grundregeln für die Produktkategorie Bauprodukte“ (2022) geregelt, wie das Nachweisverfahren erfolgt und das Umweltzeichen vom Typ III zu erstellen ist. Die Regelungen betreffen auch die Umweltproduktdeklaration für Bauprodukte (Environmental Product Declaration – [EPD]). Darin sind die umweltrelevanten Informationen zur Ökobilanz und zu dem gesamten Lebensweg des jeweiligen Produktes aufgeführt. Dazu gehören bauphysikalische Informationen sowie Angaben zu den Grundstoffen und deren Herkunft. Auch der Herstellungsprozess wird beleuchtet und Hinweise zur Verarbeitung werden gegeben. Technische Aspekte, wie beispielsweise Brandschutz und Schallschutz, sind dokumentiert. Für die enthaltene Ökobilanz ist ganz klar geregelt, welche Bilanzdaten – von der Rohstoffgewinnung über die Bearbeitung einschließlich Transportaufwendungen bis zur Nutzungsphase sowie Nachnutzungszeit – zur Verfügung gestellt werden müssen.

Für die Produkthersteller ist es nicht verpflichtend, eine Umweltproduktdeklaration (EPD) erstellen zu lassen. Wenn Produkte in Gebäuden eingesetzt werden sollen, die BNB- oder DGNB-zertifiziert werden sollen, dann müssen für diese Produkte die in den EPDs enthaltenen Daten bei der Gebäudezertifizierung berücksichtigt werden können. Deshalb sollte es das Interesse der Hersteller von Bauprodukten sein, für alle lieferbaren Produkte auch entsprechende EPDs Typ III zur Verfügung zu stellen. Auch wenn keine spezielle Nachhaltigkeitszertifizierung für das Gebäude selbst gefordert wird, so gibt es doch Bauherren, die für die eingesetzten Produkte entsprechende Nachweise über die Ökobilanz fordern. Dafür ist die Umweltproduktdeklaration ein anerkanntes Mittel.

Hinweis:

Es ist sinnvoll, wenn Planende und Ausführende für alle verwendeten Produkte die jeweilige Umweltproduktdeklaration EPD projektbezogen ablegen. Damit ist jederzeit ein Nachweis über die Umweltauswirkungen der verwendeten Baustoffe eines Gebäudes möglich.

ÖKOBAUDAT

Das Bundesministerium für Wohnen, Stadtentwicklung und Bauwesen (BMWSB) gibt eine Datenbank für die Ökobilanzierung von Gebäuden unter dem Namen ÖKOBAUDAT heraus. Diese Datenbank gilt im Rahmen des Bewertungssystems Nachhaltiges Bauen (BNB) als verbindliche Datenbasis. Aus den Umweltproduktdeklarationen von Herstellern werden die EPD-Datensätze aufgenommen. Somit bietet die ÖKOBAUDAT-Datenbank kostenfrei zugänglich eine Vielzahl von Umweltproduktdeklarationen und einen leichten Zugang zu den darin enthaltenen technischen Daten, die für eine Ökobilanzierung notwendig sind. Diese Datenbank ist unter der Internetadresse www.oekobaudat.de erreichbar.

2.2 Allgemeine Entwurfsgrundlagen

2.2.1 Bauteilschichten, Raster und Höhenmaße

Bauteilschichten

Außenwände können in einer groben Gliederung mit 3 Funktionsschichten dargestellt werden: die Tragkonstruktion in der Mitte, raumseitig die Wandbeplankung und außen die Fassade. Bei Massivbauweisen – das betrifft sowohl den Holzmassivbau als auch den Nassmassivbau – liegt die Dämmschicht in der Regel außen auf der tragenden massiven Wand, wogegen beim Holzrahmenbau die Dämmschicht identisch mit der tragenden Schicht ist (Abb. 2.4).

Die raumseitige Schicht C in Abb. 2.4 kann auch als Installationsebene ausgeführt sein. Im Holzrahmenbau befindet sich die luftdichte Schicht zwischen B und C, im Massivholzbau stellt Schicht B die luftdichte Ebene dar, bei Mauerwerk ist es der Innenputz, also Schicht C.

Raster

Grundsätzlich kann der Grundriss maßlos, unabhängig vom Raster, beliebig gestaltet werden. Die Grundrissmaße in Wandlängsrichtung werden wegen der handelsüblichen Einbauelemente (Fenster und Türen etc.) wie im Mauerwerksbau üblicherweise im oktametrischen Maßsystem

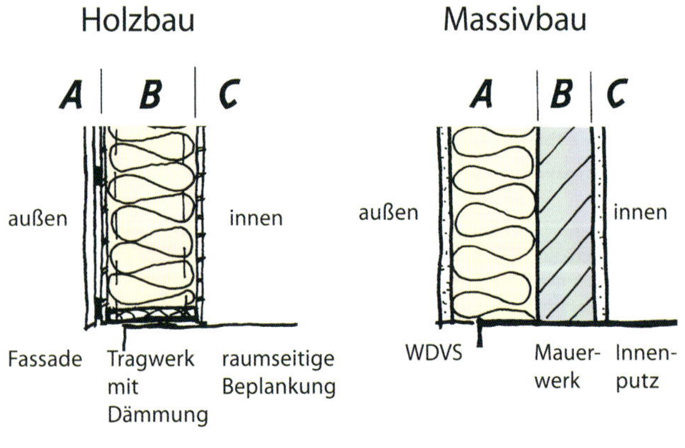

Abb. 2.4: Die Systemdarstellungen des Wandaufbaus im Massiv- und im Holzrahmenbau zeigen es: Beim Massivbau liegt die Dämmschicht außen, beim Holzrahmenbau in der Konstruktionsebene.

Abb. 2.5: Holzbauwand im Schnitt

($n \cdot 12{,}5$ cm) angenommen. Es können jedoch ohne Komplikationen beliebige Maße gewählt werden.

Die Stellung der Holzständer im Grundriss ist möglichst in einem 62,5-cm-Raster oder 83,3-cm-Raster festzulegen. Bei Wandöffnungen, die eine Stütze in dem Raster nicht ermöglichen, werden einfach am Rand der Öffnung zusätzlich Randstützen angeordnet.

Der Konstruktion eines Holzhauses liegt i.d.R. ein Raster e zugrunde. Maßgebend dafür sind die Beplankungsmaße:

- Statik: Raster $e \leq 50 \cdot$ Dicke der Beplankung (ohne weiteren Nachweis),
- Standard: Raster $e = 62{,}5$ cm bei Plattenmaß mit 1,25 m oder 2,50 m Breite,
- OSB-Großformatplatten (2,50 m mit 3 Rastern): $e = 83{,}3$ cm,
- amerikanisches Plattenmaß (2,44 m mit 3 Rastern): $e = 81{,}5$ cm (z.B. resultiert daraus das „81 FÜNF Haus", hervorgegangen aus dem „LBS-ÖKOHAUS" im Jahr 1992 von Architekt Ralf Pohlmann).

An Wandecken und Wandstößen entstehen bei der Rasteranwendung Geometrieprobleme, die dem Planer Kopfzerbrechen bereiten können. Dabei sollte gerade dieses „Rasterproblem" gut durchdacht werden – bestenfalls in Abstimmung mit dem ausführenden Handwerksbetrieb, um durch bessere Ausnutzung der Plattenabmessungen den Verschnitt und so die Kosten gering zu halten (Abb. 2.6).

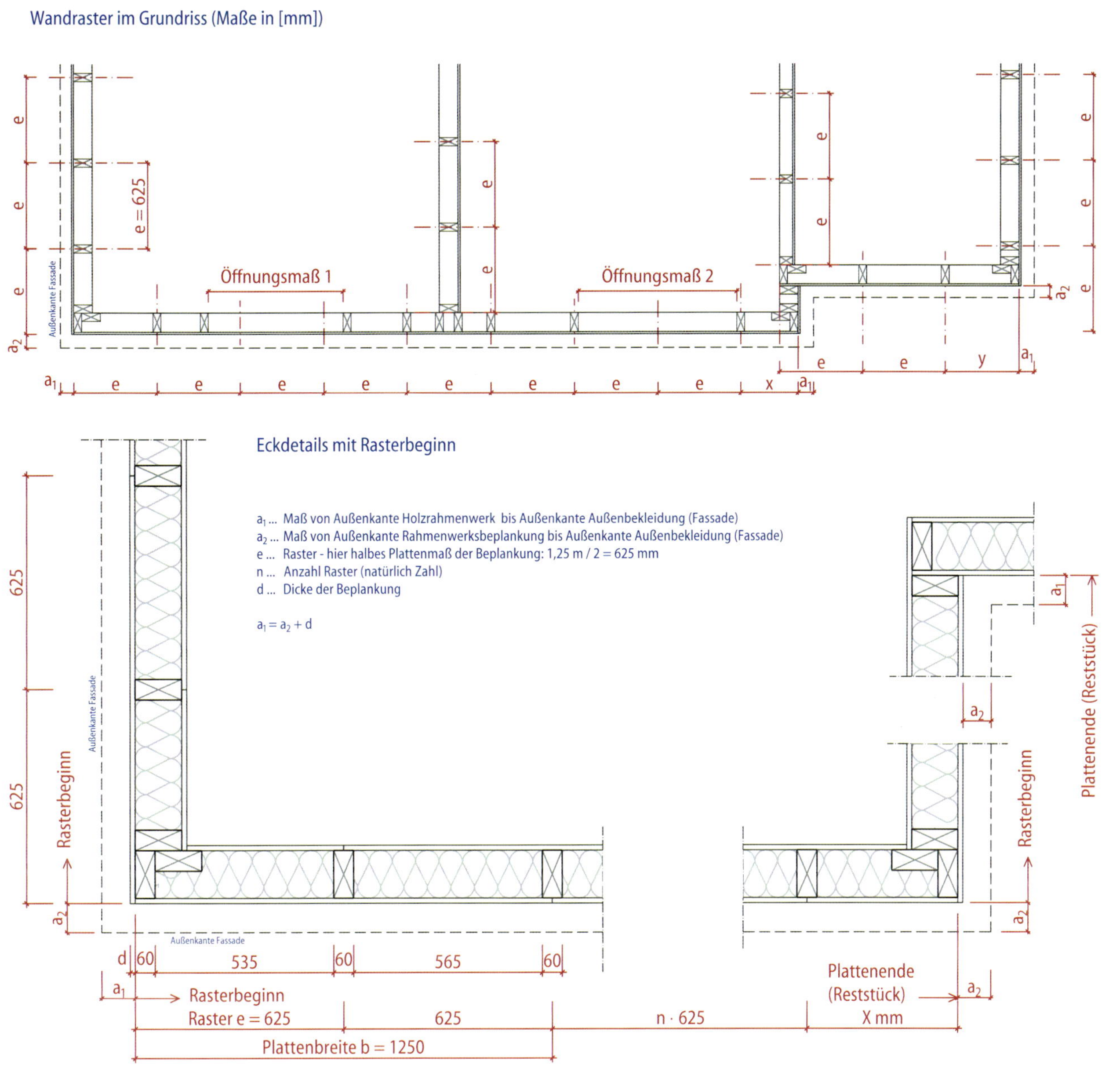

Abb. 2.6: Eckenproblematik: Grundrissraster und Maße

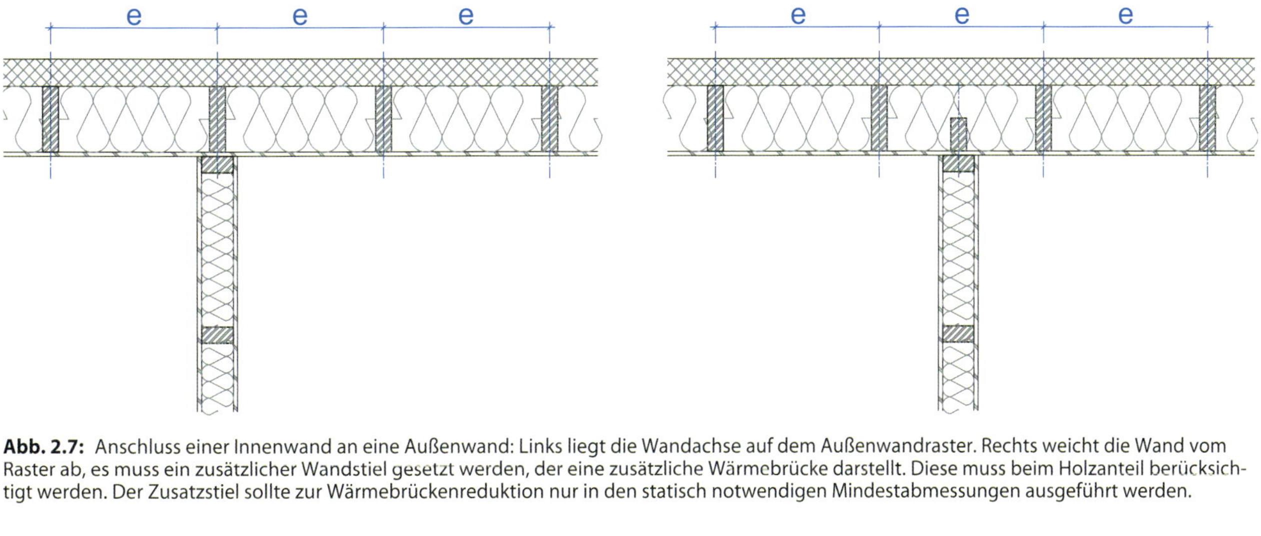

Abb. 2.7: Anschluss einer Innenwand an eine Außenwand: Links liegt die Wandachse auf dem Außenwandraster. Rechts weicht die Wand vom Raster ab, es muss ein zusätzlicher Wandstiel gesetzt werden, der eine zusätzliche Wärmebrücke darstellt. Diese muss beim Holzanteil berücksichtigt werden. Der Zusatzstiel sollte zur Wärmebrückenreduktion nur in den statisch notwendigen Mindestabmessungen ausgeführt werden.

Auch die Platzierung von Innenwänden ist nicht zwingend an das Raster gebunden. Zwar bietet der Innenwandanschluss an einen Rasterstiel den Vorteil der Holzeinsparung und somit bei Anschlüssen an Außenwände eine Vermeidung von zusätzlichen Wärmebrücken, prinzipiell kann jedoch der Anschluss durch einen Zusatzstiel an jeder beliebigen Stelle erfolgen (Abb. 2.7).

Höhenmaße

Die Höhenmaße sollten so gewählt werden, dass die handelsüblichen Abmessungen der Holzwerkstoffplatten passend sind und die Platten in der Höhe nicht zugeschnitten werden müssen. Die Höhenmaße sollten möglichst nur dann verändert werden, wenn sichergestellt ist, dass Holzwerkstoffplatten verfügbar sind, die zu diesen anderen Höhenmaßen passen, oder wenn der Mehraufwand in Kauf genommen werden kann (Abb. 2.8, Tabelle 2.2).

2.2.2 Barrierefreies Bauen

Heutzutage sollte es eine Selbstverständlichkeit sein, bei der Planung eines Gebäudes die Barrierefreiheit zu berücksichtigen. Eine Teilhabemöglichkeit für jeden Menschen, auch wenn körperliche Einschränkungen vorliegen, sollte grundsätzlich gegeben sein. Dabei sind die möglichen Beeinträchtigungen vielfältig und deswegen sollte schon bei der Grundlagenermittlung als Vorstufe der Entwurfsplanung beim Auftraggeber bzw. beim Nutzer abgefragt werden, welche Punkte bezüglich Barrierefreiheit unbedingt beachtet werden müssen.

Ansonsten gibt es je nach Bundesland auch Vorschriften in den Landesbauordnungen bezüglich der Barrierefreiheit. In der Musterbauordnung gibt § 50 für das barrierefreie Bauen vor, dass in Gebäuden mit mehr als 2 Wohnungen die Wohnungen eines Geschosses barrierefrei erreichbar sein müssen. Für diese Wohnungen ist auch gefordert, dass

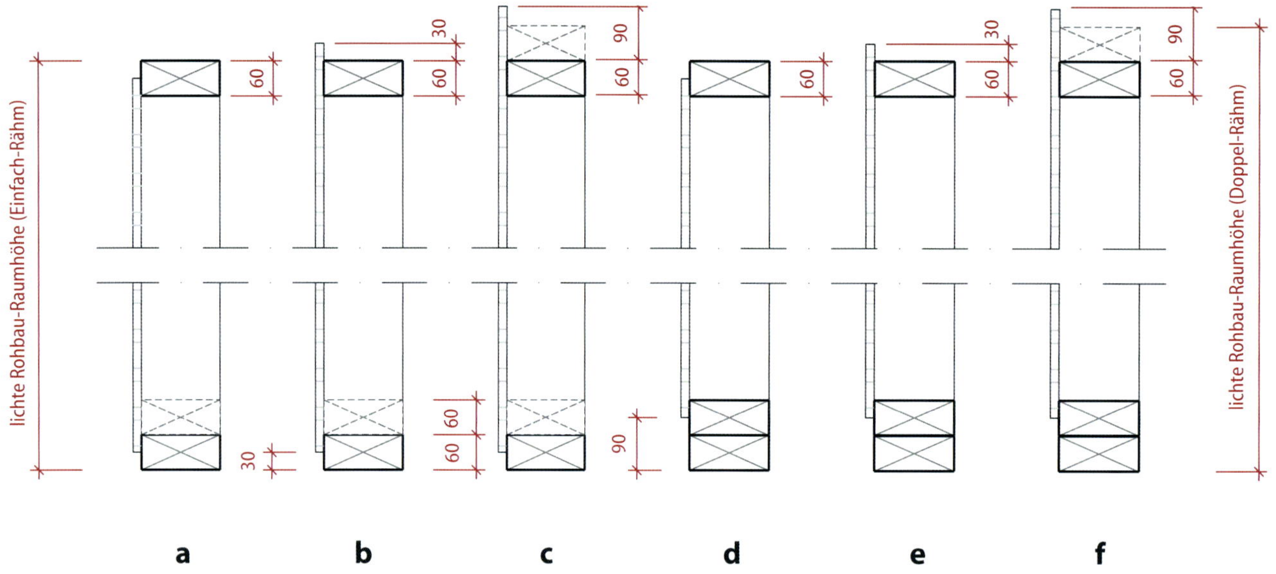

Abb. 2.8: Wandelement-Höhen in Abhängigkeit von Plattenüberständen

Tabelle 2.2: Höhenmaße von Wandelementen

Plattenhöhe in m	Abmessungen bei Varianten a bis f in Abb. 2.8 in m: lichte Rohbau-Raumhöhe (UK unterste Schwelle bis OK oberstes Rähm)				Wandhöhe mit Überständen (Transporthöhe)	
	a	b + c	d	e + f	a + d	b, c, e + f
2,50	2,56	2,50	2,62	2,59	2,56	2,53
2,58	2,64	2,58	2,70	2,67	2,64	2,61
2,65	2,71	2,65	2,77	2,74	2,71	2,68
2,80	2,86	2,80	2,92	2,89	2,86	2,83
3,00	3,06	3,00	3,12	3,09	3,06	3,03

Wohn- und Schlafräume, eine Toilette und ein Bad sowie die Küche bzw. die Kochnische barrierefrei sein müssen.

Auch öffentlich zugängliche bauliche Anlagen müssen nach der Musterbauordnung in den dem allgemeinen Besucher- und Benutzerverkehr dienenden Teilen einschließlich Toilettenräumen in der erforderlichen Anzahl barrierefrei sein.

Die Planungsgrundlagen für barrierefreies Bauen regeln die DIN 18040-1 „Barrierefreies Bauen – Planungsgrundlagen – Teil 1: Öffentlich zugängliche Gebäude“ (2010), DIN 18040-2 „Barrierefreies Bauen – Planungsgrundlagen – Teil 2: Wohnungen“ (2011) und DIN 18040-3„Barrierefreies Bauen – Planungsgrundlagen – Teil 3: Öffentlicher Verkehrs- und Freiraum“ (2014).

Bei Wohngebäuden wird unterschieden, ob es sich um die allgemeine Infrastruktur des Gebäudes außerhalb der Wohnungen handelt oder Maßnahmen der Barrierefreiheit innerhalb einzelner Wohnungen umgesetzt werden. Innerhalb der Wohnungen wird unterschieden zwischen

- barrierefrei nutzbaren Wohnungen und
- barrierefrei und uneingeschränkt mit dem Rollstuhl nutzbaren Wohnungen. Diese werden mit einem **R** gekennzeichnet.

Bezüglich der uneingeschränkten Nutzbarkeit mit dem Rollstuhl geht die Norm davon aus, dass ein Rollstuhl mit maximal 70 cm Breite und maximal 1,20 m Länge zugrunde gelegt wird.

Ebene Übergänge von innen nach außen

Zur leichten Erreichbarkeit von Hauseingängen müssen Stufen oder gar Treppen vermieden werden. Das erfordert gerade im Holzhausbau eine besondere Sorgfalt bei der Planung. Denn grundsätzlich sollten Holzkonstruktionen 30 cm Abstand vom Terrain haben, um Spritzwasser aus Niederschlägen vom Holz fernzuhalten. Wird über eine Kiesschicht der Spritzwinkel verringert, so reichen 15 cm Abstand des Holzes von der Oberfläche dieser Kiesschicht, sofern diese mindestens 30 cm breit ist. Bei ebenen Hauseingängen, bei denen die Oberkante fertiger Fußboden des Erdgeschosses ungefähr der Höhe der Zuwegung außen entspricht, liegt die Holzschwelle (unteres Wandrähm) der Erdgeschosswände unterhalb der Höhe des Außenterrains. Sollte nun das Gelände direkt am Haus anschließen, ist eine besonders sorgfältig ausgeführte Abdichtung bis zur Bodenplatte bzw. zum Keller erforderlich, die nach oben mindestens die vorgenannten Höhen 30 cm bzw. 15 cm erreicht. Problematisch dabei ist, dass durch diese Abdichtung im Schwellenbereich der Außenwände keine Trocknungsmöglichkeit nach außen besteht und deshalb raumseitig diffusionsoffen gearbeitet werden muss, was der üblichen physikalischen Vorgabe „innen dichter als außen“ widerspricht.

Als eine Lösung bietet sich zwar an, über einen ausreichenden Dachüberstand bzw. über ein Vordach im Eingangsbereich an diesen Stellen im Sockelbereich die Nutzungsphase 2 zu erreichen (60°-Regel), dennoch wäre auch in diesem Fall die Schwelle nach wie vor unterhalb des Terrains. Bevorzugt sollte deshalb angestrebt werden, rund um das gesamte Gebäude, an dem die Oberkante Gelände oberhalb der Schwellenunterkante liegt, eine Rinnenlösung herzustellen (siehe Abb. 2.9 und 2.10).

Wenn die bauliche Situation, z.B. durch starke Hanglage, einen ebenen Zugang nicht erlaubt, muss eine mindestens 1,20 m breite Rampe vorgesehen werden, wobei die Neigung von Rampenläufen höchstens 6 % betragen darf und eine Querneigung vorhanden sein darf. Ein einzelner Rampenlauf darf nicht länger als 6 m sein. Sollte dies nicht zur Überbrückung der Höhe ausreichen oder eine Richtungsänderung notwendig sein, sind Zwischenpodeste anzuordnen, die mindestens 1,50 m × 1,50 m groß sein müssen. Auch am Rampenbeginn und am Rampenende sind Flächen mit der Bewegungsfläche in der vorgenannten Größe vorzusehen.

Ist es nicht möglich, eine Rampe zu platzieren oder einen ebenen Zugang herzustellen, muss bei einer Stufe oder einer Eingangstreppe ein sicheres Geländer vorhanden sein und das Steigungsverhältnis flach gewählt werden. Eine solche Zugangslösung ist jedoch nicht rollstuhlgerecht und muss mit der Genehmigungsbehörde abgestimmt werden, sofern in dem betreffenden Bundesland der oben zitierte Paragraf aus der Musterbauordnung so oder in ähnlicher Form bauaufsichtlich eingeführt ist und aufgrund der Wohnungsanzahl die Barrierefreiheit gefordert ist.

Begegnungen

Außerhalb der barrierefreien Wohnungen müssen Verkehrsflächen vom Hauseingang bis zu diesen Wohnungen auch barrierefrei sein. Das betrifft den Zugangsbereich, den Eingangsbereich, Flure, Aufzüge und Treppen. Diese Bewegungsflächen müssen für die geradlinige Fortbewegung, den Begegnungsfall und den Richtungswechsel ausreichend groß sein. Als ausreichend groß definiert DIN 18040-2 folgende Flächen:

- 1,80 m × 1,80 m für die Begegnung zweier Rollstuhlnutzer (siehe Abb. 2.12),
- 1,50 m × 1,50 m für die Begegnung eines Rollstuhlnutzers mit anderen Personen,
- 1,50 m × 1,50 m für den Richtungswechsel und Rangiervorgänge.
- In Bereichen, in denen eine Richtungsänderung und eine Begegnung mit anderen Personen nicht zu erwarten ist, wie z.B. in Flur- und Rampenabschnitten, wird die Breite mit 1,20 m festgelegt, die Länge kann geringer sein (siehe Abb. 2.11).
- Außerdem wird für Türöffnungen und Durchgänge eine lichte Breite von mindestens 90 cm auch bei geringerer Länge festgelegt.

Türen

Türöffnungen in Bereichen, die für Rollstuhlfahrer zugänglich sein sollen, müssen mindestens 90 cm lichte Breite aufweisen (siehe Abb. 2.13 und 2.14). Das bedeutet, dass mindestens mit dem Rohbaumaß 1,01 m geplant werden muss.

Zwar sind untere Türanschläge und Schwellen nicht zulässig, doch sagt die Norm gleichzeitig aus, dass diese nicht höher als 2 cm sein dürfen, sofern sie technisch unabding-

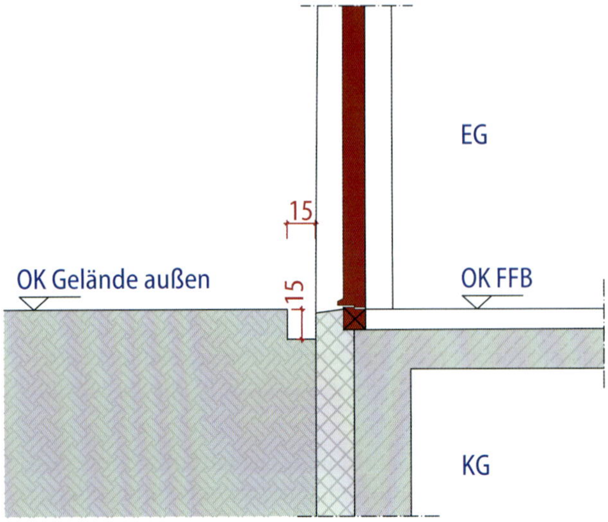

Abb. 2.9: Rinne vor der Haustür

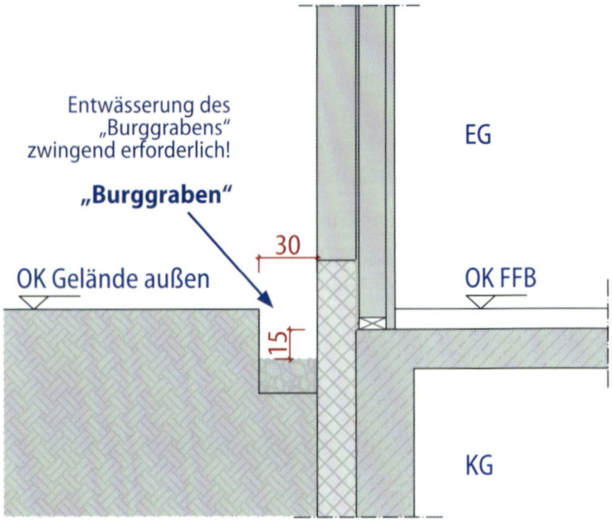

Abb. 2.10: Ebenerdiges Gelände mit Rinne direkt an der Hauswand

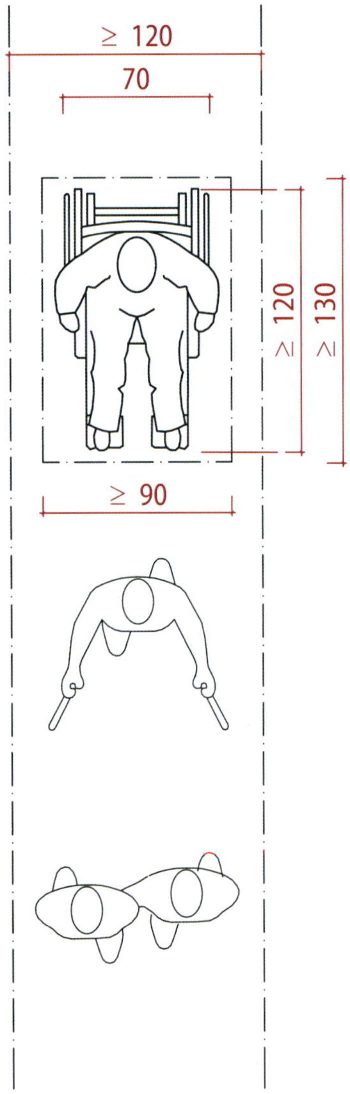

Abb. 2.11: Platzbedarf und Bewegungsflächen ohne Richtungsänderung (Quelle: DIN 18040-2 – überarbeitet [neu gezeichnet als Symboldarstellung])

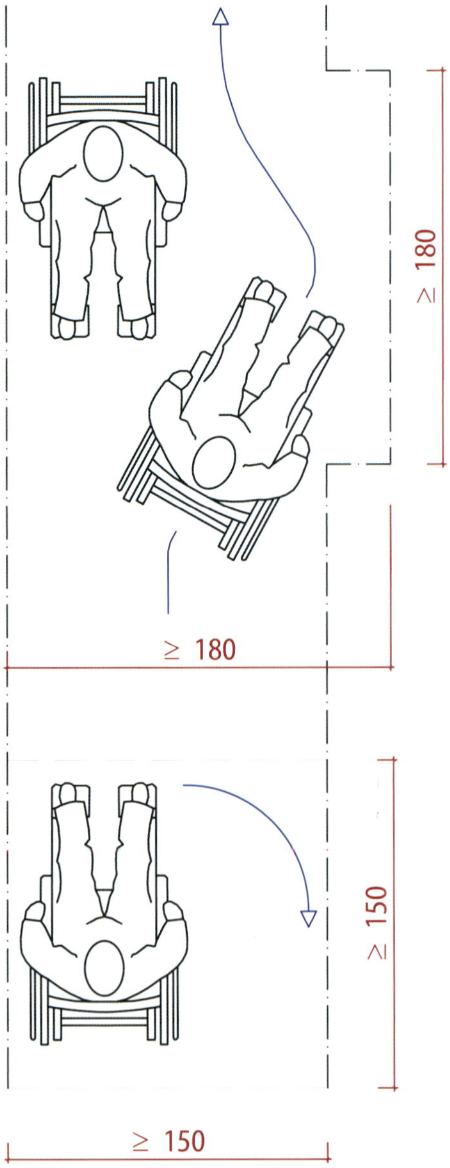

Abb. 2.12: Platzbedarf und Bewegungsflächen mit Richtungsänderung und Begegnung (Quelle: DIN 18040-2 – überarbeitet [neu gezeichnet als Symboldarstellung])

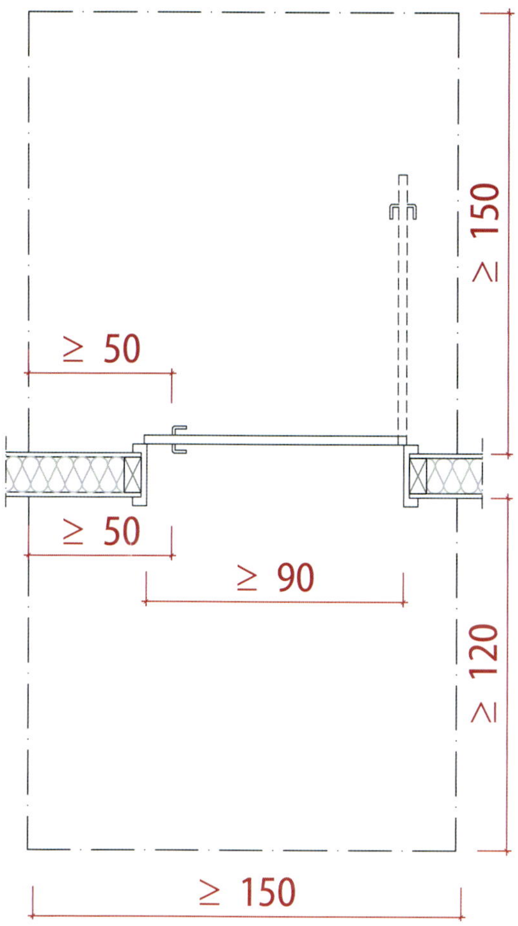

Abb. 2.13: Bewegungsflächen vor Drehflügeltüren (Quelle: DIN 18040-2 – überarbeitet)

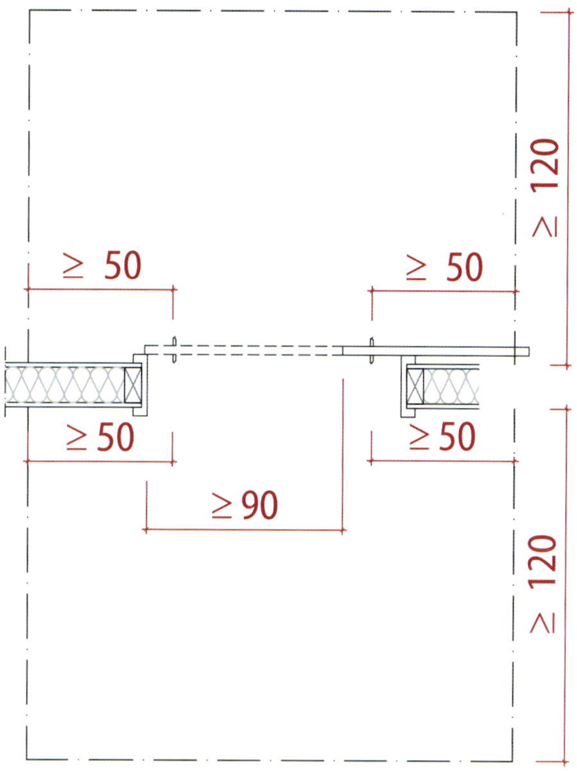

Abb. 2.14: Bewegungsflächen vor Schiebetüren (Quelle: DIN 18040-2 – überarbeitet)

bar sind. Bei luftdichten Haustüren ist es schwierig, durch reine Absenkdichtungen eine ausreichende Luftdichtheit herzustellen – das betrifft insbesondere Passivhaus-Haustüren. Bei solchen Außentüren ist oftmals eine Anschlagdichtung vorhanden, die an einer Türschwelle anliegt und auch eine Höhe von ca. 20 mm aufweisen muss, damit das Türblatt selbst noch einen ausreichenden Abstand von 8 bis 10 mm von der Oberkante Fußboden hat.

Die lichte Türhöhe über Oberkante Fertigfußboden ist mit mindestens 2,05 m gefordert. Dazu bedarf es mindestens einer Rohbauöffnungshöhe von 2,135 m. Außerdem fordert die Norm eine Laibungstiefe von maximal 26 cm, damit Rollstuhlnutzer den Türdrücker erreichen können. Bei besonders dicken Außenwänden muss das bei der Planung der Lage der Tür in der Wand beachtet werden.

Für Wohnungseingangstüren gelten die vorgenannten Regeln entsprechend, zusätzlich ist in diesen Türen ein Spion vorzusehen, der auch für sitzende Personen nutzbar sein muss. Dazu sollte die Höhe des Spions ungefähr 1,20 m über Oberkante fertiger Fußboden angeordnet sein.

Treppen

Für Menschen mit motorischen Einschränkungen sowie für blinde und sehbehinderte Menschen müssen Gebäudetreppen und Treppen im Bereich der äußeren Erschließung auf dem Grundstück barrierefrei nutzbar sein. Dazu ist es erforderlich, dass die Treppen gerade Läufe haben. Setzstufen müssen vorhanden sein und die Trittstufen dürfen über die Setzstufen nicht vorkragen. Bei schrägen Setzstufen ist jedoch eine Unterschreitung von bis zu 2 cm zulässig.

Beidseitig sind an Treppenläufen und Zwischenpodesten Handläufe anzuordnen, die einen sicheren Halt bei der Benutzung der Treppe gewährleisten. Die Höhe der Handläufe soll zwischen 85 und 90 cm, lotrecht gemessen von der Stufenvorderkante, betragen. An Treppenaugen und zwischen Podesten dürfen die Handläufe nicht unterbrochen werden und an den Handlauf-Enden am Anfang und Ende einer Treppe muss der Handlauf noch mindestens 30 cm waagerecht weitergeführt werden sowie am Ende durch einen Bogen nach unten oder zu einer Seite abgeschlossen sein. Damit die Handläufe gut zu greifen sind, sollte ein runder oder ovaler Querschnitt des Handlaufs mit einem Durchmesser von 3 bis 4,5 cm gewählt werden. Die Halterungen dafür sollten an der Unterseite angeordnet sein.

Innerhalb von Wohnungen

Zur Nutzung von Fluren mit Gehhilfen bzw. mit einem Rollstuhl sollte die Breite mindestens 1,20 m betragen und es ist mindestens einmal eine Bewegungsfläche von der Mindestgröße 1,50 m × 1,50 m vorzusehen. Auch vor Türen sind Bewegungsflächen vorzuhalten; Bewegungsflächen dürfen sich auch überlagern.

Fenster

In jedem Raum einer barrierefreien Wohnung muss mindestens ein Fenster vorhanden sein, das auch von Menschen mit motorischen Einschränkungen leicht zu öffnen und zu schließen ist. Auch in sitzender Position muss ein Teil der Fenster in Wohn- und Schlafräumen einen Ausblick in die Umgebung ermöglichen. Das wird erreicht, wenn die Glasunterkante ca. 60 cm über der Oberkante Fertigfußboden beginnt. Für die Fensterplanung bedeutet dies, dass – sofern dieses Fenster einen Öffnungsflügel haben soll und die Wohnung an dieser Stelle nicht ebenerdig gelegen ist – ein Brüstungsriegel mit einer Mindesthöhe von 90 cm vorgesehen werden soll und die darunter angeordnete Fensterscheibe eine absturzhemmende Verglasung haben muss.

Raumgrößen für Aufenthaltsräume

Mit der für die Nutzung vorgesehenen Möblierung muss eine ausreichend große freie Bewegungsfläche verbleiben. Zum Drehen und Wenden mit Gehhilfen bzw. Rollstühlen müssen Bewegungsflächen von mindestens 1,20 m × 1,20 m bzw. bei rollstuhlgerechten Wohnungen von mindestens 1,50 m × 1,50 m vorhanden sein.

In Schlafräumen muss bei mindestens einem Bett auf der einen Seite eine Bewegungsfläche von mindestens 1,20 m Breite entlang der gesamten Bettlänge und auf der gegenüberliegenden Längsseite von mindestens 90 cm Breite gegeben sein. Handelt es sich um eine rollstuhlgerechte Wohnung, so vergrößern sich diese Bewegungsflächen auf 1,50 m Breite auf einer Seite und 1,20 m entlang der anderen Längsseite des Bettes. Sonstige Möbel brauchen eine Bewegungsfläche von 90 cm Tiefe, bei rollstuhlgerechten Wohnungen muss diese Bewegungsfläche mindestens 1,50 m sein. In der Küche beträgt die Mindesttiefe der Bewegungsflächen 1,20 m für bewegungseingeschränkte Menschen und 1,50 m für Rollstuhlnutzer. In diesem Fall ist die Anordnung von Herd, Arbeitsplatte und Spüle übereck zu empfehlen.

Sanitärräume

Mindestens ein Sanitärraum von barrierefreien Wohnungen muss barrierefrei nutzbar sein. Für die Planung dieses Raumes sind die Regeln der DIN 18040-2 heranzuziehen (siehe Kapitel 2.5.2).

2.2.3 Abmessungen vorgefertigter Bauelemente

Die Fertigungsmaße vorgefertigter Holzrahmenbauteile hängen von mehreren Faktoren ab. Maßgeblich sind zum einen die Möglichkeiten des Betriebes selbst. Die Größe des vorhandenen Montagetisches bzw. der Riegelwerkstation oder der Abbundhalle begrenzt produzierbare Elementmaße des jeweiligen Betriebes.

Wesentlich sind jedoch die Transportmaße, die bei der Vorproduktion natürlich nicht überschritten werden dürfen. Auf deutschen Straßen gilt im Regelfall eine Höhenbegrenzung von 4 m. Zu berücksichtigen ist die Höhe der Ladekante von Lkws, die in der Regel zwischen 80 cm und 1 m liegt. Es gibt auch niedrigere Ladekanten, wenn kleinere Raddurchmesser an der Pritsche vorhanden sind. Um bei der Planung die maximalen Elementgrößen von vornherein berücksichtigen zu können, müssen bei einem Eigentransport die Abmessungen des eigenen Lkws bekannt sein oder

Abb. 2.15: Verladung von vorgefertigten Elementen

bei einem vorgesehenen Transport mit einer Spedition die möglichen Größen abgeklärt werden.

Übliche Transportmaße von Speditionen:

- maximale Ladebreite: ca. 2,50 m (ggf. Sondergenehmigung für 2,90 m vorhanden)
- maximale Ladelänge: 12 bis 18 m
- maximale Ladehöhe: ca. 3,10 m (in Sonderfällen bis 3,50 m)

Diese Abmessungen beziehen sich auf die Außenmaße, die auf dem Lkw zur Verfügung stehen. Durch Zurrgurte und die dazugehörigen Spannschlösser (Ratschen) dürfen diese Maße auch nicht überschritten werden. Werden Ladegestelle eingesetzt, die mehrere Elemente aufnehmen, oder A-Blöcke auf dem Lkw zur Aussteifung stehender Elemente platziert, so werden die Ladeabmessungen dadurch eingeschränkt. Zu beachten ist auch, dass die Lagerhölzer, die für die Gabelstaplerbeladung notwendig sind, bei vertikal gestellten Bauteilen die mögliche Elementhöhe reduzieren. Planen bzw. andere Verpackungsmaterialien des Transportgutes müssen innerhalb der maximalen Lkw-Abmessungen gemäß Straßenverkehrsordnung bleiben.

Verpackung/Transportschutz

Je nach Wetterlage und Oberflächengüte der zu transportierenden Teile müssen diese vor Transporteinflüssen geschützt werden. Sofern die Bauteile auf der Baustelle zwischengelagert werden, müssen die Einzelteile jeweils für sich in eine Folie eingepackt werden, bevor sie montiert werden. Im anderen Falle wird die gesamte Ladung mit einer Plane versehen, es sei denn, es handelt sich um einen Lkw, der eine Plane hat und so geschlossen werden kann, oder es ist wegen einer günstiger Wettersituation keine Verpackung notwendig.

Elementgewicht

Für die Größe der Elemente kann auch das Eigengewicht der einzelnen Bauteile ausschlaggebend sein. Sie dürfen nicht zu schwer für den Baustellenkran sein. Es ist zu prüfen, mit welcher Ausladung der Kran gemäß seiner Art und seines Lastdiagramms den Lkw-Standort und die Stellen, an denen die Elemente zu montieren sind, erreicht. Je nach Vorfertigungsgrad und verwendeten Baustoffen können einzelne Wandelemente Gewichte von bis zu 3 t aufweisen. Das bringt manchen Baustellenkran im vorderen Teil der Laufkatze an die Grenze seiner Tragfähigkeit. In einem solchen Fall ist zu prüfen, ob die betreffenden Elemente geteilt werden können oder ob z.B. bei einer Einblasdämmung diese nicht werkseitig, sondern erst auf der Baustelle eingebracht werden kann.

Bauteildicke

Beim Einsatz von Riegelwerkstationen ist je nach Bauart des Gerätes auch die maximale Bauteildicke beschränkt. Sollten große Dämmdicken (z.B. für ein KfW-Effizienzhaus 40 oder ein Passivhaus) mit der vorhandenen Infrastruktur nicht komplett gefertigt werden können, so muss überlegt werden, ob nicht manche Schichten zunächst weggelassen werden können und das Element erst nach dem Durchlauf durch die eigentliche Produktion entweder im Werk oder auf der Baustelle um die fehlenden Schichten ergänzt werden kann.

Für die Planung empfohlene Elementabmessungen

Wenn im Rahmen der Planung noch nicht feststeht, welcher Betrieb den Holzbau fertigen wird bzw. wie der Transport vonstattengehen soll, sind die folgenden Maximalabmessungen zu empfehlen:

- maximale Elementlänge: 12 m,
- maximale Höhe von stehend zu transportierenden Wänden: 2,90 m,
- maximale Breite von liegend zu transportierenden Dach- oder Deckenelementen: 2,50 m,
- die Elementgewichte sollten 1,5 bis 2 t nicht überschreiten.

2.2.4 Baustellenorganisation

Betriebe, die regelmäßig Holzrahmenbauten montieren, haben ihre wiederkehrenden gleichen Bauabläufe. Die nachfolgenden Punkte richten sich deshalb an Planer, die selbst nicht an den ausführenden Unternehmen beteiligt sind und deshalb für die Planung nicht auf Erfahrungswerte zurückgreifen können, sowie an Holzbauunternehmen, die nicht so häufig ganze Holzgebäude montieren. Sie können sich für die Baustellenplanung an den nachfolgenden Hinweisen orientieren.

Baustelleneinrichtung

Die reine Montage des Holzrohbaus einschließlich des Daches dauert je nach Objektgröße nur wenige Tage bei Ein- und Zweifamilienhäusern bis einige Wochen bei größeren Objekten. Das weitere Fertigstellen der Außenflächen, die Dacheindeckung und der Innenausbau nehmen danach einige Wochen bis hin zu mehreren Monaten in Anspruch.

Je nach Leistungsumfang für den Betrieb selbst sind folgende Gegenstände der Baustelleneinrichtung vorzusehen:

- Mobil- oder Baustellenkran,
- Arbeits- und Schutzgerüst,
- Baustromanschluss und Verteilerkasten,
- bei Bedarf Bauwasser,
- Bautoilette,
- Bürocontainer bzw. Baubude als Aufenthaltsraum,
- Lagercontainer für Baumaterialien,
- Bauzaun,
- Feuerlöscher,
- Erste-Hilfe-Kasten und Hinweis auf die Adresse und Telefonnummer des zur Baustelle nächstgelegenen Durchgangsarztes,
- Baustellenschild.

Es ist sinnvoll, einen Baustelleneinrichtungsplan zu machen, insbesondere wenn der Platz auf dem Grundstück begrenzt ist.

Lagerung der Bauelemente

Neben der Lagerung von zu verarbeitenden Baustoffen müssen evtl. auch die vorgefertigten Bauelemente zwischengelagert werden, bis sie montiert werden. Das ist dann nicht der Fall, wenn die Montage direkt vom Lkw aus erfolgt. Im Falle einer Baustellenlagerung ist Folgendes zu beachten:

- Der Lagerplatz muss eben sein und sollte möglichst keinen Untergrund haben, der bei Niederschlägen matschig wird. Gegebenenfalls ist die Lagerfläche im Vorfeld zu schottern.
- Die Lage des Lagerplatzes muss der Ausladung des Kranes in Bezug auf die Elementgewichte entsprechen.
- Für stehende Bauteile ist ein Gestell erforderlich, das eine sichere Lagerung ermöglicht.
- Alle Bauteile sind so zu sichern, dass sie bei plötzlichem Sturmaufkommen nicht umfallen und keine Gefahr für Leib und Leben werden bzw. selbst keinen Schaden nehmen können.
- Gelagerte Bauteile sind bis zum Einbau vor Witterungseinflüssen zu schützen.

Ladereihenfolge

Um die Zeiten auf der Baustelle kurz zu halten, muss die Beladung der einzelnen Lkws genau bedacht werden. Dabei ist zu unterscheiden, ob direkt vom Lkw montiert wird oder ob eine Zwischenlagerung der Elemente auf der Baustelle erfolgen soll. Im letzteren Fall ist die Ladereihenfolge genau umgekehrt wie bei der direkten Montage vom Lkw, denn das Teil, das als Letztes benötigt wird, muss als Erstes auf den Lagerplatz gestellt werden. Darum ist dieses Element auch als Letztes auf den Lkw zu laden, um bei der Entladung sofort zur Verfügung zu stehen. Diese Überlegung hat auch Einfluss auf die Reihenfolge der Vorproduktion am Betriebssitz.

Wenn auf die Ladereihenfolge kein Augenmerk gelegt wird, kann das dazu führen, dass auf der Baustelle einzelne Bauteile sortiert werden müssen. Das kostet wertvolle Zeit, in der möglicherweise Arbeitskräfte unproduktiv herumstehen.

Zu einem Zeitverlust kann es auch kommen, wenn bei einer geplanten Montage direkt vom Lkw aufgrund irgendwelcher Störungen im Bauablauf entschieden wird, den Lkw schnell zu entladen und die Bauteile ungeplant doch zwischenzulagern. Deshalb ist es unbedingt erforderlich, die Montagereihenfolge genau festzulegen und gut zu durchdenken, damit der Montageablauf reibungslos vonstattengehen kann.

Der Sicherheits- und Gesundheitskoordinator (SiGeKo)

Gemäß Baustellenverordnung ist es erforderlich, dass die Bauherrschaft einen SiGeKo bestellt, wenn eine der folgenden Voraussetzungen vorliegt:

- Auf der Baustelle ist mehr als eine Firma tätig. Das gilt auch, wenn sie nicht gleichzeitig tätig sind.
- Auf der Baustelle wird insgesamt bis zur Fertigstellung mindestens 500 Manntage gearbeitet.

Eine der beiden Voraussetzungen ist im Regelfall auch schon bei Einfamilienhäusern erfüllt. Deshalb ist der Bauherr darüber aufzuklären, dass er verpflichtet ist, einen solchen Sicherheits- und Gesundheitskoordinator zu beauftragen.

Selbst wenn ein Fertighausunternehmen die komplette Abwicklung in der Hand hat, handelt es sich meistens nicht um nur eine Firma, die auf der Baustelle tätig ist, weil gerade im Innenausbau und bei den SHK-Gewerken in der Regel Subunternehmer beauftragt werden.

Wenn nun ein solcher SiGeKo beauftragt ist, dann sollte er auch richtig eingesetzt und nicht als Belastung empfunden werden. Eine vertrauensvolle Zusammenarbeit sollte angestrebt werden, dann ist dessen Expertise in Sachen Arbeitssicherheit eine wertvolle Hilfe zur richtigen Ausgestaltung der Baustelleneinrichtung.

Der SiGeKo kann beratend bei der Planung von Gerüst und Absturzsicherungen mitwirken, bevor diese auf der Baustelle vorhanden sind. Damit entfallen Umbaukosten und der SiGeKo wird wohlwollender mit dem Bauablauf umgehen, als wenn er das Gefühl hat, er sei ein lästiger Zeitgenosse. Auch während des Bauablaufs sollte er rechtzeitig herangezogen werden, wenn z.B. Gerüstumbauten aus Bauablaufgründen erforderlich sind. Der SiGeKo sollte regelmäßig Baustellentermine mit folgenden Baubeteiligten abhalten: Vertretern aller zu dem Zeitpunkt ausführenden Firmen sowie dem Bauherrn oder einer vom Bauherrn beauftragten Vertretung (Architekt, Bauleiter, Projektsteuerer) – abhalten. Alle sollten über einen solchen Termin rechtzeitig im Vorfeld informiert werden. Wenn der SiGeKo die Baustelle zu Zeiten besucht, zu denen die ausführenden Firmen nicht anwesend sind, und es nur schriftlich über Mängel an der Baustellensicherheit kommuniziert wird, dann ist das für eine sinnvolle und kollegiale Zusammenarbeit nicht sehr förderlich. Auf diese Weise erfährt der SiGeKo nicht, warum z.B. eine Veränderung des Gerüstes stattgefunden hat, und er kann nicht mitwirken, wie diese Problematik sicher gelöst werden kann. Leider werden bei Ein- und Zweifamilienhäusern oft keine Sicherheits- und Gesundheitskoordinatoren vom Bauherrn beauftragt, und wenn doch, dann ist die Zusammenarbeit mit den Bauausführenden nicht immer glücklich. Für alle Beteiligten und besonders für die Sicherheit der Arbeitenden auf der Baustelle ist es von zentraler Bedeutung, dass der SiGeKo ernst genommen wird und dass der SiGeKo wiederum seinerseits auch bei kleinen Bauvorhaben mit geringerem Honorar seine Aufgabe ernst nimmt und regelmäßig in direktem Kontakt zu den ausführenden Unternehmen steht.

Gerüst

Bei der Montage eines Holzrahmenbaus aus vorgefertigten Holztafeln muss von Anfang an ein sicheres Arbeitsgerüst vorhanden sein. Das heißt, das Gerüst wird nach Fertigstellung der Bodenplatte oder des Kellers und vor dem Baubeginn des Holzgebäudes aufgestellt. Dabei wird entweder parallel zum Montageablauf das Gerüst geschossweise ergänzt, sodass immer ein sicheres Gerüst bis zur aktuellen Arbeitsebene vorhanden ist, oder es wird von Anfang an ein Gerüst aufgestellt, das in den Abmessungen schon komplett zu dem zu errichtenden Baukörper passt.

Ein solches Gerüst braucht auch eine innere Absturzsicherung in Richtung des noch nicht errichteten Baukörpers. Außerdem muss es, da es noch nicht an dem Baukörper verankert werden kann, eine ausreichende Abstrebung nach außen haben. Den neuesten Vorschriften der Berufsgenossenschaften folgend, werden auch keine innen liegenden Leitergänge vorgesehen, sondern es werden in Abhängigkeit von der Größe des Baukörpers ein oder mehrere Treppentürme seitlich an das Gerüst angebaut.

Damit der Gerüstbauer das Gerüst entsprechend passend errichten kann, braucht er eine genaue Gerüstplanung, um spätere Umbauten zu vermeiden. Es bringt den Bauablauf stark durcheinander, wenn sich während der Hausmontage herausstellt, dass das Gerüst umgeändert und mit der Hausmontage so lange gewartet werden muss, bis der Gerüstbauer die Änderungen vorgenommen hat.

Absturzsicherung

Nicht nur das Arbeits- und Schutzgerüst dient als Absturzsicherung, sondern auch an anderen Stellen müssen Abstürze, die gerade im Zimmererhandwerk zum größten Teil zum Unfallgeschehen beitragen, verhindert werden.

Die aktuellen Regeln der Arbeitssicherheit legen fest, dass Leitern grundsätzlich nicht mehr als Arbeitsplatz dienen sollen, sondern allenfalls als vertikaler Verkehrsweg auf der Baustelle. Für das unvermeidbare Arbeiten von der Leiter aus sollten nur sogenannte Plattformleitern mit sicheren Trittstufen und Haltearmen eingesetzt werden. Dass alle möglichen Absturzkanten innerhalb eines Gebäudes abgesichert werden müssen, wie z.B. an Treppenräumen und Bautreppen, aber auch an Deckendurchbrüchen und ebenso an bodentiefen Fensterelementen, solange dort noch kein Fenster eingebaut ist und ein Balkon nicht vorhanden ist, gilt schon sehr lange. Zu vermeiden sind aber ebenso Abstürze, die während der Montage von Deckenelementen direkt an der Deckenkante passieren können. Auch das Balancieren auf Mittelpfetten und Firstpfetten ist gefährlich und muss durch geeignete veränderte Arbeitsabläufe vermieden werden.

Eine hohe Absturzgefahr besteht ebenfalls beim Be- und Entladen des Lkws, wenn ein Arbeiter auf die geladenen Elemente klettert, um den Kranhaken ein- oder auszuhängen.

Mit der gemeinsam von BG-Bau und Holzbau Deutschland getragenen Kampagne „Wir zimmern sicher" wird angestrebt, die Unfallzahlen und Unfallkosten im Zimmererhandwerk deutlich zu reduzieren. Dazu tragen nicht nur die Akteure aus den Holzbaubetrieben bei, sondern auch schon Architekten und Ingenieure, die Abläufe planen und z.B. das Gerüst ausschreiben. Auch bei der Bauleitung liegt eine große Mitverantwortung. Denn wenn der Bauleiter Verstöße gegen die Arbeitssicherheit – ob bewusst oder unbewusst – nicht erkennt oder möglicherweise bewusst übersieht, trägt er bei einem schweren Arbeitsunfall zu großem Leid, erheblichen Kosten und Verzögerungen auf dieser Baustelle bei.

Kranstandort

Im Rahmen der Baustelleneinrichtungsplanung ist der Kranstandort frühzeitig festzulegen. Dazu ist die Kenntnis des Gewichts des schwersten Elements und der Lage dieses Elements im späteren Baukörper erforderlich, um über die Ausladung und das Lastdiagramm die Größe des Kranes zu prüfen bzw. festzulegen. Es ist festzustellen, wo ein Lkw-Standplatz möglich ist, der den fließenden Verkehr nicht behindert und der vom Kran gut erreichbar ist. Der Kran darf nicht zu nah an Baugruben stehen und muss auch ausreichend Abstand vom Gerüst und anderen festen Baukörpern haben, damit beim Drehen des Krans niemand eingequetscht werden kann. Dazu ist es erforderlich, dass rechtzeitig vor der Kranmontage eine Baustellenbegehung mit dem Kranfahrer bzw. mit dem Kranverleihunternehmen stattfindet, sofern der Betrieb nicht über einen eigenen Kran verfügt.

Sollte der Kran selbst auf der Straße stehen müssen, also im öffentlichen Raum, oder sich der Lkw-Standplatz während der Ladevorgänge für längere Zeit im öffentlichen Raum befinden, muss dafür rechtzeitig eine Genehmigung eingeholt werden, und die sich aus der Genehmigung ergebenden Maßnahmen, wie Baustellenbeschilderung, Absicherung durch Lampen, Bauzaun und ggf. auch eine Ampelanlage, müssen rechtzeitig organisiert werden.

Montagebeginn

Vor dem eigentlichen Montagebeginn vor Ort sollten die Abläufe für den ersten Aufstelltag geplant und mit den vor Ort eingesetzten Mitarbeitern vorab besprochen werden. Das gilt, sofern nicht eine ohnehin eingespielte Truppe regelmäßig vergleichbare Baukörper montiert und dadurch die Bauabläufe routiniert funktionieren. Wenn vor Beginn der Arbeiten geklärt ist, wer den Baukörper auf der Kellerdecke oder der Bodenplatte aufreißt und wer ggf. dabei hilft und was die anderen anwesenden Mitarbeiter bis zur Fertigstellung des Aufrisses machen, dann gibt es keine unproduktiven Zeiten, in denen ein Teil der Mitarbeiter auf andere wartet oder alle unnötigerweise an derselben Tätigkeit mitwirken. Erfahrungsgemäß beginnt die Hektik auf der Baustelle, wenn der Kran zugbereit da steht, der Lkw in Position vorhanden ist, aber noch nicht alle Aufrissarbeiten auf der Bodenplatte beendet sind und ggf. eine vorgesehene nivellierte Schwelle noch nicht abschließend montiert ist. Das kann z.B. vorkommen, wenn der Mobilkran und der Lkw etwas früher als vereinbart auf die Baustelle gekommen sind. So etwas führt dazu, dass unnötiger Druck auf die Mitarbeiter entsteht und in der Folge Fehler passieren

Abb. 2.16: Das Gerüst ist vor der Hausmontage im Rahmen der Baustelleneinrichtung aufgestellt worden.

können. Auch deshalb sind eine gute vorherige Ablaufplanung mit einer klaren Aufgabenverteilung und die Kenntnis der Mitarbeiter, welche Uhrzeit für den Kran und für die Anlieferung vereinbart wurde, ganz wichtig. Auf diese Weise kann eine Baustelle wirtschaftlich begonnen werden. Dann steht einer weiteren wirtschaftlichen Abwicklung mit gut geplanten Abläufen nichts mehr im Wege.

2.3 Technische Bauteilanforderungen

Im Bauwesen bestehen an Bauwerke und Bauteile zahlreiche Anforderungen in Bezug auf Brandschutz, Schallschutz, Wärmeschutz, Feuchteschutz, Holzschutz, Statik etc. Sie begründen sich aus gesetzlichen Vorgaben, aus der Normung und aus privatrechtlichen Vorgaben des Bauherrn.

In den Kapiteln 2.3 bis 2.5 wird ein grober Überblick über die für den Holzrahmenbau relevanten Themen dazu gegeben.

2.3.1 Brandschutz

Bauaufsichtliche Anforderungen an die Bauteile

Das Bauordnungsrecht gehört zur Regelungsbefugnis der Bundesländer (siehe Kapitel 1.3). Trotz der Musterbauordnung sind die Regelungen, die den Brandschutz betreffen, nicht bundeseinheitlich, sondern je nach Bundesland unterschiedlich. In jeder Landesbauordnung ist eine Generalklausel enthalten, die einen ausreichenden Brandschutz fordert. Diese Generalklausel wird in den Bauordnungen bzw. den dazugehörigen Durchführungs- oder Ausführungsverordnungen präzisiert durch die Klassifizierung von Baustoffen und Bauteilen nach der Normenreihe DIN 4102 „Brandverhalten von Baustoffen und Bauteilen", die in allen Bundesländern bauaufsichtlich eingeführt und somit Bestandteil des geltenden Baurechts, also verbindlich einzuhalten ist. Das Bauordnungsrecht regelt die Verwendbarkeit von Baustoffen, Bauteilen und Bauarten. Beim Brandschutz werden den Anforderungen aus den Bauordnungen Klassifizierungen nach DIN 4102-2 „Brandverhalten von Baustoffen und Bauteilen; Bauteile, Begriffe, Anforderungen und Prüfungen" (1977) zugewiesen. Die europäische Normenreihe DIN EN 13501-2 „Klassifizierung von Bauprodukten und Bauteilen zu ihrem Brandverhalten – Teil 2: Klassifizierung mit den Ergebnissen aus den Feuerwiderstandsprüfungen und/oder Rauchschutzprüfungen, mit Ausnahme von Lüftungsanlagen" (2023) kann ebenso zur Anwendung kommen. Darüber hinaus enthält die „Muster-Richtlinie über brandschutztechnische Anforderungen an Bauteile und Außenwandbekleidungen in Holzbauweise" (MHolzBauRL [2024]) Festlegungen, die Beachtung finden sollen. Auf dieser Basis kann der Holzbau auch mehrgeschossig in größerem Maßstab ausgeführt werden. Nicht normativ geregelte Konstruktionen können dann zulässig sein, wenn sie im betreffenden Bundesland gemäß der Muster-Verwaltungsvorschrift Technische Baubestimmungen (MVV TB) bauaufsichtlich eingeführt sind. Beim Brandschutz sind dies insbesondere europäisch genormte, aber nicht nach der Normenreihe DIN 4102 geregelte Konstruktionen. Dazu gibt es in den Anhängen der MVV TB detaillierte Angaben zu Ausführungsarten. So beschreibt der Anhang 6 der MVV TB (2024) die Ausführung hinterlüfteter Außenwandbekleidungen mit Blick auf Dämmstoffe, Unterkonstruktionen, Hinterlüftungsspalt sowie horizontale und vertikale Brandsperren.

Die europäische Bauproduktenverordnung (EU-BauPVO) stellt die Basis für die Zulassungen von Bauprodukten und Bauarten dar (zum Nachweis der Anwendbarkeit von Baustoffen und Konstruktionen aufgrund durch Prüfung festgelegter Eigenschaften siehe Kapitel 1.3.2).

In diesem Buch wird grundsätzlich auf die Normenreihe DIN 4102 Bezug genommen. Andere Regelungen bezüglich des Brandschutzes werden dann genannt, wenn die Normenreihe DIN 4102 allein nicht anwendbar ist. Europäische Normen, die nach deutscher bauordnungsrechtlicher Auffassung nicht ausreichend harmonisiert sind, werden im vorliegenden Buch nicht berücksichtigt. Ausnahmen von den bauaufsichtlichen Bestimmungen können genehmigt werden.

Für alle infrage kommenden Bauteile bei Wohnhäusern oder Gebäuden vergleichbarer Nutzung – ausgenommen Brandwände – werden in diesem Konstruktionskatalog für jedes Bauteil mehrere brandschutztechnische Problemlösungen in F 30-B angeboten. Für verminderte Grenzabstände und Reihenhausbebauung sind Wände in Holzbauart angegeben, die von außen F 90-B und von innen F 30-B erfüllen. Für die Klassifizierung von Holzbauteilen im Wohnungsbau mit bis zu 2 Vollgeschossen, wie hier behandelt, wird bauordnungsrechtlich DIN 4102-4 „Brandverhalten von Baustoffen und Bauteilen – Teil 4: Zusammenstellung und Anwendung klassifizierter Baustoffe, Bauteile und Sonderbauteile" (2016) herangezogen. Im Rahmen dieses Buches werden Bauteile mit der Feuerwiderstandsklasse F 30-B und für Gebäudeabschlusswände mit den Feuerwiderstandsklassen F 90-B/F 30-B dargestellt. Darüber hinaus sind auch einige F-60-B-Konstruktionen enthalten. Für alle tragenden Bauteile sind entsprechend klassifizierte tragende Bauteile ausgewiesen. Bei Anforderungen an die Brennbarkeit der Außenwandbekleidung, z.B. bei vermindertem Grenzabstand oder im Vollüberschlagsbereich bei Reihenhäusern, kann die Anforderung „nichtbrennbar" in verschiedenen Varianten erfüllt werden.

Brandschutztechnisch klassifizierte Baustoffe

Grundsätzlich werden Baustoffe nach DIN 4102 -1 „Brandverhalten von Baustoffen und Bauteilen – Teil 1: Baustoffe; Begriffe, Anforderungen und Prüfungen" (1998) brandschutztechnisch in Baustoffklassen eingeordnet. Baustoffe mit einer „Feuerwiderstandsdauer" – wie bisweilen irrtümlich angenommen wird – gibt es nicht.

Nach den Prüfzeichenverordnungen der Länder sind bestimmte Baustoffe hinsichtlich ihrer Einordnung in eine Baustoffklasse prüfzeichenpflichtig. Ausgenommen von dieser Prüfzeichenpflicht sind Baustoffe, deren Brandverhalten allgemein bekannt ist und die auch ohne besondere brandschutztechnische Prüfverfahren beurteilt werden können (z.B. Sand, Holz von mehr als 2 mm Dicke, Holzwerkstoffplatten mit mehr als 400 kg/m^3 Rohdichte usw.). Baustoffe, die der Prüfzeichenpflicht unterliegen, müssen ein Prüfzeichen des Deutschen Instituts für Bautechnik

(DIBt) haben und entsprechend gekennzeichnet sein. Prüfpflichtige Baustoffe unterliegen der Überwachungspflicht. Die Kennzeichnung der Baustoffe muss nach DIN 4102-1 das Kurzzeichen der Baustoffklasse, das erteilte Prüfzeichen (z.B. PA III ...), das Übereinstimmungszeichen Ü sowie die fremdüberwachende Stelle enthalten.

DIN 4102-1 unterscheidet die Baustoffe in brennbar (Kurzzeichen B) und nichtbrennbar (Kurzzeichen A). Die brennbaren Stoffe werden wiederum unterschieden in schwerentflammbare Baustoffe (Kurzzeichen B1), normalentflammbare (Kurzzeichen B2) und leichtentflammbare Baustoffe (Kurzzeichen B3). Bei den nichtbrennbaren Baustoffen werden im Wesentlichen Baustoffe unterschieden, die nicht brennen, jedoch einen gewissen Anteil brennbarer Stoffe enthalten (Kurzzeichen A2), und Baustoffe, die nur noch einen sehr geringen Anteil brennbarer Stoffe enthalten (Kurzzeichen A1). Wenn an die Baustoffe Anforderungen hinsichtlich der Baustoffklasse bestehen, ist in dem vorliegenden Buch die erforderliche Baustoffklasse stets angegeben. Sowohl bei der Bestellung als auch bei der Ausführung sollte unbedingt darauf geachtet werden, dass die erforderliche Baustoffklasse eingehalten wird.

In DIN 4102-4 sowie in den Prüfzeugnissen von Brandschutzkonstruktionen werden an einige in den Bauteilen einzusetzende Baustoffe weiter gehende Anforderungen gestellt, als sie durch Baustoffklassen ausgewiesen werden. Für Holzwerkstoffe wird beispielsweise eine bestimmte Rohdichte (z.B. $\geq$ 600 kg/m^3) gefordert.

Für manche Bauteile sind nur Dämmstoffe aus Mineralfasern zugelassen, für die zum Teil eine festgelegte Rohdichte gefordert wird und die einen Schmelzpunkt von mehr als 1.000 °C aufweisen müssen. Die Rohdichte von Holzwerkstoffplatten und Dämmstoffen und der Schmelzpunkt von Mineralfaserdämmstoffen werden von der Prüfzeichenpflicht nicht berührt und deshalb unterliegen diese Angaben nicht der Kennzeichnungspflicht. Diese zusätzlichen Baustoffeigenschaften müssen beim Einkauf gesondert gefordert werden; die Angabe der Baustoffklasse allein genügt nicht.

Ein Großteil der im Holzrahmenbau eingesetzten Baustoffe ist zwar aktuell europäisch harmonisiert genormt (DIN EN), jedoch in Teilen noch nicht so weit, dass es aus deutscher bauaufsichtlicher Sicht zur Erfüllung sämtlicher Anforderungen ausreicht, um die Normenreihe DIN 4102 in die harmonisierte europäische Brandschutz-Normung insgesamt zu überführen. Nach der EU-BauPVO sind die Leistungsmerkmale von Bauprodukten mit Leistungserklärungen und ggf. zusätzlich mit Leistungsbewertungen zu deklarieren und zu liefern. Finden sich darin Merkmale, die nach der Normenreihe DIN 4102 gefordert sind, ist zur Sicherstellung der Einhaltung der Normenreihe DIN 4102 die Zusicherung solcher Eigenschaften (Leistungsmerkmale) zusätzlich erforderlich.

Feuerwiderstandsdauer von Bauteilen

Die Feuerwiderstandsdauer von Bauteilen ist in DIN 4102-2 definiert und gibt an, wie lange ein Bauteil unter festgelegten Prüfbedingungen Feuer- und Hitzeeinwirkungen standhält. Durch einen Buchstabenzusatz wird bei der Klassifizierung der Feuerwiderstandsdauer jeweils angegeben, ob das Bauteil in wesentlichen Teilen aus brennbaren (Zusatz B), in wesentlichen Teilen aus nichtbrennbaren (Zusatz AB) oder ausschließlich aus nichtbrennbaren Baustoffen (Zusatz A) besteht. Zum Beispiel bedeutet die Feuerwiderstandsklasse F 90-AB, dass das Bauteil 90 Minuten gegen Feuer widersteht und in wesentlichen Teilen aus nichtbrennbaren Baustoffen besteht. Den bauaufsichtlichen Anforderungen, wie z.B. feuerhemmend, hochfeuerhemmend oder feuerbeständig, sind zumeist weitere Angaben in den Ausführungs- bzw. Durchführungsverordnungen der Länder zugeordnet, sodass sich dort unmittelbar die erforderliche Feuerwiderstandsklasse feststellen lässt. Die Feuerwiderstandsklasse eines Bauteils gilt immer nur für das Bauteil und die Randbedingungen (z.B. raumabschließend oder nicht raumabschließend), nicht jedoch für einzelne Teile (Baustoffe) des Bauteils. In DIN 4102-4 ist eine Reihe von Bauteilen in ihrer Konstruktion umfassend beschrieben und Feuerwiderstandsklassen zugeordnet. In diesem Buch werden nach DIN 4102-4 genormte Konstruktionen behandelt, deren brandschutztechnische Einordnung nicht durch Unterlagen, z.B. durch ein Prüfzeugnis, nachgewiesen werden muss. Es gibt aber auch eine große Menge an Bauteilen, die sehr wirtschaftlich erscheinen und sich problemlos in das Holzrahmenbau-System integrieren lassen, deren brandschutztechnische Einordnung durch ein Prüfzeugnis nachgewiesen ist. Solche Prüfzeugnisse müssen vom DIBt als allgemein bauaufsichtliches Prüfzeugnis (abP) anerkannt sein, um allgemeine Gültigkeit zu haben. Da die Feuerwiderstandsklasse ausschließlich für ein Bauteil gilt, muss das Bauteil genau den Angaben entweder von DIN 4102-4 oder denen des Prüfzeugnisses entsprechen. Schon geringfügige Abweichungen lassen die Einordnung nicht mehr zu oder ergeben eine andere Feuerwiderstandsklasse. Bei Anforderungen an den Brandschutz sind die Angaben in diesem Buch in allen Punkten, also angefangen von den Baustoffspezifikationen über die angegebene Schichtenfolge bis hin zur Ausführung der Konstruktionen, unbedingt einzuhalten. Abweichungen können erhebliche Folgen nach sich ziehen. Weiterhin gilt die Feuerwiderstandsklasse eines Bauteils nur dann, wenn alle zugehörigen, eingebundenen Bauteile mindestens die gleiche Feuerwiderstandsklasse aufweisen. Hier sind jedoch in einigen Landesbauordnungen Regelungen enthalten, die in bestimmten Fällen, z.B. bei der Gebäudeabschlusswand, weniger strenge Anforderungen an die anschließenden Bauteile stellen.

Bedachungen

Bei Dächern ist zu beachten, ob die Dacheindeckung eine harte oder eine weiche Bedachung ist. Harte Bedachung bedeutet, dass die Bedachung unabhängig von der Unterkonstruktion (z.B. dem Dachgebälk) widerstandsfähig gegen Flugfeuer und strahlende Wärme ist und die Ausweitung des Feuers auf dem Dach sowie eine Brandübertragung vom Dach in das Innere verhindert wird. Die Art der Bedachung ist unabhängig von der Feuerwiderstandsdauer der Dachkonstruktion zu sehen. Es sind z.B. Dachkonstruktionen mit weicher Bedachung möglich, die eine Feuerwiderstandsklasse von beispielsweise F 30-B aufweisen. Die zulässige Art der Bedachung, also ob harte oder

Tabelle 2.3: Anforderungen an die Bauteile gemäß Musterbauordnung (MBO) in den Gebäudeklassen GK 1 bis GK 5[1)]

<table>
<tr><th></th><th>Bauteile</th><th>Paragraf</th><th>GK 1</th><th>GK 2</th><th>GK 3</th><th>GK 4</th><th>GK 5</th></tr>
<tr><td>1</td><td>tragende Wände und Stützen (außer KG und DG)</td><td>§ 27</td><td>keine Anforderung</td><td colspan="2">feuerhemmend</td><td>hochfeuerhemmend</td><td>feuerbeständig</td></tr>
<tr><td>2</td><td>tragende Wände und Stützen im KG</td><td>§ 27</td><td colspan="2">feuerhemmend</td><td colspan="3">feuerbeständig</td></tr>
<tr><td>3</td><td>tragende Wände und Stützen im DG (wenn keine Aufenthaltsräume darüber)</td><td>§ 27</td><td>keine Anforderung</td><td colspan="2">feuerhemmend</td><td>hochfeuerhemmend</td><td>feuerbeständig</td></tr>
<tr><td>4</td><td>nicht tragende Außenwände</td><td>§ 28</td><td colspan="3">keine Anforderung</td><td colspan="2">nichtbrennbar, brennbare Baustoffe zulässig, wenn Bauteil feuerhemmend</td></tr>
<tr><td>5</td><td>Oberflächen von Außenwänden und Außenwandbekleidungen einschließlich Dämmstoffen und Unterkonstruktion</td><td>§ 28</td><td colspan="3">keine Anforderung</td><td colspan="2">schwer entflammbar, Unterkonstruktionen normal entflammbar zulässig, wenn Brandausbreitung auf und in dem Bauteil ausreichend lang begrenzt ist</td></tr>
<tr><td>6</td><td>Außenwandkonstruktionen mit geschossübergreifenden Hohl- und Lufträumen wie hinterlüfteten Außenwandbekleidungen</td><td>§ 28</td><td colspan="2">keine Anforderung</td><td>Nur bei Doppelfassaden sind besondere Vorkehrungen gegen Brandausbreitung zu treffen.</td><td colspan="2">Besondere Vorkehrungen gegen Brandausbreitung sind zu treffen, gilt auch für Doppelfassaden.</td></tr>
<tr><td>7</td><td>Trennwände</td><td>§ 29</td><td colspan="2">bei Wohngebäuden keine Anforderung, sonst feuerhemmend</td><td>feuerhemmend</td><td>hochfeuerhemmend</td><td>feuerbeständig</td></tr>
<tr><td>8</td><td>Brandwände (Gebäudeabschlusswände)</td><td>§ 30</td><td colspan="5">auch unter zusätzlicher mechanischer Belastung feuerbeständig und aus nichtbrennbaren Baustoffen</td></tr>
<tr><td>9</td><td>anstelle von Brandwänden zulässig:</td><td>§ 30</td><td colspan="3">hochfeuerhemmend</td><td>auch unter zusätzlicher mechanischer Belastung hochfeuerhemmend</td><td>nicht zulässig</td></tr>
<tr><td>10</td><td>anstelle von Brandwänden zulässig:</td><td>§ 30</td><td colspan="3">von innen nach außen mindestens feuerhemmend und von außen nach innen feuerbeständig</td><td colspan="2">nicht zulässig</td></tr>
<tr><td>11</td><td>Decken (außer KG-Decken)</td><td>§ 31</td><td>keine Anforderung</td><td colspan="2">feuerhemmend</td><td>hochfeuerhemmend</td><td>feuerbeständig</td></tr>
<tr><td>12</td><td>Decken über DG, wenn darüber keine Aufenthaltsräume möglich</td><td>§ 31</td><td colspan="5">keine Anforderungen</td></tr>
<tr><td>13</td><td>KG-Decke</td><td>§ 31</td><td colspan="2">feuerhemmend</td><td colspan="3">feuerbeständig</td></tr>
<tr><td>14</td><td>Dächer mit harter Bedachung (ausreichend lang widerstandsfähig gegen Brandbeanspruchung von außen)</td><td>§ 32</td><td colspan="5">keine Anforderungen</td></tr>
<tr><td>15</td><td>Dächer ohne harte Bedachung</td><td>§ 32</td><td colspan="3">zulässig bei Abstand zur Grundstücksgrenze von mindestens 12 m, bei Wohngebäuden mindestens 6 m etc.</td><td colspan="2">nicht zulässig</td></tr>
<tr><td>16</td><td>tragende Teile notwendiger Treppen</td><td>§ 34</td><td colspan="2">keine Anforderung</td><td>aus nichtbrennbaren Baustoffen oder feuerhemmend</td><td>aus nichtbrennbaren Baustoffen</td><td>feuerhemmend und aus nichtbrennbaren Baustoffen</td></tr>
<tr><td>17</td><td>tragende Teile von Außentreppen</td><td>§ 34</td><td colspan="2">keine Anforderung</td><td colspan="3">aus nichtbrennbaren Baustoffen</td></tr>
<tr><td>18</td><td>Wände notwendiger Treppenräume</td><td>§ 35</td><td colspan="2">keine Anforderung</td><td>feuerhemmend</td><td>auch unter zusätzlicher mechanischer Beanspruchung hochfeuerhemmend</td><td>wie die Bauart von Brandwänden (Zeile 8)</td></tr>
<tr><td>19</td><td>tberer Abschluss notwendiger Treppenräume</td><td>§ 35</td><td colspan="5">Feuerwiderstandsfähigkeit der Decken des Gebäudes; dies gilt nicht, wenn der obere Abschluss das Dach ist und die Treppenraumwände bis unter die Dachhaut reichen.</td></tr>
<tr><td>20</td><td>Bekleidungen, Putze, Dämmstoffe, Unterdecken und Einbauten in notwendigen Treppenräumen</td><td>§ 35</td><td colspan="5">aus nichtbrennbaren Baustoffen</td></tr>
</table>

Tabelle 2.3: (Fortsetzung)

	Bauteile	Para-graf	GK 1	GK 2	GK 3	GK 4	GK 5
21	**Bekleidung von Wänden und Decken aus brennbaren Baustoffen** in notwendigen Treppenräumen	§ 35	aus nichtbrennbaren Baustoffen in ausreichender Dicke				
22	**Wände notwendiger Flure** (außer im KG)	§ 36	in GK 1 +und 2 keine notwendigen Flure in Wohngebäuden		feuerhemmend		
23	**Wände notwendiger Flure** im KG	§ 36	nur bei Nichtwohngebäuden: feuerbeständig		feuerbeständig		
24	**Bekleidungen, Putze, Unterdecken und Dämmstoffe** in notwendigen **Fluren**	§ 36	aus nichtbrennbaren Baustoffen				
25	**Bekleidung von Wänden und Decken aus brennbaren Baustoffen** in notwendigen Fluren	§ 36	aus nichtbrennbaren Baustoffen in ausreichender Dicke				
26	**Fahrschachtwände von Aufzügen**	§ 39	keine Anforderung		feuerhemmend	hochfeuerhemmend	feuerbeständig und aus nichtbrennbaren Baustoffen
27	**Fahrschachtwände aus brennbaren Baustoffen**	§ 39	schachtseitig eine Bekleidung aus nichtbrennbaren Baustoffen in ausreichender Dicke				
28	**Lüftungsleitungen und deren Bekleidungen**	§ 41	keine Anforderung		Aus nichtbrennbaren Baustoffen; brennbare Baustoffe sind zulässig, wenn ein Beitrag der Lüftungsleitung zur Brandentstehung und Brandweiterleitung nicht zu befürchten ist. Lüftungsleitungen dürfen raumabschließende Bauteile, für die eine Feuerwiderstandsfähigkeit vorgeschrieben ist, nur überbrücken, wenn eine Brandausbreitung ausreichend lang nicht zu befürchten ist oder wenn Vorkehrungen hiergegen getroffen sind.		

1) zur Definition der Gebäudeklassen siehe Kapitel 1.3.1, Tabelle 1.1

weiche Bedachung, ist zumeist von den Grenzabständen oder den Abständen zu anderen baurechtlich zulässigen Gebäuden abhängig. DIN 4102-4 gibt einige klassifizierte Bedachungen an, die ohne Nachweis als widerstandsfähig gegen Flugfeuer und strahlende Hitze eingestuft sind. Zum Nachweis, dass dieses Kriterium erfüllt ist, ist bei anderen nicht klassifizierten Bedachungen ein Prüfzeugnis nach DIN 4102-7 „Brandverhalten von Baustoffen und Bauteilen – Teil 7: Bedachungen – Anforderungen und Prüfungen" (2018) erforderlich.

Rauchdichtheit von Holzbauteilen

Im Gegensatz zu Fenstern und Türen, für die bei Brandschutzanforderungen die Rauchdichtheit explizit gefordert ist, gibt es bei Holzbauteilen in den Brandschutznormen diesen Begriff nicht. Es wird jedoch in DIN 4102-4 gefordert, dass Beplankungen aus Platten oder Brettern auf Holzrippen bzw. -ständern eine geschlossene Fläche besitzen müssen. Bei Plattenstößen auf den Rippen müssen die Beplankungen dicht gestoßen werden. Bei Wandstößen gelten demnach auch Federn als dichter Anschluss. Eben-

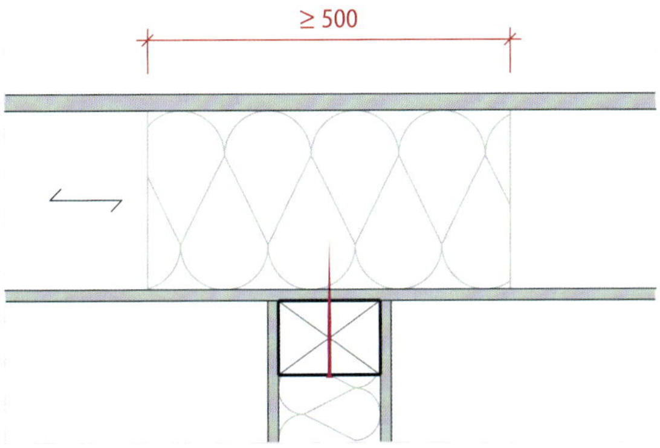

Deckenanschluss mit Mineralwolleschott mind. 500 mm Volle Deckenbalkenhöhe ausgedämmt

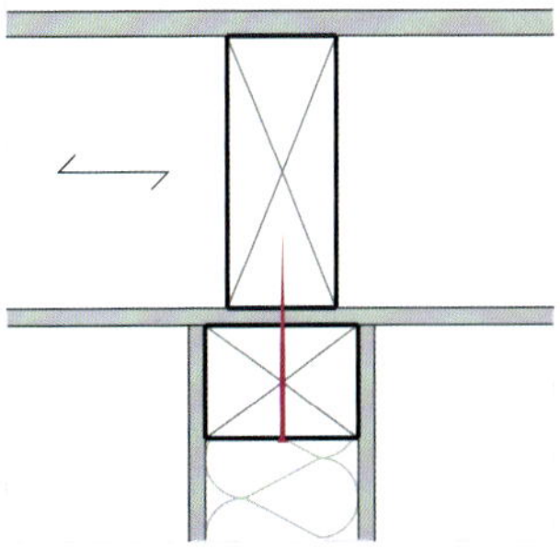

Deckenanschluss mit Querbalken untere Deckenbeplankung durchlaufend

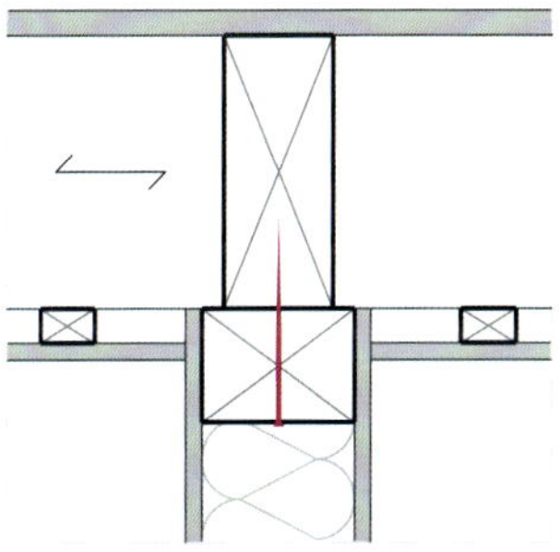

Deckenanschluss mit Querbalken untere Deckenbeplankung anstoßend

Abb. 2.17: Schematischer Bauteilanschluss von Holzrahmenbau-Wänden mit Brandschutzanforderung (Quelle: DIN 4102-4)

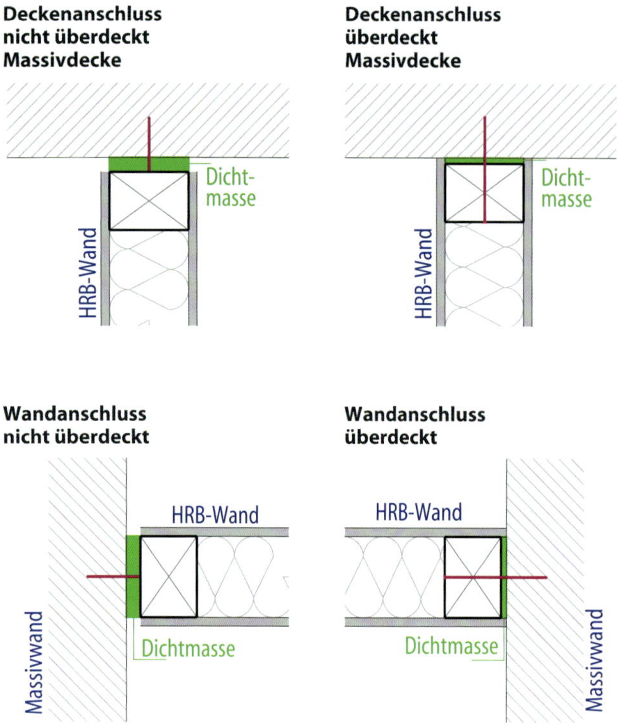

Abb. 2.18: Schematischer Anschluss an Massivbauteile (Quelle: DIN 4102-4)

so kann die Spundung von profilierten Brettern als dicht gelten, wenn die Nut-und-Feder-Spundung im Bereich der geforderten Mindestdicke der Brettbekleidung liegt.

Anschlüsse von Wänden mit Anforderungen an den Brandschutz an andere Bauteile (Wände, Decken, Böden) sind dicht auszuführen. Bei dem Anschluss von Holzbauteilen an Holzbauteile reicht dafür der verschraubte stumpfe Stoß aus (Abb. 2.17). Erfolgen Bauteilanschlüsse der Holzkonstruktion an mineralische Massivbauteile, sind nichtbrennbare Dichtungsstreifen mit einer maximalen Dicke von 30 mm in den Bauteilstoß einzulegen. Bei einer Dicke des Dichtungsstreifens von maximal 5 mm und beidseitiger Verspachtelung der Beplankung darf der Dichtungsstreifen auch aus einem brennbaren Baustoff bestehen (Abb. 2.18).

2.3.2 Schallschutz

Vorschriften: Anforderungen und Empfehlungen

Für den Schallschutz gelten die Regelungen der Bauordnungen und ggf. der Flächennutzungsplan oder Bebauungspläne (z.B. beim Schallschutz gegen Außenlärm, wie Fluglärm, Lärm von Schienen- oder Wasserfahrzeugen oder auch Autobahnen). Wenn baurechtlich Anforderungen an den Schallschutz bestehen, ist im Allgemeinen im Rahmen des Baugenehmigungsverfahrens ein Nachweis zu führen.

Der Schallschutz wird geregelt in:

- **DIN 4109-1 „Schallschutz im Hochbau – Teil 1: Mindestanforderungen" (2018),**
- DIN 4109-2:2018-01 „Schallschutz im Hochbau – Teil 2: Rechnerische Nachweise der Erfüllung der Anforderungen"(2018),
- DIN 4109-4 „Schallschutz im Hochbau – Teil 4: Bauakustische Prüfungen" (2016),
- **DIN 4109-31 „Schallschutz im Hochbau – Teil 31: Daten für die rechnerischen Nachweise des Schallschutzes (Bauteilkatalog) – Rahmenkatalog" (2016),**
- DIN 4109-32 „Schallschutz im Hochbau – Teil 32: Daten für die rechnerischen Nachweise des Schallschutzes (Bauteilkatalog) – Massivbau"(2016),
- **DIN 4109-33 „Schallschutz im Hochbau – Teil 33: Daten für die rechnerischen Nachweise des Schallschutzes (Bauteilkatalog) – Holz-, Leicht- und Trockenbau"(2016),**
- DIN 4109-34 „Schallschutz im Hochbau – Teil 34: Daten für die rechnerischen Nachweise des Schallschutzes (Bauteilkatalog) – Vorsatzkonstruktionen vor massiven Bauteilen"(2016),
- DIN 4109-35 „Schallschutz im Hochbau – Teil 35: Daten für die rechnerischen Nachweise des Schallschutzes (Bauteilkatalog) – Elemente, Fenster, Türen, Vorhangfassaden"(2016),
- DIN 4109-36 „Schallschutz im Hochbau – Teil 36: Daten für die rechnerischen Nachweise des Schallschutzes (Bauteilkatalog) – Gebäudetechnische Anlagen"(2016),

Die DIN 4109-31 bis -36 enthalten im Bauteilkatalog wesentlich mehr Konstruktionen, als es in den vorherigen Ausgaben der Fall war. Nach wie vor sind bei den Anforderungen an den Schallschutz von Bauteilen zunächst nur Mindestanforderungen definiert, die auch nicht für Innenbauteile innerhalb einer Nutzungseinheit bzw. einer Wohnung gelten, sondern die Wohnung vor Lärm von außen schützen sollen. So gilt, wenn nichts anderes vereinbart ist, der in DIN 4109-1 festgelegte Mindeststandard für den Schall, der von außen, z.B. durch Kraftfahrzeuge, Flugzeuge, Gewerbe oder auch spielende Kinder, in die Wohnung oder Nutzungseinheit eindringt. Mit Ablösung der aus dem Jahr 1989 stammenden vorherigen Ausgabe der DIN 4109-1 in wesentlichen Teilen hat sich an diesem Grundprinzip nichts geändert. Es wurden allerdings die bauordnungsrechtlichen Anforderungswerte an den aktuellen Baustandard angepasst. Neben den Auswirkungen auf öffentlichrechtliche Anforderungen an die Schalldämmung eines Gebäudes wirkt sich die aktuelle Normung auch auf die privatrechtlichen Vereinbarungen aus. Hier gilt es grundsätzlich, klare Absprachen im Vorfeld der Vertragsfindung zu treffen und diese Vereinbarungen schriftlich im Vertrag niederzulegen. Das betrifft auf der einen Seite Architekten, die vom Bauherrn beauftragt sind, das gesamte Projekt zu planen, aber auch Haushersteller, die komplette Bauteile liefern. Für die in diesem Buch enthaltenen Konstruktionen wurden, soweit es Übereinstimmungen mit den Katalogwerten in DIN 4108-33 gibt, die Schalldämmwerte der DIN 4108-33 den Bauteilen zugeordnet.

Die aktuellen Anforderungswerte und die kennzeichnenden Größen für die Anforderungen der DIN 4109-1 sind in den Tabellen 2.4 bis 2.6 angegeben.

Tabelle 2.4: Kennzeichnende Größen für die Anforderungen an die Luft- und Trittschalldämmung und an die zulässigen Schalldruckpegel (Quelle: nach DIN 4109-1, Tabelle 1)

Spalte	1	2	3	
Zeile	Bauteile[a)]	berücksichtigte Schallübertragung	kennzeichnende Größe für Luftschalldämmung dB	Trittschalldämmung dB
1	Wände	über das trennende und die flankierenden Bauteile sowie ggf. über Nebenwege[b)]	R'_w	–
2	Decken		R'_w	$L'_{n,w}$
3	Treppen		–	$L'_{n,w}$
4	Türen[c)]	nur über die Tür	R'_w	–
5	gebäudetechnische Anlagen einschließlich Wasserinstallationen		maximaler Norm-Schalldruckpegel $L_{AF,max,n}$ nach DIN 4109-4	
6	baulich verbundene Gewerbebetriebe (Für die Nachtzeit gilt der Pegel der lautesten Stunde.)		Beurteilungspegel L_r nach DIN 45645-1 bzw. TA Lärm, zusätzlich ist der maximale Schalldruckpegel $L_{AF,max,n}$ zu ermitteln.	

a im betriebsfertigen Zustand
b Schallnebenwege, z.B. durch Kabelschotts, Installations- und Kabelkanäle in Massiv- und Installationswänden
c Nach DIN 4109-2 muss ein Sicherheitsbeiwert von 5 dB berücksichtigt werden.

Vereinbarungshilfen

Reine Zahlen des Schallschutzes sind für Laien, aber auch für Fachleute nicht leicht in den tatsächlich gehörten Schall umzudeuten. Deshalb werden Zielwerte in Form von 3 unterschiedlichen Niveaus für den Holzbau vorgeschlagen, die mit einer verbalen Beschreibung der Wirkung des Schallschutzes die möglichen Vereinbarungen für alle Seiten verständlicher machen.

Die 3 nachfolgend beschriebenen Niveaus BASIS, BASIS+ und KOMFORT stellen die Möglichkeiten im Schallschutz nicht abschließend dar. Deswegen kann über eine besondere Vereinbarung eine individuelle Festlegung des Schallschutzziels erfolgen. Es sollte dabei auch darauf geachtet werden, die verbale Beschreibung entsprechend anzupassen.

Niveau BASIS

Das Niveau BASIS entspricht der Einhaltung der bauordnungsrechtlichen Mindestwerte. Für die Vereinbarung dieses Standards muss dem Auftraggeber und dem Nutzer eindeutig mitgeteilt werden, dass es sich hierbei um den Mindestschallschutz handelt. Dieses Niveau liegt unter dem durch übliche Baukonstruktionen erreichbaren Schallschutz. Deshalb muss allen Vertragsparteien bewusst sein, was die Vereinbarung dieses Niveaus bedeutet.

verbale Beschreibung des Niveaus BASIS:

- laute Sprache: verstehbar
- Sprache in angehobener Sprechweise: im Allgemeinen verstehbar
- Sprache in normaler Sprechweise: im Allgemeinen nicht verstehbar, noch hörbar
- Gehgeräusche: im Allgemeinen störend

Niveau BASIS+

Bei dem Niveau BASIS+ handelt es sich um einen mittleren Standard, der über dem Mindestniveau des Niveaus BASIS liegt. Die Berücksichtigung tiefer Frequenzen beim Trittschall führt zu einer spürbaren Verbesserung des akustischen Niveaus. Wenn keine besonderen Vereinbarungen getroffen werden sollen, weil ein übliches Niveau erreichbar werden soll, kann dieses Niveau angewandt werden.

verbale Beschreibung des Niveaus BASIS+:

- laute Sprache: im Allgemeinen verstehbar
- Sprache in angehobener Sprechweise: im Allgemeinen nicht verstehbar, noch hörbar
- Sprache in normaler Sprechweise: nicht verstehbar
- Gehgeräusche: nicht mehr hörbar

Niveau KOMFORT

Dieses Niveau stellt einen erhöhten Schallschutz dar. Luft- und Trittschallübertragung bei Reihen- und Doppelhäusern erfahren eine stärkere Würdigung der Spektrumanpassungswerte für tiefe Frequenzen. Dadurch ist mit einer deutlich wahrnehmbaren Verbesserung gegenüber dem Nievau BASIS+ zu rechnen. Um das Niveau KOMFORT zu erreichen, müssen die Bauteile deutlich schalltechnisch optimiert werden, was höhere Bauteilkosten zur Folge hat.

verbale Beschreibung des Niveaus KOMFORT:

- laute Sprache: im Allgemeinen nicht verstehbar
- Sprache in angehobener Sprechweise: nicht verstehbar
- Sprache in normaler Sprechweise: nicht hörbar
- Gehgeräusche: nicht störend bzw. kaum wahrnehmbar

Tabelle 2.5: Anforderungen an die Schalldämmmung in Mehrfamilienhäusern, Bürogebäuden und in gemischt genutzten Häusern (Quelle: nach DIN 4109-1, Tabelle 2)

Spalte	1	2	3	4	5
Zeile		**Bauteile**	**Anforderungen** R'_w in dB	$L'_{n,w}$ in dB	**Bemerkungen**
1	**Decken**	Decken unter allgemein nutzbaren Dachräumen, z.B. Trockenböden, Abstellräumen und ihren Zugängen	≥ 53	≤ 52	
2		Wohnungstrenndecken (auch Treppen)	≥ 54	≤ 50[1), 2)]	Wohnungstrenndecken sind Bauteile, die Wohnungen voneinander oder von fremden Arbeitsräumen trennen.
3		Trenndecken (auch Treppen) zwischen fremden Arbeitsräumen bzw. vergleichbaren Nutzungseinheiten	≥ 54	≤ 53	
4		Decken über Kellern, Hausfluren, Treppenräumen unter Aufenthaltsräumen	≥ 52	≤ 50	Die Anforderungen an die Trittschalldämmung gelten für die Trittschallübertragung in fremde Aufenthaltsräume in alle Schallausbreitungsrichtungen.
5		Decken über Durchfahrten, Einfahrten von Sammelgaragen u.Ä. unter Aufenthaltsräumen	≥ 55	≤ 50	
6		Decken unter/über Spiel- oder ähnlichen Gemeinschaftsräumen	≥ 55	≤ 46	Wegen der verstärkten Übertragung tiefer Frequenzen können zusätzliche Maßnahmen zur Schalldämmung erforderlich sein.
7		Decken unter Terrassen und Loggien über Aufenthaltsräumen	–	≤ 50	
8		Decken unter Laubengängen	–	≤ 53	Die Anforderungen an die Trittschalldämmung gelten für die Trittschallübertragung in fremde Aufenthaltsräume in alle Schallausbreitungsrichtungen.
8.1		Balkone	–	≤ 58	Die Anforderungen an die Trittschalldämmung gelten für die Trittschallübertragung in fremde Aufenthaltsräume in alle Schallausbreitungsrichtungen.
9		Decken und Treppen innerhalb von Wohnungen, die sich über 2 Geschosse erstrecken	–	≤ 50	Die Anforderungen an die Trittschalldämmung gelten für die Trittschallübertragung in fremde Aufenthaltsräume in alle Schallausbreitungsrichtungen.
10		Decken unter Bad und WC ohne/mit Bodenentwässerung	≥ 54	≤ 53	
11		Decken unter Hausfluren	–	≤ 50	
12	**Treppen**	Treppenläufe und -podeste	–	≤ 53	
13	**Wände**	Wohnungstrennwände und Wände zwischen fremden Arbeitsräumen	≥ 53	–	Wohnungstrennwände sind Bauteile, die Wohnungen voneinander oder von fremden Arbeitsräumen trennen.
14		Treppenraumwände und Wände neben Hausfluren	≥ 53	–	Für Wände mit Türen gilt die Anforderung R'_W(Wand) = R_W (Tür) + 15 dB. Darin bedeutet R_W(Tür) die erforderliche Schalldämmung der Tür nach Zeile 18 oder 19. Wandbreiten ≤ 30 cm bleiben dabei unberücksichtigt.
15		Wände neben Durchfahrten, Sammelgaragen, einschließlich Einfahrten	≥ 55	–	
16		Wände von Spiel- oder ähnlichen Gemeinschaftsräumen	≥ 55	–	
17		Schachtwände von Aufzugsanlagen an Aufenthaltsräumen	≥ 57	–	

Tabelle 2.5: (Fortsetzung)

Spalte	1	2	3	4	5
Zeile		**Bauteile**	**Anforderungen** R'_w in dB	$L'_{n,w}$ in dB	**Bemerkungen**
18	Türen	Türen, die von Hausfluren oder Treppenräumen in geschlossene Flure und Dielen von Wohnungen und Wohnheimen oder von Arbeitsräumen führen	≥ 27	–	Bei Türen gilt R_W nach Tabelle 2.4, Fußnote 3).
19		Türen, die von Hausfluren oder Treppenräumen unmittelbar in Aufenthaltsräume – außer Flure und Dielen – von Wohnungen führen	≥ 37	–	

1) Im Falle von baulichen Änderungen vor dem 1. Juli 2016 fertiggestellter Gebäude liegt die Anforderung bei $L'_{n,w} \leq 53$ dB.
2) Bei Neubau von Gebäuden mit Deckenkonstruktionen, die DIN 4109-33 zuzuordnen sind, liegt die Anforderung bei $L'_{n,w} \leq 53$ dB.

ANMERKUNG: Nicht für alle gebräuchlichen Deckenkonstruktionen kann derzeit ein Anforderungswert $L'_{n,w} \leq 50$ dB nachgewiesen werden. Bis zum Vorliegen geeigneter Lösungen im Rahmen einer vorgesehenen Überarbeitung von DIN 4109-33 gilt deshalb die in Fußnote 2) genannte Anforderung.

Tabelle 2.6: Anforderungen an die Luft- und Trittschalldämmung zwischen Einfamilien-Reihenhäusern und zwischen Doppelhäusern (Quelle: nach DIN 4109-1, Tabelle 3)

Spalte	1	2	3	4	5
Zeile		**Bauteile**	**Anforderungen** R'_w in dB	$L'_{n,w}$ in dB	**Bemerkungen**
1	Decken	Decken	–	≤ 41	Die Anforderungen an die Trittschalldämmung gelten für die Trittschallübertragung in fremde Aufenthaltsräume in waagerechter oder schräger Richtung.
2		Bodenplatte auf Erdreich bzw. Decke über Kellergeschoss	–	≤ 46	
3	Treppen	Treppenläufe und -podeste	–	≤ 46	Die Anforderungen an die Trittschalldämmung gelten für die Trittschallübertragung in fremde Aufenthaltsräume in waagerechter oder schräger Richtung.
4	Wände	Haustrennwände zu Aufenthaltsräumen, die im untersten Geschoss (erdberührt oder nicht) gelegen sind	≥ 59	–	Die Anforderungen an die Trittschalldämmung gelten für die Trittschallübertragung in fremde Aufenthaltsräume in waagerechter oder schräger Richtung.
5		Haustrennwände zu Aufenthaltsräumen, unter denen mindestens 1 Geschoss (erdberührt oder nicht) vorhanden ist	≥ 62	–	

Einflüsse auf die Schalldämmung

Einen Einfluss auf Luft- und Trittschalldämmung haben konstruktive Maßnahmen. Deswegen bewirkt das eigenmächtige Verändern von Konstruktionen möglicherweise eine Verschlechterung der angegebenen Schalldämmung, da sich Resonanzfrequenzen einstellen können oder andere Effekte Einfluss auf die bewertete Schalldruckkurve haben.

Schallentkopplung

Schallnebenwege beeinflussen den Schallschutz deutlich. Darum gilt es, in der Detailplanung und in der Bauausführung auf diesen Punkt besonderes Augenmerk zu legen. Vorsatzschalen bzw. Installationsebenen auf Wänden sowie abgehängte Decken sollten nicht von einem Raum in den benachbarten Raum durchgehen. Diese Schichten müssen durch die anstoßenden Wände unterbrochen werden. Auch eine gute Luftdichtheit im Innenbereich zwischen schallsensiblen Räumen bewirkt eine Verbesserung des Schallschutzes.

Die Körperschallweiterleitung von Decke zu Wand und umgekehrt – im wesentlichen von Trittschall – kann durch eine Schallentkopplung mit Elastomerauflagern verringert werden, die zwischen aufgehenden Wänden und Decken eingelegt sind. Die Auflagerdämmungen müssen für die an den jeweiligen Stellen auftretenden statischen Lasten ausgelegt sein. Die Hersteller bieten dafür verschiedene Produkte an. Auch für die schallentkoppelte Elementbefestigung bietet der Markt Blechformteile mit integrierten Elastomerpolstern. Die Hersteller beraten zum Einsatz dieser Entkopplungsmaterialien.

Tabelle 2.7: Normative Anforderung und Empfehlung für wichtige Zielwerte (Quelle: nach INFORMATIONSDIENST HOLZ, Schallschutz im Holzbau, 2019, Tabelle 2)

	Schallschutzniveau		
Bauteil/Übertragungswert	**BASIS (≙ DIN 4109-1)**	**BASIS +**	**KOMFORT**
Wohnungstrennwand	$R'_W \geq 53$ dB	$R'_W \geq 56$ dB	$R'_W \geq 59$ dB
Reihenhaustrennwand	$R'_W \geq 62$ dB	$R'_W \geq 62$ dB $R_W + C_{50\text{-}5000} \geq 62$ dB[1) 5)]	$R'_W \geq 67$ dB $R_W + C_{50\text{-}5000} \geq 65$ dB[1) 5)]
Wohnungstrenndecke	$R'_W \geq 54$ dB	$R'_W \geq 57$ dB	$R'_W \geq 60$ dB
Wohnungstrenndecke Trittschallpegel	$L'_{n,W} \leq 53$ dB[3)]	$L'_{n,W} \leq 50$ dB $L'_{n,W} + C_{I,\,50\text{-}2500} \leq 62$ dB[2)]	$L'_{n,W} \leq 46$ dB $L'_{n,W} + C_{I,\,50\text{-}2500} \leq 47$ dB[2)]
Dachterrassen und Loggien mit darunterliegenden Wohnräumen	$L'_{n,W} \leq 50$ dB	$L'_{n,W} \leq 50$ dB	$L'_{n,W} \leq 46$ dB
Decken unter Laubengängen (in allen Schallausbreitungsrichtungen)	$L'_{n,W} \leq 53$ dB	$L'_{n,W} \leq 50$ dB	$L'_{n,W} \leq 46$ dB
Treppenlauf und Treppenpodest	$L'_{n,W} \leq 53$ dB	$L'_{n,W} \leq 50$ dB	$L'_{n,W} \leq 46$ dB
Außenlärm nach Lärmpegelbereich und Anforderungen der DIN 4109-1			Anforderungen nach DIN 4109-1 inkl. Berücksichtigung $C_{tr,\,50\text{-}5000}$ für das opake Bauteil[4)]
Weitere Bauteile	nach DIN 4109-1	nach DIN 4109-1	nach DIN 4109-5[6)]

1) ergänzender Luftschallanforderungswert nur ans Bauteil ohne Flanken
2) ergänzender Trittschallanforderungswert nur ans Bauteil ohne Flanken
3) Sonderregelung für Deckenkonstruktionen, die der DIN 4109-33 zuzuordnen sind, ansonsten $L'_{n,W} \leq 50$ dB
4) für Fensterflächenanteil über 30 % gesonderte Betrachtung, reine Bauteilanforderung
5) Anforderung an die Doppelschalenwand, beide Werte
6) nach jeweils gültiger Fassung oder DIN EN 4109-5

2.3.3 Wärmeschutz

Die Anforderungen an den baulichen Wärmeschutz wurden in Deutschland von 2002 bis 2020 durch die Verordnung über energiesparenden Wärmeschutz und energiesparende Anlagentechnik bei Gebäuden, kurz Energieeinsparverordnung (EnEV), in Verbindung mit geltenden Normen definiert. Im Herbst 2020 ist die EnEV durch das Gebäudeenergiegesetz (Gesetz zur Einsparung von Energie und zur Nutzung erneuerbarer Energien zur Wärme- und Kälteerzeugung in Gebäuden [GEG]) ersetzt worden, in welchem die bisherigen Anforderungen der EnEV sowie des Erneuerbare-Energien-Wärmegesetzes (EEWärmeG) und des Energieeinsparungsgesetzes (EnEG) zusammengeführt und gleichzeitig fortgeschrieben werden. Durch die Einführung des GEG in der aktuell vorliegenden Fassung haben sich die seit dem 1. Januar 2016 geltenden Anforderungen, die in der EnEV von 2013 festgelegt wurden, nicht grundsätzlich geändert. Der Gesetzgeber erklärt dazu selbst: *„Mit dem Gebäudeenergiegesetz werden die europäischen Vorgaben zur Gesamtenergieeffizienz von Gebäuden umgesetzt und die Regelung des Niedrigstenergiegebäudes in das vereinheitlichte Energieeinsparrecht integriert. Die aktuellen energetischen Anforderungen für den Neubau und den Gebäudebestand gelten fort.*" (GEG) Somit wurde der seit 2016 geltende Energiestandard auch weiterhin als gesetzliche Grundlage für das Bauen von Gebäuden in Deutschland verankert.

Holzhäuser im Holzrahmenbau erfüllen diese Anforderungen an den Wärmeschutz problemlos, da der Regelwandaufbau im Gefachebereich genug Platz für den erforderlichen Dämmstoff bietet. Die meisten der seit der Jahrtausendwende errichteten Holzhäuser weisen deutlich bessere Energiekennwerte auf als von dem Gesetzgeber heute gefordert.

Beim Wärmeschutz wird jahreszeitlich zwischen winterlichem und sommerlichem Wärmeschutz unterschieden. Aufgrund der klimatischen Veränderungen wird der sommerliche Wärmeschutz zunehmend wichtiger. Insofern ist es immer anzuraten, auch diesen frühzeitig bei der Planung eines Holzrahmenbaus zu berücksichtigen. Die eingangs genannten gesetzlichen Anforderungen regeln auch den einzuhaltenden sommerlichen Wärmeschutz eines Gebäudes und sind somit zu beachten.

Bezüglich des Wärmeschutzes gelten im Wesentlichen die in Tabelle 2.8 aufgeführten Normen.

Tabelle 2.8: Für den Wärmeschutz relevante Normen (fett hervorgehoben: für die Gebäudehülle anzuwenden)

Norm	Titel
DIN 1946-6	Raumlufttechnik – Teil 6: Lüftung von Wohnungen – Allgemeine Anforderungen, Anforderungen zur Bemessung, Ausführung und Kennzeichnung, Übergabe/Übernahme (Abnahme) und Instandhaltung
DIN 1946-6 Beiblatt 2	Raumlufttechnik – Teil 6: Lüftung von Wohnungen – Allgemeine Anforderungen, Anforderungen zur Bemessung, Ausführung und Kennzeichnung, Übergabe/Übernahme (Abnahme) und Instandhaltung; Beiblatt 2: Lüftungskonzept
DIN 1946-6 Beiblatt 3	Raumlufttechnik – Teil 6: Lüftung von Wohnungen – Allgemeine Anforderungen, Anforderungen zur Bemessung, Ausführung und Kennzeichnung, Übergabe/Übernahme (Abnahme) und Instandhaltung; Beiblatt 3: Gemeinsamer und nicht gemeinsamer Betrieb von Lüftungsgeräten und Einzelraumfeuerstätten für feste Brennstoffe – Installationsregel
DIN 4108 Beiblatt 2	Wärmeschutz und Energie-Einsparung in Gebäuden; Beiblatt 2: Wärmebrücken – Planungs- und Ausführungsbeispiele
DIN 4108-2	Wärmeschutz und Energie-Einsparung in Gebäuden – Teil 2: Mindestanforderungen an den Wärmeschutz
DIN 4108-3	Wärmeschutz und Energie-Einsparung in Gebäuden – Teil 3: Klimabedingter Feuchteschutz – Anforderungen, Berechnungsverfahren und Hinweise für Planung und Ausführung
DIN 4108-4	Wärmeschutz und Energie-Einsparung in Gebäuden – Teil 4: Wärme- und feuchteschutztechnische Bemessungswerte
DIN V 4108-6	Wärmeschutz und Energie-Einsparung in Gebäuden – Teil 6: Berechnung des Jahresheizwärme- und des Jahresheizenergie-bedarfs
DIN 4108-7	Wärmeschutz und Energie-Einsparung in Gebäuden – Teil7: Luftdichtheit von Gebäuden – Anforderungen, Planungs- und Ausführungsempfehlungen sowie -beispiele
DIN V 4701-10	Energetische Bewertung heiz- und raumlufttechnischer Anlagen – Teil 10: Heizung, Trinkwassererwärmung, Lüftung
DIN V 18599-1	Energetische Bewertung von Gebäuden – Berechnung des Nutz-, End- und Primärenergiebedarfs für Heizung, Kühlung, Lüftung, Trinkwarmwasser und Beleuchtung – Teil 1: Allgemeine Bilanzierungsverfahren, Begriffe, Zonierung und Bewertung der Energieträger
DIN V 18599-2	Energetische Bewertung von Gebäuden – Berechnung des Nutz-, End- und Primärenergiebedarfs für Heizung, Kühlung, Lüftung, Trinkwarmwasser und Beleuchtung – Teil 2: Nutzenergiebedarf für Heizen und Kühlen von Gebäudezonen
DIN V 18599-3	Energetische Bewertung von Gebäuden – Berechnung des Nutz-, End- und Primärenergiebedarfs für Heizung, Kühlung, Lüftung, Trinkwarmwasser und Beleuchtung – Teil 3: Nutzenergiebedarf für die energetische Luftaufbereitung
DIN V 18599-4	Energetische Bewertung von Gebäuden – Berechnung des Nutz-, End- und Primärenergiebedarfs für Heizung, Kühlung, Lüftung, Trinkwarmwasser und Beleuchtung – Teil 4: Nutz- und Endenergiebedarf für Beleuchtung
DIN V 18599-5	Energetische Bewertung von Gebäuden – Berechnung des Nutz-, End- und Primärenergiebedarfs für Heizung, Kühlung, Lüftung, Trinkwarmwasser und Beleuchtung – Teil 5: Endenergiebedarf von Heizsystemen
DIN V 18599-6	Energetische Bewertung von Gebäuden – Berechnung des Nutz-, End- und Primärenergiebedarfs für Heizung, Kühlung, Lüftung, Trinkwarmwasser und Beleuchtung – Teil 6: Endenergiebedarf von Lüftungsanlagen, Luftheizungsanlagen und Kühlsysteme für den Wohnungsbau
DIN V 18599-7	Energetische Bewertung von Gebäuden – Berechnung des Nutz-, End- und Primärenergiebedarfs für Heizung, Kühlung, Lüftung, Trinkwarmwasser und Beleuchtung – Teil 7: Endenergiebedarf von Raumlufttechnik- und Klimakältesystemen für den Nichtwohnungsbau
DIN V 18599-8	Energetische Bewertung von Gebäuden – Berechnung des Nutz-, End- und Primärenergiebedarfs für Heizung, Kühlung, Lüftung, Trinkwarmwasser und Beleuchtung – Teil 8: Nutz- und Endenergiebedarf von Warmwasserbereitungssystemen
DIN V 18599-9	Energetische Bewertung von Gebäuden – Berechnung des Nutz-, End- und Primärenergiebedarfs für Heizung, Kühlung, Lüftung, Trinkwarmwasser und Beleuchtung – Teil 9: End- und Primärenergiebedarf von stromproduzierenden Anlagen

Tabelle 2.8: (Fortsetzung)

Norm	Titel
DIN V 18599-10	Energetische Bewertung von Gebäuden – Berechnung des Nutz-, End- und Primärenergiebedarfs für Heizung, Kühlung, Lüftung, Trinkwarmwasser und Beleuchtung – Teil 10: Nutzungsrandbedingungen, Klimadaten
DIN V 18599-11	Energetische Bewertung von Gebäuden – Berechnung des Nutz-, End- und Primärenergiebedarfs für Heizung, Kühlung, Lüftung, Trinkwarmwasser und Beleuchtung – Teil 11: Gebäudeautomation
DIN/TS 18599-12	Energetische Bewertung von Gebäuden – Berechnung des Nutz-, End- und Primärenergiebedarfs für Heizung, Kühlung, Lüftung, Trinkwarmwasser und Beleuchtung – Teil 12: Tabellenverfahren für Wohngebäude
DIN/TS 18599-13	Energetische Bewertung von Gebäuden – Berechnung des Nutz-, End- und Primärenergiebedarfs für Heizung, Kühlung, Lüftung, Trinkwarmwasser und Beleuchtung – Teil 13: Tabellenverfahren für Nichtwohngebäude
DIN V 18599 Beiblatt 1	Energetische Bewertung von Gebäuden – Berechnung des Nutz-, End- und Primärenergiebedarfs für Heizung, Kühlung, Lüftung, Trinkwarmwasser und Beleuchtung – Beiblatt 1: Bedarfs-/Verbrauchsabgleich
DIN V 18599 Beiblatt 2	Energetische Bewertung von Gebäuden – Berechnung des Nutz-, End- und Primärenergiebedarfs für Heizung, Kühlung, Lüftung, Trinkwarmwasser und Beleuchtung – Beiblatt 2: Beschreibung der Anwendung von Kennwerten aus der DIN V 18599 bei Nachweisen des Gesetzes zur Förderung Erneuerbarer Energien im Wärmebereich (EEWärmeG)
DIN V 18599 Beiblatt 3	Energetische Bewertung von Gebäuden – Berechnung des Nutz-, End- und Primärenergiebedarfs für Heizung, Kühlung, Lüftung, Trinkwarmwasser und Beleuchtung – Beiblatt 3: Überführung der Berechnungsergebnisse einer Energiebilanz nach DIN/TS 18599 in ein standardisiertes Ausgabeformat
DIN EN ISO 6946	Bauteile – Wärmedurchlasswiderstand und Wärmedurchgangskoeffizient – Berechnungsverfahren
DIN EN ISO 7345	Wärmeschutz – Physikalische Größen und Definitionen
DIN EN ISO 9229	Wärmedämmung – Begriffe
DIN EN ISO 9346	Wärme- und feuchtetechnisches Verhalten von Gebäuden und Baustoffen – Physikalische Größen für den Stofftransport
DIN EN ISO 9972	Wärmetechnisches Verhalten von Gebäuden – Bestimmung der Luftdurchlässigkeit von Gebäuden – Differenzdruckverfahren
DIN EN ISO 10211	Wärmebrücken im Hochbau – Wärmeströme und Oberflächentemperaturen – Detaillierte Berechnungen
DIN EN ISO 10456	Baustoffe und Bauprodukte – Wärme- und feuchtetechnische Eigenschaften – Tabellierte Bemessungswerte und Verfahren zur Bestimmung der wärmeschutztechnischen Nenn- und Bemessungswerte
DIN EN ISO 12572	Wärme- und feuchtetechnisches Verhalten von Baustoffen und Bauprodukten – Bestimmung der Wasserdampfdurchlässigkeit – Verfahren mit einem Prüfgefäß
DIN EN ISO 13370	Wärmetechnisches Verhalten von Gebäuden – Wärmetransfer über das Erdreich – Berechnungsverfahren
DIN EN ISO 13786	Wärmetechnisches Verhalten von Bauteilen – Dynamisch-thermische Kenngrößen – Berechnungsverfahren
DIN EN ISO 13788	Wärme- und feuchtetechnisches Verhalten von Bauteilen und Bauelementen – Raumseitige Oberflächentemperatur zur Vermeidung kritischer Oberflächenfeuchte und Tauwasserbildung im Bauteilinneren – Berechnungsverfahren
DIN EN ISO 13789	Wärmetechnisches Verhalten von Gebäuden – Spezifischer Transmissions- und Lüftungswärmedurchgangskoeffizient – Berechnungsverfahren
DIN EN ISO 14683	Wärmebrücken im Hochbau – Längenbezogener Wärmedurchgangskoeffizient – Vereinfachte Verfahren und Standardwerte

Unterschied von Heizwärmeverbrauch und Heizwärmebedarf

Beim Energieeinsatz für Gebäude werden unterschiedliche Begrifflichkeiten benutzt, die genau zu unterscheiden sind, um ein einheitliches Verständnis herbeizuführen. Wenn von einem „Verbrauch" die Rede ist, dann ist die am Ende einer abgelaufenen Betrachtungsperiode tatsächlich gemessene Menge gemeint: z.B. Energieverbrauch, Wasserverbrauch, Gasverbrauch, Stromverbrauch. Diese Menge wird dann beispielsweise in der Abrechnung des Versorgers aufgeführt. Wird ein „Bedarf" genannt, so ist eine rechnerisch unter festgelegten Randbedingungen ermittelte Menge gemeint.

Die in der Kfz-Branche übliche Angabe zum „Normverbrauch nach EG ..." müsste gemäß dieser Betrachtung eigentlich „Treibstoffbedarf" heißen, da der tatsächliche Verbrauch für dasselbe Fahrzeug bei jedem Fahrer anders ausfällt. Die Aussage zum „Normverbrauch" eines Fahrzeuges basiert jedoch auf unter Norm-Randbedingungen gemessenen Werten. Somit handelt es sich tatsächlich um einen Verbrauch. Trotzdem eignet sich dieser Normverbrauch eines Autos zum Vergleich mit dem ermittelten Energiebedarf eines Gebäudes. Tatsächlich verbraucht jeder Autofahrer eine andere Menge an Treibstoff, als in den technischen Daten für sein Fahrzeug angegeben wird. Aber im direkten Vergleich mehrerer Fahrzeuge miteinander wird bei demselben Fahrer und der gleichen Fahrweise sehr wahrscheinlich auch das Fahrzeug mit dem geringsten Normverbrauch den geringsten tatsächlichen Verbrauch von Treibstoff aufweisen.

Genauso verhält es sich mit Heizenergiebedarf und Heizenergieverbrauch eines Gebäudes. Der Energieverbrauch der Nutzer, sprich der Bewohner, für das Beheizen eines Objekts weicht im Regelfall von dem rechnerisch ermittelten Heizenergiebedarf ab. Je besser das Rechenmodell ist, desto näher liegt das Berechnungsergebnis am tatsächlich messbaren Verbrauch.

Hinweis:

Energiebedarf: berechnete Werte auf Basis von durchschnittlichen Nutzern

Energieverbrauch: tatsächlich benötigte Energiemenge

Heizenergiebedarf und -verbrauch: nur für die Beheizung, nicht aber Warmwasserbereitung und ohne Leitungs- und Anlagenverluste

Endenergiebedarf und -verbrauch: für Beheizung und Warmwasserbereitung einschließlich Anlagen- und Leitungsverlusten

Primärenergiebedarf und -verbrauch:
Hierbei wird zusätzlich zur Endenergie auch der Energieaufwand des Energieträgers vom Abbau des Energierohstoffs bis zur Nutzung einschließlich der Transportenergien hinzugezogen.

Nachweis des Wärmeschutzes nach den Landesbauordnungen der Bundesländer

Das Gebäudeenergiegesetz (GEG) setzt zwar den bundesweit einheitlichen Rahmen für die Anforderungen und Berechnungsverfahren zum Nachweis des Wärmeschutzes, jedoch wird die konkrete Umsetzung über die Landesbauordnungen bzw. andere Rechtsverordnungen der Länder geregelt.

Der Wärmeschutznachweis muss allen ausführenden Firmen, die an energierelevanten Bauteilen oder Anlagenteilen arbeiten oder diese herstellen, zur Verfügung stehen. Also muss der Nachweis auch dem mit der Herstellung des Holzrahmenbaus beauftragten Zimmerer- oder Holzbauunternehmen vorliegen. Der Wärmeschutznachweis muss in den meisten Bundesländern auch während der Bauzeit auf der Baustelle jederzeit vorhanden sein und ist auf Verlangen der Bauaufsicht vorzulegen. In einigen Bundesländern kann der Aussteller des Wärmeschutznachweises für die Gebäudeklassen 1 bis 3 statt des Nachweises selbst lediglich eine Erklärung über die ordnungsgemäße Ausstellung des Wärmeschutznachweises vorlegen. In diesem Fall kann sich die Bauaufsicht allerdings nicht bei Stichproben vor Ort von der ordnungsgemäßen Umsetzung der im Nachweis festgelegten Maßnahmen überzeugen, da sie über diesen Nachweis nicht verfügt.

In den Ländern, in denen in der Landesbauordnung oder durch andere Rechtsverordnungen ein vom Bauherrn zu bestellender Bauleiter gefordert ist (siehe § 53 und § 56 MBO), hat der bestellte Bauleiter im Rahmen seiner Pflichten die Einhaltung der öffentlich-rechtlichen Anforderungen zu überwachen. Zu diesen gehören auch die Maßnahmen, die im Wärmeschutznachweis für die jeweilige Baumaßnahme festgelegt wurden.

Die Landesbauordnungen verpflichten auch die Unternehmer selbst zur Einhaltung öffentlich-rechtlicher Anforderungen, zu denen auch der Wärmeschutznachweis gehört. In der Musterbauordnung findet sich dazu in § 55 folgende Formulierung: Der Unternehmer *„hat die zur Erfüllung der Anforderungen dieses Gesetzes oder aufgrund dieses Gesetzes erforderlichen Nachweise und Unterlagen zu den verwendeten Bauprodukten und den angewandten Bauarten zu erbringen und auf der Baustelle bereitzuhalten. Bei Bauprodukten, die die CE-Kennzeichnung nach der Verordnung (EU) Nr. 305/2011 tragen, ist die Leistungserklärung bereitzuhalten."*

Wenn der Unternehmer, der den Holzrahmenbau herstellt, auch die öffentlich-rechtliche Bauleitung im Auftrag des Bauherrn übernommen hat, ergibt sich durch diese gesetzlichen Regelungen für das Unternehmen eine zusätzliche Verantwortung, die sich über das eigene Gewerk hinaus erstrecken kann, wenn auch andere Unternehmen für die Einhaltung des Wärmeschutzes verantwortlich zeichnen. So sind beispielsweise die Haustechnik-Gewerke oder aber der Fensterbau sowie der mineralische Rohbau durchaus energietechnisch relevant an einem Gebäude tätig. Auch wenn der Holzbauunternehmer diese Gewerke nicht in seinem Vertrag als Subunternehmer beauftragt, so kann er trotzdem in eine Mithaftung kommen, wenn er die öffentlich-rechtliche Bauleitung mit übernommen hat.

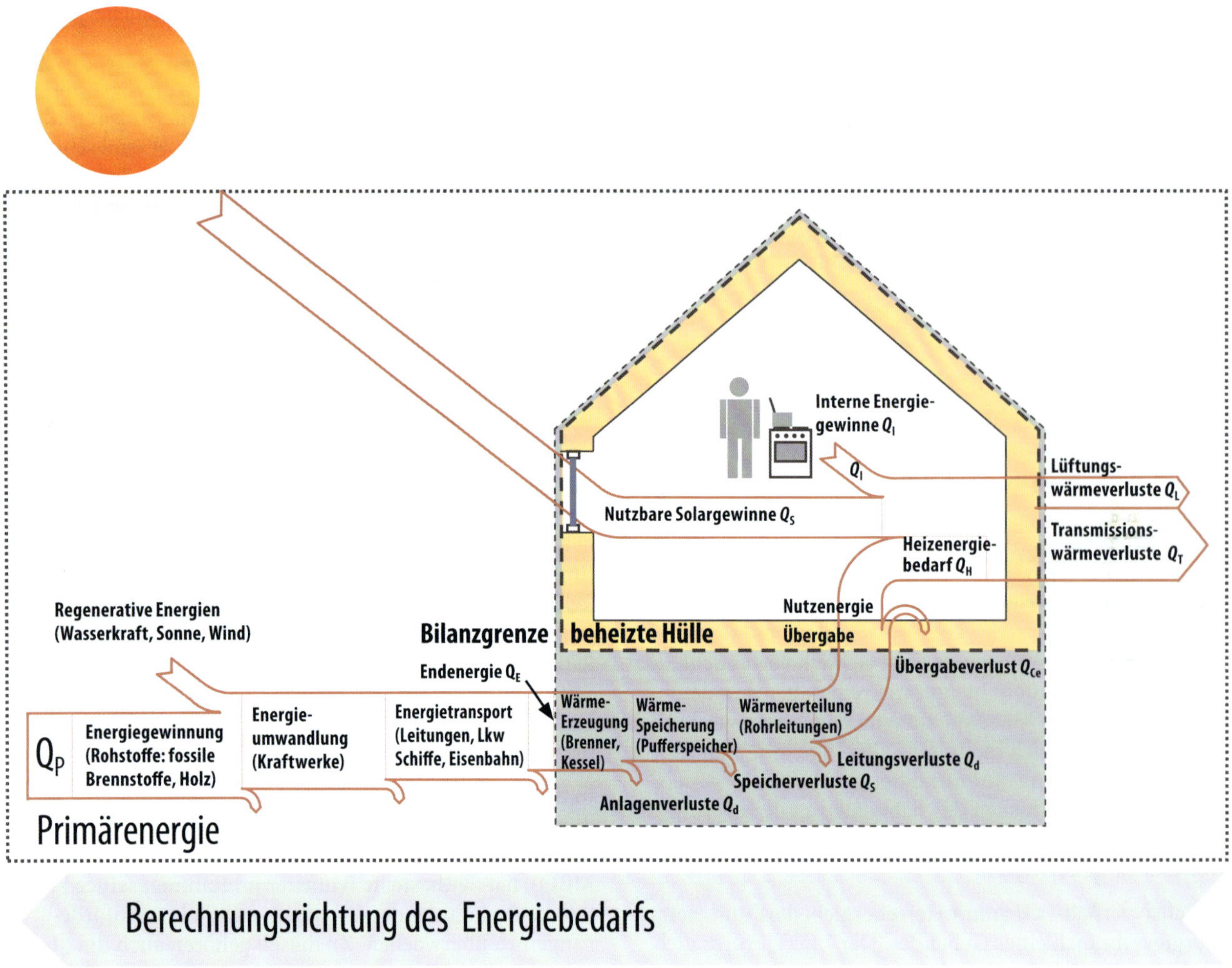

Abb. 2.19: Energieflussdiagramm zur Erläuterung der Begrifflichkeiten rund um den Heizenergiebedarf Q_H

Energieausweis

Nach Fertigstellung eines neuen Gebäudes muss ein Energieausweis auf Basis der tatsächlichen Ausführung erstellt werden. Falls der Energieausweis bereits im Zusammenhang mit dem Ausstellen des Wärmschutznachweises gefertigt wurde, kann er trotzdem eigentlich erst nach der Fertigstellung des Gebäudes und einer Überprüfung auf Übereinstimmung mit den Berechnungsgrundlagen dem Bauherrn übergeben werden. Für den Aussteller ergibt sich hier ein Haftungsrisiko – auch gegenüber Dritten, die z.B. das Gebäude nach der Vorlage des Energieausweises von dem Bauherrn erwerben.

Jeder seit 2014 ausgestellte Energieausweis muss eine eindeutige Registriernummer haben, die der Aussteller des Energieausweises bei der zuständigen Registrierstelle des Deutschen Instituts für Bautechnik (DIBt) gegen Gebühr erwirbt. Mit dieser Registriernummer werden folgende Daten des Energieausweises beim DIBt gespeichert:

- die Ausweisart,
- der Gebäudetyp,
- die Postleitzahl,
- die Angabe des Bundeslandes und
- das Ausstellungsdatum.

Anhand dieser Daten werden vom DIBt und von den Bundesländern Stichprobenkontrollen durchgeführt.

2.3.3.1 Winterlicher Wärmeschutz

Grundsätzlich gilt, dass die Anforderungen an den Mindestwärmeschutz nach DIN 4108-2 „Wärmeschutz und Energie-Einsparung in Gebäuden – Teil 2: Mindestanforderungen an den Wärmeschutz" (2013) einzuhalten sind. Übliche Holzrahmenbaukonstruktionen erfüllen diese relativ geringen Anforderungen ohnehin, insofern sind die gesetzlichen Mindestanforderungen aus dem Gebäudeenergiegesetz die relevante Größe, mit der Wohngebäude zu planen sind. Die Bauteilaufbauten des modernen Holzbaus übertreffen im Regelfall die gesetzlichen Mindestanforderungen. Damit zeigt der Holzbau, dass es ohne großen Aufwand möglich ist, den von der EU für die Mitgliedstaaten geforderten Standard des Nearly-Zero-Energy-Buildings (NZEB) herzustellen (siehe Kapitel 2.3.4).

Bilanzierungsverfahren nach GEG

Das vom Gesetzgeber vorgegebene Nachweisverfahren für die Einhaltung der Anforderungen steht auf 2 Säulen. Zum einen ist das neu zu errichtende Gebäude mit einem Referenzgebäude gleicher Geometrie, Gebäudenutzfläche und Ausrichtung zu vergleichen und mit Werten zu

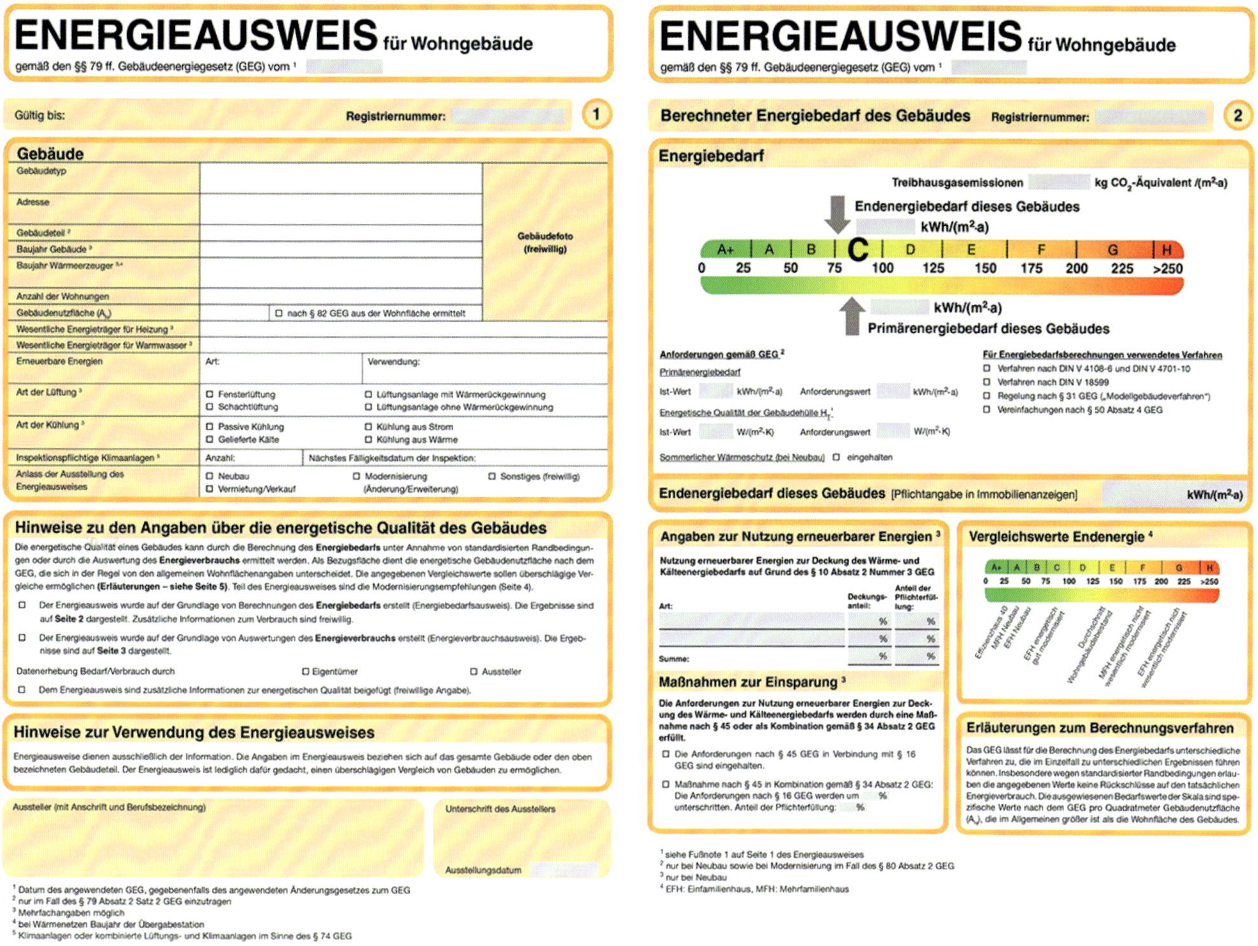

ENERGIEAUSWEIS für Wohngebäude

gemäß den §§ 79 ff. Gebäudeenergiegesetz (GEG) vom [1]

Gültig bis: Registriernummer: 1

Gebäude

Gebäudetyp		Gebäudefoto (freiwillig)
Adresse		
Gebäudeteil [2]		
Baujahr Gebäude [3]		
Baujahr Wärmeerzeuger [3,4]		
Anzahl der Wohnungen		
Gebäudenutzfläche (A_N)	☐ nach § 82 GEG aus der Wohnfläche ermittelt	
Wesentliche Energieträger für Heizung [3]		
Wesentliche Energieträger für Warmwasser [3]		
Erneuerbare Energien	Art:	Verwendung:
Art der Lüftung [3]	☐ Fensterlüftung ☐ Schachtlüftung	☐ Lüftungsanlage mit Wärmerückgewinnung ☐ Lüftungsanlage ohne Wärmerückgewinnung
Art der Kühlung [3]	☐ Passive Kühlung ☐ Gelieferte Kälte	☐ Kühlung aus Strom ☐ Kühlung aus Wärme
Inspektionspflichtige Klimaanlagen [5]	Anzahl:	Nächstes Fälligkeitsdatum der Inspektion:
Anlass der Ausstellung des Energieausweises	☐ Neubau ☐ Vermietung/Verkauf	☐ Modernisierung (Änderung/Erweiterung) ☐ Sonstiges (freiwillig)

Hinweise zu den Angaben über die energetische Qualität des Gebäudes

Die energetische Qualität eines Gebäudes kann durch die Berechnung des **Energiebedarfs** unter Annahme von standardisierten Randbedingungen oder durch die Auswertung des **Energieverbrauchs** ermittelt werden. Als Bezugsfläche dient die energetische Gebäudenutzfläche nach dem GEG, die sich in der Regel von den allgemeinen Wohnflächenangaben unterscheidet. Die angegebenen Vergleichswerte sollen überschlägige Vergleiche ermöglichen **(Erläuterungen – siehe Seite 5)**. Teil des Energieausweises sind die Modernisierungsempfehlungen (Seite 4).

☐ Der Energieausweis wurde auf der Grundlage von Berechnungen des **Energiebedarfs** erstellt (Energiebedarfsausweis). Die Ergebnisse sind auf **Seite 2** dargestellt. Zusätzliche Informationen zum Verbrauch sind freiwillig.

☐ Der Energieausweis wurde auf der Grundlage von Auswertungen des **Energieverbrauchs** erstellt (Energieverbrauchsausweis). Die Ergebnisse sind auf **Seite 3** dargestellt.

Datenerhebung Bedarf/Verbrauch durch ☐ Eigentümer ☐ Aussteller

☐ Dem Energieausweis sind zusätzliche Informationen zur energetischen Qualität beigefügt (freiwillige Angabe).

Hinweise zur Verwendung des Energieausweises

Energieausweise dienen ausschließlich der Information. Die Angaben im Energieausweis beziehen sich auf das gesamte Gebäude oder den oben bezeichneten Gebäudeteil. Der Energieausweis ist lediglich dafür gedacht, einen überschlägigen Vergleich von Gebäuden zu ermöglichen.

Aussteller (mit Anschrift und Berufsbezeichnung)

Unterschrift des Ausstellers

Ausstellungsdatum

[1] Datum des angewendeten GEG, gegebenenfalls des angewendeten Änderungsgesetzes zum GEG
[2] nur im Fall des § 79 Absatz 2 Satz 2 GEG einzutragen
[3] Mehrfachangaben möglich
[4] bei Wärmenetzen Baujahr der Übergabestation
[5] Klimaanlagen oder kombinierte Lüftungs- und Klimaanlagen im Sinne des § 74 GEG

ENERGIEAUSWEIS für Wohngebäude

gemäß den §§ 79 ff. Gebäudeenergiegesetz (GEG) vom [1]

Berechneter Energiebedarf des Gebäudes Registriernummer: 2

Energiebedarf

Treibhausgasemissionen kg CO_2-Äquivalent /(m²·a)

Endenergiebedarf dieses Gebäudes kWh/(m²·a)

A+ | A | B | C | D | E | F | G | H

0 25 50 75 100 125 150 175 200 225 >250

kWh/(m²·a) Primärenergiebedarf dieses Gebäudes

Anforderungen gemäß GEG [2]

Primärenergiebedarf

Ist-Wert kWh/(m²·a) Anforderungswert kWh/(m²·a)

Energetische Qualität der Gebäudehülle H_T'

Ist-Wert W/(m²·K) Anforderungswert W/(m²·K)

Sommerlicher Wärmeschutz (bei Neubau) ☐ eingehalten

Für Energiebedarfsberechnungen verwendetes Verfahren

☐ Verfahren nach DIN V 4108-6 und DIN V 4701-10
☐ Verfahren nach DIN V 18599
☐ Regelung nach § 31 GEG („Modellgebäudeverfahren")
☐ Vereinfachungen nach § 50 Absatz 4 GEG

Endenergiebedarf dieses Gebäudes [Pflichtangabe in Immobilienanzeigen] kWh/(m²·a)

Angaben zur Nutzung erneuerbarer Energien [3]

Nutzung erneuerbarer Energien zur Deckung des Wärme- und Kälteenergiebedarfs auf Grund des § 10 Absatz 2 Nummer 3 GEG

Art:	Deckungsanteil:	Anteil der Pflichterfüllung:
	%	%
	%	%
Summe:	%	%

Maßnahmen zur Einsparung [3]

Die Anforderungen zur Nutzung erneuerbarer Energien zur Deckung des Wärme- und Kälteenergiebedarfs werden durch eine Maßnahme nach § 45 oder als Kombination gemäß § 34 Absatz 2 GEG erfüllt.

☐ Die Anforderungen nach § 45 GEG in Verbindung mit § 16 GEG sind eingehalten.

☐ Maßnahme nach § 45 in Kombination gemäß § 34 Absatz 2 GEG: Die Anforderungen nach § 16 GEG werden um % unterschritten. Anteil der Pflichterfüllung: %

Vergleichswerte Endenergie [4]

A+ | A | B | C | D | E | F | G | H

0 25 50 75 100 125 150 175 200 225 >250

Effizienzhaus 40 / MFH Neubau / EFH Neubau / EFH energetisch gut modernisiert / Durchschnitt Wohngebäudebestand / MFH energetisch nicht wesentlich modernisiert / EFH energetisch nicht wesentlich modernisiert

Erläuterungen zum Berechnungsverfahren

Das GEG lässt für die Berechnung des Energiebedarfs unterschiedliche Verfahren zu, die im Einzelfall zu unterschiedlichen Ergebnissen führen können. Insbesondere wegen standardisierter Randbedingungen erlauben die angegebenen Werte keine Rückschlüsse auf den tatsächlichen Energieverbrauch. Die ausgewiesenen Bedarfswerte der Skala sind spezifische Werte nach dem GEG pro Quadratmeter Gebäudenutzfläche (A_N), die im Allgemeinen größer ist als die Wohnfläche des Gebäudes.

[1] siehe Fußnote 1 auf Seite 1 des Energieausweises
[2] nur bei Neubau sowie bei Modernisierung im Fall des § 80 Absatz 2 GEG
[3] nur bei Neubau
[4] EFH: Einfamilienhaus, MFH: Mehrfamilienhaus

Abb. 2.20: Energieausweis nach GEG, Seite 1 und Seite 2

berechnen, die in einer Anlage zur Energieeinsparverordnung definiert sind. Seit 2023 muss der berechnete Primärenergiekennwert des nachzuweisenden Gebäudes den Primärenergiebedarf des Referenzgebäudes um mindestens 45 % unterschreiten. Als zweite Säule definieren die gesetzlichen Vorgaben den Höchstwert des spezifischen, auf die wärmeübertragende Umfassungsfläche bezogenen Transmissionswärmeverlustes H_T', der bei einem Neubau nicht überschritten werden darf.

Gemäß Gebäudeenergiegesetz muss der Jahres-Primärenergiebedarf Q_p nach der Vornormenreihe DIN V 18599 „Energetische Bewertung von Gebäuden – Berechnung des Nutz-, End- und Primärenergiebedarfs für Heizung, Kühlung, Lüftung, Trinkwarmwasser und Beleuchtung" ermittelt werden.

Jahres-Primärenergiebedarf Q_P und flächenbezogener Jahres-Primärenergiebedarf Q_P'

Der Endenergiebedarf Q_e, der für die Ermittlung des Jahres-Primärenergiebedarfs benötigt wird, berücksichtigt

- alle Wärmeverluste, die sich aus Transmissionswärmeverlusten Q_T und Lüftungswärmeverlusten Q_L zusammensetzen,
- alle Wärmegewinne Q_i aus internen Wärmegewinnen (durch Bewohner, Geräte) und Solarwärmegewinnen Q_S,
- den Energiebedarf für die Warmwasserbereitung und Gebäudekühlung,
- Anlagen-, Speicher- und Leitungsverluste,
- Energieerträge aus regenerativen Quellen Q_r sowie den Primärenergieaufwand für die Herstellung von bezogener Energie für die Heizwärmeerzeugung und Warmwasserbereitung.

Bei der Ermittlung von Lüftungswärmeverlusten werden sowohl der Energieverlust durch das hygienisch erforderliche Lüften berücksichtigt als auch Infiltrationswärmeverluste durch Gebäudeundichtigkeiten. Dafür wird die Luftdichtheit der Gebäudehülle mit herangezogen.

Je nach eingesetztem Energieträger werden die einzelnen Energiebedarfe mit den jeweiligen Primärenergiefaktoren fp multipliziert, um mit deren Summe den Jahres-Primärenergiebedarf des Gebäudes zu berechnen. Die heranzuziehenden Primärenergiefaktoren sind in Anlage 4 des GEG festgelegt.

Der ermittelte Jahres-Primärenergiebedarf Q_P wird auf die beheizte Gebäudenutzfläche A_N bezogen, um einen Vergleichswert für verschiedene Gebäude zu erhalten und so eine Einordnung in Energieeffizienzklassen zu ermöglichen. Dieser flächenbezogene Jahres-Primärenergiebedarf Q_P' berechnet sich folgendermaßen:

$Q_P' = Q_P / A_N$ in kWh/(m²· a)

Die Gebäudenutzfläche A_N stellt eine fiktiv errechnete Größe dar, die nicht mit der Wohn- oder Nutzfläche von Wohngebäuden nach der Normenreihe DIN 277 „Grundflächen und Rauminhalte im Bauwesen“ (2021) in Zusammenhang steht. Die hier einzusetzende Gebäudenutzfläche A_N errechnet sich aus dem beheizten Gebäudevolumen V_e:

$A_N = 0{,}32\ m^{-1} \cdot V_e$ in m^2

mit

V_e beheiztes Gebäudevolumen in m^3

Beträgt die durchschnittliche Geschosshöhe h_G eines Wohngebäudes, gemessen von der Oberfläche des Fußbodens zur Oberfläche des Fußbodens des darüberliegenden Geschosses, mehr als 3 m oder weniger als 2,5 m, so ist die Gebäudenutzfläche A_N abweichend von Satz 1 wie folgt zu ermitteln:

$A_N = (1/h_G - 0{,}04\ m^{-1}) \cdot V_e$ in m^2

mit

h_G Geschossdeckenhöhe (OK FFB zu OK FFB) in [m]

V_e beheiztes Gebäudevolumen in m^3, über Außenflächen ab Oberkante unterste Fußbodenoberkante ermittelt

Die so ermittelte Gebäudenutzfläche ist oftmals größer als die tatsächliche, nach DIN 277 ermittelte Nutzfläche des beheizten Gebäudeteils.

Transmissionswärmeverlust Q_T und Wärmetransferkoeffizient H_T

Die Summe aller Wärmeverluste über die Gebäudehülle ergibt den Transmissionswärmeverlust Q_T, der auf Basis des Gesamt-Wärmetransferkoeffizienten $H_{T,ges}$ berechnet wird, in Verbindung mit den Heizgradstunden über den betrachteten Zeitraum (monatlich oder jährlich). $H_{T,ges}$ setzt sich zusammen aus der Summe der einzelnen Wärmetransferkoeffizienten der Einzelbauteile, das sind die jeweiligen Wärmedurchgänge durch alle Bauteilflächen des Gebäudes, definiert durch die jeweiligen Wärmedurchgangskoeffizienten (U-Werte) der Bauteile, multipliziert mit den zugehörigen Temperatur-Korrekturfaktoren F_x, und dem Zuschlag für die Wärmebrückenverluste ΔU_{WB}.

$H_{T,n} = A_n \cdot U_n \cdot F_{x,n}$ in W/K

mit

$H_{T,n}$ Wärmetransferkoeffizient des Einzelbauteils n in W/K

A_n Bauteilfläche an der Außenseite des Einzelbauteils n in m^2

U_n Wärmedurchgangskoeffizient des Einzelbauteils n in $W/(m^2 \cdot K)$

F_{Xn} Temperatur-Korrekturfaktor des Einzelbauteils n (dimensionslos)

$H_{T,ges} = H_{T,1} + H_{T,2} + \ldots + H_{T,n} + A \cdot \Delta U_{WB}$ in W/K

mit

$H_{T,ges}$ Gesamt-Wärmetransferkoeffizient in W/K

$H_{T,1}, H_{T,2} \ldots H_{T,n}$ Wärmetransferkoeffizienten aller n Bauteile in W/K

A wärmeübertragende Umfassungsfläche (gesamte Außenfläche der beheizten Gebäudehülle) in m^2

ΔU_{WB} Wärmebrückenzuschlag in $W/(m^2 \cdot K)$

Für den Wärmebrückenzuschlag ΔU_{WB} sind folgende Werte anzusetzen:

a) $\Delta U_{WB} = 0{,}1\ W/(m^2 \cdot K)$
Standardwert: pauschaler Wärmebrückenzuschlag, wenn kein anderer (günstigerer) Wert nachgewiesen ist.

b) $\Delta U_{WB} = 0{,}05\ W/(m^2 \cdot K)$
Kategorie A

c) $\Delta U_{WB} = 0{,}03\ W/(m^2 \cdot K)$
Kategorie B

Bei der Verwendung von Konstruktionen, die den Musterlösungen in DIN 4108 Beiblatt 2 „Wärmeschutz und Energie-Einsparung in Gebäuden; Beiblatt 2: Wärmebrücken – Planungs- und Ausführungsbeispiele“ (2019) wärmetechnisch vergleichbar sind, kann der pauschale spezifische Wärmebrückenzuschlag ΔU_{WB} reduziert werden. Je nachdem, ob die Konstruktion im Beiblatt 2 der Kategorie A oder B zugeordnet ist, können die in b) und c) angegebenen Wärmebrückenzuschläge angewandt werden. Der Nachweis erfolgt über Wärmebrückenberechnungen nach DIN EN ISO 10211 „Wärmebrücken im Hochbau – Wärmeströme und Oberflächentemperaturen – Detaillierte Berechnungen“ (2018) oder durch Datenblätter in Wärmebrückenkatalogen auf Basis dieser Norm. Es müssen die Wärmebrückenkoeffizienten für alle Bauteilanschlüsse entsprechend nachgewiesen sein.

ΔU_{WB} = individuell

Bei detailliertem Nachweis der Wärmebrückenkoeffizienten aller Bauteilanschlüsse kann auch ein geringerer spezifischer Wärmebrückenzuschlag als $0{,}05\ W/(m^2 \cdot K)$ angesetzt werden, der für das nachzuweisende Gebäude dann konkret berechnet werden muss.

Es können auch Angaben zu längenbezogenen Wärmebrückenkoeffizienten Ψ (griechisch, ausgesprochen „Psi“) in den Details in diesem Buch als Nachweis für b) und c) herangezogen werden, wenn die tatsächliche Ausführung dem jeweiligen Detail vollständig entspricht.

Spezifischer Transmissionswärmeverlust H_T'

Wird der ermittelte Gesamt-Wärmetransferkoeffizient $H_{T,ges}$ eines Gebäudes auf die wärmeübertragende Umfassungsfläche A bezogen, so ergibt sich der spezifische Transmissionswärmeverlust H_T'.

$H_T' = H_{T,ges} / A$ in $W/(m^2 \cdot K)$

Im GEG wird der zulässige Höchstwert des spezifischen, auf die wärmeübertragende Umfassungsfläche bezogenen Transmissionswärmeverlusts H_T' festgelegt: H_T' darf bei neu zu errichtenden Gebäuden das 1,0-Fache des entsprechenden Wertes des jeweiligen Referenzgebäudes nicht überschreiten.

Vereinfachtes GEG-Nachweisverfahren

Das GEG ermöglicht ein vereinfachtes Nachweisverfahren für Wohngebäude, in dem die Einhaltung sämtlicher in der Anlage 5 des GEG genannten Kriterien nachgewiesen wird. Unter anderem sind dabei die maximalen *U*-Werte der Gebäudehülle auf die in der Tabelle 2.9 ausgewiesenen Daten begrenzt. Mit Holzgebäuden lassen sich solche Bauteile ohne großen Aufwand realisieren.

2.3.3.2 Sommerlicher Wärmeschutz

Nicht erst seit den immer höher steigenden Durchschnittstemperaturen und hohen einzelnen Spitzentemperaturen in den Sommern ab den 2010er-Jahren wird das Thema „sommerlicher Wärmeschutz“ betrachtet. Wesentlich zum behaglichen Wohnen trägt nicht nur ein angenehm warmes Haus im Winter, sondern ebenso ein angenehm kühles Haus an besonders heißen Tagen im Sommer bei. Das sieht auch der Gesetzgeber so und regelt deshalb in § 14 GEG, dass ein Gebäude so zu errichten ist, dass die Sonneneinstrahlung durch bauliche Maßnahmen unter dem Oberbegriff „sommerlicher Wärmeschutz“ begrenzt wird. Damit soll verhindert werden, dass durch aktive Klimatisierung über energieintensive Klimaanlagen die gewünschten Temperaturen im Sommer erreicht werden. Denn die Sonnenhitze, die an heißen Sommertagen gar nicht erst ins Haus hineinkommt, muss auch nicht aufwendig gekühlt werden.

Maßnahmen gegen sommerliche Überhitzung:

- nicht zu große Fensterflächen in Ost- und Westausrichtung
- vertikale Verschattungselemente an Ost-, Südost-, Südwest- und Westausrichtung (Rollladen, Jalousie, Screens, Schiebeläden etc.)
- horizontale Verschattungen bei reiner Südausrichtung (Dachüberstand, auskragender Balkon, Horizontallamellen), falls nicht umsetzbar, im Süden auch vertikale Verschattungselemente
- interne Wärmequellen reduzieren (elektrische Haushaltsgeräte, Computer/Server etc.)
- weit geöffnete Fenster in den frühen Morgenstunden über einen längeren Zeitraum, wenn es kühler ist
- wenn die Außentemperatur über der Innentemperatur liegt, Fenster geschlossen halten
- Betrieb einer Lüftungsanlage mit Kühlung über Erdwärmetauscher (keine aktive Kühlung!); Bypass des Wärmetauschers aktivieren

Sommerlicher Wärmeschutz im GEG

Das Gebäudeenergiegesetz geht davon aus, dass ein ausreichender sommerlicher Wärmeschutz dann erreicht wird, wenn die Anforderungen nach DIN 4108-2, Abschnitt 8, eingehalten werden und so der mit dem Verfahren nach DIN 4108-2, Abschnitt 8.3.2, berechnete Sonnenenergie-

Tabelle 2.9: Vereinfachtes Verfahren nach GEG Tabelle 5: Bauteilanforderungen im Vergleich zum Referenzgebäude

Bauteil, Wärmebrücken, Luftdichtheit	vereinfachtes Verfahren nach Anlage 5 GEG (zu § 31 Abs. 1)	zum Vergleich: Referenzgebäude nach Anlage 1 GEG (zu § 15 Abs. 1)
Dachflächen, oberste Geschossdecke, Dachgauben	$U \leq 0{,}14\ W/(m^2 \cdot K)$	$U = 0{,}20\ W/(m^2 \cdot K)$
Fenster und sonstige transparente Bauteile	$U_w \leq 0{,}90\ W/(m^2 \cdot K)$	$U_w = 1{,}3\ W/(m^2 \cdot K)$, $g = 0{,}6$
Dachflächenfenster	$U_w \leq 1{,}0\ W/(m^2 \cdot K)$	$U_w = 1{,}4\ W/(m^2 \cdot K)$, $g = 0{,}6$
Außenwände, Geschossdecken nach unten gegen Außenluft	$U \leq 0{,}20\ W/(m^2 \cdot K)$	$U = 0{,}28\ W/(m^2 \cdot K)$
sonstige opake Bauteile (Kellerdecken, Wände und Decken zu unbeheizten Räumen, Wand- und Bodenflächen gegen Erdreich etc.)	$U \leq 0{,}25\ W/(m^2 \cdot K)$	$U = 0{,}35\ W/(m^2 \cdot K)$
Türen (Keller- und Außentüren)	$U_D \leq 1{,}2\ W/(m^2 \cdot K)$	$U_D = 1{,}8\ W/(m^2 \cdot K)$
Lichtkuppeln und ähnliche Bauteile	$U \leq 0{,}15\ W/(m^2 \cdot K)$	$U = 0{,}27\ W/(m^2 \cdot K)$ (mit $g = 0{,}64$)
spezielle Fenstertüren (mit Klapp-, Falt-, Schiebe- oder Hebelmechanismus)	$U_w \leq 0{,}14\ W/(m^2 \cdot K)$	$U_w = 1{,}3\ W/(m^2 \cdot K)$
Vermeidung von Wärmebrücken	WB-Zuschlag $\Delta U_{WB} \leq 0{,}035\ W/(m^2 \cdot K)$	WB-Zuschlag $\Delta U_{WB} \leq 0{,}05\ W/(m^2 \cdot K)$
Luftdichtheit der Gebäudehülle	$n_{50} \leq 1{,}5\ h^{-1}$ bzw. $q_{50} \leq 2{,}5\ h^{-1}$	$n_{50} \leq 3{,}0\ h^{-1}$

Tabelle 2.10: Zulässige Werte des grundflächenbezogenen Fensterflächenanteils, unterhalb derer auf einen sommerlichen Wärmeschutznachweis verzichtet werden kann (Quelle: nach DIN 4108-2, Tabelle 6)

Spalte	1	2	3
Zeile	Neigung der Fenster gegenüber der Horizontalen	Orientierung der Fenster[1)]	grundflächenbezogener Fensterflächenanteil[2)] f_{WG} in %
1	über 60° bis 90°	Nordwest über Süd bis Nordost	10
2		alle anderen Nordorientierungen	15
3	von 0° bis 60°	alle Orientierungen	7

1) Sind beim betrachteten Raum mehrere Orientierungen mit Fenstern vorhanden, ist der kleinere Grenzwert für f_{WG} bestimmend.
2) Der Fensterflächenanteil f_{WG} ergibt sich aus dem Verhältnis der Fensterfläche zu der Grundfläche des betrachteten Raumes oder der Raumgruppe. Sind beim betrachteten Raum bzw. Raumgruppe mehrere Fassaden oder z.B. Erker vorhanden, ist f_{WG} aus der Summe aller Fensterflächen zur Grundfläche zu berechnen.

eintrag über Fenster (der Sonneneintragskennwert) die festgelegten Anforderungswerte aus DIN 4108-2, Abschnitt 8.3.3, nicht überschreitet. Das kann ebenso über eine Simulationsrechnung nach DIN 4108-2, Abschnitt 8.4, nachgewiesen werden.

Zwar besagt DIN 4108-2 in Abschnitt 8.2.2, dass auf einen Nachweis des sommerlichen Wärmeschutzes verzichtet werden kann, wenn entweder der Fensterflächenanteil unter den in der Tabelle 2.9 angegebenen Grenzen liegt oder der bezüglich Sonnenerwärmung kritische Raum eine Fensterfläche von unter 35 % der Grundfläche aufweist und ein außen liegender Sonnenschutz vorhanden ist. Voraussetzung ist, dass Verschattungseinrichtungen mit folgenden Abminderungsfaktoren F_C in Abhängigkeit von dem Energiedurchlassgrad g (g-Wert) der Verglasung eingebaut werden (siehe auch Tabelle 2.11):

- $g > 0{,}40$: Abminderungsfaktor $F_C \leq 0{,}30$,
- $g \leq 0{,}40$: Abminderungsfaktor $F_C \leq 0{,}35$.

Jedoch geht die Forderung in § 14 GEG darüber hinaus, indem hier entweder die rechnerische Ermittlung des Sonneneintragskennwerts nach Abschnitt 8.3.2 oder die Simulation nach Abschnitt 8.4 der DIN 4108-2 gefordert wird.

Ermittlung des Sonneneintragskennwerts s_{vorh}

Der Sonneneintragskennwert s_{vorh} ergibt sich aus der Summe der Fensterflächen A_W, multipliziert mit dem Gesamtenergiedurchlassgrad g_{tot} des Glases einschließlich des Sonnenschutzes, bezogen auf die Nettogrundfläche A_G des untersuchten Raumes bzw. Raumbereiches.

$$s_{vorh} = (A_{W1} \cdot g_{tot,1} + A_{W2} \cdot g_{tot,2} + A_{W3} \cdot g_{tot,3} + \ldots + A_{Wn} \cdot g_{tot,n}) \;/\; A_G$$

Darin ist

A_{Wn} Fensterfläche des n-ten Fensters in m²

$g_{tot,n}$ Gesamtenergiedurchlassgrad des Glases einschließlich Sonnenschutz, ermittelt durch zugesicherte Herstellerangaben oder berechnet nach unten stehender Gleichung bzw. nach DIN EN 13363-1, DIN EN 13363-2 oder in Anlehnung an DIN EN 410

A_G Nettogrundfläche des Raumes oder des Raumbereichs in m²

Der Gesamtenergiedurchlassgrad des Glases einschließlich Sonnenschutz g_{tot} kann nach nachstehender Gleichung berechnet werden:

$$g_{tot} = g \cdot F_C$$

mit

g Gesamtenergiedurchlassgrad des Glases für senkrechten Strahlungseinfall nach DIN EN 410

F_C Abminderungsfaktor für Sonnenschutzvorrichtungen nach DIN 4108-2, Tabelle 7.

Thermische Gebäudesimulation

Um sicherzustellen, dass der sommerliche Wärmeschutz allumfassend betrachtet wird und eine Behaglichkeit über das ganze Jahr angestrebt werden kann, ist eine thermische Gebäudesimulation sehr empfehlenswert, auch über die für die Berechnung der Sonneneintragskennwerte in Abschnitt 8.3 der DIN 4108-2 beschriebenen Randbedingungen hinaus.

Mit einer solchen sehr genauen Simulationsberechnung können verschiedene Fälle untersucht und miteinander verglichen werden. Damit kann der Nutzer gezielt über die Maßnahmen informiert werden, die für den jeweiligen Anwendungsfall für den Nutzer des Gebäudes gelten. In die Berechnungsmethode gehen Vorgaben aus den 3 für den Sommerfall relevanten Klimaregionen Deutschlands genauso ein wie die Nutzungszeiten, Luftwechselraten, internen Wärmeeinträge und die Steuerung des Sonnenschutzes. Zur richtigen Anwendung der dafür benötigten Software bedarf es entsprechender Erfahrung mit der Deutung der Berechnungsergebnisse. Deshalb ist es sinnvoll, Fachingenieure aus dem Bereich der Bauphysik oder aus ähnlichen Bereichen hinzuzuziehen.

Tabelle 2.11: Anhaltswerte für Abminderungsfaktoren F_C von fest installierten Sonnenschutzvorrichtungen in Abhängigkeit vom Glaserzeugnis (Quelle: nach DIN 4108-2, Tabelle 7)

Zeile	Sonnenschutzvorrichtung[1]	F_C		
		$g \leq 0{,}40$ (Sonnenschutzglas zweifach)	$g > 0{,}40$ dreifach	$g > 0{,}40$ zweifach
1	**ohne Sonnenschutzvorrichtung**	1,0	1,0	1,0
2	**innen liegend oder zwischen den Scheiben**[2]			
2.1	weiß oder hoch reflektierende Oberflächen mit geringer Transparenz[3]	0,65	0,7	0,65
2.2	helle Farben oder geringe Transparenz[4]	0,75	0,80	0,75
2.3	dunkle Farben oder höhere Transparenz	0,90	0,90	0,85
3	**außen liegend**			
3.1	Fensterläden, Rollläden			
3.1.1	Fensterläden, Rollläden, ¾ geschlossen	0,35	0,30	0,30
3.1.2	Fensterläden, Rollläden, geschlossen	0,15[5]	0,10[5]	0,10[5]
3.2	Jalousie und Raffstore, drehbare Lamellen			
	Jalousie und Raffstore, drehbare Lamellen, 45° Lamellenstellung	0,30	0,25	0,25
	Jalousie und Raffstore, drehbare Lamellen, 10° Lamellenstellung[5]	0,20[5]	0,15[5]	0,15[5]
	Markise, parallel zur Verglasung[6]	0,30	0,25	0,25
	Vordächer, Markisen allgemein, freistehende Lamellen[7]	0,55	0,50	0,50

1) Die Sonnenschutzvorrichtung muss fest installiert sein. Übliche dekorative Vorhänge gelten nicht als Sonnenschutzvorrichtung.
2) Für innen und zwischen den Scheiben liegende Sonnenschutzvorrichtungen ist eine genaue Ermittlung zu empfehlen.
3) hoch reflektierende Oberflächen mit geringer Transparenz, Transparenz ≤ 10 %, Reflexion ≥ 60 %
4) geringe Transparenz, Transparenz < 15 %
5) F_C-Werte für geschlossenen Sonnenschutz dienen der Information und sollten für den Nachweis des sommerlichen Wärmeschutzes nicht verwendet werden. Ein geschlossener Sonnenschutz verdunkelt den dahinterliegenden Raum stark und kann zu einem erhöhten Energiebedarf für Kunstlicht führen, da nur ein sehr geringer bis kein Einfall des natürlichen Tageslichts vorhanden ist.
6) Dabei muss sichergestellt sein, dass keine direkte Besonnung des Fensters erfolgt. Dies ist näherungsweise der Fall, wenn
 – bei Südorientierung der Abdeckwinkel $\beta \geq 50°$ ist,
 – bei Ost- und Westorientierung der Abdeckwinkel $\beta \geq 85°$ ist und $\gamma \geq 115$ ist.
 Der F_C-Wert darf auch für beschattete Teilflächen des Fensters angesetzt werden. Dabei darf F_S nach DIN V 18599-2, A2, nicht angesetzt werden.
 Zu den jeweiligen Orientierungen gehören Winkelbereiche von 22,5°.
 Bei Zwischenorientierungen ist der Abdeckwinkel $\beta \geq 80°$ erforderlich.

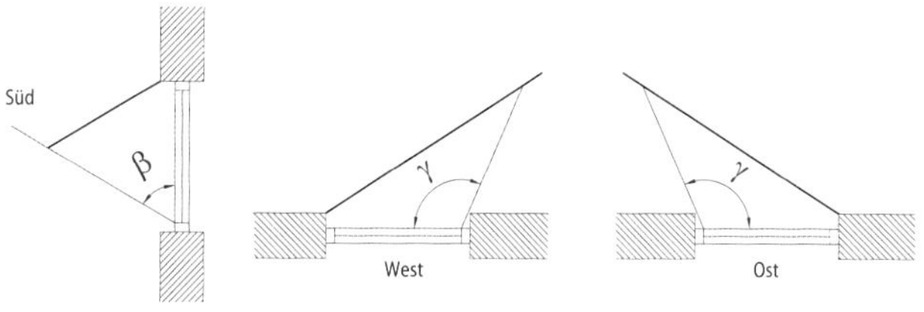

Vertikalschnitt durch Fassade — Horizontalschnitt durch Fassade

Leichte, mittlere oder schwere Bauart

Die vorgenannten Verfahren zur Berechnung der Maßnahmen für den sommerlichen Wärmeschutz gehen von grundsätzlich 3 Bauarten aus: leicht, mittel und schwer. Dabei wird angenommen, dass ein Gebäude der leichten Bauart zuzuordnen ist, wenn die nachfolgend genannten anderen Eigenschaften bzw. Merkmale nicht vorliegen.

gemeinsame Eigenschaften der mittleren und schweren Bauarten:

- Stahlbetondecke
- keine innen liegende Wärmedämmung an den Außenbauteilen
- keine abgehängte oder thermisch abgedeckte Decke
- Raumhöhe maximal 4,5 m

besonderes Merkmal der mittleren Bauart:

- massive Innen- und Außenbauteile (flächenanteilig gemittelte Rohdichte ≥ 600 kg/m³)

besonderes Merkmal der schweren Bauart:

- massive Innen- und Außenbauteile (flächenanteilig gemittelte Rohdichte ≥ 1.600 kg/m³)

Diese Auflistung zeigt, dass Holzgebäude im Regelfall als leichte Bauarten gelten, da gerade die Stahlbetondecke bei den beiden anderen Bauarten vorherrschend ist. Dabei kommen Holzmassivbauweisen schon bezüglich des

Flächengewichts von Wänden in die Nähe der mittleren Bauart, sofern keine gedämmte Vorsatzschale raumseitig vorliegt.

Die Vor- und Nachteile leichter, mittlerer und schwerer Bauarten zeigen sich im Sommer. Im Winter ist die viel beschworene Speicherfähigkeit einer schwereren Bauweise im Vergleich zu einer hochwärmedämmenden Gebäudehülle nicht so entscheidend.

Im Sommer dagegen kann es helfen, wenn bei einer guten Wärmedämmung der Gebäudeaußenhülle im Kern des Gebäudes Speichermassen zur Verfügung stehen, damit in der kühleren Nachtzeit das Gebäude mit frischer Luft gespült werden kann und so die über Tag gespeicherte Wärme nach außen abführt wird. Das ist in der Theorie auch nachvollziehbar. Jedoch zeigt sich gleichzeitig, dass die thermisch wirksame Masse in den oberen Zentimetern von Wänden liegt. Schon eine doppelte Beplankung mit Gipsplatten oder gar Gipsfaserplatten bei Holzbauwänden in Verbindung mit schweren Naturfaserdämmstoffen kann zur Pufferung und Abführung von Wärme beitragen. Bei langen Hitzeperioden, wie sie in jüngster Vergangenheit häufiger aufgetreten sind, hat der Leichtbau Vorteile aufzubieten: Schwere Bauarten heizen sich in diesen Zeiten von Tag zu Tag weiter auf, da nachts die Temperaturen, die zu einem guten Abtrag von Wärme führen, nicht mehr so tief fallen. Bei leichten Bauweisen liegt dann nachts keine so große gespeicherte Wärmemenge vor. Damit lässt sich auch bei nicht ganz so kühlen Nächten die tagsüber eingetragene Wärme abführen.

Hocheffiziente Holzgebäude mit einer sehr guten Dämmung der Außenhülle und einer Lüftungsanlage mit Wärmerückgewinnung, deren Frischluft über einen Erdwärmetauscher im Sommer vorgekühlt werden kann (und im Winter vorerwärmt), können dauerhaft die Übertemperaturhäufigkeit über 25 °C im Gebäudeinneren auf unter 5 % reduzieren. Dieser Wert besagt, dass es nur wenige Jahresstunden gibt, in denen die Innentemperatur im Bereich von 26 °C/27 °C liegt.

Grundsätzlich ist es viel wichtiger, die eingangs in diesem Kapitel genannten Maßnahmen bei der Planung zu beachten, als auf die schwere Bauart des Gebäudes zu setzen und auf einen kühlen Sommer zu hoffen.

2.3.4 Energieeffizienz

Auf dem Gebiet des energieeffizienten Bauens gibt es diverse Bezeichnungen für Gebäude mit einer recht guten Energiebilanz. Aus dem Niedrigenergiehaus der späten Siebziger- und frühen Achtzigerjahre entwickelte sich das Passivhaus, das 1991 zum ersten Mal in Darmstadt errichtet wurde. Auf Basis der Konstruktionsprinzipien des Passivhauses wurden weitere Entwicklungen vorangetrieben, was in Verbindung mit der ab der Jahrtausendwende gut geförderten Fotovoltaik zu Gebäuden geführt hat, die aktiv Energie gewinnen. Das ist auch das Grundprinzip aller unter verschiedenen Gebäudebezeichnungen angepriesenen energieeffizienten Bauweisen, wie z.B. Niedrigstenergiehaus, Nullenergiehaus, Null-Heizenergiehaus, Energiegewinnhaus, Plusenergiehaus, Aktiv-Haus, Aktiv-Energiehaus oder Sonnenhaus. Die Namensvielfalt dieser und weiterer Wortkreationen und die differierenden Schreibweisen durch unterschiedliches Setzen von Bindestrichen oder unterschiedliche Groß- und Kleinschreibung können rein aus Marketingsicht betrachtet werden. Im Regelfall wurden mit den neuen Bezeichnungen keine neuen Gebäudetypen entdeckt, sondern die eine oder andere bereits bekannte Technik besonders hervorgehoben. Diese Vielfalt zeigt die Kreativität in diesem Bausektor und die Fähigkeit der Branche, die gesetzlichen Mindeststandards beim Energiebedarf deutlich zu unterschreiten.

Der Holzbau war und ist bei diesen Entwicklungen stets mit einem überdurchschnittlichen Anteil vertreten und zeigt dabei, dass es gerade dieser Bauweise gelingt, den Energiebedarf von Gebäuden deutlich zu reduzieren.

Obwohl seit über 3 Jahrzehnten die Erkenntnisse zum Bau besonders effizienter Gebäude vorliegen und Zehntausende Objekte, vom Einfamilienhaus über Kindergärten und Schulen bis hin zu Verwaltungs- und Gewerbebauten, als Passivhäuser oder ähnlich gute Standards errichtet und vielfach auch mit Messtechnik ausgestattet wurden, hat sich der Gesetzgeber bis heute nicht durchringen können, ein echtes Niedrigstenergiehaus als Mindeststandard zu definieren. Schon seit 2010 fordert die EU-Gebäuderichtlinie von den Mitgliedstaaten, dass spätestens 2020 flächendeckend in der EU sogenannte Niedrigstenergiegebäude gesetzlich vorgeschrieben werden. Damit meint die Europäische Union eigentlich Gebäude, die zur Beheizung und zur Warmwasserbereitung nicht mehr Energie benötigen, als sie selbst produzieren können. Das erreicht Deutschland mit dem Gebäudeenergiegesetz nicht. Der geschichtliche Verlauf energetischer Maximalvorgaben in Deutschland ist in Abb. 2.21 zu erkennen. Das vor über 40 Jahren entstandene Niedrigenergiehaus wurde erst 2014 in der Energieeinsparverordnung festgeschrieben. In der Grafik fällt auf, wie langsam der Trend von Energiekennwerten nach unten zeigt, sich zuletzt sogar in die Horizontale bewegt und wie diese Werte effizienter Bauweisen, für die das Passivhaus steht, mit Abstand unter allen Forderungen in gesetzlichen Verordnungen Deutschlands liegen. Anzumerken ist, wie sich die Reaktionen der durch den Nassbau dominierten Bauwirtschaft bei jeder Novellierung der Energieeinsparverordnung glichen, die stets verlauteten, nun sei endlich das Ende der Fahnenstange erreicht; weitere Verschärfungen wurden jedes Mal abgelehnt. In diesem Zusammenhang kann die aus dem Holzbau kommende Leserschaft vielleicht eher nachvollziehen, warum 2020 das Gebäudeenergiegesetz keine Verschärfung gegenüber der EnEV 2016 mit sich brachte, obwohl die Vertreter der Holzbauverbände einen nächsten Schritt hin zur Gebäudeenergieeffizienz deutlich gefordert hatten. Andere EU-Mitglieder, wie z.B. Luxemburg, sind in diesem Punkt wesentlich weiter. Dort ist annähernd der Passivhaus-Standard gesetzlich vorgeschrieben. Außerdem gibt der Luxemburger Staat vor, dass sich der Planer eines Gebäudes auch mit der Lebenszyklusanalyse des Gesamtgebäudes auseinandersetzt.

Erst die Novellierung des GEG 2023 sorgte für eine abermalige Reduktion des zulässigen Energiebedarfs von Gebäuden in Deutschland. Das Effizienzhaus 55 wurde zum Standard erhoben.

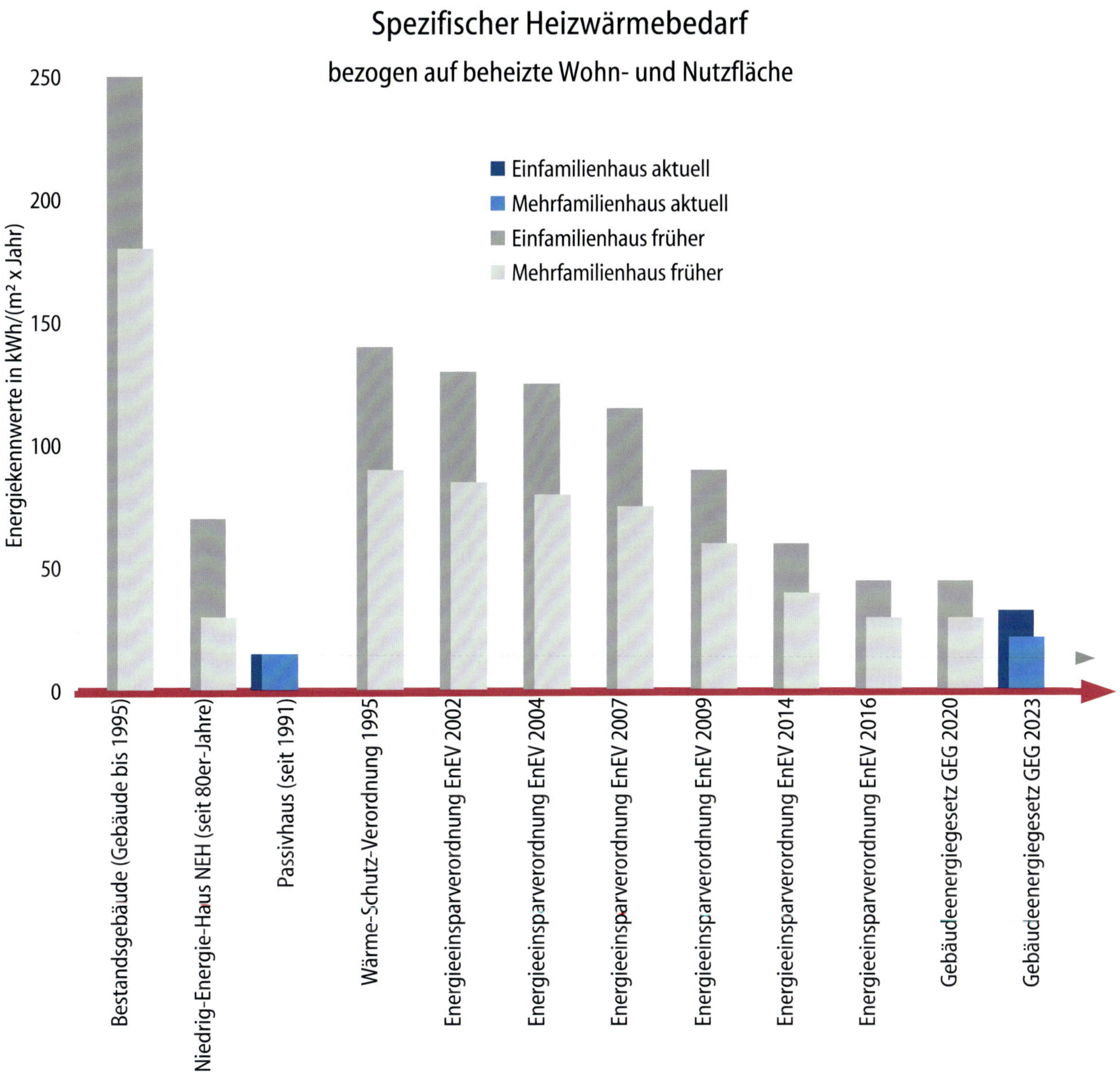

Abb. 2.21: Geschichtlicher Überblick über die Entwicklung der gesetzlichen Vorgaben zum Wärmeschutz von Wohngebäuden im Vergleich zu Niedrigenergiehäusern (NEH) und Passivhäusern

KfW-Effizienzhaus-Standards

Über verschiedene Entwicklungsstufen der Förderung hinweg wird heute der Bau von sogenannten KfW-Effizienzhäusern (KfW-EH) staatlich subventioniert, und zwar bei Neubauten aktuell das KfW-Effizienzhaus 40. Die Zahl in der Bezeichnung steht für den Prozentsatz des Primärenergiebedarfs, den das Gebäude im Vergleich zum Referenzgebäude gemäß Gebäudeenergiegesetz aufweist. Das bedeutet, dass beispielsweise ein KfW-EH 40 einen Q_P von 40 % des $Q_{P\ REF}$ des entsprechenden Referenzgebäudes hat. Eine weitere Regelung begrenzt den spezifischen Transmissionswärmeverlust H_T' eines KfW-Effizienzhauses. Ein KfW-EH 40 darf lediglich einen H_T' von 55 % des $H_T'{}_{REF}$ des Referenzgebäudes aufweisen.

Förderung des klimafreundlichen Neubaus

Bei der bundeseigenen Kreditanstalt für Wiederaufbau (KfW) gibt es mehrere Förderprogramme für sogenannte klimafreundliche Neubauten, die **nicht** mit Öl, Gas oder Biomasse beheizt werden:

- **klimafreundliches Wohngebäude im Niedrigpreissegent:** Ein solches Gebäude unterschreitet den Primärenergiekennwert des Referenzgebäudes nach GEG um 45 %, weist einen um 30 % verringerten spezifischen Transmissionswärmeverlust H_T' gegenüber dem Referenzgebäude auf und stößt in seinem Lebenszyklus wenig CO_2 von maximal 24 kg CO_2 Äqu./($m^2 \cdot a$) aus. Es unterschreitet den Grenzwert ausgewählter gebäudebezogener Kosten im Gebäudelebenszyklus.

Darüber hinaus stehen bei Neubau und Erstkauf von Gebäuden, die die Effizienzhausstufe 40 (EH 40) erreichen, also den Energiekennwertes des GEG-Referenzgebäudes um 60 Prozent unterschreiten und einen um 45% verringerten Wärmetransferkoeffizient H'_T gegenüber dem Referenzgebäude aufweisen zwei weitere Förderstufen zur Auswahl:

- **klimafreundliches Wohngebäude:** Ein solches Gebäude stößt in seinem Lebenszyklus so wenig CO_2 aus, dass die Anforderungen an Treibhausgasemissionen des Qualitätssiegels Nachhaltiges Gebäude Plus (QNG-PLUS) erfüllt werden.
- **klimafreundliches Wohngebäude mit QNG:** Es erfüllt Anforderungen des Qualitätssiegels Nachhaltiges Gebäude Plus oder des „Qualitätssiegels Nachhaltiges Gebäude Premium (QNGPREMIUM), bestätigt durch ein Nachhaltigkeitszertifikat einer Beraterin oder eines Beraters für Nachhaltigkeit (Nachhaltigkeits-Auditorin/-Auditor).

Diese Gebäude müssen von einer Expertin oder einem Experten für Energieeffizienz geplant und überprüft werden. Förderbedingungen im Gebäudesektor änderten sich in den letzten Jahren immer wieder unerwartet, sodass es erforderlich ist, sich vor Maßnahmenbeginn über aktuelle Förderangebote zu informieren.

Passivhaus

„Haus ohne Heizung" ist oft in Bezug auf die Definition des Passivhauses zu lesen und zu hören – doch das trifft es nicht ganz. Genauer ist: Ein Passivhaus ist ein „Haus ohne herkömmliches Heizungsverteilsystem", also ohne Heizkörper oder Fußbodenheizung. Doch auch diese Beschreibung ist nicht ganz ausreichend. Sie stellt nicht den wesentlichen Unterschied zu herkömmlichen Bauweisen und nicht die Vorteile des Passivhauses gegenüber diesen heraus – im Gegenteil: Die Beschreibung des Verzichts auf Heizungskomponenten schürt eher Bedenken, als dass sie hilft, die Vorteile des Passivhauses in den Vordergrund zu rücken. Das Passivhaus ist ein Gebäude, das bei geringstem Heizenergiebedarf einen sehr hohen Wohnkomfort sowohl im Winter als auch im Sommer ermöglicht.

Hinweis:

4 Punkte definieren das Passivhaus:

- Jahres-Heizwärmebedarf maximal 15 kWh je Quadratmeter beheizter Wohn- bzw. Nutzfläche oder Heizlast maximal 10 W je Quadratmeter beheizter Wohn- bzw. Nutzfläche bei Beheizung rein über die Zuluft
- Primärenergiebedarf unter 120 kWh je Quadratmeter beheizter Wohn- bzw. Nutzfläche
- Luftdichtigkeit $n_{50} \leq 0{,}6\ h^{-1}$
- Übertemperaturhäufigkeit < 10 % der Jahresstunden über 25 °C

Zu beachten ist: Bei Passivhäusern wird die beheizte Wohn- bzw. Nutzfläche als Energiebezugsfläche herangezogen. Das heißt, alle spezifischen Werte, die sich auf eine Energiebezugsfläche beziehen, werden im vorgenannten Sinn betrachtet und weichen damit von der realitätsfernen, aus dem Gebäuund weichen damit von den nach dem Gebäudeenergiegesetz realitätsfern mit dem Gebäudevolumen als Energiebezugsfläche A_N berechneten Werten ab.

Das Passivhaus nutzt im Wesentlichen zur Verfügung stehende Solarerträge über die hochwertigen Fenster passiv zur Beheizung des Hauses. Auch die von den Bewohnern abgegebene Wärme und die Wärmestrahlung aller elektrischen Geräte tragen als interne Wärmequellen passiv zur Beheizung bei. Durch die sehr hochwertige gedämmte Außenhülle stellt dieser passive Energiegewinn einen wesentlichen Anteil am Gesamtenergiebetrag des Gebäudes dar. Ein aktives Heizsystem wird dadurch fast überflüssig.

Unterschiedliche Energiestandards

Die beschriebenen förderfähigen KfW-Effizienzhäuser bewegen sich schon nahe dem Passivhaus-Standard. Die Nachweisführung auf Basis der gesetzlichen Vorgaben ist nicht so genau in Bezug auf das berechnete Ergebnis des Heizwärmebedarfs wie die für das Passivhaus erforderliche Nachweisführung mit dem Passivhaus-Projektierungspaket (PHPP). Deswegen sind Nachweisergebnisse der unterschiedlichen Verfahren nicht miteinander vergleichbar. Passivhäuser sind im Rahmen der KfW-Effizienzhaus-Standards genauso förderfähig und erreichen i.d.R. das KfW-EH 40.

Grundsätzlich wird empfohlen, geeignete Dachflächen mit Fotovoltaikmodulen auszurüsten und so die Gesamtenergiebilanz des Gebäudes sehr effizient zu gestalten. Dabei lässt sich oftmals problemlos eine Fläche für bis zu 10 kWp realisieren. Beim aktuellen Stand der Technik sind dafür schon 40 bis 45 m² Dachfläche ausreichend. Um den aus der Fotovoltaikanlage gelieferten Strom sinnvoll zu nutzen, bietet sich die Ergänzung mit einer Batterieanlage an. Dabei wird angestrebt, möglichst viel Eigenstromverbrauch zu erreichen. Der aktuelle Strompreis liegt deutlich über den rechnerischen Stromgewinnungskosten aus der Fotovol-taikanlage. So amortisieren sich solche Stromgewinnungsanlagen schon innerhalb einer Dekade.

Auf diese Weise lassen sich die eingangs dieses Kapitels genannten energieeffizienten Bauweisen (Energiegewinn-, Nullenergie-, Plusenergie-, Aktiv-Haus usw.) umsetzen. Die Abb. 2.19 verdeutlicht dies anhand eines KfW-Effizienzhaus-Standards und eines Passivhaus-Standards als Beispielhäuser mit 160 m² Wohnfläche und einer Fotovoltaikanlage mit 10 kWp Leistung. Es ist leicht erkennbar, dass das KfW-EH 40+ und das Passivhaus mit der Fotovoltaikanlage ungefähr gleichauf liegen und deutlich mehr Strom produzieren, als zur Deckung des Heizwärme- und des Warmwasserbedarfs benötigt wird. Dieser Überschussstrom kann nicht nur für den Haushaltsstrom bereitgestellt werden, sondern auch einen Teil zur Mobilität beitragen. Ein richtig dimensioniertes Speichersystem unterstützt die Bereitstellung des Stroms auch zu Zeiten, in denen die Sonne nicht ausreichend Strom liefert.

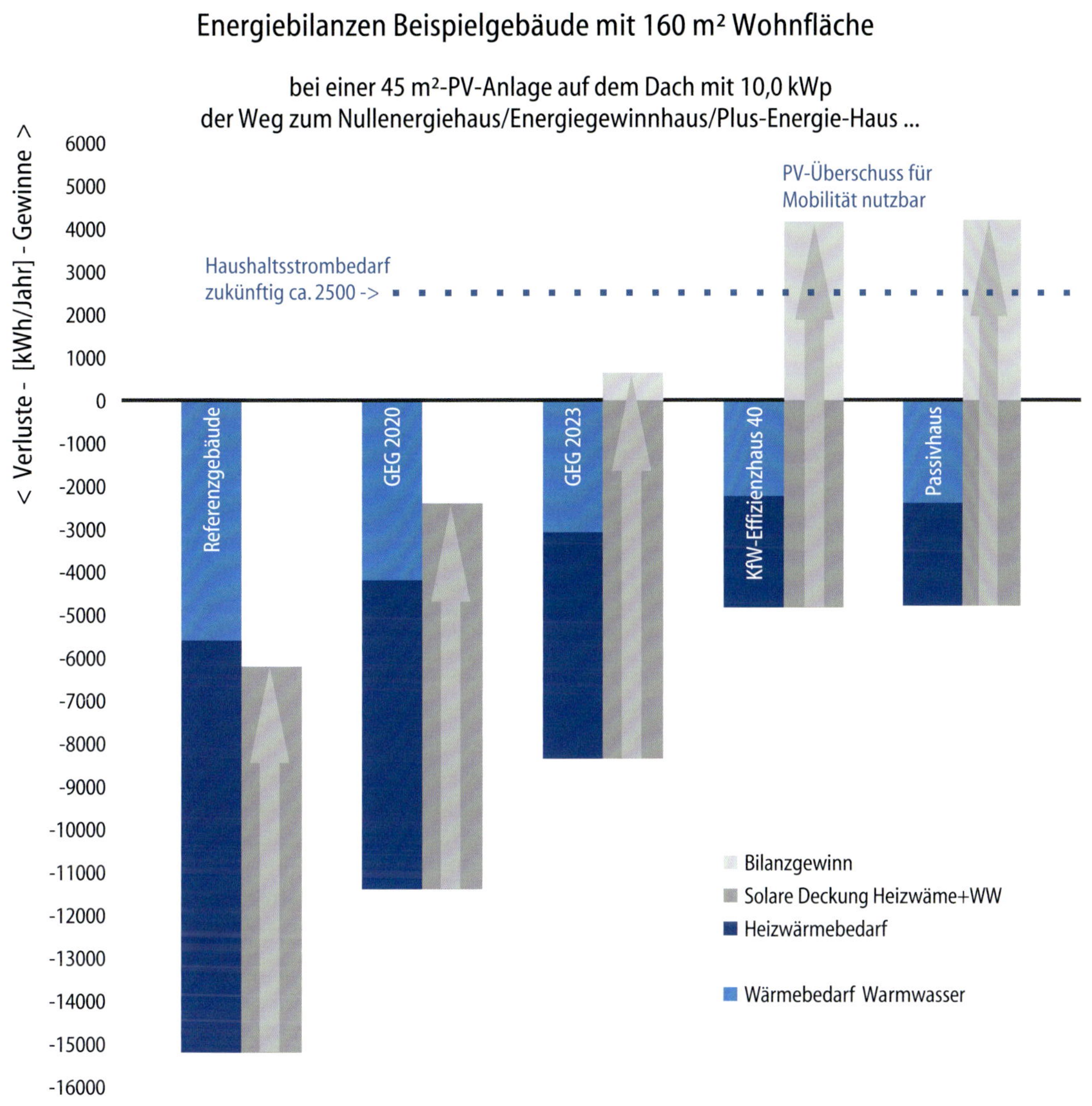

Abb. 2.22: Was ist der Unterschied zwischen einem Passivhaus und einem „Nullenergiehaus" oder „Energiegewinnhaus" oder „Plus-Energie-Haus" oder ...? Im Grunde genommen besteht kein Unterschied. Hinter allen vorgenannten Begrifflichkeiten verbirgt sich eine relativ gute Gebäudehülle mit Passivhausqualität oder Fast-Passivhausqualität und eine ausreichend groß dimensionierte Fotovoltaikanlage auf dem Dach, die eine positive Gesamtbilanz erwarten lässt.

2.3.5 Luftdichtes Bauen

Eines der am intensivsten diskutierten Themen im Bauwesen ist die Luftdichtigkeit der Gebäudehülle. Eine besonders luftdichte Gebäudehülle ist erforderlich, um Wärmeverluste durch Fugenlüftung zu verhindern, die Effizienz der Wärmerückgewinnung von Lüftungsanlagen zu gewährleisten und Bauschäden zu vermeiden.

Vermeiden von Bauschäden durch luftdichte Gebäude

Luftdichtes Bauen ist nicht erst ein Thema, seit bei energiesparenden Bauweisen ein Augenmerk auf die Infiltrationswärmeverluste durch Fugenlüftung gelegt wird. Schon seit Jahrzehnten wurde in der Normenreihe DIN 4108 „Wärmeschutz und Energie-Einsparung in Gebäuden" grundsätzlich luftdichtes Bauen gefordert, um Zugluft in Gebäuden zu vermeiden und damit die Behaglichkeit zu erhöhen sowie um Bauschäden durch Tauwasserausfall in der Konstruktion beim Aufeinandertreffen von warmen und kalten Luftströmen zu verhindern. Bis zur Einführung des Teils 7 der DIN 4108 im Jahr 1996 waren noch keine prüfbaren Luftdichtheitswerte gefordert.

Diffusion und Infiltration

Die Diffusion spielt bei dem Feuchtetransport durch Wände keine wesentliche Rolle (siehe Kapitel 1.2). Viel entscheidender ist die Infiltration, also der Luftdurchgang durch Fugen und Ritzen des Gebäudes. Beispielsweise kann der Feuchtigkeitsstrom durch einen 1 mm breiten und 1 m langen Spalt bei Windstärke 2 bis 3 innerhalb eines Tages ca. 0,75 l Wasser betragen – dagegen diffundieren in derselben Zeit durch eine 1 m² große Fläche mit einem Diffusionswiderstand s_d = 30 m nur ca. 0,5 g Wasser.

In der Vergangenheit wurden viele Feuchteschäden auf fehlerhafte Ausführungen bezüglich der Diffusion durch die Bauteile zurückgeführt. Deshalb wurde gerade bei Holzbauteilen raumseitig eine Dampfsperre in Form einer dichten Folie gefordert. Aber gerade wenn diese nicht ordentlich luftdicht verbaut und an andere Bauteile angeschlossen wird, kann durch Fugen und Ritzen warme und feuchte Innenluft in die Konstruktion gelangen. Beim Abkühlen dieser Luft fällt Tauwasser an, das auch in der Trockenperiode nicht mehr verdunsten kann. Die innere dichte Folie verhindert ein Austrocknen zum Raum.

Aus diesem Grund wird sinnvollerweise luftdicht, aber diffusionsoffen gebaut.

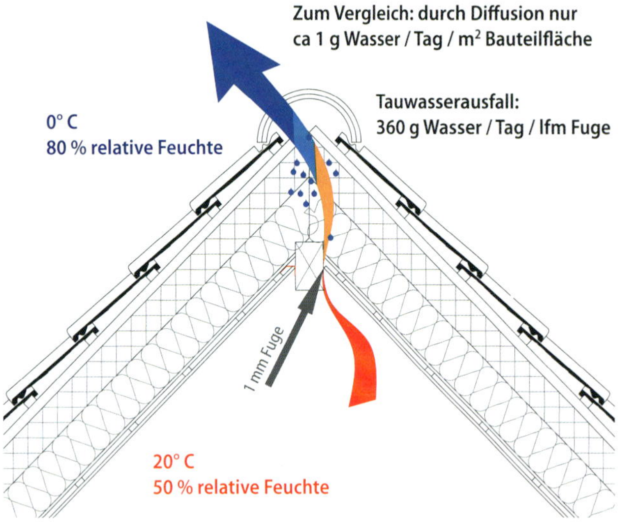

Abb. 2.23: Wasserdampfdurchgang durch eine Bauteilfuge (Quelle: PHI)

Abb. 2.24: Üblicher Baumangel: Hier fehlt nicht die Dämmung, sondern die Ursache für den abgetauten Reif auf dem Dach ist warme Luft, die rund um die Dachflächenfenster herum durch den undichten Anschluss der inneren Dampfbremsfolie an den Fensterrahmen strömt. Noch bis Anfang des Jahrtausends wurde im Bereich von Dachflächenfenstern in die zuvor vollflächig verlegte Dampfbremsfolie einfach mit dem Baumesser ein Loch eingeschnitten. Auf ein Verkleben mit dem Rahmen wurde meist verzichtet. Die absehbaren Folgen sind Wasserflecken im Bereich von Rahmen und Laibung.

Luftdichtheit der Gebäudehülle

Mit dem Differenzdruckverfahren kann die Luftdichtigkeit einer Gebäudehülle ermittelt werden. Dazu wird in eine vorhandene Gebäudeöffnung, z.B. eine Fenstertür, ein Ventilator eingebaut, der mittels einer Plane und eines Montagerahmens luftdicht an den Blendrahmen der Öffnung angepresst wird. Mit dieser sogenannten Blower-Door wird daraufhin zunächst ein Unterdruck von 50 Pascal (Pa) gegenüber der Außenluft im Gebäude hergestellt. Dieser Druckunterschied (Differenzdruck) entspricht ungefähr einem Wind der Windstärke 4, der auf die Außenfassade drückt.

Bei diesem Unterdruck im Gebäude strömt nun durch alle vorhandenen Fugen und Ritzen Luft in das Haus. Dabei entspricht die Luftmenge, die der Ventilator transportiert, genau der nachströmenden Luftmenge. Am Ventilator kann nun über eine Messung des Druckabfalls die transportierte Luftmenge in Kubikmeter pro Stunde (m^3/h) bestimmt werden.

Das Verhältnis zwischen der vom Ventilator transportierten Luftmenge und dem im Gebäude vorhandenen Luftvolumen ist das Maß für die Dichtigkeit der Gebäudehülle.

Hat beispielsweise ein Baukörper ein Luftvolumen von 400 m^3 und der Ventilator muss 800 m^3 Luft pro Stunde transportieren, um den Druckunterschied aufrechtzuerhalten, dann hat das Gebäude eine Luftdichtigkeit n_{50} von:

$$n_{50} = (800\ m^3/h) / 400\ m^3 = 2{,}0\ h^{-1}$$

Müsste der Ventilator aber nur 200 m^3 pro Stunde transportieren, so hätte das Gebäude eine wesentlich bessere Luftdichtigkeit von $n_{50} = 0{,}5\ h^{-1}$. Das Maß für die Luftdichtheit ist die Luftwechselrate n_{50}, wobei der Index 50 für die Messung bei 50 Pa steht. Die Einheit h^{-1} steht für pro Stunde, da der stündliche Volumenstrom gemessen wird.

Der Messvorgang wird mit Überdruck im Gebäude wiederholt, da durch Ventileffekte bei Unter- und Überdruck an unterschiedlichen Stellen Leckagen auftreten können. Maßgeblich für das Gebäude ist dann der Mittelwert aus Unter- und Überdruckmessung.

Um bei der Messung eine höhere Genauigkeit zu erlangen, werden bei Unter- und Überdruck jeweils mehrere Messreihen erstellt. Dabei wird der Druck variiert und anschließend auf 50 Pa umgerechnet.

Grenzwerte der Luftdichtheit

DIN 4108-7 „Wärmeschutz und Energie-Einsparung in Gebäuden – Teil 7: Luftdichtheit von Gebäuden – Anforderungen, Planungs- und Ausführungsempfehlungen sowie -beispiele" (2011) fordert für Gebäude ohne Lüftungsanlage bei 50 Pa Druckunterschied eine Luftwechselrate von $n_{50} \leq 3{,}0\ h^{-1}$ und für Gebäude mit Lüftungsanlage von $n_{50} \leq 1{,}5\ h^{-1}$. Bei Passivhäusern ist der strengere Grenzwert von $n_{50} \leq 0{,}6\ h^{-1}$ zu unterschreiten. Dass das durchaus möglich ist, zeigen Tausende realisierter Objekte, die teilweise mit ihren Luftwechselraten sogar unter 0,2 h^{-1} liegen.

Grundsätzlich sollte schon in der Planungsphase ein Luftdichtigkeitskonzept für das zu errichtende Gebäude festgelegt und mit allen am Bau Beteiligten vor der Ausführung ihrer jeweiligen Gewerke besprochen werden. Auf diese Weise können die Bauhandwerker für diese Problematik sensibilisiert und ihr Know-how kann genutzt werden.

Leckageortung

Bei Unterdruck im Gebäude lassen sich Fehler in der luftdichten Hülle aufspüren. Bereits mit dem bloßen Handrücken sind leicht geringste Luftströme an undichten Stellen zu spüren, wie z.B. an undichten Fenstern oder Steckdosen.

Zum genaueren Nachweis kann mittels Thermoanemometer die Luftgeschwindigkeit an solchen Stellen gemessen und eine Leckage so nachgewiesen werden.

Bei Überdruck ist der Nachweis von Undichtigkeiten aufwendiger. Mit einem Nebelgerät kann eine vermutete Leckage mit Nebel angeblasen werden. Außen am Gebäude ist dann im Falle einer Leckage der Nebelstrom zu sehen.

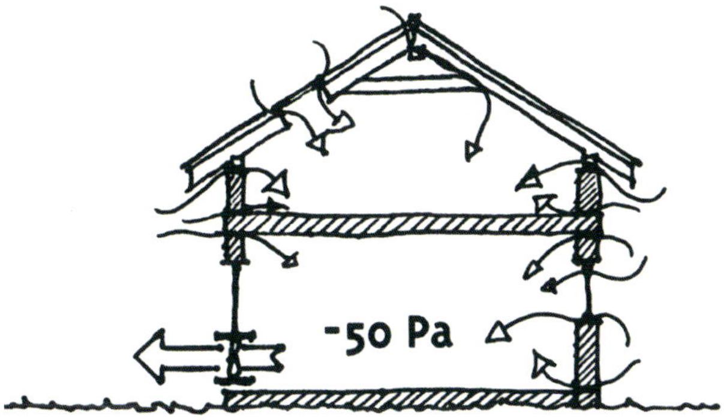

Abb. 2.25: Luftdichtigkeitsmessung mittels Blower-Door

Abb. 2.26: Der durch das Blower-Door-Gerät erzeugte Unterdruck ist deutlich an den nach innen gewölbten Dampfbremsfolien zu erkennen, die in diesem Gebäude auch die luftdichte Ebene darstellen.

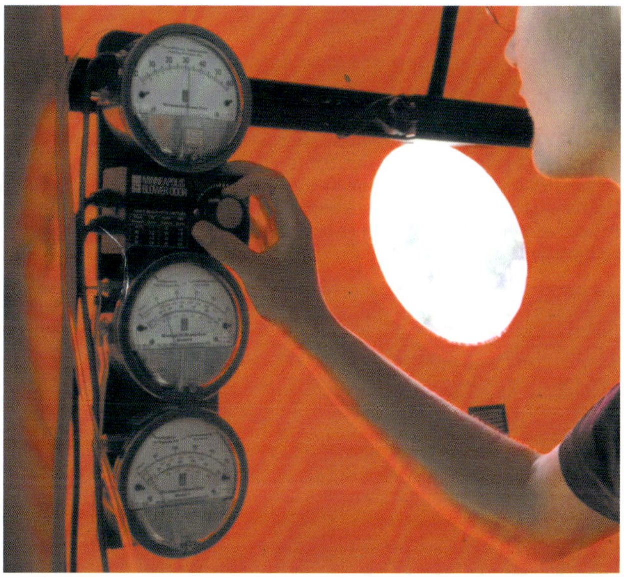

Abb. 2.27: Über Druckmessdosen kann der Druckunterschied zwischen innen und außen ermittelt werden (oberste Anzeige) und über den Wert des Druckabfalls am Ventilator (mittlere und untere Anzeige) wird das transportierte Luftvolumen bestimmt. Anstelle der hier gezeigten manuellen Regelung und Ablesung kann die Messung auch vollkommen automatisch erfolgen.

Zeitpunkt von Luftdichtigkeitsmessungen

Idealerweise sind mindestens 2 Messungen an einem Neubau durchzuführen, um eine luftdichte Gebäudehülle sicherzustellen. Die erste Messung erfolgt direkt **nach** Fertigstellung der luftdichten Ebene, aber **vor** dem weiteren Innenausbau. So besteht ohne weiteren Aufwand die Möglichkeit, evtl. vorhandene Fehlstellen sofort nachzubessern.

Durch eine weitere Messung nach Bezugsfertigkeit des Gebäudes sollte sichergestellt werden, dass die luftdichte Schicht nicht durch Nachfolgegewerke beschädigt wurde.

Bei ungünstigen Windverhältnissen (Windgeschwindigkeit > 3 m/s) kann kein genauer Messwert bestimmt werden. Eine Leckageortung wäre aber möglich.

Luftdichtigkeit als Planungsaufgabe

Die Forderung, luftdicht zu bauen, kann nicht an dem ausführenden Handwerker „hängen bleiben“, wenn zuvor in der Planung die Luftdichtheit nicht bedacht wurde.

Alle Details der Gebäudehülle müssen bezüglich Luftdichtigkeit bereits während der Planungsphase durchgearbeitet werden. Das Prinzip dabei ist recht einfach. In jedem Schnitt durch das Gebäude muss es möglich sein, ohne abzusetzen mit einem Stift die luftdichte Ebene nachzuzeichnen. Sobald der Stift abgesetzt werden muss, liegt ein Fehler vor. Vergleichbar mit einem undichten Wassereimer, dessen Undichtigkeit auch nicht durch Einstellen in einen

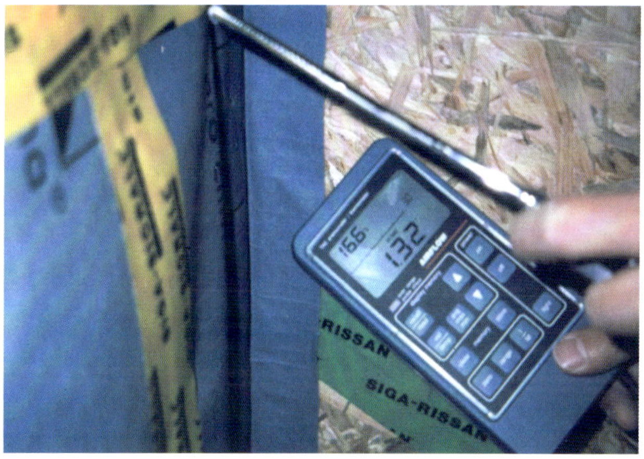

Abb. 2.28: Leckageortung bei Unterdruck mittels Thermoanemometer, das durch Messen von Luftgeschwindigkeiten feinste Luftbewegungen aufzeigt – sehr kleine Löcher weisen wegen des Düseneffekts hohe Messwerte auf, sie sind jedoch meistens irrelevant. Bei großen Löchern werden geringe Luftgeschwindigkeiten gemessen. Das zeigt das Erfordernis des Nachbesserns an. Der tatsächliche Messwert hat keinen Aussagewert und muss deshalb nicht protokolliert werden.

Abb. 2.29: Im Holzbau ist der Fußpunkt genau zu beachten: Bevor der Stahlwinkel zur Windsogsicherung montiert wird, muss die luftdichte Verklebung der Beplankung mit der Kellerdecken- oder Bodenplatte erfolgen.

weiteren undichten Eimer beseitigt werden kann, kann auch nur **eine** luftdichte Ebene die Dichtigkeit sicherstellen.

Anschluss an andere Bauteile

Besondere Aufmerksamkeit muss dem unteren Dachanschluss an der Traufe gewidmet werden. Grundsätzlich zu vermeiden sind Sparren und Pfetten, die die Dämm- und Luftdichtigkeitsschicht durchstoßen.

Folien aus dem Dachausbau müssen entweder ordnungsgemäß mit Streckmetall eingeputzt oder mittels Anpresslatte an den fertigen Putz angeschlossen werden.

Luftdichte Holzkonstruktionen

Für den Holzbau gibt es grundsätzlich 2 Ansätze, eine luftdichte Hülle zu erstellen:

- mit Baupappen oder Folien oder
- durch das Nutzen einer Beplankungslage als luftdichte Ebene.

Abb. 2.30: Luftdicht abgeklebte OSB-Platte

Die verwendeten Klebebänder für den luftdichten Anschluss von Folien oder Beplankungen untereinander müssen speziell dafür geeignet sein. Viele Hersteller haben Klebesysteme für die verschiedenen Anwendungsbereiche und Untergründe entwickelt, die einen dauerhaften Klebeverbund gewährleisten.

Neben Holzwerkstoffplatten, wie OSB-, BFU- oder Flachpressplatten, können sogar Gipsplatten als luftdichte Schicht vorgesehen werden, wobei hier besonderes Augenmerk auf das fachgerechte Verspachteln der Plattenstöße und die Ausführung der Eckanschlüsse zu legen ist. Bei Sparren oder Deckenbalken ist es zu empfehlen, dass die Randsparren oder -balken mindestens 10 cm von der Wand entfernt liegen, damit bei Durchbiegungen ein Rand-Abriss vermieden wird.

Bei sehr rauen Oberflächen, wie bei OSB-Platten, sollten gut klebende, möglichst mindestens 75 mm breite Klebebänder verwendet werden. Sinnvoll ist die Verwendung eines staubbindenden Voranstriches mit einem Primer. Dies gilt auch bei Anschlüssen an Beton.

Für die Verbindung von Folien mit festen Untergründen bieten sich spezielle Flüssigklebstoffe aus der Kartusche an. Meist ist eine Anpresslatte zur dauerhaften Fixierung erforderlich.

Abb. 2.31: Anschluss eines Holzfassadenelements an Betonwand und Decke eines in Mischbauweise errichteten Gebäudes mittels eines speziellen flexiblen Butylkautschuk-Klebebandes – sowohl Beton als auch Holzwerkstoffplatte wurden vor dem Anbringen des Klebebandes mit Primer vorbehandelt. Der Primer bindet den Staub auf der Oberfläche und verbessert so die Klebekraft.

Abb. 2.32: Folie als luftdichte Ebene

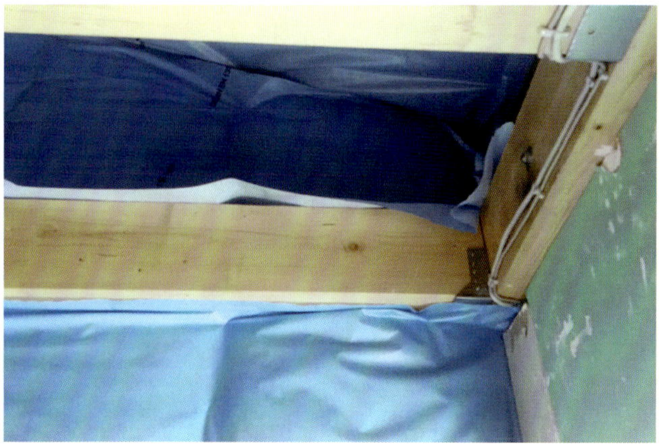

Abb. 2.33: Ungenügender Folienanschluss an Wände: Trotz Anpresslatte kann der Anschluss bei vielfältig überlappenden Folien nicht dicht werden.

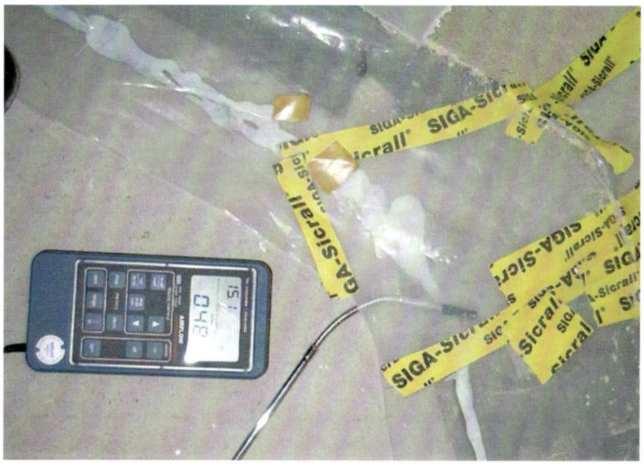

Abb. 2.34: Es ist teurer, schlecht abzukleben, als gleich von Anfang an richtig! Luftdichtigkeit kostet kein Geld.

Abb. 2.35: Gut ausgeführte Verklebungen sparen Zeit und Klebemittel.

Abb. 2.36: Eine undichte Steckdose in einer Installationsebene. – wo die Luft herkommt, ist nicht so leicht zu ermitteln. Wird jetzt diese einzelne Dose abgedichtet, so strömt die Luft an den Anschlüssen der Installationsebene an Decke, Boden und Anschlusswände diffus in den Raum.

Mit oder ohne Installationsebene

Grundsätzlich wird zu Recht die Planung einer Installationsebene innerhalb der luftdichten Hülle empfohlen. Angemerkt sei dazu jedoch, dass eine Installationsebene zum einen die Baukosten erhöht und zum anderen die Luftdichtheitsschicht absolut unzugänglich sowie die Fehlersuche im Falle einer Leckage darin fast unmöglich macht und Luftströme bei einer Unterdruckmessung an ganz anderen Stellen der Wand feststellbar werden.

Ein sinnvoller anderer Planungsansatz ist es, auf Installationen in Außenwänden weitgehend zu verzichten. Einige wenige Steckdosen können auch mit luftdichten Hohlwanddosen ausgeführt werden – auf sorgfältigen Einbau ist natürlich zu achten. Alternativ können auch Bodensteckdosen oder Fußleisteninstallationen vorgesehen werden. Bei einschaligen Wandaufbauten können durchaus auch Bilder oder Regale mit Schrauben oder Nägeln aufgehängt werden. Solange diese befestigt sind, bleibt das Loch ohnehin dicht. Nach dem Entfernen der Befestigungsmittel werden die Löcher durch Verspachteln mit Gips wieder dicht.

Abb. 2.37: Vorwandinstallationen müssen innerhalb der fertigen luftdichten Ebene eingebaut werden. Darauf muss der Bauablauf abgestimmt werden.

Holz arbeitet

Holzhäuser sind nur mit trockenen Hölzern zu bauen. Bei Wohnhäusern stellt sich in den Hölzern eine Gleichgewichtsfeuchte im Gebrauchszustand von $u = 9 \pm 3$ % ein. Das bedeutet, dass selbst Holz, das mit $u = 20$ % nach DIN 4074-1 „Sortierung von Holz nach der Tragfähigkeit – Teil 1: Nadelschnittholz" (2012) als „trocken" eingestuft wird, für den Holzbau noch zu nass ist! Ein eineinhalbgeschossiges Gebäude, bei dem die Außenwände aus trockenen, industriell gefertigten Produkten bestehen, wie aus Holz-Stegträgern als Wandstiele sowie aus Ober- und Untergurten aus Baufurniersperrholz, und alle Innenwände mit Stielen, Ober- und Untergurten aus Vollholz mit $u = 20$ % gefertigt sind, verhält sich wie folgt: Die Außenwände schwinden praktisch nicht. Bei den tragenden Innenwänden schwinden die Ober- und Untergurte beim Trocknen von 20 % auf 9 % Holzfeuchte um ca. 1 cm (bei einer angenommenen Gesamthöhe der Gurte von zusammen 36 cm). Werden Vollholz-Deckenbalken eingesetzt, erreichen die Geschossdecken mit einer Balkenhöhe von 24 cm für sich auch ein Schwindmaß von ca. 0,6 cm. Zusammengenommen bewirkt das Setzungen um 1,5 cm gegenüber allen Bauteilen, die unverändert bleiben (wie Stahlstützen, evtl. vorhandenen Massivbauteilen und technisch entsprechend vorgetrockneten Holzbauteilen).

Solche Schwindmaße haben nicht nur unerwünschte Verformungen zur Folge, sondern auch Auswirkungen auf die Luftdichtigkeit eines Gebäudes. Verformungsspannungen aus Schwinden des Holzes in dieser Größenordnung kann kein noch so gutes Luftdichtigkeitsklebeband und keine noch so gute Folie aushalten. Die Risse treten jedoch erst auf, wenn das Gebäude längst fertiggestellt und bewohnt ist. Zu diesem Zeitpunkt ist aber die luftdichte Ebene nicht mehr zugänglich und reparierbar.

Sichtbar werden diese Verformungen auch bei wesentlich geringeren Schwindmaßen durch Fugenrisse in der raumseitigen Gipsplatten-Beplankung. Wurde, wie laut DIN 4108-7 möglich, die Gipsplatte als luftdichte Ebene herangezogen, so ist diese auch nicht mehr ausreichend dicht.

Das Problem verschärft sich bei mehrgeschossigen Bauten. Deshalb sollten grundsätzlich technisch vorgetrocknete Hölzer und Holzwerkstoffe bei allen konstruktiven Bauteilen, insbesondere bei liegenden Querschnitten (Wandober- und -untergurte, Deckenbalken), eingesetzt werden.

Qualitätsüberwachtes Konstruktionsvollholz (KVH®) hat laut Angaben der Überwachungsgemeinschaft Konstruktionsvollholz aus deutscher Produktion e.V. eine Holzfeuchte von $u_m = 15 \pm 3$ %. Das heißt, im Extremfall kann dieses Holz eine Holzfeuchte von 18 % aufweisen und ist aus Sicht der Luftdichtheit im Hinblick auf mögliche Setzungen eher zu feucht. Zu empfehlen ist deshalb die Messung der Holzfeuchte vor dem Einbau.

Setzungen vermeiden

Die Vorfertigung von Bauteilen aus Holz und die Montage vor Ort erfordern genaues Arbeiten, um Setzungen des Baukörpers aufgrund von Passungenauigkeiten zu vermeiden. Alle Bauteile müssen von vornherein dicht aneinander anschließen. Werden z.B. Wände vorgefertigt und zwischen den Wandstielen und Ober- bzw. Untergurten ist jeweils 1 mm Luft – gehalten durch die Beplankung –, so wird sich der Baukörper später pro Geschoss um diese 2 mm setzen. Die Folgen sind dieselben wie zuvor beschrieben, zumal oftmals, wenn die Elemente bei der Produktion nicht vorgespannt wurden, die Zwischenräume nicht nur 1 mm betragen.

Abb. 2.38: Lüftungsrohre sind direkt mit der als Luftdichtheitsebene des Daches angesetzten OSB-Platte verklebt.

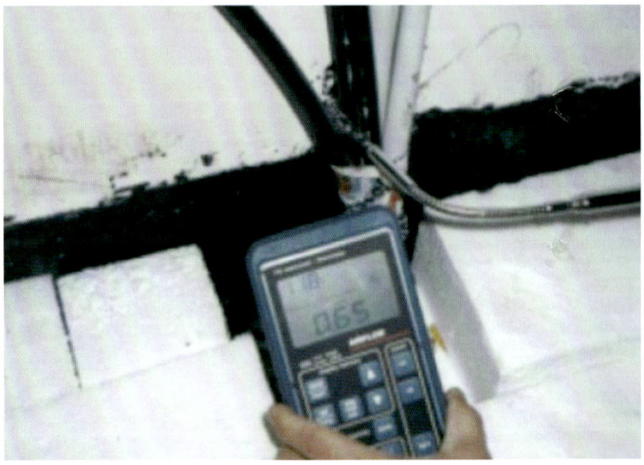

Abb. 2.39: Ein Kabel- oder Rohrbündel, das die luftdichte Ebene durchdringt, kann in der Mitte niemals dicht werden. Deshalb muss jedes Rohr oder Kabel einzeln durch die Gebäudehülle von außen nach innen geführt und ordnungsgemäß luftdicht angeschlossen werden.

Durchdringungen

Bei jedem Gebäude kommt es vor, dass Außenbauteile von Rohren, Leitungen oder Kabeln durchdrungen werden. An diesen Stellen wird dann natürlich auch die luftdichte Ebene durchstoßen. Bei Holzgebäuden handelt es sich bei der luftdichten Ebene im Regelfall um Holzwerkstoffplatten, durch die die Installationen geführt werden (Abb. 2.38). Es ist erforderlich, dass dabei eine vollständige Verklebung erfolgt. Das Klebematerial muss ausreichend Elastizität aufweisen, damit Bewegungen der Installationen nicht zum Abriss der Verklebungen und dadurch zu Luftundichtigkeiten führen.

Kabelbündel sind stets zu vermeiden, denn zwischen den einzelnen Kabeln verbleiben Löcher, die nicht mehr abzudichten sind (Abb. 2.39). Zwischen einzelnen Rohren oder Kabeln muss immer ausreichend Platz bleiben, damit ein Abkleben problemlos möglich ist (Abb. 2.40).

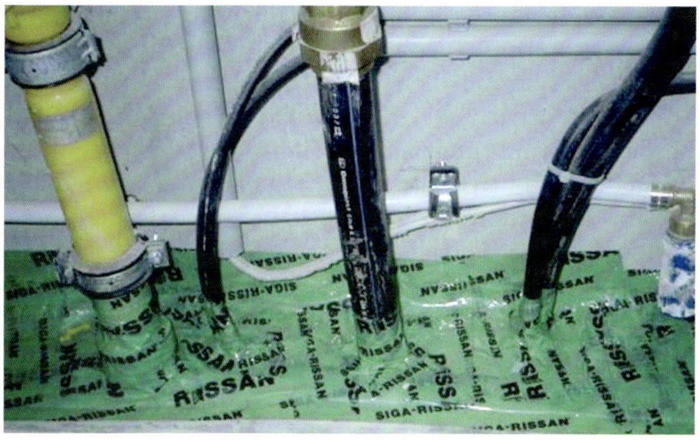

Abb. 2.40: Hausanschlüsse, die durch eine Bodenplatte mit ausreichend Platz zwischen den einzelnen Anschlüssen ins Gebäude geführt werden – hier wurde zwar mit viel Aufwand, aber auch mit Erfolg die Luftdichtigkeit erreicht.

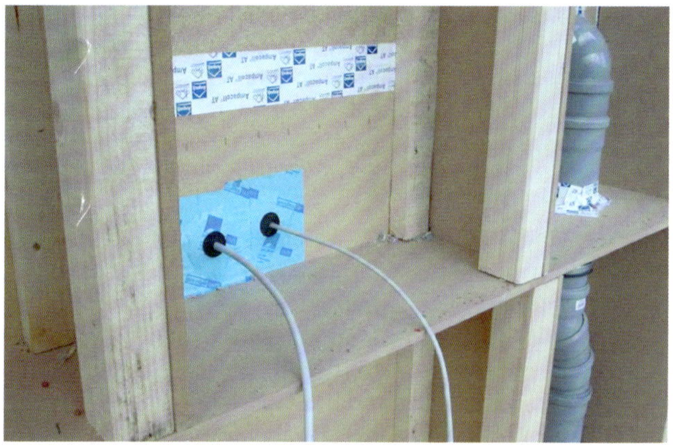

Abb. 2.41: Für Leitungsdurchführungen gibt es auch spezielle Kabeldichtmanschetten.

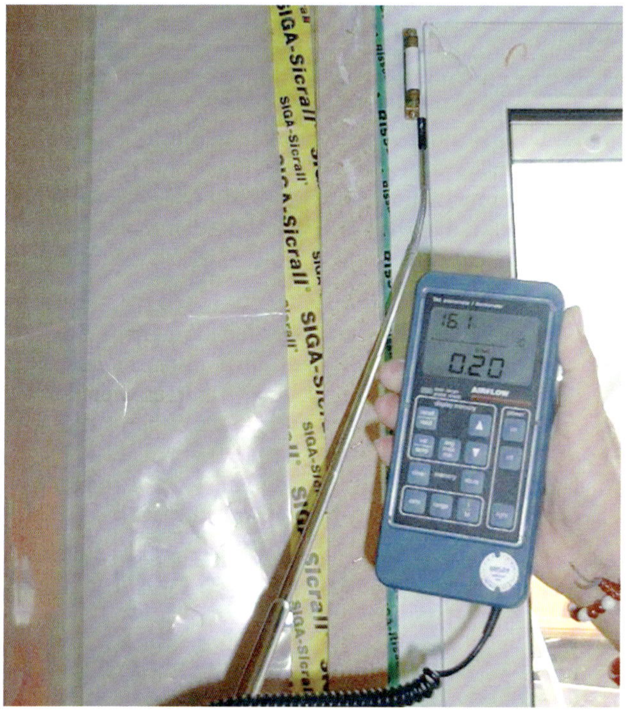

Abb. 2.42: Eine typische Undichtigkeit bei Luftdichtheitsmessungen an Fenstern – besondere Aufmerksamkeit ist grundsätzlich an allen Scharnieren und am Stulp bei zweiflügeligen Fenstern geboten.

Am einfachsten lassen sich Durchdringungen mit vorbereiteten Manschetten abdichten. Dazu werden diese Manschetten vor der Montage der Rohre oder Kabel über die Rohre bzw. Kabel gezogen. Nach der Installation der Rohre oder Kabel lassen sich die Manschetten nicht mehr nachrüsten (Abb. 2.41).

Luftdichtigkeit bei Fensteranschlüssen

In modernen Fenstersystemen sind 2 oder gar 3 Dichtlippen umlaufend vorhanden. Dadurch sollen in der Fuge zwischen Blend- und Flügelrahmen Luftkammern entstehen, die zur Dämmung beitragen. Von der Definition der Luftdichtheit her kann jedoch nur eine der Dichtungen als luftdichte Ebene gelten. Diese muss wirklich vollständig unterbrechungsfrei um den ganzen Rahmen an Flügel- oder Blendrahmen herumgeführt sein und darf im geschlossenen Zustand nicht von Beschlagsteilen durchdrungen werden. Das Fenster muss so justierbar sein, dass der Anpressdruck auf die Dichtung bei Bedarf erhöht werden kann, sodass das Fenster nicht beim Öffnen oder Schließen schwergängig wird und so seine Bedienbarkeit erhalten bleibt.

Ungeeignete Bauprodukte

Obwohl immer wieder zu finden, sind einige Produkte für die dauerhafte Luftdichtigkeit ungeeignet – so z.B. PU-Schaum, Silikon und alle Arten lösemittelhaltiger Klebebänder. Deshalb muss beim Fensteranschluss zusätzlich zum Montageschaum umlaufend ein luftdichtes Klebeband vorgesehen werden.

Fazit

Luftdichtes Bauen ist ein Muss! Dabei ist das Erreichen einer sehr guten Luftwechselrate für Passivhäuser nicht teurer als die „normale“ Luftdichtheit, denn ob gut oder schlecht gearbeitet wird, hat keinen Einfluss auf die benötigte Materialmenge und die benötigte Zeit. Ist das Haus jedoch erst einmal zu undicht, dann wird das Nachbessern teuer. Geeignete Bauprodukte für luftdichtes Bauen sind am Markt verfügbar, aber eine genaue Prüfung hinsichtlich der Dauerhaftigkeit und der Zulassung vor dem Einsatz eines Produktes ist immer erforderlich.

Luftdichtheit ist in erster Linie eine Planungsaufgabe, denn die Materialauswahl und die Detaillösungen können nicht dem Handwerker auf der Baustelle überlassen werden. Der Handwerker sollte von dem Planer ein Luftdichtheitskonzept fordern.

2.3.6 Feuchteschutz

Baufeuchte vermeiden

Schon in der Bauphase kann Einfluss dahingehend genommen werden, Feuchteschäden am Baukörper entgegenzuwirken. Wichtigste Regel ist es, Baufeuchte zu vermeiden!

Durch eine konsequente und weitgehende Vorfertigung der Holzkonstruktion des Holzrahmenbaus ist eine sehr kurze Bauzeit möglich, wodurch die Zeit, in der Niederschlagswasser in den Baukörper eindringen kann, deutlich reduziert wird. Dabei ist klar, dass es nicht möglich ist, ein Gebäude nur dann aufzurichten, wenn es überhaupt keine Niederschläge gibt. Dann wäre an vielen Tagen keine Hausmontage möglich. Wenn jedoch die Gebäudehülle einschließlich des Daches sowie alle Innenwände und Deckenelemente vorproduziert werden, dann wird sich die Montagezeit je nach Gebäudegröße auf sogar nur einen oder ein paar wenige Tage verringern. Insbesondere Deckenelemente – auch für die Kehlbalkenlage – müssen während der Bauzeit vor Niederschlagswasser geschützt werden. Da das Auslegen von Folien auf der einen Seite auch Unfallgefahren bei Feuchtigkeit mit sich bringt (Rutschgefahr) und auf der anderen Seite bei fehlendem Gefälle das Niederschlagswasser auch gar nicht richtig ablaufen kann, sodass sich Pfützen an den Falten bilden können, sollten diese Elemente eher durch vollflächig aufgeklebte, diffusionsoffene Folien geschützt werden.

Ebenso ist ein schneller Fenstereinbau anzustreben. Wenn dieser bereits im Herstellerwerk der Elemente erfolgt, kann es auch durch Fensteröffnungen bei windigem und regnerischem Wetter nicht zu Feuchteeintrag in das Gebäude kommen. Jedoch behindern die eingebauten Fenster wiederum die Trocknung des Baukörpers, insbesondere bei Mischbauweisen, bei denen auch massive Nassbauteile eingebaut wurden. Es sollte in diesem Zusammenhang insgesamt darauf geachtet werden, die relative Luftfeuchtigkeit im Bauzustand deutlich unter 70 % zu halten, dann besteht i.d.R. keine Gefahr der Bauteilauffeuchtung.

Grundsätzlich zu empfehlen ist es zusätzlich, anstelle von Nassestrich einen Trockenestrich vorzusehen. Wenn ein Nassestrich unbedingt ausgeführt werden soll, muss es ein schnell abbindender Estrich sein, der das überschüssige Anmachwasser kristallin in seiner Struktur dauerhaft bindet, sodass dieses nicht verdunsten muss. Wird auf diese Weise dem Baukörper Wasser von vornherein vorenthalten, so gibt es während des Bauablaufs bei Holzbauweisen kaum andere Wassermengen, die zu Oberflächenfeuchte auf kälteren Bauteilen führen können.

Wasserdampfdiffusion

Im Vergleich zur Luftdichtheit spielt die Wasserdampfdiffusion auch bei diffusionsoffenen Bauteilaufbauten eher eine untergeordnete Rolle. Der Verzicht auf dampfdichte Folien hat sich in den letzten 20 Jahren immer stärker durchgesetzt. Raumseitig werden in Dach- und Außenwandkonstruktionen sogenannte feuchtevariable Membranen oder lediglich Holzwerkstoffplatten als Dampfbremse eingesetzt. Damit werden wasserdampfdiffusionsäquivalente Luftschichtdicken s_d zwischen 4 und 7 m erreicht. Mit nach außen abnehmenden s_d-Werten haben sich solche Bauteilaufbauten bewährt. Im Gegensatz zu Konstruktionen mit raumseitigen diffusionsdichten Folien (PE-Folien mit einer Dicke von ≥ 0,2 mm) bieten diffusionsoffene Bauteile die Möglichkeit, in beide Richtungen, also nach außen und nach innen, Feuchtigkeit abzugeben.

Nachweisfreie Konstruktionen

In DIN 4108-3 „Wärmeschutz und Energie-Einsparung in Gebäuden – Teil 3: Klimabedingter Feuchteschutz – Anforderungen, Berechnungsverfahren und Hinweise für Planung und Ausführung" (2024) werden in Abschnitt 5.3 Bauteile aufgeführt, für die kein rechnerischer Tauwassernachweis erforderlich ist. Die Nachweisfreiheit setzt voraus, dass die Bauteile grundsätzlich einen ausreichenden Wärmeschutz nach DIN 4108-2 und eine entsprechende luftdichte Ausführung nach DIN 4108-7 vorweisen. Für die in diesem Buch dargestellten Bauteile ist der Mindestwärmeschutz grundsätzlich eingehalten, die erforderliche Luftdichtheit wird bei Einhaltung der Vorgaben der Details auch erreicht, sodass grundsätzlich diese Anforderungen bei Beachtung der Hinweise aus diesem Buch erfüllt sind.

Die DIN 4108-3 nennt in Abschnitt 5.3.2.3 fünf verschiedene Konstruktionsvarianten von Wänden in Holzbauart nach DIN 68800-2 „Holzschutz – Teil 2: Vorbeugende bauliche Maßnahmen im Hochbau" (2022), für die die Nachweisfreiheit gilt. Das sind im Einzelnen:

1. beidseitig bekleidete oder beplankte Wände in Holzbauart mit vorgehängter Außenwandbekleidung mit raumseitiger diffusionshemmender Schicht $s_{d,i} \geq 2$ m und außenseitiger diffusionsoffener Schicht $s_{d,e} \leq 0{,}3$ m oder Holzfaserdämmplatten nach DIN EN 13171 „Wärmedämmstoffe für Gebäude – Werkmäßig hergestellte Produkte aus Holzfasern (WF) – Spezifikation" (2015) oder Dämmprodukten aus pflanzlichen Fasern mit ETA oder einem Dämmstoff, dessen Verwendbarkeit für diesen Anwendungsfall durch einen bauaufsichtlichen Verwendbarkeitsnachweis oder dessen Einsatz nach der MVV TB (Muster-Verwaltungsvorschrift Technische Baubestimmungen) bzw. den Technischen Baubestimmungen des jeweiligen Bundeslandes gegeben ist; dies gilt auch für nicht belüftete Außenwandverkleidungen aus kleinformatigen Elementen, bei denen auf der äußeren Beplankung eine zusätzliche wasserableitende Schicht mit $s_{d,e} \leq 0{,}3$ m aufgebracht ist;
2. raumseitig bekleidete oder beplankte Wände in Holzbauart mit raumseitiger diffusionshemmender Schicht $s_{d,i} \geq 2$ m und mit einem Wärmedämm-Verbundsystem (WDVS) aus mineralischem Faserdämmstoff nach DIN EN 13162 „Wärmedämmstoffe für Gebäude – Werkmäßig hergestellte Produkte aus Mineralwolle (MW) – Spezifikation" (2015) oder Holzfaserdämmplatten nach DIN EN 13171 und einem wasserabweisenden Putzsystem mit $s_{d,e} \leq 0{,}7$ m,
3. beidseitig bekleidete oder beplankte Wände in Holztafelbauart mit raumseitiger diffusionshemmender Schicht $s_{d,i} \geq 2$ m sowie mit einer äußeren Beplankung $s_{d,e} \leq 0{,}3$ m in Verbindung mit einem WDVS aus mineralischem Faserdämmstoff nach DIN EN 13162 oder Holzfaserdämmplatten nach DIN EN 13171 sowie einem wasserabweisenden Putzsystem mit $s_{d,e} \leq 0{,}7$ m,
4. beidseitig bekleidete oder beplankte Elemente mit einem WDVS aus Polystyrol oder Mauerwerk-Vorsatzschale nach DIN 68800-2 Anhang A,
5. Massivholzbauart mit vorgehängten Außenwandbekleidungen oder WDVS nach DIN 68800-2 Anhang A.

Keinen rechnerischen Tauwassernachweis benötigen außerdem nicht belüftete Dächer mit belüfteter Dachdeckung oder mit einer zusätzlich belüfteten Luftschicht unter einer nicht belüfteten Dachdeckung und einer Wärmedämmung

Tabelle 2.12: Zuordnung für Werte der wasserdampfdiffusionsäquivalenten Luftschichtdicken der außen- und raumseitig zur Wärmedämmschicht liegenden Schichten (Quelle: nach DIN 4108-3, Tabelle 3, in Verbindung mit DIN 68800-2)

wasserdampfdiffusionsäquivalente Luftschichtdicke s_d	
außen $s_{d,e}$ 1)	innen $s_{d,i}$ 2)
$\leq 0{,}1$ m	≥ 1 m
$0{,}1 \text{ m} < s_{d,e} \leq 0{,}3$ m	≥ 2 m
$0{,}3 \text{ m} < s_{d,e} \leq 2$ m 3)	$s_{d,i} \geq 6 \cdot s_{d,e}$ 3)
$0{,}3 \text{ md} < s_{d,e} \leq 4$ m 4)	$s_{d,i} \geq 6 \cdot s_{d,e}$ 4)
Nach DIN 68800-2 sind dabei zusätzliche Dämmschichten auf der Raumseite bis 20 % des Gesamtwärmedurchlasswiderstandes zulässig.	

1) $s_{d,e}$ ist die Summe der Werte der wasserdampfdiffusionsäquivalenten Luftschichtdicken der Schichten, die sich oberhalb der Wärmedämmschicht befinden, bis zur ersten belüfteten Luftschicht.
2) $s_{d,i}$ ist die Summe der Werte der wasserdampfdiffusionsäquivalenten Luftschichtdicken aller Schichten, die sich unterhalb der Wärmedämmschicht bzw. unterhalb ggf. vorhandener Untersparrendämmungen befinden, bis zur ersten belüfteten Luftschicht.
3) DIN 4108-3
4) DIN 68800-2: nur bei werksseitiger Vorfertigung nach Holztafelbaurichtlinie

zwischen, unter und/oder über den Sparren mit einer zusätzlichen regensicheren Schicht unter Einhaltung der Werte in Tabelle 3 der DIN 4108-3, Abschnitt 5.3.4.2 (siehe Tabelle 2.12).

Rechnerischer Feuchtenachweis

Der rechnerische Feuchtenachweis erfolgt normgerecht nach dem in Anhang A der DIN 4108-3 beschriebenen sogenannten Glaser-Verfahren, sofern die Räume nicht klimatisiert sind und keine Innendämmung mit einem Wärmedurchlasswiderstand von $R > 1\ \text{m}^2 \cdot \text{K/W}$ haben. Ist die Konstruktion nach dem Glaser-Verfahren zulässig, so liegt sie auf der sicheren Seite. Mit dem statischen Glaser-Verfahren werden aber keine instationären Feuchteströme abgebildet. Gerade bei feuchtevariablen Bauteilschichten, die bei diffusionsoffenen Konstruktionen raumseitig angeordnet werden, zeigt sich das Glaser-Verfahren als nicht ausreichend. Konstruktionen, die nach einer Berechnung mit dem Glaser-Verfahren einen schädlichen Tauwasserausfall aufweisen, können in der Realität durchaus unkritisch sein, wie Messungen der Feuchteentwicklung zeigen. Der Grund liegt darin, dass das Glaser-Verfahren für die feuchteschutztechnische Bewertung eines Bauteils gedacht ist, nicht für die Simulation realistischer Wärme- und Feuchtezustände eines Bauteils unter standortbedingten Klimaverhältnissen. So bleibt der kapillare Feuchtetransport im Bauteil unberücksichtigt und auch die sorptive Aufnahmefähigkeit für ausfallende Feuchte. Kurzfristige Ereignisse können mit den im Glaser-Verfahren zugrunde gelegten stationären Zuständen unter pauschalen Blockrandbedingungen genauso wenig abgebildet werden wie Regen und Strahlung. Deshalb wurden Simulationsprogramme entwickelt, die dem gemessenen Feuchteverhalten innerhalb von Bauteilen sehr nahekommen. Die Berechnungen können das Feuchteverhalten über mehrere Jahresverläufe simulieren und berücksichtigen dabei auch beispielsweise das Austrocknen von Baufeuchte.

Für andere Berechnungsverfahren enthält Anhang D der DIN 4108-3 Hinweise. Für eindimensionale Feuchteströme gibt DIN EN 15026 „Wärme- und feuchtetechnisches Verhalten von Bauteilen und Bauelementen – Bewertung der Feuchteübertragung durch numerische Simulation“ (2023) Vorgaben für die Validierung der Berechnungssoftware, die von den Programmen WUFI® („Wärme und Feuchte instationär“, Fraunhofer Institut für Bauphysik Holzkirchen) und DELPHIN (Institut für Bauklimatik der TU Dresden) erfüllt werden.

2.3.7 Baulicher Holzschutz

Nach der Normenreihe DIN 68800 „Holzschutz“ können alle Holzbauteile in Wohngebäuden oder in vergleichbaren Gebäuden im Regelfall ohne chemischen Holzschutz in der Gebrauchsklasse 0 ausgeführt werden. Bauliche Holzschutzmaßnahmen sind grundsätzlich chemischen Holzschutzmaßnahmen vorzuziehen. Die Verordnung über Biozidprodukte (BPR), die Gefahrstoffverordnung, das Kreislaufwirtschaftsgesetz, das Abfallwirtschaftsgesetz und die Arbeitssicherheitsregeln fordern heute vom Anwender und Verbraucher den weitestgehenden Verzicht auf biozide Gefahrstoffe beim Bauen. Dauerhafte Holzbauten ohne chemischen Holzschutz sind unter folgenden Bedingungen möglich:

Die Holzfeuchte muss dauerhaft unter 20 % liegen

und

Holzbauteile müssen für Insekten unzugänglich oder auf Insekten kontrollierbar verbaut sein

oder

es wird technisch getrocknetes Holz verwendet.

Alternativ kann Holz mit einer höheren Dauerhaftigkeit gegenüber Pilzen und Insekten verwendet werden.

Bei allen gezeigten Konstruktionen dieses Buches wird davon ausgegangen, dass technisch getrocknetes Holz zum Einsatz kommt. Sinnvoll ist die Verwendung von Konstruktionsvollholz (KVH®), das nach der Verbändevereinbarung mit den Herstellern eine Lieferfeuchte von maximal 18 % haben darf (dazu Näheres in Kapitel 3.2.1).

Kernpunkte der Holzschutzregelungen

Der Holzschutz wird geregelt in:

- DIN 68800-1: „Holzschutz – Teil 1: Allgemeines" (2019),
- DIN 68800-2: „Holzschutz – Teil 2: Vorbeugende bauliche Maßnahmen im Hochbau" (2022),
- DIN 68800-3: „Holzschutz – Teil 3: Vorbeugender Schutz von Holz mit Holzschutzmitteln" (2020) und
- DIN 68800-4: „Holzschutz – Teil 4: Bekämpfungsmaßnahmen gegen Holz zerstörende Pilze und Insekten und Sanierungsmaßnahmen" (2020).

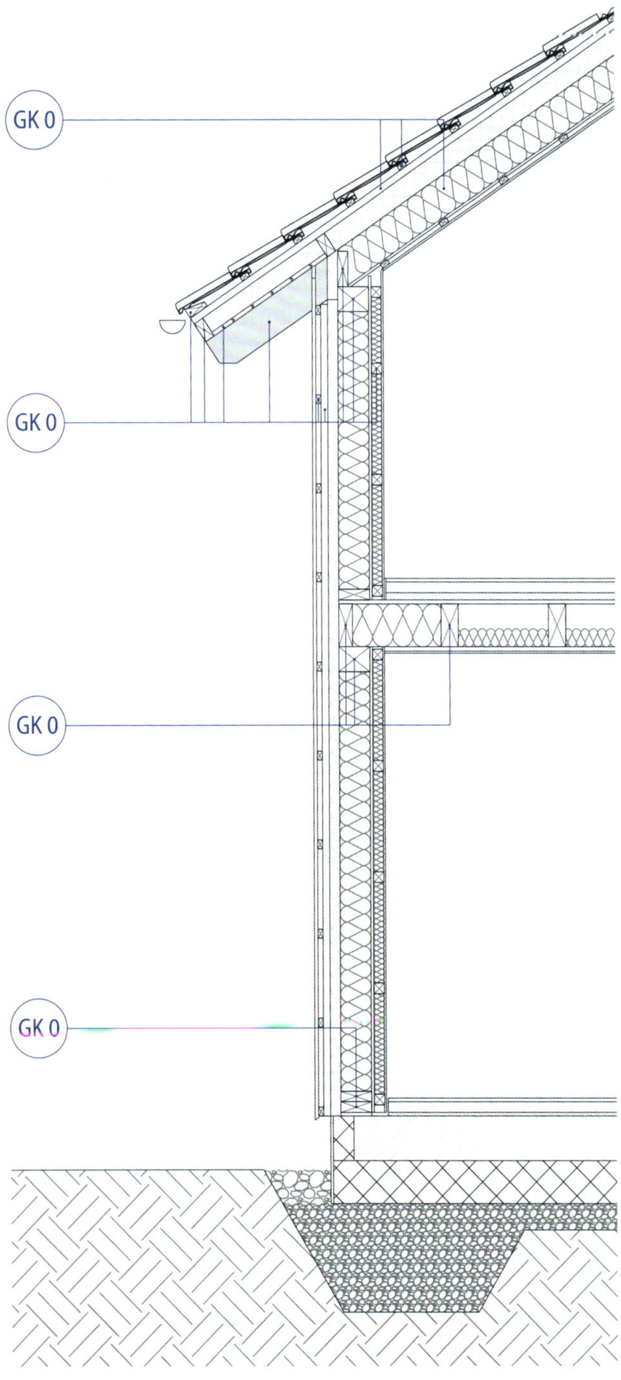

Abb. 2.43: Übersicht Gebrauchsklasse 0 nach DIN 68800

Zusammenfassend ist darin festgelegt:

- Chemischer Holzschutz darf nicht in Aufenthaltsräumen angewendet werden!
- Bei der Verwendung von technisch getrocknetem Holz ist kein Bauschaden durch Insektenbefall zu erwarten.
- Erst ab einer dauerhaft mittleren relativen Luftfeuchte von über 85 % besteht die Gefahr eines Pilzbefalls bei nicht bewitterten Bauteilen.
- Bei bewitterten Bauteilen wird unterschieden, ob sie über einen längeren Zeitraum auf über 20 % Holzfeuchte anfeuchten können oder nicht.
- Bauschäden durch holzzerstörende Pilze infolge dauerhafter feuchter Einwirkung können durch die Maßnahme „Bauteile Unter Dach" vermieden werden.

Holzschutzmaßnahmen planen

Grundsätzlich gilt die Normenreihe DIN 68800 für tragende und sicherheitsrelevante Bauteile. Es wird empfohlen, diese auch für nicht tragende Bauteile, wie z.B. Verschleißbauteile, anzuwenden, jedoch ist das nicht zwingend erforderlich. Alle Holzschutzmaßnahmen müssen geplant werden. Dabei müssen bauliche Holzschutzmaßnahmen und die organisatorischen Abläufe immer berücksichtigt werden. Alle Bauteile müssen einer Gebrauchsklasse zugeordnet werden.

Bauteile, die nicht direkt der Gebrauchsklasse GK 0 zugeordnet werden können, müssen vorzugsweise durch bauliche Maßnahmen in diese überführt werden oder es ist dauerhaftes Holz zu verwenden. Dazu sind folgende grundsätzliche Maßnahmen notwendig, die verhindern, dass Holz dauerhaft über 20 % auffeuchtet:

- Wetterschutz (auch bei Transport, Einbau und Lagerung),
- Spritzwasserschutz,
- Tauwasserschutz,
- Schutz vor Feuchte aus Bodennässe oder angrenzenden Bauteilen oder aus der Umgebung.

Bei der Verwendung von technisch getrocknetem Holz sind keine weiteren Holzschutzmaßnahmen gegen Insektenbefall erforderlich.

Hinweis:

Bei privaten Bädern handelt es sich unter der Voraussetzung einer üblichen Nutzung mit einer geringen Wasser-beanspruchung des Fußbodens um Trockenräume. Eine Ausnahme bilden bodengleiche Duschbereiche.

Tabelle 2.13: Übersicht über die Gebrauchsklassen nach DIN 68800-1

Gebrauchsklasse		Holzfeuchte/Exposition und allgemeine Gebrauchsbedingung	ausreichend dauerhafte Hölzer (ohne chemischen Holzschutz)	Praxisbeispiele
GK 0		trocken (ständig ≤ 20 %)/mittlere relative Luftfeuchte bis 85 % Holz oder Holzprodukt unter Dach[1)], nicht der Witterung und keiner Befeuchtung ausgesetzt; die Gefahr von Bauschäden durch Insekten kann bspw. durch Verwendung von technisch getrocknetem Holz oder einen kontrollierbaren Einbau ausgeschlossen werden.	alle Bauschnittholzarten	Innenraumstütze, vollgedämmter Sparrenquerschnitt
GK 1		trocken (ständig ≤ 20 %)/mittlere relative Luftfeuchte bis 85 % Holz oder Holzprodukt unter Dach[1)], nicht der Witterung und keiner Befeuchtung ausgesetzt	alle **technisch getrockneten Bauschnittholzarten** sowie Farbkernhölzer (maximal 5 % Splintholzanteil)	Sparrenkopf, Trauf- und Ortgangschalung
GK 2		gelegentlich feucht (> 20 %)/mittlere relative Luftfeuchte über 85 % oder zeitweise Befeuchtung durch Kondensation Holz oder Holzprodukt unter Dach, nicht der Bewitterung ausgesetzt; eine hohe Umgebungsfeuchte kann zu gelegentlicher, aber nicht dauernder Befeuchtung führen.	Farbkernhölzer Kiefer, Lärche, Douglasie, Eiche (maximal 5 % Splintholzanteil)	abgedeckter Brückenträger über einem Gewässer mit häufig hoher Luftfeuchte
GK 3	GK 3.1	gelegentlich feucht (> 20 %) Holz oder Holzprodukt nicht unter Dach, aber ohne ständigen Erd- und/oder Wasserkontakt, Anreicherung von Wasser im Holz, auch räumlich begrenzt, nicht zu erwarten	Farbkernhölzer (maximal 5 % Splintholzanteil) Lärche, Douglasie, Eiche, (Robinie), Yellow Cedar, Afzelia, Bongossi, Ipe, Teak	oberseitig abgedeckter Balkonbalken
	GK 3.2	häufig feucht (> 20 %) Holz oder Holzprodukt nicht unter Dach, aber ohne ständigen Erd- und/oder Wasserkontakt mit Bewitterung, Anreicherung von Wasser im Holz, auch räumlich begrenzt, zu erwarten	Farbkernhölzer Eiche, (Robinie), Afzelia, Bongossi, Ipe, Teak (maximal 5 % Splintholzanteil)	Balkonbalken allseitig der Witterung ausgesetzt
GK 4		vorwiegend bis ständig feucht (> 20 %)	Holz oder Holzprodukt in Kontakt mit Erde oder Süßwasser und so bei mäßiger bis starker Beanspruchung vorwiegend beständig einer Befeuchtung ausgesetzt	Steganlage an einem Binnensee, eingegrabener Holzmast
GK 5		ständig feucht (> 20 %)	Holz oder Holzprodukt, ständig Meerwasser ausgesetzt	Steganlage an einem Küstengewässer

Die GK 3.2 bis 5 sind für tragende Bauteile im Hochbau nicht von Bedeutung.
1) siehe Abb. 2.43 und 2.44

Anwendungsbeispiele:

- Sparrenköpfe sind GK 1 zugeordnet. Durch die Verwendung von technisch getrocknetem Holz ist dieses in GK 0 einstufbar und damit kein chemischer Holzschutz erforderlich.
- Allseitig bewitterte Balkonbalken sind GK 3.2 zugeordnet. Wird oberseitig abgedecktes Lärchenkernholz verwendet, welches oberseitig abgedeckt ist, ist eine Einstufung in GK 3.1 möglich. In diesem Fall ist kein chemischer Holzschutz notwendig.

Unterkonstruktionen und Latten

Keinen chemischen Holzschutz benötigen Dach- und Konterlatten, die dazugehörige Schalung und die Traglattung von Außenwandbekleidungen.

Dachbauteile im Steildach

Wenn alle folgenden Bedingungen erfüllt sind, sind Holzbauteile im Dachquerschnitt ausreichend geschützt und in GK 0 einzuordnen – Beschreibung von außen (oben) nach innen (unten):

- Wetterschutz aus Dacheindeckung auf Traglattung (GK 0),
- belüfteter Hohlraum mit Konterlattung (GK 0),
- ggf. regensichernde Zusatzmaßnahme mit s_d-Wert ≤ 0,3 m
  bzw. Unterspannbahn mit s_d-Wert ≤ 0,3 m
  oder trockene Bretterschalung mit Brettbreite ≤ 160 mm in Verbindung mit einer Unterdeckbahn mit s_d-Wert ≤ 0,3 m
  oder Holzweichfaserplatten (hydrophobiert) mit s_d-Wert ≤ 0,3 m,
- Sparren mit Volldämmung aus Faserdämmstoffen (Mineralfaser- oder Holzfaserdämmstoffen),
- raumseitig dampfdiffusionshemmende Schicht (s_d-Wert ≥ 2 m), die in der Fläche und an allen Bauteilanschlüssen luftdicht ausgeführt ist.

Bei Aufsparrendämmung sind die Holzbauteile raumseitig der Wärmedämmung i.d.R. ausreichend vor schadhafter Tauwasserbildung geschützt. Damit ist die Zuordnung zur Gebrauchsklasse GK 0 nachweisfrei sichergestellt.

Sparrenköpfe sind ausreichend geschützt, wenn sie sich „unter Dach" befinden, da die mittlere Luftfeuchte in diesem Bereich unter 85 % liegt. In Verbindung mit der Anwendung von technisch getrocknetem Holz wird die Gebrauchsklasse GK 0 erreicht. Pfettenköpfe oder Flugsparren, die sich nicht „unter Dach" befinden, sind durch geeignete Abdeckungsmaßnahmen (z.B. Abdeckbrett oder Abdeckblech) gegen Witterung zu schützen. Die Ausführung eines Kastengesimses schützt ebenso die gesamte Dachrandkonstruktion, jedoch muss der Hohlraum ausreichend belüftet sein.

Auch bei nicht ausgebauten Dachstühlen und ungedämmten Spitzböden werden Bauschäden durch Insekten durch die Verwendung von technisch getrocknetem Holz vermieden. Sind Unterspannbahnen oder Unterdeckbahnen bzw. Unterdeckplatten vorhanden, so wird eine Lüftungsöffnung am First benötigt, um Schäden durch Kondenswasser zu vermeiden. Eine solche Lüftungsöffnung ist gegen Flugschnee- und Wassereintritt zu sichern.

Decken zu nicht ausgebauten, unbeheizten Dachbereichen müssen einen ausreichenden Wärmeschutz aufweisen und raumseitig luftdicht ausgebildet werden. Im Bereich von Durchdringungen und Anschlüssen ist besondere Sorgfalt in der Detailausbildung anzuwenden. Die oberste Schicht sollte möglichst diffusionsoffen sein. Der Bauherr ist darüber zu informieren, dass während der späteren Nutzung keine zusätzlichen Beläge zu den im Tauwassernachweis aufgeführten Schichten und keine großflächigen, nicht anliegenden Gegenstände oberseitig angeordnet werden dürfen, um die Bildung von Tauwasser in der Deckenkonstruktion zu vermeiden.

Dachbauteile im Flachdach

Holzbauteile in feuchteschutztechnisch anspruchsvollen Flachdachkonstruktionen können auch der Gebrauchsklasse GK 0 zugeordnet werden, wenn bestimmte Anforderungen beachtet werden. Zwar ist es grundsätzlich auch möglich, vollgedämmte Flachdach-Balkenlagen mit oberseitiger Beplankung und Flachdachabdichtung herzustellen, jedoch ist diese Konstruktion fehlerträchtig und bedarf einerseits eines Feuchtenachweises über Simulation nach Anhang D der DIN 4108-3 und andererseits einer genauen Detailplanung und ebenso sorgfältigster Ausführung. Deswegen werden in diesem Buch als sichere Konstruktion Lösungen dargestellt, bei denen die Hauptdämmschicht oberhalb der Holz-Tragkonstruktion liegt und auf diese Weise ein Tauwasserausfall im Bereich des Holzes ausgeschlossen wird. Deshalb sind in diesem Fall die Hölzer der Gebrauchsklasse GK 0 zuzuordnen.

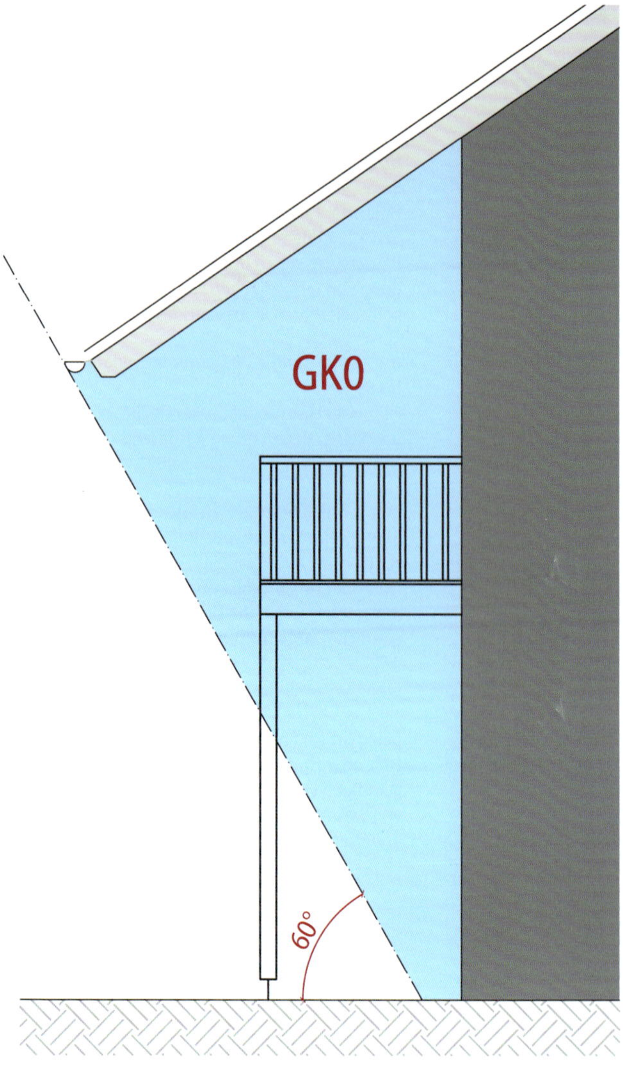

Abb. 2.44: 60°-Regel im Außenbereich: Die Gebrauchsklasse GK 0 gilt bei dem Einsatz von technisch getrocknetem Holz – in diesem Bereich ist dann kein chemischer Holzschutz erforderlich (Bei dem Einsatz von nicht technisch getrocknetem Holz gilt GK 1.)

Außenwandbauteile

Der stärksten Feuchtebelastung ist der Sockelbereich eines Holzhauses ausgesetzt, da dort Schlagregen und Spritzwasser vom Außenterrain auf die Fassade treffen. Außerdem kann es im Sockelbereich zu aufsteigender Feuchte kommen, z.B. aus einer direkt angrenzenden betonierten Bodenplatte.

Zum Spritzwasserschutz ist der Abstand zwischen der Unterkante der Schwelle der Außenwandkonstruktionen und der Oberkante des Geländes in Abhängigkeit von der Ausprägung der Oberflächen des Geländes festzulegen, sodass auch die unteren Hölzer der Außenwand in die Gebrauchsklasse GK 0 einzuordnen sind.

Der Abstand der Unterkante von Holzkonstruktionen zum Außengelände beträgt grundsätzlich mindestens 30 cm.

Besteht die Geländeoberfläche aus einem Kiesbett mit einer Korngröße von 16 bis 32 mm oder größer oder ist ein wasserableitender Belag mit mindestens 2 % Gefälle vorhanden, kann der Abstand auf mindestens 15 cm reduziert werden. Die Kiesbettbreite sollte mindestens 15 cm ab Außenwandkante betragen.

Eine Reduktion auf mindestens 5 cm kann erfolgen, wenn zusätzlich geeignete Abdichtungsmaßnahmen auf Basis der Abdichtungsnorm DIN 18195 „Abdichtung von Bauwerken – Begriffe" (2017) in Verbindung mit der Normenreihe DIN 18533 „Abdichtung von erdberührten Bauteilen" ausgeführt werden. Bei der Festlegung der äußeren Abdichtung ist ein Produkt mit möglichst geringem s_d-Wert zu wählen. Dabei ist zu beachten, dass der s_d-Wert der inneren luftdichten und dampfbremsenden Ebene mindestens viermal höher als der s_d-Wert der senkrechten Abdichtungsbahn sein soll, um einen geregelten Feuchtehaushalt des Sockels gewährleisten zu können.

An Holzbauteile im Sockelbereich von Außenwänden, die sich „unter Dach" – also innerhalb der 60°-Linie (siehe Abb. 2.44) – befinden und aus technisch getrocknetem Holz bestehen, werden bei einer Einstufung in die Gebrauchsklasse GK 0 keine weiteren Anforderungen gestellt.

Ein andauernder Feuchteeintrag in Holzbauteile aus angrenzenden kapillar wirkenden Bauteilen muss dauerhaft verhindert werden. Deshalb ist unter Wänden auf einer Stahlbetonbodenplatte eine Abdichtung nach DIN 18195 in Verbindung mit der Normenreihe DIN 18533 vorzusehen. Kurzfristig auftretende Baufeuchte, z.B. aus abtrocknenden Betonteilen, ist unkritisch. Deshalb ist an solchen Stellen eine zusätzliche Abdichtung nicht erforderlich.

Wandaufbau

Wenn ein dauerhaft wirksamer Wetterschutz der Außenwand vorhanden ist, sind Holzbauteile im weiteren Außenwandquerschnitt ausreichend geschützt und in GK 0 einzuordnen.

Als dauerhaft wirksamer Wetterschutz gelten folgende Ausführungen:

- belüftete oder unbelastete kleinformatige Bekleidung,
- offene Bekleidung auf senkrechter Traglattung und UV-beständiger und regendichter Fassadenbahn mit s_d-Wert $\leq 0{,}3$ m,
- hinterlüftete Bekleidungen mit senkrechter oder waagerechter Grundlattung und Mindestabstand zur Tragkonstruktion bzw. Dämmstoffschicht von 20 mm (Hohlraum), Belüftungsöffnungen oben und unten $\geq 50\ cm^2$ je Meter,
- belüftete Bekleidungen mit senkrechter oder waagerechter Grundlattung und Mindestabstand zur Tragkonstruktion bzw. Dämmstoffschicht von 20 mm (Hohlraum), Belüftungsöffnungen unten $\geq 100\ cm^2$ je Meter,
- Wärmedämm-Verbundsystem mit bauaufsichtlichem Verwendbarkeitsnachweis,
- Mauerwerks-Vorsatzschale mit mindestens 40 mm Luftschicht und
  - wasserableitender Schicht mit einem s_d-Wert $> 0{,}3$ m und ≤ 1 m oder
  - ≥ 30 mm Hartschaumdämmung oder
  - ≥ 40 mm Mineralfaserdämmstoff mit wasserableitender Schicht mit s_d-Wert $\leq 0{,}3$ m.

Die „Fachregeln 01 – Außenwandbekleidungen aus Holz" (2023) von Holzbau Deutschland – Bund Deutscher Zimmermeister sind zu beachten.

Balkone, Terrassen und Carports

Für den Bau von Balkonen und Terrassen, die gerade bei Holzrahmenbauten häufig auch in Holz ausgeführt werden, wird empfohlen, die „Fachregeln 02 – Balkone und Terrassen" (2016) heranzuziehen. Die dort enthaltenen Ausführungsempfehlungen gelten sinngemäß auch für Carports. Dabei spielt der Holzschutz nach der Normenreihe DIN 68800 eine wesentliche Rolle.

Bei bewitterten Balkonen und auch bei bewitterten Holzbauteilen von Carports wird i.d.R. eine Konstruktion der Gebrauchsklasse 1 erreicht, denn die Holzbauteile sind nicht unter Dach, aber ohne ständigen Erd- oder Wasserkontakt, wenn folgende Punkte Beachtung finden:

- Verwendung von Farbkernhölzern (maximal 5 % Splintholzanteil): Lärche, Douglasie, Eiche (Ausnahme siehe unten),
- Begrenzung der Rissbildung durch Beschränkung der Querschnittsmaße und durch kerngetrennten Einschnitt bei Vollholz,
- Verwendung von wasserfest verleimtem Brettschichtholz sowie technisch getrocknetem Vollholz,
- Hobeln der Oberflächen der Holzbauteile,
- Verhinderung von Stauwasser in den Anschlüssen,
- Abdeckung von Hirnholz (außer bei sehr dauerhaften Holzarten),
- direktes Abführen von Niederschlagswasser,
- oberseitige Abdeckung von nicht vertikal stehenden Holzbauteilen.

Unkritisch ist eine kurzfristige geringfügige Erhöhung der Holzfeuchte im Oberflächenbereich über die Vorgabe 20 % hinaus.

Ausnahmsweise können Stützen als senkrechte Bauteile der GK 0 zugeordnet werden, wenn die vorgenannten Bedingungen eingehalten sind, der Vollholzquerschnitt maximal 16/16 cm beträgt und gleichzeitig folgende Abstandsmaße in Abhängigkeit von der Geländeoberfläche berücksichtigt werden: Der Abstand der Holzstützenunterkante vom Gelände beträgt grundsätzlich mindestens 30 cm. Besteht die Geländeoberfläche rund um die Stütze aus einem Kiesbett mit einer Korngröße von 16 bis 32 mm oder größer oder ist ein wasserableitender Belag mit mindestens 2 % Gefälle vorhanden, kann der Abstand auf mindestens 15 cm reduziert werden. Die Kiesbettbreite sollte mindestens 15 cm ab Stützenaußenkante betragen.

Wichtige Kriterien für die GK 0 bei Stützen sind außerdem eine oberseitige Abdeckung und stauwasserfreie Verbindungen.

2.4 Statik

In diesem Kapitel wird zunächst die Gebäudeaussteifung des gesamten Holzrahmenbaus dargestellt. Anschließend wird ein Blick auf einzelne Bauteile und die Grundlagen für ihre Berechnung geworfen. Kapitel 2.4.3 gibt schließlich eine Orientierungshilfe für die schnelle Vorbemessung der Dachkonstruktion, von Unterzügen, Stürzen und Deckenbalken.

In Kapitel 2.4.2 wird auf einen im Holzbau relativ neu diskutierten Aspekt eingegangen: die Gebrauchstauglichkeit. Gemeint ist damit eine Ausführung der Konstruktion, die den Anforderungen des Gebrauchs tatsächlich entspricht. Da sich jedes längs ausgedehnte Bauteil durchbiegt bzw. durchbiegen kann, muss im Vorfeld der Tragwerksbemessung genau bedacht werden, wie viel sich der Baukörper verformen darf, damit später keine Probleme entstehen. So soll eine Fensterschiebetür unter einem langen Fenstersturz natürlich nicht klemmen, weil sich der Fenstersturz zu stark durchbiegt. In diesem Fall reicht die übliche Bemessung der maximalen Durchbiegung mit einem 300-stel der Öffnungsbreite nicht mehr aus. Diese übliche Bemessung würde z.B. auf einer Länge von 5 m eine maximale Durchbiegung von fast 17 mm ergeben, die mit einer gängigen Einbauluft von 10 bis 15 mm bei voller Auslastung den oberen Teil des Blendrahmens der Fensterschiebetür ungewollt belasten würde. Die Dämmung des Zwischenraumes zwischen Fensterrahmen und Fenstersturz würde auch zusammengedrückt werden, sodass schon bei einer geringeren Durchbiegung als der ermittelten Maximaldurchbiegung Kräfte auf den Blendrahmen wirken würden. So wäre es nicht verwunderlich, wenn die Schiebetür klemmen würde. An diesem Beispiel ist erkennbar, dass es wichtig ist, sich bei allen Bauteilen, die sich durchbiegen können, Gedanken zu machen, wie die Bemessung der Durchbiegung auszusehen hat.

Grundlage für die Tragwerksplanung von Bauwerken mit Holzkonstruktionen ist seit 2012 einzig die Normenreihe DIN EN 1995 „Eurocode 5: Bemessung und Konstruktion von Holzbauten", die die zuvor für viele Jahrzehnte geltende Normenreihe DIN 1052 „Holzbauwerke" fast vollständig abgelöst hat. Lediglich einige Inhalte der letzten nationalen Norm wurden in die DIN 1052-10 „Holzbauwerke – Herstellung und Ausführung von Holzbauwerken – Teil 10: Ergänzende Bestimmungen zu Verbindungsmitteln und nicht europäisch geregelten geklebten Produkten und Bauarten" (2024) verlagert, die noch Gültigkeit hat und ergänzende Anforderungen an Verbindungsmittel sowie Festlegungen für die Ausführung und Überwachung von Verklebungen bei Holztragwerken regelt.

Die Normenreihe DIN EN 1995 (im Folgenden als „Eurocode 5" bezeichnet) besteht aus folgenden Teilen:

- DIN EN 1995-1-1 „Eurocode 5: Bemessung und Konstruktion von Holzbauten – Teil 1-1: Allgemeines – Allgemeine Regeln und Regeln für den Hochbau" (2010),
- DIN EN 1995-1-2 „Eurocode 5: Bemessung und Konstruktion von Holzbauten – Teil 1-2: Allgemeine Regeln – Tragwerksbemessung für den Brandfall" (2010) und
- „Eurocode 5: Bemessung und Konstruktion von Holzbauten – Teil 2: Brücken" (2010).

Ergänzung erhält der Eurocode 5 durch die Nationalen Anhänge (NA), die national festgelegte Parameter (NDP) sowie zusätzliche, dem Eurocode nicht widersprechende Regelungen (NCI).

Aktuell für Holzrahmenbauten heranzuziehen ist DIN EN 1995-1-1 in Verbindung mit nachträglich erfolgten Änderungen, die in DIN EN 1995-1-1/A2 (2014), dem sogenannten „A2-Papier", enthalten sind. Diese Normen gelten in Deutschland zusammen mit dem Nationalen Anhang DIN EN 1995-1-1/NA „Nationaler Anhang – National festgelegte Parameter – Eurocode 5: Bemessung und Konstruktion von Holzbauten – Teil 1-1: Allgemeines – Allgemeine Regeln und Regeln für den Hochbau" (2013).

Die Abschnitte 9.2.3 und 9.2.4 der DIN EN 1995-1-1 bilden die Grundlage für die bei Holzrahmenbauten wichtige Gebäudeaussteifung.

2.4.1 Gebäudeaussteifung

Da sich auch der Architekt als Entwurfsverfasser eines Gebäudes in Holzrahmenbauweise bereits in der Vorentwurfsphase Gedanken zur Gebäudeaussteifung machen sollte, wird dieses Thema an den Anfang der Behandlung der Statik gestellt. Natürlich muss die Gebäudeaussteifung vom Tragwerksplaner für Holzhäuser in Tafelbauart nachgewiesen werden, aber da anstelle der bei Fachwerkhäusern eingesetzten Streben im modernen Holztafelbau die Beplankungen aussteifend wirken, muss sich bereits der Architekt mit der Aussteifung des Gebäudes beschäftigen.

Dass Wandverankerungen wichtig sind, zeigen die Bilder der Auswirkungen der alljährlich wiederkehrenden Orkane in den USA. Dort fliegen bei Orkanen regelmäßig einige Häuser komplett weg. Obwohl auch in Mitteleuropa Wind-Spitzengeschwindigkeiten in der gleichen Höhe auftreten können (150 bis 200 km/h), kommt es in Deutschland im Prinzip nicht vor, dass Häuser bei Starkwindereignissen so erheblich beschädigt werden. Hierzulande laufen auch Orkane meist glimpflich ab. Hauptsächlich sind es die Dacheindeckungen, die Schaden nehmen. Dies trifft Holzhäuser im gleichen Maße wie Mauerwerksbauten. Doch mit einer ausreichenden Befestigung der Dacheindeckung, z.B. durch fachgerechte Verklammerung der Ziegel, lässt sich auch dieses Risiko minimieren.

2.4.1.1 Entwurfsprinzipien der Windaussteifung

Die auf das Dach und die Wandflächen auftreffenden Windkräfte werden von den Sparren und Wandpfosten in die Dach- und Deckenebenen eingeleitet. Sie geben die Horizontallasten in die aussteifenden Wandelemente ab. Diese leiten die Kräfte in die darunterliegenden Geschosse weiter. In der Regel werden die windaussteifenden Wandelemente in der Kellerdecke bzw. den Kellerwänden verankert. Diese Bauteile sind meist in der Lage, die auftretenden Zugkräfte aus den Wänden durch ihr Gewicht aufzunehmen. In Sonderfällen kann es erforderlich werden, unter den Enden der aussteifenden Wandelemente zusätzliche Bauteile zur Aufnahme der auftretenden Druck-, Zug- und Horizontalkräfte anzuordnen.

Damit Holzhäuser dem Wind standhalten, führt die Tragwerksplanung die notwendigen Berechnungen durch. Dazu gehören beim Holzbau der Abhebenachweis und die Bemessung der Verankerung der Horizontalkräfte in der Bodenfuge. Dafür muss jedoch seitens der Architektur auch eine ausreichende Menge an geeigneten Wandscheiben planerisch zur Verfügung gestellt werden.

In Abb. 2.45 ist die Ableitung der Windkräfte schematisch dargestellt. Die Tragsysteme der aufgeführten aussteifenden Elemente in Dach-, Decken- und Wandebene können als Scheibensysteme, Fachwerke, aber auch als Balkensysteme mit darüberliegender Schalung (in Deckenebene) oder als Vollholzsysteme aus nebeneinanderliegenden Bohlen ausgeführt werden.

Dabei ist zu beachten, dass das Gesamtsystem in sich stabil sein muss. Für eine ausreichende Stabilität des Gebäudes müssen in jedem Geschoss mindestens 3 aussteifende Wandelemente so angeordnet werden, dass sich die Scheibenrichtungen in mindestens 2 Punkten schneiden. Die Wandelemente dürfen dabei aus einzelnen Tafeln zusammengesetzt werden, die auch durch Tafeln mit Fenster- oder Türöffnungen unterbrochen sein können. In Abb. 2.46 sind die Bedingungen für eine unverschobene Anordnung der Wand-Decken-Elemente dargestellt. In Abb. 2.47 werden 4 Beispiele gezeigt, bei denen keine Stabilität erreicht wird.

Die aussteifenden Deckenelemente müssen entweder als Deckenscheiben ausgeführt sein, die in alle Richtungen die Lasten abtragen können, oder aus einzelnen, rechtwinklig zur Windrichtung angeordneten Balkensystem gebildet werden (Abb. 2.48). Bei U-förmig angeordneten Wandscheiben sowie bei auskragenden Systemen in Deckenebene können keine Balkensysteme eingesetzt werden; dort sind die diagonal unverschieblichen Scheiben als Tragsysteme zu verwenden.

Ein Anwendungsfall der Aussteifung in der Obergurtebene der Außenwände über horizontal durch Windlasten bemessene Balken ist der klassische Bungalow aus Holztafeln mit einem Binderdach. Bei solchen Gebäuden mit Nagelplattenbindern im üblichen Raster von 1,25 m können die als Geschossdecke fungierenden Untergurte der Nagelplattenbinder nicht als aussteifende Deckenscheibe ausgebildet werden. In einem solchen Fall wird der Obergurt der Außenwand als horizontal belasteter Balken sta-

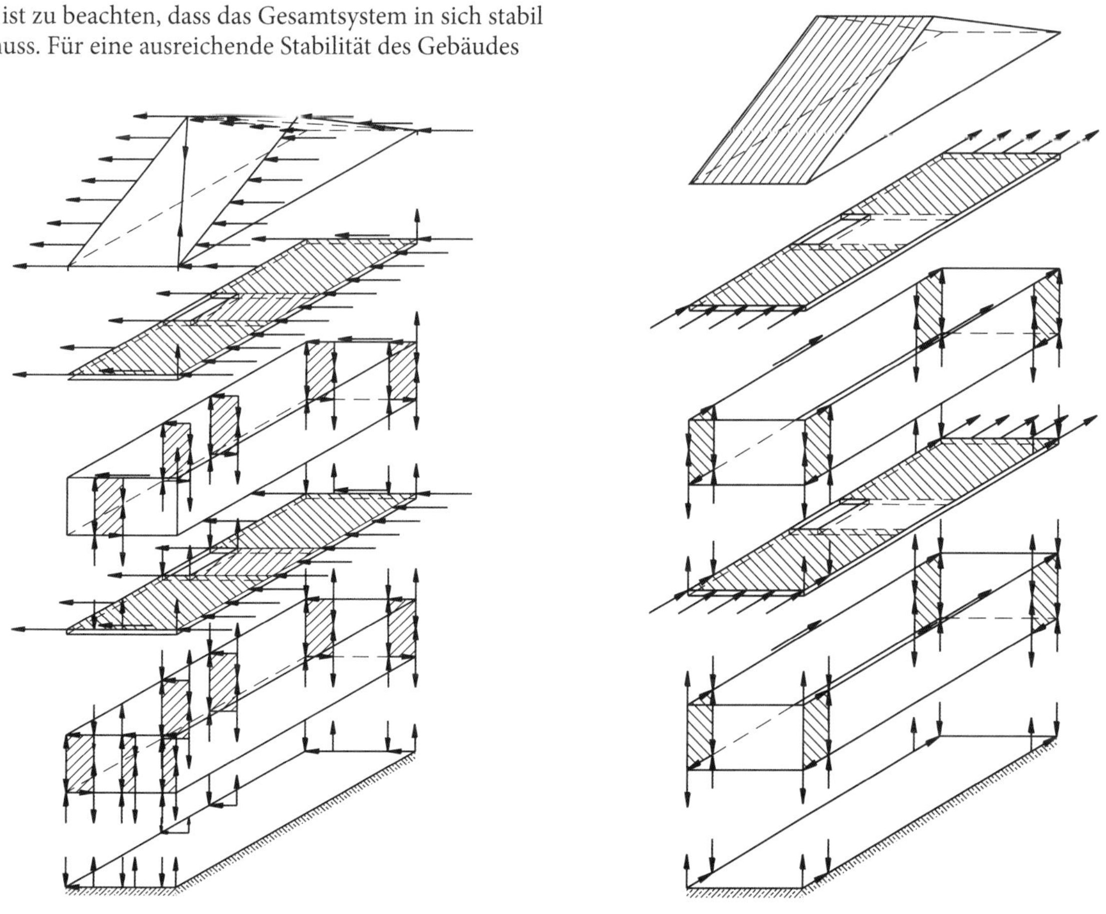

Abb. 2.45: Prinzip der Weiterleitung der Windkräfte, die auf das Gebäude einwirken: links: Wind auf die Giebelseite des Gebäudes, rechts: Wind auf die Traufseite des Gebäudes

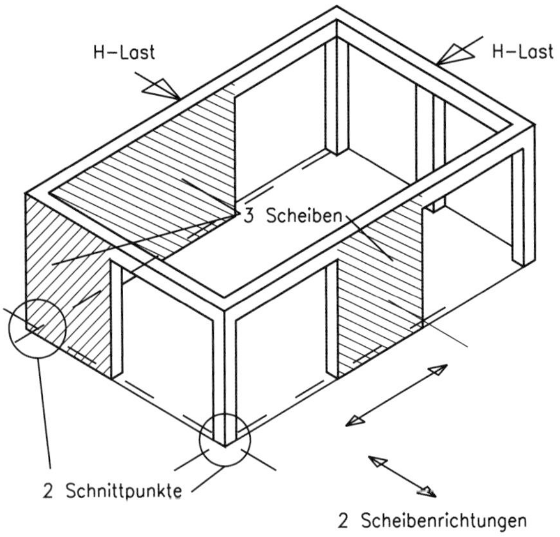

Abb. 2.46: Mindestbedingungen für die Verschieblichkeit von aussteifenden Wand-Decken-Elementen bei der Deckenscheibe

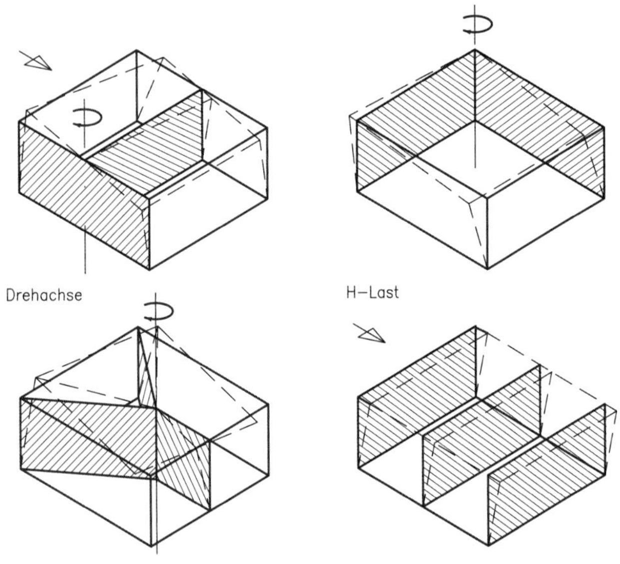

Abb. 2.47: Nicht ausreichende Aussteifung des Baukörpers, da sich die Wandachsen nicht in mindestens 2 Punkten schneiden

tisch bemessen. Sollte bei größeren Innenwandabständen die Spannweite dieses Balkens so groß werden, dass der Obergurt der Wand nicht dafür ausreichend ist, kann ein Bohlenkranz aus Furnierschichtholz die Aufgabe des Balkens übernehmen.

Stehen genügend aussteifende Wandelemente zur Verfügung, kann die Aussteifung in der Obergurtebene der Außenwände auch nur in Teilbereichen erfolgen. Die Teilflächen müssen mit den Wandelementen unverschobene Systeme bilden. Der Rest der Deckenfläche kann dann nach konstruktiven Gesichtspunkten ohne statische Anforderungen für Lasten in Deckenebene ausgeführt werden.

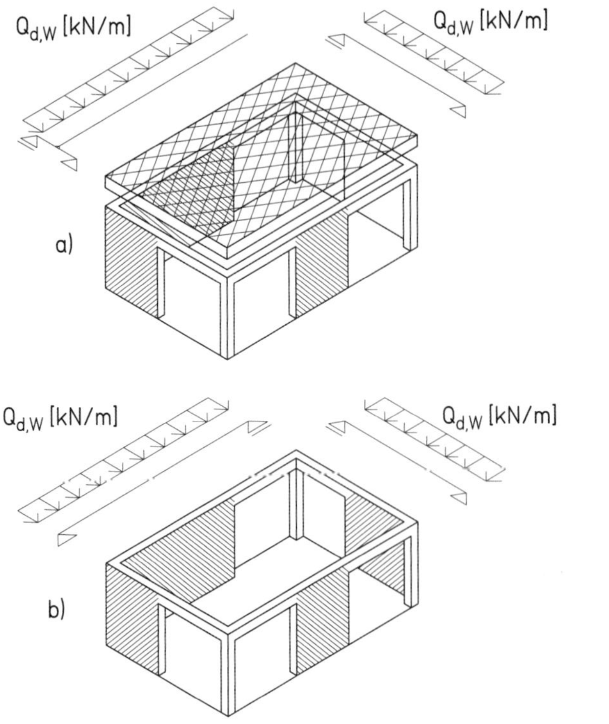

Abb. 2.48: Horizontale Aussteifung in der Obergurtebene der Außenwände:
a) Deckenscheibe,
b) horizontal belastete Balken

Hinweis:

Entwurfsregeln, die bei der **Architektur eines Holzrahmenbaus** aus statischer Sicht beachtet werden sollten:

- Sowohl in Längsrichtung als auch in Querrichtung des Gebäudes sollten jeweils mindestens 2 geschlossene parallele Wandstücke zur Verfügung stehen, die die Aussteifung übernehmen können.
- Je größer der Abstand paralleler Wandscheiben, die die Aussteifung übernehmen sollen, untereinander ist, desto geringer sind die Lasten, die jeweils übernommen werden müssen.
- Je länger die jeweiligen Wandtafeln, die die Gebäudeaussteifung übernehmen sollen, sind, desto geringer sind die Lasten, die die Wände weiterleiten müssen.

2.4.1.2 Aussteifungselemente

Windrispenbänder

Für Dachflächen werden zur Aussteifung häufig Windrispenbänder herangezogen. Diese werden diagonal als Kreuz über den Sparren in jeder Dachfläche geführt. Windrispenbänder aus Holz sind in der üblichen Bauart druck- und zugsteif. Die stählernen Windrispenbänder können nur Zugkräfte übertragen und werden deshalb immer als Kreuz in jeder Dachfläche eingebaut. An den Enden müssen stählerne Windrispenbänder so befestigt werden, dass die

Last von der Oberseite der Sparren auch in die Wandtafel am Sparrenauflager weitergeleitet wird. Dazu werden meist Knaggen in die Endfelder mit Anschluss des Rispenbandes zwischen die Sparren eingebaut. Trotz der weiten Verbreitung von Windrispenbändern in Dächern ist es fraglich, ob die gewünschte Wirkung wirklich mit diesen Stahlbändern gebrauchstauglich erreicht wird. Wer solche Bänder selbst schon verarbeitet hat, weiß, dass die Bänder auch mit der größten Kraft beim Spannen in jedem Feld allein durch das Eigengewicht immer leicht durchhängen. Bis das Windrispenband bei Windbeanspruchung voll wirken kann, muss es durch Verformung des Dachstuhls erst ganz gespannt sein. Bis dieser Zustand erreicht ist, ist der First des Gebäudes schon einige Zentimeter verschoben. Das passiert in der Praxis tatsächlich nicht, da die Ausstei-fung nicht von den dafür berechneten Rispenbändern übernommen wird, sondern durch die Beplankung, die im Innenausbau an den Dachflächen von unten angebracht wurde.

Deshalb ist im Holzrahmenbau, der im Regelfall als Holztafelbau hergestellt wird, grundsätzlich allein die Beplankung für die Bauteilaussteifung heranzuziehen und nicht die üblichen Windrispenbänder. Sinnvoll sind Windrispenbänder z.B. bei Nagelplattenbinderdächern, die als unbeheizte Dachräume keine flächige Beplankung erhalten. Neben innenseitigen Beplankungen können auch außenseitige Unterdeckplatten die aussteifende Funktion übernehmen, wenn die Platten dafür bauaufsichtlich zugelassen sind.

Tragende Holztafeln (Deckenscheiben) mit Holzwerkstoffen

Tafeln (Scheiben) mit einer Beplankung aus Holzwerkstoffplatten bestehen i.d.R. aus der Balkenlage, umlaufenden Randhölzern als Gurten und der Beplankung aus großformatigen Holzwerkstoffplatten, die die Übertragung der Schubkräfte übernehmen und gleichzeitig die vertikale Deckenbelastung abtragen. Als Beplankung werden Span-, Sperrholz- oder OSB-Platten verwendet.

Die Scheiben können vor Ort durch eine tragende Verklammerung, Verschraubung oder Vernagelung der Holzwerkstoffplatten mit den Deckenbalken und den Randgurten hergestellt werden.

Hinweis:

Zur Bildung von Deckentafeln sind stets großformatige Holzwerkstoffplatten mit einer Breite von $b \geq 1{,}00$ m und einer Länge von $l \geq 2{,}50$ m zu verwenden. Sogenannte Verlegeplatten sind nur in Sonderfällen geeignet.

Die statische Höhe h_{Tafel} muss mindestens ¼ der Stützweite l der Tafel betragen.

Im Nationalen Anhang zum Eurocode 5 ist ein vereinfachtes Verfahren angegeben, nach dem die Tafeln (Scheiben) nachgewiesen werden können. Im Folgenden werden die im Holzrahmenbau wesentlichen Punkte angegeben. Andere Bedingungen, die bei der Ausführung nach diesem Buch schon eingehalten sind, werden nicht mehr wiedergegeben (z.B. konstanter Abstand der Verbindungsmittel an allen Plattenrändern).

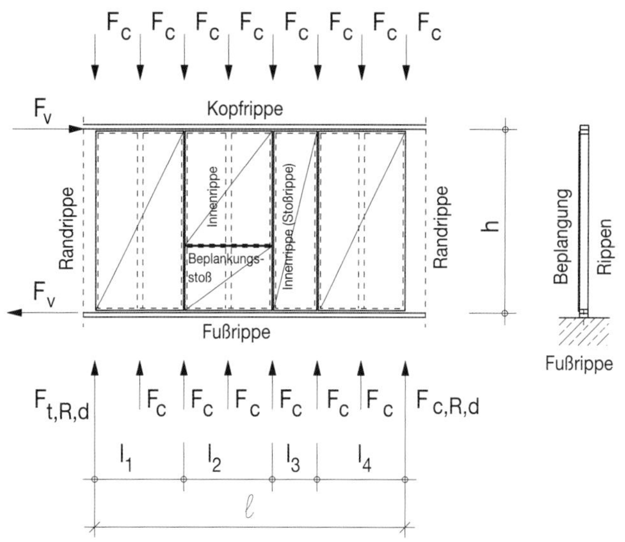

Abb. 2.49: Wandtafel mit Bezeichnungen

Die Bezeichnungen der einzelnen Bauteile einer Wandtafel, wie sie in Abb. 2.49 dargestellt sind, gelten sinngemäß auch für Dach- und Deckenscheiben.

Bedingungen für die Anwendung nach Eurocode 5:

- Rechteckige Tafeln besitzen umlaufende Randrippen und eine Schar randparalleler, durchlaufender Innenrippen im Abstand von a_r. Die Platten sind in Reihen parallel (Abb. 2.51).
- Die Randrippen dürfen nicht gestoßen sein oder die Stöße sind verformungsarm auszuführen. Stöße sind in diesem Sinn verformungsarm, wenn die Bemessungstragkraft des Stoßes größer als der 1,5-fache Wert der Beanspruchung ist.
- Freie Plattenränder (schwebende Stöße) sind nur quer zu den Innenrippen zulässig. Hierbei sind folgende Bedingungen einzuhalten:
  - Die Platten sind um mindestens einen Rippenabstand a_r versetzt angeordnet.
  - Der Rippenabstand a_r beträgt höchstens das 0,75-Fache der Seitenlänge der Platten in Rippenrichtung.
  - Die Platten sind auch an die Rippen, auf denen die Platten nicht gestoßen sind, mit Klammern oder Nägeln im Abstand a_V angeschlossen.
  - Die Stützweite l der Tafel beträgt weniger als 12,5 m oder es sind höchstens 3 Plattenreihen vorhanden, die Tafelhöhe h in Lastrichtung beträgt mindestens $l/4$.
  - Der Bemessungswert der Einwirkungen ist nicht größer als 5,0 kN/m.
  - Die Schubtragfähigkeit der Tafel wird um den Faktor ⅔ vermindert.

Deckenscheiben aus Holztafeln (Tafelelemente) mit allseitigen Schubverbindungen der Plattenränder dürfen mit beliebiger Stützweite eingesetzt werden. Nur bei Scheiben mit schwebenden Stößen, d.h. bei Platten, deren Ränder nicht allseitig schubsteif angeschlossen werden, sind die Beschränkungen der Stützweite und der Belastung einzuhalten. Die Scheibenhöhe muss in jedem Fall mindestens ein Viertel der Stützweite betragen. Bei Scheiben, deren Höhe größer als die Stützweite ist, darf höchstens die Stützweite als Scheibenhöhe herangezogen werden.

Die Holztafeln sind jeweils an allen Rändern schubfest anzuschließen bzw. untereinander zu verbinden. Die Schubkräfte müssen an den Tafelrändern in die Scheibenrandgurte eingeleitet werden.

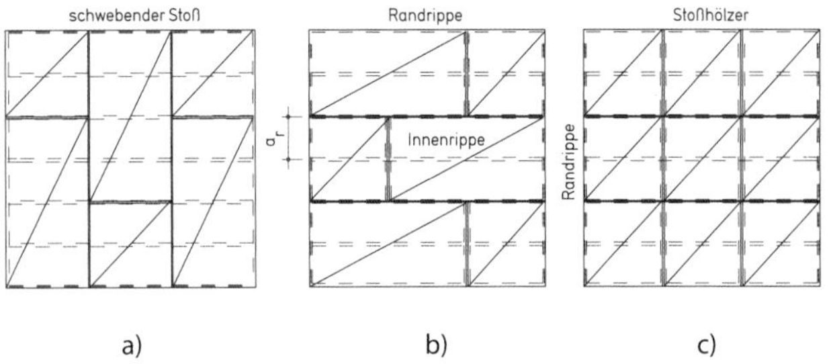

Abb. 2.50: Anordnung der Platten nach DIN EN 1995-1-1/NA
a) Reihen quer zu den Innenrippen
b) Reihen parallel zu den Innenrippen
c) Plattenstöße nicht versetzt (nur zulässig bei durch mit Schubhölzern schubsteif verbundenen Platten)

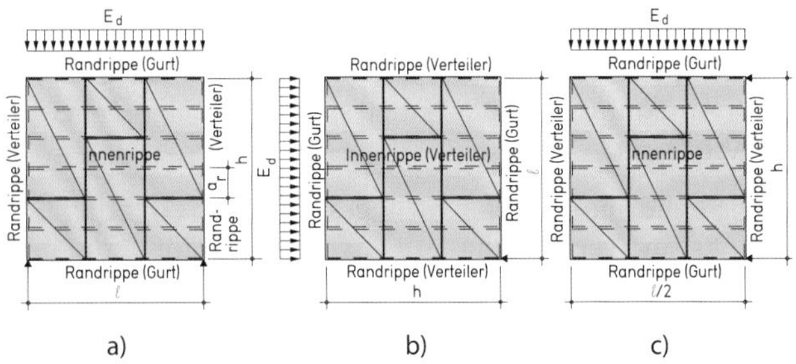

Abb. 2.51: Lagerung und Lasteinleitung bei Tafeln nach DIN EN 1995-1-1/NA
a) seitliche Brandrippen gelagert, Lasteinleitung über einen Gurt
b) seitliche Randrippen gelagert, Lasteinleitung über einen Verteiler
c) eine seitliche Randrippe und Gurte gelagert, Lasteinleitung über einen Gurt

Beplankungen

Zur Übernahme der aussteifenden Funktion müssen Beplankungen gar nicht besonders dick sein; nach DIN EN 1995-1-1NA, Abschnitt NA.2.2, NCI zu 3.5 „Holzwerkstoffe“, NCI NA.3.5.4.2 Mindestdicken, beträgt die Mindestdicke tragender OSB-Platten lediglich 8 mm und bei nur aussteifenden Beplankungen von Holztafeln für Holzhäuser in Tafelbauart sogar nur 6 mm. Üblich sind in der Praxis 12 oder 15 mm dicke OSB-Platten, da diese neben der Aussteifung auch andere Funktionen übernehmen. Dennoch sind in Ausschreibungen Angaben zur Aussteifung von Wänden mit Beplankungsdicken von 18, 19 oder gar 22 mm zu finden. Vereinzelt wird sogar die Dicke von 20 mm ausgeschrieben, aber weder OSB-Platten noch Spanplatten werden in 20 mm Dicke für den Baubereich produziert. Im Übrigen ist es wenig sinnvoll, zu dicke Beplankungen einzuplanen und auszuschreiben. Dadurch wird die Arbeit für die Ausführenden anstrengender, die Materialkosten

Tabelle 2.14: Mindestdicken t und t_{req} der Beplankung von Wandtafeln nach Eurocode 5

Material	Mindestdicke t_{req} der Beplankung
Baufurnier-Sperrholz (BFU)	$t \geq 6$ mm bei $\rho \geq 400$ kg/m³: $t_{req} \geq 7 \cdot d$ bei $\rho \geq 600$ kg/m³: $t_{req} \geq 6 \cdot d$
OSB-Platten	tragend $t \geq 8$ mm, nur aussteifend bei Tafelbauart $t \geq 6$ mm $t_{req} \geq 7 \cdot d$
kunstharzgebundene Spanplatten Flachpressplatten (FP)	tragend $t \geq 8$ mm, nur aussteifend bei Tafelbauart $t \geq 6$ mm $t_{req} \geq 7 \cdot d$
zementgebundene Spanplatten	$t \geq 8$ mm $t_{req} \geq 4 \cdot d$
harte Holzfaserplatten	$t \geq 4$ mm $t_{req} \geq 6 \cdot d$
mittelharte Holzfaserplatten	$t \geq 6$ mm $t_{req} \geq 6 \cdot d$
Gipsplatten (= Gipskarton-Bauplatten)	$t \geq 12{,}5$ mm $t_{req} \geq 10 \cdot d$
faserverstärkte Gipsplatten (= Gipsfaserplatten)	$t \geq 10$ mm
Massivholzplatten (SWP)	12 mm $\leq t \leq$ 80 mm

t grundsätzliche Mindestplattendicke
t_{req} Mindestplattendicke in Abhängigkeit von dem Nageldurchmesser
ρ Rohdichte
d Nageldurchmesser

sind höher als notwendig und so wird das Bauteil unwirtschaftlicher. Ein Grund für die Wahl der Plattendicke über 15 mm könnte sein, dass seitens der Planung anstelle von Klammern als Verbindungsmittel von Nägeln ausgegangen wird. Bei nicht vorgebohrten Nagelverbindungen muss die Plattendicke von OSB-Platten mindestens 7 · d betragen, das ergäbe bei einem Nageldurchmesser von d = 2,8 mm eine Plattendicke von mindestens 19,6 mm (siehe Tabelle 2.17). Allein deshalb sind Nägel nicht die beste Wahl für die Befestigung der Beplankungen im wirtschaftlich herzustellenden Holzrahmenbau.

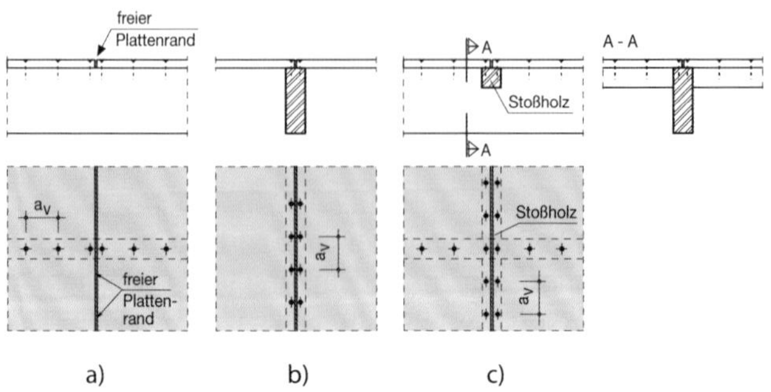

Abb. 2.52: Stöße von Beplankungen
a) freie Plattenränder
b) über Innenrippenschub steif verbunden
c) über Stoßhölzer schubsteif verbunden

Letztlich ergeben sich die Dicke und das Material der aussteifenden Beplankung aus der Festlegung der zu verwendenden Materialien und der Berechnung der Windaussteifung des Gebäudes im Rahmen der Tragwerksplanung. Die Horizontalkräfte werden über die als Zugstrebe wirkende Beplankung vom Obergurt in den Wanduntergurt geleitet.

Einzelne Öffnungen in der Beplankung mit Abmessungen von kleiner als 200 mm × 200 mm, wie z.B. Durchführungen von Außen- oder Fortluftrohren der Lüftungsanlage, können vernachlässigt werden. Bei mehreren Öffnungen muss die Summe der Längen < 10 % der Tafellänge und die Summe der Höhen < 10 % der Tafelhöhe sein. Die Auswirkungen größerer Öffnungen sind nachzuweisen.

Verbindungen der Beplankung mit den Rippen

Die Beplankung ist mit stiftmäßigen Verbindungsmitteln (Klammern, Schrauben, Nägeln) im Abstand a_V mit den Rippen verbunden. Dabei können die Platten freie Ränder aufweisen (Abb. 2.52 a), über den Rippen gestoßen (Abb. 2.52 b) oder über ein Stoßholz miteinander verbunden sein (Abb. 2.52 c).

Der Verbindungsmittelabstand beträgt bei Klammern und Nägeln maximal 150 mm (bei einer Mindestdicke der Beplankung von 10 mm, siehe Tabelle 2.17) jedoch muss der Verbindungsmittelabstand im Rahmen der Tragwerksplanung genau berechnet werden.

Die Mindesteinbindetiefe t von Klammern beträgt 14-mal Drahtdurchmesser ($t \geq 14 \cdot d$) und von Nägeln und Schrauben 9-mal Nagel- bzw. Schraubendurchmesser ($t \geq 9 \cdot d$). Daraus ermittelt sich die Mindestlänge der Verbindungsmittel bei Berücksichtigung der Beplankungsdicken, wie in Tabelle 2.16 dargestellt.

Druckluftklammern haben sich in den letzten Jahrzehnten zur Befestigung der Beplankungen durchgesetzt. Diese sind sehr kostengünstig und in sehr kurzer Zeit zu verarbeiten. Zudem gehören Druckluftgeräte zur Grundausstattung von Holzbaubetrieben. Klammern haben auch den Vorteil, dass durch den geringen Drahtdurchmesser Randabstände besser einhaltbar sind als bei Schrauben oder Nägeln.

Hinweis:

Während in der Vorproduktion vorgegebene Verbindungsmittelabstände sehr gut eingehalten werden können – insbesondere bei maschineller Produktion –, ist es für Beplankungen, die erst auf der Baustelle montiert werden, sicherer, den ausführenden Mitarbeitern etwas geringere Abstände der Verbindungsmittel als die geplanten Abstände mitzuteilen.

Sind seitens des Tragwerkplaners für verschiedene Bauteile unterschiedliche Verbindungsmittelabstände angegeben, so sollte der Baustellenmannschaft nur der kleinste Verbindungsmittelabstand als unbedingt einzuhalten angegeben werden.

Auch bezüglich der Verbindungsmittellängen sollte auf der Baustelle für die zu verwendenden Schussapparate möglichst nur die längste Sorte der Verbindungsmittel vorhanden sein. Auf diese Weise ist auch die Nachweisführung gegenüber Bauleitung, Prüfingenieur oder Bauaufsicht einfach, denn wenn es nur eine Sorte Verbindungsmittel auf der Baustelle gibt, dann ist diese auch an allen Stellen eingesetzt worden.

Durch diese Maßnahmen ist der Kostenaufwand für die Verbindungsmittel zwar etwas höher als bei einer genauen Umsetzung der Angaben in der statischen Berechnung. Es wird damit aber vermieden, dass falsche Verbindungsmittel oder falsche Verbindungsmittelabstände eingebaut werden.

Stoßhölzer (Futterhölzer) haben die Aufgabe, die Schubkräfte von einer Platte in die andere zu übertragen und das Ausbeulen des Plattenrandes zu verhindern. Sie sind nach Abb. 2.53 auszuführen. An den Enden können sie mit schräg eingeschlagenen Nägeln oder schräg eingeschraubten Schrauben an die Deckenbalken angeschlossen werden.

Bei allen Tafeln mit freien Plattenrändern ohne Stoßholz unter der Fuge muss als Randabstand der Verbindungsmittel das Maß $a_{2,t}$ für $\alpha = 90°$ gewählt werden. Unterstützte (schwebende) Beplankungsstöße quer zu den Deckenbalken sind mit einer Feder oder einer vergleichbaren Verbindung zu versehen. Die Verbindung muss in der Lage sein, Durchbiegungsunterschiede der Plattenränder auszugleichen.

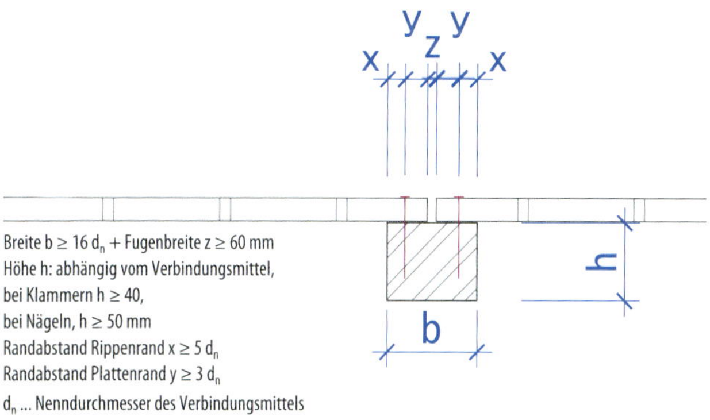

Abb. 2.53: Empfohlene Abmessungen für Rippen und das Stoßholz. (Die Mindestabstände gelten für Klammern und Nägel in Span-, Sperrholz- und OSB-Platten.)

Rippen

Rippen von Holzrahmenbau-Bauteilen können aus Vollholz, Brettschichtholz oder Baufurniersperrholz bestehen.

Unterschieden werden Rand- und Mittelrippen. Die Dicke der Rippen ergibt sich i.d.R. aus den Randabständen für die Verbindungsmittel bezüglich Rippe und Plattenrand beim Beplankungsstoß.

Zur Reduktion von Wärmebrücken sollten die Rippen so schlank wie möglich ausgeführt werden. Im Regelfall können Rippen mit einer Breite von 6 cm realisiert werden.

Rippenbreite (analog Abb. 2.53): $b = 2 \cdot (x + y) + z \geq 6$ cm
Wenn das Seitenverhältnis h zu b der Rippenabmessung

nicht größer als 4 ist, ist die aussteifende Beplankung auch einseitig zulässig.

Bei einer 6 cm breiten Rippe wäre eine Rippentiefe von bis zu 24 cm möglich, wenn nur eine aussteifende Beplankung vorhanden ist. Das könnte beispielsweise bei einem Wandaufbau mit einer raumseitig angeordneten OSB-Platte und einer außen angeordneten Holzweichfaserplatte vorkommen. Holzweichfaserplatten gelten im Gegensatz zu mittelharten Holzfaserplatten (MDF) einiger Hersteller nicht als aussteifend.

Im Holzrahmenbau sind Rippen mit einer Breite von 6 cm in der Regel ausreichend und materialsparend. Es kommen auch 8 cm breite Rippen zum Einsatz, wenn beispielsweise die Beplankungen mit Schrauben mit einem Durchmesser von 4,0 bis 4,5 mm befestigt werden (siehe Tabelle 2.17). Zimmerer führen als Argument für die Verwendung von 8 cm breiten Rippen die bessere Geradheit der lieferbaren Stangenware an. Bei einer manuellen Produktion von vorgefertigten Elementen mag das Argument überzeugen. Bei einer Produktion mit Montagetischen, in denen die einzelnen Rippen eingespannt werden können, werden jedoch auch etwas verzogene Wandstiele in die richtige Position gebracht. Aus wirtschaftlicher und materialeffizienter Sicht und zur Reduktion von Wärmebrückeneffekten an den Rippen bietet sich die generelle Verwendung von 6 cm breiten Rippen als Wandstiele an.

2.4.1.3 Aspekte der Gebäudeaussteifung bei Wandscheiben aus Holztafeln

Alle tragenden Wände sind so ausgebildet, dass sie zur Aussteifung herangezogen werden können. Eine Wandtafel (Wandscheibe) ist eine rechteckige Tafel der Länge *l* und der Höhe *h* mit in regelmäßigen Abständen angeordneten lotrechten Rippen und einer horizontalen Kopf- und Fußrippe. Die Tafel wird in ihrer Ebene über die Kopfrippe horizontal durch eine Kraft F_V und vertikal durch eine Gleichlast oder Druckkräfte F_C beansprucht. Werden Wandscheiben durch Zusammenfügen von mehreren Tafelelementen gebildet, so sind im Kopf- und erforderlichenfalls auch im Fußbereich durchgehende Gurte anzuordnen, deren Anschlüsse für die Weiterleitung der Horizontalkraft $F_{V,d}$ zu bemessen sind. Die durchgehenden Gurte bilden die Ringanker der Wände. Sie sind möglichst über die gesamte Wandlänge durchlaufend auszubilden. An Stößen sind die Verbindungsmittel für den 1,5-fachen Wert der Bemessungslast auszulegen. Die Beplankung der Wandtafeln wird als Schubfeld betrachtet (Abb. 2.54).

Tabelle 2.15: Randabstände bei Beplankungsstößen

Verbindungsmittel: Klammern und Nägel $d_n \leq 5$ mm		
	mit Stoßhölzern	ohne Stoßhölzer
Holzwerkstoff-/ Gipsplatten	Randabstand $a_{2,c}$	Randabstand $a_{2,t}$
Holz	$5 \cdot d_n$	$7 \cdot d_n$
OSB-Platte	$3 \cdot d_n$	$7 \cdot d_n$
Spanplatte	$3 \cdot d_n$	$7 \cdot d_n$
Sperrholzplatte	$3 \cdot d_n$	$4 \cdot d_n$
Faserplatte	$3 \cdot d_n$	$7 \cdot d_n$
Gipsplatte	$7 \cdot d_n$	$10 \cdot d_n$

$a_{2,c}$ und $a_{2,t}$ Randabstände für Verbindungen mit Holzwerkstoffplatten und Vollholzrippen ($\rho_k \geq 420$ kg/m³)
d_n Nenndurchmesser des Verbindungsmittels

Tabelle 2.16: Länge der Verbindungsmittel in Abhängigkeit von der Beplankungsdicke und dem Verbindungsmitteldurchmesser

Die hinterlegten Felder sind informativ angefügt. Aufgrund der normativen Regelungen zur Mindestbeplankungsdicke ist das Verbindungsmittel nicht geeignet.

		Klammern Einbindetiefe $t \geq 14\,d$ + Plattendicke				Nägel Einbindetiefe $t \geq 9\,d$ + Plattendicke				Schrauben Einbindetiefe $t \geq 9\,d$ + Plattendicke				
Verbindungsmitteldurchmesser *d* in mm		**1,20**	**1,53**	**1,80**	**2,00**	**2,2**	**2,5**	**2,8**	**3,1**	**3,0**	**3,5**	**4,0**	**4,5**	**5,0**
Beplankungsdicke in mm	**Beplankungsart**	**in mm**				**in mm**				**in mm**				
9,0	OSB	30	30	35	40	40	45	50	55	55	60	65	75	80
12,0	OSB	30	35	40	40	45	50	55	55	55	65	70	75	85
13,0	Spanplatte	30	35	40	45	45	50	55	60	55	65	70	80	85
15,0	OSB, MDF	35	40	40	45	50	50	55	60	60	65	75	80	85
16,0	Spanplatte, MDF	35	40	45	45	50	55	55	60	60	65	75	80	90
18,0	OSB	35	40	45	50	50	55	60	65	60	70	75	85	90
19,0	Spanplatte	40	40	45	50	50	55	60	65	65	70	75	85	90
22,0	OSB, Spanplatte	40	45	50	50	55	60	65	65	65	75	80	85	95
25,0	OSB, Spanplatte	45	50	50	55	60	60	65	70	70	75	85	90	95
30,0	OSB	50	55	55	60	65	65	70	75	75	80	90	95	100

Tabelle 2.17: Befestigung von Beplankungen auf den Rippen von aussteifenden Scheiben

Nenn-Durchmesser d in mm	Mindest-Plattendicke bei $7 \cdot d$[1)] in mm	passende Plattendicke OSB in mm	passende Plattendicke Spanplatte in mm	Abstand vom Plattenrand $3 \cdot d$ in mm	Abstand vom Rippenrand $5 \cdot d$ in mm	Mindest-Rippenbreite bei 2 mm Stoßfuge in mm	minimaler Verbindungsmittelabstand a_v auf den Rippen[2)] in mm	maximaler Verbindungsmittelabstand a_v auf den Rippen in mm
Klammern						Klammerrückenbreite $b = 6\,d$	$a_v \geq 10\,d$	$a_v \leq 80\,d \leq 150$ mm [c)]
1,20	8,4	9	13	3,6	6,0	29	12	97
1,53	10,71	12	13	4,6	7,7	36	15	123
1,80	12,6	15	13	5,4	9,0	42	18	145
2,00	14	15	16	6,0	10,0	47	20	150
Nägel							$a_v \geq (10\,d) \cdot 0{,}85$	$a_v \leq 80\,d \leq 150$ mm [3)]
2,2	15,4	18	16	6,6	11,0	38	19	150
2,5	17,5	18	19	7,5	12,5	43	21	150
2,8	19,6	22	22	8,4	14,0	47	24	150
3,1	21,7	22	22	9,3	15,5	52	26	150
Schrauben								
3,0	21	22	22	9,0	15,0	51	21	200
3,5	24,5	25	25	10,5	17,5	59	25	200
4,0	28	30	30	12,0	20,0	67	28	200
4,5	31,5	keine Standardplatten lieferbar		13,5	22,5	75	32	200
5,0	35	keine Standardplatten lieferbar		15,0	25,0	83	35	200

1) nicht vorgebohrt
2) bei $\cos(\alpha) = \cos(90°) = 0$
3) Beplankung hat nur aussteifende Funktion.

Bei einseitiger aussteifender Beplankung muss die Rippenbreite mindestens ein Viertel der Rippenhöhe betragen. Lotrechte Stöße von Beplankungen sind immer auf den Rippen anzuordnen.

Die Wandscheiben werden durch lotrechte Lasten, Außenwände zusätzlich durch rechtwinklig auf die Wand auftreffende Windlasten und durch Horizontallasten in ihrer Ebene beansprucht. Die horizontale Belastung wird über das Rähm abgetragen und über die Beplankung in die untere Schwelle geleitet. Von dort wird sie in den Untergrund abgetragen. Pfosten übernehmen in diesem System die Randkräfte (Schubfluss). Üblicherweise wird die Beplankung nur zur Aufnahme der Horizontallasten statisch herangezogen, obwohl nach Eurocode 5 eine Mitwirkung der Beplankung aus Holzwerkstoffen bei der Abtragung der lotrechten Lasten in Rechnung gestellt werden darf.

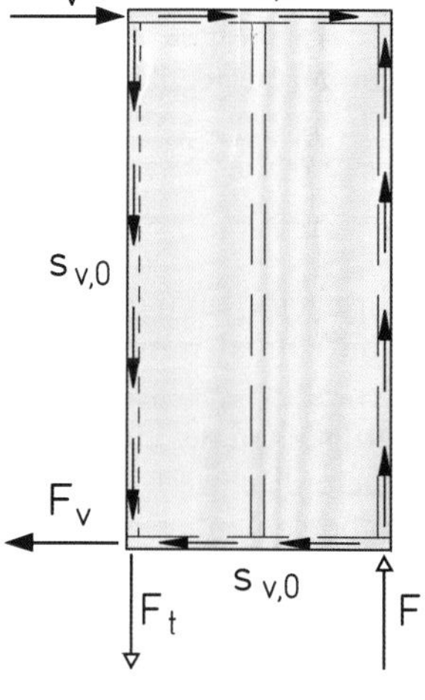

Abb. 2.54: Tragende Wandtafel: Schubfeldmodell nach Eurocode 5

Bedingungen für die Anwendung des Näherungsverfahrens nach Eurocode 5

Die in Eurocode 5 angegebenen vereinfachten Nachweise für die Grenzzustände der Tragfähigkeit und Grenzzustände der Gebrauchstauglichkeit gelten nur dann, wenn die nachfolgenden Randbedingungen eingehalten sind:

- Die Fußrippe (Schwelle) ist horizontal und vertikal kontinuierlich gelagert.
- Die ein- oder beidseitige Beplankung besteht aus über die volle Tafelhöhe durchgehenden Platten, die meist auf vertikalen Rippen gestoßen sein können. Die Mindestbreite der Platten l_p beträgt $h/4$.
- Die Beplankung darf horizontal einmal gestoßen werden, wenn die Plattenränder schubsteif miteinander verbunden sind.

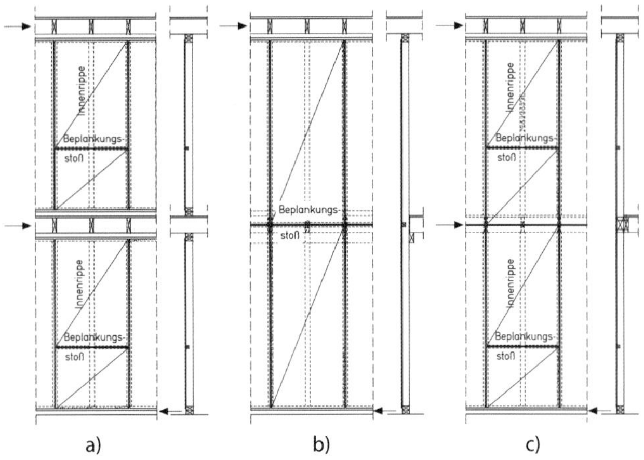

Abb. 2.55: Erlaubte Stöße der Beplankung bei einer Wandtafel über 2 Geschosse bei geschossweise getrennter Ausführung:
a) geschossweise getrennt mit je einem Beplankungsstoß
b) über 2 Geschosse durchgehend ohne Schubverbindung mit der Decke
c) über 2 Geschosse durchgehend mit schubfester Verbindung der Wandtafel mit der Deckenscheibe

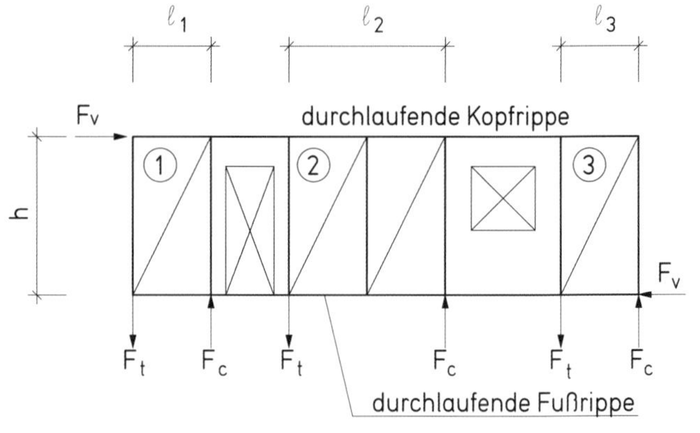

Abb. 2.56: Beispielhafte Wand aus einer Gruppe von Wandtafeln mit Öffnungen

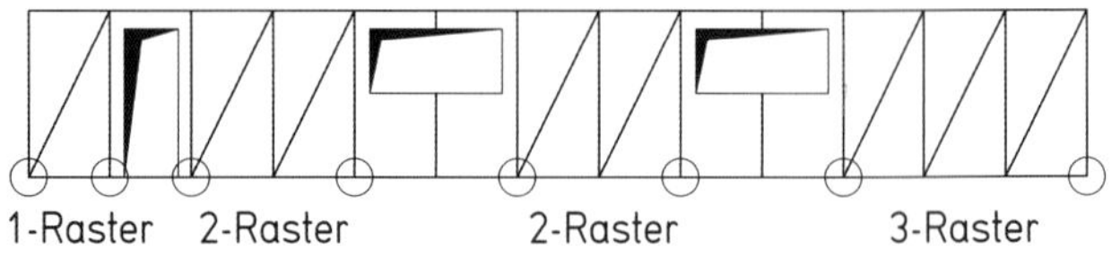

Abb. 2.57: Verankerung der einzelnen Wandtafelelemente an ihren Enden

- Werden die Tafeln, wie in Abb. 2.55 dargestellt, nicht geschossweise angeordnet, sondern laufen über 2 Geschosse durch, dürfen diese Tafeln ebenfalls nur einen Stoß aufweisen, wenn die Schubkraft über die gesamte Tafelhöhe durchgeht (Abb. 2.55 b). Wird die Tafel schon fest mit der Deckenscheibe verbunden, können die Platten in jedem Geschoss gestoßen werden (Abb. 2.55 c).
- Die seitlichen Randrippen sind druck- und erforderlichenfalls direkt zugfest mit der Unterkonstruktion verbunden. Dies bedeutet, dass die Verankerung an den Randrippen und nicht an den Schwellen anzuordnen ist (Abb. 2.56).
- Elemente mit Fenstern oder Türen dürfen rechnerisch ohne besonderen Nachweis nicht zur Ableitung von äußeren Kräften (Wind u.Ä.) in Scheibenebene herangezogen werden.
- Die zur Ableitung der Windlast herangezogenen Wandscheiben (eine Rastertafel bzw. mehrere Rastertafeln) sind grundsätzlich an ihren Enden zu verankern, sofern die Aufnahme der Zugkräfte durch Auflast nicht rechnerisch nachgewiesen wurde. Stoßen 2 Wandscheiben rechtwinklig zusammen, genügt eine Verankerung in der Ecke (Abb. 2.57).
- Rechtwinklig zusammentreffende Wandtafeln im Eckbereich sind schubsteif miteinander zu verbinden (durch Nägel, Schrauben, Bolzen).
- Schlitze, Bohrungen und Aussparungen in Pfosten und Kopf- und Fußtritten (Rähmen und Schwellen) sind rechnerisch nachzuweisen.

Hinweis:

Die Stöße der Beplankung **müssen bei Wandtafeln stets unterfüttert** werden.

Scheibensteifigkeit bei unterschiedlichen Beplankungen

Bei beidseitig gleicher Beplankung darf die Tragfähigkeit als Summe der Beträge der beiden Beplankungen berechnet werden. Falls unterschiedliche Platten oder Verbindungsmittel verwendet werden, darf die Tragfähigkeit der schwachen Seite nur mit 80 % in Rechnung gestellt werden.

Hier ist der kleinste Bemessungswert der Tragfähigkeit anzusetzen. Dieser kann sich aus den Verbindungsmitteln, der Schubbeanspruchung der Beplankung oder aus dem Beulen der Beplankung ergeben. Bei den in der Praxis üblichen Beplankungsdicken und Rippenabständen wird die Beplankung maßgebend.

Unterschiedliche Beplankungen liegen z.B. bei Kombinationen von OSB-Platten mit Baufurniersperrholzplatten oder kunstharzgebundenen Flachpressplatten oder Hartfaserplatten oder auch mit Gipsplatten vor. Als unterschiedliche Verbindungsmittel kommen Klammern, Nägel und Schrauben infrage. Die Unterschiede in der Tragfähigkeit können durch die Anzahl der Verbindungsmittel ausgeglichen werden.

Belastung der Wandscheiben

Bei einer annähernd starren Deckenscheibe kann davon ausgegangen werden, dass sich die horizontalen Auflagekräfte aus der Deckenscheibe im Verhältnis zur Steifigkeit auf die Wandtafel verteilen. Die Steifigkeiten der einzelnen Wandtafeln hängen – ähnlich wie beim Fachwerk – im Wesentlichen von der Länge der Wandelemente ab, da die Schubverformung der Beplankung gegenüber der Biegeverformung überwiegt.

Auch Wandscheiben aus Mehrrastertafeln können zwischen den Stößen der Beplankung vereinfacht als Fachwerk

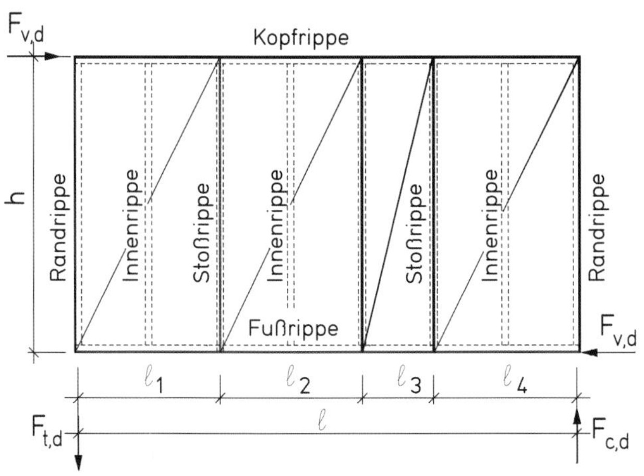

Abb. 2.58: Wandtafel aus mehreren Elementen mit horizontaler Belastung $F_{v,d}$ und den Auflagekräften $F_{t,d}$ (Zug) und $F_{c,d}$ (Druck)

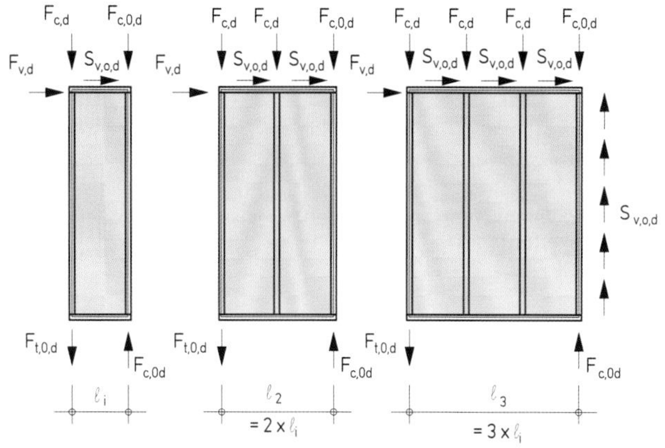

Abb. 2.60: Aussteifungstafeln mit den angreifenden Lasten

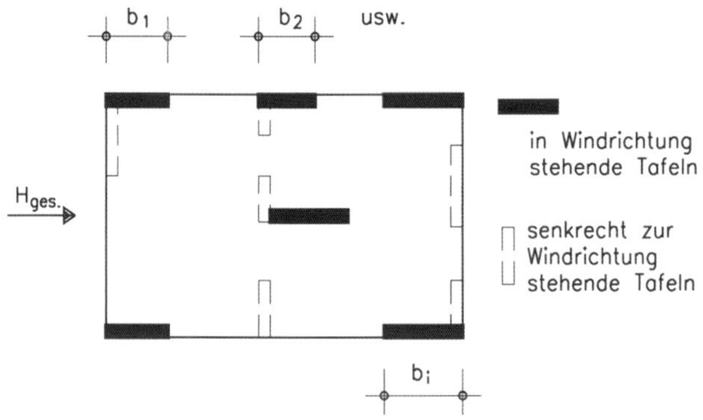

Abb. 2.59: Aussteifende Wandtafel unter einer Deckenscheibe

betrachtet werden. Die Beplankung stellt in diesem Modell die Diagonale dar. Bei gleicher Neigung der einzelnen Tafel-Diagonalen kann dann angenommen werden, dass sich die Steifigkeit B der Wandscheibe proportional zur Gesamtlänge l_{gesamt} verhält.

Für eine beliebige Einzeltafel l ergibt sich mit einer Gesamtkraft $F_{vges,d}$ eine am Kopf einzelner Wandscheiben angreifende Kraft $F_{v,i,d}$ von

$$F_{vi,d} = (l_i / \Sigma \, l_i) \cdot F_{v\,ges,d} \text{ mit}$$

l_i Länge der Einzelscheibe

$F_{v\,ges,d}$ in der Deckenebene angreifende Horizontallast

Im Rahmen der statischen Berechnung muss überprüft werden, ob eine Exzentrizität zwischen den resultierenden Windlasten und dem Schwerpunkt der Stützung, also der Wandscheiben, berücksichtigt werden muss.

An den Enden der aussteifenden Tafeln treten vertikale Druck- und Zugkräfte auf. Die Druckkräfte überlagern sich mit den von oben kommenden Lasten der tragenden Wand zu einer Gesamtkraft $F_{c,0,d}$. Für die Bemessung des Endpfostens darf der Bemessungswert der Druckfestigkeit senkrecht zur Faser um 20 % erhöht werden.

Wandverankerungen und Geschossstöße

Die horizontalen und lotrechten Lasten, die auf Wandscheiben wirken, müssen nach unten von Dach- und Obergeschossen über die jeweils darunterliegenden Geschossdecken und über das Erdgeschoss in die Bodenplatte oder den Keller abgeleitet werden.

Zusätzlich wirkt aus den Lasten der darüberliegenden Geschosse auf die Außenwandelemente jeweils ein horizontaler Winddruck, der neben der Biegebelastung für das jeweilige Wandelement selbst auch zu den von oben kommenden Lasten hinzuaddiert werden muss.

Im Erdgeschoss kommen insgesamt erhebliche Lasten an. Die Enden der zur Aussteifung herangezogenen Wandelemente sind stets zu verankern, wenn die Zugkraft nicht durch die Auflast der darüberstehenden Bauteile sicher überbrückt wird. Gemäß Eurocode 5 ist die Ankerzugkraft am Ende der planmäßig beanspruchten Tafeln in jedem Fall nachzuweisen. Nicht vergessen werden darf die Übertragung der Horizontalkraft $F_{v,d}$ von einem Geschoss in das andere bzw. die Einleitung dieser Kraft in den Untergrund.

Die Verankerung muss nur an den Enden der tragenden Wandtafeln erfolgen. Dies gilt auch für die Geschossstöße. Bei Mehrrastertafeln ist die Verbindung der einzelnen Elemente untereinander für die Schubkraft $S_{v,o,d}$ zu bemessen (Abb. 2.60).

Eine rechnerisch erforderliche Verankerung muss stets am Pfosten (nicht an der Schwelle) befestigt werden. Wesentlich ist, dass Zugverankerungen nur an den Enden von Wandtafeln benötigt werden. Die Zwischenverankerungen erhalten nur horizontale Kräfte aus Wind rechtwinklig zur Wandscheibe.

Hinweis:

Die vom Tragwerksplaner vorgegebene **Wandverankerung ist von Anfang an gerade auch während der Montage** gewissenhaft auszuführen, denn auch während der Bauphase können starke Winde unvorhergesehen auftreten. Im Bauzustand sind die Kräfte, die auf die Befestigungsmittel wirken, am größten, da noch nicht alle Eigengewichte in den Bau eingebracht sind, die den abhebenden Windkräften entgegenwirken können.

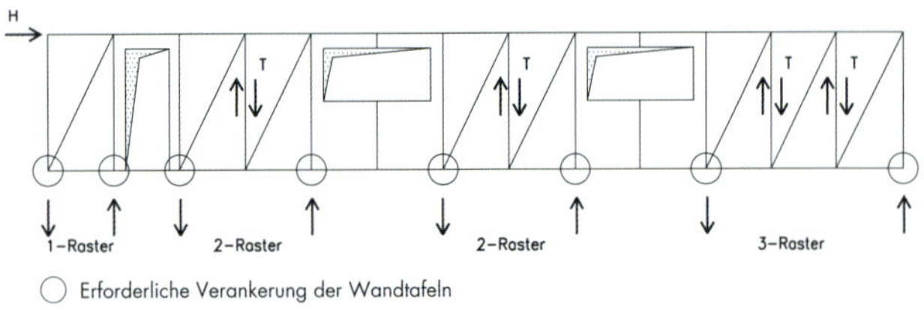

Abb. 2.61: Verankerung an den Enden der jeweiligen Ein- oder Mehrrastertafeln erforderlich

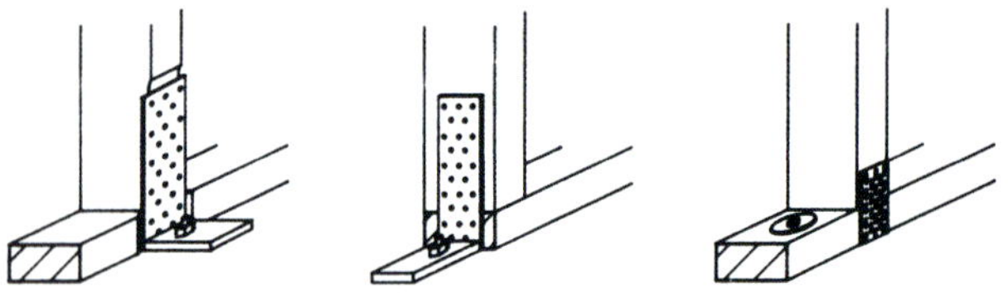

Richtig | Richtig | Möglich bei kleineren Kräften

Abb. 2.62: Mögliche Verankerung an den Pfosten

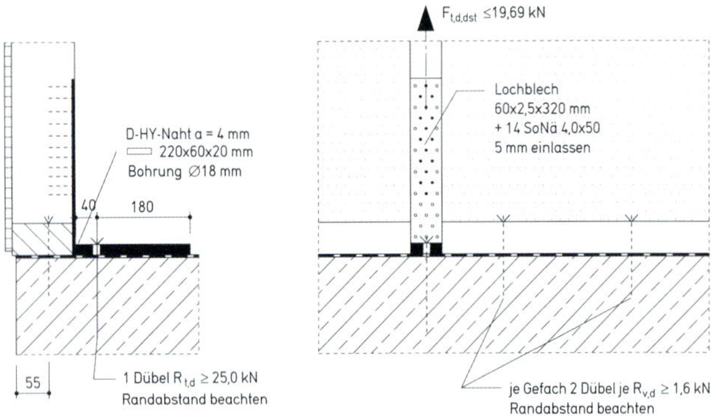

Abb. 2.63: Anker mit biegesteifem Anschluss an die Betondecke

Abb. 2.64: Schwerlastdübel mit großer Unterlegscheibe durch die Wandschwelle leiten die Horizontalkräfte aus der Wand in die Decke.

Abb. 2.65: Wandverankerung auf der Kellerdecke zur Weiterleitung der Vertikalkräfte – bei der Montage sollte gleichzeitig eine ggf. erforderliche Verklebung für die Luftdichtheit vorgenommen werden.

Abb. 2.66: Wenn das erste Geschoss gestellt ist, muss auch unmittelbar die Wandverankerung vollständig hergestellt werden, um unerwarteten Windereignissen ausreichend entgegenwirken zu können.

Vor der Jahrtausendwende war es üblich, Holzbauverankerungen in den Beton mit einzubetonieren. Davon ist jedoch wegen der Maßungenauigkeiten der Mauer- und Stahlbetonbauarbeiten abzuraten. Der Ausgleich der Toleranzen gegenüber dem wesentlich genauer produzierenden Holzbau ist sehr zeitaufwendig. Auch der Einbau von Stahlplatten in den Beton, an die dann nach Montage des Holzbaus Zuglaschen angeschweißt werden können, ist keine zeitgemäße Lösung, da allein durch das Schweißen im Holzrohbau eine Brandgefahr für die Baustelle besteht.

Im Holzrahmenbau haben sich Metallwinkel (sogenannte Schwerlastanker) durchgesetzt, die zum einen mit einer langen Lasche am Holzstiel befestigt und zum anderen mit den kurzen, verstärkten Winkelstücken (als Grundplatte) unter Verwendung von Schwerlastdübeln biegesteif in den Beton gedübelt werden (siehe siehe Abb. 2.61 bis 2.65).

Für eine schnellere Montage werden von Befestigungsmittelherstellern Verbinder angeboten, die auf der Bodenplatte oder der Kellerdecke vor dem Stellen der Wandelemente montiert und ausnivelliert werden. In die Verbinder kann das Wandelement direkt beim Aufsetzen einrasten.

2.4.2 Gebrauchstauglichkeit und Tragfähigkeit

Verformungen eines Bauwerks und seiner Bauteile sind in allen Bauweisen unvermeidbar. Allerdings müssen diese so begrenzt werden, dass keine Schäden an angrenzenden Bauteilen entstehen und die Funktionalität sichergestellt ist. Deshalb muss im Planungsprozess von Anfang an klar sein, welche Grenzwerte für die maximale Durchbiegung und das Schwingungsverhalten der einzelnen Bauteile des Gebäudes gelten sollen, damit das Gebäude seine Funktion vollumfänglich erfüllen kann. Dazu müssen mit dem Bauherrn Vereinbarungen getroffen werden, für die dieses Kapitel Hilfestellungen gibt. Die zu vereinbarenden Grenzwerte für Durchbiegung und Schwingung hängen auch von den Anforderungen ab, die der Bauherr an sein Bauwerk bezüglich des optischen Erscheinungsbildes und der Wirtschaftlichkeit stellt.

Gegenwärtig finden sich die Regelungen zur Gebrauchstauglichkeit von Holzbaukonstruktionen in Bezug auf Durchbiegung und Schwingung im Eurocode 5 mit Nationalem Anhang. In DIN EN 1995-1-1, Tabelle 7.2, und DIN EN 1995-1-1/NA, Tabelle NA 13, sind Beispiele für die Grenzwerte der Durchbiegung von Biegestäben in Spannen zur Auswahl für den Tragwerksplaner von $l/150$ bis $l/300$ angegeben. In der Regel ist die finale Durchbiegung unter Gesamtlast (w_{fin}) inklusive Kriechverformung maßgebend. Diese Grenzwerte werden dem Anwender (Tragwerksplaner) mit dem Hinweis genannt, dass bei verformungsempfindlichen Konstruktionen geringere Grenzwerte erforderlich sein können (siehe Fußnote der Tabelle NA 13).

Weiterhin steht im Nationalen Anhang folgende Anmerkung (NCI zu 7.3.1) mit einem wichtigen Hinweis:

„Das Schwingungsverhalten von Decken sollte, ebenso wie die Begrenzung von Durchbiegung, immer im Hinblick auf die vorgesehene Nutzung beurteilt und die Anforderungen, ggf. in Abstimmung mit dem Bauherrn, entsprechend festgelegt werden."

Der Eurocode 5 inklusive Nationalem Anhang ist mit seinen Regelungen zu Durchbiegung und Schwingung aufgrund der großen dort angegebenen Spannbreite sehr unbestimmt. Die Planer sind also gefordert, innerhalb der Vorgaben des Eurocodes 5 samt Nationalem Anhang bauteilspezifisch unter Berücksichtigung der erforderlichen Sicherheit und Wirtschaftlichkeit Verformungsgrenzwerte im Rahmen der Bemessung in Abstimmung mit dem Bauherrn zu wählen und festzulegen. Um dabei die Anforderung des Bauherrn abzubilden, empfiehlt der Verband Holzbau Deutschland – Bund Deutscher Zimmermeister als Mindestanforderungen das in Kapitel 2.4.2.1 dargestellte Klassensystem.

2.4.2.1 Gebrauchstauglichkeit – Qualitätsklassen für zulässige Verformungen

Die Definition der Qualitätsklassen A bis D erfolgt in Tabelle 2.18 innerhalb der Spannbreite des Eurocodes 5 inklusive Nationalem Anhang. Tabelle 2.19 stellt eine Orientierungshilfe für eine Vereinbarung dar. Dabei ist die empfohlene Qualitätsklasse als Mindestanforderung anzusehen. In Tabelle 2.20 sind diese Qualitätsklassen für Dach- und Deckenbauteile mit konkreten Verformungs- und Schwingungsgrenzwerten belegt. Planer und Bauherr sind damit in der Lage, Qualitätsanforderungen eindeutig festzulegen, und dem Planer stehen hierzu praxisbewährte Grenzwerte für die rechnerische Nachweisführung zur Verfügung.

Hinweis:

Die dargestellten Verformungsgrenzwerte beruhen auf den Vorgaben des Eurocodes 5 und berücksichtigen darüber hinaus die Erfahrung in der Praxis im Umgang mit der Normenreihe DIN 1052 in den letzten 30 Jahren.

Die Klasseneinteilung erfolgte in Abstimmung mit erfahrenen Holzbauunternehmen, Holzbauplanern und Sachverständigen. Die zugrunde gelegten Werte haben sich bewährt.

Bei verformungsempfindlichen angrenzenden Bauteilen (z.B. Verglasungen, Türen, Toren, nicht tragenden Trennwänden, großformatigen Fliesen) sind zusätzlich etwaige Grenzwerte im Vorfeld mit den betroffenen Gewerken abzustimmen. Diese können von der Klasseneinteilung abweichen.

Tabelle 2.18: Beschreibung der Qualitätsklassen (Quelle: Holzbau Deutschland)

Qualitätsklasse		
	A	überdurchschnittliche Anforderungen: Die Verformungen und ggf. Schwingungen des Tragwerks sind weitestgehend nicht wahrnehmbar.
	B	höhere Anforderungen: Die Verformungen und ggf. Schwingungen des Tragwerks sind nur mit besonderer Aufmerksamkeit wahrnehmbar.
	C	übliche Anforderungen: Die Verformungen und ggf. Schwingungen sind ohne besondere Aufmerksamkeit wahrnehmbar, prägen jedoch nicht das Gesamterscheinungsbild.
	D	Anforderungen an Bauteile, bei denen wahrnehmbare Verformungen und ggf. Schwingungen das Gesamterscheinungsbild prägen dürfen

Tabelle 2.19: Orientierungshilfe für Vereinbarungen von Qualitätsklassen auf Basis bewährter Konstruktionen (Quelle: Holzbau Deutschland)

Beschreibung der typischen Bauwerksart	**Bauteil**	**empfohlene Qualitätsklasse[1] (Mindestanforderung)**
freistehendes Einfamilienwohnhaus, Doppelhaushälfte, Reihenhaus, einfache Büros	Decken unter Wohn- oder Büroräumen Decken über Wohn- oder Büroräumen Steildach, ausgebaut (Sparren, Pfetten) Steildach, nicht ausgebaut (Sparren, Pfetten) Spitzboden (Kehlbalkenlage) Flachdach	C C B C entsprechend Dachausbau B
Zweifamilienwohnhäuser	Wohnungstrenndecke eigener Wohnbereich: – Decken unter Wohnräumen – Decken über Wohnräumen Steildach, ausgebaut (Sparren, Pfetten) Steildach, nicht ausgebaut (Sparren, Pfetten) Spitzboden (Kehlbalkenlage) Flachdach	B C C B C entsprechend Dachausbau B
Mehrfamilienwohnhäuser	Wohnungstrenndecke eigener Wohnbereich: – Decken unter Wohnräumen – Decken über Wohnräumen Steildach, ausgebaut (Sparren, Pfetten) Steildach, nicht ausgebaut (Sparren, Pfetten) Spitzboden (Kehlbalkenlage) Flachdach	A C C B C entsprechend Dachausbau B
Büro- und Verwaltungsgebäude	Decken unter Aufenthaltsräumen Decken über Aufenthaltsräumen Steildach, ausgebaut (Sparren, Pfetten) Steildach, nicht ausgebaut (Sparren, Pfetten) Spitzboden (Kehlbalkenlage) Flachdach	B B B C entsprechend Dachausbau B
Garagen, Carports, Unterstände	insgesamt	D
gewerbliche Betriebsgebäude (z.B. Stall, Scheune, Werkstatt, Gerätehalle)	insgesamt	D
andere Bauwerke (z.B. Schulen, Kindergärten, Sportstätten, Versammlungsstätten, Bibliotheken, Labore, Bürogebäude mit besonderen Anforderungen etc.)	Eine Angabe von „empfohlenen Qualitätsklassen" ist nicht möglich, da die Anforderungen aus der spezifischen Nutzung differenziert behandelt werden müssen. Häufig sind auch spezialisierte Vereinbarungen erforderlich. Dabei sind ggf. Anforderungen über die Klasse A hinaus zu erfüllen.	

1) Beschreibung der Qualitätsklasse in Tabelle 2.20

Tabelle 2.20: Vorschläge für Grenzwerte der rechnerischen Enddurchbiegung $w_{fin,grenz}$ inklusive Kriechen und der Eigenfrequenz von Decken (Quelle: nach Holzbau Deutschland)

Bauteil/Aufbau	**Qualitätsklasse**			
	A	**B**	**C**	**D**
trägerartige Dachbauteile $w_{fin,grenz}$ 1),2)	EC 5: l/300 bis l/150 (Nationaler Anhang: l/150)			
	l/270	l/250	l/200	l/170
Deckenbauteile ***ohne*** *Anforderungen an das Schwingungsverhalten* einschließlich zugehöriger Unterzüge sowie sonstiger waagerechter Träger außer Dachbauteilen $w_{fin,grenz}$ 1),2)	EC 5: l/300 bis l/150 (Nationaler Anhang: l/200)			
	l/270	l/250	l/200	l/170
Deckenbauteile ***mit*** *Anforderungen an das Schwingungsverhalten* einschließlich zugehöriger Unterzüge sowie sonstiger waagerechter Träger außer Dachbauteilen $w_{fin,grenz}$ 1),2)	EC 5: l/300 bis l/150 (Nationaler Anhang: l/200)			
	l/300	l/270	l/220	
Frequenzkriterium f_{grenz}	f_{grenz} = 8 Hz 3) ($\boldsymbol{w}_{G,inst}$ = 0,5 cm)	f_{grenz} = 8 Hz 3) ($\boldsymbol{w}_{G,inst}$ = 0,8 cm)	f_{grenz} = 8 Hz 3) ($\boldsymbol{w}_{G,inst}$ = 1,0 cm)	
Standardaufbauten, für die nur das Frequenzkriterium nachgewiesen werden muss	schwimmender Nassestrich auf Trittschalldämmung mit dynamischer Steifigkeit ≤ 10 MN/m³ mit oder ohne Schüttung Kriechen (Gesamtgewicht ≥ 150 kg/m²)	1. schwimmender Nassestrich (≥ 45 mm) 2. Massivholzdecken mit Trockenestrich (≥ 22 mm) auf Trittschalldämmung mit dynamischer Steifigkeit ≤ 30 MN/m³ und Schüttung ≥ 60 kg/m²	Schüttung ≥ 45 kg/m²	
Für alle anderen Aufbauten muss zusätzlich das Steifigkeitskriterium nachgewiesen werden: $\boldsymbol{w}_{grenz,2kN}$	0,5 mm	0,75 mm	1,5 mm	

l statische Stützweite

$w_{G,inst}$ Durchbiegung unter Schwingung

1) Bei Bauteilen mit hohem Eigengewichtsanteil (g / (g + q) > 0,6) sollte in den Qualitätsklassen A, B und C ein zusätzlicher Nachweis in der quasiständigen Einwirkungskombination inklusive Kriechen mit dem Grenzwert $w_{qs,grenz}$ = l/300 geführt werden.

2) Für Kragarme können in Abhängigkeit von der Tragwerkssituation ggf. abweichende Grenzwerte festgelegt werden.

3) nach Eurocode 5, Abschnitt 7.3.3

2.4.2.2 Berechnung von Durchbiegungen

Bauteilverformungen unter Gebrauchslast

Die Größe der Verformung unter Gebrauchslast hängt im Holzbau von einer Vielzahl von Faktoren ab. Neben der Bauteilgeometrie und der Belastung wird die Verformung von den Materialeigenschaften, insbesondere dem Kriechverhalten, beeinflusst. Die rechnerische Endverformung eines Bauteils ergibt sich aus Anteilen der sonstigen elastischen Verformung unter ständigen Lasten G (Eigenlasten) und veränderlichen Lasten Q (z.B. Nutz-, Schnee-, Windlasten) sowie von zusätzlichen Kriechverformungen (plastischen Verformungen). Die Größe dieser Kriechverformungen hängt materialbedingt von der Belastungsgröße, der Belastungsdauer und der Holzfeuchte ab.

Die Verformungsanteile sind in Abb. 2.67 entsprechend ihrem zeitlichen Auftreten über die Nutzungsdauer hinweg am Beispiel der Durchbiegung eines Deckenträgers unter gleichbleibenden Streckenlasten dargestellt.

Hinweis:

Bei der Behandlung dieses Themas sollten Entwurfsverfasser und Bauherrschaft den Tragwerksplaner hinzuziehen und diesem die Einstufung der Qualitätsklassen, wie sie in den Tabellen 2.18 bis 2.20 erläutert sind, zur Kenntnis geben. Dieses Kapitel unterstützt Tragwerksplaner in der korrekten Umsetzung.

Überhöhungen sind grundsätzlich möglich, um einen Teil der Durchbiegung zu kompensieren. Allerdings werden Dach- und Deckenbauteile normalerweise nicht überhöht ausgeführt, sodass dieser Aspekt hier nicht betrachtet wird.

Für die Ermittlung der Enddurchbiegung w_{fin} sind die elastischen Durchbiegungsanteile w_{inst} für die charakteristische Einwirkungskombination, welche die größte Durchbiegung erzeugt, zu berechnen.

$$w_{fin} = \Sigma\, w_{inst,char} + \Sigma\, w_{creep} \leq w_{fin,grenz}$$

$$w_{fin} = w_{G,inst} \cdot (1 + k_{def}) + w_{Q,1,inst} \cdot (1 + \psi_{2,1} \cdot k_{def}) + w_{Q,i,inst} \cdot (\psi_{o,i} + \psi_{2,1} \cdot k_{def}) \leq w_{fin,grenz}$$

mit

$w_{fin,grenz}$ nach Tabelle 2.20

Berechnung von Schwingungen

Für den Schwingungsnachweis für Holzdecken ist die Eigenfrequenz zu untersuchen.

Eigenfrequenz der Decke (für ständige Einwirkungen):

$$f_1 \geq f_{grenz}$$

mit

f_{grenz} nach Tabelle 2.20

Für einen Einfeldträger berechnet sich die Eigenfrequenz direkt aus der Durchbiegung infolge ständiger Last:

$$f_1 = 5 / \sqrt{0{,}8} \cdot w_{G,inst} \text{ in cm}$$

Bei Decken, deren Aufbauten von den Standardaufbauten in Tabelle 2.20 abweichen, ist zusätzlich das Steifigkeitskriterium, d.h. die zulässige Durchbiegung unter der Einzellast $F = 2$ kN, einzuhalten:

$$w_{2kN} \leq w_{grenz,2kN}$$

$w_{grenz,2kN}$ nach Tabelle 2.20

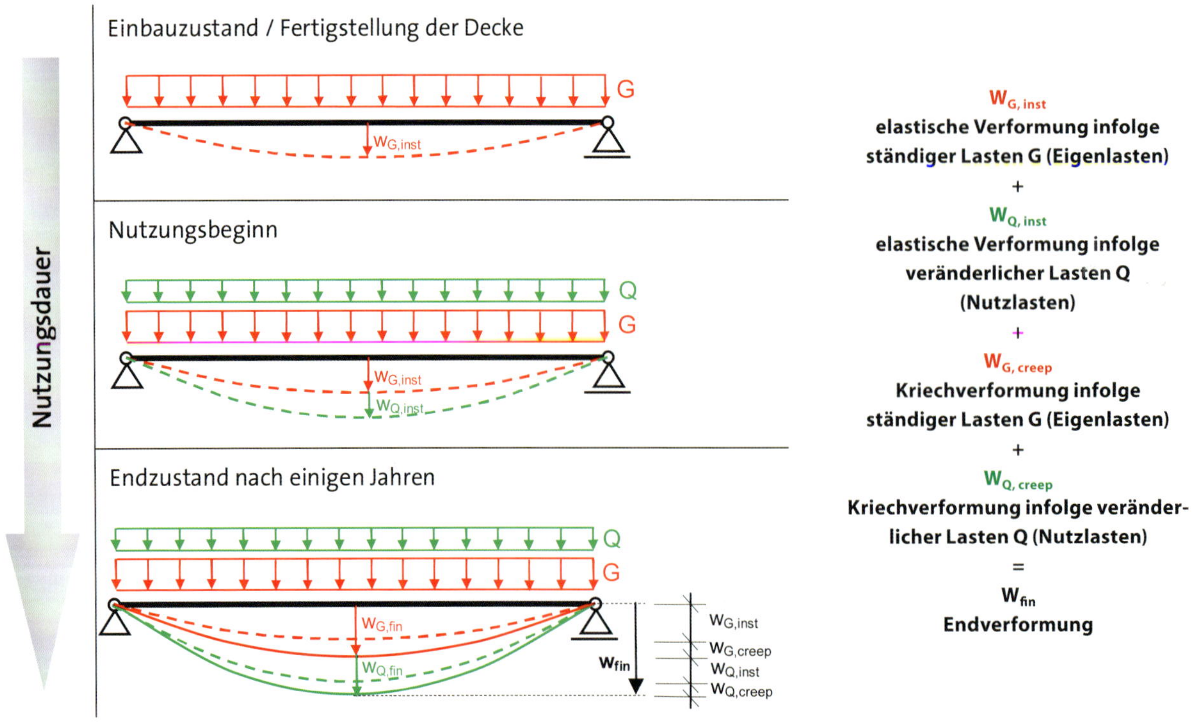

Abb. 2.67: Durchbiegungsanteile am Beispiel eines Einfeldträgers mit gleichbleibender Streckenlast (Quelle: Holzbau Deutschland)

Für einen Einfeldträger berechnet sich die Durchbiegung unter der Einzellast $F = 2$ kN wie folgt:

$$w_{2kN} = (2\ kN \cdot l^3) / 48 \cdot EI_l \cdot b_{w(2kN)}$$

(EI_l ist die Biegesteifigkeit in Längsrichtung, bezogen auf 1 m Deckenbreite.)

$b_{w(2kN)}$ bei Decken mit Trockenestrich:

- zweifacher Balkenabstand bei Holzbalkendecken (Abb. 2.68)
- zweifache Elementbreite bei verleimten Brettstapelelementen und kraftschlüssiger Verbindung der Einzelelemente (Abb. 2.69)

$b_{w(2kN)}$ bei Decken mit Nassestrich:

- mindestens Deckenfeldbreite
- mindestens $(l/1{,}1) \cdot 4\sqrt{EI_B / EI_L}$
  (EI_B ist die Biegesteifigkeit in Querrichtung, bezogen auf 1 m Deckenlänge.)

Dabei entspricht $b_{w(2kN)}$ mindestens dem zweifachen Balkenabstand bzw. der zweifachen Elementbreite.

Hinweis:

Bei der Berechnung der Eigenfrequenz von Durchlaufträgern darf das tatsächliche System angesetzt werden (Durchlaufwirkung). Das Steifigkeitskriterium ist am Ersatzsystem eines Einfeldträgers zu berechnen.
Die Biegesteifigkeit eines Nassestrichs darf berücksichtigt werden. Lagerungen auf Unterzügen sind ggf. zu berücksichtigen.

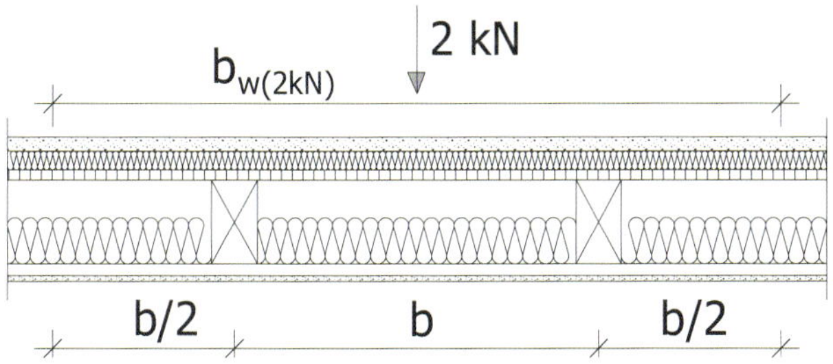

Abb. 2.68: $b_{w(2kN)}$ bei Holzbalkendecken (mit Trockenestrich) (Quelle: Holzbau Deutschland)

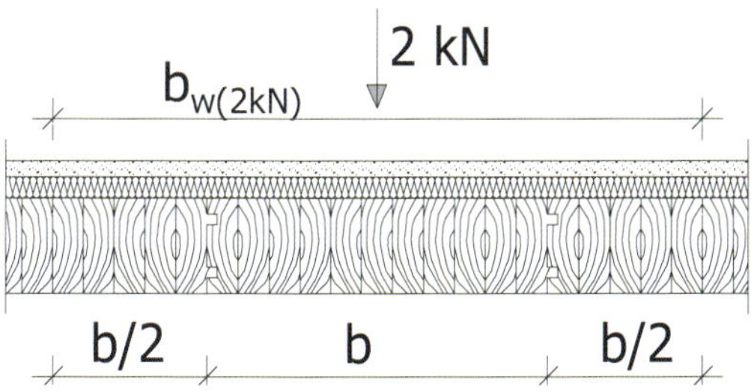

Abb. 2.69: $b_{w(2kN)}$ bei verleimten Brettstapelelementen (mit Trockenestrich) (Quelle: Holzbau Deutschland)

Grundlagen der Bemessung

Mit der bauaufsichtlichen Einführung des Eurocode 5 (EC 5) in allen 16 Bundesländern wurde das Konzept für den Nachweis der Tragfähigkeit und der Gebrauchstauglichkeit auf die europäische Normung umgestellt. Die in den Nationalen Anhängen der EU-Mitgliedsstaaten zum EC 5 national festgelegten Parameter (NDP) und die zusätzlichen, dem EC 5 nicht widersprechenden Regelungen (NCI) sind z.B.:

- Werte und/oder Klassen, für die im EC 5 Alternativen zugelassen werden, z.B. Teilsicherheitsbeiwerte, Klassen der Lasteinwirkungsdauer,
- Lasteinwirkungsdauer gemäß länderspezifischen Angaben, z.B. Schneekarten,
- Ergänzungen fehlender oder unzureichend definierter Bemessungsregeln, z.B. für Verstärkungen von Queranschlüssen, Auslenkungen und Durchbrüche.

Bemessungswerte selbst sind nicht im EC 5 enthalten, sondern müssen aus Produktnormen übernommen werden. Die in Deutschland relevanten Produktnormen für die im Holzrahmenbau zum Einsatz kommenden Produkte sind in Tabelle 2.21 zusammengefasst.

Grundsätzlich sind nach EC 5 alle tragenden Bauteile zu messen. Es kann jedoch der rechnerische Nachweis entfallen, wenn explizit andere anerkannte Regeln der Technik existieren. So gibt es beispielsweise die „Verbändevereinbarung“ (2022) für Dachlatten mit CE-Zeichen aller wesentlich im Holzbau tätigen Verbände einschließlich der Unfallversicherungsträger. Werden die darin veröffentlichten Regeln eingehalten, so müssen Dachlatten auf Dächern nicht in der Statik separat nachgewiesen werden. Auch beim Bau von Treppen unter vollständiger Berücksichtigung des Regelwerks „Handwerkliche Holztreppen“ (1999) muss dafür keine statische Berechnung nach EC 5 erstellt werden.

Abb. 2.70: Sturz über einer Fensteröffnung

Tabelle 2.21: Übersicht über die Produktnormen für Produkte im Holzrahmenbau

Produkt	„Deckelnorm"	Anwendungsnorm	Produktnorm	Werte für die Bemessung
Vollholz	DIN EN 14081-1	DIN 20000-5	DIN EN 14081-1	DIN EN 338
Brettschichtholz			DIN EN 14080	DIN EN 14080
Balkenschichtholz	DIN EN 14080	DIN 20000-3	DIN EN 14080 Zulassungen	DIN EN 14080 Zulassungen
Furnierschichtholz	DIN EN 13986	DIN 20000-1	DIN EN 14374 DIN EN 14279	Zulassungen
Sperrholz			DIN EN 636	DIN EN 12369-2
OSB-Platten			DIN EN 300	DIN EN 12369-1
Spanplatten			DIN EN 312	
Holzfaserplatten – hart – mittelhart – MDF			DIN EN 622-2 DIN EN 622-3 DIN EN 666-5	EC 5/NA EC 5/NA EC 5/NA
Massivholzplatten			Zulassungen DIN EN 13353	Zulassungen
zementgebundene Spanplatten			Zulassungen DIN EN 634-2	Zulassungen EC 5/NA
Gipsplatten	DIN EN 520	–	DIN 18180	EC 5/NA
Gipsfaserplatten	DIN EN 15283-2	–	DIN EN 15283-2	Zulassungen
stiftförmige Verbindungs-mittel	DIN EN 14592	DIN 20000-6	DIN EN 14592	EC 5/NA
nicht stiftförmige Verbindungsmittel	DIN EN 14545		DIN EN 14545	EC 5/NA Zulassungen
Nagelplattenbinder	DIN EN 14250	DIN 20000-4	DIN EN 14250 Zulassungen	EC 5/NA Zulassungen

2.4.2.3 Grenzzustand der Tragfähigkeit

Auf Grundlage des semiprobabilistischen Sicherheitskonzepts nach DIN EN 1990 „Eurocode: Grundlagen der Tragwerksplanung"(2021) erfolgt eine differenzierte Sicherheitsbetrachtung, bei der die Sicherheiten durch Beiwerte auf der Seite der Einwirkungen und auf der Seite des Materials getrennt betrachtet werden. Durch die Kombination der Beiwerte wird die Wahrscheinlichkeit des Auftretens aller Einwirkungen zur gleichen Zeit und mit voller Intensität berücksichtigt. Außerdem werden weitere Faktoren zur Berücksichtigung der Nutzungsbedingungen (Umgebungsklima und Belastungsdauer) verwendet.

Die Nachweisführung für Tragwerke und Tragwerksteile im Holzbau unterscheidet zwischen dem „Grenzzustand der Tragfähigkeit" und dem „Grenzzustand der Gebrauchstauglichkeit". Die Nachweisführung der Tragfähigkeit von Holzbauteilen und der mechanischen Verbindungen erfolgt über die Gegenüberstellung der Beanspruchung und des Tragwiderstandes. Die Gebrauchstauglichkeit wird nachgewiesen, indem die Verformungen des Tragwerks mit den im EC 5 mit dem Nationalen Anhang empfohlenen Werten oder mit den mit dem Bauherrn vereinbarten Grenzwerten verglichen werden.

Die Kennwerte der Festigkeit und der Steifigkeit des Holzes sind von dem Feuchtegehalt des Holzes und der Dauer der Lasteinwirkung abhängig. Im EC 5 werden daher 3 Klassen der Lasteinwirkungsdauer (KLED) und 3 Nutzungsklassen (NKL) mit Klimabedingungen festgelegt. Die Klassen der Lasteinwirkungsdauer „kurz", „mittel" und „ständig" (Tabelle 2.22) haben einen Einfluss auf die Gewichtung der Lasten in ihrer Wirkung. Die Nutzungsklassen können zusammengefasst wie folgt beschrieben werden:

Tabelle 2.22: Beispiele für Lasten und Klassen der Lasteinwirkungsdauer (KLED)

Benennung	Formelzeichen	KLED
Eigenlasten	G_k	ständig
Nutzlasten, Verkehrslasten	$Q_{k,N}$	mittel[1)]
Schnee und Eislasten	$Q_{k,s}$	kurz für Bauort unter +1.000 m NN
		mittel für Bauort über +1.000 m NN
Windlasten	$Q_{k,w}$	kurz

1) Für Lagerflächen gilt die Lasteinwirkung „lang"; andere Nutzlasten teilweise „kurz".
Der Index k steht für den charakteristischen Wert der Einwirkung. X_k wird mit den Sicherheitsbeiwerten γ_G und γ_Q sowie dem Beiwert ψ zum Bemessungswert der Einwirkungen.

Nutzungsklasse NKL 1: Holzbauteile in beheizten Gebäuden (20 °C, maximal 65 % rel. Luftfeuchte, Gleichgewichtsfeuchte des Holzes 5 bis 15 %),

Nutzungsklasse NKL 2: Holzbauteile in unbeheizten Gebäuden, überdachte Bereiche (20 °C, maximal 85 % rel. Luftfeuchte, Gleichgewichtsfeuchte des Holzes 2 bis 20 %),

Nutzungsklasse NKL 3: Holzbauteile, frei der Witterung ausgesetzt (Gleichgewichtsfeuchte des Holzes 10 bis 24 %). Im EC 5 sind die genauen Definitionen detailliert aufgeführt.

Mit der Nutzungsklasse und der Klasse der Lasteinwirkungsdauer sowie unter Berücksichtigung des Teilsicherheitsbeiwerts γ_M und des Modifikationsbeiwerts k_{mod} wird aus dem charakteristischen Wert der Eigenschaft $f_{x,k}$ der Bemessungswert der Eigenschaft $f_{x,d}$ bestimmt. Der Modifikationsbeiwert k_{mod} zur Berücksichtigung der Lasteinwirkungsdauer und des Feuchtegehalts des Holzes auf die Festigkeit ist abhängig von Material, NKL und KLED und beeinflusst so die Bemessungswerte, wie Druck-, Zug- und Schubfestigkeit. Der Bemessungswert der Eigenschaft bildet die Grundlage für den statischen Nachweis.
Das bildet die Grundlage für den statischen Nachweis.

Der statische Nachweis selbst erfolgt über den **Nachweis im Grenzzustand der Tragfähigkeit.** Dabei wird der Bemessungswert der Beanspruchung aus den Schnittgrößen (Biegemoment, Zug-, Druckkraft, Schub) unter Berücksichtigung der Tragfähigkeit der vorgesehenen Verbindungsmittel ins Verhältnis zum Bemessungswert der Festigkeitseigenschaft bzw. der Tragfähigkeit gesetzt.

Hinweis:

Alle maßgebenden und damit zu untersuchenden Lastfälle und Lastkombinationen ergeben den jeweiligen Bemessungswert – also den tatsächlich am Bauwerk vorhandenen Höchstwert. Ist dieser kleiner als die dazu heranzuziehende Festigkeitseigenschaft bzw. die Tragfähigkeit, dann ist das Verhältnis aus beiden < 1. Es ist also für alle relevanten Fälle der Ist-Zustand durch den Grenzwert zu teilen und das jeweilige Ergebnis muss < 1 bleiben.

2.4.2.4 Grenzzustand der Gebrauchstauglichkeit

Bei der Gebrauchstauglichkeit in Bezug auf Verformungen, Durchbiegungen und Schwingungen wird ein geringeres Sicherheitsniveau als bei der Tragsicherheit angesetzt.
Die für den Nachweis der Standsicherheit eingesetzten Sicherheitsbeiwerte γ_G und γ_Q können beim Nachweis des Grenzzustandes der Gebrauchstauglichkeit entfallen. Die elastischen Eigenschaften dürfen mit dem Mittelwert eingesetzt werden.

Im EC 5 ist die Berechnung von zu erwartenden Verformungen geregelt. Grenzwerte sind nur in Form von zulässigen Spannen für Durchbiegungen von Trägern sowie von Kriterien für das Schwingungsverhalten von Decken unter Wohnräumen festgelegt. Diese sind einzuhalten, ergeben aber zum Teil bei Ausnutzung der Grenzwerte für Wohngebäude unbefriedigende Konstruktionen. Die bauaufsichtlichen Bestimmungen besagen nur, dass ein Bauwerk ausreichend gebrauchstauglich sein muss. Für Wohngebäude ergibt sich daraus, dass das Tragwerk für den vorhergesehenen Gebrauch ausreichend geeignet sein muss, also die vorgesehenen baulichen Funktionen gewährleistet sein müssen: Türen oder Fenster dürfen nicht klemmen, Leitungen nicht unzuträglich gestreckt, gestaucht oder verbogen werden, Fliesenbeläge nicht reißen, die Luftdichtheit nicht gestört sein usw. Ansonsten sind die Anforderungen an das Verformungsverhalten eines Gebäudes der privaten Wahl überlassen. Das bedeutet auch, dass im Allgemeinen Anforderungen an die Gebrauchstauglichkeit, die über das Maß einer einwandfreien technischen Funktion des Bauwerks hinausgehen, vereinbart werden müssen, um Anspruch auf eine wunschgemäße Leistung zu haben (Näheres dazu in Kapitel 2.4.2).

2.4.3 Querschnittsabmessungen als Orientierungshilfe

Für jeden Holzrahmenbau muss eine eigene Berechnung des Tragwerks durch einen Nachweisberechtigten aufgestellt werden. Damit in einer frühen Phase des Entwurfs nicht gleich eine komplette Bemessung gemacht werden muss, werden hier nachfolgend für einzelne Bauteile übliche Querschnittsabmessungen übersichtlich dargestellt. Das ersetzt nicht die konkrete Berechnung. Es sei in diesem Zusammenhang auch darauf hingewiesen, dass es vorkommen kann, dass ein Bauteilquerschnitt sich nicht über die Belastung, die die Durchbiegung bewirkt, ergibt, sondern dass z.B. vorgeschriebene Verbindungsmittelabstände dafür maßgeblich sind. Darum ist es unerlässlich, dass der Tragwerksplaner auch alle Verbindungsmittel richtig nachweist und die jeweils erforderlichen Verbindungsmittelabstände in der statischen Berechnung gut nachvollziehbar darstellt.

Somit dienen die hier sehr vereinfacht dargestellten Angaben als Orientierung in der Entwurfsphase. In der konkreten Ausführungsplanung muss von konkreten Berechnungsergebnissen für das jeweilige Projekt ausgegangen werden.

Hinweis:

Die Tabellen dieses Kapitels ersetzen keine statische Berechnung! Sie dienen lediglich der Orientierung in der Vorentwurfs- bzw. Entwurfsphase, um vorab eine Festlegung treffen zu können.

Der tatsächliche berechnete Bauteilquerschnitt kann letztlich davon abweichen.

Dachkonstruktion

Davon ausgehend, dass bei üblichen Holzrahmenbauten die Sparrenlage entsprechend den Mindestanforderungen bzw. geförderten Effizienzhaus-Standards gedämmt wird, gibt im Regelfall die Dicke der Dämmung die Sparrenhöhe vor. Für den Mindeststandard nach dem Gebäudeenergiegesetz wird sich schon deshalb mindestens eine Sparrenhöhe von 18 cm ergeben.

Unter Berücksichtigung der Lasten einer üblichen Ziegel- oder Dachsteineindeckung, der Ausbaulasten bis zur inneren Gipsplatte sowie durchschnittlicher Wind- und Schneelasten sind in Tabelle 2.23 bei den dargestellten Querschnitten die für den Entwurf anzusetzenden maximalen horizontalen Stützweiten (Spannweiten) der Sparren in Bezug auf Mittelpfetten- bzw. Firstpfettenauflager angegeben.

Die Tabelle wurde für Einfeldträger ermittelt. Damit können die Abstände bei Dächern ohne Mittelpfetten für den Abstand Achse Fußpfette bis Achse Firstpfette angenommen werden. Da Mehrfeldträger in der Durchbiegung günstiger ausfallen, kann diese Tabelle auch für den Abstand Achse Fußpfette bis Achse Mittelpfette sowie für den Abstand Achse Mittelpfette bis Achse Firstpfette verwendet werden.

Geschossdecken

Als Orientierung für die maximalen Stützweiten von Decken erfolgt die Betrachtung von 2 im Holzrahmenbau üblichen Deckenbalkenhöhen: 22 cm und 24 cm bei einem Standardraster von 62,5 cm. In Tabelle 2.24 sind die maximalen Stützweiten für Einfeldträger bei einer vereinbarten Qualitätsklasse der Gebrauchstauglichkeit C („übliche Anforderungen", siehe Kapitel 2.4.2), in Tabelle 2.25 die Werte für die Qualitätsklasse B angegeben („höhere Anforderungen").

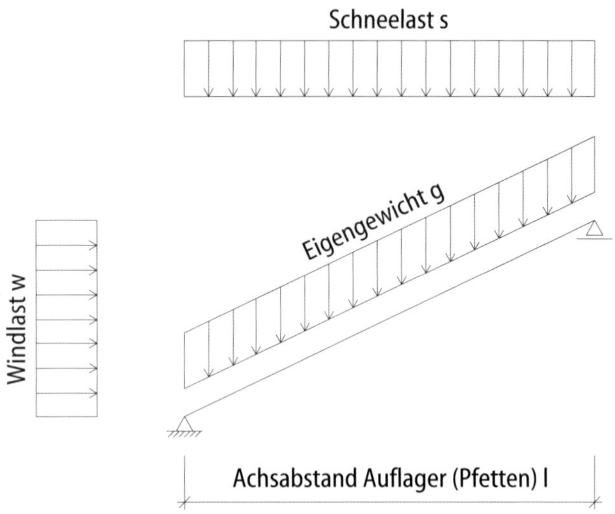

Abb. 2.71: System zu Tabelle 2.23

Freistehende Stützen

Zur Orientierung bezüglich der Last, die Nadelholzstützen tragen können, sind in Tabelle 2.27 für Stützen mit einer maximalen Höhe von 2,80 m verschiedene Querschnittsabmessungen sowohl für Vollholzstützen aus C 24 als auch für Brettschichtholzstützen (BSH) aus GL 24h in Abhängigkeit von der Brandschutzanforderung angegeben. Berücksichtigt wurde die Pressung an Unterzug, Rähm oder Schwelle.

Wenn keine Brandschutzanforderungen vorliegen, können die Stützen auch aus Hölzern mit den Maßen 6/12 bzw. 6/18 cm zusammengesetzt werden, wenn die Einzelhölzer mit Nägeln der Größe 4,2 mm × 110 mm oder Schrauben der Größe 5,0 mm × 110 mm im Abstand von weniger als 5 cm miteinander verbunden werden. Sind die zusammengesetzten Stützen in einer Wandscheibe untergebracht, dann ist keine Verbindung über Nägel oder Schrauben erforderlich, sofern alle Stützen mit der Beplankung fest verbunden sind.

Schwellenüberstand:

- „Mit Überstand" bedeutet, die Schwelle oder das Rähm stehen mindestens 3 cm über.
- Bei „ohne Überstand" schließt die Stütze mit der Schwelle oder dem Rähm bündig ab.
- Bei „mit Zapfen" ist ein Zapfen in Rähm/Unterzug oder in der Schwelle mit der Breite von einem Drittel der Stützenbreite und einer Länge, die der Dicke der Stütze entspricht, berücksichtigt.

Holzfaserdämmplatten als Unterdeckplatten

Auf geneigten Dächern werden u.a. Holzfaserdämmplatten gemäß DIN EN 14964 „Unterdeckplatten für Dachdeckungen – Definitionen und Eigenschaften" (2007) als Unterdeckplatten eingesetzt, was in Abhängigkeit von der Dachneigung gemäß den Fachregeln des Zentralverbands des Deutschen Dachdeckerhandwerks (ZVDH) „Deutsches Dachdeckerhandwerk – Regelwerk" (2024) bei erhöhten Anforderungen als regensichere Zusatzmaßnahme gelten kann. Eine Besonderheit bei der Befestigung ist, dass die

Tabelle 2.23: Orientierungswerte für den horizontalen Pfettenabstand eines Pfettendachs (Einfeldträger)

Sparrenart	Sparrenabmessung Sparrenhöhe	min. Sparrenbreite	Dachneigung bis 30° l_1 in m Sparrenabstand in m		Dachneigung bis 45° l_2 in m Sparrenabstand in m	
	h in mm	***b*** in mm	**0,625**	**0,833**	**0,625**	**0,833**
Vollholz aus Nadelhölzern C 24	180	80	3,80	3,20	3,30	2,90
	200	80	4,00	3,40	3,50	3,10
	220	80	4,20	3,60	3,70	3,30
	240	60	4,50	3,90	4,00	3,60
	280	60	5,00	4,50	4,60	4,10
Holzstegträger Gurtbreite 58 bzw. 60 mm	200	58 o. 60	3,90	3,40	3,40	3,00
	220	58 o. 60	4,20	3,60	3,60	3,20
	240	58 o. 60	4,50	3,90	3,90	3,50
	280	58 o. 60	5,00	4,50	4,50	4,00
	300	58 o. 60	5,40	4,80	4,70	4,20
	360	58 o. 60	6,20	5,50	5,50	4,90
	400	58 o. 60	6,70	6,00	6,00	5,30
Holzstegträger Gurtbreite 89 bzw. 90 mm	200	89 o. 90	4,40	3,90	3,80	3,40
	220	89 o. 90	4,70	4,20	4,10	3,70
	240	89 o. 90	5,00	4,50	4,50	4,00
	280	89 o. 90	5,70	5,20	5,10	4,60
	300	89 o. 90	6,10	5,50	5,40	4,80
	360	89 o. 90	7,00	6,40	6,20	5,60
	400	89 o. 90	7,60	6,80	6,70	6,00

Holzfaserdämmplatten über die Verschraubung der darüber angebrachten Konterlatten der Sortierklasse 1 nach DIN 4074-1 „Sortierung von Holz nach der Tragfähigkeit – Teil 1: Nadelschnittholz" (2012) in den Sparren gehalten werden.

Bei Holzfaserdämmplatten bis 60 mm Dicke können Rillennägel verwendet werden, die rechtwinklig eingetrieben werden. Bei höheren Plattendicken werden Schrauben sowohl rechtwinklig zur Sparrenneigung als auch in einem kleineren Winkel durch Konterlatte und Unterdeckplatte eingeschraubt. Diese schräg eingebrachten Schrauben halten die Konterlatten gegen Abrutschen und vermeiden die Belastung der anderen Schrauben auf Abscheren bzw. Abknicken. Die Verbindungsmittel müssen in Durchmesser, Länge und Abständen bemessen werden. Holzbau Deutschland hat für die Befestigung von Unterdeckplatten bis 60 mm Dicke ein Merkblatt mit Bemessungstabellen herausgegeben („Befestigung von Unterdeckplatten auf Satteldächern" [2022])

Tabelle 2.24: Stützweite von Deckenbalken Qualitätsklasse C mit Verkehrslast 2,0 kN/m², Werte mit/ohne Trennwandzuschlag von 0,80 kN/m²

Balkenhöhe 22 cm	**Stützweite *l* der Deckenbalken, Nadelholz C 24, Qualitätsklasse C · Einfeldträger, Balkenabstand *e* = 0,625 m keine Brandschutzanforderungen**											
Deckeneigenlast in kN/m²	0,5		1,0		1,5		2,0		2,5		3,0	
Trennwandzuschlag:	ohne	mit	ohne	mit	ohne	mit	ohne	mit	ohne	mit	ohne	mit
Balkenbreite in cm	*l* in m	*l* in m	*l* in m	*l* in m	*l* in m	*l* in m	*l* in m	*l* in m	*l* in m	*l* in m	*l* in m	*l* in m
6	3,48	3,48	3,48	3,42	3,48	3,24	3,30	3,12	3,18	3,00	3,06	2,89
8	3,83	3,83	3,83	3,76	3,82	3,56	3,63	3,43	3,50	3,30	3,37	3,18
10	4,13	4,13	4,13	4,05	4,12	3,84	3,91	3,70	3,77	3,56	3,63	3,42
12	4,39	4,39	4,39	4,30	4,38	4,08	4,16	3,93	4,01	3,78	3,86	3,64
14	4,62	4,62	4,62	4,53	4,61	4,30	4,37	4,14	4,22	3,98	4,06	3,83
16	4,83	4,83	4,83	4,74	4,82	4,49	4,58	4,33	4,41	4,17	4,25	4,00
18	5,02	5,02	5,02	4,93	5,02	4,68	4,76	4,51	4,59	4,34	4,42	4,17

Balkenhöhe 24 cm	**Stützweite *l* Deckenbalken, Nadelholz C 24, Qualitätsklasse C · Einfeldträger, Balkenabstand *e* = 0,625 m keine Brandschutzanforderungen**											
Deckeneigenlast in kN/m²	0,5		1,0		1,5		2,0		2,5		3,0	
Trennwandzuschlag:	ohne	mit	ohne	mit	ohne	mit	ohne	mit	ohne	mit	ohne	mit
Balkenbreite in cm	*l* in m	*l* in m	*l* in m	*l* in m	*l* in m	*l* in m	*l* in m	*l* in m	*l* in m	*l* in m	*l* in m	*l* in m
6	3,69	3,69	3,69	3,69	3,69	3,54	3,60	3,41	3,47	3,28	3,34	3,15
8	4,06	4,06	4,06	4,06	4,06	3,89	3,96	3,75	3,82	3,61	3,68	3,46
10	4,37	4,37	4,37	4,37	4,37	4,19	4,27	4,04	4,11	3,89	3,96	3,73
12	4,65	4,65	4,65	4,65	4,65	4,46	4,54	4,29	4,37	4,13	4,21	3,97
14	4,89	4,89	4,89	4,89	4,89	4,69	4,77	4,52	4,60	4,35	4,43	4,17
16	5,11	5,11	5,11	5,11	5,11	4,90	4,99	4,72	4,81	4,54	4,63	4,37
18	5,32	5,32	5,32	5,32	5,32	5,10	5,19	4,91	5,01	4,73	4,82	4,54

Tabelle 2.25: Stützweite von Deckenbalken Qualitätsklasse B mit Verkehrslast 2,0 kN/m², Werte mit/ohne Trennwandzuschlag von 0,80 kN/m²

Stützweite *l* der Deckenbalken, Nadelholz C 24, Qualitätsklasse B · Einfeldträger, Balkenabstand *e* = 0,625 m keine Brandschutzanforderungen, Deckeneigenlast bis 3,0 kN/m² (maßgebend ist der „Fersenfall")				
	Balkenhöhe 22 cm		**Balkenhöhe 24 cm**	
Trennwandzuschlag:	ohne	mit	ohne	mit
Balkenbreite in cm	*l* in [m]	*l* in [m]	*l* in [m]	*l* in [m]
6	2,41	2,41	2,56	2,56
8	2,66	2,66	2,81	2,81
10	2,86	2,86	3,03	3,03
12	3,04	3,04	3,22	3,22
14	3,20	3,20	3,39	3,39
16	3,35	3,35	3,55	3,55
18	3,48	3,48	3,69	3,69

Tabelle 2.26: Orientierungshilfe für Stützweiten in m von zusammengesetzten Stürzen, Breite 12 cm, Nadelholz C 24, ohne Brandschutzanforderungen

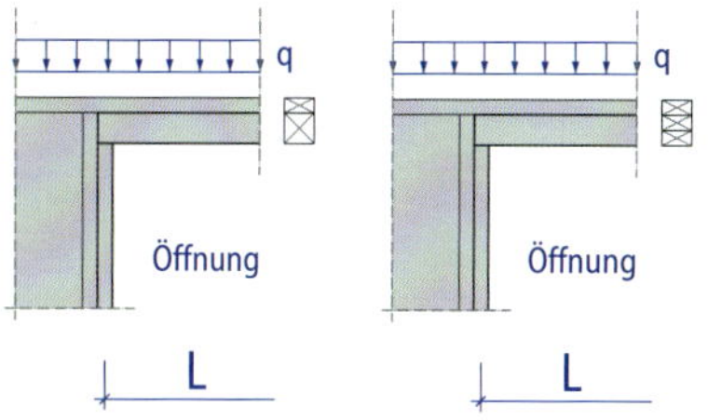

Durchbiegung maßgebend | Biegespannung maßgebend | Schubspannung maßgebend

Die Einleitung der Belastung als Einzellasten im Abstand $e = 0{,}625$ m ist in der Tabelle berücksichtigt.

obere Zeile jeweils: Stützweite
untere Zeile jeweils: Auflagerpfosten

Querschnitt	$M_{R,d}$ / $V_{R,d}$	Streckenlast E_d in kN/m											
		10	12	14	16	18	20	22	24	26	28	30	32
2 · 12/6	2,13	1,22	1,13	0,97	0,85	0,75	0,68	0,61	0,56	0,52	0,46	0,40	0,36
	11,82	1	1	1	1	1	1	1	1	1	1	1	1
3 · 12/6	3,19	1,41	1,32	1,25	1,19	1,13	1,02	0,92	0,85	0,78	0,72	0,68	0,63
	17,72	1	1	1	1	1	1	1	1	1	1	1	1
1 · 12/6 2 · 6/12	4,79	1,85	1,68	1,56	1,47	1,40	1,30	1,18	1,09	1,03	0,98	0,94	0,89
	13,29	1	1	1	1	1	1	1	1	1	2	2	2
1 · 12/6 2 · 6/18	9,92	2,76	2,55	2,34	2,15	2,00	1,89	1,79	1,71	1,64	1,58	1,49	1,41
	18,38	1	1	1	1	1	2	2	2	2	2	2	2
1 x 6/22 1 x 12/6	7,44	2,42	2,15	1,96	1,82	1,71	1,57	1,46	1,38	1,32	1,27	1,23	1,20
	11,27	2	2	2	2	2	2	2	3	3	3	3	3
1 · 6/24 1 · 12/6	8,77	2,62	2,39	2,16	2,00	1,87	1,76	1,63	1,53	1,45	1,39	1,35	1,31
	12.18	2	2	2	2	2	2	3	3	3	3	3	3
1 · 12/6 1 · 6/22 1 · 12/6	7,73	2,48	2,20	2,01	1,86	1,74	1,62	1,50	1,41	1,34	1,29	1,25	1,21
	11,71	2	2	2	2	2	2	2	3	3	3	3	3
1 · 12/6 1 · 6/24 1 · 12/6	9,04	2,65	2,44	2,21	2,03	1,90	1,79	1,67	1,56	1,48	1,42	1,37	1,32
	12,55	2	2	2	2	2	2	3	3	3	3	3	3

Querschnitt	$M_{R,d}$ / $V_{R,d}$	Streckenlast E_d in kN/m														
		10	12	14	16	18	20	22	24	26	28	30	32	34	36	38
2 x 18/6	3,19	1,41	1,32	1,25	1,19	1,13	1,02	0,92	0,85	0,78	0,72	0,68	0,63	0,60	0,56	0,53
	17,72	1	1	1	1	1	1	1	1	1	1	1	1	1	1	1
3 x 18/6	4,79	1,63	1,54	1,45	1,38	1,32	1,27	1,23	1,19	1,16	1,09	1,02	0,95	0,90	0,85	0,80
	26,58	1	1	1	1	1	1	1	1	1	1	1	1	1	1	1
1 x 18/6 2 x 6/12	5,05	1,91	1,74	1,60	1,50	1,43	1,37	1,25	1,15	1,07	1,02	0,97	0,94	0,88	0,79	0,73
	14,03	1	1	1	1	1	1	1	1	1	2	2	2	2	2	2
1 x 18/6 2 x 6/18	10,10	2,79	2,57	2,37	2,17	2,03	1,91	1,81	1,73	1,66	1,60	1,52	1,43	1,36	1,30	1,25
	18,71	1	1	1	1	1	2	2	2	2	2	2	2	2	2	2

Tabelle 2.27: Tragkraft von freistehenden Pendelstützen mit einer maximalen Stützenhöhe von 2,80 m

Querschnitt		Bemessungstragkraft der Stütze $R_{c,d}$ in kN		
b in cm	*d* in cm	ohne Zapfen ohne Überstand	ohne Zapfen mit Überstand	mit Zapfen mit Überstand
C 24, GL 24h		**keine Brandschutzanforderung**		
12	12	34	41	27
18	12	48	55	36
24	12	62	69	46
12	18	51	62	51
18	18	72	83	55
24	18	93	103	69
C 24		**F 30-B**		
12	12	15		
12	18	31		
12	24	48		
18	18	72	83	
18	24	93	103	
GL 24h		**F 30-B**		
12	12	20		
12	18	41		
12	24	62		
18	18	72	83	
18	24	93	103	

Abmessungen Dachlatten

Dachlatten tragen nicht nur die Dacheindeckung, sondern gelten als Arbeitsplätze und sind entsprechend zu bemessen. Zur Reduktion von Absturzunfällen auf Dächern wurde zwischen der Bau-BG und den Bundesverbänden des Zimmerer- und des Dachdeckerhandwerks (Holzbau Deutschland und ZVDH) eine Verbändevereinbarung für Dachlatten mit CE-Zeichen getroffen („Verbändevereinbarung“ [2022]), die die Mindestabmessungen sowie die Holzqualität der Dachlatten in Abhängigkeit von dem Sparrenabstand bestimmt und für einen maximalen lichten Dachlattenabstand von 40 cm und nur ohne zusätzliche Lasteintragungen gilt (siehe Tabelle 2.28).

Die Berufsgenossenschaften haben als Anforderung an die Bemessung von Dachlatten ein Belastungskonzept zu dieser Vereinbarung veröffentlicht („Belastungskonzept zur Vereinbarung über Dachlatten aus Nadelholz mit CE-Zeichen“ [o.J.]).

Tabelle 2.28: Regelquerschnitte ohne rechnerischen Nachweis für tragende Dachlatten aus Nadelholz

Nennquerschnitt H/B in mm*	**max. Stützweite** in cm	**bei visueller Sortierung: Sortierklasse nach DIN 4074-1**		**bei maschineller Sortierung: Festigkeitsklasse nach DIN EN 338**	**farbliche Kennzeichnung an der Stirnseite**
30/50	80	S 10	**oder**	C 27 M	rot
40/60	100	S 10		C 24 M	rot

* Abweichungen von den Nennquerschnitten dürfen nach DIN EN 336 höchstens -1/+3 mm betragen (bezogen auf u = 20 % Holzfeuchte).

Unterzüge

Die Vorbemessung von Unterzügen hängt von vielen Faktoren ab, die berücksichtigt werden müssen, um die vorhandene Streckenlast richtig zu bemessen und damit die entscheidende Größe, die Trägerhöhe, zu ermitteln. Deswegen dienen die Orientierungshilfen in Tabelle 2.29 und 2.30 zur groben Abschätzung, welche Dimensionen ein Unterzug an der geplanten Stelle haben könnte. Der genaue rechnerische Nachweis muss mit den tatsächlichen Lasten aus dem Gebäude und unter Berücksichtigung der zu vereinbarenden Qualitätsklasse für die Gebrauchstauglichkeit erfolgen. Zur Begrenzung der Trägerhöhe könnte die Wahl von Furnierschichtholzträgern beitragen. Mit diesen Holzwerkstoff-Produkten kann je nach Randbedingungen eine Reduktion um bis zu einem Drittel im Vergleich zum Brettschichtholz erreicht werden.

Tabelle 2.29: Abmessung von Unterzügen in Abhängigkeit von der Öffnungsbreite, keine Brandbeanspruchung

ohne Brandbeanspruchung	1 Geschoss oberhalb				2 Geschosse oberhalb			
	Vollholz C 24		Brettschichtholz GL 28h		Vollholz C 24		Brettschichtholz GL 28h	
	12 cm breit	16 bis 18 cm breit	12 cm breit	16 bis 20 cm breit	12 cm breit	16 bis 18 cm breit	12 cm breit	16 bis 20 cm breit
Öffnungsbreite	Höhe in cm	Höhe in cm	Höhe in cm	Höhe in cm	Höhe in cm	Höhe in cm	Höhe in cm	Höhe in cm
1,00 m	12	12	12	8	16	14	16	12
1,50 m	16	14	16	12	22	18	20	16
2,00 m	20	18	20	16	28	24	24	20
2,50 m	24	22	24	20		28	28	24
3,00 m	28	24	28	24			36	32
3,50 m		28	32	24				40
4,00 m			36	28				
4,50 m				32				
5,00 m				36				

Tabelle 2.30: Abmessung von Unterzügen in Abhängigkeit von der Öffnungsbreite, mit dreiseitiger Brandbeanspruchung

mit 3-seitiger Brandbeanspruchung	1 Geschoss oberhalb				2 Geschosse oberhalb			
	Vollholz C 24		Brettschichtholz GL 28h		Vollholz C 24		Brettschichtholz GL 28h	
	12 cm breit	16 bis 18 cm breit	12 cm breit	16 bis 20 cm breit	12 cm breit	16 bis 18 cm breit	12 cm breit	16 bis 20 cm breit
Öffnungsbreite	Höhe in cm	Höhe in cm	Höhe in cm	Höhe in cm	Höhe in cm	Höhe in cm	Höhe in cm	Höhe in cm
1,00 m	12	10	12	12	16	14	16	12
1,50 m	16	14	16	12	22	18	20	16
2,00 m	22	20	20	16	28	24	24	20
2,50 m	28	24	24	20		28	28	24
3,00 m		28	28	24			36	32
3,50 m			32	28				36
4,00 m				32				
4,50 m				36				

2.4.4 Checkliste für die Tragwerksplanung

Nachfolgend soll anhand einer Checkliste ein Überblick über die regelmäßig zu erbringenden Nachweise für Dach-, Decken- und Wandtafeln aus Holzbauteilen (ein- oder beidseitig beplankt) gegeben werden. Im Einzelfall können weitere Nachweise erforderlich sein.

Allgemeines

- Die Lasten nach der Normenreihe DIN EN 1991 (EC 1) müssen berücksichtigt werden.
- Die Statik muss einen Hinweis zur Erdbebengefährdung des Gebäudestandorts enthalten. Liegt das Gebäude in einer Erdbebenzone, ist der Lastfall Erdbeben zu untersuchen und das Gebäude erdbebengerecht nach DIN EN 1998-1:2010 (EC 8) in Verbindung mit DIN EN 1998-1/NA:2011 (Nationaler Anhang zu EC 8) auszulegen.
- Die Vertikallasten infolge Eigen-, Nutz-, Schnee- und Windlasten werden i.d.R. durch die Holzbauteile bis in die Fundamente abgeleitet.
- Zur Abtragung der horizontalen Windlasten wird zusätzlich die auf den Holzbauteilen befestigte Beplankung betrachtet. (Wand, Decke und Dach sind als Scheibe wirksam.)
- Verbindungsmittel: Klammern sind bei Beplankungen dem Einsatz von Nägeln oder Schrauben vorzuziehen.

Dach

☐ Querschnitt und Festigkeitsklasse der Sparren

☐ Tragfähigkeitsnachweise der Sparren (i.d.R. Biegung, Schub, evtl. Normalkraft)

☐ Gebrauchstauglichkeitsnachweise der Sparren (Durchbiegung)

☐ Tragfähigkeitsnachweise der Unterkonstruktion (Pfetten bzw. Stützen; i.d.R. Biegung, Schub bzw. Knicken)

☐ Verankerung Sparren – Pfette (Nachweis der Verbindungsmittel)

☐ Verankerung Pfette – Unterkonstruktion, Giebel bzw. aussteifende Wände (Verbindungsmittel)

Längsaussteifung

Variante A: Dachscheibe aus Holztafelelementen

A1 – Ausführung der Dachscheibe als Einfeldträger (Lagerung an Traufe und First):
Es sind die Konstruktionsregeln nach DIN EN 1995-1-1:2010 (EC 5), Abschnitt 9.2.3.1/9.2.3.2, und DIN EN 1995-1-1/NA: 2013 (Nationaler Anhang), Abschnitt 9.2.3.2, bei der Ausführung zu beachten. Schwebende Beplankungsstöße sind ausschließlich quer zu den Sparren zulässig.

☐ Nachweis der Beplankung (Schubversagen, Schubbeulen)

☐ Nachweis der Befestigung der Beplankung – Sparren (Abscheren der Verbindungsmittel)

☐ Anschluss der Elemente untereinander (Nachweis der Verbindungsmittel)

☐ Zugverankerung der Dachscheibe (Nachweis der Verbindungsmittel)

A2 – Ausführung der Dachscheibe als Kragträger (Einsparung an der Traufe und oberem freiem Rand):
Es sind sinngemäß die Konstruktionsregeln für Wandscheiben nach DIN EN 1995-1-1:2010 (EC 5), Abschnitt 9.2.4.1/9.2.4.2, und DIN EN 1995-1-1/NA: 2013 (Nationaler Anhang), Abschnitt 9.2.4.2, bei der Ausführung zu beachten. Es sind weder horizontal noch vertikal schwebende Beplankungsstöße zulässig. In horizontaler Richtung darf die Beplankung einmal gestoßen werden, wenn die Plattenränder durch ein Stoßholz oder bauaufsichtlich zugelassene Wellennägel schubsteif miteinander verbunden sind.

☐ Nachweis der Beplankung (Schubversagen, Schubbeulen)

☐ Nachweis der Befestigung der Beplankung – Sparren (Abscheren der Verbindungsmittel)

☐ Anschluss der Elemente untereinander (Nachweis der Verbindungsmittel)

☐ Zugverankerung der Dachscheibe (Nachweis der Verbindungsmittel)

Variante B: Dachscheibe aus Holzwerkstoffen
Es sind die Konstruktionsregeln nach DIN EN 1995-1-1:2010 (EC 5), Abschnitt 9.2.3.1/9.2.3.2, und DIN EN 1995-1-1/NA: 2013 (Nationaler Anhang), Abschnitt 9.2.3.2, bei der Ausführung zu beachten.

☐ Nachweis der Beplankung (Schubversagen, Schubbeulen)

☐ Nachweis der Befestigung der Beplankung – Sparren (Abscheren der Verbindungsmittel)

Variante C: Windrispenbänder als Aussteifungselement

Hinweis:
Im Holzrahmenbau sind Windrispenbänder aus Stahl zumindest bei ausgebauten Dachgeschossen zu vermeiden. Eine Beplankung sollte zur Aussteifung herangezogen werden (siehe Kapitel 2.4.1.2).

Für die Umsetzung eines funktionierenden Aussteifungssystems mit Windrispenbändern ist die Ausbildung der Anschlüsse von besonderer Bedeutung. Die in Windrispenbändern vorhandene Zugkraft wird in 3 Kraftkomponenten (Horizontalkraft in Gebäudelängsrichtung, Horizontalkraft in Gebäudequerrichtung und Vertikalkraft) zerlegt, deren sichere Weiterleitung nachzuweisen ist.

- ☐ Tragfähigkeitsnachweis der Windrispenbänder (i.d.R. Zug)
- ☐ Anschluss der Windrispenbänder an die Sparren (Nachweis der Verbindungsmittel)
- ☐ Weiterleitung der Lasten aus den Windrispenbändern in die Pfette, beispielsweise über ein Druckholz oder eine Knagge aus Holz (Nachweis der Bauteile und Verbindungsmittel)

Decken/Kehlbalkenlage

Für Decken mit aussteifender Funktion sind die Konstruktionsregeln nach DIN EN 1995-1-1:2010 (EC 5), Abschnitt 9.2.3.1/9.2.3.2, und DIN EN 1995-1-1/NA: 2013 (Nationaler Anhang), Abschnitt 9.2.3.2, bei der Ausführung zu beachten. Schwebende Beplankungsstöße sind ausschließlich quer zu den Deckenbalken zulässig; dabei ist eine versetzte Anordnung der Beplankung um mindestens einen Balkenabstand erforderlich.

Holzbauteile:

- ☐ Tragfähigkeitsnachweise der Decken- und Randbalken (i.d.R. Biegung, Schub)
- ☐ Gebrauchstauglichkeitsnachweise der Sparren (Durchbiegung)
- ☐ ggf. Tragfähigkeitsnachweise der Unterkonstruktion (Unterzüge bzw. Stützen, i.d.R. Biegung, Schub bzw. Knicken)
- ☐ ggf. gebrauchstaugliche Nachweise der Unterkonstruktion (Durchbiegung)
- ☐ Nachweis der Befestigung der Randbalken auf den Wänden
- ☐ falls die Randbalken gestoßen sind: Nachweis der zug-/druckfesten Verbindung

Beplankung (als Aussteifungselement):

- ☐ Nachweis der Beplankung (Schubversagen, -beulen)
- ☐ Nachweis der Befestigung der Beplankung – Deckenbalken (Abscheren der Verbindungsmittel)
- ☐ Anschluss der Elemente untereinander (Nachweis der Verbindungsmittel)

Verankerung:

- ☐ Anschluss der Deckenscheibe – darunterliegende aussteifende Wandscheiben (Schubverbindung Decke – Wand, Nachweis der Verbindungsmittel)

Wände

Für Wände mit aussteifender Funktion sind die Konstruktionsregeln nach DIN EN 1995-1-1:2010 (EC 5), Abschnitt 9.2.4.1/9.2.4.2, und DIN EN 1995-1-1/NA: 2013 (Nationaler Anhang), Abschnitt 9.2.4.2, bei der Ausführung zu beachten. Es sind weder horizontal noch vertikal schwebende Beplankungsstöße zulässig. In horizontaler Richtung darf die Beplankung einmal gestoßen werden, wenn die Plattenränder durch ein Stoßholz oder bauaufsichtlich zugelassene Wellennägel schubsteif miteinander verbunden sind.

Holzbauteile:

- ☐ Nachweis der Rippen (ggf. Schwellen: Pressung, Knicken)
- ☐ Nachweise von Pfosten und Riegeln von Türen und Fenstern (Pfosten: Knicken; Riegel: Biegung, Schub, Auflage: Pressung, Durchbiegung)
- ☐ aussteifende Wände: Nachweis der zug-/druckfesten Verbindung, falls die Kopf- und Fußrippen gestoßen sind

Beplankung:

- ☐ Nachweis der Beplankung (Schubversagen, -beulen)
- ☐ Nachweis der Befestigung Beplankung – Deckenbalken (Abscheren der Verbindungsmittel)
- ☐ Anschluss der Elemente untereinander (Nachweis der Verbindungsmittel)

Verankerung:

- ☐ Nachweis der Verbindung aussteifender Wandscheiben Obergeschoss/Dachgeschoss mit dem Erdgeschoss (Vertikalkräfte und Horizontalkräfte),
- ☐ Anschluss der Wandscheibe an massive Deckenscheibe/Bodenplatte: Nachweis der Verankerung der Fußschwelle (Horizontalkräfte) sowie der Verankerung der Wandtafeln an den senkrechten Rippen (Vertikalkräfte)

Unterzüge und Einzelstützen

Beim modernen ökologischen Holzbau sollte auf Stahlträger und Stahlprofile weitgehend verzichtet werden. Wenn die üblichen Holzquerschnitte und Holzprodukte nicht ausreichen, sollte geprüft werden, ob Holzwerkstoffe mit höheren E-Modulen zum Einsatz kommen können (z.B. Baufurniersperrholz).

Muster: Vorgaben für die Holzbaustatik

Wenn ein Architekt oder ein Holzbaubetrieb mit einem Tragwerksplaner eine Projektvorbesprechung macht oder einen Auftrag zur Aufstellung einer statischen Berechnung erteilt, dann bietet es sich an, anhand der nachfolgenden Mustervorlage vorzugehen.

Angaben über die im Betrieb üblicherweise eingesetzten Bauarten und Befestigungsmittel

Bei der Erstellung der statischen Berechnung sind die Bauarten und Verbindungsmittel vorzusehen. Sollten andere Verbindungsmittel oder statisch wirksame Baumaterialien (Holzprodukte) seitens des Tragwerkplaners vorgesehen werden, so sollte eine vorherige Absprache mit dem Holzbaubetrieb erfolgen, um Verwendbarkeit/Lieferbarkeit etc. abzuklären. Die Berechnung muss auf Basis der bauaufsichtlich eingeführten, nunmehr alleinig geltenden Normenreihe DIN EN 1995 (EC 5) geführt werden.

1. Verbindungsmittel allgemein

a) Schwerlastanker für Befestigungen in Beton: von Fa. ____________

(Bemessungssoftware der Herstellerfirma erhältlich unter: www. ____________)

b) Schrauben von der Herstellerfirma ____________ , übliche eingesetzte Produkte: ____________

c) Klammern von Fa. ____________ , Typ ____________ (1,2 mm, 1,53 mm, 1,8 mm, 2,0 mm)

d) Stahlteile/Holzverbinder (Winkel, Balkenschuhe etc.) von Fa. ____________ , alternativ von ____________

2. Holztafeln allgemein

a) Grundsätzlich erfolgt die Aussteifung der einseitig vorgefertigten Wand-, Decken- und Dachtafeln über einseitige OSB-Platten (Wand: OSB4: d_{OSB} = 15 mm, Dachunterseite: OSB4: d_{OSB} = 12 mm, Holzbalkendecke: OSB3: d_{OSB} = 22 mm, BSH-Massivholzdecke: OSB3: d_{OSB} = 12 mm).

b) Als Verbindungsmittel kommen vorgenannte Klammern der Fa. ____________ zum Einsatz.

c) Rippenbreite 60 mm oder ____________ mm an Plattenstoß und in Plattenmitte

d) Raster der Rippen: e = 62,5 cm/83,3 cm

e) Obergurt der Wände bei Fenstern als Sturz durchlaufend rechnen oder zusätzliches Sturzholz einlegen ____________

f) Abmessung der OSB-Platten: 1,25 m · 2,50 m, 1,25 m · 2,80 m, 1,25 m · 3,00 m, 2,50 m · 5,00 m, ____________

3. Dachkonstruktion

a) Eigenlast: Aufbau von oben nach unten

- Eindeckung Ziegel oder Betondachsteine, ____________
- Lattung/Konterlattung
- Unterdeckplatte 15 oder 16 mm MDF, hydrophobiert, oder Holzweichfaser ____________ mm
- Dämmung: ____________ mm Zellulosedämmung bis 65 kg/m³ oder Mineralwolledämmung oder ____________
- OSB-Platte (luftdicht verklebt), 12 mm, 15 mm, 18 mm, ____________ oder Spanplatte 13 mm, 16 mm, ____________
- ____________ mm Luftschicht mit Traglattung e = 33 cm
- 12,5 mm Gipsplatte/Gipsfaserplatte

b) Sparren: Fichte KVH C 24, Breite 6 cm oder 8 cm, ____________ Höhe nach Statik, e = 62,5 cm/83,3 cm

eventuell: Die ggf. höhere Dicke der Dämmung wird durch Abhängung unter den Sparren erreicht. Deshalb nur statische Mindesthöhe ermitteln oder Holzstegträger ____________ / ____________

c) Pfetten nach Statik KVH C 24 bzw. BSH GL 24h oder GL 28h

d) Dachaussteifung über Unterdeckplatte (hydrophobierte, mitteldichte Faserplatte): Produkt ____________

oder unterseitige OSB-Platte (oder Windrispen – eher der deutliche Hinweis an den Tragwerksplaner: „Die Dachaussteifung soll nicht über Windrispenbänder erfolgen.")

e) Windsogsicherung über Schrauben an den Pfettenauflagern Sr 6,0 · ____________ oder Sr 8,0 · ____________
(keine Sparrennägel und keine Sparren-Pfetten-Anker vorsehen!)
Kerventiefe konstruktiv 20 bis maximal 30 mm

4. Außenwandkonstruktion

a) Wandrippen: Fichte/Tanne KVH C 24, 6/12 oder 6/14, 6/16/ 6/18 ________, e = 62,5 cm

b) Wandobergurte (Rähm) nach Statik KVH C 24 bzw. BSH GL 24h, Obergurte durchlaufend, Trägerhöhe im Regelfall nach maximalem Sturzmaß

c) Wandschwelle/-untergurte: auf Beton: Douglasie KVH C 24, splintfrei 6/12 oder ________
sonst Fichte/Tanne KVH C 24 6/12

d) Wandaussteifung über Tafeln, OSB-Platten, d_{OSB} = 15 mm (siehe Nr. 2) oder 12mm, 18mm, ________

e) Wandverankerung unten: Winkelverbinder der Fa. ________ mit Schwerlastankern der Fa. ________ in Beton

f) Verbindung Geschossstoß über ________

5. Innenwandkonstruktion

a) Wandrippen: Fichte KVH C 24, 6/12, 6/14, 6/16 ________, e = 62,5 cm

b) Wandobergurte nach Statik KVH C 24 bzw. BSH GL 24h, Obergurte durchlaufend, Trägerhöhe im Regelfall nach maximalem Türsturzmaß

c) Wandschwelle/-untergurte: Fichte/Tanne KVH C 24, 6/12, 6/16, ________

d) Wandaussteifung über Tafeln (siehe Nr. 2)

e) Wandverankerung unten: Winkelverbinder der Fa. ________ mit Schwerlastankern der Fa. ________ in Beton

6. Geschossdecke

a) Eigenlast: Der Deckenaufbau kann variieren (Beispiel):

- im leichtesten Fall:
  - 15 mm Parkett
  - 22 mm OSB-Platte
  - 20 mm Holzweichfaser-Trittschalldämmung
- im Regelfall:
  - 15 mm Bodenbelag (Fliese oder Parkett)
  - 50 mm schnellabbindender Zementestrich (mit kristallin gebundenem Wasser)
  - 40 mm Holzweichfaserdämmung
- im schwersten Fall (Wohnungstrenndecke)
  - 15 mm Fliesenbelag
  - 37 mm Gipsfaser-Trockenestrich
  - 20 mm Holzweichfaser-Trittschalldämmung
  - 60 mm Fermacell-Estrich-Wabe

b) Holzbalkendecke: Balkenhöhe angenommen mit: ________ cm
oder Brettsperrholz-Elemente (BSP)/Brettschichtholz-Elemente (BSH GL 24h)

c) Stoß: Doppel-Nut-und-Feder (NF) oder ________

d) Scheibenwirkung durch vollflächig verlegte 12-mm-OSB-Platte (OSB3), geklammert

e) Anschluss an Wandrähme mit Vollgewindeschrauben der Fa. ________

7. Unter-/Überzüge

a) Vorzugsweise BSH GL 24h, falls erforderlich GL 28h möglich, Abmessungen: Breite 100 bis 240 mm in 20-mm-Schritten, Höhe 120 bis 1.000 mm in 40er-Schritten

b) Holzbauschrauben der Fa. ________

Abb. 2.72: Haustechnikinstallation im Technikraum

2.5 Haustechnikinstallationen

Allgemeines

Prinzipiell können im Holzrahmenbau alle gängigen Installationsmethoden des Nassbaus Anwendung finden. Unter Beachtung einiger Installationsregeln – abgestimmt auf die speziellen Erfordernisse des Holzrahmenbaus – ergeben sich leicht zu installierende Anlagenkonzepte. Wesentlich unterscheiden sich Holzrahmenbau und übliche Mineralbauweisen dadurch, dass

- die Tragkonstruktion des Holzrahmenbaus ein gerichtetes Tragwerk (Balken, Ständer) in einem engen Raster ist,
- die Hohlräume von Decken und Wänden Installationsraum bieten,
- die Schallübertragungen von Geräuschen aus technischen Anlagen in angrenzende Räume besonderer Aufmerksamkeit bedürfen,
- durch die Vorfertigung von Holztafeln – oder Raummodulen – Installationen bereits im Werk eingebaut werden können und dadurch die Montagezeiten für die Haustechnik erheblich reduziert werden.

Planungshinweise für die Haustechnik

Unter Beachtung von gestalterischen, baurechtlichen und technischen Zusammenhängen sollte Folgendes angestrebt werden:

- Räume mit Sanitärinstallationen (Bäder, Dusch- und Toilettenräume sowie Küchen) sollten nebeneinander und/oder übereinander platziert werden.
- Sind Lüftungsanlagen mit Wärmerückgewinnung vorhanden, sollten Zulufträume (Wohn- und Schlafräume, Büros) und Ablufträume (Bäder, Dusch- und Toilettenräume sowie Küchen) jeweils für sich gruppiert werden, sodass raumeinnehmende Leitungskreuzungen von Zuluft- und Abluftrohrsträngen vermieden werden.
- Leitungen mit großen Querschnitten, die vertikal über mehrere Geschosse verlaufen, sollten zentral in einem Strang ohne Versatz geführt werden, z.B. in einer Installationswand, in einem Schacht etc.
- Es sollte vermieden werden, Leitungen durch Balken oder Ständer hindurchzuführen.
- Befestigungen von Haustechnikkomponenten an der Tragkonstruktion müssen schallgedämmt ausgeführt werden, wenn diese selbst Schall emittieren oder weiterleiten.
- Es sollte, soweit möglich, vermieden werden, Installationsleitungen durch Bauteile zu führen, an die Anforderungen bezüglich des Brandschutzes gestellt werden.

Haustechnische Anlagen sind sehr komplex. Deswegen empfiehlt es sich, frühzeitig Kontakt zu den maßgebenden behördlichen Stellen (Bauaufsichtsbehörden, Entwässerungsbehörden, Bezirksschornsteinfegermeister) und den Energieversorgungsunternehmen aufzunehmen. Für die detaillierte Planung sollte ein Haustechnikplaner involviert oder frühzeitig der Kontakt zu den ausführenden Unternehmen gesucht werden.

Bei Bauteilen der Gebäudekonstruktion, an die Brandschutzanforderungen gestellt werden, gelten diese Anforderungen auch für Leitungsdurchführungen durch diese Bauteile. Die Ausführung von Brandschutzschotts, Rauch-/Brandschutzklappen und Leitungskanälen mit Brandschutzeigenschaften muss detailliert geplant und ggf. mit dem Brandschutzplaner abgestimmt werden. Dabei sind die entsprechenden Verordnungen der Länder zu beachten.

Tabelle 2.31 bietet eine Übersicht über die Punkte, die bei der Planung von Holzrahmenbauten in Bezug auf Haustechnikinstallationen berücksichtigt werden sollten.

Tabelle 2.31: Hinweise und Empfehlungen für die Planung und Ausführung sowie Platzbedarf (PD) der Haustechnikinstallation

1	2	3	4	5	6	7
Trassenführung und Planungsthemen	**Allgemeines**	**Lüftungstechnik**	**Abwasser**	**Sanitär/Frischwasser[1)]**	**Heizung[1)]**	**Elektro**
Hauseinführung und Durchbrüche durch die Außenhülle	Mehrspartenhausanschluss (MSP) vorsehen, mit Versorgern rechtzeitig abstimmen	a) Lüftungsanlage mit WRG Durchführung von Außenluft (AUL) und Fortluft (FOL) durch die Außenhülle: Lage der Öffnungen in der Außenhülle festlegen, PD: Ø ca. 160 bis 180 mm, ggf. Erdwärmetauscher (EWT); Filterkasten außerhalb oder innerhalb der Gebäudehülle b) nur Abluftrohre in Bad/WC und c) Abluft Dunstabzugshaube: Außenwanddurchlass oder Auslass über Dach festlegen, PD: Ø ca. 100 mm	Lage Revisionsschacht festlegen (offenes oder geschlossenes System) Erfordernis Rückstauverschluss bzw. Hebeanlage klären Grundleitungen im Erdreich nach Entwässerungsberechnung – Regelfall ca. DN 110 (DN 125 oder DN 150)	Absperrvorrichtung Wasseruhr und Filter PD: ca. 80 cm	abhängig vom jeweiligen Energieträger: a) Erdgas: Gaszähler PD: ca. 50 × 50 cm Luft-Abgas-System (LAS) über Dach PD: Ø ca. 150 mm b) bei regenerativen Brennstoffen: Lager für Holz oder Holzpellets vorsehen, raumluftunabhängige Verbrennung Kamin: Fertigteilkamin mit Zuluftöffnung oder Edelstahl-Außenkamin Außenwanddurchbruch: Brandschutzanforderungen beachten c) Wärmepumpen bzw. direkt elektrische Beheizung: siehe Spalte Elektro	Panzersicherung PD: ca. 50 × 80 cm Zählerkasten und Hauptverteilung (HV): bei Einfamilienwohnhaus mindestens 3 Zählerplätze vorsehen: – Wohnung – PV-Anlage – Reserveplatz für späteren Bedarf PD: b × h × t min. 825 × 1.125 × 225 mm bei Einbau der HV in Wände: Mindestrestwanddicke: 6 cm Zuleitung von Panzersicherung bis zur Hauptverteilung PD: Ø ca. 40 mm Kabelstrang ab Hauptverteilung PD: ca. 100 × 100 mm
senkrechte Hauptverteilung im Gebäudeinneren	Führung im Schacht, im Wandhohlraum → Schallschutz beachten	a) Lüftungsanlage mit WRG[2)]: Sammelleitungen für Zu- und Abluft, Leitungen DN 160 PD: ca. 200/200 mm ggf. Revisionsöffnungen bei Richtungsänderungen vorsehen b) nur Abluftrohre in Bad/WC PD: ca. 120/120 mm c) Abluftrohr Dunstabzugshaube, PD: ca. 100/100 mm	Fallrohre DIN 100 PD: ca. 150/150 mm ggf. Platz für Abzweigungen berücksichtigen ggf. Revisionsöffnungen bei Richtungsänderungen vorsehen	Frischwasserleitungen inklusive Rohrdämmung: Kaltwasser: Ø ca. 40 mm Warmwasser: Ø ca. 60 mm PD: zusammen ca. 80/160 mm	Vor- und Rücklaufleitungen PD: jeweils Ø ca. 60 mm PD: zusammen ca. 100/150 mm	vertikaler Kabelstrang PD: ca. 100 × 100 mm Elektro-Unterverteilungen (UV) sind in jedem Geschoss möglich. PD: abhängig von der Anzahl der Schaltkreise bei Einbau der UV in Wände: Mindestrestwandstärke 6 cm

Tabelle 2.31: (Fortsetzung)

1	2	3	4	5	6	7
Trassenführung und Planungsthemen	**Allgemeines**	**Lüftungstechnik**	**Abwasser**	**Sanitär/Frischwasser**[1]	**Heizung**[1]	**Elektro**
waagerechte Feinverteilung im Fußbodenaufbau	bei Leitungsführung unter Estrich in Wärme-/Trittschalldämmung beachten: – Abstand Leitungen zu Wänden: 30 cm, Installationszone – stets parallele Verlegung zu Wänden (Dämmaufwandverringerung) – Einfluss auf Schallschutz der Decke – Aufbauhöhen anpassen – Leitungskreuzungen vermeiden	Flachkanäle für Lüftungsleitungen: – Reinigungsmöglichkeit/Revisionsöffnungen vorsehen –ungünstig: höherer Druckverlust als Rundrohre PD: ca. 50 bis 60 mm	bei üblichen Fußbodenaufbauhöhen i.d.R. nicht möglich	möglichst Leitungskreuzungen vermeiden Rohre eng nebeneinander verlegen, um den Aufwand beim Einbau der Dämmschichten zu verringern PD: Kaltwasserrohre: 30 bis 40 mm Warmwasserrohre: 40 bis 60 mm	Leitungskreuzungen vermeiden Rohre eng nebeneinander verlegen, um den Aufwand beim Einbau der Dämmschichten zu verringern PD: Heizungsrohre: 40 bis 60 mm	Kabel in Leitungsschutzrohren verlegen; Trassenbreite maximal 20 cm PD: Kabelschutzrohre: ca. 20 bis 30 mm
Leitungsführung in der Tragkonstruktionsebene	im Gefachbereich parallel zu Holzständern oder Deckenbalken problemlos möglich Leitungsverlegungen rechtwinklig zur Tragkonstruktion; Durchbrüche sind zu vermeiden. falls nicht vermeidbar → bei Durchbrüchen Statik beachten	im Allgemeinen parallel zur Spannrichtung von Deckenbalken/Holzständern Durchbrüche durch Träger nur bei Holzstegträgern möglich PD: Ø 80 bis 120 mm Abmessungen Rohrbögen beachten	im Allgemeinen parallel zur Spannrichtung von Deckenbalken/Holzständern Durchbrüche durch Träger (Statik beachten): a) bis DN 50 mm mittig im Holzquerschnitt denkbar – Abstand zu Auflagern b) ansonsten nur bei Holzstegträgern möglich PD: Ø 40 bis 120 mm Abmessungen Rohrbögen beachten Gefälle berücksichtigen	Durchbrüche durch Träger (Statik beachten): bis DN 50 mm mittig im Holzquerschnitt – Abstand zu Auflagern	Durchbrüche durch Träger (Statik beachten): bis DN 50 mm mittig im Holzquerschnitt – Abstand zu Auflagern	Durchbrüche durch Träger (Statik beachten): bis DN 50 mm mittig im Holzquerschnitt – Abstand zu Auflagern Installationshöhe in Wänden: ca. 30 cm über OK FFB In Holzständern von Wänden können in der Vorproduktion bereits Aussparungen für horizontal zu verlegende Kabel vorgesehen werden.
Leitungsführung horizontal über der Decke des obersten Geschosses	a) Leitungsführung in der Wärmedämmung: Wärmebrücken vermeiden b) Leitungsführung auf der kalten Seite der Dämmung: Rohre ausreichend dämmen (nicht bei Elektro)	möglich, geschlossenzellige Rohrdämmung erforderlich (zur Vermeidung von Kondensat am Rohr)	möglich, Dämmung gegen Kondensatbildung am Rohr erforderlich	möglich, Rohrdämmung erforderlich; Maßnahmen gegen Einfrieren erforderlich	möglich, Rohrdämmung erforderlich; Maßnahmen gegen Einfrieren erforderlich	problemlos möglich

Tabelle 2.31: (Fortsetzung)

1	2	3	4	5	6	7
Trassenführung und Planungsthemen	**Allgemeines**	**Lüftungstechnik**	**Abwasser**	**Sanitär/Frischwasser**[1)]	**Heizung**[1)]	**Elektro**
Leitungsführung horizontal unter der Decke des Kellergeschosses	a) Leitungsführung in der Wärmedämmung: Wärmebrücken vermeiden b) Leitungsführung auf der kalten Seite der Dämmung: Rohre ausreichend dämmen (nicht bei Elektro) – Raumhöhe beachten (Durchgangshöhe > 2 m)	möglich bei Kellern außerhalb der gedämmten Hülle: geschlossenzellige Rohrdämmung erforderlich (zur Vermeidung von Kondensat am Rohr)	möglich	möglich, Rohrdämmung erforderlich; Maßnahmen gegen Einfrieren erforderlich	möglich, Rohrdämmung erforderlich; Maßnahmen gegen Einfrieren erforderlich	möglich
Feinverteilung vor der Tragkonstruktion (Installationsebene)	– positiv an Außenwänden in Bezug auf Luftdichtheit – ist die Installationsebene an Außenwänden gedämmt, innerhalb der Luftdichtheitsschicht maximal 20 % der Gesamtdämmung, ansonsten Feuchtenachweis	für Flachkanäle sinnvoll PD: 50 bis 60 mm Rundrohre: PD min. 100 mm (Rohrdurchmesser + 20 mm) PD für Schalldämpfer berücksichtigen: Durchmesser > Rohre	möglich; Installationsraumtiefe abhängig von Rohrdurchmesser	möglich	möglich	möglich
sichtbar geführte Feinverteilung	– wenn eine sichtbare Verlegung vom Bauherrn gewünscht/akzeptiert; eher für Nebenräume/Abstellräume – im Wohn-/Bürobereich wegen des Verlegungsaufwands und hochwertiger Materialien nicht unbedingt günstiger als verdeckte Verlegung – hoher Aufwand bei der Gebäudereinigung	möglich Optik der Rohroberflächen, Montageschellen, Verbindungsstücke, Ventile bei der Planung bedenken	möglich Optik der Rohroberflächen, Montageschellen, Verbindungsstücke, Ventile bei der Planung bedenken	möglich Optik der Rohroberflächen, Montageschellen, Verbindungsstücke, Ventile bei der Planung bedenken	möglich Optik der Rohroberflächen, Montageschellen, Verbindungsstücke, Ventile bei der Planung bedenken	möglich Verlegung mit – Kabelschellen – Kabelschutzrohren – Kabelkanälen (Büros) Vorteil: einfache Nachrüstung möglich

Tabelle 2.31: (Fortsetzung)

1	2	3	4	5	6	7
Trassenführung und Planungsthemen	**Allgemeines**	**Lüftungstechnik**	**Abwasser**	**Sanitär/Frischwasser[1]**	**Heizung[1]**	**Elektro**
Luftdichtheit	– Installationsdurchführungen durch Außenbauteile an der luftdichten Ebene fachgerecht abdichten – Manschetten verwenden	luftdichter Anschluss mit zum Rohrdurchmesser passenden Manschetten	luftdichter Anschluss mit zum Rohrdurchmesser passenden Manschetten	jede Leitung direkt am Rohr einzelnen abkleben (Manschetten verwenden) Achtung: nicht an der Dämmung ankleben!	jede Leitung direkt am Rohr einzelnen abkleben (Manschetten verwenden) Achtung: nicht an der Dämmung ankleben! Luftdichtheit an Kamin und Abgasleitungen herstellen	– DIN 18015-5 „Luftdichte und wärmebrückenfreie Elektroinstallation" beachten – jede Leitung einzeln abkleben (Manschetten verwenden) – keine Kabelbündel durch die luftdichte Ebene führen! – luftdichte Elektroinstallationsdosen verwenden
sichtbare Objekte in Innenräumen		Zu- und Abluftventile müssen richtig platziert werden.	Die Planung von Badobjekten/Sanitäreinrichtungen sollte auf die Möglichkeiten der Leitungsführung Rücksicht nehmen. Spätere Änderungen der Badplanung während des Bauablaufs lassen sich oft nicht – oder nur mit sehr großem Aufwand – umsetzen.		Bei hochwärmegedämmten Konstruktionen ab KfW-Effizienzhaus 55 ist die Lage der Raumerwärmer (Heizkörper, Wand- oder Fußbodenheizflächen) überall möglich. Eine Anordnung in der Nähe der Innentüren zu Fluren verringert den Aufwand der Leitungsführung im gesamten Gebäude.	Die Elektroplanung erfolgt in Abstimmung mit den Nutzerwünschen auf Basis der DIN 18015-1:2020-05. Eine Dokumentation der Stromkreisplanung muss erfolgen.

PD: Platzbedarf
OK FFB: Oberkante Fertigfußboden
1) Rohrleitungen mit warmem/heißem Wasser: Dämmung 100 % nach Gebäudeenergiegesetz (GEG), Kaltwasserleitungen gegen Kondenswasser gedämmt.
2) WRG: Wärmerückgewinnung (Angaben für normale Wohnungslüftung)

Schallschutz

Für den Wohnungsbau sind die Anforderungen an den Schallschutz in DIN 4109-1 „Schallschutz im Hochbau – Teil 1: Mindestanforderungen" (2018) sowie in DIN 4109-5 „Schallschutz im Hochbau – Teil 5: Erhöhte Anforderungen" (2020) geregelt.

Zunächst betrachtet die DIN 4109-1 grundsätzlich nur den Schallschutz gegenüber fremden schutzbedürftigen Räumen. Deshalb sind Geräuschentwicklungen und -weiterleitungen von haustechnischen Anlagen im eigenen Wohnungsbereich, wie sie innerhalb von Einfamilienhäusern auftreten, außer bei raumlufttechnischen Anlagen nicht geregelt. Wenn im eigenen Wohnbereich auf den Schallschutz bei haustechnischen Anlagen Wert gelegt wird, so müssen dazu Vereinbarungen getroffen werden. Trotzdem ist es grundsätzlich zu empfehlen, bei Planung und Ausführung der Haustechnik auf Schallschutz zu achten, da hierauf zunehmend Wert gelegt wird.

Für raumlufttechnische Anlagen ist der maximal zulässige A-bewertete Schalldruckpegel für Wohn- und Schlafräume auf maximal 30 dB (A) begrenzt, für Küchen auf maximal 33 dB (A). Folgende Voraussetzungen müssen für die Einhaltung dieser zulässigen Schalldruckpegel erfüllt sein:

- Die Ausführungsunterlagen müssen die Anforderungen an den Schallschutz berücksichtigen, d.h., zu den Bauteilen müssen die erforderlichen Schallschutznachweise vorliegen.
- Außerdem muss die verantwortliche Bauleitung benannt und zu einer Teilabnahme vor dem Verschließen und Bekleiden der Installationen hinzugezogen werden.

Diese Festlegungen bedeuten zum einen, dass – was ohnehin zu empfehlen ist – eine Lüftungsplanung von einem Fachmann einschließlich der Berücksichtigung des Schallschutzes vorliegen muss und die Bauleitung auch tatsächlich die Verlegung der Installationen überprüft sowie die Überprüfung nachvollziehbar dokumentiert, und zum anderen, dass die normativen Festlegungen im Grunde genommen gar nicht ausreichend sind. Denn 30 dB (A) sind zumindest für Schlafräume noch sehr hoch. Erfahrungsgemäß wird empfohlen, dass Lüftungsanlagen in Schlafräumen einen Schalldruckpegel von maximal 25 dB (A), besser von nur 20 dB (A), erzeugen sollten. Außerdem findet die Norm nur Anwendung auf den Schutz vor Geräuschen von Anlagen der Raumlufttechnik, die vom Nutzer nicht beeinflusst werden können. Das heißt, eine Lüftungsanlage, die vom Nutzer heruntergeregelt oder ausgeschaltet werden kann, ist davon gar nicht erfasst.

Auch für die maximal zulässigen A-bewerteten Schalldruckpegel in fremden schutzbedürftigen Räumen, die von gebäudetechnischen Anlagen erzeugt werden, gilt für Wohn- und Schlafräume der Wert von 30 dB (A) mit den gleichen Anforderungen an die Planung der haustechnischen Anlagen und die Mitwirkung der verantwortlichen Bauleitung. Bei Holzrahmenbauten betrifft dies Doppel-, Reihen- und Mehrfamilienhäuser.

Die notwendigen schalldämmenden Maßnahmen sind auf die vorgesehene Nutzung des Gebäudes abzustimmen, wobei sich der Aufwand stets an den Anforderungen orientieren sollte, um eine wirtschaftliche Lösung zu erzielen. So kann z.B. bei einem Elternschlafzimmer mit einer unmittelbar zugeordneten Dusche auf eine Reihe von Maßnahmen verzichtet werden, die dem Schallschutz zwischen Schlafraum und Dusche dienen, wenn die Nutzer des Schlafraums auf diesen Schallschutz keinen besonderen Wert legen.

Ein guter Schallschutz setzt eine gute Planung voraus

Das beginnt schon bei der Grundrissplanung: Eine schalltechnisch vorteilhafte Zuordnung der Räume zueinander und eine entsprechende Anordnung der Sanitärobjekte, Armaturen und Rohrleitungen sind anzustreben. Wenn an einer Wand zwischen einem Schlafraum und einem Badezimmer keine Sanitärobjekte angeordnet sind, verringert diese Grundrissplanung schon die Geräuschwahrnehmung im Schlafraum. Auch sollten lärmerzeugende Bauteile, wie z.B. wasserführende Rohre, in Wänden ruhiger Räume vermieden werden. Diese Maßnahmen betreffen auch Trennwände zwischen fremden Wohn- und Arbeitsräumen.

Schalldämmende Maßnahmen bei den Installationen

Geräuscharme Armaturen weisen eine geringe Geräuschentstehung bei ihrer Benutzung auf. Fließgeräusche innerhalb der Leitung können durch eine ausreichende Bemessung der Leitungsgrößen und eine entsprechende Materialwahl reduziert werden. Geräuschen, die von einer Längenausdehnung von Rohrleitungen herrühren, ist durch eine Verlegung der Rohre mit ausreichenden Ausdehnungsspielräumen Rechnung zu tragen. Die Rohrbefestigungen erhalten zur Verminderung der Körperschallübertragung auf die Bauteile schalldämmende Einlagen zwischen Befestigung und Leitung. Bei Decken- und Wanddurchführungen sollten die Öffnungen mit schalldämmenden Einlagen (Dämmstoffen) und elastischen Verfugungen verschlossen werden. Abdeckrosetten von Armaturen werden vorteilhaft durch untergelegte Gummirollringe von der Wand getrennt und damit wird die Körperschallübertragung gemindert.

Sanitärobjekte mit einer Fußbodenbefestigung erhalten auf einem schwimmenden Unterboden eine gute Körperschalldämmung. Anschlussprofile und Unterlagen vermindern eine schalltechnische Kopplung von Sanitärobjekten (z.B. zwischen Badewanne und Wand). Elastische Anschlussverbinder zwischen Sanitärobjekten und den Leitungssystemen verbessern durch die Verminderung der Körperschallübertragung den Schallschutz.

Bei Lüftungsanlagen bieten Schalldämpfer an geeigneten Stellen ein gutes Mittel zur Verminderung der Schallübertragung durch das Luftleitsystem, des sogenannten Telefonieschalls. Diese Schalldämpfer benötigen deutlich mehr Platz als die Rohre selbst. Ihre Lage und Größe sollte frühzeitig bestimmt werden, damit entsprechend große Installationshohlräume, insbesondere von Seiten der Ausführungs- und der Tragwerksplanung, vorgesehen werden.

Platzbedarf für die Haustechnik

Die Integration der Haustechnik in ein Gebäude hat einen großen Einfluss auf den gesamten konstruktiven Gebäudeentwurf, da ein entsprechender Installationsraum benötigt wird und auf das Gebäude wärme- und schalltechnisch einwirkt. Die Leitungsführung der Installationen muss auch dreidimensional betrachtet werden. Die verschiedenen Installationsgewerke dürfen sich nicht gegenseitig behindern. Die Tragstruktur darf von den Installationen nicht beeinträchtigt werden. Zudem müssen Durchgangshöhen und baurechtliche Anforderungen, wie z.B. vorgeschriebene Abstände zwischen Leitungen unterschiedlicher Medien sowie Anforderungen an den Brandschutz, eingehalten werden. Insofern lässt sich eine gute Lösung nur in einer partnerschaftlichen Diskussion des Gebäudeplaners mit den Haustechnikern unter Einbindung der Bauherrschaft finden. Die heute notwendige Beachtung der Energieeffizienz bewirkt zudem ein Zusammenspiel der energetischen Anforderungen an die Gebäudehülle mit der erforderlichen Energieversorgung über die haustechnischen Anlagen. Außerdem erfordern die anzustrebenden energetischen Ziele i.d.R. eine Lüftungsanlage mit Wärmerückgewinnung, die einen besonders großen Raumbedarf innerhalb der Bauteile, in denen die Leitungen geführt werden, mit sich bringt.

Der notwendige Einbau von Rohrleitungen unterschiedlicher Dimensionen macht an verschiedenen Stellen Aussparungen für Rohrdurchführungen in Bauteilen erforderlich. Wenn solche Öffnungen in Wänden oder Decken auf massive Holzbauteile treffen, die auch tragende Funktion haben können, ist zu prüfen, ob die Durchbrüche statische Auswirkungen haben können. Ist das der Fall, muss der Tragwerksplaner hinzugezogen werden. Münden solche Öffnungen in ohnehin vorhandene Hohlräume, dann sind lediglich Beplankungen zu durchstoßen. In diesem Fall ist zu prüfen, ob die Beplankung auch als aussteifende Scheibe eine statische Funktion hat. Hat sie diese statische Funktion, muss überprüft werden, ob die Scheibenwirkung bei einem Durchbruch noch gegeben ist. Ferner haben Beplankungen von Außenbauteilen teilweise die weitere Aufgabe, die Luftdichtheit bei raumseitig liegenden Schichten (Holzwerkstoff-, OSB-Platten) oder die Winddichtheit außenseitig zu gewährleisten. Die erforderliche Luftdichtheit oder Winddichtheit ist mit geeigneten Maßnahmen (Abkleben, Einsatz von Manschetten etc.) sicherzustellen.

Um Durchbrüche durch tragende Teile oder Luftdichtheitsschichten zu vermeiden, ist es sinnvoll, Installationsebenen vorzusehen. Auch für Installationsebenen ist der notwendige Platz planerisch vorzusehen. Wenn bei Außenwänden die Installationsebene selbst gedämmt wird, erhöht sich die Gesamtwanddicke dadurch nicht. Jedoch schlägt der Mehraufwand einer Installationsebene auch bei den Gesamtkosten des Bauwerks zu Buche, weshalb es sich lohnt zu überlegen, ob Installationen weitgehend in den Hohlräumen der Innenwände geführt werden können, sodass die Außenwände kostengünstig bleiben.

Über die Leitungsführung selbst sollte nicht, wie beim konventionellen Ein- und Zweifamilienhausbau üblich, erst auf der Baustelle entschieden werden, sondern es sollte eine komplette Planung der Leitungen bzw. Leitungsstrassen in der Ausführungsplanung festgelegt werden. Dann können die notwendigen Aussparungen nicht nur konstruktiv und statisch berücksichtigt werden, sondern auch in der Vorfertigung bereits kostengünstig hergestellt werden. Dies reduziert den Installationsaufwand auf der Baustelle erheblich und vermindert die Gefahr, dass Installateure, die im Regelfall in die Tragwerksplanung wenig Einblick haben, auf ungünstige Weise in die Leitungsführung eingreifen.

Haustechnik im Entwurfsprozess

Im Zuge des Entwurfs sollten bereits vor der Einbindung der Haustechnikplanung die Grundlagen von Schalldämmung, Durchbrüchen und Leitungsführung bedacht werden. Anhand von Tabelle 2.31 kann im Rahmen der Vorplanung der notwendige Platzbedarf grob abgeschätzt werden.Wenn im Entwurf die Wanddicken festgelegt werden, sollte auch die Leitungsführung von Frischwasser- und Abwasserleitungen berücksichtigt werden. Wände, in denen solche Leitungen geführt werden sollen, sind von vornherein dicker zu wählen. Damit ist sichergestellt, dass später keine Probleme mit der Möblierung durch eine nachträgliche Vergrößerung von Wänden entstehen.de einzelne Wände vielleicht sogar schlanker werden als anfangs geplant. Auch wenn die ersten Vorentwürfe noch ohne Haustechniker bzw. Fachplaner der haustechnischen Anlagen gemacht werden, so sollten Fachleute dennoch frühzeitig, möglichst vor der Erstellung der Genehmigungsplanung, eingeschaltet werden.

Die folgenden Informationen sollten für die Haustechnikplanung zur Verfügung gestellt werden:

- vorgesehene *U*-Werte der Bauteile,
- Lage und Größe der Fenster,
- Konstruktion und für die Installation nutzbare Hohlräume,
- Bereiche, in denen es unproblematisch möglich ist, Durchbrüche zu erstellen,
- Bereiche, in denen keine Durchbrüche möglich sind,
- Anordnung und Lage vorgesehener Installationsebenen,
- Möglichkeiten für zusätzliche Installationsebenen mit zugehöriger Abschätzung der dafür ansetzbaren Zusatzkosten,
- bei brandschutztechnisch trennenden Bauteilen die baulichen Notwendigkeiten, die sich qualitativ daraus ergeben, z.B. „Rauch-/Brandschutzklappe erforderlich",
- Lüftungskonzept, sofern in der Entwurfsphase erstellt, ggf. Beauftragung des nach DIN 1946 -6 „Raumlufttechnik – Teil 6: Lüftung von Wohnungen – Allgemeine Anforderungen, Anforderungen an die Auslegung, Ausführung, Inbetriebnahme und Übergabe sowie Instandhaltung" (2019) notwendigen Lüftungskonzeptes im Zusammenhang mit der Haustechnikplanung (siehe Kapitel 2.5.3),
- vorgesehene Nutzungsart regenerativer Energiequellen,
- vorgesehene Flächen für haustechnische Anlagen (Einführung der Hausanschlüsse, Aufstellort der Heizungsanlage, der Pufferspeicher und ggf. des Lüftungsgeräts),
- vorgesehene Inanspruchnahme von Fördergeldern für Gebäudeenergieeffizienz.

Abb. 2.73: Installationen in und unter der Konstruktionsebene

Der Verzicht auf die Beauftragung einer Haustechnikplanung führt erfahrungsgemäß zu deutlichen Mehrkosten für die Ausführung der Haustechnikinstallationen und der Gebäudehülle, da die Installationsbetriebe die Anlagendimensionierung aufwendiger gestalten und viele Entscheidungen zur konkreten Ausführung erst vor Ort im Rahmen der Installationsarbeiten getroffen werden. Diese Mehrkosten sind zumeist höher als eingesparte Planungshonorare für die Haustechnik. Außerdem reduziert eine gute Planung die Ausführungszeit.

Lage der Hausanschlüsse

Die Hausanschlüsse können in einem Hausanschlussraum, an einer Hausanschlusswand in einem entsprechend geeigneten Raum oder bei nicht unterkellerten Einfamilienhäusern in einer Hausanschlussnische erfolgen. Grundlage für die Planung der Lage der Hausanschlüsse ist DIN 18012 „Anschlusseinrichtungen für Gebäude – Allgemeine Planungsgrundlagen“ (2018). Generell gilt, dass in dem Raum, in dem der Hausanschluss von Trinkwasser installiert wird, aus hygienischen Gründen ständige Umgebungstemperaturen von über 25 °C vermieden werden sollen. Für die Anschluss- und Betriebseinrichtungen für die Stromversorgung darf die Umgebungstemperatur von 30 °C nicht dauerhaft überschritten werden.

Der Hausanschlussraum liegt bei unterkellerten Gebäuden im Regelfall im Kellergeschoss, bei Häusern auf Bodenplatte im Erdgeschoss. Er muss über allgemein zugängliche Räume, z.B. Treppenräume, Kellergänge, oder direkt von außen erreichbar sein. Der Hausanschlussraum muss an der Gebäudeaußenwand liegen, durch die die bzw. an der die Anschlussleitungen geführt werden.

Die Anschluss- und Betriebseinrichtungen für die Strom- und Telekommunikationsversorgung und diejenigen für die Trinkwasser-, Gas- und Fernwärmeversorgung können gemeinsam an einer Wand angebracht werden. Der Hausanschlussraum muss mindestens 2 m lang und mindestens 2,10 m hoch sein. Die Breite muss mindestens 1,50 m bei Belegung nur einer Wand und mindestens 1,80 m bei Belegung gegenüberliegender Wände betragen. Der Zugang zum Hausanschlussraum ist mit einer abschließbaren Tür mit einer Rohbau-Breite von mindestens 87,5 cm und einer Rohbau-Höhe von mindestens 2 m zu versehen. Die freie Durchgangshöhe unter Leitungen und Kanälen darf im Bereich der Hausanschlüsse nicht unter 2 m liegen.

Erfolgen die Hausanschlüsse an einer Hausanschlusswand in einem darüber hinaus anders genutzten Raum, so gelten sinngemäß die Anforderungen an den Hausanschlussraum. Die Höhe der Hausanschlusswand muss über die gesamte Wandfläche mindestens 2,10 m betragen. Die Länge der Hausanschlusswand richtet sich nach der Anzahl der vorgesehenen Anschlüsse, der Anzahl der zu versorgenden Nutzungseinheiten und nach Art und Größe der Betriebseinrichtungen, die an der Hausanschlusswand untergebracht werden sollen. Der Mindestplatzbedarf für die Anschluss- und Betriebseinrichtungen ist mit dem Netzbetreiber bzw. Versorgungsunternehmen abzustimmen.

Bei nicht unterkellerten Einfamilienhäusern kann auch eine Hausanschlussnische vorgesehen werden, die über eine Wohnungstür abgeschlossen ist, nach der sich auch die Größe der Nische richtet: Rohbau-Richtmaß mindestens 87,5 cm breit und ab Oberkante Fertigfußboden mindestens 2 m hoch. Das Richtmaß der Tiefe ist mit mindestens 25 cm zu planen. Wird in der Nische ein Fernwärme-Anschluss eingebaut, so ist die Rohbau-Breite mit mindestens 1,01 m und eine Höhe über Oberkante Fertigfußboden von mindestens 2,125 m vorzusehen. Die Tür der Hausanschlussnische muss mit ausreichend großen Lüftungsöffnungen ausgestattet sein, um die Temperaturen gemäß den oben genannten Angaben zu begrenzen. Ist ein Gasanschluss in der Hausanschlussnische enthalten, so muss die Tür oben und unten Lüftungsöffnungen von jeweils mindestens 5 cm^2 haben.

Die Hausanschlusseinrichtungen können auch in bzw. an der Außenseite einer Außenwand angeordnet sein. Dabei müssen die Mindestanforderungen an den Wärmeschutz nach der Normenreihe DIN 4108 und an den Schallschutz nach der Normenreihe DIN 4109 beachtet werden.

Potenzialausgleich (Erdung)

In jedem Gebäude muss ein Hauptpotenzialausgleich vorhanden sein, der im Bereich des Hausanschlusses mit einer Haupterdungsschiene zu installieren ist. Die Potenzialausgleichsanlage in einem Gebäude ist Teil der elektrischen Anlage, ein wesentlicher Bestandteil der zu treffenden Vorkehrungen für den Schutz vor einem elektrischen Schlag und damit ein wichtiger Beitrag zum Personenschutz. Sie dient dazu, gefährliche Berührungsspannungen zu vermeiden. Außerdem ist die Potenzialausgleichsanlage erforderlich für die Funktion von elektronischen Bauteilen.

Um gefahrbringende Potenzialunterschiede zu vermeiden, sind Erdungsleiter mit dem Fundamenterder und folgende Anlagenteile durch Schutzpotenzialausgleichsleiter nach DIN VDE 0100-410 „Errichten von Niederspannungsanlagen – Teil 4-41: Schutzmaßnahmen – Schutz gegen elektrischen Schlag“ (2018) und DIN VDE 0100-540 „Errichten von Niederspannungsanlagen – Teil 5-54: Auswahl und Errichtung elektrischer Betriebsmittel – Erdungsanlagen und Schutzleiter“ (2024) mit der Haupterdungsschiene zu verbinden:

- metallen e Rohrleitungen von Versorgungssystemen, die in das Gebäude eingeführt sind, z.B. für Gas, Wasser,
- fremde, leitfähige Teile der Gebäudekonstruktion, sofern im üblichen Gebrauchszustand berührbar,
- metallene Zentralheizungs- und Klimasysteme,
- metallene Verstärkungen von Gebäudekonstruktionen aus bewehrtem Beton, die sich berühren und unzulässig untereinander verbunden sind.

Außerdem sind die Bestimmungen für den zusätzlichen Schutzpotenzialausgleich in Räumen mit Badewanne oder Dusche zu beachten (DIN VDE 0100-701 „Errichten von Niederspannungsanlagen - Teil 7-701: Anforderungen für Betriebsstätten, Räume und Anlagen besonderer Art - Räume mit Badewanne oder Dusche" [2025]).

Blitzschutz

Eine Blitzschutzanlage ist nicht grundsätzlich vorgeschrieben, jedoch kann sie gefordert bzw. sinnvoll sein. Sie dient dem vorbeugenden Brand-, Personen- und Sachschutz. Für die Planung und Ausführung gilt die Normenreihe DIN EN 62305/VDE 0185-305 „Blitzschutz". Ob eine Blitzschutzanlage notwendig ist, ergibt sich u.a. aus folgenden Punkten:

- Landesbauordnung und nutzungsbedingte Verordnungen,
- Vorschriften des Arbeitsschutzrechts,
- Risikoanalyse nach DIN EN 62305-02 /VDE 0185-305-2 „Blitzschutz - Teil 2: Risiko-Management" (2013)
- Anforderung des Versicherers (VdS-Merkblatt 2010),
- Vorhandensein einer Fotovoltaikanlage.

Der Blitzschutz besteht aus eibnem äußeren Blitzschutz sowie einem inneren Blitzschutz in Verbindung mit einem Überspannungsschutz. Der äußere Blitzschutz schützt Wohngebäude, bei denen nach Lage, Bauart oder Nutzung ein Blitzeinschlag leicht eintreten und zu schweren Folgen führen kann. Wird der Fundamenterder als Blitzschutzerdung verwendet, so sind die dafür erforderlichen Anschlussteile an der Gebäudeaußenseite vorzusehen und müssen korrosionsfest (z.B. aus nicht rostendem Stahl) ausgeführt werden. Der innere Blitzschutz dagegen verhindert die Beschädigung technischer Einrichtungen im Gebäude. Er besteht aus dem Blitzschutzpotenzialausgleich und dem Überspannungsschutz.

Abdichtungen in Bereichen mit wasserführenden Leitungen und Objekten

Bäder, Duschen und andere unmittelbar durch Feuchte beaufschlagte Flächen, z.B. häufig geputzte Flurböden u.Ä., müssen bei der Holzrahmenbauweise abdichtungstechnisch sorgfältig geplant und ebenso sorgfältig ausgeführt werden, denn Holz, Holzwerkstoffe und Gipswerkstoffe sind feuchteempfindlich.

Einige grundlegende Regeln seien dazu aufgeführt:

- Beläge aus Fliesen und Platten sind – selbst mit Epoxydharzverfugung – nicht dauerhaft spritzwasserdicht.

Tabelle 2.32: Wassereinwirkungsklassen und Anwendungsbeispiele nach DIN 18534-1

Wassereinwirkungsklasse	Wassereinwirkung		Anwendungsbeispiele[1),2)]
W0-I	gering	Flächen mit nicht häufiger Einwirkung aus Spritzwasser	- Bereiche von Wandflächen über Waschbecken in Bädern und Spülbecken in häuslichen Küchen - Bereiche von Bodenflächen im häuslichen Bereich ohne Ablauf z.B. in Küchen, Hauswirtschaftsräumen, Gäste-WCs
W1-I	mäßig	Flächen mit häufiger Einwirkung aus Spritzwasser oder nicht häufiger Einwirkung aus Brauchwasser, ohne Intensivierung durch anstauendes Wasser	- Wandflächen über Badewannen und in Duschen in Bädern - Bodenflächen im häuslichen Bereich mit Ablauf - Bodenflächen in Bädern ohne/mit Ablauf ohne hohe Wassereinwirkung aus dem Duschbereich
W2-I	hoch	Flächen mit häufiger Einwirkung aus Spritzwasser und/oder Brauchwasser, vor allem auf dem Boden zeitweise durch anstauendes Wasser intensiviert	- Wandflächen von Duschen in Sportstätten/ Gewerbestätten[3)] - Bodenflächen mit Abläufen und/oder Rinnen - Bodenflächen in Räumen mit bodengleichen Duschen - Wand- und Bodenflächen von Sportstätten/ Gewerbestätten[3)]
W3-I	sehr hoch	Flächen mit sehr häufiger oder lang anhaltender Einwirkung aus Spritz- und/ oder Brauchwasser und/oder Wasser aus intensiven Reinigungsverfahren, durch anstauendes Wasser intensiviert	- Flächen im Bereich von Umgängen von Schwimmbecken - Flächen von Duschen und Duschanlagen in Sportstätten/Gewerbestätten - Flächen in Gewerbestätten[3)] (gewerbliche Küchen, Wäschereien, Brauereien usw.)

1) Es kann zweckmäßig sein, auch angrenzende, nicht aufgrund ausreichender räumlicher Entfernung oder nicht durch bauliche Maßnahmen (z.B. Duschabtrennungen) geschützte Bereiche der jeweils höheren Wassereinwirkungsklasse zuzuordnen.
2) Je nach erwarteter Wassereinwirkung können die Anwendungsfälle verschiedenen Wassereinwirkungsklassen zugeordnet werden.
3) Abdichtungsflächen ggf. mit zusätzlichen chemischen Einwirkungen nach DIN 18534-1 Nr. 5.4.

- Dichtungsschichten müssen durchgehend – auch an Ecken und Anschlüssen – dauerhaft dicht sein.
- Bewegungen zwischen den abzudichten Teilen, z.B. zwischen Wand und Boden, müssen mit den notwendigen Bewegungsmöglichkeiten geplant und so ausgeführt werden, dass diese Bewegungsmöglichkeiten dann auch tatsächlich bestehen.
- Selbst bei gründlicher Planung sind eine strenge Ausführungsüberwachung und eine detaillierte Abnahme unabdingbare Voraussetzungen für die Mangelfreiheit der Gesamtleistung. In diesen Bereichen wirken oft verschiedene ausführende Gewerke zusammen, die gut über die Planung informiert sein sollten und bei der Ausführung überwacht werden müssen.

Unterschieden werden Feuchträume und Nassräume mit unterschiedlichen Anforderungen an die Abdichtung selbst. Nach DIN 68800-2 ist in Bereichen von Bädern und Feuchträumen von Wohnungen ohne Bodenablauf mit mäßiger Beanspruchung, d.h. in Bereichen mit direkter Feuchtebeanspruchung der Oberfläche (z.B. durch Spritzwasser in Duschen), das Eindringen von unzuträglicher Feuchte in die Holzbauteile zu verhindern. Dazu müssen gemäß DIN 68800-2 die Oberflächen, Durchdringungen und Anschlüsse in diesen Bereichen nach allgemein anerkannten Regeln der Technik wasserdicht ausgeführt werden, z.B. mit einer Verbundabdichtung mit einem bauaufsichtlichen Verwendbarkeitsnachweis.

Bei Nassräumen, das sind z.B. Bäder oder sonstige Räume mit Fußbodenablauf wie auch bodengleiche Duschen, sind die Regelungen nach DIN 18195 „Abdichtung von Bauwerken" und damit auch die Normenreihe DIN 18534 „Abdichtung von Innenräumen" einzuhalten.

Grundsätzlich gilt, dass die Abdichtung auf der Seite des abzudichtenden Bauteils auszuführen ist, auf der die Wassereinwirkung auftrifft. Das bedeutet, dass eine weitere Abdichtungsschicht nicht erforderlich – und auch nicht sinnvoll – ist. Denn wenn die Abdichtungsschicht undicht wird, könnte sich bei einer weiteren darunterliegenden Abdichtungsschicht Wasser unbemerkt aufstauen und damit langfristig zu größeren Schäden führen. Ohne eine zusätzliche Abdichtungsschicht kann ein Fehler in der einzigen Abdichtungsschicht im darunterliegenden Geschoss bemerkt werden. Dadurch begrenzt sich der Schaden meist sehr lokal. Wenn es trotzdem vorgesehen ist, unterhalb von abgedichteten Flächen und Rohrleitungen eine komplette Abdichtung anzuordnen, um bei Undichtheiten an Rohren oder an der eigentlichen Abdichtung die Weiterverbreitung von Wasser zu verhindern, dann muss diese so ausgeführt werden, dass ein Gefälle das auftretende schädliche Wasser zu einem Sammelpunkt bringt, an dem ein Messfühler das Auftreten von Nässe detektiert und einen Alarm auslöst. Nur so kann verhindert werden, dass eine Undichtheit über einen langen Zeitraum nicht entdeckt wird. Diese beschriebene Lösung ist jedoch kostenintensiv und sicherlich nicht als Standardausführung herstellbar. Sie findet daher keine weitere Berücksichtigung in diesem Buch.

Bei der Planung der Art der eigentlichen Abdichtung ist die Wassereinwirkungsklasse nach DIN 18534-1 „Abdichtung von Innenräumen – Teil 1: Anforderungen, Planungs- und Ausführungsgrundsätze" (2017), wie in Tabelle 2.32 aufgeführt, zu beachten. Die Abdichtungsschicht ist zu schützen. In Bädern schützt im Regelfall der Fliesenbelag die darunterliegende Abdichtung. Im Rahmen der Bauleitung ist die Ausführung der Abdichtungsarbeiten zu überwachen und im Bautagebuch zu dokumentieren. Dazu sollte die Abdichtung vor dem Verlegen von Fliesen visuell von der Bauleitung überprüft werden.

Bei der Wahl der Abdichtungsmaterialien ist für die Funktionstüchtigkeit das Verformungsverhalten des Untergrunds aus Beplankungen auf Holzkonstruktionen zu berücksichtigen. Zu unterscheiden sind Verformungen durch äußere Belastung (Biegungen in der Plattenebene), die zu einem Reißen der Fliesen führen können, und Längen- und Breitenänderungen infolge von Feuchte, die zu Rissen in der Abdichtung und damit zu Undichtigkeiten führen können. In der Regel muss unter Fliesenbelägen eine doppelte Beplankung ausgeführt werden, wobei bei Gipsfaserplatten auch eine einlagige Beplankung ausreichen kann. Die Angaben der Hersteller dazu sind zu beachten.

In Bereichen mit geringer Wassereinwirkung (Wassereinwirkungsklasse W0-I) sind normale Gipsplatten ausreichend. Bei Flächen mit mäßiger Wassereinwirkung, die der Wassereinwirkungsklasse W1-I zuzuordnen sind, müssen mindestens Feuchtraumplatten eingesetzt werden und bei hoher Wassereinwirkung (Wassereinwirkungsklasse W2-I) sind zementgebundene Beplankungen oder Fibersilikatplatten vorzusehen (siehe Kapitel 3.3.2).

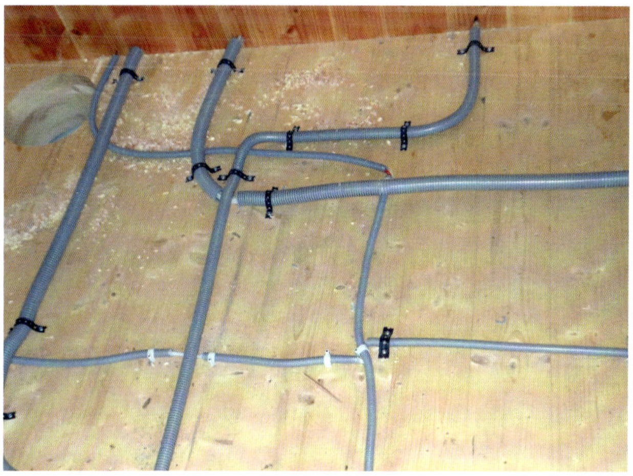

Abb. 2.74: Elektroleitungen in einem Holzbau

2.5.1 Elektroinstallationen

Die Vorschriften über die Anordnung von Zähler und Hausanschlusskasten unterscheiden sich je nach Versorgungsgebiet des betreffenden Energieversorgungsunternehmens und müssen frühzeitig abgeklärt werden. Bei der Anordnung und der Ausführung des Hauptverteilerkastens (HV) und ggf. auch des Unterverteilerkastens (UV) müssen bestimmte Abstände zu anderen Installationen (Sanitärinstallationen) und brandschutztechnische Anforderungen erfüllt werden. Gleiches trifft auf die Verwendung von Elektroleitungen und Elektrodosen zu. Die Installation der Elektroleitungen erfolgt mit Mantelleitungen oder im Leerrohr. Maßgeblich bei der Elektroinstallation sind die Verordnungen der Länder, die VDE-Bestimmungen und die technischen Anschlussbedingungen (TAB).

Wegen der geringen Abmessungen der Elektroleitungen treten bei Einzelleitungen keine Schwierigkeiten hinsichtlich der Integration in die Baukonstruktion auf. Bei Kabelsträngen wird der Platzbedarf mit zunehmender Kabelanzahl jedoch größer, deshalb bedarf es hierfür auch einer Trassenplanung mit vorbereiteten Durchbrüchen in den Holzbauteilen, ggf. in Abstimmung mit der Tragwerksplanung. Die Verlegung kann sowohl in Wänden als auch in Fußboden- oder Deckenkonstruktionen erfolgen.

2.5.1.1 Planungs- und Installationshinweise

Die Hinweise für die Planung und Ausführung von Elektroinstallationen in Tabelle 2.31, dort in den Spalten 2 und 7, sind zu beachten. Außerdem sind die zuvor gemachten Angaben zur Erdung, zum Potenzialausgleich sowie zum Blitzschutz zu berücksichtigen.

In DIN 18015-3 „Elektrische Anlagen in Wohngebäuden – Teil 3: Leitungsführung und Anordnung der Betriebsmittel“ (2016) sind Installationszonen (Z) vorgegeben, in denen die Leitungsführung in Wänden, Fußböden und Decken geregelt ist. Zwar besagt die Norm, dass von der Leitungsführung in den festgelegten Installationszonen bei Fertigbauteilen und Leichtbauteilen abgewichen werden darf, wenn eine Überdeckung der Leitung von mindestens 6 cm sichergestellt ist oder die Leitungen in unverfüllten Hohlräumen so installiert sind, dass sie ggf. einem in den Hohlraum eindringenden Körper ausweichen können. Trotzdem ist es sicherlich sinnvoll, die Installationszonen einzuhalten. Denn auch wenn der Holzrahmenbau die vorgenannte Ausnahmeregelung erfüllen kann, ermöglicht das Einhalten der Installationszonen Informationen über die Lage von Leitungen bei späteren Umbauten.

Der Platzbedarf für teilversenkte und vollversenkte Zählerschränke ist aus Tabelle 2.33 ersichtlich. Mit diesen Maßen können auch UnterverteilerschränkMit den Angaben in Tabelle 2.33 können auch Unterverteilerschränke geplant

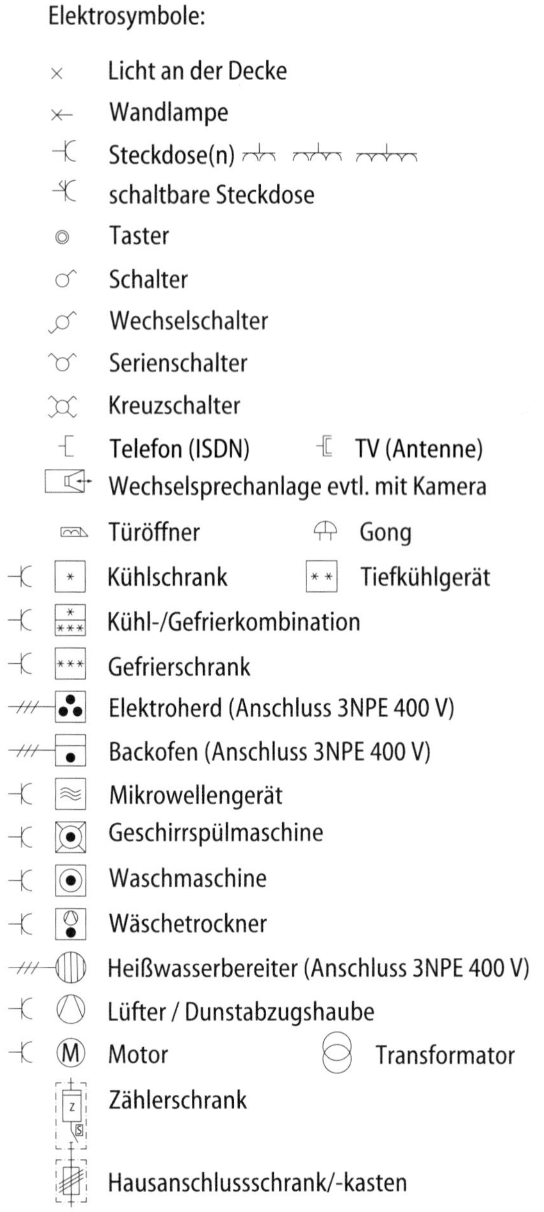

Abb. 2.75: Zeichnungssymbole für einzelne Elemente der Elektroinstallation

Tabelle 2.33: Nischenmaße für teilversenkte bzw. vollversenkte Zählerschränke nach DIN 18013 und Außenmaße der Zählerschränke

Anzahl der Zählerplätze nach DIN 43870[1)]	Mindestmaße Nische in mm				Außenmaße Zählerschrank in mm		
	Breite *b*	Höhe $h^{2)}$	Tiefe *t* teilversenkt	Tiefe *t* vollversenkt	*b*	$h^{2)}$	*t*
1	325				300		
2	575	975, 1.125, 1.275 oder 1.425			550	950, 1.100, 1.250 oder 1.400	200
3	825		140	225	800		
4	1.075				1.050		
5	1.325				1.300		

1) Die Anzahl der Zähler, die auf einen Zählerplatz montiert werden können, ist mit dem Elektroplaner abzustimmen.
2) in Abhängigkeit von der Bestückung des Zählerschranks.

werden. Auf der Rückseite der Zähler- und Verteilerschränke ist eine Mindestrestwanddicke von 6 cm erforderlich. Mit diesen Maßen können Nischen für Zählerschränke im Holzrahmenbau vorgeplant werden. Die Oberkante des Zählerschranks darf nicht höher als 2,10 m sein. Von der Decke muss der Zählerschrank mindestens 20 cm Abstand halten und von Oberkante Fertigfußboden mindestens 40 cm. Im Ausführungsplan sollte die Zählerschranknische wie folgt bezeichnet sein:

Zählernische DIN 18013 – Breite $b \times$ Höhe $h \times$ Tiefe t (Maße in mm).

Zählerschranknischen dürfen nach DIN 18013 „Nischen für Zählerschränke für Elektrizitätszähler“ (2020) den für die Wand geforderten Mindestbrandschutz nach DIN 4102-2, den für die Wand geforderten Wärmeschutz und den für die Wand geforderten Schallschutz nicht beeinträchtigen. Die Leitungseinführung in den Zählerschrank erfolgt senkrecht von oben und von unten. Wenn dazu der Wandobergurt (Rähm) eine Aussparung benötigt, dann ist dieser mit der Tragwerksplanung abzustimmen.

Beim vorgefertigten Holzrahmenbau ist es wichtig, dass auch die Elektroinstallation nicht erst auf der Baustelle festgelegt, sondern schon im Vorfeld geplant wird. Zusammen mit dem Nutzer wird entschieden, welcher Ausstattungsstandard ausgeführt werden soll:

- die Mindestausstattung nach DIN 18015-2 „Elektrische Anlagen in Wohngebäuden – Teil 2: Art und Umfang der Mindestausstattung“ (2021) – die „Ein-Stern-Installation“ – (*) oder
- die darüber hinausgehende Standardausstattung (**) oder
- die Komfortausstattung (***).

Für die Kennzeichnung der genauen Lage der einzelnen Steckdosen und Anschlüsse in den Grundrissen können die in Abb. 2.75 dargestellten Symbole verwendet werden. Die Höhen der Installation sind auch festzulegen (siehe Abb. 2.81). In der Plandarstellung kann dies so definiert werden, dass Folgendes gilt, wenn keine Höhenangabe vorhanden ist: Für Schalter gilt die Höhe 1,05 m und für Steckdosen die Höhe 0,30 m.

2.5.1.2 Elektroleitungen

In Wänden mit Hohlräumen, also im Holzrahmenbau, sind Leitungen und Kabel ohne Schutzrohr, deren Umhüllungen aus flammwidrigem Kunststoff bestehen, z.B. PVC bei Mantelleitung NYM, zulässig – nicht zulässig sind dagegen Stegleitungen.

Luftdichte Installation

Nach DIN 18015-5 „Elektrische Anlagen in Wohngebäuden – Teil 5: Luftdichte und wärmebrückenfreie Elektroinstallation“ (2015) sind bei Installationen mit Durchbruch der luftdichten Ebene (OSB-Platten, ggf. Dampfbremsen) luftdichte Elektroinstallationsdosen (Abb. 2.76) und Luftdichtheitsmanschetten für die Elektroleitungen (Abb. 2.77) zu verwenden. Jede Leitung ist einzeln durch die luftdichte Ebene zu führen.

Abb. 2.76: Luftdichte Elektroinstallationsdosen

Abb. 2.77: Luftdichtigkeitsmanschette

Verlegung in Wänden

Vertikale Leitungen können in Hohlräumen der Gefachebereiche zwischen den Holzständern verlegt werden. Horizontale und vertikale Leitungen sollten in Bereichen der vorgegebenen Installationszonen nach Abb. 2.78 verlegt werden. Eine diagonale Verlegung von Leitungen darf nicht erfolgen. Empfohlen wird, im Rahmen der Vorproduktion der Hölzer bereits Bohrungen oder Aussparungen vorzunehmen, sodass die zu verlegenden Leitungen automatisch richtig positioniert sind und dem Installateur der Aufwand, Holzständer zu durchbohren, abgenommen wird. Die Lage dieser Bohrungen oder Aussparungen sollte so gewählt werden, dass bei der späteren Beplankung auf den Holzständern die Befestigungsmittel nicht in die verlegten Leitungen eindringen können. Dementsprechend ist die Länge der Verbindungsmittel unter Berücksichtigung der Mindestlängen zu begrenzen (zu den Mindestlängen siehe Tabelle 2.16). Die Angaben zu Durchbrüchen an Wandpfosten in Kapitel 6 sind zu beachten.

Leitungen zu Stromkreisverteilern dürfen nur senkrecht zu den Verteilern geführt werden. Leitungen in den Wänden zu Betriebsmitteln, wie Anschlüssen, Schaltern, Steckdosen, die notwendigerweise außerhalb der Installationszonen

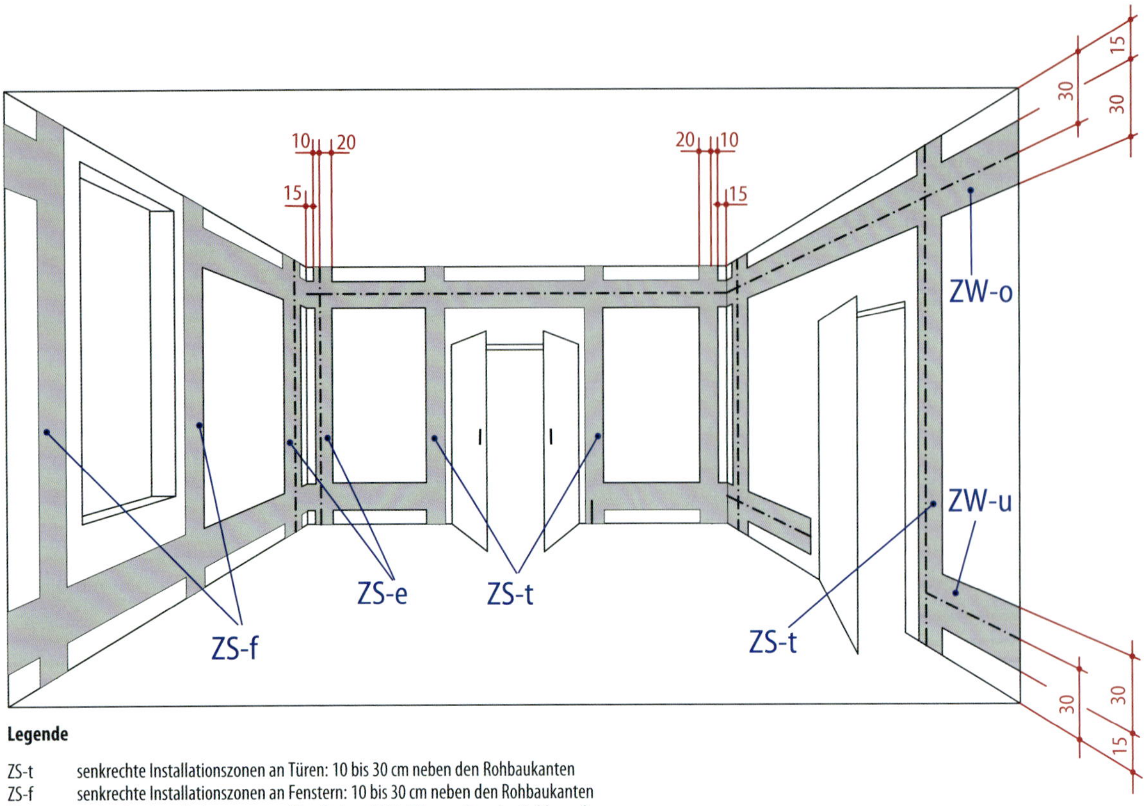

Legende

ZS-t senkrechte Installationszonen an Türen: 10 bis 30 cm neben den Rohbaukanten
ZS-f senkrechte Installationszonen an Fenstern: 10 bis 30 cm neben den Rohbaukanten
ZS-e senkrechte Installationszonen an Wandecken: 10 bis 30 cm neben den Rohbauecken
ZB-u untere waagerechte Installationszone: 15 bis 45 cm über dem Fertigfußboden
ZW-o obere waagerechte Installationszone: 15 bis 45 cm unter der Deckenbekleidung

Eine mittlere waagerechte Installationszone ist auch möglich (hier nicht eingezeichnet):
ZW-m mittlere waagerechte Installationszone: 100 bis 130 cm über dem Fußboden (z.B. bei Küchenarbeitsplatten)

Abb. 2.78: Senkrechte sowie obere und untere waagerechte Installationszonen an Wänden nach DIN 18015-3 (Maße in cm)

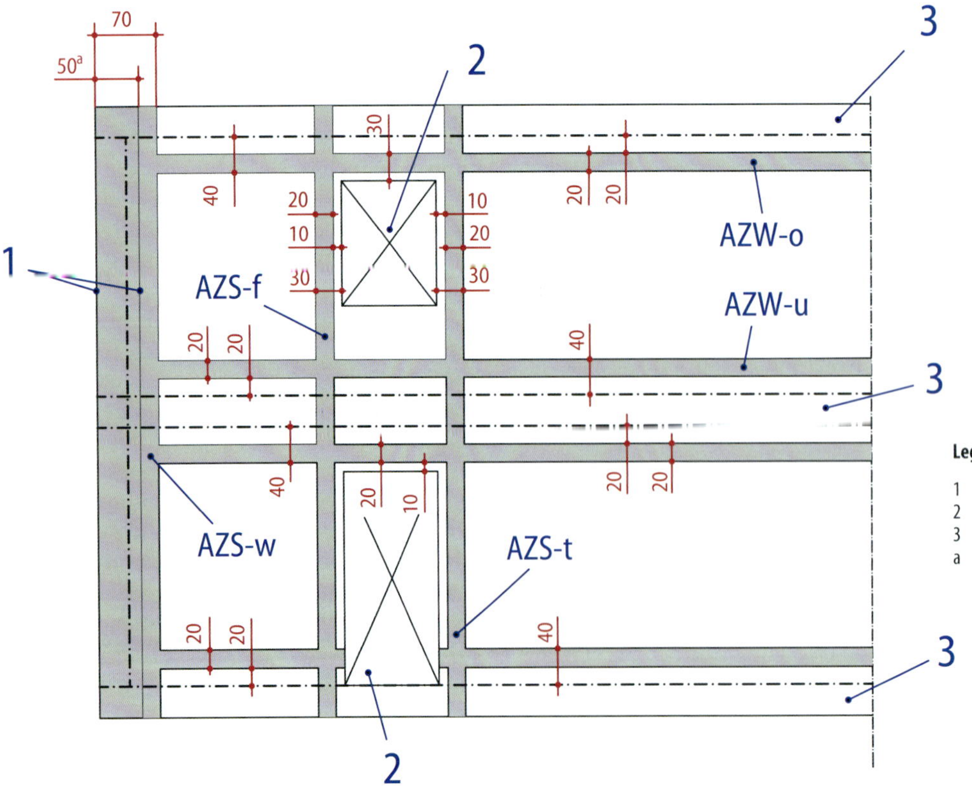

Legende

1 Rohbaukante
2 Öffnung Rohbau
3 Decke mit Fußbodenaufbau
a Mindestmaß zur Einhaltung des Trennungsabstandes für Ableitungen des Blitzschutzsystems

Abb. 2.79: Installationszonen außerhalb von Gebäuden – an der Außenseite von Außenwänden – nach DIN 18015-3 (Maße in cm)

angeordnet werden müssen, sind als senkrecht geführte Stichleitungen aus einer Installationszone zu führen. Die erforderlichen Übergänge von den Installationszonen auf bzw. unter der Decke sind rechtwinklig zu den Installationszonen bzw. Anschlüssen senkrecht an Wänden auszuführen.

Auch für Installationen außerhalb von Gebäuden, also auf den Außenseiten von Außenwänden, sind Installationszonen festgelegt, die in Abb. 2.79 dargestellt sind.

Schalter sind vorzugsweise neben den Türen in senkrechten Installationszonen so anzuordnen, dass die Mitte des Schalters nicht mehr als 1,05 m über dem Fußboden liegt. Bei einer Mehrfachkombination sind die Dosen wie in Abb. 2.81 dargestellt anzuordnen. Bei barrierefreien Wohnungen sollten nach DIN 18040-2 die Schalterhöhen im Bereich zwischen 85 cm und maximal 1,05 m platziert sein, (siehe Abb. 2.81).

Abb. 2.80: Installationsträger für die Elektromontage in der Putzträgerplatte einer Außenwand

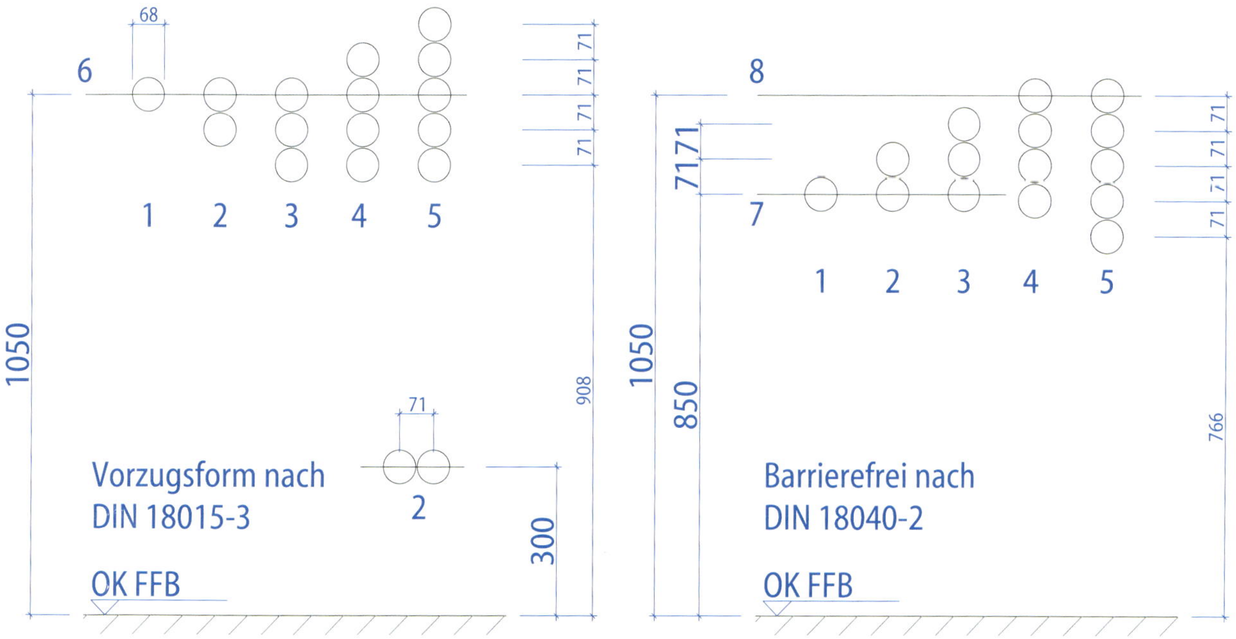

Legende

1 Einfachdose
2 2-fach-Kombination
3 3-fach-Kombination
4 4-fach-Kombination
5 5-fach-Kombination
6 Standard: Vorzugsmaß 1,05 m über Oberkante Fertigfußboden
7 Barrierefreies Bauen: grundsätzliche Greif-/Bedienhöhe 85 cm
8 Barrierefreies Bauen: Greif- und Bedienhöhe bei mehreren Bedienelementen übereinander bis maximal 105 cm

Elektroinstallationsdosen:
Fräslochdurchmesser d = 68 mm,
Tiefen ca. 35 mm, 45 mm, 50 mm, 65 mm
(Tiefen je nach Hersteller abweichend)

Schraubenabstand für die Gerätemontage: 60 mm

Achsabstand der Löcher: Norm-Kombinationsabstand 71 mm nach DIN 49075 und 91 mm für getrennte Abdeckungen von Kleinspannungsgeräten

Wandleuchtenanschlussdosen: Fräslochdurchmesser d = 35 mm, Tiefe 45 mm
Verbindungsdosen: Fräslochdurchmesser d = 120 mm, Tiefe 65 mm

Abb. 2.81: Beispielhafte Höhen von Elektroinstallationsdosen (Geräte-/Geräteverbindungsdosen) mit Ø = 68 mm; links: für den Standardeinbau; rechts: beim barrierefreien Bauen (rechts) (Maße in mm)

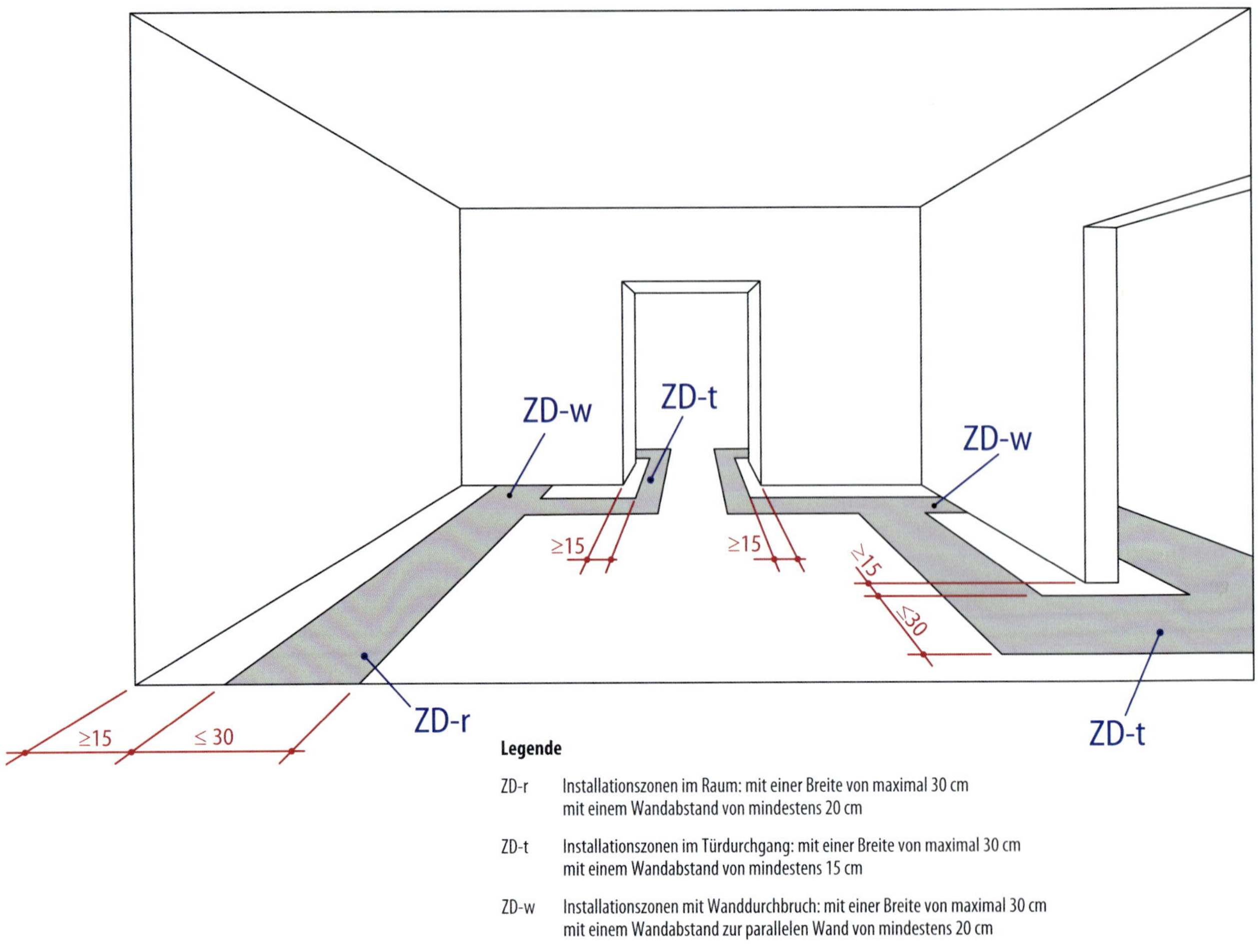

Abb. 2.82: Installationszonen bei der Leitungsführung auf der Rohdecke bei ausschließlich elektrischen Leitungen nach DIN 18015-3:2016-09 (Maße in cm)

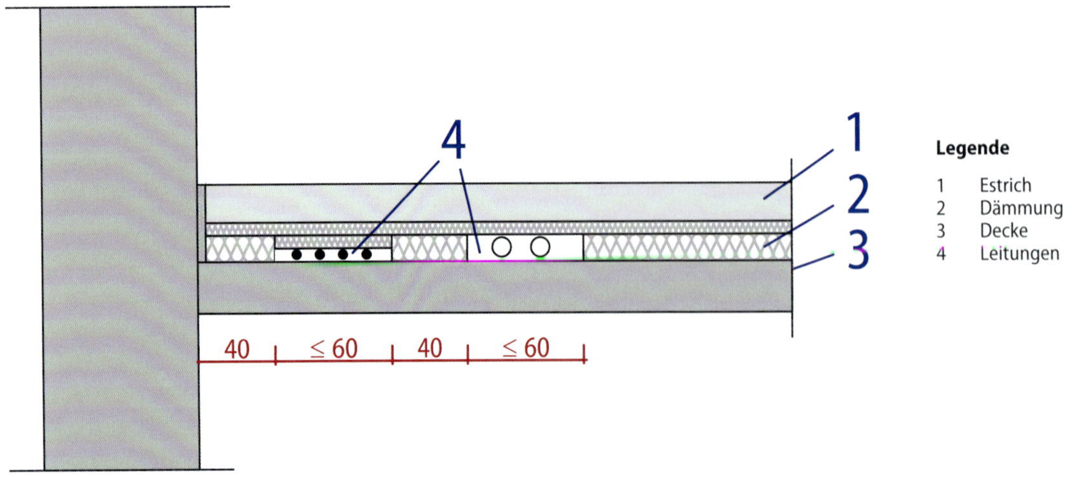

Abb. 2.83: Leitungsführung auf der Rohdecke bei mehreren Gewerken (Maße in cm)

Leitungsführung auf der Rohdecke

Bei der Leitungsführung auf der Rohdecke befinden sich oberhalb der Leitungen Trittschallschutz, Estrich und Bodenbelag. Zur Sicherstellung der Stabilität des Estrichs sind die folgenden Punkte für Abstände, Zonenbreiten und Zonenabstände zu berücksichtigen:

- Die Anordnung elektrischer Leitungen auf der Decke erfolgt parallel zu den Wänden.
- Mehrere elektrische Leitungen sind grundsätzlich bündig nebeneinander anzuordnen. Die Mindestabstände nach DIN EN 50174-2/VDE 0800-174 „Informationstechnik – Installation von Kommunikationsverkabelung – Teil 2: Installationsplanung und Installationspraktiken in Gebäuden" (2018) zwischen Energie- und informationstechnischen Leitungen sowie anderen EMV-Störquellen sind einzuhalten.
- Die Installation von elektrischen Leitungen und Leitungen bzw. Rohren anderer Gewerke ist so vorzunehmen, dass eine geradlinige, parallele und möglichst kreuzungsfreie Anordnung ausgeführt wird. Elektrische Leitungen sind immer in einer separaten Zone zu verlegen (Abb. 2.83).
- Bei Leitungsinstallationen im Zusammenhang mit einer Fußbodenheizung sind die Hinweise in DIN 18560-2 „Estriche im Bauwesen – Teil 2: Estriche und Heizestriche auf Dämmschichten (schwimmende Estriche)" (2022) zu beachten.
- Die Leitungsführung hat in den Installationszonen nach Abb. 2.82 zu erfolgen.

Leitungsführung in der Decke

Für die Leitungsanordnung in der Konstruktionsebene von Decken, die direkt oder innerhalb von Leerrohren erfolgen kann, sind keine Installationszonen festgelegt.

Leitungsführung unterhalb der Decke

Leitungen, die unterhalb der Konstruktionsebene von Decken verlegt werden, also in abgehängten Decken, in Hohlräumen oder unter Putz, sind mit einem Mindestabstand von 20 cm parallel zu den Raumwänden anzuordnen. Zu Deckenauslässen sind die Leitungen im rechten Winkel zur angrenzenden Wand als Stichleitung zu führen.

Schutzbereiche in Räumen mit Badewanne oder Dusche

Besondere Anforderungen gelten für Räume mit Badewanne oder Dusche. 4 Schutzbereiche sind in DIN VDE 0100-701 festgelegt. Die Schutzbereiche und die Anforderungen sind in Tabelle 2.34 zusammengefasst. In Abb. 2.84 ist aufgrund der Größe des Schutzbereiches 3 zu erkennen, dass ein Großteil üblicher Bäder vollständig innerhalb der Schutzbereiche liegt.

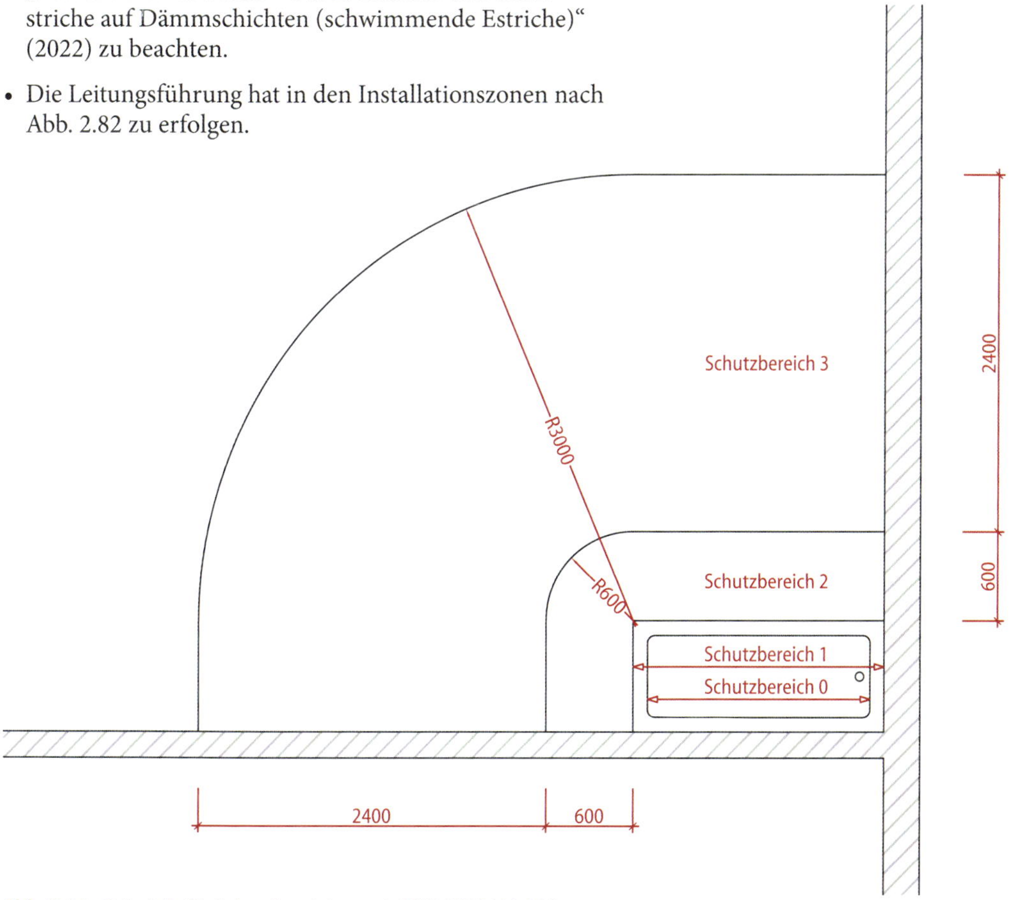

Abb. 2.84: Beispiele für Schutzbereiche nach DIN VDE 0100-701

Tabelle 2.34: Schutzbereiche für Elektroinstallationen in Bädern nach DIN VDE 0100-701 und Anforderungen in den Schutzbereichen

Schutzbereich	**0**	**1**	**2**	**3**
Bereichsdefinition	das Innere der Bade- oder Duschwanne	Begrenzung durch senkrechte Flächen um Bade- oder Duschwanne, falls keine Duschwanne vorhanden ist, durch die senkrechten Flächen im Abstand von 120 cm um den Brausekopf in Ruhelage	Begrenzung einerseits durch die senkrechten Flächen, die den Bereich 1 begrenzen, und die dazu parallelen Flächen im Abstand von 60 cm, andererseits erfolgt die Begrenzung durch die waagerechte Fläche in 2,25 m Höhe über OK FFB1)	Begrenzung einerseits durch die senkrechten Flächen, die den Bereich 2 begrenzen, und die dazu parallelen Flächen im Abstand von 2,40 m, andererseits erfolgt die Begrenzung durch den Fußboden und die waagerechte Fläche in 2,25 m Höhe über OK FFB1)
Höhenbegrenzung		vom Fußboden (OK FFB) bis zur waagerechten Fläche in Höhe von 2,25 m über OK FFB2)		
Leitungsführung	Es dürfen keine Leitungen und Kabel verlegt werden, die der Stromversorgung anderer Räume oder Orte dienen.			
	Es dürfen keine Leitungen und Kabel im oder unter Putz sowie hinter Wandbekleidungen verlegt werden.			Leitungen im oder unter Putz für die Stromversorgung des Raumes erlaubt
	keine Ausnahmen	Ausnahme: Leitungen im oder unter Putz sowie hinter Wandbekleidungen zur Versorgung von in den Bereichen fest angebrachten Verbrauchsmitteln, wenn die Leitungen senkrecht verlegt und von hinten in diese eingeführt werden		
Verbindungsdosen (Abzweigdosen)	unzulässig			erlaubt
Anbringung von Steckdosen, Schaltern, Leuchten und anderen elektrischen Betriebsmitteln	unzulässig	unzulässig, Ausnahme: Einbauschalter an in den Schutzbereichen befindlichen Verbrauchsmitteln		Steckdosen zulässig, wenn mit Trenntransformatoren oder Schutzkleinspannung gespeist oder mit FI-Schutzschalter (Fehlerstromschutzschalter) maximal 30 mA
Restwanddicke bei Installationen auf der Rückseite der Wände		Bei Verlegung von Leitungen auf, unter oder im Putz muss zwischen Leitung bzw. Kabel einschließlich Wandeinbaugehäusen und der Wandoberfläche der Bade- oder Duschräume eine Wanddicke von mindestens 6 cm erhalten bleiben.		

OK FFB Oberkante Fertigfußboden
1) Mauern und feste Trennwände > 2,50 m sind bei den vorgenannten Abständen zu berücksichtigen.
2) Bei Bereich 1: Wenn Brausekopf höher als 2,25 m, dann gilt die Höhe des Brausekopfs.

2.5.1.3 Sicherheit von Elektroanlagen

Da durch elektrischen Strom zum einen für Menschen eine direkte Gefahr ausgeht und zum anderen Brände entstehen können, gibt es verschiedene Sicherheitseinrichtungen, die diese Gefahren mindern können. Die folgenden Geräte tragen zum Brand- und Personenschutz bei: Rauchwarnmelder, Überstromschutzeinrichtungen (Sicherungen), Fehlerstromschutzschalter und Fehlerlichtbogen-Schutzeinrichtungen.

Außerdem ist die „Muster-Richtlinie über brandschutztechnische Anforderungen an Leitungsanlagen" (Muster-Leitungsanlagen-Richtlinie [MLAR]) (2020) zu beachten.

Überstromschutzeinrichtungen (Sicherungen)

Jeder Nutzer von elektrischen Geräten weiß, dass im Sicherungskasten (Haupt- oder Unterverteiler) eine Sicherung „herausfliegt", wenn irgendetwas an den elektrischen Leitungen oder Geräten defekt ist. Bekannt ist auch, dass die Sicherung auszuschalten ist, wenn z.B. eine Deckenleuchte angeschlossen wird.

Die elektrische Sicherung wird in der Fachsprache „Überstromschutzeinrichtung" genannt. Üblicherweise sind 2 verschiedene Sorten im Gebäudebereich im Einsatz: Leitungsschutzschalter, die ein- und ausgeschaltet werden können, und die Schmelzsicherungen, die meistens eingeschraubt werden, nur einmalig auslösen und dann ersetzt werden müssen.

Tabelle 2.35: Räume, in denen der Einbau von Rauchwarnmeldern verpflichtend ist, in den einzelnen Bundesländern

Bundesland	Räume
Baden-Württemberg, Sachsen	zum Schlafen bestimmte Aufenthaltsräume und deren Rettungswege
Bayern	Schlafräume, Kinderzimmer, Flure zu Aufenthaltsräumen in Wohnungen
Berlin, Brandenburg	Aufenthaltsräume (ausgenommen Küchen), Flure, über die Rettungswege von Aufenthaltsräumen führen
Bremen, Hamburg, Hessen, Mecklenburg-Vorpommern, Niedersachsen, Nordrhein-Westfalen, Rheinland-Pfalz, Saarland, Sachsen-Anhalt, Schleswig-Holstein, Thüringen	Schlafräume, Kinderzimmer, Flure als Rettungswege von Aufenthaltsräumen in Wohnungen

Rauchwarnmelder

Die baurechtlich in allen Bundesländern vorgeschriebenen Rauchwarnmelder stellen den wirksamsten Schutz vor Personenschäden bei einem Brand dar. Die Rauchwarnmelder werden an der Decke montiert, möglichst mittig im Raum, bei Dachschrägen im oberen Bereich. In den einzelnen Bundesländern gibt es unterschiedliche Regelungen zu den Räumen, in denen das Vorhandensein von Rauchwarnmeldern in Bestands- und Neubauten verpflichtend ist (Tabelle 2.35).

Fehlerstromschutzschalter (RCCB)

Umgangssprachlich werden Fehlerstromschutzschalter als „FI-Schalter" bezeichnet. Eine Fehlerstromschutzeinrichtung schaltet bei gefährlich hohen Fehlerströmen gegen Erde die Spannung ab. Dadurch wird die Gefahr von lebensgefährlichen Unfällen in Niederspannungsnetzen deutlich reduziert. Fehlerstromschutzschalter werden den Überstromschutzeinrichtungen (Sicherungen) vorgeschaltet. Einfach beschrieben, stellt dieser Schalter fest, wenn die jeweils gemessene Strom der stromführenden Phase und des Nullleiters nicht gleich sind, und schaltet dann den Strom ab. Denn wenn die beiden Leiter unterschiedlichen Strom führen, dann gibt es irgendwo einen Fehler im System eines der angeschlossenen Geräte oder in den Leitungsverlegungen. Der Fehler muss dann gesucht und beseitigt werden.

Da an einem solchen Fehlerstromschutzschalter i.d.R. mehrere Stromkreise angeschlossen sind, sollte bei der Planung darauf geachtet werden, dass z.B. Gefriertruhe, Kühlschrank oder Server nicht mit dem gleichen Fehlerstromschutzschalter abgesichert sind wie die Leitungen zu anderen Gerätschaften. Dadurch wird vermieden, dass, wenn der „sensible" FI-Schalter auslöst, gleich auch die angesprochenen Geräte möglicherweise längere Zeit ohne Strom sind.

Fehlerlichtbogen-Schutzeinrichtungen (AFDDs) – Risikoanalyse

Im Gegensatz zum Fehlerstromschutzschalter (FI-Schalter) dient die Fehlerlichtbogen-Schutzeinrichtung (kurz AFDD) der Verhinderung von Bränden. Die AFDD beinhaltet eine computergesteuerte Messeinrichtung, die anhand eines Vergleichs der Arten des Stromverbrauchs feststellt, ob ein Fehlerlichtbogen irgendwo im Stromkreis vorliegen könnte. Ein Lichtbogen entsteht als Stromfluss in der Luft zwischen 2 Leitern – grob vergleichbar mit einem Blitz. Dabei entsteht Hitze, durch die in der Nähe befindliche brennbare Teile entzündet werden könnten. Um das zu verhindern, soll eine AFDD in einem solchen Fall den Strom abschalten. Dadurch reißt der Lichtbogen ab („geht aus") und die Brandgefahr kann somit vermieden werden.

In der DIN VDE 0100-420 „Errichten von Niederspannungsanlagen – Teil 4-42: Schutzmaßnahmen – Schutz gegen thermische Auswirkungen" wurde der Abschnitt 421-7, der sich mit dem Einsatz von AFDDs befasst, im Jahr 2019 überarbeitet. Die Überarbeitung wurde erforderlich, weil die bisher formulierten Anforderungen in verschiedenen Fachkreisen stark umstritten waren. Es konnte ein Konsens gefunden werden, der die fachlichen Differenzen beseitigt hat. Nunmehr werden die Regelungen zu den AFDDs durch die beteiligten Fachkreise als anerkannte Regel der Technik akzeptiert.

Da der Einbau von AFDDs in einem Wohngebäude mehrere Tausend Euro kostet, ist es sinnvoll, sich genau mit der Frage auseinanderzusetzen, ob diese unbedingt vonnöten sind. Der Auftraggeber ist bei der Klärung dieser Frage mit einzubeziehen, damit er selbst entscheiden kann, ob AFDDs eingebaut werden sollen, wenn sie nach einer objektbezogenen Risikoanalyse nicht zwingend erforderlich sind.

Im Vorfeld der nachfolgenden Schritte ist vom Planer der elektrischen Anlage, ggf. mit seinem Auftraggeber zusammen, objektspezifisch zu prüfen, ob Räume oder Orte den Spiegelstrichen 1 bis 4 der DIN VDE 0100-420, Abschnitt 421-7, zuzuordnen sind:

- *Räumlichkeiten mit Schlafgelegenheiten;*
- *Räume oder Orte mit besonderem Brandrisiko – Feuergefährdete Betriebsstätten (nach Musterbauordnung (MBO): Bauliche Anlagen, deren Nutzung durch Umgang mit oder Lagerung von Stoffen mit Explosions- oder erhöhter Brandgefahr verbunden ist);*
- ***Räume oder Orte aus Bauteilen mit brennbaren Baustoffen, wenn diese einen geringeren Feuerwiderstand als feuerhemmend aufweisen;***
- *Räume oder Orte mit Gefährdungen für unersetzbare Güter.*

Sind Räume oder Orte den Spiegelstrichen 1 bis 4 zuzuordnen, muss der Planer im Rahmen einer Risiko- und Sicherheitsbewertung ermitteln, ob ein besonderes Risiko vorliegt, bei dem weitere bauliche, anlagentechnische oder organisatorische Maßnahmen zum Schutz gegen die Auswirkung von Fehlerlichtbögen empfehlenswert oder vorzusehen sind.

Tabelle 2.36: Quellen für Fehlerlichtbögen in elektrischen Anlagen, in Räumen oder Orten mit brennbaren Baustoffen gemäß Anwendungsbereich, ihre Eintrittswahrscheinlichkeit und die Wahrscheinlichkeit, dass der Fehlerlichtbogen zu einem Brand führt (Quelle: ZDB)

Gefährdungsquelle	Wahrscheinlichkeit eines Schadenseintritts: Eintrittswahrscheinlichkeit der Gefährdungsquelle	Eintrittswahrscheinlichkeit eines Fehlerlichtbogens	Wahrscheinlichkeit, einen Fehlerlichtbogen nicht zu entdecken	Brandwahrscheinlichkeit	Wahrscheinlichkeit eines Schadenseintritts	Schadensausmaß	ermittelte Risikoklasse (siehe Tabelle 2.37)	sind besondere Maßnahmen erforderlich? (Siehe Tabelle 2.38 – ermitteltes Risiko überschreitet das allgemein vertretbare Risiko.)
Leitungsbeschädigungen durch äußere mechanische Einwirkungen, z. B. durch Bohren oder Sägen	gering	mittel	hoch	mittel	gering	gering	1	nein
fehlerhafte (Ab-)Isolierung innerhalb von Bauteilen	gering	gering	gering	gering	gering	gering	1	nein
elektrische Verbrauchsgeräte mit Schraubanschlussklemmen innerhalb von Bauteilen	gering	gering	gering	gering	gering	gering	1	nein
Installationsgeräte (bspw. Schalter, Steckdosen, Abzweigdosen etc.) mit Schraubanschlussklemmen im Bauteil	mittel		gering	gering	gering	gering	1	

Tabelle 2.37: Schema zur Ermittlung der Risikoklasse (Quelle: ZDB)

		Wahrscheinlichkeit eines Schadenseintritts		
Schadensausmaß		gering	mittel	hoch
	gering	1	2	3
	mittel	2	3	4
	hoch	3	4	5

Tabelle 2.38: Matrix zur Ermittlung der Erforderlichkeit risikoabhängiger besonderer Maßnahmen (Quelle: ZDB)

Risikoklasse	Gefährdung	besondere Maßnahmen
5	sehr hoch	erforderlich
4	hoch	dringend empfehlenswert
3	mittel	empfehlenswert
2	gering	nicht empfehlenswert
1	keine	nicht erforderlich

Ein Bauteil mit brennbaren Baustoffen im Sinne der DIN VDE 0100-420, Abschnitt 421-7, dritter Spiegelstrich, weist keine nachgewiesene Feuerwiderstandsdauer auf, die der Klasse „feuerhemmend“, „hochfeuerhemmend“ oder „feuerbeständig“ entspricht. Feuerhemmende Bauteile weisen nach MVV TB eine Feuerwiderstandsdauer von 30 Minuten auf, hochfeuerhemmende Bauteile von 60 Minuten und feuerbeständige Bauteile von 90 Minuten. Bauteilklassifikationen hinsichtlich des Feuerwiderstandes können über eine Bauteilprüfung (allgemeines bauaufsichtliches Prüfzeugnis [abP]), über eine Zuordnung nach DIN 4102-4 oder über eine rechnerische Bewertung nach DIN EN 1995-1-2 erfolgen.

Für alle Bauteile eines Wohngebäudes in Holzrahmenbauweise ist zu prüfen, welcher Feuerwiderstandsklasse sie entsprechen. Neben dem dritten ist auch der erste Spiegelstrich der DIN VDE 0100-420, Abschnitt 421-7, bei einem Wohngebäude in Holzrahmenbauweise relevant, da es auch Räumlichkeiten mit Schlafgelegenheiten hat.

Bei der **Risiko- und Sicherheitsbewertung** werden elektrische Anlagen in Böden, Decken, Dach- und Wandbauteilen, die in üblicher Holztafel- bzw. Holzrahmen-, Holzskelett- oder Holzmassivbauweisen ausgeführt sind, betrachtet. In den Tabellen 2.36 bis 2.38 wird in Bezug auf die Auswirkung von Fehlerlichtbögen in Endstromkreisen das Risiko ermittelt. Diese Risikobewertung ergibt sich aus der Wahrscheinlichkeit des Schadenseintritts und dem Schadensausmaß.

Die Wahrscheinlichkeit eines Schadenseintritts bezieht sich darauf, ob ein Fehlerlichtbogen überhaupt entstehen kann und ob dieser schädigende Auswirkungen hat. Sie ist davon abhängig, wie häufig die elektrische Anlage mit der Gefährdungsquelle konfrontiert wird, der Eintrittswahrscheinlichkeit des Fehlerlichtbogens selbst, der Möglichkeit, diesen Fehler zu entdecken, von der Eintrittswahrscheinlichkeit der Entzündung eines Bauteils und von der Eintrittswahrscheinlichkeit eines daraus resultierenden Brandes.

Das Schadensausmaß beschreibt die Schwere eines Schadens und ist sowohl für Personen- als auch für Sachschäden zu betrachten. Es ist abhängig von dem Zeitraum zwischen dem Bemerken der Auswirkungen eines Fehlerlichtbogens (eines Brandes) und einem Vollbrand. Das Entzünden eines Bauteils infolge eines Fehlerlichtbogens ist abhängig von der Entflammbarkeit der Baustoffe, der Intensität des Fehlerlichtbogens und seiner Dauer. Die Entwicklung zu einem Vollbrand ist abhängig von der Brandlast und der Luftzufuhr, die in den betreffenden Räumlichkeiten oder Bauteilen, insbesondere in der unmittelbaren Nähe der Fehlerlichtbogenquelle, vorhanden sind.

Ermittlung des Risikos

Durch die Definition des Anwendungsbereichs werden viele Gefährdungsquellen von Fehlerlichtbögen bereits ausgeschlossen. Die Bewertung der verbleibenden Gefährdungsquellen in den Tabellen 2.36 und 2.37 spiegelt die Fachmeinung der beteiligten Verbände unter Berücksichtigung der Praxiserfahrung wider. Das Risiko wird hier unter Bezugnahme der möglichen Gefährdungsquellen, der Wahrscheinlichkeit des Schadenseintritts und des Schadensausmaßes ermittelt. Die genaue Beurteilung ist bauvorhabenbezogen durchzuführen.

Identifizierung eines besonderen Risikos: Wenn das ermittelte Risiko über dem allgemein vertretbaren Risiko liegt, dann liegt ein besonderes Risiko vor. Als allgemein vertretbar ist die Risikoklasse 2 anzusehen.

Erhöhung der Sicherheit bei unsachgemäßem Betrieb

Um die Sicherheit einer elektrischen Anlage bei unsachgemäßem Betrieb von elektrischen Verbrauchsgeräten mit einer hohen Anschlussleistung (z.B. Geschirrspüler, Waschmaschine, Trockner u.Ä.) zu erhöhen, können zum Schutz gegen die Auswirkungen von Fehlerlichtbögen in den entsprechenden Stromkreisen beispielsweise nachfolgende anlagentechnische oder bauliche Maßnahmen ergriffen werden:

- Einsatz von AFDD nach DIN EN 62606/VDE 0665-10 „Allgemeine Anforderungen an Fehlerlichtbogen-Schutzeinrichtungen“ (2014),
- erd- und kurzschlusssichere Verlegung nach DIN VDE 0100-520 „Errichten von Niederspannungsanlagen – Teil 5-52: Auswahl und Errichtung elektrischer Betriebsmittel – Kabel- und Leitungsanlagen“ (2023),
- Einsatz von Steckfederklemmen nach DIN EN 60998-2-2 /VDE 0613-2-2 „Verbindungsmaterial für Niederspannungs-Stromkreise für Haushalt und ähnliche Zwecke – Teil 2-2: Besondere Anforderungen für Verbindungsmaterial als selbständige Betriebsmittel mit schraubenlosen Klemmstellen“ (2005),
- Abschottung der Leitungen mit nicht brennbaren Baustoffen (beispielsweise mineralischen Dämmstoffen).

Die **objektspezifische Dokumentation**, wie sie in Tabelle 2.39 dargestellt ist, unterstützt den Planer bei den Festlegungen zu diesem Themenkomplex.

2.5.1.4 Gebäudesystemtechnik, EDV-Netzwerk und Fotovoltaikanlagen

Gebäudesystemtechnik und EDV-Netzwerk

Zunehmend werden Gebäude mit einer Gebäudesystemtechnik ausgestattet. „Smarthome“ ist hier das Stichwort, mit dem verbunden wird, dass alles im Haus automatisch gesteuert werden kann. Allerdings funktionieren moderne Häuser auch mit einer konventionellen Elektroausstattung sicherlich vollständig. Nur die Möglichkeiten der Nutzung von Elektroinstallationen werden durch die Gebäudesystemtechnik erweitert. Das beginnt mit frei programmierbaren Lichtschaltstellen, die dann nicht mehr nur eine bestimmte Leuchte ein- und wieder ausschalten können, sondern prinzipiell jede beliebige Leuchte im Gebäude und auch alle anderen elektrischen Geräte, die in das Stromnetz integriert sind, und endet mit der Kommunikation der Geräte untereinander, die nach frei definierbaren Bedingungen Funktionen ausführen können.

Im Zusammenhang mit der Steuerung der Haustechnik muss jedoch bedacht werden, dass ein hochwärmegedämmtes Gebäude über eine Lüftungsanlage verfügt und

Tabelle 2.39: Objektmerkmal, Merkmalsausprägung bei dem spezifischen Projekt

Bauvorhaben (Adresse, BV-Nr.)	☐ Neueinrichtung der elektrischen Anlage (Neubau) ☐ Eingriff in bestehende elektrische Anlagen (Bestandsbau) bei gleichzeitiger Änderung der Nutzungs-/Betriebsbedingungen
Konstruktionsweise	☐ Holzskelettbau ☐ Holztafel- bzw. Holzrahmenbau ☐ Holzmassivbau
überwiegend verwendete Dämmstoffe in den Gefachen der Bauteile/Bauteilbereiche mit elektrischer Anlagenführung	☐ brennbar ☐ nicht brennbar
Feuerwiderstandsklasse	☐ nicht angegeben ☐ F 30; F 60; F 90 (Risikobewertung hier nicht gefordert)
besondere einzelfallbezogene Gefährdungen	
ermittelte bauvorhabenbezogene Risikoklasse (Gefährdung)	☐ 1 (keine) ☐ 2 (gering) ☐ 3 (mittel) ☐ 4 (hoch) ☐ 5 (sehr hoch)
Ort/Datum	Unterschrift

nur ein relativ kleines Heizsystem benötigt, wodurch aber kein höherer Regelungsaufwand als bei nicht so gut gedämmten Gebäuden entsteht. Das Gegenteil ist der Fall. Eine Nachtabsenkung ist beispielsweise bei einem guten Dämmniveau nicht mehr erforderlich und der Regelungsbereich bewegt sich in sehr engen Grenzen. Erfahrungen zeigen, dass jede Haustechnikeinheit die Regelung sehr leicht für sich selbst übernehmen kann und ein permanenter Eingriff des Nutzers gar nicht vonnöten ist – oder möglicherweise sogar eine Überregulierung bewirkt. Diese Aussage soll nicht das „Smarthome" in Abrede stellen – aber seinen Nutzen etwas relativieren.

Denn die Kosten für eine durchgängige Gebäudesystemtechnik liegen im Regelfall deutlich über denen einer konventionellen Elektroinstallation.

Das systematische Umsetzen einer Gebäudesystemtechnik über ein sogenanntes Bus-System kann Vieles vereinfachen. Wenn sich die Aktoren, das sind die Schaltstellen, die das jeweilige elektrische Gerät durch einen Signalimpuls an- oder ausschalten, nicht alle in einem Verteilerkasten befinden und nicht zu jeder Verbrauchsstelle ein eigenes Kabel gelegt werden muss, sondern Ringleitungen mit einer allgemeinen Stromversorgung mehrere Verbrauchsstellen erreichen, die einen Aktor direkt integriert haben, dann kann sehr viel Kabel eingespart und eine wirtschaftliche Installation erreicht werden. Zur Wirtschaftlichkeit gehört es auch, sich ein genaues Bild davon zu machen, was wirklich über die Gebäudesystemtechnik gesteuert werden muss und was mit einer konventionellen Elektroinstallation auskommt. Beispielsweise kann in einem Gäste-WC die Raumbeleuchtung mit einem einfachen An- und Ausschalter betrieben werden; es bedarf hier keines multifunktionalen Schalters. Dieses Licht muss auch sicherlich niemand von unterwegs ein- und wieder ausschalten.

2.5.1.5 Netzwerkinstallationen

Da die Nutzung von Computeranwendungen inzwischen in nahezu allen Haushalten weit verbreitetet ist, ist es bei der Planung von Elektroinstallationen immer ein Thema, über die Installation eines EDV-Netzwerkes nachzudenken. Natürlich bietet auch das kabellose WLAN inzwischen eine gute Übertragungsrate, sodass ein Kabelanschluss der Computer nicht unbedingt erforderlich ist. Jedoch ist der kabelgebundene EDV-Anschluss von Computern, aber auch von verschiedenen Endgeräten der Medientechnik, sicherer und oftmals etwas schneller als das hauseigene WLAN-Netz. So bietet es sich heute an, als Grundausstattung jeden Aufenthaltsraum mit mindestens einer Netzwerkdose auszustatten.

Fotovoltaikanlagen

Zur Eigenversorgung, aber auch zur Umsetzung einer breit gestreuten dezentralen Energieversorgung ist die Installation von Fotovoltaikmodulen auf oder an dem Gebäude eine Überlegung wert und ein guter Beitrag zum Klimaschutz. Dazu gesellt sich sinnvollerweise auch eine passende Batterieanlage, sodass eine höhere Quote der Eigenstromnutzung erreicht werden kann. Wenn die Investitions- und Betriebskosten einer PV-Anlage auf die produzierte Kilowattstunde umgelegt werden, dann ergeben sich Kosten pro Kilowattstunde von unter der Hälfte dessen, was der Einkauf von Strom heute kostet. Bei der Effektivität heutiger Fotovoltaikmodule und der Kapazität aktueller Speichersysteme können durchaus 70 % Eigenstromerzeugung erreicht werden. Damit bezahlt sich eine solche Anlage selbst und wirft auch eine Rendite ab.

Für die Planung einer Fotovoltaikanlage ist zu beachten, dass sowohl Brandschutzanforderungen als auch Vorschriften für den Blitzschutz und die Erdung der gesamten Anlage zu beachten sind.

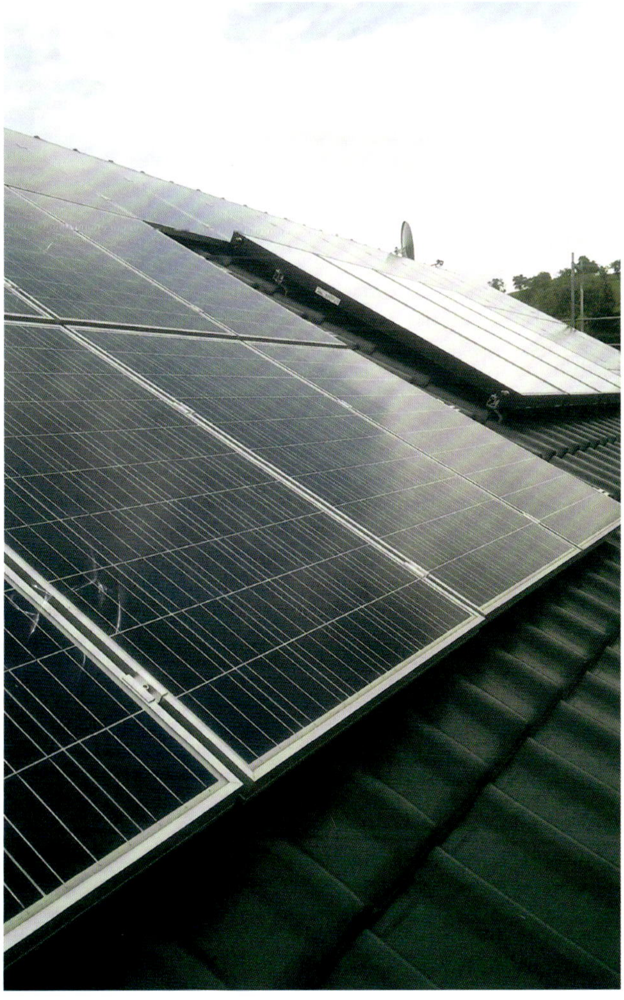

Abb. 2.85: Fotovoltaikanlage sowie thermische Kollektoren auf einem Dach

Die Standorte des Wechselrichters und des Batteriespeichers müssen genau geplant werden. Die Leitungslänge des Gleichstromkabels von den Modulen zum Wechselrichter sollte nicht zu lang sein, sofern nicht moderne Module gewählt werden, die an jedem Modul einen eigenen kleinen Wechselrichter haben.

Ein Blei-Akku als Speichersystem muss in natürlich belüfteten Räumen platziert werden, kann also nicht innerhalb der luftdichten Gebäudehülle aufgestellt werden. Diese Beschränkung gilt für den Lithium-Ionen-Akku nicht. Im Regelfall können die Batteriesysteme bei einem allgemeinen Stromausfall nicht als Notstromversorgung wirken. Die meisten PV-Speicher benötigen die Netzfrequenz, um überhaupt selbst Wechselstrom zur Verfügung stellen zu können. Derzeit bieten nur wenige Geräte die Möglichkeit, bei einem „Blackout" immerhin einen einzigen Stromkreis zu versorgen. Das sollte dann der Stromkreis sein, an dem wichtige Hausinfrastrukturgeräte angeschlossen sind, wie z.B. Gefriertruhe, Kühlschrank, Abwasserhebeanlage oder auch ein Computer-Server.

Im Zusammenhang mit der aufkommenden Elektromobilität ist die Installation einer durch die Fotovoltaikanlage gespeisten Wallbox als Ladestation für ein Elektroauto sinnvoll.

Aufgrund der Einspeisegesetzgebung beschränkt sich die maximale Größe einer Fotovoltaikanlage bei nicht gewerbsmäßigem Betrieb auf 10 kWpeak (kWp). Das entspricht ungefähr 36 PV-Modulen, die zusammen eine Größe von ca. 60 m² aufweisen.

übliche Größe eines PV-Moduls: (hochkant oder liegend montierbar)	1,60 m × 1,00 m
übliche Leistung eines PV-Moduls:	ca. 350 bis 450 Wp = 0,35 bis 0,45 kWp
Stromertrag je Kilowatt installierter Leistung:	ca. 700 bis 900 Wh/kWp/a

2.5.2 Sanitärinstallationen

Wie alle haustechnischen Anlagen ist auch die Sanitärinstallation frühzeitig in die Planung mit einzubeziehen, um von vornherein schon bei der Werkplanung für den Holzrohbau Klarheit über die Leitungsführung zu haben. Dann können Aussparungen schon in der Vorfertigung berücksichtigt werden; Aufhängungsmöglichkeiten für Sanitärobjekte können genau vorgeplant und vor dem Schließen von Wänden bereits eingebaut werden.

2.5.2.1 Sanitärobjekte

Bei der Entwurfsplanung von Badezimmern sind die Maße für Sanitärobjekte in Tabelle 2.40 zu berücksichtigen. Im Bereich des barrierefreien Bauens gilt Tabelle 2.41.

Tabelle 2.40: Empfohlene Maße von Sanitärobjekten, Bewegungsflächen, Montagehöhen und Mindestabständen (in Anlehnung an VDI 6000 Blatt 1)

Sanitärobjekt	Objektmaße		Bewegungsflächen		Montagehöhe		Mindestabstand	
	Breite in cm	Tiefe in cm	Breite in cm	Tiefe in cm	von in cm	bis in cm	zu Wänden in cm	Objekte voneinander in cm
Handwaschbecken	45	35	70	45				
Waschtisch	60	55	90	55	85	95	20	20
Doppelwaschtisch	120	55	150	55				
WC (Wandeinbau-spülkasten)	40	60	80	60	42[1)]	46[1)]	20/25[2)]	20
Bidet	40	60					25	25
Urinal	40	40	60	60	65	70	20/25[2)]	20
Badewanne	175	75	90	75		3)		20[4)]
Dusche	90	90	80	75				20[4)]

1) Bezugshöhe: Oberkante WC-Sitz
2) bei Wänden an beiden Seiten
3) Wannenboden auf gleicher Höhe wie Oberkante Fertigfußboden (OK FFB), (Vermeidung von Ausrutschen beim Ein- und Ausstieg)
4) Zwischen Badewanne und Dusche ist kein Mindestabstand erforderlich.

Abb. 2.86: Sanitärinstallation in einem Holzbau (hier: Massivholzbau)

2.5.2.2 Trinkwasserleitungen

Planungs- und Installationshinweise

Die Hinweise für die Planung und Ausführung von Trinkwasserleitungen in Tabelle 2.31, dort in den Spalten 2 und 5, sind zu beachten.

Arbeiten an Trinkwasserleitungen sind geregelt in der europäischen Normenreihe DIN EN 806 sowie in der Normenreihe DIN 1988, die auch als technische Regel des Deutschen Vereins des Gas- und Wasserfaches (DVGW) gilt:

- DIN EN 806-1 „Technische Regeln für Trinkwasser-Installationen – Teil 1: Allgemeines" (2001),
- DIN EN 806-2 „Technische Regeln für Trinkwasser-Installationen – Teil 2: Planung" (2005),
- DIN EN 806-3 „Technische Regeln für Trinkwasser-Installationen – Teil 3: Berechnung der Rohrinnendurchmesser – Vereinfachtes Verfahren" (2006),
- DIN EN 806-4 „Technische Regeln für Trinkwasser-Installationen – Teil 4: Installation" (2010),
- DIN EN 806-5 „Technische Regeln für Trinkwasser-Installationen – Teil 5: Betrieb und Wartung" (2012),
- DIN 1988-100 „Technische Regeln für Trinkwasser-Installationen – Teil 100: Schutz des Trinkwassers, Erhaltung der Trinkwassergüte" (2011),
- DIN 1988-200 „Technische Regeln für Trinkwasser-Installationen – Teil 200: Installation Typ A (geschlossenes System) – Planung, Bauteile, Apparate, Werkstoffe" (2012),
- DIN 1988-300 „Technische Regeln für Trinkwasser-Installationen – Teil 300: Ermittlung der Rohrdurchmesser" (2012),
- DIN 1988-500 „Technische Regeln für Trinkwasser-Installationen – Teil 500: Druckerhöhungsanlagen mit drehzahlgesteuerten Pumpen" (2021),
- DIN 1988-600 „Technische Regeln für Trinkwasser-Installationen – Teil 600: Trinkwasser-Installationen in Verbindung mit Feuerlösch- und Brandschutzanlagen" (2021).

Ein besonderes Augenmerk ist auf eine körperschallgedämmte Verlegung der Leitungen zu richten (Abb. 2.87),

Tabelle 2.41: Mindestmaße von Bewegungsflächen, Montagehöhen und Abständen beim barrierefreien und rollstuhlgerechten Bauen (in Anlehnung an DIN 18040-2).[1]

Sanitärobjekt	Bewegungsflächen				Montagekante (Objektoberkante)		Mindestabstand rollstuhlgerecht	
	barrierefrei		rollstuhlgerecht		von	bis	eine Seite	andere Seite
	Breite in cm	Tiefe in cm	Breite in cm	Tiefe in cm	in cm	in cm	in cm	in cm
Handwaschbecken								
Waschtisch						80		
Doppelwaschtisch								
WC (Wandeinbau-spülkasten)[2]	120	120	150	150	46	48	90	30
Bidet								
Badewanne					Lifter möglich			
Dusche						2		

1) Die empfohlenen Maße in Tabelle 2.40 gelten, wenn nichts anderes angegeben ist.
2) bei rollstuhlgerechter Ausführung: Tiefe mindestens 70 cm von rückwärtiger Wand und weiteren Ausstattungsgegenständen gemäß DIN 18040-2.

da Körperschall durch eine Schalllängsleitung über Wände und Decken auch in andere Räume übertragen werden kann. Zudem müssen alle Brauchwasserleitungen mit einer geschlossenzelligen Dämmung oder einer Dämmung mit außenseitiger Dampfsperre (Abb. 2.88) wärmegedämmt werden, damit einerseits bei Warmwasserleitungen keine großen Wärmeverluste auftreten und andererseits bei Kaltwasserleitungen keine Kondensatbildung an den Leitungen stattfinden kann. Leitungen, die die luftdichte Ebene (z.B. OSB-Platten oder Dampfbremsfolien) durchstoßen, müssen mit geeigneten Mitteln luftdicht an diese Schicht angeschlossen werden. Dies kann mit eigens dafür angebotenen Manschetten erfolgen oder durch eine Verklebung mit einem geeigneten Klebeband.

Rohrleitungen

Frischwasserführende Leitungen müssen aus Materialien bestehen, die keinen negativen Einfluss auf die Wasserqualität haben. Wasser ist ein Lebensmittel, an das höchste Ansprüche bezüglich der Wasserreinheit gestellt werden. Für die Werkstoffe von Rohrleitungen gelten die Regelwerke des DIN und des DVGW. Nur Produkte, die die Kennzeichnung „DVGW" aufweisen, dürfen im Trinkwasserbereich verwendet werden. Damit wird sichergestellt, dass bei einem Stillstand des Wassers über mehrere Stunden keine Schadstoffe aus dem Rohrmaterial das Wasser belasten können. Da durch den Sauerstoffgehalt im Wasser Metallleitungen korrodieren können, kommen im Regelfall Mehrschichtverbundrohre zum Einsatz (Abb. 2.89). Diese bestehen aus einem Metallkern, der außen und innen mit einer Kunststoffbeschichtung versehen ist. In der Regel handelt es sich bei dem Metall um Aluminium. Die Kunststoffbeschichtung besteht beispielsweise aus Polyethylen (PE-XE), das sich zu Wasser chemisch neutral verhält. Gegenüber reinen Kunststoffrohren ist bei Mehrschichtverbundrohren von Vorteil, dass der metallische Bereich aus Aluminium sauerstoffdicht ist. Dass sich die Rohre leicht biegen lassen und in der gebogenen Form verbleiben, ist ein weiterer großer Vorteil gegenüber reinen Kunststoffrohren. Rohrverbindungen sowie Verbindungen mit Bögen, Abzweigungen und dergleichen werden mit Verbindungsstücken (Fittingen) in einem Verpressverfahren hergestellt. Dabei wird das Fitting mit jeweils einem Ende in die zu verbindenden Rohrteile gesteckt. Dann wird das Fitting mit den Rohrteilen mittels einer Presszange so verpresst, dass diese Rohrverbindung ausreichend druckdicht wird. Gegenüber dem Löten von Kupferleitungen hat dieses Verfahren die Vorteile, dass es nicht nur schnell geht, sondern auch keine Brandgefahr bei der Arbeit entsteht. Dies ist insbesondere in einem Holzbau sehr wichtig. Wenn reine Metallrohre im Trinkwasserbereich eingesetzt werden sollen, kommen Kupferleitungen oder Edelstahlrohre infrage. Verzinkte Rohre (umgangssprachlich „C-Stahlrohre") sind nicht für die Trinkwasserinstallation geeignet, da die innere Zinkschicht korrosionsbedingt abgetragen werden kann.

Ob reine Kupferrohre einsetzbar sind, muss mit dem zuständigen Wasserversorger geklärt werden. Kupfer bildet innenseitig eine dünne, harte Oxidschicht, die die innere Oberfläche schützt und damit weitere Korrosion verhindert. Wenn jedoch im Trinkwasser Substanzen enthalten sind, die mit dem Kupfer reagieren könnten, dann kann Kupfer nicht für die Trinkwasserrohre zum Einsatz kommen. Die sehr gut für Trinkwasser geeigneten Edelstahlrohre sind auch als Systeme mit Rohrverbindungen mittels Press-Fittingen erhältlich. Da Edelstahlrohre und die für Trinkwasser nicht geeigneten verzinkten Rohre leicht verwechselt werden können, haben Letztere im Regelfall einen roten Aufdruck, während Edelstahlrohre am schwarzen Aufdruck erkennbar sind.

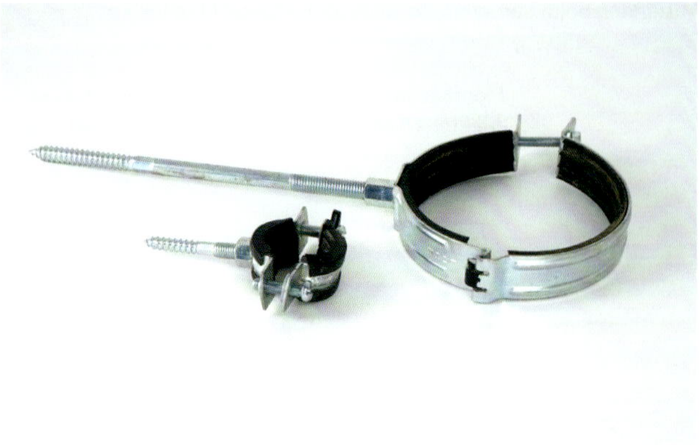

Abb. 2.87: Schallentkoppelte Rohrschellen

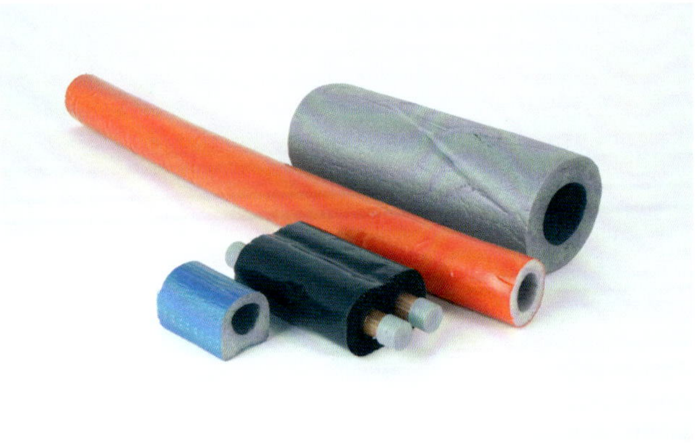

Abb. 2.88: Rohrdämmungen

Abb. 2.89: Mehrschichtverbundrohre

Führung von Rohrleitungen

Einzelne Frischwasserleitungen, die nicht in einem Installationsschacht oder einer Installationswand angeordnet sind, können bei Beachtung statischer und schalltechnischer Belange in der Konstruktion geführt werden. In Absprache mit dem Auftraggeber können in Nebenräumen, wie z.B. Abstellräumen, Leitungen auch sichtbar geführt werden.

Leitungsführung innerhalb der Konstruktion:

- Eine horizontale Führung im Deckenhohlraum ist nur dann sinnvoll, wenn die Leitungen parallel zu den Deckenbalken verlaufen. Bei rechtwinklig zu Deckenbalken verlaufenden Rohren müssen diese entweder unterhalb der Balken verlegt werden – dort ist i.d.R. zu wenig Platz vorhanden – oder es müssen Aussparungen in den Deckenbalken hergestellt werden. Ob solche Aussparungen Einfluss auf die Statik haben, ist mit dem Tragwerksplaner abzuklären.
- Bei Holzstegträgern als Deckenbalken besteht die Möglichkeit, im Stegbereich auch größere Öffnungen herzustellen, was durch die geringere Stegstärke von üblicherweise ca. 9 bis 12 mm sehr leicht umsetzbar ist. Doch auch in diesem Fall ist der Tragwerksplaner hinzuzuziehen, sofern es nicht vom Hersteller des Stegträgers eindeutige Regeln für die Ausführung von Durchbrüchen gibt.
- Die vertikale Führung von Leitungen in Wänden zwischen den Wandständern ist grundsätzlich problemlos möglich, jedoch stellen ggf. der obere und der untere Wandrähm eine Hürde dar. Durchbrüche durch die Wandrähme beeinflussen zwar die Statik des fertigen Gebäudes im Grunde genommen nicht, jedoch sind vorgefertigte Wandelemente an Stellen mit Durchbrüchen in den konstruktiven Hölzern geschwächt. Das kann sich beim Verladen und Montieren der Elemente auswirken. Deshalb ist ggf. zu prüfen, ob in solchen Bereichen Verstärkungen eingebaut werden müssen.
- Konstruktionsebene von Wänden müssen Wandständer durchbrochen werden. In Kapitel 6 sind dazu Detaillösungen dargestellt. Bei Holzstegträgern als Wandständer lassen sich in den Stegbereichen leicht Öffnungen für Leitungsdurchbrüche herstellen.

  Bei Leitungen mit Außendurchmessern inklusive der Dämmung von über 50 mm muss bei tragenden Wänden die Möglichkeit von Durchbrüchen mit dem Tragwerksplaner abgeklärt werden.
- Sollten aus konstruktiver oder statischer Sicht Durchbrüche durch Holzbauteile nicht in der notwendigen Abmessung möglich sein, dann sollte darüber nachgedacht werden, den Wandquerschnitt auf ein ausreichendes Maß zu verbreitern. Es könnte auch eine Doppelständerwand vorgesehen werden, die zwischen den Doppelständern ausreichend Platz für die Leitungen belässt.

Vorgefertigte Installationssysteme in Form von vorinstallierten Rohrregistern oder kompletten Vorwandinstallationen, an denen nur noch die Sanitärobjekte sowie die entsprechenden Armaturen anzuschließen sind, unterliegen systembedingten Einbaubedingungen, die im Einzelfall genau festzustellen sind, um die nötigen baulichen Voraussetzungen für ihren Einsatz schaffen zu können. Ähnlich verhält es sich mit vorgefertigten Sanitärzellen, die entweder komplett oder aus sehr wenigen Teilen bestehend einschließlich der Installation in das Bauwerk eingesetzt werden können. Vor- und Nachteile der vorgefertigten Installationssysteme und Sanitärzellen sollen hier nicht abgewogen werden.

Dichtheitsprüfung von Rohren

Bevor Wände und Decken im Zuge des Trockenbaus in den Bereichen, in denen Rohre verlegt sind, geschlossen werden und verlegte Rohre durch den Einbau von Estrich überdeckt werden, muss durch eine Druckprüfung die Dichtheit des Rohrsystems nachgewiesen werden. Dieses sogenannte

Abdrücken geschieht mit Wasser oder mit ölfreier, sauberer Luft. Dazu werden alle Rohrenden verschlossen und an einer Stelle wird ein Ventil mit einem Manometer angeschlossen. Der im Rohrsystem aufzubauende geringe Druck bleibt dann möglichst über mehrere Tage bestehen. An dem Manometer kann abgelesen werden, ob ein Druckabfall stattfindet, der auf das Vorhandensein von Leckagen hinweisen könnte. Eine Dichtheitsprüfung mit Wasser setzt voraus, dass nur gefiltertes Trinkwasser verwendet wird, das keine Partikel enthält, die größer als 150 µm sind, und dass das Wasser nach der Prüfung wieder vollständig entfernt werden kann, damit bis zur endgültigen Inbetriebnahme in den Rohren keine Verkeimung entstehen kann. Wenn das Rohrleitungssystem bis zur Inbetriebnahme bzw. bis zur endgültigen Nutzung nicht entleert wird, muss es in regelmäßigen Abständen von bis zu 7 Tagen mit Trinkwasser gespült werden. Aus diesem Grund ist während des Bauablaufs eine Dichtheitsprüfung mit Luft einer Prüfung mit Wasser vorzuziehen.

Die Dichtheitsprüfung muss nach DIN EN 806-4 ausgeführt und vollständig dokumentiert werden. Diese Dokumentation ist von dem Installateur als Nachweis aufzubewahren. Es ist im Vorfeld der Bauausführung der Sanitäranlagen zwischen den Baubeteiligten zu klären, ob die Druckprüfung vor dem Verschließen von Wänden und Decken sowie vor dem Estricheinbau ausreichend ist, um als Dichtheitsprüfung zur Inbetriebnahme zu gelten. In diesem Zusammenhang sei auf die in diesem Fall zutreffende ATV DIN 18381 „Gas-, Wasser- und Entwässerungsanlagen innerhalb von Gebäuden"(2019) verwiesen. Darin ist geregelt, dass eine Dichtheitsprüfung zu den Grundleistungen des Installateurs gehört, jedoch eine „zusätzliche Druckprüfung sowie zusätzliches Füllen und Entleeren der Leitungen aus Gründen, die der Auftraggeber zu vertreten hat", als Besondere Leistungen gelten, also von dem Installateur zusätzlich in Rechnung gestellt werden können.

Die Bauleitung muss vor der Freigabe der Ausführung von Arbeiten zum Verschließen von Wänden und Decken sowie zum Einbau des Estrichs sicherstellen, dass die Dichtheitsprüfung aller verlegten Rohre erfolgreich durchgeführt worden ist. Dazu hat sich der Bauleiter die Prüfprotokolle von dem Installateur aushändigen zu lassen. Die durchgeführte Dichtheitsprüfung und das Prüfergebnis sind im Bautagebuch zu dokumentieren. Zeitverzögerungen durch Nachbesserungen an Rohrleitungen wegen Undichtigkeit, die das Verschieben von Nachfolgearbeiten zur Folge haben, sind ebenfalls im Bautagebuch zu vermerken.

2.5.2.3 Entwässerungsleitungen

Planungs- und Installationshinweise

Die Hinweise für die Planung und Ausführung von Entwässerungsleitungen in Tabelle 2.31, dort in den Spalten 2 und 4, sind zu beachten. Arbeiten an Entwässerungsleitungen sind geregelt in der Normenreihe DIN EN 12056:

- DIN EN 12056-1 „Schwerkraftentwässerungsanlagen innerhalb von Gebäuden – Teil 1: Allgemeine und Ausführungsanforderungen" (2001),
- DIN EN 12056-2 „Schwerkraftentwässerungsanlagen innerhalb von Gebäuden – Teil 2: Schmutzwasseranlagen, Planung und Berechnung" (2001),
- DIN EN 12056-3 „Schwerkraftentwässerungsanlagen innerhalb von Gebäuden – Teil 3: Dachentwässerung, Planung und Bemessung" (2001),
- DIN EN 12056-4 „Schwerkraftentwässerungsanlagen innerhalb von Gebäuden – Teil 4: Abwasserhebeanlagen; Planung und Bemessung" (2001),
- DIN EN 12056-5 „Schwerkraftentwässerungsanlagen innerhalb von Gebäuden – Teil 5: Installation und Prüfung, Anleitung für Betrieb, Wartung und Gebrauch" (2001).

Grundleitungen unterhalb des Gebäudes und Regenwasserleitungen am Gebäude gehören noch zu dem Anwendungsbereich der Normenreihe DIN EN 12056. Für außerhalb der Gebäudeaußengrenzen liegende Entwässerungsleitungen gilt DIN EN 752 „Entwässerungssysteme außerhalb von Gebäuden – Kanalmanagement" (2017). Die Entwässerung außerhalb von Gebäuden wird an dieser Stelle nicht weiter betrachtet.

In Ergänzung zu den vorgenannten europäischen Normen gilt DIN 1986-100 „Entwässerungsanlagen für Gebäude und Grundstücke – Teil 100: Bestimmungen in Verbindung mit DIN EN 752 und DIN EN 12056" (2016) mit auf Deutschland bezogenen speziellen Regelungen.

Beim Abwasserbegriff wird unterschieden zwischen Grauwasser, damit wird fäkalienfreies Abwasser bezeichnet, Schwarzwasser, das ist fäkalienhaltiges Abwasser, und Regenwasser. Als Letzteres wird Niederschlagswasser benannt, das nicht durch Gebrauch verunreinigt wurde. Schmutzwasser ist der Oberbegriff für Grauwasser und Schwarzwasser zusammen.

Bei der Abwasserentsorgung werden 2 Systeme unterschieden: Im Mischsystem werden in der Entwässerungsanlage Regen- und Schmutzwasser in einer Leitung entwässert. Beim Trennsystem werden dagegen in der Entwässerungsanlage das Regen- und das Schmutzwasser jeweils in getrennten Leitungen geführt. Innerhalb des Gebäudes müssen Regenwasser und Schmutzwasser im Trennsystem geführt werden.

Entwässerungsanlagen sind so zu planen und zu installieren, dass die Gesundheit und die Sicherheit der Benutzer und der Personen, die sich im Gebäude aufhalten, nicht beeinträchtigt werden. Das betrifft insbesondere:

- Undichtheit in der Anlage,
- Rückstau von Abwasser ins Gebäude,
- Austreten von Kanalgasen ins Gebäude,
- Verunreinigung der Trinkwasseranlage,
- Brandübertragung in andere Brandabschnitte.

Aus diesen Gründen müssen Entwässerungsanlagen gegenüber den auftretenden Betriebsdrücken ausreichend wasser- und gasdicht sein. Das Risiko von Verstopfungen bei normalem bestimmungsgemäßem Gebrauch soll so gering wie möglich gehalten werden. Ein Rückstauschutz für Abwasser, das unterhalb der Rückstauebene anfällt, soll über eine automatische Abwasserhebeanlage erreicht werden und nur in Ausnahmefällen sollen Rückstauverschlüsse vorgesehen werden.

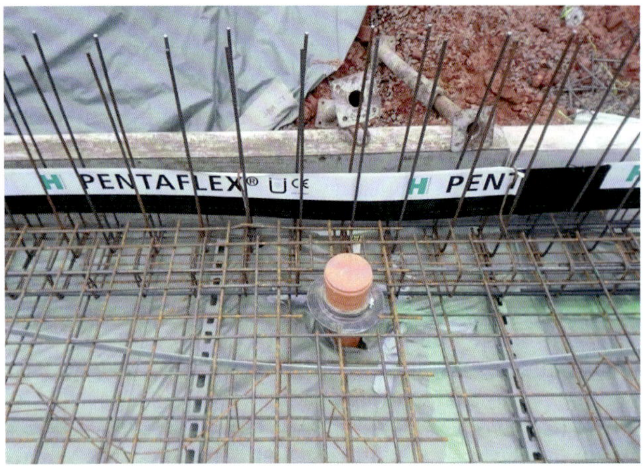

Abb. 2.90: Vorbereitung einer Entwässerungsleitung vor dem Betonieren der Bodenplatte

Regenwasseranlagen

Um die Einleitung von Niederschlagswasser in die öffentliche Abwasseranlage zu reduzieren, sollen vorrangig alle Möglichkeiten der dezentralen Niederschlagswasserbewirtschaftung genutzt werden:

- Speicherung und Nutzung (z.B. mittels Regenwassernutzungsanlagen),
- Versickerung, ggf. in Kombination mit der Einleitung in die Kanalisation,
- Einleitung in oberirdische Gewässer.

Die Vorgaben der unteren Wasserbehörde bzw. des Kanalnetzbetreibers sind zu beachten, insbesondere wenn eine Einleitung in die Kanalisation erfolgen soll. Es kann Einleitungsbeschränkungen, wie z.B. eine Pflicht zur Rückhaltung oder festgelegte gedrosselte Ableitungen, geben.

An dieser Stelle sei erwähnt, dass es grundsätzlich nicht erlaubt ist, Drainagewasser in die öffentliche Kanalisation einzuleiten. Da das dauerhafte Funktionieren von Drainageanlagen ohnehin fragwürdig ist, wird grundsätzlich empfohlen, durch ein funktionierendes und gut geplantes Abdichtungskonzept aller erdberührten Teile des Gebäudes (Weiße oder Schwarze Wanne) eine Drainage mit um das Gebäude verlegten Leitungen überflüssig zu machen. Ansonsten gilt für die Ausführung von Drainagen DIN 4095 „Baugrund; Dränung zum Schutz baulicher Anlagen; Planung, Bemessung und Ausführung" (1990).

Dachentwässerung

Für die Niederschlagswasserableitung bei geneigten Dächern kommen sowohl vorgehängte als auch innen liegende Rinnen in Betracht. Innen liegende Rinnen sind bezüglich der Abdichtung so zu planen, dass kein aufstauendes Wasser in den Baukörper eindringen kann. Die Ausführung solcher innen liegenden Rinnen ist sehr sorgfältig durchzuführen und durch die Bauleitung zu überwachen. Eine vorgehängte Rinne ist innen liegenden Rinnen immer vorzuziehen, wenn es planerisch möglich ist.

Flachdächer können über Flachdachabläufe nach DIN EN 1253-2 „Abläufe für Gebäude – Teil 2: Dachabläufe und Bodenabläufe ohne Geruchverschluss" (2015), aber auch über innen liegende Rinnen entwässert werden. Die Auslegung erfolgt über den Berechnungsregen. Bei Starkregenereignissen oberhalb des Berechnungsregens kann es zu einem Stau auf den Dachflächen kommen, deshalb muss grundsätzlich jedem Entwässerungstiefpunkt auf dem Dach neben dem Ablauf eine Notentwässerung zugeordnet werden. Die zusätzliche Belastung aus einer Überflutung bis zur Höhe einer gesicherten freien Notentwässerung muss im Standsicherheitsnachweis für das Gebäude berücksichtigt sein. Deshalb sind dem Tragwerksplaner die zu berücksichtigenden Wasserstände mit anzugeben. Bei einer Dachbegrünung muss der statische Nachweis die Sollwassertiefe für die Notentwässerung berücksichtigen. Bei solchen Dächern sind durch einen mindestens 50 cm breiten Kiesrand die Dachabläufe gegen Zuwachsen durch die Begrünung zu schützen.

Die Notentwässerung über Notüberläufe oder Notabläufe darf nicht an die Entwässerungsanlage angeschlossen werden, sondern muss mit einem freien Auslauf schadlos über Grundstücksflächen erfolgen.

Planung und Bemessung von Rinnen und Fallrohren

Die Auslegung von Rinnenquerschnitten sowie der Lage und Größe von Fallrohren und Grundleitungen erfolgt anhand der DIN 1986-100. Der Zentralverband des Deutschen Dachdeckerhandwerks (ZVDH) hat auf Basis dieser Norm das Merkblatt zur Bemessung von Entwässerungen mit Beispielrechnungen und Bemessungstabellen herausgegeben.

Die verschiedenen Rinnenformen und Rinnengrößen weisen unterschiedliche durchströmte Querschnittflächen und Sollwassertiefen auf, die für die Bemessung relevant sind. Der Abflussbeiwert der Rinne selbst hängt von der Rinnenlänge und der Rinnenneigung ab. Auch der Durchmesser des angeschlossenen Fallrohrs und die Art des Anschlusses – ob mit oder ohne Einlauftrichter – ist für die Bemessung von Bedeutung.

Je nachdem, ob es sich um vorgehängte oder innen liegende Rinnen handelt, muss mit unterschiedlichen Sicherheitsfaktoren dimensioniert werden: Bei üblichen vorgehängten Rinnen beträgt der Sicherheitsfaktor 1,0, wenn ein Überfließen der der Rinne jedoch unangenehme Folgen haben könne, wie bei Eingangsbereichen öffentlich zugänglicher Gebäude, dann erhöht sich der Faktor auf 1,5. Bei innenliegenden Rinnen ist der Sicherheitsfaktor 2,0 anzusetzen und bei Gebäuden, bei denen ein außergewöhnliches Maß an Schutz erforderlich ist, wie z.B. Krankenhäuser, so wird mit dem Faktor 3,0 bemessen.

Für jede Dachfläche, an die eine Rinne angeschlossen ist, wird separat bemessen. Um aus optischen Gründen mit nur einem Rinnenquerschnitt und einem Fallrohrdurchmesser am gesamten Gebäude zu arbeiten, kann auch die größte Einzelfläche für die Dimensionierung herangezogen werden. Für die Bemessung der Grundleitungen und die

Dimensionierung von Zisternen oder Versickerungsanlagen sind alle mit Niederschlagswasser beaufschlagten Flächen zu betrachten. Maßgebend ist die projizierte Grundfläche der jeweiligen Dachfläche. In Verbindung mit der statistisch üblichen Starkregenmenge von 5 Minuten Dauer innerhalb von 5 Jahren, der Regenspende $r(5,5)$, wird der regelmäßige Ablauf geplant, und mit dem „100-Jahres-Ereignis" $r(5,100)$ wird das Funktionieren der Notentwässerung ermittelt. Der Anhang A zur DIN 1986-100 gibt für viele Standorte in Deutschland die entsprechenden Regenspenden in l/(s · ha) an.

Der Regenwasserabfluss Q_r einer wirksamen, im Grundriss projizierten Niederschlagsfläche A hängt auch vom Abflussbeiwert der Oberfläche ab. So liegt der Spitzenabflussbeiwert von Ziegeldächern bei $C_s = 1{,}0$ und bei bekiesten Flachdächern beträgt dieser Wert $C_s = 0{,}8$.

Mit folgender Formel lässt sich der Regenwasserabfluss ermitteln (siehe DIN 1986-100, Abschnitt 14.2.1):

$$Q_r = r_{(D,T)} \cdot C \cdot A \cdot 1/10.000$$

Für eine mit Ziegeln eingedeckte Dachfläche von 80 m² im Grund ergibt sich beispielsweise am Standort Kaiserslautern mit $r_{(5,5)} = 342$ l/(s · ha) folgender Wert:

$$Q_r = 342 \cdot 80 \cdot 1/10.000 = 2{,}736 \text{ l/s}$$

Grundleitungen

Außer bei nicht unterkellerten Gebäuden sollte auf Grundleitungen innerhalb von Gebäuden verzichtet werden und stattdessen sollten Sammelleitungen innerhalb des Kellers verlegt werden. Dadurch sind diese Leitungen leicht inspizierbar und sanierbar. Wenn bei Gebäuden dennoch Grundleitungen unter dem Haus verlegt werden müssen (bei Gebäuden auf einerBodenplatte oder teilweise im Hang einbindenden Gebäuden), dann sollten die Grundleitungen möglichst kurz und geradlinig aus dem Gebäudebereich herausgeführt werden.

Dichtheit von Abwasserleitungen

Abwasserleitungen müssen einschließlich ihrer Verbindungen dauerhaft dicht sein. Dazu müssen sie einem inneren und äußeren Überdruck bis 50 kPa bzw. 0,5 bar standhalten. Insbesondere bei Holzrahmenbauten ist es sinnvoll, für alle innerhalb der Gebäude verlegten Entwässerungsrohre eine Druck- und Dichtheitsprüfung vor dem Verschließen von Wänden und Decken, innerhalb derer diese Rohre verlegt sind, durchzuführen. Eine solche Prüfung ist nach ATV DIN 18381 nicht Gegenstand der Grundleistungen, sondern bei Entwässerungsleitungen als Besondere Leistung zusätzlich zu vergüten (im Gegensatz zur Dichtheitsprüfung bei Frischwasserleitungen, die eine Grundleistung darstellt). Für erdverlegte Abwasserleitungen kann seitens des Kanalnetzbetreibers der Nachweis einer bestandenen Druckprüfung gefordert werden.

Abb. 2.91: HT-Rohre

Entwässerungsleitungen müssen so verlegt werden, dass sie gegen ein Auseinandergleiten von nicht kraftschlüssig miteinander verbundenen Anlagenteilen gesichert sind.

Führung von Rohrleitungen

Einzelne Entwässerungsleitungen, die nicht in einem Installationsschacht oder einer Installationswand angeordnet sind, können bei Beachtung statischer und schalltechnischer Belange in der Konstruktion geführt werden. In Absprache mit dem Auftraggeber können in Nebenräumen, wie z.B. Abstellräumen, Leitungen auch sichtbar geführt werden. Das hat den Vorteil, dass die Leitungsgeräusche innerhalb des betreffenden Raumes gehalten werden und eine Körperschallübertragung nur über die schalldämmende Rohrbefestigung zur Wand hin stattfindet, sodass die schalldämmende Wirkung der gesamten Wand genutzt werden kann.

Für eine Leitungsführung innerhalb der Konstruktion ergeben sich folgende Möglichkeiten:

- Bei einer vertikalen Führung in Gefachebereichen von Außenwänden muss bei Durchdringungen der luftdichten Ebene eine luftdichte Verklebung erfolgen.
- Eine horizontale Führung im Deckenhohlraum zwischen Deckenbalken ist nur dann sinnvoll, wenn die horizontale Führung parallel zu den Deckenbalken verläuft. Es ist zu beachten, dass die Schalldämmung, insbesondere zum darunterliegenden Raum hin, nur geringe Anforderungen erfüllt. Eine horizontale Leitungsführung in der Konstruktion sollte deshalb nur über den untergeordneten Räumen erfolgen, damit Fließgeräusche keine negativen Auswirkungen haben.
- Eine horizontale und eine vertikale Führung von Rohrleitungen in den Wänden ist bei tragenden Innenwänden möglich, wenn der Leitungsquerschnitt nicht größer als 50 mm ist und der Ständerquerschnitt verdoppelt wird.
- Bei in Wänden verlegten Entwässerungsrohren entstehen Fließgeräusche, die einen benachbarten Raum belasten können. Deswegen muss dem Schallschutz von Entwässerungsrohren besondere Aufmerksamkeit gewidmet werden, indem schalldämmende Rohre und Aufhängungen verwendet werden bzw. ein Schallschutzschlauch über die Rohre gezogen wird. Dennoch ist es in solchen Fällen kaum erreichbar, dass gar nichts von den Fließgeräuschen zu hören ist. Insbesondere in Wänden, die an Schlafräume angrenzen, sollten deshalb keine innen liegenden Entwässerungsrohre enthalten sein. Falls sich eine solche Leitung nicht vermeiden lässt, sollte diese in einer Installationsebene auf der dem Schlafraum abgewandten Seite geführt werden.

Rohrmaterialien

Grundleitungen werden im Erdreich meist mit PVC-haltigen KG-Rohren (Kanalgrundrohren) nach DIN 1401 „Kunststoff-Rohrleitungssysteme für erdverlegte drucklose Abwasserkanäle und -leitungen – Weichmacherfreies Polyvinylchlorid (PVC-U) – Teil 1: Anforderungen an Rohre, Formstücke und das Rohrleitungssystem" (2023) ausgeführt. Zur Vermeidung von PVC gibt es für diesen Einsatzfall auch zugelassene Produkte aus Polyethylen (PE) und Polypropylen (PP). Entwässerungsleitungen innerhalb des Gebäudes werden mit grauen HT-Rohren (Hochtemperaturrohren; Abb. 2.91) hergestellt, die bis 95 °C wärmebeständig sind und meist aus Polypropylen (PP) bestehen. Auch Grauguss-Rohre (SML-Rohre) werden zu diesem Zweck verwendet.

Entwässerungsrohre werden mit „DN" + Rohraußendurchmesser in mm bezeichnet.

KG-Rohre sind in den Größen DN 110, DN 125, DN 160, DN 200, DN 250, DN 315, DN 400 und größer erhältlich, HT-Rohre in den Größen DN 32, DN 40, DN 50, DN 75, DN 90, DN 110, DN 125 und DN 160.

Bei der Planung von Hohlräumen, Leitungsschächten und Aussparungen ist zu beachten, dass die Muffen zusätzlichen Platzbedarf haben. Auch für die Rohrschellen zur Befestigung der Rohre muss ausreichend Platz vorhanden sein.

Rohrbögen sind mit den Winkeln 15°, 30°, 45°, 67° und 87° lieferbar. Bei Abzweigen gibt es die Winkel 45°, 67° und 87°. Für die verschiedenen Durchmesser gibt es passende Übergangsstücke.

Lüftung von Entwässerungsrohren

Grundsätzlich müssen alle Fallleitungen als Lüftungsleitung über Dach geführt werden, jedoch gibt es auch die Möglichkeit, Belüftungsventile als Ersatz von Hauptlüftungsleitungen einzusetzen. Dies ist insbesondere bei Ein- und Zweifamilienhäusern möglich, wenn mindestens eine Fallleitung über Dach geführt wird. Dabei muss es sich um die Fallleitung mit der größten Nennweite handeln. Belüftungsventile (Rohrbelüfter) müssen revisionierbar sein, d.h., wenn sie nicht direkt zugänglich sind, muss eine ausreichend dimensionierte Revisionsklappe davor eingebaut werden. Außerdem muss ausreichender Luftzutritt zum Ventil möglich sein. Diese Ventile ermöglichen einen Luftzutritt in das Rohrsystem, wenn Unterdruck durch abfließendes Wasser im Rohr entsteht (Abb. 2.92). Somit wird vermieden, dass die Geruchverschlüsse (Syphons) durch Unterdruck leergesaugt werden. Bei Überdruck im Rohr schließt das Ventil, sodass keine Kanalgase in das Gebäude eindringen können.

Vorteile des Einsatzes von Rohrbelüftern anstelle von Lüftungsrohren über Dach sind die Vermeidung von Wärmebrücken beim Durchdringen der Wärmedämmschicht der Gebäudehülle (gedämmtes Dach oder gedämmte oberste Geschossdecke) und die wesentlich geringeren Kosten. Das Rohrbelüftungsventil und die Revisionsklappe sind sehr kostengünstig im Vergleich zu dem für eine Lüftungsleitung über Dach erforderlichen längeren Rohrstrang, der aufwendigen Dachdurchführung mit Luftdichtheitsmanschette und Abdichtung in der zweiten wasserführenden Ebene sowie der speziellen Durchführung durch die Dachhaut mit entsprechender Abdichtung.

Abb. 2.92: Rohrbelüfter

Diese zuletzt beschriebenen Maßnahmen sind allerdings bei einer Leitungsführung über Dach nur einmal für das eine über Dach zu führende Fallrohr erforderlich. Zu beachten ist, dass dieses Rohr im Winter kalte Luft führt und deswegen auch eine ausreichende Dämmung gegen Kondensatbildung auf der Rohroberfläche erhalten muss.

Reinigungsöffnungen

An folgenden Stellen sind Reinigungsöffnungen in den Entwässerungsrohrleitungen auszuführen:

- als Reinigungsverschlüsse in Grundleitungen und Sammelleitungen mindestens alle 20 m,
- als Reinigungs- und Rohrendverschlüsse in Sammelleitungen,
- als Reinigungsrohre unmittelbar am Übergang der Fallleitung in eine liegende Leitung,
- als Reinigungsrohre in Fallleitungen oder als Rohrendverschlüsse an zugänglichen Stellen am Übergang von einer lotrechten Leitung in eine Sammelleitung.

In Anschluss-, Fall- und Sammelleitungen dürfen Reinigungsrohre mit runder Öffnung verwendet werden. Wenn die Rohrleitungen in Wänden oder Decken verlegt sind, müssen die Reinigungsöffnungen über ausreichend dimensionierte Revisionsklappen zugänglich sein.

Dimensionierung von Schmutzwasserleitungen

Die Auslegung von Fallrohren und Grundleitungen für Schmutzwasserleitungen erfolgt anhand der DIN 1986-100, nachdem alle Entwässerungsobjekte in den Grundrissen der Geschosse festgelegt sind. Ein Strangschema der Entwässerungsleitungen mit Abwicklung der Leitungslänge ist darzustellen. Für jedes Entwässerungsobjekt sind der Anschlusswert *DU* in l/s und der Durchmesser der Einzelanschlussleitung gemäß der DIN 1986-100, Abschnitt 14.1.3, zu ermitteln. So haben beispielsweise Waschbecken einen Anschlusswert von *DU* = 0,5 l/s und einen Durchmesser der Einzelanschlussleitung von DN 40. WCs mit einem 6,0-l-Spülkasten haben einen Anschlusswert von DU = 2,0 l/s und einen Durchmesser der Einzelanschlussleitung von DN 80 bis DN 100.

Sammelanschlussleitungen werden über die Summe der Anschlusswerte der angeschlossenen Sanitärgegenstände dimensioniert. Bei zusammenkommenden Rohrsträngen addieren sich diese Werte zur Summe ΣDU. Daraus errechnet sich der Abflussbeiwert Q_{ww} in l/s mit folgender Gleichung:

$$Q_{ww} = K\sqrt{\Sigma DU}$$

Die Abflusskennzahl K beträgt bei Wohngebäuden $K = 0{,}5$.

Rohrdurchmesser von Fallrohren und Grundleitungen liegen bei Ein- und Zweifamilienhäusern im Regelfall bei DN 110.

Bei belüfteten Rohrsträngen beträgt das Mindestgefälle von Sammel- und Grundleitungen 0,5 cm pro Meter (= 0,5 %).

2.5.3 Lüftungsanlagen

Lüftungskonzept nach DIN 1946-6

Zum Schutz der Gebäudehülle vor Tauwasserausfall innerhalb der Konstruktion und aufgrund des Ziels aus dem Gebäudeenergiegesetz (GEG), die Lüftungswärmeverluste eines Gebäudes weitestgehend zu reduzieren, muss die Gebäudehülle so luftdicht wie möglich ausgebildet werden. Luftwechselraten n_{50} von deutlich kleiner als 1,5 h^{-1}, d.h., das gesamte Raumluftvolumen wird in einer Stunde eineinhalbmal ausgetauscht, gehören im Holzhausbau bereits seit geraumer Zeit zum Sand der Technik. Viele Holzrahmenbauten weisen sogar Werte von deutlich unter 1 h^{-1} auf.

Gleichzeitig ist aus Gründen der Hygiene und der Behaglichkeit die Zuführung von Frischluft erforderlich. Und um dabei weiterhin Heizenergie zu sparen, sind intelligente und nutzergerechte Lüftungskonzepte notwendig.

Folgende gesetzliche und normative Regelungen stehen hier im Zusammenhang:

a) § 13 GEG gibt vor: *„Ein Gebäude ist so zu errichten, dass die wärmeübertragende Umfassungsfläche einschließlich der Fugen dauerhaft luftundurchlässig nach den anerkannten Regeln der Technik abgedichtet ist. Öffentlich-rechtliche Vorschriften über den zum Zweck der Gesundheit und Beheizung erforderlichen Luftwechsel bleiben unberührt."*

b) DIN 4108-2 legt in Abschnitt 4.2.3 fest: *„Auf ausreichenden Luftwechsel ist aus Gründen der Hygiene, der Begrenzung der Raumluftfeuchte sowie [...] zu achten."*

c) DIN 1946-6 fordert in Abschnitt 4.1: *„Für die Nutzung von Wohnungen ist eine ausreichende Lüftung notwendig. [...] für neu zu errichtende Gebäude ist deshalb ein Lüftungskonzept zu erstellen. Das Lüftungskonzept umfasst die Feststellung der Notwendigkeit von lüftungstechnischen Maßnahmen, einen Vorschlag für ein nutzerunabhängig wirksames Lüftungssystem sowie die Festlegung der ggf. notwendigen weiteren nutzerabhängigen Lüftungsmaßnahmen. Dabei sind bauphysikalische, lüftungs- und gebäudetechnische Erfordernisse sowie auch Anforderungen der Hygiene zu beachten."*

Das bedeutet, dass für neu zu errichtende Holzrahmenbauten ein Lüftungskonzept grundsätzlich zu erstellen ist.

Der Planer und bei der Übernahme von Planungsleistungen ggf. auch das am Bau ausführende Unternehmen müssen im Rahmen eines Lüftungskonzeptes nach DIN 1946-6 festlegen, wie der aus Gründen der Hygiene und des Feuchteschutzes notwendige Mindestluftwechsel erfolgen soll. Das Lüftungskonzept kann von jedem Fachmann erstellt werden, der in der Planung, der Ausführung oder der Instandhaltung von lüftungstechnischen Anlagen bzw. in der Planung und Modernisierung von Gebäuden tätig ist.

Kernstück der DIN 1946-6 ist die Einteilung von 4 Lüftungsstufen unterschiedlicher Intensität:

- **Lüftung zum Feuchteschutz:** Die Lüftung zum Feuchteschutz muss ständig und nutzerunabhängig gewährleistet werden. Es handelt sich um eine Mindestlüftung in Abhängigkeit vom Wärmeschutzniveau des Gebäudes zur Gewährleistung des Feuchteschutzes unter üblichen Nutzungsbedingungen.
- **reduzierte Lüftung:** notwendige Lüftung zur Gewährleistung des hygienischen Mindeststandards in Bezug auf die Schadstoffbelastung und den Feuchteschutz bei zeitweiliger Abwesenheit des Nutzers. Diese Stufe muss weitestgehend nutzerunabhängig sichergestellt werden.
- **Nennlüftung:** notwendige Lüftung zur Gewährleistung des Feuchteschutzes und der Erfüllung der hygienischen Anforderungen bei einer normalen Nutzung der Wohneinheit. Eine aktive Fensterlüftung durch den Nutzer kann für diese Lüftungsstufe teilweise herangezogen werden.
- **Intensivlüftung:** dient dem Abbau von Lastspitzen (z.B. durch Kochen, Waschen, Wäschetrocknen). Eine aktive Fensterlüftung durch den Nutzer kann hier ebenso berücksichtigt werden.

Lüftungstechnische Maßnahmen

Die DIN 1946-6 unterscheidet zwischen freier Lüftung und ventilatorgestützter Lüftung.

Bei der freien Lüftung wird planerisch zwischen Querlüftung und Schachtlüftung unterschieden.

Im Bereich der ventilatorgestützten Lüftung gibt es die Möglichkeiten eines Abluftsystems ohne Wärmerückgewinnung und eines Zu- und Abluftsystems, das mit Wärmerückgewinnung ausgeführt werden sollte.

Im Rahmen des Lüftungskonzeptes muss geprüft werden, ob lüftungstechnische Maßnahmen notwendig sind. Dabei wird ermittelt, ob der über verbleibende Undichtheiten der Gebäudehülle wirksame Infiltrationsluftvolumenstrom in Verbindung mit einer ansetzbaren Fensterlüftung ausreicht, um die für den Feuchteschutz erforderliche Lüftung zu gewährleisten. Für die Ermittlung gibt DIN 1946-6 die notwendigen Formeln vor. Die Berechnung lässt sich „von Hand" erstellen, es gibt jedoch zahlreiche Computerprogramme, die dabei unterstützen.

In der Regel zeigt sich, dass bei neu errichteten, luftdichten Gebäuden mit n_{50} unter 1,5 h^{-1} eine reine Fensterlüftung nicht ausreichend ist. Das bedeutet, dass im modernen Holzrahmenbau im Regelfall eine ventilatorgestützte Lüftung vorzusehen ist. Im Rahmen des Lüftungskonzeptes ist der Auftraggeber darüber zu informieren.Falls eine solche technische Anlage auf Wunsch des Auftraggebers nicht eingebaut werden soll, sind von dem Planer und von der ausführenden Seite entsprechende Bedenken schriftlich vorzubringen.

Ventilatorgestützte Lüftungsanlagen

Reine Abluftanlagen haben den Nachteil, dass die in der abgesaugten Luft vorhandene Wärme nicht zurückgewonnen wird und so nicht genutzt werden kann. Über Außenwand-Luft-Durchlässe (ALD) strömt kalte Außenluft in die Räume. Eine solche Anlage trägt nicht unbedingt zur Erhöhung der Behaglichkeit im Gebäude bei und hat relativ wenige positive Auswirkungen auf den Energieverbrauch des Gebäudes. Einziger Vorteil ist die Verbesserung der Hygiene, da in den Räumen, in denen Feuchte und Gerüche entstehen, die Abluft abgesaugt wird.

Wenn ohnehin eine technische Anlage eingebaut wird, so sollte es eine Lüftungsanlage mit Wärmerückgewinnung sein. Damit wird auch in den Räumen, in denen Feuchte und Gerüche entstehen, also in Bädern, WCs und Küchen, Luft abgesaugt. Diese feuchtwarme, verbrauchte Luft wird durch einen Wärmetauscher geleitet, durch den gleichzeitig im Gegenstromprinzip die frische Außenluft strömt. Beide Luftströme tauschen sich nicht aus, sondern es erfolgt eine Wärmeübergabe über die großflächigen Kanal-Wandungen der beiden Ströme innerhalb des Wärmetauschers.

Die hohe Effizienz solcher Lüftungen zeigt sich am Grad der Wärmerückgewinnung (WRG) in Höhe von 80 % bis hin zu ca. 93 %. Bei Außentemperaturen um den Gefrierpunkt kommt so die Frischluft mit mindestens 17 °C in die Zulufträume. Dabei handelt es sich um alle Wohn- und Schlafräume sowie Büroräume und dergleichen. Über den Unterdruck in den Ablufträumen strömt die Luft automatisch von den Zulufträumen über die Flure dorthin. Für die Überströmung reicht normalerweise der Schlitz unter den Innentüren aus. Falls nicht, sind zusätzliche Überströmöffnungen erforderlich.

Bei dem Einsatz solcher Anlagen ist es für den Nutzer wichtig zu wissen, dass es durchaus erlaubt ist, jederzeit Fenster zu öffnen. Im Gegensatz zur freien Lüftung muss aber kein Fenster geöffnet werden, worin der Vorteil der Anlagen liegt.

Mit einer solchen komfortablen mechanischen Lüftungsanlage ergeben sich folgende Effekte:

- Im Winter bleibt die Wärme im Haus (durch den Wärmetauscher).
- Im Sommer kommt die Hitze nicht herein (mit Sommer-Bypass am Wärmetauscher).
- Pollen und Umweltgifte bleiben draußen (durch hochwertige Filter).

Dadurch empfindet der Nutzer im Raum

- immer eine gute Luftqualität und
- und angenehme Temperaturen.

Eine Lüftungsanlage mit Wärmerückgewinnung ist nicht mit einer Klimaanlage zu verwechseln, bei der im Raum vorhandene Raumluft abgekühlt und wieder dem Raum zugeführt wird. Bei diesem System gibt es keinen Luftaustausch und durch Kondensatfeuchte können hygienische Probleme entstehen.

Bei Lüftungsanlagen mit Wärmerückgewinnung kommt die frische Außenluft direkt in den Raum und es gibt auf dem Weg dorthin weder einen Austausch mit verbrauchter Luft noch entsteht Feuchte, die zu einer Verkeimung führen kann. Darum existieren bei einer gut geplanten und ausgeführten Lüftungsanlage keine Hygieneprobleme. Eine große Anzahl an Passivhäusern, die immer auch eine solche Anlage enthalten, ist in Messprojekten genauestens untersucht worden. Dabei wurden teilweise auch über Jahre hinweg die Lüftungsanlagen intensiv überwacht. Es zeigte sich in diesen Messungen, wie langlebig und hygienisch sicher Lüftungsanlagen mit Wärmerückgewinnung sind.

Lüftungsinstallation und Luftverteilung

Es gibt verschiedene Grundsysteme der Lüftungsinstallation. Unterschieden wird zwischen zentraler, semizentraler und dezentraler Installation:

- **zentrale Lüftungsanlage:** unter dem Dach oder im Keller (unter zentralem Haustechnikraum in einem anderen Geschoss),
- **semizentral:** Wärmetauscher oder Ventilatoren je Wohneinheit plus Zentrale im Keller oder unter dem Dach,
- **dezentral:** je ein Gerät pro Wohneinheit.

Die Luftverteilung mit Rohrleitungen kann wie folgt ausgeführt werden:

- mit einem Steigstrang im Schacht,
- als horizontale Verteilung unter einer abgehängten Decke im Flur oder
- als horizontale Verteilung unter dem Estrich oder in der Deckenkonstruktion.

Abb. 2.93: Lüftungsinstallation mit Wickelfalzrohren

Tabelle 2.42: Rohrdimensionen bei Lüftungsanlagen in Ein- und Zweifamilienhäusern

Rohrart	Hauptsammelleitungen in mm	Feinverteilung zu den Räumen in mm
Wickelfalzrohre (Metall)	Ø 125, 160 oder 200	Ø 80, 100 oder 125
Flachkanäle (Kunststoff oder Metall)	50 × 200 bis 70 × 400	50 × 100 bis 70 × 150
Frischluft- und Fortluftrohre außerhalb der Gebäudehülle	Ø 200 bis 300	

Die Auslegung des Kanalnetzes ist wie folgt vorzunehmen: Die Druckverluste im Kanalnetz sind niedrig zu halten, deswegen soll das Kanalnetz möglichst kurz und mit wenig Bögen ausgelegt werden. Strömungsgeschwindigkeiten sind gering zu halten. Sie sollten in Anbindungsleitungen zu Ventilen Luftgeschwindigkeiten von 2 m/s (bis maximal 3 m/s) und in Haupt- und Sammelkanälen von 3 m/s (bis maximal 5 m/s) aufweisen. Eine geringe Strömungsgeschwindigkeit bewirkt einen geringen Druckverlust. Das ergibt einen geringen Strombedarf und vermeidet Strömungsgeräusche. Eine genaue rechnerische Auslegung der Lüftungskanäle muss mit geeigneter Software erfolgen. Wenn die Kanalquerschnitte zu groß werden, wird die Luftgeschwindigkeit in den Kanälen zu langsam und es kann kein ausreichender Druck aufgebaut werden, sodass die Strömungsgeschwindigkeit an den Ventilen nicht ausreichend ist. Eine sehr genaue Planung ist deswegen vonnöten.

Planungs- und Installationshinweise

Die Hinweise für die Planung und Ausführung von Lüftungsanlagen in Tabelle 2.31, dort in den Spalten 2 und 3, sind zu beachten.

Für Lüftungsanlagen ist die Musterrichtlinie über die brandschutztechnischen Anforderungen an Lüftungsanlagen (M-LüAR) zu beachten. Auch die Landesbauordnungen machen Vorgaben bezüglich des Brandschutzes bei Lüftungsleitungen.

Rohr- und Kanaltypen

Verwendet werden unterschiedliche Rohr- und Kanaltypen:

- **Wickelfalzrohre:** kostengünstig, strömungsgünstiger Querschnitt, weitestgehend glatte Oberfläche, Standardmaterial, große Auswahl an Formteilen, Dimensionen von 63 bis 1.600 mm (Abb. 2.93),
- **Flachkanäle:** in kleinen Dimensionen teurer als Wickelfalzrohre, wenn die Auslegung mit vergleichbaren Druckverlusten erfolgt, Einsatz daher sinnvoll für kurze Rohrleitungsstrecken bei geringen Einbauhöhen, in großen Dimensionen sinnvoll zur optimierten Ausnutzung bei geringem zur Verfügung stehendem Platz,
- **Flexrohre:** wegen der unebenen Innenoberfläche hohe Druckverluste, schlecht zu reinigen, anfällig gegen Beschädigung, nur für speziellen Einsatz, z.B. Bogen mit ungünstigem Winkel abweichend von lieferbaren Formteilen, Anschluss von Ventilen in abgehängten Decken,
- **ovale Rohre:** teuer und strömungstechnisch ungünstig, geringe Einbauhöhe, spezielle Formteile,
- **Kunststoffrohre:** nur glattwandige Rohre verwenden, da sonst strömungstechnisch ungünstig, Querschnitt beachten und nicht unterdimensionieren (Durchmesser von 63 mm oder 80 mm i.d.R. zu klein), statische Aufladung bei manchen Kunststoffarten – deswegen PVC vermeiden, stattdessen z.B. Polypropylen (PP) oder Polyethylen (PE) einsetzen,
- **Rechteckkanäle.**

Führung von Rohrleitungen

Einzelne Lüftungsleitungen, die nicht in einem Installationsschacht oder einer Installationswand angeordnet sind, können bei Beachtung statischer und schalltechnischer Belange in der Konstruktion geführt werden. In Absprache mit dem Auftraggeber können in Nebenräumen, wie z.B. Abstellräumen, Leitungen auch sichtbar geführt werden. Das hat den Vorteil, dass die Leitungsgeräusche innerhalb des betreffenden Raumes gehalten werden und eine Körperschallübertragung nur über die schalldämmende Rohrbefestigung zur Wand hin stattfindet, sodass die schalldämmende Wirkung der gesamten Wand genutzt werden kann.

Aufgrund der Größe der Rohrdurchmesser, die innerhalb von Wohnungen bei 80 und 160 mm liegt, ist das Verlegen der Leitungen innerhalb der Holzkonstruktion von Wänden und Decken einerseits nur eingeschränkt möglich, auf der anderen Seite jedoch in den Hohlräumen selbst sinnvoll (Tabelle 2.42).

Für eine Leitungsführung innerhalb der Konstruktion ergeben sich folgende Möglichkeiten:

- Bei einer vertikalen Führung in Gefachebereichen von Außenwänden muss bei Durchdringungen der luftdichten Ebene eine luftdichte Verklebung erfolgen.
- Eine horizontale Führung im Deckenhohlraum zwischen Deckenbalkenist nur dann sinnvoll, wenn die horizontale Führung parallel zu den Deckenbalken verläuft.
- Eine horizontale Führung der Leitung in den Wänden ist bei tragenden Innenwänden nur möglich, wenn der Leitungsquerschnitt in Form eines hochkant stehenden Flachkanals nicht zu breit ist und der Ständerquerschnitt entsprechend angepasst wird oder eine Doppelständerwand hergestellt wird, die im Zwischenraum ausreichend Platz für entsprechende Rohrdurchmesser lässt.

Ventile

In den Raum hinein gelangt die Zuluft über Ventile, bei denen die Luftmenge einstellbar ist. Es gibt Wand- und Deckenventile sowie verschiedene Auslassformen. Jedes Ventil hat seine eigene Charakteristik (Abb. 2.94). Wenn ein Ventil vom Lüftungsplaner vorgegeben ist, so darf es nicht einfach durch ein anderes ersetzt werden – auch nicht durch ein ähnlich aussehendes. Das Ausströmungsverhalten kann sich sonst ganz anders darstellen, wodurch der Komfort im Raum möglicherweise eingeschränkt werden kann.

Weitwurfdüsen basieren auf dem nach seinem Entdecker benannten „Coandă"-Effekt. Er besagt, dass Gase oder Flüssigkeiten an den angeströmten Flächen „kleben" bleiben. Wird die Luft aus einem Zuluftventil ca. 20 cm unter der Decke eingeblasen und die Decke angeströmt, so „klebt" der Luftstrom an der Decke und strömt weit in den Raum hinein, bevor die Luft langsam zu Boden fällt und unter der Tür her in Richtung der Ablufträume strömt. Quer zum Luftstrom verlaufende Störungen, wie z.B. Deckenbalken, verhindern diesen Effekt und sind zu vermeiden.

Abluftventile können mit Filtern ausgestattet werden (Abb. 2.95).

Schalldämmung der Lüftungsanlagen

Damit Lüftungsanlagen von den Nutzenden akzeptiert werden, muss insbesondere dem Thema Schall eine besondere Aufmerksamkeit gewidmet werden. Dabei sind mehrere Themenfelder zu beachten:

- **Allgemeines:** In Wohn- und Schlafräumen wird ein hörbares Geräusch i.d.R. nicht akzeptiert. In Bad, Küche und Nebenräumen werden geringe Geräusche zumeist kaum wahrgenommen, da dort andere Schallquellen vorhanden sind. Die Schallschutzanforderungen sollten mit dem Auftraggeber geklärt werden, da die allgemeinen Grenzwerte zu hoch festgesetzt sind. Das heißt, bei Einhaltung der Grenzwerte können noch störende Geräusche vorhanden sein. Das ist jedoch durch eine gute Auslegung der Lüftungsanlage im Rahmen der Planung vermeidbar.
- **Geräteschall zum Raum:** Dieser ist bei kleinen Geräten wegen geringer Schallemissionen oft kein Problem. Der Aufstellungsort des Gerätes sollte nicht in oder neben Schlafräumen sein. Wenn das Gerät innerhalb der Wohnung aufgestellt wird, müssen die Schallemissionen berechnet werden und evtl. wird eine zusätzliche Kapselung des Gerätes erforderlich.
- **Ventilatorengeräusche durch das Kanalnetz:** Schalldämpfer sind im Zuluft- und im Fortluftstrang im Regelfall erforderlich. Eine Berechnung ist notwendig. Ein Problem dabei kann sein, dass bei kleineren Herstellern oft keine frequenzabhängigen Schalldaten zu erhalten sind.
- **Telefonieschall:** Zur Reduzierung dieser Schallübertragung von Raum zu Raum durch das Kanalnetz wird empfohlen, den Schallschutz der Lüftungsanlage um 3 dB besser zu wählen als für den Schallschutz von der Tür oder der Wand zwischen den Räumen geplant. In der Regel reicht ein einfacher, 1 m langer Telefonie-Schalldämpfer vor jedem Ventil aus.
- **Räume mit besonderen Schallschutz-Anforderungen** bedürfen auf jeden Fall einer Berechnung und einer sorgfältigen Auslegung, z.B. Besprechungszimmer in Arztpraxen o.Ä.
- Auch müssen die **Schallnebenwege** beachtet werden, sonst ist der Schallschutz der Rohrleitungen nicht wirksam. Zur Schallentkopplung sind Rohrschellen oder Aufhängungen mit entsprechender Gummieinlage zu verwenden.

Abb. 2.94: Zuluftventile für die Zuluft in Wohnräumen

Abb. 2.95: Abluftventile für die Abluft in Bädern und Küchen

Brandschutz

Der Brandschutz in Lüftungsanlagen entspricht i.d.R. dem Rauchschutz, da verhindert werden muss, dass sich der Rauch eines Brandes im Gebäude über das Lüftungssysteme verteilt. Vor der Planung der Lüftungsanlage müssen die Brandabschnitte des Gebäudes geklärt und festgelegt sein. Durchdringt ein Lüftungsrohr Bauteile, an die Brandschutzanforderungen gestellt sind, so muss dort eine Brand- und Rauchschutzklappe eingebaut werden, die im Regelfall offen ist und bei einem Brand automatisch schließt. Nach Rücksprache mit den Brandschutzbehörden sind stattdessen im Einzelfall bei kleineren Bürogebäuden auch dicht schließende Rückschlagklappen möglich, da die Lüftungsanlage zur Entrauchung beitragen kann. Brand- und Rauchschutzklappen benötigen eine regelmäßige

Wartung, sie müssen auf ihre Funktionstüchtigkeit mindestens jährlich überprüft werden.

Rohrleitungsdämmung

Kalte Rohrleitungen des Außenluft- und des Fortluftkanals müssen mindestens 50 mm dick gedämmt werden. Zur Reduktion der Wärmeverluste ist eine noch größere Dämmstärke sinnvoll. Zum Schutz gegen Kondensatbildung ist eine diffusionsdichte Dämmung zu verwenden. Die zu dämmenden Rohrleitungen sollen so kurz wie möglich sein, deshalb steht das Lüftungsgerät sinnvollerweise nah an der Außenwand. Befindet sich das Lüftungsgerät außerhalb von beheizten Gebäudebereichen, wie z.B. im unbeheizten Keller, so sind dort auch die Zu- und Abluftleitungen entsprechend zu dämmen.

Filter

In Lüftungsanlagen müssen Filter eingebaut werden, um zu verhindern, dass die Verunreinigungen der Außenluft ins Gebäude kommen. Außerdem muss das Lüftungsgerät selbst vor Verschmutzung geschützt werden. Die Außenluft kann sowohl durch klein- und kleinstteilige Partikel verunreinigt sein, wie durch Rauch, Ruß, Metallstaub, Pollen sowie Viren und Bakterien mit Partikelgrößen von unter 0,001 mm, als auch durch größere, wie Fasern, Laub und Insekten. Je nach ihrer Fähigkeit, Partikel aus der Luft herauszufiltern, werden Filter eingeteilt. Unterschieden werden Grobfilter (G1 bis G4), Feinfilter (F5 bis F6) und Feinstfilter (F7 bis F9).

Lüftungsplanung vom Fachingenieur

Die Lüftungsplanung muss von einem **Fachingenieur** vorgenommen werden und sollte nicht dem Hersteller oder Installateur übertragen werden. Für die Planung ist eine genaue Berechnung erforderlich, die die Luftmengen, den Schallschutz, die Wärmelasten und die Nachheizung vollständig berücksichtigt. Eine von einem Fachingenieur geplante Lüftungsanlage mit kurzen, genau abgestimmten Leitungslängen senkt die Anlagenanschaffungskosten und die späteren Betriebskosten gegenüber einer von dem Anlagenhersteller projektierten Anlage, bei der Alternativen nicht berücksichtigt werden. Bei Herstellern besteht im Regelfall kein Interesse, die Anlage bezüglich der Investitionskosten zu optimieren. Ein Fachingenieur setzt sich dagegen intensiv mit der Planungsaufgabe auseinander, berät den Bauherrn und den Architekten projektbezogen hinsichtlich der Lösungsmöglichkeiten und stimmt sich mit diesen über die Wünsche ab. Da von einem Fachingenieur dann auch die weitere Haustechnik des Objekts mit geplant werden kann, können mit der Fachplanung darüber hinaus die Komponenten Heizung und Lüftung optimal aufeinander abgestimmt werden.

Grobe Vorbemessung der Gesamtluftmengen

Im Rahmen der Lüftungsplanung ist eine Vorbemessung der gesamten Luftmengen für Zuluft und Abluft je Nutzungseinheit vorzunehmen. Für die Vorbemessung der Zuluft ist es erforderlich, die regelmäßige Anzahl der gleichzeitig anwesenden Nutzer und weitere Anforderungen an den Frischluftbedarf aufgrund anderer Randbedingungen zu kennen. Bei Wohngebäuden ist die Anzahl der

Tabelle 2.43: Luftmengenverteilung pro Raum (Beispiel)

Raumbezeichnung	Fläche A in m²	lichte Höhe h in m	Raumvolumen $A \times h$ in m³	Volumenströme $\dot{V}$ im Standardbetrieb: Zuluft $\dot{V}_{ZU}$ in m³/h	Abluft $\dot{V}_{AB}$ in m³/h	Überströmung $\dot{V}_{ÜBER}$ in m³/h	Luftwechselrate n in 1/h
Wohn-/Esszimmer	43,0	2,50	107,5	50			0,47
Schlafzimmer	16,00	2,50	40,0	35			0,88
Kinderzimmer 1	13,00	2,50	32,5	20			0,62
Kinderzimmer 2	14,00	2,50	35,0	20			0,57
Kinderzimmer 3	12,00	2,50	30,0	20			0,67
Gästezimmer/Büro	11,00	2,50	27,5	15			0,55
Abstellraum	14,00	2,50	35,0		15		0,43
Küche	14,00	2,50	35,0		60		1,71
Bad 1	11,0	2,50	27,5		40		1,45
Bad 2 (Dusche/WC)	7,00	2,50	17,5		40		2,29
Vorratskammer	4,00	2,50	10,0		5		0,50
Diele EG	10,00	2,50	25,0			85	3,40
Flur OG	5,00	2,50	12,5			45	3,60
Treppenhaus	6,00	5,40	32,4			30	0,93
gesamt	**180,00**		**467,4**	**160**	**160**		**0,34**

gleichzeitig anwesenden Nutzer die Anzahl der vorgesehenen Bewohner. Pro Person wird ein Frischluftbedarf von ca. 30 m³/h angesetzt.

Abluftseitig ist entscheidend, welche Räume vorhanden sind. Der Abluftbedarf von Küchen in Wohnungen liegt bei ca. 60 m³/h, der von Bädern und Hauswirtschaftsräumen bei 40 m³/h und bei WCs und Vorratsräumen beträgt der Abluftbedarf ca. 20 m³/h.

Nach der Ermittlung der Gesamtluftmengen für Zu- und Abluft werden den Zu- und den Ablufträumen konkrete Luftstromvolumina zugeordnet. Für Wohnräume, Schlafräume und Büros ergibt sich der Zuluftbedarf aus einer Abschätzung der Personenbelegung und dem Raumvolumen.

In der Gesamtschau müssen die Frischluft/Zuluft- und Abluftmengen übereinstimmen.

Beispiel:

Einfamilienwohnhaus für 5 Personen mit 180 m² Wohnfläche

Frischluftbedarf:	30 m³/h je Person
5 Personen à 30 m³/h	= 150 m³/h
Abluftbedarf:	
1 Küche	à 60 m³/h = 60 m³/h
2 Bäder/HWR u.Ä.	à 40 m³/h = 80 m³/h
2 WCs/Vorratsräume o.Ä.	à 20 m³/h = 40 m³/h
Summe:	**180 m³/h**

Da im Beispiel der Abluftbedarf den Zuluftbedarf übersteigt, müssen in der Gesamtbetrachtung Anpassungen vorgenommen werden. So können beispielsweise Vorrats- oder Abstellräume je nach Größe des Raumvolumens mit einem reduzierten Luftvolumenstrom angesetzt werden.

Flure, Dielen und Treppenhäuser sind Überströmzonen, die den Ausgleich zwischen Zu- und Abluftbereichen herstellen.

Tabelle 2.44: Empfohlene Rohrdurchmesser bei verschiedenen Luftvolumenströmen

Volumenstrom $\dot{V}$ in m³/h im Standardbetrieb	erforderlicher Rohrdurchmesser in mm
$\dot{V} \leq 35$	80
$35 < \dot{V} \leq 55$	100
$55 < \dot{V} \leq 90$	125
$90 < \dot{V} \leq 140$	160
$140 < \dot{V} \leq 225$	200
$225 < \dot{V} \leq 315$	250

Die Ventile und die Rohrdurchmesser sind auf die in der Vorbemessung ermittelten Luftmengen abgestimmt zu dimensionieren. Die maximale Strömungsgeschwindigkeit in den Rohren sollte auch bei der erhöhten Intensivlüftung 2,5 m/s nicht überschreiten. Daraus ergeben sich für den Standardbetrieb die in Tabelle 2.44 aufgeführten Rohrdurchmesser, die bei der Vordimensionierung von Rohrleitungen und bei der Durchbruchsplanung im Holzrahmenbau angenommen werden können, auch wenn noch keine endgültige Lüftungsplanung vorliegt. Für die Vorplanung der Außenabmessungen von Rohren mit Rohrschalldämpfern sind die Rohrdurchmesser um ca. 80 bis 100 mm zu erhöhen.

Mit der Vorbemessung der Luftmengen, Ventile und Rohrdurchmesser wird das Einarbeiten der endgültigen Lüftungsplanung gut möglich sein und nicht zu Überraschungen führen.

Einmessen der Lüftungsanlage nach Fertigstellung

Zur Vermeidung von Disbalancen muss bei der Inbetriebnahme der Lüftungsanlage ein Volumenstromabgleich zwischen Zu- und Abluft erfolgen. Danach werden alle Zu- und Abluftventile auf die zuvor bei der Planung für die jeweiligen Räume berechneten Luftmengen eingestellt. Dazu wird beispielsweise ein Flügelradanemometer mit einem aufgesetzten Trichter verwendet, mit dem die Luftmengen an den Ventilen exakt bestimmt werden können. Der Vorgang der Ventileinmessung wird zwei- bis dreimal nacheinander für alle Ventile durchgeführt, bis die Luftmengen stimmen, denn das Verstellen eines Ventils bewirkt durch die Luftmengenänderung gleichzeitig auch eine Veränderung bei allen anderen Ventilen des gleichen Luftstranges. Deshalb sollten vor dem Beginn der Einmessung alle Ventile schon einmal grob gemäß den Planungsangaben und den Ventilkenngrößen auf die erforderliche Luftmenge eingestellt werden.

Damit die Lüftungsanlage auch richtig funktioniert, wird die Luftdichtheit der Gebäudehülle vorausgesetzt. Grundsätzlich gilt beim Einsatz von Lüftungsanlagen nach DIN 4108-7 die Anforderung an die Luftdichtheit der Gebäudehülle $n_{50} \leq 1{,}5\ h^{-1}$.

2.5.4 Gebäudebeheizung

Bei der Betrachtung der Beheizung von Gebäuden wird zwischen Heizwärmeerzeugung und Heizwärmeverteilung unterschieden. Dabei sorgt die Heizwärmeerzeugung dafür, dass überhaupt Wärme zur Verfügung steht, und die Heizwärmeverteilung bringt diese Wärme an die Stellen im Gebäude, wo sie gebraucht wird.

Der sehr gut wärmegedämmte Holzrahmenbau bedarf lediglich eines relativ gering dimensionierten Heizsystems, insbesondere wenn der KfW-Effizienzhaus-Standard EH 40 oder der Passivhausstandard erreicht wird. Die Wärmeerzeugung für die Warmwasserbereitung hat dann fast einen größeren Anteil an der Gesamtwärmeerzeugung als die Heizwärmeerzeugung.

An der Behaglichkeit im Gebäude durch Wärme sind im Winter auch andere Komponenten als die Heizung beteiligt: sowohl der Wärmegewinn durch die passive solare

Nutzung des Sonnenenergieeintrags über die Fenster als auch die internen Wärmegewinne durch die Wärmeabgabe von Personen und Geräten im Gebäude. Bei einer guten Gebäudedämmung und der Nutzung einer effizienten Lüftungsanlage mit Wärmerückgewinnung entstehen nur sehr geringe Wärmeverluste, sodass eine Nachtabsenkung der Heizung in diesen Gebäuden – im Gegensatz zu schlecht gedämmten Gebäuden – nicht mehr sinnvoll ist und die Temperatur im Gebäude in der gesamten Heizzeit auf dem gewünschten Level bleiben kann. Das Absenken der Innenraumtemperatur über Nacht oder während der Abwesenheitszeiten bedarf eines Wiederaufheizens zu den normalen Nutzungszeiten. Der zusätzliche Energieaufwand für dieses Wiederaufheizen steht in keinem Verhältnis zur eingesparten Energiemenge während der Abkühlphase. Durch den Verzicht auf eine Nachtabsenkung und auf eine Absenkung während der Abwesenheitszeiten gibt es keine Temperaturschwankungen und es ist jederzeit angenehm warm im Haus. Darüber freuen sich nachts Arbeitende genauso wie diejenigen, die im Winter früher nach Hause kommen als per Heizungsprogrammierung geplant. Da die Aufheizlast bei Temperaturabsenkungen über Nacht oder während der Abwesenheitszeiten einen nicht unwesentlichen Anteil an der Heizungsdimensionierung hat, fällt bei einer durchgehenden Beheizung die zugrunde liegende Heizlast zur Bemessung der Heizungsanlage geringer aus. Damit wird die gesamte Anlage kleiner, und es werden auch weniger Heizflächen für die Wärmeverteilung benötigt. Auf diese Weise reduzieren sich die Investitionskosten der Heizungsanlage.

Heizwärmeerzeugung

Es gibt viele verschiedene Möglichkeiten, Heizwärme für das Gebäude zu erzeugen. In diesem Buch soll darauf nicht vertieft eingegangen werden, sondern es sollen lediglich ein paar aktuell übliche Heizungsarten aufgeführt werden:

- Gasbrennwerttherme: Auf Basis von Erdgas existiert sie nach wie vor mit noch großer Verbreitung, beim Neubau nur in Kombination mit der Nutzung regenerativer Energien (mind. 65 %), z.B. durch Kombination mit einer solarthermischen Anlage. Bei der Verwendung von Biogas oder per Ökostrom produziertem „Power-to-Gas" kann der fossile Anteil auch ersetzt werden. Das Vorhandensein eines Gasanschlusses ist erforderlich. Dieser Energieträger sollte aber vermieden werden.
- Wärmepumpen: Verschiedene Arten der Nutzung der Wärmepumpentechnik sind denkbar. Als Wärmequelle kommen infrage: Geothermie aus der Tiefe, Erdwärmenutzung aus der Fläche, Wärmenutzung aus der Außenluft, aber auch die Fortluft einer Lüftungsanlage steht zur Verfügung. Gerade die geringe Heizlast eines hochwärmegedämmten Gebäudes mit einer Lüftungsanlage bietet für Wärmepumpen eine gute Grundlage dafür, dass bei niedrigen Vor- und Rücklauftemperaturen auch bei kleinen Heizflächen ausreichend Wärme in das Gebäude gebracht werden kann. Wärmepumpen haben zudem den Vorteil, dass sie bei einer entsprechenden Anlagenplanung auch zur Kühlung im Sommer herangezogen werden können. Mit Strom als Energieträger trägt die Kombination der Wärmepumpe mit einer Fotovoltaikanlage zur sinnvollen Nutzung regenerativen Stroms bei. Der Einsatz von Batteriespeichern bietet sich dazu geradezu an.
- Biomasseheizung: Sowohl Stückholzöfen als auch Pelletheizungen ermöglichen eine CO_2-neutrale Gebäudebeheizung. Ist ein solcher Ofen im Wohnbereich aufgestellt, so kann er allein zur Gebäudebeheizung und Warmwasserbereitung beitragen, wenn ein Ofen-System ausgewählt wird, das über eine integrierte Wassertasche einen Pufferspeicher beheizt. In Kombination mit einer passend dimensionierten thermischen Solaranlage ist auf diese Weise ganzjährig eine Versorgung auch für das Warmwasser gesichert und das Erfordernis, im Sommer den Ofen anheizen zu müssen, entfällt.
- Fern- oder Nahwärme: Wenn diese Wärme aus einem öffentlichen Netz zur Verfügung steht, kann sie gut genutzt werden. In diesem Fall sind die Investitionskosten relativ gering, jedoch können die laufenden Kosten über denjenigen anderer Heizungsvarianten liegen.
- Auch eine direkt-elektrische Beheizung (z.B. mit Infrarot-Heizflächen) und Warmwasserbereitung ist in Kombination mit einer groß dimensionierten Fotovoltaikanlage mit passendem Batteriespeicher denkbar, wenn ein sehr guter Dämmstandard erreicht und eine Lüftungsanlage mit Wärmerückgewinnung umgesetzt wird. Diese Art der Wärmeerzeugung ohne Wärmespeicher und Heizungsrohre weist im Prinzip keine Anlagen- oder Speicherverluste auf und ist deswegen in der Gesamtbetrachtung auch sehr attraktiv, gerade weil relativ geringe Investitionen dafür notwendig sind.

Diese nicht abschließende Auflistung von Möglichkeiten, die es für die Heizwärmeversorgung von modernen Holzrahmenbauten gibt, soll nur einen kleinen Überblick bieten. Für das konkrete Projekt ist speziell auf Basis der Anforderungen der Auftraggeberseite und der energetischen Ziele aus Förderprogrammen in Verbindung mit dem konkreten Energiebedarf des Gebäudes ein individuelles Konzept von einem Fachplaner zu entwickeln.

Heizwärmeverteilung

Die von der Heizungsanlage erzeugte Wärme muss die einzelnen Räume erreichen. Das bewerkstelligt die sogenannte Heizwärmeverteilung. Zur Ermittlung der erforderlichen Größe der jeweiligen Beheizungsart muss zunächst die Heizlast des Gebäudes und der einzelnen Räume berechnet werden.

Die Heizlast ist ein Maß für die Leistung, die benötigt wird, um zum ungünstigsten Zeitpunkt im Winter das Gebäude auf die gewünschte Soll-Temperatur zu bringen. Das muss nicht der kälteste Tag sein, da an sehr kalten Tagen i.d.R. ein klarer Himmel herrscht und ein relativ großer passivsolarer Energieeintrag über die Fenster die Beheizung unterstützt. Deshalb ist es je nach Klimaregion auch möglich, dass ein relativ milder Wintertag mit einer Tageshöchsttemperatur von knapp unter 0 °C bei einem bedeckten Himmel für das jeweilige Gebäude eine größere Heizlast mit sich bringt als der kälteste Tag des Winters.

Für die Heizungsauslegung wird die relevante Heizlast genau berechnet. Erfahrungsgemäß weisen Gebäude in der hier beschriebenen Konstruktionsweise einen Heizwärmebedarf von 15 bis 25 W/m² auf. Für ein Gebäude mit 150 m² ergibt sich dadurch eine relativ geringe Heizlast-Spanne von 2,25 bis 3,25 kW. Für eine Interpretation dieser Zahl sei zum Vergleich angeführt, dass eine voll aufgedrehte Herdplatte mit ungefähr 2 kW heizt, also würden maximal 2 Herdplatten zur Gebäudebeheizung am ungünstigsten Tag des Jahres ausreichen. Ein Kinderzimmer mit 15 m² Grundfläche hat also eine Heizlast von lediglich 225 bis 325 W.

Folgende grundsätzliche Möglichkeiten der Heizwärmeverteilung werden heutzutage realisiert:

- Heizkörper: Nach wie vor sind Heizkörper zur Wärmeverteilung sinnvoll und kostengünstig. Heizkörper werden heute für die geringeren Vor- und Rücklauftemperaturen je nach Heizungserzeugungsvariante dimensioniert.
- Fußbodenheizung: In den letzten 4 Jahrzehnten setzte sich diese Beheizungsart von Räumen immer weiter durch, da die Fußbodenheizung gedanklich mit angenehmer gleichmäßiger Wärme verbunden wird. Gerade in Verbindung mit geringen Vorlauftemperaturen, wie sie Wärmepumpen zur Verfügung stellen, bietet sich eine Fußbodenheizung auf den ersten Blick an. Jedoch werden bei der geringen Heizlast, die die hier im Buch beschriebenen modernen Holzrahmenbauten aufweisen, nur relativ kleine Flächen für die Fußbodenheizung benötigt bzw. es ist ein relativ breiter Rohrabstand in der Fußbodenheizung ausreichend, um die benötigte Wärme in die Räume einzubringen. Dadurch wird eine gleichmäßig warme Fußbodenfläche nicht gewährleistet.
- Wandflächenheizung: Durch die geringe Heizlast bietet es sich an, die Räume mit Wandheizflächen zu beheizen (Abb. 2.96 und 2.97). Wassergeführte Wandheizsysteme erreichen je nach Vorlauftemperatur eine Leistung von 150 bis 250 W/m². Das bedeutet, dass ein Kinderzimmer mit einer Grundfläche von 15 m² mit 1 bis 2 m² Heizfläche beheizt werden könnte. Die Strahlungswärme solcher Wandheizflächen wirkt als angenehme Infrarotstrahlung. Anstelle wassergeführter Flächenheizungen können auch elektrisch betriebene Heizflächen eingesetzt werden.
- Auch die Lüftungsanlage kann die Wärmeverteilung übernehmen, wenn die Zuluft nach dem Lüftungsgerät durch ein Heizregister beheizt wird. Auf diesem Weg kann bei üblichen Luftmengen und Temperaturen eine Heizleistung von ungefähr 10 W/m² bereitgestellt werden, die über Heizkörper oder Flächenheizungen ergänzt werden muss.
- Ein Holzofen im Wohnbereich (Abb. 2.98) kann zwar aus Sicht der von dem Ofen zur Verfügung gestellten Leistung (ca. 5 bis 7 kW ohne Wassertasche, 2 bis 3 kW mit Wassertasche) rechnerisch allein das Haus beheizen, aber aufgrund der aus Schallschutzgründen gut gedämmten Innenwände eines Holzrahmenbaus kann sich die im Wohnzimmer eingebrachte Wärme in einem solchen Gebäude nicht gut in alle Räume verteilen. Um das ganze Gebäude mit einem Holzofen im Wohnbereich eines Holzrahmenbaus zu heizen, muss eine zusätzliche Heizwärmeverteilung installiert werden.

Abb. 2.96: Wandheizfläche

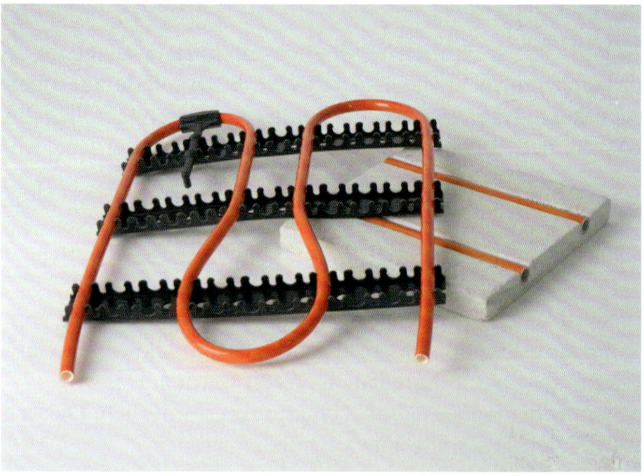

Abb. 2.97: Rohre für Flächenheizsysteme

Planungs- und Installationshinweise

Die Hinweise für die Planung und Ausführung von Heizungen in Tabelle 2.31, dort in den Spalten 2 und 6, sind zu beachten.

Für eine genaue Auslegung der Heizlast eines Gebäudes, die für die Dimensionierung der Heizwärmeerzeugung und der Heizwärmeverteilung unbedingt notwendig ist, steht die Normenreihe DIN EN 12831 „Energetische Bewertung

Abb. 2.98: Ofen in einem Holzhaus

von Gebäuden – Verfahren zur Berechnung der Norm-Heizlast" zur Verfügung. Bei der Berechnung ist es für die gut gedämmten Gebäude in Holzrahmenbauweise mit einer effizienten Lüftungsanlage mit Wärmerückgewinnung nicht notwendig, die Aufheizlast zu berücksichtigen, wenn auf eine Nachtabsenkung sinnvollerweise verzichtet wird. Über den Verzicht auf eine Nachtabsenkung ist sowohl mit der Auftraggeberseite als auch mit dem Haustechnikplaner oder -ausführenden zu sprechen.

Bezüglich der Führung von Rohrleitungen wird an dieser Stelle auf Kapitel 2.5.2 verwiesen, da die Inhalte analog gelten.

Für die Wärmedämmung von Rohrleitungen der Heizungsanlage gelten die Vorschriften des Gebäudeenergiegesetzes (GEG). Es ist sinnvoll, auch zwischen Rohrschellen und Rohr in gleicher Stärke wie das jeweilige Rohr selbst zu dämmen, um Wärmeverluste an den Rohrschellen durch Wärmebrücken zu vermeiden.

Der Platzbedarf der Heizsysteme hängt auch von der Gesamtgröße des Gebäudes und damit von der Gesamtheizlast ab. Deswegen kann an dieser Stelle kein pauschaler Platzbedarf für die Vorplanung angegeben werden.

Wenn es zum Zeitpunkt der Vorplanung noch keine konkrete Festlegung eines Heizsystems gibt, sollte der größtmögliche Platzbedarf für den Aufstellraum vorgesehen werden, damit nicht durch eine zu geringe Dimensionierung des Aufstellraumes die eine oder andere sinnvolle Beheizungsvariante allein aus Platzmangel ausscheidet.

2.5.5 Kamine und Abgasleitungen

Sofern in einem Holzrahmenbau-Gebäude ein Heizsystem mit Verbrennung (eine Gastherme oder Biomasseheizung) eingebaut wird, ist eine Abgasleitung erforderlich. Schon im Rahmen der Genehmigungsplanung ist diese mit zu beantragen. Der zuständige Bezirksschornsteinfegermeister ist hinzuzuziehen. Dieser sollte frühzeitig in den Planungsprozess eingebunden werden.

Als Verbrennungsluft darf keine Raumluft verwendet werden, es sind raumluftunabhängige Systeme, wie das Luft-Abgas-System (LAS) bei Gasbrennwertthermen, einzusetzen. Bei dem LAS wird im Innenrohr die Abgasluft mit einen Ventilator nach außen geblasen und im Zwischenraum zwischen Außenrohr und Innenrohr die notwendige Verbrennungsluft angesaugt. Durch dieses Gegenstromprinzip wird von dem warmen Abgas Wärme an die Frischluft abgegeben. Das verbessert den Verbrennungsvorgang und reduziert zugleich die Abgas-Wärmeverluste des Systems.

Bei der Holzverbrennung kann eine solche Energienutzung aus den warmen Abgasen nicht stattfinden. Die Abgase brauchen eine hohe Temperatur, um über die Thermik überhaupt einen Auftrieb im Kamin nach außen zu bekommen. Die Verbrennungsluft muss durch einen separaten Kanal dem Ofen zugeführt werden, wobei dieser Kanal auch im Schornstein selbst integriert sein kann.

Planungs- und Installationshinweise

Die Angaben in Tabelle 2.31, dort in den Spalten 2 und 6, sind zu beachten.

Der Kaminkopf muss nach der Ersten Verordnung zur Durchführung des Bundes-Immissionsschutzgesetzes (1. BImSchV) ab 2022 40 cm über den First des Gebäudes ragen. Im Umkreis von 15 m muss der Kamin das höchstgelegene Fenster um mindestens 1 m überragen – das betrifft auch Nachbargebäude.

Gemauerten Kaminen aus Formsteinen oder aus geschosshohen Fertigteilelementen muss bezüglich der Luftdichtheit und der Wärmebrücken bei der Planung und bei der Ausführung besondere Aufmerksamkeit gewidmet werden. Diese Kaminmaterialien sind in sich und insbesondere an der Oberfläche sehr porös. Dadurch ist es ohne weitere Maßnahmen nicht möglich, die luftdichte Ebene des Daches bei der Kamindurchführung an den Kamin luftdicht anzuschließen. Durch die Porosität des Kaminmaterials ist das Material nicht ausreichend luftdicht, sodass diffuse Undichtheiten bewirkt werden. Aus diesen beiden Gründen ist es wichtig, dass der Kamin in seiner Fläche komplett auf allen Seiten verputzt wird, bevor die luftdichte Verklebung von Luftdichtheitsschichten an den Kamin erfolgt.

Für den Bereich der Dachdurchführung ist auch auf die Wärmebrücke an dieser Stelle zu achten. Die Hersteller von Systemschornsteinen haben dafür besondere Lösungen, die eingeplant werden müssen.

Von Kaminen, die eine Außenwand oder das Dach durchbrechen, geht eine Brandgefahr aus. Deswegen dürfen bei Außenwand- oder Dachdurchbrüchen keine brennbaren

Abb. 2.99: Kamindurchführung eines Edelstahlkamins durch eine Außenwand mit nichtbrennbaren Baustoffen

Teile (aus Holz) direkt am Kamin anliegen. Die Aussparungen für die Durchbrüche werden mit Wechselbalken (Kaminauswechslung) ausgeführt. Ein Mindestabstand von 5 cm zu dem Kamin ist bei Kaminauswechslungen einzuhalten. Der Zwischenraum zwischen den Auswechslungen und dem Kamin ist mit nichtbrennbarer Mineralwolle mit einem Schmelzpunkt von > 1.000 °C auszufüllen.

Speziell für den Holzhausbau entwickelte geschosshohe Kaminelemente sind fest mit der Bodenplatte verbunden und so für sich standsicher. Aus einzelnen Formsteinen gemauerte Kamine müssen über die Kaminauswechslungen in der Decken- und Dachkonstruktion gehalten werden. Dazu gibt es spezielle Halterungen, da sichergestellt werden muss, dass der Kamin sich in seiner Lage nicht verschiebt und so möglicherweise die Mindestabstände zum Holz (5 cm) nicht mehr eingehalten werden, denn in der Dämmebene selbst sollte keine Verfüllung des Spalts zwischen Wechselhölzern und Kamin mit Beton erfolgen, um an dieser Stelle eine Wärmebrücke zu vermeiden.

Kaminkopfverkleidung

Oberhalb der Dachhaut muss der Kamin verkleidet werden. Diese Verkleidung wird meist mit Faserzementplatten ausgeführt. Es kann aber auch eine Blechverkleidung oder eine Verkleidung mit echtem Schiefer ausgebildet werden. Das Verputzen des Kamins ist ebenfalls denkbar.

Gleichzeitiger Betrieb von Ofen und Lüftungsanlage

Wenn im Gebäude eine Lüftungsanlage oder eine Dunstabzugshaube mit Abluft nach außen vorhanden ist, dann sollten nur Kaminöfen eingesetzt werden, die durch eine Zulassung nachgewiesen haben, dass sie ausreichend dicht und für den gleichzeitigen Betrieb mit der Lüftungsanlage geeignet sind.

Sollte ein Ofen, der diese Zulassung nicht aufweist, eingesetzt werden, so muss sichergestellt sein, dass bei dem gleichzeitigen Betrieb von Ofen und Lüftungsanlage bzw. Dunstabzugshaube keine lebensgefährlichen Rauchgase aus dem Ofen in den Innenraum des Gebäudes durch Unterdruck gesaugt werden. Dazu muss ein Druckwächter installiert werden, der bei einem Unterdruck von über 4 Pa automatisch die Lüftungsanlage oder die Dunstabzugshaube ausschaltet.

Abb. 2.100: Dachdurchführung eines Kamins aus Formsteinen

3 Baustoffe und Bauprodukte

Im Folgenden werden die Baustoffe und Bauprodukte, die in modernen Holzrahmenbauten vorkommen bzw. vorkommen können, zusammengefasst und mit ihren für den Holzrahmenbau relevanten Eigenschaften aufgelistet.

Ein Großteil der im Holzbau verwendeten Produkte ist in der Normenreihe DIN 20000 „Anwendung von Bauprodukten in Bauwerken" geregelt. Für den Holzrahmenbau sind folgende Teile dieser Normenreihe wichtig:

- DIN 20000-1 „Anwendung von Bauprodukten in Bauwerken – Teil 1: Holzwerkstoffe nach DIN EN 13986:2015-06" (2025),
- DIN 20000-3 „Anwendung von Bauprodukten in Bauwerken – Teil 3: Brettschichtholz und Balkenschichtholz nach DIN EN 14080:2013-09" (2022),
- DIN 20000-4 „Anwendung von Bauprodukten in Bauwerken – Teil 4: Vorgefertigte tragende Bauteile mit Nagelplattenverbindungen nach DIN 14250:2010-05" (2013),
- DIN 20000-5 „Anwendung von Bauprodukten in Bauwerken – Teil 5: Nach Festigkeit sortiertes Bauholz für tragende Zwecke mit rechteckigem Querschnitt" (2024),
- DIN 20000-6 „Anwendung von Bauprodukten in Bauwerken – Teil 6: Stiftförmige und nicht stiftförmige Verbindungsmittel nach DIN EN 14592 und DIN EN 14545" (2015),
- DIN 20000-7 „Anwendung von Bauprodukten in Bauwerken – Teil 7: Keilgezinktes Vollholz für tragende Zwecke nach DIN EN 15497:2014-07" (2022),
- DIN/TS 20000-201 „Anwendung von Bauprodukten in Bauwerken – Teil 201: Anwendungsdokument für Abdichtungsbahnen nach Europäischen Produktnormen zur Verwendung in Dachabdichtungen" (2025).

3.1 Bauaufsichtlich zugelassene Bauprodukte

Alle Materialien, die dauerhaft in bauliche Anlagen eingebaut werden, müssen für den jeweiligen Einsatzzweck geeignet und bauaufsichtlich zulässig sein. Dazu verwenden die Landesbauordnungen den Begriff Bauprodukte, unter dem Baustoffe, Bauteile, Anlagen, für das Bauwesen hergestellte Produkte und auch Bausätze zusammengefasst werden.

In Kapitel 1.3.2 werden die folgenden Verwendbarkeitsnachweise für Bauprodukte und Bauarten erläutert:

- allgemeine bauaufsichtliche Zulassung (abZ),
- allgemeines bauaufsichtliches Prüfzeugnis (abP),
- Nachweis der Verwendbarkeit von Bauprodukten im Einzelfall (ZiE),
- allgemeine Bauartgenehmigung (aBG),
- allgemeines bauaufsichtliches Prüfzeugnis für Bauarten (abP) und
- Europäische Technische Bewertung (ETA).

Zu diesem Thema gehört darüber hinaus die europäische Bauprodukte-Verordnung (EU-BauPVO). Diese hat im Jahr 2013 die Bauprodukte-Richtlinie (BPR) abgelöst. Die EU-BauPVO gilt als europäische Verordnung unmittelbar in allen Mitgliedstaaten ohne eine Umsetzung in nationales Recht. Die Bundesrepublik Deutschland hat das Deutsche Institut für Bautechnik in Berlin (DIBt) als technische Bewertungsstelle und als notifizierende Behörde im Sinne der EU-BauPVO bestimmt, und zwar mit dem Gesetz zur Anpassung des Bauprodukte-Gesetzes und weiterer Rechtsvorschriften an die Verordnung (EU) Nr. 305/2011 zur Festlegung harmonisierter Bedingungen für die Vermarktung von Bauprodukten.

CE-Kennzeichnung

Mit der Einführung der EU-BauPVO hat sich die Bedeutung der CE-Kennzeichnung geändert (Abb. 3.1). Mit der CE-Kennzeichnung dokumentiert der Hersteller, dass er die Verantwortung für die Übereinstimmung des Bauprodukts mit der in der Leistungserklärung angegebenen Leistung sowie für die Einhaltung aller einschlägigen europäischen Rechtsvorschriften übernimmt. Bauprodukte müssen CE-gekennzeichnet werden, wenn der Hersteller für diese eine Leistungserklärung gemäß EU-BauPVO erstellt hat. Die CE-Kennzeichnung stellt das alleinige Übereinstimmungszeichen für alle wesentlichen Merkmale eines Bauprodukts dar. Bei Bauproduktmerkmalen, die bereits mit europäisch harmonisierten technischen Spezifikationen abgedeckt sind, sind zusätzliche Zeichen, wie das deutsche Ü-Zeichen, nicht zulässig. Zusätzliche Zeichen dürfen nur zur Kennzeichnung von Bauproduktmerkmalen eingesetzt werden, die außerhalb der harmonisierten technischen Spezifikationen liegen. Da die CE-Kennzeichnung in Zusammenhang mit der Leistungserklärung zunächst grundsätzlich eine Eigenerklärung des Herstellers der Übereinstimmung seines Produktes mit den definierten technischen Spezifikationen darstellt, ist diese Kennzeichnung nicht vergleichbar mit dem in Deutschland üblichen Ü-Zeichen für Bauprodukte.

Für Holzwerkstoffe, die im Bauwesen eingesetzt werden, ist von den Herstellern für die Kennzeichnung DIN EN 13986 „Holzwerkstoffe zur Verwendung im Bauwesen – Eigenschaften, Bewertung der Konformität und Kennzeichnung" (2015) heranzuziehen. Folgende technische Leistungseigenschaften müssen unter der Angabe der Norm DIN EN 13986 in der Kennzeichnung enthalten sein:

- technische Klasse nach DIN EN 13986, Anhang A,
- Brandverhalten: Euroklasse A2, B, C, D, E oder F (falls erforderlich, zusätzlich Rauch- und Abtropfklasse) oder entsprechende Klasse für Fußböden, außerdem Angabe der Einbau- und Befestigungsbedingungen, wenn sie abweichend von DIN EN 13986, Tabelle 8, sind,
- Formaldehyd-Klasse: E1 oder E2 nach DIN EN 13986, Anhang B,
- Gehalt an Pentachlorphenol (PCP), falls zutreffend,
- „PT" (mit Holzschutzmitteln behandelt), wenn das Produkt gegen biologischen Befall besonders behandelt worden ist.

Leistungserklärung

Der Hersteller wählt selbst, für welche Merkmale eines Bauprodukts er Leistungsangaben macht oder auch keine Leistung erklärt (No Performance Determined [NPD]), sofern weder durch eine Europäische Technische Bewertung (ETA) noch durch einen delegierten Akt der EU-Kommission vorgegeben ist, für welche wesentlichen Merkmale eines Bauprodukts Leistungen anzugeben sind. Die technische Dokumentation des Herstellers bildet die Grundlage für die Leistungserklärung. In die technische Dokumentation fließen u.a. die Ergebnisse der werkseigenen Produktionskontrolle (Typprüfung oder Identitätsfeststellung der geprüften Chargen) ein. Auch können Leistungen des Produkts alternativ mit Typenberechnungen ermittelt werden, falls dies möglich ist. Zudem gibt es eine vereinfachte technische Dokumentation – die Angemessene Technische Dokumentation (ATD) –, mit der auf eigene Typenprüfungen bzw. Typenberechnungen des Herstellers verzichtet werden kann, wenn für ein Bauprodukt bereits ausreichende Kenntnisse zur Leistung bezüglich wesentlicher Merkmale vorliegen.

Die Leistungserklärung ist dem Abnehmer von dem Lieferanten vollständig zur Verfügung zu stellen. Es wird empfohlen, zu jedem Holzrahmenbau-Projekt die aktuellen Leistungserklärungen der eingesetzten Bauprodukte für eine lückenlose Dokumentation zu archivieren.

3.2 Holz in der Konstruktion

Es versteht sich von selbst, dass ein Holzrahmenbau im Wesentlichen aus Holz besteht. In Deutschland wird von jeher als Konstruktionsholz meist Nadelholz eingesetzt, insbesondere die Holzarten Fichte und Tanne. Bei den in diesem Buch dargestellten Bauteilen und Detailausbildungen ist immer davon auszugehen, dass es sich um diese beiden Holzarten handelt, wenn nichts anderes angegeben ist.

CE

54321[a]-CPD[b]-1234[c]

MUSTERFIRMA[d]
Musterstraße Musterstadt[e]

20[f]

DIN EN 13986[g]

OSB/3[h] DIN EN 300[i] 15 mm[j]

E1[k]

C-s2, d0[l]

Legende:
Das CE-Zeichen ist in der von der EU vorgegebenen Form zu verwenden:

a	Nummer der notifizierten Stelle
b	CPD steht für die Kennzeichnung als Bauprodukt
c	Referenznummer der Leistungserklärung (vom Hersteller selbst festgelegt)
d	Name, eingetragener Handelsname oder Marke
e	Kontaktanschrift des Herstellers, alternativ kann ein Kennzeichen angegeben werden, das die eindeutige Identifikation des Herstellers ermöglicht
f	bezeichnet die letzten beiden Ziffern des Jahres, in dem die CE-Kennzeichnung auf dem Bauprodukt angebracht wurde
g	Bezugs-Norm, hier für Holzwerkstoffe zur Verwendung im Bauwesen
h	Produkttyp, hier Plattentyp nach Anhang A der DIN EN 13986
i	Produktnorm, nach der die Prüfwerte ermittelt wurden
j	Produktabmessung, hier Plattendicken
k	Formaldehyd-Klasse nach Anhang B der DIN EN 13986
l	Brandverhalten nach DIN EN 13501-1

außerdem ggf. zusätzlich, sofern zutreffend: Angaben zum Gehalt an Pentachlorphenol und „PT"

Abb. 3.1: Muster eines CE-Kennzeichens für Holzwerkstoffe

Bauschnittholz aus Nadelholz

Die in den Bundesländern eingeführte Muster-Verwaltungsvorschrift Technische Baubestimmungen (MVV TB) regelt, dass neben dem der Normenreihe DIN EN 1995 „Eurocode 5: Bemessung und Konstruktion von Holzbauten" auch die DIN 20000-1 und die DIN 20000-3 bis -7 für die Planung, Bemessung und Ausführung von Holzbauten zu beachten sind. DIN 20000-5 regelt Bauholz und nimmt u.a. Bezug auf die im Holzbau schon lange eingeführte DIN 4074-1 „Sortierung von Holz nach der Tragfähigkeit – Teil 1: Nadelschnittholz" (2012). Außerdem verweist DIN 20000-5 auf DIN EN 338 „Bauholz für tragende Zwecke – Festigkeitsklassen" (2016) sowie DIN EN 14081-1 „Holzbauwerke – Nach Festigkeit sortiertes Bauholz für tragende Zwecke mit rechteckigem Querschnitt – Teil 1: Allgemeine Anforderungen" (2019).

Bauschnittholz aus Nadelholz lässt sich mit den folgenden wesentlichen Parametern beschreiben:

- Bezeichnung der Schnittholzart: Latte, Brett, Bohle oder Kantholz,
- Sortierklasse: bei visueller Sortierung: S 7, S 10, S 13 mit den Zusätzen K (hochkant) und TS (trocken sortiert, Holzfeuchte < 20 %), bei apparativ unterstützter visueller Sortierung auch Klasse S 15 möglich,
- Holzart: z.B. FI (Fichte), TA (Tanne), KI (Kiefer), LA (Lärche), DOU (Douglasie),
- Kennzeichnung: Schnittholzart – DIN 4074 – Sortierklasse – Holzart, Hersteller,

Beispiel: Kantholz – DIN 4074 – S 10TS – FI, Musterfirma, Übereinstimmungsnachweis,

- Gütegrundlage: DIN 4074-1, Abschnitt 6, für die visuelle Sortierung, DIN 4074-1, Abschnitt 7, für die apparativ unterstützte visuelle Sortierung,
- Rohdichte: 350 bis 600 kg/m³,
- Berechnungsgewicht: Nennwert der Wichte von Holz nach DIN EN 1991-1-1 „Eurocode 1: Einwirkungen auf Tragwerke – Teil 1-1: Allgemeine Einwirkungen auf Tragwerke – Wichten, Eigengewicht und Nutzlasten im Hochbau" (2010), Anhang A, Tabelle A.3:
  - Festigkeitsklasse C 24: 4,2 kN/m³,
  - Festigkeitsklasse C 30: 4,6 kN/m³,
- Baustoffklasse nach DIN 4102-4 „Brandverhalten von Baustoffen und Bauteilen – Teil 4: Zusammenstellung und Anwendung klassifizierter Baustoffe, Bauteile und Sonderbauteile" (2016): Holz mit einer Rohdichte von ≥ 400 kg/m³ und einer Dicke von > 2 mm oder mit einer Rohdichte von ≥ 230 kg/m³ und einer Dicke von > 5 mm: B2 (normal entflammbar) ohne Nachweis,
- Verwendbarkeit: CE-Kennzeichnung nach EU-BauPVO, Angaben zur Festigkeit durch Leistungs-erklärung des Herstellers.

Holzsortimente und Vorzugsquerschnitte

Der moderne Holzrahmenbau verlangt nachhaltige und exakt dimensionierte sowie trockene Holzbauteile. Diese Eigenschaften und insbesondere die Verwendung trockener Vollholzprodukte sind bereits seit der Jahrtausendwende in der ATV DIN 18334 „Zimmer- und Holzbauarbeiten" (2023), Abschnitt 3.3, verankert. Bestehende Vereinbarungen zwischen Holzbau Deutschland – Bund Deutscher Zimmermeister im Zentralverband des Deutschen Baugewerbes (ZDB) und der Herstellergemeinschaft MH® Massivholz e.V., der Überwachungsgemeinschaft Konstruktionsvollholz e.V. und der Studiengemeinschaft Holzleimbau e.V. legen für die Vollholzprodukte Bauholz, Konstruktionsvollholz (KVH®), Duobalken®, Triobalken® und Brettschichtholz Qualitätskriterien fest, die über die bauaufsichtlichen Anforderungen hinausgehen. Sie zielen nicht nur auf eine zuverlässige Festigkeit, sondern auch auf ein definiertes Maßhaltegebot und eine definierte Optik ab und dienen somit der Qualitätsverbesserung, der

Tabelle 3.1: Zulässigkeit von Holzarten und Vollholzprodukten in den Gebrauchsklassen GK 0 bis GK 3.1 nach DIN 68800-1 ohne Einsatz von chemischem Holzschutz sowie mit vorbeugend chemischem Holzschutz ab GK 3.2 und höher (Quelle: Holzbau Deutschland)

Gebrauchsklasse nach DIN 68800-1	Nadelschnittholz nach DIN 4074-1, MH®, MH-Natur® Bauschnittholz	KVH®	Duobalken®, Triobalken®, Balkenschichtholz	Brettschichtholz
GK 0, GK 1	Douglasie, Lärche, Fichte, Kiefer, Tanne			
GK 2	Douglasienkernholz, Lärchenkernholz, Farbkernholz Kiefer	KVH® ohne Keilzinkung: Douglasienkernholz, Lärchenkernholz, Farbkernholz Kiefer KVH® mit Keilzinkung: nicht zulässig	nicht zulässig	Douglasienkernholz, Lärchenkernholz mit Lamellendicke $t \leq 35$ mm
GK 3.1	Douglasienkernholz, Lärchenkernholz	KVH® ohne Keilzinkung: Douglasienkernholz, Lärchenkernholz KVH® mit Keilzinkung: nicht zulässig	nicht zulässig	Douglasienkernholz, Lärchenkernholz mit Lamellendicke $t \leq 35$ mm
GK 3.2 und höher	vorbeugend chemischer Holzschutz	KVH® ohne Keilzinkung: vorbeugend chemischer Holzschutz KVH® mit Keilzinkung: nicht zulässig	nicht zulässig	vorbeugend chemischer Holzschutz (nicht empfohlen)[1)]

1) Seitens der Studiengemeinschaft Holzleimbau e.V. wird vom Einsatz chemischer Holzschutzmittel in Brettschichtholz-Konstruktionen abgeraten, da erfahrungsgemäß mit den in Deutschland zulässigen Holzschutzmitteln und üblichen Auf- und Einbringverfahren die erforderlichen Eindringtiefen und Einbringmengen in technisch getrocknetem Fichtenholz nicht möglich sind.

Tabelle 3.2: Konstruktive Vollholzprodukte und ihre wesentlichen Qualitätsmerkmale (Quelle: Holzbau Deutschland)

MH-Natur® Bauschnittholz	**MH®** (Konstruktionsvollholz)	**KVH®** (Konstruktionsvollholz)	**Duobalken®/Triobalken®** (Balkenschichtholz)	**Brettschichtholz**
Definition/Einsatzbereich				
Bauschnittholz für den traditionellen Holzbau im Neubau und in der Modernisierung	Vollholz aus Nadelholz, an dessen Verwendung erhöhte Anforderungen hinsichtlich Holzfeuchte, Maßhaltigkeit und Optik gestellt werden, maßhaltige Bauteile, z.B. im Holzhausbau		durch Schichtaufbau aus 2 bzw. 3 miteinander verklebten, gehobelten Kanthölzern oder Bohlen weiter vergütetes Produkt, Hölzer größerer Querschnitte, formstabil und rissminimiert, z.B. im Holzhausbau	mindestens 3 faserparallel miteinander verklebte getrocknete Bretter oder Brettlamellen aus Nadelholz, durch schichtweisen Aufbau vergütetes Produkt mit höheren Tragfähigkeiten als übliches Bauholz, formstabil und weitgehend rissminimiert, große Querschnitte, hohe Spannweiten, freie Formen im Hausbau, Hallenbau und in Sonderbauwerken
Technische Regeln				
Bemessungsnorm: DIN EN 1995-1-1 sowie Nationaler Anhang DIN EN 1995-1-1/NA				
Produktnorm: DIN EN 14081-1 Anwendungsnorm: DIN 20000-5	Produktnorm: DIN EN 14081-1 Anwendungsnorm: DIN 20000-5	nicht keilgezinkt: Produktnorm: DIN EN 14081-1 Anwendungsnorm: DIN 20000-5	allgemeine Bauaufsichtliche Zulassung Z-9.1-440[1]	Produktnorm: DIN EN 14080[2] Anwendungsnorm: DIN 20000-3
		keilgezinkt: Produktnorm: DIN EN 15497 Anwendungsnorm: DIN 20000-7	Produktnorm: DIN EN 14080[1] Anwendungsnorm: DIN 20000-3	
Holzarten				
Fichte/Kiefer auf Anfrage: Tanne, Lärche, Douglasie	Fichte/Kiefer auf Anfrage: Tanne, Lärche, Douglasie	Fichte/Kiefer auf Anfrage: Tanne, Lärche, Douglasie	Fichte/Kiefer auf Anfrage: Tanne, Lärche, Douglasie	Fichte auf Anfrage: Kiefer, Tanne, Lärche, Douglasie
Einschnitt/Aufbau				
soweit möglich: mehrstielig	sichtbarer Bereich (MH-Plus®-Si/KVH®-Si): zweistieliger Einschnitt auf Wunsch: Heraustrennen einer Herzbohle mit $d \geq 40$ mm		sichtbarer Bereich: zweistieliger Einschnitt auf Wunsch: Heraustrennen einer Herzbohle mit $d \geq 40$ mm	lamelliert aus gehobelten Brettern
	nicht sichtbarer Bereich (MH-Fix®-NSi/KVH®-Nsi): zweistieliger Einschnitt		nicht sichtbarer Bereich: zweistieliger Einschnitt	
Holzfeuchte				
technische Trocknung (DIN 68800-2)	technische Trocknung (DIN 68800-2)		technische Trocknung (DIN 68800-2)	technische Trocknung (DIN 68800-2)
Messbezugsfeuchte $u_{\text{m}} = 20\,\%$ Lieferfeuchte $u_{\text{m}} \leq 20\,\%$	Messbezugsfeuchte $u_{\text{m}} = 15\,\%$ Lieferfeuchte $u_{\text{m}} \leq 15 \pm 3\,\%$		Messbezugsfeuchte $u_{\text{m}} = 15\,\%$ Lieferfeuchte $u_{\text{m}} \leq 15\,\%$	Messbezugsfeuchte $u_{\text{m}} = 12\,\%$ Lieferfeuchte $u_{\text{m}} \leq 18\,\%$
Oberfläche				
sägerau	MH-Plus®-Si/KVH®-Si: gehobelt und gefast		Duobalken®-Si/ Triobalken®-Si gehobelt und gefast	Auslesequalität gehobelt und gefast Sichtqualität gehobelt und gefast Industriequalität egalisiert
	MH-Fix®-NSi/KVH®-Nsi: egalisiert und gefast		Duobalken®-NSi/ Triobalken®-NSi egalisiert und gefast	
Maßhaltigkeit				
Maßtoleranzklasse 1 nach DIN EN 336	Maßtoleranzklasse 2 nach DIN EN 336		Maßtoleranzklasse 2 nach DIN EN 336	maximale Maßabweichungen nach DIN EN 14080
	für Dicken und Breiten ≤ 10 cm +3/−1 mm > 10 cm und ≤ 30 cm +4/−2 mm	für Dicken und Breiten ≤ 10 cm ± 1 mm > 10 cm und ≤ 30 cm $\pm 1{,}5$ mm	für Dicken und Breiten ≤ 10 cm ± 1 mm > 10 cm und ≤ 30 cm $\pm 1{,}5$ mm > 30 cm ± 2 mm	für alle Breiten ± 2 mm Querschnittshöhe: ≤ 400 mm +4 mm bis −2 mm > 40 mm +1 % bis −0,5 %

1) Balkenschichtholz kann nach deutscher allgemeiner Zulassung Z-9.1-440 oder nach der harmonisierten europäischen Produktnorm DIN EN 14080 gefertigt werden. Es kann davon aus-gegangen werden, dass einige Hersteller in Kürze ihre Fertigung auf DIN EN 14080 umstellen. Daher sollte vor einer Bestellung geklärt werden, ob Balkenschichtholz nach Z-9.1-440 oder nach DIN EN 14080 mit DIN 20000-3 bestellt werden kann.

Tabelle 3.2: (Fortsetzung)

MH-Natur® Bauschnittholz	MH® (Konstruktionsvollholz)	KVH® (Konstruktionsvollholz)	Duobalken®/Triobalken® (Balkenschichtholz)	Brettschichtholz
Sortierklassen/Festigkeitsklassen				
trocken sortiert nach DIN 4074-1, Sortierklasse S10TS mit der Festigkeitsklasse C 24	trocken sortiert nach DIN 4074-1, Sortierklasse S10TS mit der Festigkeitsklasse C 24		Sortierklasse S10TS nach DIN 4074-1 bzw. Festigkeitsklasse C 24M nach DIN 4074-1 oder Festigkeitsklasse C 24 nach DIN EN 14081-1 mit DIN 20000-5	Standardfestigkeitsklassen: GL 24c, GL 24h, GL 28c, GL 30c
	MH-Plus®-Si/KVH®-Si: scharfkantig MH-Fix®-NSi/KVH®-NSi: Baumkante ≤ 10 % der kleineren Querschnittsbreite		Baumkante nicht zulässig	Nach ATV DIN 18334 gilt, wenn nichts anderes vereinbart wurde, die Festigkeitsklasse GL 24h.
	nicht keilgezinkt	Keilzinkung der Einzelhölzer zulässig	Keilzinkung der Einzelhölzer zulässig; Universalkeilzinkenverbindung nur in Duobalken® zulässig	
Überwachung				
	Eigen- und Fremdüberwachung	Eigenüberwachung, Fremdüberwachung durch Prüfinstitute Bescheinigung des Herstellers der Eignung zum Leimen/Kleben tragender Holzbauteile ist nicht mehr erforderlich!	Eigenüberwachung, Fremdüberwachung durch Prüfinstitute Z-9.1-440: Bescheinigung des Herstellers der Eignung zum Leimen/Kleben tragender Holzbauteile erforderlich DIN EN 14080: Bescheinigung über die Eignung des Herstellers zum Leimen/Kleben tragender Holzbauteile ist nicht mehr erforderlich!	Eigenüberwachung, Fremdüberwachung durch Prüfinstitute Bescheinigung des Herstellers der Eignung zum Leimen/Kleben tragender Holzbauteile ist nicht mehr erforderlich!
Verwendung in Nutzungsklasse (NKL) nach DIN EN 1995-1-1				
NKL 1/2/3	NKL 1/2/3	nicht keilgezinkt: NKL 2/3 keilgezinkt: NKL 1/2	NKL 1/2	NKL 1/2 NKL 3 (reduzierte Lamellenstärke ≤ 35 mm)
Kennzeichnung				
CE	CE	CE	Z-9.1-440: Ü DIN EN 14080: CE	CE
Vereinbarung zwischen Holzbau Deutschland – Bund Deutscher Zimmermeister im ZDB, Berlin und				
Herstellergemeinschaft MH®- Massivholz e.V., Stuttgart; 09/2015	Herstellergemeinschaft MH®-Massivholz e.V., Stuttgart; 09/2015	Überwachungsgemeinschaft Konstruktionsvollholz e.V., Wuppertal; 09/2015	Überwachungsgemeinschaft Konstruktionsvollholz e.V., Wuppertal; 09/2015	Studiengemeinschaft Holzleimbau e.V., Wuppertal (in Überarbeitung)

2) Die Bauregelliste A Teil 1 verweist derzeit noch auf die bisherige nationale Produktnorm für Brettschichtholz (DIN 1052). Die Studiengemeinschaft Holzleimbau e.V. hat bereits im Januar 2016 darüber informiert, dass die Normen DIN EN 14080:2013-09 mit DIN 20000-3 in Deutschland anwendbar sind, und empfiehlt, möglichst umgehend nur noch mit Produkten nach DIN EN 14080: 2013 zu planen.

Markttransparenz und der Klarheit zwischen Besteller und Lieferant. Die vereinbarten Anforderungen an die unterschiedlichen Sortiermerkmale sind im Zusammenhang mit einer Standardisierung der Querschnitte und damit einer Reduzierung der Anzahl möglicher Lieferquerschnitte zu sehen.

Die vorgenannten Holzprodukte werden in den Kapiteln 3.2.1 bis 3.2.3 näher beschrieben. An dieser Stelle werden die übergeordneten Festlegungen aus den Vereinbarungen zusammenfassend berichtet. Die in den Vereinbarungen festgelegten Vollholzprodukte werden technisch bei Temperaturen von über 55 °C für mehr als 48 Stunden getrocknet. Daher sind sie unempfindlicher gegen Risse und Verformungen. Die Gefahr eines Bauschadens durch Insektenbefall ist bei technisch getrockneten Produkten unbedeutend, sodass bei Beachtung der Regeln des baulichen Holzschutzes der Einsatz von vorbeugenden chemischen Holzschutzmitteln weitgehend nicht erforderlich und in Aufenthaltsräumen nach DIN 68800-1 „Holzschutz – Teil 1: Allgemeines“ (2019), Abschnitt 8.1.3, ohne Notwendigkeit auch nicht zulässig ist (Tabelle 3.1).

Die Festlegung der Oberflächenqualität ist – sofern überhaupt im nationalen Regelwerk definiert – strenger und umfasst mehr Kriterien. In Tabelle 3.2 sind diese Qualitätsmerkmale zusammengestellt. Für die Einhaltung der Anforderungen ist der Zeitpunkt der Lieferung maßgebend. Die Holzfeuchte wird nach DIN EN 13183-2 „Feuchtegehalt eines Stückes Schnittholz – Teil 2: Schätzung durch elektrisches Widerstands-Messverfahren“ (2002) bemessen. Die Messbezugsfeuchte kann ebenfalls dieser Tabelle entnommen werden.

Klebstoffe in tragenden Holzbauteilen und Holzwerkstoffen

In unterschiedlichen Ausführungsvarianten werden verklebte Bauprodukte und Bauarten im Holzbau verwendet. Das betrifft z.B. Holzwerkstoffe, Brettschichtholz, Balkenschichtholz, Brettsperrholz, Furnierschichtholz, tragende Tafeln aus Holz und Holzwerkstoffen inkl. Sandwichelementen, keilgezinktes Vollholz, Produkte mit Universal-Keilzinkenverbindungen, I-Träger, Schalungsträger, sowie verleimte Kastenelemente. Solche geklebten Bauprodukte sind einerseits in harmonisierten Produktnormen erfasst oder finden andererseits Regelung in Technischen Baubestimmungen (MVV TB, Teile A1 und C2).

Allgemeine bauaufsichtliche Zulassungen werden vom Deutschen Institut für Bautechnik (DIBt) für geklebte Produkte erteilt, wenn

- diese nicht von harmonisierten Normen erfasst sind und
- diese von den Technischen Baubestimmungen (siehe MVV TB, Teil C 2) wesentlich abweichen oder
- es für diese keine Technische Baubestimmungen und keine allgemein anerkannte Regeln der Technik gibt (z.B. bei innovativen Produkten).

In tragenden Holzbauverbindungen verwendete Klebstoffe werden gemäß DIN EN 301 „Klebstoffe, Phenoplaste und Aminoplaste, für tragende Holzbauteile – Klassifizierung und Leistungsanforderungen“ (2023) in 2 Klebstofftypen entsprechend ihrer Eignung zum Einsatz bei unterschiedlichen Klimabedingungen klassifiziert. Diese Klimabedingungen sind in den Nutzungsklassen (NKL) der DIN EN 1995-1-1 definiert (siehe Kapitel 2.4.2.3):

- Typ I wird in den NKL 1, 2 und 3 verwendet, ist also in der NKL 3 auch frei der Witterung ausgesetzt.
- Typ II wird nur in der NKL 1 eingesetzt, also nur in beheizten Innenräumen und nur bei Temperaturen von maximal 50 °C.

Entsprechend ihrer Endverwendung werden diese Klebstofftypen in 3 Verwendungsbereiche unterteilt:

- GP: Klebstoff für allgemeine Zwecke (in Klebstofffugen, bei Flächenverklebungen, Keilzinkenverbindungen in Lamellen und Bauholz und Universal-Keilzinkenverbindungen);
- FJ: Klebstoff nur zum Einsatz für Keilzinkenverbindungen in Lamellen und Bauholz;
- GF: fugenfüllender Klebstoff (bei Verklebungen parallel zur Faserrichtung, z.B. Klebstofffugen zwischen Brettschichtholz-Bauteilen bei Blockverklebungen und für Universal-Keilzinkenverbindungen); diese Klebstoffe werden ohne weitere Prüfung zusätzlich als Verwendungsbereich GP und FJ bei gemischtem Auftrag klassifiziert.

Verschiedene Leimarten kommen bei Holzprodukten und Holzwerkstoffen zum Einsatz:

- Weißleim: Polyvinylacetat (PVAc),
- Aminoplaste: Harnstoff-Formaldehyd (UF) und Melamin-Harnstoff-Formaldehyd (MUF),
- Polykondensationsklebstoffe: Phenol-Formaldehyd (PF) und Resol-Resorcin-Formaldehyd (PRF) sowie
- Polyadditionsklebstoffe: Polymeres Diphenylmethandiisocyanat (PMDI), Polyurethan (PUR) und Isocyanat.

Hinweis:

Erläuterungen zu den nachfolgenden Baustoff-Tabellen:

- Bei der Wärmeleitfähigkeit ist der in Deutschland zu verwendende Bemessungswert λ_B angegeben und nicht der Nennwert λ_D.
- Für die Wasserdampf-Diffusionswiderstandszahl μ sind jeweils 2 Werte angegeben, die für den Winter- und den Sommerfall bei Berechnungen zu verwenden sind. Es ist nach DIN 4108-3 „Wärmeschutz und Energie-Einsparung in Gebäuden – Teil 3: Klimabedingter Feuchteschutz – Anforderungen, Berechnungsverfahren und Hinweise für Planung und Ausführung“ (2024) der jeweils ungünstigere Wert einzusetzen.
- Lieferbare Abmessungen dienen der Auswahl im Rahmen der Planung und weichen je nach Hersteller und lagerführenden Lieferanten voneinander ab. Gegebenenfalls sind im Rahmen der Planung genaue Daten einzuholen.

Tabelle 3.3: In tragenden Holzbauverbindungen eingesetzte Klebstoffe und Zuordnung zu Klebstofftypen nach DIN EN 301

Bezeichnung	**Polyvinylacetat** **PVAc**	**Harnstoff-Formaldehyd** **UF**	**Melamin-Harnstoff-Formaldehyd** **MUF**	**Melamin-Harnstoff-Formaldehyd** (Isocyanat), Polyurethan) **PMDI/PUR**	**Phenol-Formaldehyd** **PF**	**Resol-Resorcin-Formaldehyd** (Resorcinharz) **PRF**
Leimart	Weißleim	Aminoplast		Polyadditionsklebstoff	Polykondensationsklebstoff	
Anwendung	**nicht tragend**		**Typ II**		**Typ I**	
Balkenschichtholz			•	•		
Brettschichtholz			•	•		•
Brettsperrholz			•	•		
Fensterherstellung	•		•	•		
Furnieren	•	•				
Furnierfugenverleimung		•				
Keilzinkenverbindung	•		•	•		
Konstruktionsvollholz			•	•		
Massivholzplatten, einlagig	•		•	•		
Massivholzplatten, mehrschichtig	•		•			
MDF		•				
OSB/1		•				
OSB/2			•			
OSB/3 und OSB/4			•			
Schalungsträger			•	•		•
Spanplatten			•	•	•	
Sperrholz und Baufurniersperrholz	•	•	•	•		•
Türen und Rahmenelemente	•	•	•			

3.2.1 Konstruktionsvollholz und Massivholz

genaue Bezeichnung:	Konstruktionsvollholz (KVH®), Massivholz (MH®) (eingetragene Markenzeichen)
Kurzzeichen:	KVH®-NSi und KVH®-Si, MH-Fix®-NSi und MH-Plus®-Si in Verbindung mit „C" für „Nadelholz" und Ziffern für die Festigkeit, z.B. KVH NSi C 24
Zeichnungen im Buch:	Pos.-Nr. 210
Beschreibung:	Vollholz, gehobelt, gefast, nach definierten Qualitätskriterien gemäß Verbändevereinbarung hergestellt; Holzfeuchte u_m: 15 ± 3 %, ohne Keilzinkenverbindung (KVH, MH) und mit Keilzinkenverbindung (nur bei KVH), siehe Tabelle 3.2; Oberflächenqualität sichtbarer Bereich „Si" oder nicht sichtbarer Bereich „NSi"; wenn nichts anderes vereinbart: Festigkeitsklasse C 24 (entspricht S10 nach DIN 4074-1)
Bestandteile:	Fichtenholz, auf Anfrage: Tanne, Kiefer, Lärche, Douglasie; bei Keilzinkung: Klebstoff gemäß Herstellerangabe
Anwendungsbereich:	tragende und nicht tragende Konstruktionshölzer im Bereich Dachkonstruktionen, Holzrahmenbau, allgemeine Zimmererarbeiten, Ingenieurholzbau
Kennzeichnung:	CE-Kennzeichen und Leistungserklärung
Gütegrundlage:	Verbändevereinbarungen über KVH®(2015) (www.kvh.de) und über MH® (www.mh-massivholz.de), DIN 4074-1; nicht keilgezinkt: DIN EN 14081 und DIN 20000-5; keilgezinkt: DIN EN 15497 und DIN 20000-7
Bemessung:	tragend: DIN EN 1995-1-1, DIN EN 1995-1-1/NA; Festigkeitsklassen nach DIN EN 338: Standard ohne zusätzliche Vereinbarung: C 24 mit Biegefestigkeit $f_{m,k}$ = 24 N/mm²; lieferbar nach Vereinbarung: C 16, C 18, C 30, C 35 Trennwände, nicht tragend: DIN 4103-1

Mittelwert der Rohdichte ρ_{mean}:	C 24: 350 kg/m³; C 30: 380 kg/m³
spezifische Wärmekapazität c:	1,6 kJ/(kgK)
Berechnungsgewicht nach DIN EN 1991-1-1/ DIN EN 1991-1-1/NA 1:	C 24: 4,2 kN/m³ C 30: 4,6 kN/m³
Baustoffklasse nach DIN EN 13501-1 bzw. DIN 4102-4:	D-s2,d0 bzw. B2 (normal entflammbar)
Bemessungswerte der Wärmeleitfähigkeit λ_B:	0,13 W/(mK)
Wasserdampf-Diffusionswiderstandszahl μ:	20 bis 50
Verarbeitungshinweis:	VOB Teil C ATV DIN 18334
lieferbare Abmessungen:	Vorzugslängen 5,00 und 13,00 m; Vorzugsquerschnitte siehe Tabelle 3.4 Anmerkung: In den Details in Kapitel 4 und 5 dieses Buchs werden auch Querschnittshöhen mit 280 mm verwendet, da zusätzlich zu den Querschnitten der Verbändevereinbarung auch dieses Maß von einigen Herstellern lieferbar ist.

Tabelle 3.4: Vorzugsquerschnitte KVH®-NSi und MH-Fix®-NSi gemäß Verbändevereinbarung

Breite in mm	Höhe in mm							
	100	120	140	160	180	200	220	240
60	•	•	•	•	•	•	•	•
80		•		•		•	•	•
100	•			•		•		•
120		•		•		•		•
140			•					

- Auf Querschnitte mit einer Breite von mehr als 140 mm wurde aus Gründen der technischen Trocknung verzichtet. Für größere Breiten als 140 mm wird der Einsatz von Balkenschichtholz oder Brettschichtholz empfohlen.
- Querschnitte für andere Holzarten (z. B. Kiefer, Douglasie, Lärche) auf Anfrage
- Querschnitte in Sichtqualität (Si) auf Anfrage
- andere Festigkeitsklassen als C 24 / C 24M auf Anfrage

3.2.2 Brettschichtholz

genaue Bezeichnung:	Brettschichtholz (auch BS-Holz, früher: Leimholz)
Kurzzeichen:	GL von Glued Laminated Timber (früher: BSH) und 2 Ziffern für Festigkeit sowie „h“ (homogen) oder „c“ (combined = kombiniert) Beispiel: GL 24h
Zeichnungen im Buch:	Pos.-Nr. 220
Beschreibung:	aus mindestens 3 Lagen in gleicher Faserrichtung verleimte Holzquerschnitte, gehobelt, gefast, Holzfeuchte bei Herstellung u_m: 12 %, bei Lieferung maximal 18 %, siehe Tabelle 3.2; 3 Oberflächenqualitätsstufen: • Industrie-Qualität • Sichtqualität • Auslesequalität siehe "BS-Holz-Merkblatt" (2022) der Studiengemeinschaft Holzleimbau e.V. homogene Verleimung h: Alle Schichten bestehen aus Lamellen mit gleicher Festigkeit. kombinierte Verleimung c: Es werden Lamellen mit verschiedenen Festigkeitsklassen eingesetzt; wenn nichts anderes vereinbart: Festigkeitsklasse GL 24h (VOB/C ATV DIN 18334).
Bestandteile:	Fichtenholz, auf Anfrage: Tanne, Kiefer, Lärche, Douglasie; Laubhölzer: Buche; Klebstoff gemäß Herstellerangabe
Anwendungsbereich:	Konstruktionshölzer im Bereich Ingenieurholzbau, Dachkonstruktionen, Holzrahmenbau, allgemeine Zimmererarbeiten, Massivholztafeln
Kennzeichnung:	CE-Kennzeichen und Leistungserklärung
Gütegrundlage:	DIN EN 14080 und DIN 20000-3
Bemessung:	DIN EN 1995-1-1, DIN EN 1995-1-1/NA; Festigkeitsklassen: GL 24h und GL 24c mit Biegefestigkeit $f_{m,k} = 24$ N/mm²; andere Festigkeiten: GL 28c, GL 28h, GL 32h, GL 32c, GL 36h, GL 36c
Mittelwert der Rohdichte ρ_{mean}:	von GL 24c mit 350 kg/m³ bis GL 36h mit 450 kg/m³
spezifische Wärmekapazität c:	1,6 kJ/(kgK)
Berechnungsgewicht nach DIN EN 1991-1-1/ DIN EN 1991-1-1/NA 1:	GL 24h: 3,7 kN/m³, GL 28h: 4,0 kN/m³; GL 32h: 4,2 kN/m³, GL 24h: 4,4 kN/m³
Baustoffklasse nach DIN EN 13501-1 bzw. DIN 4102-4:	D-s2,d0 bzw. B2 (normal entflammbar)
Bemessungswerte der Wärmeleitfähigkeit λ_B:	0,13 W/(mK)
Wasserdampf-Diffusionswiderstandszahl μ:	20 bis 50
Verarbeitungshinweis:	VOB/C ATV DIN 18334; Brettschichtholz allein sagt nichts über die optische Qualität des BS-Holzes aus, solange keine explizite Vereinbarung zum Einbau als sichtbares Holz „Si“ erfolgt.
lieferbare Abmessungen:	Vorzugslängen 6,00 und 12,00 m, auch 16,00 bis 24,00 m (nach Händler/Hersteller); Vorzugsquerschnitte siehe Tabelle 3.5

Tabelle 3.5: Vorzugsquerschnitte Brettschichtholz Sichtqualität, Lamellendicke i.d.R. 40 mm (Quelle: Holzbau Deutschland)

BS-Holz Fichte GL 24h, GL 24c, Sichtqualität										
Breite in mm	Höhe in mm									
	100	120	140	160	200	240	280	320	360	400
60		•		•						
80	•	•		•	•					
100	•	•		•	•					
120		•		•	•	•	•	•		
140			•	•	•	•	•	•	•	
160				•	•	•	•	•	•	•
180					•	•	•	•	•	•
200					•			•	•	•

- Querschnitte für andere Holzarten (z.B. Kiefer, Tanne, Douglasie, Lärche) auf Anfrage
- andere Festigkeitsklassen als GL 24h/GL 24c auf Anfrage

3.2.3 Balkenschichtholz

genaue Bezeichnung:	Balkenschichtholz, eingetragene Markenzeichen Duobalken®/Triobalken®
Kurzzeichen:	C 24
Zeichnungen im Buch:	Pos.-Nr. 230
Beschreibung:	zusammengesetzter Vollholzquerschnitt mit 2 bis 9 miteinander verklebten Einzelhölzern gleichen Querschnitts, gehobelt, gefast, Einzellamellen keilgezinkt gestoßen, Holzfeuchte bei Herstellung/Lieferung $u_m \leq 15$ %, siehe Tabelle 3.2; Oberflächenqualität sichtbarer Bereich „Si" oder nicht sichtbarer Bereich „NSi"
Bestandteile:	Fichte, Tanne, Kiefer, auf Anfrage: Lärche, Douglasie; Klebstoff gemäß Herstellerangabe
Anwendungsbereich:	tragende Konstruktionshölzer im Bereich Ingenieurholzbau, Dachkonstruktionen, Holzrahmenbau, allgemeine Zimmererarbeiten
Kennzeichnung:	CE-Kennzeichen und Leistungserklärung
Gütegrundlage:	DIN EN 14080 und DIN 20000-3 bzw. allgemeine bauaufsichtliche Zulassung Z-9.1-440
Bemessung:	tragend: DIN EN 1995-1-1, DIN EN 1995-1-1/NA; nach DIN EN 338: Standard ohne zusätzliche Vereinbarung: C 24 mit Biegefestigkeit $f_{m,k} = 24$ N/mm²
Mittelwert der Rohdichte ρ_{mean}:	von GL 24c mit 350 kg/m³ bis GL 36h mit 450 kg/m³
spezifische Wärmekapazität c:	1,6 kJ/(kgK)
Berechnungsgewicht nach DIN EN 1991-1-1/ DIN EN 1991-1-1/NA 1:	C 24: 4,2 kN/m³
Baustoffklasse nach DIN EN 13501-1 bzw. DIN 4102-4:	D-s2,d0 bzw. B2 (normal entflammbar)
Bemessungswerte der Wärmeleitfähigkeit λ_B:	0,13 W/(mK)
Wasserdampf-Diffusionswiderstandszahl μ:	20 bis 50
Verarbeitungshinweis:	VOB/C ATV DIN 18334
lieferbare Abmessungen:	Vorzugslänge 13,00 m (größere Längen auf Anfrage); Vorzugsquerschnitte siehe Tabelle 3.6

Tabelle 3.6: Vorzugsquerschnitte für Duobalken®/Triobalken® aus Fichte/Tanne (Si und NSi) und Kiefer NSi (Quelle: Holzbau Deutschland)

Breite in mm	Höhe in mm							
	100	120	140	160	180	200	220	240
60	●	●	●	●	●	●	●	●
80	●	●	●	●○	●○	●○	●	●
100	●	●	●○	●○	●○	●○	●○	●○
120		●○		●○	●○	●○	●○	●○
140			●○	●○	●○	●○	●○	●○
160				●○		●○	●○	●○
180					●○	●○	●○	●○
200						●○	●○	●○
240								●○

● = NSi im nicht sichtbaren Bereich einsetzbar
○ = Si im sichtbaren Bereich einsetzbar

- Hinsichtlich der Tragfähigkeit ist der Verlauf der Klebefuge (waagerecht bzw. senkrecht) für homogenes Balkenschichtholz nicht von Bedeutung. Falls ein bestimmter Verlauf der Klebefuge gewünscht wird, ist dies bei der Bestellung anzugeben.
- Vorzugsquerschnitte für andere Holzarten, kombinierten Aufbau und durch Auftrennen hergestelltes Balkenschichtholz auf Anfrage

3.2.4 Brettsperrholz/Kreuzlagenholz

genaue Bezeichnung:	Brettsperrholz (auch Kreuzlagenholz) Cross-Laminated Timber
Kurzzeichen:	BSP, KLH, X-Lam, CLT
Zeichnungen im Buch:	Pos.-Nr. 240
Beschreibung:	aus ungerader Anzahl von mindestens 3 Lagen jeweils rechtwinklig zueinander in Faserrichtung verleimten Holzquerschnitten, einzelne Lagen auch aus Holzwerkstoffen möglich wie z.B. OSB-Platten oder Furnierschichtholz, jedoch mindestens 2 Lagen Bretter nach DIN EN 14081; Holzfeuchte bei Herstellung u_m: 12 %, bei Lieferung maximal 18 %, siehe Tabelle 3.2; 3 Oberflächenqualitätsstufen mit Decklagen aus Nadelholzlamellen oder Einschicht- oder Dreischichtplatten (1-S oder 3-S) nach DIN EN 13353: Industrie-Qualität NSi, Industrie-Sichtqualität, Sichtqualität siehe „BS-Holz-Merkblatt" (2022) der Studiengemeinschaft Holzleimbau e.V.
Bestandteile:	Nadelholzarten: Fichte, Weißtanne, auf Anfrage: Lärche, Douglasie oder Pappel; Holzwerkstoffe (OSB, Furnierschichtholz); Klebstoff gemäß Herstellerangabe
Anwendungsbereich:	tragende, aussteifende oder nicht tragende Elemente in Holzbauwerken als Tafeln (Dach-, Decken- und Wandtafeln); mehrgeschossiger Wohnungsbau, Nichtwohnungsbau; Einsatz beschränkt auf Nutzungsklassen 1 und 2 nach DIN EN 1995-1-1
Kennzeichnung:	CE-Kennzeichen und Leistungserklärung
Gütegrundlage:	DIN EN 16351
Bemessung:	DIN EN 1995-1-1, DIN EN 1995-1-1/NA; Festigkeitsklassen: je nach Zusammensetzung der Lamellen, siehe Herstellerangabe
Mittelwert der Rohdichte ρ_{mean}:	von GL 24c mit 350 kg/m³ bis GL 36h mit 450 kg/m³
spez. Wärmekapazität c:	1,6 kJ/(kgK)
Berechnungsgewicht nach DIN EN 1991-1-1/ DIN EN 1991-1-1/NA 1:	abhängig von den eingesetzten Festigkeitsklassen der Lamellen: C 24: 4,2 kN/m³; C 30: 4,6 kN/m³
Baustoffklasse nach DIN EN 13501-1 bzw. DIN 4102-4:	D-s2,d0 bzw. B2 (normal entflammbar)
Bemessungswerte der Wärmeleitfähigkeit λ_B:	0,13 W/(mK)
Wasserdampf-Diffusionswiderstandszahl μ:	30 bis 80
Verarbeitungshinweis:	VOB/C ATV DIN 18334
lieferbare Abmessungen:	herstellerabhängig, Brettlagen je von 6 bis 60 mm, Holzwerkstofflagen je von 6 bis 45 mm; Gesamtdicke bis 500 mm; Herstellmaße Breite x Länge: bis ca. 4,00 m × 16,00 m; sinnvolle Transportmaße liegend: 2,50 m (2,90 m) × 12,00 m Brettsperrholz kann auch gekrümmt hergestellt werden.

Sonderformen von Massivholztafeln

Bei den auf dem Markt angebotenen Massivholztafeln gibt es verschiedene Ausführungen. Einige entsprechen der DIN EN 16351 „Holzbauwerke – Brettsperrholz – Anforderungen" (2021), andere Produkte weichen davon ab und bedürfen einer besonderen Zulassung. In Abb. 3.2 sind 2 Beispiele dargestellt. Darüber hinaus gibt es die Brettstapelbauweise, bei der nebeneinanderstehende Bretter oder Holzbalken miteinander verbunden werden. Als Verbindungsmittel kommen Nägel und Schrauben in Betracht, aber es sind auch Produkte erhältlich, die durch Dübel verbunden sind (Dübelholz). Bei Dübelholz werden Rundstäbe aus Buchenholz, die unter den Wert der Ausgleichsfeuchte getrocknet wurden, in vorgebohrte Löcher eingetrieben, und durch das Aufquellen der Dübel auf das Quellmaß der Ausgleichsfeuchte entsteht eine feste Verbindung. Darüber hinaus sind Produkte auf dem Markt, die mit hölzernen Schraubdübeln verbunden werden. Außerdem gibt es noch verleimte Kastenelemente mit Hohlräumen.

Abb. 3.2: Sonderformen von Massivholzelementen: verleimte OSB-Platten und Furnierschichtholz in Mittellage

3.2.5 Holzstegträger

genaue Bezeichnung:	Holzstegträger, Stegträger (auch Doppelstegträger, I-Joist, I-Beam, Holz-I-Träger); Produktfamilie: leichte Holzbauträger und -stützen für tragende Anwendungen bzw. leichte Holzverbundträger und -ständer
Kurzzeichen:	I-Joist oder I-Träger (im Zusammenhang mit Holzbau)
Zeichnungen im Buch:	Pos.-Nr. 250
Beschreibung:	aus Holz oder Holzwerkstoffen zusammengesetztes Konstruktionselement, bestehend aus 2 Gurten, die mit einem Steg zu einem I- bzw. Doppel-T-Profil zusammengesetzt sind; Holzfeuchte u = ca. 9 % (je nach Hersteller)
Bestandteile:	Gurte aus Vollholz oder Furnierschichtholz (LVL); Steg aus Holzwerkstoffplatten: OSB oder Hartfaserplatten; Klebstoffe
Anwendungsbereich:	horizontale und vertikale Holzbauteile: Dachsparren, Deckenbalken, Wandstiele, Wandaufdoppelungen für Dämmungen auf Massivkonstruktionen; Einsatz in Nutzungsklassen NK 1 und 2 und in Gebrauchsklassen GK 0, GK 1 und GK 2; Vorteile gegenüber Rechteckquerschnitten: • reduziertes Gewicht • wenig Materialverbrauch • Dimensionsgenauigkeit • dimensionsstabil – kein Verdrehen • reduzierter Wärmedurchgang → Reduktion von Wärmebrücken • einfache Durchführung von Installationsleitungen im Stegbereich
Kennzeichnung:	Europäische Technische Bewertung (ETA)
Gütegrundlage:	DIN EN 338, DIN EN 14080, DIN EN 622, DIN EN 300
Bemessung:	tragend: DIN EN 1995-1-1, DIN EN 1995-1-1/NA; charakteristische Rechenwerte nach ETA des Produkts
Rohdichte ρ:	LVL-Gurte: 500 kg/m³ Vollholzgurte: 450 kg/m³ OSB-Stege: 600 kg/m³ Hartfaser-Stege: 900 kg/m³
spezifische Wärmekapazität c:	1,6 kJ/(kgK)
Berechnungsgewicht nach DIN EN 1991-1-1/ DIN EN 1991-1-1/NA 1:	LVL-Gurte: 5,0 kN/m³ Vollholzgurte: 4,2 kN/m³ OSB-Stege: 7,0 kN/m³ Hartfaser-Stege: 10,0 kN/m³
Baustoffklasse nach DIN EN 13501-1 bzw. DIN 4102-4:	D-s2,d0 bzw. B2 (normal entflammbar)
Bemessungswerte der Wärmeleitfähigkeit λ_B:	LVL- und Vollholzgurte, OSB-Stege: 0,13 W/(mK); Hartfaser-Stege: 0,14 W/(mK)
Wasserdampf-Diffusionswiderstandszahl μ:	LVL-Gurte: 70 bis 200 Vollholzgurte: 20 bis 50 OSB-Stege: 200 bis 250 Hartfaser-Stege: 24 bis 35
Verarbeitungshinweis:	vor Niederschlägen schützen, während des Einbaus nur kurzfristig Niederschlägen aussetzen; Mindestauflagerlängen (je nach Herstellerangabe): • LVL-Gurt: Endauflager ≥ 35 mm, Mittelauflager ≥ 45 mm • Vollholz-Gurt: Endauflager ≥ 45 mm, Mittelauflager ≥ 75 mm
lieferbare Abmessungen:	Standardlängen: STEICOjoist: 7,00 bis 13,00 m (maximal 16,00 m); Finnjoist: 9,00 m / 12,00 / 14,00 m (maximal 14,00 m); Gurthöhen: LVL: 39 mm, Vollholz: 45 mm; Stegbreiten: Hartfaserplatten: 6 oder 8 mm; OSB-Platten: 6, 8, 5 oder 10 mm Querschnitte siehe Tabelle 3.7 (Maße je nach Hersteller und Produkt)

Tabelle 3.7: Abmessungen lieferbarer Holzstegträger (auf hiesigem Markt verfügbare Produkte)

Gurtbreite in mm	Trägerhöhe in mm									
	160	200	220	240	280	300	360	400	450	500
45	SJ	SJ/ FJI	SJ/ FJI	SJ/ FJI		SJ/ FJI	SJ/ FJI	SJ/ FJI		
58		FJI	FJI	FJI		FJI	FJI	FJI	FJI	FJI
60	SJ	SJ	SJ	SJ	SJ	SJ	SJ	SJ	SJ	SJ
89		FJI	FJI	FJI		FJI	FJI	FJI	FJI	FJI
90			SJ	SJ		SJ	SJ	SJ	SJ	SJ

SJ STEICOjoist
FJI Finnjost

3.2.6 Furnierschichtholz für tragende Zwecke

genaue Bezeichnung:	Furnierschichtholz für tragende Zwecke
Kurzzeichen:	LVL
Zeichnungen im Buch:	Pos.-Nr. 260
Beschreibung:	plattenförmiger, unbeschichteter Holzwerkstoff, hergestellt aus mindestens 7 miteinander verleimten Furnierlagen (Schälfurniere), Lagen in Längsorientierung parallel verlaufend oder einzelne Lagen in Faserrichtung 90° zu Nachbarlagen versetzt (symmetrischer Plattenaufbau)
Bestandteile:	Nadelholz: Fichte, Kiefer; Klebstoffe
Anwendungsbereich:	aussteifende Scheiben (Dach, Wand, Decke); horizontale und vertikale Holzbauteile: Dachsparren, Deckenbalken und Deckenrandbohlen, Wandstiele, Wandrähme und -schwellen, Fenster- und Türstürze, Unterzüge, plattenförmig auskragende Dachüberstände, Beplankungen; Holzfeuchte $u = 9$ % nach DIN EN 636 tragende Verwendung: LVL-1: im Trockenbereich (NKL 1 und GK 0/GK 1) LVL-2: im Feuchtbereich (NKL 2 und GK 2) LVL-3: im Außenbereich (NKL 3 und GK 3) Vorteile gegenüber Rechteckquerschnitten: • reduziertes Gewicht bei hoher Festigkeit • wenig Materialverbrauch • Dimensionsgenauigkeit • dimensionsstabil – kein Verdrehen • reduzierter Wärmedurchgang → Reduktion von Wärmebrücken • einfache Durchführung von Installationsleitungen im Stegbereich
Kennzeichnung:	CE-Kennzeichnung und Leistungserklärung
Gütegrundlage:	DIN EN 14374, DIN EN 14279

Bemessung:	tragend: DIN EN 1995-1-1, DIN EN 1995-1-1/NA; charakteristische Rechenwerte: allgemeine Bauartgenehmigung (aBG) des Produkts
Rohdichte ρ:	500 kg/m³
spezifische Wärmekapazität c:	1,6 kJ/(kgK)
Berechnungsgewicht nach DIN EN 1991-1-1/ DIN EN 1991-1-1/NA 1:	5,0 kN/m³
Baustoffklasse nach DIN EN 13501-1 bzw. DIN 4102-4:	D-s2,d0 bzw. B2 (normal entflammbar)
Bemessungswerte der Wärmeleitfähigkeit λ_B:	0,13 W/(mK)
Wasserdampf-Diffusionswiderstandszahl μ:	70 bis 200
Verarbeitungshinweis:	vor Niederschlägen schützen
lieferbare Abmessungen:	Standardlängen, produktabhängig [m]: Kerto LVL: 2 bis 25 Pollmeier Fichte-LVL: 12/13,50/18 Steico LVL: 6/7/9/12/13 Stora Enso LVL 18 bis 25 Standardplattenbreiten, produktabhängig [m]: Kerto LVL: 0,90/1,20/1,80/2,50 Pollmeier Fichte-LVL: 0,10 bis 1,82 Steico LVL: 0,16 bis 1,25 Stora Enso LVL: 1,20 bis 2,50 Balken aus verleimten LVL-Schichten: Steico GLVL R in mm/mm: 160/200, 200/200, 200/240, 240/240, 240/280 Querschnitte siehe Tabelle 3.8

Abb. 3.3: Sonderform von LVL: Furnierstreifenholz

Tabelle 3.8: Lieferbare Furnierschichtholz-Querschnitte/-Platten verschiedener Hersteller

Dicke in mm	Anzahl Furnierlagen	Platte mit parallel laufenden Furnierlagen, längsorientiert	Platte mit längs und quer verlaufenden Furnierlagen	Träger mit Trägerhöhe in mm														
				100	120	160	200	220	225	240	260	280	300	360	400	450	500	600
21	7	A/D/E	B/F															
24	8	A/D/E/G	B/F/H															
27	9	A/D/E/G	B/F/H				C/G	G	C				F					
30	10	A/D/E/G	B/F/H					F		F			F					
33	11	A/D/E/G	B/F/H				C/G	G	C/G	G	C/G							
36	12	D																
39	13	A/D/E/G	B/F/H			E	C/E/G	E/G	C/G	E/G	C/G	E	C/E/F/G	E/G	E	E	E	
42	14	D/G					G	G	G	G	G		G	G				
45	15	A/D/E/G	B/F/H	E	E	E	C/E/G	E/G	C/G	E/G	C/G	E	C/E/G	C/E/G	E	E	E	
48	16	DG					G	G	G	G	G		G	G				
51	17	A/D/E/G	B/F/H			F	C/G	G	C/G	G	C/G		C/G	C/G	C/G			
54	18	D																
57	19	A/D/E/G	B/F/H	E	E	E	C/E/G	E/G	C/G	E/F/G	C/E/F/G	E	C/E/G	C/G	C/G	C/G		
60	20	D																
63	21	A/D/E/G	B/F/H				C/G	G	C/G	E/G	C/G		C/E/G	C/E/G	C/E/G	C/G	C/G	
66	22	D																
69	23	A/D/E/G	B/F/H				G	G	G	G	G		G	G	G	G	G	
72	24	D																
75	25	A/D/E/G	B/F/H	E	E	E	C/E/G	E/G	C/G	E/G	C/G	E	C/E/G	C/E/G	C/E/G	C/E/G	C/E/G	C/E/G
78	26	D																
81	27	D																

A Kerto LVL-L
B Kerto LVL-Q
C Kerto LVL-S
D Pollmeier-LVL
E STEICO LVL-R
F STEICO LVL-X
G Stora Enso LVL-P
H Stora Enso LVL-C

3.2.7 Latten, Bretter, Bohlen und Kanthölzer

genaue Bezeichnung

Schnittholzart nach DIN 4074-1	Dicke d bzw. Höhe h	Breite b
Latte	$d \leq 40$ mm	$b < 80$ mm
Brett	$d \leq 40$ mm	$b \geq 80$ mm
Bohle	$d > 40$ mm	$b > 3\,d$
Kantholz	$b \leq h \leq 3\,b$	$b > 40$ mm

Vorwiegend hochkant biegebeanspruchte Bretter und Bohlen sind wie Kantholz zu sortieren und entsprechend zu kennzeichnen.
Bei Brettern gilt der Grenzwert $d \leq 40$ mm nicht für Brettschichtholz.

Kurzzeichen:	NH *b*/*d* (Breite *b* und Dicke *d* in mm)
Zeichnungen im Buch:	Pos.-Nr. 270 bis 279
Beschreibung:	Konstruktionshölzer mit Unterscheidung nach Querschnittsabmessungen, tragend und nicht tragend, meist sägerau, Bretter und Kanthölzer auch gehobelt Holzfeuchte $u_m \leq 20$ %
Bestandteile:	Nadelholz, wenn nichts angegeben, meist Fichte oder Tanne („FiTa"), auch möglich: Kiefer, Lärche, Douglasie
Anwendungsbereich:	**Latten**: bei Dacheindeckungen als Dachlattung und Konterlattung, bei Fassaden und Innenverkleidungen als Traglattung und Grundlattung; **Bretter**: Verschalungen, Fassaden, Windrispenband; **Bohlen**: Gerüste, Deckenbeplankungen, im Dach bei Bohlenschiftung (z.B. Gaubenanschluss)

Kennzeichnung:	CE-Kennzeichen und Leistungserklärung
Gütegrundlage:	DIN 4074-1, DIN EN 14081-1 und DIN 20000-5
Bemessung:	tragend: DIN EN 1995-1-1, DIN EN 1995-1-1/NA; Festigkeitsklassen nach DIN EN 338: Standard ohne zusätzliche Vereinbarung: C 24/S10
Rohdichte ρ:	C 24: 350 kg/m^3
spezifische Wärmekapazität c:	1,6 kJ/(kgK)
Berechnungsgewicht nach DIN EN 1991-1-1/ DIN EN 1991-1-1/NA 1:	C 24: 4,2 kN/m^3
Baustoffklasse nach DIN EN 13501-1 bzw. DIN 4102-4:	D-s2,d0 bzw. B2 (normal entflammbar)
Bemessungswerte der Wärmeleitfähigkeit λ_B:	0,13 W/(mK)
Wasserdampf-Diffusionswiderstandszahl μ:	20 bis 50
Verarbeitungshinweis:	VOB/C ATV DIN 18334; bei Dachlatten die „Verbändevereinbarung" (2022) mit Berufsgenossenschaften für Dachlatten mit CE-Zeichen beachten: • bis 80 cm Achsmaß: NH 30/50 S10 TS • bis 100 cm Achsmaß: NH 40/60 S10 TS Farbkennzeichnung: rot (trocken sortiert [TS])
lieferbare Abmessungen:	Latten sägerau in mm: 24/48, 24/60, 30/50, 40/60; Längen: 1,35 m für Konterlatten, 3,00 bis 5,00 m (je nach Lieferant); Latten gehobelt in mm: 40/45; Bretter in mm: sägerau 24/80, 24/100, 24/120, 24/140, 24/160, 30/120, 30/160, 30/200, 40/80, 40/100, 40/160, 40/200; gehobelt: 20/90, 27/100; Bohlen in mm: Beispiele: sägerau 45/200, 45/240, 45/280, 50/280

3.3 Beplankungen und Bekleidungen

Im Holzrahmenbau wird die Holzkonstruktion i.d.R. von innen und von außen beplankt. Dazu gibt es eine Reihe von Produktgruppen und Materialien auf der Grundlage von Holz, mineralischen Baustoffen sowie Kunststoffen.

3.3.1 Holzwerkstoffplatten

Holzwerkstoffplatten stellen ein breites Spektrum an Beplankungen mit verschiedenen Eigenschaften dar. In der Regel handelt es sich bei den Holzanteilen der Platten um Furniere oder Holzspäne, die mit Klebstoffen miteinander verbunden sind. Auf die Art und Weise der Verklebung und auf die verwendeten Klebstoffe ist ein besonderes Augenmerk zu richten (siehe hierzu Kapitel 2.1.3). Die Produkthersteller müssen in der Leistungserklärung im Zusammenhang mit der CE-Kennzeichnung Angaben zu dem verwendeten Klebstoff machen, insbesondere zu seiner Emissionsklasse. Die aufgeführten Produkte entsprechen im Regelfall der Emissionsklasse E1. Darüber hinaus verfügen die meisten Hersteller über Umweltproduktdeklarationen (EPD), in denen entsprechende Angaben zu Inhaltsstoffen zu finden sind.

Aktuell sind in Ausschreibungen und Plänen immer noch die schon seit einiger Zeit veralteten Bezeichnungen V20, V100 und V100G für Holzwerkstoffplatten zu finden. Inzwischen gelten jedoch für die Kennzeichnung des Verhaltens von Holzwerkstoffplatten in Bezug auf Feuchte sowie für ihre Einsatzbereiche andere Bezeichnungen (siehe Tabelle 3.9): Bei Spanplatten sind jetzt die Bezeichnungen P1 bis P7 nach DIN EN 312 „Spanplatten – Anforderungen" (2010) anzuwenden und bei OSB-Platten die Bezeichnungen OSB1 bis OSB4 nach DIN EN 300 „Platten aus langen, flachen, ausgerichteten Spänen (OSB) – Definitionen, Klassifizierung und Anforderungen" (2006).

Insbesondere die Bezeichnung „V100G" ist schon sehr lange fehl am Platz, da diese mit einem Schutz gegen Pilzbefall imprägnierten Holzwerkstoffplatten auch schon vor der Änderung der Bezeichnungen i.d.R. gar nicht mehr bezogen werden konnten. Die Holzhändler führten diese Platten schon seit geraumer Zeit nicht mehr am Lager und es war allenfalls eine Abnahme lastzugweise ab Hersteller denkbar. Schließlich ist seit 2012 bei der in den meisten Fällen anzuwendenden Gebrauchsklasse GK 0 eine chemische Imprägnierung auch nicht mehr erforderlich. Insofern sei an dieser Stelle an alle planenden und ausschreibenden Stellen die Empfehlung gegeben, sich mit den normativ korrekten Bezeichnungen auseinanderzusetzen.

Auch sollten sich ausschreibende Stellen mit den lieferbaren Plattendicken der Beplankungen beschäftigen. Deswegen beinhalten die in diesem Kapitel aufgeführten Baustoffbeschreibungen auch jeweils die lieferbaren Abmessungen.

Tabelle 3.9: Einsatzbereiche und deren Bezeichnungen für Span- und OSB-Platten

Einsatzbereich	Spanplatten Bezeichnung nach DIN EN 312	OSB-Platten Bezeichnung nach DIN EN 300
Platten für allgemeine Zwecke zur Verwendung im Trockenbereich	P1	OSB1
Platten für Inneneinrichtungen (einschließlich Möbeln) zur Verwendung im Trockenbereich[1)]	P2	(OSB2)[4)]
Platten für nicht tragende Zwecke zur Verwendung im Feuchtbereich[2)]	P3	(OSB3)[4)]
Platten für tragende Zwecke zur Verwendung im Trockenbereich[1)]	P4	OSB2
Platten für tragende Zwecke zur Verwendung im Feuchtbereich[2)]	P5	OSB3
Hoch belastbare Platten für tragende Zwecke zur Verwendung im Trockenbereich[1)]	P6	(OSB4)[4)]
Hoch belastbare Platten für tragende Zwecke zur Verwendung im Feuchtbereich[3)]	P7	OSB4

1) in NKL 1 nach DIN EN 1995-1-1
2) in NKL 2
3) in NKL 3
4) Der jeweilige Bereich ist bei OSB-Platten nicht gesondert geregelt, daher die angegebene Plattenempfehlung.

Spanplatten

genaue Bezeichnung:	Spanplatte (Particleboard)
Kurzzeichen:	P4, P5, P6 oder P7, (früher FPY)
Zeichnungen im Buch:	Pos.-Nr. 311
Beschreibung:	plattenförmiger, unbeschichteter Holzwerkstoff, hergestellt durch Verpressen unter Hitzeeinwirkung von kleinen Teilen aus Holz (z.B. Holzspänen, Hobelspänen, Sägespänen) und/oder anderen lignozellulosehaltigen Teilchen (z.B. Flachsschäben, Hanfschäben, Bagasse, Stroh) mit einem polymeren Klebstoff; Herstellungsverfahren: Flach- oder Kalanderpressung (Kalanderpressung: über versetzt angeordnete Rollen)
Bestandteile:	i.d.R. Holz, jedoch auch andere Naturfasern möglich (Flachs, Hanf, Zuckerherstellungsreste, Stroh), Bindemittel
Anwendungsbereich:	tragende und nicht tragende Beplankungen von Holzkonstruktionen, mit verklebten Stößen als raumseitige luftdichte Ebene einsetzbar; Innenausbau
Kennzeichnung:	CE-Kennzeichen und Leistungserklärung
Gütegrundlage:	DIN EN 13986, DIN 20000-1, DIN EN 312
Bemessung:	tragend: DIN EN 1995-1-1, DIN EN 1995-1-1/NA, DIN EN 12369-1 in Verbindung mit DIN EN 312
Rohdichte ρ:	600 kg/m^3
spezifische Wärmekapazität c:	1,6 kJ/(kgK)
Berechnungsgewicht nach DIN EN 1991-1-1/ DIN EN 1991-1-1/NA 1:	7 bis 8 kN/m^3
Baustoffklasse nach DIN EN 13501-1 bzw. DIN 4102-4:	D-s2,d0 bzw. B2 (normal entflammbar)
Bemessungswerte der Wärmeleitfähigkeit λ_B:	0,14 W/(mK)
Wasserdampf-Diffusionswiderstandszahl μ:	15 bis 50
Verarbeitungshinweis:	VOB/C ATV DIN 18334
lieferbare Abmessungen:	Plattendicken in mm: 10, 13, 16, 19, 22, 25, 30; Formate (je nach Hersteller auch abweichend): Nut und Feder: 0,635 m × 2,51 m (inklusive Feder) stumpf: 1,25 m × 2,50 m | 2,50 m × 5,00 m bzw. 2,58 m × 5,04 m

OSB-Platten

genaue Bezeichnung:	OSB-Platte (Oriented Strand Board)
Kurzzeichen:	OSB2, OSB3, OSB4
Zeichnungen im Buch:	Pos.-Nr. 312
Beschreibung:	plattenförmiger, unbeschichteter Holzwerkstoff, hergestellt aus langen, flachen, ausgerichteten Spänen; Spanlänge > 50 mm
Bestandteile:	Holz, Bindemittel
Anwendungsbereich:	tragende und nicht tragende Beplankungen von Holzkonstruktionen, mit verklebten Stößen als raumseitige luftdichte Ebene einsetzbar (Empfehlung: OSB4), Innenausbau Einsatzbereiche von OSB-Platten siehe Tabelle 3.9
Kennzeichnung:	CE-Kennzeichen und Leistungserklärung
Gütegrundlage:	DIN EN 13986, DIN 20000-1, DIN EN 300
Bemessung:	tragend: DIN EN 1995-1-1, DIN EN 1995-1-1/NA, DIN EN 12369-1 in Verbindung mit DIN EN 312
Rohdichte ρ:	650 kg/m^3

spezifische Wärme-kapazität c:	1,6 kJ/(kgK)
Berechnungsgewicht nach DIN EN 1991-1-1/ DIN EN 1991-1-1/NA 1:	7 bis 8 kN/m³ (vgl. Spanplatte)
Baustoffklasse nach DIN EN 13501-1/ DIN 4102-4:	D-s2,d0 bzw. B2 (normal entflammbar)
Bemessungswerte der Wärmeleitfähigkeit λ_B:	0,13 W/(mK)
Wasserdampf-Diffusions-widerstandszahl μ:	30 bis 50
Verarbeitungshinweis:	VOB/C ATV DIN 18334
lieferbare Abmessungen:	Plattendicken in mm: 9, 12, 15, 18, 22, 25, 30; Formate (je nach Hersteller auch abweichend): Nut und Feder (Deckmaß): 0,625 m × 2,50 m 0,675 m × 2,50 m | 1,25 m × 2,50 m stumpf: 1,25 m × 2,50 m | 1,25 m × 2,65 m 1,25 m × 2,80 m | 1,25 m × 3,00 m 1,25 m × 5,00 m | 2,50 m × 5,00 m

Hydrophobierte MDF-Platten

genaue Bezeichnung:	mittelharte Faserplatte, hydrophobiert
Kurzzeichen:	MDF (Produktbezeichnungen: „DWD", „DHF")
Zeichnungen im Buch:	Pos.-Nr. 313
Beschreibung:	plattenförmiger, unbeschichteter Holzwerkstoff, hergestellt aus Holzfasern
Bestandteile:	Holz, Bindemittel, Hydrophobierungsmittel (z.B. Parafin)
Anwendungsbereich:	aussteifende und nicht tragende Beplankungen von Holzkonstruktionen, außenseitig unter Fassadenverkleidungen, im Dach als Unterdeckplatten
Kennzeichnung:	CE-Kennzeichen und Leistungserklärung
Gütegrundlage:	DIN EN 13986, DIN 20000-1, DIN EN 622-3
Bemessung:	aussteifend: DIN EN 1995-1-1, DIN EN 1995-1-1/NA; DIN EN 12369-1 in Verbindung mit DIN EN 622-3
Rohdichte ρ:	600 bis 650 kg/m³
spezifische Wärme-kapazität c:	1,6 kJ/(kgK)
Berechnungsgewicht nach DIN EN 1991-1-1/ DIN EN 1991-1-1/NA 1:	8 kN/m³
Baustoffklasse nach DIN EN 13501-1 bzw. DIN 4102-4:	D-s2,d0 bzw. B2 (normal entflammbar)
Bemessungswerte der Wärmeleitfähigkeit λ_B:	0,10 W/(mK)
Wasserdampf-Diffusions-widerstandszahl μ:	5 bis 10
Verarbeitungshinweis:	VOB/C ATV DIN 18334; als Unterdeckplatte: Feder nach oben verlegen, Außenseite richtig anordnen
lieferbare Abmessungen:	Plattendicken in mm: 13, 15 (DHF), 16 (DWD); Formate (je nach Hersteller auch abweichend): Nut und Feder (Deckmaß): 4-seitig N+F: 0,625 m × 2,50 m | 0,675 m × 2,50 m 1,00 m × 2,50 m | 1,25 m × 2,50 m 2-seitig N+F: 1,25 m × 2,80 m | 1,25 m × 3,00 m

Holzfaserplatten

genaue Bezeichnung:	Holzfaserplatte
Kurzzeichen:	SB
Zeichnungen im Buch:	Pos.-Nr. 314
Beschreibung:	plattenförmiger, unbeschichteter Holzwerkstoff, hergestellt aus Holzfasern im Nass- oder Trockenverfahren, wärmedämmend
Bestandteile:	Holzfasern, Bindemittel (bei Trockenverfahren) bei Unterdeckplatten: Hydrophobierungsmittel Parafin
Anwendungsbereich:	aussteifende und nicht tragende Beplankungen von Holzkonstruktionen, außenseitig als WDVS/Putzträgerplatten und unter Fassadenverkleidungen, im Dach als Unterdeckplatten/Aufdachdämmung; Installationsebene/Innendämmung (als Putzträger) unter Trockenstrichen; Anwendungstypen nach DIN 4108-10: DAD-dm,
Fortsetzung Anwendungsbereich:	DI-dm, DEO-dm, DES-sg, WAB-dm, WAP-dm, WI-dm
Kennzeichnung:	CE-Kennzeichen und Leistungserklärung
Gütegrundlage:	DIN EN 13171
Bemessung:	nicht tragend
Rohdichte ρ:	290 bis 350 kg/m^3
spezifische Wärmekapazität c:	2,1 kJ/(kgK)
Berechnungsgewicht nach DIN EN 1991-1-1/DIN EN 1991-1-1/NA 1:	4 kN/m^3
Baustoffklasse nach DIN EN 13501-1 bzw. DIN 4102-4:	E bzw. B2 (normal entflammbar)
Bemessungswerte der Wärmeleitfähigkeit λ_B:	0,038 bis 0,050 W/(mK)
Wasserdampf-Diffusionswiderstandszahl μ:	5 - 5
Verarbeitungshinweis:	VOB/C ATV DIN 18334, als Unterdeckplatte: Feder nach oben verlegen, Außenseite richtig anordnen, sofern hydrophobiert
lieferbare Abmessungen:	Plattendicken in mm: 22, 28, 35, 40, 50, 52, 60, 80 … (in 20-mm-Schritten) … 300 (je nach Hersteller); Formate (je nach Hersteller auch abweichend): Nut und Feder oder stumpf: 0,60 m × 1,35 m 0,60 m × 1,78 m | 0,60 m × 1,885 m 0,60 m × 2,50 m

Dreischichtplatten

genaue Bezeichnung:	Massivholzplatte, Dreischichtplatte oder 3-S-Platte
Kurzzeichen:	SWP
Zeichnungen im Buch:	Pos.-Nr. 315
Beschreibung:	plattenförmiger, unbeschichteter Holzwerkstoff, hergestellt aus 3 (bis 5) miteinander verleimten Lagen aus Holz, Lagen in Faserrichtung 90° zu Nachbarlagen versetzt, Decklagendicke mindestens 3 mm
Bestandteile:	Holz: Fichte, Kiefer, Tanne, Douglasie, Lärche; Bindemittel
Anwendungsbereich:	a) nicht tragende Verwendung: SWP/1 NS: im Trockenbereich (NKL 1 und GK 0/GK 1); SWP/2 NS: im Feuchtbereich (NKL 2 und GK 2); SWP/3 NS: im Außenbereich (NKL 3 und GK 3); Auslieferungsfeuchte nach DIN EN 322: $u = 8 \pm 2$ % b) tragende Verwendung: SWP/1 S: im Trockenbereich (NKL 1 und GK 0/GK 1); SWP/2 S: im Feuchtbereich (NKL 2 und GK 2); SWP/3 S: im Außenbereich (NKL 3 und GK 3); Auslieferungsfeuchte nach DIN EN 322: $u = 10 \pm 3$ %

Fortsetzung Anwendungsbereich:	c) tragende Verwendung auf Grundlage deklarierter Werte: SWP/1 SD: im Trockenbereich (NKL 1 und GK 0/GK 1); SWP/2 SD: im Feuchtbereich (NKL 2 und GK 2); SWP/3 SD: im Außenbereich (NKL 3 und GK 3); Auslieferungsfeuchte nach DIN EN 322: $u = 12 \pm 3\,\%$
Kennzeichnung:	CE-Kennzeichen und Leistungserklärung
Gütegrundlage:	DIN EN 13353
Bemessung:	tragend: DIN EN 1995-1-1, DIN EN 1995-1-1/NA
Rohdichte ρ:	500 kg/m³
spezifische Wärmekapazität c:	1,6 kJ/(kgK)
Berechnungsgewicht nach DIN EN 1991-1-1:	5 kN/m³
Baustoffklasse nach DIN EN 13501-1 bzw. DIN 4102-4:	E bzw. B2 (normal entflammbar) und D-s2,d0
Bemessungswerte der Wärmeleitfähigkeit λ_B:	0,13 W/(mK)
Wasserdampf-Diffusionswiderstandszahl μ:	20 bis 50
Verarbeitungshinweis:	VOB/C ATV DIN 18334, bei freier Bewitterung: Wetterfestigkeit im Außenbereich mit Hersteller abklären (SWP/3); Oberflächensortierung A/B, A/C, B/B, B/C ... bei Bestellung angeben
lieferbare Abmessungen:	Plattendicken in mm: 12, 13, 16, 19, 22, 24, 27, 32, 35, 42, 49, 60 (je nach Hersteller); Formate (je nach Hersteller auch abweichend): 1,025 m × 5,00 m | 1,25 m × 5,00 m 2,05 m × 5,00 m

Baufurniersperrholz

genaue Bezeichnung:	Baufurniersperrholz
Kurzzeichen:	BFU
Zeichnungen im Buch:	Pos.-Nr. 316
Beschreibung:	plattenförmiger, unbeschichteter Holzwerkstoff, hergestellt aus in ungerader Anzahl gegeneinander in Faserrichtung jeweils um 90° versetzt miteinander verleimten Furnierlagen aus Holz
Bestandteile:	Holz: Fichte, Kiefer, Seekiefer, Douglasie, Hemlock-Tanne, Buche; Bindemittel
Anwendungsbereich:	nach DIN EN 636 a) nicht tragende Verwendung: BFU-1 NS: im Trockenbereich (NKL 1 und GK 0/GK 1); BFU-2 NS: im Feuchtbereich (NKL 2 und GK 2); BFU-3 NS: im Außenbereich (NKL 3 und GK 3) b) tragende Verwendung: BFU-1 S: im Trockenbereich (NKL 1 und GK 0/GK1); BFU-2 S: im Feuchtbereich (NKL 2 und GK 2); BFU-3 S: im Außenbereich (NKL 3 und GK 3)
Kennzeichnung:	CE-Kennzeichen und Leistungserklärung
Gütegrundlage:	DIN EN 13986, DIN 20000-1, DIN EN 636
Bemessung:	nicht tragend
Rohdichte ρ:	500 kg/m³
spezifische Wärmekapazität c:	1,7 kJ/(kgK)
Berechnungsgewicht nach DIN EN 1991-1-1:	5 kN/m³
Baustoffklasse nach DIN EN 13501-1 bzw. DIN 4102-4:	D-s2,d0 bzw. B2 (normal entflammbar)
Bemessungswerte der Wärmeleitfähigkeit λ_B:	0,17 W/(mK)
Wasserdampf-Diffusionswiderstandszahl μ:	90 bis 220
Verarbeitungshinweis:	VOB/C ATV DIN 18334, bei freier Bewitterung: Wetterfestigkeit im Außenbereich mit Hersteller abklären (BFU-3); Oberflächensortierung A/B, A/C, B/B, B/C ... bei Bestellung angeben; Anhang B der DIN EN 636 beachten
lieferbare Abmessungen:	je nach Hersteller: Dicke: 4 bis 60 mm; Seekiefer: häufig 15, 18, 21, 24 mm; Plattenmaß: 1,25 m × 2,50 m

Zementgebundene Spanplatten

genaue Bezeichnung:	Spanplatte, zementgebunden (Cement Bonded Particleboard)
Kurzzeichen:	–
Zeichnungen im Buch:	Pos.-Nr. 317
Beschreibung:	plattenförmiger, unbeschichteter Holzwerkstoff, hergestellt durch Verpressen von kleinen Teilen aus Holz (z.B. Holzspänen, Hobelspänen, Sägespänen) mit Zement als Bindemittel
Bestandteile:	Nadel- und Laubhölzer; Bindemittel: Portland-Zement (PZ)
Anwendungsbereich:	tragende und nicht tragende Beplankungen von Holzkonstruktionen, Einsatz im Feuchtbereich
Kennzeichnung:	CE-Kennzeichen und Leistungserklärung
Gütegrundlage:	DIN EN 13986, DIN 20000-1, DIN EN 634-2
Bemessung:	tragend: DIN EN 1995-1-1, DIN EN 1995-1-1/NA, DIN EN 12369-1 in Verbindung mit DIN EN 312
Rohdichte ρ:	≥ 1.000 kg/m³
spezifische Wärmekapazität c:	1,5 kJ/(kgK)
Berechnungsgewicht nach DIN EN 1991-1-1/ DIN EN 1991-1-1/NA 1:	12 kN/m³
Baustoffklasse nach DIN EN 13501-1 bzw. DIN 4102-4:	B-s1,d0 bzw. A2 (nicht brennbar)
Bemessungswerte der Wärmeleitfähigkeit λ_B:	0,23 W/(mK)
Wasserdampf-Diffusionswiderstandszahl μ:	30 bis 50
Verarbeitungshinweis:	VOB/C ATV DIN 18334
lieferbare Abmessungen:	Plattendicken in mm: 8, 10, 13, 16, 19, 22, 25, 30, 40; Formate (je nach Hersteller auch abweichend): Nut und Feder: 0,635 m × 2,51 m (inklusive Feder); stumpf: 1,25 m × 2,50 m; 1,25 m × 3,20 m; 2,50 m × 5,00 m bzw. 2,58 m × 5,04 m

Hartfaserplatten

genaue Bezeichnung:	Faserplatte, hart
Kurzzeichen:	HB
Zeichnungen im Buch:	Pos.-Nr. 318
Beschreibung:	plattenförmiger, unbeschichteter Holzwerkstoff, hergestellt aus Holzfasern
Bestandteile:	Holz, Bindemittel
Anwendungsbereich:	nach DIN EN 13986 a) nicht tragende Verwendung: HB: im Trockenbereich (NKL 1 und GK 0/GK 1); HB.H: im Feuchtbereich (NKL 2 und GK 2); HB.E: im Außenbereich (NKL 3 und GK 3) b) tragende Verwendung: HB.LA: im Trockenbereich (NKL 1 und GK 0/GK 1); HB.LA1 und HB.LA2: im Feuchtbereich (NKL 2 und GK 2)
Kennzeichnung:	CE-Kennzeichen und Leistungserklärung
Gütegrundlage:	DIN EN 13986, DIN 20000-1, DIN EN 622-2
Bemessung:	aussteifend: DIN EN 1995-1-1, DIN EN 1995-1-1/NA, DIN EN 12369-1 in Verbindung mit DIN EN 622-2
Rohdichte ρ:	900 kg/m³
spezifische Wärmekapazität c:	1,7 kJ/(kgK)

Berechnungsgewicht nach DIN EN 1991-1-1/ DIN EN 1991-1-1/NA 1:	10,0 kN/m³
Baustoffklasse nach DIN EN 13501-1 bzw. DIN 4102-4:	D-s2,d0 bzw. B2 (normal entflammbar)
Bemessungswerte der Wärmeleitfähigkeit λ_B:	0,18 W/(mK)
Wasserdampf-Diffusionswiderstandszahl μ:	30 bis 50
Verarbeitungshinweis:	VOB/C ATV DIN 18334
lieferbare Abmessungen:	Plattendicken in mm: 2,5; 3,0; 3,2; 4,0; 5,0; 6,0; Formate (je nach Hersteller auch abweichend): 2,07 m x 2,80 m; 2,22 m x 3,05 m

Holzwolleleichtbauplatten

genaue Bezeichnung:	Holzwolleleichtbauplatte
Kurzzeichen:	WW, WW-C (früher: HWPL)
Zeichnungen im Buch:	Pos.-Nr. 319
Beschreibung:	mineralisch gebundene, nicht brennbare Holzwolleplatte, einschichtig und mehrschichtig mit Zusatzlage aus Dämmstoff (einseitig oder in Mittellage)
Bestandteile:	Holzspäne, Längen-Breiten-Verhältnis ≥ 20 : 1; anorganisches Bindemittel: Zement, Zement und Kalk, Magnesit und Gips
Anwendungsbereich:	nicht tragende Beplankungen von Holzkonstruktionen, Einsatz im Feuchtbereich, Putzträger
Kennzeichnung:	CE-Kennzeichen und Leistungserklärung
Gütegrundlage:	DIN EN 13168
Bemessung:	nicht tragend
Rohdichte ρ:	410 kg/m³
spezifische Wärmekapazität c:	2,1 kJ/(kgK)
Berechnungsgewicht nach DIN EN 1991-1-1/ DIN EN 1991-1-1/NA 1:	6,0 kN/m³
Baustoffklasse nach DIN EN 13501-1 bzw. DIN 4102-4:	je nach Produkt: A2-s1,d0 bzw. A (nicht brennbar) B-s1,d0 bzw. B2 (normal entflammbar
Bemessungswerte der Wärmeleitfähigkeit λ_B:	0,09 W/(mK)
Wasserdampf-Diffusionswiderstandszahl μ:	2 bis 5
Verarbeitungshinweis:	Herstellerhinweise beachten
lieferbare Abmessungen:	produktabhängig: Plattenmaße z.B.: 25 mm × 615 mm × 1.250 mm 25 mm × 615 mm × 2.000 mm 35 mm × 625 mm × 1.250 mm 35 mm × 625 mm × 2.000 mm 50 mm × 600 mm × 2.000 mm

3.3.2 Innenausbauplatten

Neben den Holzwerkstoffplatten stellen auch die gipsbasierten Bekleidungen ein wichtiges Feld für den Holzrahmenbau dar. Bei den Produktbezeichnungen hat sich gegenüber bisher bekannten Ausdrücken bei Gipskartonplatten eine Änderung ergeben: Diese heißen nunmehr lediglich „Gipsplatten" – auch wenn sie nach wie vor außen mit Karton beschichtet sind. Weiterhin sind inzwischen auch Gipsfaserplatten in den meisten Regelbereichen normativ erfasst. Somit muss nicht mehr allein auf Herstellerangaben zurückgegriffen werden.

Für Bereiche mit Feuchtebeanspruchung gibt es darüber hinaus für den Einsatz im Holzbau zementgebundene Beplankungen: zementgebundene Spanplatten, die bereits in Kaptitel 3.3.1 beschrieben worden sind, und Zementbauplatten, die in diesem Kapitel beschrieben werden.

Gipskartonplatten

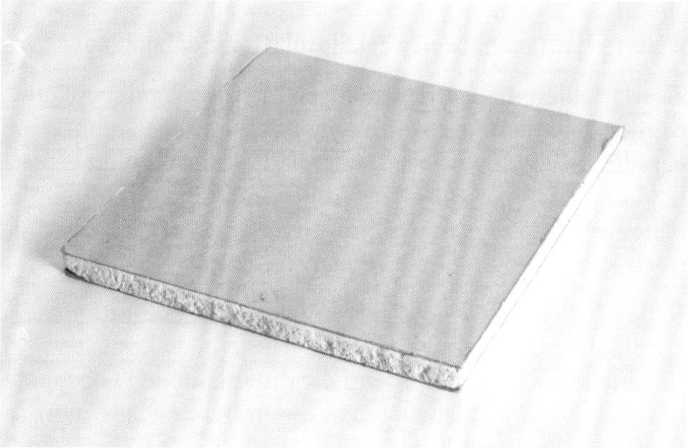

genaue Bezeichnung:	Gipsplatte
Kurzzeichen:	GKB = Bauplatte GKF = Feuerschutzplatte GKBI = Bauplatte, imprägniert GKFP = Feuerschutzplatte, imprägniert GKP = Putzträgerplatte
Zeichnungen im Buch:	Pos.-Nr. 321
Beschreibung:	ebene, rechteckige Platte, die aus einem Gipskern und einer daran fest haftenden Ummantelung aus einem festen, widerstandsfähigen Karton besteht. Die Kartonoberflächen können in Abhängigkeit vom Verwendungszweck der jeweiligen Plattenart variieren und der Kern kann Zusätze enthalten, die der Platte zusätzliche Eigenschaften verleihen; die Längskanten sind kartonummantelt und dem Verwendungszweck entsprechend ausgebildet.
Bestandteile:	Gips ($CaSO_4 \cdot 2\,H_2O$) und Kartonschicht sowie ggf. Zusatzstoffe
Anwendungsbereich:	Beplankung von Wänden, Decken und Dachschrägen im Trockenbau **Gipsplattentypen nach DIN EN 520:** **Typ A:** Auf der Ansichtsseite kann geeigneter Gipsputz oder dekorative Beschichtung aufgebracht werden. **Typen H1, H2, H3:** mit Zusätzen zur Reduzierung der Wasseraufnahmefähigkeit;
Fortsetzung Anwendungsbereich:	**Typ E:** Beplankungen für Außenwandelemente ohne dekorative Beschichtung, nicht für dauerhafte Außenbewitterung ausgelegt, reduzierte Wasseraufnahmefähigkeit, Wasserdampfdurchlässigkeit reduziert; **Typ F:** verbesserter Gefügezusammenhalt bei hohen Temperaturen (Brandfall), enthält im Gipskern mineralische Fasern und/oder andere Zusätze; **Typ P:** Sichtseite für den Auftrag von Gipsputz vorgesehen oder für Klebeverbindung mit anderen Materialien; **Typ D:** mit definierter Dichte für bestimmte Anwendungszwecke bzw. Leistungsfähigkeiten; **Typ R:** mit erhöhter Bruchfestigkeit in Längs- und Querrichtung; **Typ I:** mit erhöhter Oberflächenhärte
Kennzeichnung:	CE-Kennzeichen und Leistungserklärung
Gütegrundlage:	DIN EN 520, DIN 18180
Bemessung:	DIN EN 1995-1-1, DIN EN 1995-1-1/NA; charakteristische Bemessungswerte DIN 18180
Rohdichte ρ:	650 bis 900 kg/m³
spezifische Wärmekapazität c:	1,0 kJ/(kgK)
Berechnungsgewicht nach DIN EN 1991-1-1/ DIN EN 1991-1-1/NA 1:	9 kN/m³
Baustoffklasse nach DIN EN 13501-1/DIN 4102-4:	A2-s1,d0 bzw. A2 (nicht brennbar)
Bemessungswerte der Wärmeleitfähigkeit λ_B:	0,25 W/(mK)
Wasserdampf-Diffusionswiderstandszahl μ:	4 bis 10
Verarbeitungshinweis:	siehe Folgeseite
lieferbare Abmessungen:	Plattendicken in mm: 9,5 | 12,5 | 15 | 18 | 20; Plattenmaße: 0,625 m × 2,00 m 0,625 m × 2,50 m | 1,25 m × 2,00 m 1,25 m × 2,50 m | 1,25 m × 3,00 m

Verarbeitsungshinweise zu Gipsplatten-Beplankungen

DIN 18181 „Gipsplatten im Hochbau – Verarbeitung" (2019) ist zu beachten.

a) **zulässiger Schraubenabstand *e*** (zulässige Stützweite) bei Kreuzlattung und Abhängung:

- Grundlatte 30 mm × 50 mm: e ≤ 600 mm
- Grundlatte 40 mm × 60 mm: e ≤ 700 mm
- Traglatte 45 mm × 19 mm: e ≤ 400 mm
- Traglatte 48 mm × 24 mm: e ≤ 500 mm
- Traglatte 50 mm × 30 mm: e ≤ 600 mm

b) **zulässiger Lattenabstand *a* der Traglatten:**

- Trennwände und Vorsatzschalen:
  - 12,5-mm-Platten: Querbefestigung a ≤ 625 mm, Längsbefestigung a ≤ 625 mm
  - 15-mm-Platten: Querbefestigung a ≤ 750 mm, Längsbefestigung a ≤ 625 mm
- Deckenbekleidungen:
  - 12,5-mm-Platten: Querbefestigung a ≤ 500 mm, Längsbefestigung a ≤ 420 mm
  - 15-mm-Platten: Querbefestigung a ≤ 550 mm, Längsbefestigung a ≤ 420 mm

c) **Montage der Gipsplatten**

Gipsplatten sind bei einlagiger Beplankung mit versetzten Querstößen im Verband anzubringen. Querstöße sind mit einem Versatz von mindestens 400 mm anzuordnen.

Abstand *b* der Verbindungsmittel vom Plattenrand:

- bei kartonummantelten Kanten mindestens b ≤ 10 mm
- bei geschnittenen Kanten mindestens b ≤ 15 mm

Eindringtiefe *s* der Verbindungsmittel bei Holzunterkonstruktionen:

- bei Schnellbauschrauben $s \geq 5\ d_N$ (d.h. bei Schnellbauschrauben mit einem Durchmesser von 3,9 mm *s* mindestens 5 · 3,9 mm + 12,5 mm Plattendicke = 32 mm, daher Einsatz von mindestens 35 mm langen Schnellbauschrauben erforderlich)
- bei Klammern $s \geq 15\ d_N$ (d.h. bei Klammern mit einem Durchmesser von 1,53 mm *s* mindestens 15 · 1,53 mm + 12,5 mm = 35,45 mm, daher Einsatz von mindestens 40er-Klammern erforderlich)

d) **Abstand der Verbindungsmittel** (sofern aus der Statik keine anderen Angaben vorliegen):

- bei Schnellbauschrauben und Klammern nach DIN 18182-2 „Zubehör für die Verarbeitung von Gipsplatten – Teil 2: Schnellbauschrauben, Klammern und Nägel" (2019) und DIN EN 14566 „Mechanische Befestigungsmittel für Gipsplattensysteme – Begriffe, Anforderungen und Prüfverfahren" (2009)
- **Verbindungsmittelabstand *e* bei Trennwänden:**
  - bei Schnellbauschrauben *e* ≤ 250 mm (d.h. bei 12,5-mm-Platten ca. 8 Schrauben/m²)
  - bei Klammern *e* ≤ 80 mm (d.h. bei 12,5-mm-Platten ca. 22 Klammern/m²; im ca. 45°-Winkel eintreiben)
- **Verbindungsmittelabstand *e* bei Deckenbekleidungen:**
  - bei Schnellbauschrauben *e* ≤ 170 mm (d.h. bei 12,5-mm-Platten ca. 11 Schrauben/m²)
  - bei Klammern *e* ≤ 80 mm (d.h. bei 12,5-mm-Platten ca. 22 Klammern/m²; im ca. 45°-Winkel eintreiben)

Weitere Montagehinweise bei Gipsplatten-Beplankungen

Zuerst sollten die Laibungsflächen in einer Wand beplankt werden und dann die Wand selbst. So kann die Laibung gerade ausgerichtet werden und die Wandbeplankungsplatten lassen sich gut anpassen. Außerdem kann ein Mitarbeiter schon anfangen, Laibungen fertigzustellen, während noch Kabel in die Wände verlegt werden.

In den Ecken sollte möglichst mit einer ungeschnittenen Originalkante begonnen werden. Falls eine Ecke ausgespachtelt werden muss, ist auf die durchlaufende Gipsplatte ein Klebeband zu kleben, bevor die stoßende Platte montiert wird. Dadurch wird verhindert, dass sich später beim Verspachteln der Spachtel mit der gestoßenen durchlaufenden Platte verbindet und es dadurch zu unschönen Abrissen in der Ecke kommt (gilt auch beim Anschluss Wand an Decke bzw. Dachschräge).

Gipsplatten sind im „schleppenden Verband" zu verlegen, um Kreuzfugen zu vermeiden.

Bei sichtbaren Holzdecken sollte von oben nach unten gearbeitet werden: Die Gipsplatten sind mit der ungeschnittenen Originalkante an die Decke zu stoßen, damit der Anschluss sauber ist und nicht mehr gegen das Sichtholz ausgespachtelt werden muss. Trotzdem sollte **vorher** am Deckenrand umlaufend ein Klebeband angebracht werden, um Abrisse und Verbindungen von Spachtel und Gipsplatten zu vermeiden. Damit die nicht ganz so leichten Platten gut oben befestigt werden können, wird am besten mit 3 Personen gearbeitet: 2 Personen drücken die Gipsplatten hoch und eine Person klammert oder schraubt sie fest. Wenn die Raumhöhe fast der Plattenhöhe entspricht, sollten immer ganze Platten verwendet werden. Ein Stoß im Bereich des Fußbodenaufbaus einschließlich Sockelleiste kann auch mit Kreuzfugen ausgeführt werden.

Das Raster der Holzständer von 62,5 cm läuft an den Wänden immer durch (von einer Seite anfangend – jedoch auf die OSB-Beplankung bezogen). Die Gipsplatten sollten nicht an Tür- und Fensteröffnungen enden, sondern bis zum nächsten Rasterstiel weitergeführt werden, damit in den Ecken keine Fugen entstehen. Sonst besteht dort die Gefahr einer Rissbildung. Die Gipsplatten sind entsprechend auszuschneiden

Gipsfaserplatten

genaue Bezeichnung:	Gipsfaserplatte
Kurzzeichen:	GF
Zeichnungen im Buch:	Pos.-Nr. 322
Beschreibung:	ebene, rechteckige Platte, die aus einem unter hohem Druck abbindenden Gemisch aus Gips, Wasser und Zellulose- bzw. Papierfasern nach dem Trocknen entsteht
Bestandteile:	Gips ($CaSO_4 \cdot 2\,H_2O$) und Zellulose-/Papierfasern
Anwendungsbereich:	Beplankung von Wänden, Decken und Dachschrägen im Trockenbau; ohne weitere Zusätze als Bauplatte, Feuerschutzplatte und als Feuchtraumplatte zugleich einsetzbar
Kennzeichnung:	Europäische Technische Bewertung (ETA)
Gütegrundlage:	DIN EN 520, DIN 18180
Bemessung:	tragend: DIN EN 1995-1-1, DIN EN 1995-1-1/NA; charakteristische Bemessungswerte DIN 18180
Rohdichte ρ:	1.200 kg/m³
spezifische Wärmekapazität c:	1,1 kJ/(kgK)
Berechnungsgewicht nach DIN EN 1991-1-1/ DIN EN 1991-1-1/NA 1:	12 kN/m³
Baustoffklasse nach DIN EN 13501-1/DIN 4102-4:	A2-s1,d0 bzw. A2 (nicht brennbar)
Bemessungswerte der Wärmeleitfähigkeit λ_B:	0,35 W/(mK)
Wasserdampf-Diffusionswiderstandszahl μ:	13 - 13
Verarbeitungshinweis:	Herstellerangaben beachten; Gipsfaser-Klebefuge am Plattenstoß verwenden (die Klebefuge vermeidet Risse in der Fläche sicherer als die Spachtelfuge); siehe auch „Verarbeitungshinweise zu Gipsplatten-Beplankungen" und „Weitere Montagehinweise bei Gipsplatten-Beplankungen" Unterkonstruktionsabstand Wand: ≤ 50 × Dicke der Platten in mm; Decke/Dachschräge: ≤ 35 × Dicke der Platten in mm
lieferbare Abmessungen:	Plattendicken in mm: 10 | 12,5 | 15 | 18; Plattenmaße je nach Hersteller: 1,00 m × 1,50 m 0,625 m × 2,60 m | 1,25 m × 2,00 m 1,25 m × 2,50 m | 1,25 m × 2,54 m 1,25 m × 2,75 m | 1,25 m × 3,00 m

Zementbauplatten

genaue Bezeichnung:	Zementbauplatte, zementgebundene Putzträgerplatte, zementgebundene Ausbauplatte
Kurzzeichen:	–
Zeichnungen im Buch:	Pos.-Nr. 323
Beschreibung:	ebene, rechteckige Platte aus Zement und Zuschlagstoffen
Bestandteile:	z.B. • fermacell® Powerpanel: Zement, Wasser; Zuschlagstoffe: Blähton und Recycling-Glasschaumgranulat • Knauf AUQAPANEL®: Zement, Kalkstein, Perlite und andere • Siniat Cementex: Zement, Zellulose, Wasser, Kieselsäure und Zusatzstoff
Anwendungsbereich:	Beplankung von Wänden, Decken und Dachschrägen im Trockenbau; ohne weitere Zusätze als Bauplatte, Feuerschutzplatte und als Feuchtraumplatte zugleich einsetzbar; Produkte z.B.: Fermacell® Powerpanel: • HD: Putzträgerplatte für den Außenbereich • H20: für Feuchtbereiche an Wänden und Decken im Innenbereich

Anwendungsbereich:	Knauf AQUAPANEL®: • Cement Board Outdoor: Putzträgerplatte für den Außenbereich • Cement Board Indoor: für Nass- und Feuchträume im Innenbereich an Wänden und Decken Siniat: • Bluclad: Putzträgerplatte für den Außenbereich • Cementex: : für Nass- und Feuchträume im Innenbereich an Wänden und Decken in Österreich: Rigips Aquaroc für Feuchträume im Innen- und Außenbereich
Kennzeichnung:	Europäische Technische Bewertung (ETA)
Gütegrundlage:	DIN EN 12467
Bemessung:	tragend: DIN EN 1995-1-1, DIN EN 1995-1-1/NA; charakteristische Bemessungswerte aus ETA
Rohdichte ρ:	ca. 750 bis 1.100 kg/m³
spezifische Wärmekapazität c:	ca. 2 kJ/(kgK)
Berechnungsgewicht nach DIN EN 1991-1-1/ DIN EN 1991-1-1/NA 1:	ca. 8 bis 12 kN/m³
Baustoffklasse nach DIN EN 13501-1/ DIN 4102-4:	A2-s1,d0 bzw. A1 (nicht brennbar)
Bemessungswerte der Wärmeleitfähigkeit λ_B:	ca. 0,19 bis 0,30 W/(mK)
Wasserdampf-Diffusionswiderstandszahl μ:	produktabhängig: ca. 25/25 oder 100/100
Verarbeitungshinweis:	Herstellerangaben beachten
lieferbare Abmessungen:	Plattendicken: Powerpanel: 15 mm AQUAPANEL/AQUAROC: 12,5 mm Cementex: 12 mm Bluclad: 10 mm

Geschäumte Ausbauplatten

genaue Bezeichnung:	Bauplatte, geschäumt
Kurzzeichen:	–
Zeichnungen im Buch:	Pos.-Nr. 324
Beschreibung:	wasserfeste Bauplatte als Trägermaterial von Fliesen
Bestandteile:	abhängig vom Hersteller/Produkt; Kernmaterial extrudierte Hartschaumplatten (XPS) mit aufkaschiertem Trägermaterial
Anwendungsbereich:	wasserfeste Ausbauplatten für Feuchträume, Bäder als Fliesenuntergrund und Putzträgerplatte; Einbau an Wänden, Decken, zur Verkleidung von Rohren, unter Duschtassen mit Bodenablauf; Wasseraufnahmefähigkeit = 0
Kennzeichnung:	CE-Kennzeichen und Leistungserklärung
Gütegrundlage:	Europäische Technische Bewertung (ETA)
Bemessung:	nicht tragend
Rohdichte ρ:	ca. 40 kg/m³
spezifische Wärmekapazität c:	1,5 kJ/(kgK)
Berechnungsgewicht nach DIN EN 1991-1-1/ DIN EN 1991-1-1/NA 1:	0,5 kN/m³
Baustoffklasse nach DIN EN 13501-1/ DIN 4102-4:	E bzw. B2 (normal entflammbar)
Bemessungswerte der Wärmeleitfähigkeit λ_B:	ca. 0,035 W/(mK), produktabhängig
Wasserdampf-Diffusionswiderstandszahl μ:	unterschiedlich
Verarbeitungshinweis:	jeweilige Herstellerangaben beachten; Systemzubehör zur fachgerechten Abdichtung verwenden
lieferbare Abmessungen:	Produktbeispiele: • JACKOBOARD® Plano: d = 4 bis 80 mm • Schlüter®-KERDI-BOARD: d = 5 bis 50 mm • WEDI®-Bauplatten: d = 4 bis 100 mm • Qboard® basiq: d = 4 bis 80 mm • Ultrament® doitBauplatte: d = 4 bis 50 mm

Lehmbauplatten

genaue Bezeichnung:	Lehmbauplatte
Kurzzeichen:	–
Zeichnungen im Buch:	Pos.-Nr. 325
Beschreibung:	rechteckige Trockenbauplatte aus Lehm
Bestandteile:	Lehm, Zuschlagstoffe/Stützstruktur je nach Produkt (Zellulose, Perlite, Schilfrohr, Hanf, Jute, Holzfasern, Glasfasergewebe)
Anwendungsbereich:	Wandbeplankungen
Kennzeichnung:	–
Gütegrundlage:	–
Bemessung:	tragend: DIN EN 1995-1-1, DIN EN 1995-1-1/NA; Festigkeitsklassen nach DIN EN 338: Standard ohne zusätzliche Vereinbarung: C 24

Rohdichte ρ:	700 bis 1.600 kg/m^3 (je nach Produkt)
spezifische Wärmekapazität c:	1,0/1,5 kJ/(kgK)
Berechnungsgewicht nach DIN EN 1991-1-1/ DIN EN 1991-1-1/NA 1:	8 bis 15 kN/m^3 (je nach Produkt)
Baustoffklasse nach DIN EN 13501-1/ DIN 4102-4:	nicht klassifiziert
Bemessungswerte der Wärmeleitfähigkeit λ_B:	0,13 bis 0,6 W/(mK) (je nach Produkt)
Wasserdampf-Diffusionswiderstandszahl μ:	produktabhängig: 5/10 oder 18/18
Verarbeitungshinweis:	Herstellerangaben beachten
lieferbare Abmessungen:	je nach Hersteller/Produkt unterschiedlich: • CLAYTEC®: d = 16/20/22 mm 0,625 m × 0,625 m | 0,625 m × 1,50 m 0,625 m × 1,25 m • conluto®: d = 16/22 mm | 0,625 m × 1,25 m • EIWA®: d = 14/16/22 mm | 0,625 m × 1,00 m 1,25 m × 1,00 m • Lausitzer Naturbaustoffe Rapido: d = 12,5/25 mm | 0,25 m × 1,20 m | 0,60 m × 1,25 m • LEVITA LEHM®: d = 16/22 mm | 0,625 m × 1,25 m und d = 14 mm | 1,00 m × 1,25 m • naturbo clima: d = 18 mm | 0,625 m × 1,15 m

3.3.3 Verschalungen und Fassadenbeplankungen

Im deutschsprachigen Raum werden heutzutage sehr viele Gebäude außen verputzt. Auch viele Holzgebäude erhalten eine Fassade aus Putz auf Putzträgerplatten, sodass sie sich von außen optisch kaum von mineralischen Nassbauten unterscheiden. Alternativen zum Außenputz finden allerdings zunehmend Zuspruch. Dabei erleben auch Holzfassaden wieder eine Renaissance. An dieser Stelle wird empfohlen, bei der Planung und Ausführung von solchen Fassadenbekleidungen die „Fachregeln 01 – Außenwandbekleidungen aus Holz" (2023) von Holzbau Deutschland – Bund Deutscher Zimmermeister hinzuzuziehen.

Häufig eingesetzte Materialien im Bereich von Verschalungen und Fassadenbeplankungen und -verkleidungen sind in diesem Kapitel aufgeführt.

Rauspund

genaue Bezeichnung:	Rauspund
Zeichnungen im Buch:	Pos.-Nr. 331
Beschreibung:	Bei „gespundeten" Brettern handelt es sich um Bretter, die mit einer Nut und einer Feder versehen sind.
Fortsetzung Beschreibung:	Der sogenannte Spundverlust beschreibt dabei den Flächenanteil, der durch das Ineinanderschieben von der Feder in die Nut „verloren" geht, da das Deckmaß kleiner ausfällt als das Berechnungsmaß der profilierten Bretter einschließlich der Federbreite. Rauspund-Bretter sind lediglich in der Höhe egalisiert, jedoch nicht als „Sichtholz"-Qualität gehobelt. Daher kann es sein, dass die Oberfläche noch an manchen Stellen sägerau geblieben ist.
Bestandteile:	Nadelhölzer, im Regelfall Fichtenholz
Anwendungsbereich:	oberseitige Verschalung von Deckenbalkenlagen und Sparren; Scheibenwirkung durch Diagonalschalung möglich
Technische Werte:	entsprechen den Angaben in Kapitel 3.2.7
lieferbare Abmessungen:	gebräuchliche Abmessungen: Längen: 4,00/4,50/5,00 m; Querschnitt (Breite inklusive ca. 10 mm Feder) in mm: 24 × 121 | 24 × 146 | 27 × 146 28 × 165 | 30 × 146 (Deckmaß um Federbreite geringer)

Profilholz

genaue Bezeichnung:	profilierte Bretter
Zeichnungen im Buch:	Pos.-Nr. 332
Beschreibung:	Bei profilierten Brettern handelt es sich um Bretter für eine einseitig sichtbare Verlegung, die mit einer Nut und einer Feder versehen sind. Die Profilierung fällt aus optischen Gründen ganz unterschiedlich aus.
Bestandteile:	Nadelhölzer: Fichte, Tanne, Kiefer, Douglasie, Lärche
Anwendungsbereich:	oberseitige Verschalung von Deckenbalkenlagen und Sparren bei sichtbaren Balken- oder Sparrenlagen; sichtbare Verkleidung von Dachüberständen; Außenwandbekleidungen; Innenverkleidungen von Wänden und Decken
Technische Werte:	entsprechen den Angaben in Kapitel 3.2.7
lieferbare Abmessungen:	gebräuchliche Abmessungen: Längen: 4,00 m | 4,50 m | 5,00 m Querschnitt (Breite inklusive ca. 10 mm Feder) [mm × mm]: 24 × 121 | 24 × 146 | 27 × 146 28 × 165 | 30 × 146 (Deckmaß um Federbreite geringer)

Glattkantbretter

genaue Bezeichnung:	Glattkantbrett
Zeichnungen im Buch:	Pos.-Nr. 332

Beschreibung:	Bei Glattkantbrettern handelt es sich um an den Schmalseiten gehobelte Bretter. Die breiten Brettseiten können sägerau, aber auch ein- oder beidseitig gehobelt mit leicht abgerundeten Kanten für eine sichtbare Verlegung hergestellt sein.
Bestandteile:	Nadelhölzer: Fichte, Tanne, Kiefer, Douglasie, Lärche
Anwendungsbereich:	Außenwandbekleidungen (Boden-Decken-Schalungen, Stülpschalungen), Balkonbretter (bei Brüstungen)
Technische Werte:	entsprechen den Angaben in Abschnitt 3.2.7
lieferbare Abmessungen:	gebräuchliche Abmessungen: Längen: 4,00 m | 4,50 m | 5,00 m; Querschnitt (Breite inklusive ca. 10 mm Feder) [mm × mm]: 20 × 96 | 20 × 121 | 20 × 146 20 × 171 | 20 × 196 | 27 × 120 | 30 × 100 (Die Dicke kann auch 24 mm betragen.)

Kleinformatige Faserzementplatten

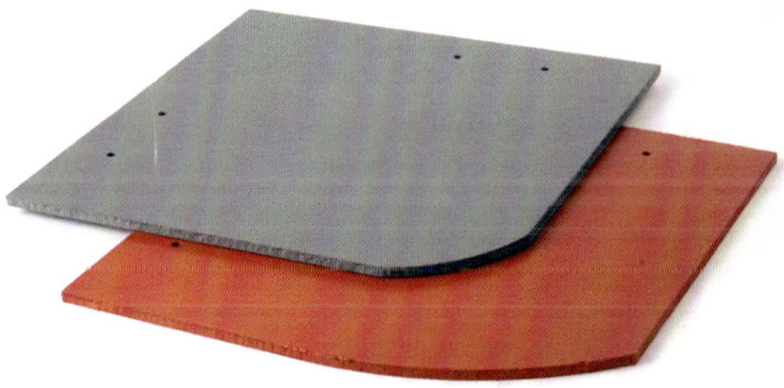

genaue Bezeichnung:	Faserzementtafel
Zeichnungen im Buch:	Pos.-Nr. 334
Beschreibung:	dünne und kleinformatige Platten auf Zementbasis, ugs. „Kunstschiefer"
Bestandteile:	Zement, Glasfasern
Anwendungsbereich:	Fassadenverkleidung mit kleinformatigen Platten, Verkleidung von Dachrändern, Kaminverkleidungen
Kennzeichnung:	CE-Kennzeichen und Leistungserklärung

Gütegrundlage:	DIN EN 12467
Bemessung:	nicht tragend
Rohdichte ρ:	1.200 kg/m³
spezifische Wärmekapazität c:	1,5 kJ/(kgK)
Berechnungsgewicht nach DIN EN 1991-1-1/ DIN EN 1991-1-1/NA 1:	0,40 kN/m²
Baustoffklasse nach DIN EN 13501-1/ DIN 4102-4:	A2-s3,d0 bzw. A2 (nicht brennbar)
Bemessungswerte der Wärmeleitfähigkeit λ_B:	ca. 0,58 W/(mK)
Wasserdampf-Diffusionswiderstandszahl μ:	20 bis 50
Verarbeitungshinweis:	VOB/C ATV DIN 18351 und Herstellerangaben beachten
lieferbare Abmessungen:	hersteller-/produktabhängig; Dicke ca. 3/4 mm; Breite × Länge in cm: 20 × 20 | 25 × 25 | 30 × 30 | 30 × 40 | 40 × 40 | 40 × 60

Großformatige Faserzementplatten

genaue Bezeichnung:	großformatige Faserzementtafel
Zeichnungen im Buch:	Pos.-Nr. 335
Beschreibung:	großformatige Platten auf Zementbasis
Bestandteile:	Zement, Glasfasern
Anwendungsbereich:	Fassadenverkleidung mit großformatigen Platten
Kennzeichnung:	CE-Kennzeichen und Leistungserklärung

Gütegrundlage:	DIN EN 12467
Bemessung:	nicht tragend
Rohdichte ρ:	1.900 kg/m³
spezifische Wärmekapazität c:	1,5 kJ/(kgK)
Berechnungsgewicht nach DIN EN 1991-1-1/ DIN EN 1991-1-1/NA 1:	19 kN/m³
Baustoffklasse nach DIN EN 13501-1/ DIN 4102-4:	A2-s1,d0 bzw. A2 (nicht brennbar)
Bemessungswerte der Wärmeleitfähigkeit λ_B:	ca. 0,58 W/(mK)
Wasserdampf-Diffusionswiderstandszahl μ:	20 bis 50
Verarbeitungshinweis:	VOB/C ATV DIN 18351 und Herstellerangaben beachten
lieferbare Abmessungen:	hersteller-/produktabhängig; Dicke ca. 8 | 10 | 12 mm; Breite × Länge in m: 1,22 × 2,50 | 1,22 × 3,05 1,25 × 2,50 | 1,25 × 3,10

Blechprofile (Fassadenbekleidung)

genaue Bezeichnung:	Metall-Fassadenprofil
Zeichnungen im Buch:	Pos.-Nr. 336 (Alu), Pos. 337 (Stahl)
Beschreibung:	Blechtafeln, profiliert
Bestandteile:	Aluminium, Stahl (verzinkt oder Edelstahl)
Anwendungsbereich:	Wandbekleidungs-/Dachbekleidungselemente
Kennzeichnung:	CE-Kennzeichen und Leistungserklärung

Gütegrundlage:	DIN EN 14783
Bemessung:	Nachweis Standsicherheit der Fassade erforderlich
Rohdichte ρ:	Alu: 2.800 kg/m³, Stahl: 7.800 kg/m³
spezifische Wärmekapazität c:	1,5 kJ/(kgK)
Berechnungsgewicht nach DIN EN 1991-1-1/ DIN EN 1991-1-1/NA 1:	Alu: 27 kN/m³, Stahl: 78,5 kN/m³
Baustoffklasse nach DIN EN 13501-1/ DIN 4102-4:	A1 (nicht brennbar)
Bemessungswerte der Wärmeleitfähigkeit λ_B:	Alu: 160 W/(mK), Stahl: 50 W/(mK)
Wasserdampf-Diffusionswiderstandszahl μ:	1.000.000
Verarbeitungshinweis:	VOB/C ATV DIN 18351 und Herstellerangaben beachten
lieferbare Abmessungen:	produktabhängig

Fassadenziegel

genaue Bezeichnung:	Fassadenziegel
Zeichnungen im Buch:	Pos.-Nr. 338
Beschreibung:	glatte oder profilierte gebrannte Ziegelplatten
Bestandteile:	Ton
Anwendungsbereich:	Wandbekleidungselemente
Kennzeichnung:	CE-Kennzeichen und Leistungserklärung
Gütegrundlage:	allgemeine bauaufsichtliche Zulassung (abZ)
Bemessung:	Nachweis Standsicherheit der Fassade erforderlich
Rohdichte ρ:	ca. 1.500 kg/m^3
spezifische Wärmekapazität *c*:	1,0 kJ/(kgK)
Berechnungsgewicht nach DIN EN 1991-1-1/ DIN EN 1991-1-1/NA 1:	0,55 kN/m^2
Baustoffklasse nach DIN EN 13501-1/ DIN 4102-4:	A1 (nicht brennbar)
Bemessungswerte der Wärmeleitfähigkeit λ_B:	0,96 W/(mK)
Wasserdampf-Diffusionswiderstandszahl μ:	50 - 100
Verarbeitungshinweis:	VOB/C ATV Vorgehängte hinterlüftete Fassaden; DIN 18351 und Herstellerangaben beachten
lieferbare Abmessungen:	Dicke d = 25 - 30 mm Höhe h = 150 bis 400 mm Länge l = bis ca. 1.600 mm

3.4 Dämmstoffe

Dämmstoffe stellen einen wesentlichen Bestandteil von Außenbauteilen aufgrund der Anforderungen an den Wärmeschutz und der Wünsche nach Behaglichkeit dar. Sie tragen auch zum Schallschutz von Außen- und Innenbauteilen bei. Die Bemessungswerte der Wärmeleitfähigkeit λ von Baustoffen sind in DIN 4108-4 „Wärmeschutz und Energie-Einsparung in Gebäuden – Teil 4: Wärme- und feuchteschutztechnische Bemessungswerte“ (2020) geregelt. Seit der Neufassung der DIN 4108-4 im Jahr 2017 aufgrund eines EuGH-Urteils, das die zusätzlichen nationalen Anforderungen, die über harmonisierte europäische Produktnormen hinausgingen, gestrichen hatte, werden Dämmstoffe mit ihren Nennwerten λ_D für die Wärmeleitfähigkeit und den dazu ermittelten Bemessungswerten λ_B aufgelistet. Die Bemessungswerte errechnen sich mit einem Zuschlagssatz zu den Nennwerten. Der Zuschlagssatz beträgt, je nach Dämmstofftyp, 3 % (mindestens 0,001), 5 % (mindestens 0,002), 10 % (mindestens 0,003), 20 % oder 23 %. Der Zuschlagssatz berücksichtigt dabei u.a. die Einflüsse der Temperatur und des Ausgleichsfeuchtegehalts sowie Schwankungen der Stoffeigenschaften und die Alterung der Produkte (Tabellen 3.10 und 3.11).

In der Praxis bewirkt das eine Umstellung in Bemessung, Planung und Ausschreibung sowie in der Ausführung. Für die Berechnung des Wärmebedarfs eines Gebäudes und die Ermittlung bauphysikalischer Kennwerte von Bauteilen sind die Bemessungswerte der Wärmeleitfähigkeit λ_B maßgeblich. Es war üblich, auch die Bemessungswerte in die Planung und Ausschreibung zu übernehmen, da sie bei den nunmehr überholten Ü-Kennzeichnungen in den Zulassungen und auf den Etiketten der Produkte angegeben waren. Mittlerweile wird im Zusammenhang mit der ausschließlich anzuwendenden CE-Kennzeichnung nach EU-BauPVO nur noch der Nennwert λD auf dem Produkt oder der Verpackung und in der Leistungserklärung ausgewiesen. In der Vergangenheit wurden die Bemessungswerte in den Dokumenten der Hersteller nicht immer für die jeweilige Einbausituation zutreffend angegeben. Deswegen ist es wichtig, dass seitens des Planers in der Ausführungsplanung und in den Ausschreibungstexten bei Dämmstoffen der Nennwert λD angegeben wird. Auch für die Bauleitung ist somit eine Übereinstimmung von vorliegenden Plänen und der Ausschreibung mit der Bauausführung leichter überprüfbar.

Für Energieberater jedoch, die z.B. im Rahmen der KfW-Baubegleitung die Übereinstimmung der tatsächlichen Ausführung mit den beantragten Förderprogrammen überprüfen sollen, wird diese Überprüfung etwas aufwendiger, da die Bemessungswerte nur in den Berechnungen selbst enthalten sind und in allen anderen Dokumenten die Nennwerte. Daher sollten Beratungsberichte mit Bauteilaufbauten immer zu jedem Dämmstoff beide Werte (Nennwert λ_D und Bemessungswert λ_B) enthalten. Die Bemessungswerte gelten ausschließlich für Deutschland, da in anderen europäischen Ländern unterschiedliche Regelungen vorliegen können.

Bei der früher mit der Übereinstimmungskennzeichnung verbundenen Fremdüberwachung war es üblich, dass die fremdüberwachende Stelle anhand von Produktproben auch die Wärmeleitfähigkeit überprüfte und mit der ausgewiesenen Wärmeleitfähigkeit verglich. Im Gegensatz dazu sehen die europäischen Normen für Bauprodukte lediglich eine werkseigene Produktionskontrolle vor, ohne dass eine Produktprobe entnommen und geprüft wird. Einige Dämmstoffhersteller haben sich dazu entschlossen, ihre Produkte einer freiwilligen Zertifizierung für den deutschen Markt zu unterziehen und damit die ausgewiesenen Produkteigenschaften sicherzustellen.

Tabelle 3.10: Dämmstoffe und die dazugehörigen Bereiche der Nennwerte und Bemessungswerte der Wärmeleitfähigkeit nach DIN 4108-4

Kurzzeichen	Dämmstoff	Produktnorm	Zuschlagswert	Nennwert λ_D in W/(m · K)		Bemessungswert λ_B in W/(m · K)	
				von	bis	von	bis
MW	Mineralwolle	DIN EN 13162	3 %	0,030	0,050	0,031	0,052
EPS	expandierter Polystyrolschaum	DIN EN 13163	3 %	0,030	0,050	0,031	0,052
XPS	extrudierter Polystyrolschaum	DIN EN 13164	3 %	0,022	0,045	0,023	0,046
PU	Polyurethan-Hartschaum	DIN EN 13165	3 %	0,020	0,040	0,021	0,041
PF	Phenolharz-Hartschaum	DIN EN 13166	3 %	0,020	0,035	0,021	0,036
CG	Schaumglas	DIN EN 13167	3 %	0,037	0,055	0,038	0,057
WW-C + EPS	Holzwolle-Mehrschichtplatten mit expandiertem Polystyrolschaum	DIN EN 13168, DIN EN 13163	3 %	0,030	0,050	0,031	0,052
WW-C + MW	Holzwolle-Mehrschichtplatten mit Mineralwolle	DIN EN 13168, DIN EN 13162	3 %	0,030	0,050	0,031	0,052
WW-C	Holzwolle-Deckschicht	DIN EN 13168	20 %	0,10	0,14	0,12	0,17
EPB	Blähperlit	DIN EN 13169	3 %	0,045	0,067	0,046	0,069
EP	Wärmedämmung aus Produkten mit expandiertem Perlit	DIN EN 14136-1	3 %	0,040	0,060	0,041	0,062
	selbsttragende Sandwich-Elemente mit beidseitigen Metalldeckschichten	DIN EN 14509	3 %	0,020	0,047	0,021	0,048
adVst hergestellte MW	an der Verwendungsstelle hergestellte Wärmedämmung aus Mineralwolle	DIN EN 14064-1	3 %	0,032	0,050	0,033	0,052
WW	Holzwolle-Leichtbauplatten, Holzwolle-Platten	DIN EN 13168, DIN EN 13162	5 %	0,060	0,100	0,063	0,105
WF	Holzfaserdämmstoff	DIN EN 13171	5 %	0,033	0,062	0,035	0,065
adVst hergestellter LWA	an der Verwendungsstelle hergestellte Wärmedämmung aus Blähton-Leichtzuschlagstoffen	DIN EN 14063-1	5 %	0,090	0,13	0,095	0,14
PUR-, PIR-Spritzschaum	Wärmedämmstoff aus Polyurethan(PUR)- und Polyisocyanurat(PIR)-Hartschaum	DIN EN 14315-1	10 %	0,020	0,040	0,023	0,044
adVst hergestellter PUR-, PIR-Spritzschaum	an der Verwendungsstelle hergestellter Wärmedämmstoff aus Polyurethan(PUR)- und Polyisocyanurat(PIR)-Hartschaum	DIN EN 14318-1	10 %	0,020	0,040	0,023	0,044
EV	an der Verwendungsstelle hergestellter Wärmedämmstoff aus Vermiculit	DIN EN 14317-1	20 %	0,052	0,080	0,062	0,096
PEF	werksmäßig hergestellte Produkte aus Polyethylenschaum	DIN EN 16069	20 %	0,035	0,060	0,042	0,072
ICB	expandierter Kork	DIN EN 13170	5 %	0,038	0,055	0,040	0,058

Tabelle 3.11: Umrechnung von Nennwerten zu Bemessungwerten der Wärmeleitfähigkeit in Abhängigkeit von den Zuschlagsätzen nach DIN 4108-4 in Verbindung mit DIN EN ISO 10456

	Bemessungswert λ_B bei Zuschlag von				
Nennwert λ_D	**3 %**	**5 %**	**10 %**	**20 %**	**23 %**
0,020	0,021	0,022	0,023	0,024	0,025
0,021	0,022	0,023	0,024	0,025	0,026
0,022	0,023	0,024	0,025	0,026	0,027
0,023	0,024	0,025	0,026	0,028	0,028
0,024	0,025	0,026	0,027	0,029	0,030
0,025	0,026	0,027	0,028	0,030	0,031
0,026	0,027	0,028	0,029	0,031	0,032
0,027	0,028	0,029	0,030	0,032	0,033
0,028	0,029	0,030	0,031	0,034	0,034
0,029	0,030	0,031	0,032	0,035	0,036
0,030	0,031	0,032	0,033	0,036	0,037
0,031	0,032	0,033	0,034	0,037	0,038
0,032	0,033	0,034	0,035	0,038	0,039
0,033	0,034	0,035	0,036	0,040	0,041
0,034	0,035	0,036	0,037	0,041	0,042
0,035	0,036	0,037	0,039	0,042	0,043
0,036	0,037	0,038	0,040	0,043	0,044
0,037	0,038	0,039	0,041	0,044	0,046
0,038	0,039	0,040	0,042	0,046	0,047
0,039	0,040	0,041	0,043	0,047	0,048
0,04	0,041	0,042	0,044	0,048	0,049
0,041	0,042	0,043	0,045	0,049	0,050
0,042	0,043	0,044	0,046	0,050	0,052
0,043	0,044	0,045	0,047	0,052	0,053
0,044	0,045	0,046	0,048	0,053	0,054
0,045	0,046	0,047	0,050	0,054	0,055
0,046	0,047	0,048	0,051	0,055	0,057
0,047	0,048	0,049	0,052	0,056	0,058
0,048	0,049	0,050	0,053	0,058	0,059
0,049	0,050	0,051	0,054	0,059	0,060
0,050	0,052	0,053	0,055	0,060	0,062
0,051	0,053	0,054	0,056	0,061	0,063
0,052	0,054	0,055	0,057	0,062	0,064
0,053	0,055	0,056	0,058	0,064	0,065
0,054	0,056	0,057	0,059	0,065	0,066
0,055	0,057	0,058	0,061	0,066	0,068
0,056	0,058	0,059	0,062	0,067	0,069
0,057	0,059	0,060	0,063	0,068	0,070
0,058	0,060	0,061	0,064	0,070	0,071
0,059	0,061	0,062	0,065	0,071	0,073
0,060	0,062	0,063	0,066	0,072	0,074

Anwendungsgebiete für Wärmedämmungen

Um die Vielzahl von Dämmstoffen und ihre Einsatzmöglichkeiten leicht unterscheiden zu können, wurden in der DIN 4108-10 „Wärmeschutz und Energie-Einsparung in Gebäuden" – Teil 10: „Anwendungsbezogene Anforderungen an Wärmedämmstoffe (2021)" verschiedene Anwendungsgebiete für Wärmedämmungen definiert, denen wiederum Anwendungstypen zugeordnet werden (Tabelle 3.12). Abb. 3.4 zeigt die grafischen Symbole für diese Anwendungstypen und deren Kurzzeichen. Die Produkteigenschaften Druckbelastbarkeit, Wasseraufnahme, Zugfestigkeit, schalltechnische Eigenschaften und Verformung von Dämmstoffen werden in DIN 4108-10 in unterschiedliche Ausprägungen differenziert, denen ebenfalls jeweils ein Kurzzeichen zugeordnet wird (Tabelle 3.13).

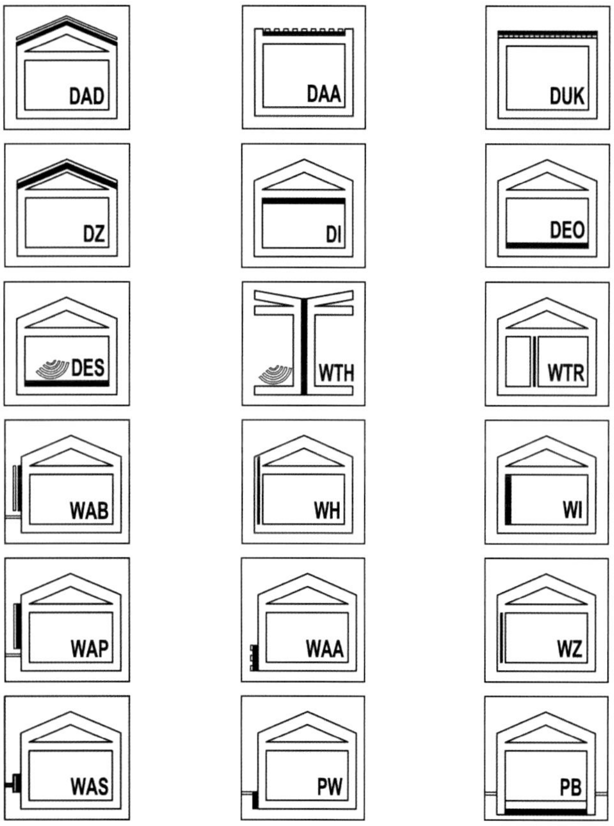

Abb. 3.4: Grafische Symbole für Dämmstoff-Anwendungstypen und deren Kurzzeichen nach DIN 4108-10

Tabelle 3.12: Anwendungsgebiete von Wärmedämmungen nach DIN 4108-10:2021-11

Anwendungsgebiet	Anwendungstypen	
	Kurzzeichen[1)]	Beschreibung
Decke, Dach	DAD	Außendämmung von Dach oder Decke, vor Bewitterung geschützt, Dämmung unter Deckungen
	DAA	Außendämmung von Dach oder Decke, vor Bewitterung geschützt, Dämmung unter Abdichtungen
	DUK	Außendämmung des Dachs, der Bewitterung ausgesetzt (Umkehrdach)[4)]
	DZ	Zwischensparrendämmung, zweischaliges Dach, nicht begehbare, aber zugängliche oberste Geschossdecken
	DI	Innendämmung der Decke (unterseitig) oder des Daches, Dämmung unter den Sparren der Tragkonstruktion, abgehängte Decke usw.
	DEO	Innendämmung der Decke oder Bodenplatte (oberseitig) unter Estrich ohne Schallschutzanforderungen
	DES	Innendämmung der Decke oder Bodenplatte (oberseitig) unter Estrich mit Schallschutzanforderungen
Wand	WAB[2)]	Außendämmung der Wand hinter Bekleidung
	WAA	Außendämmung der Wand hinter Abdichtung
	WAP[2),3)]	Außendämmung der Wand unter Putz
	WAS[5)]	Außendämmung der Wand im Spritzwasserbereich, auch mit teilweiser Einbindung ins Erdreich
	WZ	Dämmung von zweischaligen Wänden, Kerndämmung
	WH	Dämmung von Holzrahmen- und Holztafelbauweise und vergleichbaren Gefachen
	WI	Innendämmung der Wand
	WTH	Dämmung zwischen Haustrennwänden mit Schallschutzanforderungen
	WTR	Dämmung von Raumtrennwänden
Perimeter	PW[4)]	außen liegende Wärmedämmung von Wänden gegen Erdreich (außerhalb der Abdichtung)
	PB[4)]	außen liegende Wärmedämmung unter der Bodenplatte gegen Erdreich (außerhalb der Abdichtung)

1) Die verwendeten Kurzzeichen sind Abkürzungen für Anwendungsgebiete von Wärmedämmungen, grafische Symbole siehe Abb. 3.4
2) auch für den Anwendungsfall von unten gegen Außenluft
3) Anwendungsgebiet/Kurzzeichen WAP gilt nicht für Dämmstoffplatten in Wärmedämm-Verbundsystemen (WDVS). WDVS ist keine genormte Anwendung.
4) Hinsichtlich der Berücksichtigung der Dämmschichten bei der Berechnung des Wärmedurchlasswiderstandes gelten die Festlegungen nach DIN 4108-02.
5) Wassereinwirkungsklasse W4-E nach DIN 18533-1; es ist eine dauerhaft wasserabweisende Beschichtung/Schicht als Feuchteschutz des Dämmstoffs vorzusehen, Einbindetiefe bis maximal eine Plattenbreite.

Tabelle 3.13: Differenzierungen von bestimmten Produkteigenschaften von Dämmstoffen nach DIN 4108-10

Produkteigenschaft	Kurzzeichen	Beschreibung	Beispiele
Druckbelastbarkeit	dk	keine Druckbelastbarkeit	Hohlraumdämmung, Zwischensparrendämmung
	dg	geringe Druckbelastbarkeit	Wohn- und Bürobereich unter Estrich (außer Gussasphaltestrich) [1)]
	dm	mittlere Druckbelastbarkeit	nicht genutztes Dach mit Abdichtung
	dh	hohe Druckbelastbarkeit	genutzte Dachflächen, Terrassen, Flachdächer mit Solaranlagen
	ds	sehr hohe Druckbelastbarkeit	Industrieböden, Parkdeck
	dx	extrem hohe Druckbelastbarkeit	hoch belastete Industrieböden, Parkdeck
Wasseraufnahme	wk	keine Anforderungen an die Wasseraufnahme	Innendämmung im Wohn- und Bürobereich
	wf	Wasseraufnahme durch flüssiges Wasser	Außendämmung von Außenwänden und Dächern
	wd	Wasseraufnahme durch flüssiges Wasser und/oder Diffusion	Perimeterdämmung, Umkehrdach
Zugfestigkeit	zk	keine Anforderungen an die Zugfestigkeit	Hohlraumdämmung, Zwischensparrendämmung
	zg	geringe Zugfestigkeit	Außendämmung der Wand hinter Bekleidung
	zh	hohe Zugfestigkeit	Außendämmung der Wand unter Putz, Dach mit verklebter Abdichtung
schalltechnische Eigenschaften	sk	keine Anforderungen an schalltechnische Eigenschaften	alle Anwendungen ohne schalltechnische Anforderungen
	sh	Trittschalldämmung, erhöhte Zusammendrückbarkeit	
	sm	Trittschalldämmung, mittlere Zusammendrückbarkeit	schwimmender Estrich, Haustrennwände
	sg	Trittschalldämmung, geringe Zusammendrückbarkeit	
Verformung	tk	keine Anforderungen an die Verformung	Innendämmung
	tf	Dimensionsstabilität unter Feuchte und Temperatur	Außendämmung der Wand unter Putz, Dach mit Abdichtung
	tl	Verformung unter Last und Temperatur	Dach mit Abdichtung

1) Bei der Anwendung von Gussasphaltestrichen sind für die Dämmschicht direkt unter dem Estrich temperaturbeständige Dämmstoffe (ds oder dx) erforderlich.

3.4.1 Holzweichfaserdämmung

genaue Bezeichnung:	Holzweichfaserdämmung
Kurzzeichen:	WF
Zeichnungen im Buch:	Pos.-Nr. 410
Beschreibung:	flexibler Dämmstoff aus Holzfasern
Bestandteile:	Holzfasern (Nadelhölzer), Stützfasern
Anwendungsbereich (siehe Tabelle 3.12):	DZ, DEO, WAB, WH, WI, WTR
Kennzeichnung:	CE-Kennzeichen und Leistungserklärung

Gütegrundlage:	DIN EN 13171
Bemessung:	nicht tragend
Rohdichte ρ:	200 bis 290 kg/m^3
spezifische Wärmekapazität c:	2,1 kJ/(kgK)
Berechnungsgewicht nach DIN EN 1991-1-/ DIN EN 1991-1-1/NA 1:	4,0 kN/m^3
Baustoffklasse nach DIN EN 13501-1/DIN 4102-4:	E bzw. B2 (normal entflammbar)
Bemessungswerte der Wärmeleitfähigkeit λ_B:	0,038 bis 0,045 W/(mK)
Wasserdampf-Diffusionswiderstandszahl μ:	5 - 5
Verarbeitungshinweis:	Herstellerangaben beachten
lieferbare Abmessungen:	Plattendicken in mm: 40, 50, 60, 80, 100, ... , 200; Plattenbreiten: z.B. 0,565 m – passt ins Ständerraster bei 6 cm Wandstiel - Sparrenbreite und Raster 0,625 m. Holzfaserdämmung gibt es auch als Einblasdämmung – die Werte sind vergleichbar mit Zelluloseeinblasdämmung – siehe 3.4.2.

3.4.2 Zellulosedämmung

genaue Bezeichnung:	Zelluloseeinblasdämmung
Zeichnungen im Buch:	Pos.-Nr. 420
Beschreibung:	an der Verwendungsstelle hergestellter Wärmedämmstoff; natürliche Dämmung aus Zellulosefasern aus Recyclingpapier (sortenrein sortiert); Einbau durch Einblasen mit entsprechender Technik
Bestandteile:	Zellulose, Brandschutzmittel (z.B. Borsalz)
Anwendungsbereich (siehe Tabelle 3.12):	DZ, WZ, WTR

Kennzeichnung:	Bescheinigung des ausführenden Unternehmens für die jeweilige Anwendungsstelle
Gütegrundlage:	allgemeine bauaufsichtliche Zulassung (abZ)
Bemessung:	nicht tragend
Rohdichte ρ:	frei liegend 28 bis 40 kg/m^3; raumausfüllend 38 bis 65 kg/m^3
spezifische Wärmekapazität c:	2,1 kJ/(kgK)
Berechnungsgewicht nach DIN EN 1991-1-1 DIN EN 1991-1-1/NA 1:	0,8 kN/m^3
Baustoffklasse nach DIN EN 13501-1/DIN 4102-4:	E bzw. B2 (normal entflammbar)
Bemessungswert der Wärmeleitfähigkeit λ_B:	Standard 0,040 W/(mK) lieferbar ab 0,037 W/(mK)
Wasserdampf-Diffusionswiderstandszahl μ:	5 - 5
Verarbeitungshinweis:	Einblasen nur durch zertifizierte Unternehmen
lieferbare Abmessungen:	Abmessungen auszufüllender Hohlräume sind mit dem ausführenden Unternehmen abzusprechen.

3.4.3 Mineralfaserdämmung

genaue Bezeichnung:	Mineralwolle (Steinwolle, früher: Glaswolle)
Kurzzeichen:	MW
Zeichnungen im Buch:	Pos.-Nr. 430
Beschreibung:	flexibler oder druckfester Dämmstoff, lieferbar in Matten- oder Rollenform aus Mineralien (Naturstein) oder Recyclingglas
Bestandteile:	Mineralien/Recyclingglas, Stützstruktur
Anwendungsbereich (siehe Tabelle 3.12):	DAD, DAA, DZ, DI, DEO, DES, WAB, WAP, WZ, WH, WI, WTR

Kennzeichnung:	CE-Kennzeichen und Leistungserklärung
Gütegrundlage:	DIN EN 13162
Bemessung:	nicht tragend
Rohdichte ρ:	50 bis 100 kg/m³
spezifische Wärmekapazität c:	1,0 kJ/(kgK)
Berechnungsgewicht nach DIN EN 1991-1-1/ DIN EN 1991-1-1/NA 1:	1,0 kN/m³
Baustoffklasse nach DIN EN 13501-1/ DIN 4102-4:	D-s2,d0 bzw. B2 (normal entflammbar)
Bemessungswerte der Wärmeleitfähigkeit λ_B:	0,032/0,035/0,040 W/(mK)
Wasserdampf-Diffusionswiderstandszahl μ:	1 - 1
Verarbeitungshinweis:	Herstellerangaben beachten
lieferbare Abmessungen:	Dicken in mm: 20, 25, 30, 40, 50, 60, 80, 100, 120 ..., 240

3.4.4 Expandierte Polystyroldämmung

genaue Bezeichnung:	expandierter Polystyrolschaum, ugs. „Styropor®"
Kurzzeichen:	EPS
Zeichnungen im Buch:	Pos.-Nr. 440
Beschreibung:	druckfester Dämmstoff in rechteckiger Plattenform aus Polystyrol
Bestandteile:	Polystyrol, Flammschutzmittel
Anwendungsbereich (siehe Tabelle 3.12):	DAD, DAA, DI, DEO, DES, WAB, WAP, WI

Kennzeichnung:	CE-Kennzeichen und Leistungserklärung
Gütegrundlage:	DIN EN 13163
Bemessung:	nicht tragend
Rohdichte ρ:	20 kg/m³
spezifische Wärmekapazität c:	1,5 kJ/(kgK)
Berechnungsgewicht nach DIN EN 1991-1-1/ DIN EN 1991-1-1/NA 1:	0,2 kN/m³
Baustoffklasse nach DIN EN 13501-1/ DIN 4102-4:	E bzw. B2 (normal entflammbar)
Bemessungswert der Wärmeleitfähigkeit λ_B:	0,032/0,035/0,040 W/(mK)
Wasserdampf-Diffusionswiderstandszahl μ:	30 bis 70
Verarbeitungshinweis:	Herstellerangaben beachten
lieferbare Abmessungen:	Dicken in mm: 15, 20, 25, 30, 40, 50, 60, 80, 100, 120 ... 300 (auch darüber); Plattenmaße produktabhängig, meist 0,50 m × 1,00 m

3.4.5 Perimeterdämmung

genaue Bezeichnung:	extrudierter Polystyrolschaum
Kurzzeichen:	XPS
Zeichnungen im Buch:	Pos.-Nr. 450
Beschreibung:	druckfester Dämmstoff in rechteckiger Plattenform aus extrudiertem Polystyrol
Bestandteile:	Polystyrol, Flammschutzmittel
Anwendungsbereich (siehe Tabelle 3.12):	DAD, DAA, DI, DEO, DES, WAB, WAP, WI, WAS, insbesondere Perimeterdämmung
Kennzeichnung:	CE-Kennzeichen und Leistungserklärung
Gütegrundlage:	DIN EN 13164
Bemessung:	nicht tragend
Rohdichte ρ:	25 kg/m³
spezifische Wärmekapazität c:	1,5 kJ/(kgK)
Berechnungsgewicht nach DIN EN 1991-1-1/ DIN EN 1991-1-1/NA 1:	0,3 kN/m³
Baustoffklasse nach DIN EN 13501-1/ DIN 4102-4:	E bzw. B2 (normal entflammbar)
Bemessungswerte der Wärmeleitfähigkeit λ_B:	0,033/0,035/0,040/0,045 W/(mK)
Wasserdampf-Diffusionswiderstandszahl μ:	80 bis 250
Verarbeitungshinweis:	Herstellerangaben beachten
lieferbare Abmessungen:	Dicken in mm: 20, 25, 30, 40, 50, 60, 80, 100, 120 ... 300 (auch darüber); Plattenmaße produktabhängig, meist 0,50 m × 1,00 m

3.4.6 Schaumglasdämmplatten und Schaumglasschotter

genaue Bezeichnung:	Schaumglasdämmung (Foamglass), Schaumglasschotter
Kurzzeichen:	CG
Zeichnungen im Buch:	Pos.-Nr. 460
Beschreibung:	druckfester Dämmstoff in rechteckiger Plattenform oder als Schotter mit Körnung ca. 20/32 aus aufgeschäumtem Recyclingglas
Bestandteile:	Recyclingglas
Anwendungsbereich (siehe Tabelle 3.12):	DAD, DAA, DI, DEO, DES, WAB, WAP, WI, WAS, insbesondere Perimeterdämmung
Kennzeichnung:	CE-Kennzeichen und Leistungserklärung
Gütegrundlage:	DIN EN 13167
Bemessung:	nicht tragend
Rohdichte ρ:	125 kg/m³
spezifische Wärmekapazität c:	1,0 kJ/(kgK)
Berechnungsgewicht nach DIN EN 1991-1-1/ DIN EN 1991-1-1/NA 1:	1,5 kN/m³
Baustoffklasse nach DIN EN 13501-1/ DIN 4102-4:	A1 (nicht brennbar)
Bemessungswert der Wärmeleitfähigkeit λ_B:	Platten: 0,040/0,045/0,050/0,055 W/(mK); Schotter: 0,060/0,07/0,08 W/(mK)
Wasserdampf-Diffusionswiderstandszahl μ:	als Platten: 10.000 - 100.000
Verarbeitungshinweis:	Herstellerangaben beachten
lieferbare Abmessungen:	Dicken in mm: 40, 50, 60, 80, 100, 120; Plattenmaße produktabhängig, meist 0,50 m × 1,00 m

3.4.7 Polyurethandämmung

genaue Bezeichnung:	Polyurethan-Hartschaum
Kurzzeichen:	PU, PUR, PIR
Zeichnungen im Buch:	Pos.-Nr. 470
Beschreibung:	aufgeschäumter, druckfester Dämmstoff in rechteckiger Plattenform
Bestandteile:	Polyurethan, teilweise Alu-Kaschierung
Anwendungsbereich (siehe Tabelle 3.12):	DAD, DAA, DI, DEO, DES, WAB, WAP, WI
Kennzeichnung:	CE-Kennzeichen und Leistungserklärung
Gütegrundlage:	DIN EN 13165
Bemessung:	nicht tragend
Rohdichte ρ:	30 kg/m³
spezifische Wärmekapazität c:	1,0 kJ/(kgK)
Berechnungsgewicht nach DIN EN 1991-1-1/ DIN EN 1991-1-1/NA 1:	1 kN/m³
Baustoffklasse nach DIN EN 13501-1/ DIN 4102-4:	E bzw. B2 (normal entflammbar)
Bemessungswerte der Wärmeleitfähigkeit λ_B:	0,024/0,026/0,028 W/(mK)
Wasserdampf-Diffusionswiderstandszahl μ:	kaschiert 10.000 - 100.000
Verarbeitungshinweis:	Herstellerangaben beachten
lieferbare Abmessungen:	Dicken in mm: 30, 40, 50, 60, 80, 100, 120 … 180; Plattenmaße produktabhängig, z.B. 0,60 m × 1,20 m

3.4.8 Naturdämmstoffe

3.4.8.1 Stroh

genaue Bezeichnung:	Strohdämmung
Zeichnungen im Buch:	Pos.-Nr. 481
Beschreibung:	meist Strohballen, kleinformatig oder großformatig, auch als Einblasdämmung möglich
Bestandteile:	Stroh
Anwendungsbereich (siehe Tabelle 3.12):	DZ, DEO, WAB, WH, WI, WTR
Gütegrundlage:	allgemeine bauaufsichtliche Zulassung (abZ), seit 2014 vorliegend für Stroh als Baustoff: Z-23.11-1595
Bemessung:	nicht tragend
Rohdichte ρ:	100 bis 300 kg/m³
spezifische Wärmekapazität c:	2 kJ/(kgK)
Berechnungsgewicht nach DIN EN 1991-1-1/ DIN EN 1991-1-1/NA 1:	3 kN/m³
Baustoffklasse nach DIN EN 13501-1/ DIN 4102-4:	E bzw. B2 (normal entflammbar)
Bemessungswert der Wärmeleitfähigkeit λ_B:	0,045/0,055 W/(mK)
Wasserdampf-Diffusionswiderstandszahl μ:	2 - 2
Verarbeitungshinweis:	Setzungsverhalten von Strohballen beachten; „Strohbaurichtlinie SBR-2019" (2019) des Fachverbands Strohballenbau Deutschland e.V. (FASBA) beachten
lieferbare Abmessungen:	Strohballen nach Größen der landwirtschaftlichen Maschinen

3.4.8.2 Weitere Naturdämmstoffe

Zeichnungen im Buch:	Pos.-Nr. 482
Beschreibung:	Hanf, Leinen, Baumwolle, Schafwolle, Seegras, „Jasmin"
Bestandteile:	siehe Beschreibung
Anwendungsbereich (siehe Tabelle 3.12):	DZ, DEO, WAB, WH, WI, WTR
Gütegrundlage:	allgemeine bauaufsichtliche Zulassung (abZ)
Bemessung:	nicht tragend
Rohdichte ρ:	je nach Produkt 200 bis 400 kg/m^3
spezifische Wärmekapazität c:	vergleichbar Holzfaserdämmung 2,1 kJ/(kgK)
Berechnungsgewicht nach DIN EN 1991-1-1/ DIN EN 1991-1-1/NA 1:	4,0 kN/m^3
Baustoffklasse nach DIN EN 13501-1 bzw. DIN 4102-4:	E bzw. B2 (normal entflammbar)
Bemessungswerte der Wärmeleitfähigkeit λ_B:	0,040 bis 0,050W/(mK)
Wasserdampf-Diffusionswiderstandszahl μ:	5 - 5
Verarbeitungshinweis:	Herstellerangaben beachten; Veröffentlichungen der Fachagentur für nachwachsende Rohstoffe e.V. (FNR)
lieferbare Abmessungen:	produktabhängig

3.4.9 Sonstige Dämmstoffe

3.4.9.1 Vakuumdämmpaneel

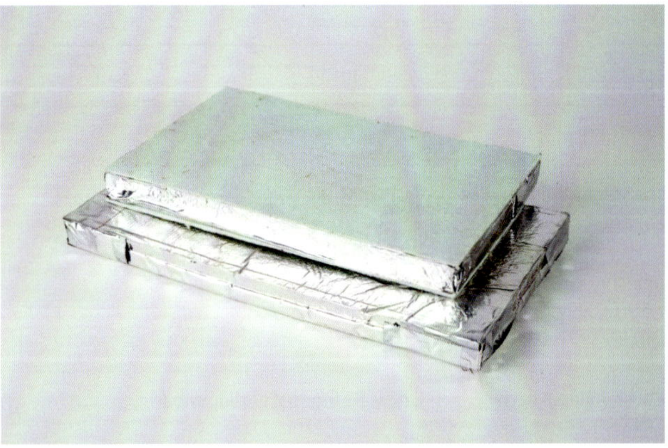

genaue Bezeichnung:	Vakuum Isolations Paneel
Kurzzeichen:	VIP
Zeichnungen im Buch:	Pos.-Nr. 491
Beschreibung:	Dämmpaneel, bestehend aus außen liegenden gasdichten Schichten: Aluminium oder Edelstahl und Stützschicht
Bestandteile:	Herstellerangabe
Anwendungsbereich (siehe Tabelle 3.12):	DAD, DAA, DI, DEO, DES, WAB, WAP, WH, WI
Kennzeichnung:	CE-Kennzeichen und Leistungserklärung
Gütegrundlage:	allgemeine bauaufsichtliche Zulassung (abZ)
Bemessung:	nicht tragend
Rohdichte ρ:	je nach Produkt 20 bis 80 kg/m^3
spezifische Wärmekapazität c:	1,0 kJ/(kgK)
Berechnungsgewicht nach DIN EN 1991-1-1/ DIN EN 1991-1-1/NA 1:	1,0 kN/m^3
Baustoffklasse nach DIN EN 13501-1/ DIN 4102-4:	E bzw. B2 (normal entflammbar)
Bemessungswerte der Wärmeleitfähigkeit λ_B:	0,002 bis 0,007 W/(mK)
Wasserdampf-Diffusionswiderstandszahl μ:	10.000 - 10.000.000
Verarbeitungshinweis:	Herstellerangaben beachten, nicht schneidbar!
lieferbare Abmessungen:	produktabhängig

3.4.9.2 Calciumsilikatplatten

genaue Bezeichnung:	Calciumsilikatplatte, Kalziumsilikatplatte
Kurzzeichen:	$CaSiO_3$
Zeichnungen im Buch:	Pos.-Nr. 492
Beschreibung:	druckfester Dämmstoff in rechteckiger Plattenform aus Siliziumdioxid, Kalziumoxid, Wasserglas und Zellulose
Bestandteile:	Calciumsilikat
Anwendungsbereich (siehe Tabelle 3.12):	WI, DI, Ofenbau
Kennzeichnung:	CE-Kennzeichen und Leistungserklärung
Gütegrundlage:	allgemeine bauaufsichtliche Zulassung (abZ), DIN EN 14306
Bemessung:	nicht tragend
Rohdichte ρ:	je nach Produkt 250 bis 350 kg/m³
spezifische Wärmekapazität c:	1,0 kJ/(kgK)
Berechnungsgewicht nach DIN EN 1991-1-1/ DIN EN 1991-1-1/NA 1:	3,5 kN/m³
Baustoffklasse nach DIN EN 13501-1/ DIN 4102-4:	A1 (nichtbrennbar)
Bemessungswerte der Wärmeleitfähigkeit λ_B:	0,045 bis 0,08 W/(mK)
Wasserdampf-Diffusionswiderstandszahl μ:	3 - 20
Verarbeitungshinweis:	Herstellerangaben beachten
lieferbare Abmessungen:	produktabhängig Dicken in mm = 25, 30, 40, 50, 60, 80, 100

3.4.9.3 Geschlossenzellige Dämmung

genaue Bezeichnung:	flexibler Elastomerschaum
Kurzzeichen:	FEF
Zeichnungen im Buch:	Pos.-Nr. 493
Beschreibung:	aufgeschäumter Dämmstoff aus Elastomer, platten- und schlauchförmig
Bestandteile:	siehe Beschreibung
Anwendungsbereich (siehe Tabelle 3.12)	Dämmung für gebäudetechnische Anlagen
Kennzeichnung:	CE-Kennzeichen und Leistungserklärung
Gütegrundlage:	DIN EN 14304
Bemessung:	nicht tragend
Rohdichte ρ:	je nach Produkt 200 bis 400 kg/m³
spezifische Wärmekapazität c:	1,0 kJ/(kgK)
Berechnungsgewicht nach DIN EN 1991-1-1/ DIN EN 1991-1-1/NA 1:	4,0 kN/m³
Baustoffklasse nach DIN EN 13501-1/ DIN 4102-4:	B/B_L - s3, d0 bzw. B2 (normal entflammbar)
Bemessungswerte der Wärmeleitfähigkeit λ_B:	0,035 bis 0,037 W/(mK)
Wasserdampf-Diffusionswiderstandszahl μ:	> 7.000 bis > 10.000
Verarbeitungshinweis:	Herstellerangaben beachten
lieferbare Abmessungen:	produktabhängig Dicke: Platten: 3 bis 50 mm Schläuche: 7 bis 55 mm

3.5 Verbindungsmittel

Verbindungsmittel unterschiedlichster Art werden im Holzrahmenbau eingesetzt. Nachfolgend werden einige Beispiele aufgelistet.

Für alle Verbindungsmittel gilt:

Kennzeichnung:	CE-Kennzeichen
Gütegrundlage:	Europäische Technische Bewertung (ETA), sofern keine konkrete Norm vorliegt

3.5.1 Schrauben

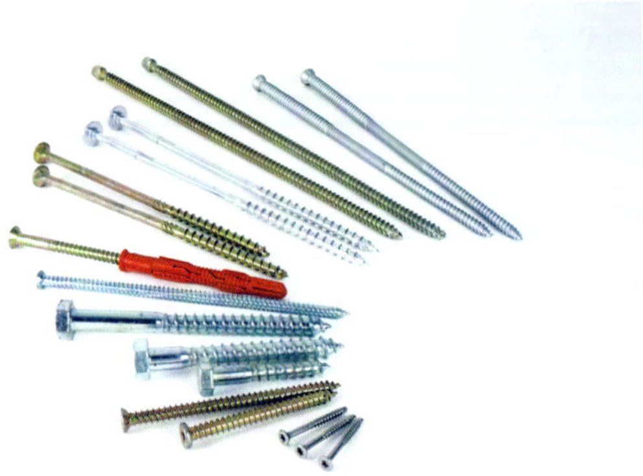

genaue Bezeichnung:	• Senkkopfschrauben • Schlüsselschrauben • Tellerkopfschrauben • Vollgewindeschrauben
Kurzzeichen:	Sr
Zeichnungen im Buch:	Pos.-Nr. 510

3.5.2 Nägel

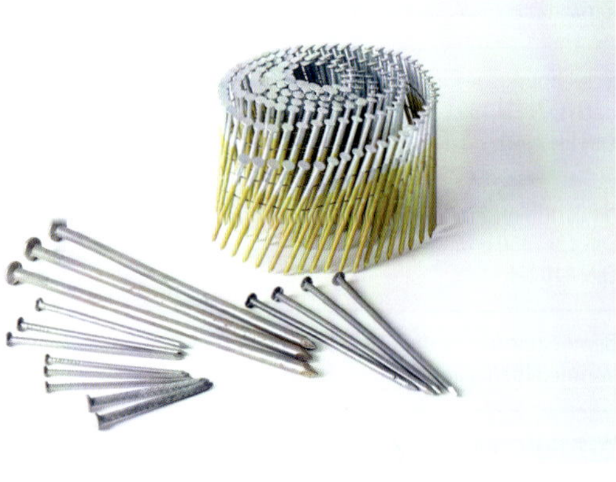

genaue Bezeichnung:	glattschaftige Nägel
Kurzzeichen:	Na
Zeichnungen im Buch:	Pos.-Nr. 520

Rillennägel

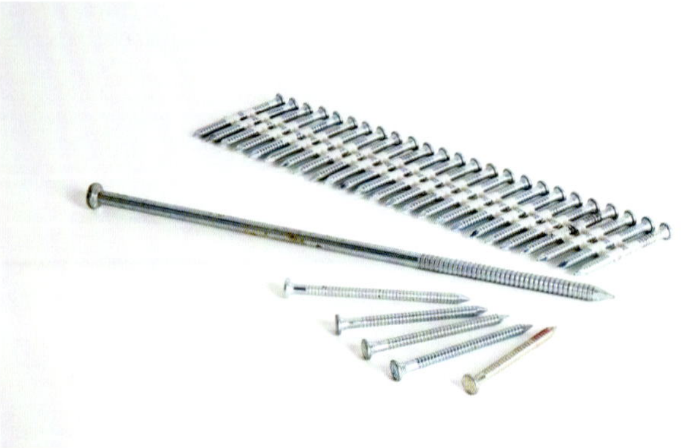

genaue Bezeichnung:	Anker- bzw. Rillennägel, ugs. „Kammnägel"
Kurzzeichen:	RNa
Zeichnungen im Buch:	Pos.-Nr. 525

3.5.3 Klammern

genaue Bezeichnung:	Klammern
Zeichnungen im Buch:	Pos.-Nr. 530

3.5.4 Schwerlastanker

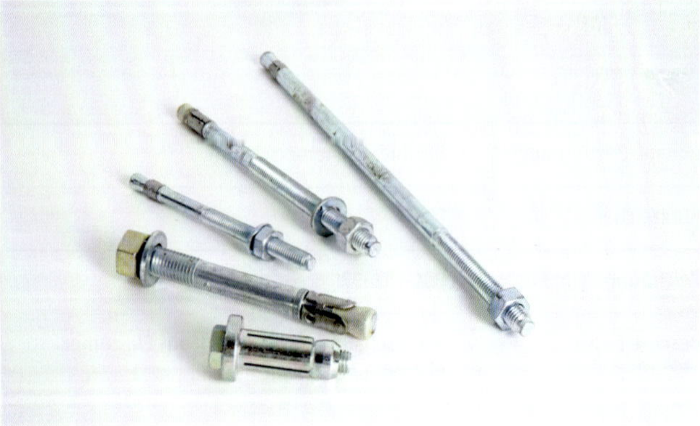

genaue Bezeichnung:	Schwerlastanker
Zeichnungen im Buch:	Pos.-Nr. 540

3.5.5 Blechformteile

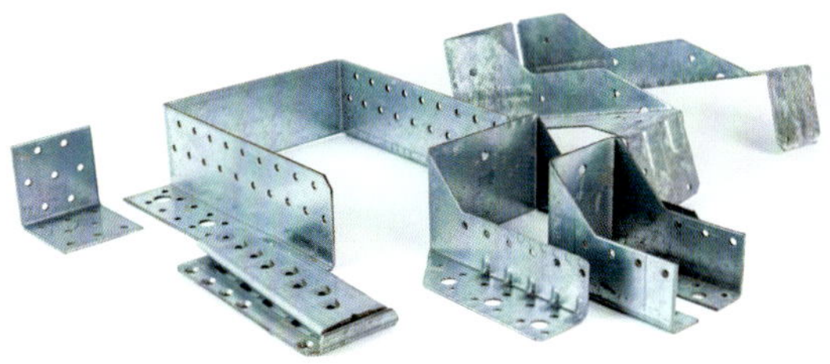

genaue Bezeichnung:	Balkenschuhe, Schlitzbleche, Stahlwinkel, Sparren-Pfetten-Anker, Gerberverbinder, Schwalbenschwanzverbinder
Zeichnungen im Buch:	550 Blechformteile allgemein, Pos.-Nr. 551 Balkenschuhe, Pos.-Nr. 552 Schlitzbleche, Pos.-Nr. 554 Stahlwinkel, Pos.-Nr. 553 Sparren-Pfetten-Anker, Pos.-Nr. 556 Gerberverbinder, Pos.-Nr. 557 Schwalbenschwanzverbinder

3.5.6 Unterlegscheiben

genaue Bezeichnung:	Unterlegscheiben
Zeichnungen im Buch:	Pos.-Nr. 560

3.5.7 Muttern

genaue Bezeichnung:	Muttern
Zeichnungen im Buch:	Pos.-Nr. 565

3.5.8 Kunststoffdübel

genaue Bezeichnung:	Kunststoffdübel
Zeichnungen im Buch:	Pos.-Nr. 571

3.5.9 Dübel besonderer Bauart

genaue Bezeichnung	Einfräs-Dübel: Ring-Keil-Dübel (System Appel®), Einpress-Dübel (System Bulldog®), Einfräs-Einpress-Dübel: Scheibendübel mit Zähnen (System GEKA®)	
Zeichnungen im Buch:	Pos.-Nr. 575	allgemein Dübel besonderer Bauart,
	Pos.-Nr. 576	Einfräs-Dübel: Ring-Keil-Dübel
	Pos.-Nr. 577	Einpress-Dübel,
	Pos.-Nr. 578	Einfräs-Einpress-Dübel: Scheibendübel mit Zähnen

3.5.10 Stabdübel

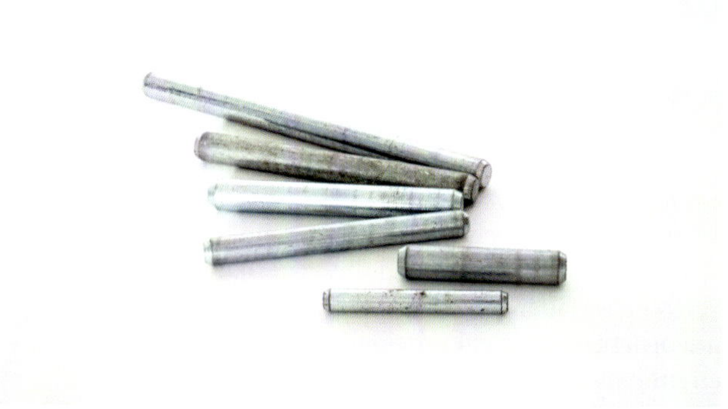

genaue Bezeichnung:	Stabdübel
Zeichnungen im Buch:	Pos.-Nr. 579

3.5.11 WDVS-Dübel

genaue Bezeichnung:	Befestigungsdübel im WDVS
Zeichnungen im Buch:	Pos.-Nr. 591

3.5.12 WDVS-Befestigung

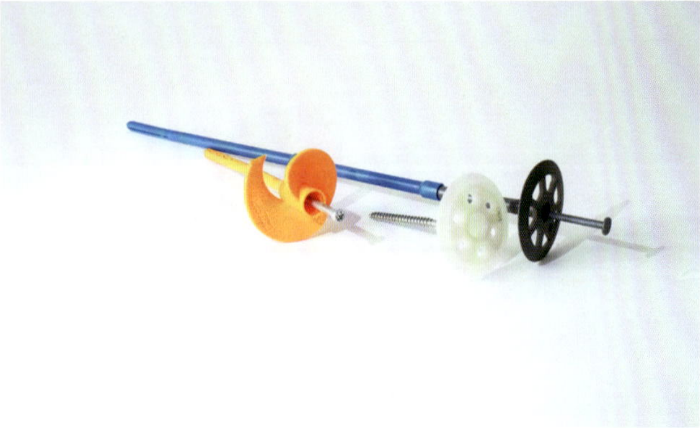

genaue Bezeichnung:	Teller-Schrauben zur Befestigung von WDVS
Zeichnungen im Buch:	Pos.-Nr. 592

3.6 Folien, Klebematerialien und Dichtbänder

Im modernen Holzrahmenbau wird bei Außenbauteilen in der Fläche angestrebt, auf raumseitig angebrachte Folien zu verzichten und, wenn es möglich ist, die ohnehin vorhandenen Holzwerkstoffplatten als Dampfbremse zu nutzen. Folien werden aber nicht nur als Dampfbremse, sondern auch als Fassadenbahnen hinter Fassadenverkleidungen mit offenen Fugen, als Unterspann- und Unterdeckbahnen, als Abdichtungsbahnen im Bereich von Flachdächern und als Sperrbahnen, z.B. auf Stahlbetonbodenplatten, eingesetzt.

Auch Klebematerialien und Dichtbänder finden im Holzrahmenbau an den verschiedensten Stellen Anwendung. So werden bei Dachdeckungen je nach geforderten Zusatzmaßnahmen die Unterspann- oder Unterdeckbahnen miteinander verklebt, die Luftdichtheit von Luftdichtheitsschichten muss an Übergängen von Platten oder Bahnen mit geeigneten Klebebändern oder an Durchbrüchen mit Luftdichtheitsmanschetten hergestellt werden und auch Abdichtungsmaßnahmen im Bereich der Außenfassade und des Sockels sowie bei Flachdächern bedürfen geeigneter Klebeverbindungen und Dichtbänder.

Bei dem Einsatz von Klebstoffen muss immer beachtet werden, dass sich der Klebstoff und das jeweils anzuschließende Material miteinander vertragen. Das ist am sichersten bei der Verwendung von Materialien aus einem System gegeben, bei dem dann herstellerseits die Verarbeitung vorgegeben wird. Sollen Klebstoffe oder Dichtbänder auf Baustoffen oder Bauteilen eingesetzt werden, die nicht zu einem System gehören, muss anhand der Produktunterlagen geklärt sein, ob sich die Materialien miteinander vertragen. Dabei geht es zum einen darum, dass es keine unvorhergesehene chemische Reaktion der Materialien miteinander gibt, und zum anderen darum, dass die Dauerhaftigkeit der Verbindung gegeben ist. Sollte sich in den vom Hersteller zur Verfügung gestellten Produktunterlagen und Zulassungen dazu keine Aussage finden, so sollte zu der gewünschten Verbindung im Vorfeld bei den jeweiligen Produktherstellern eine verbindliche Aussage schriftlich eingeholt werden. Dokumente, die die Zulässigkeit der auszuführenden Verbindung bestätigen, sollten projektbezogen abgelegt sein, um ggf. bei Bedarf entsprechende Nachweise erbringen zu können. Außerdem sollten vor der endgültigen Ausführung von Klebeverbindungen Klebeversuche mit den Materialien, die verwendet werden sollen, ausgeführt werden, um die tatsächliche Haftung zu überprüfen. Je nach Untergrund, auf den geklebt werden soll, kann es erforderlich sein, die zu beklebende Fläche mit einem Primer vorzubehandeln. Der Primer hat die Aufgabe, auf der Oberfläche befindlichen Staub zu binden und die Klebewirkung zu verbessern.

Ein flüssiger Primer kann mit einem Pinsel oder einer Malerrolle aufgebracht werden. Es gibt auch Sprühprimer in Spraydosen oder in anderen unter Druck stehenden Behältern, die über einen Schlauch mit einer Sprühpistole aufgebracht werden können.

Bei Folien wird hinsichtlich ihres Diffusionsverhaltens unterschieden, ob sie als feuchtevariabel, diffusionsbremsend, diffusionshemmend, diffusionssperrend oder diffusionsdicht bezeichnet werden können. In Tabelle 3.14 ist das Diffusionsverhalten verschiedener Dampfbrems- und Dampfsperrbahnen nach DIN 4108-3 eingeteilt.

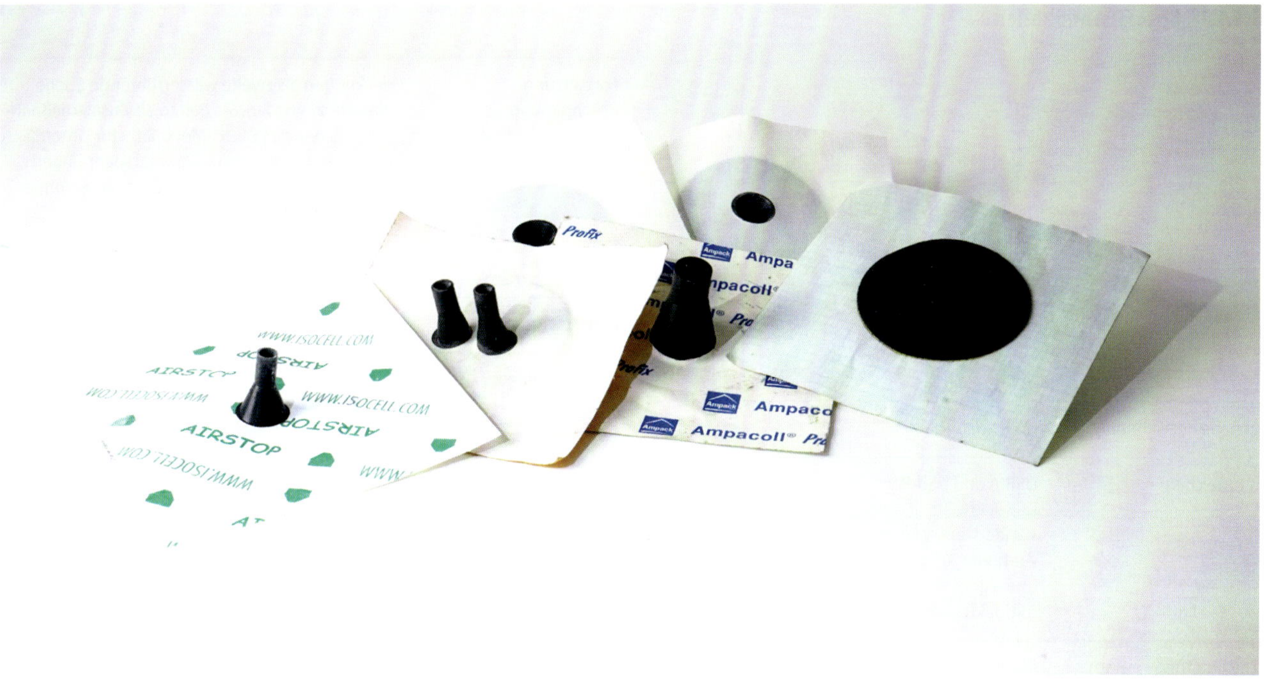

Abb. 3.5: Luftdichtigkeitsmanschetten für die Durchführung von Installationsleitungen durch die luftdichte Ebene

Tabelle 3.14: Einordnung des Diffusionsverhaltens von Folien nach DIN 4108-3 (Quelle: ZVDH)

Dampfbrems- bzw. Dampfsperrbahnen	**feuchtevariabel** s_d abhängig von vorherrschender Luftfeuchte	**diffusions-bremsend** $s_d > 0{,}5$ m $s_d \leq 10$ m	**diffusions-hemmend** $s_d > 10$ m $s_d \leq 100$ m	**diffusions-sperrend** $s_d > 100$ m $s_d \leq 1.500$ m	**diffusionsdicht** $s_d > 1.500$ m
Bitumen-Dampfsperrbahnen mit Metallbandeinlage nach DIN EN 13970					●
Bitumenbahnen nach Produktdatenblatt ZVDH				●	
Bahnen aus Aluminiumverbundstoffen nach DIN EN 13984					●
Polyethylenbahnen (nach DIN EN 13984)		●	●	●	
Kunststoff- und Elastomerbahnen nach Produktdatenblatt ZVDH		●	●	●	
Polyamidbahnen (PA-Bahnen) nach DIN EN 13984	●	●			

s_d wasserdampfdiffusionsäquivalente Luftschichtdicke
ZVDH Zentralverband des Deutschen Dachdeckerhandwerks e.V., Fachverband Dach-, Wand- und Abdichtungstechnik

3.6.1 Folien

3.6.1.1 Unterspannbahnen

genaue Bezeichnung:	Unterspannbahn
Kurzzeichen:	USB-A und USB-B USB-A erfüllt: • Widerstand gegen Schlagregen, • erhöhte Anforderungen an die Alterung und eignet sich ggf. als Behelfsdeckung (produktabhängig).
Zeichnungen im Buch:	Pos.-Nr. 610
Bestandteile:	produktabhängig
Beschreibung:	Unterspannbahnen sind flexible Membranen, die auf Rollen geliefert und unterhalb von Dach-
Fortsetzung Beschreibung:	deckungen als zweite wasserführende Ebene eingesetzt werden. Sie gelten als Zusatzmaßnahme im Sinne des ZVDH-Merkblatts für Unterdächer, Unterdeckungen und Unterspannungen (2024) und werden oberhalb der Sparren ohne Unterlage aufgebracht.
Anwendungsbereich:	unter Dacheindeckung mit Hinterlüftung
Kennzeichnung:	CE-Kennzeichen und Leistungserklärung
Gütegrundlage:	DIN EN 13859-1
Baustoffklasse nach DIN EN 13501-1 bzw. DIN 4102-4:	E, frei hängend, bzw. B2 (normal entflammbar)
s_d-Wert:	≤ 0,2 m
Verarbeitungshinweis:	zu beachten: ZVDH-Merkblatt für Unterdächer, Unterdeckungen und Unterspannungen (2024); ZVDH-Produktdatenblatt für Unterspannbahnen; Herstellerangaben
lieferbare Abmessungen:	Rollenlänge: 50 m oder 75 m; Rollenbreite: 1,50 m bzw. 3,00 m

3.6.1.2 Unterdeckbahnen

genaue Bezeichnung:	Unterdeckbahn
Kurzzeichen:	UDB-A, UDB-B und UDB-C UDB-A und UDB-B erfüllen: • Widerstand gegen Schlagregen, • erhöhte Anforderungen an die Alterung. UDB-A eignet sich als Behelfsdeckung. UDB-B eignet sich ggf. als Behelfsdeckung (produktabhängig).
Zeichnungen im Buch:	Pos.-Nr. 620
Bestandteile:	produktabhängig
Beschreibung:	Unterdeckbahnen sind flexible Membranen, die auf Rollen geliefert und unterhalb von Dach-
Fortsetzung Beschreibung:	deckungen als zweite wasserführende Ebene auf Schalungen und Beplankungen eingesetzt werden. Sie gelten als Zusatzmaßnahme im Sinne des ZVDH-Merkblatts für Unterdächer, Unterdeckungen und Unterspannungen (2024).
Anwendungsbereich:	unter Dacheindeckung mit Hinterlüftung
Kennzeichnung:	CE-Kennzeichen und Leistungserklärung
Gütegrundlage:	DIN EN 13859-1
Baustoffklasse nach DIN EN 13501-1 bzw. DIN 4102-4:	E bzw. B2 (normal entflammbar)
s_d-Wert:	≤ 0,2 m
Verarbeitungshinweis:	zu beachten: ZVDH-Merkblatt für Unterdächer, Unterdeckbahnen und Unterspannungen (2024); Produktdatenblatt für Unterdeckbahnen und Unterspannbahnen (2024); ZVDH-Produktdatenblatt für diffusionsoffene Unterdeckbahnen für erweiterte Anwendungen (UDB-eA) (2024); Herstellerangaben
lieferbare Abmessungen:	Rollenlänge: 50 m oder 75 m; Rollenbreite: 1,50 m bzw. 3,00 m

3.6.1.3 Dampfbrems- und Luftdichtheitsbahnen

Die Funktion einer Dampfbremse und die Funktion der Sicherstellung der Luftdichtheit werden im Regelfall von einer einzigen Folie übernommen. Die Bahnen sind diffusionsbremsend, diffusionshemmend oder feuchtevariabel nach DIN 4108-3.

genaue Bezeichnung:	Luftdichtheitsbahn bzw. „Dampfbremse"
Zeichnungen im Buch:	Pos.-Nr. 630
Beschreibung:	flexible Membranen, die auf Rollen geliefert und raumseitig direkt unter Sparren oder auf der Holzrahmenkonstruktion von Wänden angebracht werden
Bestandteile:	produktabhängig, z.B. Kunststoff, Elastomere, Bitumen und Papierwerkstoffe
Anwendungsbereich:	Erfüllung der bauphysikalischen Anforderungen bzgl. Diffusion und Luftdichtheit an Bauteile auf der Raumseite
Kennzeichnung:	CE-Kennzeichnung
Gütegrundlage:	Europäische Technische Bewertung (ETA)
Baustoffklasse nach DIN EN 13501-1 bzw. DIN 4102-4:	E bzw. B2 (normal entflammbar)
s_d-Wert:	produktabhängig, feste oder variable s_d-Werte
Verarbeitungshinweis:	DIN 4108-7 beachten; Herstellerangaben beachten
lieferbare Abmessungen:	Rollenlänge: 50 m oder 75 m; Rollenbreite: 1,50 m bzw. 3,00 m

3.6.1.4 Dampfsperren

genaue Bezeichnung:	Dampfsperrbahn
Zeichnungen im Buch:	Pos.-Nr. 670
Beschreibung:	diffusionssperrende Membranen auf Rollen
Bestandteile:	produktabhängig, z.B. Polyethylen (PE), Aluminium, ggf. Flammschutzmittel
Anwendungsbereich:	bei Dächern und Außenwänden raumseitig anzubringende Bahn
Kennzeichnung:	CE-Kennzeichen
Gütegrundlage:	Europäische Technische Bewertung (ETA)
Baustoffklasse nach DIN EN 13501-1 bzw. DIN 4102-4:	E bzw. B2 (normal entflammbar)
s_d-Wert:	> 100 m
Verarbeitungshinweis:	bei diffusionsoffener Bauweise nicht sinnvoll einsetzbar
lieferbare Abmessungen:	bei PE-Folien: Rollenlänge: 50 m; Rollenbreite: 4,00 m, gefaltet auf 1,00 m

3.6.1.5 Fassadenbahnen

genaue Bezeichnung	Fassadenbahn
Zeichnungen im Buch:	Pos.-Nr. 680
Beschreibung:	Fassadenbahnen sind flexible Membranen, die auf Rollen geliefert und hinter offenen Fassadenbekleidungen als zweite wasserführende Ebene auf Schalungen und Beplankungen eingesetzt werden.

Bestandteile:	produktabhängig
Anwendungsbereich:	hinter Fassadenverkleidungen mit Hinterlüftung
Kennzeichnung:	CE-Kennzeichen
Gütegrundlage:	Europäische Technische Bewertung (ETA)
Baustoffklasse nach DIN EN 13501-1 bzw. DIN 4102-4:	E bzw. B2 (normal entflammbar)
s_d-Wert:	≤ 0,2 m
Verarbeitungshinweis:	Herstellerangaben beachten
lieferbare Abmessungen:	produktabhängig

3.6.2. Klebematerialien

3.6.2.1 Flüssigkleber

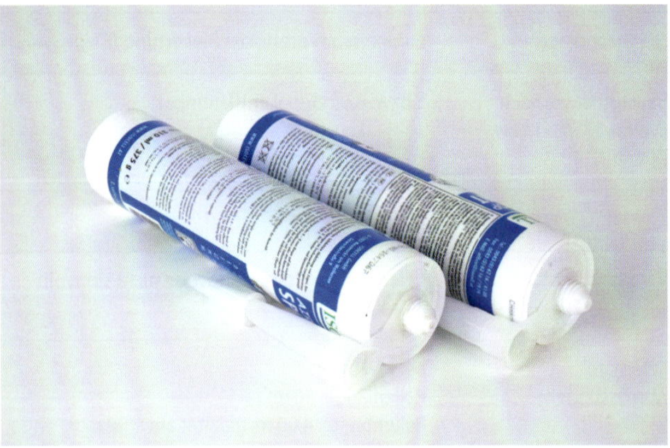

genaue Bezeichnung:	Kartuschenkleber, Leim
Zeichnungen im Buch:	Pos.-Nr. 660
Beschreibung:	flüssige Kleber, die auf Kontaktflächen der zu verbindenden Teile aufzutragen sind, bevor das Verkleben der Teile erfolgt

Bestandteile:	produktabhängig
Anwendungsbereich:	Verbinden von Holzbauteilen, Anschluss von Luftdichtheitsbahnen an Holz- oder Massivbau-Bauteile
Kennzeichnung:	CE-Kennzeichen
Gütegrundlage:	Europäische Technische Bewertung (ETA)
Baustoffklasse nach DIN EN 13501-1 bzw. DIN 4102-4:	E bzw. B2 (normal entflammbar)
Verarbeitungshinweis:	Herstellerangaben beachten
lieferbare Abmessungen:	produktabhängig

3.6.2.2 Klebebänder

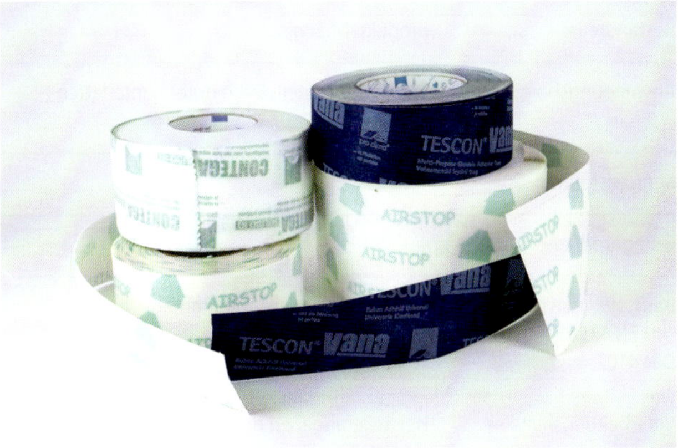

genaue Bezeichnung:	Klebebänder (für Luftdichtheit, Unterspann- und Unterdeckbahnen)
Zeichnungen im Buch:	Pos.-Nr. 640
Beschreibung:	Klebebänder auf Rollen zur Verklebung von Membranen oder festen Bauteilen
Bestandteile:	produktabhängig
Anwendungsbereich:	a) Luftdichtheit: Herstellen der Funktionalität der Luftdichtheitsschicht durch Verklebung von Beplankungen, Membranen und Bauteilanschlüssen b) Unterspann- bzw. Unterdeckbahnen: Je nach Anforderung an Zusatzmaßnahmen unter Dacheindeckungen sind die Bahnen mit geeigneten Klebebändern miteinander zu verkleben.
Kennzeichnung:	CE-Kennzeichnung
Gütegrundlage:	Europäische Technische Bewertung (ETA)
Baustoffklasse nach DIN EN 13501-1 bzw. DIN 4102-4:	E bzw. B2 (normal entflammbar)
s_d-Wert:	möglichst entsprechend den anzuschließenden Materialien
Verarbeitungshinweis:	Herstellerangaben beachten
lieferbare Abmessungen:	Rollenlänge: 25 m, 50 m; Rollenbreite: 40, 50, 60, 75, 100, 150 mm

3.6.3 Dichtbänder

3.6.3.1 Vorkomprimierte Dichtungsbänder

genaue Bezeichnung:	vorkomprimiertes Dichtungsband, ugs. „Kompriband"
Zeichnungen im Buch:	Pos.-Nr. 650
Beschreibung:	Schaumstoffdichtungsband, das vorkomprimiert ist und nach dem Einbringen in eine Fuge langsam expandiert, sodass sich das Band an die Fugenränder dicht anschließt
Bestandteile:	hergestellt auf Basis von Polyurethan
Anwendungsbereich:	Einbau in Dehnfugen, zwischen Fertigbauteilen, Tür- und Fensteranschlüsse; Herstellung der Luftdichtheit, Schlagregendichtheit
Kennzeichnung:	CE-Kennzeichen und Leistungserklärung
Gütegrundlage:	DIN EN 18542
Baustoffklasse nach DIN EN 13501-1 bzw. DIN 4102-4:	E bzw. B2 (normal entflammbar)
s_d-Wert:	≤ 0,5 m
Verarbeitungshinweis:	Herstellerangaben beachten
lieferbare Abmessungen:	Angabe des Herstellers zur Dicke des komprimierten Zustands und der maximalen Fugenbreite, die damit ausgefüllt werden kann, z.B. „2/10" bedeutet: 2 mm komprimierte Dicke und 10 mm maximale Fugenbreite. Rollenlänge: 10 m; Rollenbreite: 10, 15, 20 mm und breiter

3.6.3.2 Nageldichtbänder

genaue Bezeichnung:	Nageldichtband
Zeichnungen im Buch:	Pos.-Nr. 690
Beschreibung:	Dichtband, das unter Konterlatten im Dach einzubauen ist, wenn Unterspann- oder Unterdeckbahnen vorhanden sind

Bestandteile:	produktabhängig
Anwendungsbereich:	bei hinterlüftetem Dach unter Konterlatten einzubauen
Kennzeichnung:	–
Gütegrundlage:	–
Baustoffklasse nach DIN EN 13501-1 bzw. DIN 4102-4:	E bzw. B2 (normal entflammbar)
Verarbeitungshinweis:	Herstellerangaben beachten
lieferbare Abmessungen:	produktabhängig 60 mm breit, ca. 3 mm dick

Die vom Zentralverband des Deutschen Dachdeckerhandwerks e.V. (ZVDH) herausgegebene „Fachregel für Dachdeckungen mit Dachziegeln und Dachsteinen" (2024) fordert bei erhöhten Anforderungen je nach Unterschreitung der Regeldachneigung durch das Eindeckungsmaterial aus Dachziegeln oder Dachsteinen „nahtperforationsgesicherte" Unterdeckungen oder Unterspannungen (= Unterspannbahnen USB). Die „Nahtsicherung" erfolgt durch eine Verklebung von Stößen der Unterdeckungen oder Unterspannungen. Nageldichtbänder unter Konterlatten sorgen für die Perforationssicherung der als zweite wasserführende Ebene wirkenden Platten oder Bahnen, da die Befestigungsmittel der Konterlatten die wasserführende Ebene durchstoßen, also „perforieren".

Erforderlich werden Nageldichtbänder unter folgenden Bedingungen:

- bei Unterschreitung der Regeldachneigung (RDN) um 4° und 2 oder 3 weiteren erhöhten Anforderungen sowie
- grundsätzlich bei Unterschreitung der RDN um über 4° bis zu 8°.

Wird die RDN um mehr als 8° unterschritten, so ist auch kein Nageldichtband notwendig, weil sowieso entweder ein regendichtes oder ein wasserdichtes Unterdach erforderlich wird, das nicht perforiert werden darf.

4 Bauteile

Übersicht zu Kapitel 4

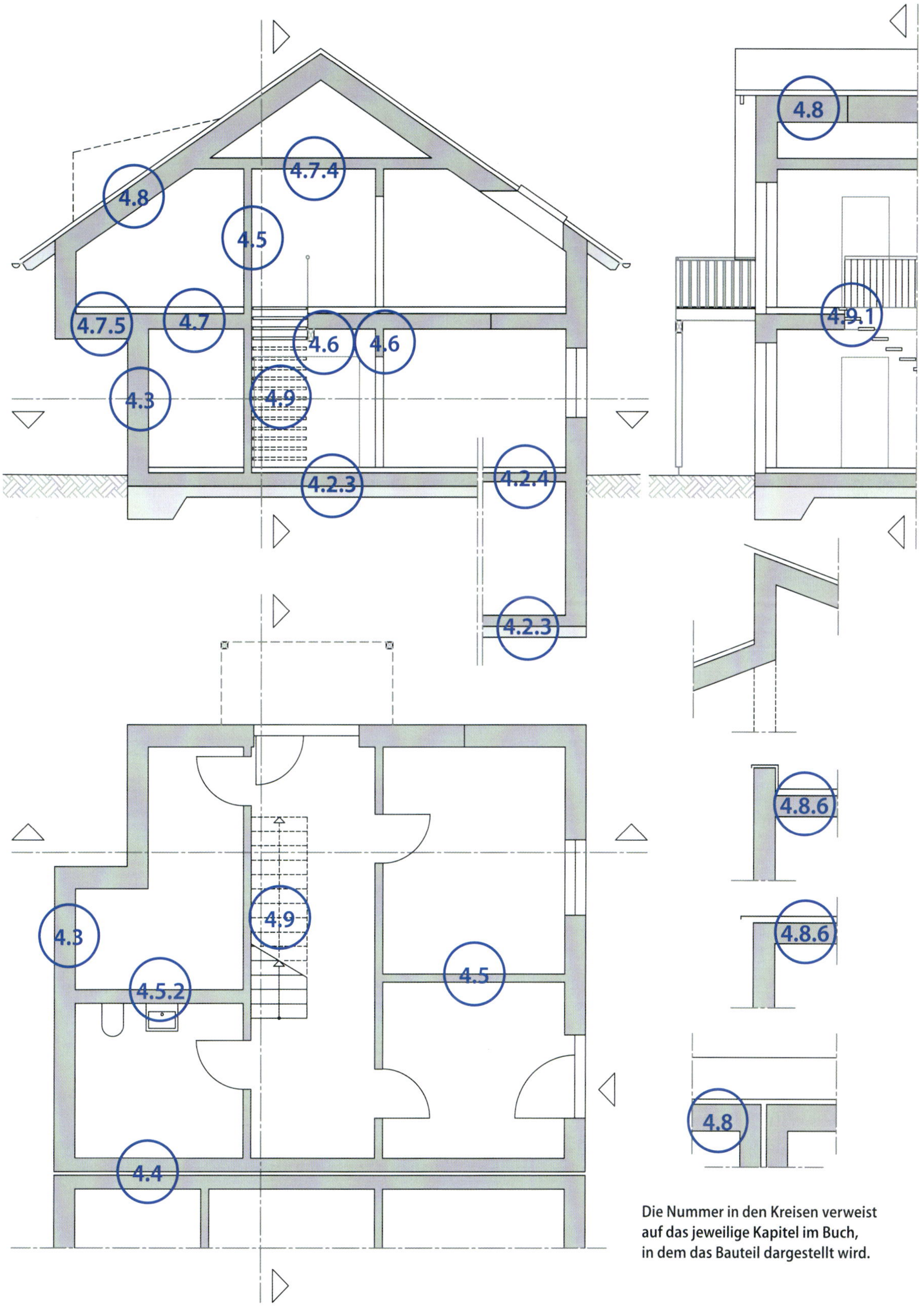

Die Nummer in den Kreisen verweist auf das jeweilige Kapitel im Buch, in dem das Bauteil dargestellt wird.

Gebäude setzen sich aus Bauteilen zusammen. Im Holzrahmenbau bestehen diese Bauteile im Wesentlichen aus Holz und Holzwerkstoffen. Die Wahl der Konstruktion für ein Gebäude erfolgt unter Berücksichtigung vieler Aspekte. Bei Außenbauteilen stehen Fragen bezüglich Wärmeschutz und Schallschutz im Vordergrund, bei raumabschließenden und tragenden Konstruktionen sind Brandschutz und Statik mit entscheidend und insgesamt wird der Blick auf wirtschaftliche Aspekte, aber auch auf die Ökologie und persönliche Wünsche der Auftraggeberseite oder Empfehlungen anderer Baubeteiligter gelenkt.

Gerade im Bereich des Holzbaus gibt es sehr viele verschiedene Möglichkeiten, gute Konstruktionen herzustellen. Es gibt nicht „die eine Lösung", die richtig ist. Darum sind in diesem Kapitel für alle wesentlichen Bauteile eines Holzrahmenbaus jeweils mehrere Ausführungsvorschläge dargestellt. Aber auch die in diesem Kapitel aufgeführten Bauteilaufbauten mit ihren jeweils genannten Untervarianten stellen nicht abschließend die zur Verfügung stehenden Konstruktionsvarianten im Holzrahmenbau dar. Jedoch wird ein großer Teil der im deutschsprachigen Raum derzeit üblichen Herangehensweisen an den modernen Holzrahmenbau gezeigt.

Grundlage für die zeichnerische Darstellung bildet das vereinfachte Verfahren nach dem Gebäudeenergiegesetz (GEG), Anlage 5 (siehe Kapitel 2.3.3.1, Tabelle 2.9). Das bedeutet, dass die Wärmedurchgangskoeffizienten (*U*-Werte) der jeweiligen Bauteile mindestens die Tabellenwerte erfüllen. Wenn jedoch seitens der Planenden niedrigere oder höhere *U*-Werte realisiert werden sollen, so finden sich die für die jeweilige Grundkonstruktion möglichen Dämmdicken in der jedem Einzelbauteil beigefügten Tabelle. Damit ist ein Vergleich unterschiedlicher Konstruktionen schnell und übersichtlich möglich. Bauteilaufbauten, die die Anforderungen des GEG nicht direkt erfüllen, sind in Klammern aufgeführt. Das betrifft nur Bauteile, die gerade an der Grenze der anzusetzenden Werte für das Referenzhaus liegen und die auch nach dem GEG zulässig wären, wenn durch entsprechende Maßnahmen an anderen Bauteilen ein Ausgleich so geschaffen wird, dass die Anforderungen an den Wärmeschutz gemäß GEG für das Gebäude insgesamt erfüllt sind.

In Kapitel 3.4 ist ersichtlich, dass jeder Dämmstoff mit unterschiedlichen Wärmeleitfähigkeiten lieferbar ist. Die hier dargestellten Bauteile basieren bezüglich der Berechnung der *U*-Werte auf für die jeweiligen Dämmstoffe üblichen Wärmeleitfähigkeiten, wobei für den Einsatz von Mineralwolle bewusst der günstigere Bemessungswert der Wärmeleitfähigkeit $\lambda_B = 0{,}032\ W/(m \cdot K)$ angesetzt wurde, obwohl Mineralwolle auch mit $\lambda_B = 0{,}035\ W/(m \cdot K)$ zum Einsatz kommt. Die Grundlage für diese Entscheidung ist, dass Naturdämmstoffe, die lange nur eine Wärmeleitfähigkeit λ_B von $0{,}040\ W/(m \cdot K)$ erreichten, inzwischen diese Wärmeleitfähigkeit unterbieten können. Deshalb soll Mineralwolle hier so eingesetzt werden, dass sie einen Vorteil gegenüber Dämmstoffen aus nachwachsenden Rohstoffen aufweisen kann. In diesem Zusammenhang sei empfohlen, bei einem gewünschten Einsatz von Mineralwolle Produkte vorzusehen, die aus 100 % Recycling-Material bestehen. Diese weisen eine sehr gute Ökobilanz auf und bieten mit der geringeren Wärmeleitfähigkeit eine interessante Alternative im Dämmstoffmarkt.

4.1 Bezeichnungen, Positionsnummern und technische Werte

4.1.1 Bezeichnungen gemäß Nomenklatur und Legende der Positionsnummern

Die in den Kapiteln 4.2 bis 4.9 aufgeführten Bauteile werden durch eine jeweils eindeutige Bezeichnung unterschieden und auffindbar. Die in den Darstellungen verwendeten Positionsnummern sind in allen Bauteildarstellungen des gesamten Kapitels 4 und auch in den Details in den Kapiteln 5 und 6 identisch. Bereits in Kapitel 1.5 wurde erläutert, wie sich die Bezeichnung der einzelnen Bauteile aufbaut. In Anlehnung an die Nomenklatur in dem Internet-Bauteilkatalog dataholz.eu ist die Bezeichnung weiterentwickelt worden, um auch Bauteile zu erfassen, die nicht in dataholz.eu enthalten sind.

In Kapitel 1.5, Tabelle 1.9, ist die Nomenklatur der Bauteile übersichtlich dargestellt. Diese Bezeichnungen finden sich bei jedem jeweils auf einer ganzen Seite dargestellten Bauteil oben rechts. Direkt darunter sind zusätzlich die wesentlichen Kennzeichen des Bauteils aufgeführt.

Beispiel:

awropo101b	= Bezeichnung gemäß Nomenklatur
Außenwand	= Bauteilklasse
Rahmenwerk	= Bauweise
nicht hinterlüftete Fassade	= Konstruktionsaufbau außen (bzw. oben)
Putz	= Fassade (bzw. Dacheindeckung)
ohne Installationsebene	= Konstruktionsaufbau innen (bzw. unten)
032	= Kurzangabe der Wärmeleitfähigkeit der wesentlichen Dämmschicht (ohne „0,")

Die Positionsnummern in den Bauteildarstellungen und in allen Details dieses Buches sind in Tabelle 4.1 zusammengefasst. Auch die Baustoffbeschreibungen in Kapitel 3 enthalten die Positionsnummern zur Orientierung.

Tabelle 4.1: Legende der Positionsnummern in den Bauteildarstellungen

Pos.-Nr.	Beschreibung
10	Luftschicht
11	unbelüfteter Hohlraum
12	belüfteter Hohlraum
100	**Allgemeines**
110	Wandbauteil
111	Montageschwelle
112	Wandschwelle
113	Wandrähm
114	Wandstiel
115	Riegel
116	Sturz
117	Strebe
118	Wandverankerung
119	Putzträgerplatte
120	Deckenbauteil
121	Deckenbalken
122	Randbalken
123	Wechselbalken
124	Auswechslung
125	Verklotzung
126	Stichbalken
127	Unterzug
128	Überzug
129	Pfosten
130	Dachbauteil
131	Sparren
132	Flugsparren
133	Wechselsparren
134	Fußpfette
135	Mittelpfette
136	Firstpfette
137	Kehlsparren
138	Gratsparren
139	Schiftersparren
190	Oberfläche, innen
191	unbehandelt, sichtbar
192	unbehandelt, nicht sichtbar
193	lasiert, offenporig
194	Tapete
195	dünnlagiger Edelputz
196	verspachtelt, gestrichen
200	**Holz in der Konstruktion**
210	Konstruktionsvollholz
211	Untergurt Nagelplattenbinder (Vollholz C 24, kammergetr.)
215	Keilbohle
220	Brettschichtholz (BSH, GL)
230	Balkenschichtholz (Duobalken®/Triobalken®)
240	Brettsperrholz/Kreuzlagenholz
241	Brettstapeldecke
242	Dübelholzelement
245	Massivholz (BSH, BSP …)
250	Holzstegträger
260	Furnierschichtholz (LVL)
270	Rahmen, Latte
271	Kantholz
272	Rahmen S7
273	Rahmen S10
274	Konterlatte
275	Dachlatte
276	Grundlatte
277	Traglatte
278	Dachlatte S10
279	Dachlatte S13
280	Firstlatte
281	Firstlattenhalter
290	Trockenbau
291	Trockenbau, U-Profil
292	Trockenbau, C-Profil
293	Federschiene
294	Schwingbügel (Federbügel)
300	**Beplankung**
310	Holzwerkstoffplatte
311	Spanplatte
312	OSB-Platte
313	hydrophobierte MDF-Platte (DWD, DHF …)
314	Holzweichfaserplatte
315	Dreischichtplatte
316	Baufurniersperrholz (BFU)
317	zementgebundene Spanplatte
318	Hartfaserplatte
319	Holzwolleleichtbauplatte (HWPL, WW)
320	Innenausbauplatte
321	Gipsplatte
322	Gipsfaserplatte
323	zementgebundene Ausbauplatte
324	geschäumte Ausbauplatte
325	Lehmbauplatte
326	Gipskarton-Feuerschutzplatte (GKF)
330	Verschalungen, Fassadenbeplankung
331	Rauspund
332	Profilholz
333	Glattkantbrett
334	Faserzementplatte, kleinformatig

Tabelle 4.1: (Fortsetzung)

335	Faserzementplatte, großformatig
336	Blechprofil (Aluminium)
337	Blechprofil (Stahl)
338	Fassadenziegel
340	Traufschalung
400	**Dämmstoff**
405	Hohlraumdämmung (z.B. Holzweichfaserdämmung)
406	Rohrdämmung
410	Holzfaserdämmung
411	Einblaszellulose
411	Holzweichfaserdämmung
412	Einblasdämmung Holzfaser
420	Zellulosedämmung
430	Mineralfaserdämmung
431	Mineralfaserbrandschutzdämmung > 33 kg/m^3, > 1.000 °C
432	Steinwolle
433	Einblasdämmung Mineralfaser
440	Polystyroldämmung EPS
441	Einblasdämmung Polystyrol EPS
445	Gefälledämmung Polystyrol
450	Polystyroldämmung XPS – Perimeterdämmung
460	Schaumglasdämmung
461	Schaumglasschotter
462	Schaumglasdämmplatte
470	Polyurethandämmung (PUR/PIR)
480	Naturdämmstoff
481	Stroh
482	sonstiger Naturdämmstoff
490	sonstiger Dämmstoff
491	Vakuumdämmpaneel
492	Calciumsilikatplatte
493	geschlossenzellige Dämmung
500	**Befestigungsmittel**
510	Schraube
511	Tellerkopfschraube
512	Aufdachdämmungsverschraubung
520	Nagel (Schussnagel)
525	Rillen-/Ankernagel
530	Klammer
540	Schwerlastanker
550	Blechformteil
551	Balkenschuh
552	Schlitzblech
553	Sparren-Pfettenanker
554	Stahlwinkel
555	Pfostenfuß
556	Gerberverbinder
557	Schwalbenschwanzverbinder
560	Unterlegscheibe
561	Federscheibe
562	Sprengring
565	Mutter
566	Hutmutter
567	Flügelmutter
570	Dübel
571	Kunststoffdübel
572	Hohlraumdübel
575	Dübel besonderer Bauart
576	Ring-Keil-Dübel (System Appel®)
577	Einpress-Dübel (System Bulldog®)
578	Einfräs-Einpress-Dübel (System GEKA®)
580	Stabdübel
590	WDVS-Befestigungsmittel
591	Befestigungsdübel in WDVS
592	Tellerschraube zur Befestigung von WDVS
600	**Folie**
610	Unterspannbahn ($s_d \leq 0{,}2$ m)
620	Unterdeckbahn ($s_d \leq 0{,}2$ m)
630	Dampfbrems- und Luftdichtheitsfolie, feuchtevariabel
640	Klebeband
641	Luftdichtheitsklebeband
642	diffusionsoffene luftdichte Verklebung
643	Verklebung Unterspannbahn
644	Verklebung Unterdeckbahn
645	Nageldichtband
650	vorkomprimiertes Dichtungsband
660	Flüssigkleber (Kartuschenkleber, Leim)
670	Dampfsperre
671	Aluminiumfolie, dampfdicht (Stöße verkleben)
672	Aluminiumfolie, beschichtet: blendfrei, wasserführend (Stöße verkleben)
680	Fassadenbahn
690	sonstiges Abdichtungsmaterial
691	Abdichtung gegen aufsteigende Feuchte
692	PE-Folie
693	Geotextil
700	**mineralischer Baustoff**
710	Beton
711	Ortbeton
712	Stahlbeton
713	Mauerwerk
714	Ziegelmauerwerk, Vollziegel
720	Putz
721	Außenputz
722	Innenputz

Tabelle 4.1: (Fortsetzung)

723	mineralischer Außenputz	**863**	Betondachstein
729	Lehmputz	**864**	Biberschwanzziegel
730	Wandunterfütterung	**865**	Faserzementwellplatte
731	Unterstopfmörtel	**866**	Alu-Wellprofil
732	Quellverbundmörtel	**867**	Trapezblech
733	Ausgleichsklotz	**868**	Sandwichelement
734	Dichtschlämme	**870**	Dacheindeckung, Flachdach
735	Oberputz	**871**	Flachdach-Abdichtungsbahn
750	Erdreich	**872**	EPDM-Bahn
751	Sauberkeitsschicht	**873**	Bitumenbahn
752	Kiesfilterschicht	**874**	PVC-Bahn
800	**Decke und Dach**	**875**	Dachaufbau oberhalb der Dachabdichtung
810	Fußbodenaufbau	**876**	Abdichtungsbahn
811	Bodenbelag	**880**	Dachzubehör
812	Holzdiele	**881**	Lüftungsgitter
813	Parkett	**882**	Trockenfirst
814	Fliesenbelag	**883**	Firstentlüftung
815	Linoleum	**884**	Firstlatte mit Firstlattenhalter
816	Vinyl	**885**	Ortgangziegel
817	Laminat	**886**	Kehlblech
818	Kork	**887**	Rinneneinlaufblech
819	Fußleiste	**888**	Rinne mit Rinnenhalter
820	Estrich	**900**	Haustechnik
821	Nassestrich (mineralisch)	**911**	Entlüftung über Dach
824	Trockenestrich	**912**	Fotovoltaik
825	Trockenestrich aus Gipsfaserplatte	**913**	Solarthermie
826	Trockenestrich aus Holzwerkstoffplatte	**914**	Halterung für Solarpaneele
827	Trockenestrich aus zementgebundener Platte	**920**	Kamin
828	Dielenboden (ohne Estrich)	**921**	Kamineinfassung
829	Massivestrich	**922**	LAS-Abgasrohr
840	Dämmung im Fußbodenaufbau	**930**	Leitung oder Rohr
841	Trittschall-Trennlage	**931**	Elektroleitung
842	Trittschalldämmung	**932**	Sanitärleitung
843	Trittschalldämmung Polystyrol EPS	**933**	Entwässerungsrohr
844	Trittschalldämmung Mineralfaser	**934**	Frischwasserleitung
845	Trittschalldämmung Holzweichfaser	**935**	Warmwasserleitung
846	Wärmedämmung Polystyrol EPS	**940**	Heizungsrohr
847	Wärmedämmung Polyurethan (PU)	**943**	Fußbodenheizungsrohr
848	Randdämmstreifen	**944**	Flächenheizung
850	Deckenbeschwerung	**945**	Fußbodenheizung
851	Splittschüttung	**946**	Wandflächenheizung
852	Beton-Gehwegplatte (30 cm × 30 cm)	**947**	Deckenheizung
853	gebundene Ausgleichsschüttung	**948**	Heizkörper
854	Schallentkopplung	**960**	Lüftungsrohr
855	Sandbett	**965**	Schalldämpfer
860	Dacheindeckung, Schrägdach	**966**	Zuluftventil
861	Dacheindeckung (Ziegel oder Betondachstein)	**967**	Abluftventil
862	Dachziegel		

4.1.2 Tabellen „Technische Werte"

Unter jedem dargestellten Bauteil befindet sich eine Tabelle mit zugehörigen technischen Werten. Darin ist bei Außenwänden und Dächern die Höhe des Holzrahmenwerks enthalten. Bei der Verwendung von Konstruktionsvollholz oder von Holzstegträgern sind dort die jeweils lieferbaren Vorzugsquerschnitte aufgeführt, wobei an dieser Stelle darauf hingewiesen wird, dass für Konstruktionsvollholz auch eine Höhe von 280 mm berücksichtigt wird, obwohl dieses Maß nicht zu den in der „Vereinbarung über KVH® (Konstruktionsvollholz) aus Fichte, Tanne, Kiefer, Lärche und Douglasie" (2015) enthaltenen Größen gehört. Der Holzquerschnitt mit 280 mm Höhe wurde dennoch aufgenommen, weil diese Höhe einerseits von vielen Herstellern zusätzlich lieferbar ist und andererseits für hochwärmegedämmte Bauteile notwendig wird, wenn der Einsatz von Holzstegträgern nicht gewünscht ist.

Hinweis:

In Abhängigkeit von der Dicke weiterer Dämmschichten wird in den Tabellen eine **Übersicht über die Wärmedurchgangskoeffizienten *U*** in den jeweiligen Kombinationen gegeben. Der berücksichtigte Rippenanteil im Verhältnis zum Gefachbereich beträgt bei **Außenwänden 20 % zu 80 %** und bei **Dächern 15 % zu 85 %**. Das spiegelt realistische Werte einschließlich Randhölzern und Zusatzstielen wider und liegt auf der sicheren Seite.

Den Tabellen „Technische Werte" kann ferner die spezifische Bauteilmasse und die Gesamtdicke des Bauteils entnommen werden. Als weiterer Wert wird die wirksame Wärmespeicherkapazität des Bauteils von innen in 3 cm Tiefe und in 10 cm Tiefe in kJ/(m² · K) aufgeführt. Je höher die Wärmespeicherkapazität ist, desto günstiger verhält sich das Bauteil im sommerlichen Wärmeschutz, da ein Bauteil mit einer hohen Wärmespeicherkapazität auch Kühle gut speichern kann, die es etwa nach einer nächtlichen oder frühmorgendlichen intensiven Lüftung bei niedrigen Temperaturen im Sommer aufnimmt.

In Tabelle 4.2 ist die Wärmespeicherkapazität einiger Außenwandbauteile dargestellt. Daraus ist ersichtlich, dass die Wärmekapazitäten von Bauteilen im Holzbau in einer ähnlichen Größenordnung liegen wie die von Bauteilen im heute üblichen Mauerwerksbau mit gedämmten Steinen. Insofern ist die oft zu hörende Aussage, dass Nassbauten im Sommer generell die vorteilhaftere Ausführung gegenüber Holzbauten sind, fraglich. Einige Beispiele in Tabelle 4.2 zeigen im Nassbau auch wesentlich höhere Wärmespeicherkapazitäten als im Holzbau, jedoch hilft das nur, wenn durch konsequentes nächtliches Kühlen die Wärme aus diesen Nassbauten auch herausgebracht wird. In den derzeit zu beobachtenden längeren heißen Sommerphasen, in denen es dazu nachts nicht mehr kühl genug wird, nutzen auch schwere Bauteile nichts. Im Gegenteil, wenn diese sich stark erwärmt haben, kann auch ein Kühlen durch Lüften nicht mehr viel bewirken. Bei hochwärmegedämmten Gebäuden trägt ohnehin die Vermeidung einer inneren Erwärmung durch Verschattung und die Reduktion innerer Wärmeeinträge mehr zur sommerlichen Behaglichkeit bei als der Speichereffekt der Bauteilmasse.

In den Tabellen „Technische Werte" sind auch Angaben zum Feuchteschutz bei jedem Bauteil enthalten, wobei grundsätzlich alle aufgeführten Bauteile die Anforderungen zum Schutz vor Feuchteschäden erfüllen.

Angaben zum Brandschutz werden gemacht, wenn ein Nachweis der Feuerwiderstandsklasse nach DIN 4102-4 „Brandverhalten von Baustoffen und Bauteilen – Teil 4: Zusammenstellung und Anwendung klassifizierter Baustoffe, Bauteile und Sonderbauteile" (2025) und der Baustoffklasse der äußersten Decklage nach DIN 4102-1 „Brandverhalten von Baustoffen und Bauteilen – Teil 1: Baustoffe; Begriffe, Anforderungen und Prüfungen" (1998) vorliegt.

Tabelle 4.2: Wärmespeicherkapazität verschiedener Außenwandbauteile im Vergleich

Bauteil: Außenwand	**wirksame Wärmespeicherkapazität in kJ/(m² · K)**	
Kurzbeschreibung	**in 3 cm Tiefe**	**in 10 cm Tiefe**
Holzrahmenwerk, Mineralwolledämmung, raumseitig 12,5 mm Gipsplatte auf 15 mm OSB-Platte (ohne Installationsebene)	28,22	39,43
Holzrahmenwerk, Mineralwolledämmung, 15 mm OSB-Platte, 60 mm Installationsebene, raumseitig 12,5 mm Gipsplatte	14,05	26,17
≥ 10 cm Massivholz (BSP), ≥ 20 cm WDVS raumseitig 12,5 mm Gipsplatte	21,50	77,50
Mauerwerk, 42 cm Hochlochziegel mit λ = 0,07 W/(m · K), innen und außen verputzt	21,00	21,00
Mauerwerk, 42 cm Porenbetonstein mit λ = 0,10 W/(m · K), innen und außen verputzt	25,50	46,50
Mauerwerk, 17,5 cm Kalksandstein mit λ = 0,70 W/(m · K), 24 cm WDVS, innen und außen verputzt	42,00	140,00
Stahlbeton, 15 cm, 24 cm WDVS, innen und außen verputzt	55,5	216,50

Das bewertete Schalldämmmaß nach DIN 4109-33 „Schallschutz im Hochbau – Teil 33: Daten für die rechnerischen Nachweise des Schallschutzes (Bauteilkatalog) – Holz-, Leicht- und Trockenbau" (2016) wird aufgeführt, sofern es für das jeweilige Bauteil in DIN 4109-33 oder in anderen gesicherten Quellen angegeben ist.

4.2 Bodenplatten und Kellerdecken

Ein Gebäude in Holzrahmenbauweise wird direkt auf einer Bodenplatte oder Kellerdecke errichtet. Im Regelfall handelt es sich dabei um den Baustoff Stahlbeton, der entweder als Gründungssohle auf dem Erdreich oder als Ortbeton auf Filigrandeckenelementen über dem Kellergeschoss eingebaut wird. Es ist auch möglich, die Kellerdecke aus Holz herzustellen.

Damit der Holzrahmenbau auch planerisch zu den darunterliegenden Bauteilen passt, bietet es sich an, die wichtigen Maße der Holzbauplanung an das Stahlbetonbaugewerk der Kellerdecke oder der Bodenplatte zu übergeben. So wird sichergestellt, dass Einzellasten aus Pfosten und Streckenlasten aus Wänden richtig in das darunterliegende Geschoss bzw. die Gründung weitergeleitet werden und, dass insbesondere Installationsleitungen aus den vorgefertigten Holzbauwänden passgenau an die darunterliegenden Leitungen angeschlossen werden können.

4.2.1 Aussparungsplan

Für die Weitergabe von Informationen aus der Holzbauplanung an das Rohbau-Vorgewerk dient der sogenannte Aussparungsplan. Dieser geht aus der Ausführungs- bzw. Werkplanung des Holzrahmenbaus hervor. Zuvor muss jedoch auch die Haustechnikplanung abgeschlossen sein, damit für alle Installationsleitungen die Positionierung eindeutig festgelegt ist. Damit hängt auch die Berücksichtigung der Lage von Wandrippen und Deckenbalken zusammen. Die Trassen von Lüftungs-, Entwässerungs-, Sanitär- und Heizungs- sowie Elektroleitungen sind aufeinander abgestimmt zu planen. Daraus ergeben sich dann nicht nur die herzustellenden notwendigen Öffnungen in den Holzbauteilen, sondern auch der Übergang zu Kellergeschoss oder Bodenplatte. Aussparungen sollten ausreichend dimensioniert sein, sodass bei der Installation genug Raum für Befestigungsmittel und ggf. Leitungsdämmungen verbleibt. Jedoch sollten diese Öffnungen in den Betonbauteilen auch nicht zu groß hergestellt werden, da sie nach der Installation auch wieder verschlossen werden müssen.

Abb. 4.1 stellt einen beispielhaften Aussparungsplan dar. Bei der Erstellung dieses Plans sollte bedacht werden, dass er möglicherweise ohne weitere Bearbeitung direkt zur Ausführung auf der Baustelle verwendet wird. Deshalb ist die Bemaßung so vorzunehmen, dass bei der Ausführung keine Maße aus anderen Maßen errechnet werden müssen. So werden Fehler bei der Ausführung vermieden. Als Hauptmaße sollten die tatsächlichen Betonaußenkanten vermaßt und der Abstand zu den späteren Gebäudeaußenkanten separat dargestellt werden. Auch bei der Feineinmessung auf dem Schnurgerüst sollten lediglich die Außenmaße des Kellerrohbaus bzw. der Gründungssohle ohne äußere Dämmung markiert werden. Alle Vermaßungen von Aussparungen und Deckenöffnungen sollten sich jeweils direkt auf eine Beton-Außenkantenlinie beziehen und so hintereinandergereihte Maßketten vermieden werden. Dadurch wird erreicht, dass sich keine Folgefehler bei Aussparungen ergeben, die sich auf eine möglicherweise falsch eingemessene Aussparung beziehen.

Auch ist es sinnvoll, von vornherein die Diagonalen mit Maß in dem Aussparungsplan anzugeben. Selbst wenn bei einem Rechteck beide Diagonalen gleich lang sind, so sind sie doch beide auch darzustellen und können dann im Rahmen des Aufmaßes überprüft werden – bei Abweichungen besteht so die Möglichkeit, das jeweils veränderte Maß in den Plan an der richtigen Stelle einzutragen, um damit im Nachgang die sich aus Maßdifferenzen ergebenden Konsequenzen festlegen zu können.

4.2.2 Unterschiedliche Maßtoleranzen

Bodenplatten oder Keller werden im Regelfall in Nassbauweise errichtet und weisen – wenn nichts anderes vereinbart ist – höhere Toleranzmaße auf, als es bei dem mit hoher Präzision vorgefertigten Holztafelbau der Fall ist. Deshalb sind mögliche Maßunterschiede angrenzender Bauteile zwischen Nass- und Holzbau schon bei der Planung und Arbeitsvorbereitung zu berücksichtigen.

Dabei geht es sowohl um die normativ erlaubten Abmessungen der Bodenplatte oder der Kellerdecke als auch um die Ebenheit der Oberfläche, auf der der Holzbau errichtet werden soll. Geregelt sind die Toleranzen in den Normenwerken DIN 18202 „Toleranzen im Hochbau – Bauwerke" (2019) und DIN 18203-3 „Toleranzen im Hochbau – Teil 3: Bauteile aus Holz und Holzwerkstoffen" (2008). Die unterschiedlichen nach den vorgenannten Normen zulässigen Maßtoleranzen für die Bodenplatte bzw. Kellerdecke und für vorgefertigte Holztafelelemente können Tabelle 4.3 entnommen werden. Demnach darf bei einem Haus mit den Außenabmessungen 10 m × 12 m die Bodenplatte in den Außenabmessungen das Sollmaß jeweils um 2 cm über- oder unterschreiten. Dagegen dürfen die über die ganze Gebäudebreite oder -länge verlaufenden Holzrahmenbau-Wandelemente maximal 5 mm zu kurz oder zu lang sein. Das bedeutet, im Maximum kann die Differenz zwischen Stahlbetonplatte (Bodenplatte oder Kellerdecke) und Holzbau 25 mm betragen. Eine derart große Differenz kann bei der Hausmontage zu Schwierigkeiten führen.

Auffallen werden solche Maßabweichungen am Überstand am Wandsockel bzw. am Wandübergang zwischen Keller und Erdgeschoss – insbesondere dann, wenn die Gründung auf der einen Seite das Sollmaß bis zur Grenzabweichung überschreitet und auf der anderen Seite im gleichen Maß unterschreitet. Bei einem Planmaß von 10 m bedeutet das, eine Kellerdecke könnte zulässigerweise auf der einen Seite 9,98 m breit sein und auf der gegenüberliegenden Seite 10,02 m. Das sind ganze 4 cm Unterschied! Liegt eine 4 m lange Treppenaussparung in dieser Kellerdecke mit 3,50 m geplantem Abstand zu der vorgenannten Außenkante, so dürfte das Abstandsmaß an einer Seite 3,485 m und auf der anderen Seite der Treppenaussparung 3,515 m betragen und läge damit immer noch im Rahmen der nach DIN 18202 zulässigen Toleranzen für Maße im Grundriss. Wenn vorgesehen ist, dass direkt über einer Kellerwand an der Treppenaussparung eine Erdgeschosswand steht, so richtet

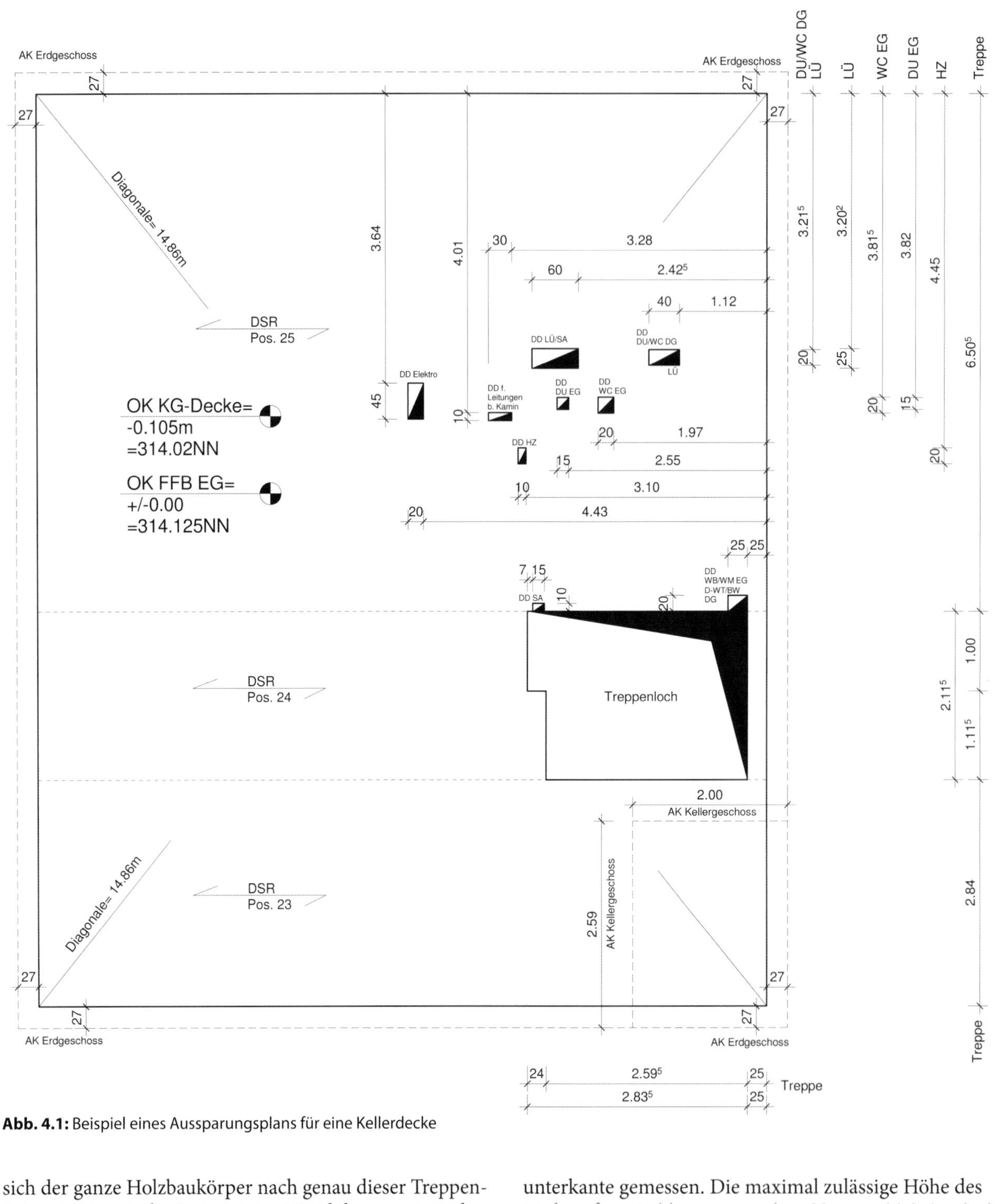

Abb. 4.1: Beispiel eines Aussparungsplans für eine Kellerdecke

sich der ganze Holzbaukörper nach genau dieser Treppenaussparung, was die Situation am Wandübergang zwischen Keller und Erdgeschoss mit unterschiedlichen Überstandsmaßen verschärft.

Zusätzlich muss in diesem Zusammenhang auch ein Blick auf die Ebenheit der Oberfläche der Kellerdecke bzw. der Bodenplatte geworfen werden. DIN 18202 regelt auch die Grenzwerte für Ebenheitsabweichungen. Für nicht flächenfertige Oberseiten von Decken oder Bodenplatten zur Aufnahme von Bodenaufbauten begrenzt die Norm die Stichmaße in Bezug auf die Messpunktabstände. Um ein Stichmaß für die Ebenheitsabweichung zu ermitteln, wird ein Richtscheit auf 2 Hochpunkte gelegt und der Abstand der dazwischenliegenden tiefsten Stelle zur Richtscheitunterkante gemessen. Die maximal zulässige Höhe des Stichmaßes ist abhängig von dem Messpunktabstand, also dem Abstand der beiden Hochpunkte, über die das Richtscheit gelegt worden ist. Bei dieser Messung der Ebenheit einer Deckenfläche unter Anwendung der DIN 18202 wird nicht betrachtet, ob die der Messung zugrunde liegenden Hochpunkte jeweils selbst auf einer horizontalen Höhenlinie liegen. Die Winkelabweichung der gesamten Deckenplatte wird über das Stichmaß in Bezug auf die Horizontale ermittelt. In Abb. 4.2 ist die Ermittlung von Ebenheits- und Winkelabweichungen nach DIN 18202 beispielhaft dargestellt. Zu erkennen ist dort der Unterschied der beiden Maßbereiche. Die Grenzwerte für Ebenheits- und Winkelabweichungen nach DIN 18202 finden sich in Tabelle 4.4.

Tabelle 4.3: Zulässige Maßtoleranzen für die Bodenplatte bzw. Kellerdecke im Vergleich zu den zulässigen Maßtoleranzen für vorgefertigte Holztafelelemente

Grundrissmaß bzw. Holztafellänge *x*	Grenzabweichungen in mm		
	Bodenplatte/Kellerdecke nach DIN 18202, Tabelle 1	Holztafel nach DIN 18203-3, Tabelle 2	maximale Differenz in mm
bis 1,00 m	± 10	± 2	12
$1{,}00 < x \leq 2{,}50$ m	± 12	± 0,2 % des Nennmaßes	14
$2{,}50 < x \leq 3{,}00$ m	± 12	± 5	17
$3{,}00 < x \leq 6{,}00$ m	± 16	± 5	21
$6{,}00 < x \leq 15{,}00$ m	± 20	± 5	25
$15{,}00 < x \leq 30{,}00$ m	± 24	± 5	29

Tabelle 4.4: Grenzwerte für Winkelabweichungen und Ebenheitsabweichungen nach DIN 18202

Nennmaß *c*[1)]	Grenzwert in mm für Winkelabweichungen nach DIN 18202, Tabelle 2	Messpunkteabstand *a*[1)]	oberer Grenzwert in mm für Ebenheitsabweichungen nach DIN 1820, Tabelle 3
bis 0,50 m	3	bis 0,1 m	5
$0{,}50 < c \leq 1{,}00$ m	6	$0{,}1 < a \leq 1{,}00$ m[2)]	8
$1{,}00 < c \leq 3{,}00$ m	8	$1{,}00 < a \leq 4{,}00$ m[2)]	12
$3{,}00 < c \leq 6{,}00$ m	12	$4{,}00 < a \leq 10{,}00$ m[2)]	15
$6{,}00 < c \leq 15{,}00$ m	16	$10{,}00 < a \leq 15{,}00$ m[2)]	20
$15{,}00 < c \leq 30{,}00$ m	20		

1) siehe Abb. 4.2
2) Zwischenwerte sind zu interpolieren (Rundung auf volle mm).

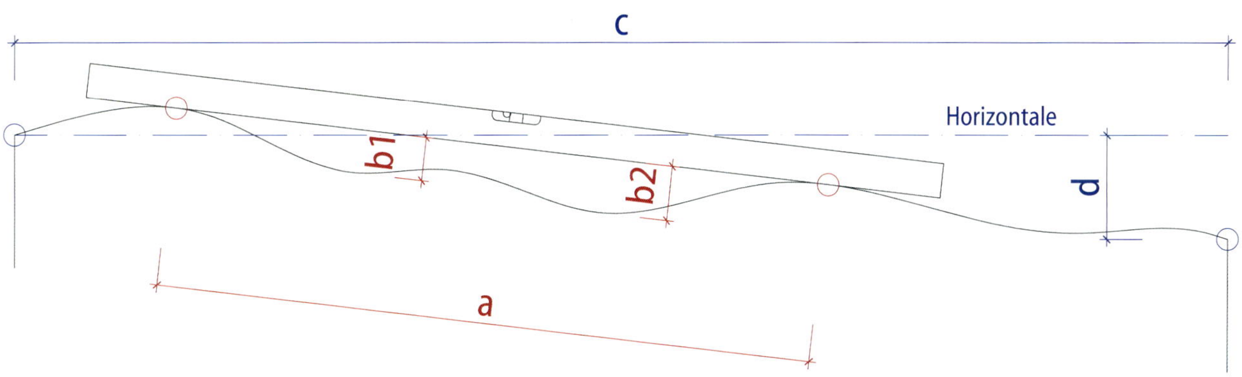

Legende
a Messpunktabstand
b1, b2 Stichmaße zur Ermittlung der Ebenheitsabweichung
c Nennmaß
d Stichmaß zur Ermittlung der Winkelabweichung

Abb. 4.2: Stichmaße für Ebenheits- und Winkelabweichungen nach DIN 18202

Abb. 4.3: Betonieren einer Stahlbeton-Kellerdecke, auf der ein Holzhaus errichtet werden soll

Für die Montage eines aus Holztafeln vorgefertigten Holzrahmenbaus ist neben dem absoluten Tiefpunkt auch der absolute Hochpunkt der Betonfläche der gesamten Decke oder Bodenplatte von Bedeutung. Maßgeblich für die Unterkante aller Bauteile, die im gesamten Geschoss auf gleicher Höhe liegen soll, ist der höchste Punkt der Betonfläche. Da mindestens alle tragenden Bauteile, besser noch alle Bauteile, vollflächig unterfüttert sein sollten, darf die Fuge zwischen Holztafelelementen und Beton nicht zu groß ausfallen. Auch am höchsten Punkt sollte noch mindestens 1 cm Platz für die Verfugung verbleiben. Also gilt es, beim Aufmaß vor Beginn der Montage den höchsten Punkt zu ermitteln.

Üblicherweise werden Betondecken und Bodenplatten mit Ortbeton und händischer Glättung hergestellt (Abb. 4.3). Bei Betrachtung dieser Arbeitsweise kann leicht nachvollzogen werden, dass es nicht so einfach ist, eine hohe Genauigkeit zu erreichen.

Da die in den Tabellen 4.3 und 4.4 enthaltenen Toleranzmaße für die Holzbaumontage mit vorgefertigten Wandelementen zu groß sind, um mit der im Holzbau gewohnten Maßgenauigkeit arbeiten zu können, wird empfohlen, für den Stahlbeton- oder Mauerwerksbaukörper, auf dem der Holzbau zu errichten ist, erhöhte Anforderungen an die Maßgenauigkeit zu stellen. Die Maßtoleranzen nach DIN 18202 sind gemäß Abschnitt 4.3 der DIN 18202 nur dann anzuwenden, wenn keine anderen Genauigkeiten vereinbart worden sind. Das bedeutet, eine individuelle Vereinbarung im Rahmen des Bauvertrags über die maximalen Maßabweichungen kann ohne Widerspruch zu dieser Norm getroffen werden. Eine solche Vorgabe sollte seitens des ausführenden Holzbauunternehmens von Anfang an zur Bedingung gemacht werden – und in diesem Zusammenhang sollte vertraglich klar geregelt werden, was bei einer Abweichung von dieser Vorgabe folgen wird.

Hinweis:

In der Ausschreibung von Rohbauarbeiten im Stahlbeton- oder Mauerwerkbau für Bodenplatten oder Kellerdecken, auf die ein Holzrahmenbau montiert werden soll, bzw. im Vertragswerk für die Ausführung von Holzrahmenbauten sollten **gesonderte Maßtoleranzen**, abweichend von den Regelungen in DIN 18202, **vereinbart** werden. Bewährt haben sich im Holztafelbau folgende Maßtoleranzen, die mit folgender Formulierung festgelegt werden:

Für Bodenplatten oder Kellerdecken, auf die der Holzrahmenbau montiert wird, gilt abweichend von DIN 18202:

- Für die Außenabmessungen der Betonfläche und Einzelmaße von Aussparungen ist eine maximale Abweichung von ± 5 mm zulässig.
- Für die Diagonalmaße zur Winkelkontrolle ist eine maximale Abweichung von ± 7 mm zulässig.
- Bei der Höhenkontrolle (Nivellement) ist als maximaler Höhenunterschied in der Oberfläche eine Abweichung von ± 5 mm zulässig, dabei sollen die einzelnen Messpunkte einen maximalen Abstand von 2,5 m haben.

Da eine nachträgliche Längenänderung oder Winkelanpassung bei einer Bodenplatte oder Kellerdecke nicht mehr ohne erheblichen Aufwand möglich ist, sollte schon vor dem Betonieren durch die Bauleitung eine Maßkontrolle der Seitenlängen und der Diagonalmaße durchgeführt werden. In diesem Zusammenhang sollten gleichzeitig auch Durchbrüche für Leitungen, Schächte und Treppenaussparungen in ihren Maßen geprüft werden sowie die Lage von Entwässerungsrohren, die in die zu betonierende Platte oder Decke einbinden. Eine solche Maßüberprüfung vor dem Betonieren kann jedoch nur sicherstellen, dass die Maße zum Zeitpunkt der Kontrolle eingehalten sind oder ggf. danach korrigiert werden können. Bei dem Betonieren im Anschluss daran ist es nicht ausgeschlossen, dass sich Schalungen oder einbindende Rohre verschieben. Insofern ist ein Aufmaß nach der Fertigstellung des Bauteils weiterhin unerlässlich. Auch sollte durch die maßliche Überprüfung vor dem Betonieren keine Teilabnahme ausgelöst werden. Deshalb sei es hier geraten, sich ausdrücklich vorzubehalten, dass bei einem solchen Aufmaß durch die Bauleitung oder den Holzbaubetrieb keine Haftung für die Korrektheit der ermittelten Maße übernommen wird.

Wird bei der Höhenkontrolle nach der Betonage festgestellt, dass der maximal vorgegebene Höhenunterschied überschritten ist, so kann das Sollmaß durch einen direkt auf dem Beton aufzubringenden Ausgleichestrich erreicht werden. Dabei ist jedoch zu beachten, dass sich dadurch die Gebäudehöhe insgesamt etwas erhöhen kann und auch bei einer als Betonfertigteil bereits in den Keller eingesetzten Kellertreppe das zuvor festgelegte Höhenmaß des Austritts möglicherweise nicht mehr stimmt. Deshalb sollten bei Maßabweichungen alle sich daraus ergebenden Konsequenzen unmittelbar durchdacht und mit den am Bau beteiligten Verantwortlichen geklärt werden, wobei es insbesondere auch um die Übernahme eventuell resultierender Mehrkosten geht.

4.2.3 Bodenplatten

Je nach den Vorgaben der Tragwerksplanung handelt es sich um Bodenplatten mit Streifenfundamenten oder um Sohlplatten, die als Plattengründung ohne Streifenfundamente auskommen.

Die Bodenplatte muss in jedem Fall gedämmt werden. Um die energetischen Ziele zu erreichen, beträgt die Gesamtdämmdicke bei Bodenplatten heute mindestens 12 cm. Wenn Förderziele erreicht werden sollen, kommen schon eher 18 cm Dämmdicke und mehr zusammen. Die Dämmung kann auf der Bodenplatte oder darunter verlegt sein. Es ist auch denkbar, dass ein Teil der Dämmung oberhalb und ein Teil unterhalb der Bodenplatte verlegt wird. Das ausschließliche Dämmen auf der Bodenplatte hat zwar den Vorteil, dass die dafür benötigten Dämmstoffe etwas kostengünstiger sind als druck- und wasserfeste Dämmstoffe, die im Perimeterbereich unter der Bodenplatte zu verlegen sind, jedoch wirkt es sich insofern nachteilig aus, als dadurch der Höhenunterschied zwischen der Oberkante des Fertigfußbodens im Erdgeschoss und dem Außenterrain größer wird. Bei einer Dämmung unterhalb der Bodenplatte kann dieser Höhenunterschied gering ausgeführt werden, ohne dass Holzbauteile zu sehr in die Nähe des Erdreiches gelangen.

Bei der Dämmvariante unterhalb der Bodenplatte kommen sinnvollerweise Sohlplatten ohne Streifenfundamente zum Einsatz, um auf diese Weise Wärmebrücken am Gründungsrand zu vermeiden. Die erforderliche Tiefe für eine frostfreie Gründung wird durch eine an der Außenkante der Sohlplatte umlaufende Schotterpackung mit einer ausreichenden Tiefe von mindestens 80 cm unter der Oberkante des Außenterrains erreicht. Kapitel 5 zeigt dazu Ausführungsbeispiele im Übergangsbereich der Bodenplatte zur Außenwand.

Abb. 4.4: Bodenplatte mit Perimeterdämmung als Randschalung

Abb. 4.5: Schaumglasschotter als Dämmung unterhalb der Bodenplatte

Abb. 4.6: Bodenplatte mit oberer Dämmung aus Zellulose in aufgelegten Holzstegträgern

(811)	15 mm	Bodenbelag
(821)	50 mm	Nassestrich (mineralisch)
(692)	0,2 mm	PE-Folie
(440)	20-100 mm	Polystyroldämmung EPS WLG 035
(691)	2-5 mm	Abdichtung gegen aufsteigende Feuchte
(712)	200-250 mm	Stahlbetonbodenplatte (n. Statik)
(692)	0,2 mm	PE-Folie
(450)	100 mm	Polystyroldämmung XPS – Perimeterdämmung WLG 035
(751)	50 mm	Sauberkeitsschicht
(752)	150 mm	Kiesfilterschicht
(693)	- mm	Geotextil
(750)	- mm	Erdreich

Bauteil-Nr. 4.2.3.1
bobbnx101o

Bodenplatte

Dämmung oberhalb
Dämmung unterhalb
EPS/XPS
Nassestrich
035/035

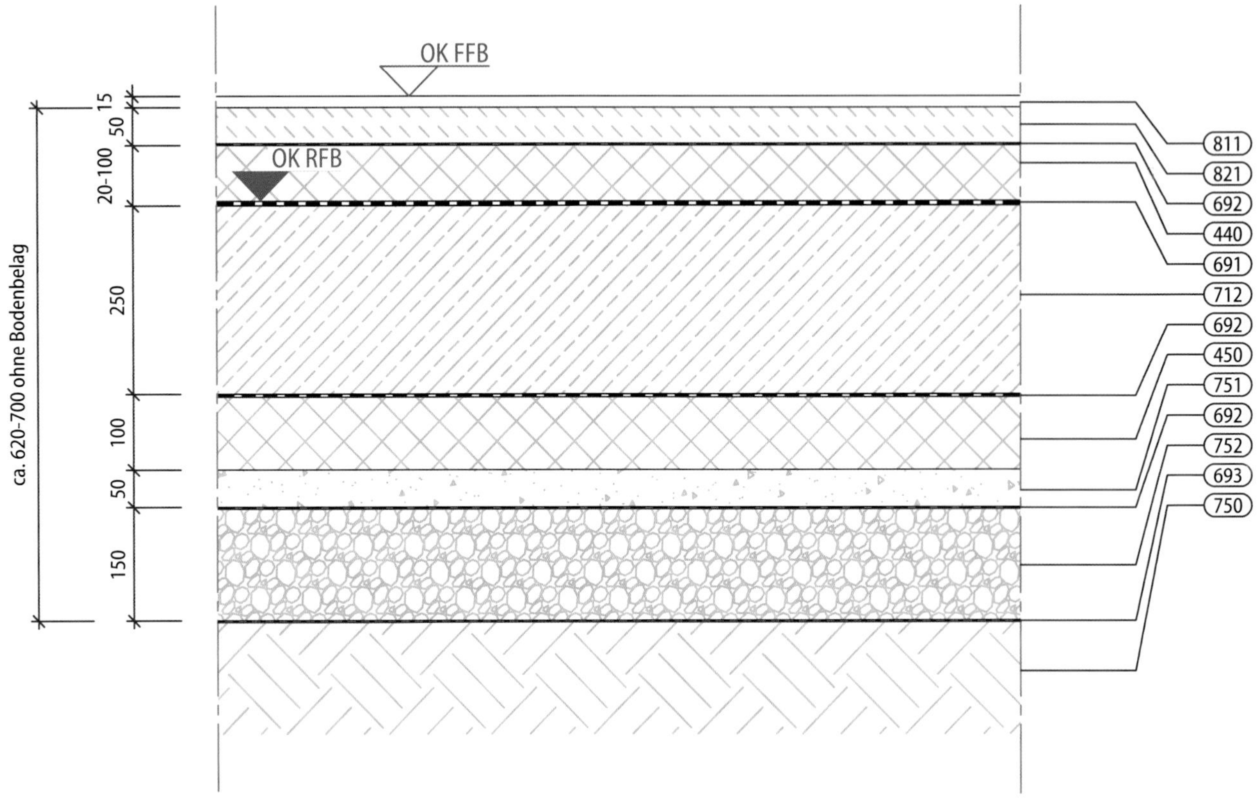

Technische Werte

Dämmdicke oberhalb Bodenplatte	20 mm	40 mm	60 mm	80 mm	100 mm
U-Wert in [W/(m² K)] nach DIN EN ISO 6946 bei oberer Dämmung $\lambda_B = 0{,}035$ W/(m K)					
	0,267	0,231	0,204	0,183	0,166
Spezifische Bauteilmasse in [kg/m²] (ohne Kiesfilterschicht)	601,4	602,0	602,6	603,2	603,8
Gesamtdicke Bauteil (inkl. Kiesfilter)	ca. 620 mm	ca. 640 mm	ca. 660 mm	ca. 680 mm	ca. 700 mm
Wirksame Wärmespeicherkapazität	bei 3 cm: 58,98 kJ/(m² K) / bei 10 cm: 129,27 kJ/(m² K)				
Feuchteschutz nach DIN EN ISO 13788: keine Tauwasserbildung im Bauteilinnern; Oberfläche: Temperaturfaktor $f_{RSI} > 0{,}75$					
Feuerwiderstandsklasse nach DIN 4102-4:2016-05	keine Anforderungen nach MBO				
Baustoffklasse der tragenden Schicht (DIN 4102-1)	A				
Bewertetes Schalldämm-Maß $R_w(C;C_{tr})$ (DIN 4109-33:2016-07)	nicht relevant				

(811) 15 mm Bodenbelag
(824) 25 mm Trockenestrich
(410) 40 - 100 mm Holzfaserdämmung WLG 040
(853) 30 mm gebundene Ausgleichsschüttung
(691) 2-5 mm Abdichtung gegen aufsteigende Feuchte
(712) 200-250 mm Stahlbetonbodenplatte (n. Statik)
(692) 0,2 mm PE-Folie
(460) 200 mm Schaumglasschotter WLG 090
(693) - mm Geotextil
(750) - mm Erdreich

Bauteil-Nr. 4.2.3.2
bobbtx102o
Bodenplatte
Dämmung oberhalb
Dämmung unterhalb
Holzfaser/Schaumglasschotter
Trockenestrich
040/090

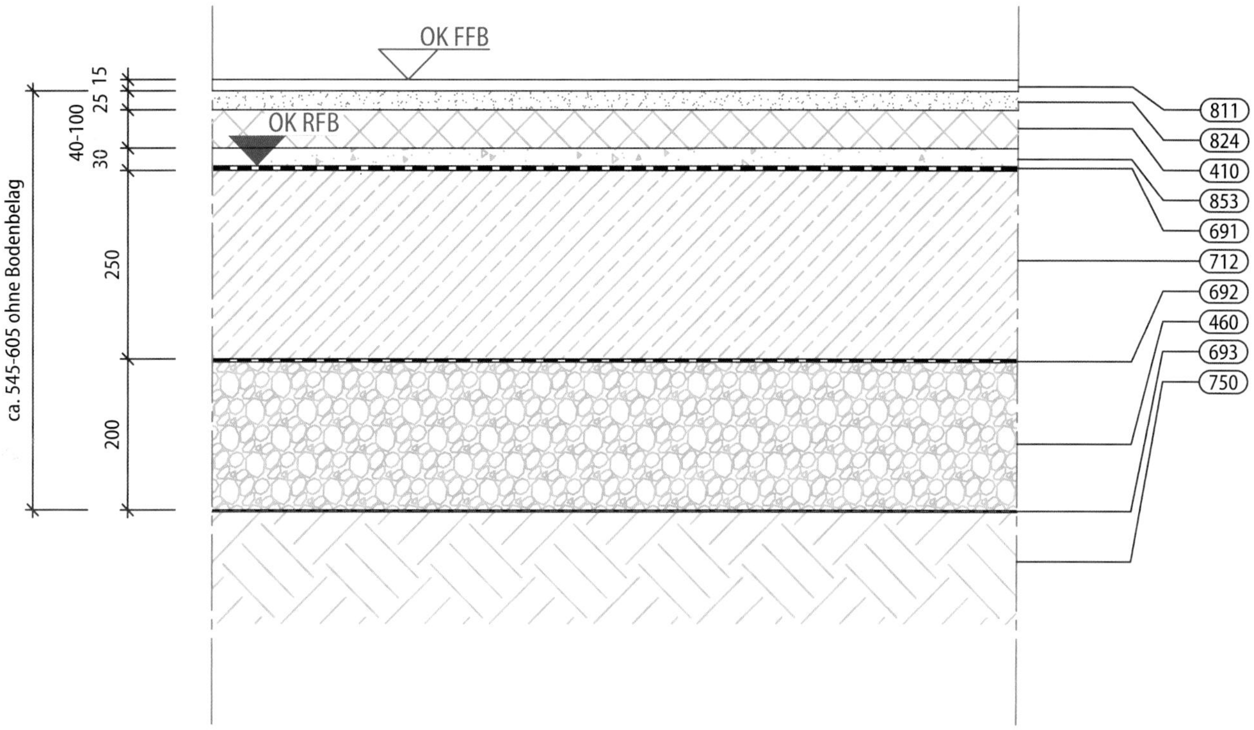

Technische Werte

Dämmdicke oberhalb Bodenplatte	40 mm	50 mm	60 mm	80 mm	100 mm
U-Wert in [W/(m² K)] nach DIN EN ISO 6946 bei oberer Dämmung $\lambda_B = 0{,}040$ W/(m K)					
	0,228	0,216	0,205	0,186	0,170
Spezifische Bauteilmasse in [kg/m²] (ohne Kiesfilterschicht)	586,5	587,1	587,7	588,9	590,1
Gesamtdicke Bauteil (inkl. Kiesfilter)	ca. 545 mm	ca. 555 mm	ca. 565 mm	ca. 585 mm	ca. 605 mm
Wirksame Wärmespeicherkapazität	bei 3 cm: 28,98 kJ/(m² K) / bei 10 cm: 28,98 kJ/(m² K)				
Feuchteschutz nach DIN EN ISO 13788: keine Tauwasserbildung im Bauteilinnern; Oberfläche: Temperaturfaktor $f_{RSI} > 0{,}75$					
Feuerwiderstandsklasse nach DIN 4102-4:2016-05	keine Anforderungen nach MBO				
Baustoffklasse der tragenden Schicht (DIN 4102-1)	A				
Bewertetes Schalldämm-Maß $R_w(C;C_{tr})$ (DIN 4109-33:2016-07):	nicht relevant				

(810) 15 bis ... mm Fußbodenaufbau
(691) 2-5 mm Abdichtung gegen aufsteigende Feuchte
(712) 200-250 mm Stahlbetonbodenplatte (n. Statik)
(692) 0,2 mm PE-Folie
(450) 120 - 200 mm Polystyroldämmung XPS – Perimeterdämmung WLG 035
(751) 50 mm Sauberkeitsschicht
(752) 150 mm Kiesfilterschicht
(693) - mm Geotextil
(750) - mm Erdreich

Bauteil-Nr. 4.2.3.3
bobukx101o
Bodenplatte
oberhalb nur Bodenbelag
Dämmung unterhalb
XPS
Massivestrich oder direkte Belegung
035

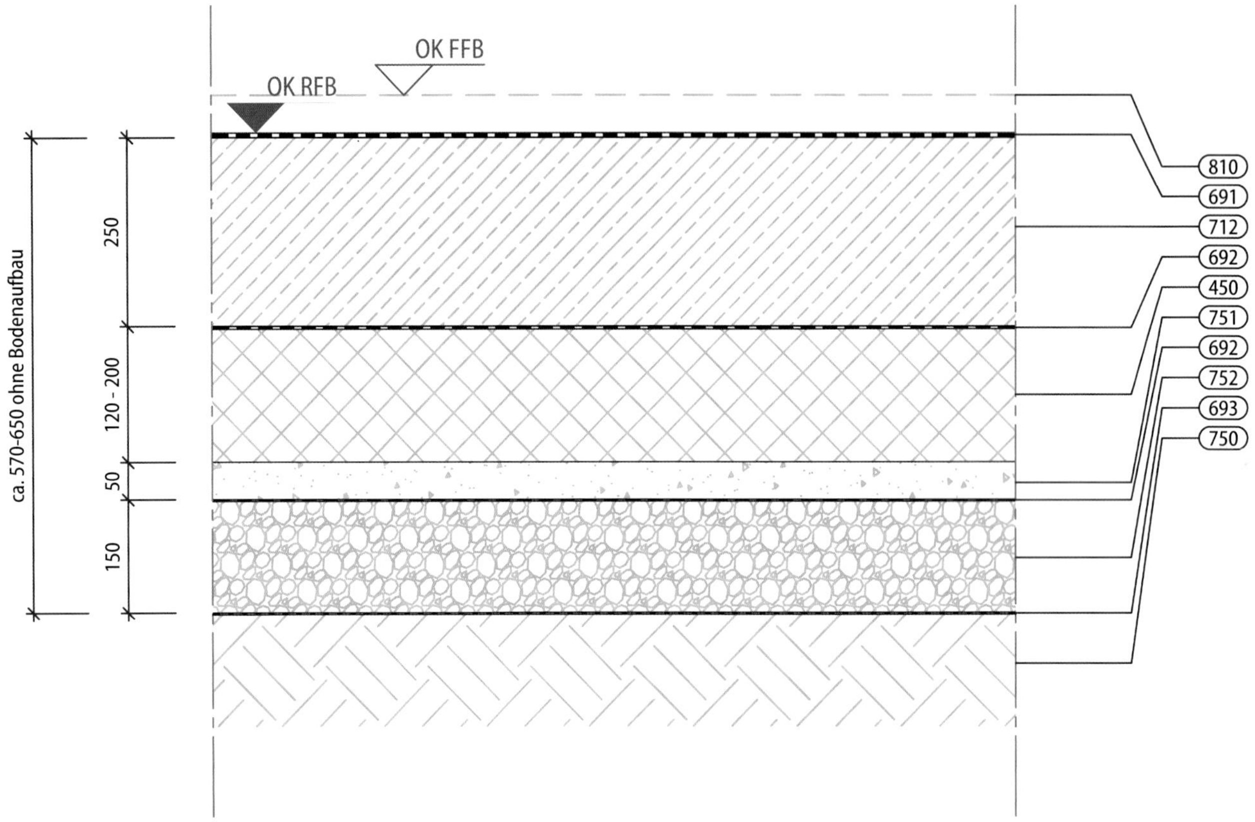

Technische Werte

Dämmdicke unterhalb Bodenplatte	120 mm	140 mm	160 mm	180 mm	200 mm
U-Wert in [W/(m² K)] nach DIN EN ISO 6946 bei Perimeterdämmung $\lambda_B = 0{,}035$ W/(m K)					
	0,268	0,232	0,205	0,183	0,166
Spezifische Bauteilmasse in [kg/m²] (ohne Kiesfilterschicht)	561,1	561,6	562,1	562,6	563,1
Gesamtdicke Bauteil (inkl. Kiesfilter)	ca. 570 mm	ca. 590 mm	ca. 610 mm	ca. 630 mm	ca. 650 mm
Wirksame Wärmespeicherkapazität	bei 3 cm: 58,98 kJ/(m² K) / bei 10 cm: 213,98 kJ/(m² K)				
Feuchteschutz nach DIN EN ISO 13788: keine Tauwasserbildung im Bauteilinnern; Oberfläche: Temperaturfaktor $f_{RSI} > 0{,}75$					
Feuerwiderstandsklasse nach DIN 4102-4:2016-05	keine Anforderungen nach MBO				
Baustoffklasse der tragenden Schicht (DIN 4102-1)	A				
Bewertetes Schalldämm-Maß $R_w(C;C_{tr})$ (DIN 4109-33:2016-07)	nicht relevant				

(810) 15 bis ... mm Fußbodenaufbau
(691) 2-5 mm Abdichtung gegen aufsteigende Feuchte
(712) 200-250 mm Stahlbetonbodenplatte (n. Statik)
(692) 0,2 mm PE-Folie
(460) 300 - 460 mm Schaumglasschotter WLG 090
(693) - mm Geotextil
(750) - mm Erdreich

Bauteil-Nr. 4.2.3.4
bobukx102o

Bodenplatte

oberhalb nur Bodenbelag
Dämmung unterhalb
Schaumglasschotter
Massivestrich oder direkte Belegung
090

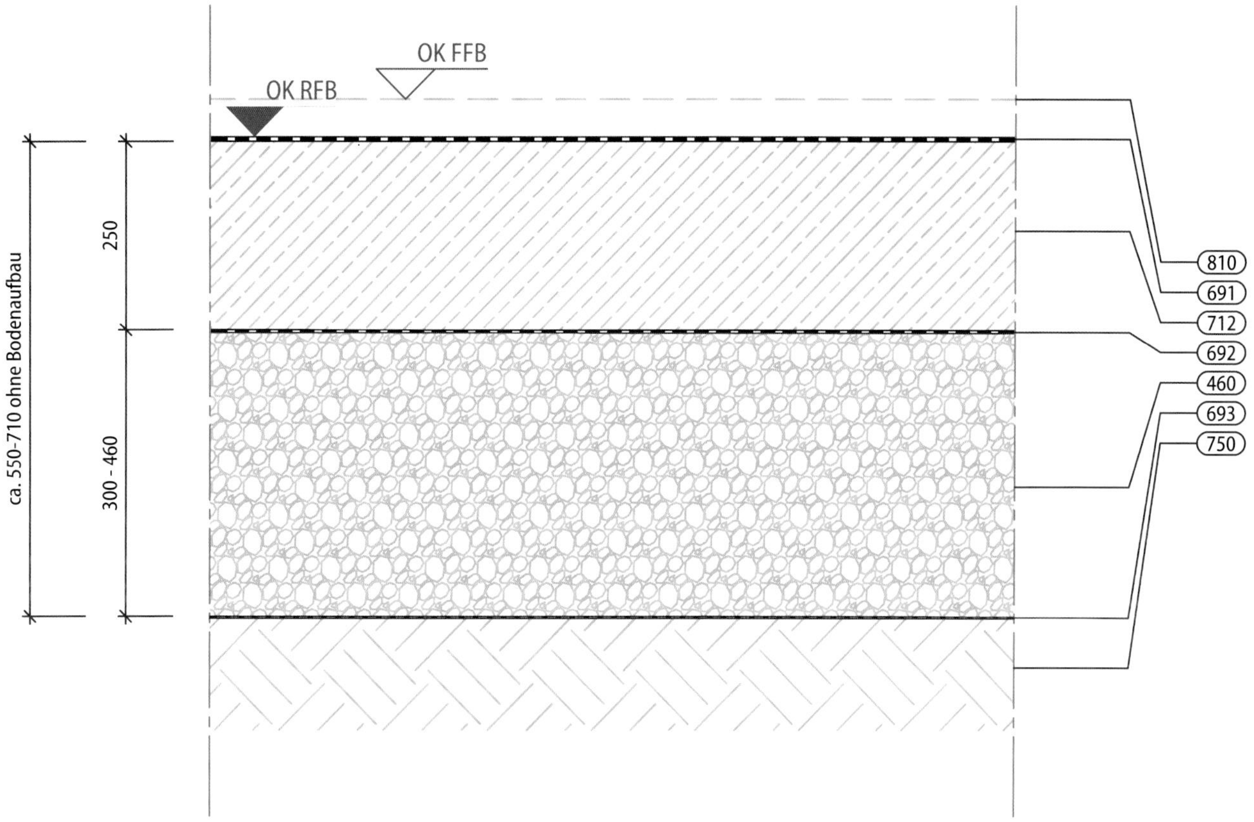

Technische Werte

Dämmdicke unterhalb Bodenplatte	300 mm	340 mm	380 mm	420 mm	460 mm
U-Wert in [W/(m² K)] nach DIN EN ISO 6946 bei Perimeterdämmung $\lambda_B = 0{,}090$ W/(m K)					
	0,275	0,245	0,221	0,201	0,177
Spezifische Bauteilmasse in [kg/m²] (ab OK Erdreich)	597,1	602,3	607,5	612,7	620,5
Gesamtdicke Bauteil (inkl. Kiesfilter)	ca. 550 mm	ca. 590 mm	ca. 630 mm	ca. 670 mm	ca. 710 mm
Wirksame Wärmespeicherkapazität	bei 3 cm: 58,98 kJ/(m² K) / bei 10 cm: 213,98 kJ/(m² K)				
Feuchteschutz nach DIN EN ISO 13788: keine Tauwasserbildung im Bauteilinnern; Oberfläche: Temperaturfaktor $f_{RSI} > 0{,}75$					
Feuerwiderstandsklasse nach DIN 4102-4:2016-05	keine Anforderungen nach MBO				
Baustoffklasse der tragenden Schicht (DIN 4102-1)	A				
Bewertetes Schalldämm-Maß $R_w(C;C_{tr})$ (DIN 4109-33:2016-07)	nicht relevant				

(811) 15 mm Bodenbelag
(821) 50 mm Nassestrich (mineralisch)
(692) 0,2 mm PE-Folie
(440) 100 - 220 mm Polystyroldämmung EPS WLG 035
(691) 2-5 mm Abdichtung gegen aufsteigende Feuchte
(712) 200-250 mm Stahlbetonbodenplatte (n. Statik)
(752) 150 mm Kiesfilterschicht
(693) - mm Geotextil
(750) - mm Erdreich

Bauteil-Nr. 4.2.3.5
bobonx101o

Bodenplatte

nur oberhalb Dämmung
keine untere Dämmung
EPS
Nassestrich
035

Technische Werte

Dämmdicke oberhalb Bodenplatte	100 mm	140 mm	160 mm	180 mm	220 mm
U-Wert in [W/(m² K)] nach DIN EN ISO 6946 bei Dämmung $\lambda_B = 0{,}035$ W/(m K)					
	0,315	0,231	0,204	0,183	0,151
Spezifische Bauteilmasse in [kg/m²] (ab OK Erdreich)	601,3	602,5	603,1	603,7	604,9
Gesamtdicke Bauteil (inkl. Kiesfilter)	ca. 550 mm	ca. 590 mm	ca. 610 mm	ca. 630 mm	ca. 670 mm
Wirksame Wärmespeicherkapazität	bei 3 cm: 58,98 kJ/(m² K) / bei 10 cm: 129,27 kJ/(m² K)				
Feuchteschutz nach DIN EN ISO 13788: keine Tauwasserbildung im Bauteilinnern; Oberfläche: Temperaturfaktor $f_{RSI} > 0{,}75$					
Feuerwiderstandsklasse nach DIN 4102-4:2016-05	keine Anforderungen nach MBO				
Baustoffklasse der tragenden Schicht (DIN 4102-1)	A				
Bewertetes Schalldämm-Maß $R_w(C;C_{tr})$ (DIN 4109-33:2016-07)	nicht relevant				

(811) 15 mm Bodenbelag
(312) 22 mm OSB-Platte (luftdicht verklebt)
(250) 200 - 300 mm Holzstegträger b = 60 mm; e = 625 mm
(420) 200 - 300 mm Zellulosedämmung WLG 040 *)
(733) 5-15 mm Ausgleichsklötze e = 2,00 m *)
(691) 2-5 mm Abdichtung gegen aufsteigende Feuchte
(712) 200-250 mm Stahlbetonbodenplatte (n. Statik)
(692) 0,2 mm PE-Folie
(752) 150 mm Kiesfilterschicht
(693) - mm Geotextil
(750) - mm Erdreich

*) ... aufgrund der Unebenheit der Bodenplatte kommen i.M. 10 mm Dämmstärke hinzu

Bauteil-Nr. 4.2.3.6
bobotx102o
Bodenplatte
nur oberhalb Dämmung
keine untere Dämmung
Holzstegträger, im Gefach Zellulose
Nassestrich
040

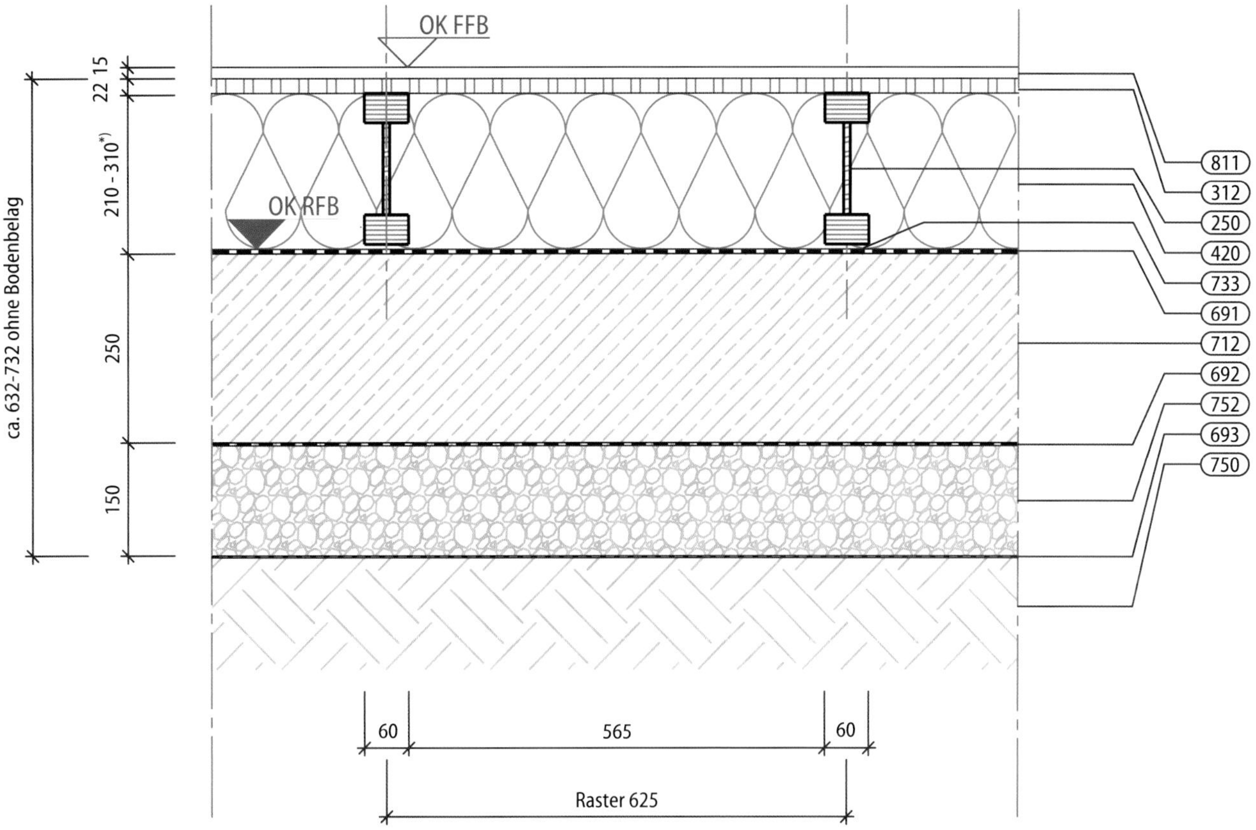

Technische Werte

Höhe Holzstegträger	200 mm	220 mm	240 mm	280 mm	300 mm
U-Wert in [W/(m² K)] nach DIN EN ISO 6946 bei Dämmung $\lambda_B = 0{,}040$ W/(m K); Dämmstärke + 10 mm *)					
	0,187	0,172	0,158	0,137	0,129
Spezifische Bauteilmasse in [kg/m²] (ab OK Erdreich)	529,2	530,5	531,8	534,5	535,9
Gesamtdicke Bauteil (inkl. Kiesfilter)	ca. 632 mm	ca. 652 mm	ca. 672 mm	ca. 712 mm	ca. 732 mm
Wirksame Wärmespeicherkapazität	bei 3 cm: 45,55 kJ/(m² K) / bei 10 cm: 56,61 kJ/(m² K)				
Feuchteschutz nach DIN EN ISO 13788: keine Tauwasserbildung im Bauteilinnern; Oberfläche: Temperaturfaktor $f_{RSI} > 0{,}75$					
Feuerwiderstandsklasse nach DIN 4102-4:2016-05	keine Anforderungen nach MBO				
Baustoffklasse der tragenden Schicht (DIN 4102-1)	A				
Bewertetes Schalldämm-Maß $R_w(C;C_{tr})$ (DIN 4109-33:2016-07)	nicht relevant				

4.2.4 Kellerdecken

Für die Ausführung von Kellerdecken ist zunächst entscheidend, ob es sich um einen beheizten Keller innerhalb der wärmedämmenden Hülle oder um einen „kalten“ Keller handelt. Daraus resultiert die Art der Dämmung. Im Fall eines beheizten Kellers reicht unter dem Estrich eine Trittschalldämmung aus, im anderen Fall muss die Kellerdecke entweder nur oben, nur unten oder sowohl oben als auch unten gedämmt werden. Hier wird eine Dämmung lediglich von unten nicht dargestellt, da dabei keine Trittschalldämmung ausgeführt wird. Anstelle der üblicherweise eingesetzten Kellerdecken aus Beton kann natürlich auch eine Holzbalkendecke aus Vollholz oder Holzstegträgern (Abb. 4.7) oder eine Massivholzdecke über einem Kellergeschoss realisiert werden. Bei der Kostenkalkulation muss jedoch beachtet werden, dass der Aufwand für die Aussteifung der Kellerwände gegen Erddruck bei diesen Ausführungsvarianten größer wird. Bei Kellerwänden aus Stahlbeton erhöht sich der Stahlanteil in den Wänden, insbesondere bei den Anschlusseisen zur Bodenplatte, und bei Mauerwerkskellern muss auch der Ringanker eine den Erddruck aufnehmende Ausführung erhalten. Dieser Mehraufwand muss von Anfang an mit berücksichtigt werden – hinzu kommt das Fehlen der Auflast einer schweren Betondecke, die dem Erddruck entsprechend entgegenwirken kann.

Typische Ausführungsvarianten von Kellerdecken zeigen die nachfolgenden Bauteilzeichnungen.

Abb. 4.7: Kellerdecke aus Holzstegträgern

(810) 15 ... mm Fußbodenaufbau
(321) 9,5 mm Gipskartonplatte
(312) 22 mm OSB-Platte
(210) 200 - 320 mm Konstruktionsvollholz b=100 mm e= 625 mm
(420) 200 - 320 mm Zellulosedämmung WLG 040
(312) 18 mm OSB-Platte

Bauteil-Nr. 4.2.4.1
kdrgtx101a

Kellerdecke über unbeheiztem Keller

im Gefach Dämmung
keine untere Dämmung
Holzbalken, im Gefach Zellulose
kein Estrich erforderlich
040

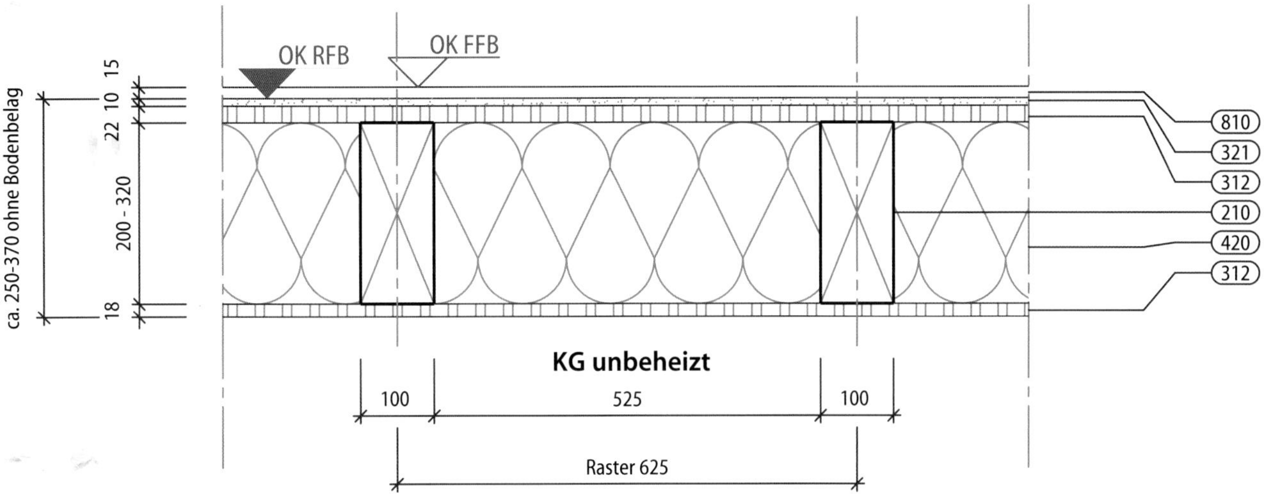

Technische Werte

Höhe Konstruktionsvollholzbalken	200 mm	220 mm	240 mm	280 mm	320 mm
U-Wert in [W/(m² K)] nach DIN EN ISO 6946 bei Dämmung $\lambda_B = 0{,}040$ W/(m K)					320 mm: nur BSH
	0,223	0,206	0,191	0,167	0,149
Spezifische Bauteilmasse in [kg/m²] (ab OK Erdreich)	95,4	97,9	100,5	105,7	110,9
Gesamtdicke des Bauteils (ohne Belag)	ca. 250 mm	ca. 270 mm	ca. 290 mm	ca. 330 mm	ca. 370 mm
Wirksame Wärmespeicherkapazität	bei 3 cm: 43,50 kJ/(m² K) / bei 10 cm: 68,97 kJ/(m² K)				
Feuchteschutz nach DIN EN ISO 13788: keine Tauwasserbildung im Bauteilinnern; Oberfläche: Temperaturfaktor $f_{RSI} > 0{,}75$					
Feuerwiderstandsklasse nach DIN 4102-4:2016-05	F 30-B - nur in Gebäudeklasse 1 und 2 als Kellerdecke möglich				
Baustoffklasse der tragenden Schicht (DIN 4102-1)	B2 - nur in Gebäudeklasse 1 und 2 als Kellerdecke möglich				
Bewertetes Schalldämm-Maß $R_w(C;C_{tr})$ (DIN 4109-33:2016-07)	nicht relevant zu unbeheiztem Kellergeschoss				

(811) 15 mm Bodenbelag
(821) 50 mm Nassestrich (mineralisch)
(692) 0,2 mm PE-Folie
(440) 20 - 100 mm Polystyroldämmung EPS WLG 035
(712) 160 mm Stahlbeton
(440a) 100 mm Polystyroldämmung EPS WLG 035
(720) 10 mm Putz

Bauteil-Nr. 4.2.4.2
kdbbnx101a

Kellerdecke über unbeheiztem Keller

Dämmung oberhalb
Dämmung unterhalb
EPS/XPS
Nassestrich
035/035

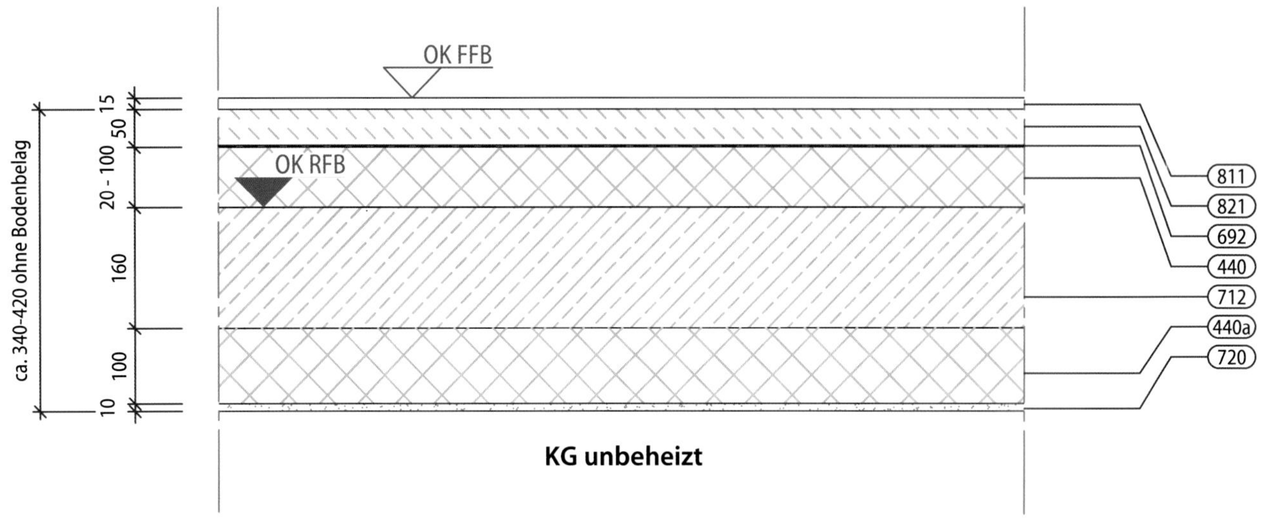

Technische Werte

Dämmdicke oberhalb Kellerdecke	20 mm	40 mm	60 mm	80 mm	100 mm
U-Wert in [W/(m² K)] nach DIN EN ISO 6946 bei oberer Dämmung $\lambda_B = 0{,}035$ W/(m K)					
	0,257	0,224	0,198	0,178	0,162
Spezifische Bauteilmasse in [kg/m²]	523,8	524,4	525,0	525,6	526,2
Gesamtdicke des Bauteils (ohne Belag)	ca. 340 mm	ca. 360 mm	ca. 380 mm	ca. 400 mm	ca. 420 mm
Wirksame Wärmespeicherkapazität	bei 3 cm: 58,98 kJ/(m² K) / bei 10 cm: 129,27 kJ/(m² K)				
Feuchteschutz nach DIN EN ISO 13788: keine Tauwasserbildung im Bauteilinnern; Oberfläche: Temperaturfaktor $f_{RSI} > 0{,}75$					
Feuerwiderstandsklasse nach DIN 4102-4:2016-05	F 90 bei Bewehrungsüberdeckung unten ≥ 30 mm				
Baustoffklasse der tragenden Schicht (DIN 4102-1)	A				
Bewertetes Schalldämm-Maß $R_w(C;C_{tr})$ (DIN 4109-33:2016-07)	nicht relevant zu unbeheiztem Kellergeschoss				

(811) 15 mm Bodenbelag
(821) 50 mm Nassestrich (mineralisch)
(692) 0,2 mm PE-Folie
(440) 100 - 220 mm Polystyroldämmung EPS WLG 035
(712) 160 mm Stahlbeton

Bauteil-Nr. 4.2.4.3
kdbonx101o

Kellerdecke über unbeheiztem Keller

Dämmung nur oberhalb
keine Dämmung unterhalb
EPS
Nassestrich
035

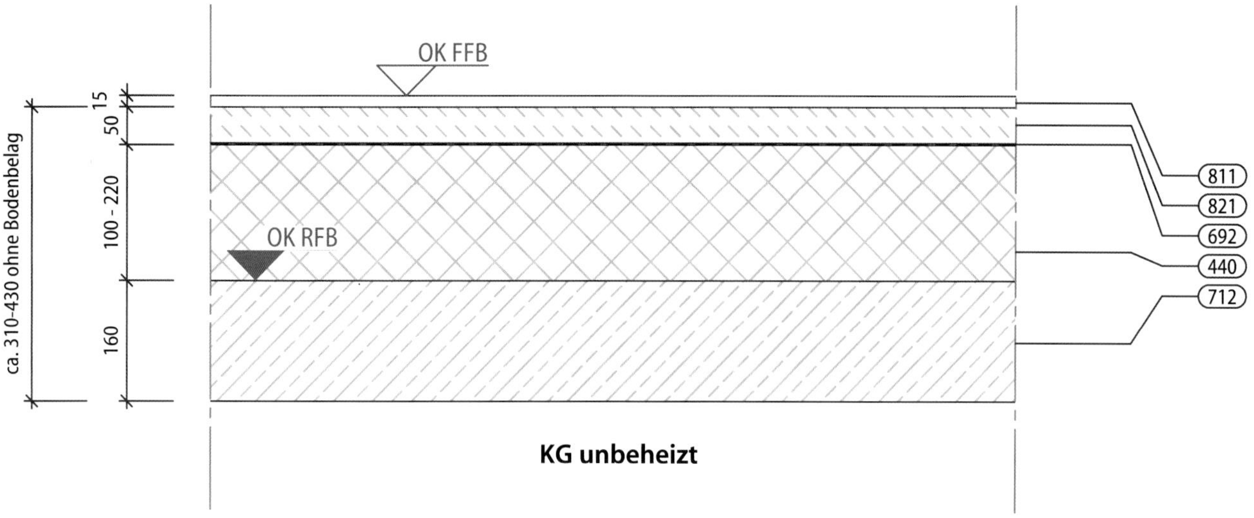

Technische Werte

Dämmdicke oberhalb Kellerdecke	100 mm	140 mm	160 mm	180 mm	220 mm
U-Wert in [W/(m² K)] nach DIN EN ISO 6946 bei oberer Dämmung $\lambda_B = 0{,}035$ W/(m K)					
	0,302	0,224	0,199	0,179	0,148
Spezifische Bauteilmasse in [kg/m²]	505,7	506,9	507,5	508,1	509,3
Gesamtdicke des Bauteils (ohne Belag)	ca. 310 mm	ca. 350 mm	ca. 370 mm	ca. 390 mm	ca. 430 mm
Wirksame Wärmespeicherkapazität	bei 3 cm: 58,98 kJ/(m² K) / bei 10 cm: 129,27 kJ/(m² K)				
Feuchteschutz nach DIN EN ISO 13788: keine Tauwasserbildung im Bauteilinnern; Oberfläche: Temperaturfaktor $f_{RSI} > 0{,}75$					
Feuerwiderstandsklasse nach DIN 4102-4:2016-05	F 90 bei Bewehrungsüberdeckung unten ≥ 30 mm				
Baustoffklasse der tragenden Schicht (DIN 4102-1)	A				
Bewertetes Schalldämm-Maß $R_w(C;C_{tr})$ (DIN 4109-33:2016-07)	nicht relevant zu unbeheiztem Kellergeschoss				

811	15 mm	Bodenbelag
821	50 mm	Nassestrich (mineralisch)
692	0,2 mm	PE-Folie
440	20 - 60 mm	Polystyroldämmung EPS WLG 035
712	160 mm	Stahlbeton

Bauteil-Nr. 4.2.4.4
kdbonx102o

Kellerdecke über beheiztem Keller

Dämmung nur oberhalb
keine Dämmung unterhalb
EPS
Nassestrich
035

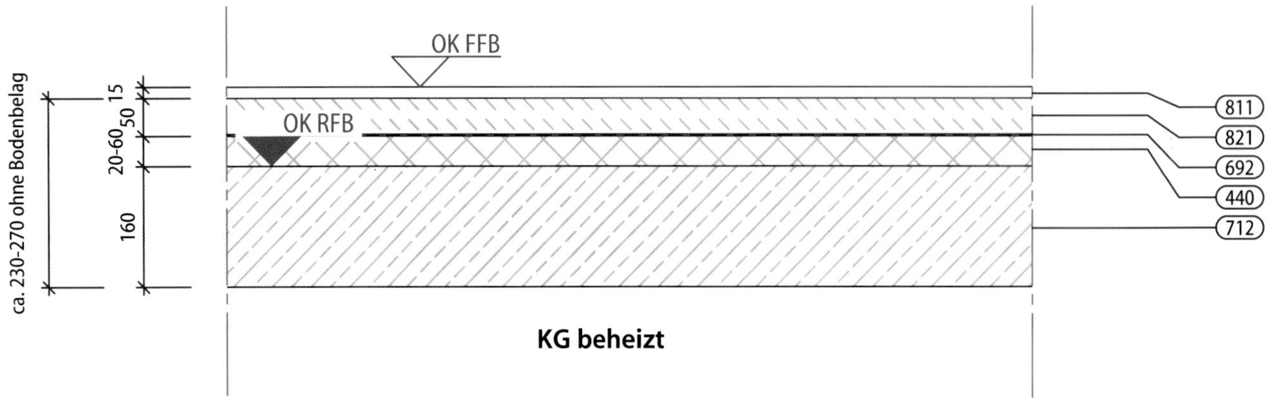

Technische Werte

Dämmdicke oberhalb Kellerdecke	20 mm	30 mm	40 mm	50 mm	60 mm
U-Wert in [W/(m² K)] nach DIN EN ISO 6946 bei oberer Dämmung $\lambda_B = 0{,}035$ W/(m K)					
als Innenbauteil	0,972	0,761	0,625	0,530	0,460
Spezifische Bauteilmasse in [kg/m²]	503,3	503,6	503,9	504,2	504,5
Gesamtdicke des Bauteils (ohne Belag)	ca. 230 mm	ca. 240 mm	ca. 250 mm	ca. 260 mm	ca. 270 mm
Wirksame Wärmespeicherkapazität	bei 3 cm: 127,98 kJ/(m² K) / bei 10 cm: 359,27 kJ/(m² K)				
Feuchteschutz nach DIN EN ISO 13788: keine Tauwasserbildung im Bauteilinnern; Oberfläche: Temperaturfaktor $f_{RSI} > 0{,}75$					
Feuerwiderstandsklasse nach DIN 4102-4:2016-05	F 90 bei Bewehrungsüberdeckung unten ≥ 30 mm				
Baustoffklasse der tragenden Schicht (DIN 4102-1)	A				
Bewertetes Schalldämm-Maß R_w und bewerteter Norm-Trittschallpegel $L_{n,eq,0,w}$ (DIN 4109-32:2016-07)	für die Rohdecke: $R_W = 57{,}8$ dB; $L_{n,eq,0,w} = 73{,}5$ dB				

Abb. 4.8: Montage von Außenwänden eines Holzrahmenbaus

4.3 Außenwände

Wenn sich die Bauherrschaft mit der Umsetzung eines Holzrahmenbaus beschäftigt, so ist eine der ersten Fragen an Architekten oder ausführende Holzbauunternehmen, wie denn die Außenwand aufgebaut werden könnte. Das ist eine wohl sehr zentrale Frage für Bauwillige, die für sie über vielen anderen wichtigen Themen zu stehen scheint. Insofern gilt es, hier besonders gut beraten zu können.

Schon in Kapitel 1.2 wird in Bezug auf den modernen Holzbau der Verzicht auf diffusionsdichte Folien diskutiert. Daneben gibt es diffusionsoffene und feuchtevariable Folien, die hier jedoch für Außenwände ebenso wenig wie diffusionsdichte Folien in Betracht gezogen werden, da die Außenwände im Regelfall ohnehin Holzwerkstoffplatten – meist OSB-Platten – aus Gründen der Gebäudeaussteifung beinhalten, die gleichzeitig die Dampfbremsenfunktion übernehmen können.

4.3.1 Die Innenseite der Außenwand

Installationsebene

Der Einsatz von Installationsebenen an Außenwänden oder der Verzicht darauf ist eine Entscheidung, die mit der Art und der Menge der Installationen, insbesondere der Elektroinstallationen, zusammenhängt. Um eine gute Luftdichtheit zu erreichen, ist es natürlich sinnvoll, keine – oder möglichst wenige – Installationsleitungen durch die luftdichte Ebene zu führen. Eine Installationsebene bietet die Möglichkeit, genau dieses zu erreichen, wobei dadurch allerdings zusätzliche Kosten gegenüber dem Verzicht auf eine Installationsebene entstehen.

Ist keine Installationsebene vorhanden, so wird die raumseitige Gipsplatte direkt auf der auch aussteifenden und dampfbremsenden Holzwerkstoffplatte montiert.

Im anderen Fall kann die Installationsebene auf 2 Arten realisiert werden: Die übliche Ausführung besteht aus Holzrahmen – meist 6 cm × 6 cm groß –, die vertikal auf die Wandstiele oder horizontal montiert werden. Nach der Verlegung der Installationen erfolgt das Dämmen der Zwischenräume (Gefache). Anschließend wird eine Beplankung aus ein oder 2 Lagen Gipsplatten oder Gipsfaserplatten oder aus einer Kombination von Gips- und Holzwerkstoffplatten aufgebracht.

Eine weitere Möglichkeit besteht in der Montage von speziell dafür verfügbaren druckfesten Holzfaserplatten direkt auf der Holzwerkstoffplatte. Diese Holzfaserplatten sind mit Fräsungen ausgestattet, in denen Elektroleitungen einfach verlegt werden können. Die Holzfaserplatten können direkt verputzt oder auch mit einer Gipsplatte beplankt werden.

Raumseitige Gips- oder Gipsfaserplatten

Bei allen Bauteilaufbauten, die in Kapitel 4.3.5 dargestellt sind, ist der Begriff „Gipsplatte“ als raumseitige Schicht unter der Oberflächenausbildung angegeben. Anstelle von Gipsplatten können hier immer auch Gipsfaserplatten mit den eigenen produktspezifischen Vorteilen eingesetzt werden. So können Gipsfaserplatten im Gegensatz zu Gipsplatten auch selbst aussteifend wirken und deshalb auch anstelle von Holzwerkstoffplatten verwendet werden, wobei in diesem Fall dafür explizit ein statischer Nachweis mit Bezug auf die aussteifend statisch eingesetzte Gipsfaserplatte erfolgen muss. Außerdem muss bei der alleinigen Anordnung von Gipsfaserplatten auf der Raumseite eine feuchtetechnische Überprüfung des gesamten Wandaufbaus erfolgen, da die Dampfbremsenwirkung einer Holzwerkstoffplatte fehlt.

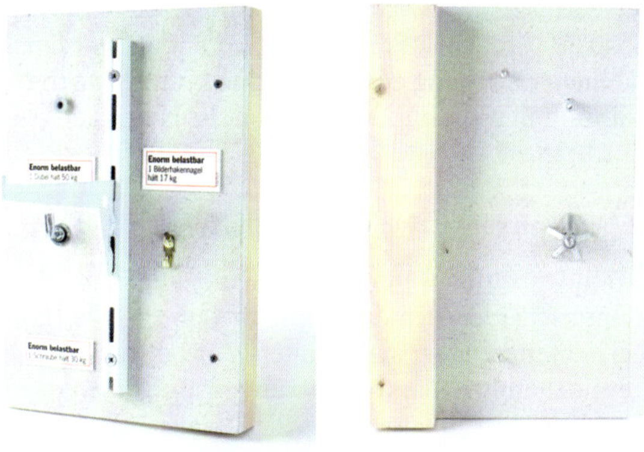

Abb. 4.9: Direkte Verschraubung in Gipsfaserplatten

Ein großer Vorteil von Gipsfaserplatten anstelle von Gipsplatten ergibt sich aus der Möglichkeit, ohne Vorbohren in die Gipsfaserplatten schrauben zu können. So lassen sich je nach Plattendicke der Gipsfaserplatten viele Einrichtungsgegenstände direkt an die Wand schrauben – natürlich abhängig vom Gewicht der anzuschraubenden Gegenstände.

Gipsfaserplatten haben auch bezüglich des Brand- und des Schallschutzes bessere Eigenschaften. Ihre Verwendung kann daher die erforderliche Anzahl von Bauteilschichten reduzieren, um den gleichen Brand- oder Schallschutz zu erreichen wie mit Gipsplatten. Von den Produktherstellern gibt es dazu zahlreiche Nachweise und Prüfzeugnisse, die deren ausführlichen Dokumentationen mit geprüften Wandaufbauten zu entnehmen sind.

Abb. 4.10: Innenraum mit Holzverkleidung

Raumseitig Holz

Auch wenn alle hier im Buch gezeigten Außenwandaufbauten raumseitig Gipsplatten darstellen, so kann natürlich auch der Wunsch einer Holzoberfläche realisiert werden. Dazu können Verkleidungen mit Holzwerkstoffplatten als Sichtholzfläche, wie z.B. Baufurnierholz-, Massivholz- oder Dreischichtplatten, zum Einsatz kommen. Auch kann eine Verkleidung mit Profilholzbrettern oder Holzwerkstoff-Paneelen ausgeführt werden. Wenn die gezeigten Außenwandausführungen auf diese Weise verändert werden, hat das keine Auswirkung auf den Wärmeschutz, jedoch für Schall- und Brandschutz gelten dann die jeweiligen Angaben nicht mehr.

4.3.2 Außen verputzt, ohne Hinterlüftung

Holzrahmenbauten werden heute häufig außen verputzt und unterscheiden sich dann optisch kaum von herkömmlich errichteten Mauerwerksbauten. Zur Jahrtausendwende war es noch üblich, dass als Putzuntergrund entweder Holzwolleleichtbauplatten oder Platten aus expandiertem Polystyrol (EPS) verwendet wurden. Inzwischen hat es sich durchgesetzt, außen auf dem Rahmenwerk Holzfaserdämmplatten zu montieren, die als Putzträgerplatten wirken. Gegenüber der Verwendung von Polystyroldämmung als Putzuntergrund erweist sich bei Holzfaserdämmplatten die Sorptionsfähigkeit des Materials als vorteilhaft. In Verbindung mit dem mineralischen Putz findet dadurch ein Feuchteausgleich an der Putzoberfläche statt, sodass diese schneller abtrocknet. Dadurch haften weniger Schwebstoffe aus der Luft an der Fassadenoberfläche an, was der Veralgung von Putzfassaden entgegenwirkt.

Auch Mineralfaserdämmplatten können als Putzträgerplatte zum Einsatz kommen. Im Gegensatz zu Holzfaserplatten als Putzträgerplatten, die direkt auf dem tragenden Holzrahmenwerk der Außenwand befestigt werden können, benötigen Polystyrol- oder Mineralfaserdämmplatten Holzwerkstoffplatten als Befestigungsgrundlage. Im Vergleich zu einer am Holzrahmenwerk außenseitig angebrachten Holzwerkstoffplatte ist eine Holzfaserplatte wesentlich diffusionsoffener. Damit erfüllt eine solche Bauweise die bauphysikalischen Anforderungen an den Feuchteschutz unter Betrachtung der Diffusionsvorgänge im Bauteil.

Dämmstoff und Putz bilden zusammen das Wärmedämm-Verbundsystem (WDVS), das einen dauerhaft wirksamen Wetterschutz des Tragwerks leisten muss. Aus diesem Grund kommt es besonders darauf an, dass bei allen Komponenten des WDVS die bauaufsichtlichen Vorschriften und Herstellervorgaben beachtet werden. Während im konventionellen Bau meistens Dämmstoff und Putz des WDVS von derselben ausführenden Firma angebracht werden, teilen sich bei Holzrahmenbauten die Arbeiten auf: Der Holzbaubetrieb montiert die Dämmstoffplatten auf dem Holzrahmenwerk und ein Stuckateurbetrieb verputzt anschließend. Der Stuckateurbetrieb arbeitet entweder als Subunternehmer des Holzbaubetriebs oder er wird von der Bauherrschaft direkt beauftragt. Wegen der Ausführung der Arbeiten von 2 unterschiedlichen Betrieben ist es besonders wichtig, auf die Einhaltung des vorgegebenen Systems zu achten. Die Produktzulassungen beinhalten die Kombination aus Dämmstoffprodukt und Putzprodukt. Dabei ist es durchaus möglich, dass für ein Dämmstoffprodukt mehrere verschiedene Putzprodukte zugelassen sind – auch von unterschiedlichen Herstellern –, und umgekehrt können für Putzprodukte mehrere Dämmstoffprodukte zulässig sein.

Für die Übergabe des putzfähigen Untergrundes an das Nachfolgegewerk hat der vdnr Verband Dämmstoffe aus nachwachsenden Rohstoffen e.V. eine „Checkliste Holzfaser-WDVS, Übergabe putzfähiger Untergrund" (o.J.) erarbeitet, die als Download zur Verfügung steht. Durch die Anwendung dieser Checkliste wird die Einhaltung der jeweiligen Anforderungen an die Detailfragen bei Holzfaser-WDVS sichergestellt. Sinngemäß kann die Checkliste auch für andere Putzuntergründe angewandt werden.

Plattenverarbeitung, Anschlüsse

1) Untergrund / Trockenheit	Der Untergrund (KVH® / Gefachbereich / MH-Elemente) wurde vor Montage auf Trockenheit geprüft bzw. als trocken ausgewiesen: ☐ ja ☐ nein
2) Verarbeitung	Grundsätzliche Verarbeitung erfolgte gemäß Verarbeitungsrichtline: ☐ ja ☐ nein falls nein, wesentliche Abweichung: . . . .
3) Stoßfugen < 6 mm	Alle Stoßfugen > 2mm und < 6 mm sind mit . . . . beigearbeitet. ☐ ja ☐ nein falls nein, Lage der nachzubearbeitenden Fugen: . . . .
4) Stoßfugen > 6 mm	Alle Stoßfugen > 6mm sind mit Holzfaserdämmung . . . . beigearbeitet und mit systemkonformen Befestigungsmitteln oder . . . . dauerhaft fixiert. ☐ ja ☐ nein falls nein, Lage der nachzubearbeitenden Fugen: . . . .

Abb. 4.11: Ausschnitt aus der „Checkliste Holzfaser-WDVS, Übergabe putzfähiger Untergrund" (o.J.)

Abb. 4.12: Holzrahmenbau mit Holzfaserputzträgerplatte vor dem Aufbringen des Putzes

Abb. 4.13: Fertig verputzter Holzrahmenbau mit Holzfaserputzträgerplatte

4.3.3 Vorgehängte Außenwandbekleidungen

Im Holzrahmenbau ist es schon lange üblich, vorgehängte Außenwandbekleidungen zu realisieren, insbesondere als klassische Holzfassaden, aber auch mit großformatigen Faserzementtafeln, kleinformatigen Faserzementtafeln, Holzschindeln, Schiefer, Profilblechen oder hinterlüfteten Putzträgerplatten.

Für die Planung von hinterlüfteten Außenwandbekleidungen sei die Berücksichtigung der „Fachregeln 01 – Außenwandbekleidungen aus Holz“ (2023) empfohlen. Auch wenn sich dieses Regelwerk in erster Linie auf Holzfassaden bezieht, sind viele der darin enthaltenen Einzelpunkte auf die anderen Fassadensysteme anwendbar. Während Holzfassaden zu den klassischen Zimmer- und Holzbauarbeiten gehören, die in der ATV DIN 18334 „Zimmer- und Holzbauarbeiten“ (2023) geregelt sind, findet für die Ausführung einiger anderer Fassadenmaterialien die ATV DIN 18351 „Vorgehängte Hinterlüftete Fassaden“ (2023) Anwendung. Die ATV DIN 18351 gilt jedoch nicht für hinterlüftete Außenwandbekleidungen aus Naturstein- und Betonwerksteinplatten ab 30 mm Nenndicke, aus Brettern, Bohlen und Holzschindeln, aus Dachdeckungsstoffen sowie für Metallwandbekleidungen mit am Bau zu fälzenden Metallbauteilen.

Bei dem Einsatz von Dachdeckungsstoffen gilt die ATV DIN 18338 „Dachdeckungsarbeiten“ (2019) und bei dem Einsatz von Metallwandbekleidungen mit am Bau zu fälzenden Metallbauteilen die ATV DIN 18339 „Klempnerarbeiten“ (2019).

Ausführungsarten

Unterschieden wird bei den vorgehängten Außenwandbekleidungen zwischen geschlossenen (hinterlüftet, belüftet oder nicht belüftet) und offenen Konstruktionen (Abb. 4.14). Eine Hinterlüftung ist nicht grundsätzlich vorgeschrieben, es wird jedoch empfohlen, vorgehängte Außenwandbekleidungen mit Hinterlüftung auszuführen. Der Verzicht auf eine Belüftung ist nur bei Vollholzbekleidungen zulässig. In diesem Fall ist aufgrund der Fugen zwischen den Bekleidungselementen aus Vollholz (z.B. Profilbrettern) und der relativen Diffusionsoffenheit des Holzes zu erwarten, dass eingedrungene Niederschlagsfeuchte aus der Konstruktion entweichen kann und die Bildung von Tauwasser im Bereich der Fassadenbekleidung unkritisch bleibt.

Tabelle 4.5 fasst die Anforderungen an die unterschiedlichen Bekleidungsarten zusammen. Die darin ausgewiesenen Flächenangaben für die Belüftungsöffnungen beziehen sich auf den freien Querschnitt des jeweiligen Lüftungsgitters. Das bedeutet, dass ein Gitter mit 50 % Lochanteil mit einer doppelt so großen Fläche gewählt werden muss. Solche Lüftungsgitter werden oft mit dem Begriff „Insektenschutzgitter“ bezeichnet. Sie schützen jedoch nicht vor dem Eindringen von Insekten, sondern vor dem Eindringen von Kleintieren. Zum Beispiel können Marder bereits durch eine Öffnung von nur 1 cm Höhe und 4 cm Breite in die Fassade eindringen. Aus diesem Grund sollte an allen Bauteilen mit dahinterliegenden Hohlräumen peinlichst genau darauf geachtet werden, dass nur sehr kleine Lüftungsöffnungen und Bauteilfugen vorhanden sind. Das gilt für alle Anschlüsse, auch an Fensterbänke, Dachränder, Gauben usw.

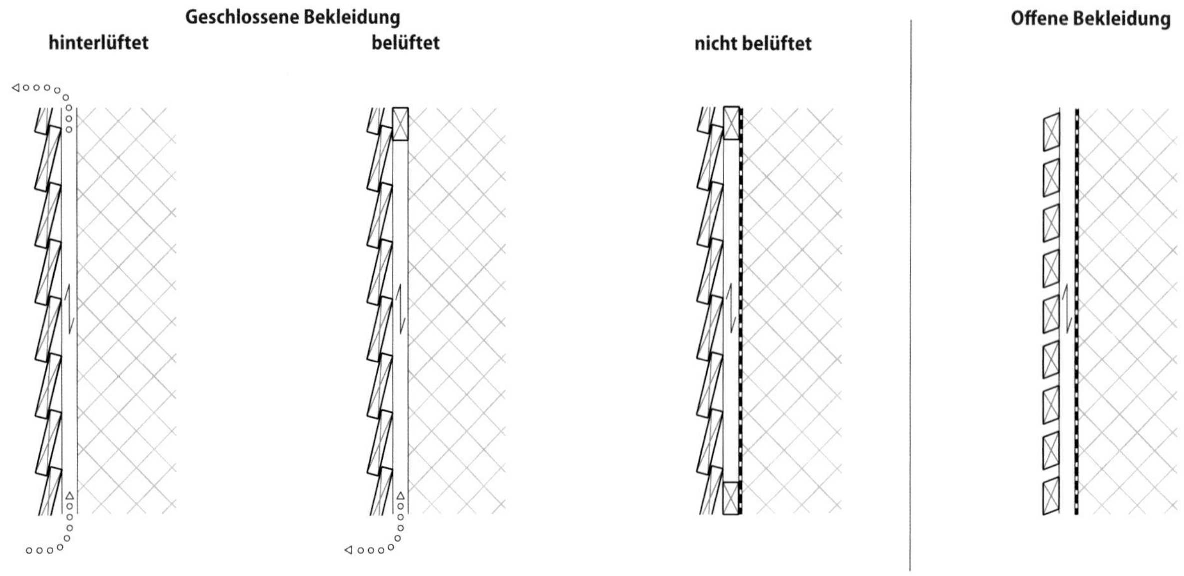

Abb. 4.14: Bekleidungsarten (Quelle: „Fachregeln 01 – Außenwandbekleidungen aus Holz“ [2023])

Tabelle 4.5: Anforderungen an Außenwandbekleidungen (Quelle: „Fachregeln 01 – Außenwandbekleidungen aus Holz“ [2023])

Ausführung der Außenwandbekleidungen	geschlossene Bekleidungen			offene Bekleidung
	hinterlüftet	belüftet	nicht belüftet	
Unterkonstruktion	senkrecht oder waagerecht mit Grundlattung	senkrecht oder waagerecht mit Grundlattung	senkrecht oder waagerecht mit dahinterliegender wasserableitender Schicht ($s_d \leq 0{,}2$ m)	senkrecht mit dahinterliegender wasserableitender Schicht ($s_d \leq 0{,}2$ m)[1)]
Mindestabstand (Hohlraum) zur Tragkonstruktion oder Dämmschicht	20 mm[2)]	20 mm	20 mm	20 mm[2)]
Belüftungsöffnung unten	50 cm^2/m	100 cm^2/m	–	–
Entlüftungsöffnung oben	50 cm^2/m	–	–	–

1) offene horizontale Bekleidung aus Vollholz:
- Mindestdicke *d* der Bekleidung 18 mm
- Breite *b* maximal 11 · Dicke *d*
- Oberseite der Bekleidung mindestens 15° abgeschrägt
- Offene Bekleidungen sind als Schlagregenschutz nicht ausreichend, deshalb ist eine dauerhaft wirksame, UV-beständige und wasserableitende Schicht sicherzustellen (z.B. durch eine Fassadenbahn mit $s_d \leq 0{,}2$ m, zugelassen für diesen Verwendungszweck, UV-Beständigkeit und Widerstand gegen Wasserdurchgang Klasse W1 nach DIN EN 13589-2).
- Fugenabstand *a* zwischen unbeschichteten Hölzern: 5 mm $\leq a \leq d$
- Fugenabstand *a* zwischen beschichteten Hölzern: 15 mm $\leq a \leq d$ (zwecks Nachstreichbarkeit)

2) Eine punktuelle Unterschreitung ist möglich, der Lüftungsquerschnitt darf jedoch an keiner Stelle weniger als 5 mm betragen.

Eine statische Berechnung der Grund- und Traglattung und der zu verwendenden Befestigungsmittel ist als Nachweis der Standsicherheit erforderlich. Unter Beachtung der Randbedingungen, die in den „Fachregeln 01 – Außenwandbekleidungen aus Holz“ (2023) beschrieben sind, kann auf einen rechnerischen Nachweis verzichtet werden.

Holzfassaden

Holzfassaden können vertikal oder horizontal ausgeführt werden. Bei horizontal verlegten Fassadenbrettern sind als Unterkonstruktion lediglich vertikal verlaufende Traglatten erforderlich. Werden die Fassadenbretter vertikal angebracht, so muss zusätzlich zur vertikalen Traglattung eine horizontale Grundlattung montiert werden, damit eine Be- bzw. Hinterlüftung von unten nach oben erfolgen kann.

Die Abb. 4.15 bis 4.17 zeigen verschiedene Möglichkeiten, Holzfassaden auszuführen. Die offene Verschalung in Abb. 4.16 ist nicht in den „Fachregeln 01 – Außenwandbekleidungen aus Holz“ (2023) enthalten, da bei dieser Ausführung die horizontale Traglattung über die Fugen zwischen den Fachschalungsbrettern der Witterung ausgesetzt ist. In den letzten 2 Jahrzehnten wurden jedoch mehrere solcher Fassaden in unbehandeltem Douglasien- oder Lärchenholz mit einer Grund- und Traglattung in der jeweils gleichen Holzart ausgeführt, die schadenfrei blieben. Erfahrungsgemäß sorgt die gute Belüftung dafür, dass auch die Traglattung in kurzer Zeit trocknen kann. Dennoch wird an dieser Stelle empfohlen, bei der Realisierung einer offenen Verschalung die Auftraggeberseite explizit über diese Problematik zu informieren. Wenn diese Verschalungsart aus gestalterischen Gründen gewünscht ist, sollte über die in den Abb. 4.15 bis 4.17 dargestellten Alternativen nachgedacht werden, um einer sichere Konstruktion herzustellen. Durch schwarz beschichtete Leisten einer Leisten-Deckel-Schalung mit einer schmalen Nut wird die gleiche Optik wie bei einer offenen Verschalung erreicht.

Boden-Deckel-Schalung (...-Bekleidung)

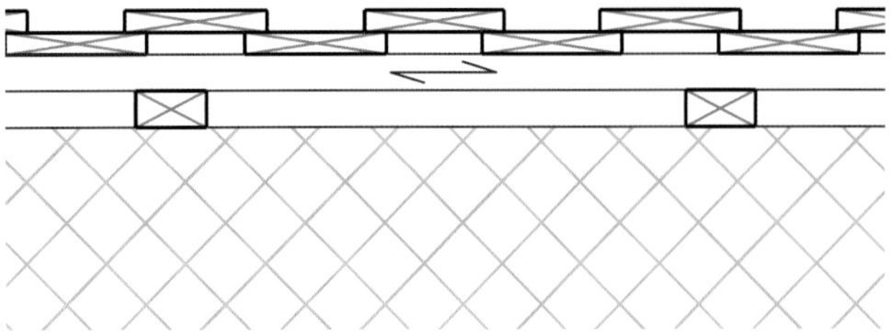

Schalung aus gespundeten Brettern

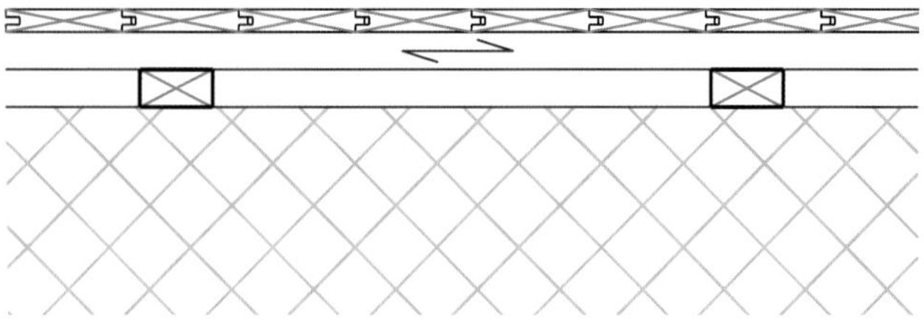

Deckleistenschalung (...bekleidung)

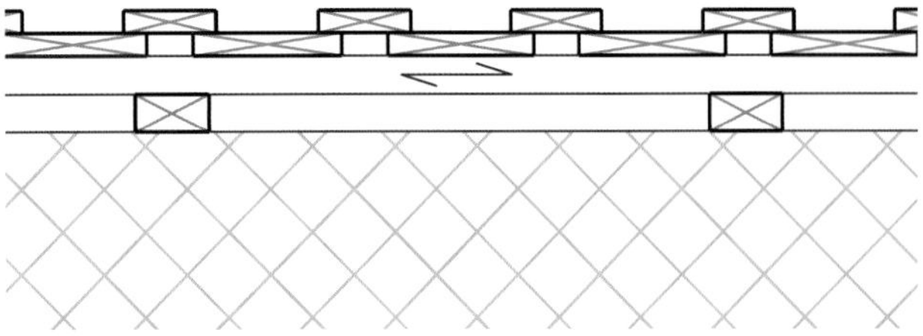

Schalung aus Profilbrettern

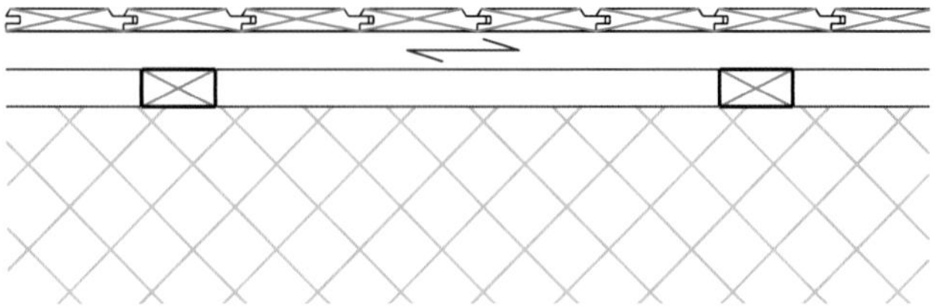

Leisten-Deckel-Schalung (...Bekleidung)

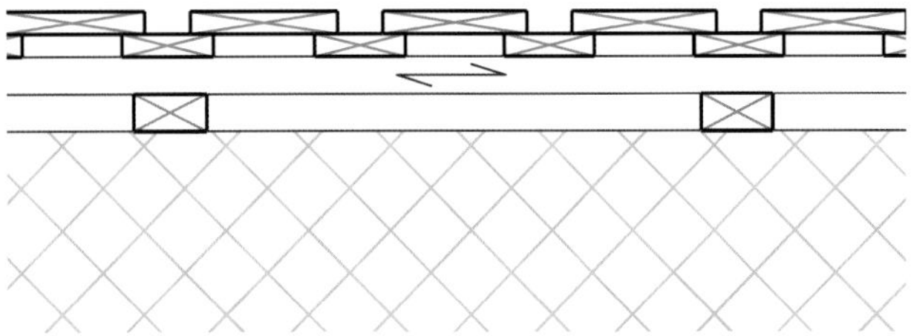

Schalung aus Boden-Deckel-Profilbrettern

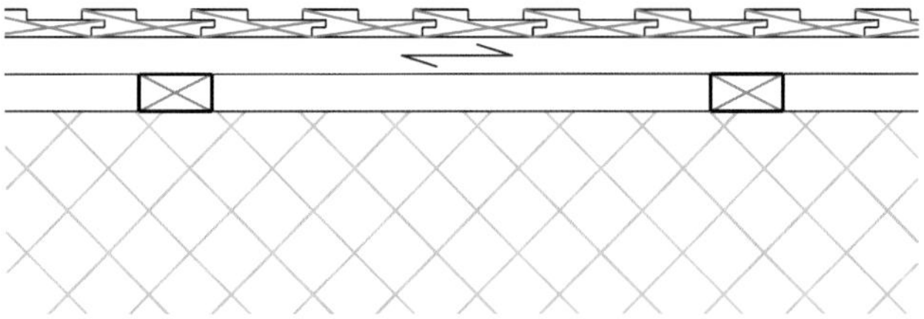

Abb. 4.15: Senkrechte Außenwandbekleidungen aus Holz (Horizontalschnitte)

Offene Rhombus-Schalung
waagerecht

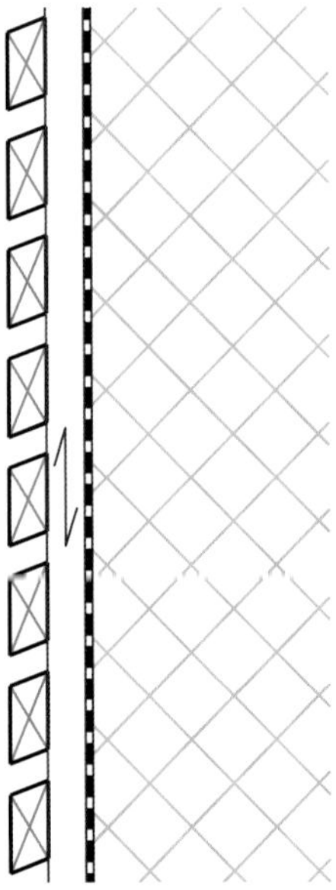

Offene Vertikalschalung *)
senkrecht

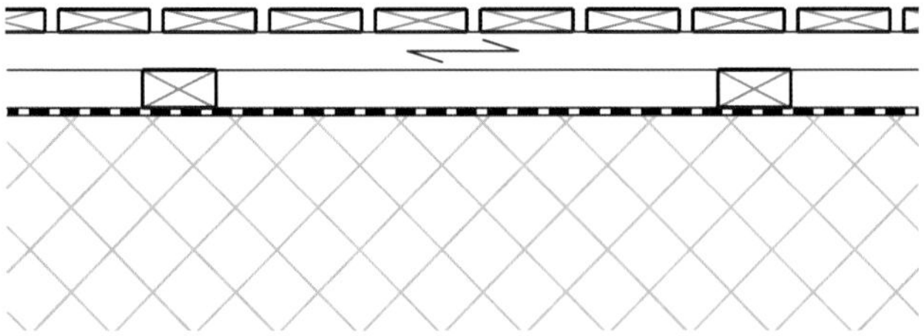

Alternative dazu:
Leisten-Deckel-Schalung mit schmaler Nut –
Leisten könnten schwarz beschichtet sein

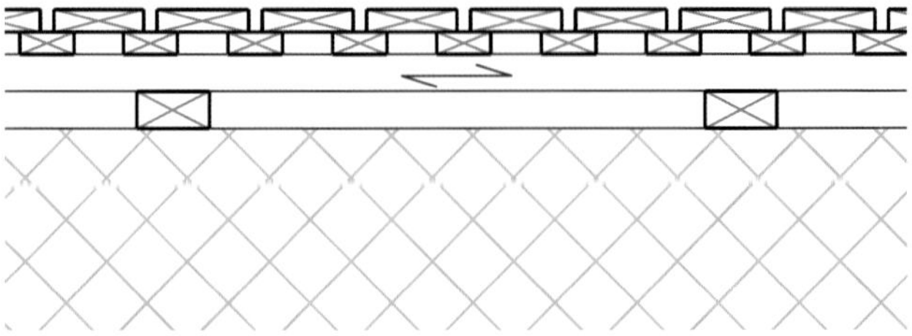

andere Alternative dazu:
Schalung aus entsprechend profilierten Brettern mit N+F

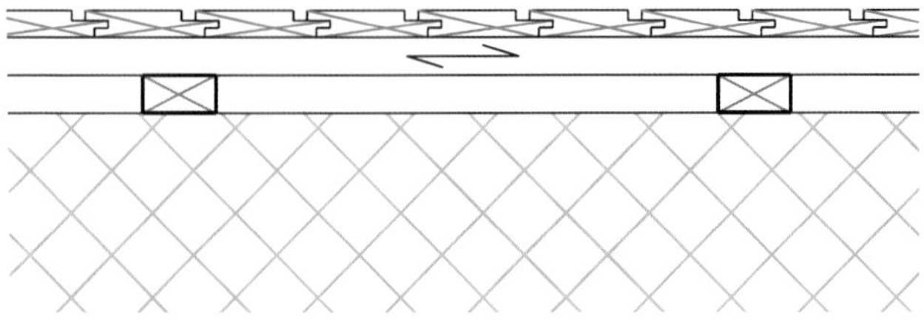

Abb. 4.16: Offene Außenwandbekleidungen aus Holz und Alternativen ohne offene Fugen zur senkrechten Ausführung. Bei offenen Fugen in der Fassadenverkleidung muss die Wand selbst durch eine diffusionsoffene, UV-beständige und wetterfeste Fassadenbahn geschützt sein. (Vertikalschnitt)

*) Die offene Vertikalschalung ist nicht in „Fachregeln 01 – Außenwandbekleidungen aus Holz" (2023) geregelt.

Einfache Stülpschalung

Stülpschalung mit Falz

Profilierte Stülpschalungsbretter mit Falz

Stülpschalung-Profilbretter N+F

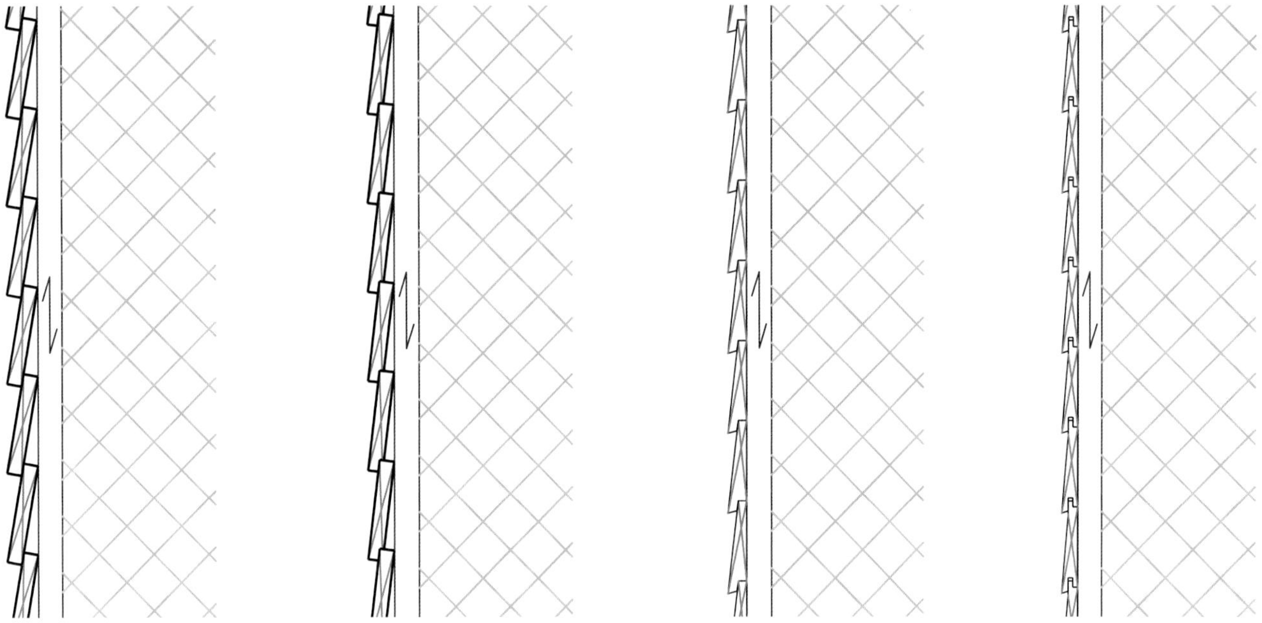

Schalung aus Profilbrettern

Schalung aus Standard-Profilbrettern

Rhombusschalung N+F

Doppelte Rhombusschalung N+F

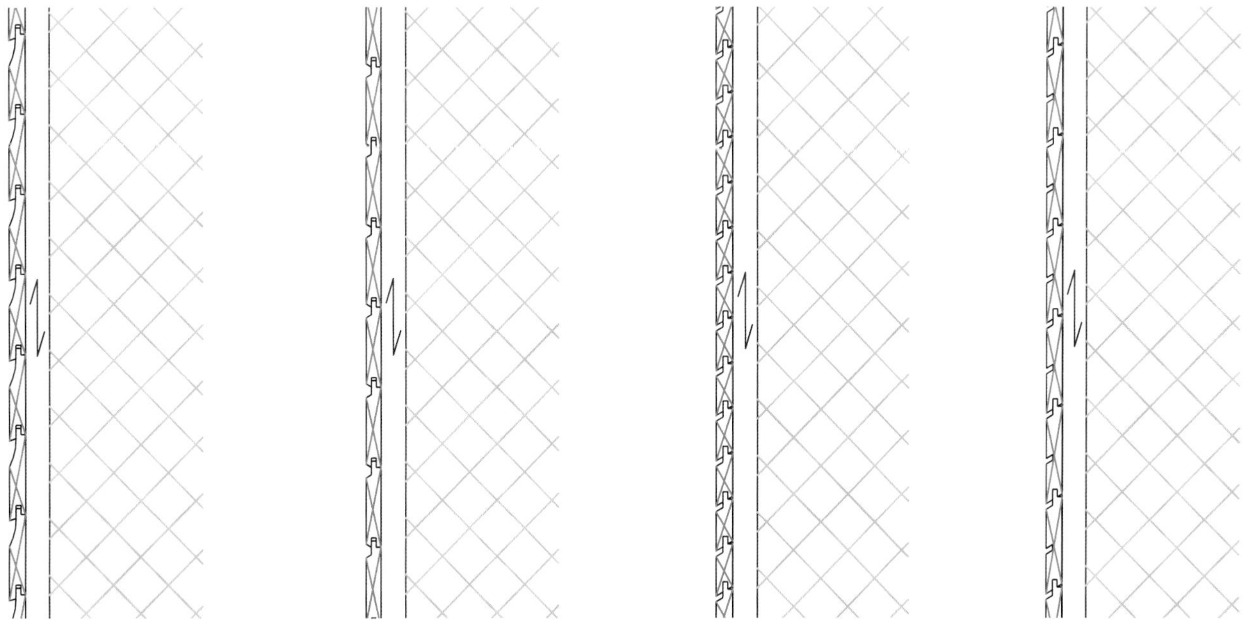

Abb. 4.17: Waagerechte Außenwandbekleidungen aus Holz (Vertikalschnitte)

Abb. 4.18: Holzrahmenbau mit vertikaler Holzfassade und hinterlüfteter Putzträgerplatte

Abb. 4.19: Holzrahmenbau mit Rautenschalung (offene Bekleidung)

Abb. 4.20: Holzrahmenbau mit horizontaler Holzfassade

Abb. 4.21: Großformatige Faserzementtafeln an einem Verwaltungsgebäude aus Holz

Großformatige Faserzementtafeln

Mit großformatigen Faserzementtafeln lassen sich langlebige Außenwandbekleidungen realisieren. Die Faserzementtafeln werden in unterschiedlichen Ausführungsvarianten, mit unterschiedlichen Oberflächenstrukturen und in großer Farbvielfalt angeboten. Bei der Fassadenplanung sind Fenstergrößen und Plattenformate sinnvoll aneinander anzupassen, um ein harmonisches Gesamtbild zu prägen. Dabei ist ein Augenmerk auch auf das Fugenraster zu legen (Abb. 4.21).

Die Platten werden in einer Ebene verlegt, sodass nicht nur vertikale, sondern auch horizontale Fugen entstehen. Als Unterkonstruktion können sowohl Blechprofile als auch Holzrahmen verwendet werden. Beim Einsatz der Letzteren muss auf dem Holz vor der Montage der Faserzementtafeln ein Gummitrennstreifen aufgelegt werden, um das Holz vor der Witterung zu schützen.

Auch mit einer Kombination aus Holzverschalung und großformatigen Faserzementtafeln kann eine gute Fassadengestaltung erreicht werden. So kann in das Erscheinungsbild des Gebäudes Abwechslung gebracht werden, Fenster können optisch zusammengefasst und farbige Akzente gesetzt werden (Abb. 4.22).

Abb. 4.22: Kombination aus großformatigen Faserzementafeln und Holzverschalung

Hinterlüftete Putzträgerplatten

Bevor sich WDVS mit Holzfaserplatten im Holzrahmenbau durchsetzten, wurde dem Wunsch nach einem Außenputz an Holzgebäuden mit hinterlüfteten Konstruktionen entsprochen. Das Dachgeschoss in Abb. 4.18 ist in dieser Weise ausgeführt. Durch die Hinterlüftung sollte die Gesamtkonstruktion sicherer werden als bei einer direkten Beplankung des Holzrahmenwerks mit Putzträgerplatten. Die zumeist in diesen hinterlüfteten Konstruktionen eingesetzten zementgebundenen Putzträgerplatten sind sehr starr. Dadurch ist die Gefahr einer Rissbildung an Stößen – auch wenn ein Gewebe verwendet wird – eher gegeben als bei flexibleren Putzuntergründen. Durch die Hinterlüftung kann jedoch eventuell durch dünne Risse eindringende Feuchte abgeführt werden. Bei dem Einsatz von relativ diffusionsdichten zementgebundenen Putzträgerplatten ist auch aus bauphysikalischen Gründen eine Hinterlüftung für das Funktionieren des gesamten Wandquerschnitts erforderlich.

Profilbleche

Auch Profilbleche eignen sich für großflächige hinterlüftete und wartungsarme Fassaden. Während Wellprofile eher im Wohnungsbau eingesetzt werden (Abb. 4.24), können mit Trapezprofilen kostengünstige Fassaden bei Gewerbebauten hergestellt werden.

Holzschindeln, Schiefer und Kunstschiefer

Bei Fassaden mit kleinformatigen Bekleidungen, wie Holzschindeln, Schiefer und Kunstschiefer, wird auf der Tragkonstruktion, die den Hohlraum für die hinterlüftete bzw. belüftete Wandbekleidung bildet, eine Rauspundschalung oder eine Furnierschichtholzplatte (Seekieferplatte) als Montagefläche für die Bekleidung angebracht. Vor der Montage der endgültigen Bekleidung wird auf diesen Untergrund zunächst noch eine diffusionsoffene Fassadenbahn als zusätzlicher Witterungsschutz aufgebracht (Abb. 4.23). Diese Art der Fassadengestaltung wird oft an eher kleineren Flächen, wie z. B. Gaubenwangen, verwendet. Schiefer und Kunstschiefer eignen sich auch zur Bekleidung von Kaminen oder Dachrändern. Kunstschiefer wird in Form von kleinformatigen Faserzementplatten, Platten aus glasfaserverstärktem Kunststoff oder aus Kunstharz mit strukturierter oder glatter Oberfläche in verschiedenen Farbtönen angeboten.

Abb. 4.23: Kleinformatige Fassadentafeln (Schindeln, Schiefer oder Kunstschiefer) auf diffusionsoffener Fassadenbahn und Schalung aus gespundeten Brettern (Vertikalschnitt)

4.3.4 Verklinkerte Fassaden (Vormauerung)

Eher im Norden Deutschlands kommen auch an Holzrahmenbauten verklinkerte Fassaden vor, die der landschafts-typischen Architektur entsprechen. Diese als 11,5 cm breite Mauerwerk-Vorsatzschale nach der Montage des Holzrahmenbaus vor Ort errichtete Schicht wird im 7,1-cm-Normal, im 5,2-cm-Dünnformat oder mit 11,2 cm hohen 2-DF-Vormauerziegeln oder in abweichenden Formaten mit Handformziegeln gemauert. Für die Mauerziegel kommt DIN EN 771-1 „Festlegungen für Mauersteine – Teil 1: Mauerziegel“ (2015) zur Anwendung.

Abb. 4.24: Alu-Wellprofil an einem 1-Liter-Haus in Saarbrücken (Architekt: Rolf Disch)

Abb. 4.25: Holzrahmenbau mit Vormauerung (im Bau)

Abb. 4.26: Holzrahmenbau mit Vormauerung und Holzverschalung, Zimmerei Heidtmann GmbH

Diese nicht tragende Schicht muss mit den Holzaußenwänden durch Maueranker verbunden werden. Zwischen Holztafel und Vormauerung verbleibt eine mindestens 4 cm breite Luftschicht, die unten Belüftungsöffnungen und oben Entlüftungsöffnungen aufweisen muss.

4.3.5 Außenwandaufbauten im Detail
Putzfassade

(190) 0,5 mm Oberfläche innen
(320) 12,5 mm Gipsplatte
(312) 15 mm OSB-Platte, luftdicht verklebt
(210) 140 - 240 mm Konstruktionsvollholz b=60 mm; e = 625 mm
(430) 140 - 240 mm Mineralfaserdämmung 0,032
(410) 40 - 100 mm Holzfaserdämmung 0,050
(723) 12 mm mineralischer Außenputz mit Armierungsgewebe
(735) 3 mm Oberputz

Bauteil-Nr. 4.3.1.1
awropo101b
Außenwand
Rahmenwerk
nicht hinterlüftete Fassade
Putz
ohne Installationsebene
032

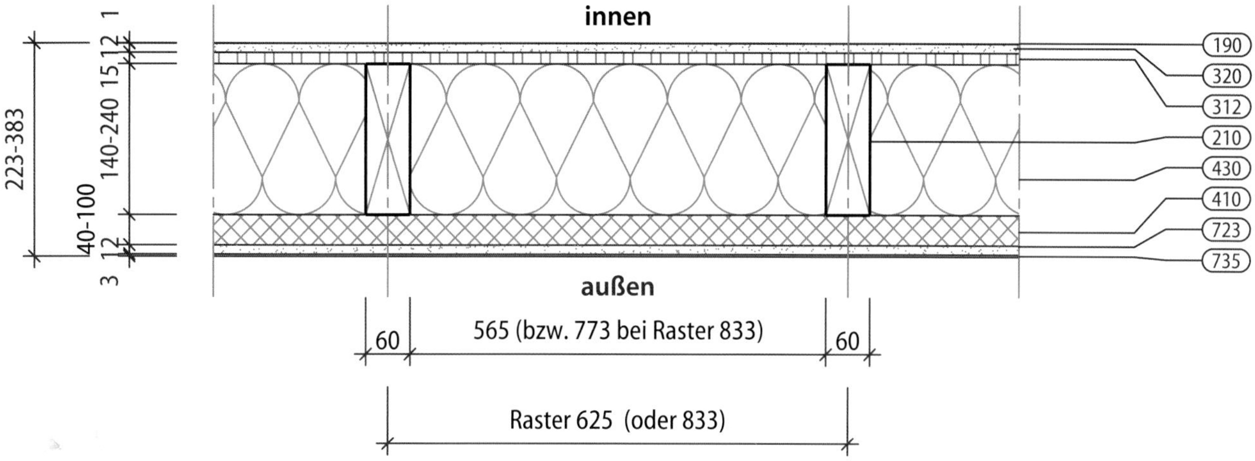

Technische Werte

Rahmenwerk-Höhe		140 mm	160 mm	180 mm	200 mm	240 mm
U-Wert in [W/(m² K)] nach DIN EN ISO 6946 bei 20 % Holzanteil und Gefachdämmung λ_B = 0,032 W/(m K)						
Abhängig von der Dicke der Holzfaser-Putzträgerplatte mit λ_B = 0,050 W/(m K)	40 mm	(0,246)	0,224	0,206	0,190	0,166
	60 mm	0,222	0,204	0,189	0,175	0,154
	80 mm	0,203	0,187	0,174	0,163	0,144
	100 mm	0,187	0,174	0,162	0,152	0,135
Spezifische Bauteilmasse in [kg/m²] abhängig von der Dicke der Holzfaser-Putzträgerplatte (davon Putz: 27 kg/m²)	40 mm	(80,3)	83,3	86,2	89,2	95,1
	60 mm	86,1	89,1	92,0	95,0	100,9
	80 mm	91,9	94,9	97,8	100,8	106,7
	100 mm	97,7	100,7	103,6	106,6	112,5
Gesamtdicke des Bauteils in Abhängigkeit von der Dicke der Holzweichfaserplatte	40 mm	(223 mm)	243 mm	263 mm	283 mm	323 mm
	60 mm	243 mm	263 mm	283 mm	303 mm	343 mm
	80 mm	263 mm	283 mm	303 mm	323 mm	363 mm
	100 mm	283 mm	303 mm	323 mm	343 mm	383 mm

Wirksame Wärmespeicherkapazität	bei 3 cm: 28,22 kJ/(m² K) / bei 10 cm: 39,43 kJ/(m² K)
Feuchteschutz nach DIN EN ISO 13788: vollständige Verdunstung von Tauwasser; Oberfläche: Temperaturfaktor f_{RSI} > 0,75	
Feuerwiderstandsklasse nach DIN 4102-4:2016-05	F 30-B (nach Tab. 10.7 außen mind. 15 mm Putz)
Baustoffklasse der äußeren Decklage (DIN 4102-1)	A1
Bewertetes Schalldämm-Maß $R_w(C;C_{tr})$ (DIN 4109-33:2016-07)	50 dB (-1;-5) (Tab. 6 Zeile 9 mit 60 mm Holzweichfaser-Putzträgerplatte, mind. 160 mm Rahmenwerk u. Gipsfaserplatte statt GKB)

(190) 0,5 mm Oberfläche innen
(320) 12,5 mm Gipsplatte
(312) 15 mm OSB-Platte, luftdicht verklebt
(210) 140 - 240 mm Konstruktionsvollholz b = 60 mm; e = 625 mm
(430) 140 - 240 mm Mineralfaserdämmung 0,035
(410) 40 - 100 mm Holzfaserdämmung 0,050
(723) 12 mm mineralischer Außenputz mit Armierungsgewebe
(735) 3 mm Oberputz

Bauteil-Nr. 4.3.1.2
awropo102b

Außenwand

Rahmenwerk
nicht hinterlüftete Fassade
Putz
ohne Installationsebene
doppelt beplankt
035

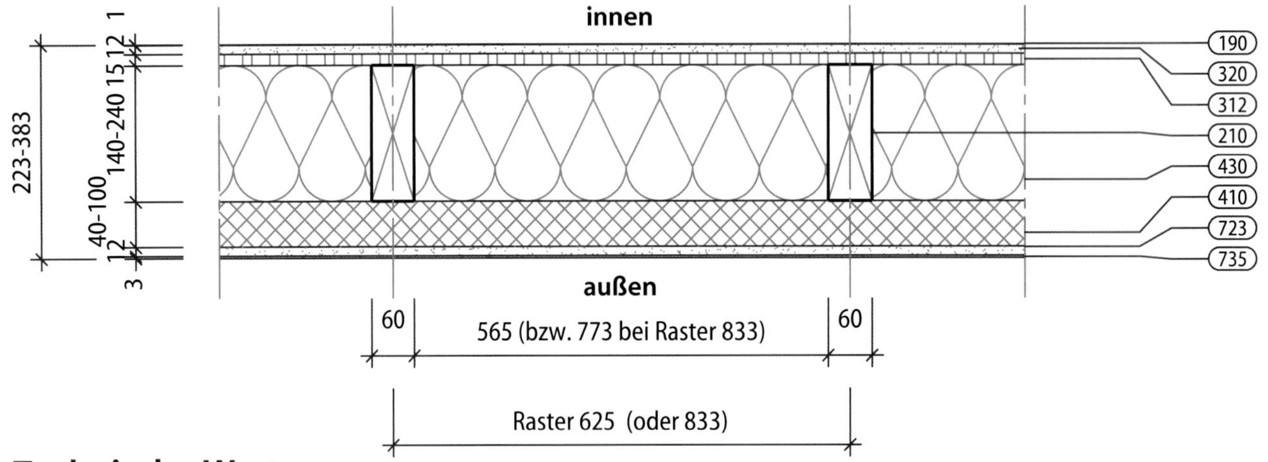

Technische Werte

Rahmenwerk		140 mm	160 mm	180 mm	200 mm	240 mm
U-Wert in [W/(m² K)] nach DIN EN ISO 6946 bei 20 % Holzanteil und Gefachdämmung λ_B = 0,035 W/(m K)						
Abhängig von der Dicke der Holzfaser-Putzträgerplatte mit λ_B = 0,050 W/(m K)	40 mm	(0,256)	0,233	0,214	0,198	0,172
	60 mm	0,230	0,212	0,196	0,182	0,160
	80 mm	0,210	0,194	0,181	0,169	0,150
	100 mm	0,193	0,179	0,168	0,158	0,141
Spezifische Bauteilmasse in [kg/m²] abhängig von der Dicke der Holzfaser-Putzträgerplatte (davon Putz: 27 kg/m²)	40 mm	(80,3)	83,3	86,2	89,2	95,1
	60 mm	86,1	89,1	92,0	95,0	100,9
	80 mm	91,9	94,9	97,8	100,8	106,7
	100 mm	97,7	100,7	103,6	106,6	112,5
Gesamtdicke des Bauteils in Abhängigkeit von der Dicke der Holzweichfaserplatte	40 mm	(223 mm)	243 mm	263 mm	283 mm	323 mm
	60 mm	243 mm	263 mm	283 mm	303 mm	343 mm
	80 mm	263 mm	283 mm	303 mm	323 mm	363 mm
	100 mm	283 mm	303 mm	323 mm	343 mm	383 mm

Wirksame Wärmespeicherkapazität	bei 3 cm: 28,22 kJ/(m² K) / bei 10 cm: 39,43 kJ/(m² K)
Feuchteschutz nach DIN EN ISO 13788: vollständige Verdunstung von Tauwasser; Oberfläche: Temperaturfaktor f_{RSI} > 0,75	
Feuerwiderstandsklasse nach DIN 4102-4:2016-05	F 30-B (nach Tab. 10.7 Zeile 11 u. 12; außen mind. 15 mm Putz)
Baustoffklasse der äußeren Decklage (DIN 4102-1)	A1
Bewertetes Schalldämm-Maß $R_w(C;C_{tr})$ (DIN 4109-33:2016-07)	50 dB (-1;-5) (Tab. 6 Zeile 9 mit 60 mm Holzweichfaser-Putzträgerplatte, mind. 160 mm Rahmenwerk, u. Gipsfaserplatte statt GKB)

(190) 0,5 mm Oberfläche innen
(320) 12,5 mm Gipsplatte
(312) 15 mm OSB-Platte, luftdicht verklebt
(250) 200 - 300 mm Holzstegträger b = 60 mm; e = 625 mm
(420) 200 - 300 mm Zellulosedämmung 0,040
(410) 40 - 100 mm Holzfaserdämmung 0,050
(723) 12 mm mineralischer Außenputz mit Armierungsgewebe
(735) 3 mm Oberputz

Bauteil-Nr. 4.3.1.3
awjopo110b

Außenwand

Holzstegträger
nicht hinterlüftete Fassade
Putz
ohne Installationsebene
doppelt beplankt
040

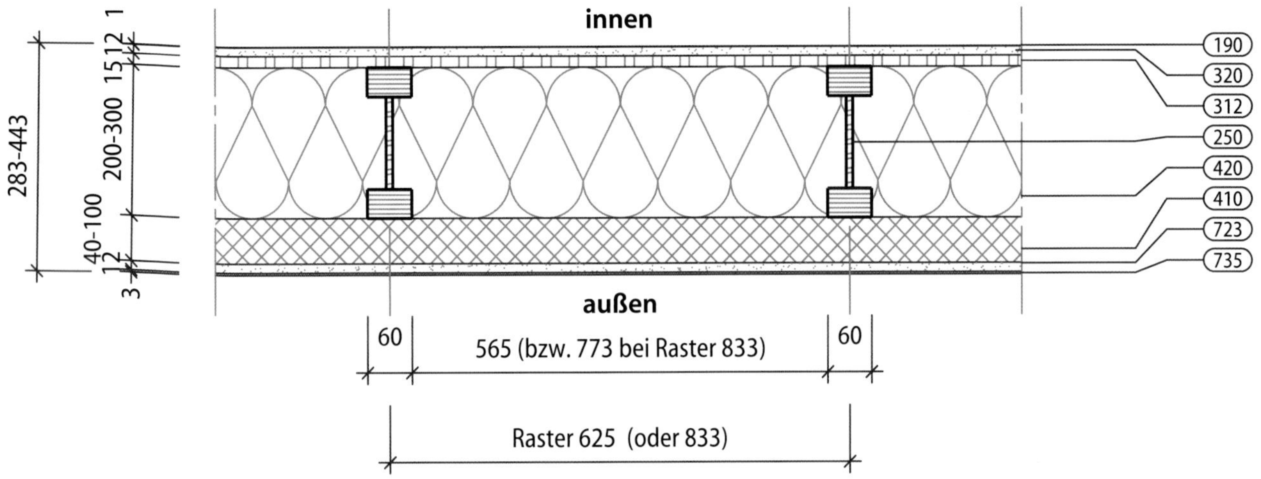

Technische Werte

Bei Höhe des Stegträgers		200 mm	220 mm	240 mm	280 mm	300 mm
U-Wert in [W/(m² K)] nach DIN EN ISO 6946 bei 20 % Holzanteil und Gefachdämmung $\lambda_B = 0{,}040$ W/(m K)						
Abhängig von der Dicke der Holzfaser-Putzträgerplatte mit $\lambda_B = 0{,}050$ W/(m K)	40 mm	0,187	0,172	0,159	0,139	0,130
	60 mm	0,173	0,160	0,149	0,131	0,124
	80 mm	0,162	0,151	141,000	0,124	0,118
	100 mm	0,152	0,142	0,133	0,118	0,112
Spezifische Bauteilmasse in [kg/m²] abhängig von der Dicke der Holzfaser-Putzträgerplatte (davon Putz: 27 kg/m²)	40 mm	84,5	86,2	87,9	91,2	92,9
	60 mm	90,3	92,0	93,7	97,0	98,7
	80 mm	96,1	97,8	99,5	102,8	104,5
	100 mm	101,9	103,6	105,3	108,6	110,3
Gesamtdicke des Bauteils in Abhängigkeit von der Dicke der Holzweichfaserplatte	40 mm	283 mm	303 mm	323 mm	363 mm	383 mm
	60 mm	303 mm	323 mm	343 mm	383 mm	403 mm
	80 mm	323 mm	343 mm	363 mm	403 mm	423 mm
	100 mm	343 mm	363 mm	383 mm	423 mm	443 mm

Wirksame Wärmespeicherkapazität	bei 3 cm: 28,38 kJ/(m² K) / bei 10 cm: 38,20 kJ/(m² K)
Feuchteschutz nach DIN EN ISO 13788: keine Tauwasserbildung im Bauteilinnern; Oberfläche: Temperaturfaktor $f_{RSI} > 0{,}75$	
Feuerwiderstandsklasse nach DIN 4102-4:2016-05	Konstruktion ist nicht in der Norm enthalten (Einzelnachweis erforderlich)
Baustoffklasse der äußeren Decklage (DIN 4102-1)	A1
Bewertetes Schalldämm-Maß $R_w(C;C_{tr})$ (DIN 4109-33:2016-07)	Konstruktion ist nicht in der Norm enthalten (Einzelnachweis erforderlich)

190	0,5 mm	Oberfläche innen
320	12,5 mm	Gipsplatte
430	60 mm	Mineralfaserdämmung 0,032
271	60/60 mm	Holzrahmen e = 625 mm vertikal (oder horizontal)
312	15 mm	OSB-Platte, luftdicht verklebt
210	100 - 180 mm	Konstruktionsvollholz b = 60 mm; e = 625 mm
430	100 - 180 mm	Mineralfaserdämmung 0,032
410	40 - 100 mm	Holzfaserdämmung 0,050
723	12 mm	mineralischer Außenputz mit Armierungsgewebe
735	3 mm	Oberputz

Bauteil-Nr. 4.3.1.4
awropi101a
Außenwand
Rahmenwerk
nicht hinterlüftete Fassade
Putz
mit Installationsebene
einfach beplankt
032

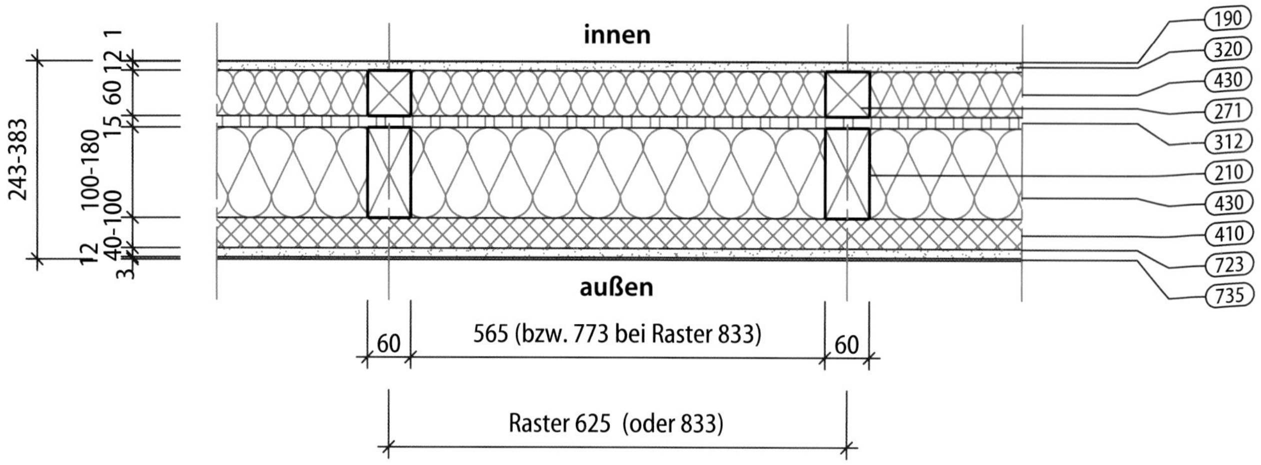

Technische Werte

Bei Höhe des Rahmenwerks		100 mm	120 mm	140 mm	160 mm	180 mm
U-Wert in [W/(m² K)] nach DIN EN ISO 6946 bei 20 % Holzanteil und Gefachdämmung $\lambda_B = 0{,}032$ W/(m K)						
Abhängig von der Dicke der Holzfaser-Putzträgerplatte mit $\lambda_B = 0{,}050$ W/(m K)	40 mm	0,224	0,206	0,190	0,177	0,166
	60 mm	0,204	0,189	0,175	0,164	0,154
	80 mm	0,187	0,174	0,163	0,153	0,144
	100 mm	0,174	0,162	0,152	0,143	0,136
Spezifische Bauteilmasse in [kg/m²] abhängig von der Dicke der Holzfaser-Putzträgerplatte (davon Putz: 27 kg/m²)	40 mm	83,3	86,2	89,2	92,2	95,1
	60 mm	89,1	92,0	95,0	98,0	100,9
	80 mm	94,9	97,8	100,8	103,8	106,7
	100 mm	100,7	103,6	106,6	109,6	112,5
Gesamtdicke des Bauteils in Abhängigkeit von der Dicke der Holzweichfaserplatte	40 mm	243 mm	263 mm	283 mm	303 mm	323 mm
	60 mm	263 mm	283 mm	303 mm	323 mm	343 mm
	80 mm	283 mm	303 mm	323 mm	343 mm	363 mm
	100 mm	303 mm	323 mm	343 mm	363 mm	383 mm

Wirksame Wärmespeicherkapazität	bei 3 cm: 14,05 kJ/(m² K) / bei 10 cm: 26,17 kJ/(m² K)
Feuchteschutz nach DIN EN ISO 13788: vollständige Verdunstung von Tauwasser; Oberfläche: Temperaturfaktor $f_{RSI} > 0{,}75$	
Feuerwiderstandsklasse nach DIN 4102-4:2016-05	F 30-B (nach Tab. 10.7 mind. 15 mm Putz)
Baustoffklasse der äußeren Decklage (DIN 4102-1)	A1
Bewertetes Schalldämm-Maß $R_w(C;C_{tr})$ (DIN 4109-33:2016-07)	51 dB (-1;-6) (Tab. 7 Zeile 2 mit 60 mm Holzweichfaser-Putzträgerplatte, mind. 160 mm Rahmenwerk, Inst.-Ebene 45 mm)

(190) 0,5 mm Oberfläche innen
(320) 12,5 mm Gipsplatte
(430) 60 mm Mineralfaserdämmung 0,035
(271) 60/60 mm Holzrahmen e = 625 mm vertikal (oder horizontal)
(312) 15 mm OSB-Platte, luftdicht verklebt
(210) 100 - 180 mm Konstruktionsvollholz b = 60 mm; e = 625 mm
(430) 100 - 180 mm Mineralfaserdämmung 0,035
(410) 40 - 100 mm Holzfaserdämmung 0,050
(723) 12 mm mineralischer Außenputz mit Armierungsgewebe
(735) 3 mm Oberputz

Bauteil-Nr. 4.3.1.5
awropi102a

Außenwand

Rahmenwerk
nicht hinterlüftete Fassade
Putz
mit Installationsebene
einfach beplankt
035

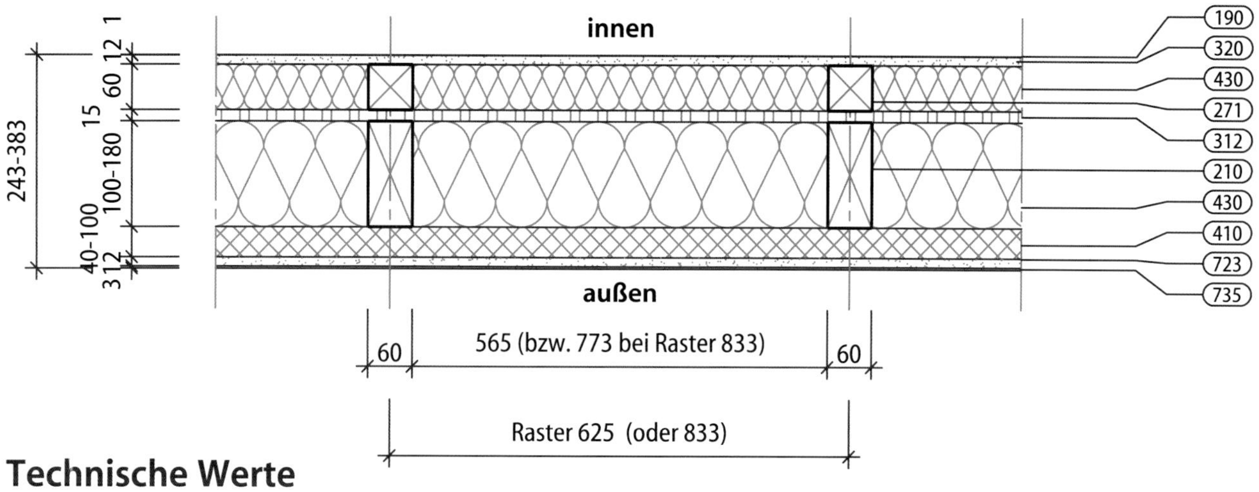

Technische Werte

Bei Höhe des Rahmenwerks		100 mm	120 mm	140 mm	160 mm	180 mm
U-Wert in [W/(m² K)] nach DIN EN ISO 6946 bei 20 % Holzanteil und Gefachdämmung λ_B = 0,035 W/(m K)						
Abhängig von der Dicke der Holzfaser-Putzträgerplatte mit λ_B = 0,050 W/(m K)	40 mm	0,233	0,214	0,198	0,184	0,172
	60 mm	0,212	0,196	0,182	0,170	0,160
	80 mm	0,194	0,181	0,169	0,159	0,150
	100 mm	0,179	0,168	0,158	0,149	0,141
Spezifische Bauteilmasse in [kg/m²] abhängig von der Dicke der Holzfaser-Putzträgerplatte (davon Putz: 27 kg/m²)	40 mm	83,3	86,2	89,2	92,2	95,1
	60 mm	89,1	92,0	95,0	98,0	100,9
	80 mm	94,9	97,8	100,8	103,8	106,7
	100 mm	100,7	103,6	106,6	109,6	112,5
Gesamtdicke des Bauteils in Abhängigkeit von der Dicke der Holzweichfaserplatte	40 mm	243 mm	263 mm	283 mm	303 mm	323 mm
	60 mm	263 mm	283 mm	303 mm	323 mm	343 mm
	80 mm	283 mm	303 mm	323 mm	343 mm	363 mm
	100 mm	303 mm	323 mm	343 mm	363 mm	383 mm

Wirksame Wärmespeicherkapazität	bei 3 cm: 14,05 kJ/(m² K) / bei 10 cm: 26,17 kJ/(m² K)
Feuchteschutz nach DIN EN ISO 13788: vollständige Verdunstung von Tauwasser; Oberfläche: Temperaturfaktor f_{RSI} > 0,75	
Feuerwiderstandsklasse nach DIN 4102-4:2016-05	F 30-B (nach Tab. 10.7 Zeilen 11 u. 12, außen mind. 15 mm Putz)
Baustoffklasse der äußeren Decklage (DIN 4102-1)	A1
Bewertetes Schalldämm-Maß $R_w(C;C_{tr})$ (DIN 4109-33:2016-07)	51 dB (-1;-6) (Tab. 7 Zeile 2 mit 60 mm Holzweichfaser-Putzträgerplatte, mind. 160 mm Rahmenwerk, Inst.-Ebene 45 mm)

(190) 0,5 mm Oberfläche innen
(320) 12,5 mm Gipsplatte
(415) 60 mm Holzweichfaserdämmung 0,040
(271) 60/60 mm Holzrahmen e = 625 mm vertikal (oder horizontal)
(312) 15 mm OSB-Platte, luftdicht verklebt
(210) 120 - 200 mm Konstruktionsvollholz b = 60 mm; e = 625 mm
(415) 120 - 200 mm Holzweichfaserdämmung 0,040
(410) 40 - 100 mm Holzfaserdämmung 0,050
(723) 12 mm mineralischer Außenputz mit Armierungsgewebe
(735) 3 mm Oberputz

Bauteil-Nr. 4.3.1.6
awropi110a

Außenwand

Rahmenwerk
nicht hinterlüftete Fassade
Putz
mit Installationsebene
einfach beplankt
040

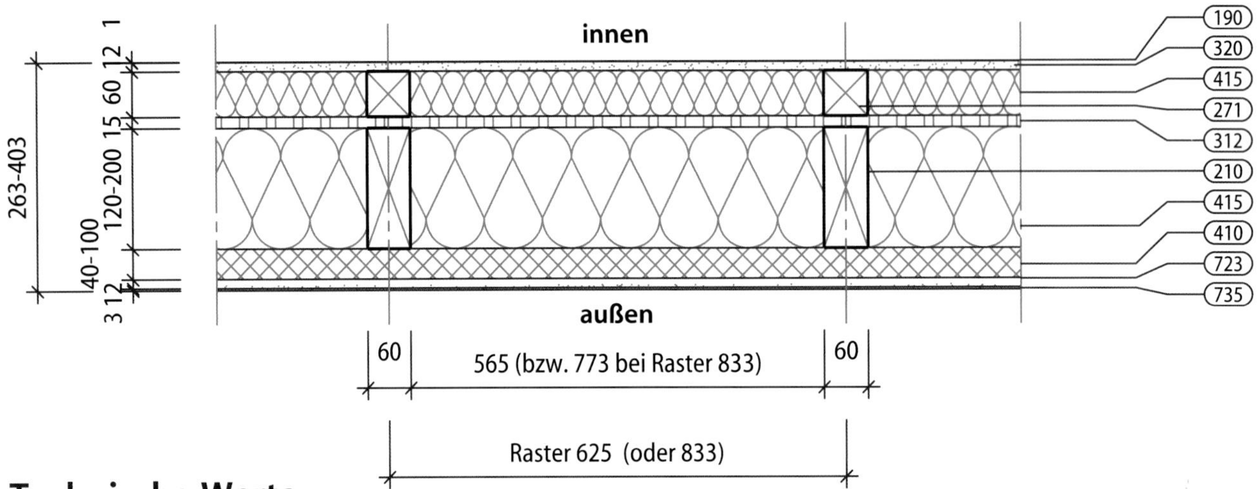

Technische Werte

Bei Höhe des Rahmenwerks		120 mm	140 mm	160 mm	180 mm	200 mm
U-Wert in [W/(m² K)] nach DIN EN ISO 6946 bei 20 % Holzanteil und Gefachdämmung λ_B = 0,040 W/(m K)						
Abhängig von der Dicke der Holzfaser-Putzträgerplatte mit λ_B = 0,050 W/(m K)	40 mm	0,228	0,211	0,197	0,184	0,173
	60 mm	0,208	0,194	0,181	0,170	0,161
	80 mm	0,191	0,179	0,168	0,159	0,150
	100 mm	0,177	0,166	0,157	0,149	0,141
Spezifische Bauteilmasse in [kg/m²] abhängig von der Dicke der Holzfaser-Putzträgerplatte (davon Putz: 27 kg/m²)	40 mm	86,2	89,2	92,2	95,1	98,1
	60 mm	92,0	95,0	98,0	100,9	103,9
	80 mm	97,8	100,8	103,8	106,7	109,7
	100 mm	103,6	106,6	109,6	112,5	115,5
Gesamtdicke des Bauteils in Abhängigkeit von der Dicke der Holzweichfaserplatte	40 mm	263 mm	283 mm	303 mm	323 mm	343 mm
	60 mm	283 mm	303 mm	323 mm	343 mm	363 mm
	80 mm	303 mm	323 mm	343 mm	363 mm	383 mm
	100 mm	323 mm	343 mm	363 mm	383 mm	403 mm

Wirksame Wärmespeicherkapazität	bei 3 cm: 14,05 kJ/(m² K) / bei 10 cm: 26,17 kJ/(m² K)
Feuchteschutz nach DIN EN ISO 13788: vollständige Verdunstung von Tauwasser; Oberfläche: Temperaturfaktor f_{RSI} > 0,75	
Feuerwiderstandsklasse nach DIN 4102-4:2016-05	F 30-B (nach Tab. 10.7 Zeile 13 mit außen mind. 15 mm Putz)
Baustoffklasse der äußeren Decklage (DIN 4102-1)	A1
Bewertetes Schalldämm-Maß $R_w(C;C_{tr})$ (DIN 4109-33:2016-07)	51 dB (-1;-6) (Tab. 7 Zeile 2 mit 60 mm Holzweichfaser- Putzträgerplatte, mind. 160 mm Rahmenwerk, Inst.-Ebene 45 mm)

Bauteil-Nr. 4.3.1.7
awjopi110a

Außenwand

Stegträger
nicht hinterlüftete Fassade
Putz
mit Installationsebene
einfach beplankt
040

Nr.	Dicke	Schicht
(190)	0,5 mm	Oberfläche innen
(320)	12,5 mm	Gipsplatte
(410)	60 mm	Holzfaserdämmung 0,040
(271)	60/60 mm	Holzrahmen e = 625 mm vertikal (oder horizontal)
(312)	15 mm	OSB-Platte, luftdicht verklebt
(250)	200 - 300 mm	Holzstegträger b = 60 mm; e = 625 mm
(420)	200 - 300 mm	Zellulosedämmung 0,040
(410)	40 - 100 mm	Holzfaserdämmung 0,050
(723)	12 mm	mineralischer Außenputz mit Armierungsgewebe
(735)	3 mm	Oberputz

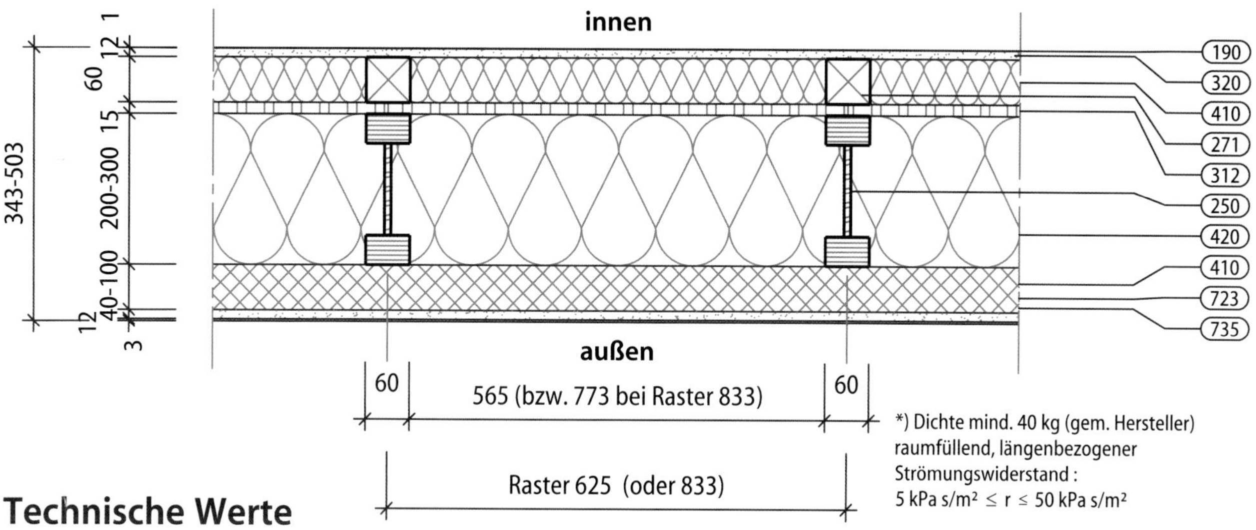

*) Dichte mind. 40 kg (gem. Hersteller) raumfüllend, längenbezogener Strömungswiderstand : 5 kPa s/m² ≤ r ≤ 50 kPa s/m²

Technische Werte

Bei Höhe des Stegträgers		200 mm	220 mm	240 mm	280 mm	300 mm
U-Wert in [W/(m² K)] nach DIN EN ISO 6946 bei 20 % Holzanteil und Gefachdämmung*) λ_B = 0,040 W/(m K)						
Abhängig von der Dicke der Holzfaser-Putzträgerplatte mit λ_B = 0,050 W/(m K)	40 mm	0,156	0,145	0,136	0,121	0,114
	60 mm	0,146	0,137	0,129	0,115	0,109
	80 mm	0,138	0,130	0,122	0,110	0,104
	100 mm	0,131	0,123	0,116	0,105	0,100
Spezifische Bauteilmasse in [kg/m²] abhängig von der Dicke der Holzfaser-Putzträgerplatte (davon Putz: 27 kg/m²)	40 mm	92,4	93,9	95,4	98,3	99,8
	60 mm	98,2	99,7	101,2	104,1	105,6
	80 mm	104,0	105,5	107,0	109,9	111,4
	100 mm	109,8	111,3	112,8	115,7	117,2
Gesamtdicke des Bauteils in Abhängigkeit von der Dicke der Holzweichfaserplatte	40 mm	343 mm	363 mm	383 mm	423 mm	443 mm
	60 mm	363 mm	383 mm	403 mm	443 mm	463 mm
	80 mm	383 mm	403 mm	423 mm	463 mm	483 mm
	100 mm	403 mm	423 mm	443 mm	483 mm	503 mm

Wirksame Wärmespeicherkapazität	bei 3 cm: 14,05 kJ/(m² K) / bei 10 cm: 26,97 kJ/(m² K)
Feuchteschutz nach DIN EN ISO 13788: vollständige Verdunstung von Tauwasser; Oberfläche: Temperaturfaktor f_{RSI} > 0,75	
Feuerwiderstandsklasse nach DIN 4102-4:2016-05	Konstruktion ist nicht in der Norm enthalten (Einzelnachweis erforderlich)
Baustoffklasse der äußeren Decklage (DIN 4102-1)	A1
Bewertetes Schalldämm-Maß $R_w(C;C_{tr})$ (DIN 4109-33:2016-07)	48 dB (-6;-13) (Tab. 7 Zeile 3 bei 60 mm Holzweichfaser-Putzträgerplatte; Dämmstoff im Gefach: Holzfaserdämmung)

Hinterlüftete Fassade

(190) 0,5 mm Oberfläche innen
(320) 12,5 mm Gipsplatte
(312) 15 mm OSB-Platte, luftdicht verklebt
(210) 160 - 240 mm Konstruktionsvollholz b = 60 mm; e = 625 mm
(430) 160 - 240 mm Mineralfaserdämmung 0,032
(313) 15/16 mm hydrophobierte MDF-Platte (DWD, DHF, ...)
(277) 30/50 mm Traglatte e = 62,5 cm vertikal
(330) ca. 27 mm Verschalungen, Fassadenbeplankung*)

Bauteil-Nr. 4.3.2.1
awrhho101b
Außenwand
Rahmenwerk
hinterlüftete/belüftete Fassade
Holz/Holzwerkstoffe
ohne Installationsebene
doppelt beplankt
032

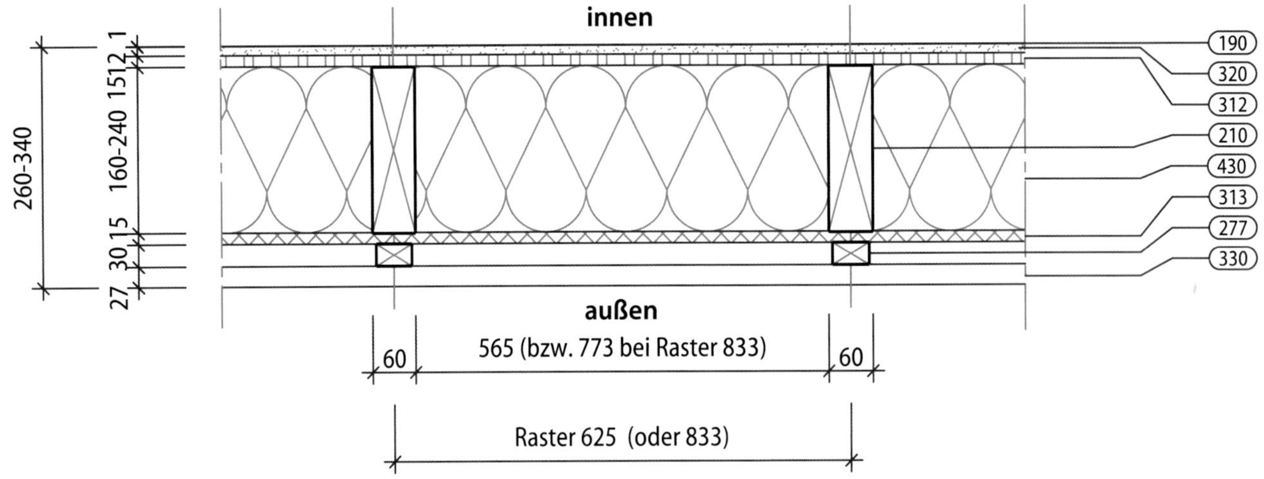

*) Die Fassade kann auch vertikal mit horizontaler Traglattung auf vertikaler Konterlattung 30/50 ausgeführt werden.

Technische Werte

Bei Höhe des Rahmenwerks	160 mm	180 mm	200 mm	220 mm	240 mm
U-Wert in [W/(m² K)] nach DIN EN ISO 6946 bei 20 % Holzanteil und Gefachdämmung λ_B = 0,032 W/(m K)					
	(0,263)	0,238	0,218	0,201	0,186
Spezifische Bauteilmasse in [kg/m²] (davon Fassade 20 kg/m²)	(70,7)	73,6	76,6	79,6	82,5
Gesamtdicke des Bauteils	(260 mm)	280 mm	300 mm	320 mm	340 mm
Wirksame Wärmespeicherkapazität:	bei 3 cm: 28,22 kJ/(m² K) / bei 10 cm: 39,43 kJ/(m² K)				
Feuchteschutz nach DIN EN ISO 13788: keine Tauwasserbildung im Bauteilinnern; Oberfläche: Temperaturfaktor f_{RSI} > 0,75					
Feuerwiderstandsklasse nach DIN 4102-4:2016-05	F 30-B (nach Tab. 10.7 Zeilen 1 und 2)				
Baustoffklasse der äußeren Decklage (DIN 4102-1)	B2				
Bewertetes Schalldämm-Maß $R_w(C;C_{tr})$ (DIN 4109-33:2016-07)	44 dB (Tab. 6 Zeile 4)				

(190) 0,5 mm Oberfläche innen
(320) 12,5 mm Gipsplatte
(312) 15 mm OSB-Platte, luftdicht verklebt
(210) 160 - 240 mm Konstruktionsvollholz b = 60 mm; e = 625 mm
(430) 160 - 240 mm Mineralfaserdämmung 0,035
(410) 40 - 100 mm Holzfaserdämmung 0,050
(277) 30/50 mm Traglatte e = 62,5 cm vertikal
(330) ca. 27 mm Verschalungen, Fassadenbeplankung (vertikal) *)

Bauteil-Nr. 4.3.2.2
awrhho102b
Außenwand
Rahmenwerk
hinterlüftete/belüftete Fassade
Holz/Holzwerkstoffe
ohne Installationsebene
doppelt beplankt
035

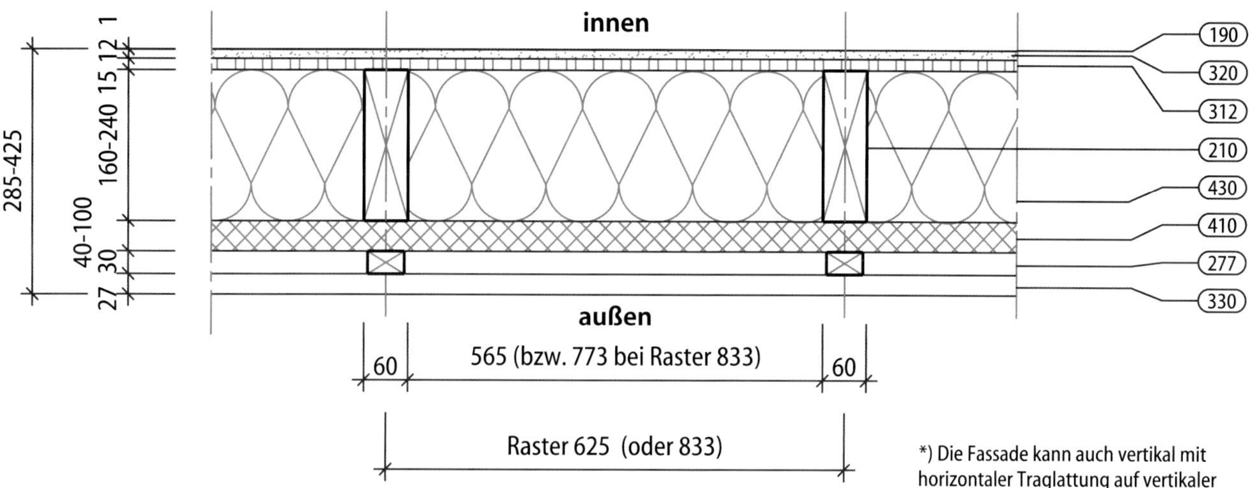

*) Die Fassade kann auch vertikal mit horizontaler Traglattung auf vertikaler Konterlattung 30/50 ausgeführt werden.

Technische Werte

Bei Höhe des Rahmenwerks		160 mm	180 mm	200 mm	220 mm	240 mm
U-Wert in [W/(m² K)] nach DIN EN ISO 6946 bei 20 % Holzanteil und Gefachdämmung λ_B = 0,035 W/(m K)						
Abhängig von der Dicke der Holzfaser-Putzträgerplatte mit λ_B = 0,050 W/(m K)	40 mm	0,229	0,210	0,195	0,182	0,170
	60 mm	0,208	0,193	0,180	0,168	0,158
	80 mm	0,191	0,178	0,167	0,157	0,148
	100 mm	0,177	0,166	0,156	0,147	0,139
Spezifische Bauteilmasse in [kg/m²] abhängig von der Dicke der Holzfaser-Putzträgerplatte (davon Fassade 20 kg/m²)	40 mm	67,1	70,0	73,0	76,0	78,9
	60 mm	68,3	71,2	74,2	77,2	80,1
	80 mm	69,5	72,4	75,4	78,4	81,3
	100 mm	70,7	73,6	76,6	79,6	82,5
Gesamtdicke des Bauteils in Abhängigkeit von der Dicke der Holzweichfaserplatte	40 mm	285 mm	305 mm	325 mm	345 mm	365 mm
	60 mm	305 mm	325 mm	345 mm	365 mm	385 mm
	80 mm	325 mm	345 mm	365 mm	385 mm	405 mm
	100 mm	345 mm	365 mm	385 mm	405 mm	425 mm
Wirksame Wärmespeicherkapazität		bei 3 cm: 28,22 kJ/(m² K) / bei 10 cm: 39,43 kJ/(m² K)				
Feuchteschutz nach DIN EN ISO 13788: keine Tauwasserbildung im Bauteilinnern; Oberfläche: Temperaturfaktor f_{RSI} > 0,75						
Feuerwiderstandsklasse nach DIN 4102-4:2016-05		Konstruktion ist nicht in der Norm enthalten (Einzelnachweis erforderlich)				
Baustoffklasse der äußeren Decklage (DIN 4102-1)		B2				
Bewertetes Schalldämm-Maß $R_w(C;C_{tr})$ (DIN 4109-33:2016-07) - als Vergleichswert		Konstruktion ist nicht in der Norm enthalten (Einzelnachweis erforderlich)				

(190) 0,5 mm Oberfläche innen
(320) 12,5 mm Gipsplatte
(312) 15 mm OSB-Platte, luftdicht verklebt
(250) 200 - 300 mm Holzstegträger b = 60 mm; e = 625 mm
(420) 200 - 300 mm Zellulosedämmung 0,040
(313) 16 mm hydrophobierte MDF-Platte
(277) 30/50 mm Traglatte e = 62,5 cm vertikal
(330) ca. 27 mm Verschalungen, Fassadenbeplankung *)

Bauteil-Nr. 4.3.2.3
awjhho110b
Außenwand
Stegträger
hinterlüftete/belüftete Fassade
Holz/Holzwerkstoffe
ohne Installationsebene
doppelt beplankt
040

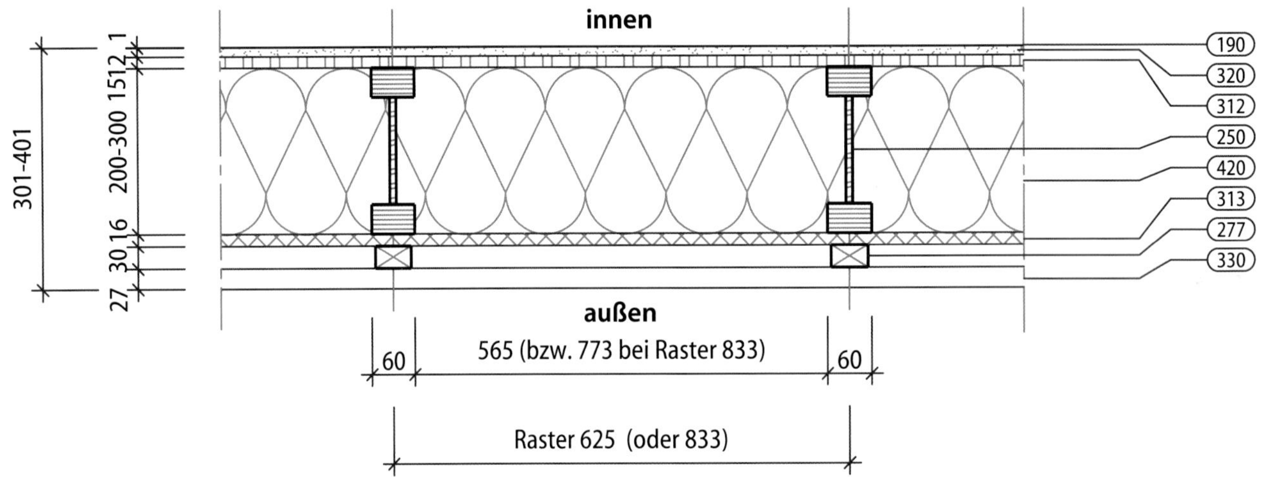

*) Die Fassade kann auch vertikal mit horizontaler Traglattung auf vertikaler Konterlattung 30/50 ausgeführt werden.

**) Dichte mind. 40 kg (gem. Hersteller) raumfüllend, längenbezogener Strömungswiderstand: 5 kPa s/m² ≤ r ≤ 50 kPa s/m²

Technische Werte

Bei Höhe des Stegträgers	200 mm	220 mm	240 mm	280 mm	300 mm
U-Wert in [W/(m² K)] nach DIN EN ISO 6946 bei 20 % Holzanteil und Gefachdämmung**) λ_B = 0,040 W/(m K)					
	0,210	0,191	0,176	0,152	0,142
Spezifische Bauteilmasse in [kg/m²] (davon Fassade 20 kg/m²)	70,3	71,8	73,2	76,8	78,3
Gesamtdicke des Bauteils	301 mm	321 mm	341 mm	381 mm	401mm
Wirksame Wärmespeicherkapazität	bei 3 cm: 28,35 kJ/(m² K) / bei 10 cm: 37,71 kJ/(m² K)				
Feuchteschutz nach DIN EN ISO 13788: keine Tauwasserbildung im Bauteilinnern; Oberfläche: Temperaturfaktor f_{RSI} > 0,75					
Feuerwiderstandsklasse nach DIN 4102-4:2016-05	Konstruktion ist nicht in der Norm enthalten (Einzelnachweis erforderlich)				
Baustoffklasse der äußeren Decklage (DIN 4102-1)	B2				
Bewertetes Schalldämm-Maß $R_w(C;C_{tr})$ (DIN 4109-33:2016-07)	44 dB (-2;-7) (Tab. 6 Zeile 12), mit Holzfaserdämmung im Gefach				

(190) 0,5 mm Oberfläche innen
(320) 12,5 mm Gipsplatte
(415) 60 mm Holzweichfaserdämmung 0,040
(271) 60/60 mm Holzrahmen e = 625 mm vertikal (oder horizontal)
(312) 15 mm OSB-Platte, luftdicht verklebt
(210) 120 - 200 mm Konstruktionsvollholz b = 60 mm; e = 625 mm
(415) 120 - 200 mm Holzweichfaserdämmung 0,040
(410) 40 - 100 mm Holzfaserdämmung 0,050
(277) 30/50 mm Traglatte e = 62,5 cm vertikal
(330) ca. 27 mm Verschalungen, Fassadenbeplankung *)

Bauteil-Nr. 4.3.2.4
awrhhi110a

Außenwand

Rahmenwerk
hinterlüftete/belüftete Fassade
Holz/Holzwerkstoffe
mit Installationsebene
einfach beplankt
040

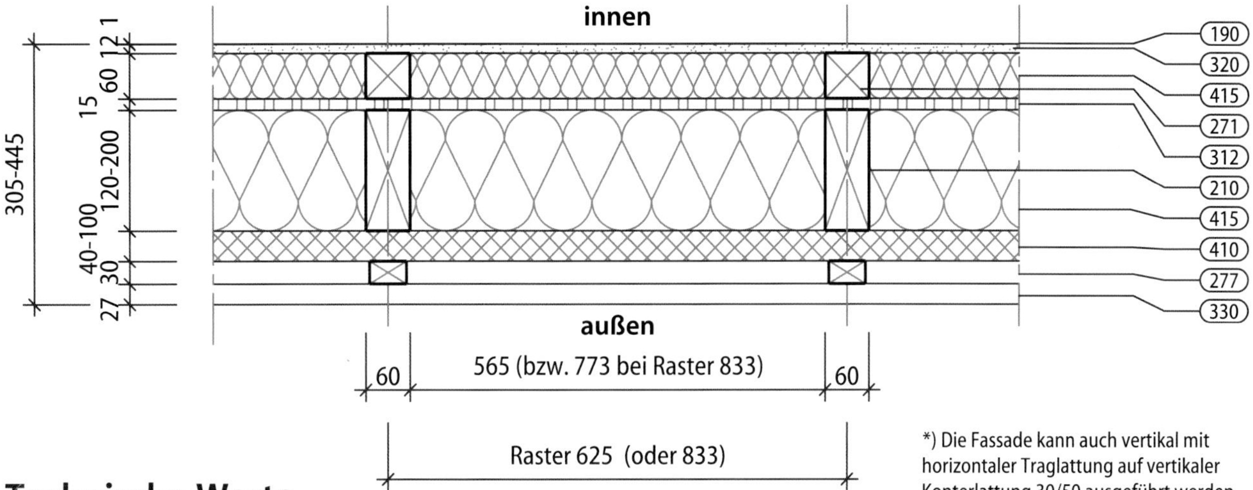

*) Die Fassade kann auch vertikal mit horizontaler Traglattung auf vertikaler Konterlattung 30/50 ausgeführt werden.

Technische Werte

Bei Höhe des Rahmenwerks		120 mm	140 mm	160 mm	180 mm	200 mm
U-Wert in [W/(m² K)] nach DIN EN ISO 6946 bei 20 % Holzanteil und Gefachdämmung λ_B = 0,040 W/(m K)						
Abhängig von der Dicke der Holzfaser-Putzträgerplatte mit λ_B = 0,050 W/(m K)	40 mm	0,223	0,207	0,193	0,181	0,170
	60 mm	0,204	0,190	0,178	0,168	0,159
	80 mm	0,188	0,176	0,166	0,157	0,148
	100 mm	0,174	0,164	0,155	0,147	0,140
Spezifische Bauteilmasse in [kg/m²] abhängig von der Dicke der Holzfaser-Putzträgerplatte (davon Fassade 20 kg/m²)	40 mm	79,2	82,2	85,2	88,1	91,1
	60 mm	85,0	88,0	91,0	93,7	96,9
	80 mm	90,8	93,8	76,8	99,7	102,7
	100 mm	96,6	99,6	102,6	105,5	108,5
Gesamtdicke des Bauteils in Abhängigkeit von der Dicke der Holzweichfaserplatte	40 mm	305 mm	325 mm	345 mm	365 mm	385 mm
	60 mm	325 mm	345 mm	365 mm	385 mm	405 mm
	80 mm	345 mm	365 mm	385 mm	405 mm	425 mm
	100 mm	365 mm	385 mm	405 mm	425 mm	445 mm
Wirksame Wärmespeicherkapazität			bei 3 cm: 14,05 kJ/(m² K) / bei 10 cm: 26,17 kJ/(m² K)			
Feuchteschutz nach DIN EN ISO 13788: keine Tauwasserbildung im Bauteilinnern; Oberfläche: Temperaturfaktor f_{RSI} > 0,75						
Feuerwiderstandsklasse nach DIN 4102-4:2016-05			Konstruktion ist nicht in der Norm enthalten (Einzelnachweis erforderlich)			
Baustoffklasse der äußeren Decklage (DIN 4102-1)			B2			
Bewertetes Schalldämm-Maß $R_w(C;C_{tr})$ (DIN 4109-33:2016-07) - als Vergleichswert			Konstruktion ist nicht in der Norm enthalten (Einzelnachweis erforderlich)			

(190) 0,5 mm Oberfläche innen
(320) 12,5 mm Gipsplatte
(415) 60 mm Holzweichfaserdämmung 0,040
(271) 60/60 mm Holzrahmen e = 625 mm vertikal (oder horizontal)
(312) 15 mm OSB-Platte, luftdicht verklebt
(210) 140 - 240 mm Konstruktionsvollholz b = 60 mm; e = 625 mm
(415) 140 - 240 mm Holzweichfaserdämmung 0,040
(313) 15 o. 16 mm hydrophobierte MDF-Platte (DWD, DHF ...)
(277) 30/50 mm Traglatte e = 62,5 cm vertikal
(330) ca. 27 mm Verschalungen, Fassadenbeplankung *)

Bauteil-Nr. 4.3.2.5
awrhhi111a

Außenwand

Rahmenwerk
hinterlüftete/belüftete Fassade
Holz/Holzwerkstoffe
mit Installationsebene
einfach beplankt
040

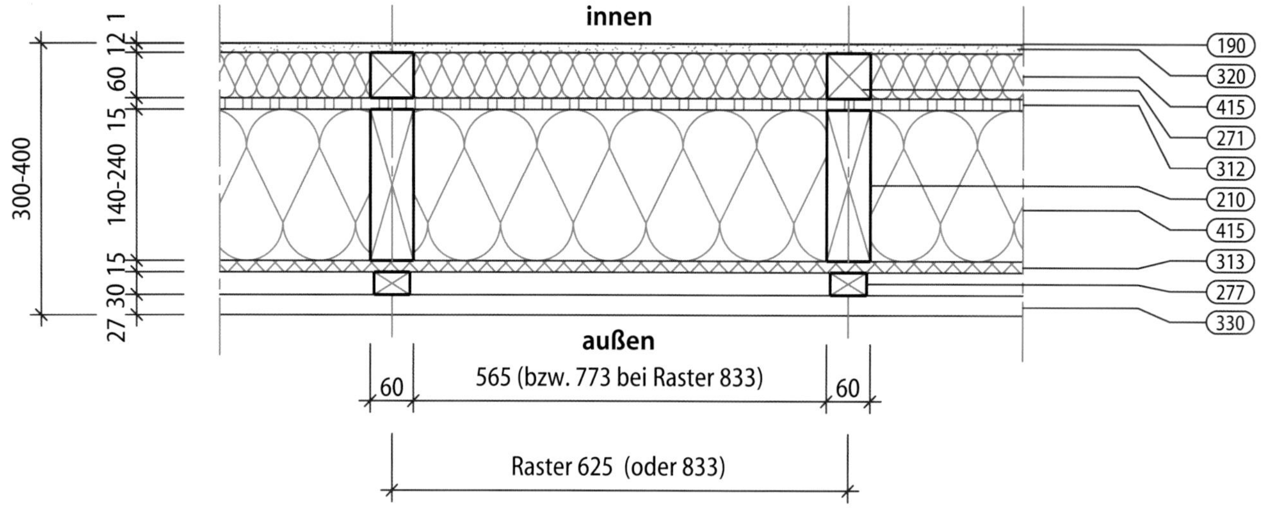

*) Die Fassade kann auch vertikal mit horizontaler Traglattung auf vertikaler Konterlattung 30/50 ausgeführt werden.

Technische Werte

Rahmenwerk	140 mm	160 mm	180 mm	200 mm	240 mm
U-Wert in [W/(m² K)] nach DIN EN ISO 6946 bei 20 % Holzanteil und Gefachdämmung $\lambda_B = 0{,}040$ W/(m K)					
	0,243	0,224	0,208	0,194	0,171
Spezifische Bauteilmasse in [kg/m²] (davon Fassade 20 kg/m²)	76,6	79,6	82,5	85,5	91,4
Gesamtdicke des Bauteils	300 mm	320 mm	340 mm	360 mm	400 mm
Wirksame Wärmespeicherkapazität	bei 3 cm: 14,05 kJ/(m² K) / bei 10 cm: 26,17 kJ/(m² K)				
Feuchteschutz nach DIN EN ISO 13788: keine Tauwasserbildung im Bauteilinnern; Oberfläche: Temperaturfaktor $f_{RSI} > 0{,}75$					
Feuerwiderstandsklasse nach DIN 4102-4:2016-05	F 30-B (nach Tab. 10.7 Zeile 3)				
Baustoffklasse der äußeren Decklage (DIN 4102-1)	B2				
Bewertetes Schalldämm-Maß $R_w(C;C_{tr})$ (DIN 4109-33:2016-07) - als Vergleichswert	> 37 dB (Tab. 6 Zeile 3 - ohne Installationsebene) bzw. 44 dB (Tab. 6 Zeile 4 - ohne Installationsebene, jedoch doppelt beplankt)				

(190) 0,5 mm Oberfläche innen
(320) 12,5 mm Gipsplatte
(415) 60 mm Holzweichfaserdämmung 0,040
(271) 60/60 mm Holzrahmen e = 625 mm vertikal (oder horizontal)
(312) 15 mm OSB-Platte, luftdicht verklebt
(250) 200 - 300 mm Holzstegträger b = 60 mm; e = 625 mm
(420) 200 - 300 mm Zellulosedämmung 0,040
(313) 15 o. 16 mm hydrophobierte MDF-Platte (DWD, DHF ...)
(277) 30/50 mm Traglatte e = 62,5 cm vertikal
(330) ca. 27 mm Verschalungen, Fassadenbeplankung *)

Bauteil-Nr. 4.3.2.6
awjhhi110a

Außenwand

Stegträger
hinterlüftete/belüftete Fassade
Holz/Holzwerkstoffe
mit Installationsebene
einfach beplankt
040

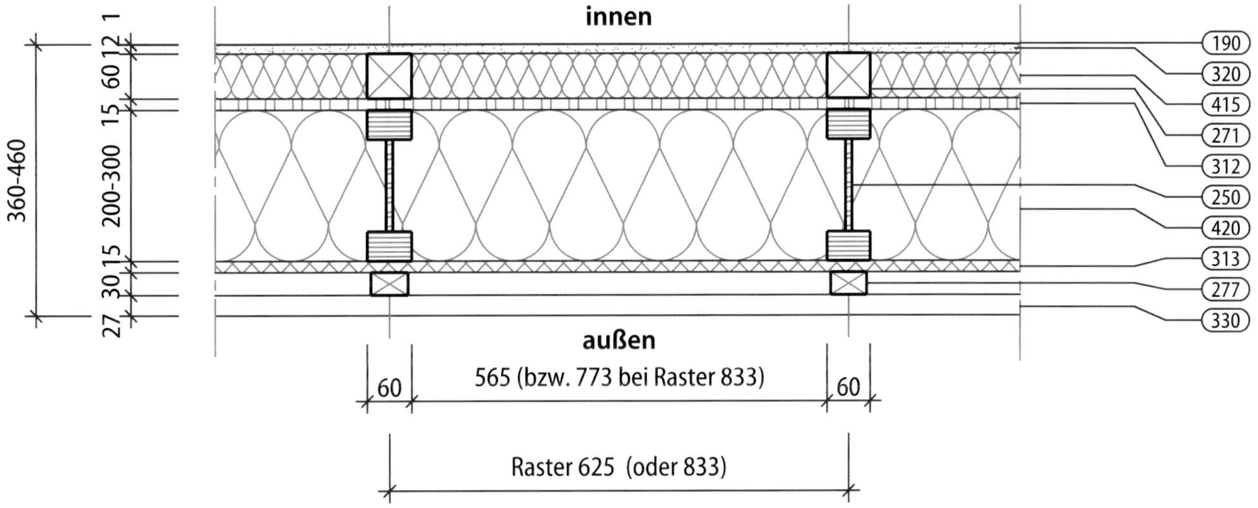

*) Die Fassade kann auch vertikal mit horizontaler Traglattung auf vertikaler Konterlattung 30/50 ausgeführt werden.

Technische Werte

Bei Höhe des Stegträgers	200 mm	220 mm	240 mm	280 mm	300 mm
U-Wert in [W/(m² K)] nach DIN EN ISO 6946 bei 20 % Holzanteil und Gefachdämmung λ_B = 0,040 W/(m K)					
	0,171	0,158	0,147	0,130	0,122
Spezifische Bauteilmasse in [kg/m²] (davon Fassade 20 kg/m²)	79,2	80,6	82,1	85,1	86,6
Gesamtdicke des Bauteils	360 mm	380 mm	400 mm	440 mm	460 mm
Wirksame Wärmespeicherkapazität	bei 3 cm: 14,05 kJ/(m² K) / bei 10 cm: 26,81 kJ/(m² K)				
Feuchteschutz nach DIN EN ISO 13788: keine Tauwasserbildung im Bauteilinnern; Oberfläche: Temperaturfaktor f_{RSI} > 0,75					
Feuerwiderstandsklasse nach DIN 4102-4:2016-05	Konstruktion ist nicht in der Norm enthalten (Einzelnachweis erforderlich)				
Baustoffklasse der äußeren Decklage (DIN 4102-1)	B2				
Bewertetes Schalldämm-Maß $R_w(C;C_{tr})$ (DIN 4109-33:2016-07)	Konstruktion ist nicht in der Norm enthalten (Einzelnachweis erforderlich)				

(190) 0,5 mm Oberfläche innen
(320) 12,5 mm Gipsplatte
(312) 15 mm OSB-Platte, luftdicht verklebt
(210) 180 - 280 mm Konstruktionsvollholz b = 60 mm; e = 625 mm
(430) 180 - 280 mm Mineralfaserdämmung 0,032
(313) 15/16 mm hydrophobierte MDF-Platte (DWD, DHF, ...)
(012) 40 mm belüfteter Hohlraum
(714) 115 mm Vormauerziegel

Bauteil-Nr. 4.3.2.7
awrhzo101b

Außenwand

Rahmenwerk
hinterlüftete/belüftete Fassade
Vormauerziegel
ohne Installationsebene
doppelt beplankt
032

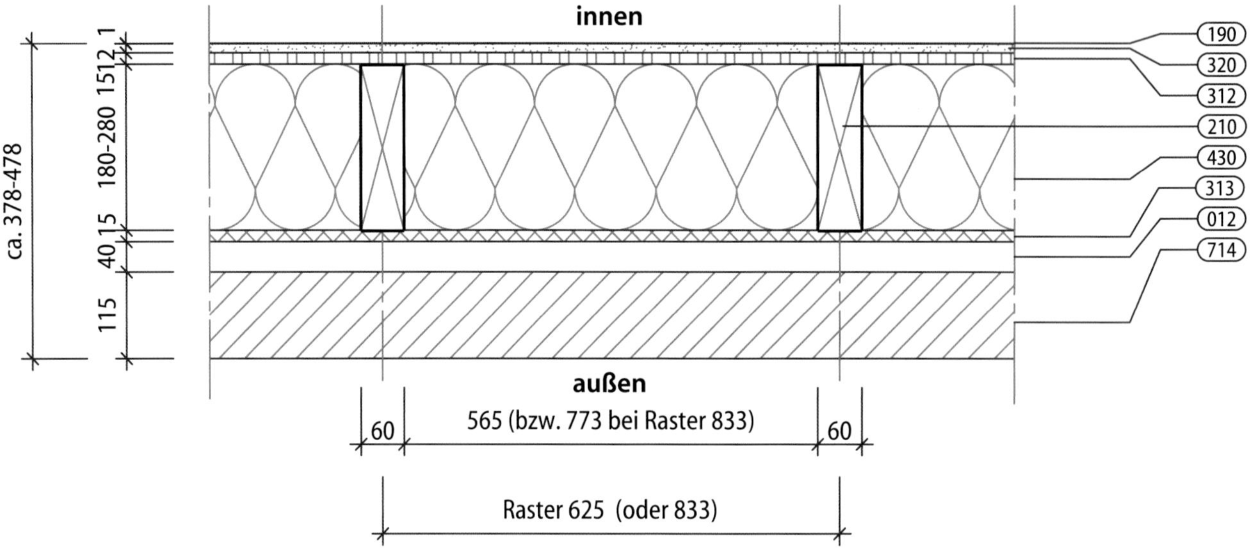

Technische Werte

Bei Höhe des Rahmenwerks	180 mm	200 mm	220 mm	240 mm	280 mm
U-Wert in [W/(m² K)] nach DIN EN ISO 6946 bei 20 % Holzanteil und Gefachdämmung λ_B = 0,032 W/(m K)					
	0,238	0,218	0,201	0,186	0,163
Spezifische Bauteilmasse in [kg/m²] (davon Vormauerung ca. 276 kg/m²)	325,4	327,8	330,3	332,8	337,8
Gesamtdicke des Bauteils	ca. 378 mm	ca. 398 mm	ca. 418 mm	ca. 438 mm	ca. 478 mm
Wirksame Wärmespeicherkapazität	bei 3 cm: 28,22 kJ/(m² K) / bei 10 cm: 39,43 kJ/(m² K)				
Feuchteschutz nach DIN EN ISO 13788: keine Tauwasserbildung im Bauteilinnern; Oberfläche: Temperaturfaktor f_{RSI} > 0,75					
Feuerwiderstandsklasse nach DIN 4102-4:2016-05	F 30-B (nach Tab. 10.7 Zeile 1 und 2)				
Baustoffklasse der äußeren Decklage (DIN 4102-1)	B2				
Bewertetes Schalldämm-Maß $R_w(C;C_{tr})$ (DIN 4109-33:2016-07)	52 dB (Tab. 6 Zeile 11)				

(190) 0,5 mm Oberfläche innen
(320) 12,5 mm Gipsplatte
(410) 60 mm Holzfaserdämmung
(271) 60/60 mm Holzrahmen e = 625 mm vertikal (oder horizontal)
(312) 15 mm OSB-Platte, luftdicht verklebt
(210) 180 - 280 mm Konstruktionsvollholz b = 60 mm; e = 625 mm
(430) 180 - 280 mm Mineralfaserdämmung 0,032
(313) 15/16 mm hydrophobierte MDF-Platte (DWD, DHF, ...)
(012) 40 mm belüfteter Hohlraum
(714) 115 mm Vormauerziegel

Bauteil-Nr. 4.3.2.8
awrhzi101a

Außenwand

Rahmenwerk
hinterlüftete/belüftete Fassade
Vormauerziegel
mt Installationsebene
einfach beplankt
040

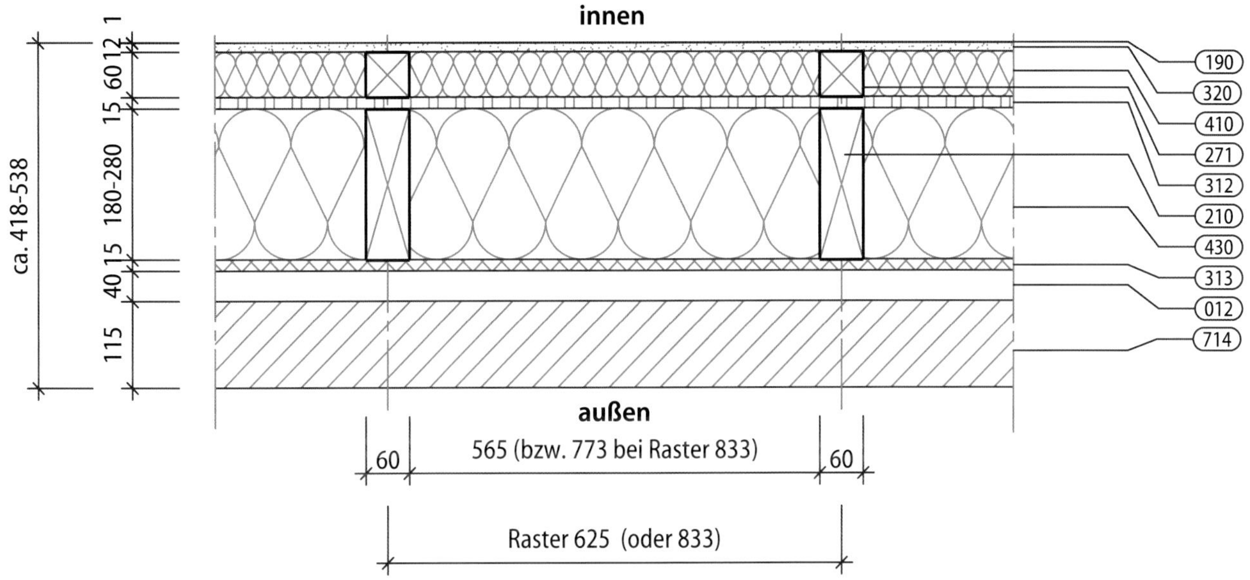

Technische Werte

Bei Höhe des Rahmenwerks	160 mm	180 mm	200 mm	240 mm	280 mm
U-Wert in [W/(m² K)] nach DIN EN ISO 6946 bei 20 % Holzanteil und Gefachdämmung λ_B = 0,040 W/(m K)					
	0,224	0,208	0,194	0,171	0,153
Spezifische Bauteilmasse in [kg/m²] (davon Vormauerung ca. 276 kg/m²)	330,3	332,8	335,3	340,2	345,2
Gesamtdicke des Bauteils	ca. 418 mm	ca. 438 mm	ca. 458 mm	ca. 498 mm	ca. 538 mm
Wirksame Wärmespeicherkapazität	bei 3 cm: 14,05 kJ/(m² K) / bei 10 cm: 26,17 kJ/(m² K)				
Feuchteschutz nach DIN EN ISO 13788: keine Tauwasserbildung im Bauteilinnern; Oberfläche: Temperaturfaktor f_{RSI} > 0,75					
Feuerwiderstandsklasse nach DIN 4102-4:2016-05	F 30-B (nach Tab. 10.7 Zeilen 1 und 2)				
Baustoffklasse der äußeren Decklage (DIN 4102-1)	B2				
Bewertetes Schalldämm-Maß $R_w(C;C_{tr})$ (DIN 4109-33:2016-07)	Konstruktion ist nicht in der Norm enthalten (Einzelnachweis erforderlich)				

4.4 Gebäudeabschlusswände

Anstelle der immer aus nicht brennbaren Baustoffen bestehenden Brandwände sind nach der Musterbauordnung (MBO) 2 Arten von Wänden, die auch brennbare Baustoffe enthalten dürfen, in den Gebäudeklassen 1 bis 3, möglich:

- hochfeuerhemmende Konstruktionen und
- von innen nach außen mindestens feuerhemmende (F 30-B) und von außen nach innen feuerbeständige (F 90-B) Wände.
  Diese werden auch als F-30-B-F-90-B-Wände bezeichnet.

In der Gebäudeklasse 4 sind anstelle von Brandwänden Konstruktionen, die auch unter einer zusätzlichen mechanischen Belastung hochfeuerhemmend sind, zulässig.

Hochfeuerhemmende Konstruktionen

(190) 0,5 mm Oberfläche innen
(326) 12,5 mm Gipskarton-Feuerschutzplatte GKF oder Gipsfaserplatte GF
(312) 15 mm OSB-Platte, luftdicht verklebt
(430) 140 - 180 mm Mineralfaserdämmung WLG 040, 33 kg/m³, 1.000 °C
(210) 140 -180 mm Konstruktionsvollholz b = 60 mm; e = 625 mm
(430) 20 mm Mineralfaserdämmung WLG 040, 33 kg/m³, > 1.000 °C

Bauteil-Nr. 4.4.1.1
twrg6o101b

Raumabschließende Wand

Rahmenwerk
tragend, hochfeuerhemmend F 60-B
Mineralwolle > 1.000 °C
ohne Installationsebene
doppelt beplankt
040

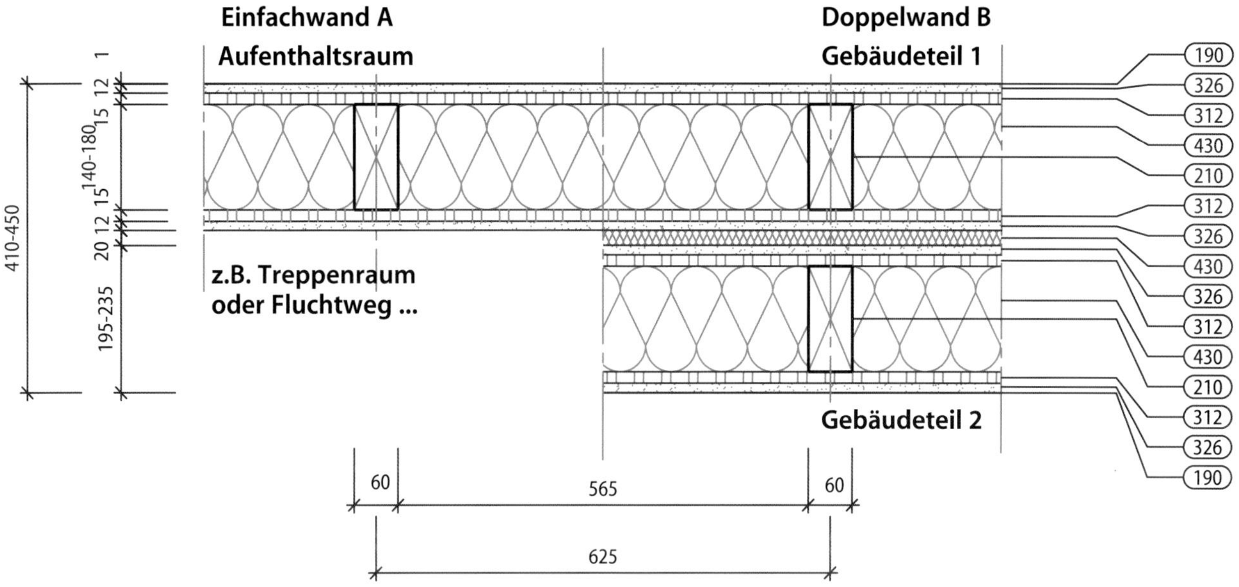

Technische Werte

	Einfachwand A			Doppelwand B	
Bei Höhe des Rahmenwerks	140 mm	160 mm	180 mm	2 x 140 mm	2 x 160 mm
U-Wert in [W/(m² K)] nach DIN EN ISO 6946 bei 20 % Holzanteil und Gefachdämmung λ_B = 0,040 W/(m K)					
	0,324	0,291	0,264	0,155	0,140
Spezifische Bauteilmasse in [kg/m²]	59,4	61,8	64,3	119,9	124,9
Gesamtdicke des Bauteils (inkl. Deckung)	ca. 195 mm	ca. 215 mm	ca. 235 mm	ca. 410 mm	ca. 450 mm
Wirksame Wärmespeicherkapazität	bei 3 cm: 56,45 kJ/(m² K) / bei 10 cm: 78,85 kJ/(m² K)				
Feuchteschutz nach DIN EN ISO 13788: keine Tauwasserbildung im Bauteilinnern; Oberfläche: Temperaturfaktor f_{RSI} > 0,75					
Feuerwiderstandsklasse nach DIN 4102-4:2016-05	F 60-B				
Baustoffklasse der tragenden Schicht (DIN 4102-1)	B2				
Bewertetes Schalldämm-Maß $R_w(C;C_{tr})$	Einfachwand A: 47 dB (-2;-6)			Doppelwand B: 59 dB (-3;-10)	

(190) 0,5 mm Oberfläche innen
(326) 12,5 mm Gipskarton-Feuerschutzplatte GKF oder Gipsfaserplatte GF
(312) 15 mm OSB-Platte, luftdicht verklebt
(410) 100 - 140 mm Holzfaserdämmung WLG 040
(210) 100 - 140 mm Konstruktionsvollholz b = 60 mm; e = 625 mm
(430) 20 mm mineralfaserdämmung WLG 040, 33 kg/m³, > 1.000 °C

Bauteil-Nr. 4.4.1.2
twrg6o110b

Raumabschließende Wand

Rahmenwerk
tragend, hochfeuerhemmend F 60-B
Holzweichfaserdämmung
ohne Installationsebene
doppelt beplankt
040

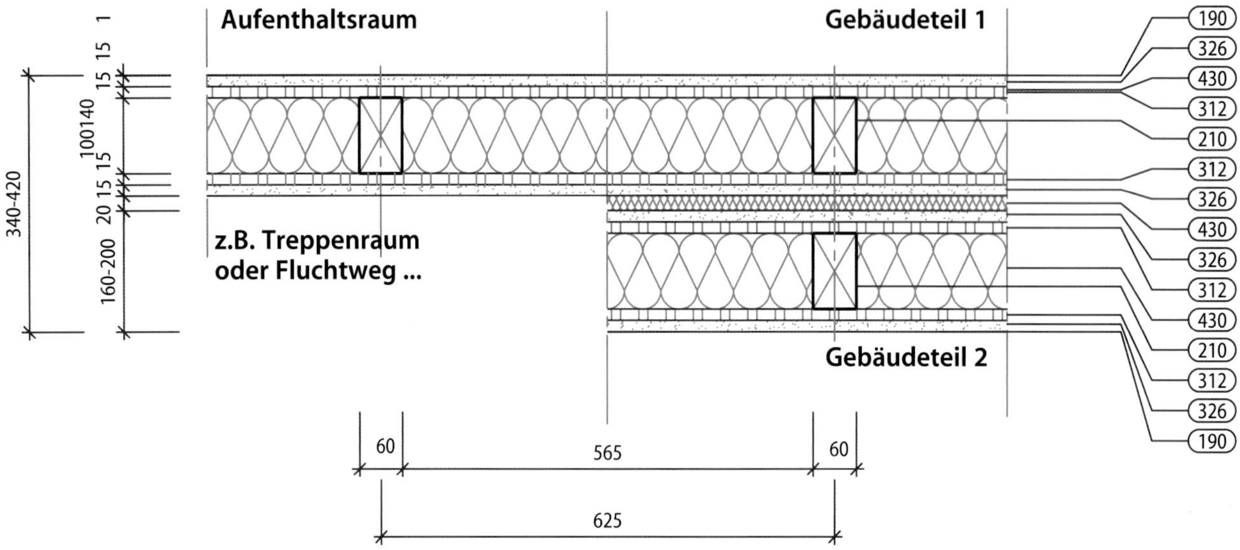

Technische Werte

	Einfachwand A			Doppelwand B	
Bei Höhe des Rahmenwerks	100 mm	120 mm	140 mm	2 x 100 mm	2 x 140 mm
U-Wert in [W/(m² K)] nach DIN EN ISO 6946 bei 20 % Holzanteil und Gefachdämmung λ_B = 0,040 W/(m K)					
	0,415	0,362	0,322	0,197	0,154
Spezifische Bauteilmasse in [kg/m²]	58,9	61,4	63,9	119,0	128,9
Gesamtdicke des Bauteils (inkl. Deckung)	ca. 160 mm	ca. 180 mm	ca. 200 mm	ca. 340 mm	ca. 420 mm
Wirksame Wärmespeicherkapazität	bei 3 cm: 60,15 kJ/(m² K) / bei 10 cm: 82,55 kJ/(m² K)				
Feuchteschutz nach DIN EN ISO 13788: keine Tauwasserbildung im Bauteilinnern; Oberfläche: Temperaturfaktor f_{RSI} > 0,75					
Feuerwiderstandsklasse nach DIN 4102-4:2016-05	F 60-B				
Baustoffklasse der tragenden Schicht (DIN 4102-1)	B2				
Bewertetes Schalldämm-Maß $R_w(C;C_{tr})$	Einfachwand A: 43 dB (-1;-5)			Doppelwand B: 59 dB (-3;-10)	

(190) 0,5 mm Oberfläche innen
(326) 12,5 mm Gipskarton-Feuerschutzplatte GKF oder Gipsfaserplatte GF
(312) 22 mm OSB-Platte, luftdicht verklebt
(210) 180 - 280 mm Konstruktionsvollholz b = 60 mm; e = 625 mm
(430) 180 - 280 mm Mineralfaserdämmung WLG 040 mind. 100 kg/m³
(319) 25 - 50 mm Holzwolleleichtbauplatte HWPL
(723) 12 mm mineralischer Außenputz
(735) 3 mm Oberputz

Bauteil-Nr. 4.4.1.3
awropo120b
Außenwand
Rahmenwerk
tragend, hochfeuerhemmend F 60-B
Putz
ohne Installationsebene
einfach beplankt
040

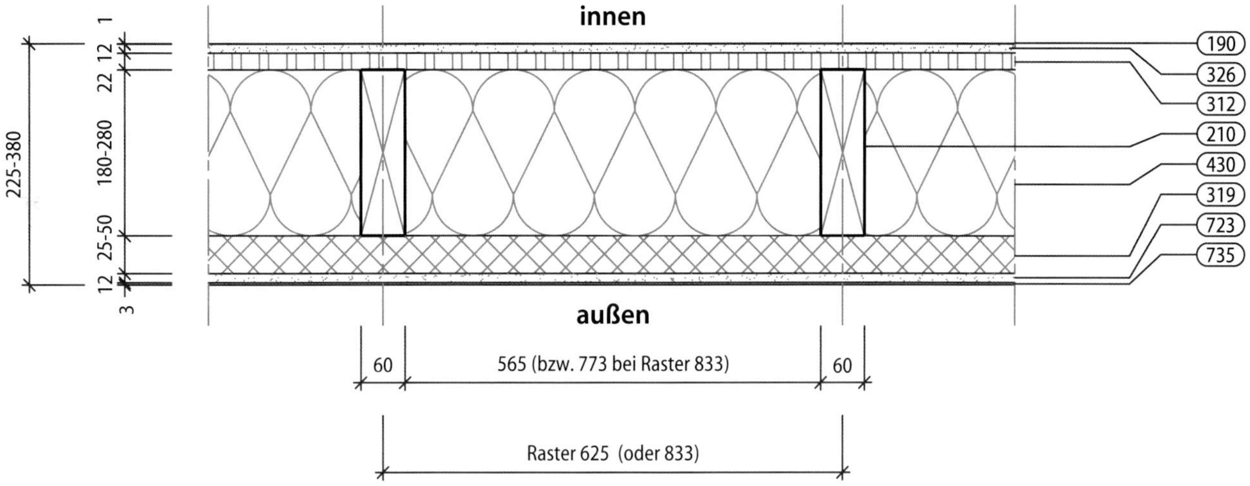

Technische Werte

Rahmenwerk-Höhe		180 mm	200 mm	220 mm	240 mm	280 mm
U-Wert in [W/(m² K)] nach DIN EN ISO 6946 bei 15 % Holzanteil und Gefachdämmung $\lambda_B = 0{,}040$ W/(m K)						
Abhängig von der Dicke der Holzwolle-Leichtbauplatte mit $\lambda_B = 0{,}090$ W/(m K)	25 mm	(0,257)	0,236	0,218	0,203	0,178
	35 mm	(0.250)	0,230	0,213	0,198	0,174
	50 mm	0,239	0,220	0,205	0,191	0,169
Spezifische Bauteilmasse in [kg/m²] abhängig von der Dicke der Holzwolle-Leichtbauplatte	25 mm	(95,2)	98,8	102,4	106,0	113,2
	35 mm	(99,3)	102,9	106,5	110,1	117,3
	50 mm	105,4	109	112,6	116,2	123,4
Gesamtdicke des Bauteils in Abhängigkeit von der Dicke der Holzwolle-Leichtbauplatte (inkl. Dacheindeckung)	25 mm	(ca. 255 mm)	ca. 275 mm	ca. 295 mm	ca. 315 mm	ca. 355 mm
	35 mm	(ca. 265 mm)	ca. 285 mm	ca. 305 mm	ca. 325 mm	ca. 365 mm
	50 mm	ca. 280 mm	ca. 300 mm	ca. 320 mm	ca. 340 mm	ca. 380 mm
Wirksame Wärmespeicherkapazität		bei 3 cm: 30,59 kJ/(m² K) / bei 10 cm: 46,04 kJ/(m² K)				
Feuchteschutz nach DIN EN ISO 13788: vollständige Verdunstung von Tauwasser; Oberfläche: Temperaturfaktor $f_{RSI} > 0{,}75$						
Feuerwiderstandsklasse nach DIN 4102-4:2016-05		F 60-B				
Baustoffklasse der Dachhaut (DIN 4102-1)		A1				
Bewertetes Schalldämm-Maß $R_w(C;C_{tr})$		Konstruktion nicht in DIN 4109-33 enthalten (Einzelnachweis erforderlich)				

(190)	0,5	mm Oberfläche innen
(326)	15	mm Gipskarton-Feuerschutzplatte GKF oder Gipsfaserplatte GF
(270)	60/40	mm Rahmen, Latte, horizontal montiert
(312)	22	mm OSB-Platte, luftdicht verklebt
(210)	160 - 280	mm Konstruktionsvollholz b = 60 mm; e = 625 mm
(411)	160 - 280	mm Holzweichfaserdämmung WLG 040 mind. 45 kg/m³
(410)	60	mm Holzfaserdämmung WLG 055 mind. 200 kg/m³
(723)	12	mm mineralischer Außenputz (Putz insgesamt mind. 7 mm)
(735)	3	mm Oberputz

Bauteil-Nr. 4.4.1.4
awropi120a

Raumabschließende Wand

Rahmenwerk
tragend, hochfeuerhemmend F 60-B
Holzweichfaserdämmung
ohne Installationsebene
doppelt beplankt
040

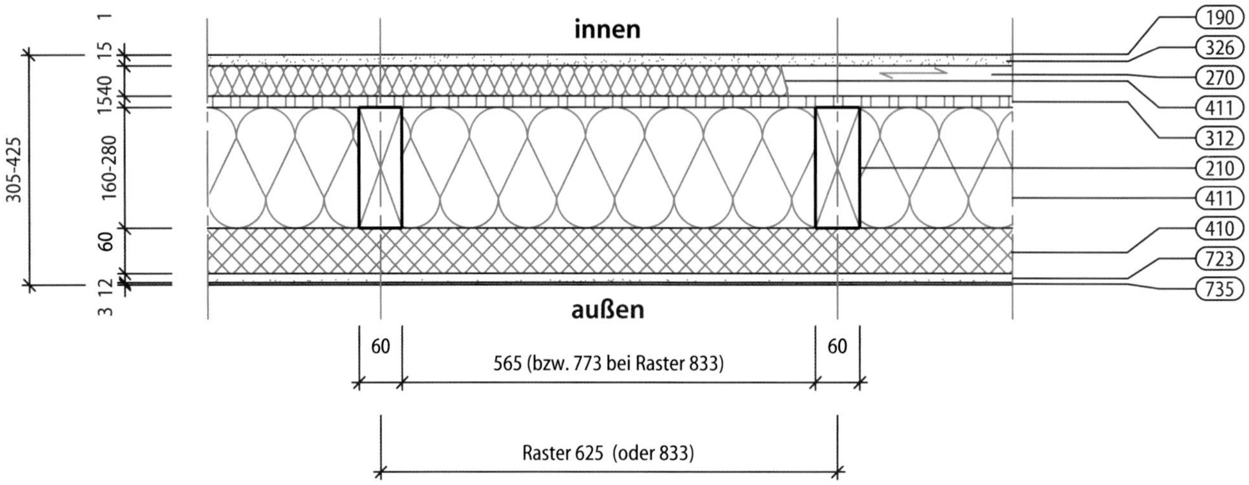

Technische Werte

Bei Höhe des Rahmenwerks	160 mm	200 mm	220 mm	240 mm	280 mm
U-Wert in [W/(m² K)] nach DIN EN ISO 6946 bei 20 % Holzanteil und Gefachdämmung λ_B = 0,040 W/(m K)					
	0,193	0,170	0,161	0,152	0,137
Spezifische Bauteilmasse in [kg/m²]	83,7	89,7	92,6	95,6	101,5
Gesamtdicke des Bauteils (inkl. Deckung)	ca. 305 mm	ca. 345 mm	ca. 365 mm	ca. 385 mm	ca. 425 mm
Wirksame Wärmespeicherkapazität	bei 3 cm: 15,90 kJ/(m² K) / bei 10 cm: 28,02 kJ/(m² K)				
Feuchteschutz nach DIN EN ISO 13788: keine Tauwasserbildung im Bauteilinnern; Oberfläche: Temperaturfaktor f_{RSI} > 0,75					
Feuerwiderstandsklasse nach DIN 4102-4:2016-05	F 60-B				
Baustoffklasse der tragenden Schicht (DIN 4102-1)	B2				
Bewertetes Schalldämm-Maß $R_w(C;C_{tr})$	53 dB (-2;-11)				

F30-B – F90-B-Wände

(190)	0,5 mm	Oberfläche innen
(321)	9,5 mm	Gipsplatte
(312)	15 mm	OSB-Platte, luftdicht verklebt
(430)	120 mm	Mineralfaserdämmung WLG 040, 33 kg/m³, 1.000 °C
(210)	120 mm	Konstruktionsvollholz b = 60 mm; e = 625 mm
(326)	2 x 18 mm	Gipskarton-Feuerschutzplatte GKF
(10)	40 mm	Luftschicht

Bauteil-Nr. 4.4.2.1
twrggo101b
Trennwand
Rahmenwerk
Gebäudetrennwand F 30-B - F 90-B
Mineralfaserdämmung
ohne Installationsebene
doppelt beplankt
040

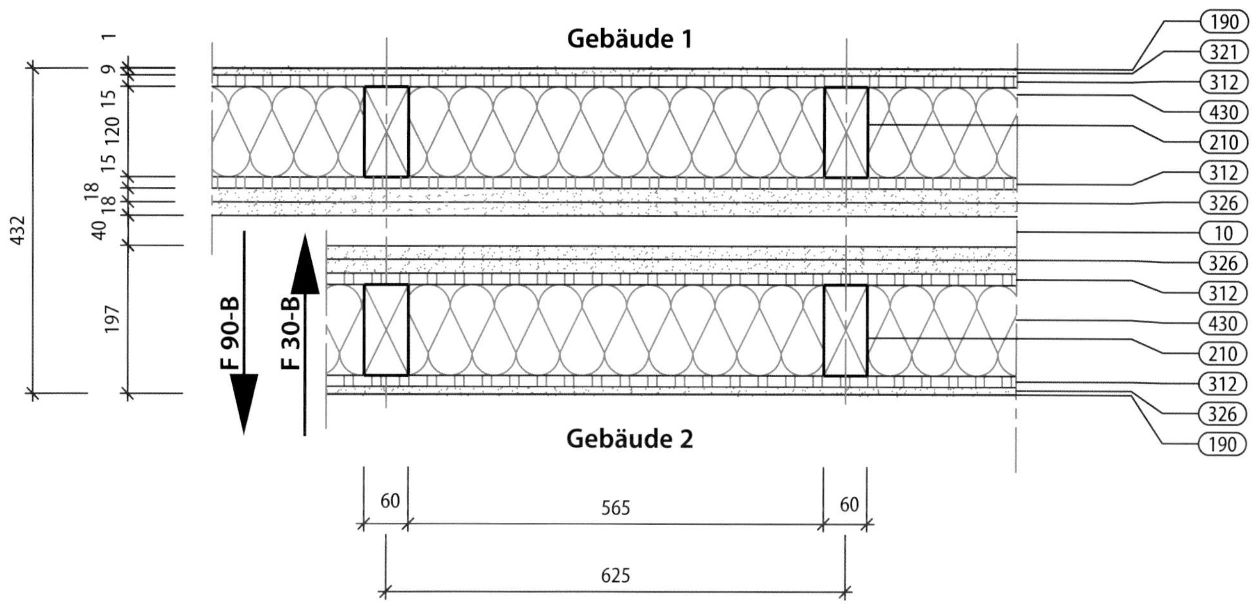

Technische Werte

U-Wert in [W/(m² K)] nach DIN EN ISO 6946 bei 20 % Holzanteil und Gefachdämmung λ_B = 0,040 W/(m K)		
	0,180	(Wandhälfte: 0,354)
Spezifische Bauteilmasse in [kg/m²]	150,7	(Wandhälfte: 75,3)
Gesamtdicke des Bauteils	ca. 432 mm	(Wandhälfte: ca. 197 mm)
Wirksame Wärmespeicherkapazität	bei 3 cm: 52,01 kJ/(m² K) / bei 10 cm: 74,41 kJ/(m² K)	
Feuchteschutz nach DIN EN ISO 13788: keine Tauwasserbildung im Bauteilinnern; Oberfläche: Temperaturfaktor f_{RSI} > 0,75		
Feuerwiderstandsklasse nach DIN 4102-4:2016-05	von innen nach außen F 30-B, von außen nach innen F 90-B	
Baustoffklasse der tragenden Schicht (DIN 4102-1)	B2	
Bewertetes Schalldämm-Maß $R_w(C;C_{tr})$	70 dB (-8;-16)	

190	0,5	mm Oberfläche innen
321	12,5	mm Gipsplatte
430	60	mm Mineralfaserdämmung
271	60/60	mm Kantholz
312	15	mm OSB-Platte, luftdicht verklebt
430	120	mm Mineralfaserdämmung WLG 040, 33 kg/m³, 1.000 °C
210	120	mm Konstruktionsvollholz b = 60 mm; e = 625 mm
326	2 x 18	mm Gipskarton-Feuerschutzplatte GKF
10	40	mm Luftschicht

Bauteil-Nr. 4.4.2.2
twrggi110a

Trennwand

Rahmenwerk
Gebäudetrennwand F 30-B - F 90-B
Mineralfaserdämmung
mit Installationsebene
einfach beplankt
040

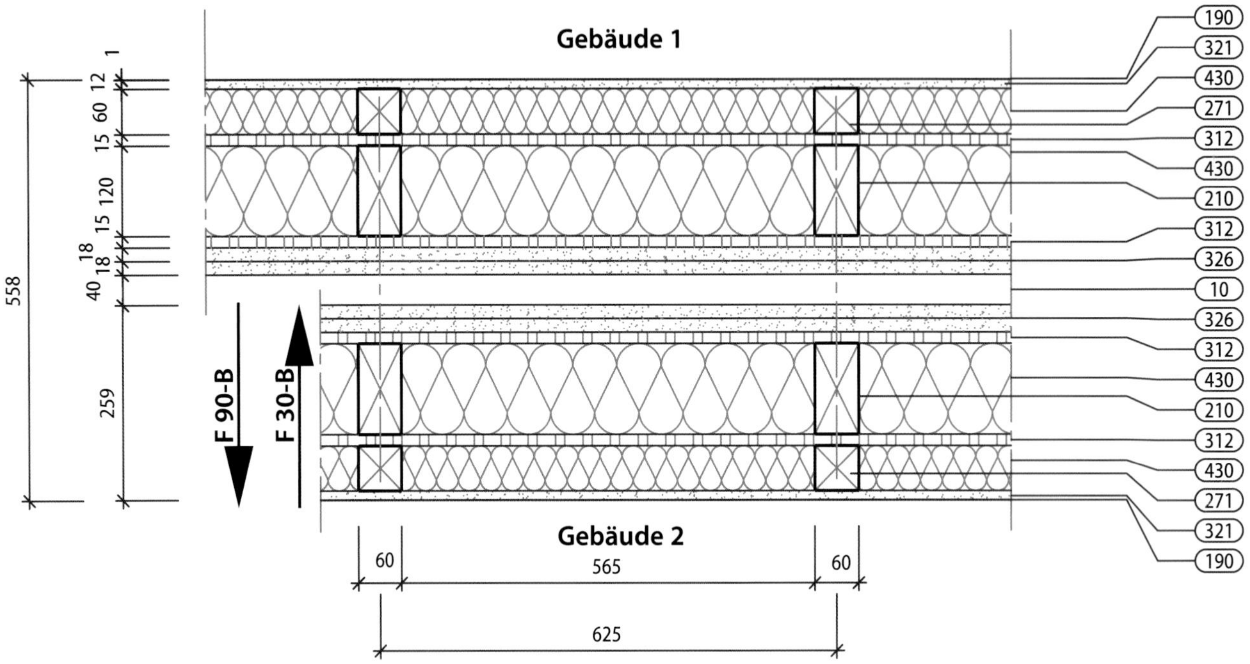

Technische Werte

U-Wert in [W/(m² K)] nach DIN EN ISO 6946 bei 20 % Holzanteil und Gefachdämmung λ_B = 0,040 W/(m K)		
	0,125	(Wandhälfte: 0,248)
Spezifische Bauteilmasse in [kg/m²]	168,5	(Wandhälfte: 84,2)
Gesamtdicke des Bauteils	ca. 558 mm	(Wandhälfte: ca. 259 mm)
Wirksame Wärmespeicherkapazität	bei 3 cm: 23,66 kJ/(m² K) / bei 10 cm: 43,92 kJ/(m² K)	
Feuchteschutz nach DIN EN ISO 13788: keine Tauwasserbildung im Bauteilinnern; Oberfläche: Temperaturfaktor f_{RSI} > 0,75		
Feuerwiderstandsklasse nach DIN 4102-4:2016-05	von innen nach außen F 30-B, von außen nach innen F 90-B	
Baustoffklasse der tragenden Schicht (DIN 4102-1)	B2	
Bewertetes Schalldämm-Maß $R_w(C;C_{tr})$	siehe Bauteil 4.4.2.1	

(190) 0,5 mm Oberfläche innen
(326) 9,5 mm Gipskarton-Feuerschutzplatte GKF oder Gipsfaserplatte GF
(312) 18 mm OSB-Platte, luftdicht verklebt
(210) 120 mm Konstruktionsvollholz b = 60 mm; e = 625 mm
(430) 120 mm Mineralfaserdämmung WLG 040 mind. 100 kg/m³
(319) 35 mm Holzwolleleichtbauplatte WW
(723) 15 mm mineralischer Außenputz
(10) 40 mm Luftschicht

Bauteil-Nr. 4.4.2.3
twrg6o111b

Trennwand

Rahmenwerk
Gebäudetrennwand F 30-B - F 90-B
Mineralfaserdämmung
ohne Installationsebene
doppelt beplankt
040
mit Wetterschutz

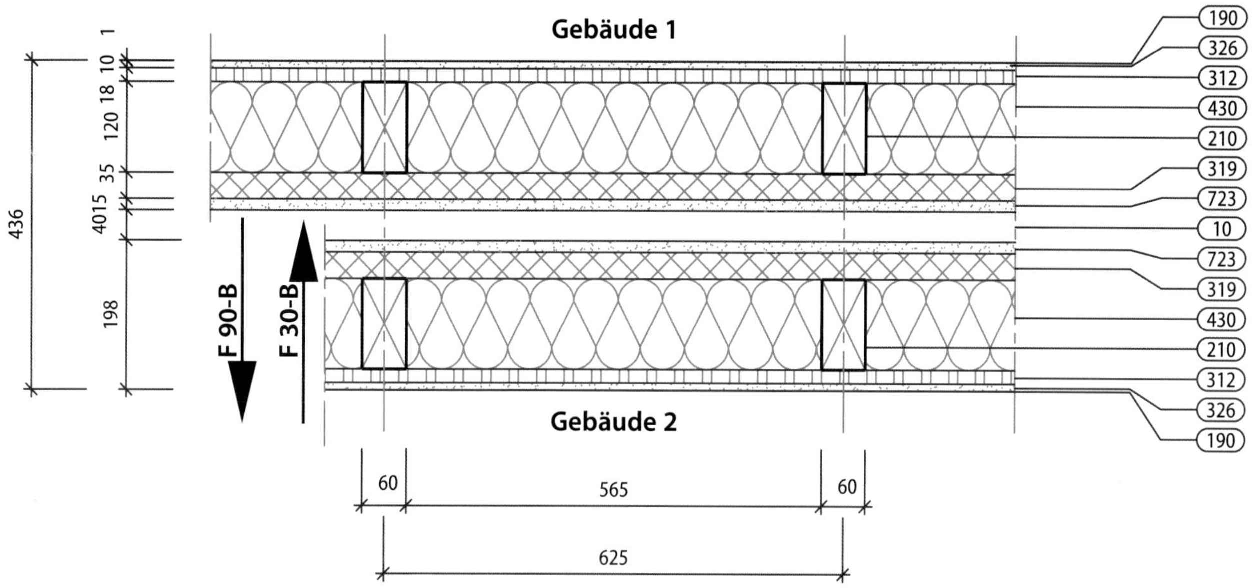

Technische Werte

Rahmenwerkhöhe	2 x 120 mm	120 mm	240 mm
U-Wert in [W/(m² K)] nach DIN EN ISO 6946 bei 20 % Holzanteil und Gefachdämmung $\lambda_B = 0{,}040$ W/(m K)			
	Doppelwand	Werte der Einzelwand	
	0,169	0,332	0,196
Spezifische Bauteilmasse in [kg/m²]	153,0	76,5	91,4
Gesamtdicke des Bauteils	ca. 436 mm	ca. 198 mm	ca. 318 mm
Wirksame Wärmespeicherkapazität	bei 3 cm: 57,68 kJ/(m² K) / bei 10 cm: 80,08 kJ/(m² K)	bei 3 cm: 55,84 kJ/(m² K) / bei 10 cm: 67,04 kJ/(m² K)	
Feuchteschutz nach DIN EN ISO 13788: keine Tauwasserbildung im Bauteilinnern; Oberfläche: Temperaturfaktor $f_{RSI} > 0{,}75$			
Feuerwiderstandsklasse nach DIN 4102-4:2016-05	von innen nach außen F 30-B, von außen nach innen F 90-B		
Baustoffklasse der tragenden Schicht (DIN 4102-1)	B2		
Bewertetes Schalldämm-Maß R_w		46 dB	

(190) 0,5 mm Oberfläche innen
(326a) 2 x 18 mm Gipskarton-Feuerschutzplatte GKF oder Gipsfaserplatte GF
(411) 100 mm Holzweichfaserdämmung WLG 040
(210) 100 mm Konstruktionsvollholz b = 60 mm; e = 625 mm
(326) 12,5 mm Gipskarton-Feuerschutzplatte GKF oder Gipsfaserplatte GF
(430) 30 mm Mineralfaserdämmung WLG 040, mind. 16 kg/m³, > 1.000 °C

Bauteil-Nr. 4.4.2.4
twrg9o101b
Trennwand
Rahmenwerk
F 90-B
Holzlfaserdämmung
ohne Installationsebene
doppelt beplankt
040

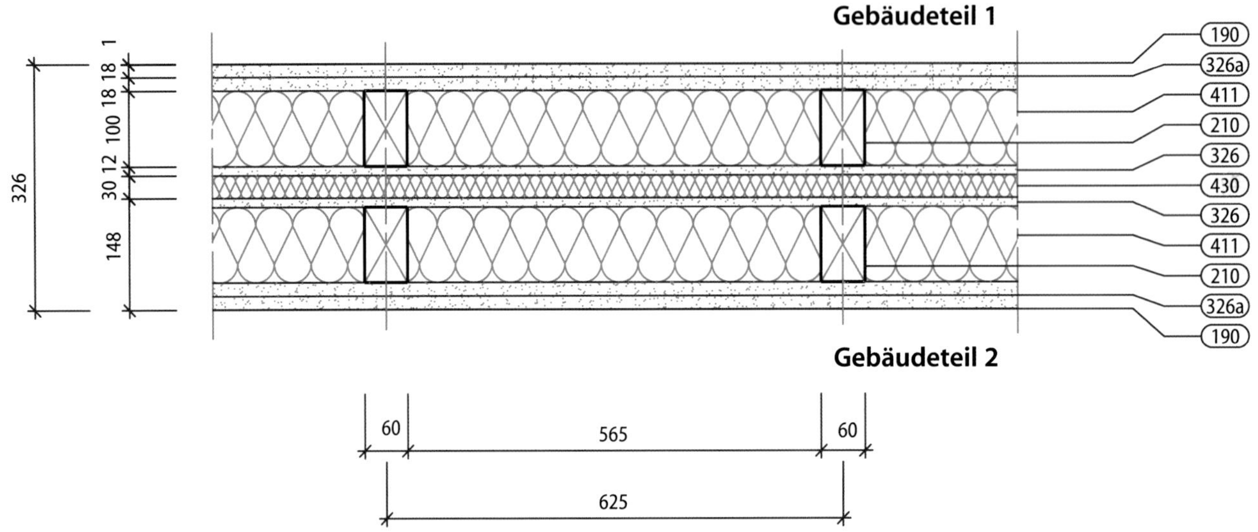

Technische Werte

U-Wert in [W/(m² K)] nach DIN EN ISO 6946 bei 20 % Holzanteil und Gefachdämmung λ_B = 0,040 W/(m K)	
	0,200
Spezifische Bauteilmasse in [kg/m²]	113,9
Gesamtdicke des Bauteils	ca. 326 mm
Wirksame Wärmespeicherkapazität	bei 3 cm: 54,00 kJ/(m² K) / bei 10 cm: 85,28 kJ/(m² K)
Feuchteschutz nach DIN EN ISO 13788: keine Tauwasserbildung im Bauteilinnern; Oberfläche: Temperaturfaktor f_{RSI} > 0,75	
Feuerwiderstandsklasse nach DIN 4102-4:2016-05	F 90-B
Baustoffklasse der tragenden Schicht (DIN 4102-1)	B2
Bewertetes Schalldämm-Maß $R_w(C;C_{tr})$	61 dB (-2;-9)

(190) 0,5 mm Oberfläche innen
(326a) 12,5 mm Gipskarton-Feuerschutzplatte GKF oder Gipsfaserplatte GF
(240) 100 mm Brettsperrholz / Kreuzlagenholz
(322) 2 x 15 mm Gipsfaserplatte
(400) 40 mm Faserdämmstoff längenbezogener Strömungswiderstand zw. 5 und 50 kPA s/m² WLG 040
(10) 20 mm Luftschicht

Bauteil-Nr. 4.4.2.5
twrmg9o101a
Trennwand
Massivholz
Gebäudetrennwand F 30-B - F 90-B
Mineralfaserdämmung
ohne Installationsebene
einfach beplankt
040

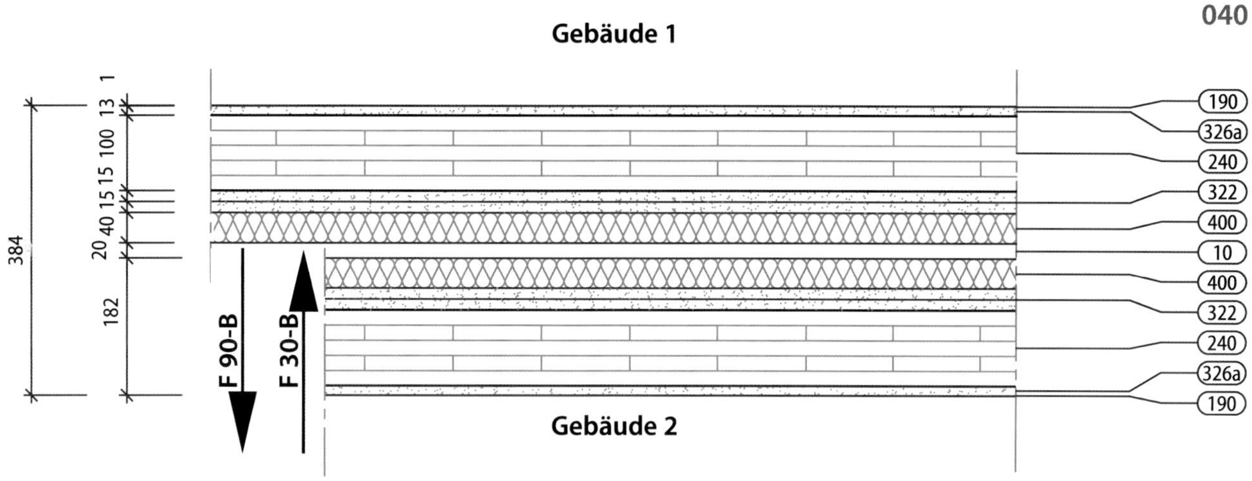

Technische Werte

U-Wert in [W/(m² K)] nach DIN EN ISO 6946 bei Dämmung $\lambda_B = 0{,}040$ W/(m K)		
	0,236	(Wandhälfte: 0,462)
Spezifische Bauteilmasse in [kg/m²]	199,3	(Wandhälfte: 99,7)
Gesamtdicke des Bauteils	ca. 385 mm	(Wandhälfte: ca. 182 mm)
Wirksame Wärmespeicherkapazität	bei 3 cm: 50,50 kJ/(m² K) / bei 10 cm: 162,50 kJ/(m² K)	
Feuchteschutz nach DIN EN ISO 13788: keine Tauwasserbildung im Bauteilinnern; Oberfläche: Temperaturfaktor $f_{RSI} > 0{,}75$		
Feuerwiderstandsklasse	von innen nach außen F 30-B, von außen nach innen F 90-B	
Baustoffklasse der tragenden Schicht (DIN 4102-1)	B2	
Bewertetes Schalldämm-Maß $R_w(C;C_{tr})$	75 dB (-2;-3)	

4.5 Innenwände

4.5.1 Nicht tragende und tragende Innenwände

Für die Definition der Wandaufbauten spielt es keine Rolle, ob die Wand tragend oder nicht tragend ist – das ist dann eine Frage der Ausführung der Rippen des Wandrähms und der jeweiligen Anschlüsse. Deshalb ist bei den nachfolgend dargestellten Innenwand-Bauteilen in der Bezeichnung an der vierten Stelle ein „x“ gesetzt. Bei konkreten Bauvorhaben würde dort ein „n“ bei nicht tragenden Wänden und ein „t“ bei tragenden Wänden stehen.

(190) 0,5 mm Oberfläche innen
(321) 9,5 ... 18 mm Gipsplatte (Gipskartonplatte GKB, Gipskartonfeuerschutzplatte GKF oder Gipsfaserplatte GF)
(310) 12 ... 22 mm Holzwerkstoffplatte (OSB-Platte oder Spanplatte SP)
(400) 40 ... 120 mm Faserdämmstoff längenbezogener Strömungswiderstand zw. 5 und 50 kPA s/m²
(210) 60/ h mm Konstruktionsvollholz e = 625 mm

Bauteil-Nr. 4.5.1.1
iwrxxo101a

Innenwand

einfach beplankt
raumabschließend, tragend

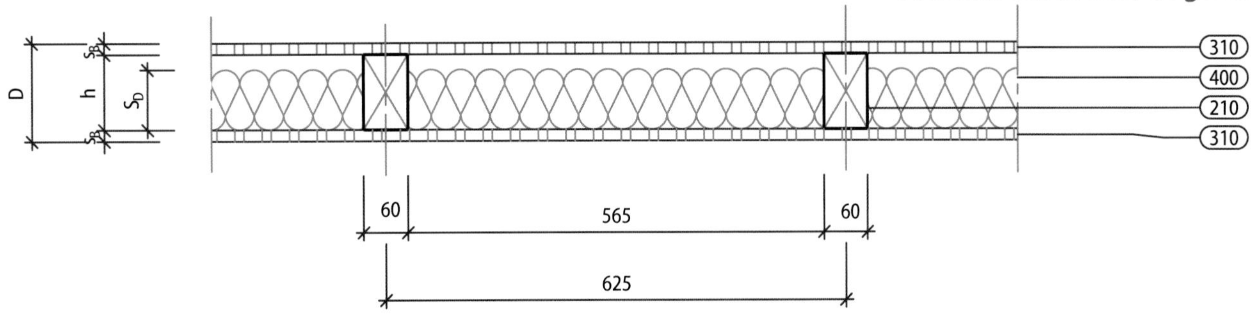

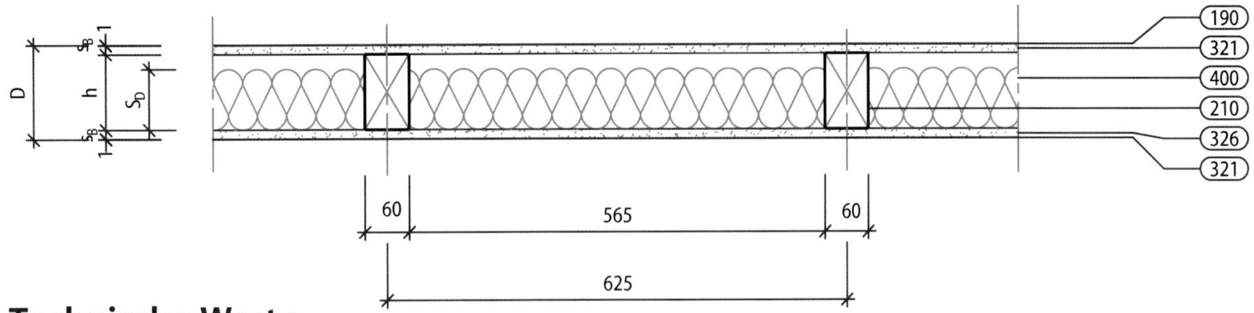

Technische Werte

Beidseitig einlagige Beplankung auf Rahmenwerk mit h ≥ 80 mm und Dämmstärke S_D ≥ 40 mm (Ständerbreite 60 mm)						
Beplankung S_B: Material u. Dicke [mm],	SP 13	OSB 15	GKB 12,5	GF 12,5	GKF 15	GKB 18
Bewertetes Schalldämm-Maß $R_w(C;C_{tr})$ [dB]	40	34 (-2;-6)	38 (-3;8)	42 (-1;-5)	38 (-3;-8)	38 (-3;-8)
Feuerwiderstandsklasse nach DIN 4102-4:2016-05: *)	F 30-B [b]	F 30-B [b]	F 30-B [a]	F 30-B [a]	F 30-B [a]	F 30-B [a]
Gesamtdicke des Bauteils bei h = 80 mm	106 mm	110 mm	105 mm	105 mm	110 mm	116 mm
Gesamtdicke des Bauteils bei h = 100 mm	126 mm	130 mm	125 mm	125 mm	130 mm	136 mm
U-Wert (λ_B= 0,040 W/(mK) und S_D= 40 mm)	0,731	0,714	0,791	0,810	0,778	0,764
Spezifische Bauteilmasse in [kg/m²]	23,9	26,5	29,5	37,0	34,0	39,4

Beidseitig einlagige Beplankung auf Rahmenwerk mit h ≥ 140 mm und Dämmstärke S_D ≥ 120 mm (Ständerbreite 60 mm)						
Beplankung S_B: Material u. Dicke [mm]	SP 13	OSB 15	GKB 12,5	GF 12,5	GKF 15	GKB 18
Bewertetes Schalldämm-Maß $R_w(C;C_{tr})$ [dB]		36 (-2;-7)	41 (-2;-7)	44 (-2;-4)	41 (-2;-7)	41 (-2;-7)
Feuerwiderstandsklasse nach DIN 4102-4:2016-05: *)	F 30-B [a]	F 30-B [a]	F 30-B [a]	F 30-B [a]	F 30-B [a]	F 30-B [a]
Gesamtdicke des Bauteils bei h = 140 mm	106 mm	110 mm	105 mm	105 mm	110 mm	116 mm
U-Wert (λ_B= 0,040 W/(mK) und S_D= 120 mm)	0,360	0,356	0,375	0,379	0,372	0,368
Spezifische Bauteilmasse in [kg/m²]	33,8	36,4	39,4	46,9	43,9	49,3

*) bei Einsatz von Mineralwolle MW ≥ 1000° C, wobei: [a] $\rho \geq 30$ kg/m³, [b] $\rho \geq 50$ kg/m³

Holzfaserdämmung HF, Hanf-, Flachs-, Jute- oder Zellulosedämmung mit Nachweisen der Dämmstoffhersteller möglich

Für nichttragende Wände ist keine Dämmschicht erforderlich um die Anforderungen an den Brandschutz zu erfüllen

(190) 0,5 mm Oberfläche innen
(326) 9,5 ... 18 mm Gipsplatte (Gipskartonplatte GKB, Gipskartonfeuerschutzplatte GKF oder Gipsfaserplatte GF)
(312) 12. ... 22 mm Holzwerkstoffplatte (OSB-Platte oder Spanplatte SP)
(400) 40 ... 120 mm Faserdämmstoff längenbezogener Strömungswiderstand zw. 5 und 50 kPA s/m²
(210) 60/ h mm Konstruktionsvollholz e = 625 mm

Bauteil-Nr. 4.5.1.2
iwrxxo101ab
Innenwand
einfach beplankt
raumabschließend, tragend

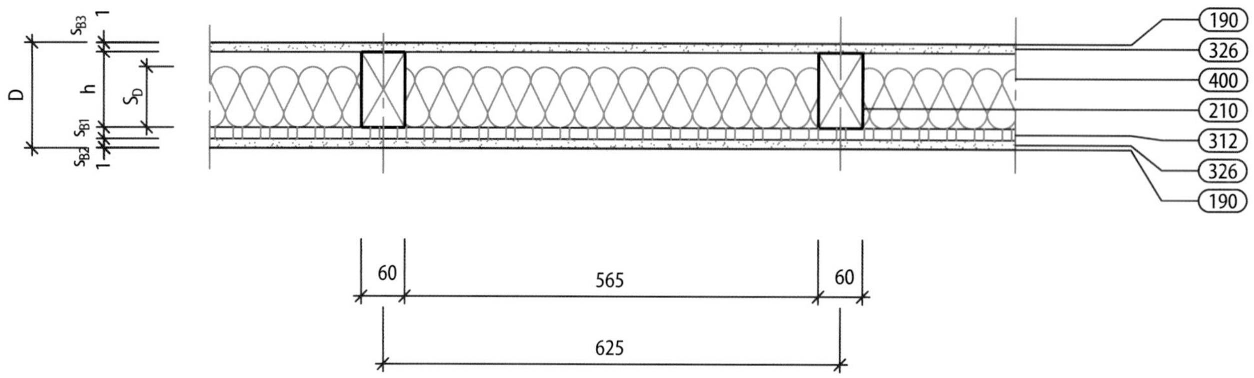

Technische Werte

eine Seite einlagige, andere Seite doppelte Beplankung auf Rahmenwerk mit h ≥ 80 mm und Dämmstärke $S_D \geq 40$ mm (Ständerbreite 60 mm)

Beplankung S_{B1} : Material u. Dicke [mm]	SP 13	OSB 15	OSB 15	OSB 15
Beplankung S_{B2} : Material u. Dicke [mm]	GKB 9,5	GKB 9,5	GKB 9,5	GF 10
Beplankung S_{B3} : Material u. Dicke [mm]	GKF 12,5	GKF 12,5	GKB 18 (o. 2 x9 ,5)	GF 10
Bewertetes Schalldämm-Maß $R_w(C;C_{tr})$ [dB]	nicht in DIN 4109-33 enthalten			
Feuerwiderstandsklasse nach DIN 4102-4:2016-05 *)	F 30-B [b]	F 30-B [b]	F 30-B [b]	F 30-B [b]
Gesamtdicke des Bauteils bei h = 80 mm	115 mm	117 mm	123 mm	115 mm
Gesamtdicke des Bauteils bei h = 100 mm	135 mm	137 mm	143 mm	135 mm
Gesamtdicke des Bauteils bei h = 140 mm	175 mm	177 mm	183 mm	175 mm
U-Wert (bei λ= 0,040 W/(mK) und s_D= 40 mm)	0,362	0,360	0,357	0,363
Spezifische Bauteilmasse in [kg/m²]	45,2	46,5	51,4	53,7

*) bei Einsatz von Mineralwolle ≥ 1.000° C, wobei: [a] $\rho \geq 30$ kg/m³, [b] $\rho \geq 50$ kg/m³

Holzfaserdämmung HF, Hanf-, Flachs-, Jute- oder Zellulosedämmung mit Nachweisen der Dämmstoffhersteller möglich

Für nicht tragende Wände ist keine Dämmschicht erforderlich, um die Anforderungen an den Brandschutz zu erfüllen.

(190) 0,5 mm Oberfläche innen
(326) 9,5 ... 18 mm Gipsplatte (Gipskartonplatte GKB, Gipskartonfeuerschutzplatte GKF oder Gipsfaserplatte GF)
(312) 12 ... 22 mm Holzwerkstoffplatte (OSB-Platte oder Spanplatte SP)
(400) 40 ... 120 mm Faserdämmstoff längenbezogener Strömungswiderstand zw. 5 und 50 kPA s/m²
(210) 60/h mm Konstruktionsvollholz e = 625 mm

Bauteil-Nr. 4.5.1.3
iwrxxo101b
Innenwand
doppelt beplankt
raumabschließend, tragend

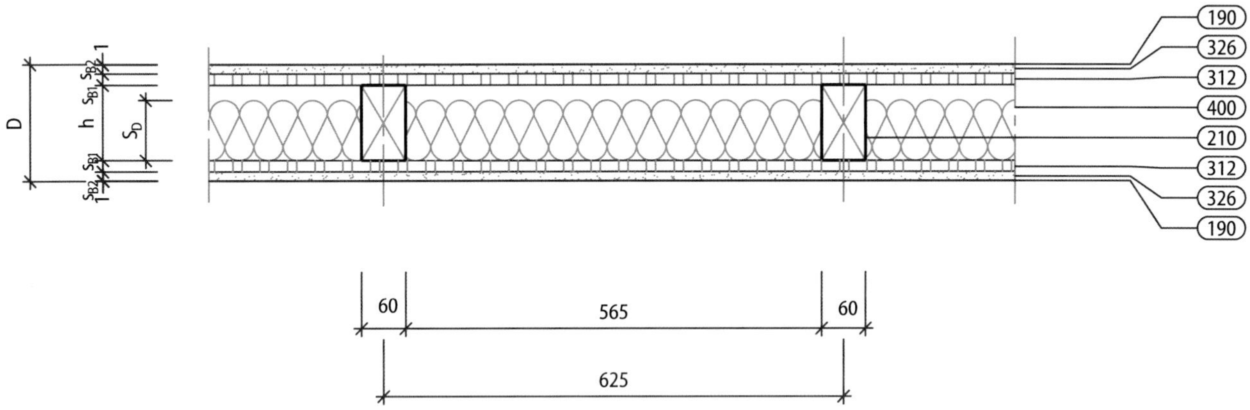

Technische Werte

Beidseitig doppelte Beplankung auf Rahmenwerk mit h ≥ 80 mm und Dämmstärke $S_D \geq 40$ mm (Ständerbreite 60 mm)				
Beplankung S_{B1} : Material u. Dicke [mm]	SP 13	OSB 15	GKB 12,5	GF 12,5
Beplankung S_{B2} : Material u. Dicke [mm]	GKB 9,5	GKB 9,5	GKB 12,5	GF 10
Bewertetes Schalldämm-Maß $R_w(C;C_{tr})$ [dB]	48	-	43 (-1;-5)	47 (-2;-5)
Feuerwiderstandsklasse *)	F 30-B [b]	F 30-B [b]	F 30-B [a]	F 30-B [a]
Gesamtdicke des Bauteils bei h = 80 mm	125 mm	129 mm	130 mm	125 mm
U-Wert (λ= 0,040 W/(mK) und S_D= 40 mm)	0,670	0,656	0,710	0,739
Spezifische Bauteilmasse in [kg/m²]	43,0	45,6	52,3	66,7

Beidseitig doppelte Beplankung auf Rahmenwerk mit h ≥ 100 mm und Dämmstärke $S_D \geq$ 80mm (Ständerbreite 60 mm)						
Beplankung S_{B1} : Material u. Dicke [mm]	OSB 12	OSB 15	OSB 12	GKF 12,5	OSB 15	GF 12,5
Beplankung S_{B2} : Material u. Dicke [mm]	GKB 9,5	GKB 9,5	GKF 12,5	GKB 9,5	GKF 12,5	GF 12,5
Bewertetes Schalldämm-Maß $R_w(C;C_{tr})$ [dB]	46 (-2;-2)	46 (-2;-2)			46 (-2;-2)	47 (-2;-6)
Feuerwiderstandsklasse *)	-	F 30-B [b]	F 30-B [a]	F 30-B [a]	F-60 B [b]	F-60 B [a]
Gesamtdicke des Bauteils bei h = 100 mm	143 mm	149 mm	149 mm	144 mm	149 mm	150 mm
U-Wert (λ= 0,040 W/(mK) und S_D= 80 mm)	0,467	0,456	0,461	0,488	0,483	0,496
Spezifische Bauteilmasse in [kg/m²]	44,6	48,5	50,0	50,8	55,3	72,1

Beidseitig doppelte Beplankung auf Rahmenwerk mit h ≥ 140 mm und Dämmstärke $S_D \geq$ 120 mm (Ständerbreite 60 mm)			
Beplankung S_{B1} : Material u. Dicke [mm]	OBS 15	OSB 15	GF 12,5
Beplankung S_{B2} : Material u. Dicke [mm]	GKB 9,5	GF 10	GF 10
Bewertetes Schalldämm-Maß $R_w(C;C_{tr})$ [dB]	43 (-2;-8)	47 (-2;-6)	47(-2;-6)
Feuerwiderstandsklasse *)	F 30-B [b]	F 30-B [b]	F 30-B [a]
Gesamtdicke des Bauteils bei h = 140 mm	189 mm	190 mm	185 mm
U-Wert (λ= 0,040 W/(mK) und S_D= 120 mm)	0,352	0,348	0,371
Spezifische Bauteilmasse in [kg/m²]	49,6	60,4	69,8

*) bei Einsatz von Mineralwolle, wobei: [a] $\rho \geq 30$ kg/m³, [b] $\rho \geq 50$ kg/m³

Holzfaserdämmung HF, Hanf-, Flachs-, Jute- oder Zellulosedämmung mit Nachweisen der Dämmstoffhersteller möglich

(293) 27 mm Federschiene 0,6 x 27 x 60 mm
(190) 0,5 mm Oberfläche innen
(321) 12,5 ... 18 mm Gipsplatte
(400a) 25 mm Faserdämmstoff längenbezogener Strömungswiderstand zw. 5 und 50 kPA s/m²
(312) 13 ... 22 mm Holzwerkstoffplatte (OSB-Platte oder Spanplatte SP)
(400) 140 mm Faserdämmstoff längenbezogener Strömungswiderstand zw. 5 und 50 kPA s/m²
(210) 60/140 mm Konstruktionsvollholz e = 625 mm

Bauteil-Nr. 4.5.1.4
iwrxxi101ab

Innenwand

mit Vorsatzschale auf Federschiene
raumabschließend, tragend

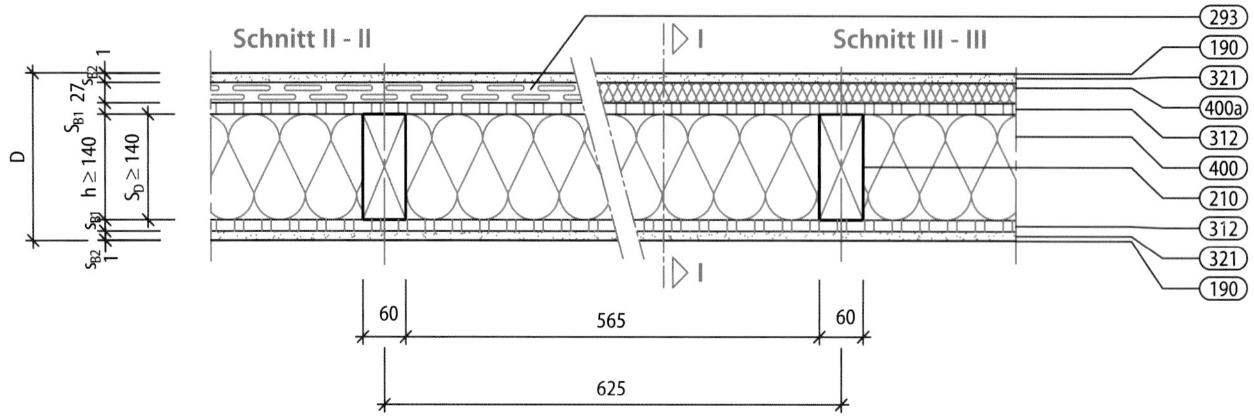

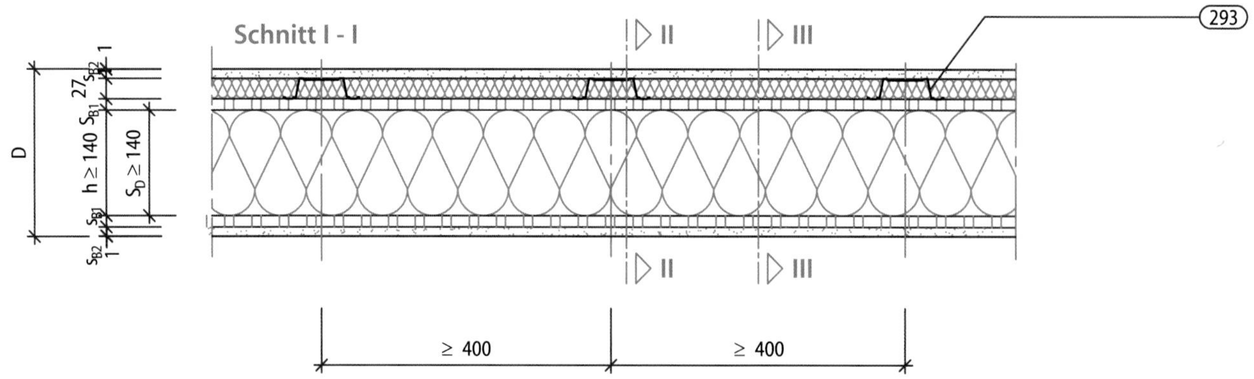

Technische Werte

eine Seite einlagig als Vorsatzschale mit Federschiene, andere Seite doppelte Beplankung auf Rahmenwerk mit h ≥ 140 mm und Dämmstärke S_D ≥ 140 mm (Ständerbreite 60 mm)		
Beplankung S_{B1} : Material u. Dicke [mm]	SP 13	OSB 15
Beplankung S_{B2} : Material u. Dicke [mm]	GKB 12,5	GKB 12,5
Bewertetes Schalldämm-Maß $R_w(C;C_{tr})$ [dB]	56 (-5,-)	56 (-5,-)
Feuerwiderstandsklasse nach DIN 4102-4:2016-05 *)	F 30-B [b]	F 30-B [b]
Gesamtdicke des Bauteils bei h = 140 mm	218 mm	222 mm
U-Wert (bei λ= 0,040 W/(mK) und S_D= 40 mm)	0,295	0,292
Spezifische Bauteilmasse in [kg/m²]	59,1	61,7

*) bei Einsatz von Mineralwolle ≥ 1.000° C, wobei: [b] $\rho \geq 50$ kg/m³

Holzfaserdämmung HF, Hanf-, Flachs-, Jute- oder Zellulosedämmung mit Nachweisen der Dämmstoffhersteller möglich

Für nicht tragende Wände ist keine Dämmschicht erforderlich, um die Anforderungen an den Brandschutz zu erfüllen

4.5.2 Installationswände

(900) beispielhafte Haustechnikinstallationen
(190) 0,5 mm Oberfläche innen
(326) 9,5 ... 18 mm Gipsplatte (Gipskartonplatte GKB, Gipskartonfeuerschutzplatte GKF oder Gipsfaserplatte GF)
(312) 12 ... 22 mm Holzwerkstoffplatte (OSB-Platte oder Spanplatte SP)
(10) Luftraum für Installationen
(400) 40 ... 120 mm Faserdämmstoff längenbezogener Strömungswiderstand zw. 5 und 50 kPA s/m²
(210) 60/80 mm Konstruktionsvollholz e = 625 mm

Bauteil-Nr. 4.5.2.1
iwrnii121b
Innenwand
Installationswand mit Doppelstiel
raumabschließend
nicht tragend

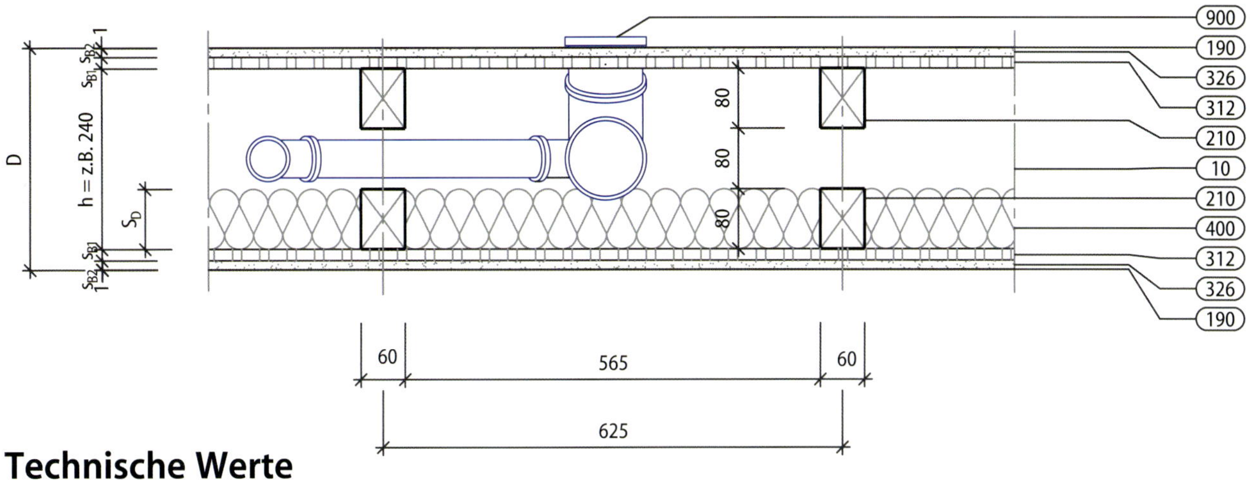

Technische Werte

Werte analog vergleichbaren Innenwandkonstruktionen. Durch Installationen kann der Schallschutz ungünstiger ausfallen.

(900) beispielhafte Haustechnikinstallationen
(190) 0,5 mm Oberfläche innen
(326) 9,5 ... 18 mm Gipsplatte (Gipskartonplatte GKB, Gipskartonfeuerschutzplatte GKF oder Gipsfaserplatte GF)
(312) 12 ... 22 mm Holzwerkstoffplatte (OSB-Platte oder Spanplatte SP)
(10) Luftraum für Installationen
(400) 40 ... 120 mm Faserdämmstoff längenbezogener Strömungswiderstand zw. 5 und 50 kPA s/m²
(250) bspw. 240 mm Holzstegträger

Bauteil-Nr. 4.5.2.2
iwjnii121b
Innenwand
Installationswand mit Holzstegträger
raumabschließend
nicht tragend

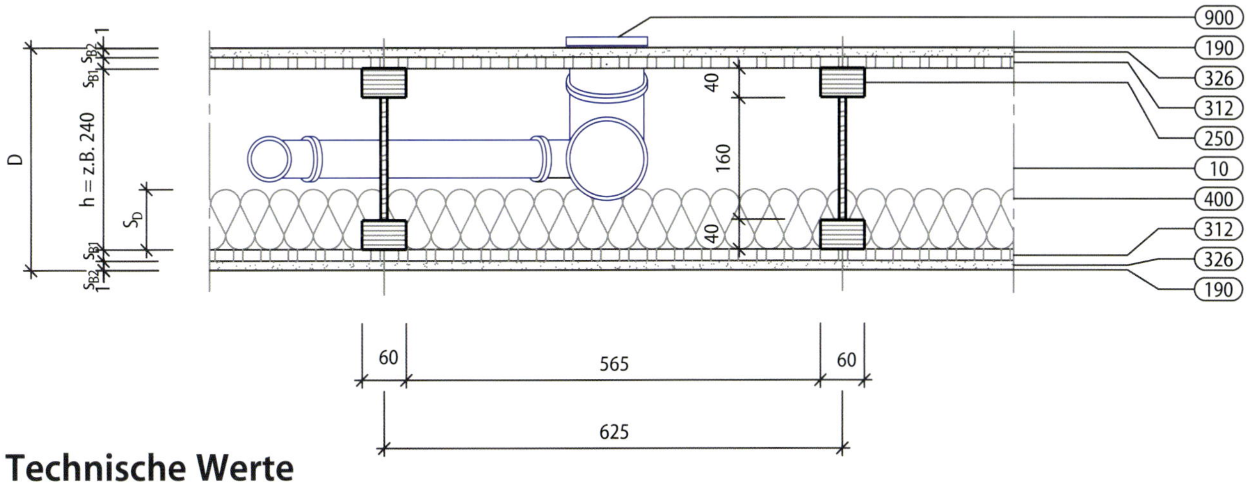

Technische Werte

Werte analog vergleichbaren Innenwandkonstruktionen. Durch Installationen kann der Schallschutz ungünstiger ausfallen.

4.5.3 Wohnungstrennwände

(190) 0,5 mm Oberfläche innen
(326) 10 ... 18 mm Gipsplatte (Gipskartonplatte GKB, Gipskartonfeuerschutzplatte GKF oder Gipsfaserplatte GF)
(312) 13 ... 22 mm Holzwerkstoffplatte (OSB-Platte oder Spanplatte SP)
(210) 60/60 mm Konstruktionsvollholz e = 625 mm
(10) Abstand zwischen Wandstielen
(400) 140 mm Faserdämmstoff längenbezogener Strömungswiderstand zw. 5 und 50 kPA s/m²

Bauteil-Nr. 4.5.3.1
iwrwxo101b
Wohnungstrennwand
Doppelständerwand
raumabschließend, nicht tragend

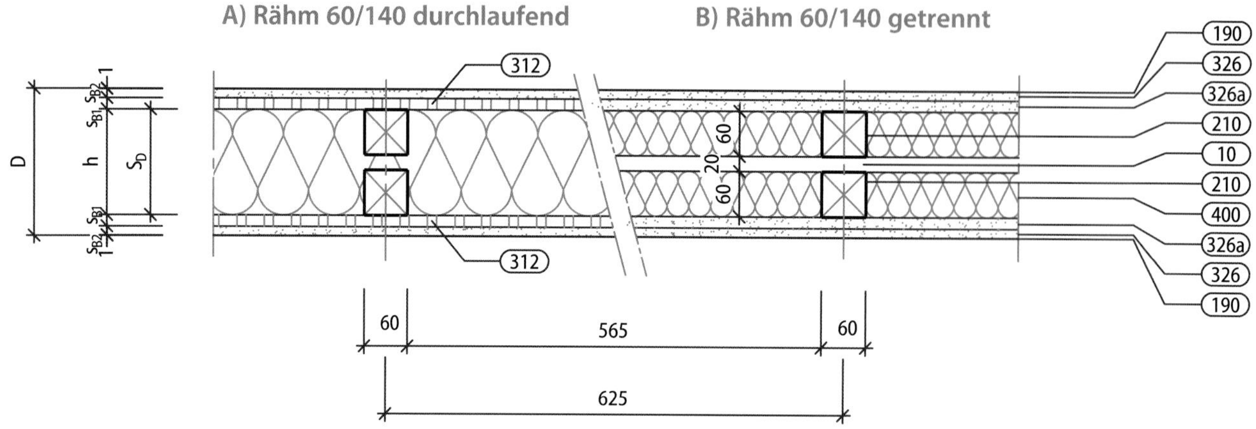

Technische Werte

Doppelte Beplankung auf doppeltem Rahmenwerk 60/60 mit h ≥ 140 mm und Dämmstärke $S_D \geq 140$ mm

	Rähm durchlaufend			Rähm getrennt
Beplankung S_{B1} : Material u. Dicke [mm]	SP 13	OSB 15	GF 12,5	GF 12,5
Beplankung S_{B2} : Material u. Dicke [mm]	GKB 12,5	GKB 12,5	GF 10	GF 10
Bewertetes Schalldämm-Maß $R_w(C;C_{tr})$ [dB]	54 (-2;-5)	54 (-2;-5)	54 (-2;-5)	66 (-3;-7)
Feuerwiderstandsklasse nach DIN 4102-4:2016-05 *)	-	-	F 90-B [a]	F 90-B [a]
Gesamtdicke des Bauteils bei h = 140 mm	191 mm	195 mm	185 mm	185 mm
U-Wert (bei λ= 0,040 W/(mK) und S_D= 40 mm)	0,308	0,305	0,327	0,327
Spezifische Bauteilmasse in [kg/m²]	55,5	58,1	70,2	70,2

*) Konstruktionen nicht in DIN 4102-4 enthalten → Einzelnachweis ist zu führen

[a] Herstellerangaben von Fermacell mit mindestens 50 mm Mineralwolle MW $\rho \geq 50$ kg/m³

Holzfaserdämmung HF, Hanf-, Flachs-, Jute- oder Zellulosedämmung mit Nachweisen der Dämmstoffhersteller möglich

(293) 27 mm Federschiene 0,6 x 27 x 60 mm
(190) 0,5 mm Oberfläche innen
(321a) 12,5 ... 18 mm Gipsplatte
(321b) 12,5 ... 18 mm Gipsplatte
(400a) 25 mm Faserdämmstoff längenbezogener Strömungswiderstand zw. 5 und 50 kPA s/m²
(312) 13 ... 22 mm Holzwerkstoffplatte HW (OSB-Platte oder Spanplatte SP)
(400) 80 ... 140 mm Faserdämmstoff längenbezogener Strömungswiderstand zw. 5 und 50 kPA s/m²
(210) 60/140 mm Konstruktionsvollholz e = 625 mm

Bauteil-Nr. 4.5.3.2
iwrwxi101b

Wohnungstrennwand

mit Vorsatzschale
raumabschließend, tragend

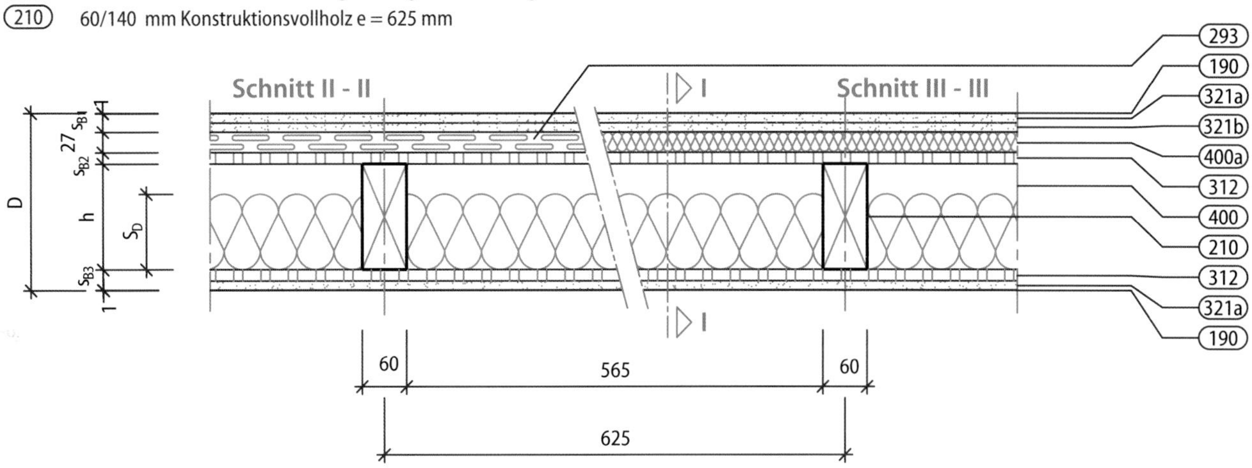

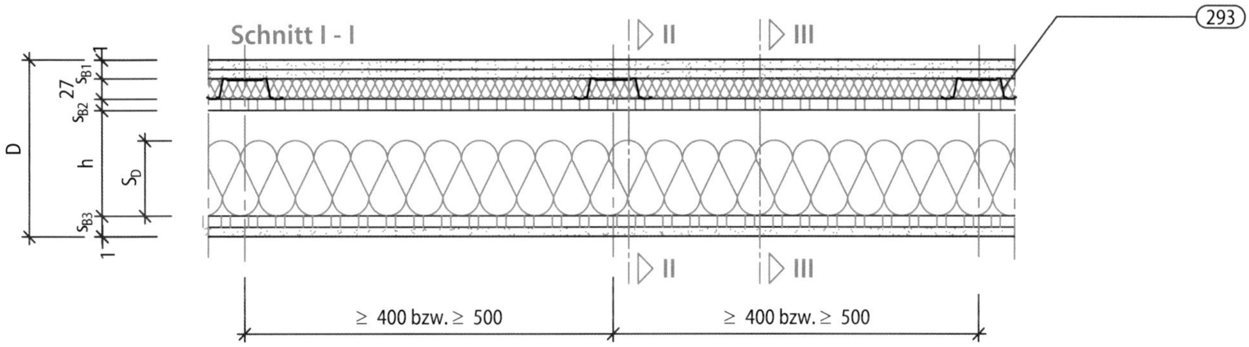

Technische Werte

Beplankung Rahmenwerk: 1. Seite einlagig beplankt und doppelt beplankte Vorsatzschale mit Federschiene, 2. Seite doppelte Beplankung						Doppel-ständer
Holzständer b/h in [mm/mm]	$60/140$	$60/140$	$60/140$	$60/100$	$60/100$	$2 \times 60/60$
Mindestschalenabstand h [mm]	140	140	140	100	100	140
Mindestdämmschichtdicke s_D [mm]	70	140	120	60	60	140
Beplankung s_{B1} : Material/Mindestdicke [mm]	GK 12,5 + HW 13	GK 12,5 + HW 13	GK 12,5 + HW 13	GF 10 + GF 10	GF 10	GK 12,5 + HW 13
Beplankung s_{B2} : Material/Mindesticke [mm]	HW 13	HW 13	HW 13	GF 12,5	GF 10	HW 13
Beplankung s_{B3} : Material/Mindestdicke [mm]	HW 13 + GK 12,5	HW 13 + GK 12,5	HW 13 + GK 12,5	GF 12,5 + GF 10	GF 12,5 + GF 10	HW 13 + GK 12,5
Mindest-Achsabstand Federschiene [mm]	400 ***)	400	400	500	500	400
Bewertetes Schalldämm-Maß $R_w(C;C_{tr})$ *) [dB]	54 (-3;-9)	56 (-5;-12)	60 (-5;-12)	61 (-4;-11)	60 (-3;-10)	60 (-4;-11)
Feuerwiderstandsklasse nach DIN 4102-4:2016-05 **)	F 30-B [b]	F 30-B [a]	F 30-B [a]	F 30-B [b]	F 30-B [b]	-
Gesamtdicke des Bauteils	ca. 231 mm	ca. 231 mm	ca. 231 mm	ca. 222 mm	ca. 212 mm	ca. 231 mm
U-Wert (bei $\lambda = 0{,}040$ W/(mK)	0,413	0,294	0,310	0,326	0,330	0,283
Spezifische Bauteilmasse in [kg/m²]	66,0	67,6	67,1	85,3	73,3	66,4

*) Das Schalldämm-Maß gilt für Mineralwolle MW oder Holzfaser HF, ein Übermaß des Dämmstoffes ist zu vermeiden.

**) Bei Einsatz von Mineralwolle, wobei: [a] $\rho \geq 30$ kg/m³, [b] $\rho \geq 50$ kg/m³

***) Keine Hohlraumdämmung zwischen den Federschienen erforderlich (betrifft nur Konstruktion in 1. Spalte!)

Abb. 4.27: Sichtbarer Unterzug unter einer Holzdecke

4.6 Stürze, Unterzüge und Stützen

Während Unterzüge, die als Balken i.d.R. sichtbar unter der Decke hervorspringen, sowohl voll verkleidet als auch unverkleidet ausgeführt werden, sind Stürze über Türen oder Fenstern im fertigen Zustand zumeist nicht sichtbar, da sie unter der Wandbeplankung liegen.

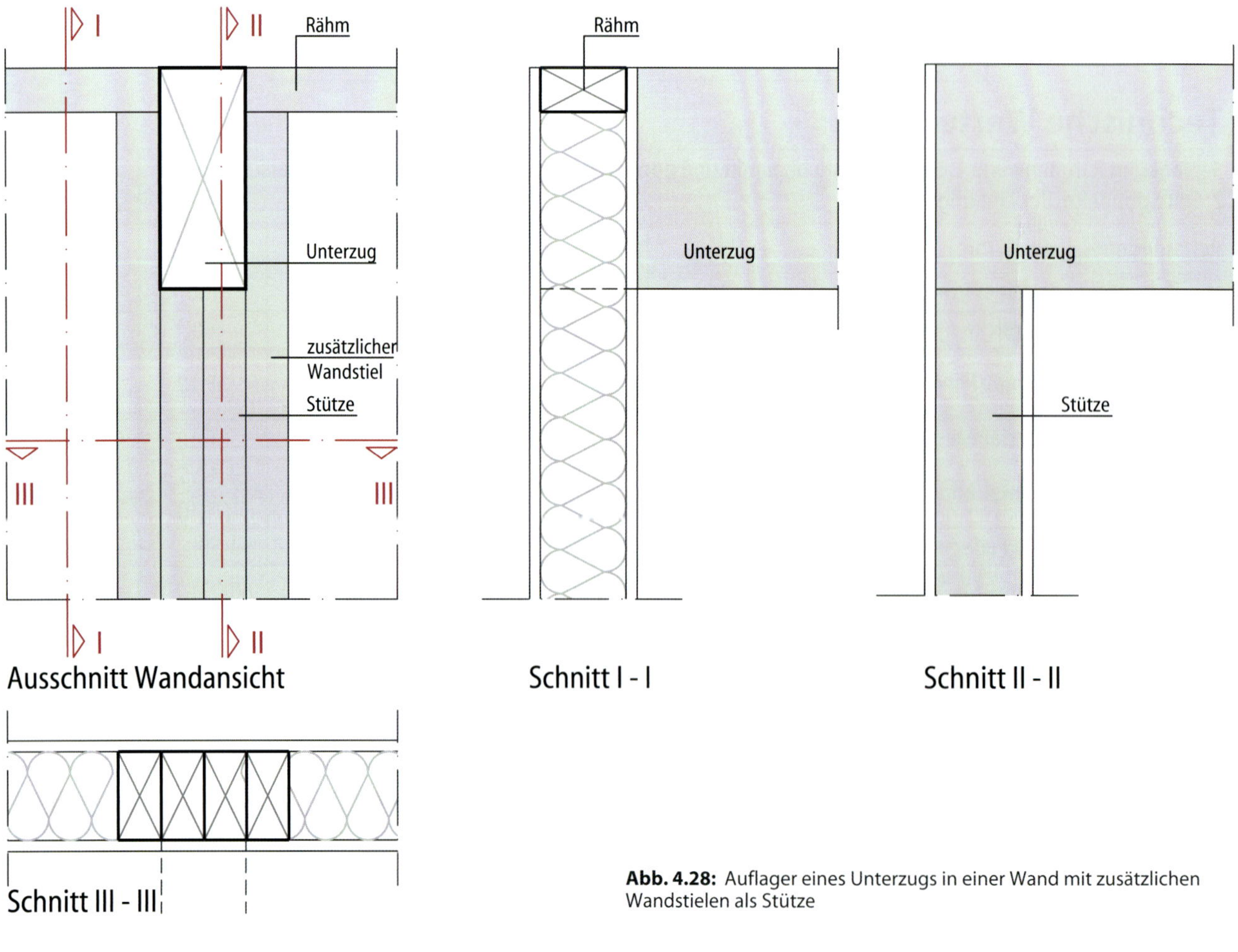

Abb. 4.28: Auflager eines Unterzugs in einer Wand mit zusätzlichen Wandstielen als Stütze

Schnitte durch Holzunterzüge:

a) unter der Decke, sichtbar, ohne Verkleidung

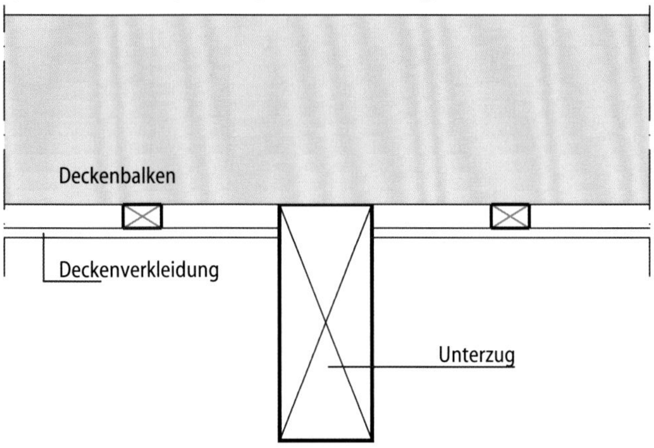

b) unter der Decke, mit Gipsplatten verkleidet

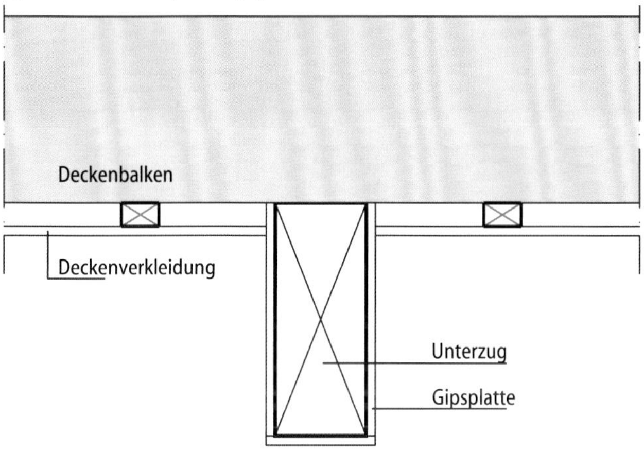

c) teilweise deckengleich, mit Gipsplatten verkleidet

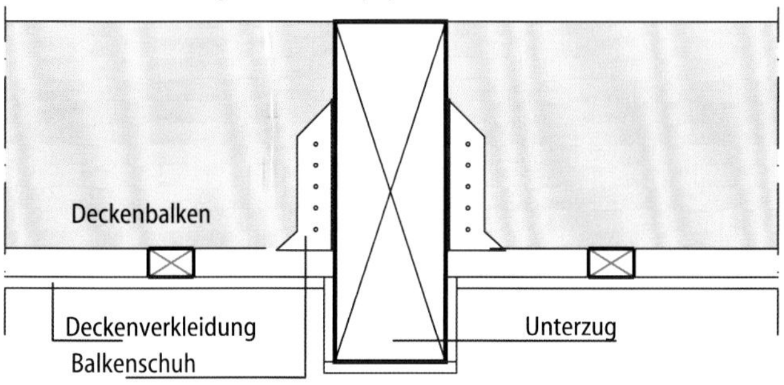

d) deckengleicher Unterzug, nicht sichtbar

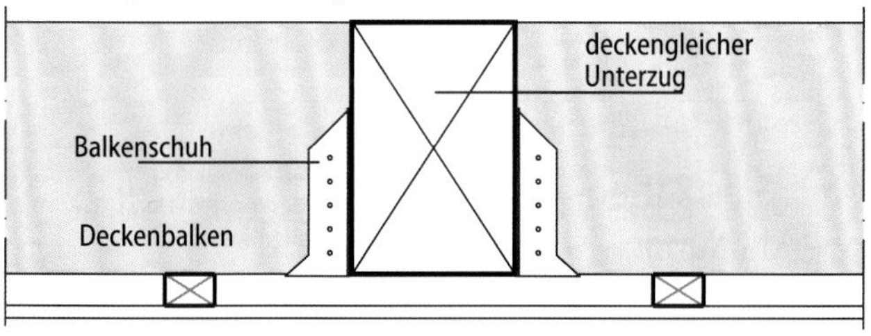

Abb. 4.29: Schnitte durch Holzunterzüge

Schnitte durch Stahlprofil-Unterzüge:

a) unter der Decke, sichtbar, ohne Verkleidung

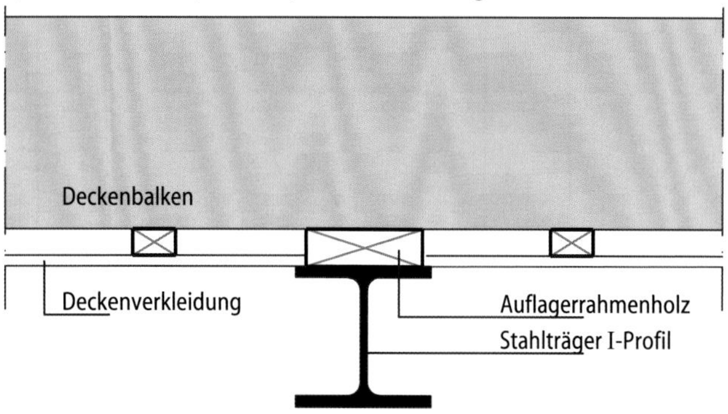

b) unter der Decke, mit Gipsplatten verkleidet

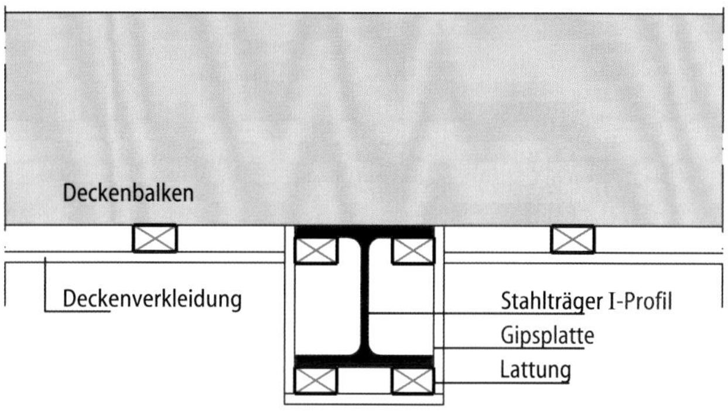

Abb. 4.30: Schnitte durch Stahlprofil-Unterzüge

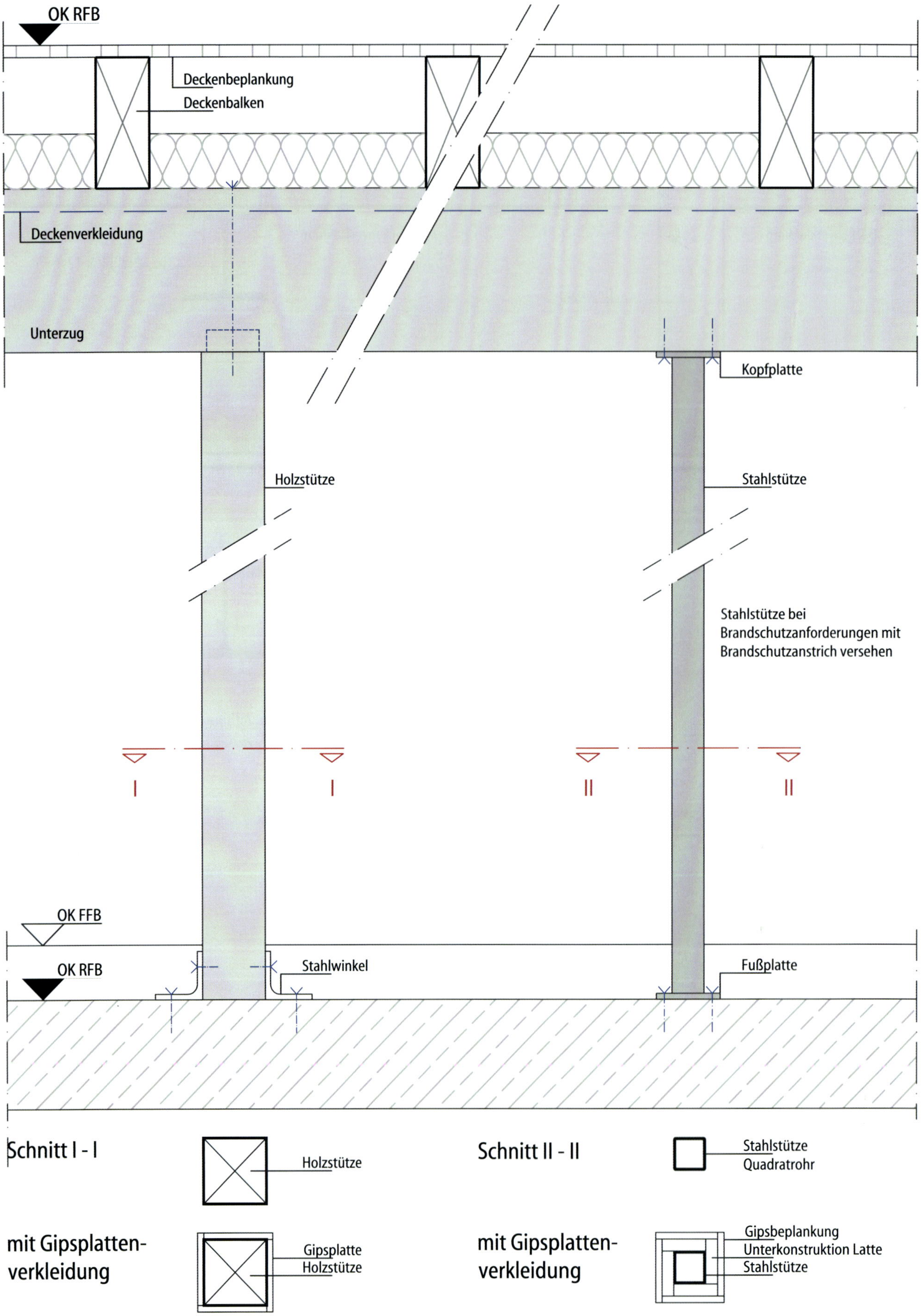

Abb. 4.31: Freistehende Holz- und Stahlstützen, mit und ohne Gipsplattenverkleidung

Abb. 4.32: Sichtbalkendecke

Abb. 4.33: Massivholzdecke mit sichtbarer Deckenuntersicht

4.7 Geschossdecken

Schallschutz und Optik

An Geschossdecken werden im Holzbau verschiedene Anforderungen gestellt. Eine Decke trennt 2 Geschosse, die entweder zur gleichen Nutzungseinheit oder zu 2 verschiedenen Nutzungseinheiten gehören. Danach richten sich die Anforderungen und Erwartungen an den Schallschutz. In Kapitel 2.3.2 ist aufgeführt, was beim Schallschutz zu beachten ist und welche Vereinbarungen mit der Auftraggeberseite dazu getroffen werden können.

Darüber hinaus spielt bei Decken auch die Frage der Optik eine Rolle. Soll es eine glatte Untersicht sein, mit Gipsplatten bekleidet und gestrichen oder tapeziert? Oder soll eine glatte Holzoberfläche sichtbar den Raum nach oben abgrenzen – oder sollen gar sichtbare Holzbalken den Charakter der Decke unterstreichen?

Gipsplatten auf Traglattung oder Federschienen unter der Decke verbessern je nach Ausführungsart den Tritt- und Luftschallschutz gegenüber einer nicht bekleideten Deckenkonstruktion. Deshalb beeinflusst auch die Entscheidung über die Ausführung der Deckenuntersicht den Aufwand, der daraus folgend beim Fußbodenaufbau erforderlich wird, um die Schallschutzanforderungen erfüllen zu können.

Temporäre Abdichtung von Deckenelementen

Je nach geplantem Bauablauf bleibt oft die jeweils offene Geschossdecke bis zum endgültigen Schließen des Daches der Witterung ausgesetzt. Bei Niederschlägen kann dadurch die Decke Schaden nehmen, es kann Feuchtigkeit in Holz und Dämmung eindringen und durch Aufquellen der oberen Beplankung bzw. der Massivholzdeckenelemente kann sogar der gesamte Baukörper auseinandergedrückt werden. Deshalb sollten fertig verlegte Decken vor Niederschlägen geschützt werden. Das Auslegen von Folien in der Horizontalen ist dabei nicht unbedingt zielführend, da zum einen das Wasser nicht gezielt ablaufen kann und zum anderen die Gefahr des Ausrutschens auf der nassen Folie bei weiteren Arbeiten besteht.

Um diese Problematik in den Griff zu bekommen, bieten mehrere Hersteller von Luftdichtheits- und Dachfolien speziell für diesen Fall entwickelte diffusionsoffene Klebefolien an, die auf breiten Rollen geliefert werden und schon im Herstellerwerk auf Deckenelemente vollflächig aufgeklebt werden können. Diese Abdichtungen sind rutschfest und können im Bau verbleiben. Durch die Diffusionsoffenheit kann Feuchtigkeit, die z.B. durch kleine Beschädigungen in der Folie eingedrungen ist, auch wieder austrocknen. Mit dieser fortschrittlichen Lösung werden nicht nur technische Schäden am Holz vermieden, sondern sie sorgt auch dafür, dass bei Sichtholzdecken keine Wasserspuren an den Holzoberflächen entstehen.

4.7.1 Fußbodenaufbauten im Holzrahmenbau

Trennfugen von Estrichen

Trennfugen von Estrichen sind vor der Ausführung zu planen. Sie sind abhängig von folgenden Faktoren festzulegen:

- Raumgröße,
- Raumform (eher quadratisch oder längsrechteckig, verwinkelt),
- Türanordnung (Öffnungsrichtung),
- Bodenbelagsart und
- Bodenbelagsraster.

Nassestrich

Standardfußbodenaufbauten im herkömmlichen Bau bestehen aus einem Nassestrich, der auf einer PE-Folie als Trennlage über der Trittschalldämmung aufgebracht wird. Nicht nur bei dem Einbau von Fließestrichen, sondern auch bei dem handfeuchten Einbau eines Estrichs wird recht viel Wasser in den Bau eingebracht. Der Zeitpunkt für die Estricharbeiten liegt nach der Montage der Fenster, Fenstertüren und Haustüren, da zum einen der Estrich auch an die Türen anschließen muss und zum anderen der Estrich im frischen Zustand keine Zugluft bekommen soll, um ein zu schnelles Trocknen an der Oberfläche zu verhindern. Denn wenn vor dem Abschluss des chemischen Abbindeprozesses das dafür benötigte Wasser verdunstet ist, kann der Estrich später zum Absanden neigen. Die Haftung von geklebten Bodenbelägen kommt dann nicht vollständig zustande. Auch hat ein zu schnelles Abtrocknen der Estrich-Oberfläche teilweise ein Schüsseln des Estrichs zur Folge. Das bedeutet, dass die Ecken nach oben gehen. Aus diesem Grund bleiben im Baukörper nach dem Estricheinbau über mehrere Tage alle Fenster und Türen geschlossen. In dieser Zeit ist die Innenraumfeuchte extrem hoch. Wenn dann nach einer gewissen Zeit über die Fenster wieder gelüftet werden kann, muss dies konsequent erfolgen, um die gesamte Restfeuchte aus dem Baukörper zu bekommen. Bis eine Belegreife mit Fliesen oder anderen Bodenbelägen erreicht ist, vergehen im Regelfall mindestens 6 Wochen. Es kann aber auch deutlich länger dauern, bis sich die für das Aufbringen des Belags erlaubte Maximalfeuchte eingestellt hat.

Wenn nun ein solcher Nassestrich in Holzbauten eingebaut wird, so nehmen auch die technisch getrockneten Holzbauteile und die verbauten Gipsplatten sehr viel Feuchtigkeit auf. Das widerspricht dem Ansatz des trockenen Bauens, der beim Holzbau verfolgt wird. Bei einer Rückfeuchtung des Holzes, die zu einer über einen längeren Zeitraum anhaltenden Holzfeuchte von deutlich über 20 % führt, kann es zu einem Pilzbefall kommen. Gipsplatten, die über die hydrophile (wasserliebende) Eigenschaft des Gipses viel Feuchtigkeit aufnehmen, können dabei aufquellen. Wenn diese dann später wieder trocknen, kann es zu Rissbildungen in den Spachtelfugen kommen.

Bei den Nassestrichen wird allgemein zwischen Zementestrich (CT) und Anhydridestrich (auf Gipsbasis) unterschieden.

Die Anhydridestriche gibt es in folgenden Unterarten:

- Calciumsulfat-Fließestrich (CAF),
- Calciumsulfat-Estrich (CA),
- Kunstharz-Estrich (SR),
- Magnesia-Estrich (MA).

Hinweis:

Um der Problematik der hohen Feuchtigkeit und der langen Trocknungszeit entgegenzuwirken, können sogenannte schnell abbindende bzw. schnell trocknende Estriche zum Einsatz kommen. Dabei wird das überschüssige Prozesswasser, das nicht für den chemischen Abbindeprozess im Zementestrich benötigt wird, kristallin gebunden. Das heißt, die Wassermoleküle sind so in die Molekülstruktur des Estrichs eingebunden, dass sie nicht „frei" sind und so auch nicht schädlich nach außen treten können. Nach wenigen Tagen kann dann die Belegreife erreicht sein.

Jedoch geben auch diese Estriche über einige wenige Tage ebenso wie normale Nassestriche zunächst in großer Menge Feuchte in den Raum ab. Deshalb sind diese schnell abbindenden Estriche eher aus Blickrichtung eines zügigen Baufortschritts als im Hinblick auf eine Vermeidung von Feuchte zu betrachten.

Trockenestrich

Um die bei dem Einbau von Nassestrichen auftretenden Feuchteprobleme zu umgehen, bietet es sich an, Trockenestriche in Holzrahmenbauten auszuführen. Jedoch haben auch Trockenestriche Nachteile:

Bei einem Einbau im Erdgeschoss auf der Beton-Kellerdecke oder -Bodenplatte muss zum Ausgleich der dort vorhandenen Unebenheiten im Regelfall zunächst eine gebundene Trockenschüttung eingebracht werden. „Gebunden" meint in diesem Zusammenhang, dass sich die Schüttung nach ihrem Einbringen verfestigt und nicht nachträglich kriecht. So kann die Schüttung nicht wandern, wenn der Estrich durch Begehen in Schwingungen gerät. Das Einbauen dieses Höhenausgleichs ist zeitaufwendig. Des Weiteren besteht bei Schüttungen die Gefahr, dass die ebenen Trockenestrichplatten und Trittschalldämmplatten nicht überall vollflächig auf der von Hand abgezogenen und nicht ganz ebenen Schüttung ohne Hohlräume aufliegen, was zur Folge haben kann, dass der Estrich insgesamt leicht federt oder gar quietscht. Darüber hinaus ist es bei einem Trockenestrich nicht leicht, unterschiedliche Belagshöhen in einzelnen Räumen so auszugleichen, dass ein stufenloser Übergang von Raum zu Raum gewährleistet wird.

Abb. 4.34: Eingebaute Trittschalldämmung (Gehwegplatten) vor Beginn der Estrichlegearbeiten

Vorteile von Trockenestrichen sind die geringen Aufbauhöhen, die sie ermöglichen, und auch die unmittelbare Belegreife nach der Fertigstellung der Trockenbauarbeiten.

Als Materialien für Trockenestrich kommen in Betracht:

- Holzwerkstoffe (OSB-Platten, Spanplatten usw.),
- Gipsfaserplatten sowie
- zementgebundene Platten.

Da Trockenestriche weniger Gewicht aufweisen als Nassestriche, hilft eine Deckenbeschwerung aus Beton-Gehwegplatten oder der Einbau einer schweren Splittschüttung, den Luft- und Trittschallschutz zu verbessern.

Abb. 4.35: Trockenestrich mit Estrich-Wabe

Gussasphaltestrich

Als alternatives Estrichsystem steht auch Gussasphaltestrich (AS) zur Verfügung. Dieser auf Bitumen basierende, heiß und flüssig eingebrachte Estrich hat den Vorteil, dass er keine Trocknungszeit hat und unmittelbar nach dem Erstarren belegt werden kann. Beim Einbau besteht erhöhte Brandgefahr, deshalb sind bei Holzbauten für die Verarbeitung von Gussasphaltestrich besondere Brandschutzmaßnahmen im Vorfeld zu planen und auf der Baustelle umzusetzen.

Nachteilig bei Gussestrichen ist, dass aufgrund der relativ weichen Konsistenz des ausgehärteten Bitumens keine hohen Punktlasten vorhanden sein sollten. Auch könnte das Material Bitumen in Wohnräumen wegen gesundheitlicher Aspekte seitens der Nutzer abgelehnt werden.

Holzdielen auf Unterkonstruktion

Werden gespundete Holzdielen als Bodenbelag vorgesehen, so wird keiner der vorgenannten Estriche benötigt, sondern die Montage kann direkt auf einer Lattung erfolgen. Aus Schallschutzgründen ist es jedoch erforderlich, diese von der Rohdecke zu trennen. Dazu wird entweder eine schallentkoppelnde Trennlage oder eine druckfeste Trittschalltrennlage direkt unter die Latten gelegt oder es wird eines der von den Holzfaserdämmstoffherstellern produzierten Systeme verwendet, bei denen Traglattung und Holzfaserdämmstoff über Nut und Feder so miteinander verbunden sind, dass unterhalb der Traglattung ein paar Millimeter Luft verbleiben (siehe Abb. 4.38). Eine Verbesserung des Schallschutzes der Decke kann wie beim Trockenestrich durch den Einsatz einer Deckenbeschwerung mit Beton-Gehwegplatten oder einer schweren Splittschüttung erzielt werden.

(811)		Bodenbelag
(821)	45 ... 60 mm	Nassestrich (mineralisch)
(842)	20 ... 60 mm	Trittschalldämmung
(692)	0,2 mm	PE-Folie
(120)		Deckenbauteil
(930)		Leitungen und Rohre (TGA)
(943)		Fußbodenheizungsrohre

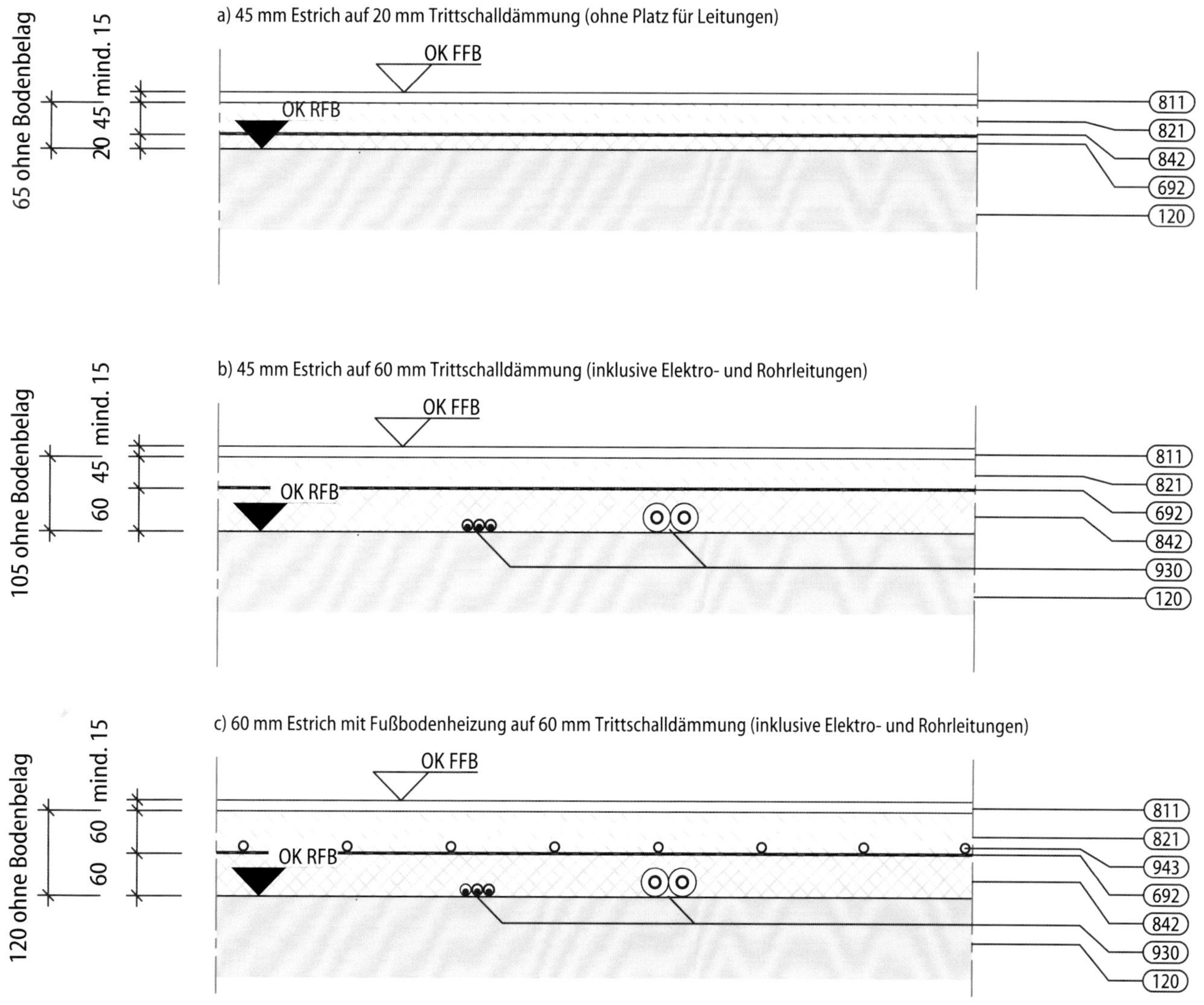

Abb. 4.36: Fußbodenaufbauten mit Nassestrichen

(120)	Deckenbauteil	(852)	40 mm Beton-Gehwegplatten 30 x 30 cm
(811)	Bodenbelag	(855)	ca. 10 mm Sandbett (oder Betonplatten geklebt)
(824)	20 ... 30 mm Trockenestrich	(851)	30 mm Splittschüttung
(824a)	25 mm Trockenestrich mit integrierten Fußbodenheizungsrohren	(930)	Leitungen und Rohre (TGA)
(842)	20 ... 60 mm Trittschalldämmung	(943)	Fußbodenheizungsrohre

a) 25 mm Trockenestrich auf 20 mm Trittschalldämmung (ohne Platz für Leitungen)

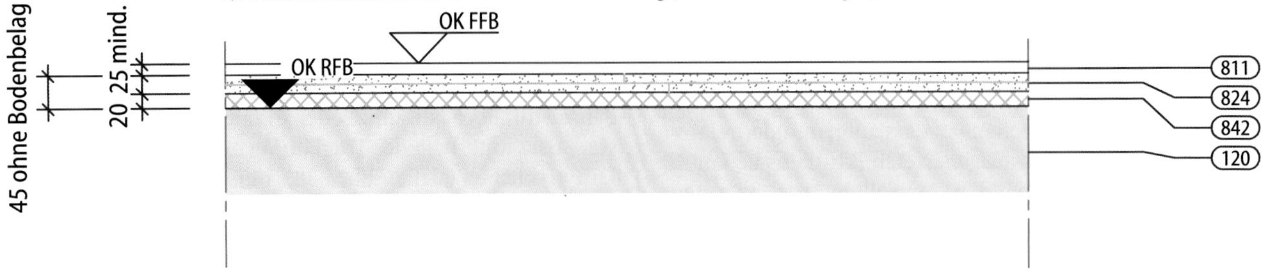

b) 25 mm Trockenestrich auf 60 mm Trittschalldämmung (inklusive Rohrleitungen)

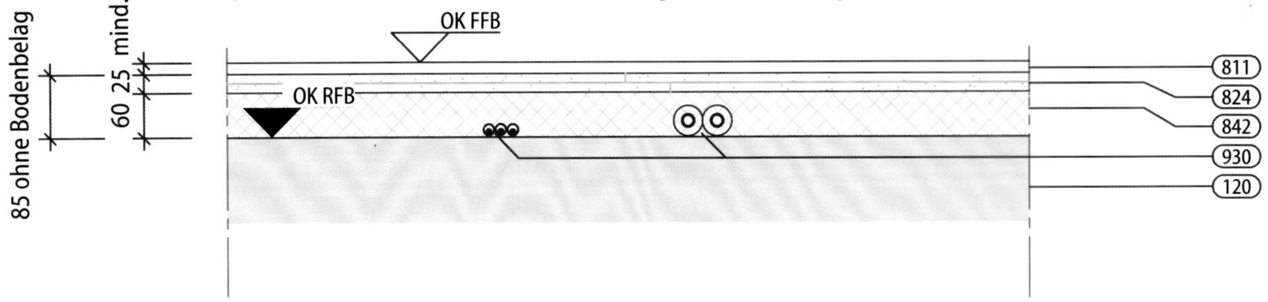

c) 25 mm Trockenestrich mit integrierten Fußbodenheizungsrohren auf 60 mm Trittschalldämmung (inklusive Rohrleitungen)

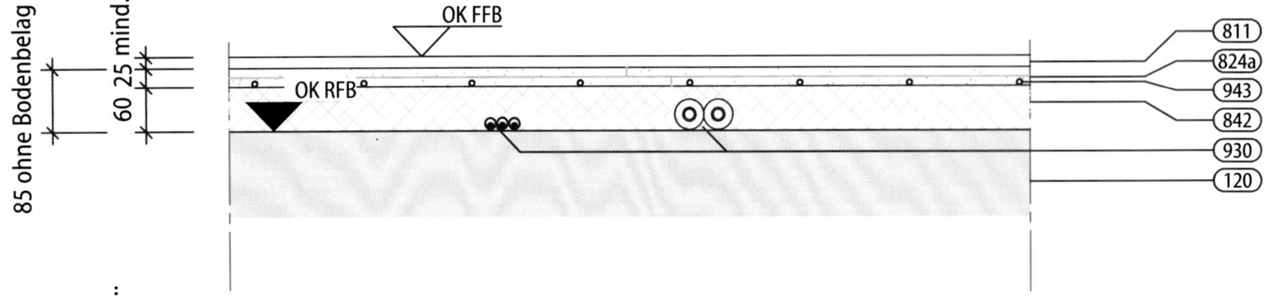

d) 25 mm Trockenestrich auf 20 mm Trittschalldämmung auf 40 mm Beton-Gehwegplatten

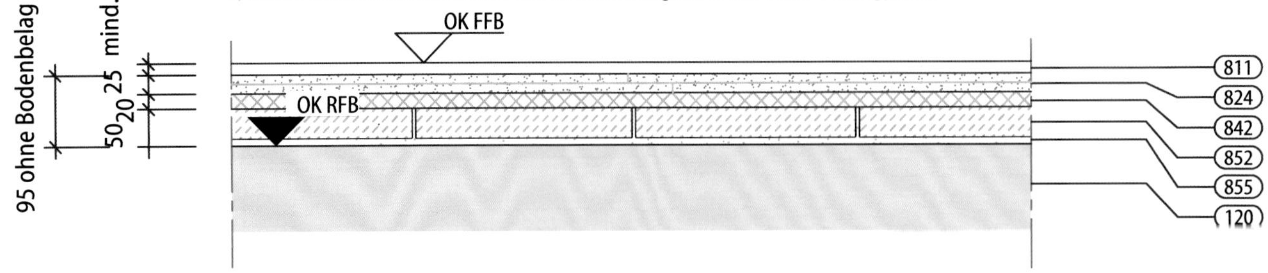

e) 25 mm Trockenestrich auf 20 mm Trittschalldämmung auf 30 mm (Kalk-)Splitt-Füllung

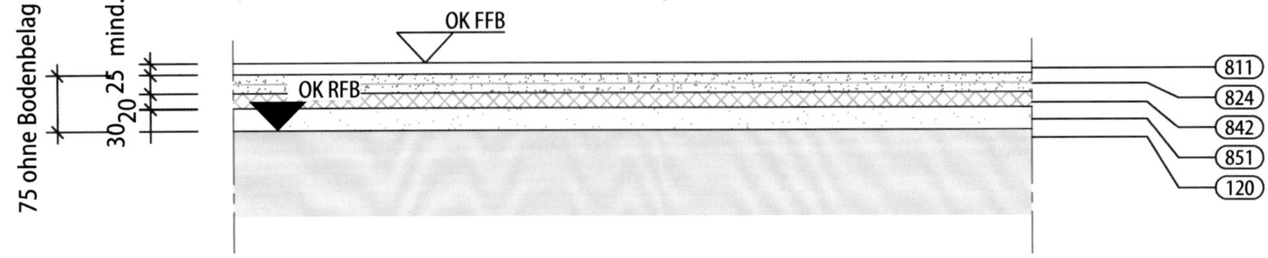

Abb. 4.37: Fußbodenaufbauten mit Trockenestrichen

(812)	24 mm Holzdielen	(841)	5 mm Trittschall-Trennlage
(277)	30/50 mm Traglatte	(10)	5 mm Luftschicht unter Traglatte
(277a)	30/50 mm Traglatte mit Nut und Feder	(852)	40 mm Beton-Gehwegplatten 30 x 30 cm
(410)	22-20 mm Holzfaserdämmung - Trittschalldämmung	(855)	ca. 10 mm Sandbett (oder Betonplatten geklebt)
(410a)	35 mm Holzfaserdämmung mit Nut und Feder	(120)	Deckenbauteil

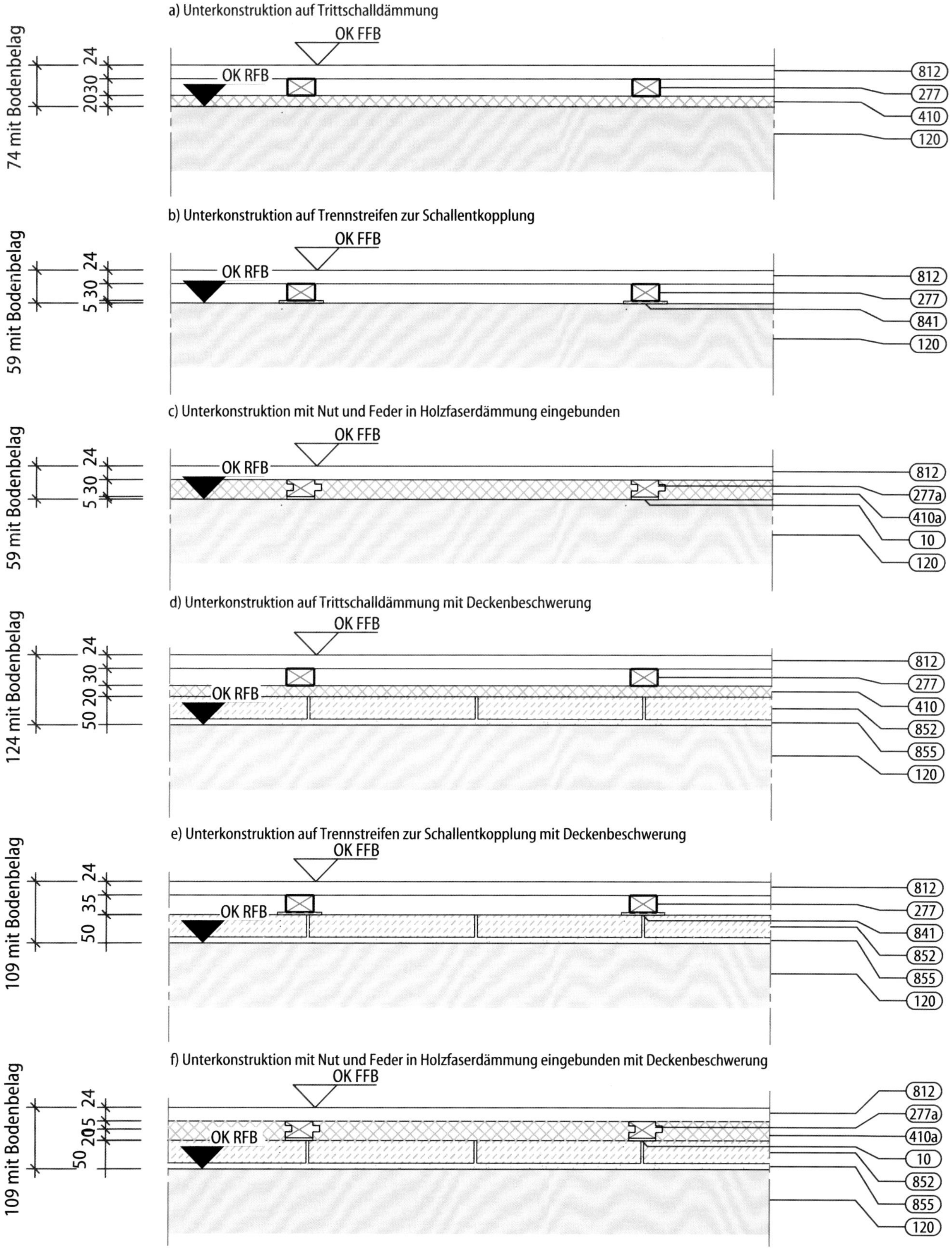

Abb. 4.38: Fußbodenaufbauten aus Holzdielen auf Unterkonstruktion

4.7.2 Holzbalkendecken

Holzbalkendecken können mit einer Balkenlage aus Vollholz oder mit Holzstegträgern ausgeführt werden. Die Holzkonstruktion kann sichtbar bleiben oder durch eine unterseitige Bekleidung geschlossen werden.

Unterseite geschlossen

Bei den hier dargestellten geschlossenen Deckenbauteilen schließen raumseitig Gipsplatten nach unten ab. Anstelle der Gipsplatten können auch Profilhölzer oder Holzwerkstoffpaneele eingesetzt werden, jedoch gelten dann die Angaben zu Brand- und Schallschutz nicht. Um die Brand- und Schallschutzziele einzuhalten, können die Profilhölzer oder Holzwerkstoffpaneele zusätzlich zu den Gipsplatten eingebaut werden, soweit es sich baurechtlich nicht um Räume handelt, in denen keine brennbaren Oberflächen vorhanden sein dürfen (z.B. notwendige Flure, Treppenräume). Der Einsatz von Holzstegträgern anstelle von Vollholzbalken bietet die Möglichkeit, Installationsleitungen auch in der Deckenebene quer zur Balkenrichtung zu verlegen.

Brandschutz bei Unterdecken

Unabhängig von ihrer Bauart gehören Decken und Dächer mit Unterdecken gemäß DIN 4102-4, Tabelle 10.33, mindestens derselben Feuerwiderstandsklasse an wie die Unterdecke selbst (siehe Abb. 4.39). Die angegebenen Maße für Latten- und Schraubenabstände beziehen sich hier ausschließlich auf die Anforderungen bezüglich des Brandschutzes. Hinsichtlich der Tragwerksplanung oder der Gipsplattenverarbeitung können geringere Abstände erforderlich sein. Die zweilagig eingebauten Gipskarton-Feuerschutzplatten nach DIN 18180 „Gipsplatten – Arten und Anforderungen" (2014) sind stoßversetzt anzuordnen, nach DIN 18181 „Gipsplatten im Hochbau – Verarbeitung" (2019) zu verschrauben und alle Fugen sind vollständig zu verspachteln. Anstelle der hölzernen Grund- und Traglattung können auch Stahlblechprofile mit Abhängern aus dem Trockenbau verwendet werden.

Mit Unterdecken, die die hier angegebenen Anforderungen erfüllen, können die nachfolgend aufgeführten Deckenbauteile (und auch Dachbauteile) eine den Unterdecken entsprechende Zuordnung zu einer Feuerwiderstandsklasse erhalten. Gegebenenfalls ändern sich durch die Anordnung einer solchen Unterdecke die bei den Bauteilen angegebenen Schalldämmwerte.

Feuerwiderstandsklassen von Unterdecken aus Gipskarton-Feuerschutzplatten GKF bei Brandbeanspruchung von unten

Feuerwiderstandsklasse	Zulässige max. Spannweite der Grund- und Traglattung	Zulässige max. Spannweite der GKF	Mindest-Plattendicke der Gipskarton-Feuerschutzplatten obere Beplankung	Mindest-Plattendicke der Gipskarton-Feuerschutzplatten untere Beplankung
F 30-B	1000 mm	500 mm	12,5 mm	12,5 mm
F 60 B	1000 mm	400 mm	18 mm	15 mm

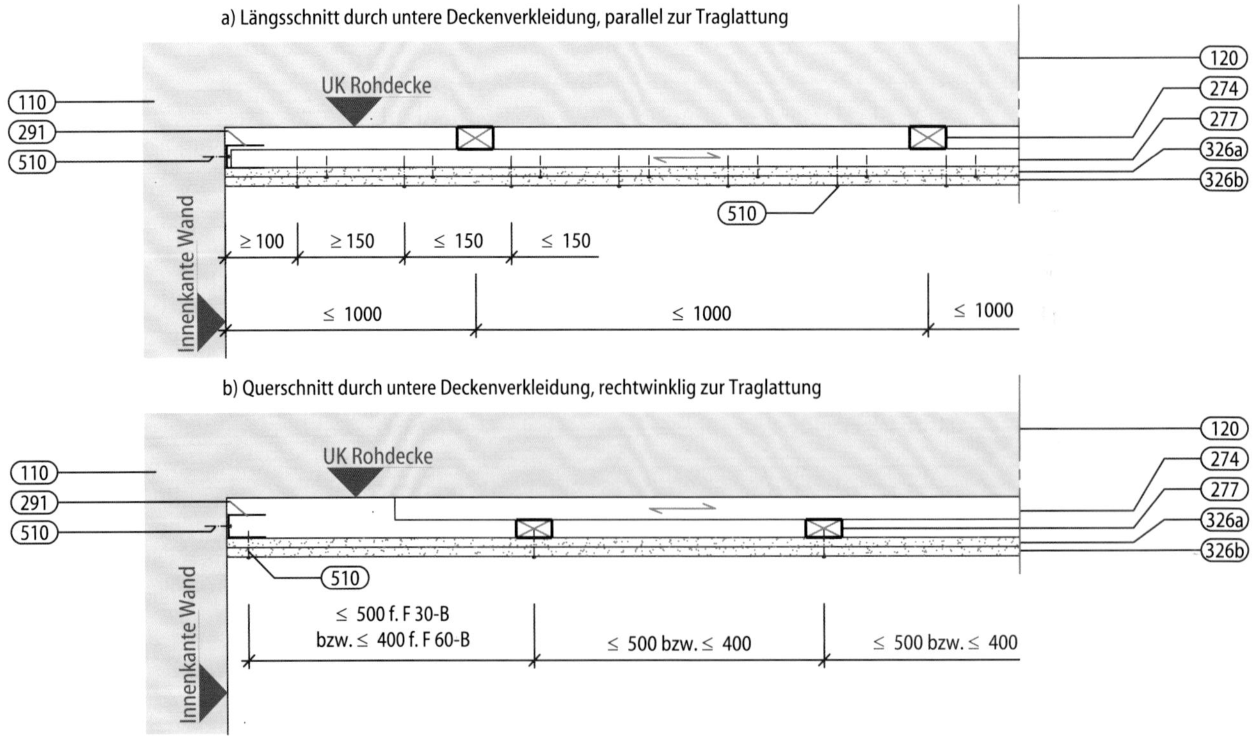

(110) Wandbauteil
(120) Deckenbauteil
(274) 30/50 mm Grundlatte max. e = 1,00 m
(277) 30/50 mm Traglatte F 30-B: max. e = 50 cm; F 60-B: max. e = 40 cm
(326a) 12,5 o. 18 mm obere Beplankung: Gipskarton-Feuerschutzplatte GKF
(326b) 12,5 o. 15 mm untere Beplankung: Gipskarton-Feuerschutzplatte GKF
(510) Verschraubung
(291) Trockenbau U-Profil Stahlblech, verzinkt UD 30

Abb. 4.39: Zuordnung von Feuerwiderstandsklassen bei Unterdecken aus Gipskarton-Feuerschutzplatten

(811) Bodenbelag
(821) 50 mm Nassestrich (mineralisch) nach DIN 18560, mind. 120 kg/m²
(692) 0,2 mm PE-Folie
(842) 40 mm Trittschalldämmung Mineralwolle MW o. Holzfaser HF, DES-sh, s' max. 6 MN/m³
(312) 22 mm OSB-Platte (bzw. Holzwerkstoffplatte SP, BFU)
(11) 120 mm unbelüfteter Hohlraum
(210) b /220 mm Konstruktionsvollholz nach Statik
(405) 100 mm Hohlraumbedämpfung (z.B. MW o. HF, DZ o. DAD-dk)
(277) 24/48 mm Traglatte e = 400 mm
(321) 15 mm Gipskarton-Feuerschutzplatte GKF (oder 12,5 mm Gipsfaserplatte GF)
(190) 0,5 mm Oberfläche innen

Bauteil-Nr. 4.7.2.1
gdrkna101a
Geschossdecke
Vollholz-Balken
keine Deckenbeschwerung
Nassestrich, schwimmend
Unterdecke, steif befestigt
einfach beplankt
040

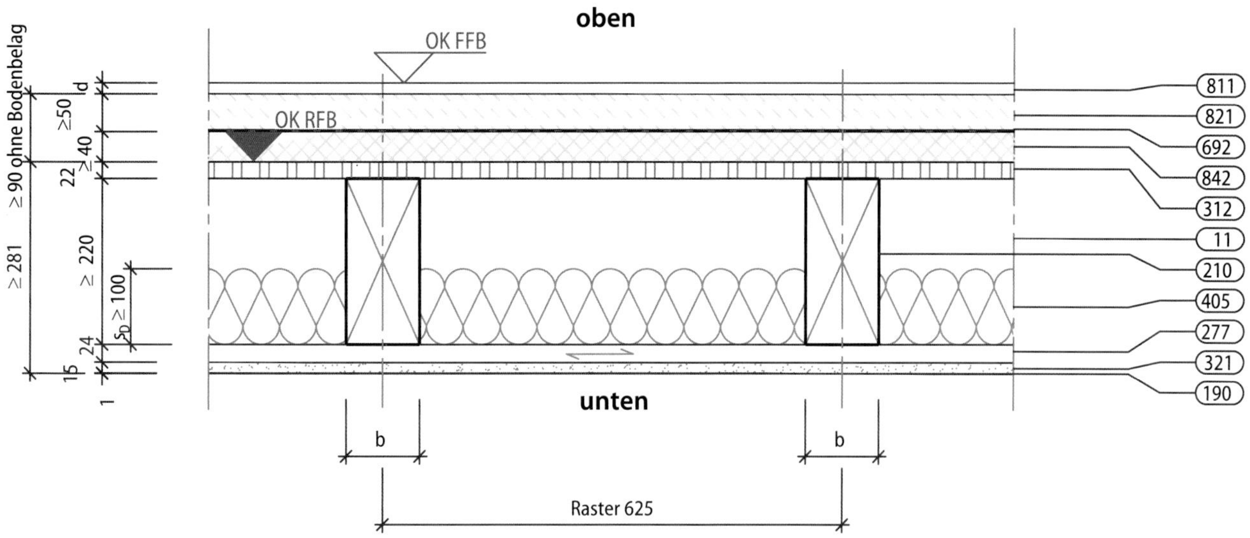

Technische Werte

Vollholzbalken, ohne Deckenbeschwerung, mit Nassestrich, mit Unterdeckung, einfach beplankt		
Mindestestrichdicke [mm]	50	50
Mindestdicke Trittschalldämmung [mm]	40	40
Mindestdicke der Beschwerung [mm] Mindestgewicht der Beschwerung m' [kg/m²]	keine	keine
Mindestdicke der oberen Beplankung [mm]	22	22
Mindestdicke der Hohlraumbedämpfung s_D [mm]	100	100
Holzbalken Mindestbreite [mm]	40	40
Mindest-/Maximal-Achsabstand Traglattung [mm]	415 ≤ e ≤ 500	400
Mindestdicke untere Beplankung [mm]	15,0	12,5 + 12,5 je GKF
Bewertetes Schalldämm-Maß $R_w(C;C_{tr})$*) [dB]	63 (-5;-11)	63 (-5;-11)
Bewerteter Norm-Trittschallpegel $L_{n,w}(C_I)$ [dB]	54 (2)	54 (2)
Feuerwiderstandsklasse nach DIN 4102-4:2016-05: **)	F 30-B	F 60-B
Gesamtdicke des Bauteils (ohne Bodenbelag) [mm]	371	381
U-Wert (bei λ_B = 0,040 W/(mK) [W/(m²K)]	0,249	0,246
Spezifische Bauteilmasse in [kg/m²]	156,4	167,7

*) Das Schalldämm-Maß gilt für Mineralwolle MW oder Holzfaser HF, ein Übermaß des Dämmstoffes ist zu vermeiden.

**) Bei Einsatz von Mineralwolle, wobei ρ ≥ 30 kg/m³

(811)		Bodenbelag
(826)	25	mm Trockenestrich aus Holzwerkstoffplatte
(825)	25	mm Trockenestrich aus Gipsfaserplatte
(842)	20	mm Trittschalldämmung Mineralwolle MW o. Holzfaser HF, DES-sh, s' max. 6 MN/m³
(312)	22	mm OSB-Platte (bzw. Holzwerkstoffplatte SP, BFU)
(11)	120	mm unbelüfteter Hohlraum
(210)	b/220	mm Konstruktionsvollholz nach Statik
(405)	mind. 50	mm Hohlraumbedämpfung (z.B. MW o. HF, DZ o. DAD-dk)
(277)	30/50	mm Traglatte e = 400 mm
(326)	12,5	mm Gipskarton-Feuerschutzplatte GKF
(322)	10	mm Gipsfaserplatte
(190)	0,5	mm Oberfläche innen

Bauteil-Nr. 4.7.2.2
gdrkta101a

Geschossdecke

Vollholz-Balken
keine Deckenbeschwerung
Trockenestrich
Unterdecke, steif befestigt
einfach beplankt
040

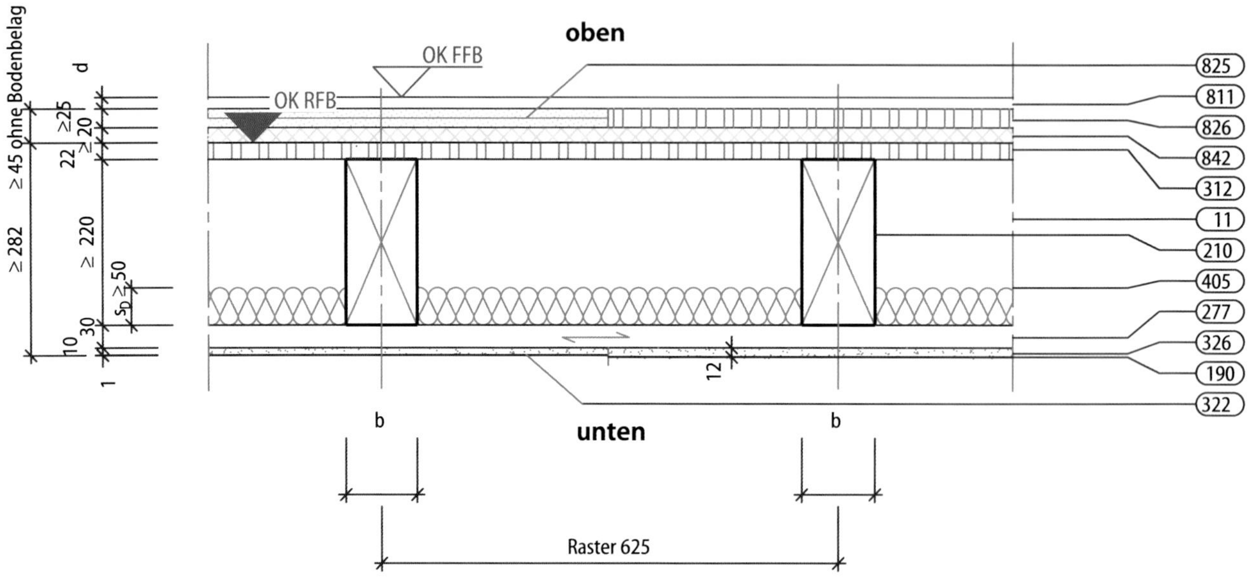

Technische Werte

Vollholzbalken, ohne Deckenbeschwerung, mit Trockenestrich, mit Unterdeckung, einfach beplankt				
Mindestdicke des Trockenestrichs [mm]	Gipsfaser GF:	25	OSB:	25
Mindestdicke Trittschalldämmung [mm]		20		20
Mindestdicke der Beschwerung [mm] Mindestgewicht der Beschwerung m' [kg/m²]		keine		keine
Mindestdicke der oberen Beplankung [mm]		22		22
Mindestdicke der Holhlraumbedämpfung s_D [mm]		50		100
Holzbalken Mindestbreite [mm]		40		40
Mindest-/Maximal-Achsabstand Traglattung [mm]		$415 \leq e \leq 500$		400
Mindestdicke untere Beplankung [mm]	Gipsfaser GF:	10,0	GKF:	12,5
Bewertetes Schalldämm-Maß $R_w(C;C_{tr})$ *) [dB]		51		-
Bewerteter Norm-Trittschallpegel $L_{n,w}(C_I)$ [dB]		69		-
Feuerwiderstandsklasse nach DIN 4102-4:2016-05 **)		F 30-B		F 30-B
Gesamtdicke des Bauteils (ohne Bodenbelag) [mm]		327		332
U-Wert (bei λ_B = 0,040 W/(mK) [W/(m²K)]		0,283		0,271
Spezifische Bauteilmasse in [kg/m²]		86,3		74,1

*) Das Schalldämm-Maß gilt für Mineralwolle MW

**) Bei Einsatz von Mineralwolle, wobei $\rho \geq 30$ kg/m³

(811)		Bodenbelag
(821)	50 mm	Nassestrich (mineralisch) nach DIN 18560, mind. 120 kg/m²
(692)	0,2 mm	PE-Folie
(842)	40 mm	Trittschalldämmung Mineralwolle MW o. Holzfaser HF, DES-sh, s' max. 6 MN/m³
(852)	40 mm	Beton-Gehwegplatten 30 x 30 cm (in 10 mm Sandbett oder verklebt)
(853)	mind. 18 mm	schwere Schüttung mit Rieselschutz
(312)	22 mm	OSB-Platte (bzw. Holzwerkstoffplatte SP, BFU)
(11)	120 mm	unbelüfteter Hohlraum
(210)	b /220 mm	Konstruktionsvollholz nach Statik
(405)	100 mm	Hohlraumbedämpfung (z.B. MW o. HF, DZ o. DAD-dk)
(277)	24/48 mm	Traglatte e = 400 mm
(321)	15 mm	Gipskarton-Feuerschutzplatte GKF (oder 12,5 mm Gipsfaserplatte GF)
(190)	0,5 mm	Oberfläche innen

Bauteil-Nr. 4.7.2.3
gdrpna101a und gdrsna101a

Geschossdecke

Vollholz-Balken
mit Deckenbeschwerung
Nassestrich, schwimmend
Unterdecke, steif befestigt
einfach beplankt
040

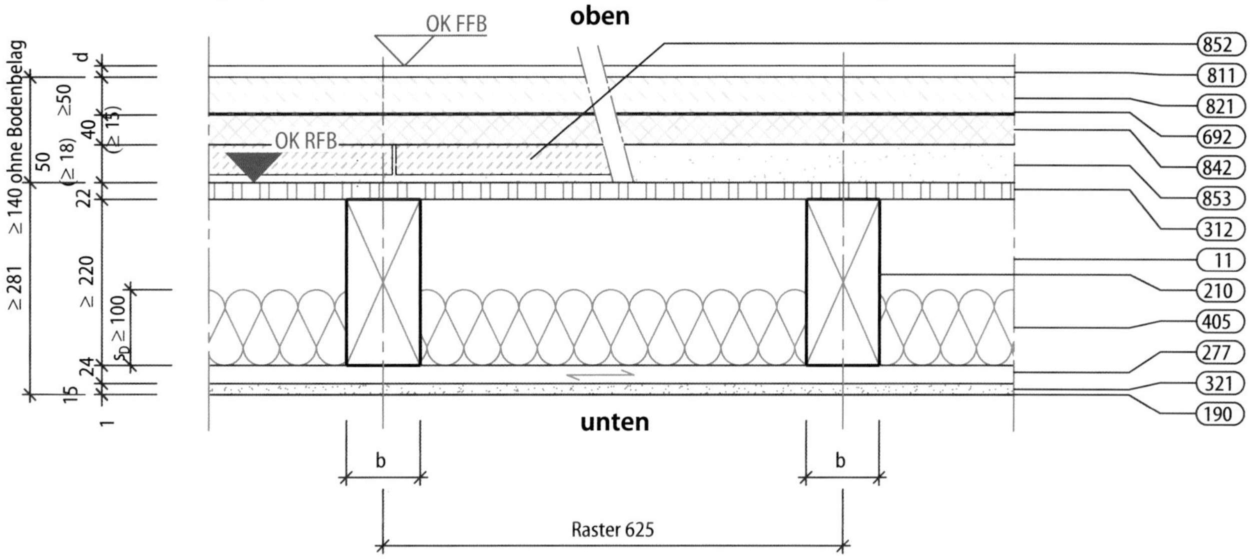

Technische Werte

Vollholzbalken, mit Deckenbeschwerung, mit Nassestrich, mit Unterdeckung, einfach beplankt					
Mindestestrichdicke [mm]		50		50	50
Mindestdicke Trittschalldämmung [mm]		40		20	15
Mindestdicke der Beschwerung [mm]	Plattenbe-schwerung:	40	Schüttung:	30	18
Mindestgewicht der Beschwerung m' [kg/m²]		50		45	25
Mindestdicke der oberen Beplankung [mm]		22		22	22
Mindestdicke der Hohlraumbedämpfung s_D [mm]		100		100	100
Holzbalken Mindestbreite [mm]		40		40	40
Mindest-/Maximal-Achsabstand Traglattung [mm]		415 ≤ e ≤ 500		415 ≤ e ≤ 500	
Mindestdicke untere Beplankung [mm]		15,0 ***)		15,0 ***)	15,0 ***)
Bewertetes Schalldämm-Maß $R_w(C;C_{tr})$*) [dB]		65 (-5;-13)		67 (-4;-11)	67 (-4;-11)
bewerteter Norm-Trittschallpegel $L_{n,w}(C_I)$ [dB]		48 (3)		46 (2)	51 (1)
Feuerwiderstandsklasse nach DIN 4102-4:2016-05: **)		F 30-B		F 30-B	F 30-B
Gesamtdicke des Bauteils (ohne Bodenbelag) [mm]		421		391	374
U-Wert (bei λ_B= 0,040 W/(mK) [W/(m²K)]		0,245		0,280	0,291
Spezifische Bauteilmasse in [kg/m²]		230,2		211,5	191,2

*) Das Schalldämm-Maß gilt für Mineralwolle MW oder Holzfaser HF, ein Übermaß des Dämmstoffes ist zu vermeiden.

) Bei Einsatz von Mineralwolle, wobei ρ ≥ 30 kg/m³ *) bei GF 12,5 + GF 12,5 → F 60-B

(811) Bodenbelag
(827) mind. 22 mm Trockenestrich aus zementgebundener Spanplatte ZSP
(825) mind. 22 mm Trockenestrich aus Gipsfaserplatte
(842) mind. 20 mm Trittschalldämmung Mineralwolle MW o. Holzfaser HF, DES-sh, s' max. 6 MN/m³
(853) mind. 60 mm schwere Schüttung mit Rieselschutz; schwere Schüttung mit Rieselschutz m' 90 kg/m² bzw. Schüttdichte 1.500 kg/m³; gegen Verrutschen gesichert mittels Pappwabe, Sandmatten, Lattengitter o.ä.
(312) 22 mm OSB-Platte (bzw. Holzwerkstoffplatte SP, BFU)
(11) 120 mm unbelüfteter Hohlraum
(210) b /220 mm Konstruktionsvollholz nach Statik (mind. 80/180)
(405) 100 mm Hohlraumbedämpfung (z.B. MW o. HF, DZ o. DAD-dk)
(277) 30/50 mm Traglatte e = 400 mm
(326) 12,5 mm Gipskarton-Feuerschutzplatte GKF
(190) 0,5 mm Oberfläche innen

Bauteil-Nr. 4.7.2.4
gdrsta101a
Geschossdecke
Vollholz-Balken
mit Deckenbeschwerung
Trockenestrich
Unterdecke, steif befestigt
einfach beplankt
040

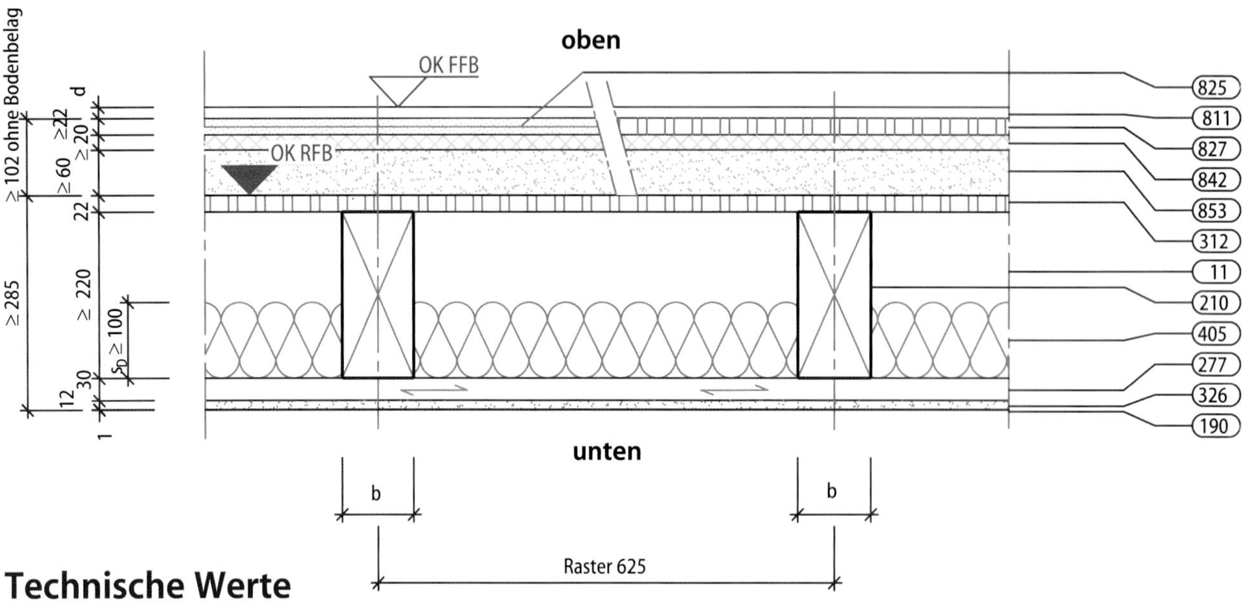

Technische Werte

Vollholzbalken, mit Deckenbeschwerung, mit Trockenestrich, mit Unterdeckung, einfach beplankt				
Mindestdicke des Trockenestrichs [mm] (m' ≥ 29 kg/m²)	Gipsfaser GF	23 bzw. 25	ZSP (zementgebunden)	22
Mindestdicke Trittschalldämmung [mm]		20		20
Mindestdicke der Beschwerung [mm]	schwere Schüttung in Wabe	60	schwere Schüttung in Wabe	60
Mindestgewicht der Beschwerung m' [kg/m²]		90		90
Mindestdicke der oberen Beplankung [mm]		22		22
Mindestdicke der Hohlraumbedämpfung s_D [mm]		100		100
Holzbalken Mindestbreite [mm]		80		80
Mindest-/Maximal-Achsabstand Traglattung [mm]		415 ≤ e ≤ 500		415 ≤ e ≤ 500
Mindestdicke untere Beplankung [mm]		12,5 ***)		12,5 ***)
Bewertetes Schalldämm-Maß $R_w(C;C_{tr})$ *) [dB]		61 (-6;-13)		61 (-6;-13)
Bewerteter Norm-Trittschallpegel $L_{n,w}(C_I)$ [dB]		55 (2)		55 (2)
Feuerwiderstandsklasse nach DIN 4102-4:2016-05 **)		F 60-B		F 60-B
Gesamtdicke des Bauteils (ohne Bodenbelag) [mm]		388 bzw. 390		387
U-Wert (bei λ_B = 0,040 W/(mK) [W/(m²K)]		0,277		0,275
Spezifische Bauteilmasse in [kg/m²]		170,6 bzw. 173,0		169,4

*) Das Schalldämm-Maß gilt für Mineralwolle MW oder Holzfaser HF, ein Übermaß des Dämmstoffes ist zu vermeiden.

) Bei Einsatz von Mineralwolle, wobei $\rho \geq 30$ kg/m³ *) Bei GF 12,5 + GF 12,5 → F 60-B

Bauteil-Nr. 4.7.2.5
gdrsda101a

Geschossdecke

Vollholz-Balken mit Deckenbeschwerung Dielenboden m. Unterkonstr. abgehängte Decke doppelt beplankt 040

(828)	24	mm Dielenboden
(277)	40/60	mm Traglatte
(277a)	30/50	mm Traglatte mit Nut und Feder
(842)	30	mm Trittschalldämmung
(10)	3	mm Luftschicht unter der Traglatte
(853)	mind. 60	mm schwere Schüttung mit Rieselschutz; schwere Schüttung mit Rieselschutz m' 90 kg/m² bzw. Schüttdichte 1.500 kg/m³; gegen Verrutschen gesichert mittels Pappwabe, Sandmatten, Lattengitter o.ä.; oder Betonsteinplatten (siehe Bauteil 4.7.2.3)
(312)	22	mm OSB-Platte (bzw. Holzwerkstoffplatte SP, BFU)
(11)	20	mm unbelüfteter Hohlraum
(210)	b /220	mm Konstruktionsvollholz nach Statik
(405)	200	mm Hohlraumbedämpfung (z.B. MW o. HF, DZ o. DAD-dk)
(294)	60	mm Schwingbügel (Federbügel)
(277)	30/50	mm Traglatte e mind. 400 mm
(326)	12,5	mm Gipskarton-Feuerschutzplatte GKF (mind. 10 kg/m²)
(190)	0,5	mm Oberfläche innen

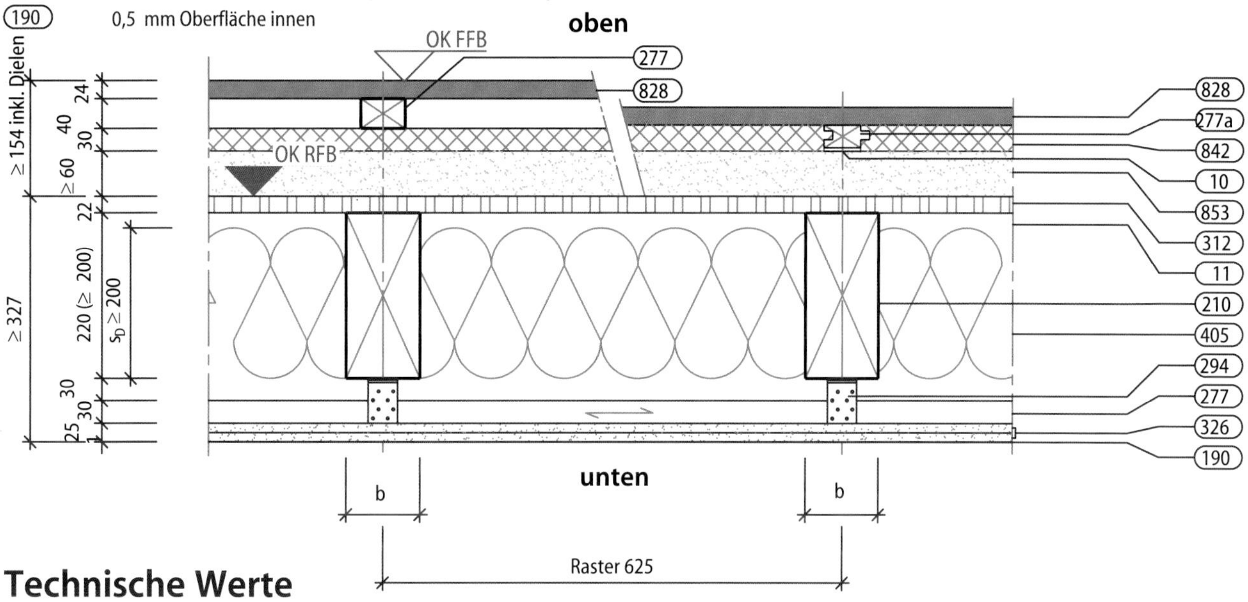

Technische Werte

Vollholzbalken, mit Deckenbeschwerung, mit Trockenestrich, mit Unterdeckung, doppelt beplankt

Dielenboden [mm] auf Lattung mit ...	... Hohlraum:	... Nut- und Feder in Dämmebene:
Dielenboden	24	24
Dicke Trittschalldämmung [mm]	30	30
Mindestdicke der Beschwerung [mm]	60	60
Mindestgewicht der Beschwerung m' [kg/m²]	90	90
Mindestdicke der oberen Beplankung [mm]	22	22
Mindestdicke der Hohlraumbedämpfung s_D [mm]	200	200
Holzbalken Mindestbreite [mm] / Mindesthöhe	80 / 200	80 / 200
Mindest-/Maximal-Achsabstand Traglattung [mm]	$400 \leq e \leq 500$	$400 \leq e \leq 500$
Mindestdicke untere Beplankung [mm]	2 x12,5	2 x12,5
Bewertetes Schalldämm-Maß $R_w(C;C_{tr})$ *) [dB]	-	80 (-16;-31)
Bewerteter Norm-Trittschallpegel $L_{n,w}(C_I)$ [dB]	-	34 (15)
Feuerwiderstandsklasse nach DIN 4102-4:2016-05 **)	F 60-B	F 60-B
Gesamtdicke des Bauteils (ohne Bodenbelag) [mm]	481	441
U-Wert (bei $\lambda_B = 0{,}040$ W/(mK) [W/(m²K)]	0,170	0,186
Spezifische Bauteilmasse in [kg/m²]	184,9	183,2

*) Das Schalldämm-Maß gilt für Mineralwolle MW oder Holzfaser HF, ein Übermaß des Dämmstoffes ist zu vermeiden.

**) Bei Einsatz von Mineralwolle, wobei $\rho \geq 30$ kg/m³

(811)		Bodenbelag
(821)	50 mm	Nassestrich (mineralisch) nach DIN 18560, mind. 120 kg/m²
(692)	0,2 mm	PE-Folie
(842)	15, 40, 60 mm	Trittschalldämmung Mineralwolle MW o. Holzfaser HF, DES-sh
(312)	22 mm	OSB-Platte (bzw. Holzwerkstoffplatte SP, BFU)
(11)	120 mm	unbelüfteter Hohlraum
(210)	b /220 mm	Konstruktionsvollholz nach Statik (mind. 60/180) oder Holzstegträger mind. 240 mm
(405)	100 mm	Hohlraumbedämpfung (z.B. MW o. HF, DZ o. DAD-dk)
(293)	27 mm	Federschiene e mind. 41,5 cm
(321)	15 mm	Gipskarton-Feuerschutzplatte GKF (oder 12,5 mm Gipsfaserplatte GF)
(190)	0,5 mm	Oberfläche innen

Bauteil-Nr. 4.7.2.6
gdrknf101a

Geschossdecke

Vollholz-Balken
keine Deckenbeschwerung
Nassestrich, schwimmend
Unterdecke an Federschiene
einfach beplankt
040

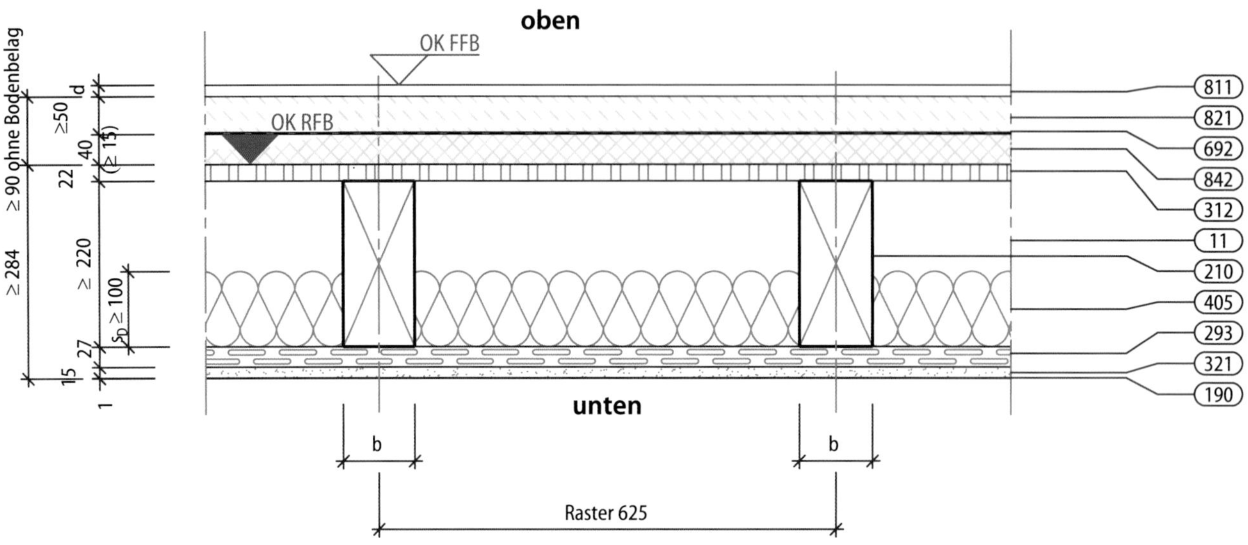

Technische Werte

Vollholzbalken, ohne Deckenbeschwerung, mit Nassestrich, mit Federschiene, einfach beplankt			
Mindestestrichdicke [mm]	50	50	50
Mindestdicke Trittschalldämmung [mm]	40	15	2 x 30
Maximalwert dynamische Steifigkeit s' [MN/m³]	6	10	10
zusätzliche Beschwerung	keine	keine	keine
Mindestdicke der oberen Beplankung [mm]	22	22	22
Mindestdicke der Hohlraumbedämpfung s_D [mm]	100	100	100
Holzbalken Mindestbreite [mm]	60	60	60
Mindest-/Maximal-Achsabstand Federschiene [mm]	415	415	415
Mindestdicke untere Beplankung [mm]	für alle: GF 12,5 oder GKF 15		
Bewertetes Schalldämm-Maß $R_w(C;C_{tr})^{*)}$ [dB]	70 (-3;-9)	69 (-3;-10)	≥ 70
Bewerteter Norm-Trittschallpegel $L_{n,w}(C_I)$ [dB]	46 (0)	48 (1)	50(0)
Feuerwiderstandsklasse nach DIN 4102-4:2016-05 $^{**)}$	F 30-B	F 30-B	F 30-B
Gesamtdicke des Bauteils (ohne Bodenbelag) [mm]	373	346	391
U-Wert (bei λ_B = 0,040 W/(mK) [W/(m²K)]	0,249	0,296	0,222
Spezifische Bauteilmasse in [kg/m²]	156,4	154,9	157,600

*) Das Schalldämm-Maß gilt für Mineralwolle MW oder Holzfaser HF, ein Übermaß des Dämmstoffes ist zu vermeiden.

**) Bei Einsatz von Mineralwolle, wobei ρ ≥ 30 kg/m³; Feuerwiderstandsklasse gilt nur für Deckenbalken aus Vollholz

(811) Bodenbelag
(826) 25 mm Trockenestrich aus Holzwerkstoffplatte HW (m' mind. 15 kg/m²)
(825) 25 mm Trockenestrich aus Gipsfaserplatte GF (oder Gipslatte GK)
(842) 20 mm Trittschalldämmung Mineralwolle MW o. Holzfaser HF, DES-sh, s' max. 6 MN/m³
(312) 22 mm OSB-Platte (bzw. Holzwerkstoffplatte SP, BFU)
(11) 120 mm unbelüfteter Hohlraum
(210) b /220 mm Konstruktionsvollholz nach Statik (mind. 60/180) oder Holzstegträger mind. 240 mm
(405) 100 mm Hohlraumbedämpfung (z.B. MW o. HF, DZ o. DAD-dk)
(293) 27 mm Federschiene e mind. 41,5 cm
(326) 12,5 mm Gipskarton-Feuerschutzplatte GKF
(322) 10 mm Gipsfaserplatte
(190) 0,5 mm Oberfläche innen

Bauteil-Nr. 4.7.2.7
gdrktf101a

Geschossdecke

Vollholz-Balken
keine Deckenbeschwerung
Trockenestrich
Unterdecke an Federschiene
einfach beplankt
040

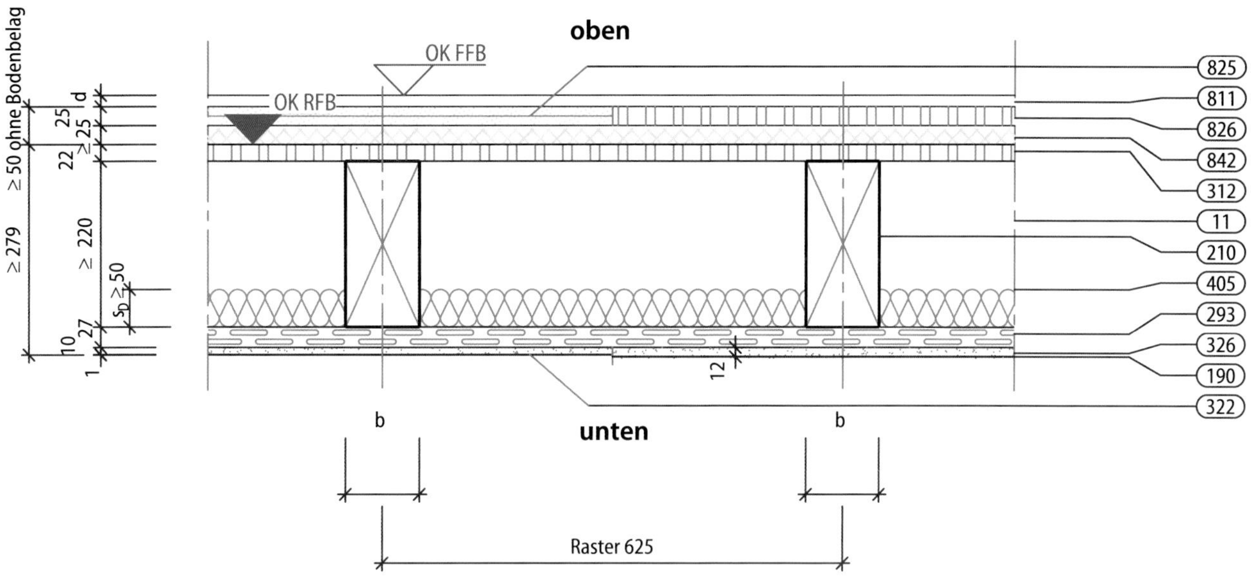

Technische Werte

Vollholzbalken, ohne Deckenbeschwerung, mit Trockenestrich, mit Unterdeckung, einfach beplankt		
Mindestdicke des Trockenestrichs [mm] GKB, GF oder HW m' ≤ 15 kg/m²	20	25
Mindestdicke Trittschalldämmung [mm]	40	25
Maximalwert dynamische Steifigkeit s' [MN/m³]	30	15
Zusätzliche Beschwerung	keine	keine
Mindestdicke der oberen Beplankung [mm]	22	22
Mindestdicke der Hohlraumbedämpfung s_D [mm]	100	100
Holzbalken Mindestbreite [mm]	60	40
Mindest-/Maximal-Achsabstand Federschiene [mm]	415	415
Mindestdicke untere Beplankung [mm]	GKF 12,5 / GF 10	GKF 12,5 / GF 10
Bewertetes Schalldämm-Maß $R_w(C;C_{tr})$*) [dB]	66 (-4;-11)	63 (-4;-11)
Bewerteter Norm-Trittschallpegel $L_{n,w}(C_I)$ [dB]	48 (2)	56 (0)
Feuerwiderstandsklasse nach DIN 4102-4:2016-05 **)	F 30-B	F 30-B
Gesamtdicke des Bauteils (ohne Bodenbelag) [mm]	340	330
U-Wert (bei λ_B = 0,040 W/(mK) [W/(m²K)] bei Trockenestrich aus ...	GF: 0,249 / HW: 0,241	GF: 0,273 / HW: 0,263
Spezifische Bauteilmasse in [kg/m²] bei Trockenestrich aus ...	GF: 81,5 / HW: 71,1	GF: 86,6 / HW: 72,1

*) Das Schalldämm-Maß gilt für Mineralwolle MW.

**) Bei Einsatz von Mineralwolle, wobei ρ ≥ 30 kg/m³; Feuerwiderstandsklasse gilt nur für Deckenbalken aus Vollholz.

Bauteil-Nr. 4.7.2.8
gdrpnf101a und gdrsnf101a

Geschossdecke

Vollholz-Balken mit Deckenbeschwerung Nassestrich, schwimmend Unterdecke an Federschiene einfach beplankt 040

(811)		Bodenbelag
(821)	50 mm	Nassestrich (mineralisch) nach DIN 18560, mind. 120 kg/m²
(692)	0,2 mm	PE-Folie
(842)	15-40 mm	Trittschalldämmung Mineralwolle MW o. Holzfaser HF, DES-sh, s' max. 6 MN/m³
(852)	40 mm	Beton-Gehwegplatten 30 x 30 cm (in 10 mm Sandbett oder verklebt)
(853)	30-60 mm	schwere Schüttung mit Rieselschutz
(312)	22 mm	OSB-Platte (bzw. Holzwerkstoffplatte SP, BFU)
(11)	120 mm	unbelüfteter Hohlraum
(210)	b /220 mm	Konstruktionsvollholz nach Statik (mind. 60/180) oder Holzstegträger mind. 240 mm
(405)	100 mm	Hohlraumbedämpfung (z.B. MW o. HF, DZ o. DAD-dk)
(293)	27 mm	Federschiene e mind. 41,5 cm
(321)	15 mm	Gipskarton-Feuerschutzplatte GKF (oder 12,5 mm Gipsfaserplatte GF)
(190)	0,5 mm	Oberfläche innen

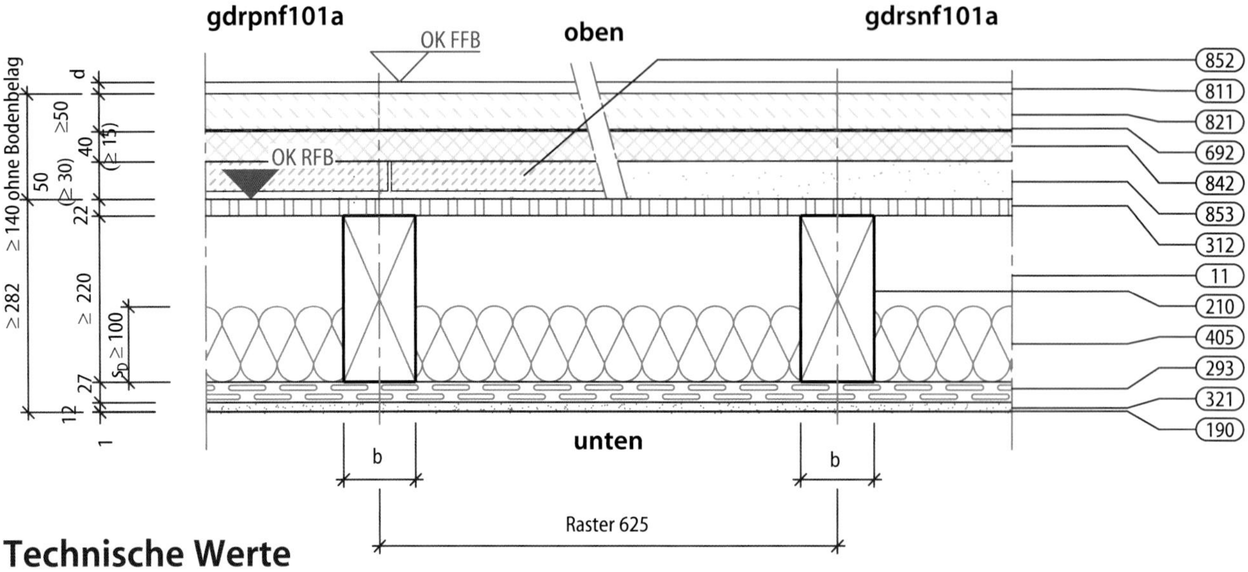

Technische Werte

Vollholzbalken, mit Deckenbeschwerung, mit Nassestrich, mit Unterdeckung, einfach beplankt					
Mindestestrichdicke [mm]	50	50	50	50	50
Mindestdicke Trittschalldämmung [mm]	40	40	15	20	30
Maximalwert dynamische Steifigkeit s' [MN/m³]	6	6	10	8	20
Mindestdicke der Beschwerung [mm]	40[a]	30[b]	30[b]	60[b]	50[b]
Mindestgewicht der Beschwerung m' [kg/m²]	100	45	45	90	75
Mindestdicke der oberen Beplankung [mm]	22	22	22	22	22
Mindestdicke der Hohlraumbedämpfung s_D [mm]	100	100	100	100	100
Holzbalken Mindestbreite [mm]	60	60	60	60	60
Mindest-Achsabstand Federschiene [mm]	415	415	415	415	415
Mindestdicke untere Beplankung [mm]	12,5	12,5	12,5	12,5	12,5
Bewertetes Schalldämm-Maß $R_w(C;C_{tr})$ *) [dB]	≥ 70	≥ 70	68 (-3;-9)	≥ 70	≥ 70
Bewerteter Norm-Trittschallpegel $L_{n,w}(C_I)$ [dB]	30 (0)	34 (12)	36 (2)	31 (0)	40 (-1)
Feuerwiderstandsklasse nach DIN 4102-4:2016-05 **)	F 30-B	F 30-B	F 30-B	F 30-B	F 30-B
Gesamtdicke des Bauteils (ohne Bodenbelag) [mm]	422	402	377	412	412
U-Wert (bei λ_B = 0,040 W/(mK) [W/(m²K)]	0,248	0,248	0,295	0,283	0,264
Spezifische Bauteilmasse in [kg/m²]	256,4	201,4	199,9	245,2	230,8

*) Das Schalldämm-Maß gilt für Mineralwolle MW oder Holzfaser HF, ein Übermaß des Dämmstoffes ist zu vermeiden.

**) Bei Einsatz von Mineralwolle, wobei ρ ≥ 30 kg/m³; Feuerwiderstandsklasse gilt nur für Deckenbalken aus Vollholz

[a] Betonsteinplatten in 10 mm Sandbett oder geklebt [b] Schüttung, gegen Verrutschen gesichert mittels Pappwaben o. Ä.

Bauteil-Nr. 4.7.2.9
gdrptf101a

Geschossdecke

Vollholz-Balken mit Deckenbeschwerung Trockenestrich Unterdecke an Federschiene einfach beplankt 040

(811)		Bodenbelag
(827)	mind. 22 mm	Trockenestrich aus zementgebundener Spanplatte ZSP
(825)	mind. 22 mm	Trockenestrich aus Gipsfaserplatte
(842)	mind. 20 mm	Trittschalldämmung Mineralwolle MW o. Holzfaser HF, DES-sh, s' max. 30 MN/m³
(853)	mind. 30 mm	schwere Schüttung mit Rieselschutz; schwere Schüttung mit Rieselschutz m' 90 kg/m² bzw. Schüttdichte 1.500 kg/m³; gegen Verrutschen gesichert mittels Pappwabe, Sandmatten, Lattengitter o. Ä.
(312)	22 mm	OSB-Platte (bzw. Holzwerkstoffplatte SP, BFU)
(11)	120 mm	unbelüfteter Hohlraum
(210)	b/220 mm	Konstruktionsvollholz nach Statik (mind. 60/180) oder Holzstegträger mind. 240 mm
(405)	100 mm	Hohlraumbedämpfung (z.B. MW o. HF, DZ o. DAD-dk)
(293)	27 mm	Federschiene e mind. 41,5 cm
(326)	12,5 mm	Gipskarton-Feuerschutzplatte GKF
(190)	0,5 mm	Oberfläche innen

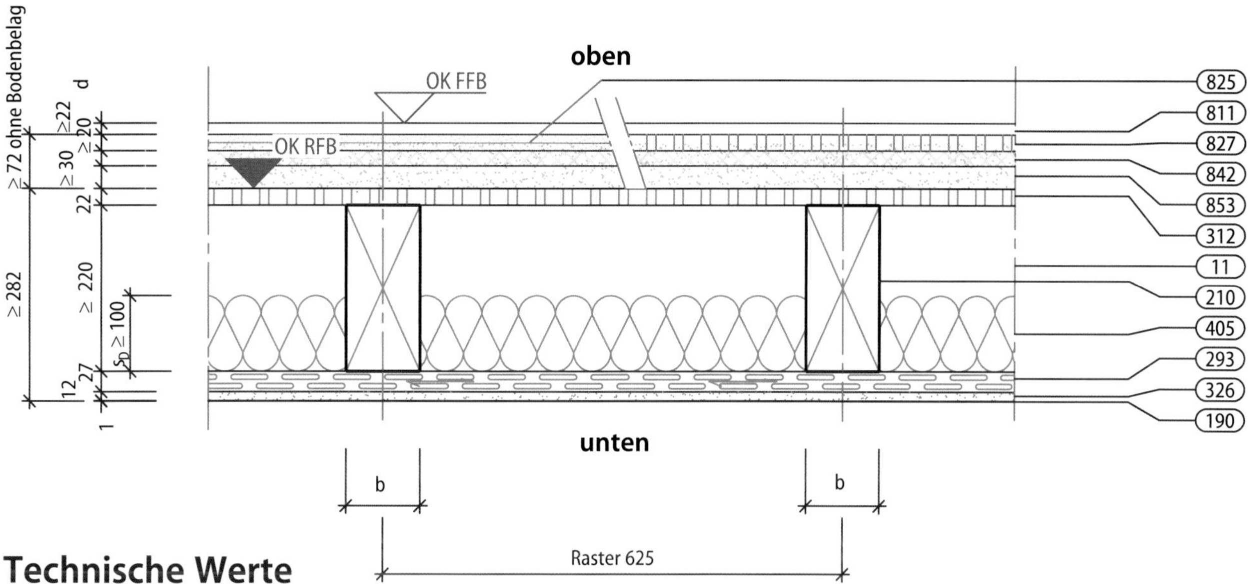

Technische Werte

Vollholzbalken, mit Deckenbeschwerung, mit Trockenestrich, mit Unterdeckung, einfach beplankt

Mindestdicke des Trockenestrichs [mm] (m' ≥ 29 kg/m²)	GF 23 o. 25	GF 23 o. 25	ZSP 22	ZSP 22
Mindestdicke Trittschalldämmung [mm]	MW 20	HF 20	MW 20	HF 20
Maximalwert dynamische Steifigkeit s' [MN/m³]	30	30	30	30
Mindestdicke der Beschwerung [mm] als Schüttung	30	30	30	30
Mindestgewicht der Beschwerung m' [kg/m²]	45	45	45	45
Mindestdicke der oberen Beplankung [mm]	22	22	22	22
Mindestdicke der Hohlraumbedämpfung s_D [mm]	100	100	100	100
Holzbalken Mindestbreite [mm]	60	60	60	60
Mindest-/Maximal-Achsabstand Traglattung [mm]	415	415	415	415
Mindestdicke untere Beplankung [mm]	12,5	12,5	12,5	12,5
Bewertetes Schalldämm-Maß $R_w(C;C_{tr})$ *) [dB]	69 (-4;-11)	67 (-4;-10)	69 (-4;-11)	67 (-4;-10)
Bewerteter Norm-Trittschallpegel $L_{n,w}(C_I)$ [dB]	41 (2)	45 (1)	41 (2)	45 (1)
Feuerwiderstandsklasse nach DIN 4102-4:2016-05: **)	F 30-B	F 30-B	F 30-B	F 30-B
Gesamtdicke des Bauteils (ohne Bodenbelag) [mm]	355 o. 357		354	354
U-Wert (bei λ_B = 0,040 W/(mK) [W/(m²K)]	0,279	0,278	0,277	0,277
Spezifische Bauteilmasse in [kg/m²]	128,0	130,4	126,8	126,8

*) Das Schalldämm-Maß gilt für Mineralwolle MW oder Holzfaser HF, ein Übermaß des Dämmstoffes ist zu vermeiden.

**) Bei Einsatz von Mineralwolle, wobei ρ ≥ 30 kg/m³; Feuerwiderstandsklasse gilt nur für Deckenbalken aus Vollholz

811		Bodenbelag
821	50	mm Nassestrich (mineralisch) nach DIN 18560, mind. 120 kg/m²
692	0,2	mm PE-Folie
842	40	mm Trittschalldämmung Mineralwolle MW o. Holzfaser HF, DES-sh, s' max. 6 MN/m³
312	22	mm OSB-Platte (bzw. Holzwerkstoffplatte SP, BFU)
11	140	mm unbelüfteter Hohlraum
250	b/240	mm Holzstegträger
405	100	mm Hohlraumbedämpfung (z.B. MW o. HF, DZ o. DAD-dk)
277	24/48	mm Traglatte e = 400 mm
321	12,5	mm Gipsplatte
190	0,5	mm Oberfläche innen

Bauteil-Nr. 4.7.2.10
gdjkna101a
Geschossdecke
Stegträger
keine Deckenbeschwerung
Nassestrich, schwimmend
Unterdecke, steif befestigt
einfach beplankt
040

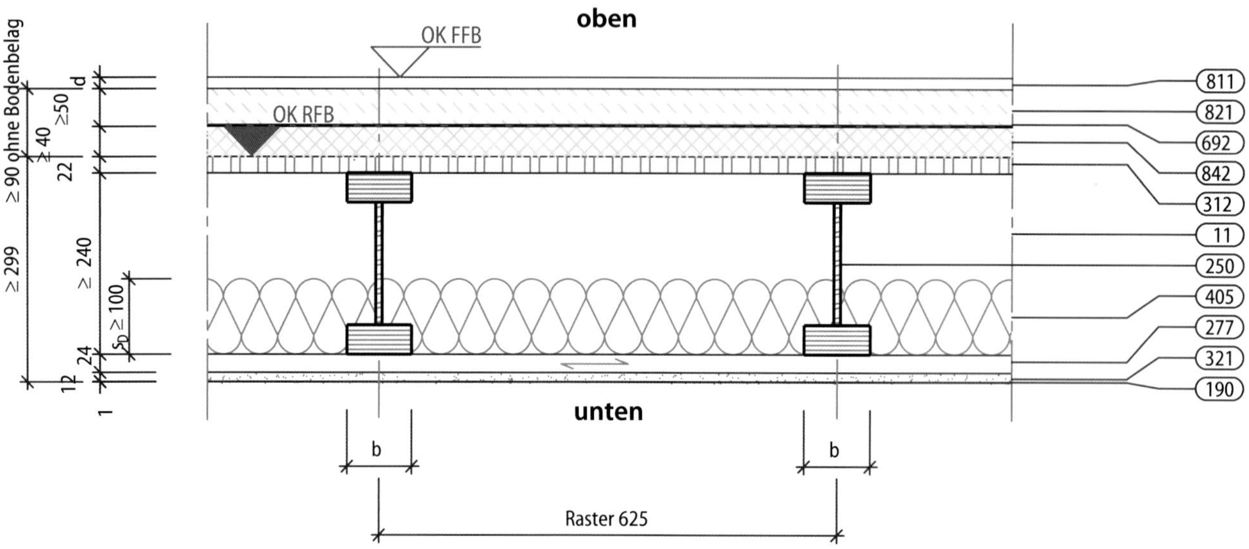

Technische Werte

Holzstegträger, ohne Deckenbeschwerung, mit Nassestrich, mit Unterdeckung, einfach beplankt	
Mindestestrichdicke [mm]	50
Mindestdicke Trittschalldämmung [mm]	40
Mindestdicke der Beschwerung [mm] Mindestgewicht der Beschwerung m' [kg/m²]	keine
Mindestdicke der oberen Beplankung [mm]	22
Mindestdicke der Hohlraumbedämpfung s_D [mm]	100
Holzbalken Mindestbreite [mm]	40
Mindest-/Maximal-Achsabstand Traglattung [mm]	415 ≤ e ≤ 500
Mindestdicke untere Beplankung [mm]	12,5
Bewertetes Schalldämm-Maß $R_w(C;C_{tr})$ *) [dB]	63 (-5;-11)
Bewerteter Norm-Trittschallpegel $L_{n,w}(C_I)$ [dB]	54 (2)
Feuerwiderstandsklasse nach DIN 4102-4:2016-05 **)	
Gesamtdicke des Bauteils (ohne Bodenbelag) [mm]	389
U-Wert (bei λ_B = 0,040 W/(mK) [W/(m²K)]	0,228
Spezifische Bauteilmasse in [kg/m²]	140,2

*) Das Schalldämm-Maß gilt für Mineralwolle MW oder Holzfaser HF, ein Übermaß des Dämmstoffes ist zu vermeiden.

**) Im Bauteilkatalog der DIN 4102-4:2016-05 sind keine Deckenkonstruktionen mit Holzstegträgern enthalten.

(811) Bodenbelag
(826) 25 mm Trockenestrich aus Holzwerkstoffplatte
(825) 25 mm Trockenestrich aus Gipsfaserplatte
(842) 20 mm Trittschalldämmung Mineralwolle MW o. Holzfaser HF, DES-sh, s' max. 6 MN/m³
(312) 22 mm OSB-Platte (bzw. Holzwerkstoffplatte SP, BFU)
(11) 190 mm unbelüfteter Hohlraum
(250) b/240 mm Holzstegträger
(405) 50 mm Hohlraumbedämpfung (z.B. MW o. HF, DZ o. DAD-dk)
(277) 30/50 mm Traglatte e = 400 mm
(321) 12,5 mm Gipsplatte
(322) 10 mm Gipsfaserplatte
(190) 0,5 mm Oberfläche innen

Bauteil-Nr. 4.7.2.11
gdjkta101a
Geschossdecke
Stegträger
keine Deckenbeschwerung
Trockenestrich
Unterdecke, steif befestigt
einfach beplankt
040

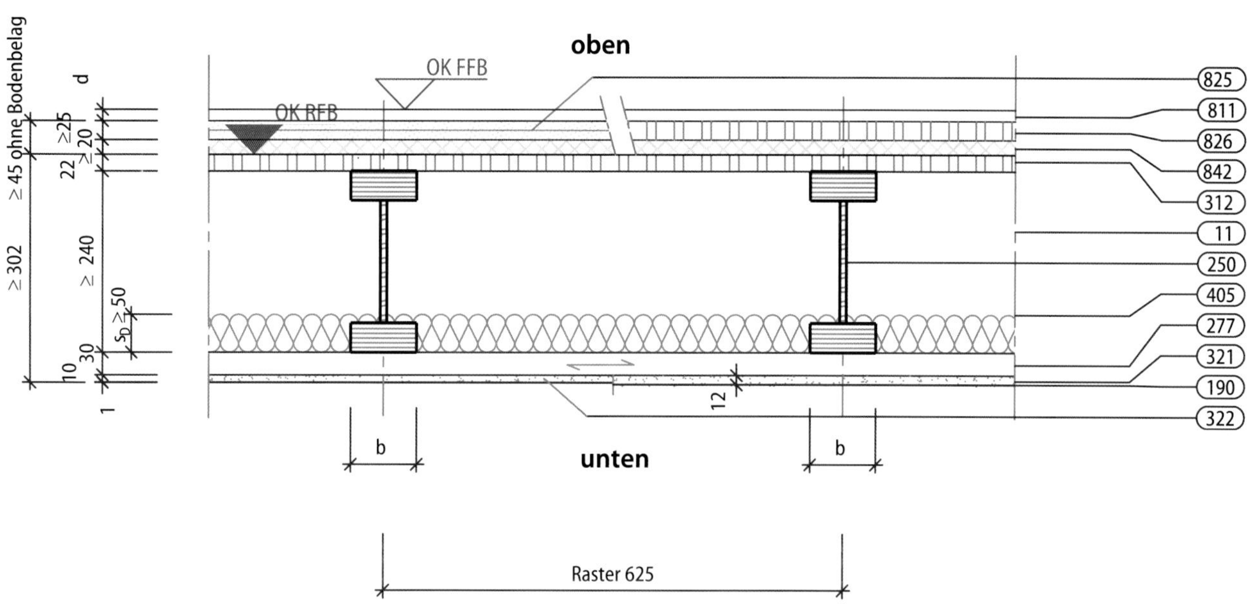

Technische Werte

Holzstegträger, ohne Deckenbeschwerung, mit Trockenestrich, mit Unterdeckung, einfach beplankt		
Mindestdicke des Trockenestrichs [mm]	Gipsfaser GF: 25	OSB: 25
Mindestdicke Trittschalldämmung [mm]	20	20
Mindestdicke der Beschwerung [mm] Mindestgewicht der Beschwerung m' [kg/m²]	keine	keine
Mindestdicke der oberen Beplankung [mm]	22	22
Mindestdicke der Holhlraumbedämpfung s_D [mm]	50	100
Holzbalken Mindestbreite [mm]	40	40
Mindest-/Maximal-Achsabstand Traglattung [mm]	415 ≤ e ≤ 500	400
Mindestdicke untere Beplankung [mm]	Gipsfaser GF: 10,0	GK: 12,5
Bewertetes Schalldämm-Maß $R_w(C;C_{tr})$ *) [dB]	51	-
Bewerteter Norm-Trittschallpegel $L_{n,w}(C_I)$ [dB]	69	-
Feuerwiderstandsklasse nach DIN 4102-4:2016-05 **)		
Gesamtdicke des Bauteils (ohne Bodenbelag) [mm]	347	350
U-Wert (bei λ_B = 0,040 W/(mK) [W/(m²K)]	0,256	0,246
Spezifische Bauteilmasse in [kg/m²]	70,1	57,9

*) Das Schalldämm-Maß gilt für Mineralwolle MW.

**) Im Bauteilkatalog der DIN 4102-4:2016-05 sind keine Deckenkonstruktionen mit Holzstegträgern enthalten.

811		Bodenbelag
821	50	mm Nassestrich (mineralisch) nach DIN 18560, mind. 120 kg/m²
692	0,2	mm PE-Folie
842	40	mm Trittschalldämmung Mineralwolle MW o. Holzfaser HF, DES-sh, s' max. 6 MN/m³
852	40	mm Beton-Gehwegplatten 30 x 30 cm (in 10 mm Sandbett oder verklebt)
853	mind. 18	mm schwere Schüttung mit Rieselschutz
312	22	mm OSB-Platte (bzw. Holzwerkstoffplatte SP, BFU)
11	140	mm unbelüfteter Hohlraum
250	b /240	mm Holzstegträger
405	100	mm Hohlraumbedämpfung (z.B. MW o. HF, DZ o. DAD-dk)
277	24/48	mm Traglatte e = 400 mm
321	12,5	mm Gipsplatte
190	0,5	mm Oberfläche innen

Bauteil-Nr. 4.7.2.12
gdjpna101a und gdjsna101a

Geschossdecke

Stegträger
mit Deckenbeschwerung
Nassestrich, schwimmend
Unterdecke, steif befestigt
einfach beplankt
040

gdrpna101a **gdrsna101a**

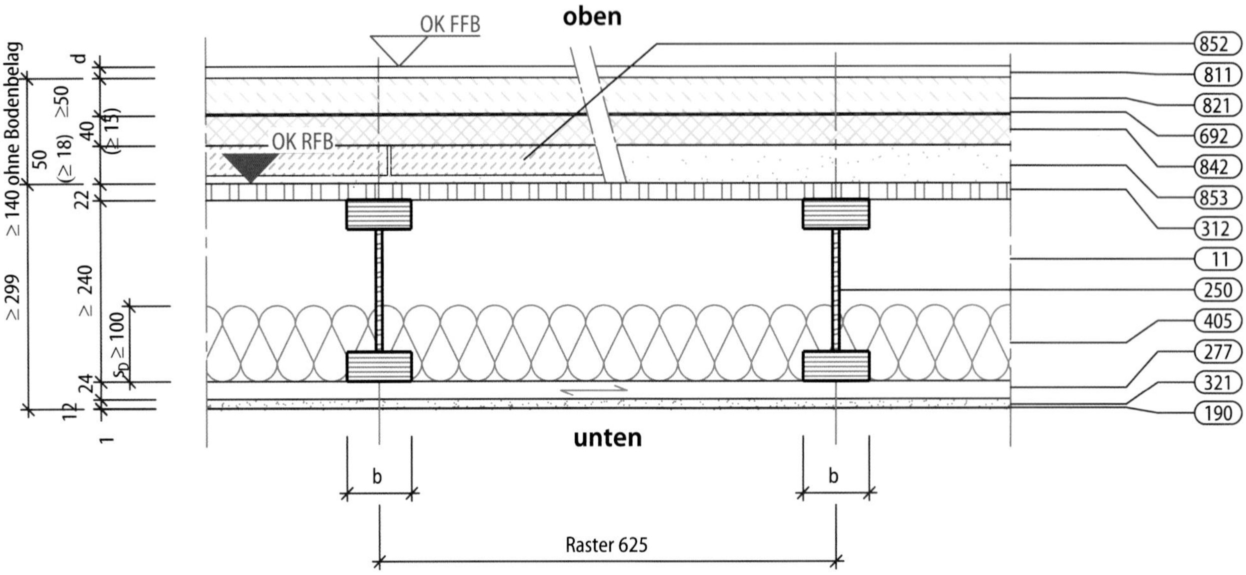

Technische Werte

Holzstegträger, mit Deckenbeschwerung, mit Nassestrich, mit Unterdeckung, einfach beplankt					
Mindestestrichdicke [mm]		50		50	50
Mindestdicke Trittschalldämmung [mm]		40		20	15
Mindestdicke der Beschwerung [mm]	Plattenbeschwerung:	40	Schüttung:	30	18
Mindestgewicht der Beschwerung m' [kg/m²]		50		45	25
Mindestdicke der oberen Beplankung [mm]		22		22	22
Mindestdicke der Holhlraumbedämpfung s_D [mm]		100		100	100
Holzbalken Mindestbreite [mm]		40		40	40
Mindest-/Maximal-Achsabstand Traglattung [mm]		415 ≤ e ≤ 500		415 ≤ e ≤ 500	
Mindestdicke untere Beplankung [mm]		12,5		12,5	12,5
Bewertetes Schalldämm-Maß $R_w(C;C_{tr})$*) [dB]		65 (-5;-13)		67 (-4;-11)	67 (-4;-11)
Bewerteter Norm-Trittschallpegel $L_{n,w}(C_I)$ [dB]		48 (3)		46 (2)	51 (1)
Feuerwiderstandsklasse nach DIN 4102-4:2016-05 **)					
Gesamtdicke des Bauteils (ohne Bodenbelag) [mm]		439		399	382
U-Wert (bei $\lambda_B = 0{,}040$ W/(mK) [W/(m²K)]		0,226		0,257	0,265
Spezifische Bauteilmasse in [kg/m²]		211,6		180,7	163,7

*) Das Schalldämm-Maß gilt für Mineralwolle MW oder Holzfaser HF, ein Übermaß des Dämmstoffes ist zu vermeiden.

**) Im Bauteilkatalog der DIN 4102-4:2016-05 sind keine Deckenkonstruktionen mit Holzstegträgern enthalten.

Bauteil-Nr. 4.7.2.13
gdjsta101a
Geschossdecke
Stegträger
mit Deckenbeschwerung
Trockenestrich
Unterdecke, steif befestigt
einfach beplankt
040

(811) Bodenbelag
(827) mind. 22 mm Trockenestrich aus zementgebundener Spanplatte ZSP
(825) mind. 22 mm Trockenestrich aus Gipsfaserplatte
(842) mind. 20 mm Trittschalldämmung Mineralwolle MW o. Holzfaser HF, DES-sh, s' max. 6 MN/m³
(853) mind. 60 mm schwere Schüttung mit Rieselschutz; schwere Schüttung mit Rieselschutz m' 90 kg/m² bzw. Schüttdichte 1.500 kg/m³; gegen Verrutschen gesichert mittels Pappwabe, Sandmatten, Lattengitter o.ä.
(312) 22 mm OSB-Platte (bzw. Holzwerkstoffplatte SP, BFU)
(11) 140 mm unbelüfteter Hohlraum
(250) b/240 mm Holzstegträger
(405) 100 mm Hohlraumbedämpfung (z.B. MW o. HF, DZ o. DAD-dk)
(277) 30/50 mm Traglatte e = 400 mm
(321) 12,5 mm Gipskartonplatte
(190) 0,5 mm Oberfläche innen

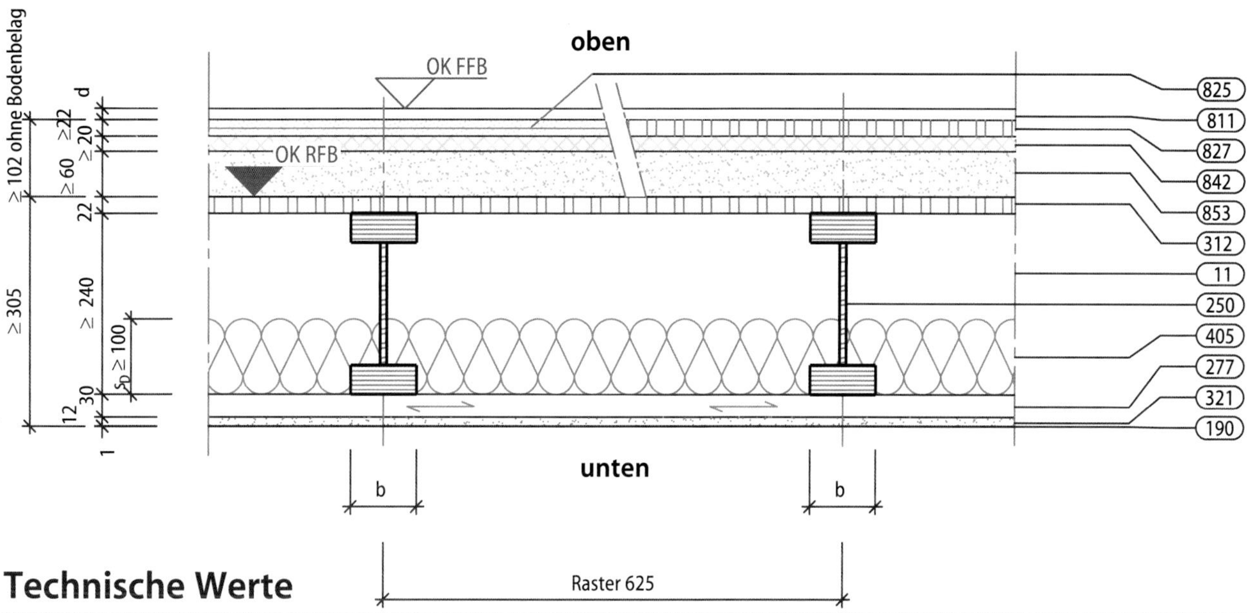

Technische Werte

Vollholzbalken, mit Deckenbeschwerung, mit Trockenestrich, mit Unterdeckung, einfach beplankt

Mindestdicke des Trockenestrichs [mm] (m' ≥ 29 kg/m²)	Gipsfaser GF	23 bzw. 25	ZSP (zementgebunden)	22
Mindestdicke Trittschalldämmung [mm]		20		20
Mindestdicke der Beschwerung [mm]	schwere Schüttung in Wabe	60	schwere Schüttung in Wabe	60
Mindestgewicht der Beschwerung m' [kg/m²]		90		90
Mindestdicke der oberen Beplankung [mm]		22		22
Mindestdicke der Hohlraumbedämpfung s_D [mm]		100		100
Holzbalken Mindestbreite [mm]		80		80
Mindest-/Maximal-Achsabstand Traglattung [mm]		415 ≤ e ≤ 500		415 ≤ e ≤ 500
Mindestdicke untere Beplankung [mm]		12,5		12,5
Bewertetes Schalldämm-Maß $R_w(C;C_{tr})$ *) [dB]		61 (-6;-13)		61 (-6;-13)
Bewerteter Norm-Trittschallpegel $L_{n,w}(C_I)$ [dB]		55 (2)		55 (2)
Feuerwiderstandsklasse nach DIN 4102-4:2016-05: **)				
Gesamtdicke des Bauteils (ohne Bodenbelag) [mm]		388 bzw. 390		387
U-Wert (bei λ_B = 0,040 W/(mK) [W/(m²K)]		0,277		0,275
Spezifische Bauteilmasse in [kg/m²]		170,6 bzw. 173,0		169,4

*) Das Schalldämm-Maß gilt für Mineralwolle MW oder Holzfaser HF, ein Übermaß des Dämmstoffes ist zu vermeiden.

**) Im Bauteilkatalog der DIN 4102-4:2016-05 sind keine Deckenkonstruktionen mit Holzstegträgern enthalten.

Sichtbalkendecke

(811) Bodenbelag
(821) 45 mm Nassestrich (mineralisch) nach DIN 18560, mind. 120 kg/m²
(692) 0,2 mm PE-Folie
(842) 15 mm Trittschalldämmung Mineralwolle MW mind. 30 kg/m³
(310) mind. 19 mm Holzwerkstoffplatte HWP (mind. 600 kg/m³) z.B. OSB, SP, BFU, 3-Schicht-Platte
(332) mind. 16 mm Schalung Nut und Feder N+F (Dicke: maßgebend schmalster Bereich beim N+F-Stoß)
(210) b/h mm Konstruktionsvollholz nach DIN EN 1995-1-2 mit DIN EN 1995-1-2/NA

Bauteil-Nr. 4.7.2.20
gdrkns101o
Geschossdecke
Vollholz-Balken
keine Deckenbeschwerung
Nassestrich, schwimmend
Sichtbalken
ohne Beplankung

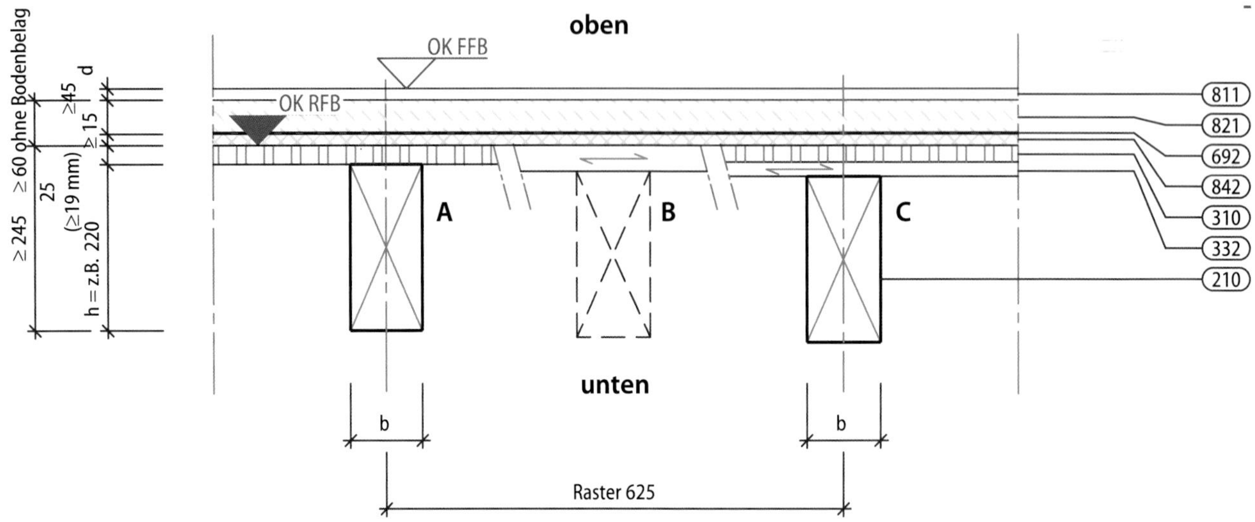

Technische Werte

Vollholzbalken, ohne Deckenbeschwerung, mit Nassestrich, ohne Unterdeckung

Rohdeckenaufbau-Bezeichnung	A	B	B	C	C
Mindestestrichdicke [mm]	45	45	45	45	45
Mindestdicke Trittschalldämmung [mm]	15	15	15	15	15
Mindestdicke der Beschwerung [mm] Mindestgewicht der Beschwerung m' [kg/m²]	keine	keine	keine	keine	keine
Material der oberen Beplankungslage (tragend n. Statik) Mindestdicke der oberen Beplankung [mm]	HWP 25	Schalung 28 ***)	Schalung 50 ***)	HWP 19	HWP 40
Material der unteren Beplankungslage Mindestdicke der unteren Beplankung [mm]	keine	keine	keine	Schalung 16 ***)	Schalung 19 ***)
Bewertetes Schalldämm-Maß $R_w(C;C_{tr})$ *) [dB]					
Bewerteter Norm-Trittschallpegel $L_{n,w}(C_I)$ *) [dB]					
Feuerwiderstandsklasse nach DIN 4102-4:2016-05 **)	F 30-B	F 30-B	F 60-B	F 30-B	F 60-B
Gesamtdicke des Bauteils (ohne Bodenbelag) [mm]	305	308	330	315	339
U-Wert (bei λ_B = 0,040 W/(mK) [W/(m²K)]	1,064	1,039	0,884	0,984	0,783
Spezifische Bauteilmasse in [kg/m²]	129,4	131,3	145,6	135,9	158,0

*) wenn kein Wert eingetragen ist, dann ist der Bauteilaufbau nicht in DIN 4109-33:2016-07 enthalten

**) Bei Einsatz von Mineralwolle, wobei $\rho \geq 30$ kg/m³

***) Für die Mindestdicke der Schalung ist der schmalste Bereich beim Nut-und-Feder-Stoß maßgebend (und nicht Brettdicke).

(811) Bodenbelag
(826) mind. 16 mm Trockenestrich aus Holzwerkstoffplatte
(825) mind. 20 mm Trockenestrich aus Gipsfaserplatte
(842) mind. 15 mm Trittschalldämmung Mineralwolle MW o. Holzfaser HF, DES-sh, s' max. 6 MN/m³
(310) mind. 19 mm Holzwerkstoffplatte (mind. 600 kg/m³)
(332) mind. 16 mm Profilholz
(210) b/h mm Konstruktionsvollholz nach DIN EN 1995-1-2 mit DIN EN 1995-1-2/NA

Bauteil-Nr. 4.7.2.21
gdrkts101o

Geschossdecke

Vollholz-Balken
keine Deckenbeschwerung
Trockenestrich
Sichtbalken
ohne Beplankung
-

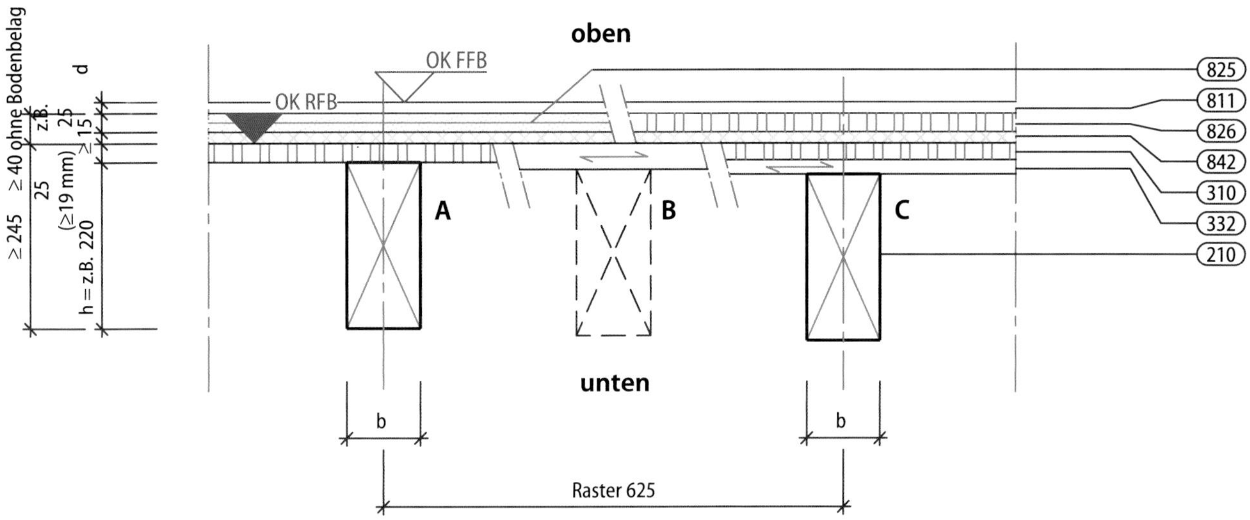

Technische Werte

Vollholzbalken, ohne Deckenbeschwerung, mit Trockenestrich, ohne Unterdeckung

Rohdeckenaufbau-Bezeichnung	A	B	B	C	C
Mindestestrichdicke [mm] (Bei Holzwerkstoffplatte)	16	16	25	16	25
Mindestdicke Trittschalldämmung [mm]	15	15	15	15	15
Mindestdicke der Beschwerung [mm] Mindestgewicht der Beschwerung m' [kg/m²]	keine	keine	keine	keine	keine
Material der oberen Beplankungslage (tragend n. Statik)	HWP	Schalung	Schalung	HWP	HWP
Mindestdicke der oberen Beplankung [mm]	25	28 ***)	50 ***)	19	40
Material der unteren Beplankungslage Mindestdicke der unteren Beplankung [mm]	keine	keine	keine	Schalung 16 ***)	Schalung 19 ***)
Bewertetes Schalldämm-Maß $R_w(C;C_{tr})$ *) [dB]					
Bewerteter Norm-Trittschallpegel $L_{n,w}(C_I)$ *) [dB]					
Feuerwiderstandsklasse nach DIN 4102-4:2016-05 **)	F 30-B	F 30-B	F 60-B	F 30-B	F 60-B
Gesamtdicke des Bauteils (ohne Bodenbelag) [mm]	276	279	310	286	319
U-Wert (bei $\lambda_B = 0{,}040$ W/(mK) [W/(m²K)]	0,971	0,949	0,818	0,903	0,731
Spezifische Bauteilmasse in [kg/m²]	49,8	51,7	66,0	56,3	78,4

*) Wenn kein Wert eingetragen ist, dann ist der Bauteilaufbau nicht in DIN 4109-33:2016-07 enthalten.

**) Bei Einsatz von Mineralwolle, wobei $\rho \geq 30$ kg/m³

***) Für die Mindestdicke der Schalung ist der schmalste Bereich beim Nut-und-Feder-Stoß maßgebend (und nicht Brettdicke).

(811)		Bodenbelag
(821)	50	mm Nassestrich (mineralisch) nach DIN 18560, mind. 120 kg/m²
(692)	0,2	mm PE-Folie
(842)	40	mm Trittschalldämmung Mineralwolle MW, DES-sh, s' max. 6 MN/m³
(852)	40	mm Beton-Gehwegplatten 30 x 30 cm (in 10 mm Sandbett oder verklebt)
(853)	mind. 30	mm schwere Schüttung mit Rieselschutz
(310)	mind. 19	mm Holzwerkstoffplatte (mind. 600 kg/m³)
(332)	mind. 16	mm Profilholz
(210)	b/h	mm Konstruktionsvollholz nach DIN EN 1995-1-2 mit DIN EN 1995-1-2/NA

Bauteil-Nr. 4.7.2.22
gdrpns101o und gdrsns101o

Geschossdecke

Vollholz-Balken
Deckenbeschwerung
Nassestrich, schwimmend
Sichtbalken
ohne Beplankung

-

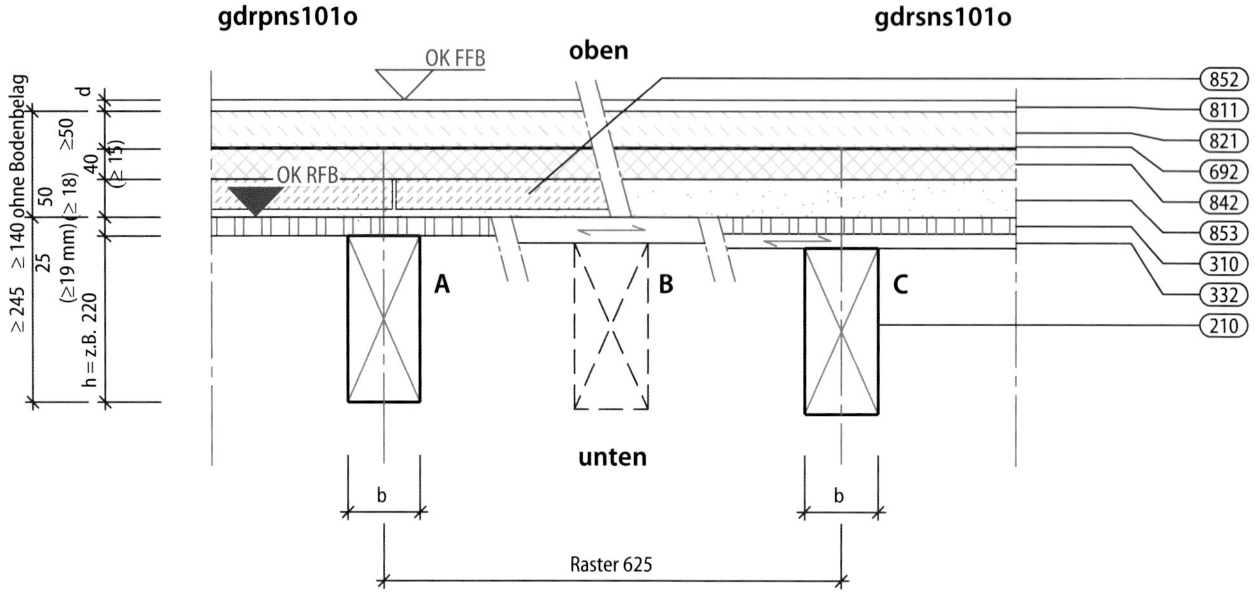

Technische Werte

Vollholzbalken, mit Deckenbeschwerung, mit Nassestrich, ohne Unterdeckung					
Rohdeckenaufbau-Bezeichnung	A	B	B	C	C
Mindestestrichdicke [mm]	50	50	50	50	50
Mindestdicke Trittschalldämmung [mm]	40	40	40	40	40
Mindestdicke der Beschwerung [mm]	bei Schüttung: 30, bei Betonsteinen: 40 (+10)				
Mindestgewicht der Beschwerung m' [kg/m²]	bei Schüttung: 45, bei Betonsteinen: 100				
Material der oberen Beplankungslage (tragend n. Statik)	HWP	Schalung	Schalung	HWP	HWP
Mindestdicke der oberen Beplankung [mm]	25	28 ***)	50 ***)	19	40
Material der unteren Beplankungslage	keine	keine	keine	Schalung	Schalung
Mindestdicke der unteren Beplankung [mm]				16 ***)	19 ***)
Bewertetes Schalldämm-Maß $R_w(C;C_{tr})$ [dB]	bei Schüttung: 67 (-2;-6), bei Betonsteinen: ≥ 70				
Bewerteter Norm-Trittschallpegel $L_{n,w}(C_I)$ [dB]	bei Schüttung: 50 (-2), bei Betonsteinen: 47 (-3)				
Feuerwiderstandsklasse nach DIN 4102-4:2016-05 **)	F 30-B	F 30-B	F 60-B	F 30-B	F 60-B
Gesamtdicke des Bauteils (ohne Bodenbelag) [mm]	385	388	410	395	419
U-Wert (bei λ_B = 0,040 W/(mK) [W/(m²K)]	0,610	0,601	0,546	0,583	0,526
Spezifische Bauteilmasse in [kg/m²]	240,9	242,8	257,1	247,0	263,0

**) Bei Einsatz von Mineralwolle, wobei $\rho \geq 30$ kg/m³

***) Für die Mindestdicke der Schalung ist der schmalste Bereich beim Nut-und-Feder-Stoß maßgebend (und nicht Brettdicke).

(811) Bodenbelag
(827) mind. 25 mm Trockenestrich aus zementgebundener Spanplatte ZSP
(825) mind. 25 mm Trockenestrich aus Gipsfaserplatte
(842) mind. 20 mm Trittschalldämmung Mineralwolle MW DES-sm, s' max. 15 MN/m³
(852) 40+10 mm Beton-Gehwegplatten 40 mm x 30 cm x 30 cm (in 10 mm Sandbett oder verklebt) mind. 150 kg/m²
(310) mind. 19 mm Holzwerkstoffplatte (mind. 600 kg/m³)
(332) mind. 16 mm Profilholz
(210) b/h mm Konstruktionsvollholz nach DIN EN 1995-1-2 mit DIN EN 1995-1-2/NA

Bauteil-Nr. 4.7.2.23
gdrsts101o
Geschossdecke
Vollholz-Balken
Deckenbeschwerung
Trockenestrich
Sichtbalken
ohne Beplankung
-

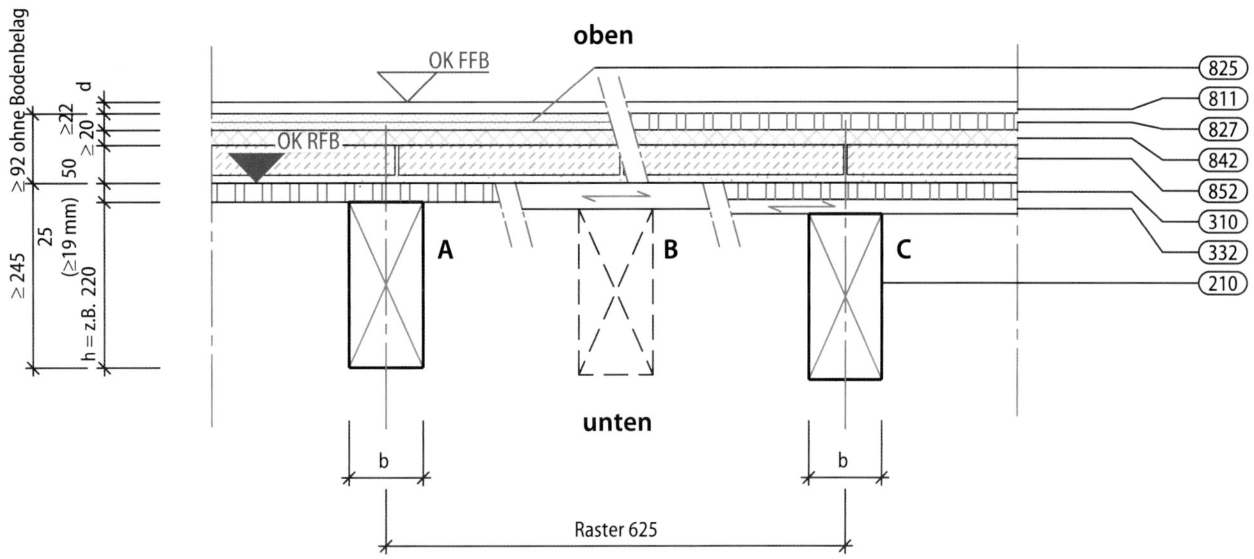

Technische Werte

Vollholzbalken, mit Deckenbeschwerung, mit Trockenestrich, ohne Unterdeckung

Rohdeckenaufbau-Bezeichnung	A	B	B	C	C
Mindestestrichdicke [mm] (ZSP oder GF; m' ≥ 15 kg/m²)	25	25	25	25	25
Mindestdicke Trittschalldämmung [mm] (MiWo)	20	20	20	20	20
Mindestdicke der Beschwerung [mm]	40 mm Betonsteine (30 x 30 cm) + 10 mm Sandbett o. geklebt				
Mindestgewicht der Beschwerung m' [kg/m²]	für alle Konstruktionen: 150				
Material der oberen Beplankungslage (tragend n. Statik)	HWP	Schalung	Schalung	HWP	HWP
Mindestdicke der oberen Beplankung [mm]	25	28 ***)	50 ***)	19	40
Material der unteren Beplankungslage	keine	keine	keine	Schalung	Schalung
Mindestdicke der unteren Beplankung [mm]				16 ***)	19 ***)
Bewertetes Schalldämm-Maß $R_w(C;C_{tr})$ [dB]	für alle Konstruktionen: 65				
Bewerteter Norm-Trittschallpegel $L_{n,w}(C_I)$ [dB]	für alle Konstruktionen: 54 (0)				
Feuerwiderstandsklasse nach DIN 4102-4:2016-05 **)	F 30-B	F 30-B	F 60-B	F 30-B	F 60-B
Gesamtdicke des Bauteils (ohne Bodenbelag) [mm]	340	343	365	350	374
U-Wert (bei λ_B = 0,040 W/(mK) [W/(m²K)]	0,886	0,868	0,757	0,829	0,719
Spezifische Bauteilmasse in [kg/m²]	219,7	221,6	235,9	226,2	241,8

**) Bei Einsatz von Mineralwolle, wobei $\rho \geq 30$ kg/m³

***) Für die Mindestdicke der Schalung ist der schmalste Bereich beim Nut-und-Feder-Stoß maßgebend (und nicht Brettdicke).

Abb. 4.40: Massivholzdecke aus Brettschichtholz mit Elementstoß

4.7.3 Massivholzdecken (BSP/BSH)

Zu den im Holzbau traditionell üblichen Holzbalkendecken sind in den letzten Jahrzehnten verschiedene Massivholzsysteme hinzugekommen. Begonnen hatte diese Bauweise mit Brettstapeldecken, bei denen Bretter hochkant stehend aneinandergenagelt wurden und so eine gesamte Deckenplatte bildeten. Diese in der Höhe im Vergleich zu Holzbalkendecken platzsparende Lösung hatte neben dem großen baulichen Aufwand auch beim Schallschutz Nachteile. Deswegen entwickelte sich der Gedanke nebeneinanderliegender Hölzer weiter und Dübelholzdecken kamen in den 1990er-Jahren auf den Markt. Zur Herstellung von Dübelholzdecken werden stehende Vollholzquerschnitte (ca. 60 bis 80 mm breit und 120 bis 180 mm hoch) nebeneinander jeweils direkt anliegend über lange Buchenholzdübel als ca. 1 m breite Tafelelemente verbunden. Dübelholzdecken kommen ganz ohne Leim aus. Dagegen sind die heute bei Holzmassivdecken weit verbreiteten Brettschichtholz- und Brettsperrholzdecken aus verleimten Schichten aufgebaut. Bei den in den Zeichnungen dargestellten Deckenbauteilen mit Massivholzdecken beziehen sich die technischen Werte auf Decken aus Brettschichtholz bzw. Brettsperrholz.

Die Unterseite der Holzdecken aus Massivholzbauteilen kann als sichtbare Oberfläche verbleiben oder zusätzlich eine Gipsplattenbekleidung erhalten, die direkt an der Massivholzdecke befestigt oder mit Abhängungen versehen wird. Soll das Massivholz sichtbar bleiben, so ist die Oberflächenqualität sowohl mit dem Auftraggeber als auch bei der Bestellung mit dem Herstellerwerk der Massivholzelemente entsprechend zu vereinbaren. Da insbesondere Fichtenholz stark nachdunkelt, kann z.B. durch eine weiße Lasur eine dauerhaft helle Oberflächenwirkung mit Durchscheinen der Holzstruktur erreicht werden.

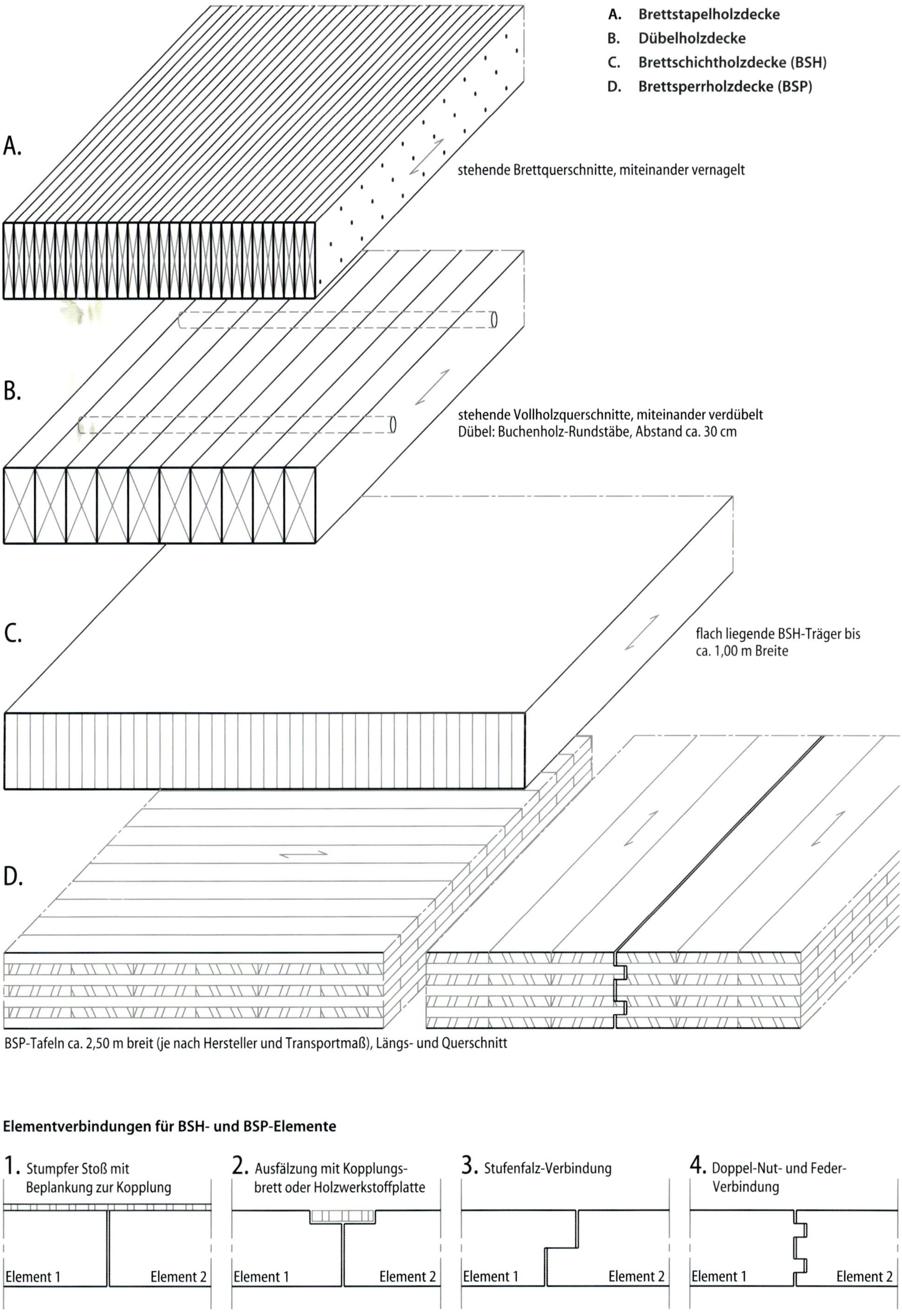

Abb. 4.41: Unterschiedliche Massivholzdeckensysteme und Elementverbindungen

(811) Bodenbelag
(821) 50 mm Nassestrich (mineralisch) nach DIN 18560-2, mind. 120 kg/m²
(692) 0,2 mm PE-Folie
(842) mnd. 40 mm Trittschalldämmung Mineralwolle MW DES-SH (s' max. 6 MN/m³)
(241) mind. 120 mm Brettstapldecke
(242) mind. 120 mm Dübelholzelement
(220) mind. 120 mm Brettschichholz BSH, liegend eingebaut (oder Brettsperrholz BSP)
Feuerwiderstandsklasse der Massivholz Rohdecke über
Heißbemessung nach nach DIN EN 1995-1-2 mit DIN EN 1995-1-2/NA
oder unterseitige Gipsplattenbeplankung

Bauteil-Nr. 4.7.3.1
gdmkns101o

Geschossdecke

Massivholz
keine Deckenbeschwerung
Nassestrich, schwimmend
Holzoberfläche sichtbar
ohne Beplankung
-

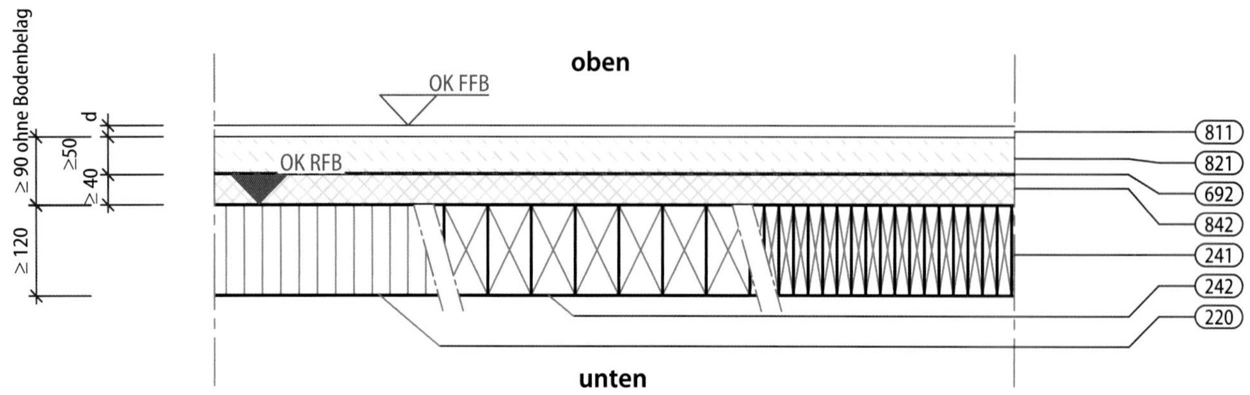

Technische Werte

Massivholzdecke, ohne Deckenbeschwerung, mit Nassestrich, Holzoberfläche von unten sichtbar	
Mindestestrichdicke [mm]	50
Mindestdicke Trittschalldämmung [mm] (MiWo)	40
Mindestdicke der Beschwerung [mm] Mindestgewicht der Beschwerung m' [kg/m²]	keine
Mindestdicke der Massivholzdecke [mm]	120
Konstruktionsart der Massivholzdecke	Brettstapeldecke genagelt oder Dübelholz (Breite der Einzellamellen: 30 bis 60 mm) oder Brettschichtholz bzw. Brettsperrholz
Bewertetes Schalldämm-Maß $R_w(C;C_{tr})$ [dB]	62 (-7;-7)
bewerteter Norm-Trittschallpegel $L_{n,w}(C_I)$ [dB]	56 (-3)
Feuerwiderstandsklasse nach DIN 4102-4:2016-05: *)	
Gesamtdicke des Bauteils (ohne Bodenbelag) [mm]	210
U-Wert (bei λ_B= 0,040 W/(mK) [W/(m²K)]	0,435
Spezifische Bauteilmasse in [kg/m²]	162,4

*) Abhängig von der statischen Bemessung als "Heißbemessung"

(811) Bodenbelag
(821) 50 mm Nassestrich (mineralisch) nach DIN 18560-2, mind. 120 kg/m²
(692) 0,2 mm PE-Folie
(842) mind. 40 mm Trittschalldämmung Mineralwolle MW DES-SHc (s' max. 6 MN/m³)
(852) 40+10 mm Beton-Gehwegplatten 40 mm x 30 cm x 30 cm (in 10 mm Sandbett oder verklebt) mind. 100 kg/m²
(241) mind. 140 mm Brettstapldecke
(240) mind. 140 mm Brettsperrholz / Kreuzlagenholz
(220) mind. 140 mm Brettschichholz BSH, liegend eingebaut

Feuerwiderstandsklasse der Massivholz Rohdecke über Heißbemessung nach nach DIN EN 1995-1-2 mit DIN EN 1995-1-2/NA oder unterseitige Gipsplattenbeplankung

Bauteil-Nr. 4.7.3.2
gdmpns101o
Geschossdecke
Massivholz
Gehwegplatten
Nassestrich, schwimmend
Holzoberfläche sichtbar
ohne Beplankung
-

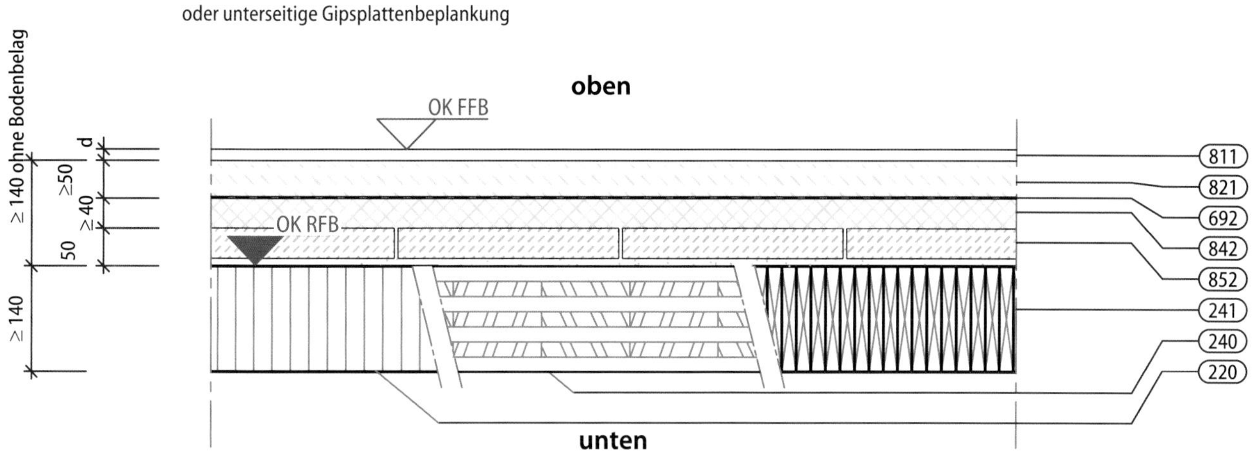

Technische Werte

Massivholzdecke, mit Deckenbeschwerung, mit Nassestrich, Holzoberfläche von unten sichtbar	
Mindestestrichdicke [mm]	50
Mindestdicke Trittschalldämmung [mm] (MiWo)	40
Art der Beschwerung	Betonsteinbeschwerung $\rho \geq 2500$ kg/m³
Mindestdicke der Beschwerung [mm]	40 (+10 Sandbett oder verklebt)
Mindestgewicht der Beschwerung m' [kg/m²]	100
Mindestdicke der Massivholzdecke [mm]	140
Konstruktionsart der Massivholzdecke	Brettstapeldecke genagelt (Breite der Einzellamellen: 30 bis 60 mm) oder Brettschichtholz flachkant bzw. Brettsperrholz
Bewertetes Schalldämm-Maß $R_w(C;C_{tr})$ [dB]	≥ 70
bewerteter Norm-Trittschallpegel $L_{n,w}(C_I)$ [dB]	45 (-1)
Feuerwiderstandsklasse nach DIN 4102-4:2016-05: *)	
Gesamtdicke des Bauteils (ohne Bodenbelag) [mm]	280
U-Wert (bei λ_B= 0,040 W/(mK) [W/(m²K)]	0,404
Spezifische Bauteilmasse in [kg/m²]	322,4

*) Abhängig von der statischen Bemessung als "Heißbemessung"

(811) Bodenbelag
(821) 50 mm Nassestrich (mineralisch) nach DIN 18560-2, mind. 120 kg/m²
(692) 0,2 mm PE-Folie
(842) mind. 40 mm Trittschalldämmung Mineralwolle MW DES-SHc (s' max. 6 MN/m³)
(853) mind. 40 mm schwere Schüttung mit Rieselschutz
Schüttdichte 1500 kg/m³; gegen Verrutschen gesichert mittels Pappwabe, Sandmatten, Lattengitter o.ä.
(241) mind. 120 mm Brettstapldecke
(240) mind. 120 mm Brettsperrholz / Kreuzlagenholz
(220) mind. 120 mm Brettschichholz BSH, liegend eingebaut (oder Brettsperrholz BSP)

Feuerwiderstandsklasse der Massivholz Rohdecke über Heißbemessung nach nach DIN EN 1995-1-2 mit DIN EN 1995-1-2/NA oder unterseitige Gipsplattenbeplankung

Bauteil-Nr. 4.7.3.3
gdmsns101o

Geschossdecke

Massivholz
schwere Schüttung
Nassestrich, schwimmend
Holzoberfläche sichtbar
ohne Beplankung

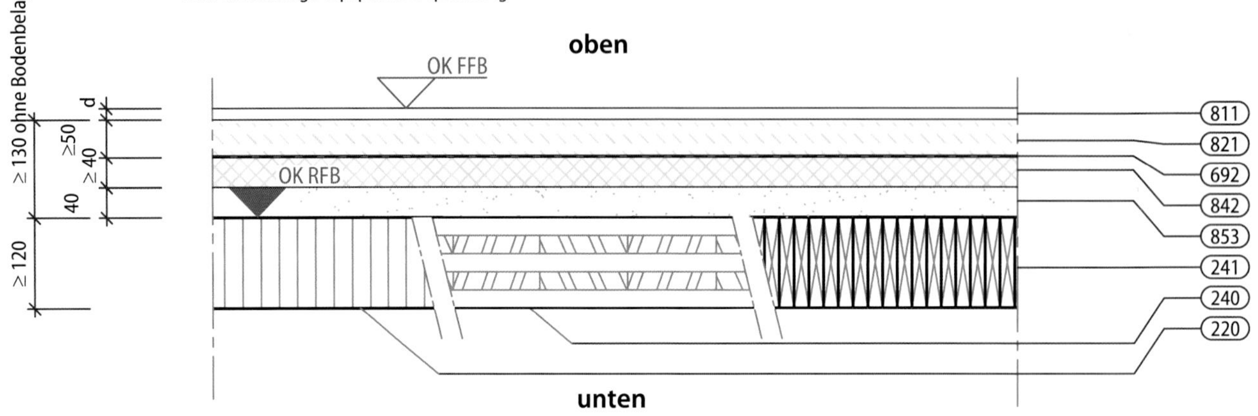

Technische Werte

Massivholzdecke, mit Deckenbeschwerung, mit Nassestrich, Holzoberfläche von unten sichtbar		
Mindestestrichdicke [mm]	50	50
Mindestdicke Trittschalldämmung [mm] (MiWo)	40	40
Art der Beschwerung	Trockenes Schüttgut mit $\rho \geq 1500$ kg/m³	
Mindestdicke der Beschwerung [mm]	40	80
Mindestgewicht der Beschwerung m' [kg/m²]	60	120
Mindestdicke der Massivholzdecke [mm]	120	140
Konstruktionsart der Massivholzdecke	Brettstapeldecke genagelt (Breite der Einzellamellen: 30 bis 60 mm) oder Brettschichtholz flachkant bzw. Brettsperrholz	
Bewertetes Schalldämm-Maß $R_w(C;C_{tr})$ [dB]	68 (-3;-10)	70 (-4;-10)
bewerteter Norm-Trittschallpegel $L_{n,w}(C_I)$ [dB]	46 (-1)	41 (-1)
Feuerwiderstandsklasse nach DIN 4102-4:2016-05: *)		
Gesamtdicke des Bauteils (ohne Bodenbelag) [mm]	250	310
U-Wert (bei λ_B= 0,040 W/(mK) [W/(m²K)]	0,424	0,390
Spezifische Bauteilmasse in [kg/m²]	222,4	292,4

*) Abhängig von der statischen Bemessung als "Heißbemessung"

4.7.4 Decken gegen unbeheizte Räume: Spitzbodendecken

Aus bauphysikalischen Gründen wird grundsätzlich empfohlen, auch den Spitzboden innerhalb der gedämmten Gebäudehülle zu halten, denn dann werden insbesondere Kondensationsprobleme, die im unbeheizten Dachraum auftreten könnten, vermieden. Wird der oberste Dachraum auch vollständig gedämmt, so benötigt dieser bei dem empfohlenen Dämmstandard KfW-EH 55 keine eigene Beheizung und das Gesamtgebäude wird in der Realität keinen höheren Wärmebedarf haben als bei unbeheizten Spitzböden. Im Sommer heizt sich dadurch der Spitzboden auch nicht so stark auf, wie es bei ungedämmten Dachräumen üblicherweise der Fall ist. Das hat auch Einfluss auf die darunterliegenden Räume, die somit kühler bleiben. Auch für die Lagerung von Gegenständen im Spitzboden ist ein voll gedämmtes Dach vorteilhaft.

Wenn der Dachraum jedoch ungedämmt bleiben soll, muss die oberste Geschossdecke die entsprechenden Anforderungen an den Wärmeschutz erfüllen. Das ist insbesondere bei einem Einsatz von Nagelbindern als Dachkonstruktion der Fall.

(312) 22 mm OSB-Platte (bzw. Holzwerkstoffplatte SP, BFU)
(430) 220 mm Mineralfaserdämmung WLG 032 / 035
(210) b/220 mm Konstruktionsvollholz nach Statik
(250) b/220 mm Holzstegträger
(630) 0,2 mm Dampfbrems- und Luftdichtheitsmembrane, diffusionsvariabel
(277) 24/48 mm Traglatte e = 400 mm
(321) 12,5 mm Gipsplatte
(190) 0,5 mm Oberfläche innen

Bauteil-Nr. 4.7.4.1
ddrkka101a und ddjkka101a
Decke gegen unbeheizt
Vollholz-Deckenbalken und Holzstegträger
keine Deckenbeschwerung
kein Estrich
Unterdecke
einfach beplankt
032 u. 035

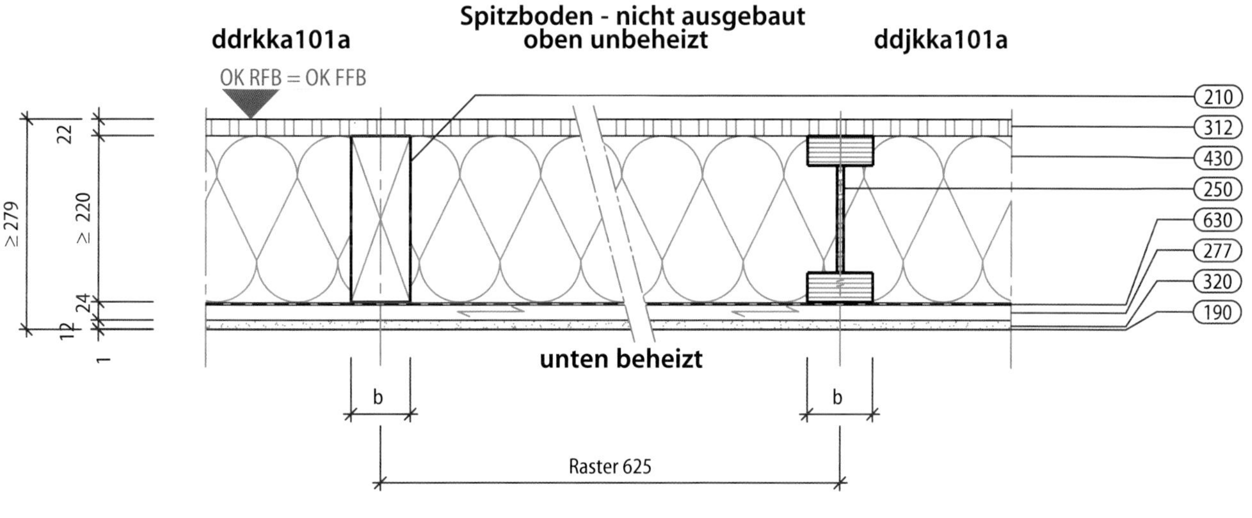

Technische Werte

Decke gegen unbeheizt, Vollholzbalken und Stegträger, mit Unterdecke, einfach beplankt, Dämmung 0,032 o. 0,035 W/(mK)

Art des Deckenbalkens	Vollholz			Stegträger	
Höhe des Deckenbalkens [mm]	220	240	280	220	300
Gesamtdicke des Bauteils (ohne Bodenbelag) [mm]	279	299	339	279	359
U-Wert (bei $\lambda_B = 0{,}032$ W/(mK) [W/(m²K)]	0,200	0,186	0,163	0,148	0,111
U-Wert (bei $\lambda_B = 0{,}035$ W/(mK) [W/(m²K)]	0,209	0,194	0,170	0,159	0,119
Spezifische Bauteilmasse in [kg/m²]	59,7	62,0	68,5	44,2	50,4

Bewertetes Schalldämm-Maß $R_w(C;C_{tr})$ [dB]	Decken ohne Estrich sind nicht im Bauteilkatalog der DIN 4109-33 enthalten.
Feuerwiderstandsklasse nach DIN 4102-4:2016-05	Decken ohne Estrich sind nicht als klassifiziertes Deckenbauteil in DIN 4102-4 enthalten. Durch unterseitige Beplankung gemäß Abb. Nr. 4.39 kann für die Brandbeanspruchung von unten F 30-B bzw. F 60-B erreicht werden.

312	22	mm OSB-Platte (bwz. Holzwerkstoffplatte SP, BFU)
480	240	mm Naturdämmstoff: Holzweichfaser oder Zelluloseeinblasdämmung WLG 040
210	b /240	mm Konstruktionsvollholz nach Statik
250	b /240	mm Holzstegträger
312b	12	mm OSB-Platte, luftdicht verklebt
277	24/48	mm Traglatte e = 400 mm
321	12,5	mm Gipsplatte
190	0,5	mm Oberfläche innen

Bauteil-Nr. 4.7.4.2
ddrkka102a und ddjkka102a

Decke gegen unbeheizt

Vollholz-Deckenbalken und Holzstegträger
keine Deckenbeschwerung
kein Estrich
Unterdecke
einfach beplankt
040

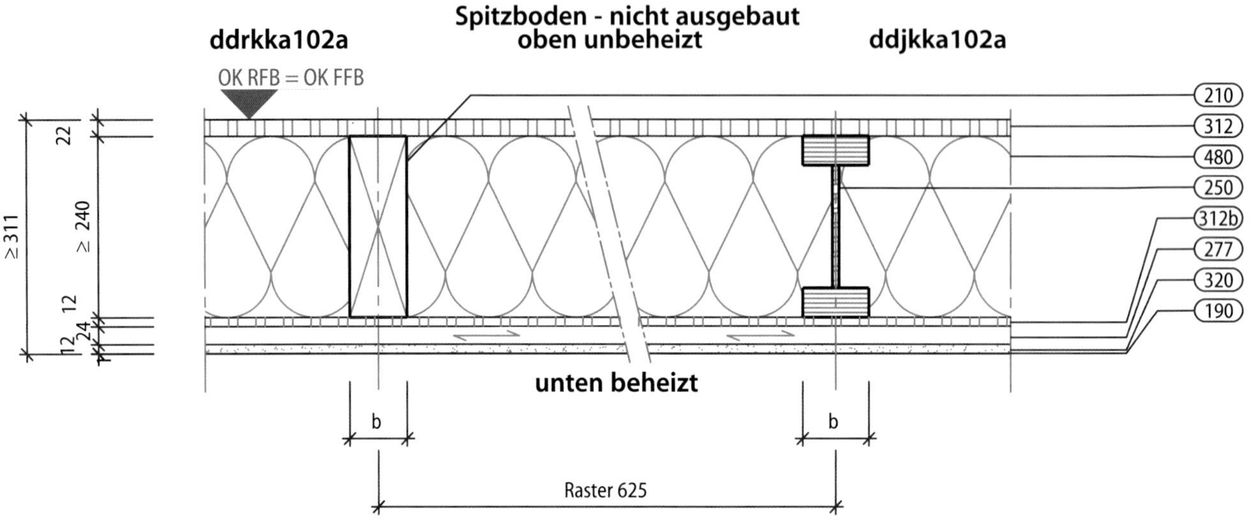

Technische Werte

Decke gegen unbeheizt, Vollholzbalken oder Stegträger, mit Unterdecke, einfach beplankt, Dämmung 0,040 W/(mK)					
Art des Deckenbalkens	Vollholz		Stegträger		
Höhe des Deckenbalkens [mm]	240	280	240	300	360
Gesamtdicke des Bauteils (ohne Bodenbelag) [mm]	311	351	311	371	431
U-Wert (bei λ_B= 0,040 W/(mK) [W/(m²K)]	0,208	0,182	0,163	0,133	0,113
Spezifische Bauteilmasse in [kg/m²]	62,7	68,6	45,8	50,5	55,1
Bewertetes Schalldämm-Maß $R_w(C;C_{tr})$ [dB]	Decken ohne Estrich sind nicht im Bauteilkatalog der DIN 4109-33 enthalten				
Feuerwiderstandsklasse nach DIN 4102-4:2016-05:	Decken ohne Estrich sind nicht als klassifiertes Deckenbauteil in DIN 4102-4 enthalten. Durch unterseitige Beplankung gemäß Abbildung Nr. 4.39 kann für die Brandbeanspruchung von unten F 30-B bzw. F 60-B erreicht werden.				

(430) 220 mm Mineralfaserdämmung WLG 032 / 035
(211) 40 /220 mm Untergurt Nagelplattenbinder (Vollholz C24, kammergetrocknet)
(630) 0,2 mm Dampfbrems- und Luftdichtheitsmebrane, diffusionsvariabel
(277) 40/60 mm Traglatte e = 415 mm
(321) 12,5 mm Gipsplatte
(190) 0,5 mm Oberfläche innen

Bauteil-Nr. 4.7.4.3
ddrkka103a

Decke gegen unbeheizt

Untergurt Nagelplattenbinder
keine Deckenbeschwerung
kein Estrich
Unterdecke
einfach beplankt
032 und 035

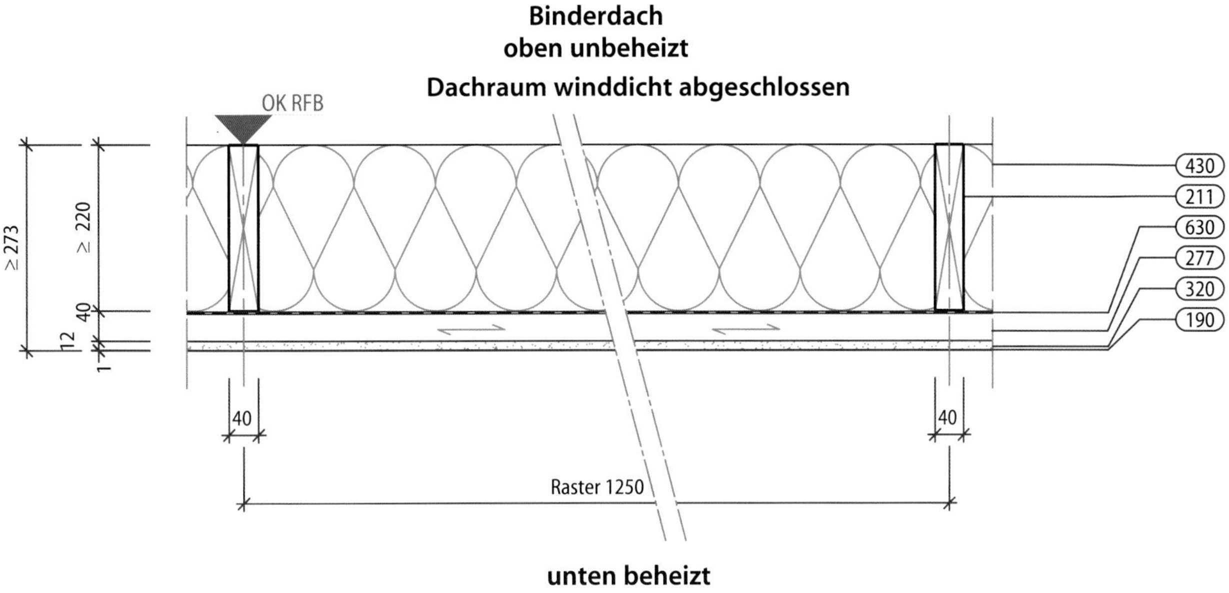

Technische Werte

Decke gegen unbeheizt, Vollholzbalken , mit Unterdecke, einfach beplankt, Dämmung 0,032 o. 0,035 W/(mK)					
Art des Deckenbalkens	Vollholz b = 40 mm; e = 1,25 m				
Höhe des Deckenbalkens [mm]	180	200	220	240	280
Gesamtdicke des Bauteils (ohne Bodenbelag) [mm]	233	253	273	293	333
U-Wert (bei λ_B= 0,032 W/(mK) [W/(m²K)]	0,182	0,166	0,152	0,140	0,121
U-Wert (bei λ_B= 0,035 W/(mK) [W/(m²K)]	0,196	0,178	0,163	0,150	0,130
Spezifische Bauteilmasse in [kg/m²]	27,8	29,3	30,9	32,4	35,5
Bewertetes Schalldämm-Maß $R_w(C;C_{tr})$ [dB]	Decken ohne Estrich sind nicht im Bauteilkatalog der DIN 4109-33 enthalten				
Feuerwiderstandsklasse nach DIN 4102-4:2016-05:	Decken ohne Estrich sind nicht als klassifiertes Deckenbauteil in DIN 4102-4 enthalten. Durch unterseitige Beplankung gemäß Abbildung Nr. 4.39 kann für die Brandbeanspruchung von unten F 30-B bzw. F 60-B erreicht werden.				

(410) 160 mm Holzfaserdämmung WLG 040
(630) 0,2 mm Dampfbrems- und Luftdichtheitsmebrane, diffusionsvariabel, luftdicht verklebt
Bei BSP oder BSH können stattdessen die Elemente untereinander luftdicht verklebt werden; anstelle der Membrane können auch luftdicht verklebte OSB-Platten eingesetzt werden.
(241) mind. 120 mm Brettstapeldecke
(242) mind. 120 mm Dübelholzelement
(220) mind. 120 mm Brettschichtholz BSH, liegend eingebaut (oder Brettsperrholz BSP)
Feuerwiderstandsklasse der Massivholz Rohdecke über Heißbemessung nach nach DIN EN 1995-1-2 mit DIN EN 1995-1-2/NA oder unterseitige Gipsplattenbeplankung

Bauteil-Nr. 4.7.4.4
ddmkks102o

Decke gegen unbeheizt

Massivholz
keine Deckenbeschwerung
kein Estrich
Holzoberfläche sichtbar
ohne Beplankung
040

oben unbeheizt

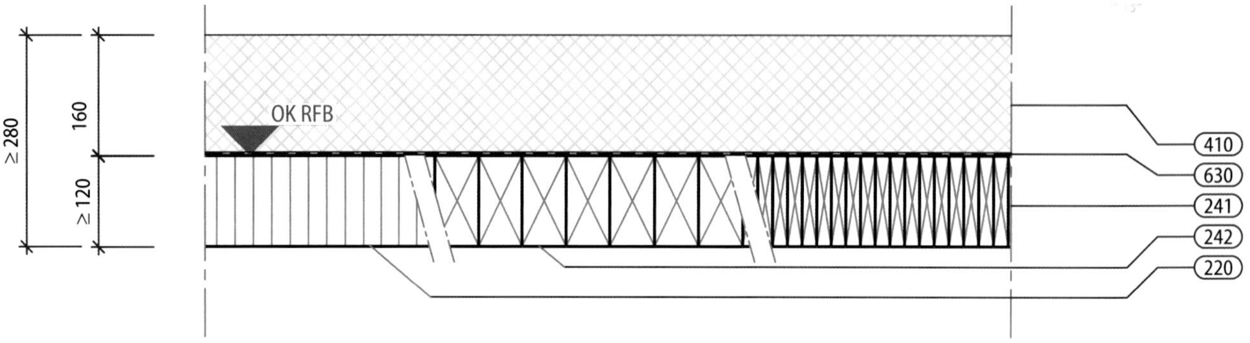

unten beheizt

Technische Werte

Decke gegen unbeheizt, Massivholzdecke, Sichtholz, einfach beplankt, Dämmung 0,040 W/(mK)					
Art der Deckenkonstruktion	Massivholz				
Dicke der Dämmschicht [mm]	160	180	200	220	240
Gesamtdicke des Bauteils (ohne Bodenbelag) [mm]	280	300	320	340	360
U-Wert (bei λ_B= 0,040 W/(mK) [W/(m²K)]	0,195	0,178	0,163	0,151	0,140
Spezifische Bauteilmasse in [kg/m²]	76,0	78,0	80,0	82,0	84,0
Bewertetes Schalldämm-Maß $R_w(C;C_{tr})$ [dB]	Decken ohne Estrich sind nicht im Bauteilkatalog der DIN 4109-33 enthalten				
Feuerwiderstandsklasse nach DIN 4102-4:2016-05:	Die Einordnung in eine Feuerwiderstandsklasse bei Brandbeanspruchung von unten wird über "Heißbemessung" der Massivholzdecke erreicht. Auch durch eine unterseitige Beplankung gemäß Abbildung Nr. 4.39 kann für die Brandbeanspruchung von unten F 30-B bzw. F 60-B erreicht werden.				

4.7.5 Decken über Außenluft

Bei zurückversetzten Außenwänden, bei in oberen Geschossen auskragenden Erkern, bei Loggien oder bei Durchgängen durch Gebäude befinden sich oberhalb der Bereiche horizontale Deckenbauteile, die an die Außenluft grenzen. Diese Bauteile bestehen im Holzbau regelmäßig aus auskragenden tragenden Deckenbauteilen, die bei dem Übergang vom Gebäudeinneren nach außen den Bauteilaufbau wechseln, um den unterschiedlichen bauphysikalischen Anforderungen zu entsprechen. Dabei gilt es, ein besonderes Augenmerk auf die Luftdichtheit sowie den Wärme- und Feuchteschutz zu legen. Gerade bei auskragenden durchlaufenden Deckenbalken muss die luftdichte Ausführung am Auflager sicher geplant und ausgeführt werden. Aus gestalterischer Sicht können 3 Varianten für die horizontale Deckenuntersicht vorgesehen werden:

- eine Holzverschalung aus Profilbrettern oder Paneelen,
- eine Bekleidung mit großformatigen Platten oder
- eine Putzoberfläche.

Als Untersicht im Außenbereich werden die der Freibewitterung ausgesetzten horizontalen Unterseiten an einem Gebäude bezeichnet. Grundsätzlich muss – wie bei Fassaden – die Befestigung der Unterkonstruktion und der Bekleidung statisch nachgewiesen werden. Im Gegensatz zu einer Fassadenbekleidung wirkt die Eigenlast der Deckenuntersicht bei den Befestigungsmitteln im Wesentlichen auf Auszug und nicht auf Abscheren. In der zeichnerischen Bauteildarstellung sind mehrere Möglichkeiten der Ausführung zusammengefasst.

Schichten des Deckenaufbaus

Der Deckenaufbau wird in 3 Schichten differenziert:

- Fußbodenaufbau,
- Tragkonstruktion und
- untere Bekleidung.

Für den **Fußbodenaufbau** kommen alle Möglichkeiten in Betracht, die in Kapitel 4.7.1 beschrieben sind: Nass- oder Trockenestriche auf Trittschalldämmlagen und ggf. mit zusätzlichen Beschwerungen. Der in dem Geschoss vorhandene Aufbau wird in den an die Außenluft grenzenden Bereich weitergeführt. Besondere Trittschallschutzanforderungen bestehen nicht.

Die **Tragkonstruktion** besteht aus Vollholzbalken oder Holzstegträgern. Die obere Beplankung aus Holzwerkstoffplatten (i.d.R. OSB-Platten) der Balkenlage wird zur raumseitigen luftdichten Ebene. Die Plattenstöße müssen verklebt und die Übergänge an andere Außenbauteile luftdicht ausgeführt werden. Während normale Geschossdecken zwischen beheizten Geschossen in den Gefachen nur dünne Dämmlagen benötigen, bedarf eine Decke als Außenbauteil einer vollständigen Dämmung des Hohlraums.

Das Deckenelement erhält auch eine **untere Bekleidung** der Balkenlage aus Holzwerkstoffplatten (OSB-, MDF-, DWD- oder DHF-Platten). Als winddichte Ebene müssen die Platten press stumpf gestoßen oder mit einer Nut-und-Feder-Verbindung ausgeführt sein. Eine Verklebung der Stöße und Anschlüsse ist nur bei dem Einsatz von Einblasdämmstoffen erforderlich. Bei Decken, die für die untere Bekleidung eine Traglattenebene erhalten, könnte anstelle der Beplankung auch eine diffusionsoffene Folie (Fassadenbahn) eingebaut werden (außer bei Einblasdämmstoffen).

Ausführungsvarianten der unteren Bekleidung

Unterhalb der beplankten Balkenlage können 4 Ausführungsvarianten realisiert werden:

- eine Holzverschalung,
- ein WDVS,
- Holzwolleleichtbauplatten und
- zementgebundene Ausbauplatten.

Bei der Holzverschalung, den Holzwolleleichtbauplatten und den zementgebundenen Ausbauplatten erfolgt die Montage der Untersicht nach DIN 13964 „Unterdecken – Anforderungen und Prüfverfahren" (2014) an einer Traglattung S 10 (MS 10) mit einem Lattenquerschnitt von 30 mm × 50 mm. Bei einer Grundlattung (Konterlattung) gelten die gleichen Anforderungen. Der Zwischenraum zwischen den Latten gilt als unbelüfteter horizontaler Luftraum oder kann eine Dämmung beinhalten. Zur Einstufung des Holzes nach der Normenreihe DIN 68800 „Holzschutz" in die Gebrauchsklasse GK 0 muss die Einbaufeuchte der Traglattung unter 20 % liegen. Metallische Unterkonstruktionen sind nach DIN EN 13964 auch denkbar; hier ist der Korrosionsschutz zu beachten.

Für eine **Holzverschalung** kann die Unterseite mit Profilhölzern, Fassadenpaneelen oder Fassadenplatten auf der Unterkonstruktion bekleidet werden. Der Einbau erfolgt analog zu dem in Kapitel 4.3.3 beschriebenen Einbau von vorgehängten Außenwandbekleidungen, wobei die Befestigung separat statisch nachgewiesen werden muss.

Bei einer Untersicht aus einem **WDVS** ist das Merkblatt „WDVS an Untersichten: Hinweise für die Planung" (2024) des Verbands für Dämmsysteme, Putz und Mörtel e.V. (VDPM) zu beachten. Demnach beschränken sich die Zulassungen für WDVS auf die vertikale Verwendung (Außenwände). Lediglich Untersichten bis zu einer Tiefe von maximal 1 m, z.B. bei Fenster- oder Türlaibungen oder zurückspringenden Hauseingängen oder Terrassen, sind grundsätzlich mit für Außenwände zugelassenen WDVS möglich. Bei der Verwendung geeigneter und zugelassener Dübeltypen können WDVS auch für einen horizontalen Einbau bei Untersichten zugelassen werden. Derzeit liegen nur Zulassungen für gleichzeitig geklebte und gedübelte WDVS mit Mineralfaserdämmplatten vor, die durch die Bewehrungslage gedübelt werden. Für die im Holzbau oft eingesetzten WDVS mit Holzfaserplatten sind zurzeit keine Zulassungen für Untersichten ausgestellt.

Eine Putz-Untersicht kann auch mit dem Einsatz von **Holzwolleleichtbauplatte** (WW) erreicht werden. Die Befestigung der Holzwolleleichtbauplatten erfolgt gemäß Herstellerangaben und muss für die horizontale Montage über Kopf statisch nachgewiesen sein.

Eine weitere Möglichkeit für verputzte Untersichten stellen **zementgebundene Ausbauplatten** dar, die für die Anwendung an Untersichten im Außenbereich zugelassen sind. Die Verarbeitungsvorgaben der Hersteller sind zu beachten.

(210) b/240 mm Konstruktionsvollholz nach Statik
(250) b/240 mm Holzstegträger
(277) 30/50 mm Traglatte S10 max. e = 420 mm
(312) 22 mm OSB-Platte (bzw. Holzwerkstoffplatte SP, BFU), luftdicht verklebt
(312b) mind. 12 mm OSB-Platte (bzw. Holzwerkstoffplatte MDF/DWD/DHF sowie SP, BFU),
(319) 35 mm Holzwolleleichtbauplatte HWPL
(323) 12,5 mm zementgebundene Ausbauplatte
(332) 19 mm Profilholz
(430) 40 - 100 mm Mineralfaserdämmung
(480) 240 mm Naturdämmstoff: Holzweichfaser oder Zelluloseeinblasdämmung WLG 040
(692) 0,2 mm PE-Folie
(721) 8 - 10 mm Außenputz
(811) Bodenbelag
(821) 50 mm Nassestrich (mineralisch) nach DIN 18560, mind. 120 kg/m²
(825) mind. 22 mm Trockenestrich aus Gipsfaserplatte
(827) mind. 22 mm Trockenestrich aus zementgebundener Spanplatte ZSP
(842) mind. 20 mm Trittschalldämmung Mineralwolle MW o. Holzfaser HF, DES-sh, s' max. 6 MN/m³
(853) mind. 60 mm schwere Schüttung mit Rieselschutz; schwere Schüttung mit Rieselschutz m' 90 kg/m²

Bauteil-Nr. 4.7.5.1
darxxa101a und dajxxa101a

Decke gegen Außenluft (unten)

Vollholzbalken / Holzstegträger
tragend
verschiedene Fußbodenaufbauten
Unterdecke
unterschiedliche Abhängungen
032, 035, 040

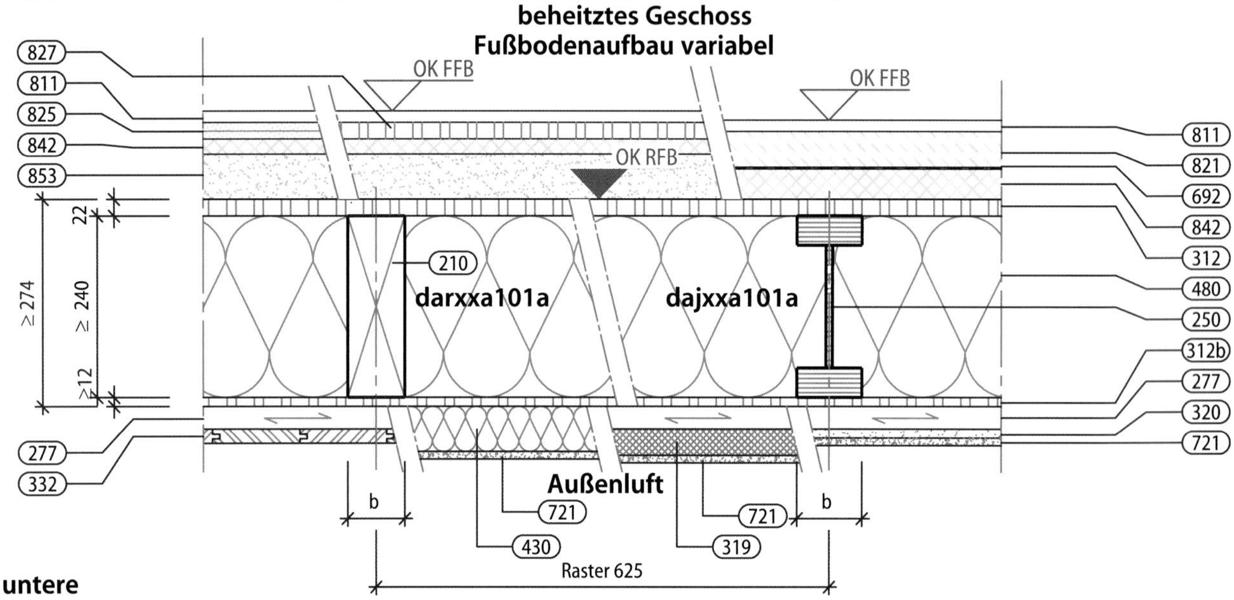

untere Verkleidung: **Ausführung A Schalung** **Ausführung B WDVS** **Ausführung C HWPL** **Ausführung D Faserzementplatte**

Technische Werte

Decke gegen Außenluft, Vollholzbalken und Stegträger, mit Unterdecke, einfach beplankt, Dämmung im Gefach 240 mm 0,032 - 0,035 - 0,040 W/(mK), Dämmung im Fußbodenaufbau 20 mm mit 0,040 W/(mK) - andere Fußbodenaufschichten nicht berücksichtigt

Art des Deckenbalkens	Vollholz				Stegträger			
Ausführung der unteren Verkleidung	A	B	C	D	A	B	C	D
Dämmstärke in Unterdecke [mm] / λ_B [W/(mK)]	-	60/0,035	35/0,090	-	-	60/0,035	35/0,090	-
U-Wert (bei λ_B = 0,032 W/(mK) MiWo [W/(m²K)]	0,154	0,128	0,153	0,162	0,124	0,108	0,121	0,126
U-Wert (bei λ_B = 0,035 W/(mK) MiWo [W/(m²K)]	0,160	0,133	0,159	0,169	0,132	0,115	0,128	0,135
U-Wert (bei λ_B = 0,040 W/(mK) Zellulose/HF [W/(m²K)]	0,171	0,140	0,168	0,179	0,145	0,125	0,141	0,148

Schallschutz	Vergleichbare Decken sind nicht im Bauteilkatalog der DIN 4109-33 enthalten.
Feuerwiderstandsklasse nach DIN 4102-4:2016-05	F 30-B bei Dämmung im Gefach mit MiWo 30 kg/m³ (Stegträger konstruktionen nicht in DIN 4102-4 enthalten, jedoch durch die obere und untere Beplankung für Ausführungen C und D durch Kapselung erreicht)

4.8 Dächer

Dächer auf Holzrahmenbauten bieten die Vielfalt, die mitteleuropäische Dachlandschaften zeigen: Satteldächer, Walmdächer, Krüppelwalmdächer, Pultdächer und versetzte Pultdächer, Mansarddächer und auch Flachdächer.

4.8.1 Überblick über Dachsysteme im Holzrahmenbau

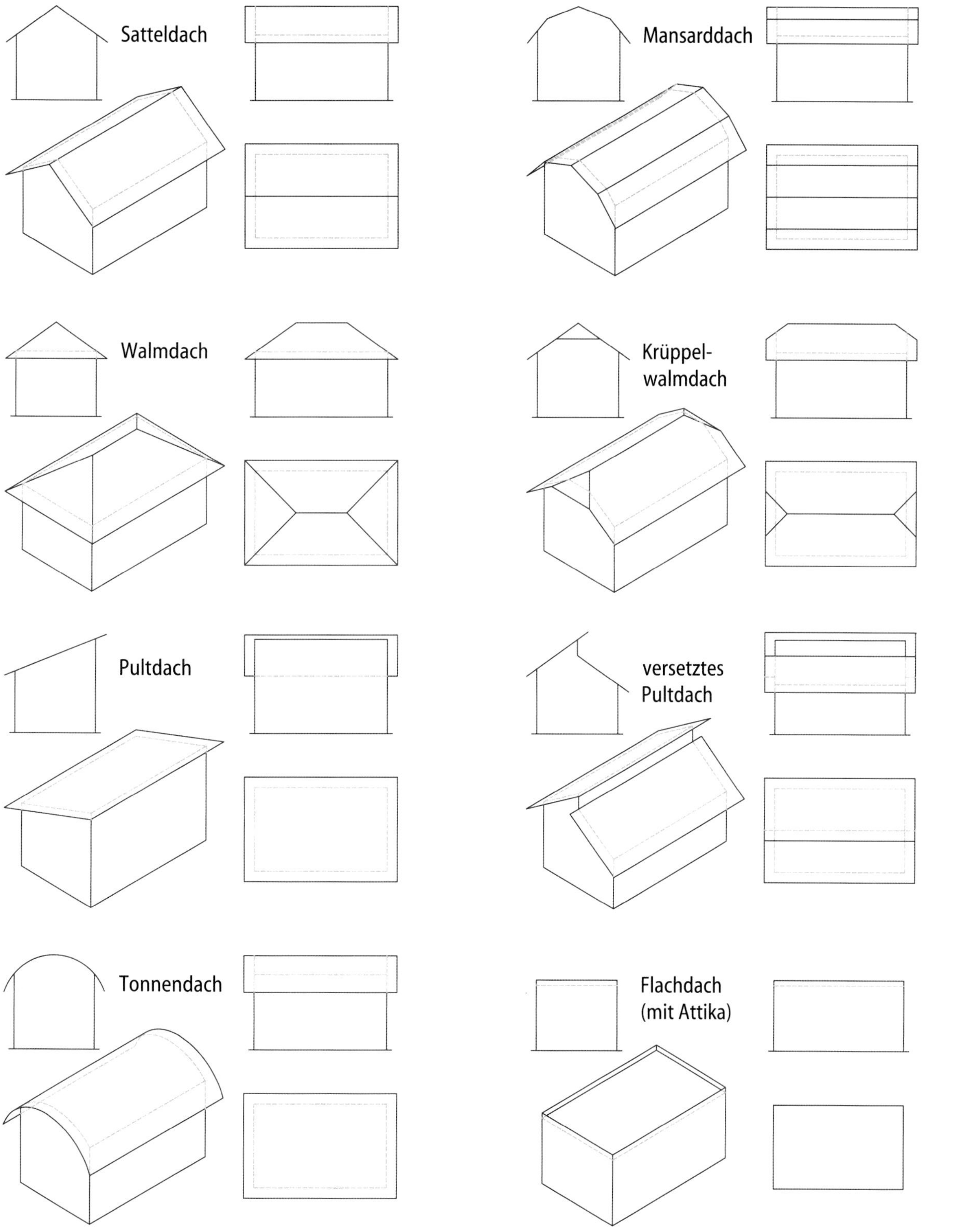

Abb. 4.42: Grundkonstruktion von Satteldach, Mansarddach, Walmdach, Krüppelwalmdach, Pultdach und versetztem Pultdach, Tonnendach sowie Flachdach

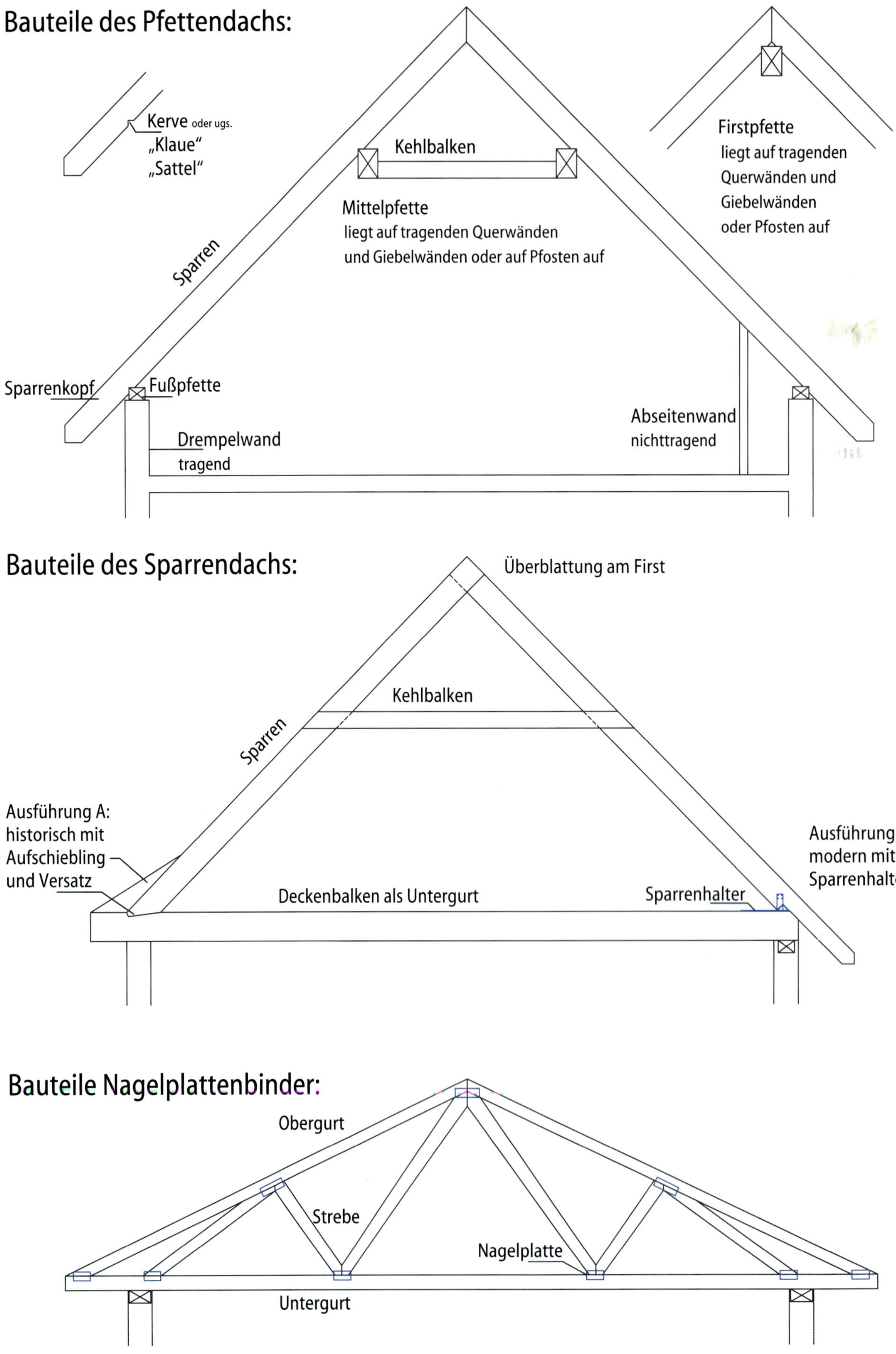

Abb. 4.43: Konstruktionsarten Pfettendach, Sparrendach und Nagelplattenbinder

Abb. 4.44: Außenansicht einer Dachkonstruktion im Bau

Abb. 4.45: Innenansicht einer Dachkonstruktion im Holzrahmenbau

4.8.2 Statische Systeme von Pfetten- und Sparrendächern

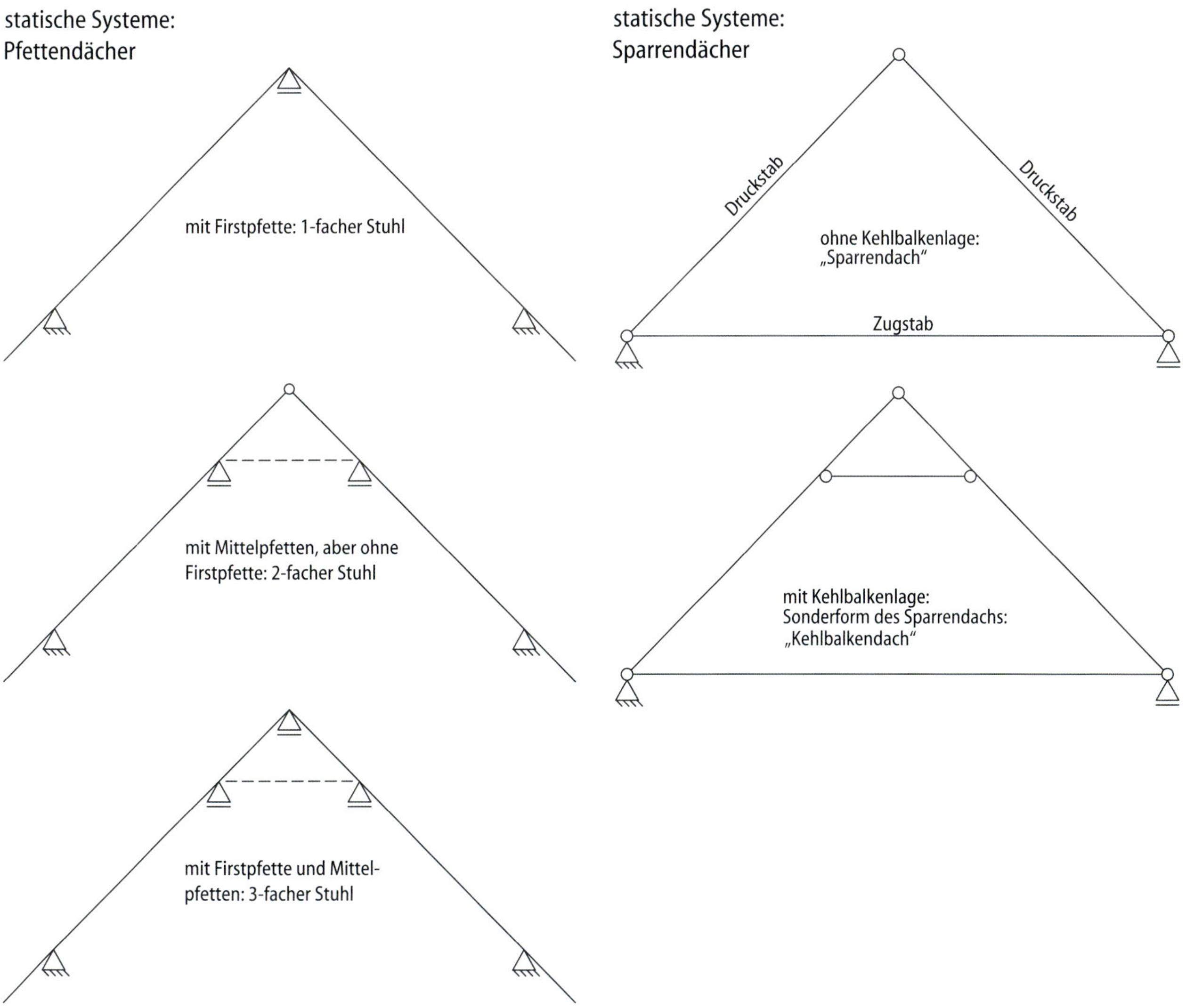

Abb. 4.46: Grundkonstruktion Pfettendachstühle und Sparrendächer

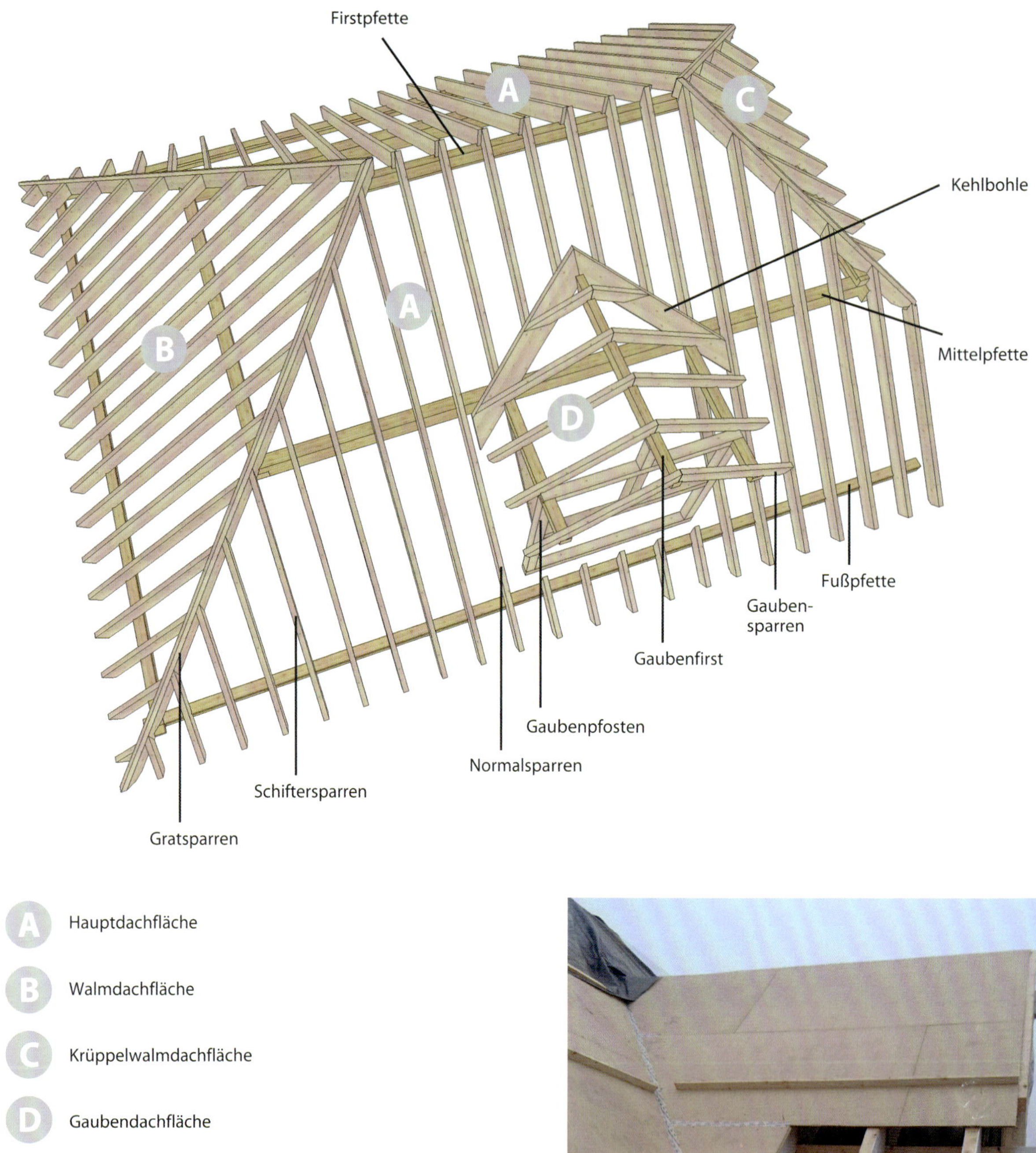

Abb. 4.47: Grundkonstruktion Walmdachstuhl

Abb. 4.48: Gaubenkonstruktion im Holzrahmenbau

4.8.3 Gauben

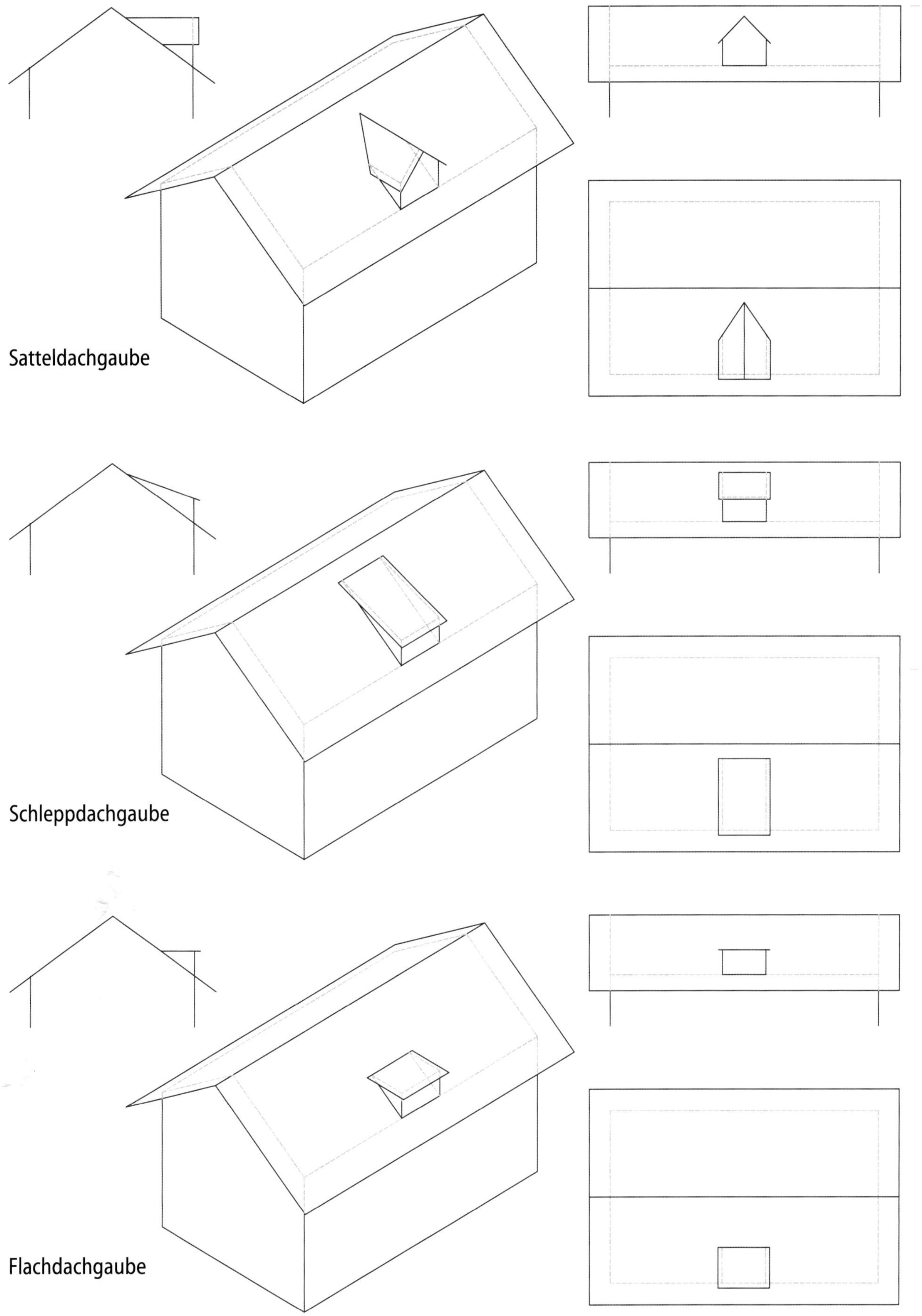

Abb. 4.49: Grundkonstruktionen von Gauben

4.8.4 Nagelplattenbinderdächer

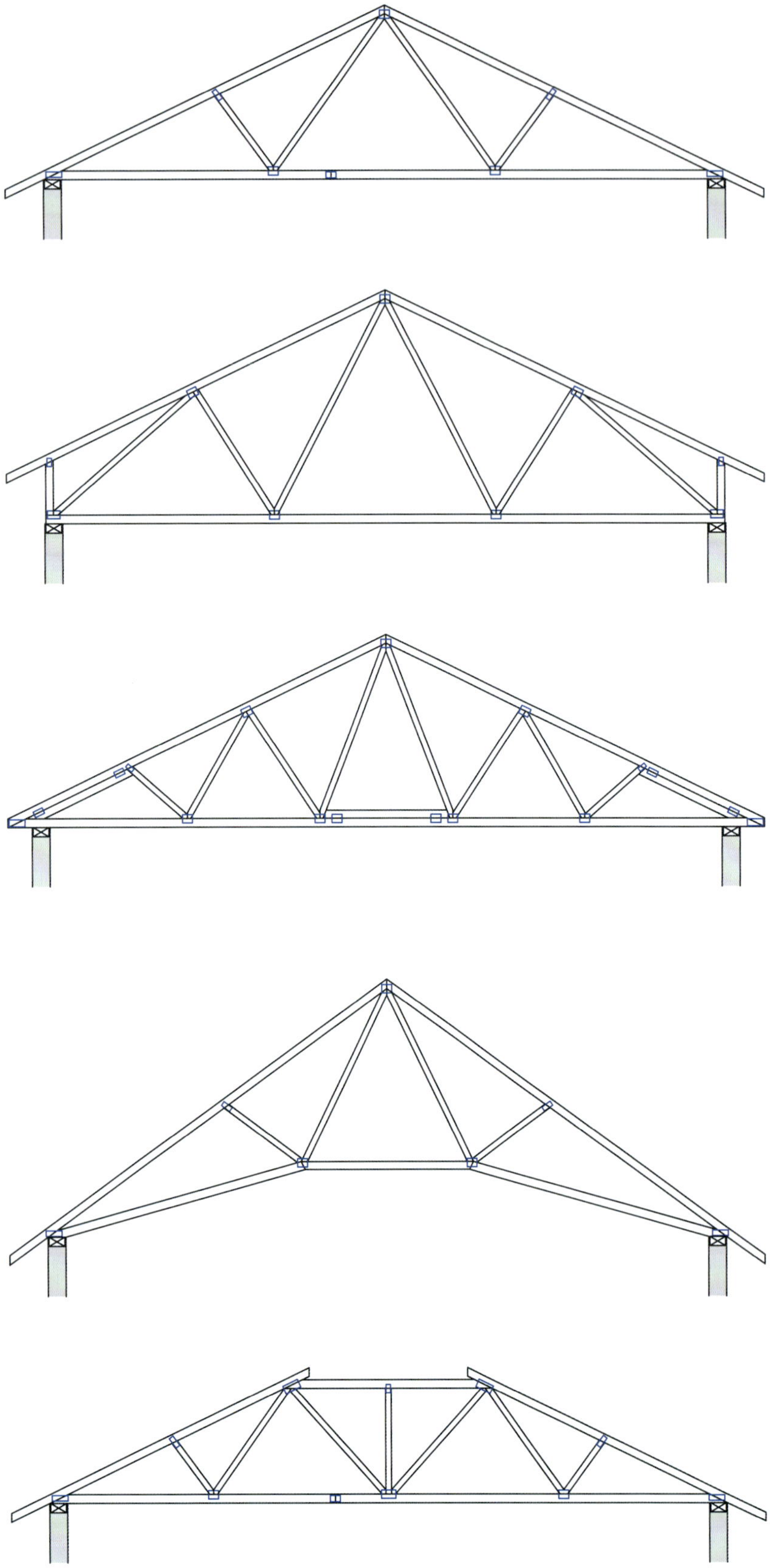

a) Dreiecksbinder

b) Dreiecksbinder mit Anfangshöhe

c) Dreiecksbinder mit Verstärkungen

Bei punktuell erhöhten Einwirkungen kann der Binder werkseitig verstärkt werden.

d) Scherenbinder

höherer Nutzbereich unterhalb des Binders

e) Trapezbinder

Abb. 4.50: Grundkonstruktionen von Nagelplattenbinderdächern

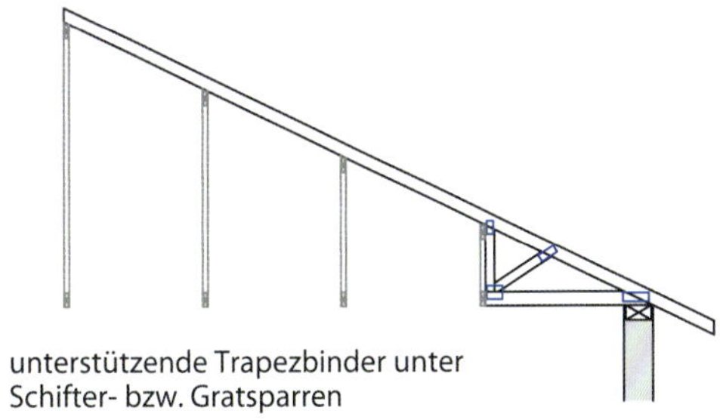

f) Grat- bzw. Schifterbinder

Verwendung bei Walmdachlösungen

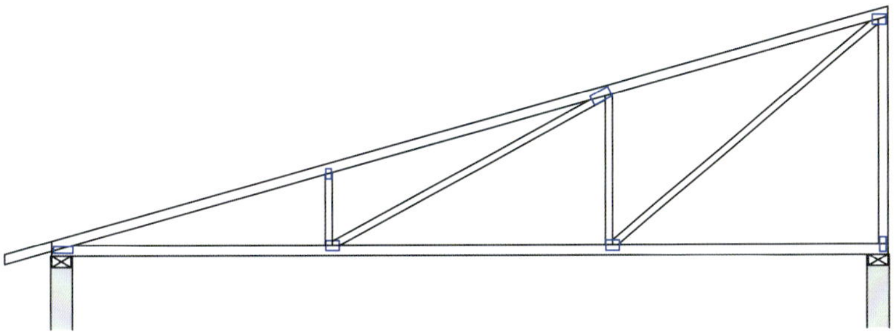

g) Pultdachbinder

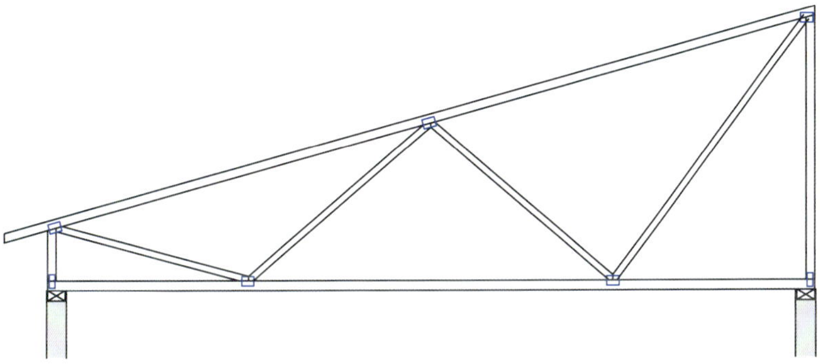

h) Pultdachbinder mit Anfangshöhe

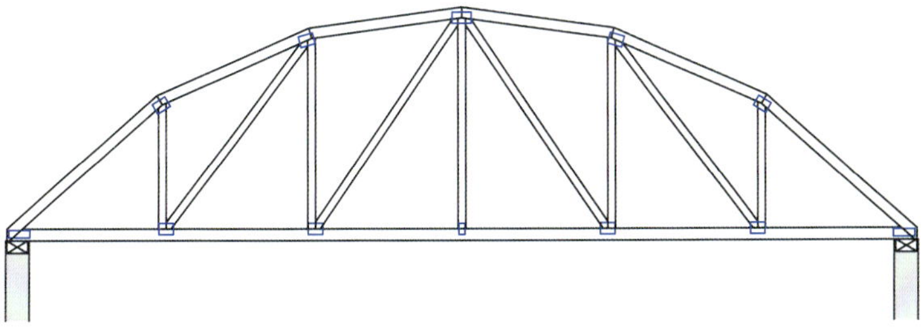

i) Bogenbinder

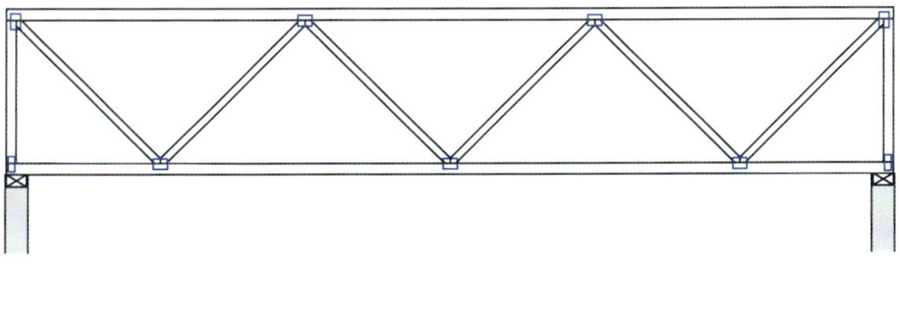

j) Parallelbinder

Verwendung als Aussteifung in Ober- und Untergurtebene oder als Pfette sowie bei Flachdächern und Dachterrassen

Abb. 4.50: Grundkonstruktionen von Nagelplattenbinderdächern (Fortsetzung)

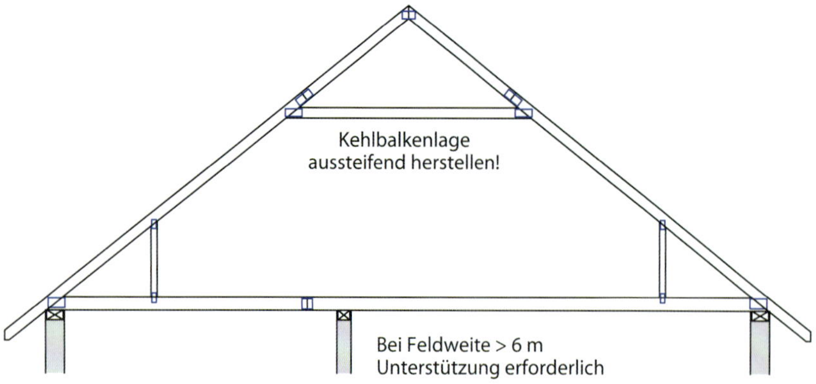

k) Studiobinder

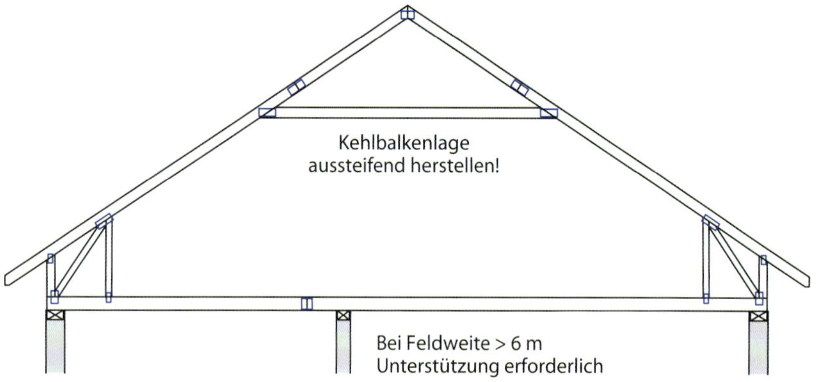

l) Studiobinder mit Anfangshöhe

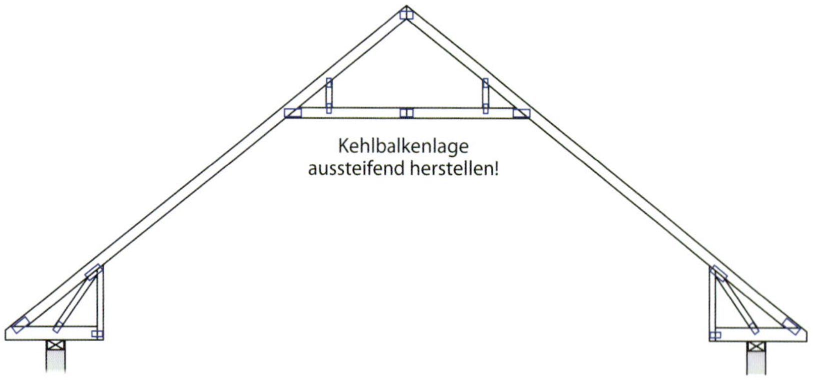

m) Studiobinder ohne Untergurt

Abb. 4.50: Grundkonstruktionen von Nagelplattenbinderdächern (Fortsetzung)

Tabelle 4.6: Maße von Nagelplattenbindern (Quelle: GIN e.V.)

	Bezeichnung	maximale Binderlänge[1)]	maximale Binderhöhe	Binderabstand in m	Dachneigung	Mindest-anfangshöhe in m
a	**Dreiecksbinder**	35 m	5,00 m	1,00–1,25 (bis 2,50)	12°–25°	–
b	**Dreiecksbinder mit Anfangshöhe**	35 m	–	1,00–1,25	5°–25°	0,80–1,20
c	**Dreiecksbinder mit Verstärkungen**	35 m	5,00 m	1,00–1,25 (bis 2,50)	12°–25°	–
d	**Scherenbinder**	35 m	5,00 m	1,00–1,25	12°–30°	–
e	**Trapezbinder**	35 m	5,00 m	1,00–1,25	–	–
f	**Grat- bzw. Schifterbinder**	12 m	–	1,00–1,25	–	–
g	**Pultdachbinder**	35 m	5,00 m	1,00–1,25	12°–30°	–
h	**Pultdachbinder mit Anfangshöhe**	35 m	5,00 m	1,00–1,25	12°–30°	0,80–1,20
i	**Bogenbinder**	35 m	5,00 m	1,00–1,25	12°–30°	–
j	**Parallelbinder**	35 m	4,00 m	1,00–1,25	–	h/l = ca. 1/15
k	**Studiobinder**	15 m	5,00 m	0,80–1,00	25°–50°	–
l	**Studiobinder mit Anfangshöhe**	15 m	5,00 m	0,80–1,00	25°–50°	0,80–1,00
m	**Studiobinder ohne Untergurt**	15 m	5,00 m	0,80–1,00	25°–50°	–

1) siehe Zulassung

4.8.5 Dachaufbauten im Detail

(861) ca. 60 mm Dacheindeckung (Ziegel oder Betondachsteine)
(275) 30/50 mm Dachlatte
(274) 40/60 mm Konterlatte
(410) 35 - 100 mm Holzfaser-Unterdeckplatte 0,045
(430) 180 - 280 mm Mineralfaserdämmung 0,032
(210) 180 - 280 mm Sparren Konstruktionsvollholz b = 60 mm; e = 625 mm
(312) 15 mm OSB-Platte, luftdicht verklebt
(277) 24/48 mm Traglatte
(321) 12,5 mm Gipsplatte
(190) 0,5 mm Oberfläche innen

Bauteil-Nr. 4.8.5.1
sdrhza101a
geneigtes Dach
Rahmenwerk
hinterlüftete/belüftete Dachhaut
Dachziegel/Betondachstein
abgehängte Decke
einfach beplankt
032

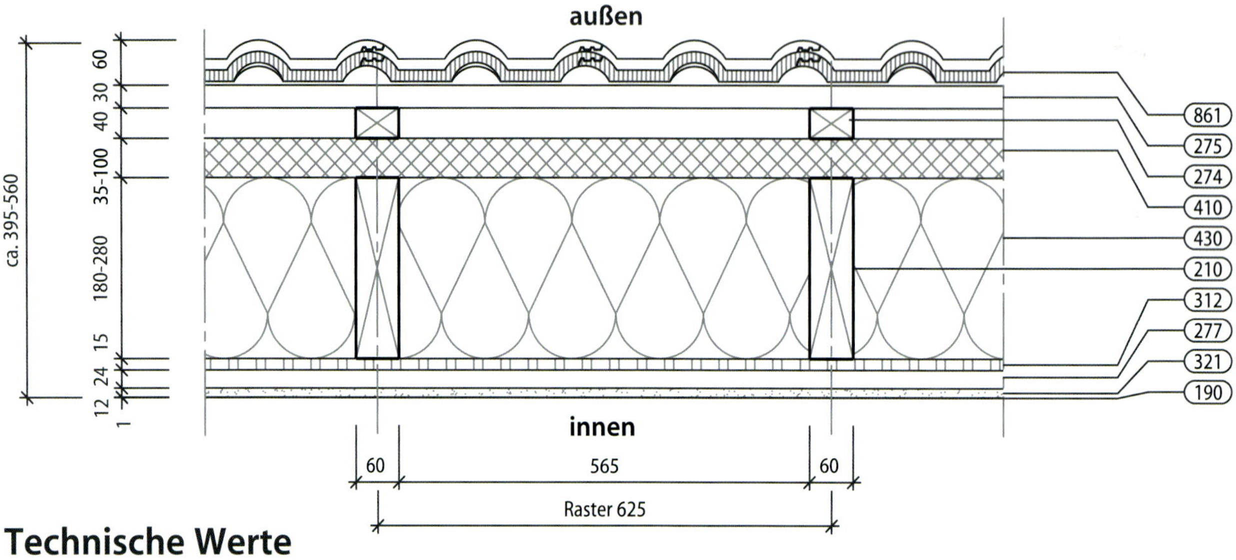

Technische Werte

Rahmenwerk-Höhe		180 mm	200 mm	220 mm	240 mm	280 mm
U-Wert in [W/(m² K)] nach DIN EN ISO 6946 bei 15 % Holzanteil und Gefachdämmung $\lambda_B = 0{,}032$ W/(m K)						
abhängig von der Dicke der Holzweichfaser-Unterdeckplatte mit $\lambda_B = 0{,}045$ W/(m K)	35 mm	0,186	0,172	0,160	0,149	0,132
	52 mm	0,172	0,160	0,150	0,140	0,125
	80 mm	0,155	0,145	0,136	0,128	0,115
	100 mm	0,144	0,135	0,128	0,121	0,109
Spezifische Bauteilmasse in [kg/m²] abhängig von der Dicke der Holzweichfaser-Unterdeckplatte (davon Eindeckung 50 kg/m²)	35 mm	175,2	177,2	179,2	181,2	185,2
	52 mm	180,2	182,2	184,2	186,2	190,2
	80 mm	188,3	190,3	192,3	194,3	198,3
	100 mm	194,1	196,1	198,1	200,1	204,1
Gesamtdicke des Bauteils in Abhängigkeit von der Dicke der Holzweichfaserplatte (inkl. Dacheindeckung)	35 mm	ca. 395 mm	ca. 415 mm	ca. 435 mm	ca. 455 mm	ca. 495 mm
	52 mm	ca. 410 mm	ca. 430 mm	ca. 450 mm	ca. 470 mm	ca. 510 mm
	80 mm	ca. 440 mm	ca. 460 mm	ca. 480 mm	ca. 500 mm	ca. 540 mm
	100 mm	ca. 460 mm	ca. 480 mm	ca. 500 mm	ca. 520 mm	ca. 560 mm
Wirksame Wärmespeicherkapazität		bei 3 cm: 11,27 kJ/(m² K) / bei 10 cm: 32,93 kJ/(m² K)				
Feuchteschutz nach DIN EN ISO 13788: vollständige Verdunstung von Tauwasser; Oberfläche: Temperaturfaktor $f_{RSI} > 0{,}75$						
Feuerwiderstandsklasse nach DIN 4102-4:2016-05		F 30-B				
Baustoffklasse der Dachhaut (DIN 4102-1)		A1				
Bewertetes Schalldämm-Maß $R_w(C;C_{tr})$		Konstruktion nicht in DIN 4109-33 enthalten (Einzelnachweis erforderlich)				

(861) ca. 60 mm Dacheindeckung (Ziegel oder Betondachsteine)
(275) 30/50 mm Dachlatte
(274) 40/60 mm Konterlatte
(410) 35 - 100 mm Holzfaser-Unterdeckplatte 0,045
(430) 180 - 280 mm Mineralfaserdämmung 0,035
(210) 180 - 280 mm Sparren Konstruktionsvollholz b = 80 mm; e = 625 mm
(312) 15 mm OSB-Platte, luftdicht verklebt
(277) 24/48 mm Traglatte
(321) 12,5 mm Gipsplatte
(190) 0,5 mm Oberfläche innen

Bauteil-Nr. 4.8.5.2
sdrhza102a
geneigtes Dach
Rahmenwerk
hinterlüftete/belüftete Dachhaut
Dachziegel/Betondachstein
abgehängte Decke
einfach beplankt
035

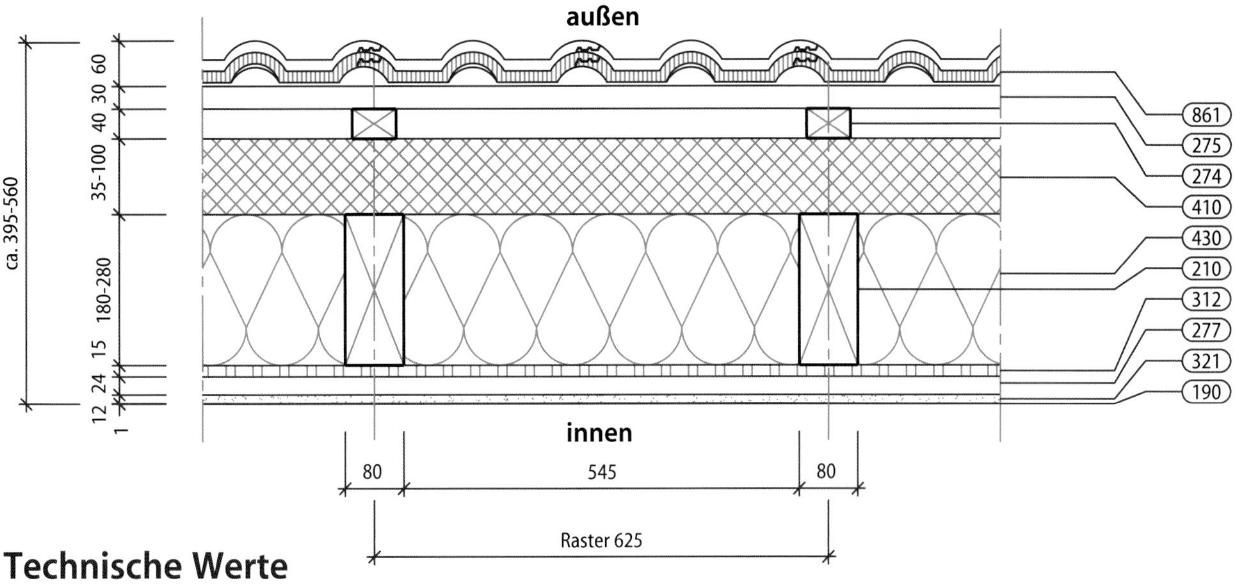

Technische Werte

Rahmenwerk-Höhe		180 mm	200 mm	220 mm	240 mm	280 mm
U-Wert in [W/(m² K)] nach DIN EN ISO 6946 bei 15 % Holzanteil und Gefachdämmung $\lambda_B = 0{,}035$ W/(m K)						
abhängig von der Dicke der Holzweichfaser-Unterdeckplatte mit $\lambda_B = 0{,}045$ W/(m K)	35 mm	0,194	179,000	0,167	0,156	0,138
	52 mm	0,179	0,167	0,156	0,147	0,131
	80 mm	0,161	0,151	0,141	0,134	0,120
	100 mm	0,149	0,141	0,133	0,126	0,114
Spezifische Bauteilmasse in [kg/m²] abhängig von der Dicke der Holzweichfaser-Unterdeckplatte (davon Eindeckung 50 kg/m²)	35 mm	175,3	177,3	179,3	181,3	185,4
	52 mm	180,2	182,2	184,3	186,3	190,3
	80 mm	188,4	190,4	192,4	194,4	198,4
	100 mm	194,2	196,2	198,2	200,2	204,2
Gesamtdicke des Bauteils in Abhängigkeit von der Dicke der Holzweichfaserplatte (inkl. Dacheindeckung)	35 mm	ca. 395 mm	ca. 415 mm	ca. 435 mm	ca. 455 mm	ca. 495 mm
	52 mm	ca. 410 mm	ca. 430 mm	ca. 450 mm	ca. 470 mm	ca. 510 mm
	80 mm	ca. 440 mm	ca. 460 mm	ca. 480 mm	ca. 500 mm	ca. 540 mm
	100 mm	ca. 460 mm	ca. 480 mm	ca. 500 mm	ca. 520 mm	ca. 560 mm
Wirksame Wärmespeicherkapazität		bei 3 cm: 11,27 kJ/(m² K) / bei 10 cm: 32,96 kJ/(m² K)				
Feuchteschutz nach DIN EN ISO 13788: vollständige Verdunstung von Tauwasser; Oberfläche: Temperaturfaktor $f_{RSI} > 0{,}75$						
Feuerwiderstandsklasse nach DIN 4102-4:2016-05		F 30-B				
Baustoffklasse der Dachhaut (DIN 4102-1)		A1				
Bewertetes Schalldämm-Maß $R_w(C;C_{tr})$		Konstruktion nicht in DIN 4109-33 enthalten (Einzelnachweis erforderlich)				

(861)	ca. 60 mm Dacheindeckung (Ziegel oder Betondachsteine)
(275)	30/50 mm Dachlatte
(274)	40/60 mm Konterlatte
(410)	35 - 100 mm Holzfaser-Unterdeckplatte 0,045
(415)	180 - 280 mm Holzweichfaserdämmung 0,040
(210)	180 - 280 mm Sparren Konstruktionsvollholz b = 60 mm; e = 625 mm
(312)	15 mm OSB-Platte, luftdicht verklebt
(277)	24/48 mm Traglatte
(321)	12,5 mm Gipsplatte
(190)	0,5 mm Oberfläche innen

Bauteil-Nr. 4.8.5.3
sdrhza110a
geneigtes Dach
Rahmenwerk
hinterlüftete/belüftete Dachhaut
Dachziegel/Betondachstein
abgehängte Decke
einfach beplankt
040

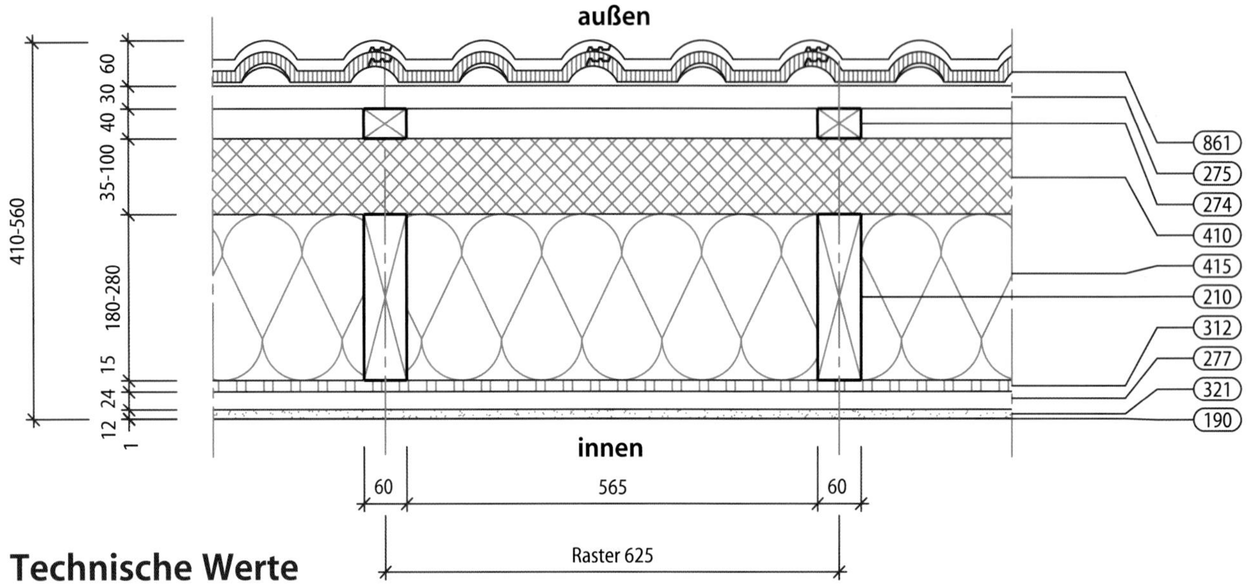

Technische Werte

Rahmenwerk-Höhe		180 mm	200 mm	220 mm	240 mm	280 mm
U-Wert in [W/(m² K)] nach DIN EN ISO 6946 bei 15 % Holzanteil und Gefachdämmung $\lambda_B = 0{,}040$ W/(m K)						
abhängig von der Dicke der Holzweichfaser-Unterdeckplatte mit $\lambda_B = 0{,}045$ W/(m K)	35 mm	(0,209)	0,194	0,181	0,169	0,150
	52 mm	0,193	0,180	0,168	0,158	0,141
	80 mm	0,172	0,161	0,152	0,143	0,129
	100 mm	0,159	0,150	0,142	0,134	0,122
Spezifische Bauteilmasse in [kg/m²] abhängig von der Dicke der Holzweichfaser-Unterdeckplatte (davon Eindeckung 50 kg/m²)	35 mm	(177,9)	180,5	183,0	185,5	190,5
	52 mm	182,9	185,4	187,9	190,4	195,5
	80 mm	191,0	193,5	196,0	198,6	203,6
	100 mm	196,8	199,3	201,8	204,4	209,4
Gesamtdicke des Bauteils in Abhängigkeit von der Dicke der Holzweichfaserplatte (inkl. Dacheindeckung)	35 mm	ca. 395 mm	ca. 415 mm	ca. 435 mm	ca. 455 mm	ca. 495 mm
	52 mm	ca. 410 mm	ca. 430 mm	ca. 450 mm	ca. 470 mm	ca. 510 mm
	80 mm	ca. 440 mm	ca. 460 mm	ca. 480 mm	ca. 500 mm	ca. 540 mm
	100 mm	ca. 460 mm	ca. 480 mm	ca. 500 mm	ca. 520 mm	ca. 560 mm

Wirksame Wärmespeicherkapazität	bei 3 cm: 11,27 kJ/(m² K) / bei 10 cm: 30,01 kJ/(m² K)
Feuchteschutz nach DIN EN ISO 13788: vollständige Verdunstung von Tauwasser; Oberfläche: Temperaturfaktor $f_{RSI} > 0{,}75$	
Feuerwiderstandsklasse nach DIN 4102-4:2016-05	F 30-B
Baustoffklasse der Dachhaut (DIN 4102-1)	A1
Bewertetes Schalldämm-Maß $R_w(C;C_{tr})$	Konstruktion nicht in DIN 4109-33 enthalten (Einzelnachweis erforderlich)

(861) ca. 60 mm Dacheindeckung (Ziegel oder Betondachsteine)
(275) 30/50 mm Dachlatte
(274) 40/60 mm Konterlatte
(313) 15/16 mm hydrophobierte MDF-Platte (DWD, DHF …)
(430) 200 - 280 mm Mineralfaserdämmung 0,032
(210) 200 - 280 mm Sparren Konstruktionsvollholz b = 60 mm; e = 625 mm
(312) 15 mm OSB-Platte, luftdicht verklebt
(277) 24/48 mm Traglatte
(321) 12,5 mm Gipsplatte
(190) 0,5 mm Oberfläche innen

Bauteil-Nr. 4.8.5.4
sdrhza103a

geneigtes Dach

Rahmenwerk
hinterlüftete/belüftete Dachhaut
Dachziegel/Betondachstein
abgehängte Decke
einfach beplankt
032

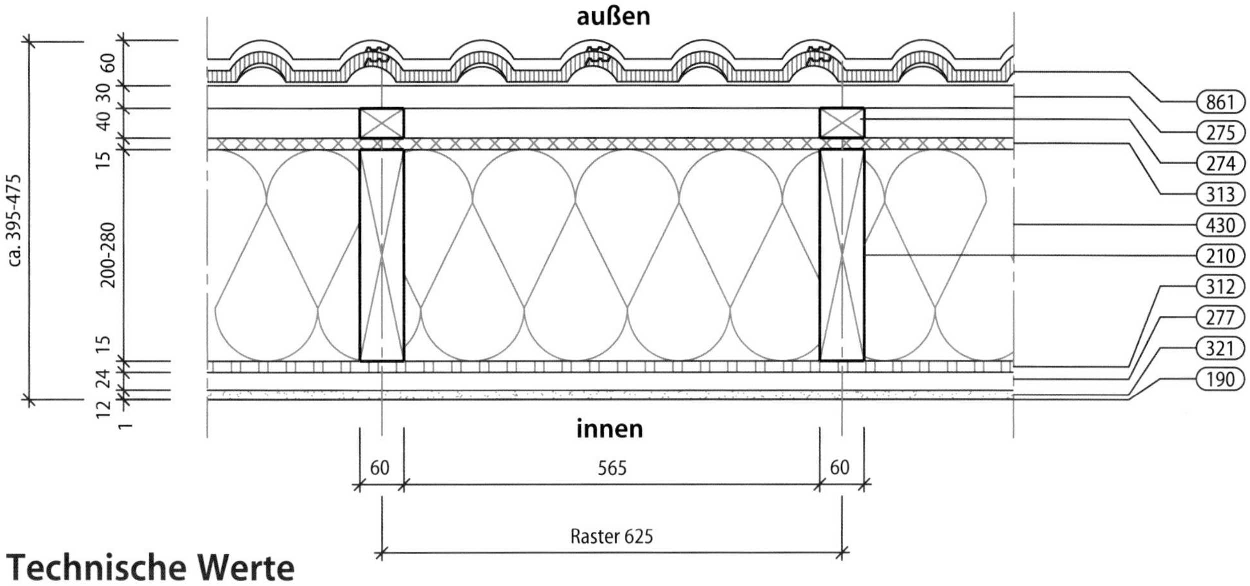

Technische Werte

Bei Höhe des Sparrens	200 mm	220 mm	240 mm	280 mm
U-Wert in [W/(m² K)] nach DIN EN ISO 6946 bei 15 % Holzanteil und Gefachdämmung $\lambda_B = 0{,}032$ W/(m K)				
	0,195	0,180	0,167	0,146
Spezifische Bauteilmasse in [kg/m²] (davon Eindeckung 50 kg/m²)	100,6	102,6	104,6	108,6
Gesamtdicke des Bauteils (inkl. Deckung)	ca. 395 mm	ca. 415 mm	ca. 435 mm	ca. 475 mm
Wirksame Wärmespeicherkapazität	bei 3 cm: 11,27 kJ/(m² K) / bei 10 cm: 33,67 kJ/(m² K)			
Feuchteschutz nach DIN EN ISO 13788: keine Tauwasserbildung im Bauteilinnern; Oberfläche: Temperaturfaktor $f_{RSI} > 0{,}75$				
Feuerwiderstandsklasse nach DIN 4102-4:2016-05	F 30-B (Tab. 10.19 Zeile 1 mit unten Holzwerkstoffplatte 19 mm bzw. nach Tab. 10.20 Zeile 1 mit GKF 15 mm ohne Lattung)			
Baustoffklasse der Dachhaut (DIN 4102-1)	A1			
Bewertetes Schalldämm-Maß $R_w(C;C_{tr})$ (DIN 4109-33:2016-07)	Konstruktion nicht in DIN 4109-33 enthalten (Einzelnachweis erforderlich)			

Bauteil-Nr. 4.8.5.5
sdrhza104a

geneigtes Dach

Rahmenwerk
hinterlüftete/belüftete Dachhaut
Dachziegel/Betondachstein
abgehängte Decke
einfach beplankt
032

(861) ca. 60 mm Dacheindeckung (Ziegel oder Betondachsteine)
(275) 30/50 mm Dachlatte
(274) 40/60 mm Konterlatte
(645) 2 mm Nageldichtband
(610) 0,2 mm Unterspannbahn sd <= 0,2 m
(430) 220 - 280 mm Mineralfaserdämmung 0,032
(210) 220 - 280 mm Sparren Konstruktionsvollholz b = 60 mm; e = 625 mm
(630) 0,2 mm Dampfbrems- und Luftdichtheitsmembrane, diffusionsvariabel
(277) 24/48 mm Traglatte
(321) 12,5 mm Gipsplatte
(190) 0,5 mm Oberfläche innen

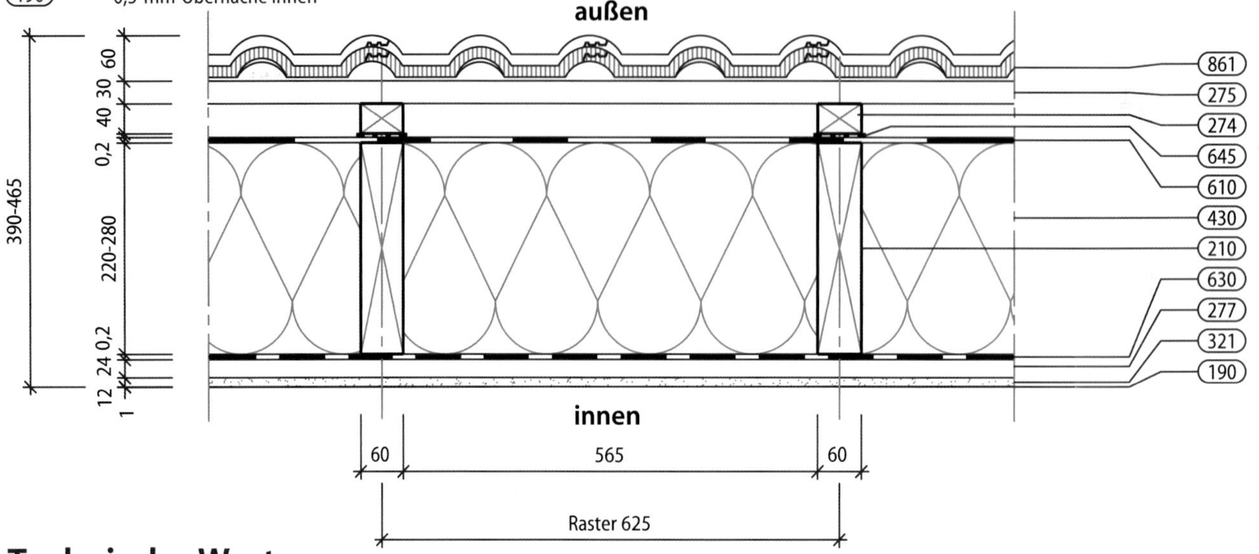

Technische Werte

Bei Höhe des Sparrens	(200 mm)	220 mm	240 mm	280 mm
U-Wert in [W/(m² K)] nach DIN EN ISO 6946 bei 15 % Holzanteil und Gefachdämmung $\lambda_B = 0{,}032$ W/(m K)				
	(0,208)	0,191	0,176	0,153
Spezifische Bauteilmasse in [kg/m²] (davon Eindeckung 50 kg/m²)	(81,9)	83,9	86,0	90,0
Gesamtdicke des Bauteils (inkl. Deckung)	(ca. 370)	ca. 390 mm	ca. 410 mm	ca. 450 mm
Wirksame Wärmespeicherkapazität	bei 3 cm: 11,27 kJ/(m² K) / bei 10 cm: 18,89 kJ/(m² K)			
Feuchteschutz nach DIN EN ISO 13788: keine Tauwasserbildung im Bauteilinnern; Oberfläche: Temperaturfaktor $f_{RSI} > 0{,}75$				
Feuerwiderstandsklasse nach DIN 4102-4:2016-05	Konstruktion nicht in DIN 4102-4 enthalten (Einzelnachweis erforderlich)			
Baustoffklasse der Dachhaut (DIN 4102-1)	A1			
Bewertetes Schalldämm-Maß $R_w(C;C_{tr})$ (DIN 4109-33:2016-07)	Konstruktion nicht in DIN 4109-33 enthalten (Einzelnachweis erforderlich)			

(861) ca. 60 mm Dacheindeckung (Ziegel oder Betondachsteine)
(275) 30/50 mm Dachlatte
(274) 40/60 mm Konterlatte
(645) 2 mm Nageldichtband
(672) 0,2 mm Aluminiumfolie, beschichtet: blendfrei, wasserführend (Stöße verkleben)
(470) 120 - 180 mm Polyurethandämmung (PUR/PIR) 024
(671) 0,2 mm Aluminiumfolie, dampfdicht (Stöße verkleben)
(332) 19 mm Profilholz
(210) 80/180 mm Konstruktionsvollholz

Bauteil-Nr. 4.8.5.6
sdrhzs101o

geneigtes Dach

Rahmenwerk
hinterlüftete/belüftete Dachhaut
Dachziegel/Betondachstein
Holzoberfläche sichtbar
ohne Beplankung
024

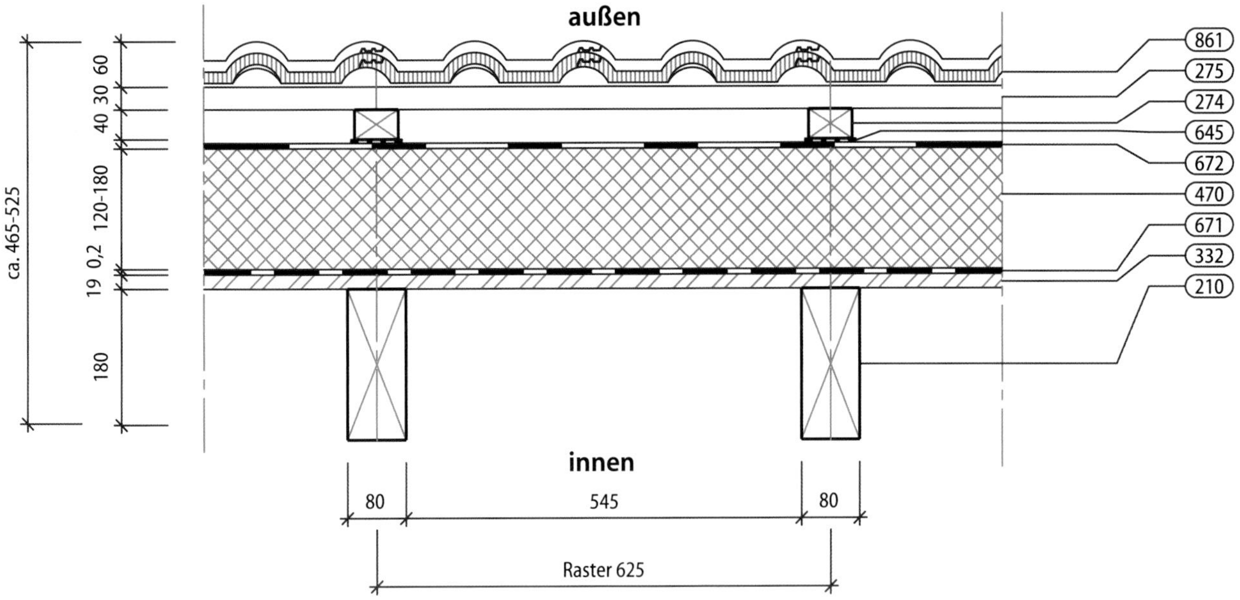

Technische Werte

Dämmstärke	120 mm	140 mm	160 mm	180 mm
U-Wert in [W/(m² K)] nach DIN EN ISO 6946 bei Aufsparrendämmung $\lambda_B = 0{,}024$ W/(m K)				
	0,187	0,162	0,143	0,127
Spezifische Bauteilmasse in [kg/m²] (davon Eindeckung 50 kg/m²)	63,5	64,1	64,7	65,3
Gesamtdicke des Bauteils (inkl. Deckung)	ca. 465 mm	ca. 485 mm	ca. 505 mm	ca. 525 mm
Wirksame Wärmespeicherkapazität	bei 3 cm: 15,2 kJ/(m² K) / bei 10 cm: 15,20 kJ/(m² K)			
Feuchteschutz nach DIN EN ISO 13788: keine Tauwasserbildung im Bauteilinnern; Oberfläche: Temperaturfaktor $f_{RSI} > 0{,}75$				
Feuerwiderstandsklasse nach DIN 4102-4:2016-05	Konstruktion nicht in DIN 4102-4 enthalten (Einzelnachweis erforderlich)			
Baustoffklasse der Dachhaut (DIN 4102-1)	A1			
Bewertetes Schalldämm-Maß $R_w(C;C_{tr})$ (DIN 4109-33:2016-07)	Konstruktion nicht in DIN 4109-33 enthalten (Einzelnachweis erforderlich)			

(861) ca. 60 mm Dacheindeckung (Ziegel oder Betondachsteine)
(275) 30/50 mm Dachlatte
(274) 40/60 mm Konterlatte
(645) 2 mm Nageldichtband
(620) 0,2 mm Unterdeckbahn sd <= 0,2 m
(410) 200 - 260 mm Holzfaserdämmung 040
(630) 0,2 mm Dampfbrems- und Luftdichtheitsmembrane, diffusionsvariabel
(332) 19 mm Profilholz
(210) 80/180 mm Konstruktionsvollholz

Bauteil-Nr. 4.8.5.7
sdrhzs102o
geneigtes Dach
Rahmenwerk
hinterlüftete/belüftete Dachhaut
Dachziegel/Betondachstein
Holzoberfläche sichtbar
ohne Beplankung
040

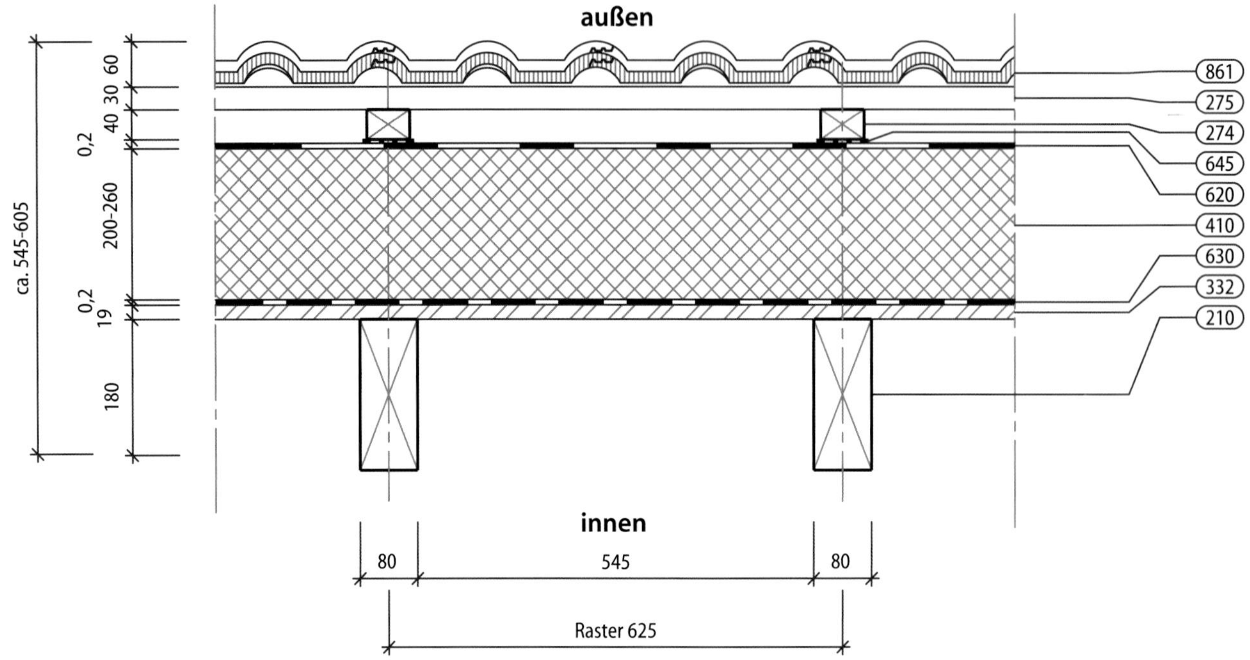

Technische Werte

Dämmstärke	200 mm	220 mm	240 mm	260 mm
U-Wert in [W/(m² K)] nach DIN EN ISO 6946 bei Aufsparrendämmung λ_B = 0,040 W/(m K)				
	0,187	0,171	0,158	0,146
Spezifische Bauteilmasse in [kg/m²] (davon Eindeckung 50 kg/m²)	89,9	92,9	95,9	98,9
Gesamtdicke des Bauteils (inkl. Deckung)	ca. 545 mm	ca. 565 mm	ca. 585 mm	ca. 605 mm
Wirksame Wärmespeicherkapazität	bei 3 cm: 15,20 kJ/(m² K) / bei 10 cm: 15,20 kJ/(m² K)			
Feuchteschutz nach DIN EN ISO 13788: keine Tauwasserbildung im Bauteilinnern; Oberfläche: Temperaturfaktor f_{RSI} > 0,75				
Feuerwiderstandsklasse nach DIN 4102-4:2016-05	Konstruktion nicht in DIN 4102-4 enthalten (Einzelnachweis erforderlich)			
Baustoffklasse der Dachhaut (DIN 4102-1)	A1			
Bewertetes Schalldämm-Maß $R_w(C;C_{tr})$ (DIN 4109-33:2016-07)	Konstruktion nicht in DIN 4109-33 enthalten (Einzelnachweis erforderlich)			

4.8.6 Holzstegträger in der Dachkonstruktion

(861) ca. 60 mm Dacheindeckung (Ziegel oder Betondachsteine)
(275) 30/50 mm Dachlatte
(274) 40/60 mm Konterlatte
(313) 15/16 mm hydrophobierte MDF-Platte (DWD, DHF ...)
(430) 200 - 400 mm Mineralfaserdämmung 032
(250) 200 - 400 mm Holzstegträger b = 60 mm; e = 625 mm
(312) 15 mm OSB-Platte, luftdicht verklebt
(277) 24/48 mm Traglatte
(321) 12,5 mm Gipsplatte
(190) 0,5 mm Oberfläche innen

Bauteil-Nr. 4.8.6.1
sdjhza100a
geneigtes Dach
Stegträger
hinterlüftete/belüftete Dachhaut
Dachziegel/Betondachstein
abgehängte Decke
einfach beplankt
032

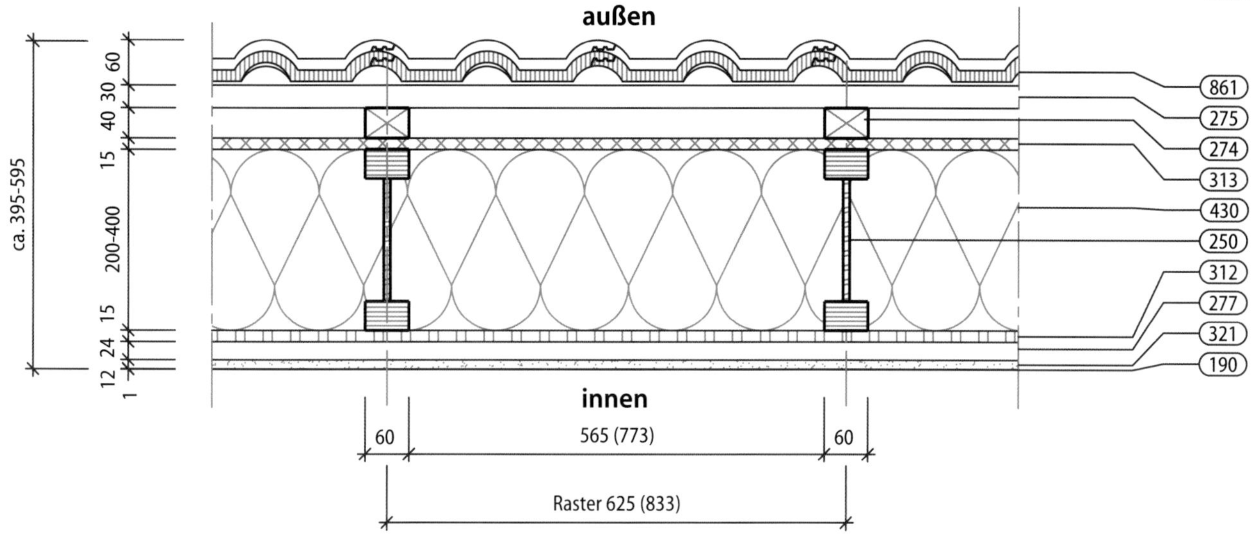

Technische Werte

Bei Höhe des Stegträgers	200 mm	240 mm	300 mm	360 mm	400 mm
U-Wert in [W/(m² K)] nach DIN EN ISO 6946 bei 15 % Holzanteil und Gefachdämmung $\lambda_B = 0,032$ W/(m K)					
	0,168	0,141	0,113	0,950	0,085
Spezifische Bauteilmasse in [kg/m²] (davon Eindeckung 50 kg/m²)	94,1	96,2	99,3	102,4	104,5
Gesamtdicke des Bauteils (inkl. Deckung)	ca. 395 mm	ca. 435 mm	ca. 495 mm	ca. 555 mm	ca. 595 mm
Wirksame Wärmespeicherkapazität	bei 3 cm: 11,27 kJ/(m² K) / bei 10 cm: 34,83 kJ/(m² K)				
Feuchteschutz nach DIN EN ISO 13788: keine Tauwasserbildung im Bauteilinnern; Oberfläche: Temperaturfaktor $f_{RSI} > 0,75$					
Feuerwiderstandsklasse nach DIN 4102-4:2016-05	Konstruktion nicht in DIN 4102-4 enthalten (Einzelnachweis erforderlich)				
Baustoffklasse der Dachhaut (DIN 4102-1)	A1				
Bewertetes Schalldämm-Maß $R_w(C;C_{tr})$ (DIN 4109-33:2016-07)	Konstruktion nicht in DIN 4109-33 enthalten (Einzelnachweis erforderlich)				

(861) ca. 60 mm Dacheindeckung (Ziegel oder Betondachsteine)
(275) 30/50 mm Dachlatte
(274) 40/60 mm Konterlatte
(313) 15/16 mm hydrophobierte MDF-Platte (DWD, DHF ...)
(420) 200 - 400 mm Zellulosedämmung 040
(250) 200 - 400 mm Holzstegträger b = 60 mm; e = 625 mm
(312) 15 mm OSB-Platte, luftdicht verklebt
(277) 24/48 mm Traglatte
(321) 12,5 mm Gipsplatte
(190) 0,5 mm Oberfläche innen

Bauteil-Nr. 4.8.6.2
sdjhza110a
geneigtes Dach
Stegträger
hinterlüftete/belüftete Dachhaut
Dachziegel/Betondachstein
abgehängte Decke
einfach beplankt
040

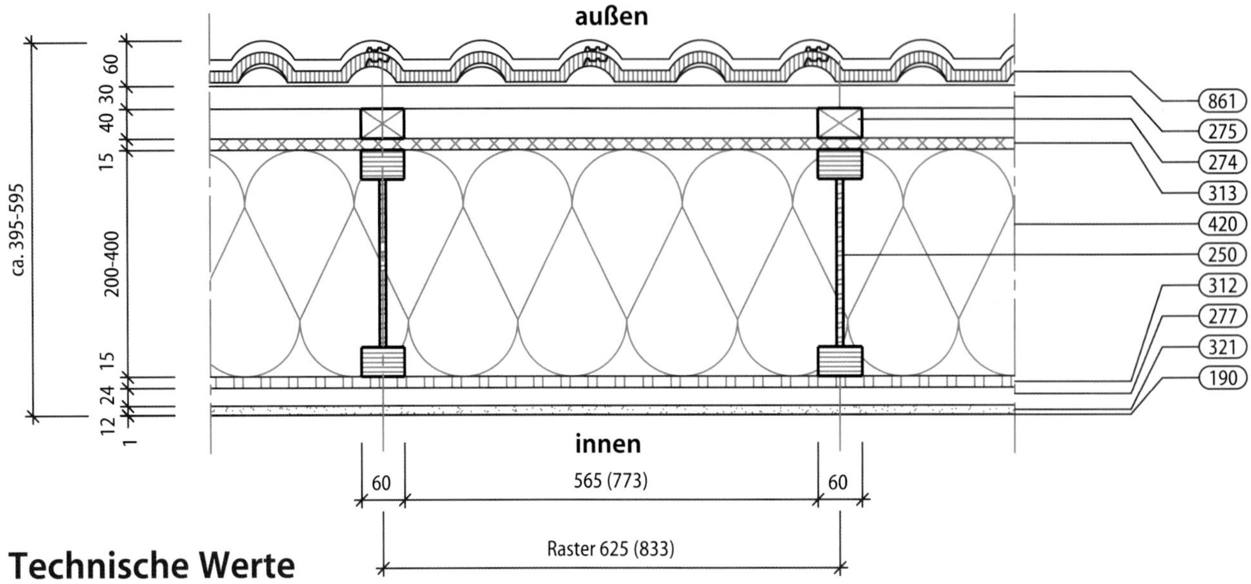

Technische Werte

Bei Höhe des Stegträgers	200 mm	240 mm	300 mm	360 mm	400 mm
U-Wert in [W/(m² K)] nach DIN EN ISO 6946 bei 15 % Holzanteil und Gefachdämmung λ_B = 0,040 W/(m K)					
	0,198	0,167	0,135	0,113	0,103
Spezifische Bauteilmasse in [kg/m²] (davon Eindeckung 50 kg/m²)	99,2	102,3	106,9	111,6	114,6
Gesamtdicke des Bauteils (inkl. Deckung)	ca. 395 mm	ca. 435 mm	ca. 495 mm	ca. 555 mm	ca. 595 mm
Wirksame Wärmespeicherkapazität	bei 3 cm: 11,27 kJ/(m² K) / bei 10 cm: 34,83 kJ/(m² K)				
Feuchteschutz nach DIN EN ISO 13788: keine Tauwasserbildung im Bauteilinnern; Oberfläche: Temperaturfaktor f_{RSI} > 0,75					
Feuerwiderstandsklasse nach DIN 4102-4:2016-05	Konstruktion nicht in DIN 4102-4 enthalten (Einzelnachweis erforderlich)				
Baustoffklasse der Dachhaut (DIN 4102-1)	A1				
Bewertetes Schalldämm-Maß $R_w(C;C_{tr})$ (DIN 4109-33:2016-07)	Konstruktion nicht in DIN 4109-33 enthalten (Einzelnachweis erforderlich)				

(861) ca. 60 mm Dacheindeckung (Ziegel oder Betondachsteine)
(275) 30/50 mm Dachlatte
(274) 40/60 mm Konterlatte
(410) 35 - 100 mm Holzfaser-Unterdeckplatte 0,045
(415) 200 - 400 mm Holzweichfaserdämmung 0,040 (oder Zellulose)
(250) 200 - 400 mm Holzstegträger b = 60 mm; e = 625 mm
(312) 15 mm OSB-Platte, luftdicht verklebt
(277) 24/48 mm Traglatte
(321) 12,5 mm Gipsplatte
(190) 0,5 mm Oberfläche innen

Bauteil-Nr. 4.8.6.3
sdjhza111a
geneigtes Dach
Stegträger
hinterlüftete/belüftete Dachhaut
Dachziegel/Betondachstein
abgehängte Decke
einfach beplankt
040

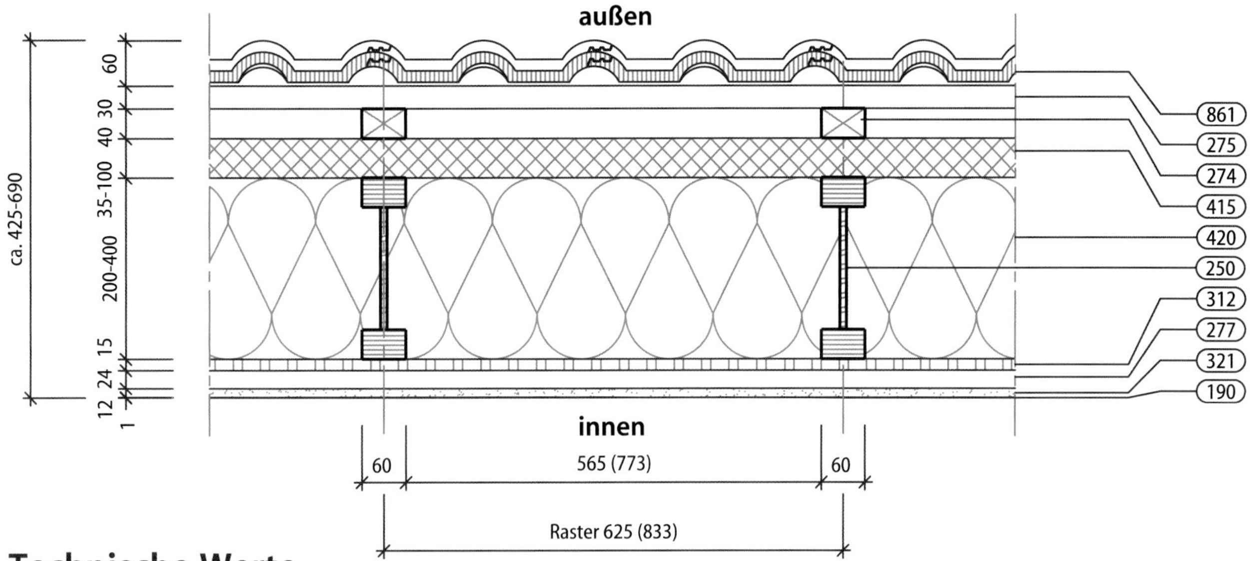

Technische Werte

Bei Höhe des Stegträgers		200 mm	240 mm	300 mm	360 mm	400 mm
U-Wert in [W/(m² K)] nach DIN EN ISO 6946 bei 15 % Holzanteil und Gefachdämmung $\lambda_B = 0{,}040$ W/(m K)						
abhängig von der Dicke der Holzweichfaser-Unterdeckplatte mit $\lambda_B = 0{,}045$ W/(m K)	35 mm	0,176	0,152	0,125	0,107	0,097
	52 mm	0,165	0,143	0,119	0,102	0,093
	80 mm	0,150	0,131	0,111	0,096	0,088
	100 mm	0,141	0,124	0,106	0,092	0,084
Spezifische Bauteilmasse in [kg/m²] abhängig von der Dicke der Holzweichfaser-Unterdeckplatte (davon Eindeckung 50 kg/m²)	35 mm	103,3	106,4	111,1	115,8	118,9
	52 mm	108,2	111,4	116	120,7	123,8
	80 mm	116,4	119,5	124,1	128,8	131,9
	100 mm	122,2	125,3	129,9	134,6	137,700
Gesamtdicke des Bauteils in Abhängigkeit von der Dicke der Holzweichfaserplatte (inkl. Dacheindeckung)	35 mm	ca. 425 mm	ca. 465 mm	ca. 515 mm	ca. 575 mm	ca. 605 mm
	52 mm	ca. 435 mm	ca. 475 mm	ca. 535 mm	ca. 595 mm	ca. 635 mm
	80 mm	ca. 470 mm	ca. 510 mm	ca. 570 mm	ca. 630 mm	ca. 670 mm
	100 mm	ca. 490 mm	ca. 530 mm	ca. 590 mm	ca. 650 mm	ca. 690 mm
Wirksame Wärmespeicherkapazität		bei 3 cm: 11,27 kJ/(m² K) / bei 10 cm: 34,83 kJ/(m² K)				
Feuchteschutz nach DIN EN ISO 13788: vollständige Verdunstung von Tauwasser; Oberfläche: Temperaturfaktor $f_{RSI} > 0{,}75$						
Feuerwiderstandsklasse nach DIN 4102-4:2016-05		F 30-B				
Baustoffklasse der Dachhaut (DIN 4102-1)		A1				
Bewertetes Schalldämm-Maß $R_w(C;C_{tr})$		Konstruktion nicht in DIN 4109-33 enthalten (Einzelnachweis erforderlich)				

4.8.7 Flachdächer

Planung und Ausführung von Flachdächern bedürfen besonderer Aufmerksamkeit, und das nicht nur, weil von einem Flachdach das Wasser nicht so leicht abgeleitet werden kann wie von einem Schrägdach, sondern auch, weil aufgrund der außenseitigen Abdichtung die Bauphysik im Bauteil besondere Anforderungen an die Konstruktion stellt. In der Broschüre „Flachdächer in Holzbauweise" (2019) des Informationsdienstes Holz wird auf die unterschiedlichen Bauarten von Flachdächern eingegangen und im Grunde genommen empfohlen, auf belüftete Dächer zu verzichten. Außerdem werden dort Lösungen mit Wärmedämmung oberhalb der Tragebene, also als Aufdachdämmung, empfohlen. Flachdächer mit Wärmedämmung in der Tragebene – mit und ohne zusätzliche Dämmung oberhalb – sind demnach zwar möglich, bedürfen aber für jede Ausführung einer gesonderten dynamischen Feuchtesimulationsberechnung.

Bei den genannten Flachdachkonstruktionen kann das Konstruktionsholz der Gebrauchsklasse GK 0 nach DIN 68800-1 zugeordnet werden. Auf Konstruktionen mit Aufdach- und Gefachdämmung trifft das dann zu, wenn auf der raumseitigen Bekleidung eine Dämmschicht mit maximal 20 % des Wärmedurchlasswiderstandes der gesamten Wärmedämmung liegt (DIN 68800-2 „Holzschutz – Teil 2: Vorbeugende bauliche Maßnahmen im Hochbau" [2022]). Eine solche Konstruktion gilt nach DIN 4108-3 „Wärmeschutz und Energie-Einsparung in Gebäuden – Teil 3: Klimabedingter Feuchteschutz – Anforderungen, Berechnungsverfahren und Hinweise für Planung und Ausführung" (2024) bezüglich des Feuchteverhaltens als nachweisfrei.

Die nachfolgend dargestellten Flachdachkonstruktionen verfolgen das sichere Prinzip der Wärmedämmung oberhalb der Tragebene. Alle davon abweichenden Konstruktionen sollten bauphysikalisch untersucht werden, bevor sie in die Umsetzung gehen.

Auch für Flachdachelemente empfiehlt es sich, eine temporäre Abdichtung in Form von diffusionsoffenen Klebefolien einzusetzen (siehe zu Beginn von Kapitel 4.7), um den Baukörper bis zur Fertigstellung der Dachabdichtung zu schützen.

Insbesondere bei Flachdächern muss schon bei der Planung die **Arbeitssicherheit** bei späteren Revisionen und Dacharbeiten berücksichtigt werden. Gemäß der Arbeitsstättenrichtlinien müssen an allen Absturzkanten Geländer vorhanden sein, die entweder dauerhaft stehen oder an den jeweiligen Absturzkanten zur sicheren Seite abgeklappt liegen und gefahrlos aufgerichtet werden können. Oder es sind Anschlagpunkte für die persönliche Schutzausrüstung (PSA) der tätigen Personen vorhanden, sogenannte Sekuranten. Diese Sekuranten müssen so geplant und platziert werden, dass jeder Punkt des Flachdachs bis zum Dachrand mit einem Sicherungsseil erreichbar ist. Gleichzeitig muss die Sicherungsseillänge an den möglichen Absturzstellen mit dem geringsten Abstand zum Sekuranten noch ausreichen, um eine abstürzende Person so zu halten, dass sie nicht auf einer darunterliegenden Fläche auftreffen kann. Für die Befestigung von Sekuranten muss ein statischer Nachweis erbracht sein. Die Bauleitung muss besonders auf eine statisch fachgerechte und eine die Abdichtung des Flachdachs intakt haltende Montage achten. Wärmebrücken durch Sekuranten sollten vermieden werden, indem Dämmschichten nicht vollständig durch metallische Bauteile durchdrungen werden.

Abb. 4.51: Flachdach

Holzbalkendecke mit Aufdachdämmung

(875) ... mm Dachaufbau oberhalb der Dachabdichtung
(871) 1,5 bis 4 mm Flachdach-Abdichtungsbahn
(440) 160 - 240 mm im. Mittel, Gefälledämmung: Polystyroldämmung EPS 035
(630) 0,2 mm Dampfbrems- und Luftdichtheitsmembrane, diffusionsvariabel
(312) 22 mm OSB-Platte
(11) 180 - 200 mm unbelüfteter Hohlraum
(210) 240 mm Konstruktionsvollholz b = 100 mm; H... nach Statik; e = 625 mm
(415) 40 - 60 mm Holzweichfaserdämmung 0,040
(277) 24/48 mm Traglatte
(321) 12,5 mm Gipsplatte
(190) 0,5 mm Oberfläche innen

Bauteil-Nr. 4.8.7.1
fdroaa101a
Flachdach
Rahmenwerk
nicht hinterlüftete Dachhaut
Abdichtungsbahn
abgehängte Decke
einfach beplankt
035

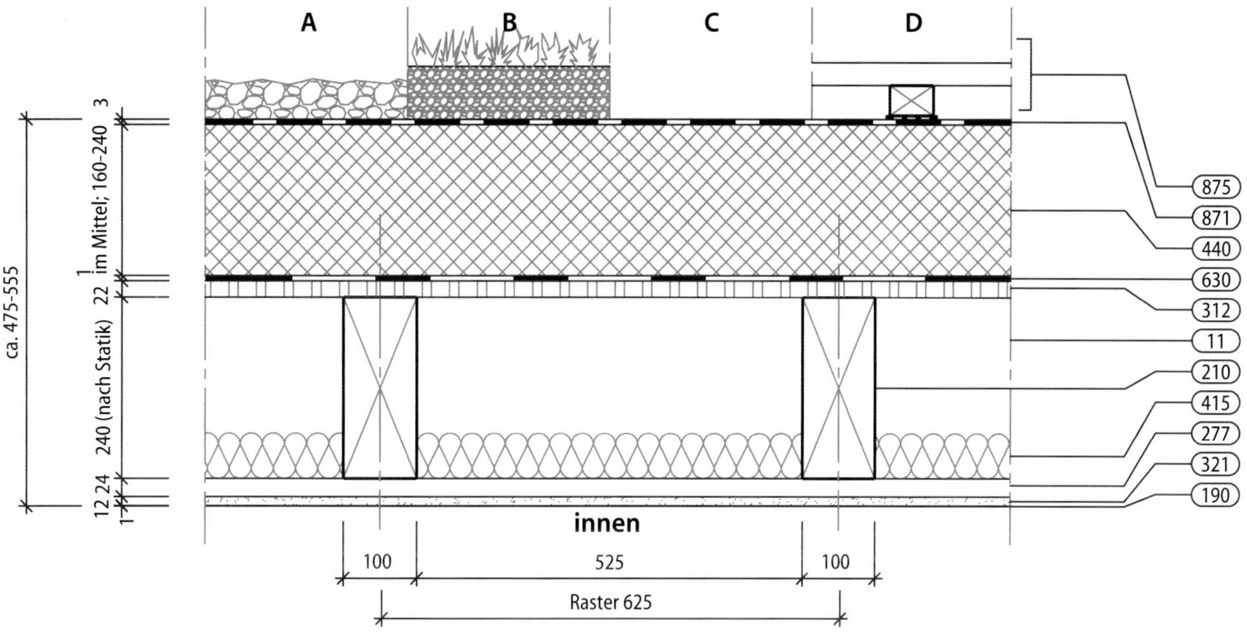

Technische Werte

Mittlere Höhe der Dämmschicht		160 mm	180 mm	200 mm	220 mm	240 mm
U-Wert in [W/(m² K)] nach DIN EN ISO 6946 bei Gefälledämmung mit $\lambda_B = 0{,}035$ W/(m K)						
abhängig von der Dicke der Hohlraumbedämpfung mit $\lambda_B = 0{,}040$ W/(m K)	40 mm	0,161	0,147	0,136	0,126	0,117
	50 mm	0,156	0,143	0,132	0,123	0,115
	60 mm	0,151	0,139	0,129	0,120	0,112
Spezifische Bauteilmasse in [kg/m²] abhängig von der Dicke der Hohlraumbedämpfung (bis Abdichtungslage)	40 mm	55,3	55,8	56,3	56,8	57,3
	50 mm	55,8	56,3	56,8	57,3	57,8
	60 mm	56,3	56,8	57,3	57,8	58,3
Gesamtdicke des Bauteils [mm]		ca. 475 mm	ca. 495 mm	ca. 515 mm	ca. 535 mm	ca. 555 mm

Wirksame Wärmespeicherkapazität	bei 3 cm: 11,27 kJ/(m² K) / bei 10 cm: 18,65 kJ/(m² K)
Feuchteschutz nach DIN EN ISO 13788: vollständige Verdunstung von Tauwasser; Oberfläche: Temperaturfaktor $f_{RSI} > 0{,}75$	
Feuerwiderstandsklasse nach DIN 4102-4:2016-05	F 30-B
Baustoffklasse der Dachhaut (DIN 4102-1)	bei Kies- und Gründach: A1; bei Abdichtung und Holzrost: B2
Bewertetes Schalldämm-Maß $R_w(C;C_{tr})$	Konstruktion nicht in DIN 4109-33 enthalten (Einzelnachweis erforderlich)

(875) ... mm Dachaufbau oberhalb der Dachabdichtung
(871) 3 mm Flachdach-Abdichtungsfolie
(440) 160 - 280 mm im Mittel, Gefälledämmung Polystyroldämmung EPS 035
(630) 0,2 mm Dampfbrems- und Luftdichtheitsmembrane, diffusionsvariabel
(312) 22 mm OSB-Platte
(210) 240 mm Konstruktionsvollholz b = 100; H = 240 (n. Statik) mm; e = 625 mm

Bauteil-Nr. 4.8.7.2
fdroas101o
Flachdach
Rahmenwerk
nicht hinterlüftete Dachhaut
Abdichtungsbahn
Holzoberfläche sichtbar
ohne Beplankung
035

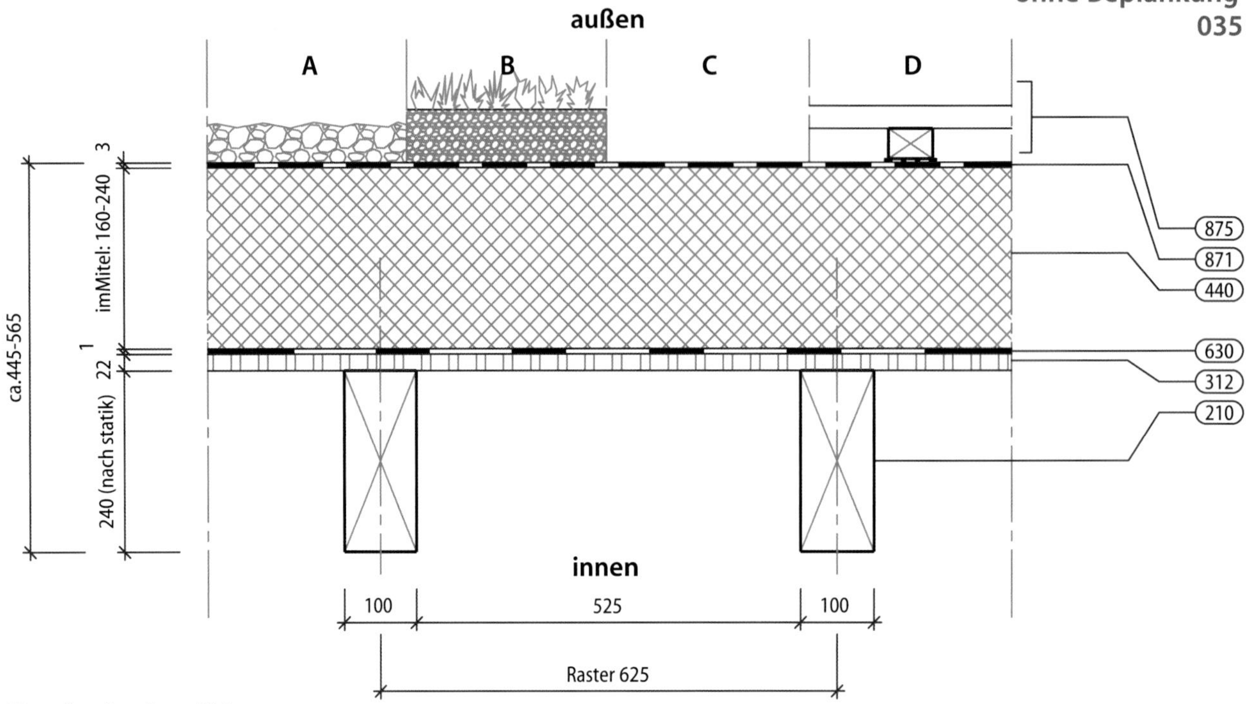

Technische Werte

Mittlere Höhe der Dämmschicht	160 mm	180 mm	200 mm	240 mm	280 mm
U-Wert in [W/(m² K)] nach DIN EN ISO 6946 bei Gefälledämmung mit λ_B = 0,035 W/(m K)	0,204	0,183	0,165	0,139	0,120
Spezifische Bauteilmasse in [kg/m²] (bis Abdichtungslage)	41,8	42,7	43,2	44,2	45,2
Gesamtdicke des Bauteils (bis Abdichtungslage)	ca. 445 mm	ca. 465 mm	ca. 485 mm	ca. 525 mm	ca. 565 mm

Wirksame Wärmespeicherkapazität	bei 3 cm: 26,51 kJ/(m² K) / bei 10 cm: 26,51 kJ/(m² K)

Feuchteschutz nach DIN EN ISO 13788: keine Tauwasserbildung im Bauteilinnern; Oberfläche: Temperaturfaktor f_{RSI} > 0,75

Feuerwiderstandsklasse nach DIN 4102-4:2016-05	Konstruktion nicht in DIN 4102-4 enthalten (Einzelnachweis erforderlich)
Baustoffklasse der Dachhaut (DIN 4102-1)	bei Kies- und Gründach: A1; bei Abdichtung und Holzrost: B2
Bewertetes Schalldämm-Maß $R_w(C;C_{tr})$ (DIN 4109-33:2016-07)	Konstruktion nicht in DIN 4109-33 enthalten (Einzelnachweis erforderlich)

Massivholzdecke mit Aufdachdämmung

(875) ... mm Dachaufbau oberhalb der Dachabdichtung
(871) 3 mm Flachdach-Abdichtungsfolie
(440) 160 - 280 mm im Mittel, Gefälledämmung Polystyroldämmung EPS 035
(630) 0,2 mm Dampfbrems- und Luftdichtheitsmembrane, diffusionsvariabel
(240) 140 mm Brettsperrholz/Kreuzlagenholz

Bauteil-Nr. 4.8.7.10
fdmoas101o
Flachdach
Massivholz
nicht hinterlüftete Dachhaut
Abdichtungsbahn
Holzoberfläche sichtbar
ohne Beplankung
035

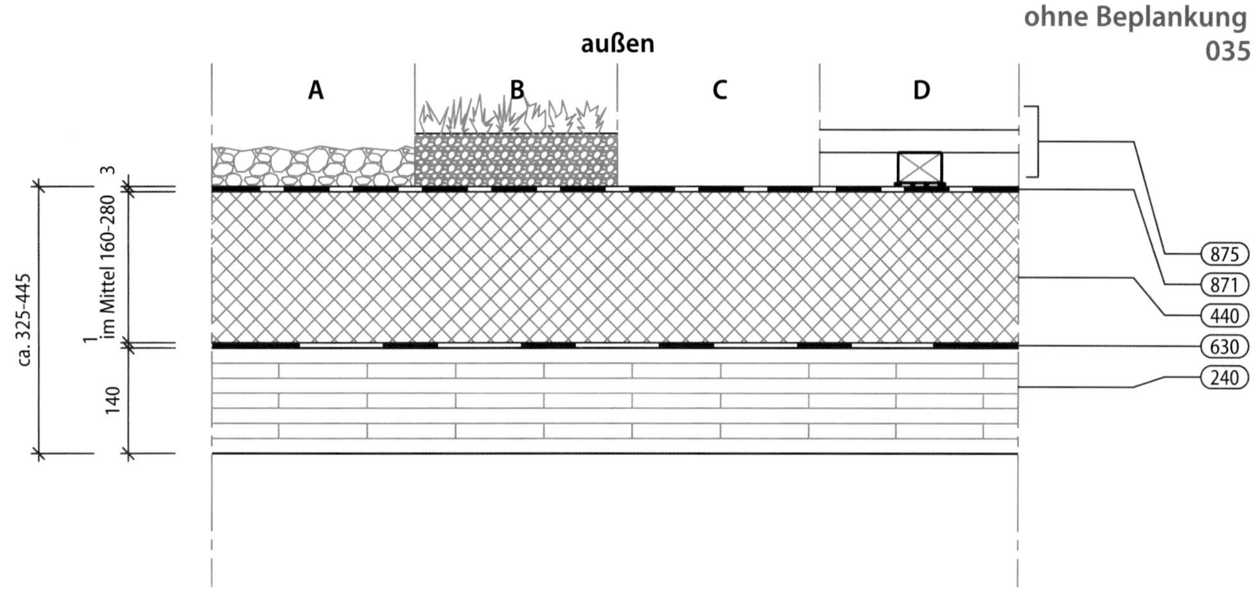

Technische Werte

Mittlere Höhe der Dämmschicht	160 mm	180 mm	200 mm	240 mm	280 mm
U-Wert in [W/(m² K)] nach DIN EN ISO 6946 bei Gefälledämmung mit $\lambda_B = 0{,}035$ W/(m K)					
	0,172	0,157	0,144	0,123	0,108
Spezifische Bauteilmasse in [kg/m²] (bis Abdichtungslage)	78,3	78,8	79,3	80,3	81,3
Gesamtdicke des Bauteils (bis Abdichtungslage)	ca. 325 mm	ca. 345 mm	ca. 365 mm	ca. 405 mm	ca. 445 mm

Wirksame Wärmespeicherkapazität	bei 3 cm: 24,0 kJ/(m² K) / bei 10 cm: 80,0 kJ/(m² K)
Feuchteschutz nach DIN EN ISO 13788: keine Tauwasserbildung im Bauteilinnern; Oberfläche: Temperaturfaktor $f_{RSI} > 0{,}75$	
Feuerwiderstandsklasse nach DIN 4102-4:2016-05	Konstruktion nicht in DIN 4102-4 enthalten (Einzelnachweis erforderlich)
Baustoffklasse der Dachhaut (DIN 4102-1)	bei Kies- und Gründach: A1; bei Abdichtung und Holzrost: B2
Bewertetes Schalldämm-Maß $R_w(C;C_{tr})$ (DIN 4109-33:2016-07)	Konstruktion nicht in DIN 4109-33 enthalten (Einzelnachweis erforderlich)

4.9 Treppen

Sobald ein Gebäude nicht als eingeschossiger und nicht unterkellerter Bungalow errichtet wird, befindet sich in dem Gebäude mindestens eine Treppe. Der Holztreppenbau gehört zu den klassischen Arbeiten des Zimmererhandwerks. Jedoch finden sich in Holzrahmenbauten nicht nur Holztreppen, sondern auch filigrane Stahlkonstruktionen und andere Gestaltungsvarianten, die im Treppenbau möglich sind.

Für die Beschleunigung des Bauablaufs und eine sichere Arbeitsumgebung ab Montagebeginn bietet es sich an, ein Raummodul mit einer Geschosstreppe vorzufertigen, das Rohbaustufen enthält, auf die später direkt vor der Bezugsfertigkeit die endgültigen Stufen montiert werden (Abb. 4.52). Bei der Integration von Treppen muss insbesondere der Schallschutz an den Treppenauflagerpunkten am Gebäude beachtet werden.

Abb. 4.52: Treppenkonstruktion im Rohbau (mit Abstand für die Beplankung)

4.9.1 Treppenmaße

Für die Planung von Treppen ist die Ermittlung der Hauptmaße für bequem zu begehende Treppen in Abb. 4.57 dargestellt. Für Treppen, die bauordnungsrechtlich als notwendige Treppen gelten und als Flucht- und Rettungswege dienen, sind normativ Mindest- und Maximalwerte als Grenzmaße definiert. In Tabelle 4.7 finden sich Grenzmaße für Treppenlaufbreite, Treppensteigung und Treppenauftritt für 2 verschiedene Gebäudearten nach DIN 18065 „Gebäudetreppen – Begriffe, Messregeln, Hauptmaße" (2020). Bei den Treppen in den 2 Gebäudearten wird unterschieden zwischen Treppen in Wohngebäuden mit bis zu 2 Wohnungen und innerhalb von Wohnungen einerseits und notwendigen Treppen in Gebäuden im Allgemeinen andererseits.

Abb. 4.53: Treppe in einem Holzrahmenbau

Tabelle 4.7: Grenzmaße für die nutzbare Treppenlaufbreite, Treppensteigung und den Treppenauftritt (Maße im gebrauchsfertigen Zustand) nach DIN 18065

Gebäudeart	**Gebäude im Allgemeinen**					**Wohngebäude mit bis zu 2 Wohnungen und innerhalb von Wohnungen**				
Treppenart	nutzbare Laufbreite¹⁾ in cm	Steigung *s* in mm		Auftritt *a* in mm		nutzbare Laufbreite¹⁾ in cm	Steigung *s* in mm		Auftritt $a^{2)}$ in mm	
		min.	max.	min.	max.		min.	max.	min.	max.
baurechtlich notwendige Treppe	100	140	190	260	370	80	140	200	230	370
baurechtlich *nicht* notwendige (zusätzliche) Treppe	50	140	210	210	370	50	140	210	210	370

1) Die nutzbare Treppenlaufbreite ist das lichte Fertigmaß zwischen begrenzenden Oberflächen, Bauteilen und Handlaufinnenkanten.
2) Bei Auftritten $a < 260$ mm sind baurechtlich notwendige Treppen so weit zu unterschneiden, dass mit Auftritt a + Unterschneidung u eine Trittfläche von mindestens 260 mm entsteht.

a) einläufige gerade Treppe

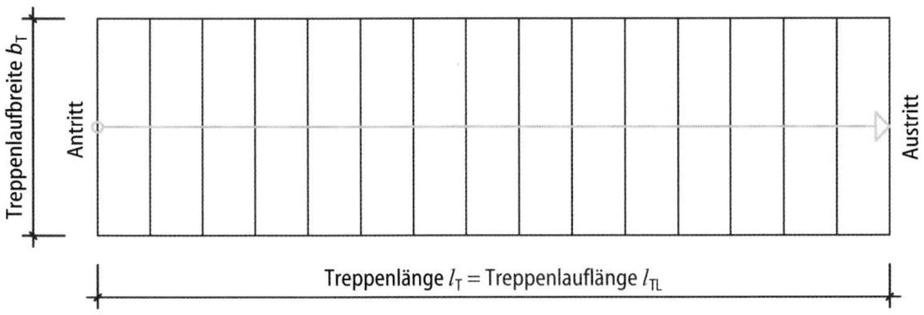

b) einläufige gerade Treppe mit Zwischenpodest

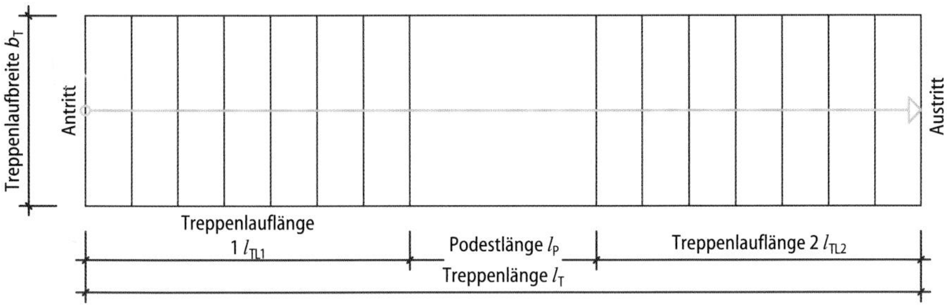

c) zweiläufige nach links gewinkelte Treppe mit Zwischenpodest

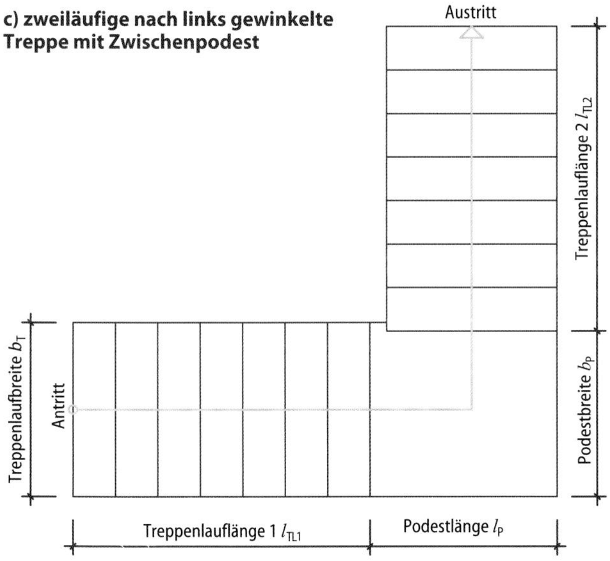

d) zweiläufige gegenläufig nach links gewinkelte Treppe mit Zwischenpodest

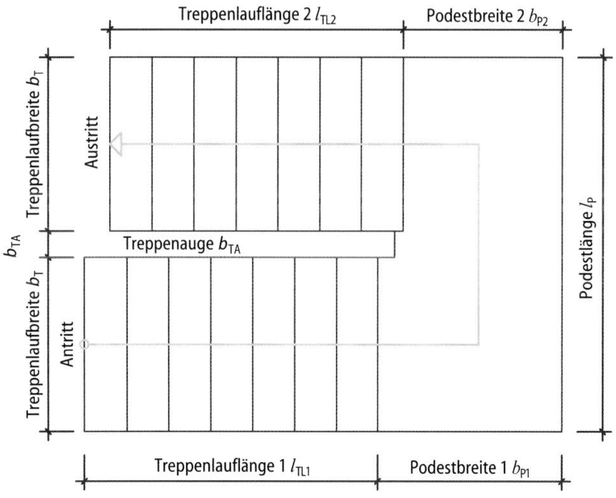

e) dreiläufige zweimal nach links gewinkelte Treppe mit Zwischenpodesten

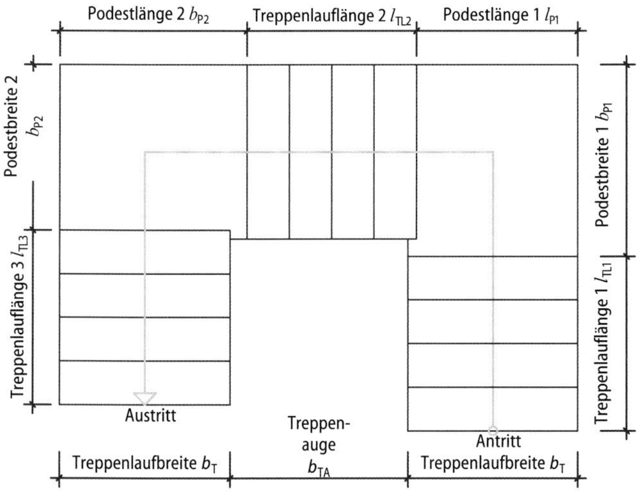

Abb. 4.54: Übersicht Treppen mit geraden Treppenläufen

a) einläufige im Antritt nach links viertelgewendelte Treppe

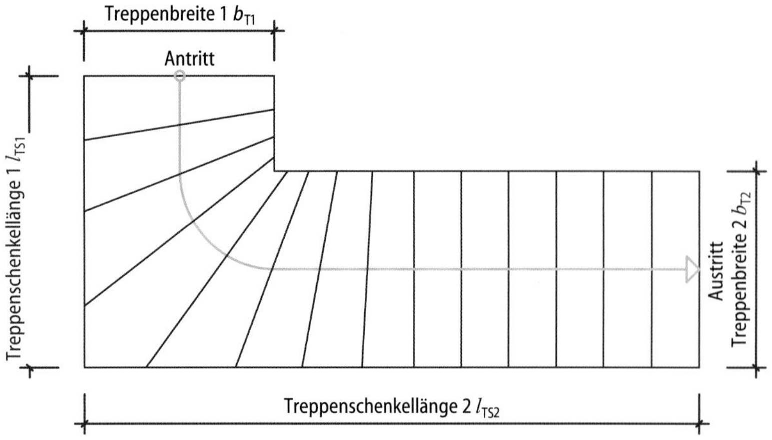

b) einläufige im Austritt nach links viertelgewendelte Treppe

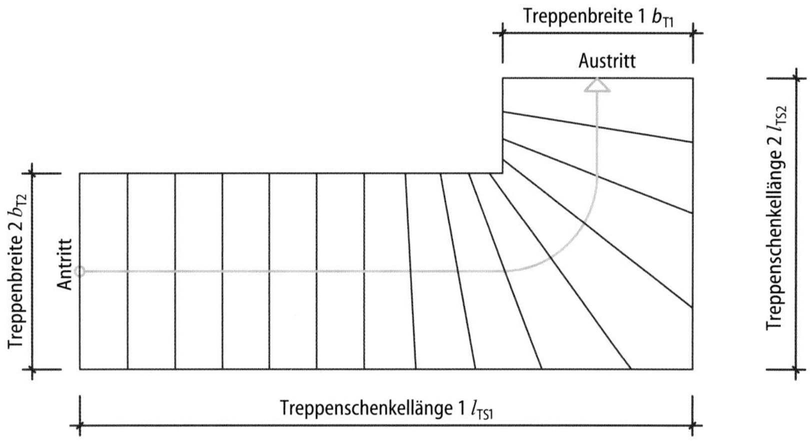

c) einläufige nach links gewinkelte viertelgewendelte Treppe

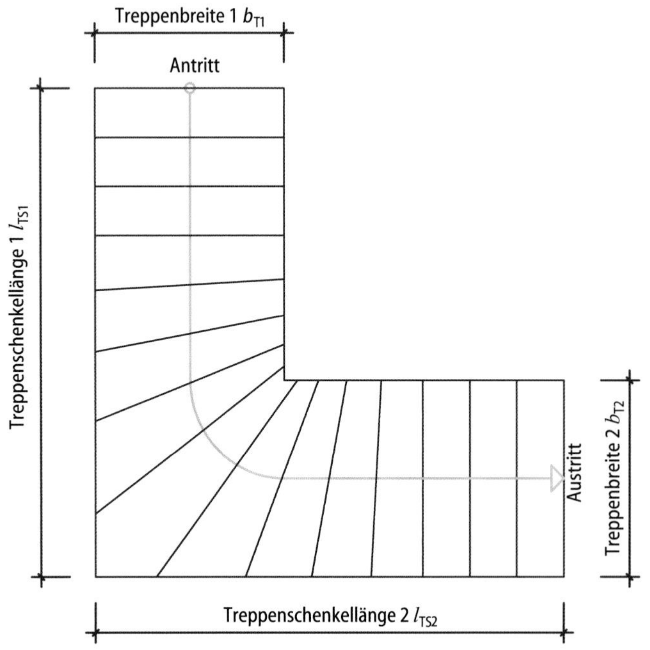

Abb. 4.55: Übersicht gewendelte Treppen

d) einläufige zweimal nach links viertelgewendelte Treppe

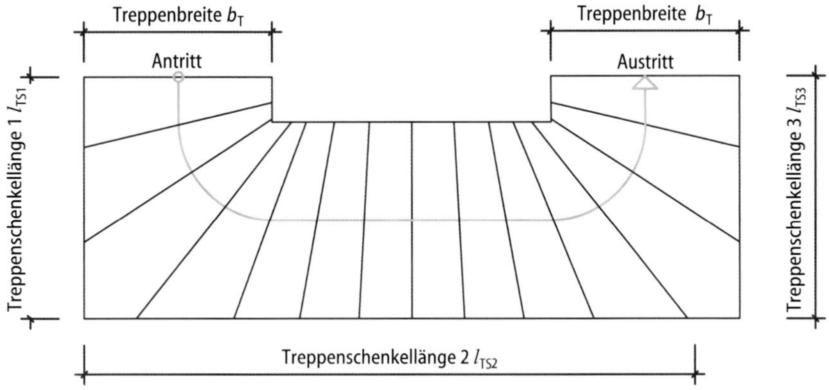

e) einläufige nach links halbgewendelte Treppe

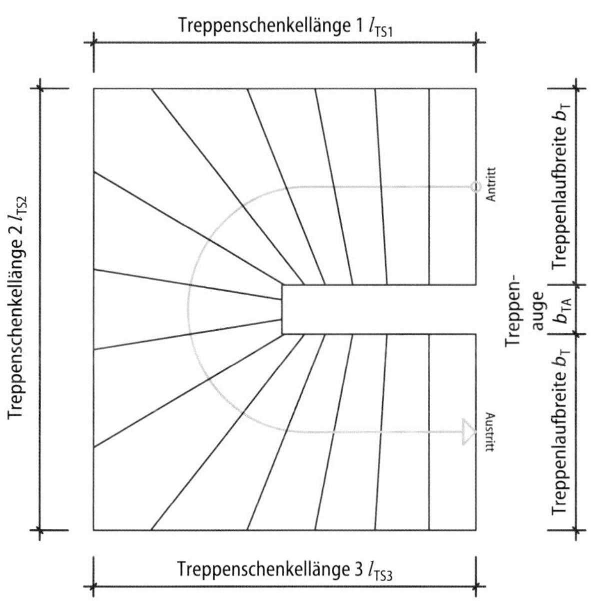

Abb. 4.55: Übersicht gewendelte Treppen (Fortsetzung)

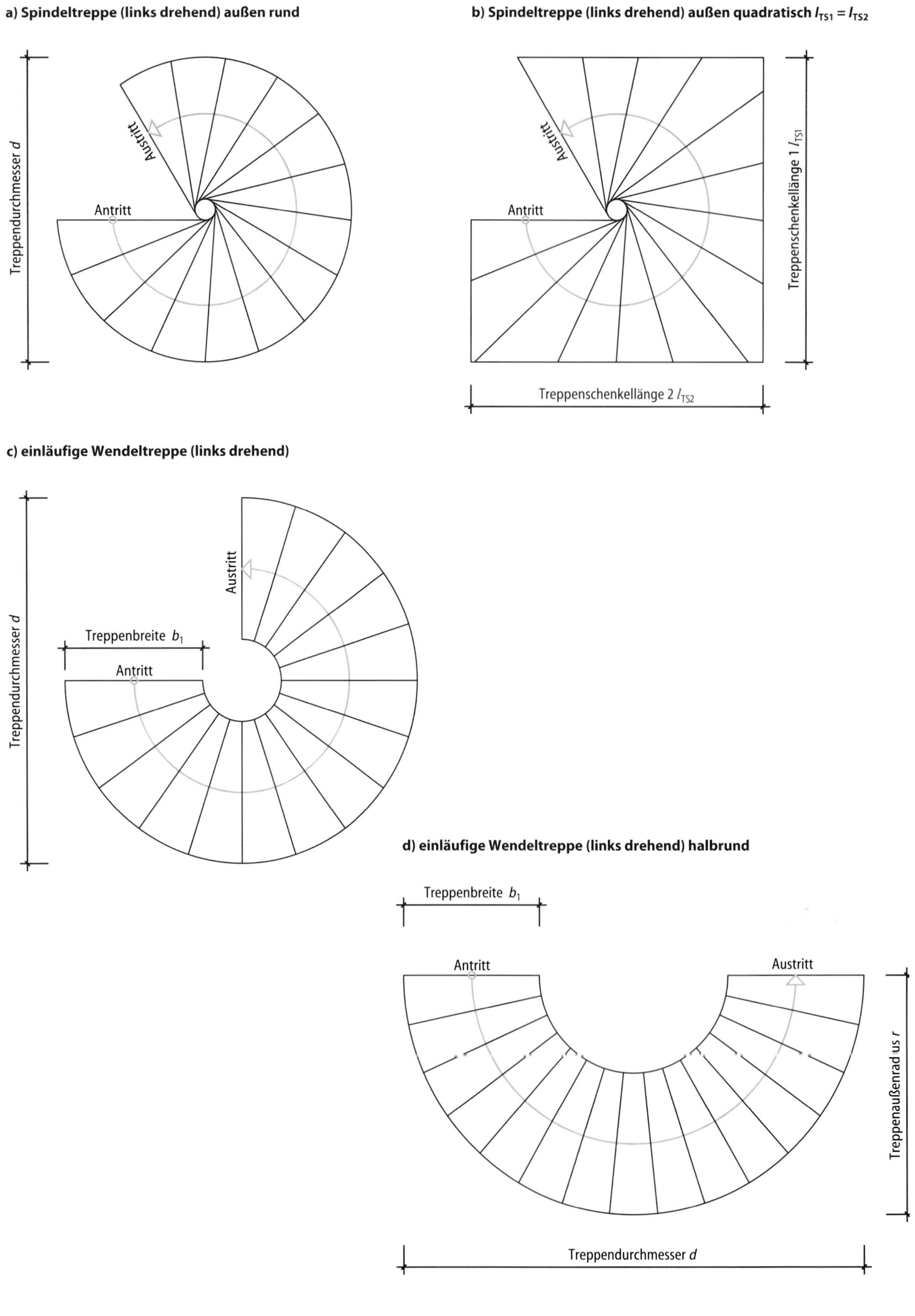

Abb. 4.56: Übersicht Treppen mit rundem Grundriss der Lauflinie

4.9.2 Ermittlung der Treppenlochgröße

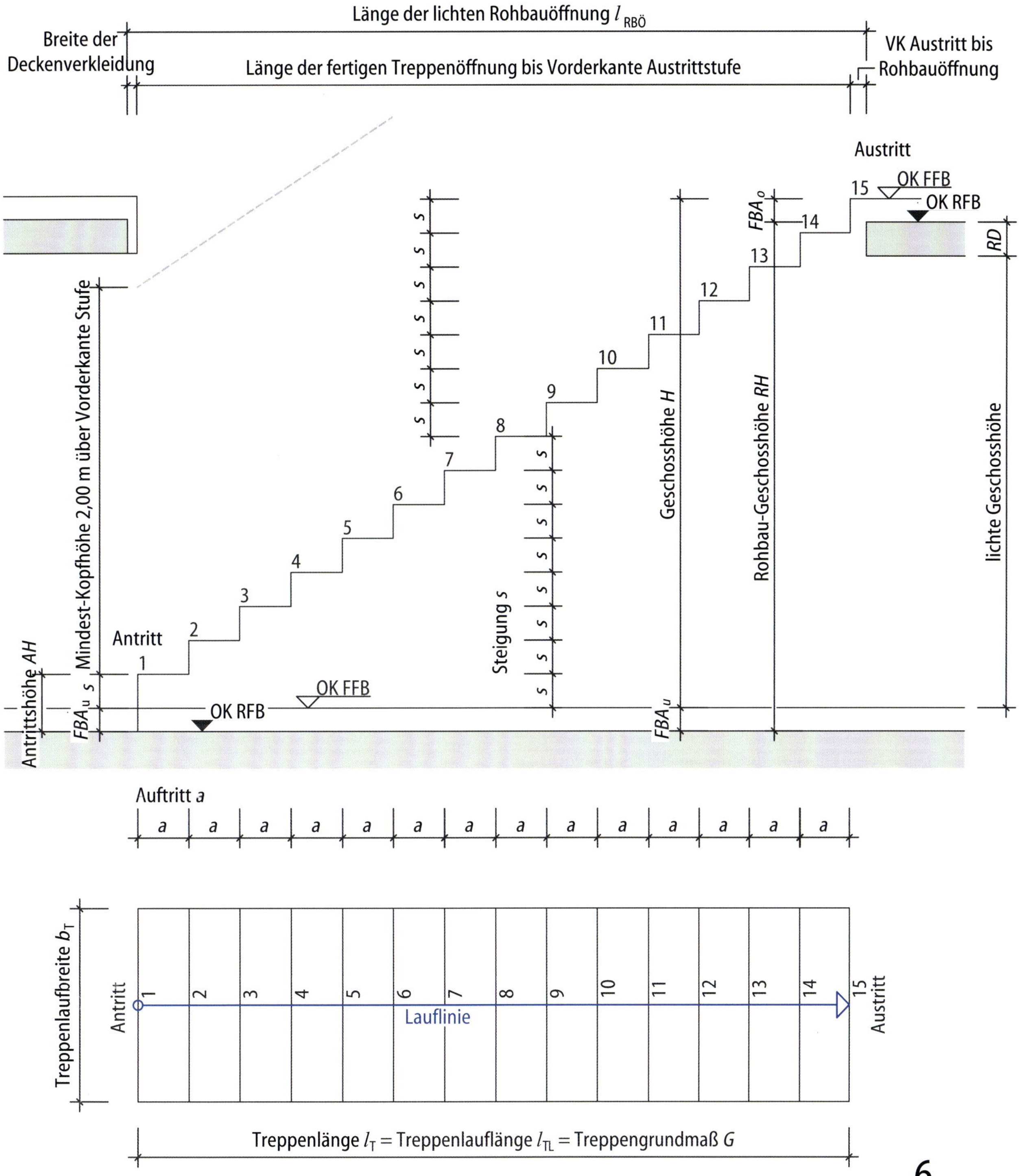

Anzahl der Steigungen = n

Geschosshöhe H = Rohbau-Geschosshöhe RH + Fußbauaufbau oben FBA_o - Fußbauaufbau unten FBA_u

Steigungshöhe $s = H / n$

Schrittmaßregel: $2 \cdot s + a = 62\ (\pm 3)$ cm $\rightarrow$ Auftritt $a = 62\ (\pm 3)$ cm $- 2 \cdot s$

Treppengrundmaß $G = (n - 1) \cdot a$

Antrittshöhe $AH = s + FBA_u$

Stufenbreite a_s = Auftritt a + Unterschneidung u

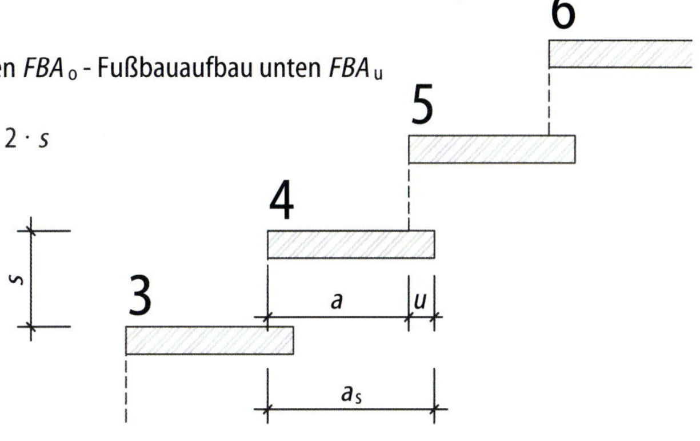

Abb. 4.57: Hauptmaße von Treppen und Berechnungsgrößen

4.9.3 Treppenan- und -austritt, Treppenbefestigung

a) halbgestemmte Treppe auf durchgehendem Boden

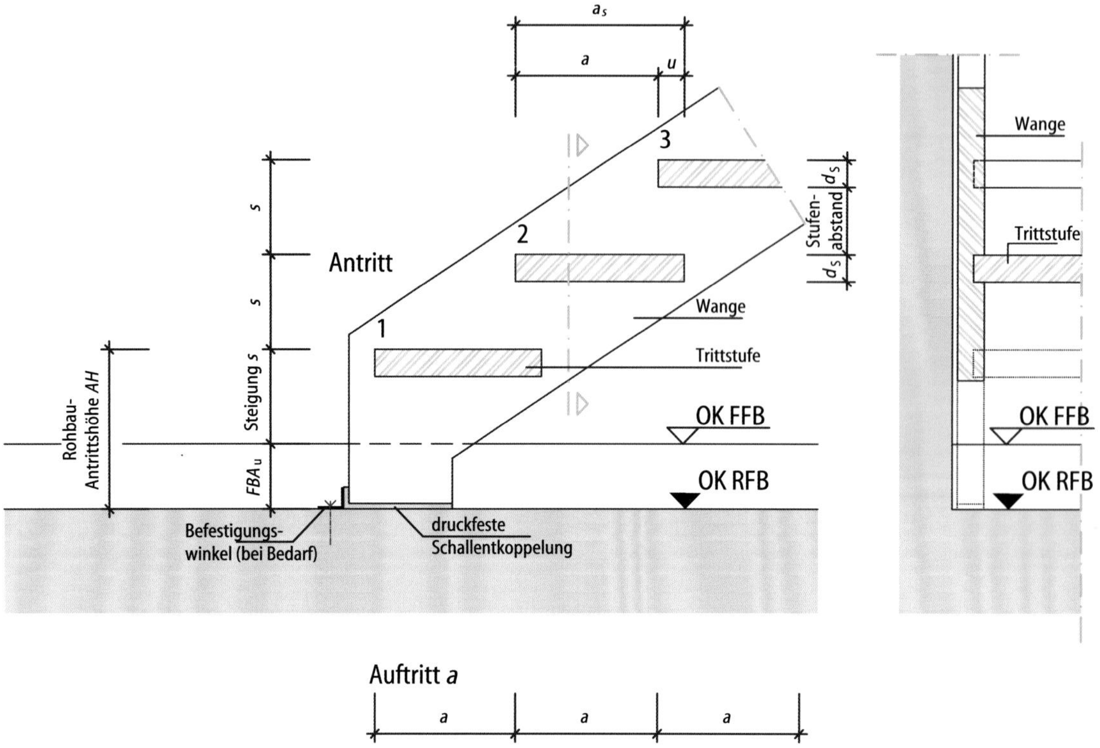

b) vollgestemmte Treppe über darunterliegendem Treppenloch

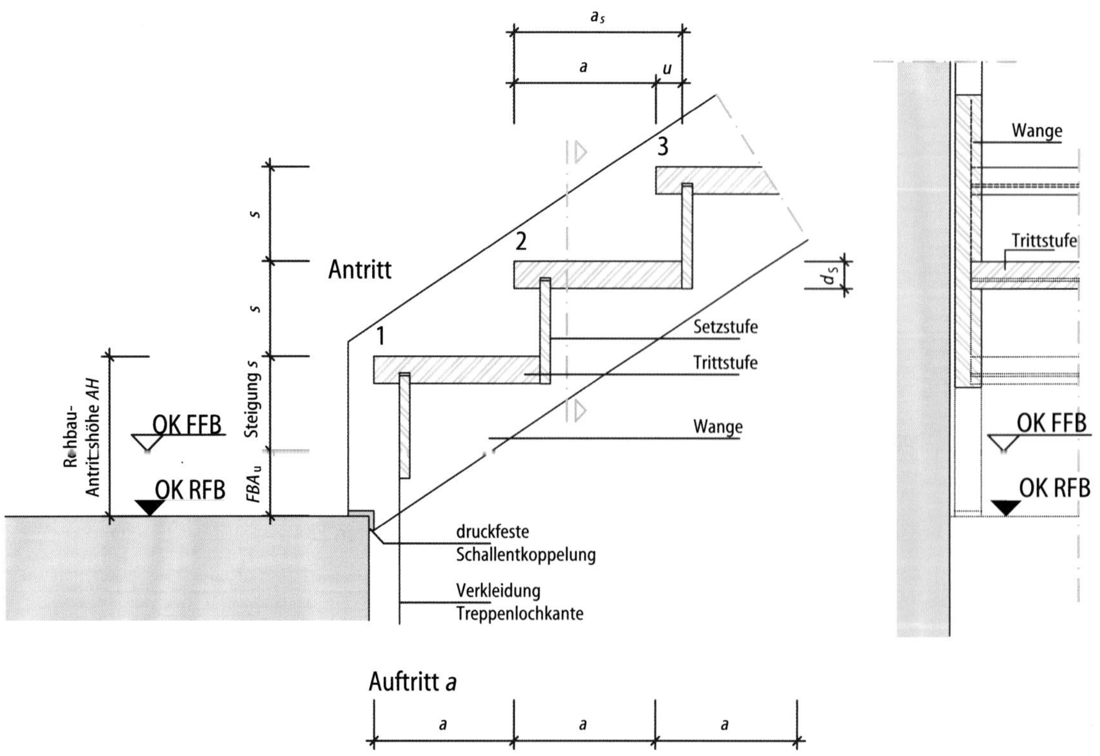

Abb. 4.58: Details Treppenantritt – gestemmte Wangentreppen

a) aufgesattelte Treppe mit Tragholm aus Holz

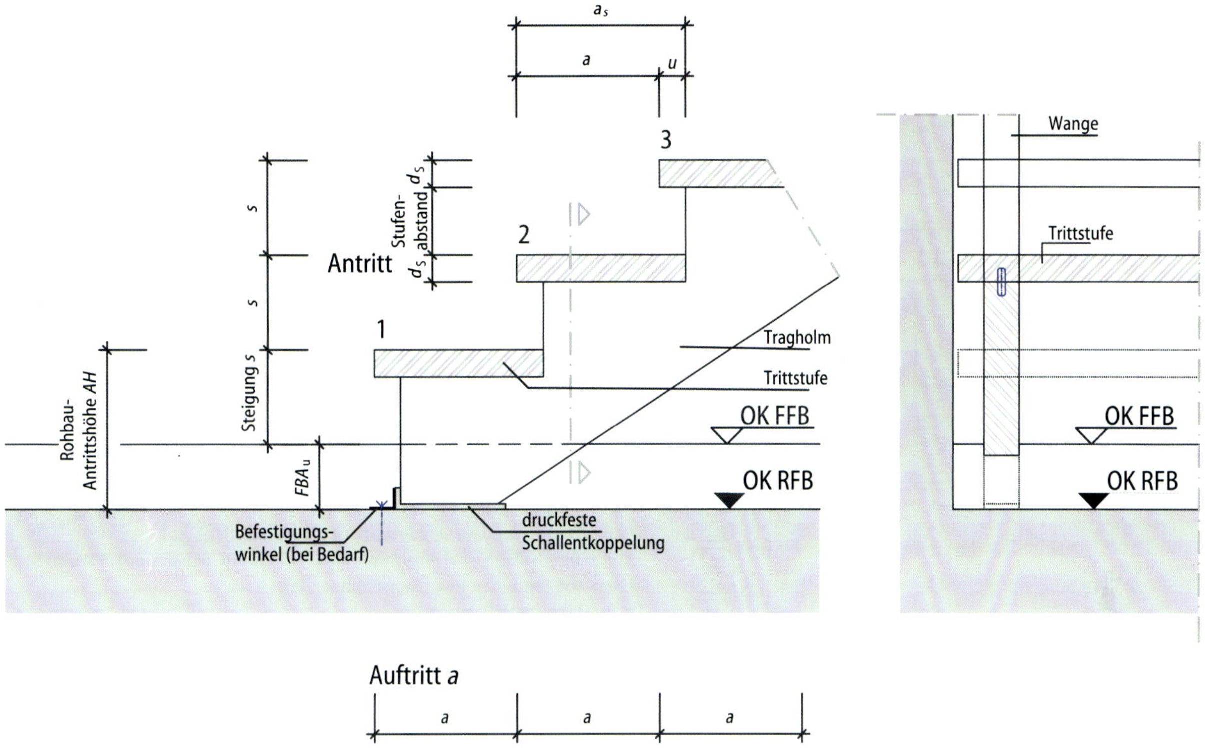

b) Stahlholmtreppe

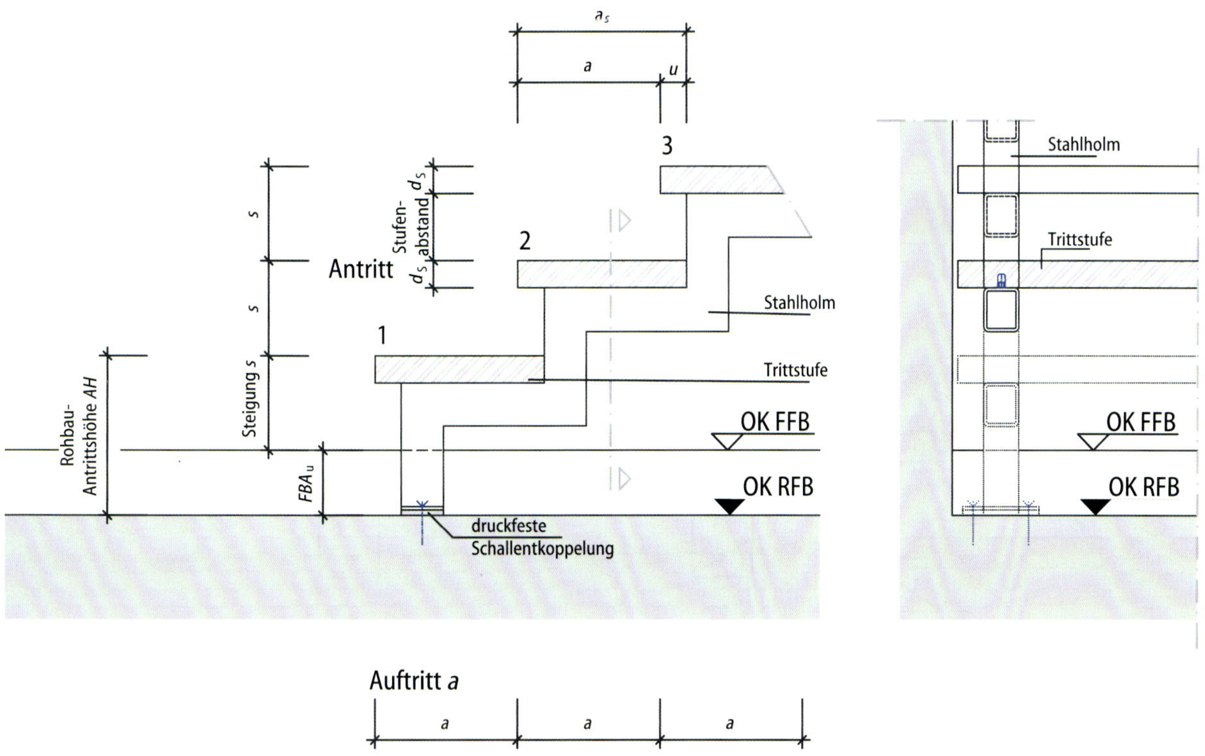

Abb. 4.59: Details Treppenantritt – aufgesattelte Treppen

a) Treppenaustritt einer vollgestemmten Treppe an geschlossener Decke

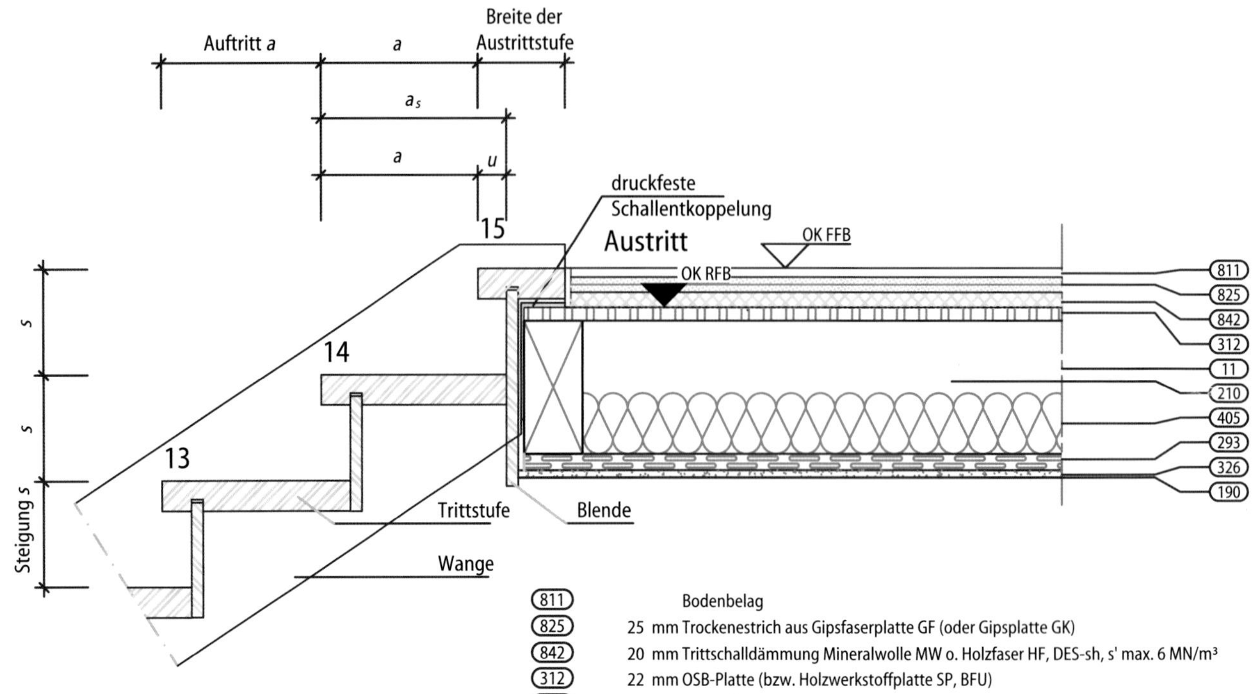

811		Bodenbelag
825	25 mm	Trockenestrich aus Gipsfaserplatte GF (oder Gipsplatte GK)
842	20 mm	Trittschalldämmung Mineralwolle MW o. Holzfaser HF, DES-sh, s' max. 6 MN/m³
312	22 mm	OSB-Platte (bzw. Holzwerkstoffplatte SP, BFU)
11	120 mm	unbelüfteter Hohlraum
210	b/220 mm	Konstruktionsvollholz nach Statik (mind. 60/180) oder Holzstegträger mind. 240 mm
405	100 mm	Hohlraumbedämpfung (z.B. MW o. HF, DZ o. DAD-dk)
293	27 mm	Federschiene e mind. 415,5 cm
326	15 mm	Gipskarton-Feuerschutzplatte GKF
190	0,5 mm	Oberfläche innen

b) Treppenaustritt einer halbgestemmten Treppe an Sichtbalkendecke

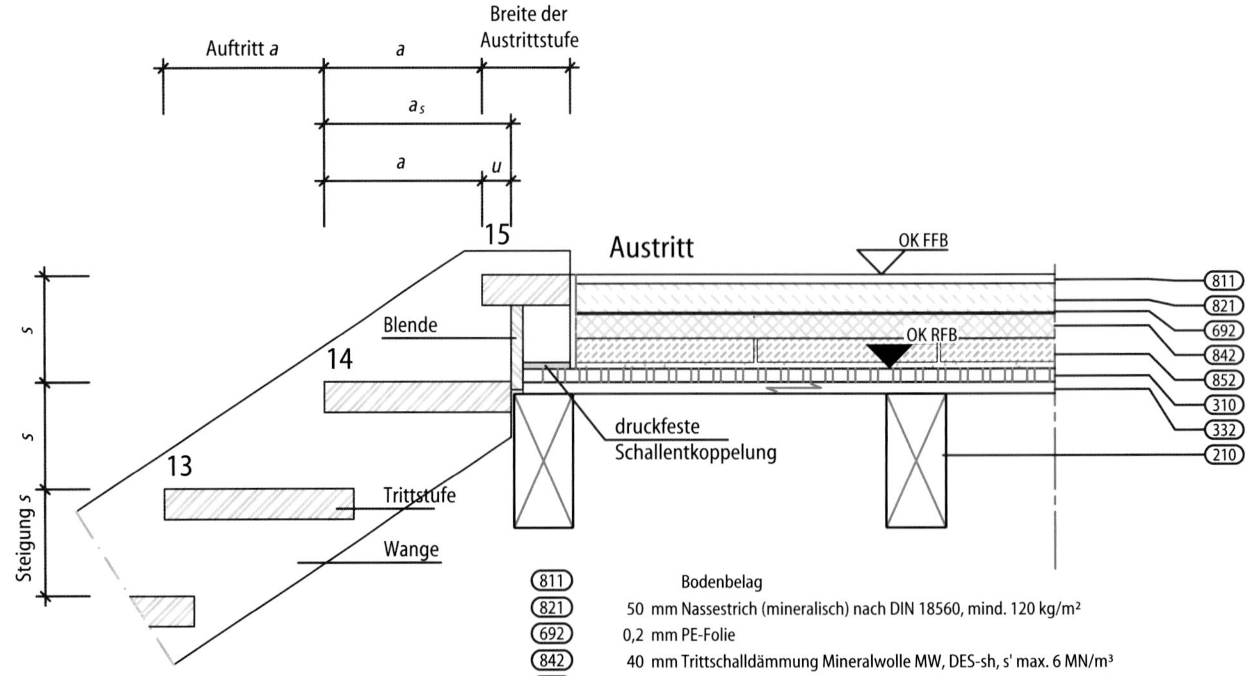

811		Bodenbelag
821	50 mm	Nassestrich (mineralisch) nach DIN 18560, mind. 120 kg/m²
692	0,2 mm	PE-Folie
842	40 mm	Trittschalldämmung Mineralwolle MW, DES-sh, s' max. 6 MN/m³
852	40 mm	Beton-Gehwegplatten 30 x 30 cm (in 10 mm Sandbett oder verklebt)
310	mind. 19 mm	Holzwerkstoffplatte (mind. 600 kg/m³)
332	mind. 16 mm	Profilholz
210	b / h mm	Konstruktionsvollholz nach DIN EN 1995-1-2 mit DIN EN 1995-1-2/NA

Abb. 4.60: Details Treppenaustritt

c) Treppenaustritt einer Stahlholmtreppe an Massivholzdecke

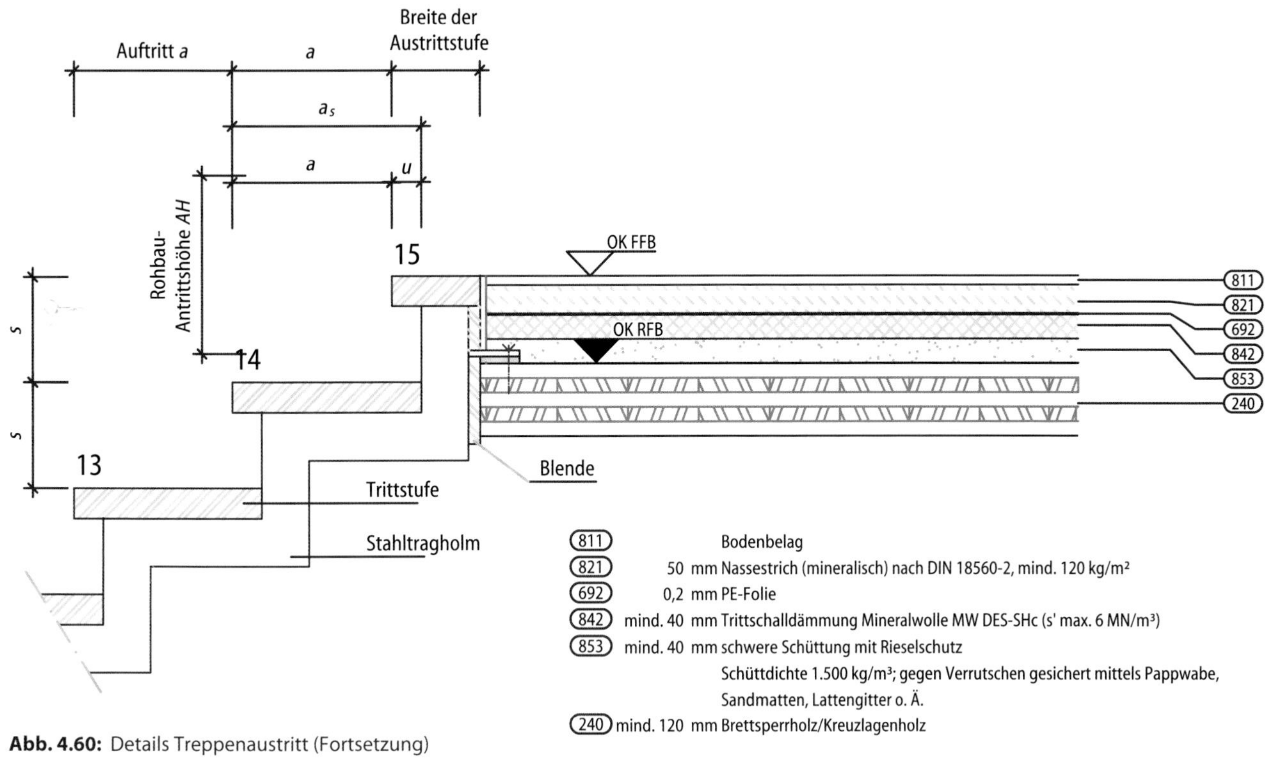

Abb. 4.60: Details Treppenaustritt (Fortsetzung)

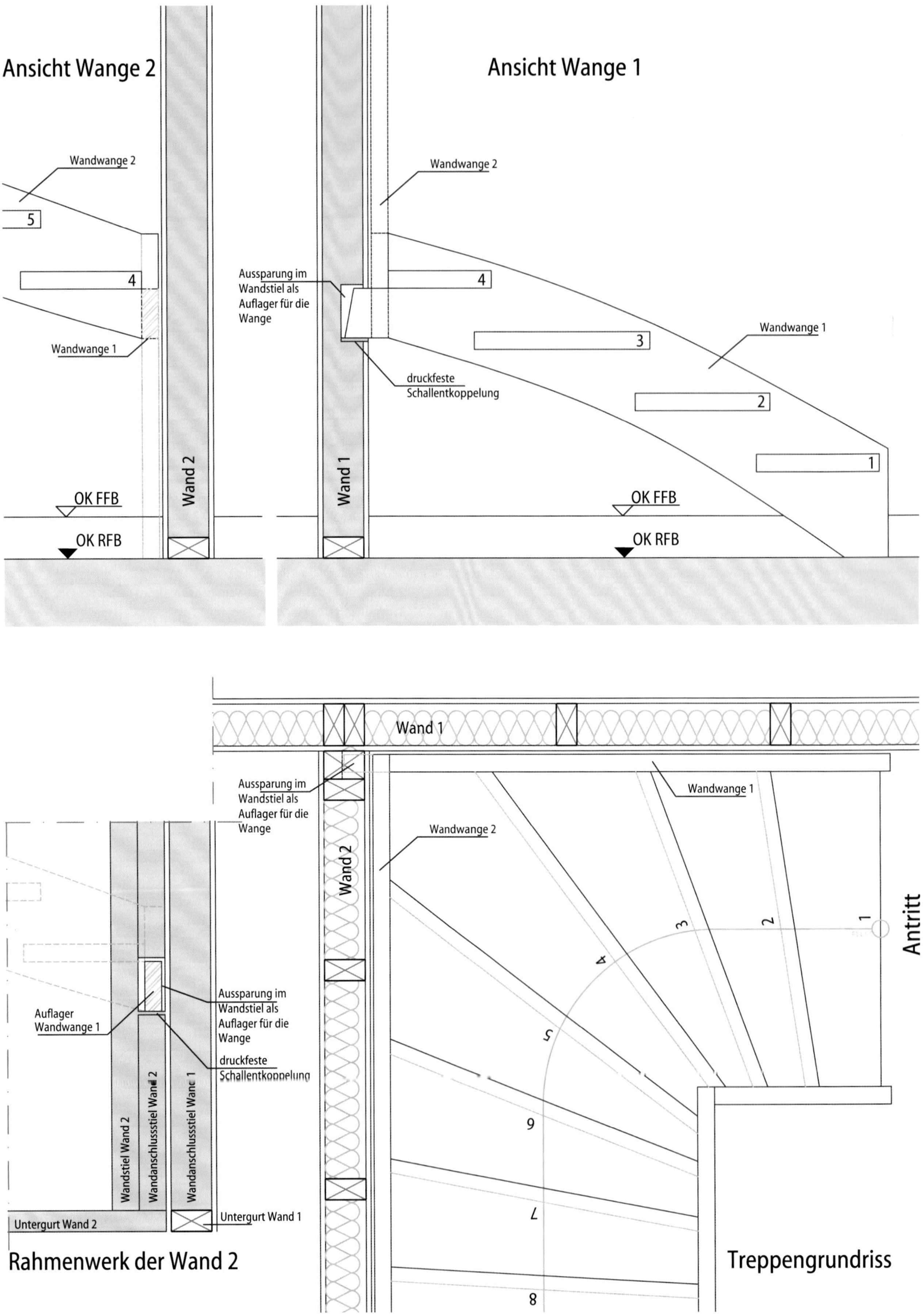

Abb. 4.61: Befestigung einer Treppenwange an einer Innenwand

4.9.4 Treppenöffnung (Treppenaussparung)

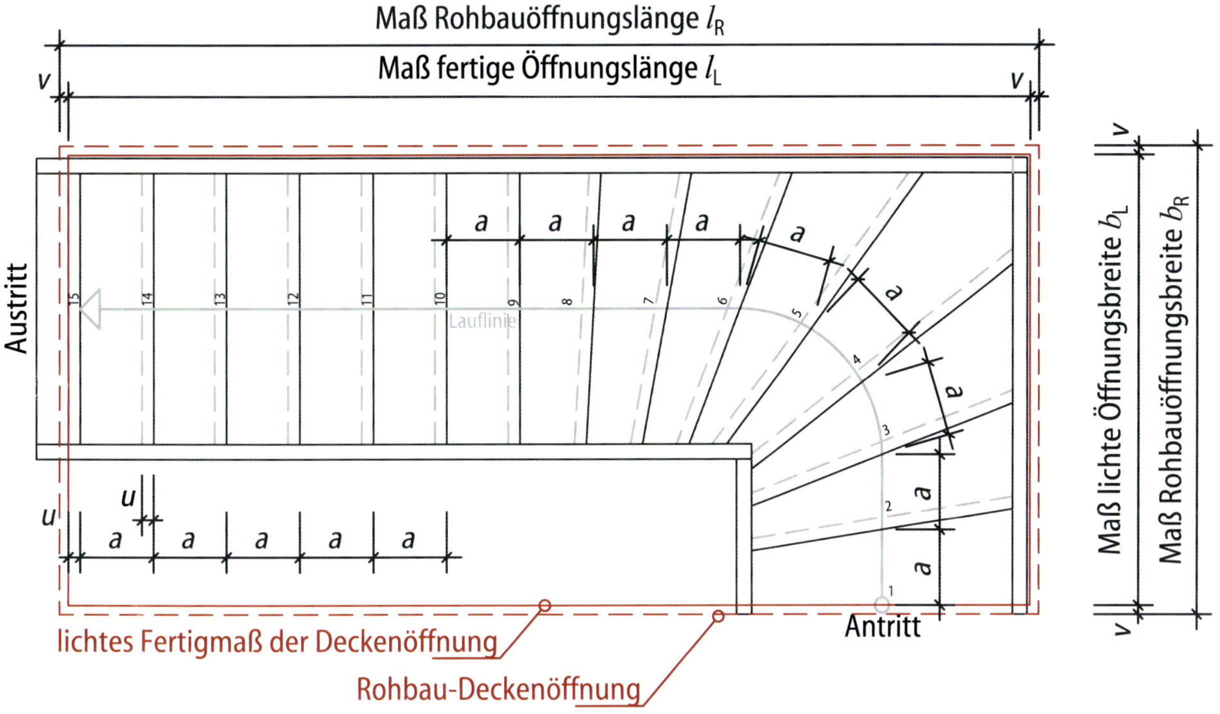

Abb. 4.62: Abmessungen der Treppenöffnung (ugs. „Treppenloch") ; in der Werkplanung muss die Rohbau-Deckenöffnung als Treppenaussparung im Aussparungsplan eingezeichnet werden.

Schritte der Treppenberechnung:

1. Ermittlung der Geschosshöhe *H*: OK FFB unteres Geschoss bis OK FFB oberes Geschoss
2. Teilen der Geschosshöhe durch **angestrebtes** Steigungsmaß *s*
3. Runden des Ergebnisses = Steigungszahl *n*
4. Steigungsmaß $s = H/n$
5. Auftrittsmaß $a = 620$ mm (± 30 mm) – $2 \cdot s$
6. Länge der Lauflinie $l_L = (n - 1) \cdot a$
7. Festlegung der Unterschneidung *u* (meist $u = 40$ oder 50 mm)
8. Planung der Bekleidungsdicke *v* am Öffnungsrand einschließlich erforderlicher Unterkonstruktion

Hinweis:

Die in den Tabellen 4.10 und 4.11 aufgeführten Öffnungsmaße lassen den Einbau einer sicher zu begehenden Treppe zu.

Kursiv geschriebene Maße in den Tabellen 4.8 und 4.9 sind **nicht für notwendige Treppen** geeignet.

Tabelle 4.8: Lauflinienlänge in Abhängigkeit von Steigung und Auftritt

Auftritt	Steigung *s*			Länge der Lauflinie l_L bei *n* Steigungen					
a	von	ideal	bis	*n* = 13	*n* = 14	*n* = 15	*n* = 16	*n* = 17	*n* = 18
250 mm	*170 mm*	*185 mm*	*200 mm*	*3,000 m*	*3,250 m*	*3,500 m*	*3,750 m*	*4,000 m*	*4,250 m*
255 mm	*168 mm*	*183 mm*	*198 mm*	*3,060 m*	*3,315 m*	*3,570 m*	*3,825 m*	*4,080 m*	*4,335 m*
260 mm	**165 mm**	**180 mm**	**195 mm**	**3,120 m**	**3,380 m**	**3,640 m**	**3,900 m**	**4,160 m**	**4,420 m**
265 mm	163 mm	178 mm	193 mm	3,180 m	3,445 m	3,710 m	3,975 m	4,240 m	4,505 m
270 mm	160 mm	175 mm	190 mm	3,240 m	3,510 m	3,780 m	4,050 m	4,320 m	4,590 m
275 mm	158 mm	173 mm	188 mm	3,300 m	3,575 m	3,850 m	4,125 m	4,400 m	4,675 m
280 mm	155 mm	170 mm	185 mm	3,360 m	3,640 m	3,920 m	4,200 m	4,480 m	4,760 m

Tabelle 4.9: Geschosshöhen in Abhängigkeit von der Anzahl der Steigungen *n*

Steigung *s*		Geschosshöhen *H* bei Auftritt *a* = 260 mm					
		n = 13	*n* = 14	*n* = 15	*n* = 16	*n* = 17	*n* = 18
Mindesthöhe	165 mm	*2,145 m*	*2,310 m*	*2,475 m*	2,640 m	2,805 m	2,970 m
Idealhöhe	180 mm	*2,340 m*	*2,520 m*	**2,700 m**	**2,880 m**	**3,060 m**	*3,240 m*
Maximalhöhe	195 mm	*2,535 m*	2,730 m	2,925 m	3,120 m	3,315 m	3,510 m

Tabelle 4.10: Größe von Treppenaussparungen in der Geschossdecke bei einem Auftritt von 260 mm und einer Treppenbreite inklusive Geländer von 1,00 m[1)]

Treppenart	Anzahl der Steigungen	Rohbauöffnung: Öffnungs-länge l_R	Rohbauöffnung: Öffnungs-breite b_R	Fertigmaß im Lichten: Öffnungs-länge l_R	Fertigmaß im Lichten: Öffnungs-breite b_R
einläufige gerade Treppe	*n* = 15	**4,000 m**	**1,120 m**	3,940 m	1,060 m
	n = 16	**4,260 m**	**1,120 m**	4,200 m	1,060 m
	n = 17	**4,520 m**	**1,120 m**	4,460 m	1,060 m
	n = 18	**4,780 m**	**1,120 m**	4,720 m	1,060 m
im An- oder Austritt viertelgewendelte Treppe (4. Stufe von unten bzw. oben ist „Ecktritt".)	*n* = 15	**3,450 m**	**1,590 m**	3,390 m	1,530 m
	n = 16	**3,710 m**	**1,590 m**	3,650 m	1,530 m
	n = 17	**3,970 m**	**1,590 m**	3,910 m	1,530 m
	n = 18	**4,230 m**	**1,590 m**	4,170 m	1,530 m
einläufige halbgewendelte Treppe mit Treppenaugenbreite b_{TA} = 150 mm	*n* = 15	**2,075 m**	**2,230 m**	2,015 m	2,170 m
	n = 16	**2,205 m**	**2,230 m**	2,145 m	2,170 m
	n = 17	**2,335 m**	**2,230 m**	2,275 m	2,170 m
	n = 18	**2,465 m**	**2,230 m**	2,405 m	2,170 m
zweiläufige Podesttreppe mit Treppenaugenbreite b_{TA} = 150 mm	*n* = 15	**2,930 m**	**2,230 m**	2,870 m	2,170 m
	n = 16	**3,190 m**	**2,230 m**	3,130 m	2,170 m
	n = 17	**3,190 m**	**2,230 m**	3,130 m	2,170 m
	n = 18	**3,450 m**	**2,230 m**	3,390 m	2,170 m

1) lichtes Durchgangsmaß: ca. 95 cm, Treppenkante direkt über der Antrittsstufe, Unterschneidung *u* = 40 mm, Radius der Lauflinie: 0,50 m, beidseitige Treppenaugenbekleidung v = 30 mm

Tabelle 4.11: Größe von Treppenaussparungen in der Geschossdecke bei einem Auftritt von 270 mm und einer Treppenbreite inklusive Geländer von 1,00 m[1)]

Treppenart	Anzahl Steigungen	Rohbauöffnung		Fertigmaß im Lichten	
		Öffnungs-länge l_R	Öffnungs-breite b_R	Öffnungs-länge l_R	Öffnungs-breite b_R
einläufige gerade Treppe	$n = 15$	**4,160 m**	**1,120 m**	4,100 m	1,060 m
	$n = 16$	**4,430 m**	**1,120 m**	4,370 m	1,060 m
	$n = 17$	**4,700 m**	**1,120 m**	4,640 m	1,060 m
	$n = 18$	**4,970 m**	**1,120 m**	4,910 m	1,060 m
im An- oder Austritt 1/4-gewendelte Treppe (4. Stufe ist „Ecktritt")	$n = 15$	**3,550 m**	**1,610 m**	3,490 m	1,550 m
	$n = 16$	**3,820 m**	**1,610 m**	3,760 m	1,550 m
	$n = 17$	**4,090 m**	**1,610 m**	4,030 m	1,550 m
	$n = 18$	**4,360 m**	**1,610 m**	4,300 m	1,550 m
einläufige halbgewendelte Treppe mit Treppenaugenbreite $b_{TA} = 200$ mm	$n = 15$	**2,125 m**	**2,230 m**	2,065 m	2,220 m
	$n = 16$	**2,260 m**	**2,230 m**	2,200 m	2,220 m
	$n = 17$	**2,395 m**	**2,230 m**	2,335 m	2,220 m
	$n = 18$	**2,530 m**	**2,230 m**	2,470 m	2,220 m
zweiläufige Podesttreppe mit Treppenaugenbreite $b_{TA} = 200$ mm	$n = 15$	**3,010 m**	**2,230 m**	2,950 m	2,220 m
	$n = 16$	**3,280 m**	**2,230 m**	3,220 m	2,220 m
	$n = 17$	**3,280 m**	**2,230 m**	3,220 m	2,220 m
	$n = 18$	**3,550 m**	**2,230 m**	3,490 m	2,220 m

1) lichtes Durchgangsmaß: ca. 95 cm, Treppenkante direkt über der Antrittsstufe, Unterschneidung $u = 50$ mm, Radius der Lauflinie: 0,50 m, beidseitige Treppenaugenbekleidung $v = 30$ mm

4.9.5 Abschluss- und Treppengeländer

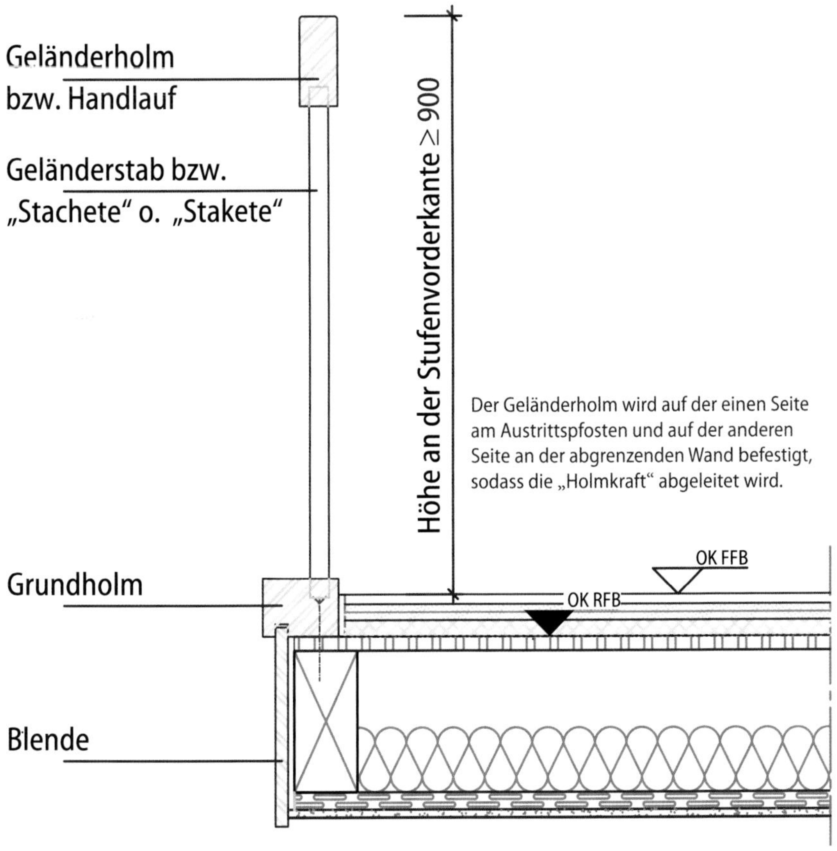

Abb. 4.63: Abschlussgeländer an einer Treppenöffnung

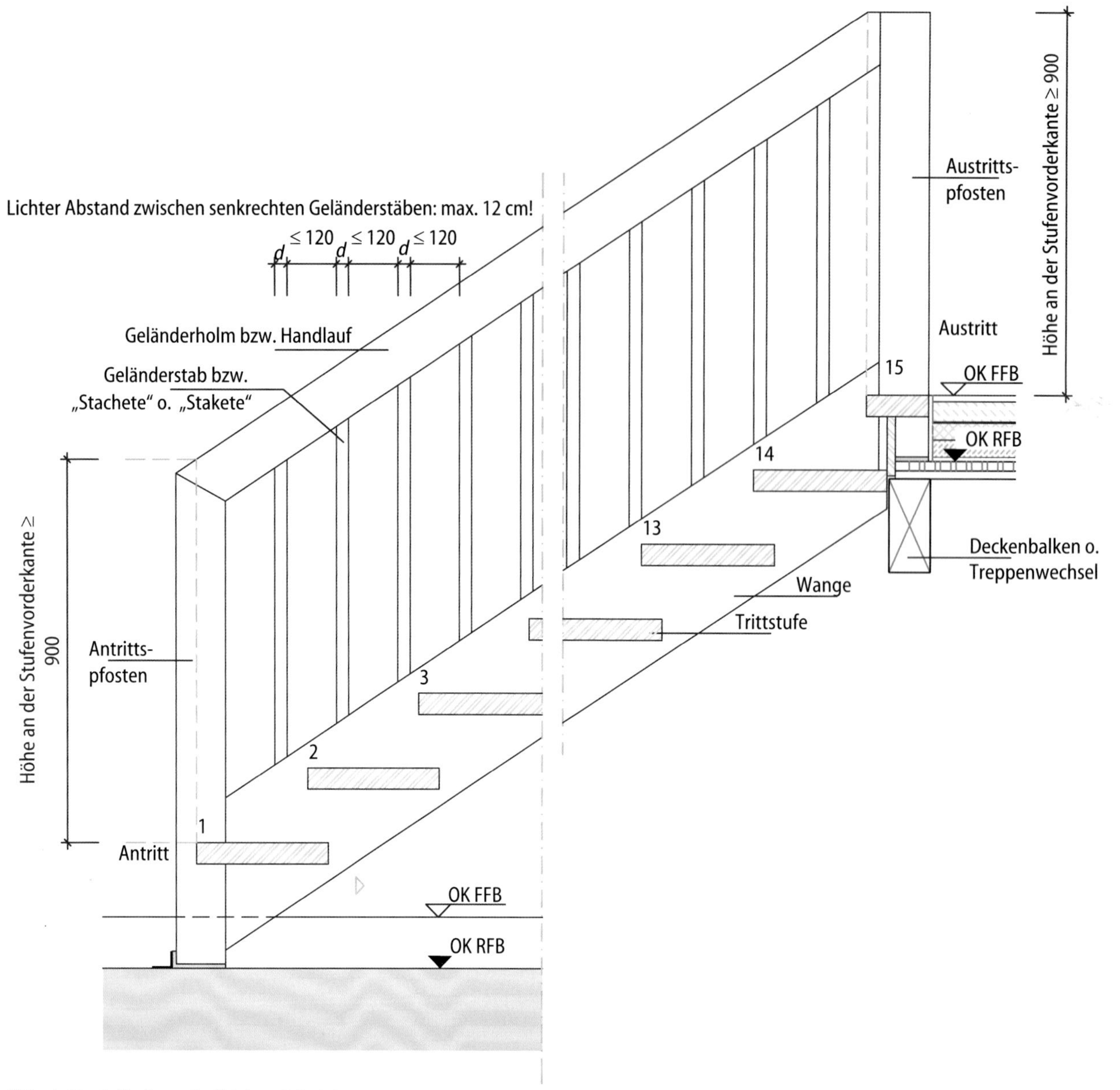

Abb. 4.64: Geländermaße (Wohngebäude)

5 Details

Übersicht zu Kapitel 5

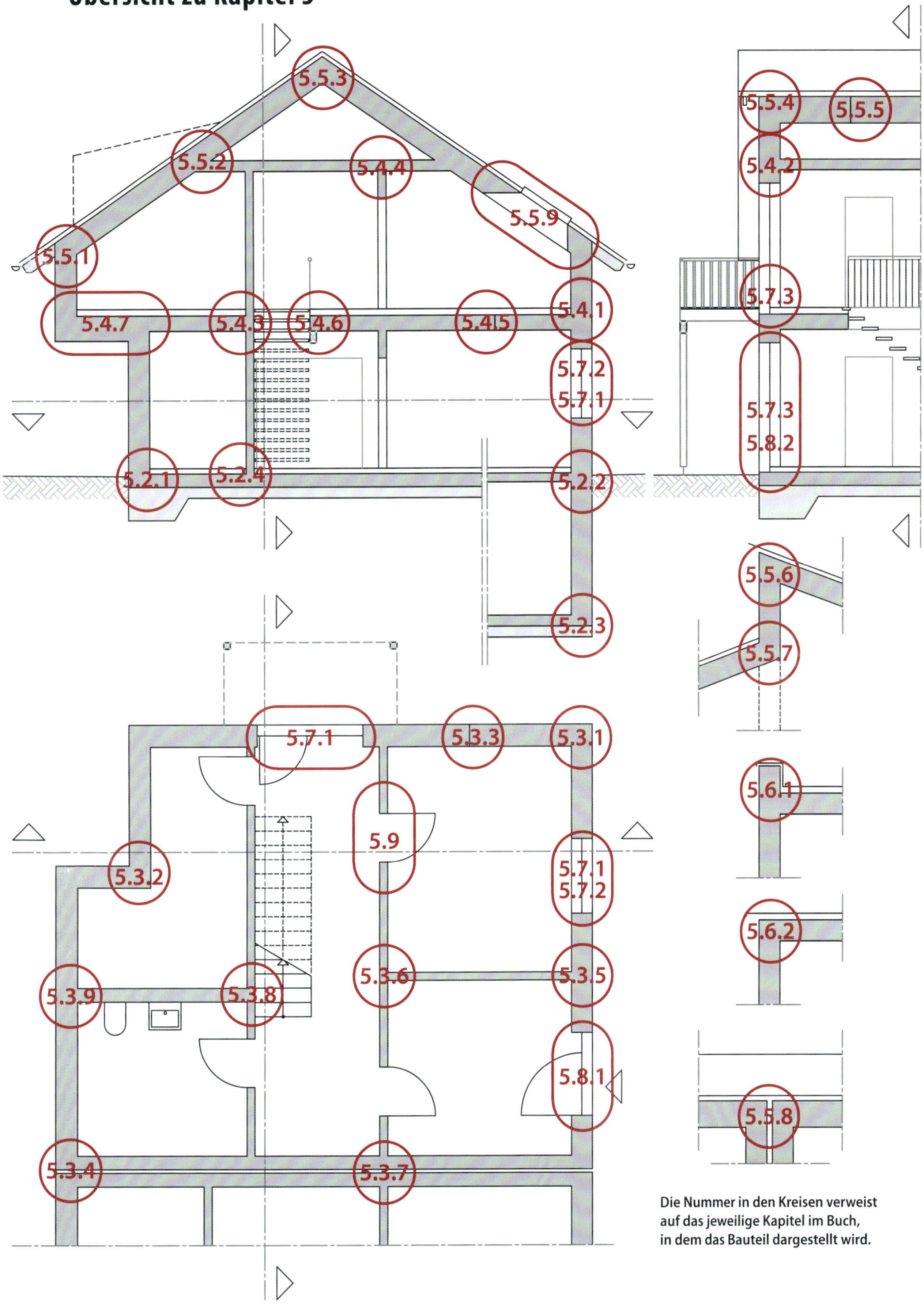

Die Nummer in den Kreisen verweist auf das jeweilige Kapitel im Buch, in dem das Bauteil dargestellt wird.

5.1 Struktur der Detailzusammenstellung

Die Details in diesem Kapitel folgen dem Zeitablauf des Bauens: von unten nach oben. Für eine schnelle Orientierung beginnt dieses Kapitel mit einer Übersicht. Die Bezeichnungen der einzelnen Bauteilfügungen bauen auf den Bezeichnungen der miteinander verbundenen Bauteile auf. Von den Bauteilbezeichnungen werden jeweils die Stellen 1 bis 4 verwendet, durch einen Bindestrich verbunden und durch eine dreistellige Nummerierung ergänzt (siehe auch Kapitel 1.5).

Beispiel:

Bauteil Nr. 1 Stellen 1 bis 4 + „-" + anschließendes Bauteil Nr. 2 Stellen 1 bis 4 + Nummer (dreistellig)

awro-bobu001 = Sockel-Detail Außenwand mit Rahmenwerk und nicht hinterlüfteter Fassade auf einer Bodenplatte nur mit Perimeterdämmung unten

Bei den Details werden Grundkonstruktionen, die dem KfW-Effizienzhaus-55-Standard entsprechen, dargestellt. Andere energetische Standards können anhand der Angaben zu den Bauteilen in Kapitel 4 daraus abgeleitet werden.

Neben den Detailzeichnungen des fertigen Zustands gibt es auch Angaben zum Montageablauf der vorgefertigten Bauteile und zu notwendigen, zusätzlich einzubauenden Materialien, wie beispielsweise luftdichte Verklebungen.

Nicht alle in Kapitel 4 enthaltenen Bauteile und sich daraus ergebenden möglichen Bauteilfügungen können hier dargestellt werden. Deshalb beschränkt sich Kapitel 5 auf im Holzbau übliche Konstruktionsdetails. Es wird auch nicht jeder Bauteilanschluss mit und ohne hinterlüftete Fassade dargestellt, wenn sich die Fassadenausführung sinnhaft aus der Gesamtsituation ergibt. Insofern bildet dieses Kapitel die Grundlage für eine projektbezogene Weiterentwicklung der einzelnen Detailpunkte.

5.2 Sockelanschlüsse

Der Sockel von Holzhäusern stellt einen der aufwendigsten Detailpunkte dar, da verschiedene, sich teilweise widersprechende Anforderungen an dieser Stelle aufeinandertreffen: Anforderungen, die sich aus der Statik ergeben, die Anforderung der Wärmebrückenfreiheit sowie die Anforderung des luftdichten Anschlusses innen und der wasserdichten Ausführung außen. Um das Holz vor Feuchtigkeit zu schützen, werden Holzhäuser traditionsgemäß so gebaut, dass das Erdgeschoss 2 bis 4 Stufen höher als die Oberkante des Außenterrains liegt. Damit bleiben Oberflächenwasser und Spritzwasser aus Niederschlägen sicher von den Holzkonstruktionen fern. Dagegen stehen der Wunsch der Bauherrschaft sowie auch die gesetzliche Anforderung, mindestens das Erdgeschoss barrierefrei auszubilden. Das bedeutet, dass im günstigsten Fall die Oberkante des Fußbodens im Erdgeschoss auf der gleichen Höhe liegt wie die Zuwegung zum Haus. Eine kleine Eingangstreppe steht dazu im Widerspruch. Auch bei Terrassenausgängen und Balkontüren sollen nach heutiger Vorstellung keine Schwellen vorhanden sein. Bei diesen Anforderungen an stolperfreie und uneingeschränkt nutzbare Außenzugänge muss die Wasserführung im Sockelbereich gut durchdacht und sicher ausgeführt werden. Bewährt hat es sich, umlaufend um das Haus einen tiefer gelegten Kiesstreifen anzubringen, sodass die Mindestabstände des Holzes zu der Spritzwasserebene eingehalten werden können (Abb. 5.1 und 5.2).

Gleichzeitig treffen an dieser Stelle unterschiedliche Konstruktionsweisen aufeinander: Auf die Gründung aus Beton wird der Holzbau montiert.

Bei der mit der Bezeichnung awro-bobb003 im Detail 5.2.1.6 dargestellten Lösung mittels Betonaufkantung muss stets ein Blick auf die Wärmebrücke gelegt und diese projektbezogen ermittelt werden (Abb. 5.3 und 5.4). Auch die unterschiedlichen Maßtoleranzen für den Stahlbetonbau und den Holzbau sind zu berücksichtigen (siehe Kapitel 4.2.2). Gerade bei Einschnitten für bodentiefe Fensterelemente und Außentüren in die Stahlbetonaufkantung müssen die Öffnungsmaße genau zu den vorgefertigten Holzbauteilen passen. Hier empfiehlt sich ein Aufmaß vor Beginn der Vorproduktion.

Die Detailzusammenstellung wird durch die Darstellung von Details des Anschlusses der Kelleraußenwand an die Gründungssohle bei unterkellerten Gebäuden vervollständigt, auch wenn dieser Bereich zum konventionellen Nassbau gehört. Hier wird davon ausgegangen, dass der Keller aus Betonfertigteilen als wasserdichte Weiße Wanne ausgeführt wird (Abb. 5.5). Natürlich sind auch „schwarz" abgedichtete Mauerwerkskeller denkbar, die hier jedoch nicht weiter behandelt werden.

Abb. 5.1: Sockel an einem Holzrahmenbau während der Bauausführung

Abb. 5.2: Sockel an einem Holzrahmenbau mit umlaufend tiefer liegendem Kiesstreifen

Abb. 5.3: Sockel-Detail mit Betonaufkantung und Montageschwelle

Abb. 5.4: Sockel-Detail mit Betonaufkantung nach der Montage der Wand

Abb. 5.5: Keller aus Betonfertigteilen (Weiße Wanne) auf einer Beton-Bodenplatte

5.2.1 Anschluss Außenwand an Bodenplatte

Detail 5.2.1.1 M 1:10

Sockel: awro-bobb001

Außenwand mit Rahmenwerk
mit Installationsebene
Putzfassade
Bodenplatte mit
Perimeterdämmung
ohne Montageschwelle

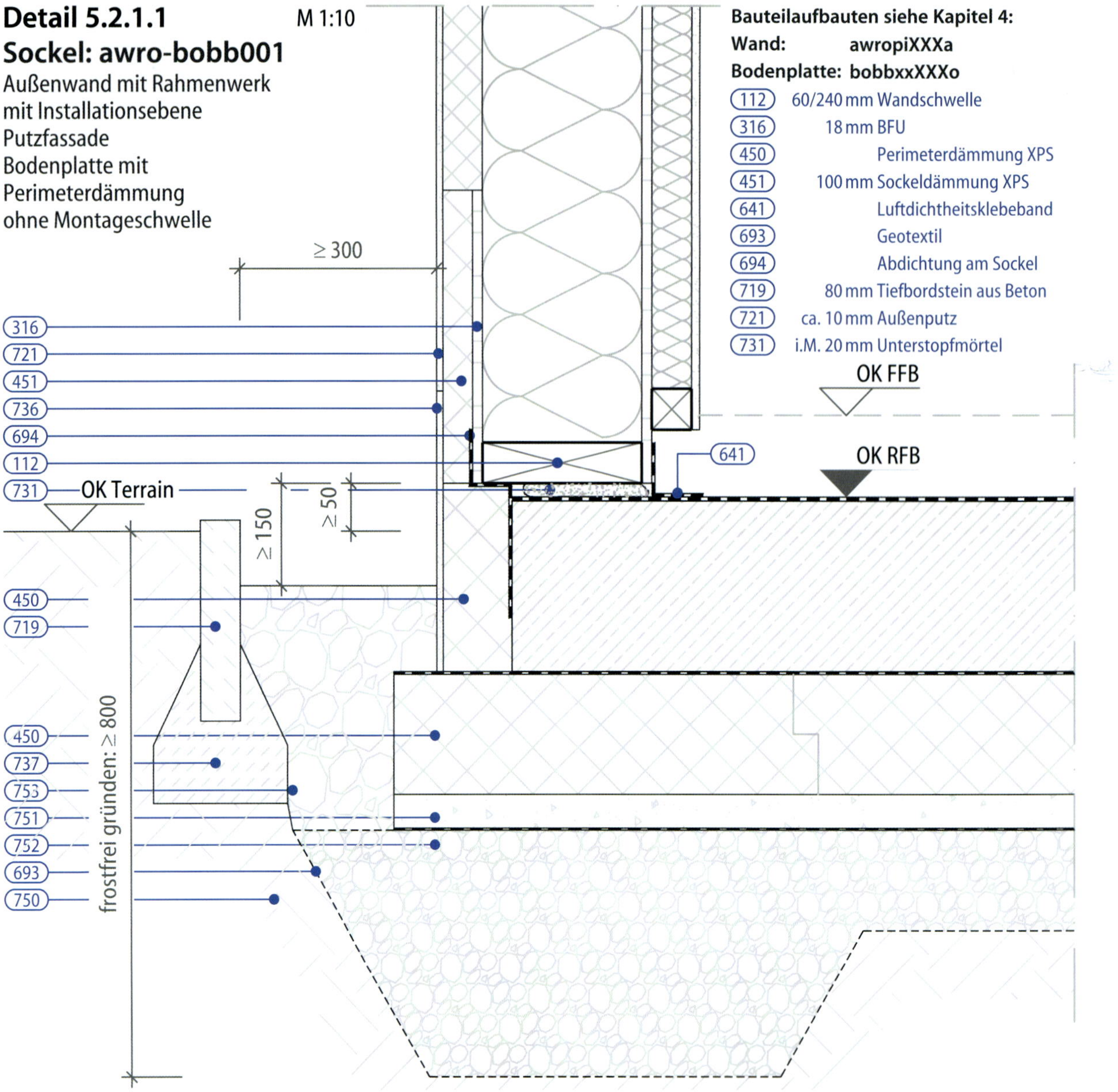

Bauteilaufbauten siehe Kapitel 4:
Wand: awropiXXXa
Bodenplatte: bobbxxXXXo

112 60/240 mm Wandschwelle
316 18 mm BFU
450 Perimeterdämmung XPS
451 100 mm Sockeldämmung XPS
641 Luftdichtheitsklebeband
693 Geotextil
694 Abdichtung am Sockel
719 80 mm Tiefbordstein aus Beton
721 ca. 10 mm Außenputz
731 i.M. 20 mm Unterstopfmörtel

736 ca. 10 mm Sockelputz
737 Mörtelbett
750 Erdreich
751 50 mm Sauberkeitsschicht
752 150 mm Kiesfilterschicht
753 Kiesbett (Korngröße mind. 16/32)

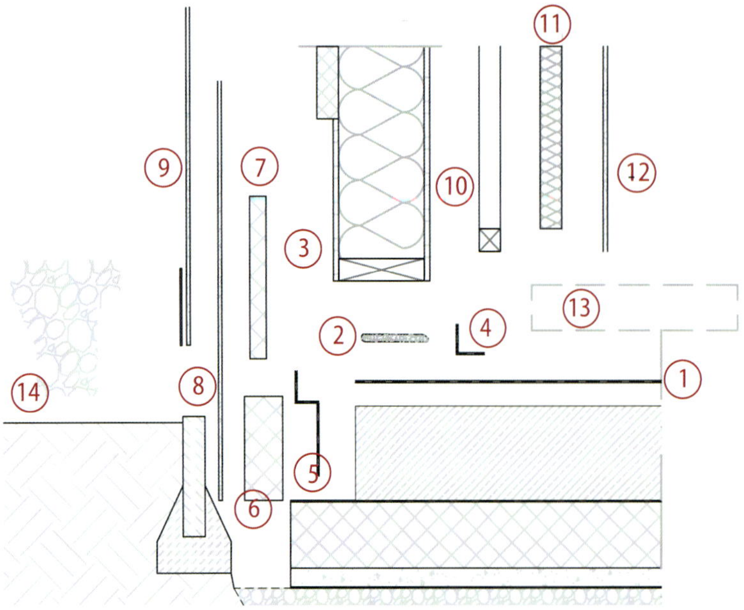

Montagereihenfolge M 1:20
1 Abdichtung auf Bodenplatte
2 Nivellierklötze + Quellmörtel aufbringen
3 Wandelement montieren
4 luftdicht verkleben
5 äußere Abdichtung im Sockelbereich
6 Perimeterdämmung anbringen
7 Sockeldämmung anbringen
8 Grundputz mit Armierungsgewebe auf der gesamten Fläche inkl. Sockel aufbringen
9 Oberputz und Sockelputz aufbringen
10 Unterkonstruktion Installationsebene
11 nach HLS/E-Installationen: Dämmung
12 Gipsplatten + Verspachtelung
13 Bodenaufbau einbauen
14 Kiesstreifen mit Außenanlagen herstellen

Detail 5.2.1.2 M 1:10
Sockel: awro-bobb002

Außenwand mit Rahmenwerk
mit Installationsebene am Element vorbereitet
Putzfassade
Bodenplatte mit Schaumglasschotter
mit Montageschwelle
barrierefrei : OK Terrain = OK FFB

Bauteilaufbauten siehe Kapitel 4:
Wand: awropiXXXa
Bodenplatte: bobbxxXXXo

- (111) 60/240 mm Montageschwelle
- (112) 60/240 mm Wandschwelle
- (316) 18 mm BFU
- (450) 140 mm Perimeterdämmung XPS
- (451) 40 mm Sockeldämmung XPS
- (461) ca. 400 mm Schaumglasschotter
- (641) Luftdichtheitsklebeband
- (693) Geotextil
- (694) Abdichtung am Sockel
- (740) L-Stein aus Beton

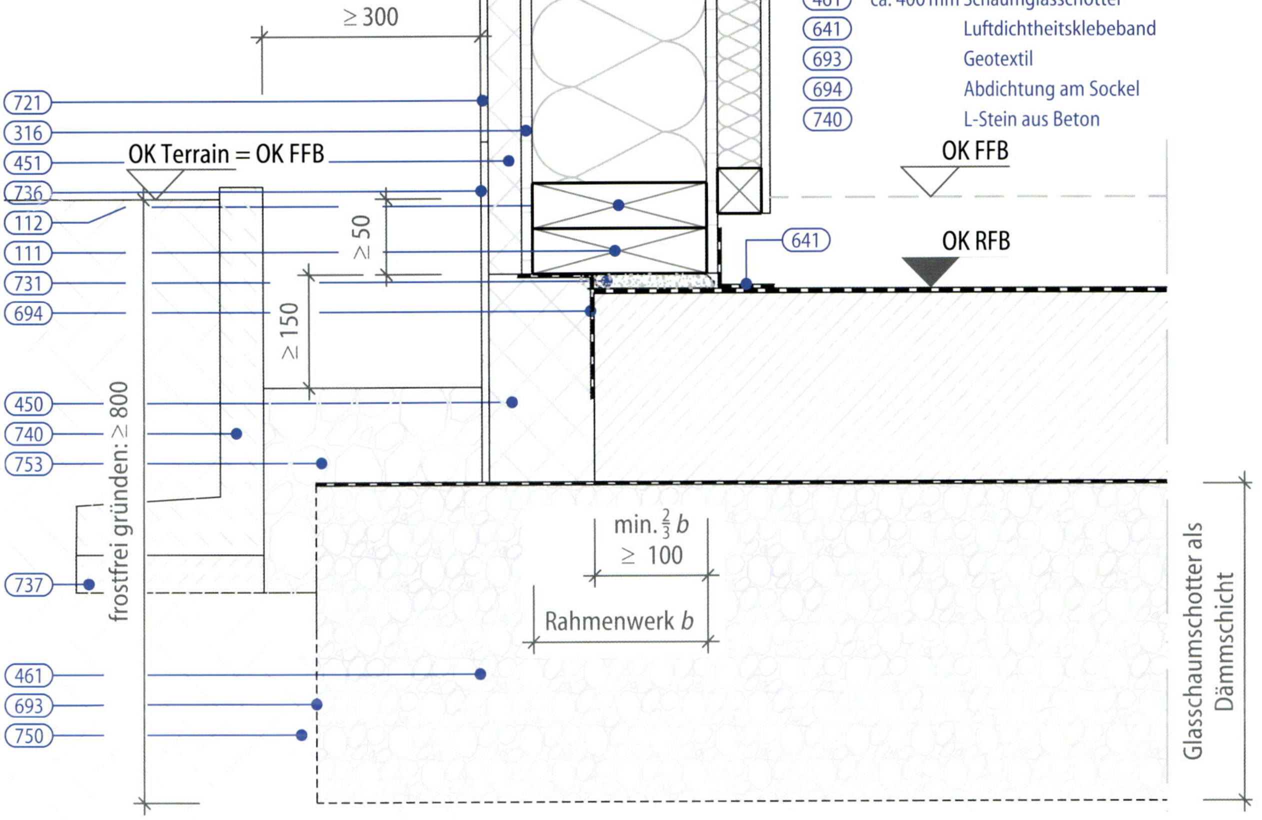

- (721) ca. 10 mm Außenputz
- (731) i.M. 20 mm Unterstopfmörtel
- (737) Mörtelbett
- (736) ca. 10 mm Sockelputz
- (750) Erdreich
- (753) Kiesbett (Korngröße mind. 16/32)

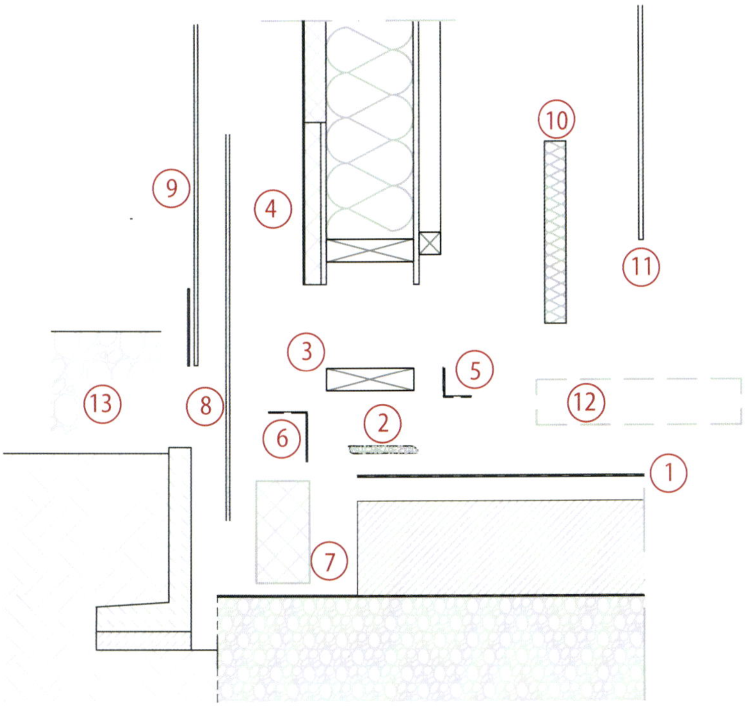

Montagereihenfolge M 1:20

1. Abdichtung auf Bodenplatte
2. Nivellierklötze + Quellmörtel aufbringen
3. Montageschwelle ausrichten und befestigen
4. vorverputztes Wandelement montieren
5. luftdicht verkleben
6. äußere Abdichtung im Sockelbereich
7. Perimeterdämmung anbringen
8. Grundputz mit Armierungsgewebe auf der gesamten Fläche inkl. Sockel aufbringen
9. Oberputz und Sockelputz aufbringen
10. nach HLS/E-Installationen: Dämmung
11. Gipsplatten + Verspachtelung
12. Bodenaufbau einbauen
13. Kiesstreifen mit Außenanlagen herstellen

Detail 5.2.1.3
Sockel: awrh-bobb001

M 1:10

Außenwand mit Rahmenwerk
mit Installationsebene
hinterlüftete Fassade
Bodenplatte mit
Perimeterdämmung
ohne Montageschwelle

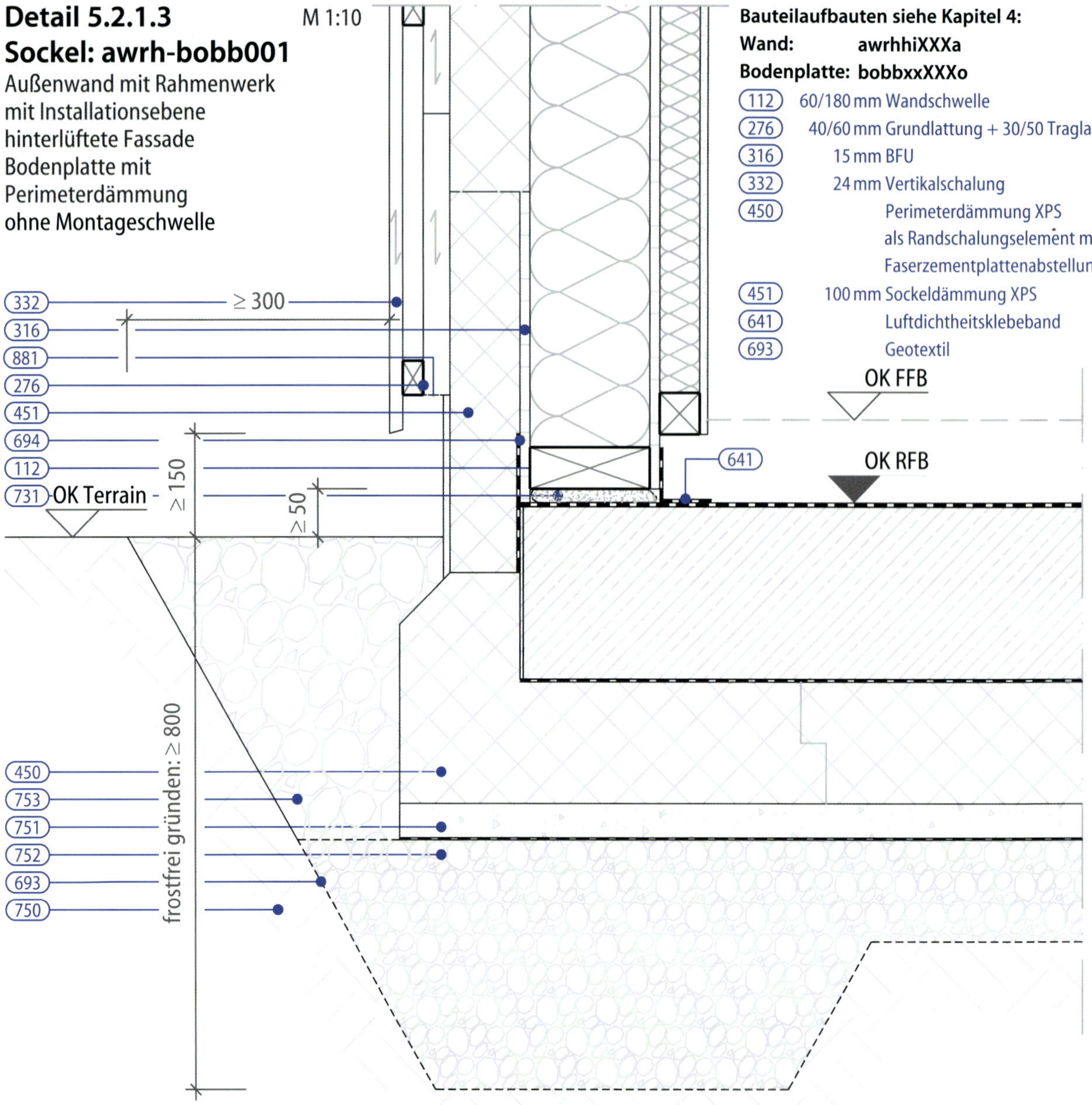

Bauteilaufbauten siehe Kapitel 4:
Wand: awrhhiXXXa
Bodenplatte: bobbxxXXXo

- (112) 60/180 mm Wandschwelle
- (276) 40/60 mm Grundlattung + 30/50 Traglattung
- (316) 15 mm BFU
- (332) 24 mm Vertikalschalung
- (450) Perimeterdämmung XPS als Randschalungselement mit Faserzementplattenabstellung
- (451) 100 mm Sockeldämmung XPS
- (641) Luftdichtheitsklebeband
- (693) Geotextil
- (694) Abdichtung am Sockel
- (731) i.M. 20 mm Unterstopfmörtel
- (750) Erdreich
- (751) 50 mm Sauberkeitsschicht
- (752) 150 mm Kiesfilterschicht
- (753) Kiesbett (Korngröße mind. 16/32)
- (881) Lüftungsgitter

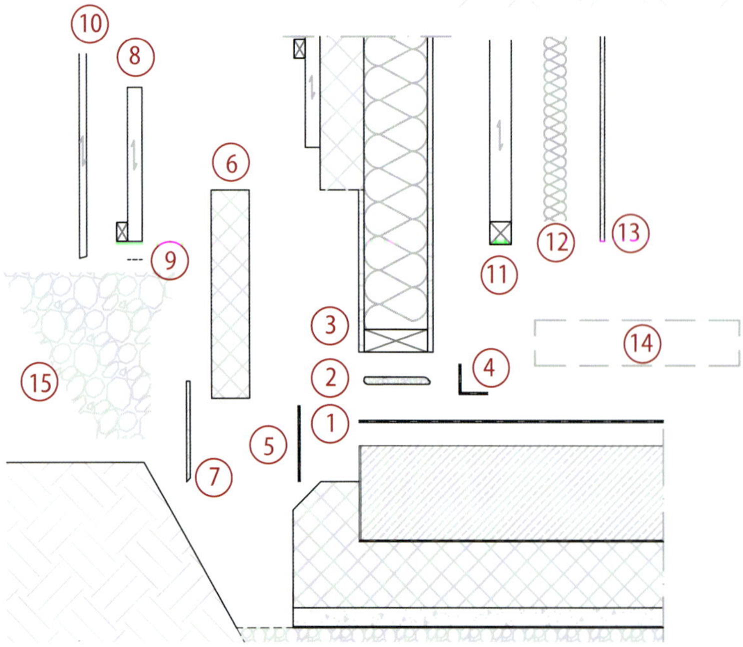

Montagereihenfolge M 1:20

1 Abdichtung auf Bodenplatte
2 Nivellierklötze + Quellmörtel aufbringen
3 Wandelement montieren
4 luftdicht verkleben
5 äußere Abdichtung im Sockelbereich
6 Perimeterdämmung anbringen
7 Sockelputz aufbringen
8 Grundlattungsergänzung + Traglattung
9 Lüftungsgitter montieren
10 Fassadenverschalung anbringen
11 Unterkonstruktion Installationsebene
12 nach HLS/E-Installationen: Dämmung
13 Gipsplatten + Verspachtelung
14 Bodenaufbau einbauen
15 Kiesstreifen mit Außenanlagen herstellen

Detail 5.2.1.4 M 1:10
Sockel: awjh-bobo001

Außenwand mit Holzstegträger
ohne Installationsebene
hinterlüftete Fassade
Bodenplatte mit
Dämmung oben
ohne Montageschwelle

Bauteilaufbauten siehe Kapitel 4:
Wand: awjhhiXXXa
Bodenplatte: bobotxXXXo

(260) 63/300 mm Furnierschichtholz LVL
(276) 40/60 mm Traglattung
(316) 15 mm BFU
(332) 24 mm Profilholz (rot: Verschleißbretter)
(451) 40 mm Sockeldämmung XPS
(641) Luftdichtheitsklebeband
(650) vorkomprimiertes Dichtungsband

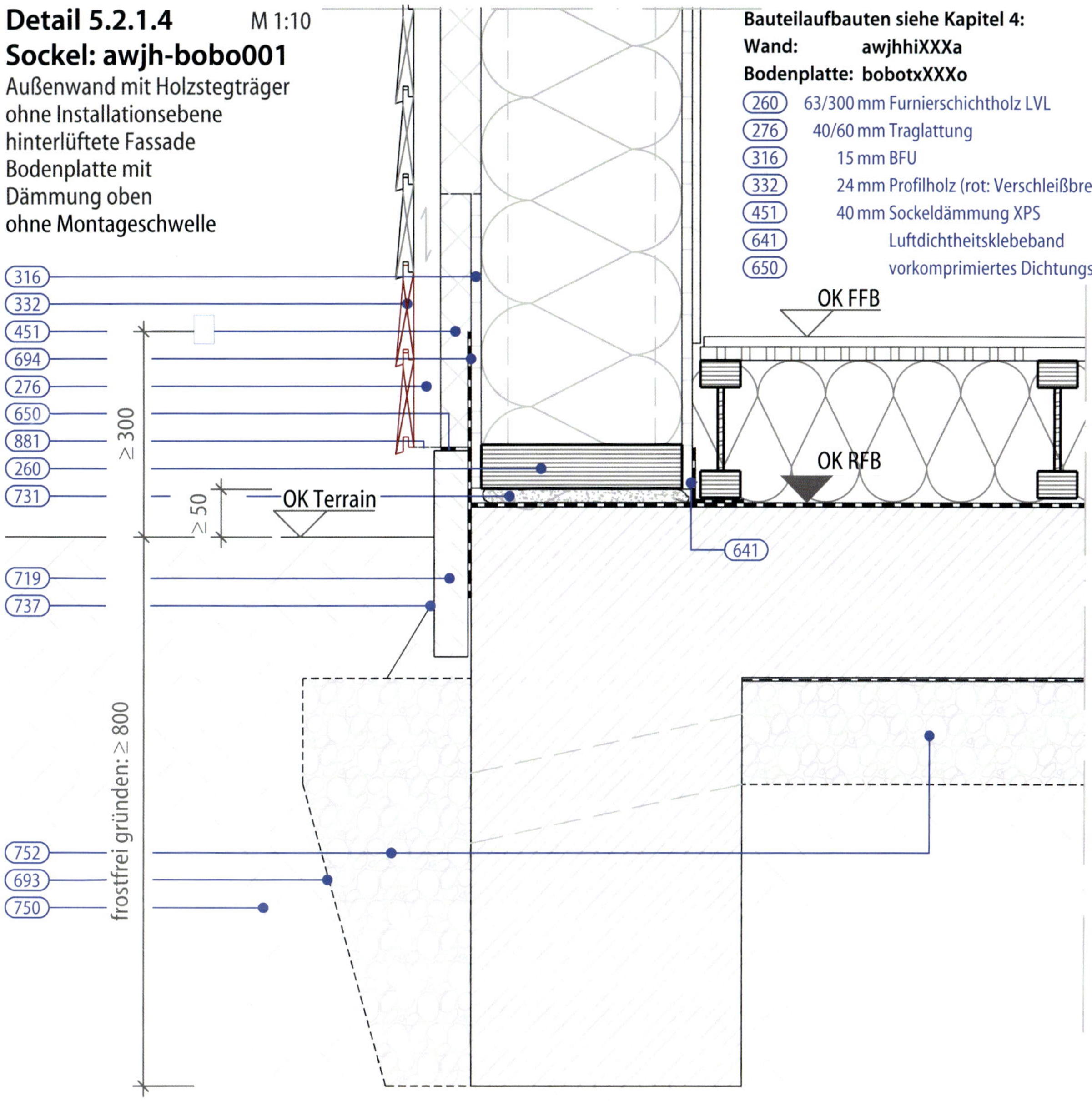

(693) Geotextil
(694) Abdichtung am Sockel mit EPDM-Streifen am vorgefertigten Element
(719) 50/300 mm Randstein Beton
(731) i.M. 20 mm Unterstopfmörtel
(737) Mörtelbett
(750) Erdreich
(752) 150 mm Kiesfilterschicht
(881) Lüftungsgitter

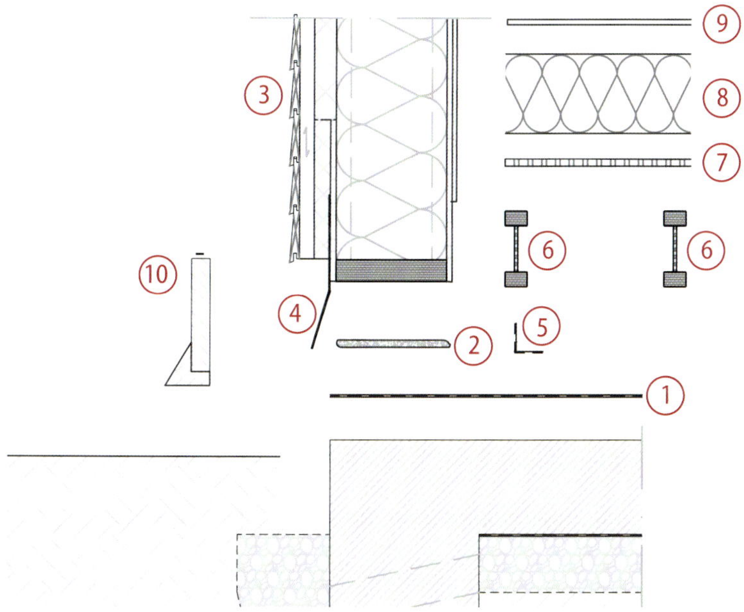

Montagereihenfolge M 1:20
1 Abdichtung auf Bodenplatte
2 Nivellierklötze + Quellmörtel aufbringen
3 Wandelement montieren (inkl. EPDM-Streifen)
4 äußere Abdichtung im Sockelbereich: EPDM-Streifen an Bodenplattenrand ankleben
5 Luftdicht verkleben
6 Holzstegträger auf Bodenplatte auflegen
7 OSB-Platte auf Holzstegträger
8 Einblasdämmung in Hohlräume einblasen
9 Bodenbelag + Fußleisten montieren
10 Randstein in Mörtelbett setzen (Kompriband!) und Außenanlage fertigstellen

Detail 5.2.1.5
Sockel: awrh-bobb001

Außenwand mit Rahmenwerk
mit Installationsebene
Vormauerziegel
Bodenplatte mit
Perimeterdämmung
mit Montageschwelle

M 1:10

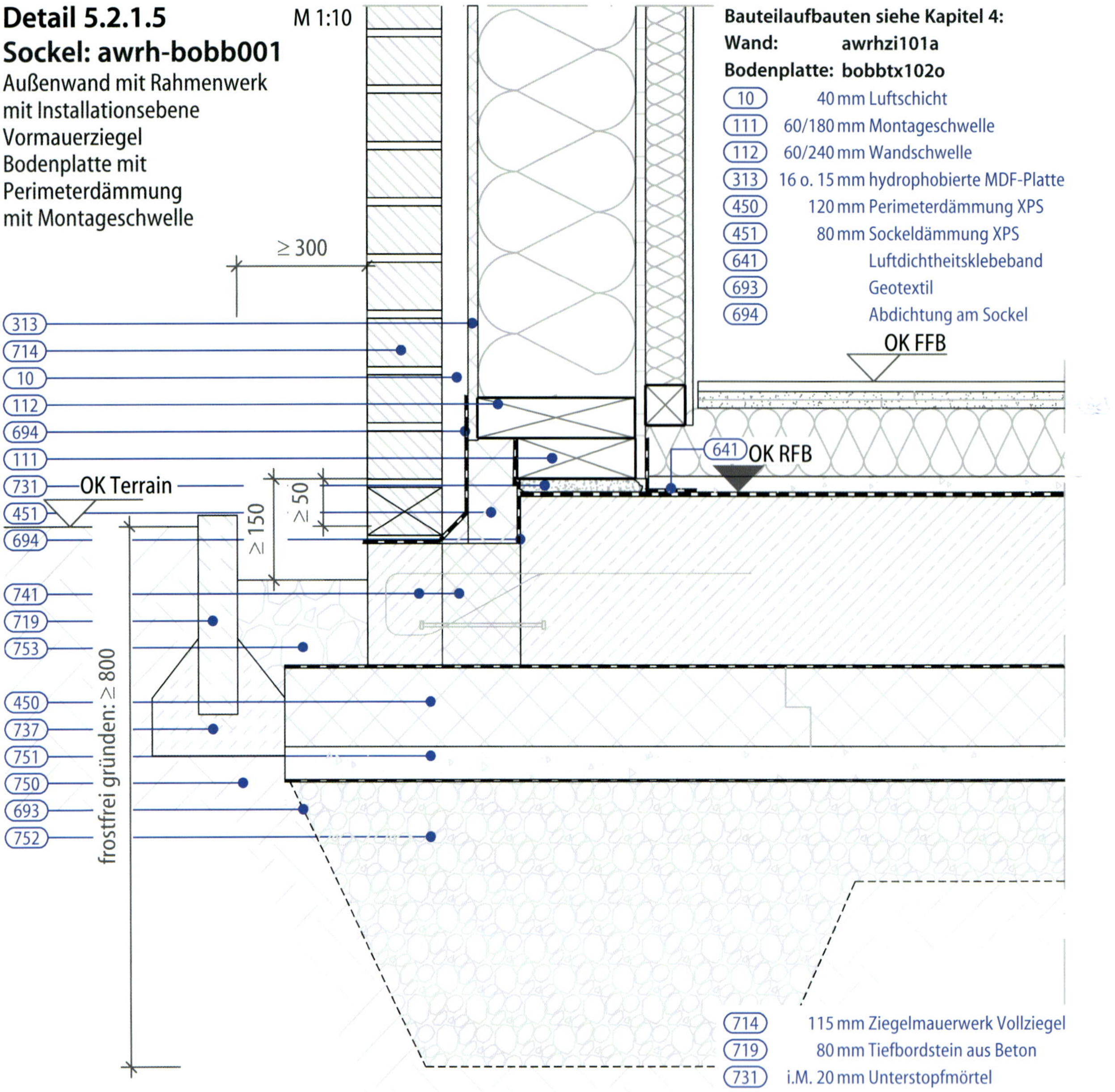

Bauteilaufbauten siehe Kapitel 4:
Wand: awrhzi101a
Bodenplatte: bobbtx102o

(10) 40 mm Luftschicht
(111) 60/180 mm Montageschwelle
(112) 60/240 mm Wandschwelle
(313) 16 o. 15 mm hydrophobierte MDF-Platte
(450) 120 mm Perimeterdämmung XPS
(451) 80 mm Sockeldämmung XPS
(641) Luftdichtheitsklebeband
(693) Geotextil
(694) Abdichtung am Sockel

(714) 115 mm Ziegelmauerwerk Vollziegel
(719) 80 mm Tiefbordstein aus Beton
(731) i.M. 20 mm Unterstopfmörtel
(737) Mörtelbett
(741) thermisch getrennte Konsole
(750) Erdreich
(751) 50 mm Sauberkeitsschicht
(752) 150 mm Kiesfilterschicht
(753) Kiesbett (Korngröße mind. 16/32)

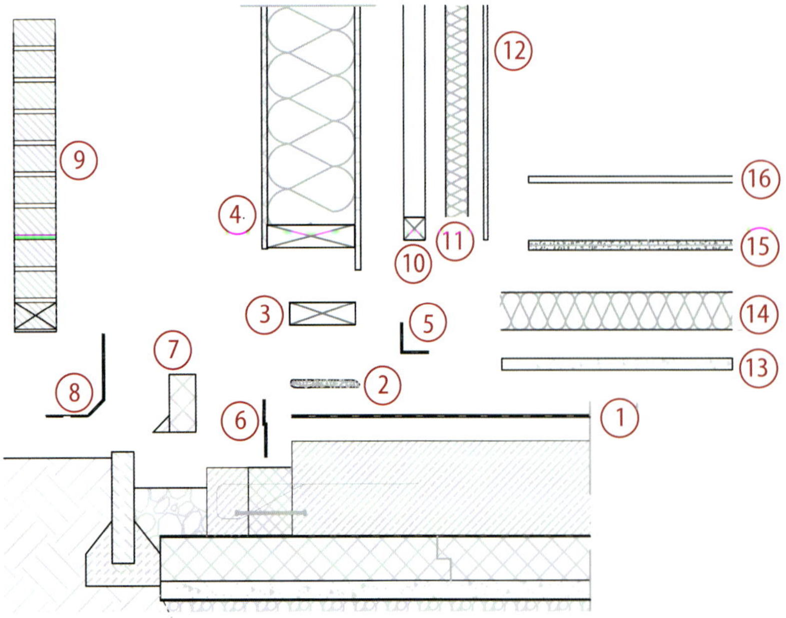

Montagereihenfolge M 1:20
1 Abdichtung auf Bodenplatte
2 Nivellierklötze + Quellmörtel aufbringen
3 Montageschwelle ausrichten und befestigen
4 Wandelement montieren
5 luftdicht verkleben
6 äußere Abdichtung im Sockelbereich
7 Sockeldämmung anbringen
8 untere Abdichtung Hinterlüftungsebene anbringen
9 Vormauerziegel mauern
10 Unterkonstruktion Installationsebene
11 nach HLS/E-Installationen: Dämmung
12 Gipsplatten + Verspachtelung
13 Ausgleichsschüttung einbringen, abziehen
14 Bodenplattendämmung verlegen
15 Trockenestrich verlegen
16 Bodenbelag + Fußleisten montieren

Detail 5.2.1.6 M 1:10
Sockel: awro-bobb003

Außenwand mit Rahmenwerk
mit Installationsebene
Putzfassade
Bodenplatte mit Perimeterdämmung
Betonaufkantung
ohne Montageschwelle

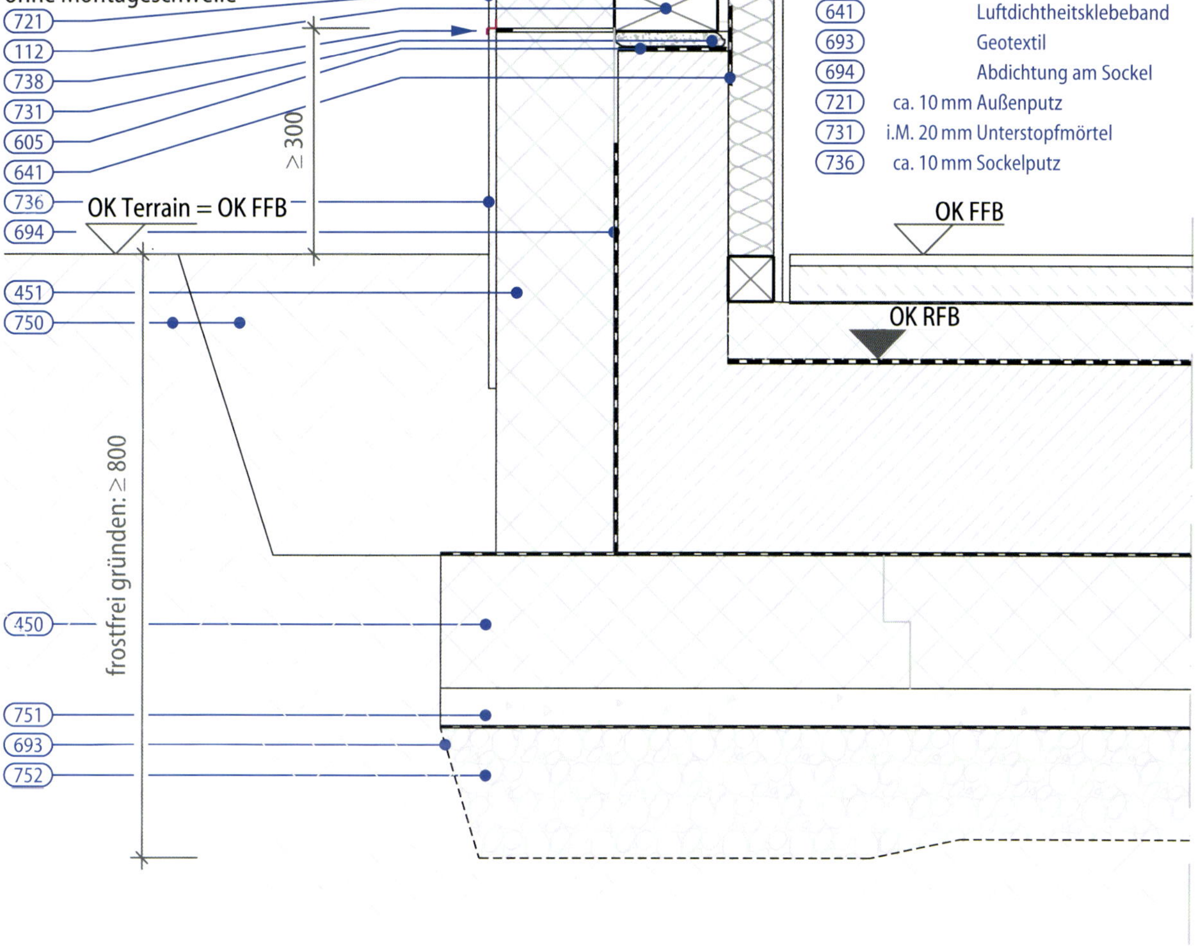

Bauteilaufbauten siehe Kapitel 4:
Wand: awropiXXXa
Bodenplatte: bobbnx101o

(112) 60/240 mm Wandschwelle
(316) 18 mm BFU
(451) 160 mm Sockeldämmung XPS
(605) Sperrbahn
(641) Luftdichtheitsklebeband
(693) Geotextil
(694) Abdichtung am Sockel
(721) ca. 10 mm Außenputz
(731) i.M. 20 mm Unterstopfmörtel
(736) ca. 10 mm Sockelputz

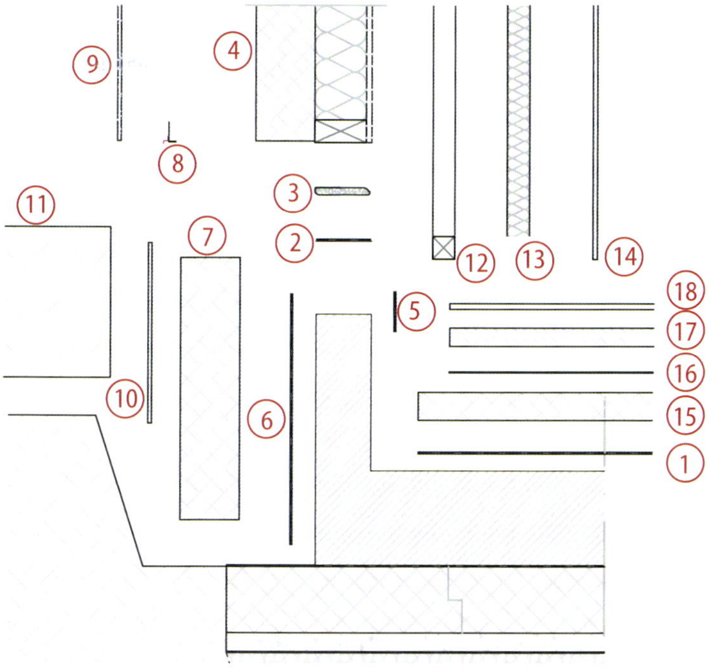

(738) Sockelprofil + Kompriband
(750) Erdreich
(751) 50 mm Sauberkeitsschicht
(752) 150 mm Kiesfilterschicht

Montagereihenfolge M 1:20
1 Abdichtung auf Bodenplatte
2 Sperrbahn auf Betonkante auflegen (optional)
3 Nivellierklötze + Quellmörtel aufbringen
4 Wandelement montieren
5 luftdicht verkleben
6 äußere Abdichtung auf Betonaufkantung
7 Sockeldämmung anbringen
8 Kompriband und Sockelprofil anbringen
9 Sockelputz aufbringen
10 Außenputz aufbringen
11 Verfüllen und Außenanlage herstellen
12 Unterkonstruktion Installationsebene
13 nach HLS/E-Installationen: Dämmung
14 Gipsplatte anbringen + verspachteln
15 bis 18 Bodenaufbau einbauen

5.2.2 Anschluss Außenwand an Kellerdecke

Detail 5.2.2.1 M 1:10

Sockel: awro-kdbu001

Außenwand mit Rahmenwerk
mit Installationsebene
Putzfassade
Kellerdecke mit Dämmung von unten
unbeheizter Keller
ohne Montageschwelle

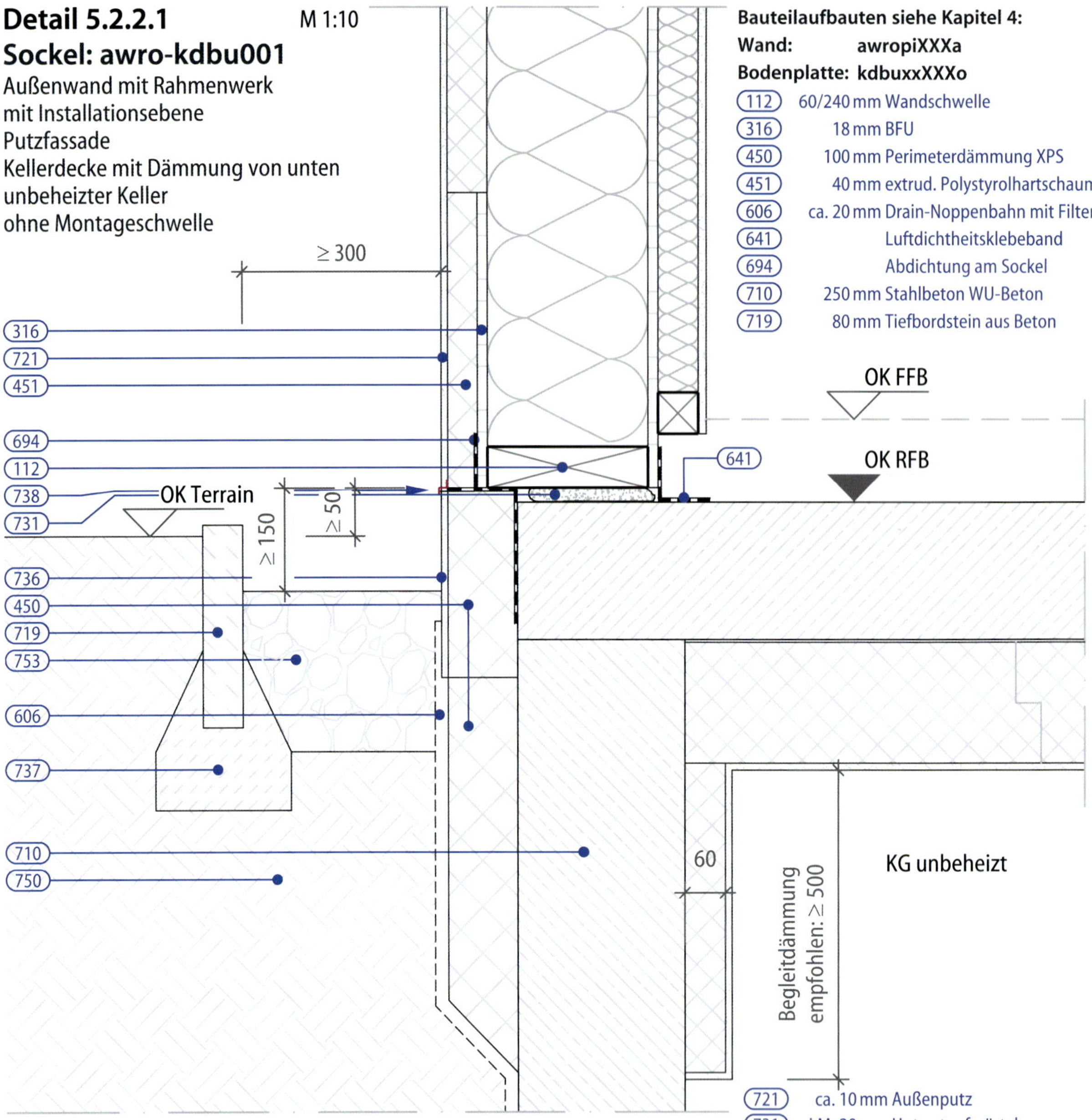

Bauteilaufbauten siehe Kapitel 4:
Wand: awropiXXXa
Bodenplatte: kdbuxxXXXo

(112) 60/240 mm Wandschwelle
(316) 18 mm BFU
(450) 100 mm Perimeterdämmung XPS
(451) 40 mm extrud. Polystyrolhartschaum XPS
(606) ca. 20 mm Drain-Noppenbahn mit Filtervlies
(641) Luftdichtheitsklebeband
(694) Abdichtung am Sockel
(710) 250 mm Stahlbeton WU-Beton
(719) 80 mm Tiefbordstein aus Beton
(721) ca. 10 mm Außenputz
(731) i.M. 20 mm Unterstopfmörtel
(736) ca. 10 mm Sockelputz
(737) Mörtelbett
(738) Sockelprofil + Kompriband
(750) Erdreich
(753) Kiesbett (Korngröße min. 16/32)

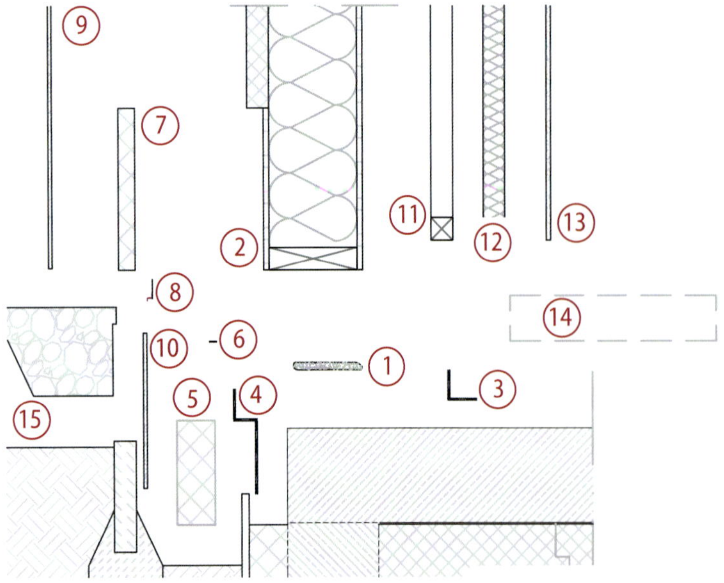

Montagereihenfolge M 1:20
1 Nivellierklötze + Quellmörtel aufbringen
2 Wandelement montieren
3 luftdicht verkleben
4 äußere Abdichtung im Sockelbereich
5 Perimeterdämmung anbringen
6 Kompriband einbauen
7 Sockeldämmung anbringen
8 Sockelprofil/Sockelschiene einbauen
9 Außenputz aufbringen
10 Sockelputz aufbringen
11 Unterkonstruktion Installationsebene
12 nach HLS/E-Installationen: Dämmung
13 Gipsplatten + Verspachtelung
14 Bodenaufbau einbauen
15 Kiesstreifen mit Außenanlagen herstellen

Detail 5.2.2.2 M 1:10
Sockel: awro-kdbn001

Außenwand mit Rahmenwerk
mit Installationsebene
Putzfassade
Kellerdecke ohne Wärmedämmung
beheizter Keller
ohne Montageschwelle

Bauteilaufbauten siehe Kapitel 4:
Wand: awropiXXXa
Bodenplatte: kdbnxxXXXo

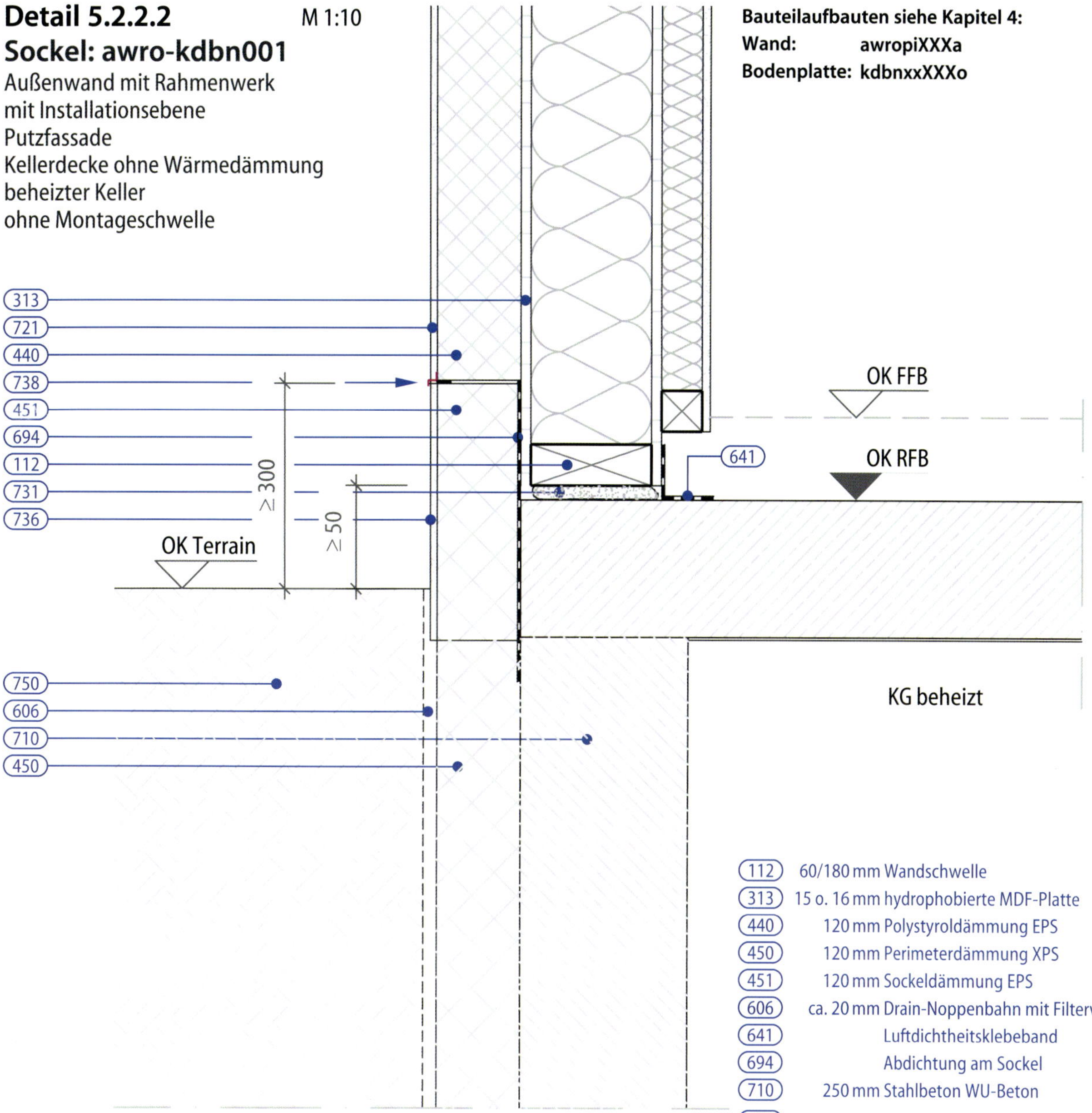

112	60/180 mm Wandschwelle
313	15 o. 16 mm hydrophobierte MDF-Platte
440	120 mm Polystyroldämmung EPS
450	120 mm Perimeterdämmung XPS
451	120 mm Sockeldämmung EPS
606	ca. 20 mm Drain-Noppenbahn mit Filtervlies
641	Luftdichtheitsklebeband
694	Abdichtung am Sockel
710	250 mm Stahlbeton WU-Beton
721	ca. 10 mm Außenputz
731	i.M. 20 mm Unterstopfmörtel
736	ca. 10 mm Sockelputz
738	Sockelprofil + Kompriband
750	Erdreich

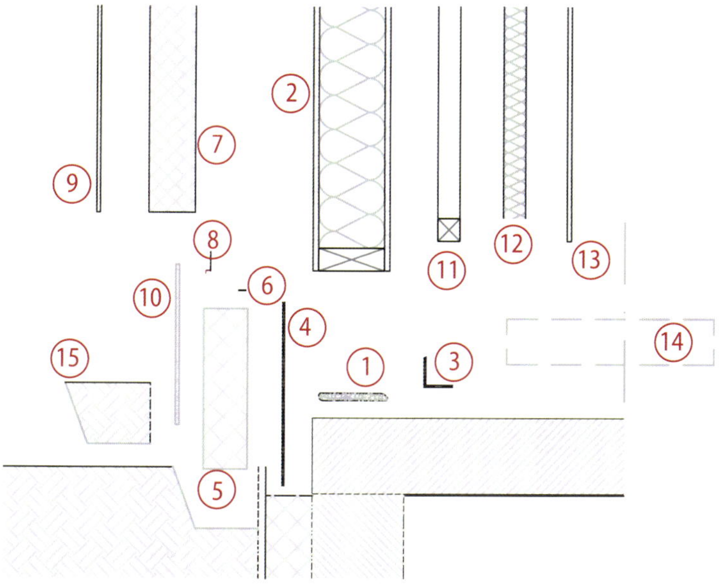

Montagereihenfolge M 1:20

1 Nivellierklötze + Quellmörtel aufbringen
2 Wandelement montieren
3 luftdicht verkleben
4 äußere Abdichtung im Sockelbereich
5 Sockeldämmung anbringen
6 Kompriband einbauen
7 Fassadendämmung anbringen
8 Sockelprofil/Sockelschiene einbauen
9 Außenputz aufbringen
10 Sockelputz aufbringen
11 Unterkonstruktion Installationsebene
12 nach HLS/E-Installationen: Dämmung
13 Gipsplatten + Verspachtelung
14 Bodenaufbau einbauen
15 Kiesstreifen mit Außenanlagen herstellen

Detail 5.2.2.3 M 1:10
Sockel: awrh-kdbn001

Außenwand mit Rahmenwerk
mit Installationsebene
Holzfassade
Kellerdecke ohne Wärmedämmung
beheizter Keller
mit Montageschwelle

Bauteilaufbauten siehe Kapitel 4:
Wand: awrhpiXXXa
Bodenplatte: kdbnxxXXXo

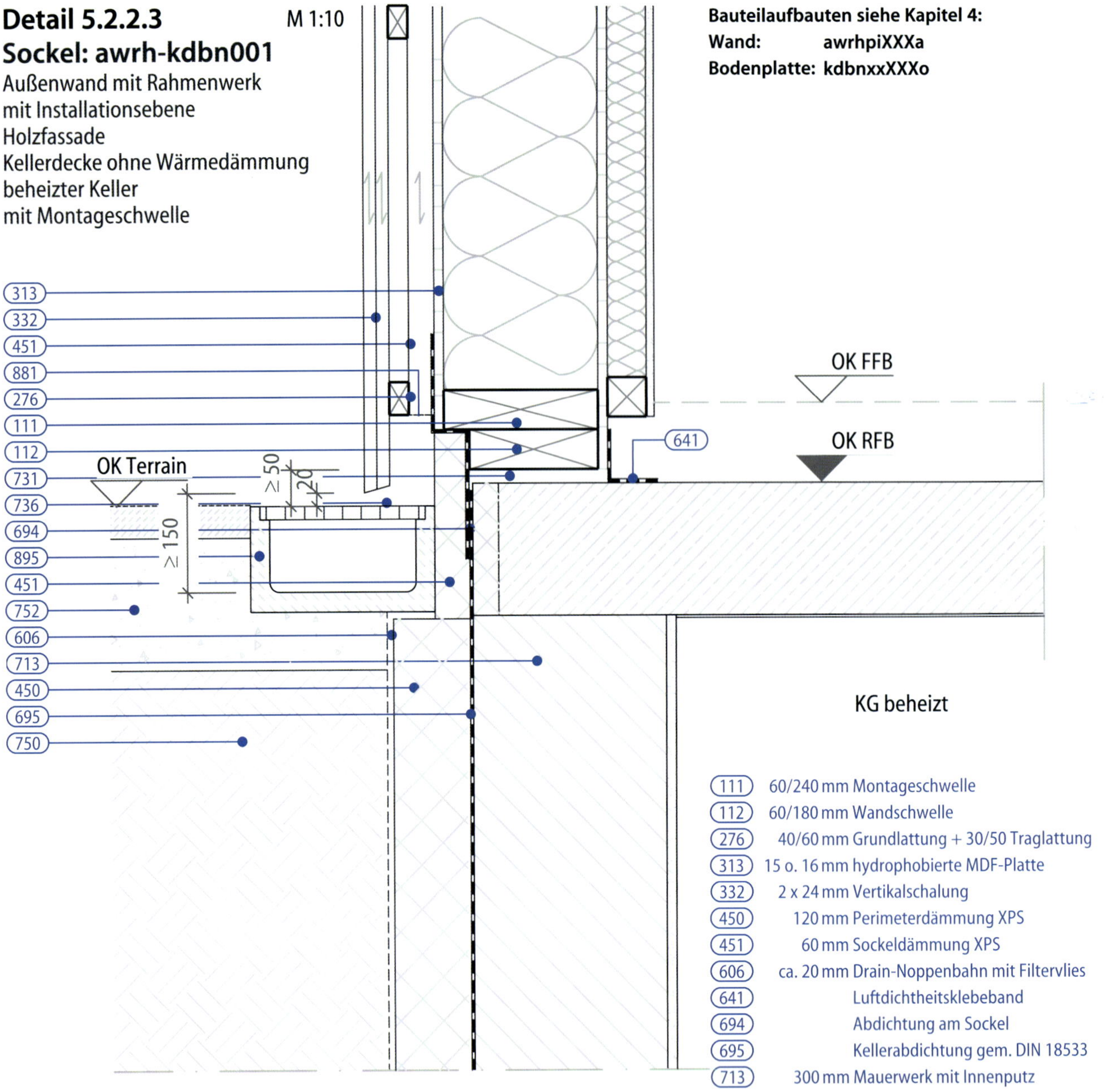

111	60/240 mm Montageschwelle
112	60/180 mm Wandschwelle
276	40/60 mm Grundlattung + 30/50 Traglattung
313	15 o. 16 mm hydrophobierte MDF-Platte
332	2 x 24 mm Vertikalschalung
450	120 mm Perimeterdämmung XPS
451	60 mm Sockeldämmung XPS
606	ca. 20 mm Drain-Noppenbahn mit Filtervlies
641	Luftdichtheitsklebeband
694	Abdichtung am Sockel
695	Kellerabdichtung gem. DIN 18533
713	300 mm Mauerwerk mit Innenputz
731	i.M. 20 mm Unterstopfmörtel
738	Sockelprofil + Kompriband
750	Erdreich
752	150 mm Kiesfilterschicht
881	Lüftungsgitter
895	Fassadenrinne

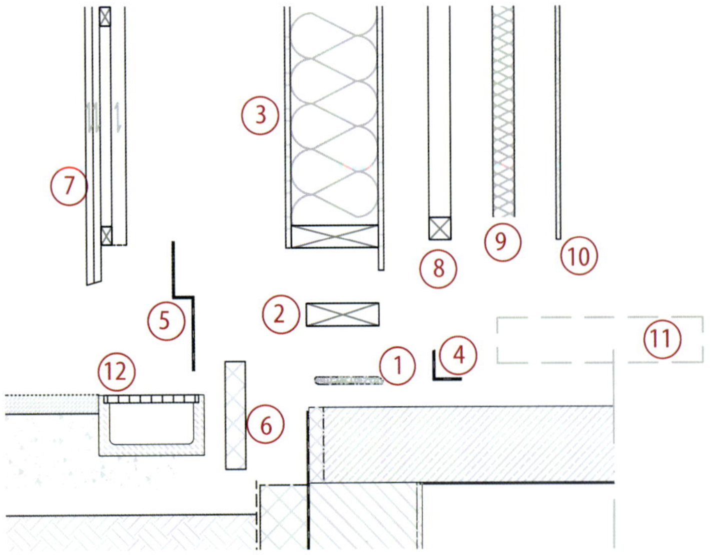

Montagereihenfolge M 1:20

1 Nivellierklötze + Quellmörtel aufbringen
2 Montageschwelle ausrichten und befestigen
3 Wandelement montieren
4 luftdicht verkleben
5 äußere Abdichtung im Sockelbereich
6 Sockeldämmung anbringen
7 hinterlüftete Fassade anbringen
8 Unterkonstruktion Installationsebene
9 nach HLS/E-Installationen: Dämmung
10 Gipsplatten + Verspachtelung
11 Bodenaufbau einbauen
12 Fassadenrinne auf Feinsplitt einbauen und Außenanlagen herstellen

Detail 5.2.2.4 M 1:10
Sockel: awjh-kdjg001

Außenwand mit Holzstegträger
mit Installationsebene
hinterlüftete Fassade
Kellerdecke mit Wärmedämmung
unbeheizter Keller
Montageschwelle unter Deckenelement

Bauteilaufbauten siehe Kapitel 4:
Wand: awjhhiXXXa
Bodenplatte: kdjgxxXXXa

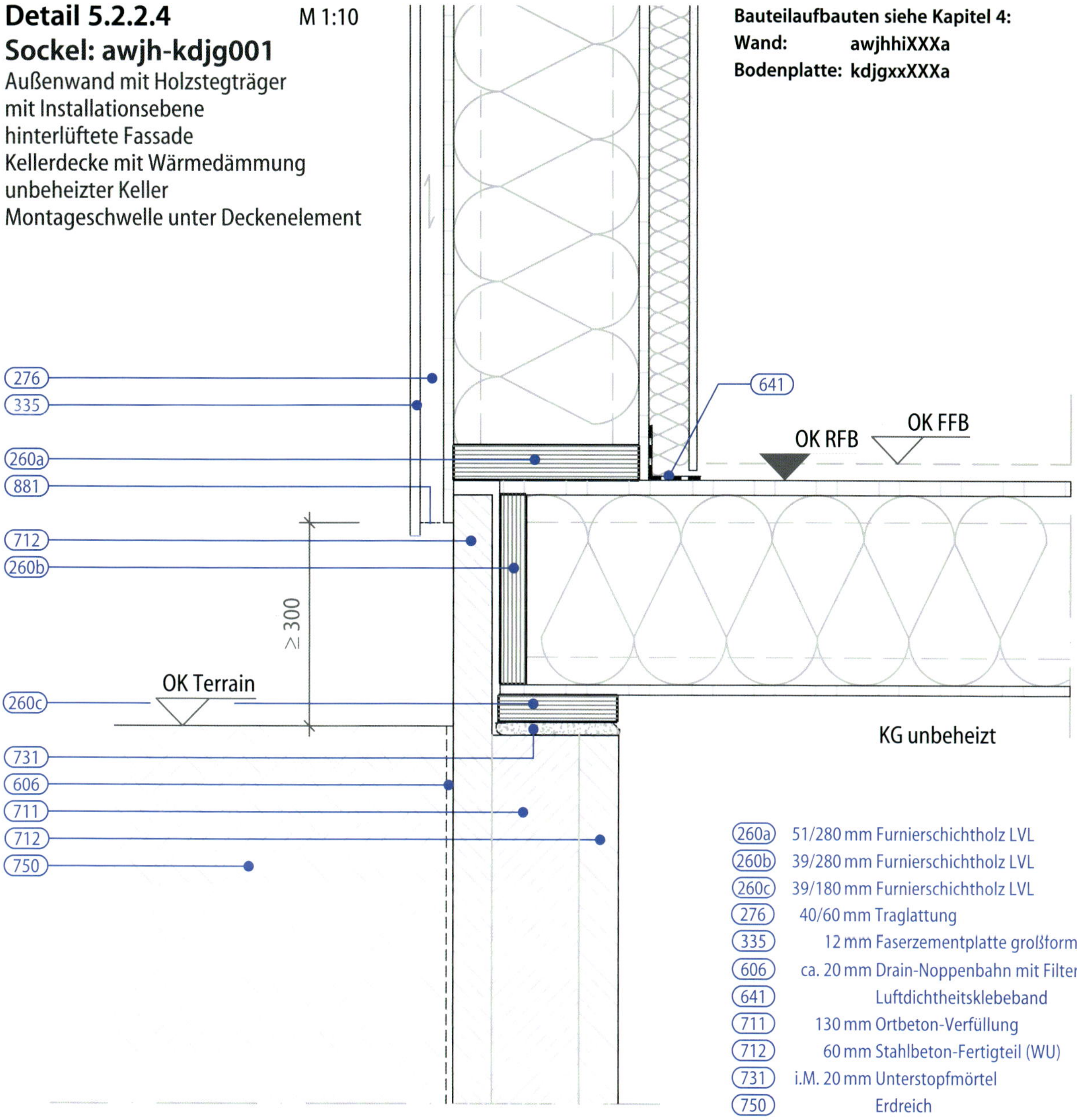

- 260a 51/280 mm Furnierschichtholz LVL
- 260b 39/280 mm Furnierschichtholz LVL
- 260c 39/180 mm Furnierschichtholz LVL
- 276 40/60 mm Traglattung
- 335 12 mm Faserzementplatte großformatig
- 606 ca. 20 mm Drain-Noppenbahn mit Filtervlies
- 641 Luftdichtheitsklebeband
- 711 130 mm Ortbeton-Verfüllung
- 712 60 mm Stahlbeton-Fertigteil (WU)
- 731 i.M. 20 mm Unterstopfmörtel
- 750 Erdreich
- 881 Lüftungsgitter

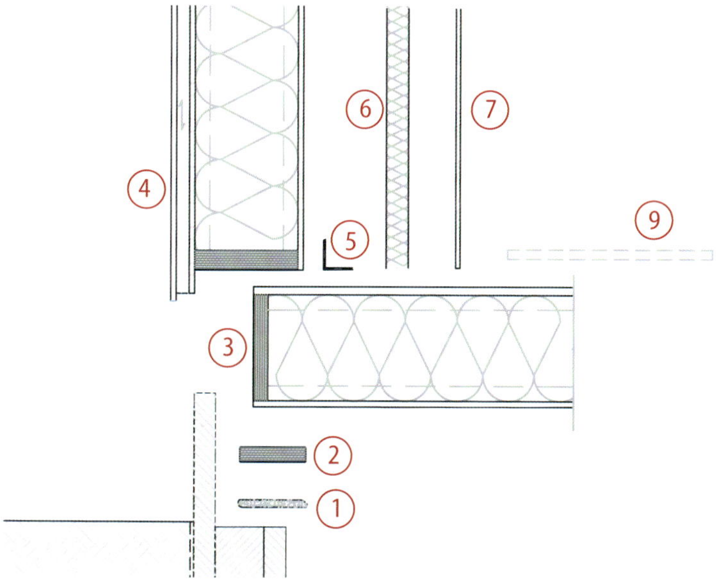

Montagereihenfolge M 1:20

1. Nivellierklötze + Quellmörtel aufbringen
2. Montageschwelle montieren
3. KG-Deckenelement montieren
4. vorgefertigtes Wandelement (inkl. vormontierter Fassade) montieren
5. luftdicht verkleben
6. Unterkonstruktion Installationsebene
7. nach HLS/E-Installationen: Dämmung
8. Gipsplatten + Verspachtelung
9. Bodenbelag verlegen

5.2.3 Anschluss Kellerwand an Gründungsplatte

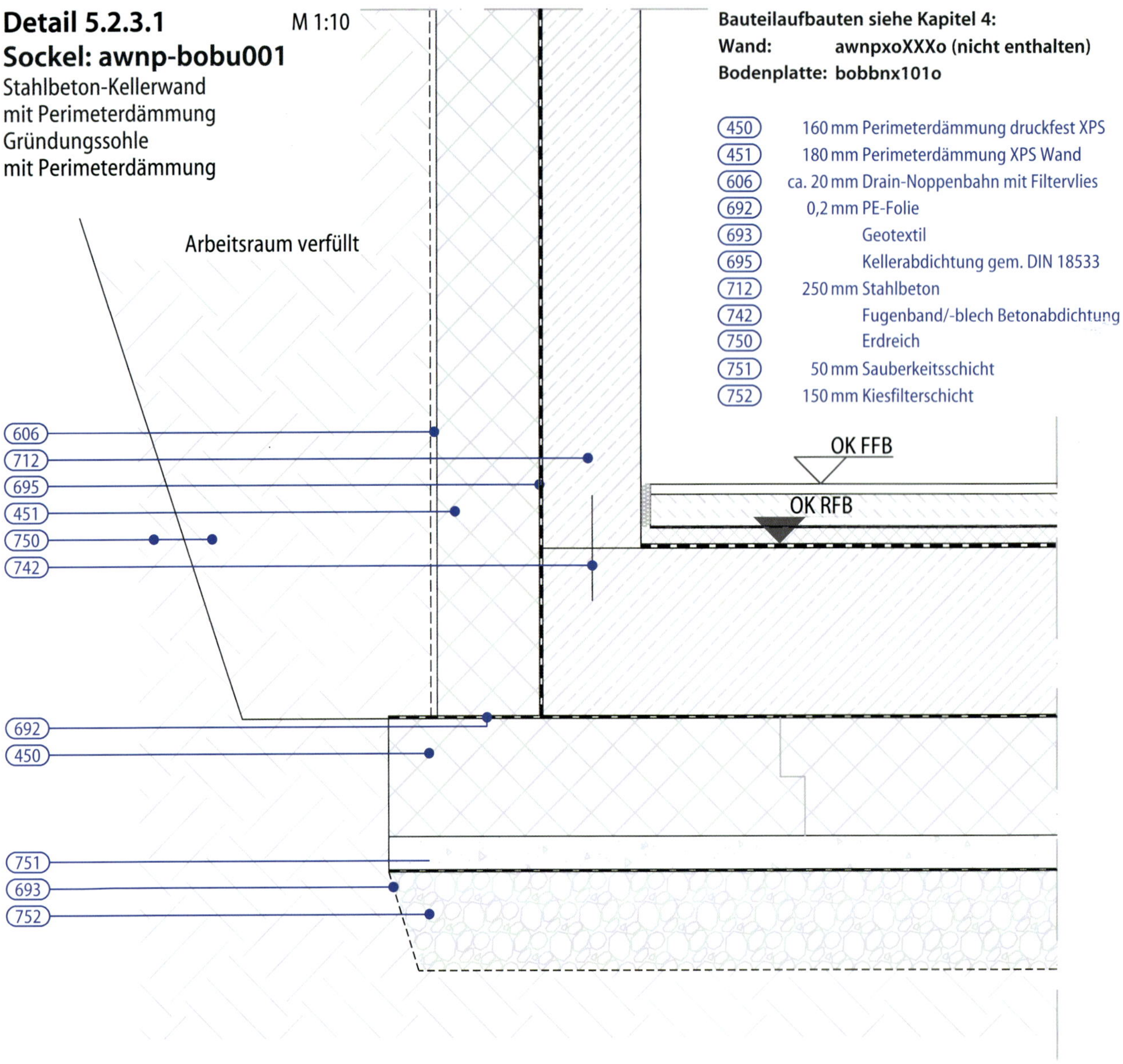

Detail 5.2.3.2 M 1:10
Sockel: awnm-bobn0001

Stahlbeton-Kellerwand
ungedämmt
Gründungssohle
ungedämmt

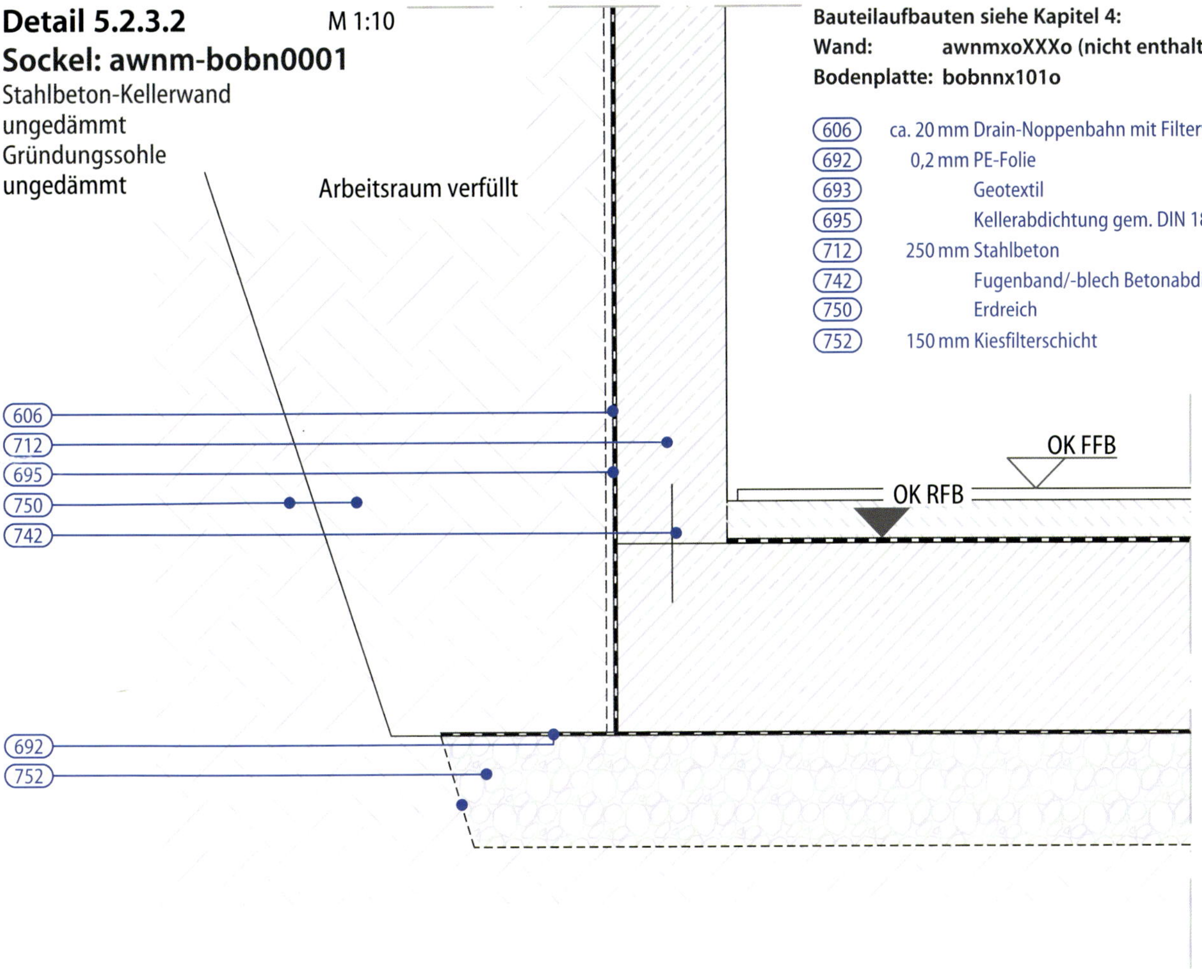

Bauteilaufbauten siehe Kapitel 4:
Wand: awnmxoXXXo (nicht enthalten)
Bodenplatte: bobnnx101o

- (606) ca. 20 mm Drain-Noppenbahn mit Filtervlies
- (692) 0,2 mm PE-Folie
- (693) Geotextil
- (695) Kellerabdichtung gem. DIN 18533
- (712) 250 mm Stahlbeton
- (742) Fugenband/-blech Betonabdichtung
- (750) Erdreich
- (752) 150 mm Kiesfilterschicht

beispielhafte Ausführung mit Hohlkehle

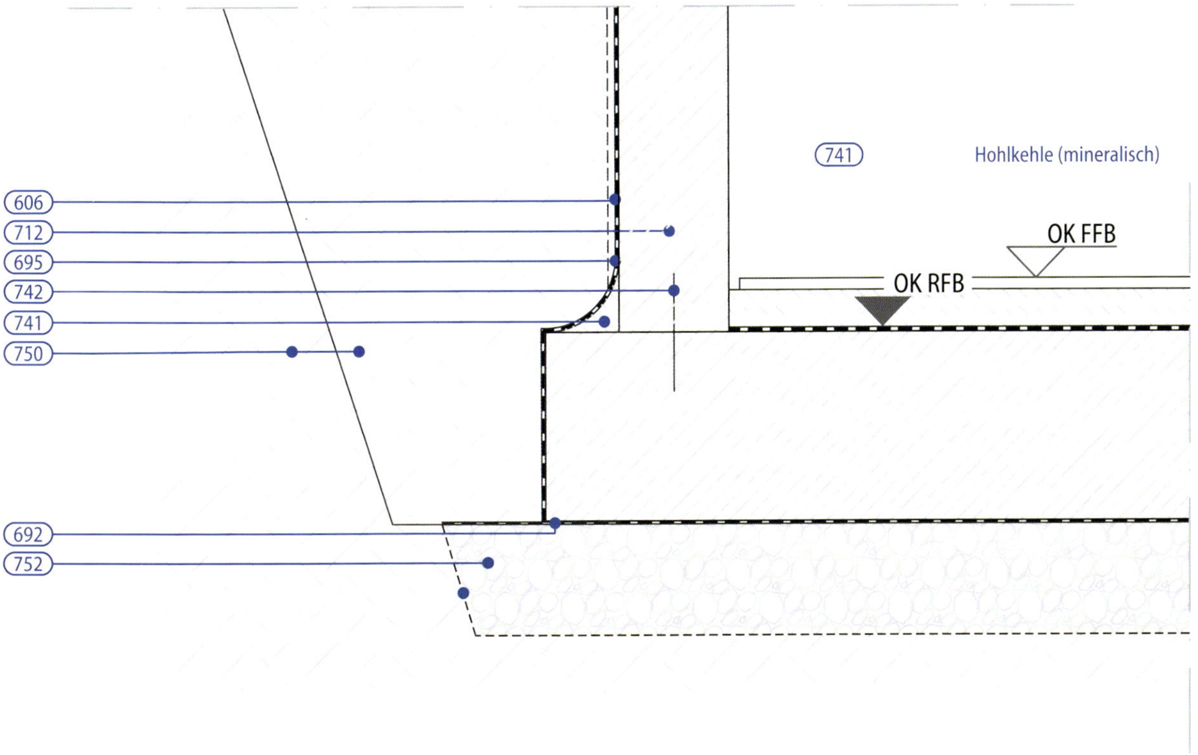

- (741) Hohlkehle (mineralisch)

5.2.4 Anschluss tragende Innenwand an Bodenplatte

Detail 5.2.4.1 M 1:10
Anschluss tragende Innenwand an Bodenplatte: iwrx-gdrx002

Vertikalschnitt
Innenwand mit Rahmenwerk, tragend
einfach und doppelt beplankt, ohne Installationsebene
Bodenplatte
oder Kellerdecke

Bauteilaufbauten siehe Kapitel 4:
Innenwand: iwrxxoXXXab
Bodenplatte: bobbxxXXXo

(125) 160/220 mm Verklotzung Sichtholz (KVH SI)
(510) 8,0 x 160 mm Schrauben

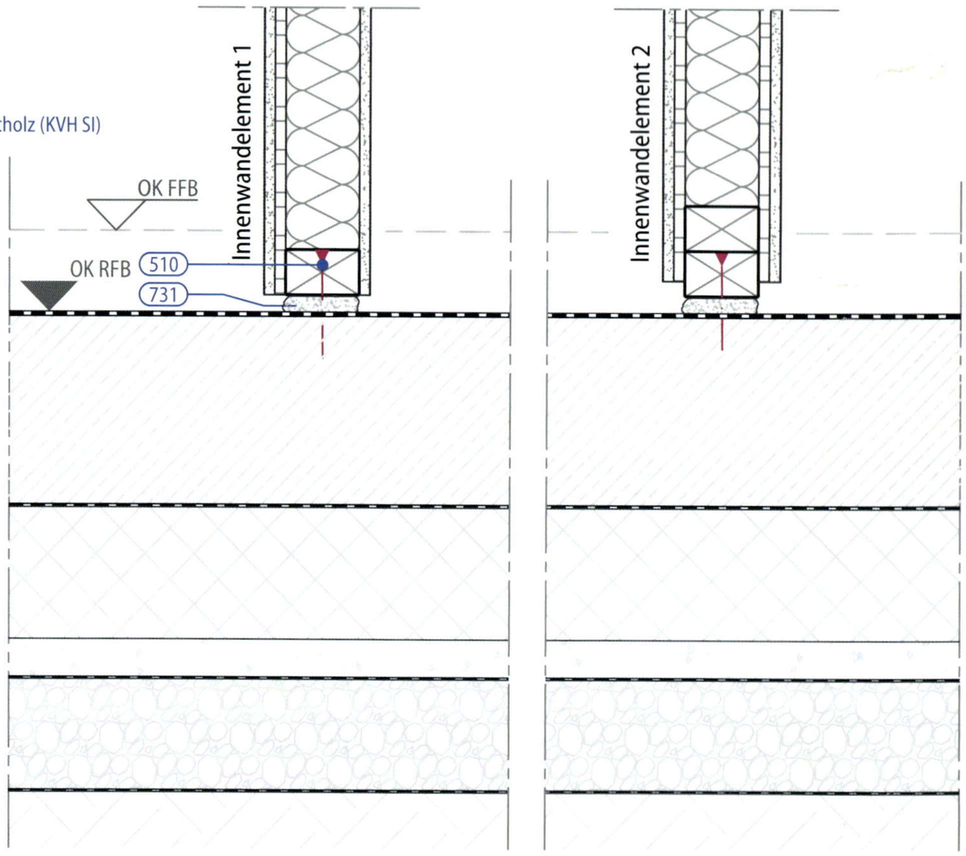

beispielhafter
Bodenplattenaufbau
Dämmung unter BP

alternativ: Kellerdecke

Montagereihenfolge einseitig beplankte IW M 1:20
1 Nivellier-Unterlagmaterial auslegen und Quellmörtel aufbringen
2 Montage tragendes Innenwandelement 1
3 nach HLS/E-Installationen: Dämmung
4 Gipsplatten und Verspachtelung
5 Fußbodenaufbau herstellen

Montagereihenfolge beidseitig beplankte IW M 1:20
1 Nivellier-Unterlagmaterial auslegen und Quellmörtel aufbringen
2 Montageschwelle aufdübeln
3 Montage tragendes Innenwandelement 2
4 Fußbodenaufbau herstellen

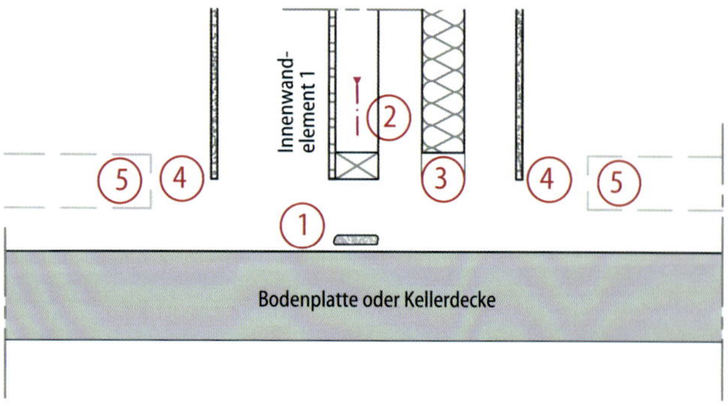

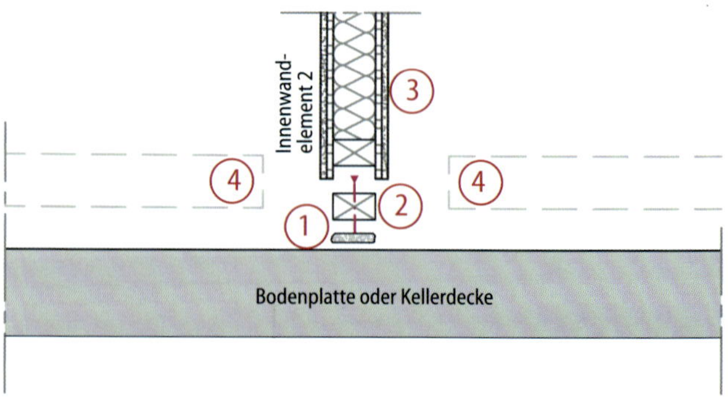

5.3 Wandanschlüsse

Die im Folgenden im Horizontalschnitt dargestellten Wandanschlüsse werden, sofern 2 identische Wandtypen aneinander angeschlossen werden, jeweils mit der kompletten Wandbezeichnung gemäß Nomenklatur angegeben.

Abb. 5.6: Außenwandecke eines Holzrahmenbaus bei der Montage

Abb. 5.8: Außenwandecke eines Holzrahmenbaus als Modell

Abb. 5.7: Innenwandelement am Kran

5.3.1 Anschluss Außenwand-Außenecke

Putzfassade

Detail 5.3.1.1 M 1:10
Außenwand-Außenecke: awro-awro001

Horizontalschnitt
Außenwand mit Rahmenwerk
Putzfassade
ohne Installationsebene

Bauteilaufbauten siehe Kapitel 4:
Wand: awropo101b

Montagereihenfolge M 1:20
1 Wandelemente aneinander anschließen
2 Ecke verschrauben
Plattenstöße verklammern
3 luftdicht verkleben
4 Gipsplatten und Verspachtelung
5 Außenputz aufbringen:
Grundputz mit Armierungsgewebe, Oberputz

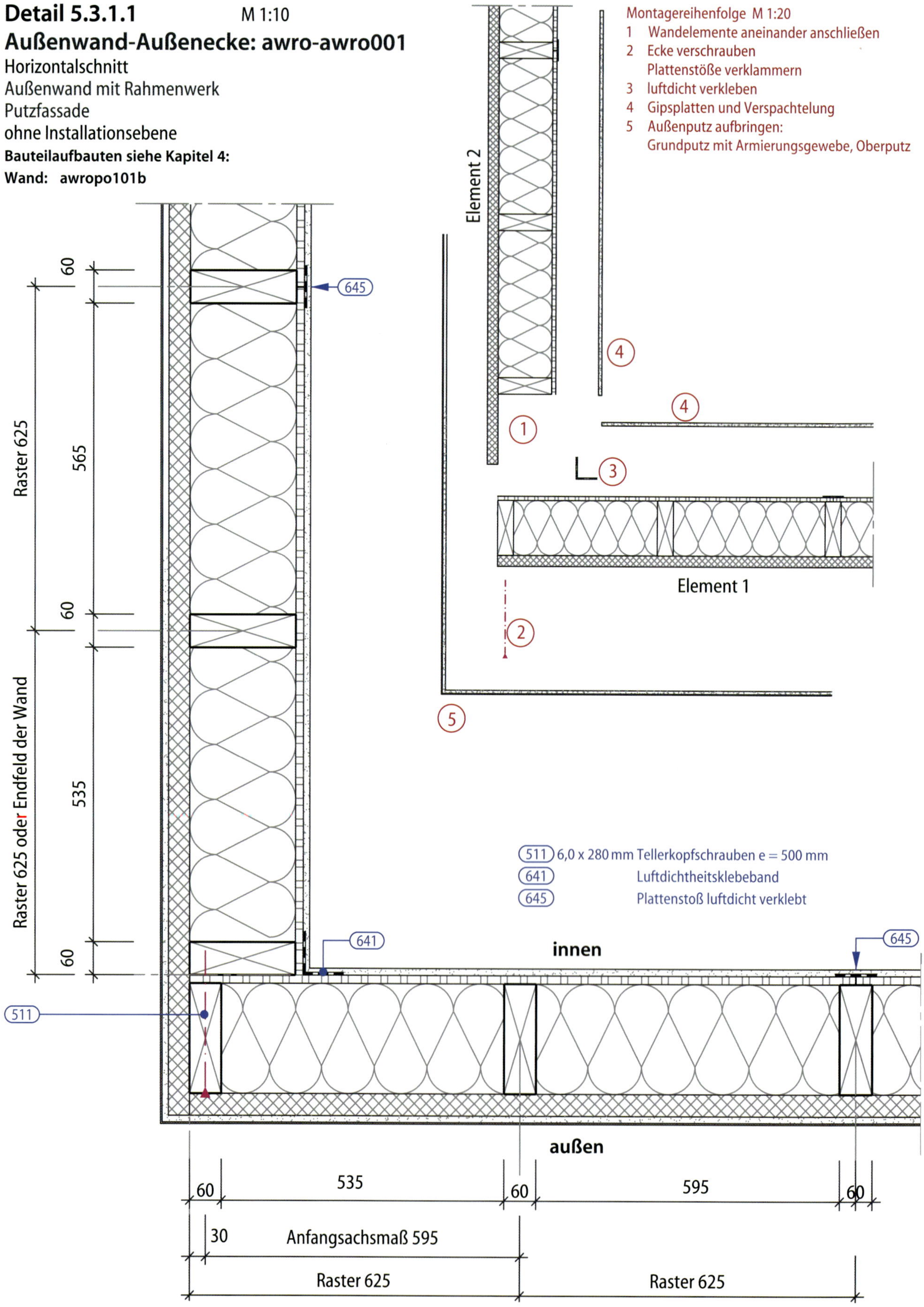

511 6,0 x 280 mm Tellerkopfschrauben e = 500 mm
641 Luftdichtheitsklebeband
645 Plattenstoß luftdicht verklebt

Detail 5.3.1.2 M 1:10

Außenwand-Außenecke: awro-awro002

Horizontalschnitt
Außenwand mit Rahmenwerk
Putzfassade
ohne Installationsebene

Bauteilaufbauten siehe Kapitel 4:

Wand: awropo102b

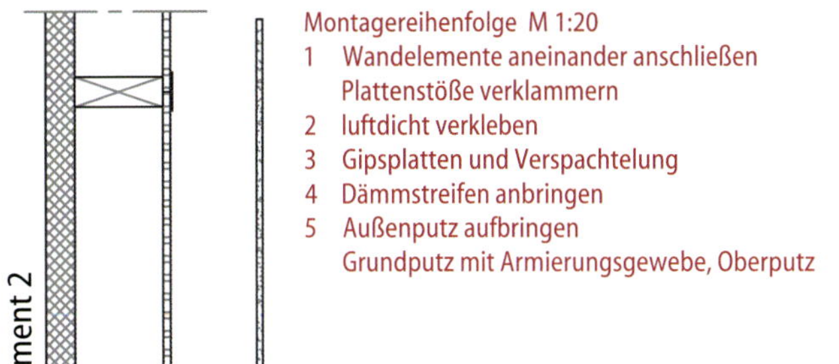

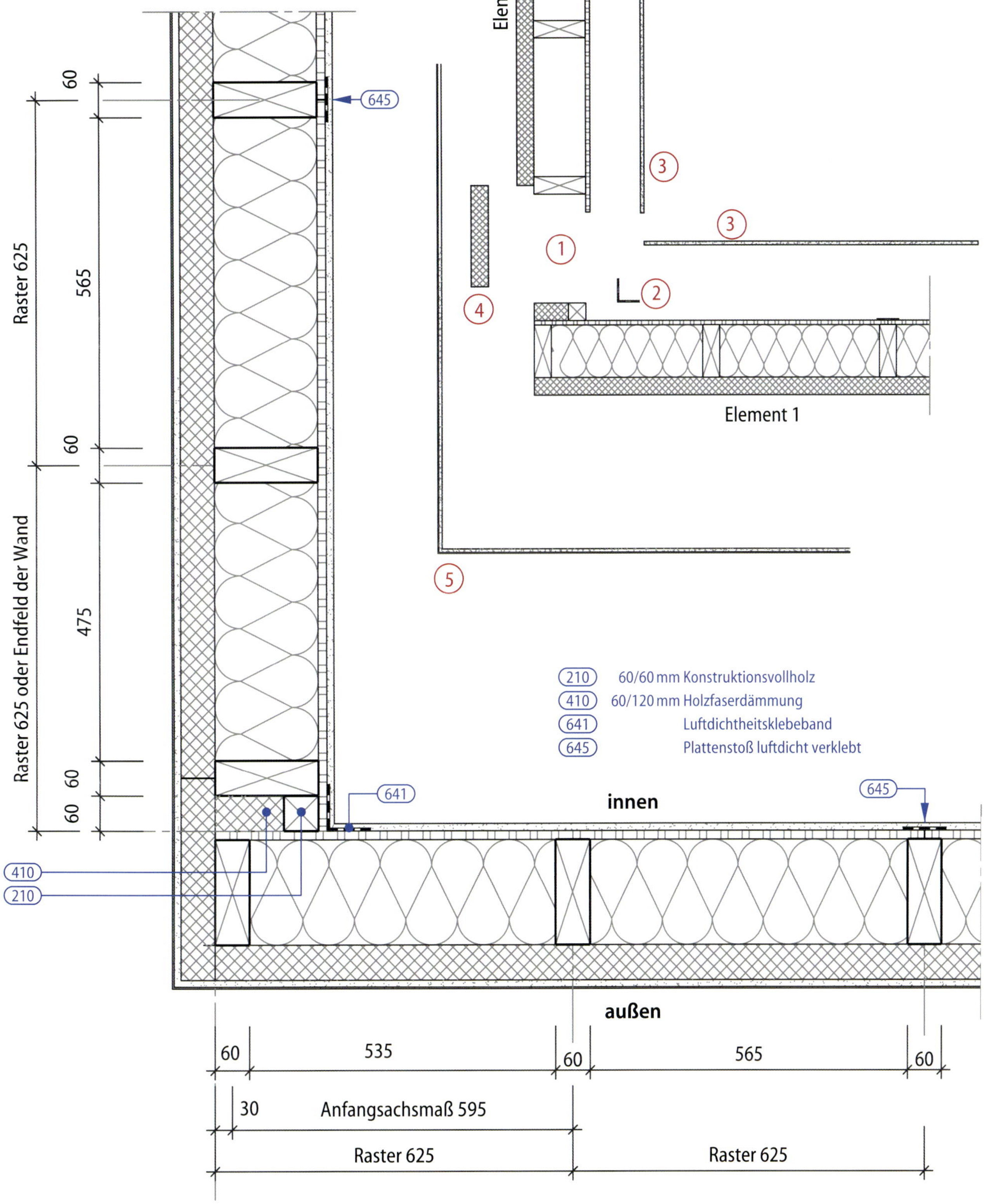

Detail 5.3.1.3 M 1:10

Außenwand-Außenecke: awjo-awjo001

Horizontalschnitt
Außenwand mit Holzstegträger
Putzfassade
ohne Installationsebene

Bauteilaufbauten siehe Kapitel 4:
Wand: awjopo101b

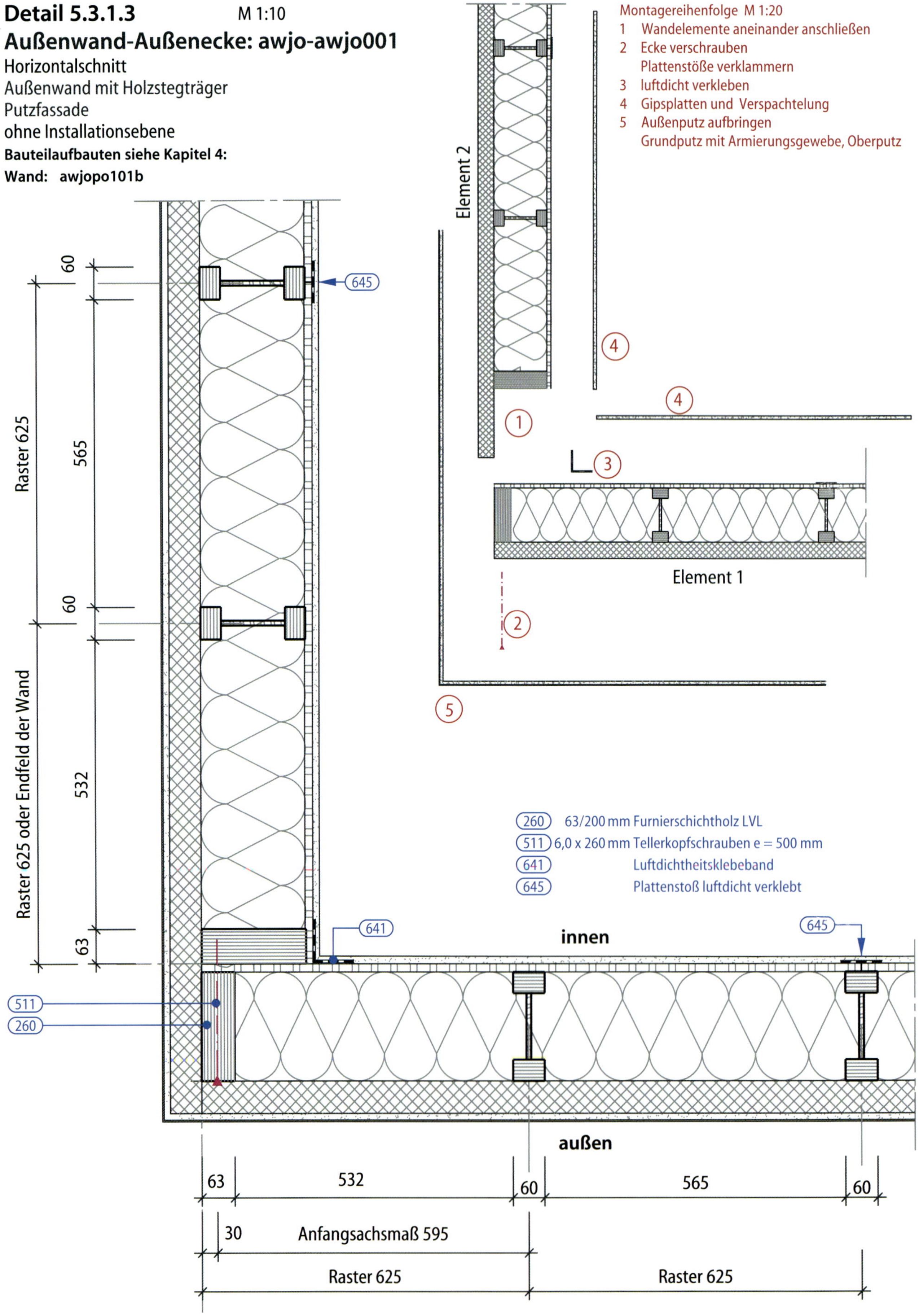

Detail 5.3.1.4 M 1:10

Außenwand-Außenecke: awro-awro003

Horizontalschnitt
Außenwand mit Rahmenwerk
Putzfassade
mit Installationsebene

Bauteilaufbauten siehe Kapitel 4:
Wand: awropi101a

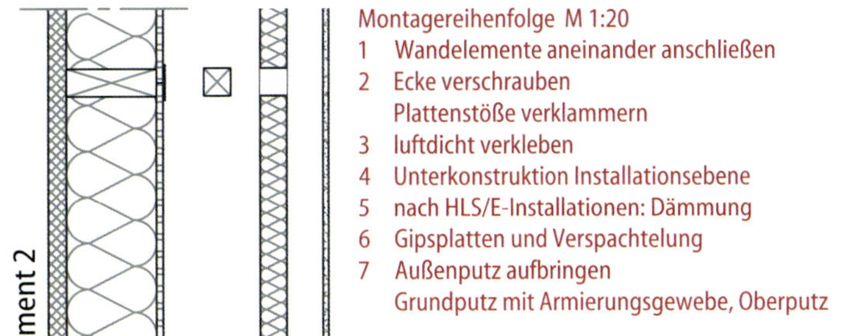

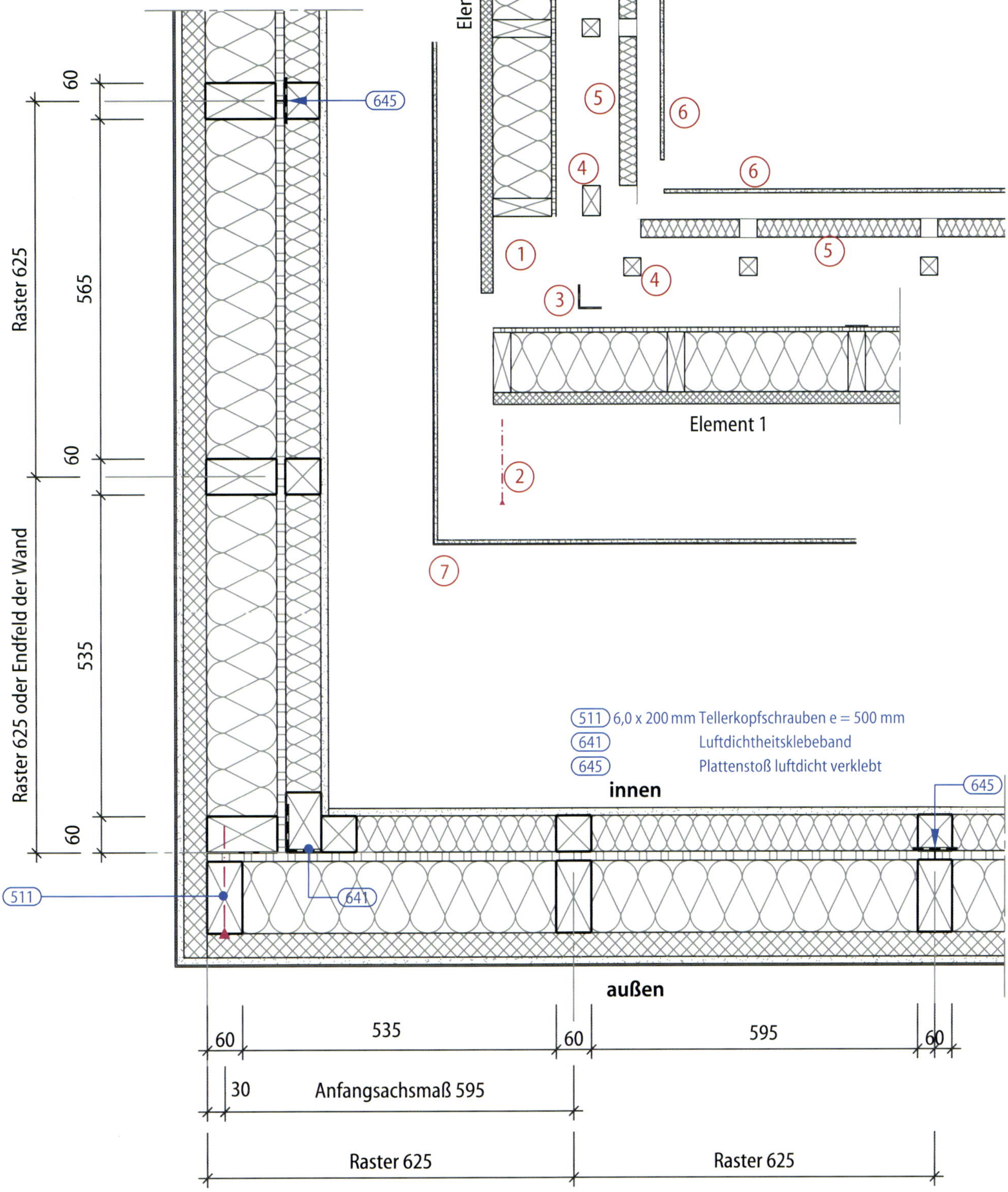

Detail 5.3.1.5 M 1:10

Außenwand-Außenecke: awjo-awjo002

Horizontalschnitt
Außenwand mit Holzstegträger
Putzfassade
mit Installationsebene

Bauteilaufbauten siehe Kapitel 4:
Wand: awjopi110a

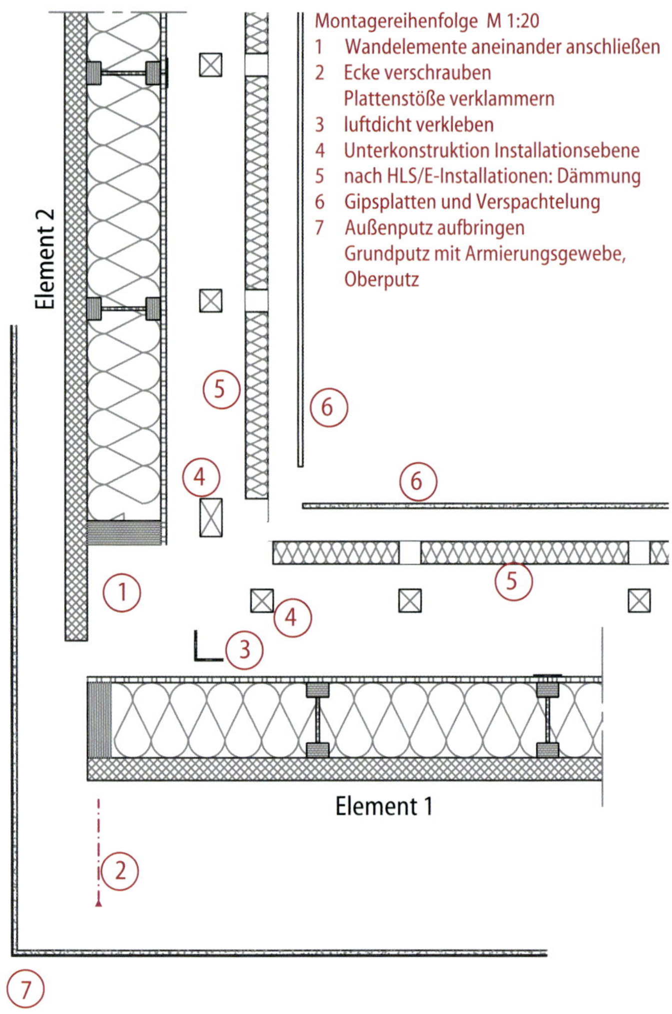

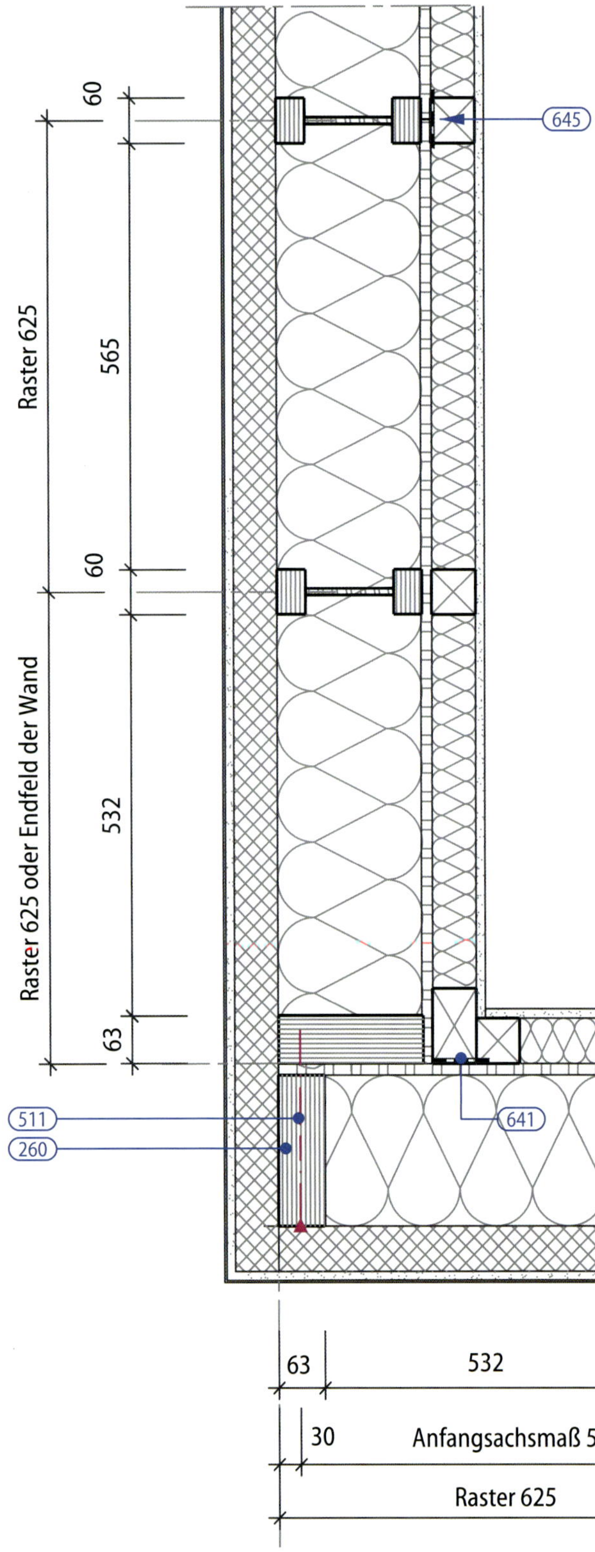
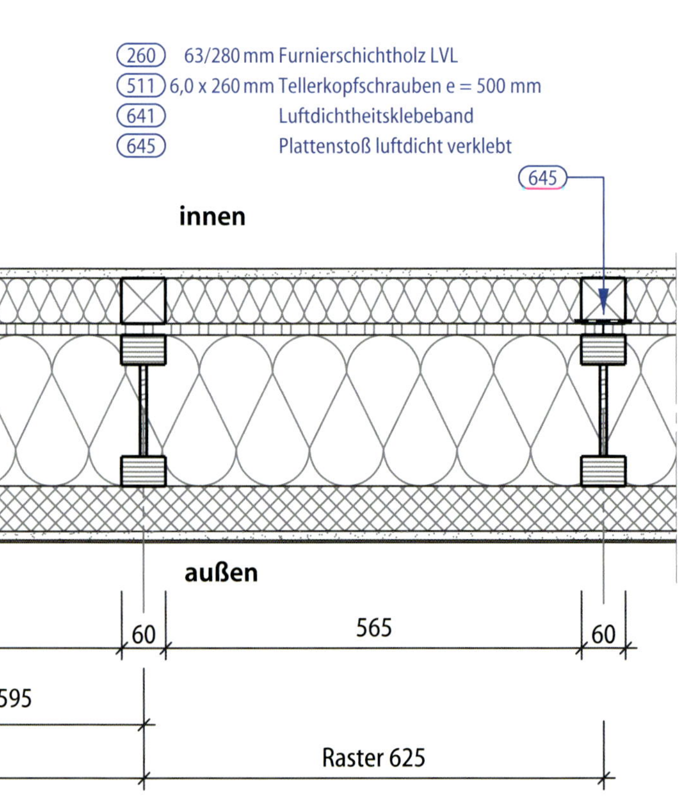

Hinterlüftete Fassade

Detail 5.3.1.6 M 1:10

Außenwand-Außenecke: awjh-awjh001

Horizontalschnitt
Außenwand mit Holzstegträger
hinterlüftete Fassade (horizontal)
ohne Installationsebene

Bauteilaufbauten siehe Kapitel 4:
Wand: awjhho110b

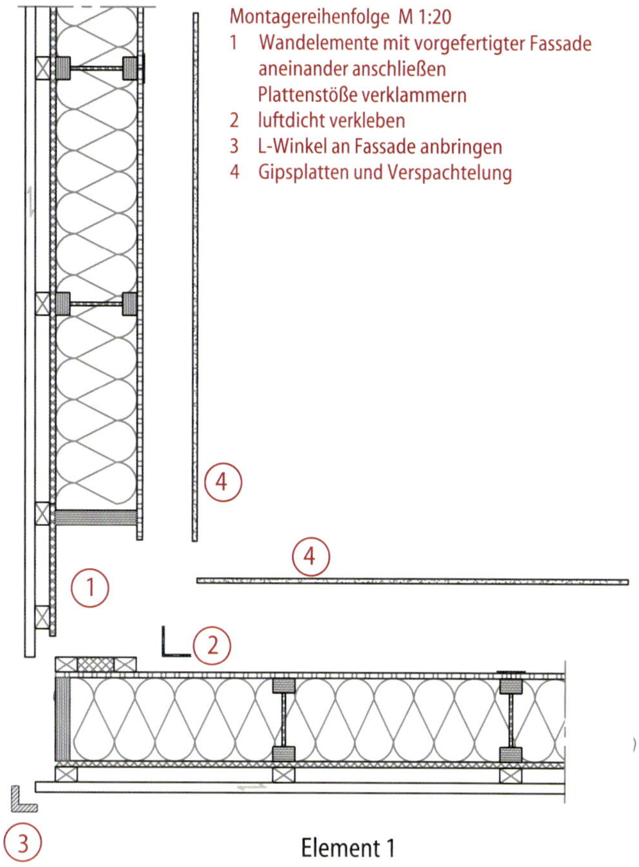

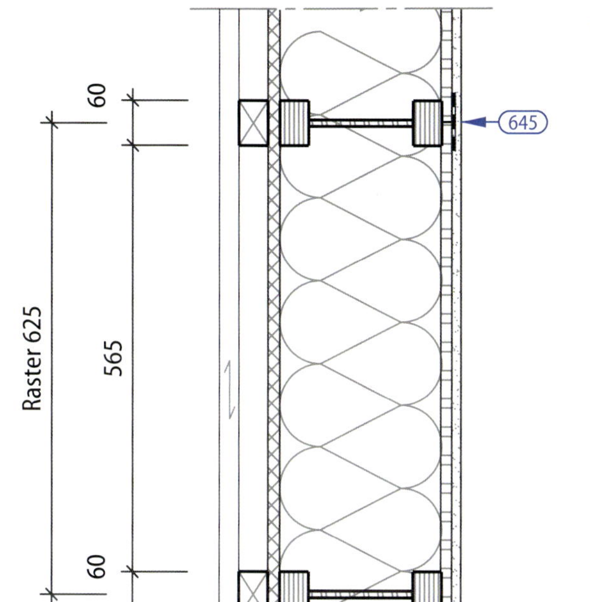

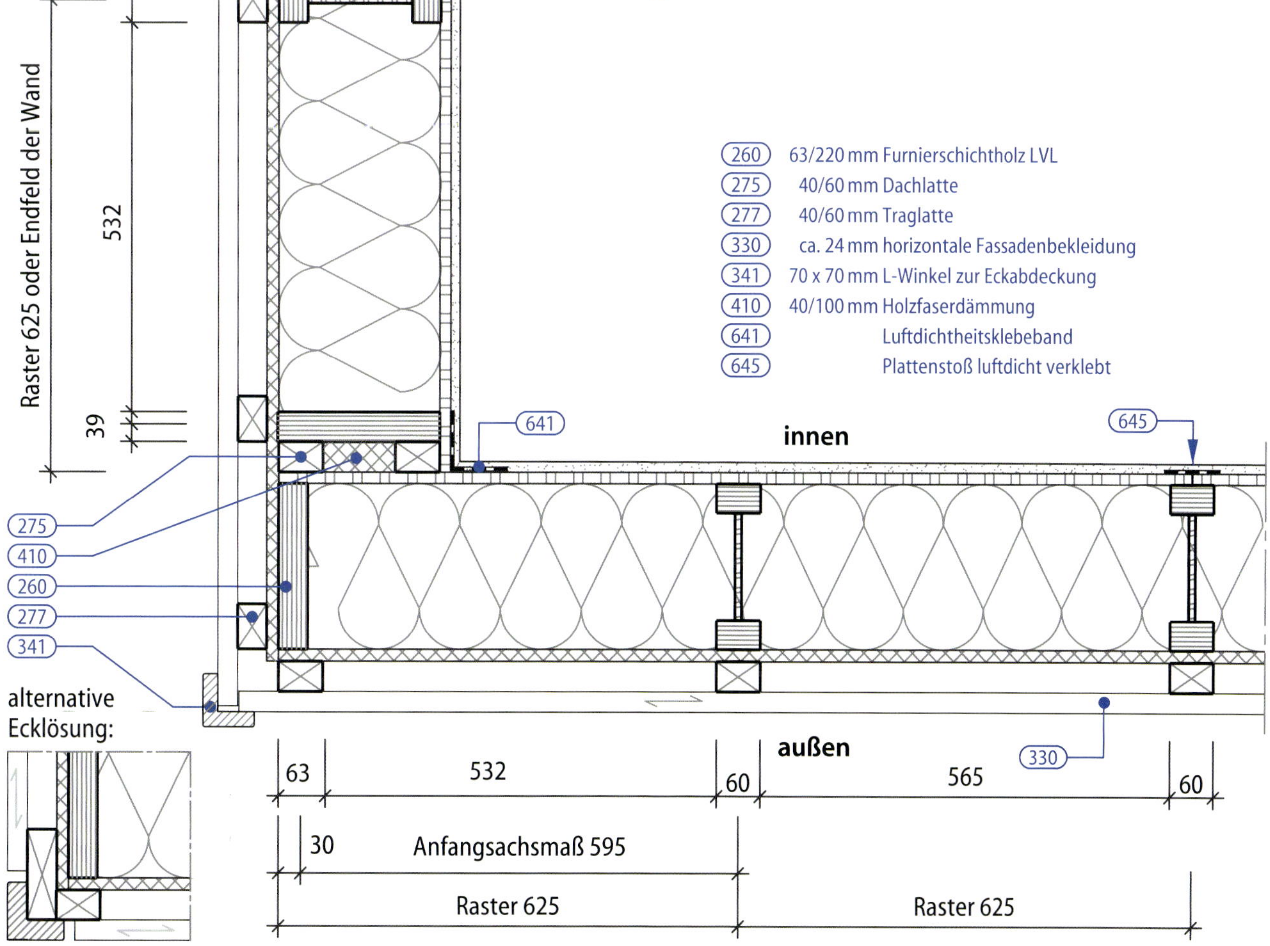

Detail 5.3.1.7 M 1:10

Außenwand-Außenecke: awrh-awrh001

Horizontalschnitt
Außenwand mit Rahmenwerk
hinterlüftete Fassade (vertikal)
mit Installationsebene

Bauteilaufbauten siehe Kapitel 4:
Wand: awrhhi110a

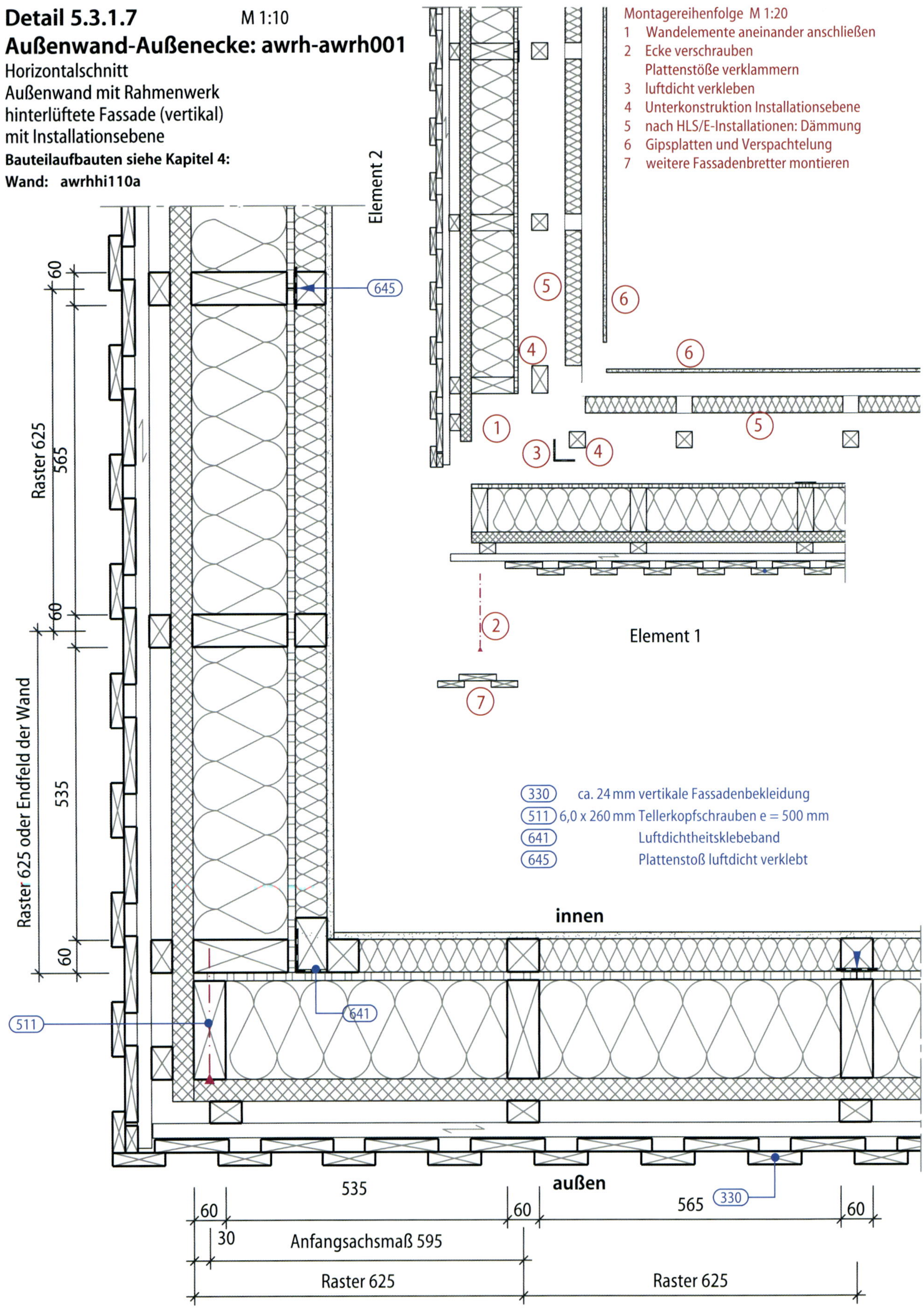

Detail 5.3.1.8 M 1:10

Außenwand-Außenecke: awrh-awrh002

Horizontalschnitt
Außenwand mit Rahmenwerk
Vormauerziegel
mit Installationsebene

Bauteilaufbauten siehe Kapitel 4:
Wand: awrhzi101a

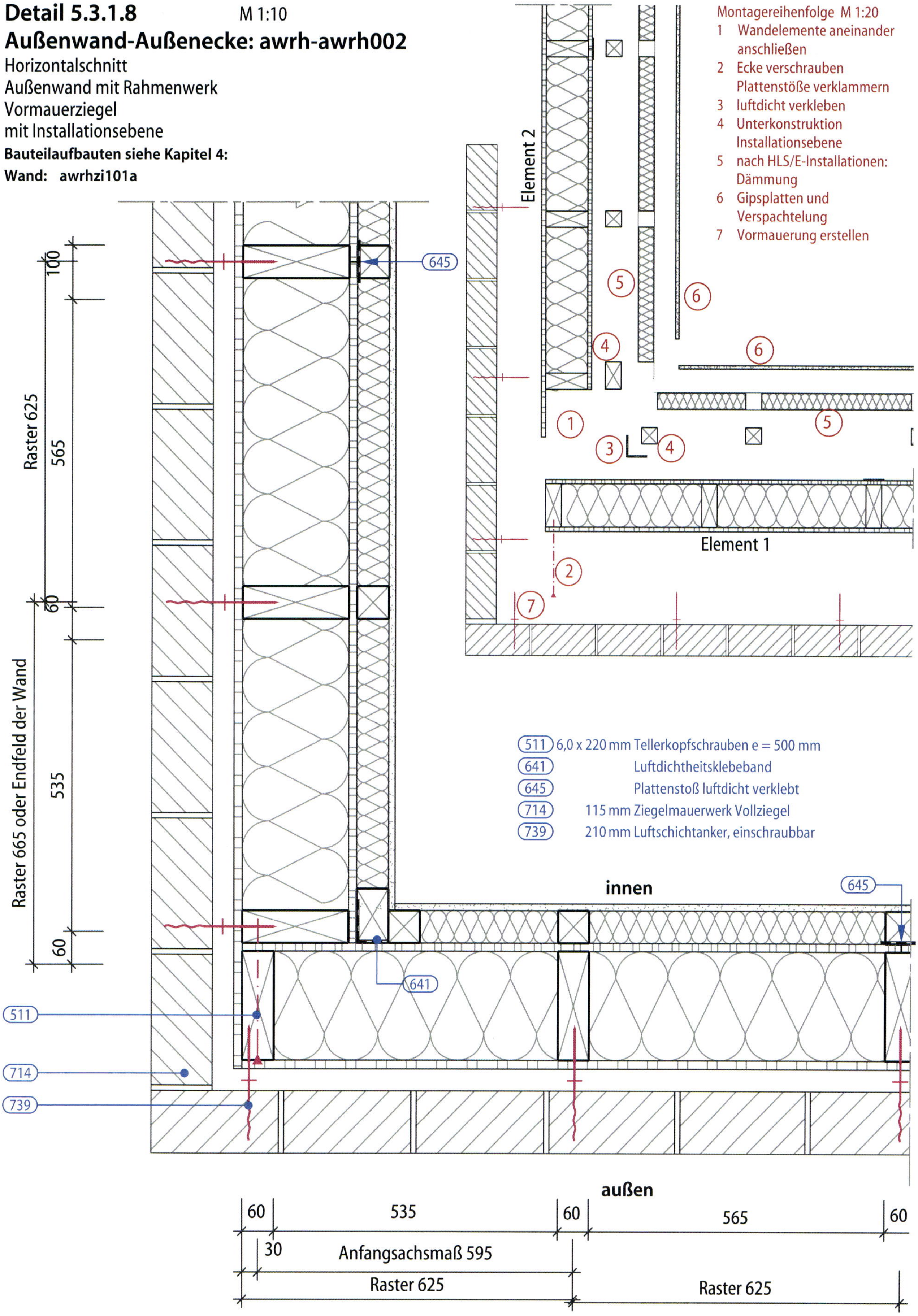

5.3.2 Anschluss Außenwand-Innenecke

Putzfassade

Detail 5.3.2.1 M 1:10
Außenwand-Innenecke: awro-awro001

Horizontalschnitt
Außenwand mit Rahmenwerk
Putzfassade
ohne Installationsebene
Bauteilaufbauten siehe Kapitel 4:
Wand: awropo101b

(114) 60/220 mm zusätzlicher Wandstiel
(511) 6,0 x 260 mm Tellerkopfschrauben e = 500 mm
(641) Luftdichtheitsklebeband
(645) Plattenstoß luftdicht verklebt

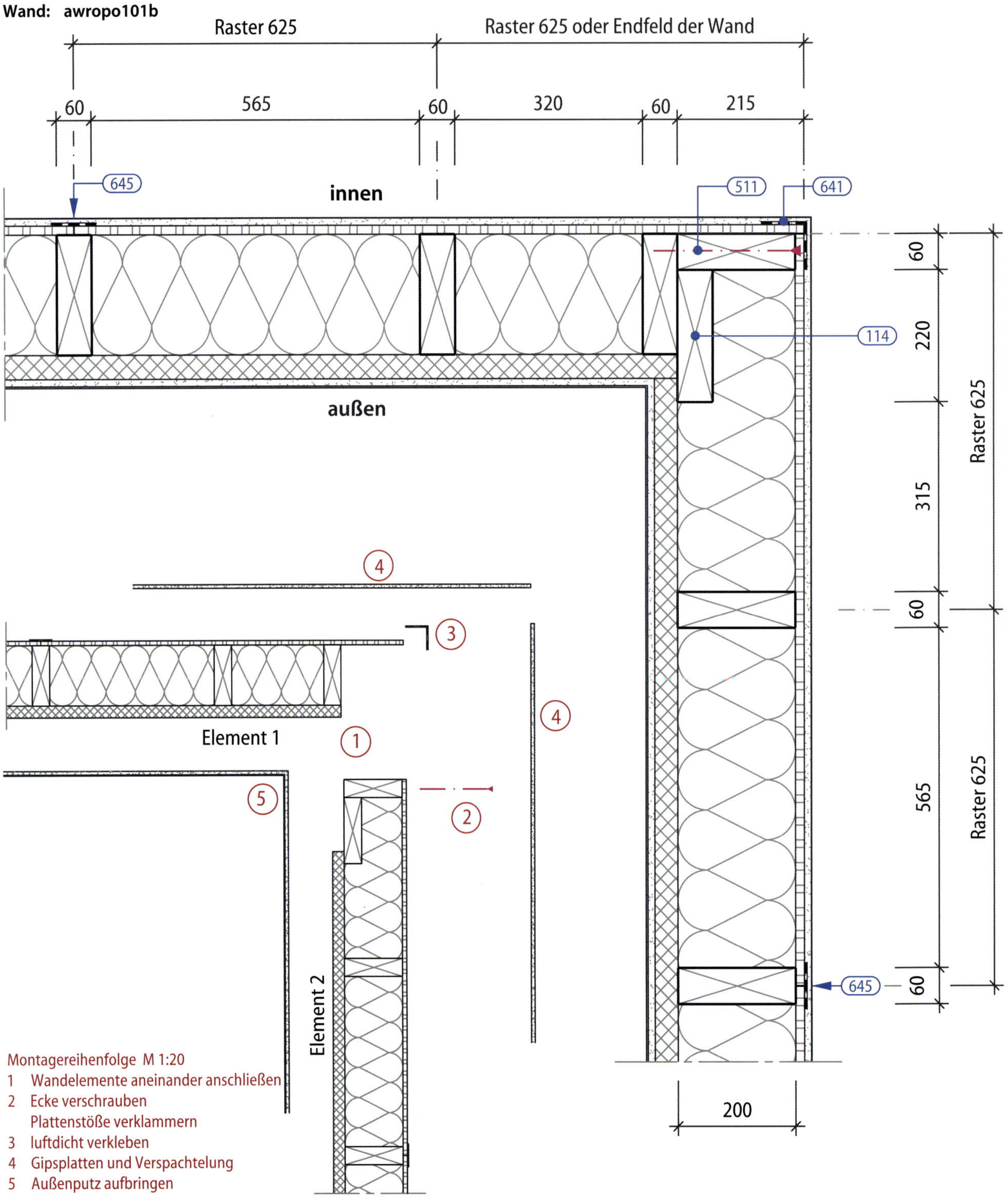

Montagereihenfolge M 1:20
1 Wandelemente aneinander anschließen
2 Ecke verschrauben
Plattenstöße verklammern
3 luftdicht verkleben
4 Gipsplatten und Verspachtelung
5 Außenputz aufbringen

Detail 5.3.2.2 M 1:10

Außenwand-Innenecke: awro-awro002

Horizontalschnitt
Außenwand mit Rahmenwerk
Putzfassade
ohne Installationsebene

Bauteilaufbauten siehe Kapitel 4:

Wand: awropo102b

(114) 60/180 mm zusätzlicher Wandstiel
(641) Luftdichtheitsklebeband
(645) Plattenstoß luftdicht verklebt

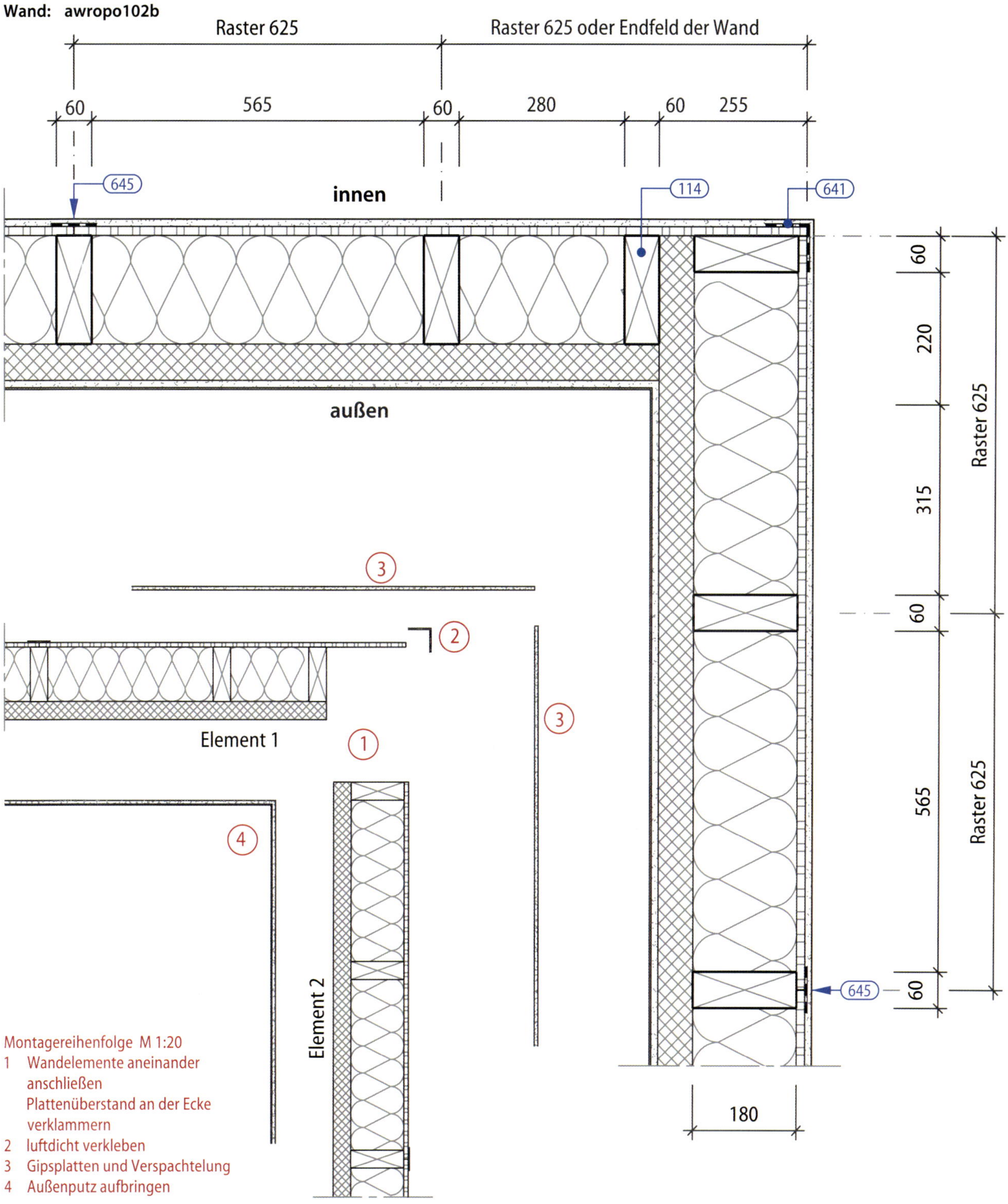

Montagereihenfolge M 1:20
1 Wandelemente aneinander anschließen
Plattenüberstand an der Ecke verklammern
2 luftdicht verkleben
3 Gipsplatten und Verspachtelung
4 Außenputz aufbringen

Detail 5.3.2.3 M 1:10

Außenwand-Innenecke: awjo-awjo001

Horizontalschnitt
Außenwand mit Holzstegträger
Putzfassade
ohne Installationsebene

Bauteilaufbauten siehe Kapitel 4:

Wand: awjopo101b

(114) 60/200 mm zusätzlicher Wandstiel (Holzstegträger)
(260) 39/200 mm Furnierschichtholz LVL
(312) 15 OSB-Platte, luftdicht verklebt
(511) 6,0 x 260 mm Tellerkopfschrauben e = 500 mm
(641) Luftdichtheitsklebeband
(645) Plattenstoß luftdicht verklebt

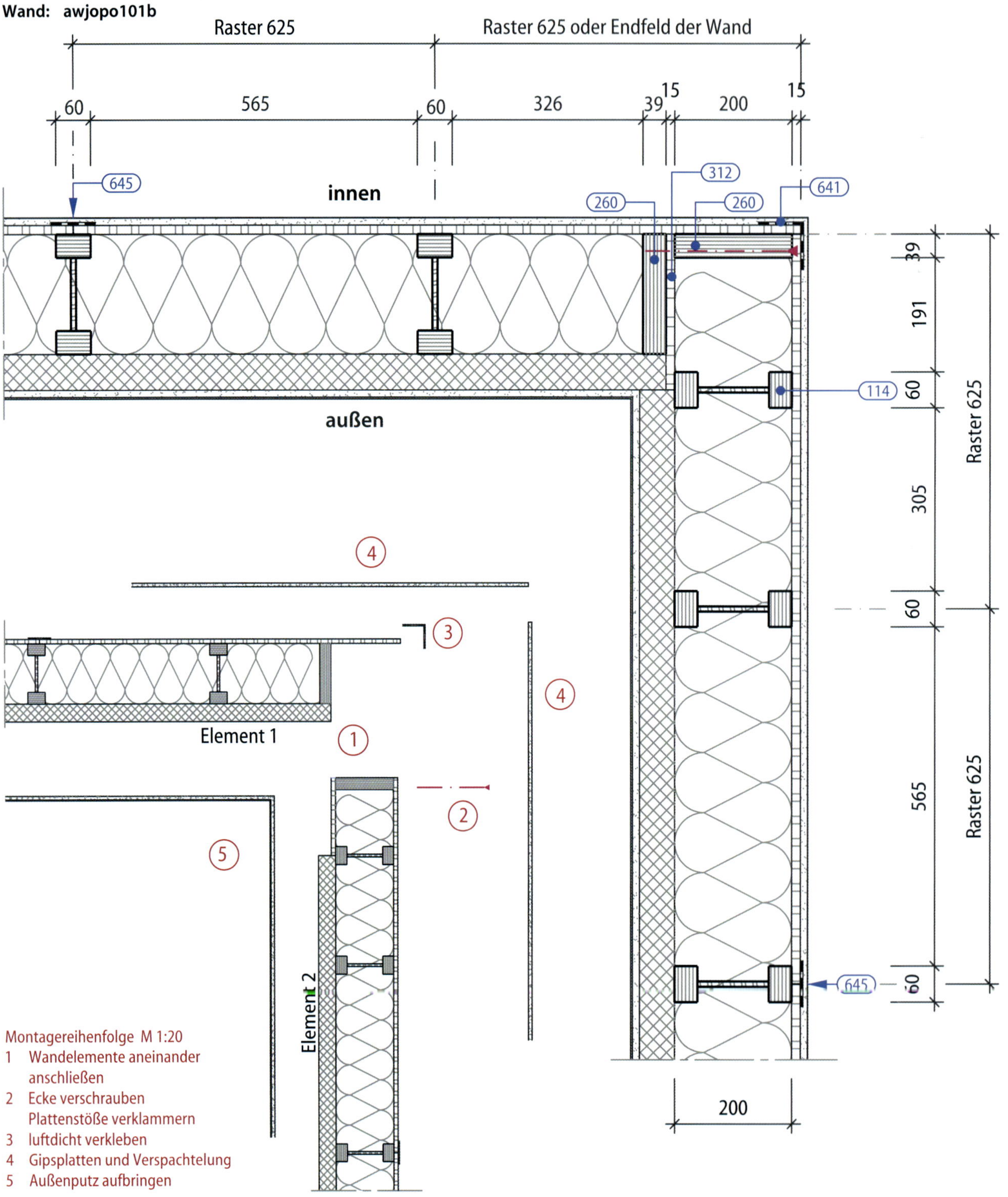

Montagereihenfolge M 1:20
1 Wandelemente aneinander anschließen
2 Ecke verschrauben Plattenstöße verklammern
3 luftdicht verkleben
4 Gipsplatten und Verspachtelung
5 Außenputz aufbringen

Detail 5.3.2.4 M 1:10
Außenwand - Innenecke: awro-awro003

Horizontalschnitt
Außenwand mit Rahmenwerk
Putzfassade
mit Installationsebene

Bauteilaufbauten siehe Kapitel 4:
Wand: awropi101a

(114) 60/120 mm zusätzlicher Wandstiel
(210) 60/120 mm Konstruktionsvollholz
(312) 15 mm OSB-Platte
(511) 6,0 x 200 mm Tellerkopfschrauben e = 500 mm
(641) Luftdichtheitsklebeband
(645) Plattenstoß luftdicht verklebt

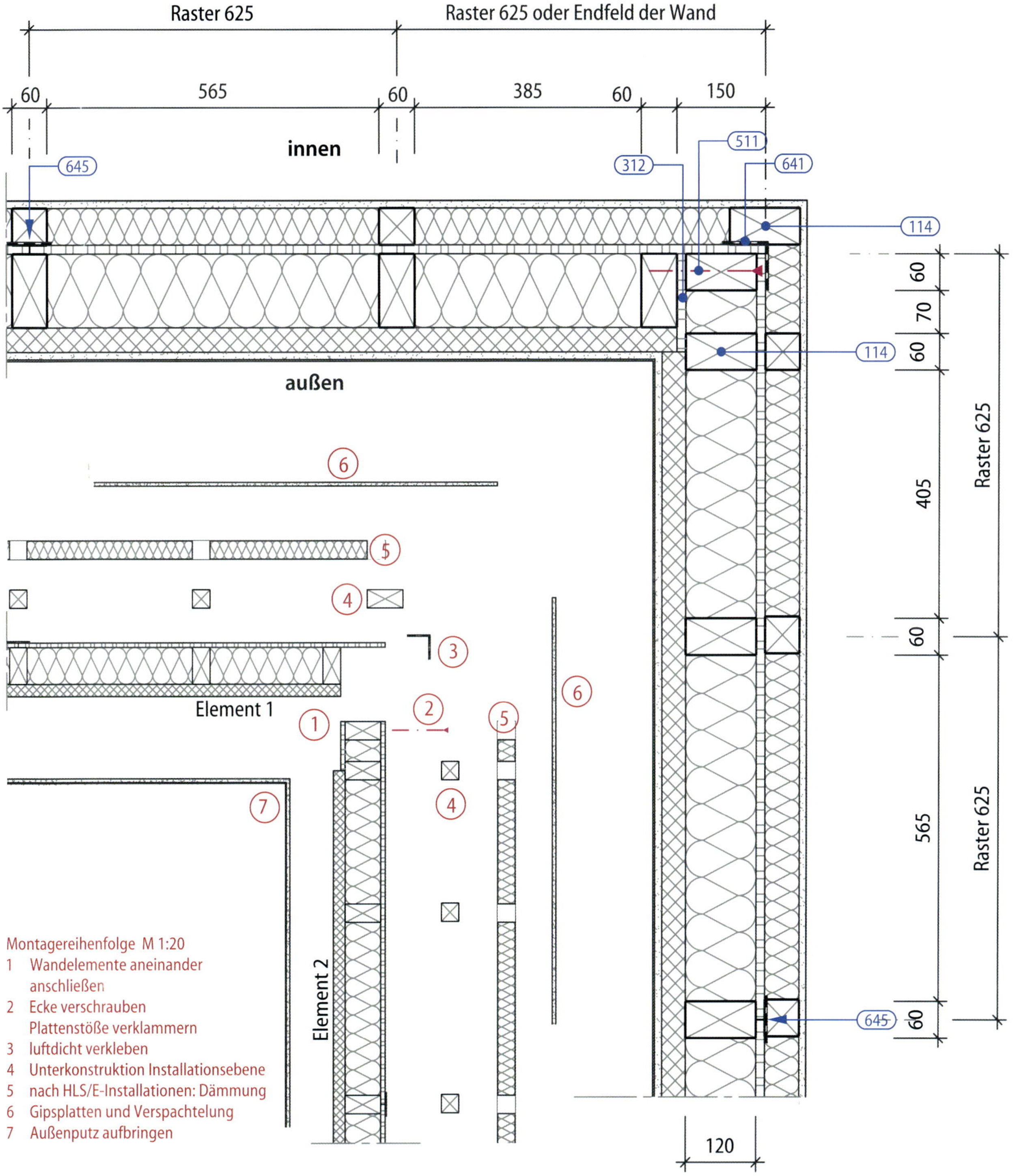

Montagereihenfolge M 1:20
1 Wandelemente aneinander anschließen
2 Ecke verschrauben Plattenstöße verklammern
3 luftdicht verkleben
4 Unterkonstruktion Installationsebene
5 nach HLS/E-Installationen: Dämmung
6 Gipsplatten und Verspachtelung
7 Außenputz aufbringen

Detail 5.3.2.5 M 1:10

Außenwand - Innenecke: awjo-awjo002

Horizontalschnitt
Außenwand mit Holzstegträger
Putzfassade
mit Installationsebene

Bauteilaufbauten siehe Kapitel 4:
Wand: awjopi110a

(114) 60/200 mm zusätzlicher Wandstiel (Holzstegträger)
(210) 60/120 mm Konstruktionsvollholz
(260) 39/200 mm Furnierschichtholz LVL
(312) 15 mm OSB-Platte
(511) 6,0 x 260 mm Tellerkopfschrauben e = 500 mm
(641) Luftdichtheitsklebeband
(645) Plattenstoß luftdicht verklebt

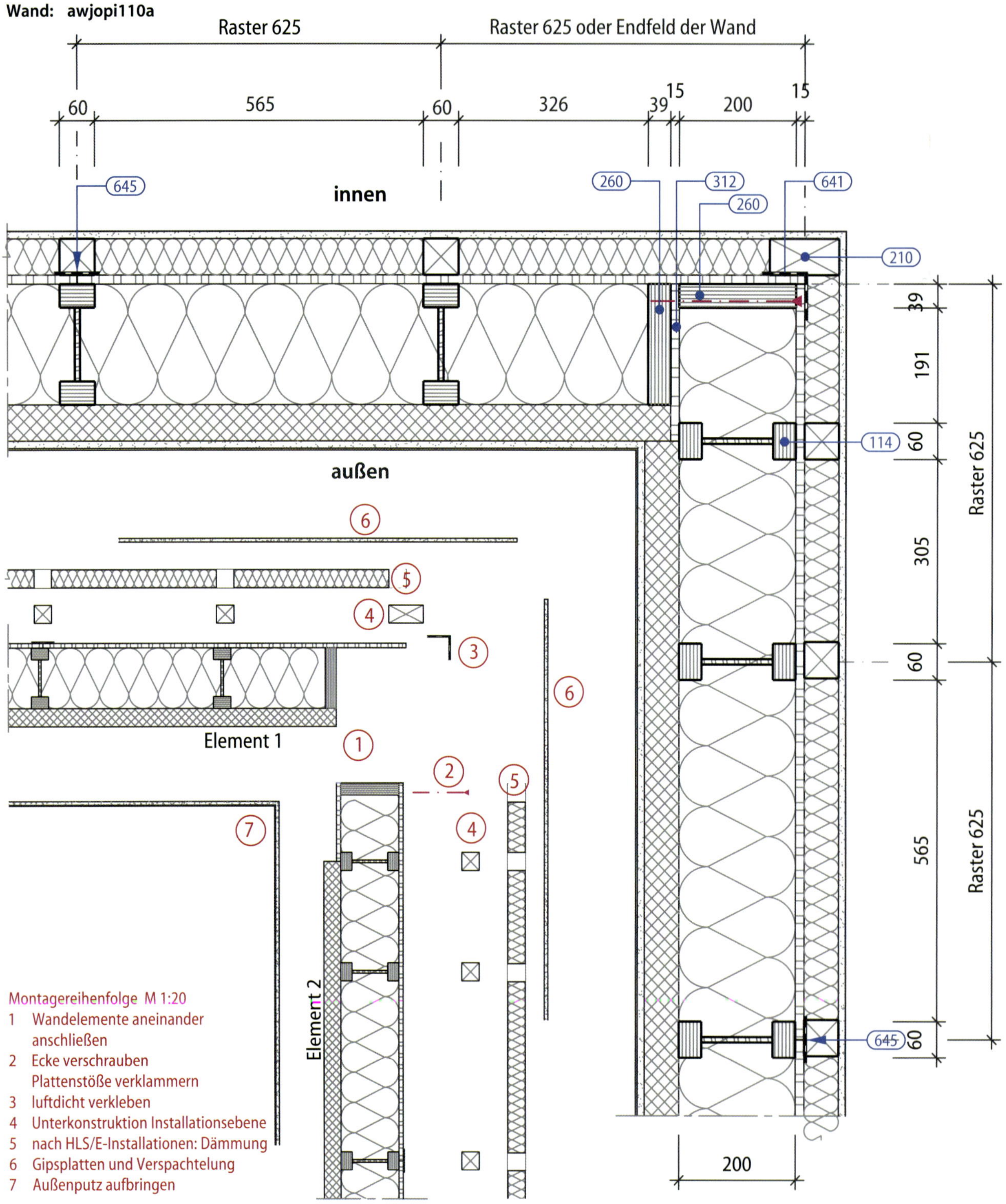

Hinterlüftete Fassade

Detail 5.3.2.6 M 1:10

Außenwand-Innenecke: awjh-awjh001

Horizontalschnitt
Außenwand mit Holzstegträger
hinterlüftete Fassade (horizontal)
ohne Installationsebene

Bauteilaufbauten siehe Kapitel 4:
Wand: awjhho110b

(201) 40/140 mm Brett
(260) 39/200 mm Furnierschichtholz LVL
(313) 15 o. 16 mm hydrophobierte MDF-Platte (DWD, DHF ...)
(330) ca. 24 mm horizontale Fassadenbekleidung
(511) 6,0 x 260 mm Tellerkopfschrauben e = 500 mm
(641) Luftdichtheitsklebeband
(645) Plattenstoß luftdicht verklebt

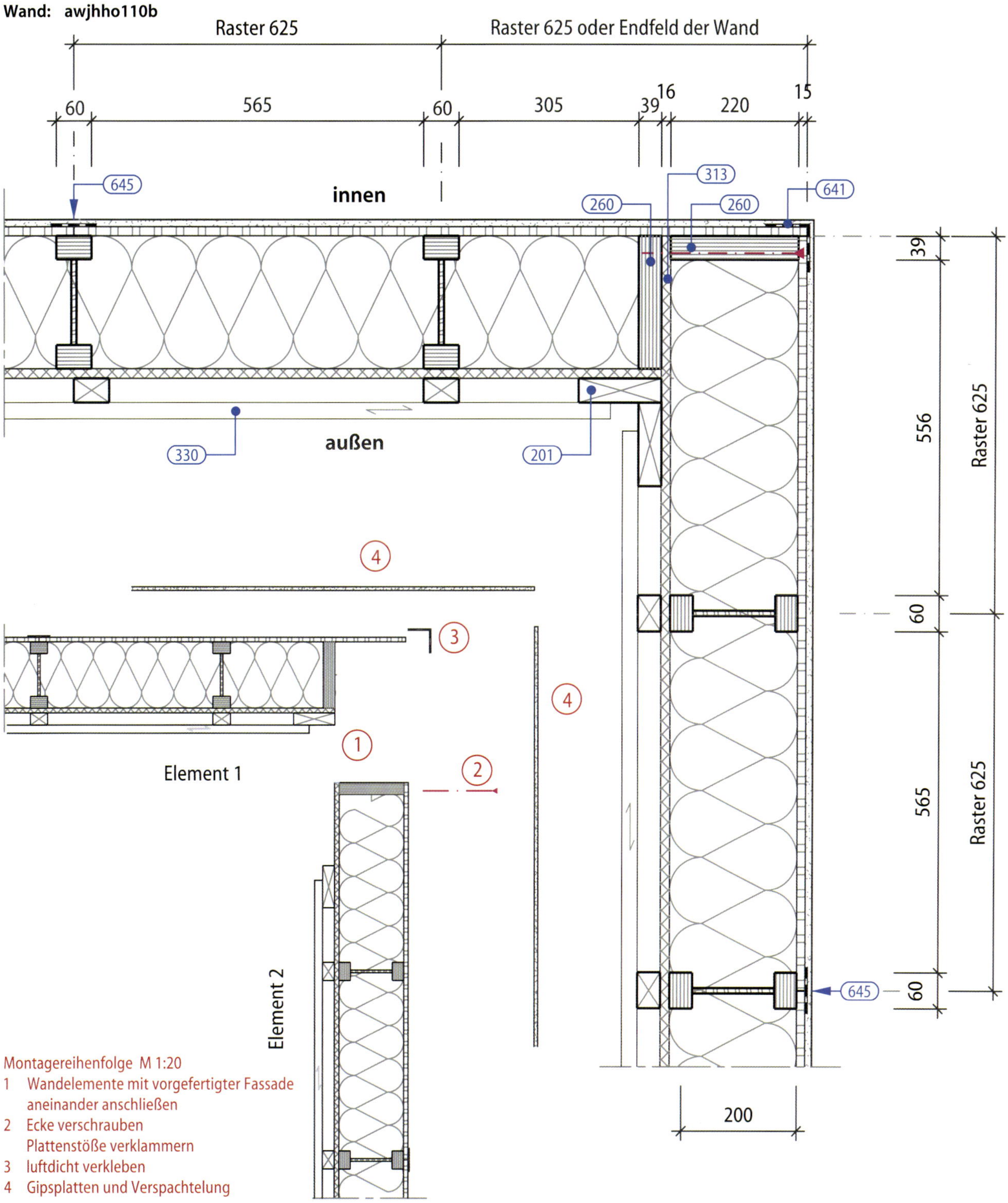

Montagereihenfolge M 1:20

1 Wandelemente mit vorgefertigter Fassade aneinander anschließen
2 Ecke verschrauben
Plattenstöße verklammern
3 luftdicht verkleben
4 Gipsplatten und Verspachtelung

Detail 5.3.2.7 M 1:10
Außenwand-Innenecke: awrh-awrh001

Horizontalschnitt
Außenwand mit Rahmenwerk
hinterlüftete Fassade (vertikal)
mit Installationsebene

Bauteilaufbauten siehe Kapitel 4:
Wand: awrhhi110a

(114) 60/180 mm zusätzlicher Wandstiel
(210) 60/180 mm Konstruktionsvollholz
(312) 15 mm OSB-Platte
(330) ca. 24 mm vertikale Fassadenbekleidung
(511) 6,0 x 260 mm Tellerkopfschrauben e = 500 mm
(641) Luftdichtheitsklebeband
(645) Plattenstoß luftdicht verklebt

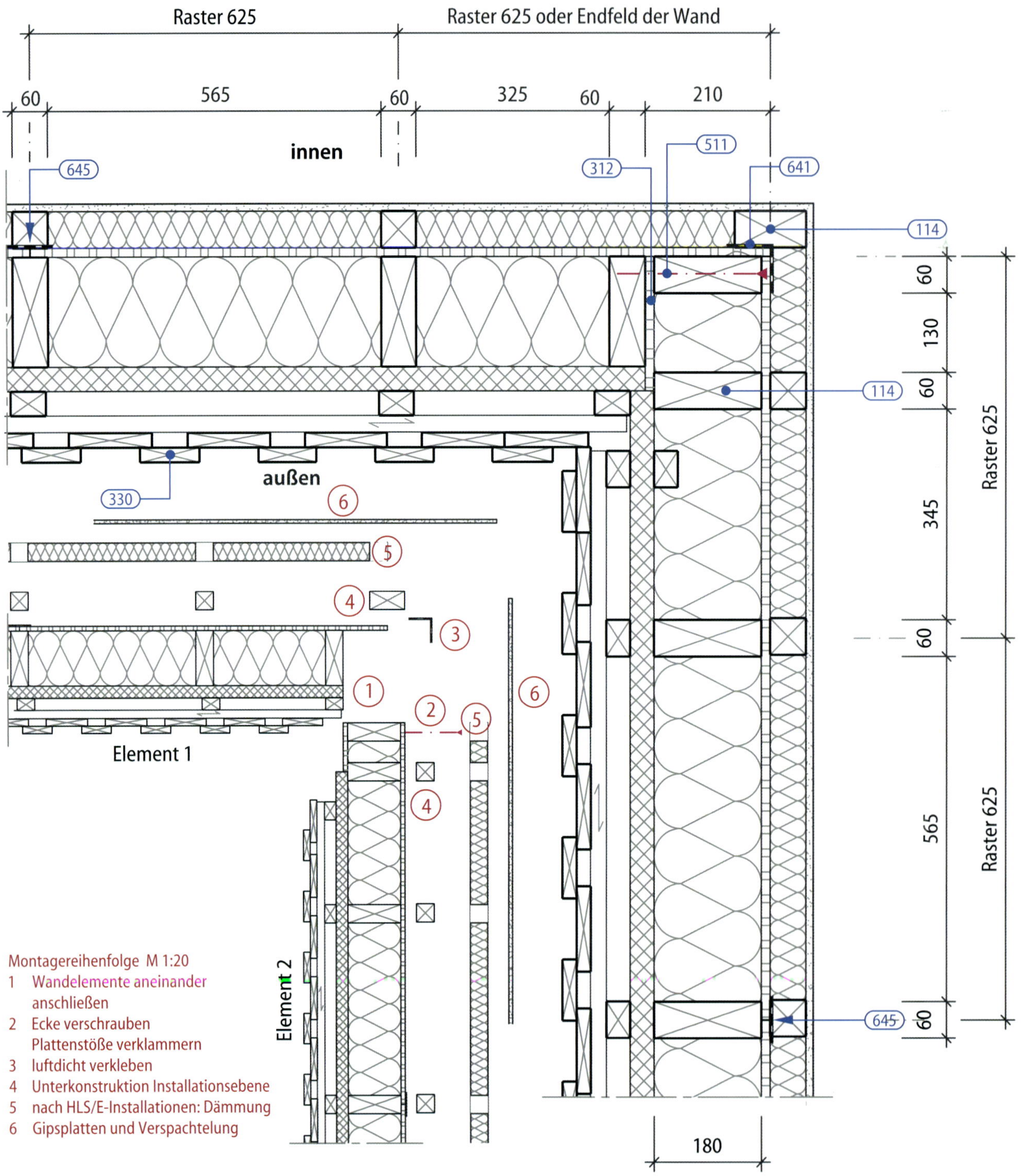

Detail 5.3.2.8 M 1:10

Außenwand-Innenecke: awrh-awrh002

Horizontalschnitt
Außenwand mit Rahmenwerk
Vormauerziegel
mit Installationsebene

Bauteilaufbauten siehe Kapitel 4:
Wand: awrhzi101a

- (114) 60/180 mm zusätzlicher Wandstiel
- (210) 60/180 mm Konstruktionsvollholz
- (313) 15 o. 16 mm hydrophobierte MDF-Platte (DWD, DHF …)
- (511) 6,0 x 260 mm Tellerkopfschrauben e = 500 mm
- (641) Luftdichtheitsklebeband
- (645) Plattenstoß luftdicht verklebt
- (714) 115 mm Ziegelmauerwerk Vollziegel
- (739) 210 mm Luftschichtanker, einschraubbar

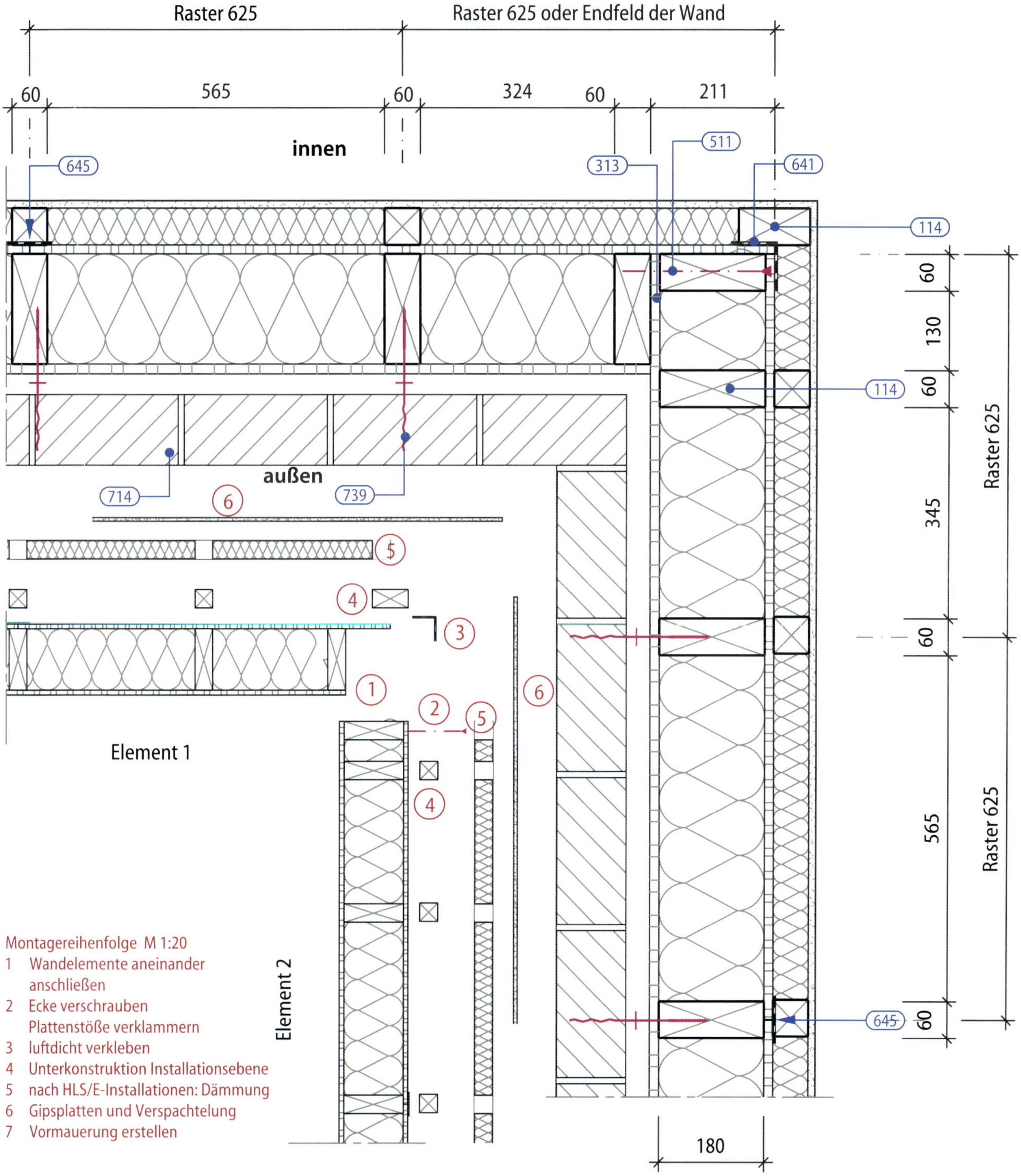

Montagereihenfolge M 1:20
1 Wandelemente aneinander anschließen
2 Ecke verschrauben Plattenstöße verklammern
3 luftdicht verkleben
4 Unterkonstruktion Installationsebene
5 nach HLS/E-Installationen: Dämmung
6 Gipsplatten und Verspachtelung
7 Vormauerung erstellen

5.3.3 Außenwand-Elementstoß

Putzfassade

Detail 5.3.3.1 M 1:10

Außenwand-Elementstoß: awro-awro001

Horizontalschnitt
Außenwand mit Rahmenwerk
Putzfassade
ohne Installationsebene

Bauteilaufbauten siehe Kapitel 4:
Wand: awropo101b

(114) 60/200 mm zusätzlicher Wandstiel
(645) Plattenstoß luftdicht verklebt

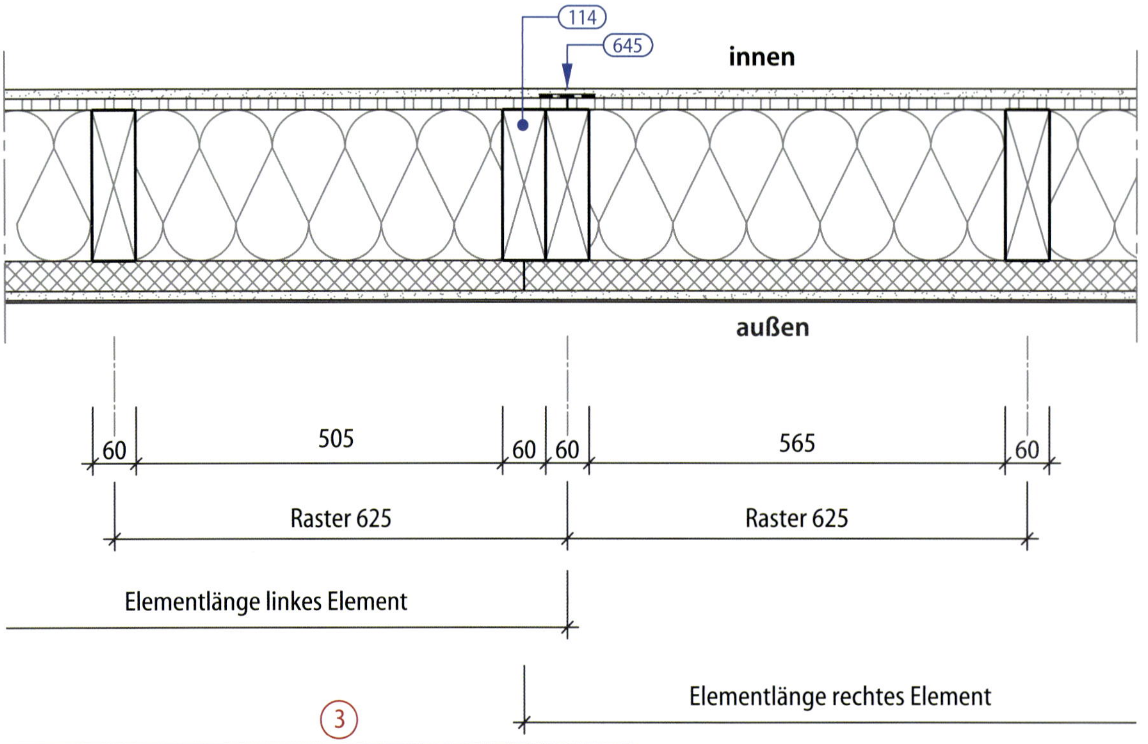

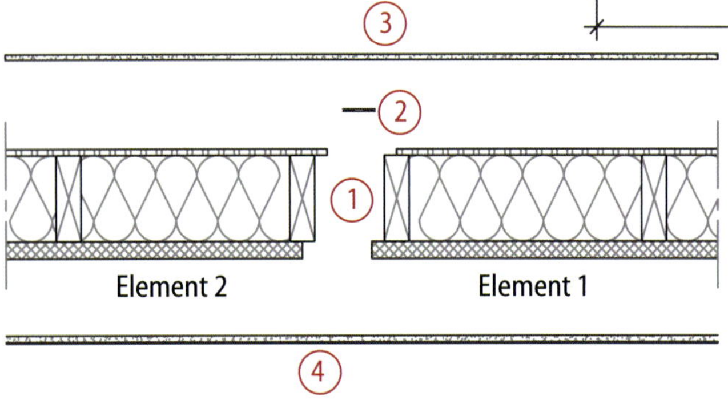

Montagereihenfolge M 1:20
1 Wandelemente aneinander anschließen
Plattenstöße verklammern
2 luftdicht verkleben
3 Gipsplatten + Verspachtelung
4 Außenputz aufbringen

Detail 5.3.3.2 M 1:10
Außenwand-Elementstoß: awro-awro002

Horizontalschnitt
Außenwand mit Rahmenwerk
Putzfassade
ohne Installationsebene

Bauteilaufbauten siehe Kapitel 4:
Wand: awropo102b

(114) 60/180 mm zusätzlicher Wandstiel
(645) Plattenstoß luftdicht verklebt

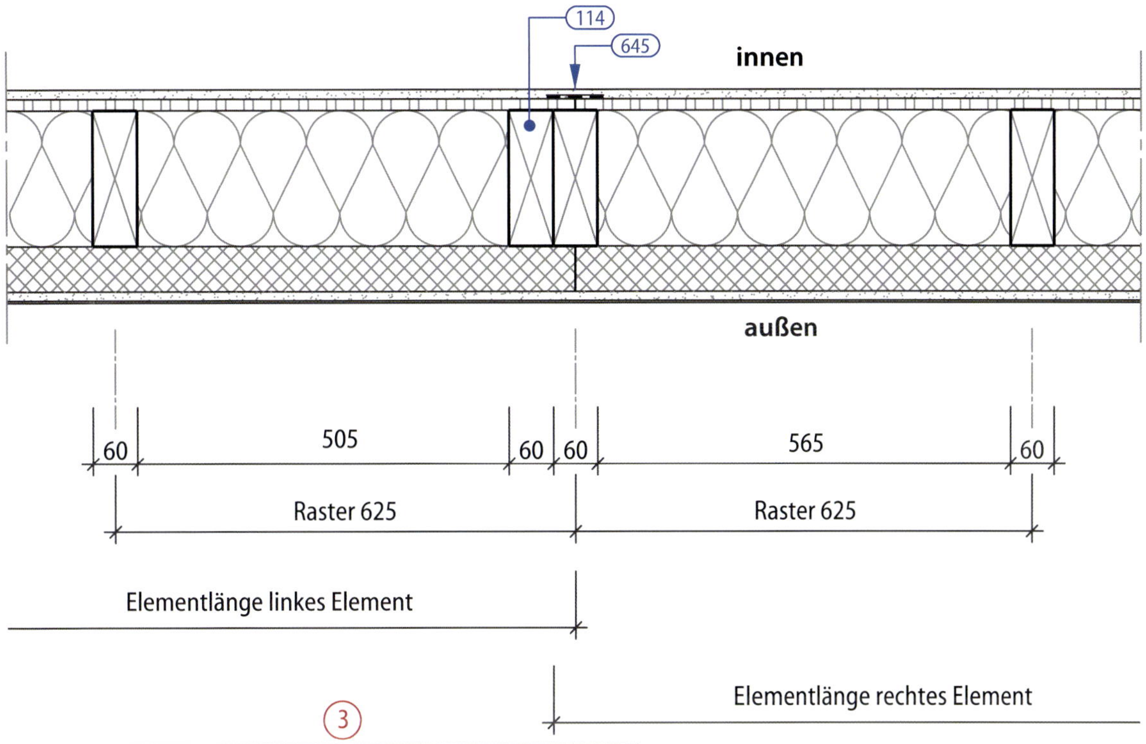

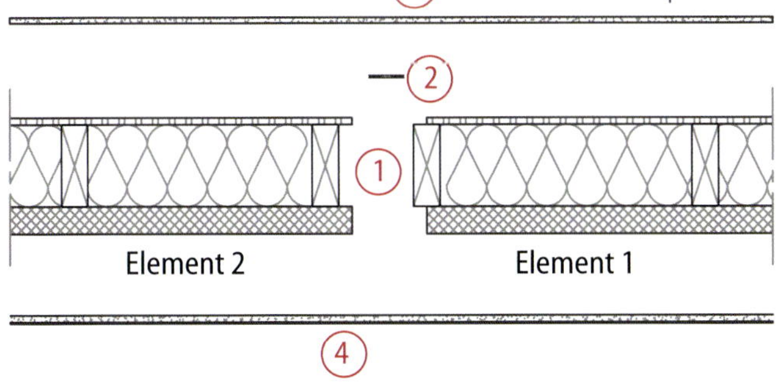

Montagereihenfolge M 1:20
1 Wandelemente aneinander anschließen
Plattenstöße verklammern
2 luftdicht verkleben
3 Gipsplatten + Verspachtelung
4 Außenputz aufbringen

Detail 5.3.3.3 M 1:10

Außenwand-Elementstoß: awjo-awjo001

Horizontalschnitt
Außenwand mit Holzstegträger
Putzfassade
ohne Installationsebene

Bauteilaufbauten siehe Kapitel 4:
Wand: awjopo101b

(114) 60/200 mm zusätzlicher Wandstiel (als Holzstegträger)
(413) 2 x 25 mm Stegdämmung am Holzstegträger
(645) Plattenstoß luftdicht verklebt

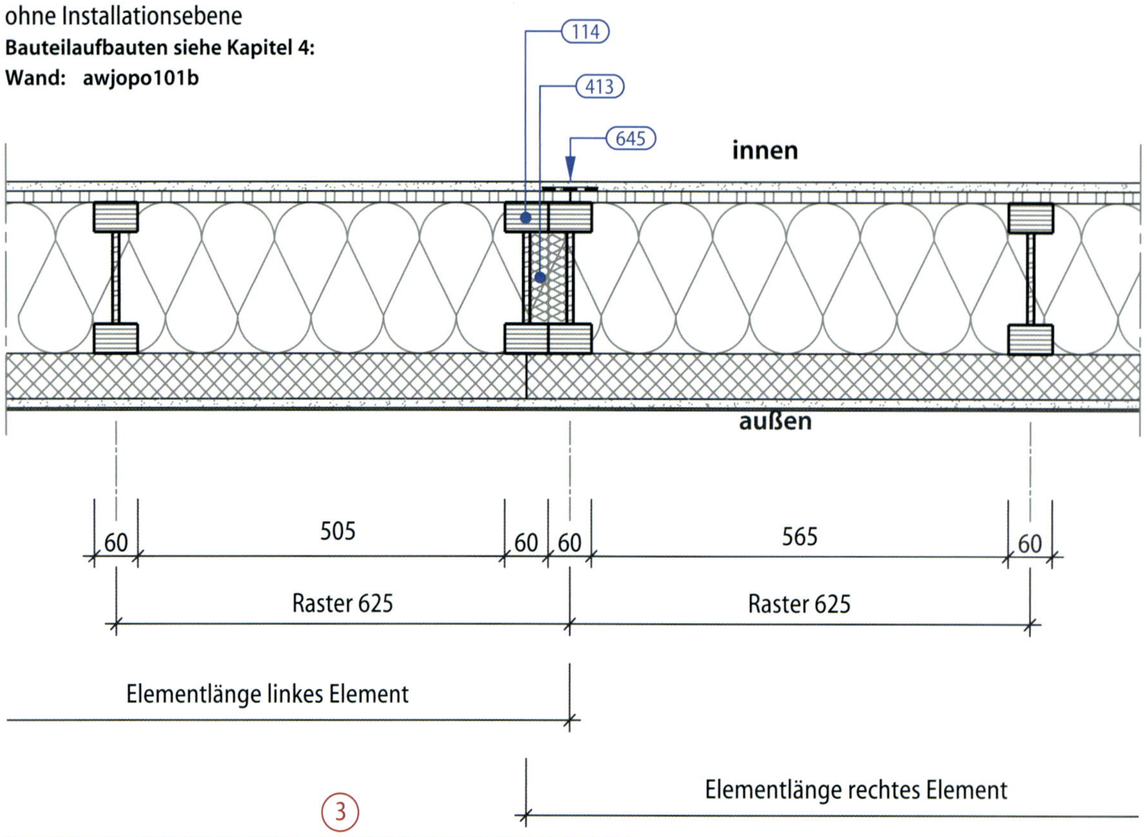

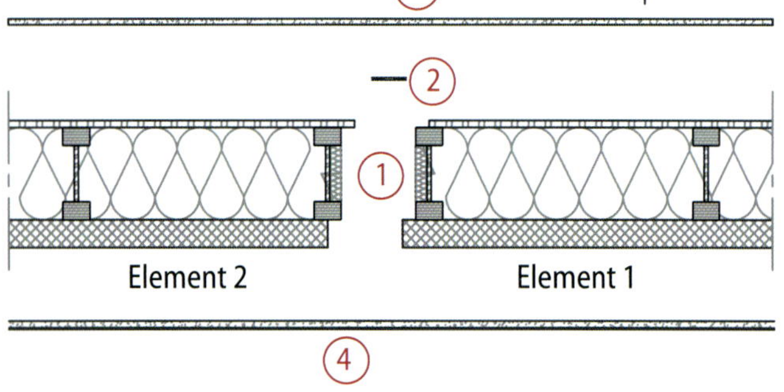

Montagereihenfolge M 1:20

1 Wandelemente aneinander anschließen
Stegdämmung in Stegträgern beachten
Plattenstöße verklammern
2 luftdicht verkleben
3 Gipsplatten + Verspachtelung
4 Außenputz aufbringen

Detail 5.3.3.4 M 1:10

Außenwand-Elementstoß: awro-awro003

Horizontalschnitt
Außenwand mit Rahmenwerk
Putzfassade
mit Installationsebene

Bauteilaufbauten siehe Kapitel 4:
Wand: awropi101a

(114) 60/120 mm zusätzlicher Wandstiel
(645) Plattenstoß luftdicht verklebt

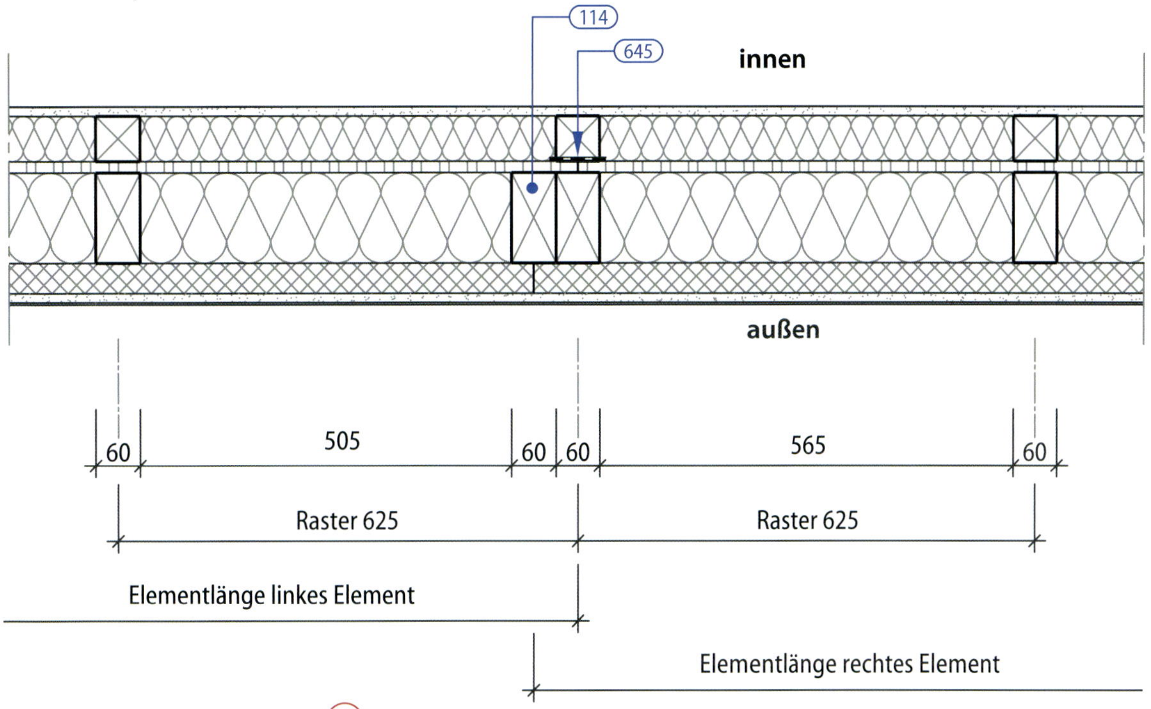

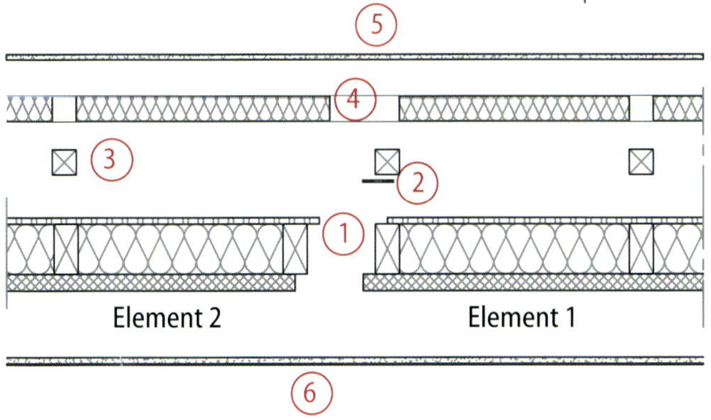

Montagereihenfolge M 1:20

1 Wandelemente aneinander anschließen Plattenstöße verklammern
2 luftdicht verkleben
3 Unterkonstruktion Installationsebene
4 nach HLS/E-Installationen: Dämmung
5 Gipsplatten + Verspachtelung
6 Außenputz aufbringen

Detail 5.3.3.5 M 1:10

Außenwand-Elementstoß: awjo-awjo002

Horizontalschnitt
Außenwand mit Holzstegträger
Putzfassade
mit Installationsebene

Bauteilaufbauten siehe Kapitel 4:
Wand: awjopi110a

(114) 60/200 mm zusätzlicher Wandstiel (als Holzstegträger)
(413) 50 mm Stegdämmung am Holzstegträger
(645) Plattenstoß luftdicht verklebt

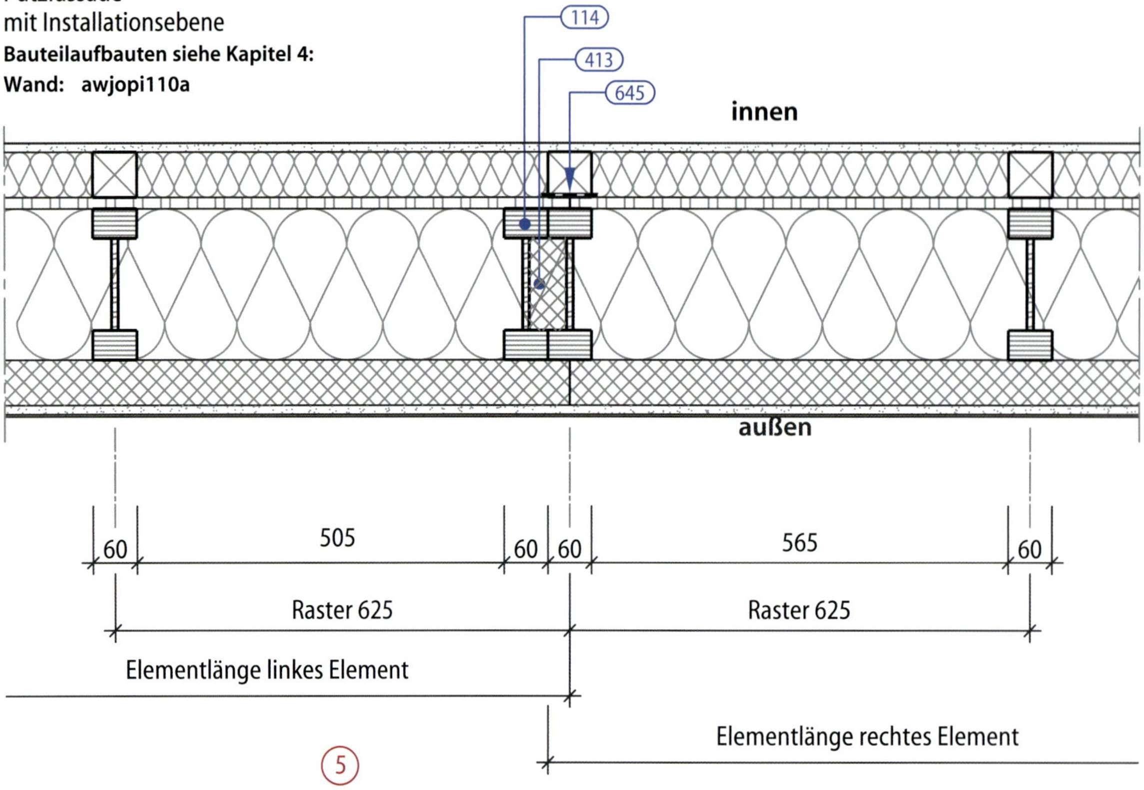

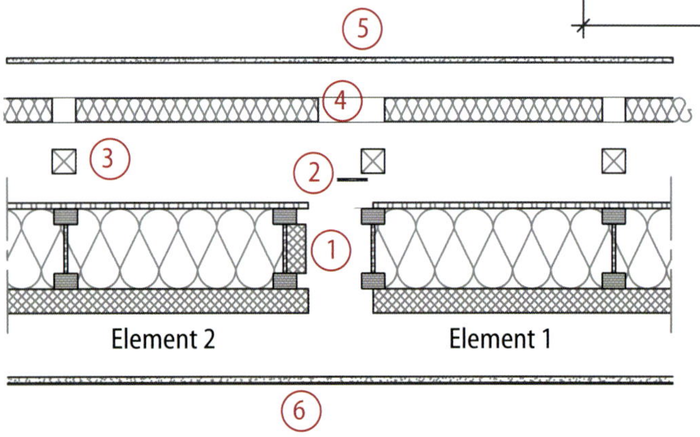

Montagereihenfolge M 1:20

1 Wandelemente aneinander anschließen
Stegdämmung in Stegträgern beachten
Plattenstöße verklammern
2 luftdicht verkleben
3 Unterkonstruktion Installationsebene
4 nach HLS/E-Installationen: Dämmung
5 Gipsplatten und Verspachtelung
6 Außenputz aufbringen

Hinterlüftete Fassade

Detail 5.3.3.6 M 1:10
Außenwand-Elementstoß: awjh-awjh001

Horizontalschnitt
Außenwand mit Holzstegträger
hinterlüftete Fassade (horizontal)
ohne Installationsebene

Bauteilaufbauten siehe Kapitel 4:
Wand: awjhho110b

(114) 60/220 mm zusätzlicher Wandstiel (als Holzstegträger)
(201) 40/120 mm Brett
(330) ca. 24 mm horizontale Fassadenbekleidung
(413) 2 x 25 mm Stegdämmung am Holzstegträger
(645) Plattenstoß luftdicht verklebt

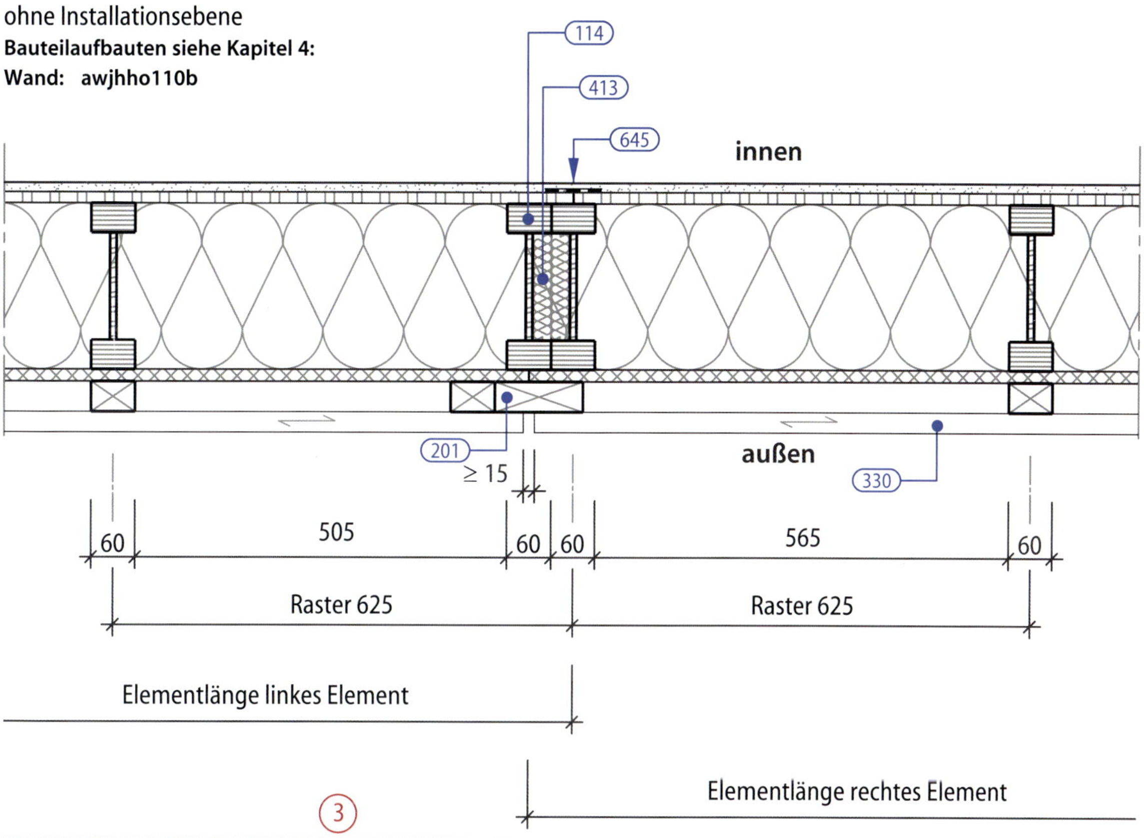

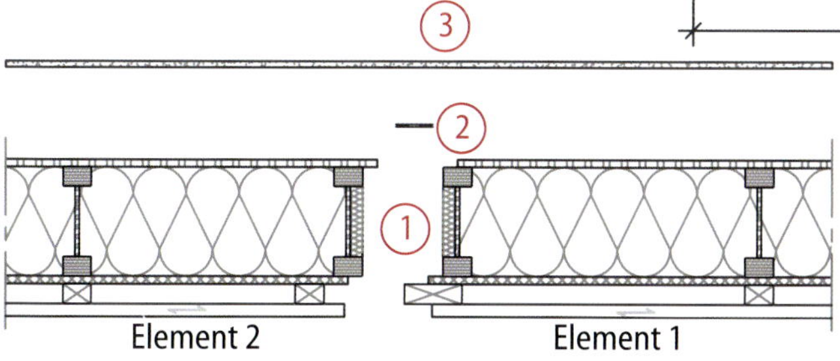

Montagereihenfolge M 1:20
1 Wandelemente aneinander anschließen
Stegdämmung in Stegträgern beachten
Plattenstöße verklammern
2 luftdicht verkleben
3 Gipsplatten und Verspachtelung

Detail 5.3.3.7 M 1:10
Außenwand-Elementstoß: awrh-awrh001

Horizontalschnitt
Außenwand mit Rahmenwerk
hinterlüftete Fassade (vertikal)
mit Installationsebene

Bauteilaufbauten siehe Kapitel 4:
Wand: awrhhi110a

(114) 60/180 mm zusätzlicher Wandstiel
(330) ca. 24 mm vertikale Fassadenbekleidung
(645) Plattenstoß luftdicht verklebt

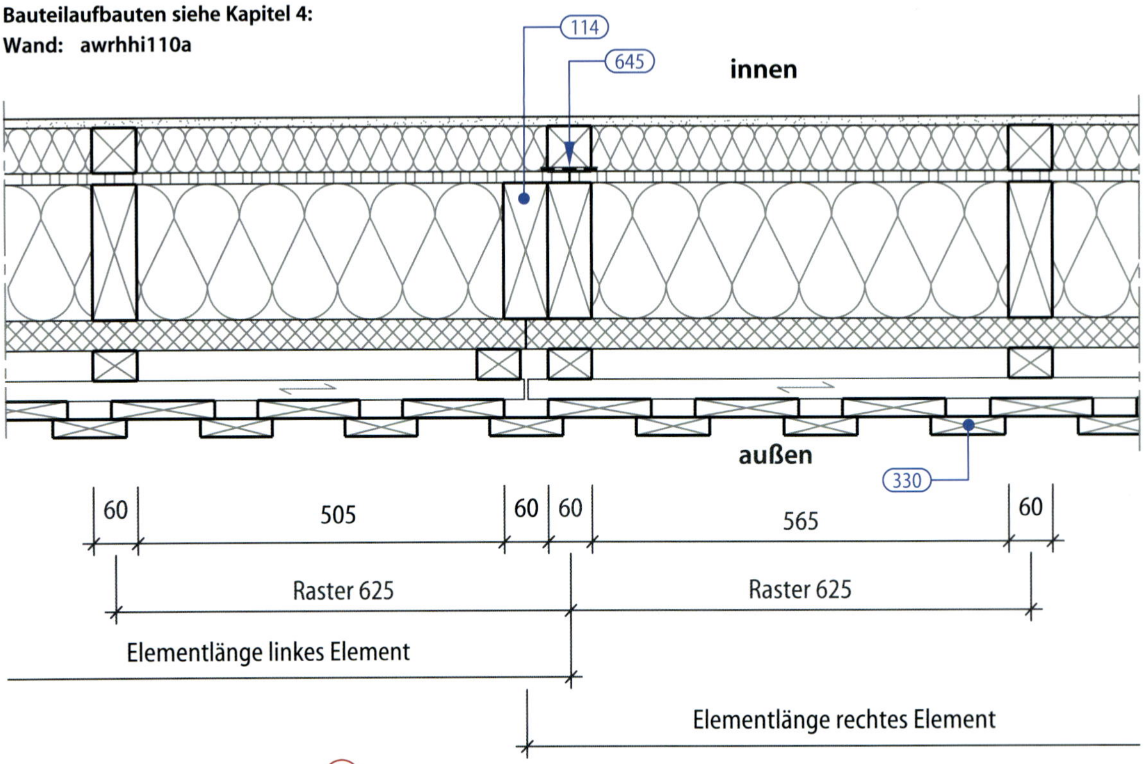

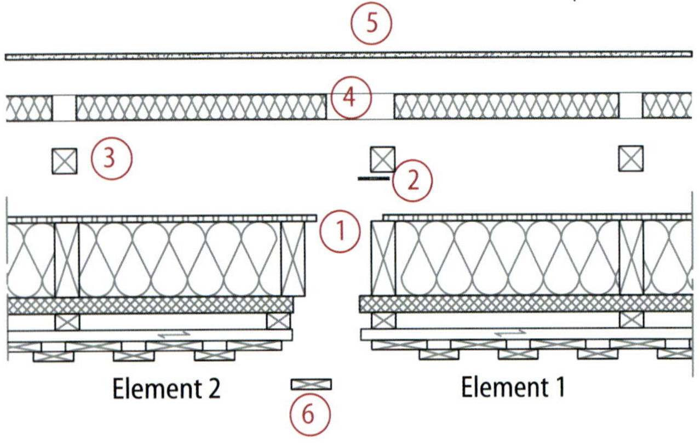

Montagereihenfolge M 1:20
1 Wandelemente aneinander anschließen
Plattenstöße verklammern
2 luftdicht verkleben
3 Unterkonstruktion Installationsebene
4 nach HLS/E-Installationen: Dämmung
5 Gipsplatten und Verspachtelung
6 letztes Fassadenbrett (Deckel) montieren

Detail 5.3.3.8 M 1:10
Außenwand-Elementstoß: awrh-awrh002

Horizontalschnitt
Außenwand mit Rahmenwerk
Vormauerziegel
mit Installationsebene

Bauteilaufbauten siehe Kapitel 4:
Wand: awrhzi101a

(114) 60/200 mm zusätzlicher Wandstiel
(645) Plattenstoß luftdicht verklebt
(714) 115 mm Ziegelmauerwerk Vollziegel
(739) 210 mm Luftschichtanker, einschraubbar

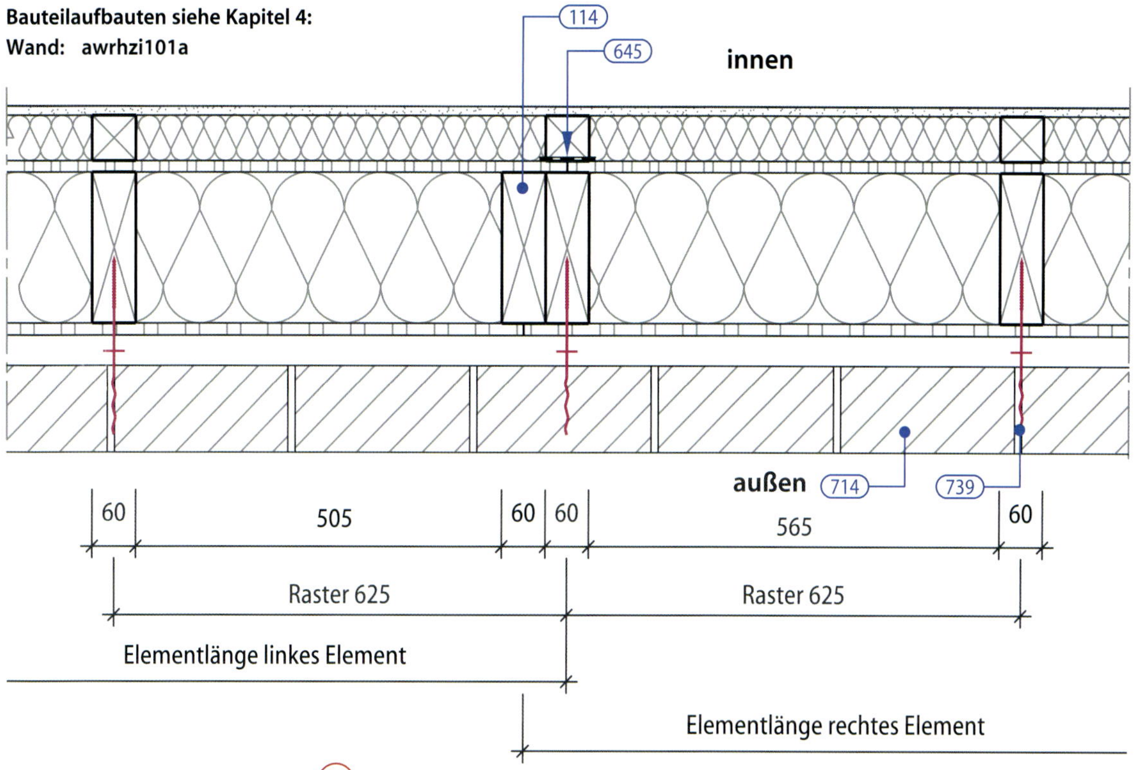

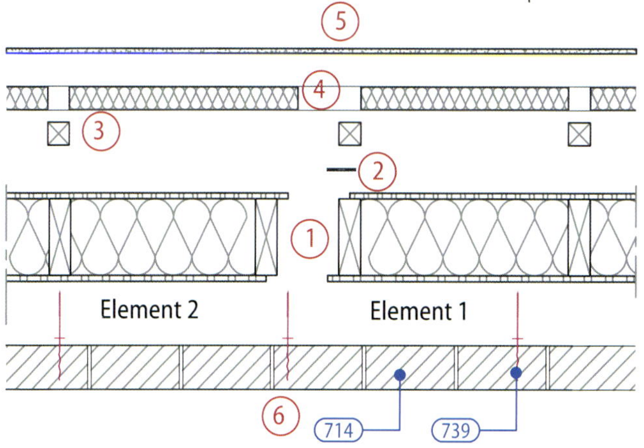

Montagereihenfolge M 1:20
1 Wandelemente aneinander anschließen
Plattenstöße verklammern
2 luftdicht verkleben
3 Unterkonstruktion Installationsebene
4 nach HLS/E-Installationen: Dämmung
5 Gipsplatten und Verspachtelung
6 Vormauerung erstellen

5.3.4 Anschluss Außenwand an Gebäudetrennwand/Abschlusswand

Detail 5.3.4.1 M 1:10

Außenwand an Abschlusswand: awro-twrg001

Horizontalschnitt
Außenwand mit Rahmenwerk
Putzfassade
ohne Installationsebene
Abschlusswand mit Rahmenwerk
hochfeuerhemmend F 60-B
ohne Installationsebene

Bauteilaufbauten siehe Kapitel 4:
Außenwand: awropo101b
Abschlusswand: twrg6o102b

- (317) 19 mm zementgebundene Spanplatte
- (326) 12,5 mm Gipskarton-Feuerschutzplatte GKF
- (431) 40 mm Mineralfaserbrandschutzdämmung > 33 kg/m³, > 1000 °C
- (641) Luftdichtheitsklebeband
- (645) Plattenstoß luftdicht verklebt
- (743) Dehnfugenprofil

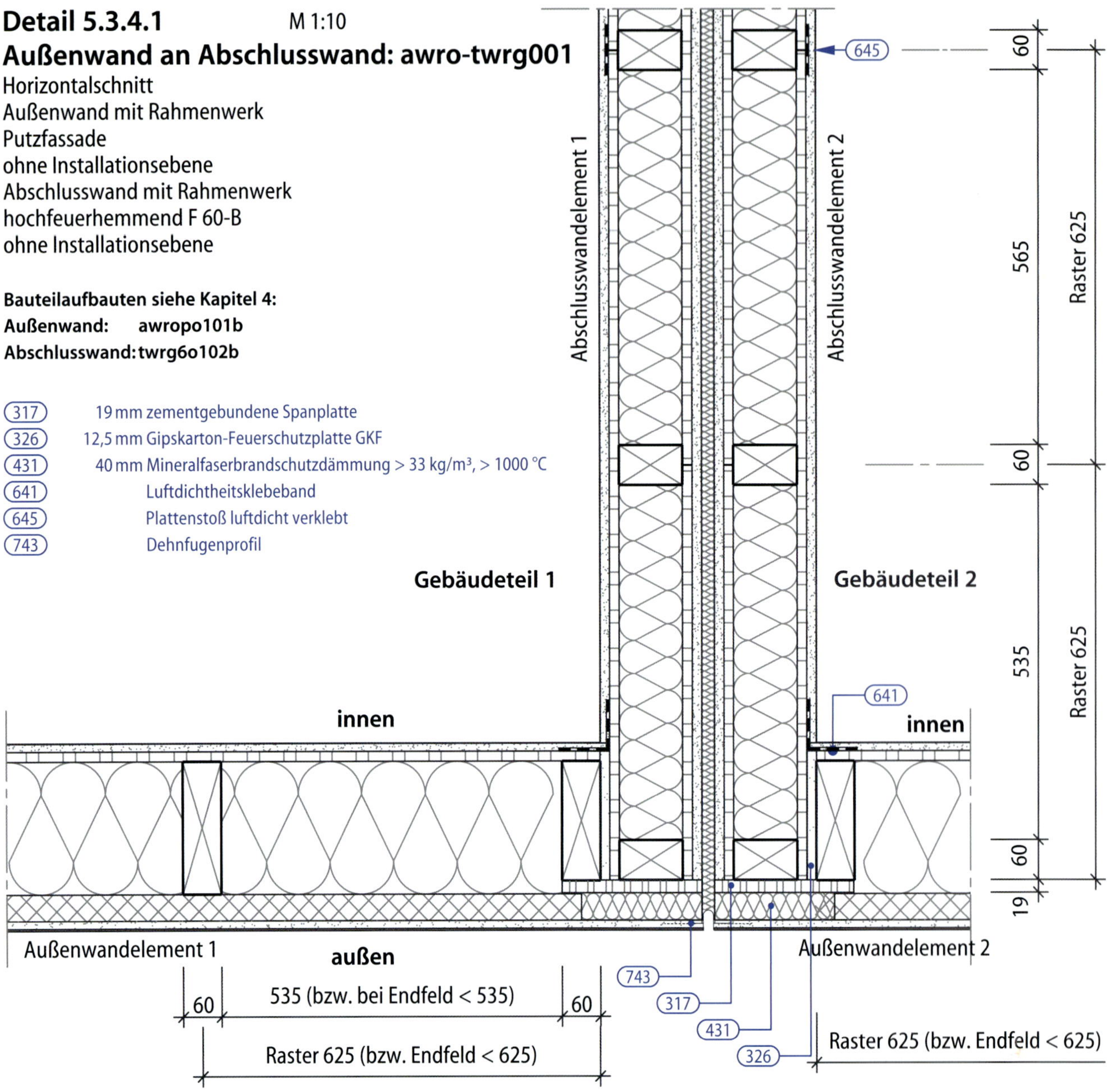

Montagereihenfolge M 1:20
beginnend in Gebäudeteil 1:

1. Montage Abschlusswandelement 1
2. Montage Außenwandelement 1 Ecke an zementgebundener Spanplatte verklammern
3. Trennwanddämmung an Abschlusswandelement stellen
4. Montage Abschlusswandelement 2
5. Montage Außenwandelement 12 Ecke an zementgebundener Spanplatte verklammern
6. luftdicht verkleben
7. Gipsplatten und Verspachtelung
8. MiWo-Dämmstreifen einbauen
9. Dehnfugenprofil einbauen
10. Außenputz aufbringen

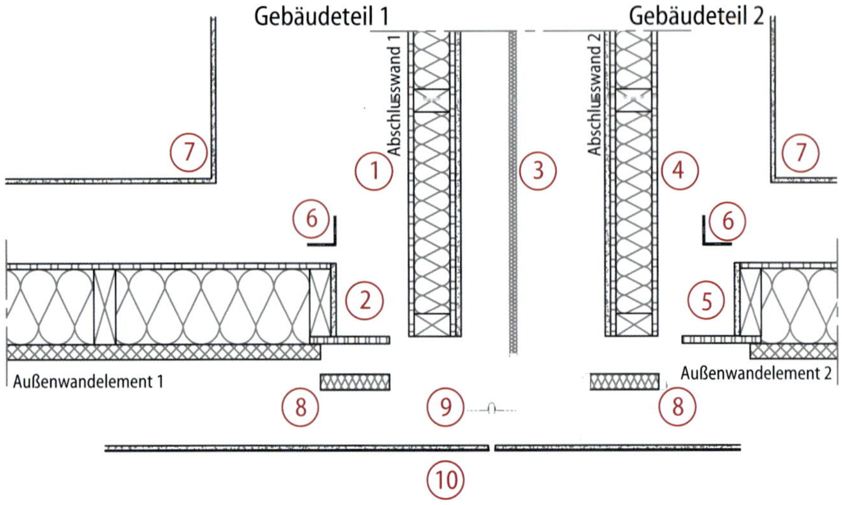

Detail 5.3.4.2 M 1:10
Außenwand an Gebäudetrennwand: awro-twrg002

Horizontalschnitt
Außenwand mit Rahmenwerk
Putzfassade
ohne Installationsebene
Gebäudetrennwand mit Rahmenwerk
F 30-B - F 90-B
mit Installationsebene

Bauteilaufbauten siehe Kapitel 4:
Außenwand: awropi101a
Abschlusswand: twrggi101a

(317) 19 mm zementgebundene Spanplatte
(431) 40 mm Mineralfaserbrandschutzdämmung > 33 kg/m³, > 1000 °C
(641) Luftdichtheitsklebeband
(645) Plattenstoß luftdicht verklebt
(743) Dehnfugenprofil

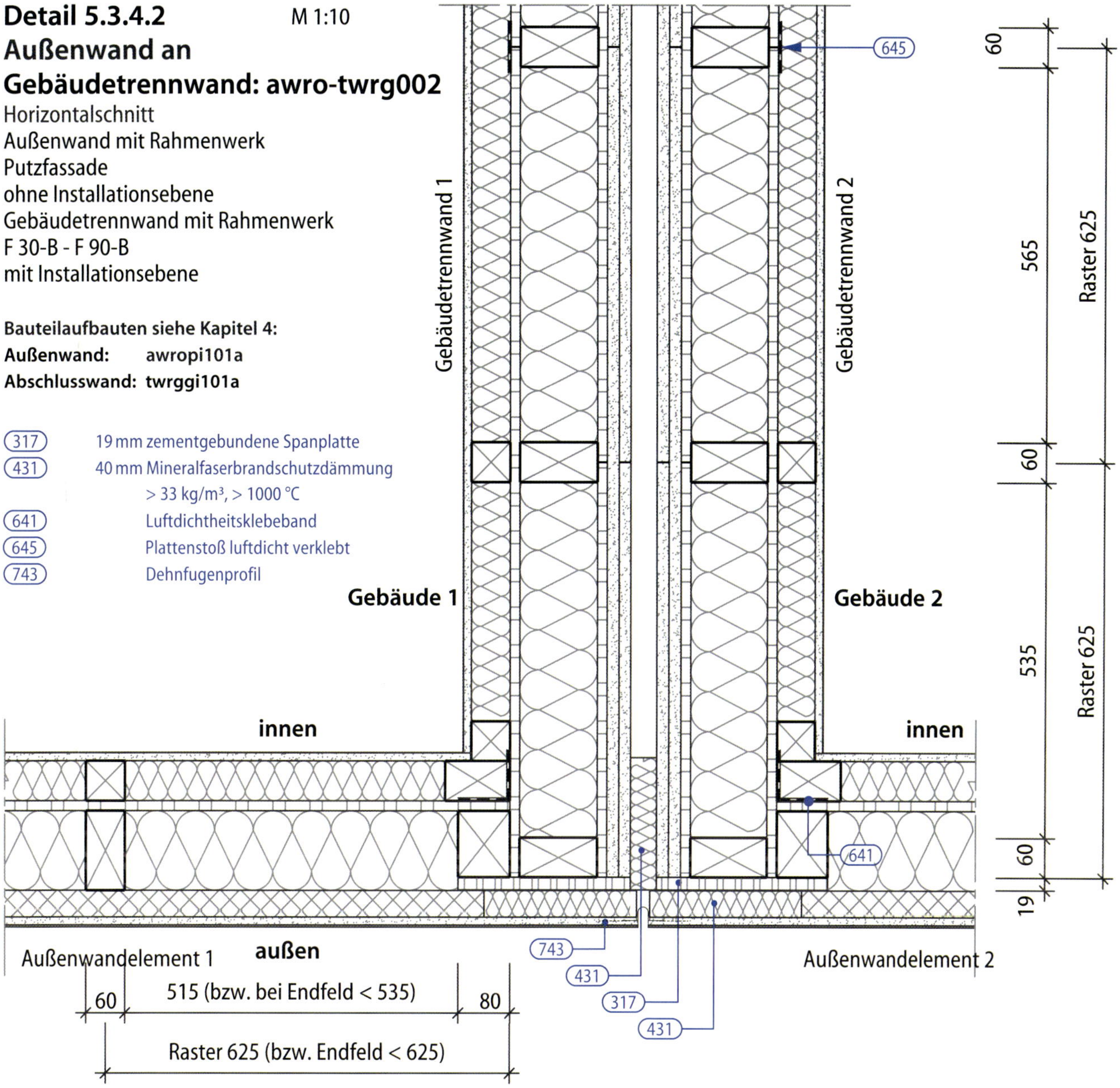

Montagereihenfolge M 1:20
beginnend in Gebäudeteil 1:

1 Montage Abschlusswandelement 1
2 Montage Außenwandelement 1 Ecke an zementgebundener Spanplatte verklammern
3 Trennwand-Dämmstreifen am Rand des Abschlusswandelements anbringen
4 Montage Abschlusswandelement 2
5 Montage Außenwandelement 2 Ecke an zementgebundener Spanplatte verklammern
6 luftdicht verkleben
7 Unterkonstruktion Installationsebene
8 nach HLS/E-Installationen: Dämmung
9 Gipsplatten und Verspachtelung
10 MiWo-Dämmstreifen einbauen
11 Dehnfugenprofil einbauen
12 Außenputz aufbringen

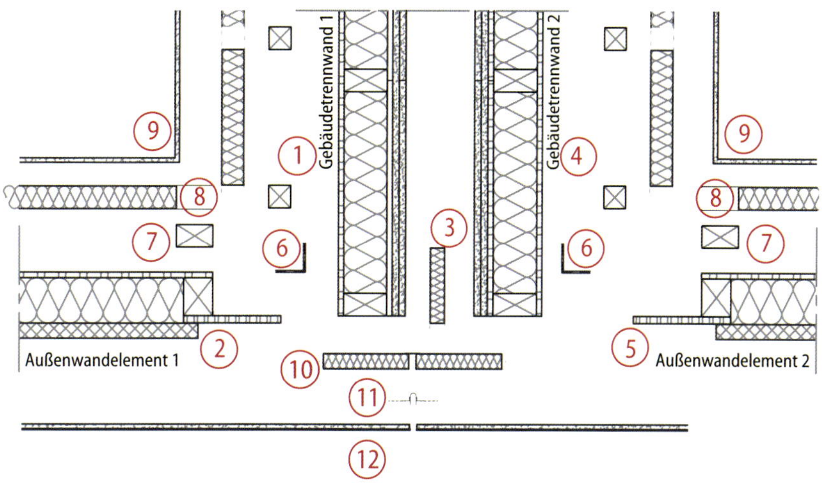

Detail 5.3.4.3 M 1:10
Außenwand an Abschlusswand: awjh-twrg001

Horizontalschnitt
Außenwand mit Holzstegträger
hinterlüftete Fassade
mit Installationsebene
raumabschließende Wand mit Rahmenwerk
feuerbeständig F 90-B
ohne Installationsebene

Bauteilaufbauten siehe Kapitel 4:
Außenwand: awjhhi110a
Abschlusswand: twrg9o101b

(260) 39 mm Furnierschichtholz LVL
(270) 60/40 mm Rahmen, Latte; horizontal, e = 62,5 cm
(292) 80/40 mm Stahl-C-Profil, verzinkt
(317) 19 mm zementgebundene Spanplatte
(335) 12 mm Faserzementplatte großformatig
(431) 40 mm Mineralfaserbrandschutzdämmung > 33 kg/m³, > 1000 °C
(641) Luftdichtheitsklebeband

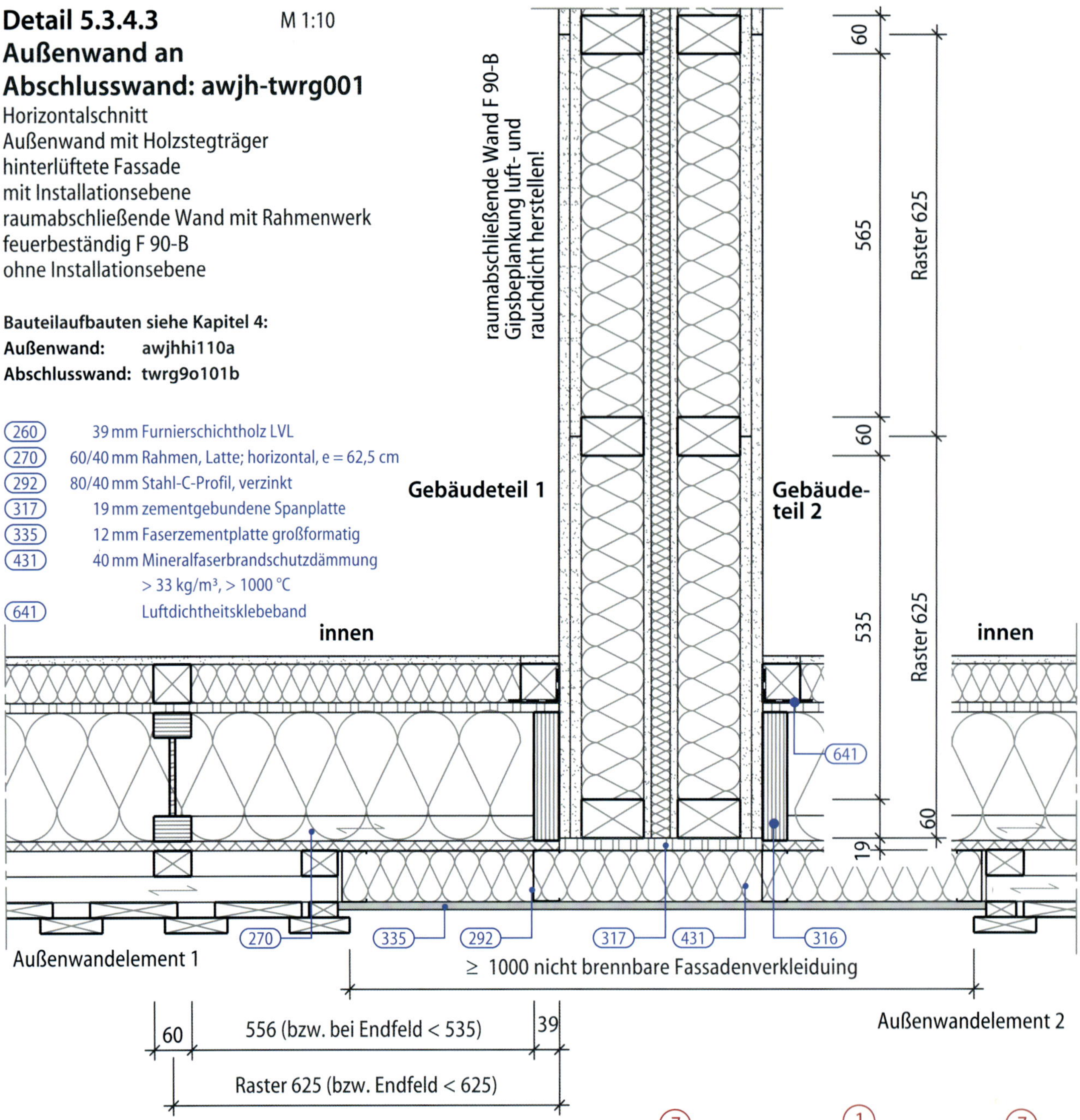

Montagereihenfolge M 1:20
beginnend in Gebäudeteil 1:
1 Montage Abschlusswandelement 1
2 Montage Außenwandelement 1 Ecke
3 Montage Außenwandelement 2 Ecke
4 luftdicht verkleben
5 Unterkonstruktion Installationsebene
6 nach HLS/E-Installationen: Dämmung
7 Gipsplatten und Verspachtelung
8 nicht brennbare Unterkonstruktion einbauen
9 nicht brennbare Mineralwolldämmung einbauen
10 nicht brennbare Fassadenplatte einbauen

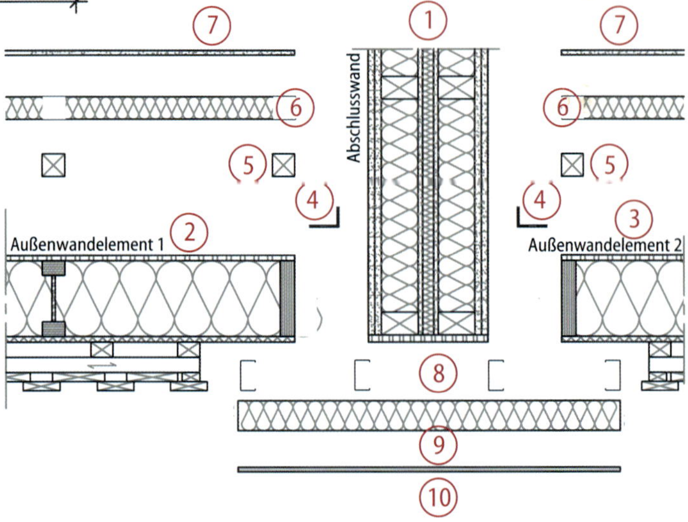

Detail 5.3.4.4 M 1:10

Außenwand an Gebäudetrennwand: awro-twmg001

Horizontalschnitt
Außenwand mit Rahmenwerk
Putzfassade
mit Installationsebene
Gebäudetrennwand aus Massivholz
feuerbeständig F 90-B
ohne Installationsebene

Bauteilaufbauten siehe Kapitel 4:
Außenwand: awropi101a
Gebäudetrennwand: twmg9o101a

(326) 12,5 mm Gipskarton-Feuerschutzplatte GKF
(431) 100 mm Mineralfaserbrandschutzdämmung > 33 kg/m³, > 1000 °C
(641) Luftdichtheitsklebeband
(743) Dehnfugenprofil

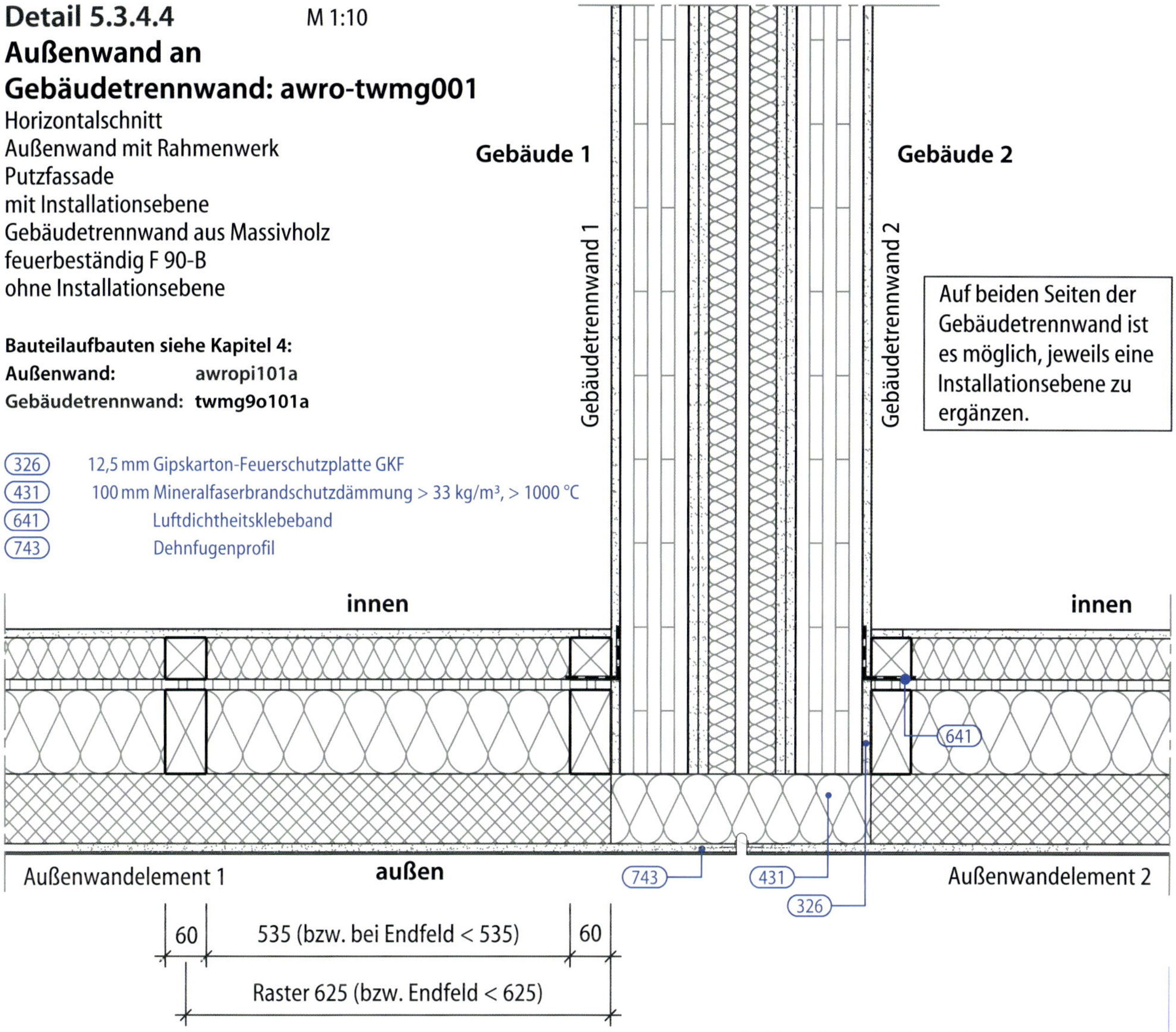

Montagereihenfolge M 1:20
beginnend in Gebäudeteil 1:
1 Montage Gebäudetrennwandelement 1
2 Montage Außenwandelement 1
3 Montage Gebäudetrennwandelement 2
4 Montage Außenwandelement 2
5 luftdicht verkleben
6 Unterkonstruktion Installationsebene
7 nach HLS/E-Installationen: Dämmung
8 Gipsplatten und Verspachtelung
9 MiWo-Dämmstreifen einbauen
10 Dehnfugenprofil einbauen
11 Außenputz aufbringen

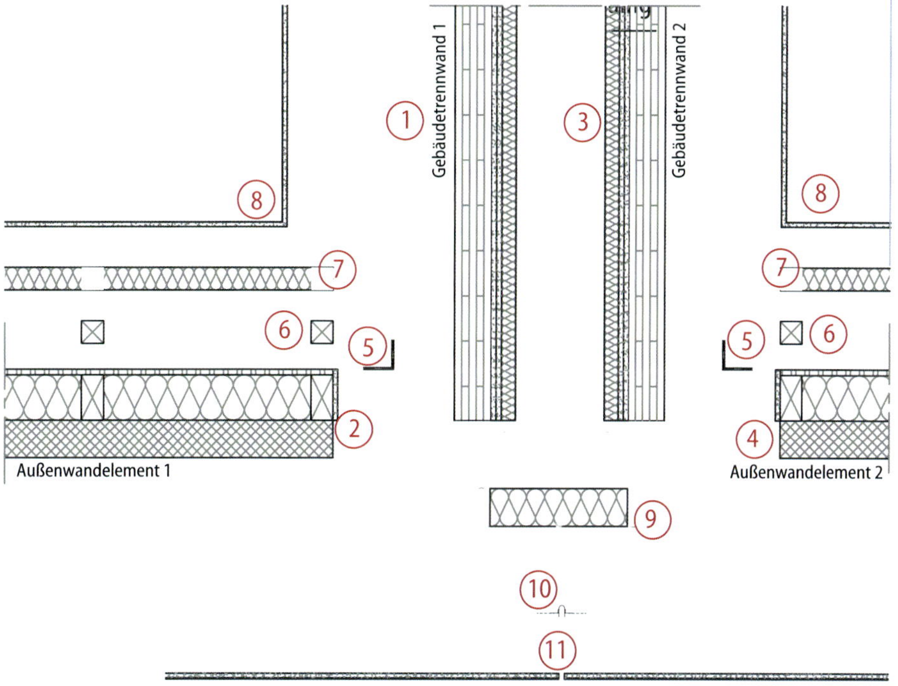

5.3.5 Anschluss Innenwand an Außenwand

Detail 5.3.5.1 M 1:10

Innenwand an Außenwand: awrx-iwrx001

Horizontalschnitt
Außenwand mit Rahmenwerk
ohne Installationsebene
Innenwand mit Rahmenwerk
einschalig
doppelt beplankt (einfache Beplankung analog)

Bauteilaufbauten siehe Kapitel 4:
Außenwand: awrxxoXXXa
Innenwand: iwrxxoXXXb

(114) 60/120 mm zusätzlicher Wandstiel *)
(114a) 60/b mm zusätzlicher Innenwandstiel - nur bei Variante B (s.u.)
(511) 6,0 x 130 mm Tellerkopfschrauben e = 500 mm
(645) Plattenstoß luftdicht verklebt

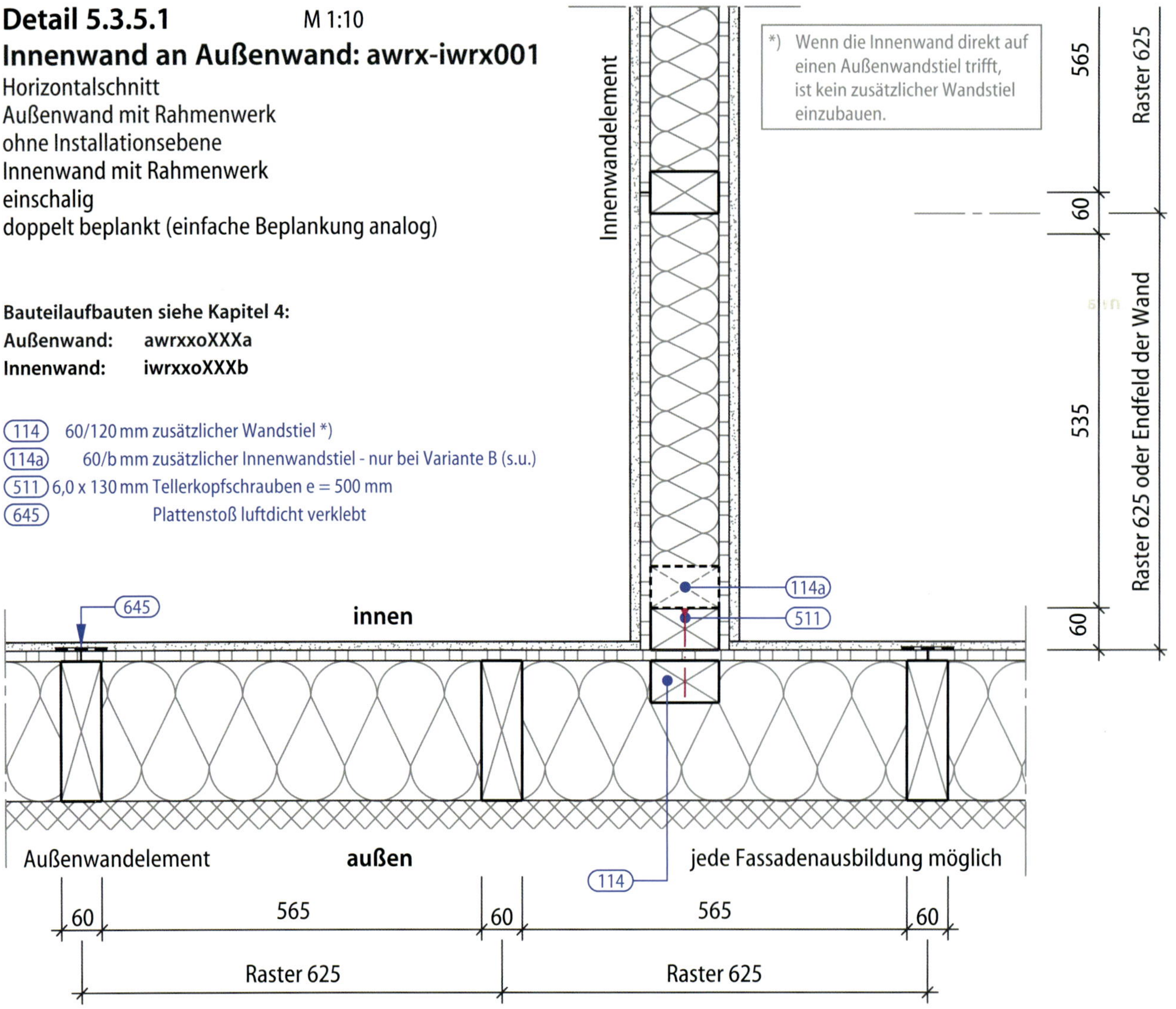

Montagereihenfolge M 1:20
Variante A) ungedämmte, einseitig geschlossene Innenwand:
1 Innenwand an Außenwand stellen, ausrichten
2 durch Innenwandstiel verschrauben
3 nach HLS/E-Installationen: Dämmung
4 Innenwand beplanken (Holzwerkstoffplatte)
5 Gipsplatten und Verspachtelung

Montagereihenfolge M 1:20
Variante B) vorgefertigte gedämmte, beidseitig geschlossene Innenwand:
1 Innenwand auf Wandanschlussstiel schieben
und Wandverbindung über Verklammerung herstellen
2 Gipsplatten und Verspachtelung

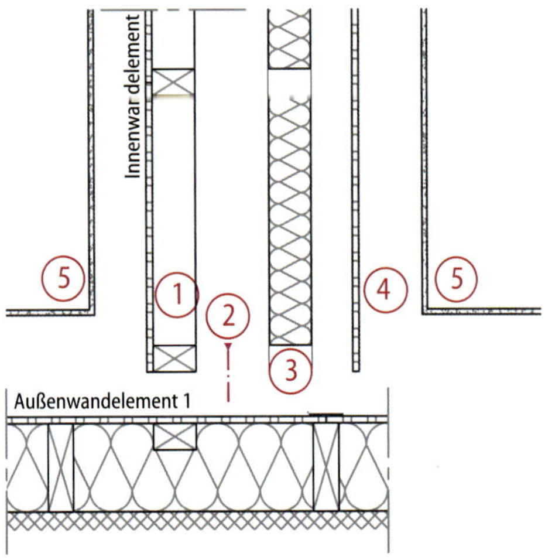

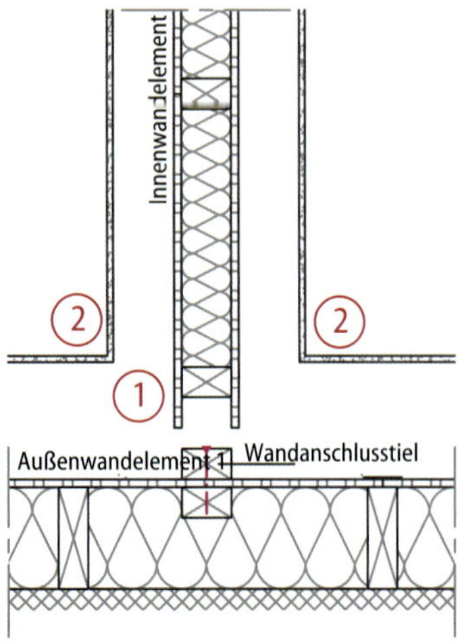

Detail 5.3.5.2 M 1:10

Innenwand an Außenwand: awrx-iwrx002

Horizontalschnitt
Außenwand mit Rahmenwerk
mit Installationsebene
Innenwand mit Rahmenwerk
einschalig
doppelt beplankt (einfache Beplankung analog)

Bauteilaufbauten siehe Kapitel 4:
Außenwand: awrxxiXXXa
Innenwand: iwrxxoXXXa

(114) 60/120 mm zusätzlicher Wandstiel *)
(114a) 60/b mm zusätzlicher Innenwandstiel - nur bei Variante B (s.u.)
(511) 6,0 x 130 mm Tellerkopfschrauben e = 500 mm
(645) Plattenstoß luftdicht verklebt

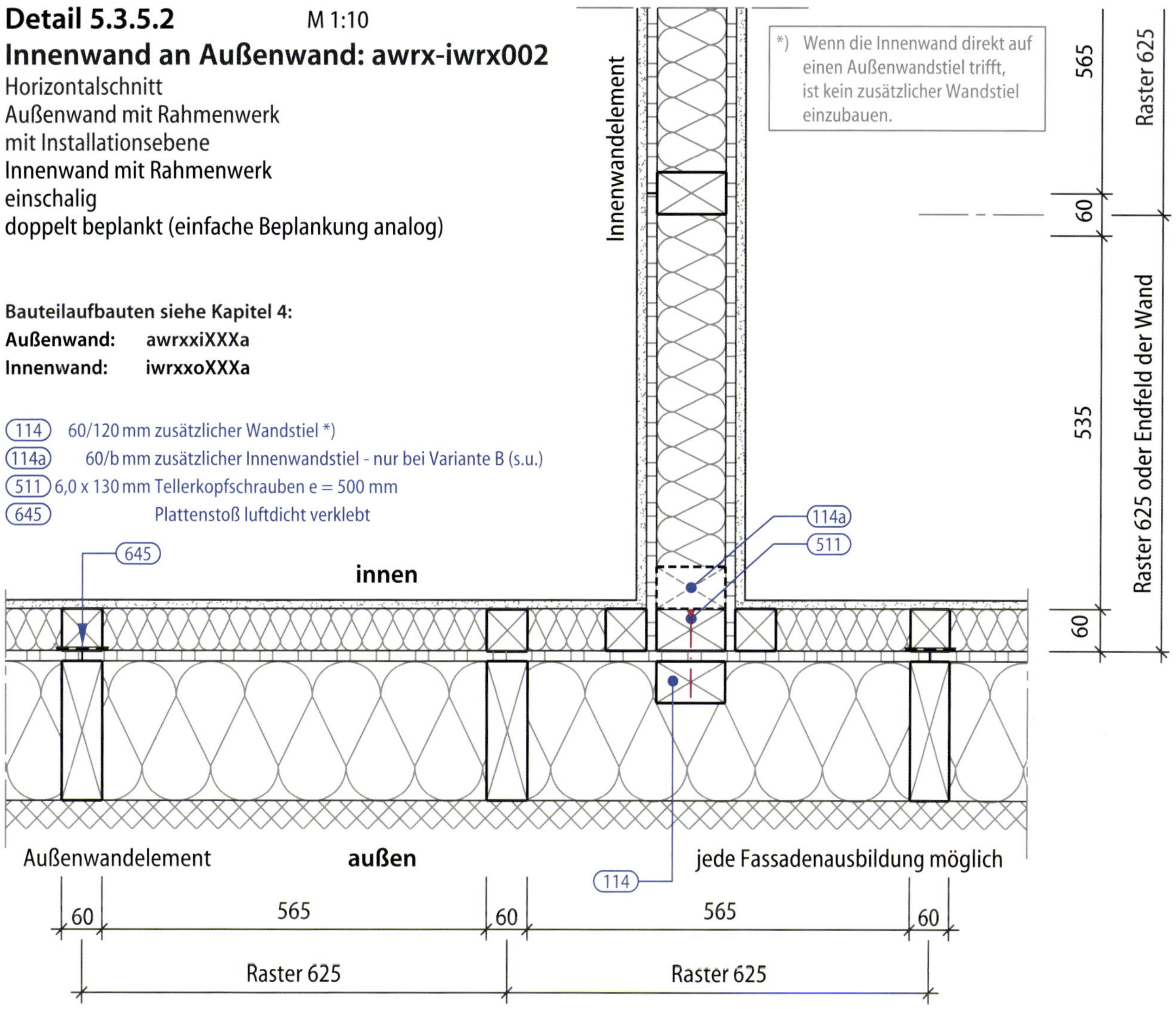

Montagereihenfolge M 1:20
Variante A) ungedämmte, einseitig geschlossene Innenwand:
1 Innenwand an Außenwand stellen, ausrichten
2 durch Innenwandstiel verschrauben
3 Unterkonstruktion Installationsebene
4 nach HLS/E-Installationen: Dämmung
5 Innenwand beplanken (Holzwerkstoffplatte)
6 Gipsplatten und Verspachtelung

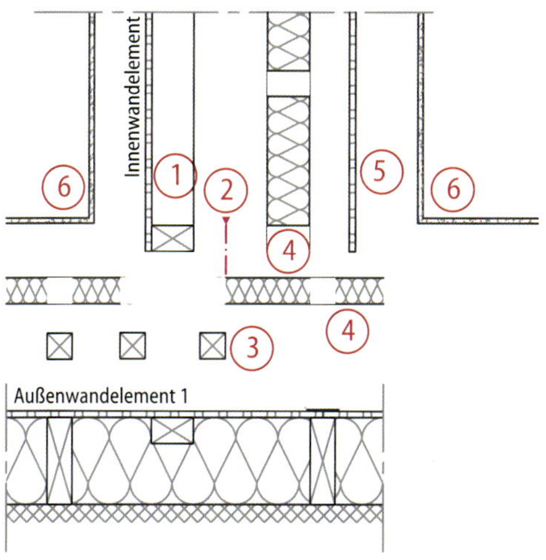

Montagereihenfolge M 1:20
Variante B) vorgefertigte gedämmte, beidseitig geschlossene Innenwand:
1 Innenwand auf Wandanschlussstiel schieben
und Wandverbindung über Verklammerung herstellen
2 Unterkonstruktion Installationsebene
3 nach HLS/E-Installationen: Dämmung
4 Gipsplatten und Verspachtelung

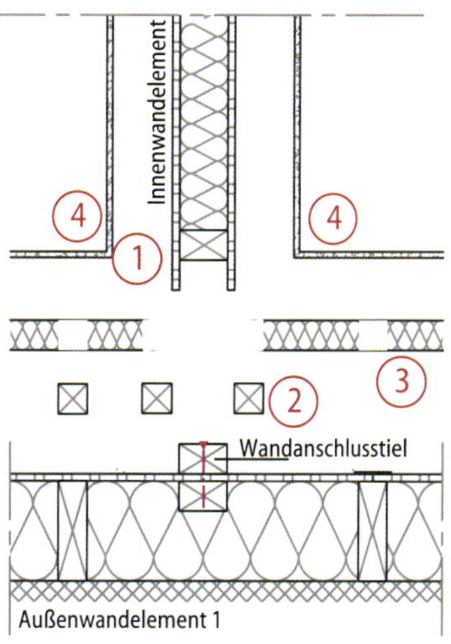

Detail 5.3.5.3 M 1:10

Innenwand an Außenwand: awjx-iwrx001

Horizontalschnitt
Außenwand mit Rahmenwerk
mit Installationsebene
Innenwand mit Rahmenwerk
einschalig
doppelt beplankt (einfache Beplankung analog)

Bauteilaufbauten siehe Kapitel 4:
Außenwand: awjxxoXXXb
Innenwand: iwrxxoXXXab

(114) 60/XXX mm zusätzlicher Wandstiel*) (Stegträger)
(114a) 60/b mm zusätzlicher Innenwandstiel - nur bei Variante B (s. Detail 5.3.5.1)
(511) 6,0 x 130 mm Tellerkopfschrauben e = 500 mm
(645) Plattenstoß luftdicht verklebt

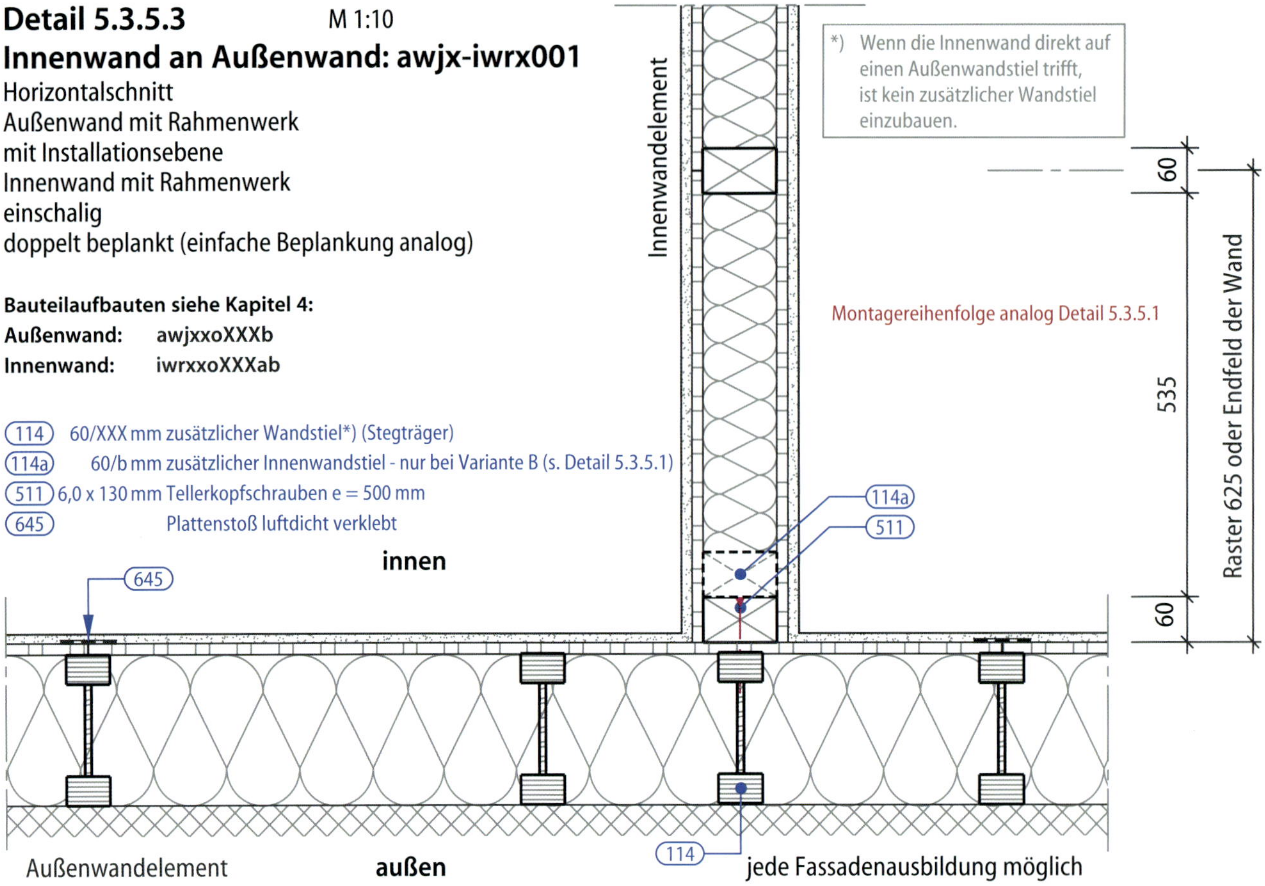

Detail 5.3.5.4 M 1:10

Innenwand an Außenwand: awjx-iwrx002

Horizontalschnitt
Außenwand mit Rahmenwerk
mit Installationsebene
Innenwand mit Rahmenwerk
einschalig

Bauteilaufbauten siehe Kapitel 4:
Außenwand: awjoxiXXXa
Innenwand: iwrxxxXXXx

(114) 60/XXX mm zusätzlicher Wandstiel*) (Stegträger)
(114a) 60/b mm zusätzlicher Innenwandstiel - nur bei Variante B (s. Detail 5.3.5.2)
(511) 6,0 x 130 mm Tellerkopfschrauben e = 500 mm
(645) Plattenstoß luftdicht verklebt

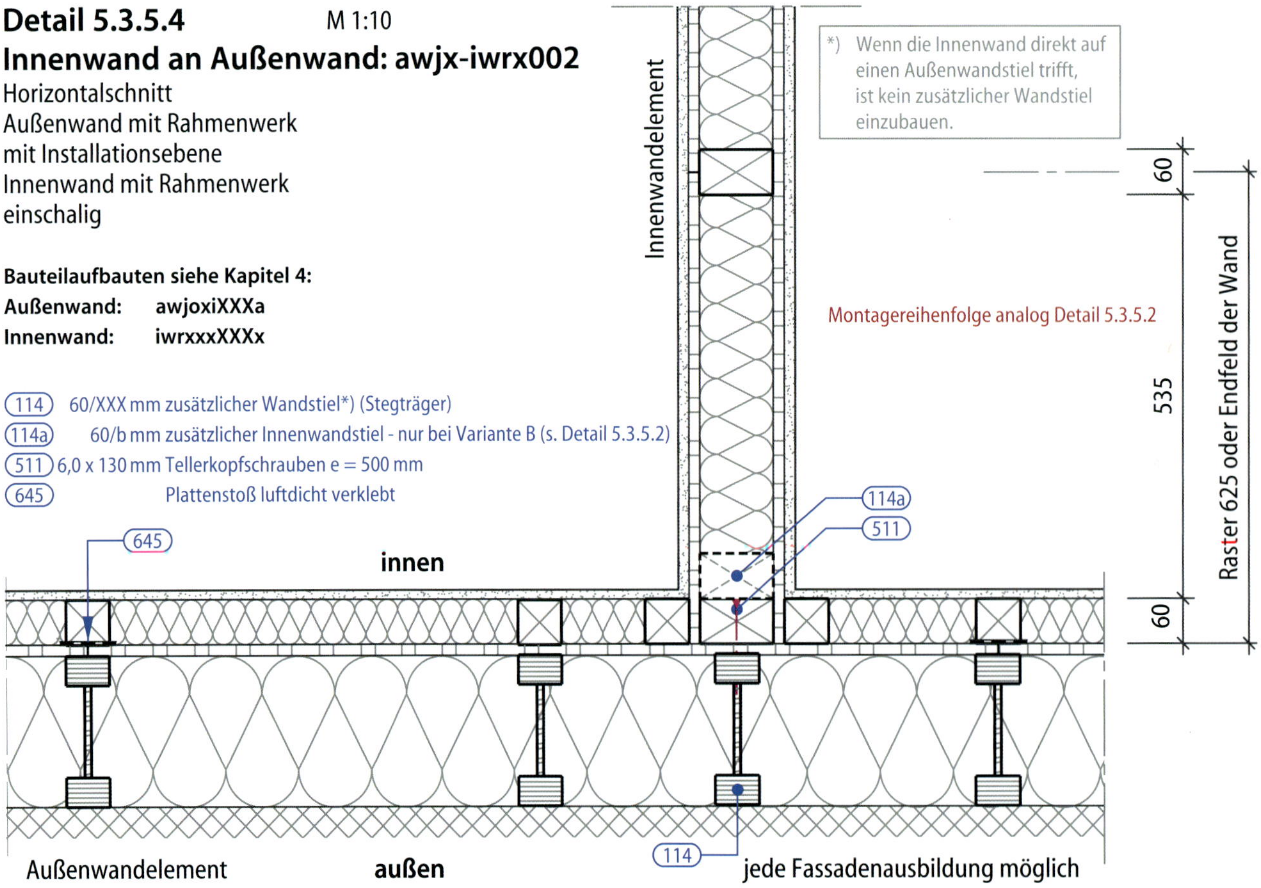

5.3.6 Anschluss Innenwandecke

Detail 5.3.6.1 M 1:10
Innenwandecke: iwrx-iwrx001

Horizontalschnitt
Innenwand mit Rahmenwerk
einschalig, doppelt beplankt

Bauteilaufbauten siehe Kapitel 4:
Innenwand: iwrxxoXXXb

(511) 6,0 x ... mm Tellerkopfschrauben e = 500 mm

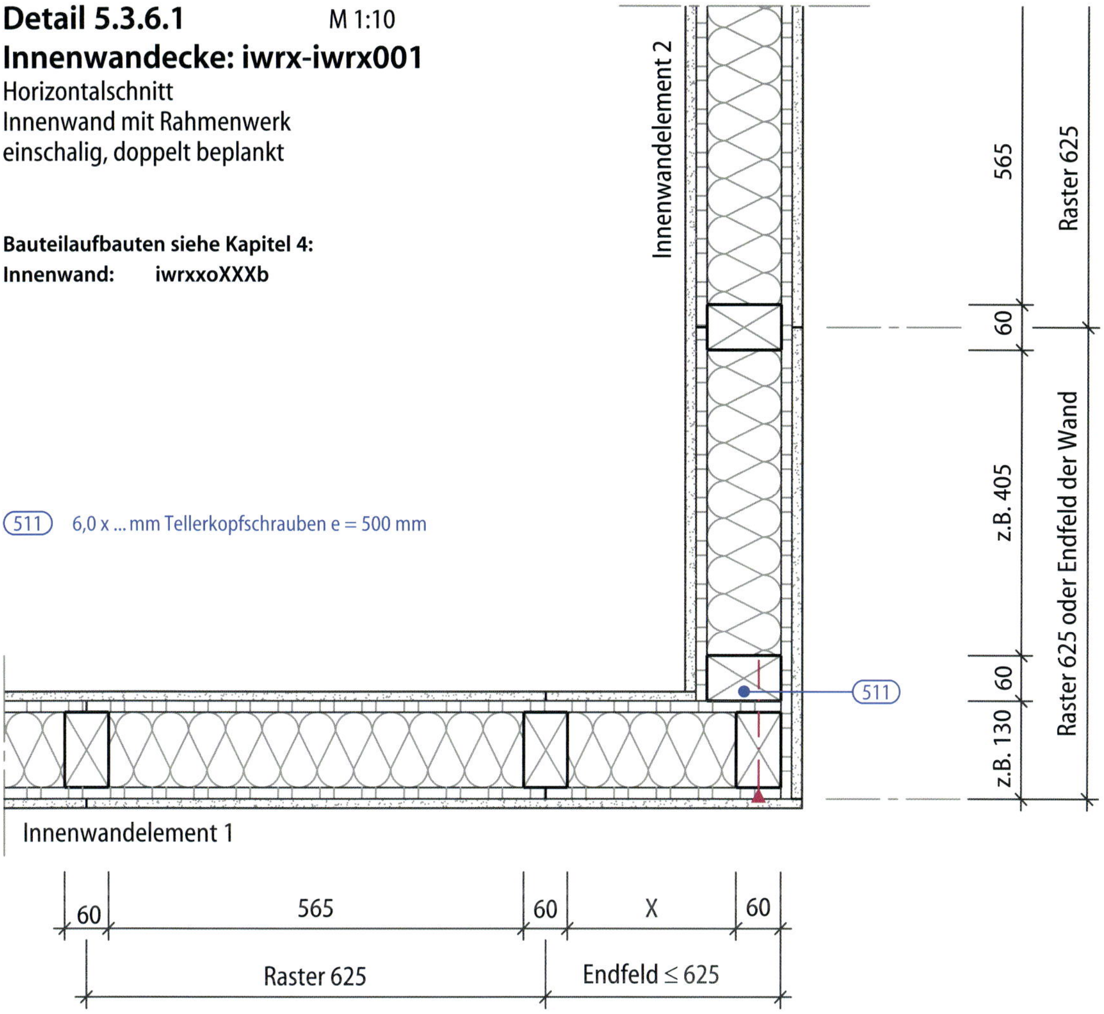

Montagereihenfolge M 1:20
Variante A) ungedämmte, einseitig geschlossene Innenwände:
1 Innenwandelement 2 an Innenwandelement 1 stellen
2 durch Innenwandstiel verschrauben, Plattenüberstand verklammern
3 nach HLS/E-Installationen: Dämmung
4 Innenwand beplanken (Holzwerkstoffplatte)
5 Gipsplatten und Verspachtelung

Montagereihenfolge M 1:20
Variante B) vorgefertigte gedämmte, beidseitig geschlossene Innenwände:
1 Innenwandelement 2 an Innenwandelement 1 stellen
2 Ecke verschrauben, Plattenüberstand verklammern
3 Gipsplatten und Verspachtelung

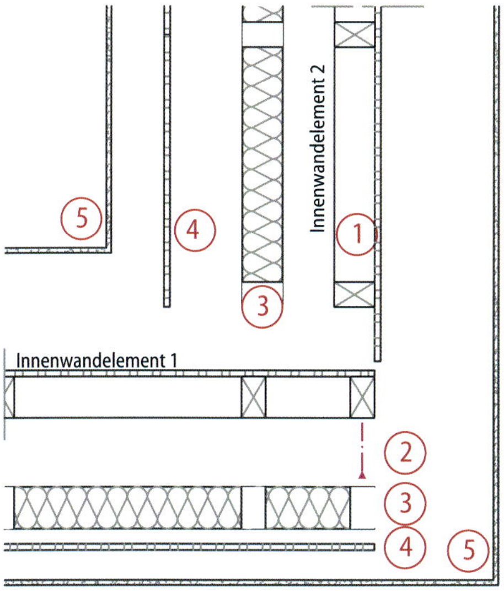

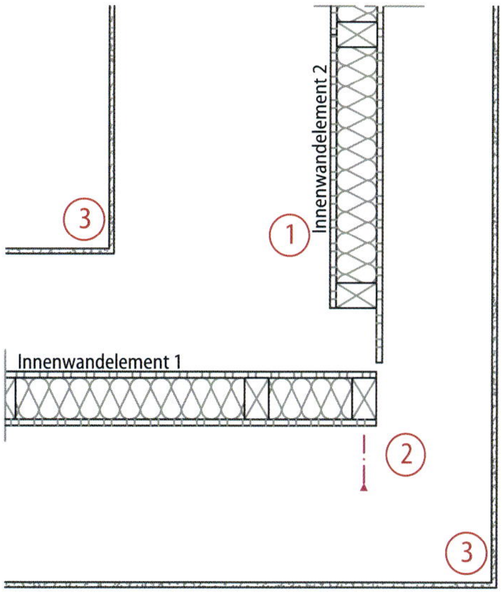

Detail 5.3.6.2 M 1:10
Innenwandecke: iwrx-iwrx002

Horizontalschnitt
Innenwand mit Rahmenwerk
einschalig, einfach beplankt
Beplankung: Gipsfaserplatte - aussteifend

Bauteilaufbauten siehe Kapitel 4:
Innenwand: iwrxxoXXXa

(511) 6,0 x ... mm Tellerkopfschrauben e = 500 mm

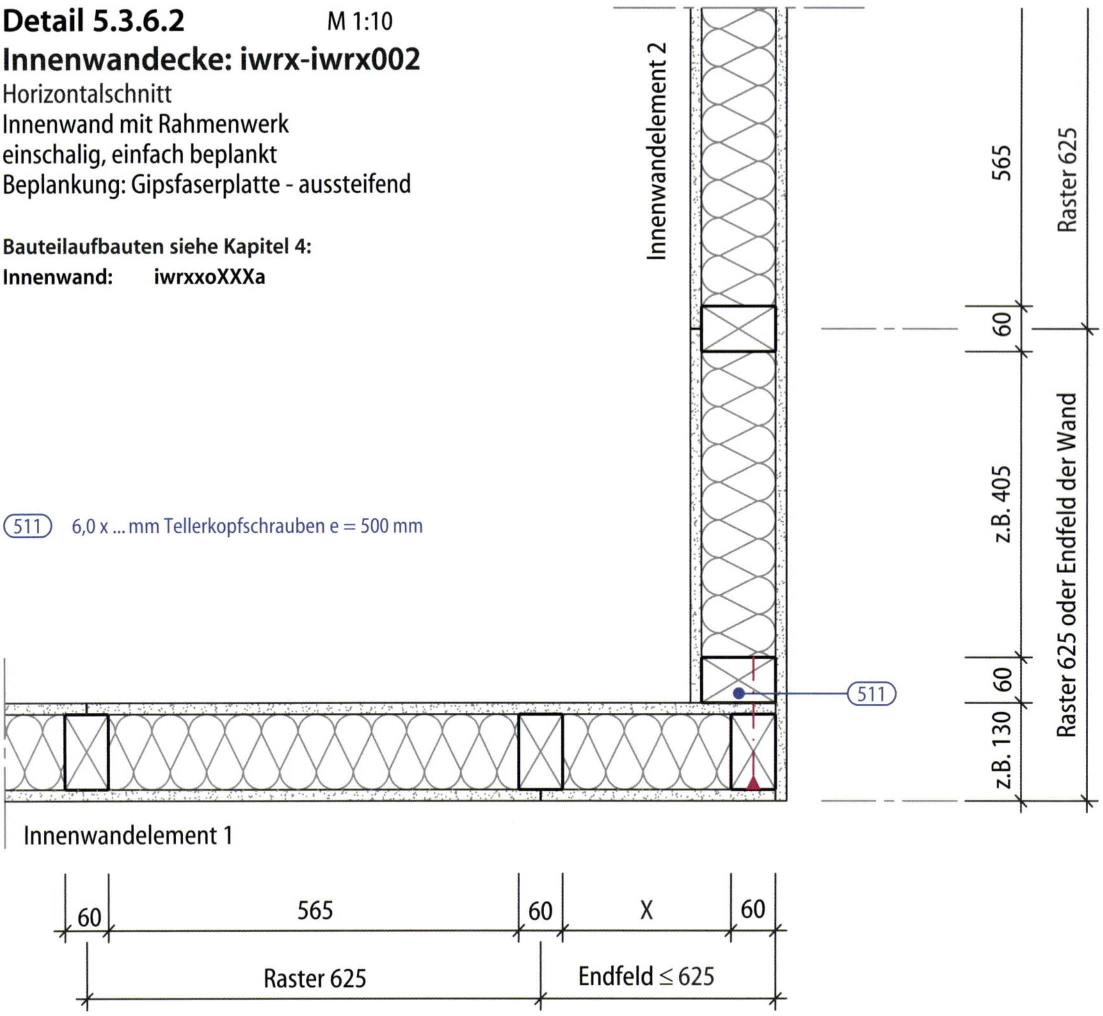

Montagereihenfolge M 1:20
Variante A) ungedämmte, einseitig mit Gipsfaserplatten beplankte Innenwände:

1 Innenwandelement 2 an Innenwandelement 1 stellen
2 durch Innenwandstiel verschrauben, Plattenüberstand verklammern
3 nach HLS/E-Installationen: Dämmung
4 Innenwand beplanken (Holzwerkstoffplatte)
5 Gipsfaserplatten und Verspachtelung

Montagereihenfolge M 1:20
Variante B) vorgefertigte gedämmte, beidseitig mit Gipsfasern beplankte, geschlossene Innenwände:

1 Innenwandelement 2 an Innenwandelement 1 stellen
2 Ecke verschrauben, Plattenüberstand verklammern
3 Verspachtelung

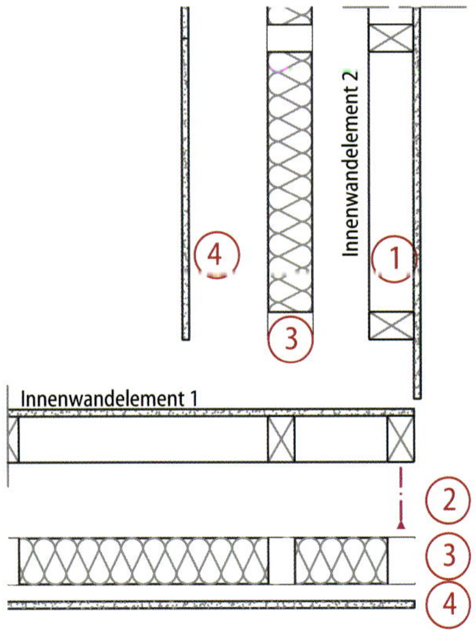

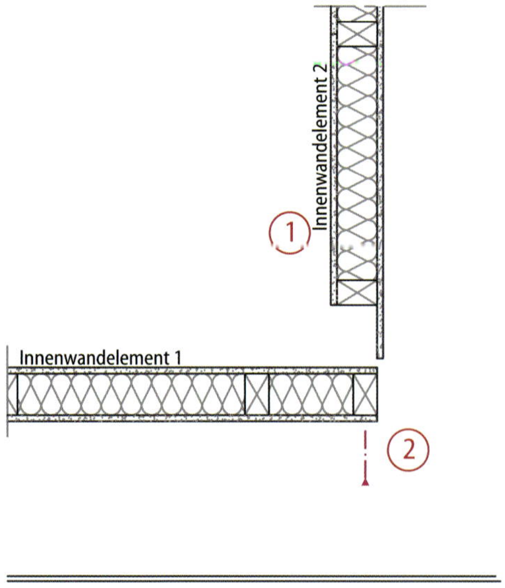

Detail 5.3.6.3 M 1:10
Innenwandecke: iwrx-iwrx003

Horizontalschnitt
Innenwand mit Rahmenwerk
einschalig
eine Seite doppelt beplankt
andere Seite einfach beplankt

Bauteilaufbauten siehe Kapitel 4:
Innenwand: iwrxxoXXXab

(511) 6,0 x ... mm Tellerkopfschrauben e = 500 mm

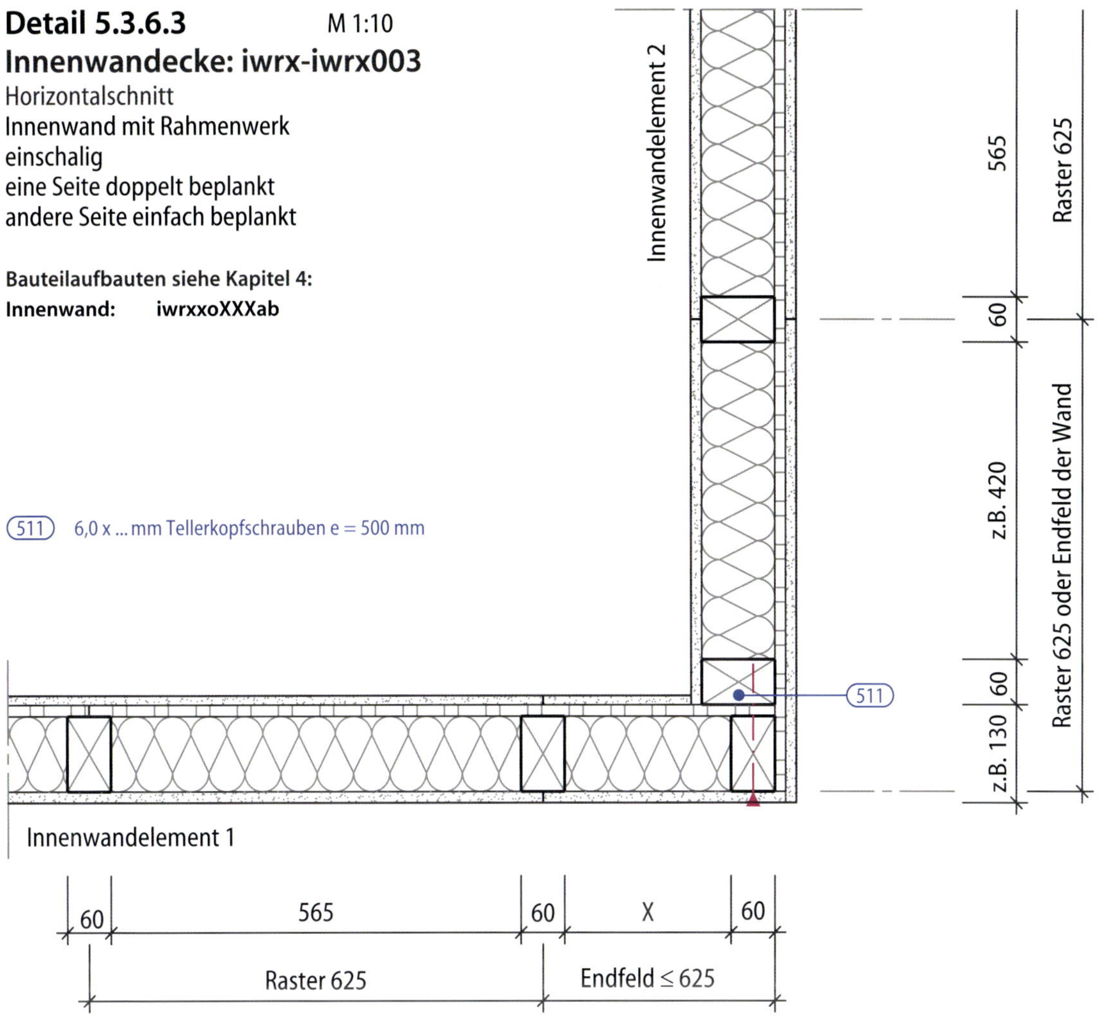

Montagereihenfolge M 1:20
ungedämmte, einseitig geschlossene Innenwände:
1 Innenwandelement 2 an Innenwandelement 1 stellen
2 durch Innenwandstiel verschrauben, Plattenüberstand verklammern
3 nach HLS/E-Installationen: Dämmung
4 Gipsplatten und Verspachtelung

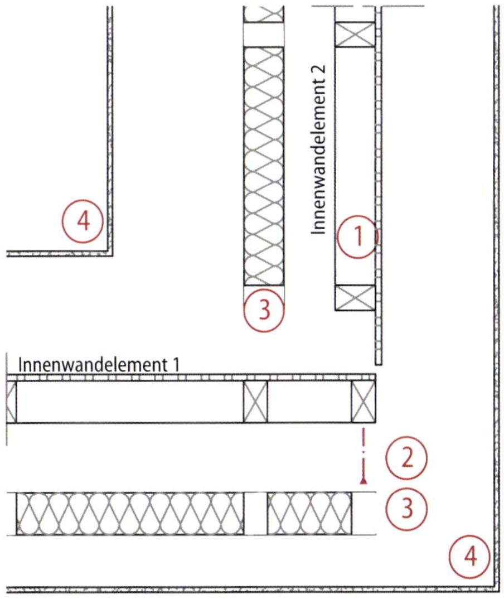

5.3.7 Anschluss Innenwandstoß an durchlaufende Innenwand

Detail 5.3.7.1 M 1:10

Innenwand an Innenwand: iwrx-iwrx001

Horizontalschnitt
Innenwand mit Rahmenwerk
einschalig, doppelt beplankt

Bauteilaufbauten siehe Kapitel 4:
Innenwand: iwrxxoXXXb

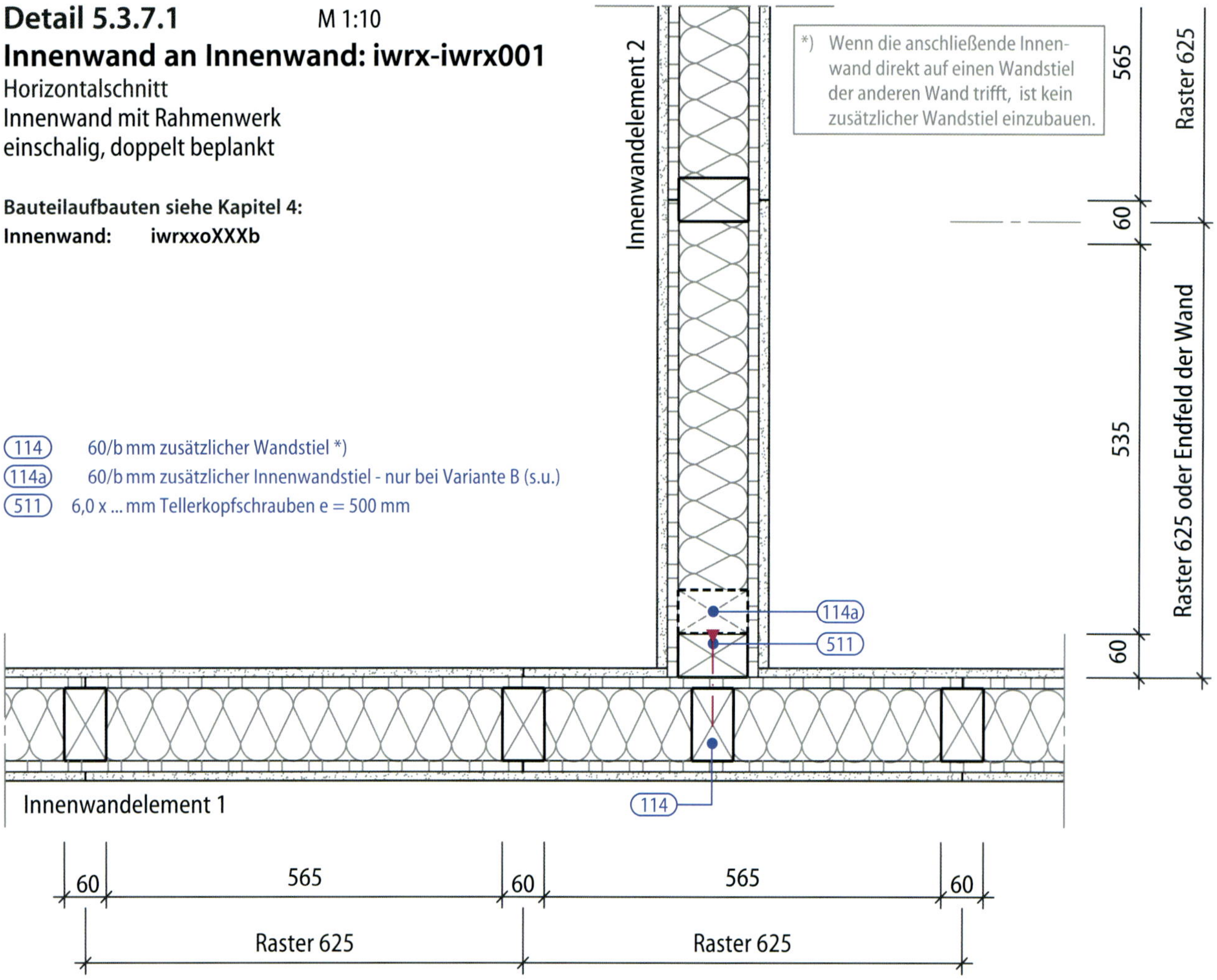

(114) 60/b mm zusätzlicher Wandstiel *)
(114a) 60/b mm zusätzlicher Innenwandstiel - nur bei Variante B (s.u.)
(511) 6,0 x ... mm Tellerkopfschrauben e = 500 mm

Montagereihenfolge M 1:20
Variante A) ungedämmte, einseitig geschlossene Innenwände:

1 Innenwandelement 2 an Innenwandelement 1 stellen und ausrichten
2 durch Innenwandstiel verschrauben
3 nach HLS/E-Installationen: Dämmung
4 Innenwand beplanken (Holzwerkstoffplatte)
5 Gipsplatten und Verspachtelung

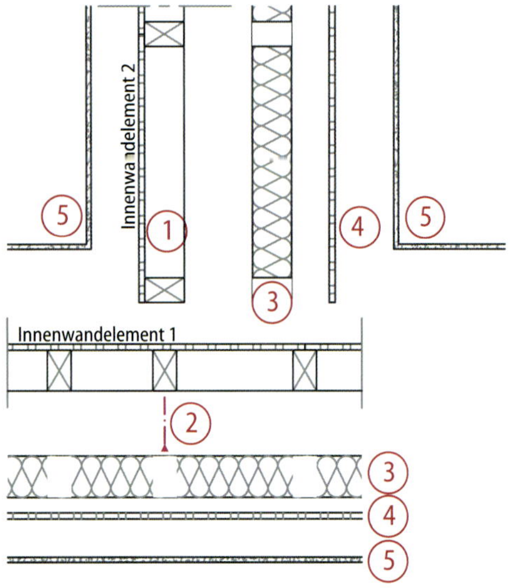

Montagereihenfolge M 1:20
Variante B) vorgefertigte gedämmte, beidseitig geschlossene Innenwände:

1 Innenwandelement 2 auf Wandanschlussstiel des Innenwandelements 1 schieben und Wandverbindung über Verklammerung des Plattenüberstandes herstellen
2 Gipsplatten und Verspachtelung

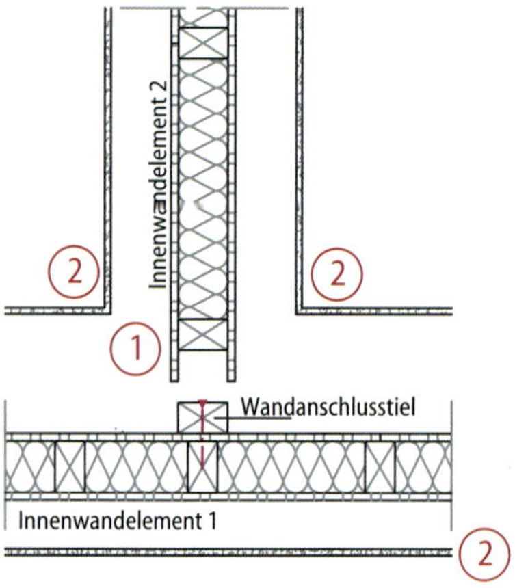

Detail 5.3.7.2 M 1:10

Innenwand an Innenwand: iwrx-iwrx002

Horizontalschnitt
Innenwand mit Rahmenwerk
einschalig, einfach beplankt
Beplankung: Gipsfaserplatte - aussteifend

Bauteilaufbauten siehe Kapitel 4:
Innenwand: iwrxxoXXXa

(114) 60/b mm zusätzlicher Wandstiel *)
(114a) 60/b mm zusätzlicher Innenwandstiel - nur bei Variante B (s.u.)
(511) 6,0 x ... mm Tellerkopfschrauben e = 500 mm

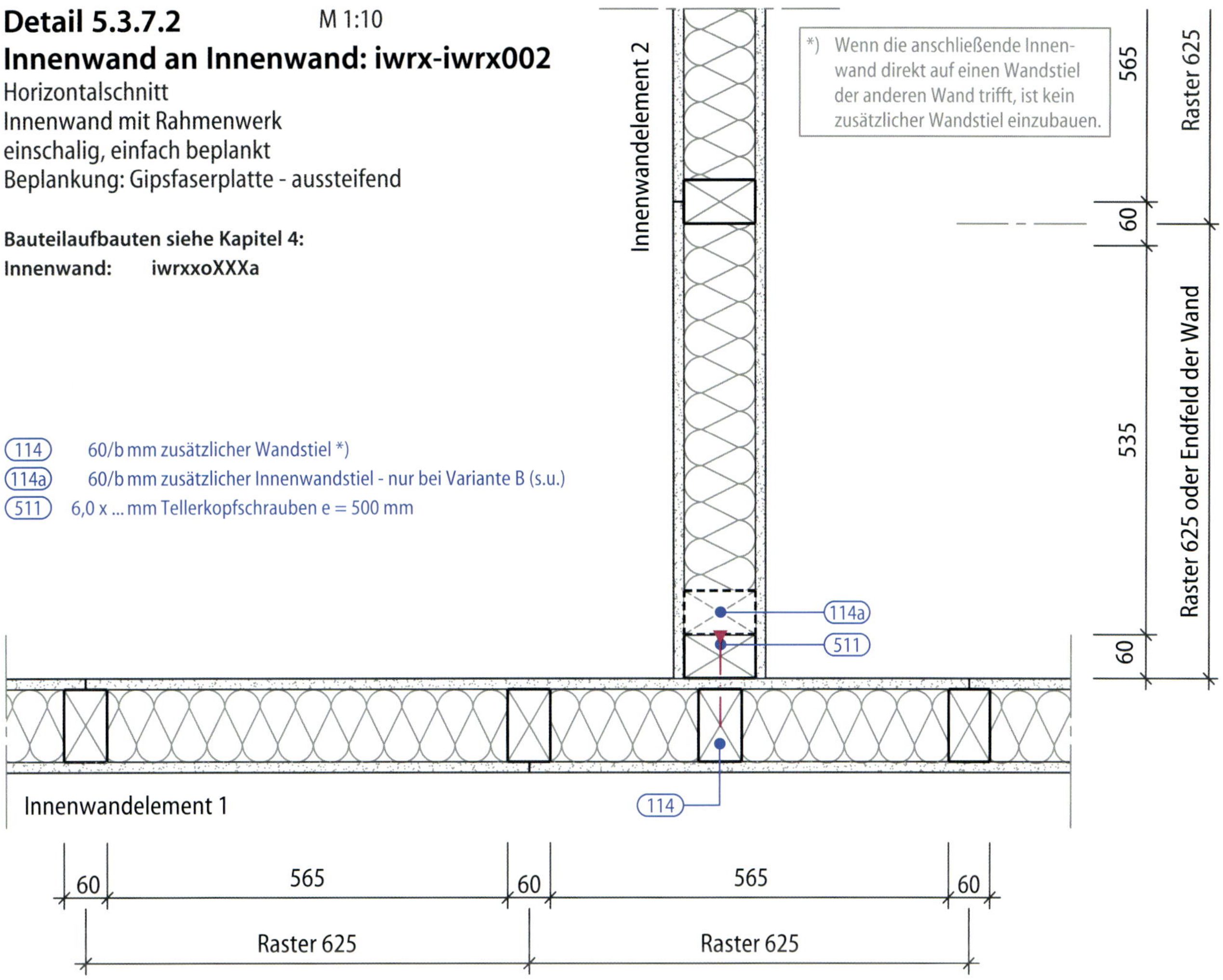

Montagereihenfolge M 1:20
Variante A) ungedämmte, einseitig geschlossene Innenwände:
1 Innenwandelement 2 an Innenwandelement 1 stellen und ausrichten
2 durch Innenwandstiel verschrauben
3 nach HLS/E-Installationen: Dämmung
4 offene Seite beplanken (Gipsfaserplatte) und Verspachtelung

Montagereihenfolge M 1:20
Variante B) vorgefertigte gedämmte, beidseitig geschlossene Innenwände:
1 Innenwandelement 2 auf Wandanschlussstiel des Innenwandelements 1 schieben und Wandverbindung über Verklammerung des Plattenüberstandes herstellen
2 Verspachtelung

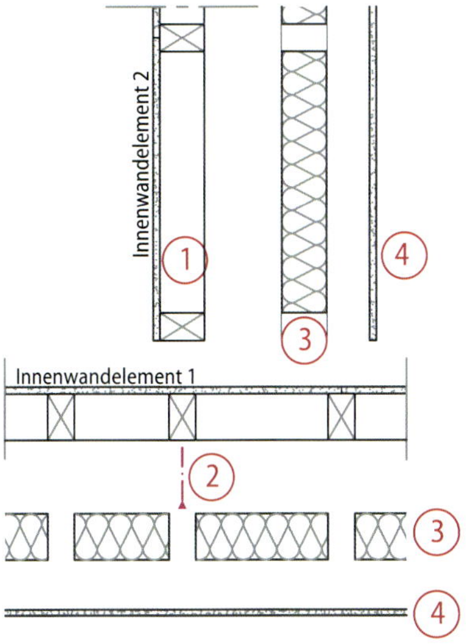

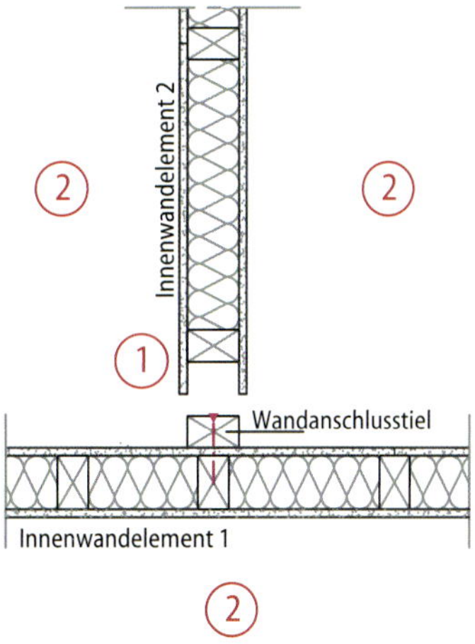

Detail 5.3.7.3 M 1:10

Innenwand an Innenwand: iwrx-iwrx003

Horizontalschnitt
Innenwand mit Rahmenwerk
einschalig, doppelt beplankt

Bauteilaufbauten siehe Kapitel 4:
Innenwand: iwrxxoXXXab

(114) 60/b mm zusätzlicher Wandstiel *)
(114a) 60/b mm zusätzlicher Innenwandstiel - nur bei Variante B (s.u.)
(511) 6,0 x ... mm Tellerkopfschrauben e = 500 mm

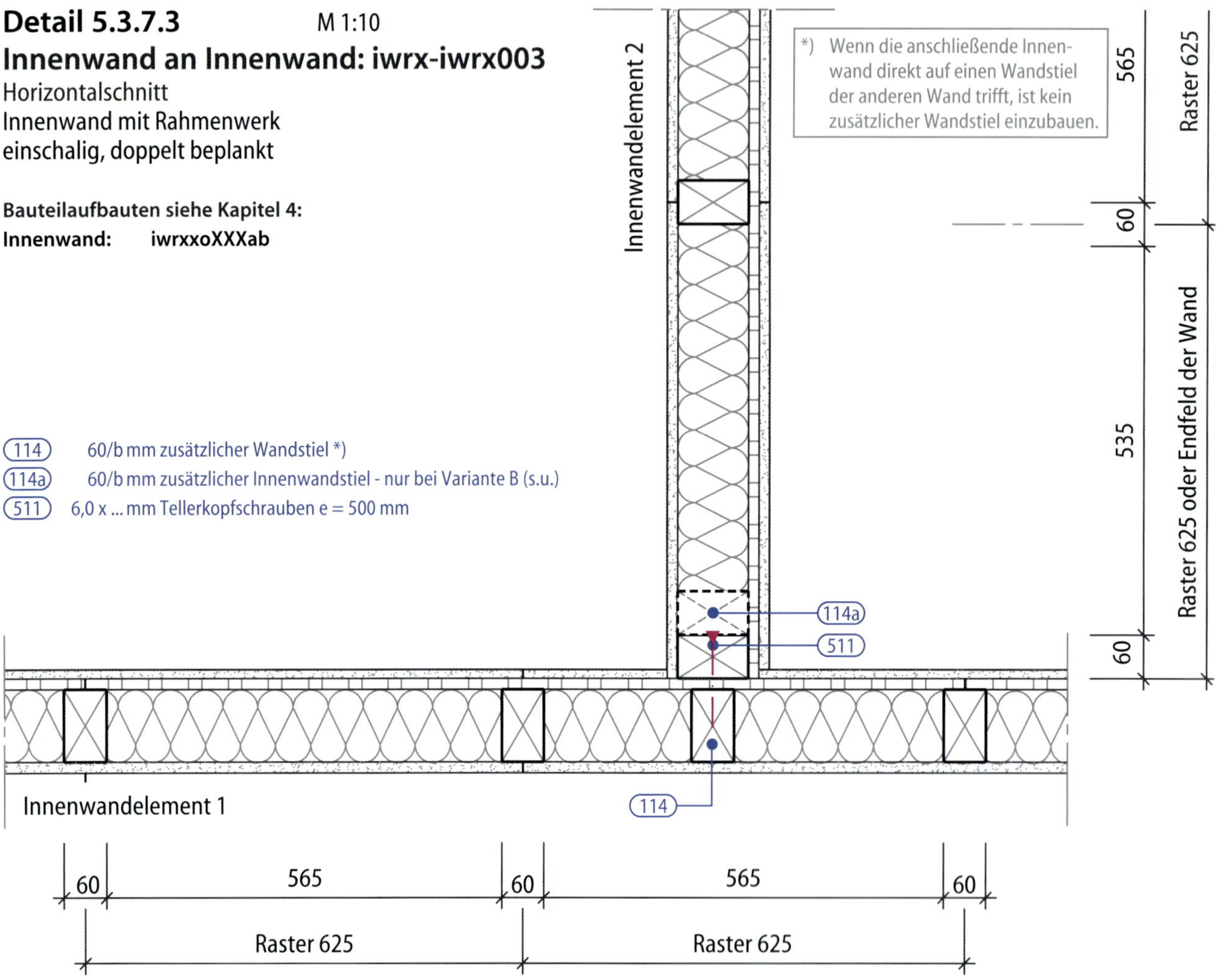

Montagereihenfolge M 1:20
Variante A) ungedämmte, einseitig geschlossene Innenwände:

1 Innenwandelement 2 an Innenwandelement 1 stellen und ausrichten
2 durch Innenwandstiel verschrauben
3 nach HLS/E-Installationen: Dämmung
4 Innenwand beplanken (Holzwerkstoffplatte)
5 Gipsplatten und Verspachtelung

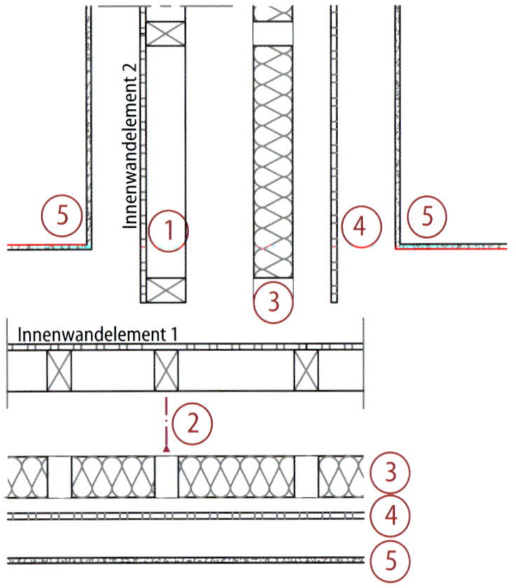

Montagereihenfolge M 1:20
Variante B) vorgefertigte gedämmte, beidseitig geschlossene Innenwände:

1 Innenwandelement 2 auf Wandanschlussstiel des Innenwandelements 1 schieben und Wandverbindung über Verklammerung des Plattenüberstandes herstellen
2 Gipsplatten und Verspachtelung

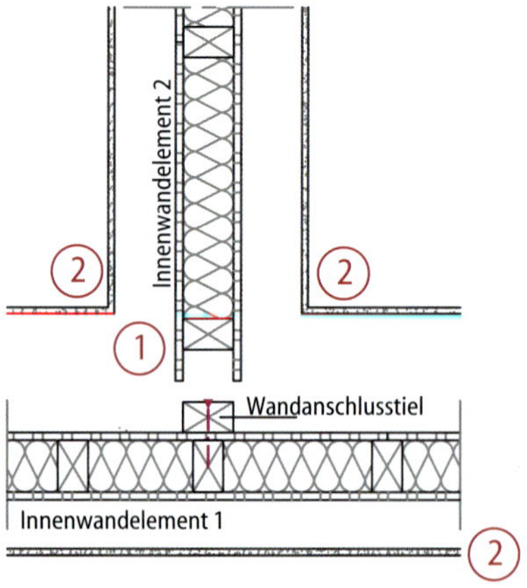

Detail 5.3.7.4 M 1:10
Installationswand an Innenwand: iwri-iwrx001

Horizontalschnitt
Installationswand mit Rahmenwerk
zweischalig, doppelt beplankt
Innenwand mit Rahmenwerk
einschalig, doppelt beplankt

Bauteilaufbauten siehe Kapitel 4:
Installationswand: iwrnii101b
Innenwand: iwrxxoXXXb

(114) 60/b mm zusätzlicher Wandstiel
(312) 15 mm OSB-Platte
(511) 6,0 x ... mm Tellerkopfschrauben e = 500 mm

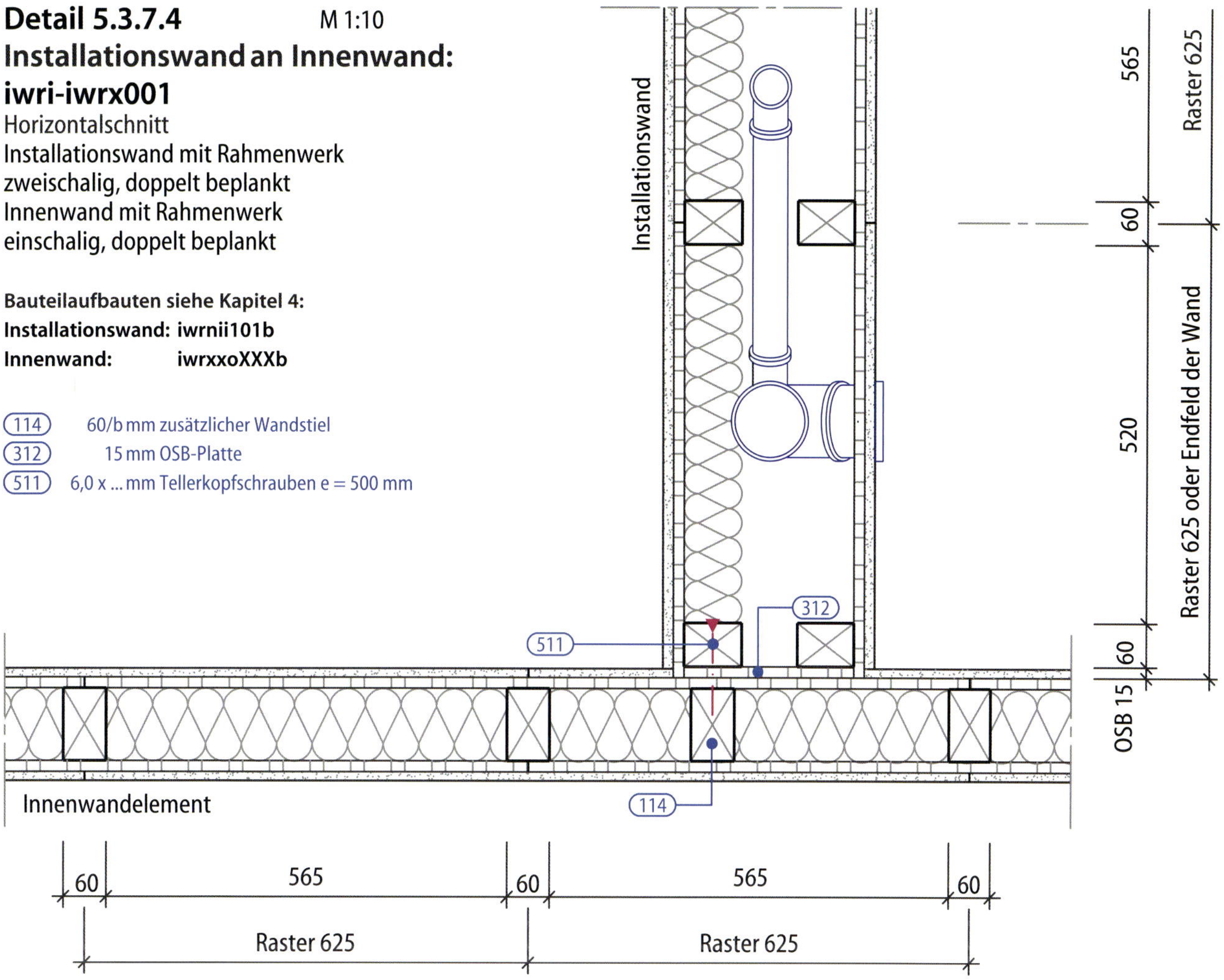

Montagereihenfolge M 1:20
ungedämmte, einseitig geschlossene Wände:

1 Installationswandelement an Innenwandelement stellen und ausrichten
2 durch Innenwandstiel verschrauben
3 nach HLS/E-Installationen: Dämmung
4 Innenwand beplanken (Holzwerkstoffplatte)
5 Gipsplatten und Verspachtelung

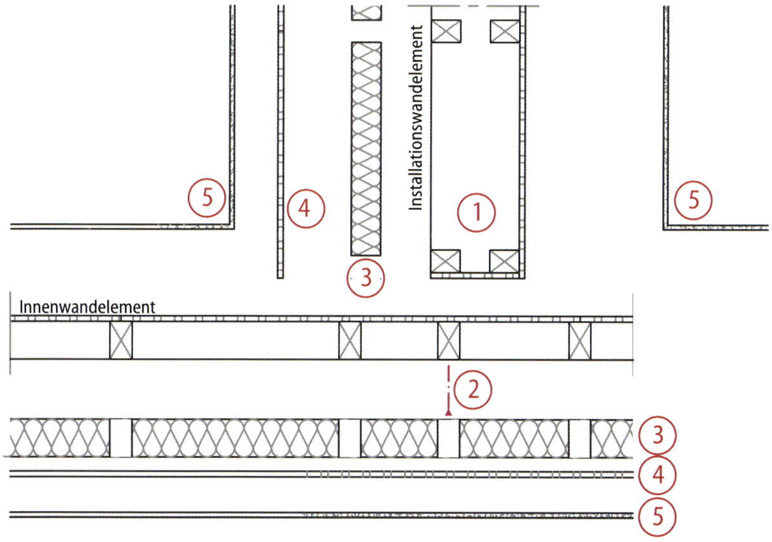

5.3.8 Anschluss Wohnungstrennwand an Außenwand

Detail 5.3.8.1 M 1:10
Wohnungstrennwand an Außenwand: awrx-iwrw001

Horizontalschnitt
Außenwand mit Rahmenwerk
ohne Installationsebene IE (IE zusätzlich möglich)
Wohnungstrennwand mit doppeltem Rahmenwerk
doppelt beplankt, Schwelle und Rähm getrennt

Bauteilaufbauten siehe Kapitel 4:
Außenwand: awrxxoXXXb
Wohnungstrennwand: iwrwxo101b

(114) 60/b mm 2 Stk. zusätzliche Wandstiele *)
(114a) 60/60 mm zusätzliche Innenwandstiele - nur bei Variante B (s.u.)
(511) 6,0 x 130 mm Tellerkopfschrauben e = 500 mm
(641) Luftdichtheitsklebeband
(645) Plattenstoß luftdicht verklebt
(645a) Plattenstoß mit mind. 5 mm Fuge - luftdicht verklebt
Plattentrennung zur Vermeidung von Schallnebenwegen

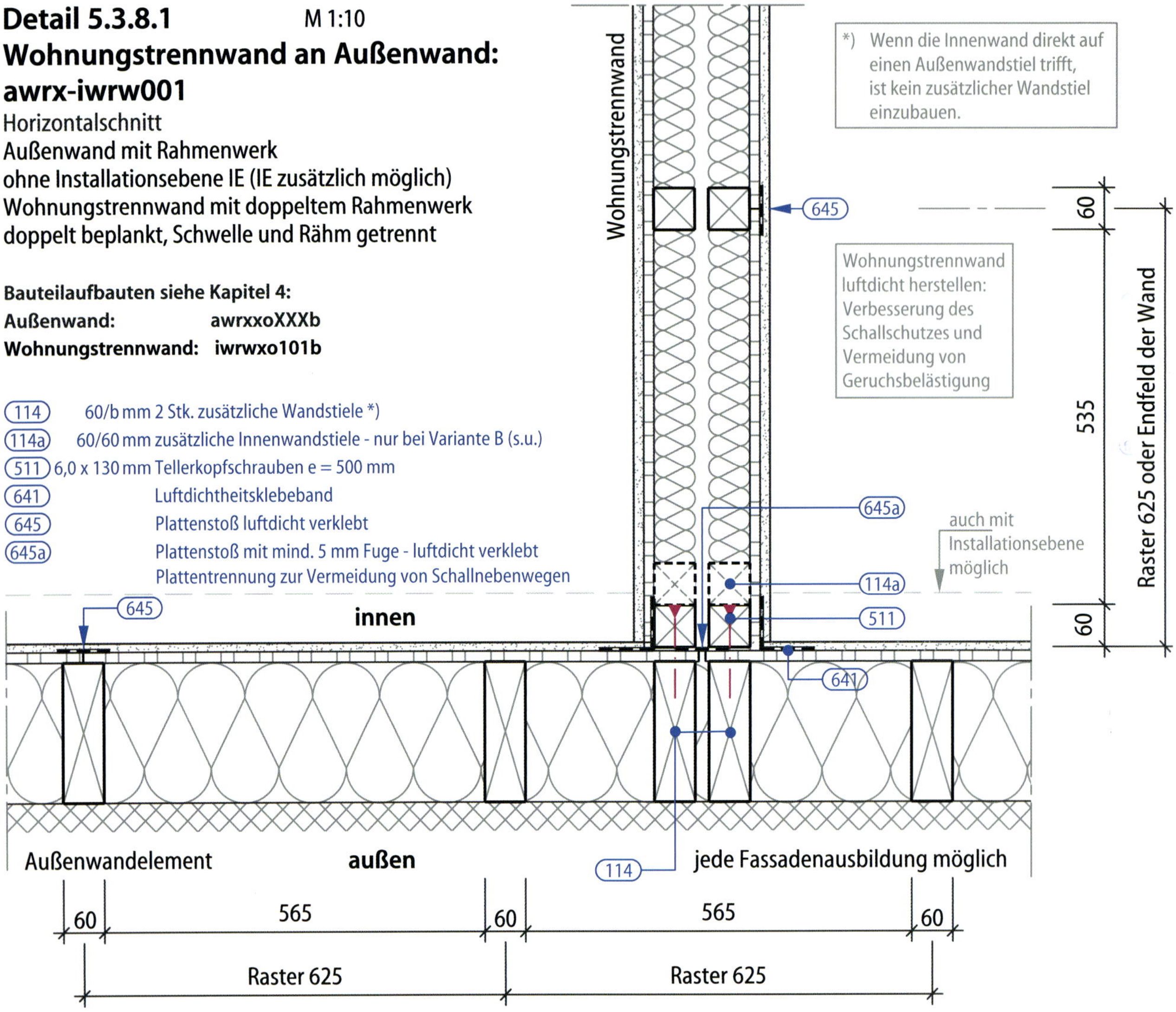

Montagereihenfolge M 1:20 Wohnungstrennwand WT:
Variante A) ungedämmte, einseitig geschlossene WT:

1 WT 1 an Außenwand stellen, ausrichten
2 durch Innenwandstiel verschrauben
3 WT 2 an Außenwand stellen, ausrichten
4 durch Innenwandstiel verschrauben
5 Dämmung
6 Innenwand beplanken (Holzwerkstoffplatte)
7 luftdicht verkleben (Schallschutzverbesserung)
8 Gipsplatten und Verspachtelung

Montagereihenfolge M 1:20 Wohnungstrennwand WT:
Variante B) vorgefertigte gedämmte, beidseitig geschlossene WT:

1 WT 1 an Außenwand stellen, ausrichten und Wandverbindung über Verklammerung herstellen
2 WT 2 an Außenwand stellen, ausrichten und Wandverbindung über Verklammerung herstellen
3 luftdicht verkleben (Schallschutzverbesserung)
4 Gipsplatten und Verspachtelung

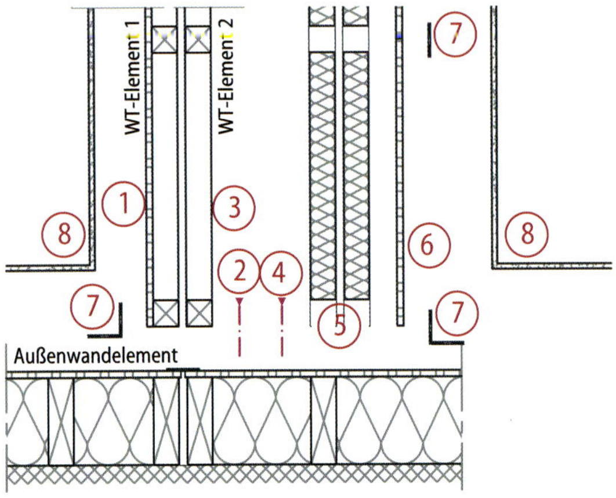

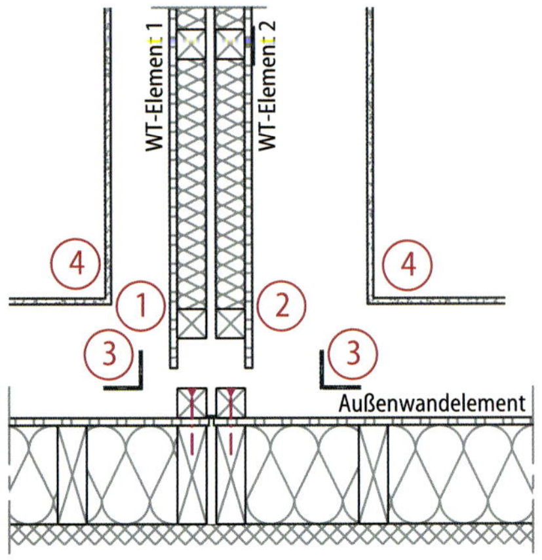

Detail 5.3.8.2 M 1:10

Wohnungstrennwand an Außenwand: awrx-iwrw002

Horizontalschnitt
Außenwand mit Rahmenwerk und Installationsebene
Wohnungstrennwand mit Rahmenwerk
doppelt beplankt und Vorsatzschale mit Federschiene

Bauteilaufbauten siehe Kapitel 4:
Außenwand: awrxxiXXXa
Wohnungstrennwand: iwrwxi101b

(114) 60/120 mm zusätzlicher Wandstiel *)
(114a) 60/b mm zusätzlicher Innenwandstiel - nur bei Variante B (s.u.)
(511) 6,0 x 130 mm Tellerkopfschrauben e = 500 mm
(641) Luftdichtheitsklebeband
(645) Plattenstoß luftdicht verklebt
(645a) Plattenstoß mit mind. 5 mm Fuge - luftdicht verklebt
Plattentrennung zur Vermeidung von Schallnebenwegen

*) Wenn die Innenwand direkt auf einen Außenwandstiel trifft, ist kein zusätzlicher Wandstiel einzubauen.

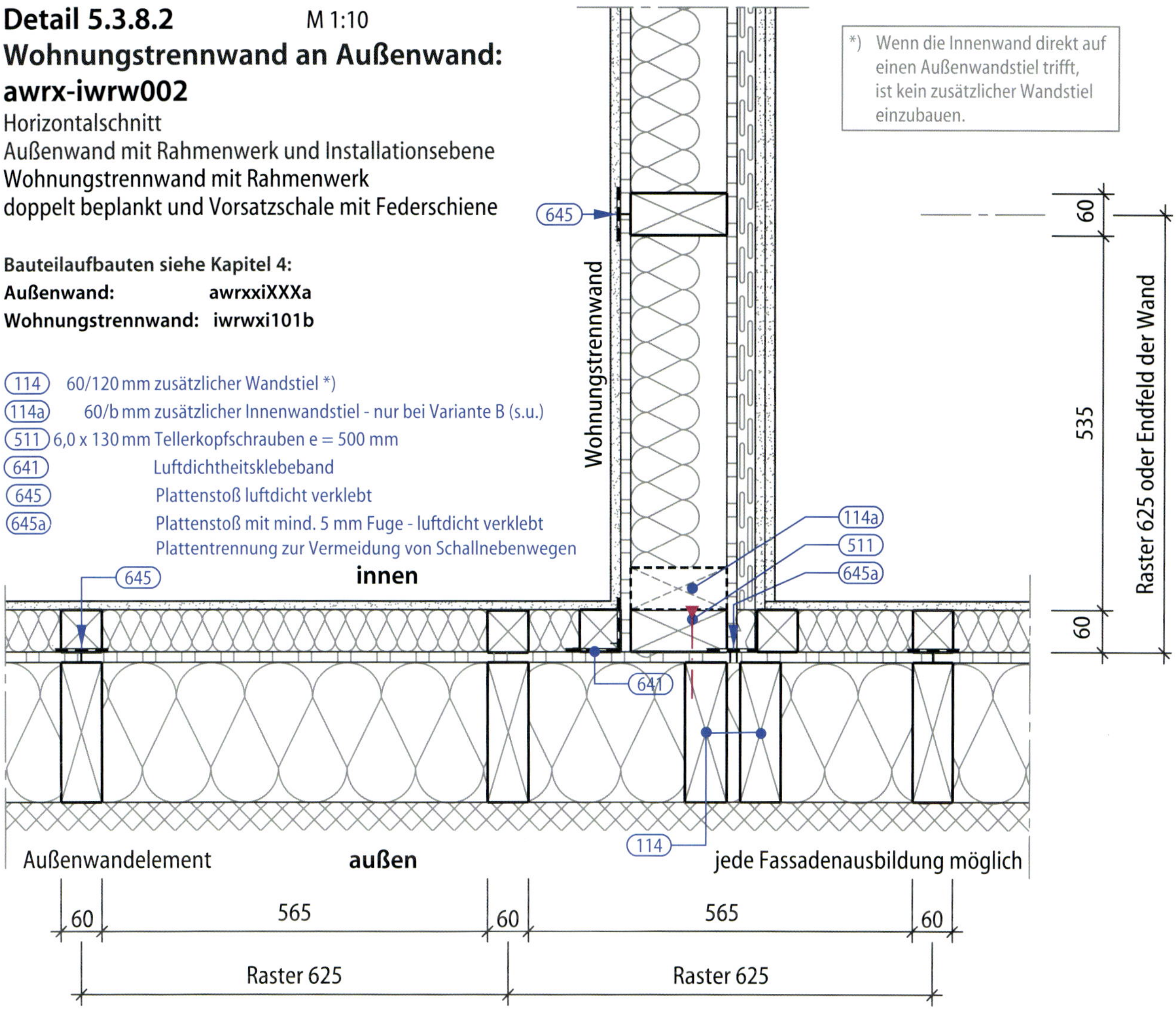

Montagereihenfolge M 1:20 Wohnungstrennwand WT:
Variante A) ungedämmte, einseitig geschlossene WT:
1 WT an Außenwand stellen, ausrichten
2 durch Innenwandstiel verschrauben
3 luftdicht verkleben
4 Unterkonstruktion Installationsebene
5 nach HLS/E-Installationen: Dämmung
6 WT beplanken (Holzwerkstoffplatte)
7 Federschiene montieren
8 Gipsplatten und Verspachtelung

Montagereihenfolge M 1:20 Wohnungstrennwand WT:
Variante B) vorgefertigte gedämmte, beidseitig geschlossene WT:
1 WT auf Wandanschlussstiel schieben
und Wandverbindung über Verklammerung herstellen
2 luftdicht verkleben
3 Federschiene montieren
4 Unterkonstruktion Installationsebene
5 nach HLS/E-Installationen: Dämmung
6 Gipsplatten und Verspachtelung

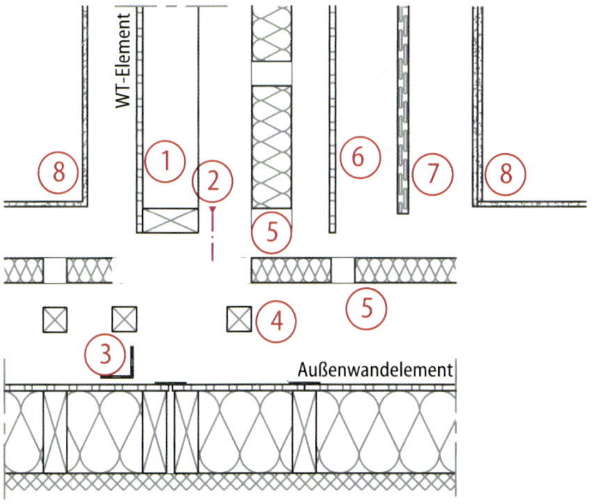

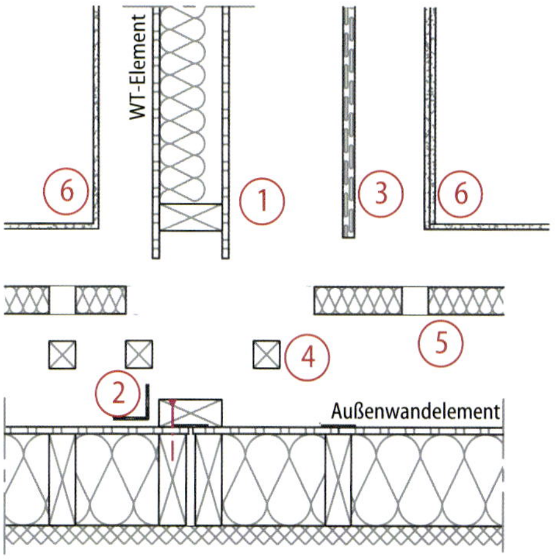

5.4 Deckenanschlüsse

5.4.1 Deckenanschluss an Außenwand

Detail 5.4.1.1 M 1:10
Deckenanschluss an Außenwand: awrx-gdrx001
Vertikalschnitt
Außenwand mit Rahmenwerk
ohne Installationsebene
Geschossdecke mit Vollholzbalken
unterseitig beplankt

Bauteilaufbauten siehe Kapitel 4:
Außenwand: awrxxoXXXb
Geschossdecke: gdrxxnXXXa

I) Außenwand verläuft rechtwinklig zu den Deckenbalken:

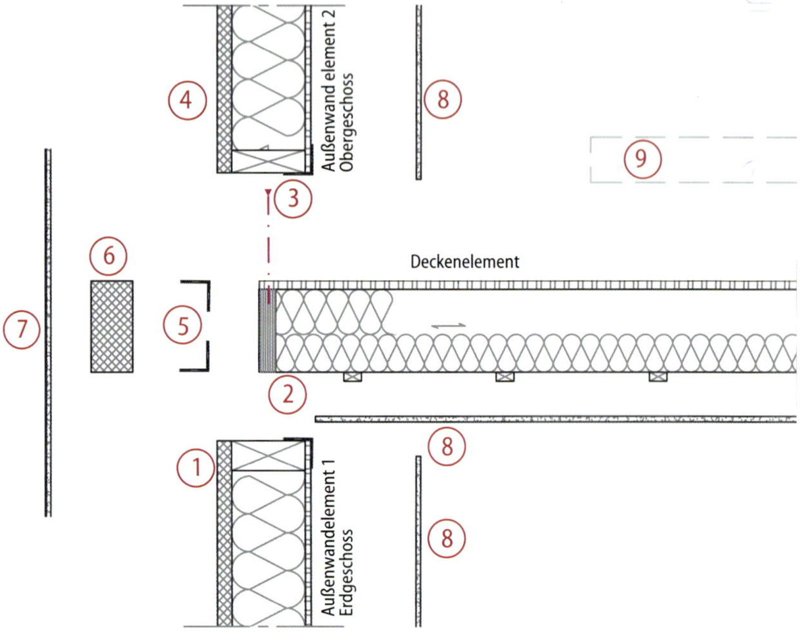

Montagereihenfolge M 1:20
1 Montage des unteren Geschosses und Gerüst erstellen
2 Deckenelement auf Außenwand auflegen
3 Deckenelement mit Wänden verschrauben
4 Montage des oberen Geschosses
5 Deckenrand luftdicht verkleben
6 Dämmstreifen am Deckenrand einbauen
7 Fassade verputzen (oder hinterlüftete Fassade montieren)
8 Gipsplatten und Verspachtelung
9 Fußbodenaufbau herstellen

II) Außenwand verläuft parallel zu den Deckenbalken:

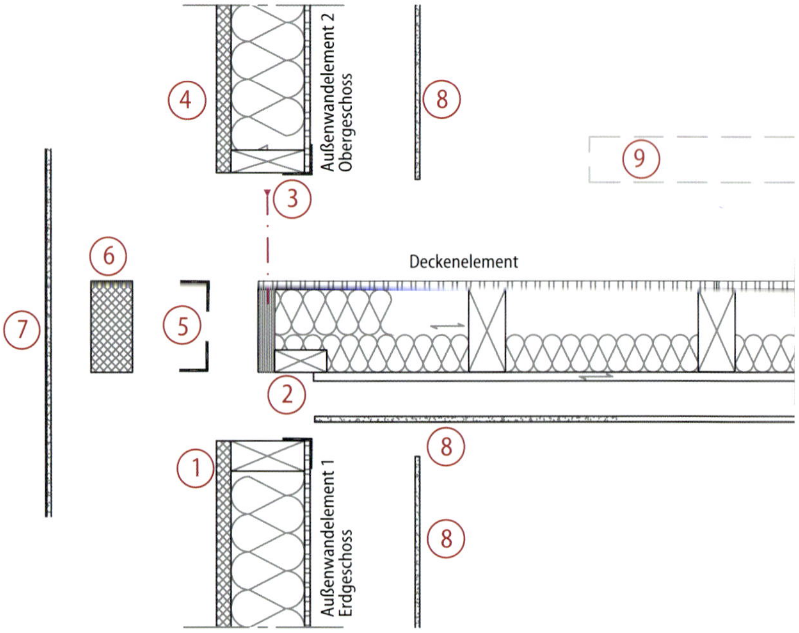

Abb. 5.9: Decke mit Vollholzbalken

I) Schnitt parallel zu Deckenbalken:

M 1:10

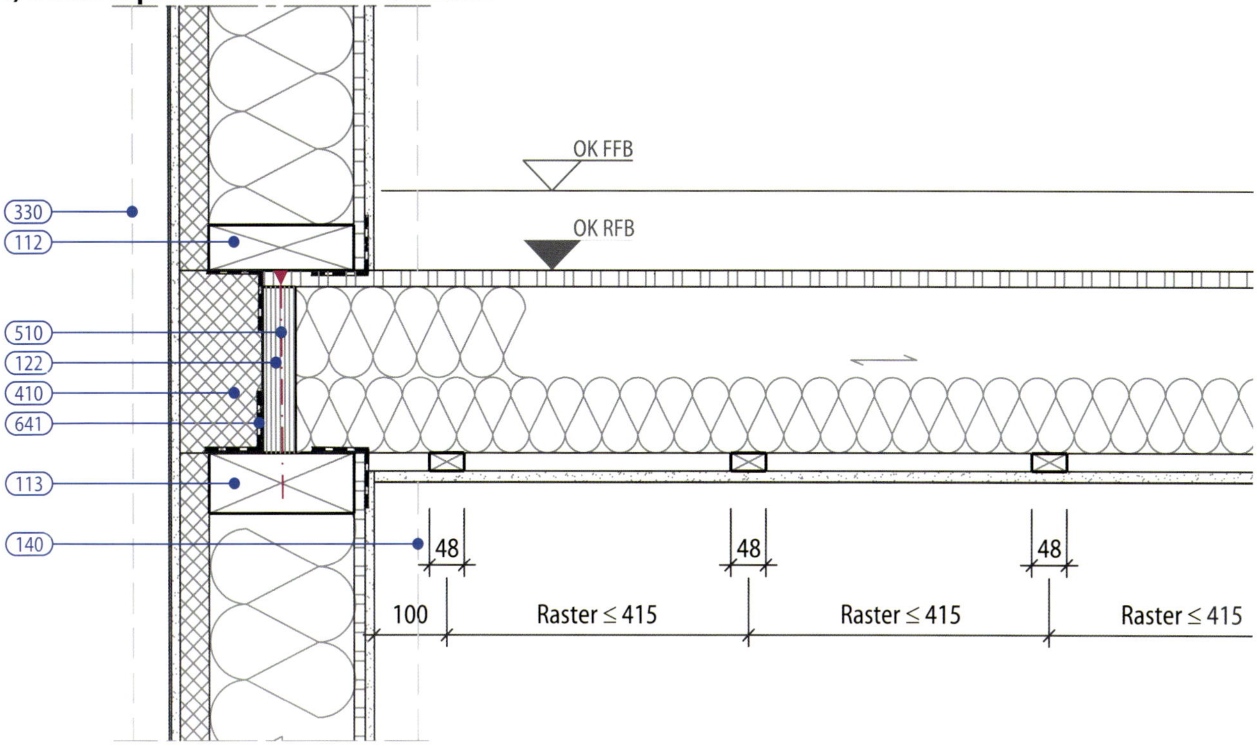

- (112) 60/200 mm Wandschwelle (KVH)
- (113) 80/200 mm Wandrähm (KV od. BSH)
- (122) 39/220 mm Randbalken (z.B. LVL)
- (140) Installationsebene möglich
- (210) 60/140 mm Konstruktionsvollholz zur Lattenbefestigung
- (330) hinterlüftete Fassade möglich
- (410) 120 mm Holzfaserdämmung
- (510) 8,0 x 280 mm Schrauben
- (641) Luftdichtheitsklebeband

II) Schnitt rechtwinklig zu Deckenbalken:

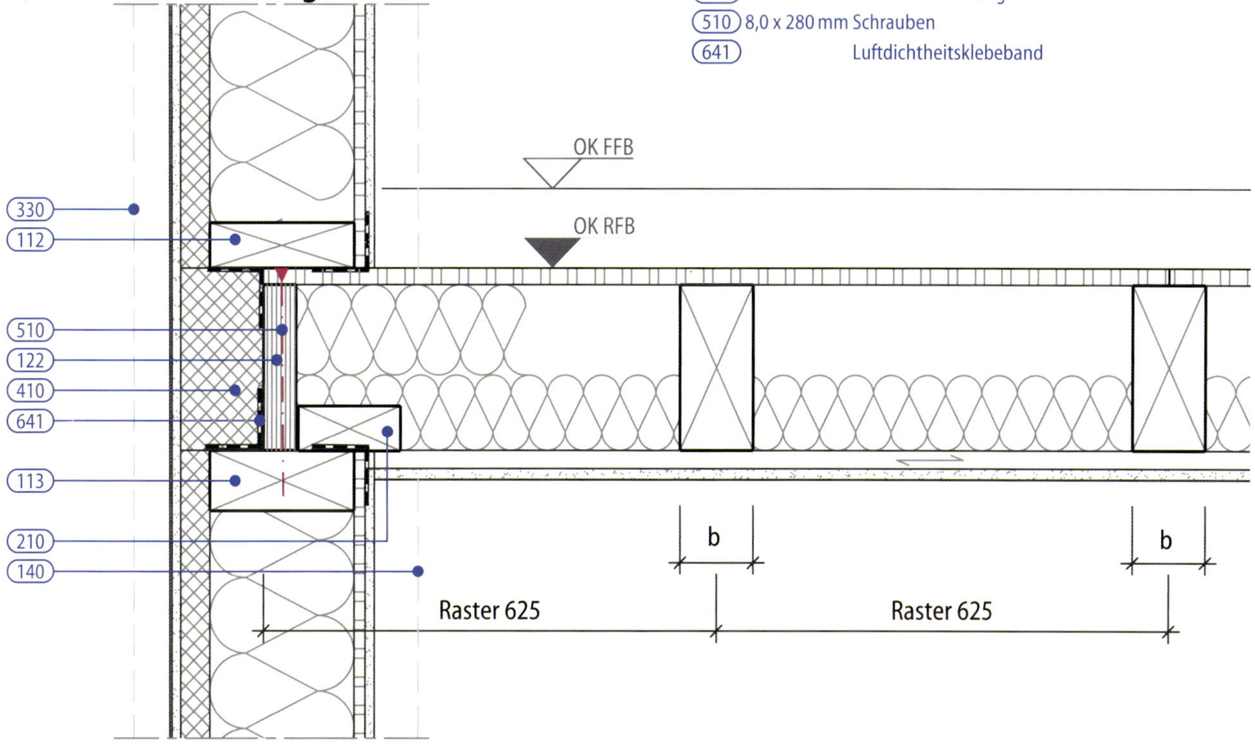

Detail 5.4.1.2 M 1:10
Deckenanschluss an Außenwand: awrx-gdjx001

Vertikalschnitt
Außenwand mit Rahmenwerk
ohne Installationsebene
Geschossdecke mit Holzstegträgern
unterseitig beplankt

Bauteilaufbauten siehe Kapitel 4:
Außenwand: awrxxoXXXb
Geschossdecke: gdjxxnXXXa

Montagereihenfolge M 1:20
1 Montage des unteren Geschosses und Gerüst erstellen
2 Deckenelement auf Außenwand auflegen
3 Deckenelement mit Wänden verschrauben
4 Montage des oberen Geschosses
5 Deckenrand luftdicht verkleben
6 Dämmstreifen am Deckenrand einbauen
7 Fassade verputzen (oder hinterlüftete Fassade montieren)
8 Gipsplatten und Verspachtelung
9 Fußbodenaufbau herstellen

I) Außenwand verläuft rechtwinklig zu den Deckenbalken:

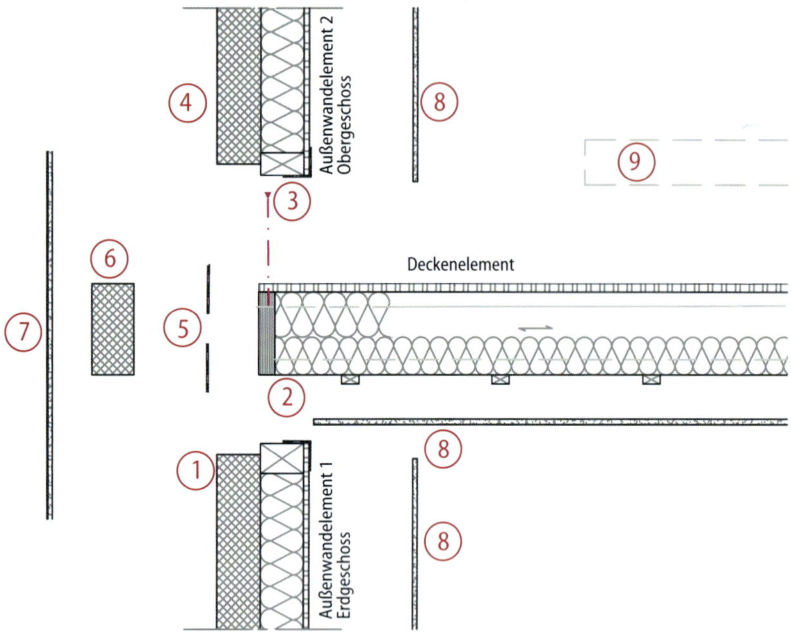

II) Außenwand verläuft parallel zu den Deckenbalken:

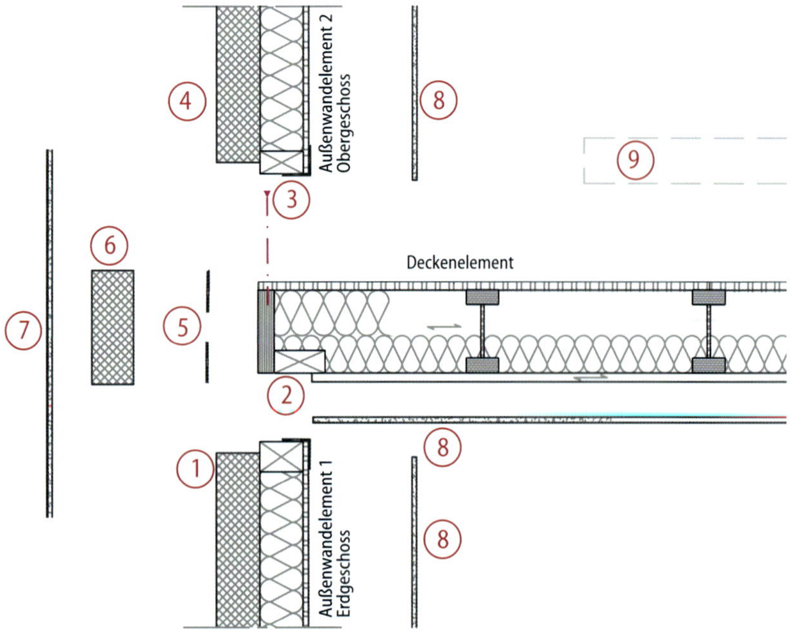

I) Schnitt parallel zu Deckenbalken:

M 1:10

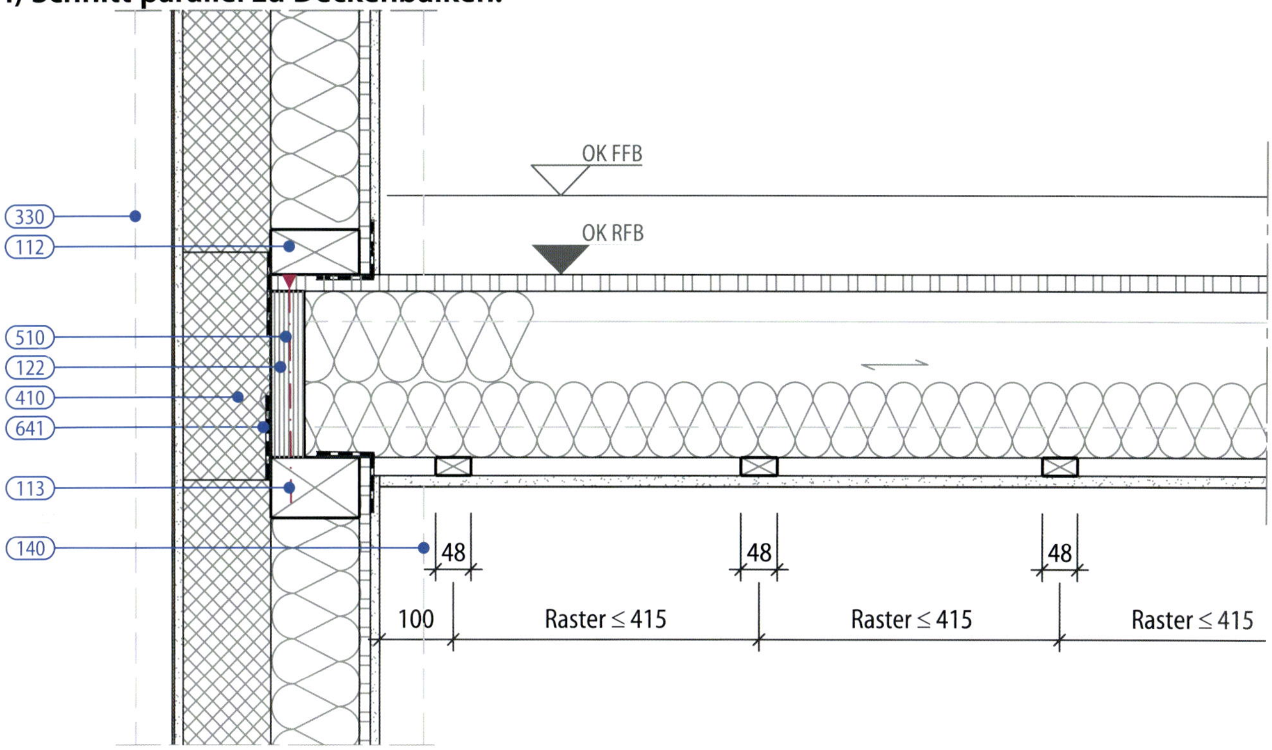

(112) 60/200 mm Wandschwelle (KVH)
(113) 80/200 mm Wandrähm (KV od. BSH)
(122) 39/220 mm Randbalken (z.B. LVL)
(140) Installationsebene möglich
(210) 60/140 mm Konstruktionsvollholz zur Lattenbefestigung
(330) hinterlüftete Fassade möglich
(410) 120 mm Holzfaserdämmung
(510) 8,0 x 280 mm Schrauben
(641) Luftdichtheitsklebeband

II) Schnitt rechtwinklig zu Deckenbalken:

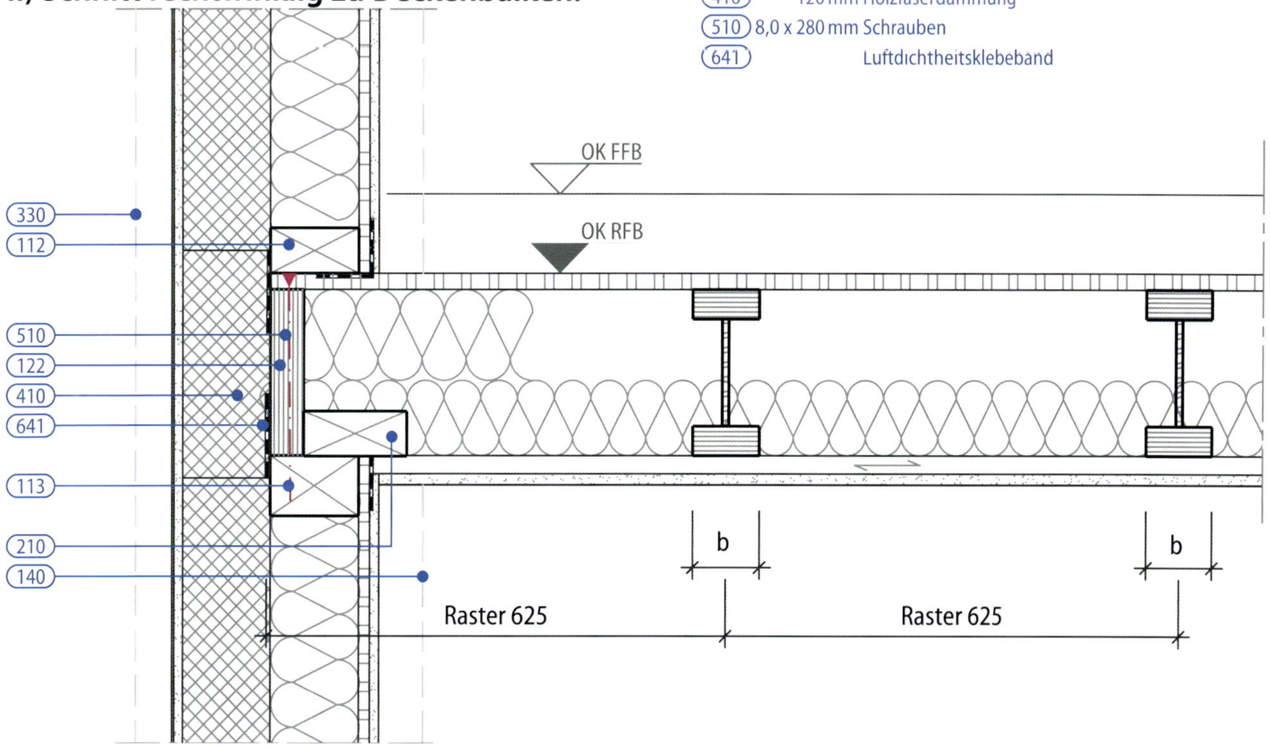

Detail 5.4.1.3 M 1:10
Deckenanschluss an Außenwand: awrx-gdrx002

Vertikalschnitt
Außenwand mit Rahmenwerk
ohne Installationsebene
Geschossdecke mit Vollholzbalken
Sichtbalken

Bauteilaufbauten siehe Kapitel 4:
Außenwand: awrxxoXXXb
Geschossdecke: gdrxxsXXXo

Montagereihenfolge M 1:20

1 Montage des unteren Geschosses und Gerüst erstellen
2 Deckenelement auf Außenwand auflegen
3 Deckenelement mit Wänden verschrauben
4 Deckenrand luftdicht verkleben
5 Montage des oberen Geschosses
6 Unterkonstruktion Installationsebene nach HLS/E-Installationen: Dämmung
7 Fassade verputzen (oder hinterlüftete Fassade montieren)
8 Gipsplatten und Verspachtelung
9 Fußbodenaufbau herstellen

I) Außenwand verläuft rechtwinklig zu den Deckenbalken:

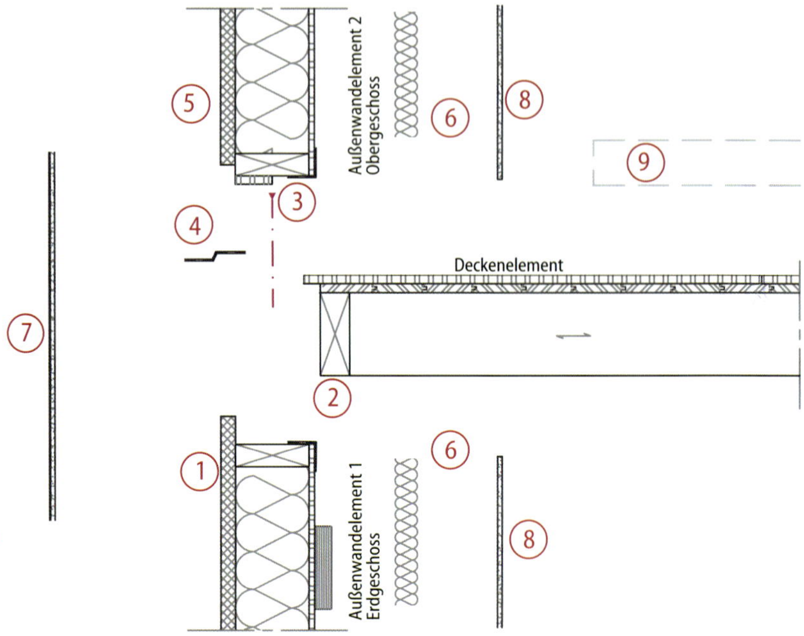

II) Außenwand verläuft parallel zu den Deckenbalken:

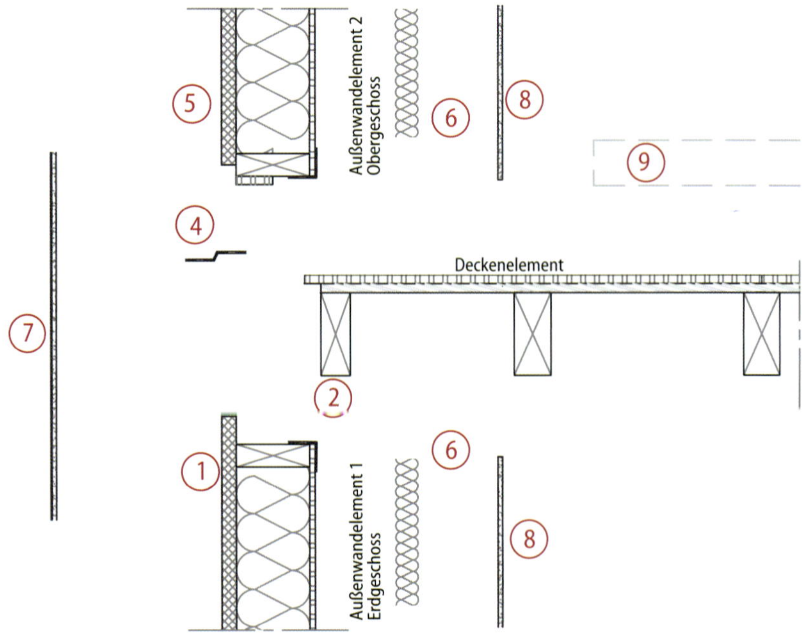

Abb. 5.10: Geschossdecke mit Vollholzbalken als Sichtbalken

I) Schnitt parallel zu Deckenbalken:

M 1:10

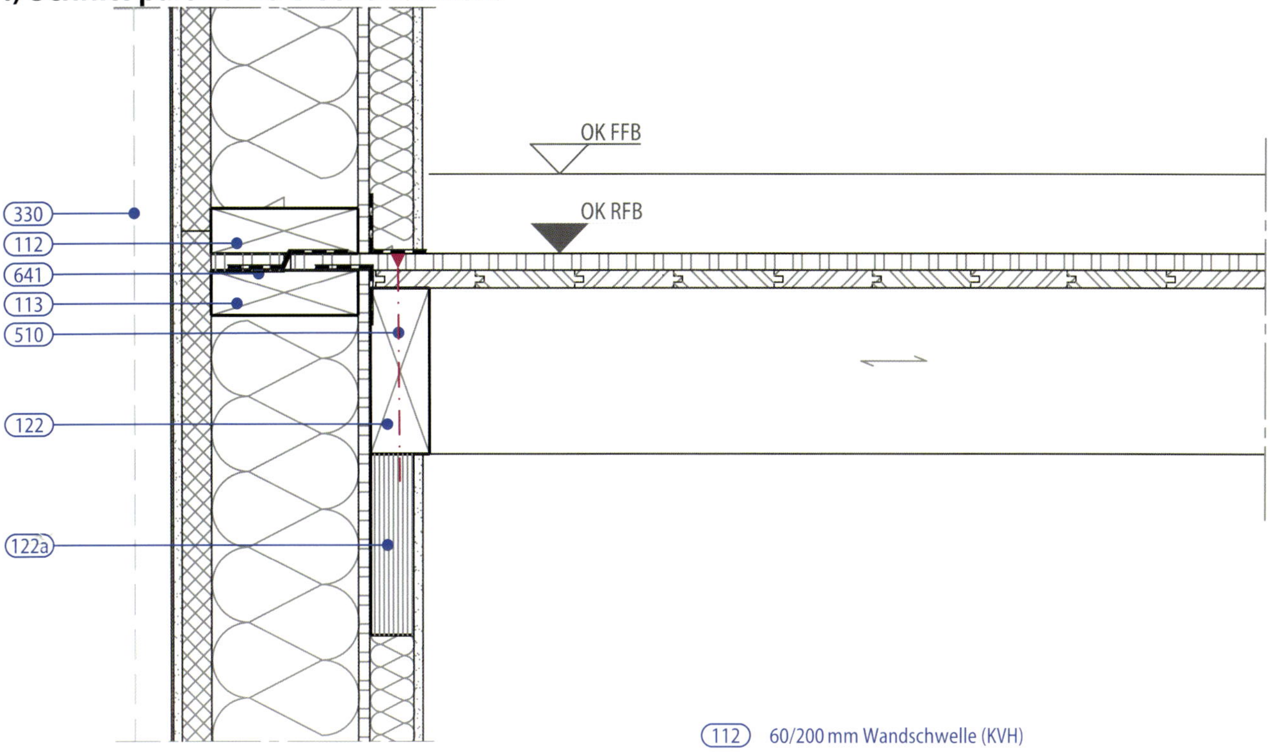

- (112) 60/200 mm Wandschwelle (KVH)
- (113) 60/200 mm Wandrähm (KV od. BSH)
- (122) 80/220 mm Randbalken (KVH SI)
- (122a) 80/220 mm Randbalken LVL an Wandelement geschraubt
- (330) hinterlüftete Fassade möglich
- (510) 8,0 x 300 mm Schrauben
- (641) Luftdichtheitsklebeband

II) Schnitt rechtwinklig zu Deckenbalken:

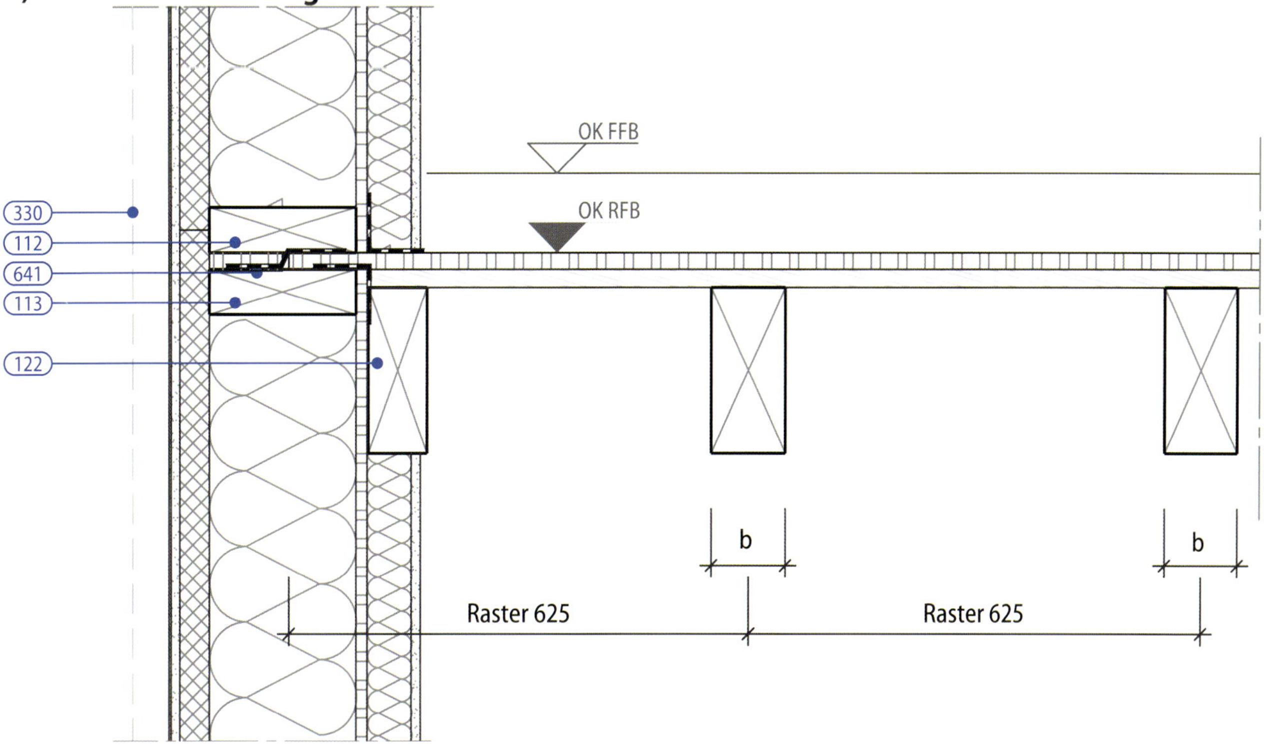

Detail 5.4.1.4 M 1:10
Deckenanschluss an Außenwand: awjx-gdmx001

Vertikalschnitt
Außenwand mit Holzstegträger
mit Installationsebene
Geschossdecke aus Sichtholz (BSH)
Sichtoberfläche

Bauteilaufbauten siehe Kapitel 4:
Außenwand: awjxxoXXXa
Geschossdecke: gdmxxsXXXo

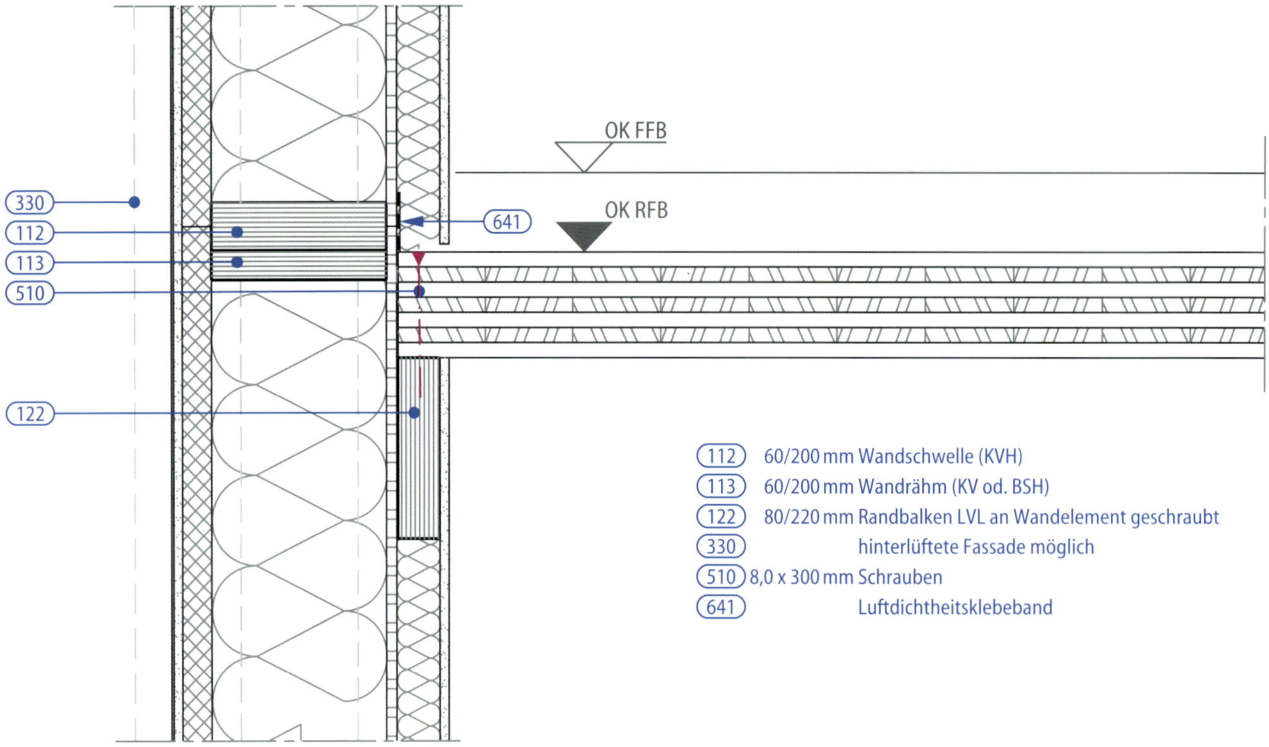

(112) 60/200 mm Wandschwelle (KVH)
(113) 60/200 mm Wandrähm (KV od. BSH)
(122) 80/220 mm Randbalken LVL an Wandelement geschraubt
(330) hinterlüftete Fassade möglich
(510) 8,0 x 300 mm Schrauben
(641) Luftdichtheitsklebeband

Montagereihenfolge M 1:20
1 Montage des unteren Geschosses und Gerüst erstellen
2 Deckenelement auf Außenwand auflegen
3 Deckenelement mit Wänden verschrauben
4 Montage des oberen Geschosses
5 Deckenrand luftdicht verkleben
6 Unterkonstruktion Installationsebene nach HLS/E-Installationen: Dämmung
7 Gipsplatten und Verspachtelung
8 Fassade verputzen (oder hinterlüftete Fassade montieren)
9 Fußbodenaufbau herstellen

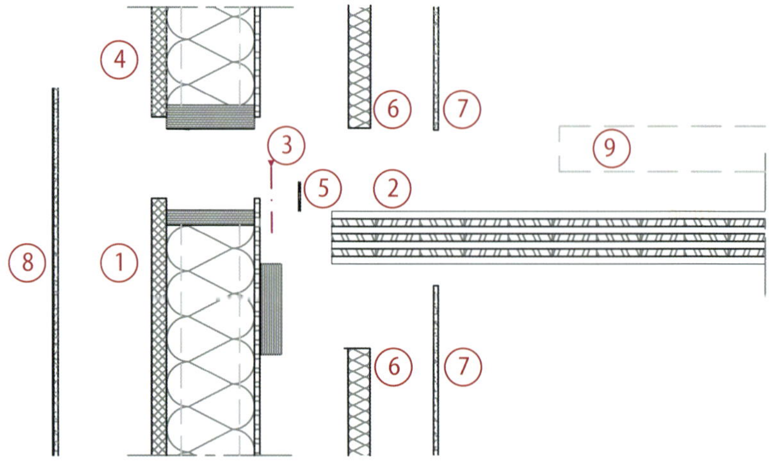

5.4.2 Anschluss Spitzbodendecke an Außenwand

Detail 5.4.2.1 M 1:10
Anschluss Spitzbodendecke an Außenwand: awrx-ddrk001

Vertikalschnitt
Außenwand mit Rahmenwerk
mit Installationsebene
Spitzbodendecke gedämmt
unterseitig beplankt

Bauteilaufbauten siehe Kapitel 4: M 1:10
Außenwand: awrxxiXXXa
Geschossdecke: ddrkkaXXXa

(112) 60/200 mm Wandschwelle (KVH)
(113) 60/200 mm Wandrähm (KV od. BSH)
(122) 80/220 mm Randbalken (KVH SI)
(122a) 80/220 mm Randbalken LVL an Wandelement geschraubt
(330) hinterlüftete Fassade möglich
(510) 8,0 x 300 mm Schrauben
(641) Luftdichtheitsklebeband

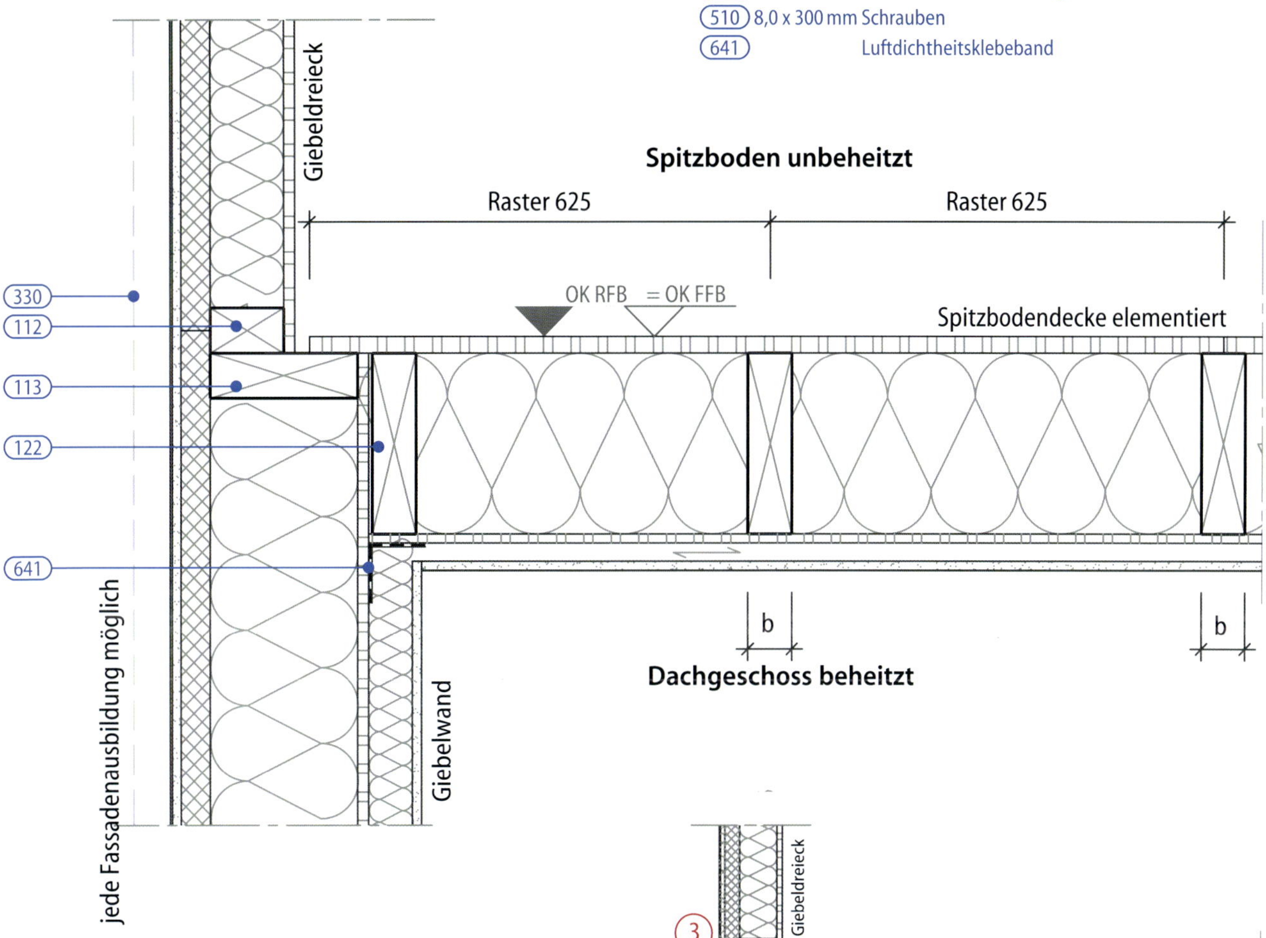

Montagereihenfolge M 1:20
1 Montage Giebelwand (DG)
2 Spitzboden-Deckenelement an Mittelpfetten montieren Beplankungsüberstand mit Giebelwandobergurt verklammern
3 Montage Giebeldreieck
4 Decken und Giebelwand luftdicht verkleben
5 Unterkonstruktion Installationsebene nach HLS/E-Installationen: Dämmung
6 Gipsplatten und Verspachtelung
7 Fassade verputzen (oder hinterlüftete Fassade montieren)

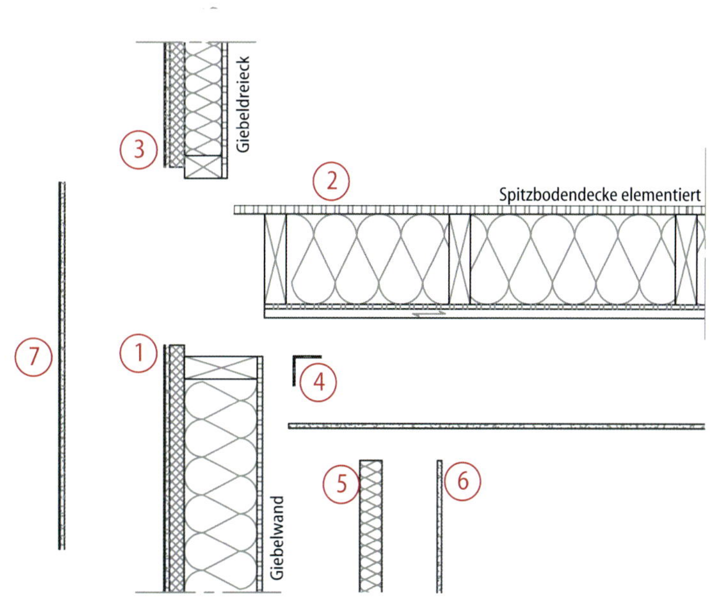

5.4.3 Anschluss tragende Innenwand an Decke

Detail 5.4.3.1 M 1:10

Anschluss tragende Innenwand an Decke: iwrx-gdrx001

Vertikalschnitt
Innenwand mit Rahmenwerk, tragend
doppelt beplankt, ohne Installationsebene
Geschossdecke Vollholzbalken
unterseitig beplankt

Bauteilaufbauten siehe Kapitel 4:
Innenwand: iwrxxoXXXb
Geschossdecke: gdrxxaXXXa

(125) 60/220 mm Verklotzung (KVH)
(510) 8,0 x 140 mm Schrauben
(510a) 8,0 x 160 mm Schrauben

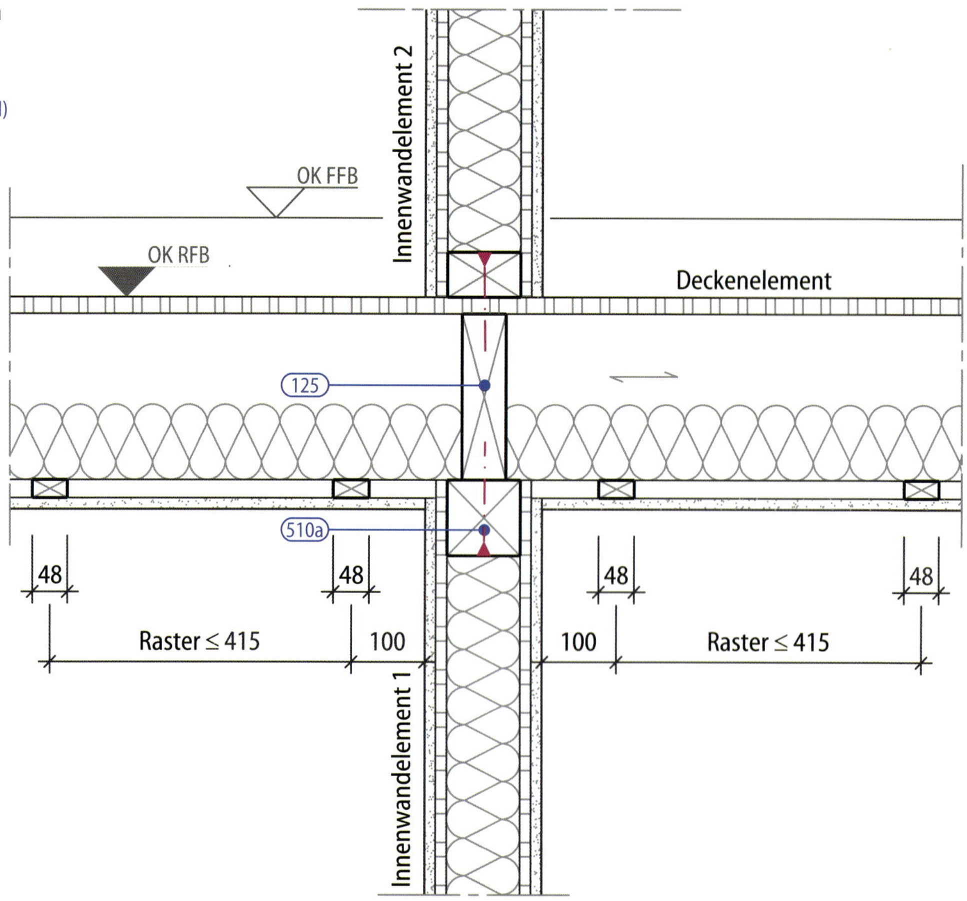

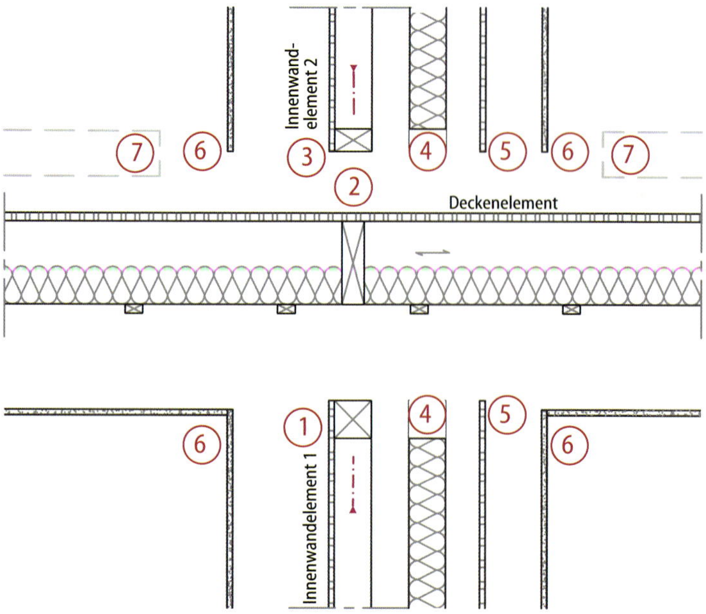

Montagereihenfolge M 1:20
1 Montage tragendes Innenwandelement 1 (EG)
2 Deckenelement auf Innenwandelement 1 auflegen, von unten verschrauben
3 Montage tragendes Innenwandelement 2 (OG bzw. DG)
4 nach HLS/E-Installationen: Dämmung
5 Holzwerkstoffplatte OSB montieren
6 Gipsplatten und Verspachtelung
7 Fußbodenaufbau herstellen

Detail 5.4.3.2 M 1:10
Anschluss tragende Innenwand an Decke: iwrx-gdrx002

Vertikalschnitt
Innenwand mit Rahmenwerk, tragend
einfach und doppelt beplankt, ohne Installationsebene
Geschossdecke Sichtbalken
unterseitig nicht beplankt

Bauteilaufbauten siehe Kapitel 4:
Innenwand: iwrxxoXXXab
Geschossdecke: gdrxxsXXXo

(125) 160/220 mm Verklotzung Sichtholz (KVH SI)
(510) 8,0 x 160 mm Schrauben

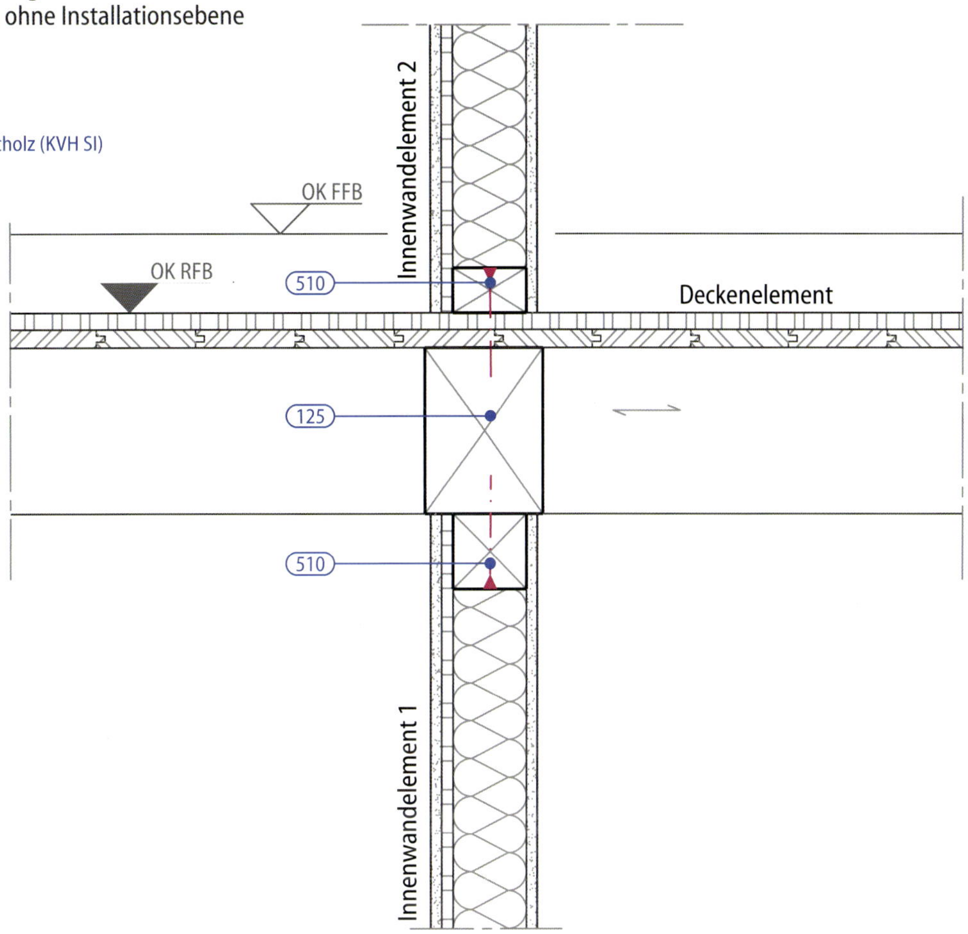

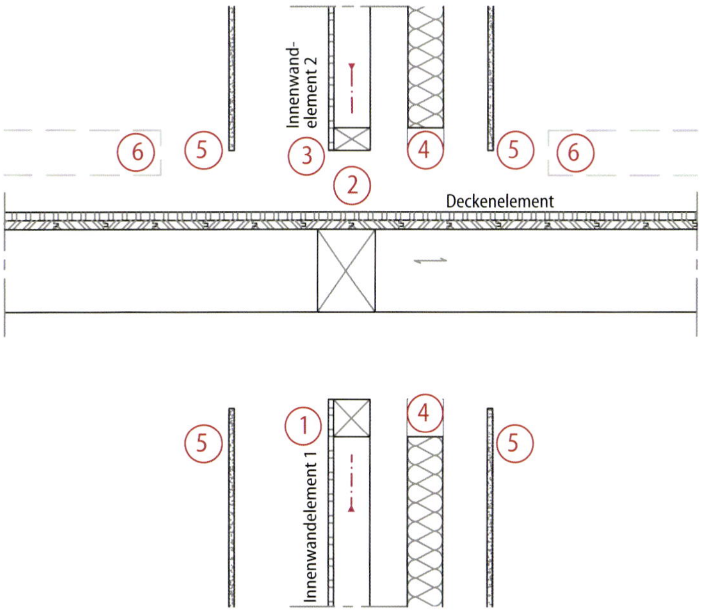

Montagereihenfolge M 1:20
1 Montage tragendes Innenwandelement 1 (EG)
2 Deckenelement auf Innenwandelement 1 auflegen, von unten verschrauben
3 Montage tragendes Innenwandelement 2 (OG bzw. DG)
4 nach HLS/E-Installationen: Dämmung
5 Gipsplatten und Verspachtelung
6 Fußbodenaufbau herstellen

5.4.4 Anschluss nicht tragende Innenwand an Decke

Detail 5.4.4.1 M 1:10
Anschluss nicht tragende Innenwand an Decke: iwrx-gdrx001

Vertikalschnitt
Innenwand mit Rahmenwerk, nicht tragend
doppelt beplankt, ohne Installationsebene
Geschossdecke Vollholzbalken
unterseitig beplankt

Bauteilaufbauten siehe Kapitel 4:
Innenwand: iwrxxoXXXb
Geschossdecke: gdrxxaXXXa

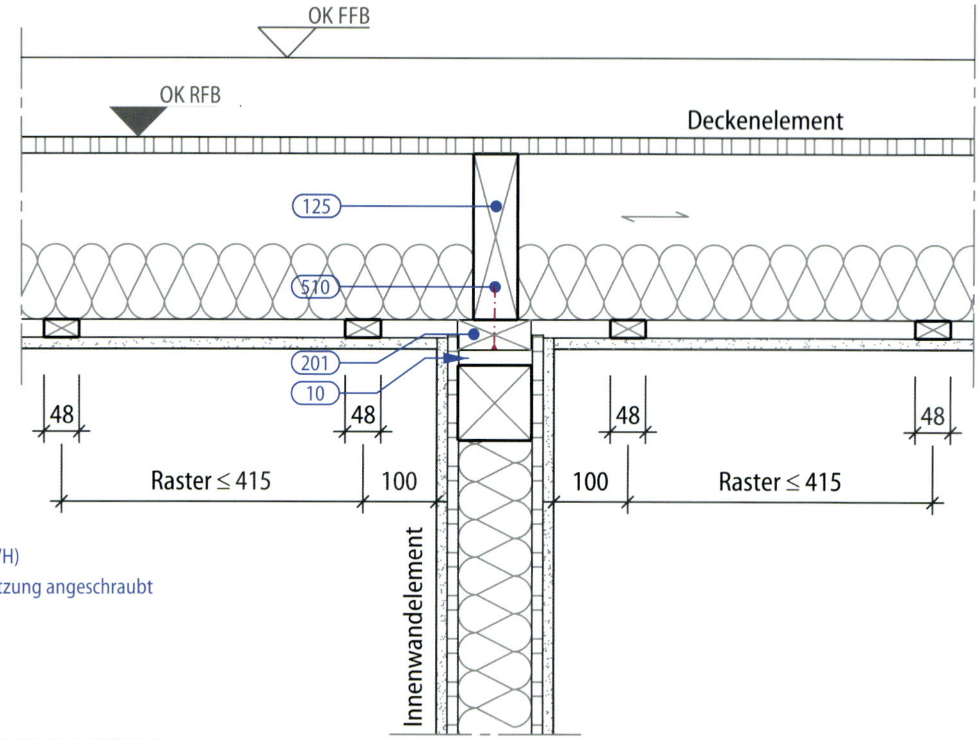

(10) ca. 20 mm Luftraum *)
(125) 60/220 mm Verklotzung (KVH)
(201) 40/100 mm Brett, an Verklotzung angeschraubt
(510) 8,0 x 100 mm Schrauben

*) Luftschicht am "Deckenauflager": mindestens Höhe der maximalen Durchbiegung der Deckenbalken. Zur Verbesserung des Schallschutzes Fuge ausstopfen mit geschlossenzelliger, flexibler Dämmung.

Montagereihenfolge M 1:20
1 Montage nicht tragendes Innenwandelement (EG)
2 Deckenelement auf Innenwandelement auflegen, von unten verschrauben
3 nach HLS/E-Installationen: Dämmung
4 Holzwerkstoffplatte OSB montieren
5 Gipsplatten und Verspachtelung
6 Fußbodenaufbau herstellen

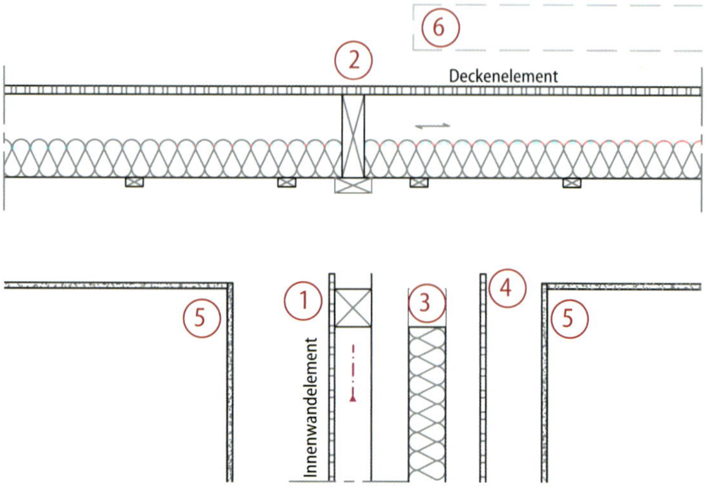

Detail 5.4.4.2 M 1:10

Anschluss nicht tragende Innenwand an Decke: iwrx-gdrx002

Vertikalschnitt
Innenwand mit Rahmenwerk, nicht tragend
einfach und doppelt beplankt, ohne Installationsebene
Geschossdecke Sichtbalken
unterseitig nicht beplankt

Bauteilaufbauten siehe Kapitel 4:
Innenwand: iwrxxoXXXab
Geschossdecke: gdrxxsXXXo

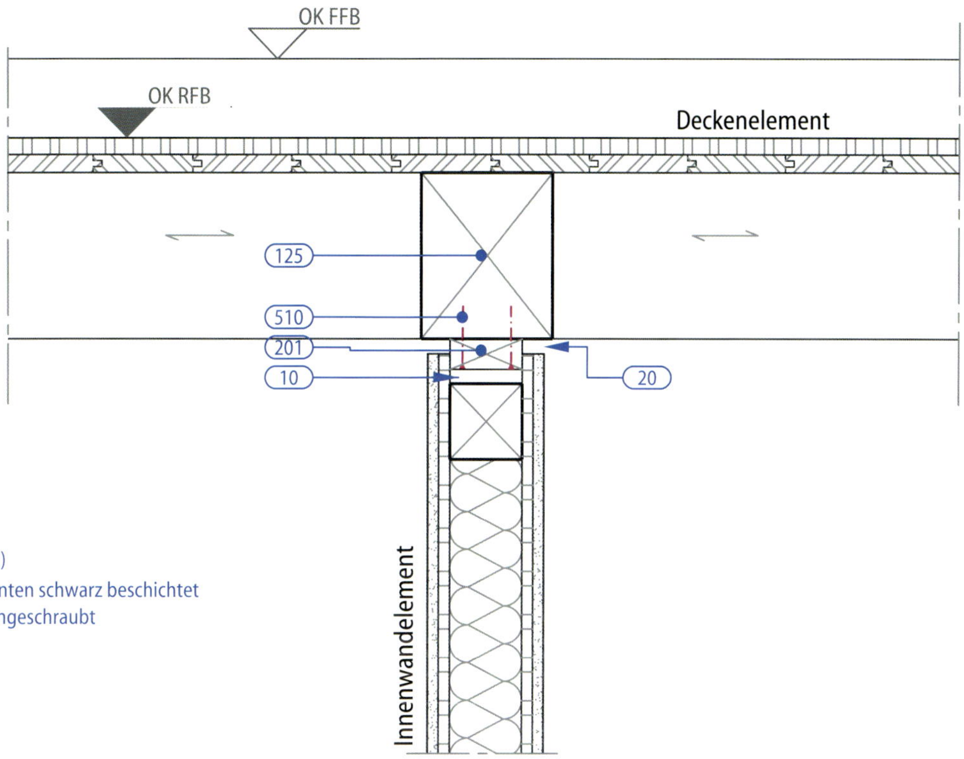

(10) ca. 20 mm Luftschicht *)
(20) ca. 20 mm Bewegungsfuge
(125) 60/220 mm Verklotzung (KVH)
(201) 40/100 mm Brett, schmale Kanten schwarz beschichtet an Verklotzung angeschraubt
(510) 8,0 x 100 mm Schrauben

*) Luftschicht am "Deckenauflager": mindestens Höhe der maximalen Durchbiegung der Deckenbalken.

Montagereihenfolge M 1:20
1 Montage nicht tragendes Innenwandelement (EG)
2 Deckenelement auf Innenwandelement auflegen, von unten verschrauben (nicht fest!)
3 nach HLS/E-Installationen: Dämmung
4 Holzwerkstoffplatte OSB montieren
5 Gipsplatten und Verspachtelung
6 Fußbodenaufbau herstellen

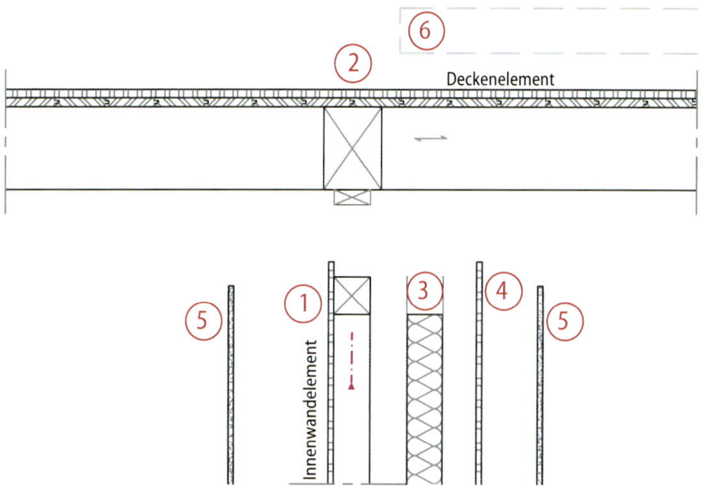

5.4.5 Elementstoß Deckenelemente

Detail 5.4.5.1 M 1:10
Elementstoß Deckenelement: gdrx-gdrx001

Bauteilaufbauten siehe Kapitel 4:
Geschossdecke: gdrxxsXXXo

Vertikalschnitt
Geschossdecke Vollholzbalken, durchlaufend
unterseitig beplankt

oben

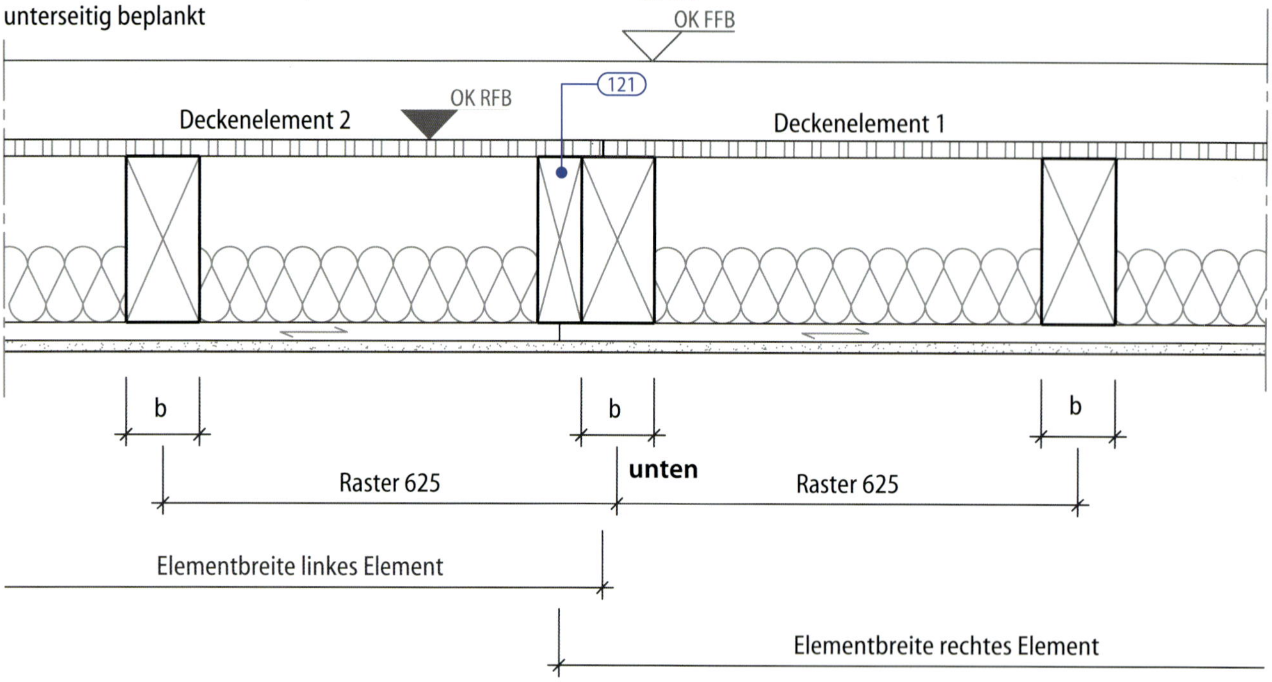

(121) 60/220 mm zusätzlicher Deckenbalken als Elementabschluss

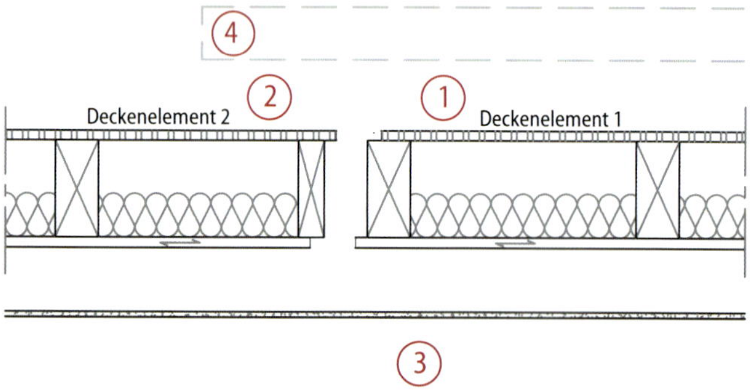

Montagereihenfolge M 1:20
1 Deckenelement 1 einbauen
2 Deckenelement 2 montieren
aneinander anschließen
Plattenstöße verklammern
3 Gipsplatten + Verspachtelung
4 Fußbodenaufbau herstellen

Detail 5.4.5.2 M 1:10
Elementstoß Deckenelement: gdjx-gdjx001

Bauteilaufbauten siehe Kapitel 4:
Geschossdecke: gdjxxsXXXo

Vertikalschnitt
Geschossdecke Vollholzbalken, durchlaufend
unterseitig beplankt

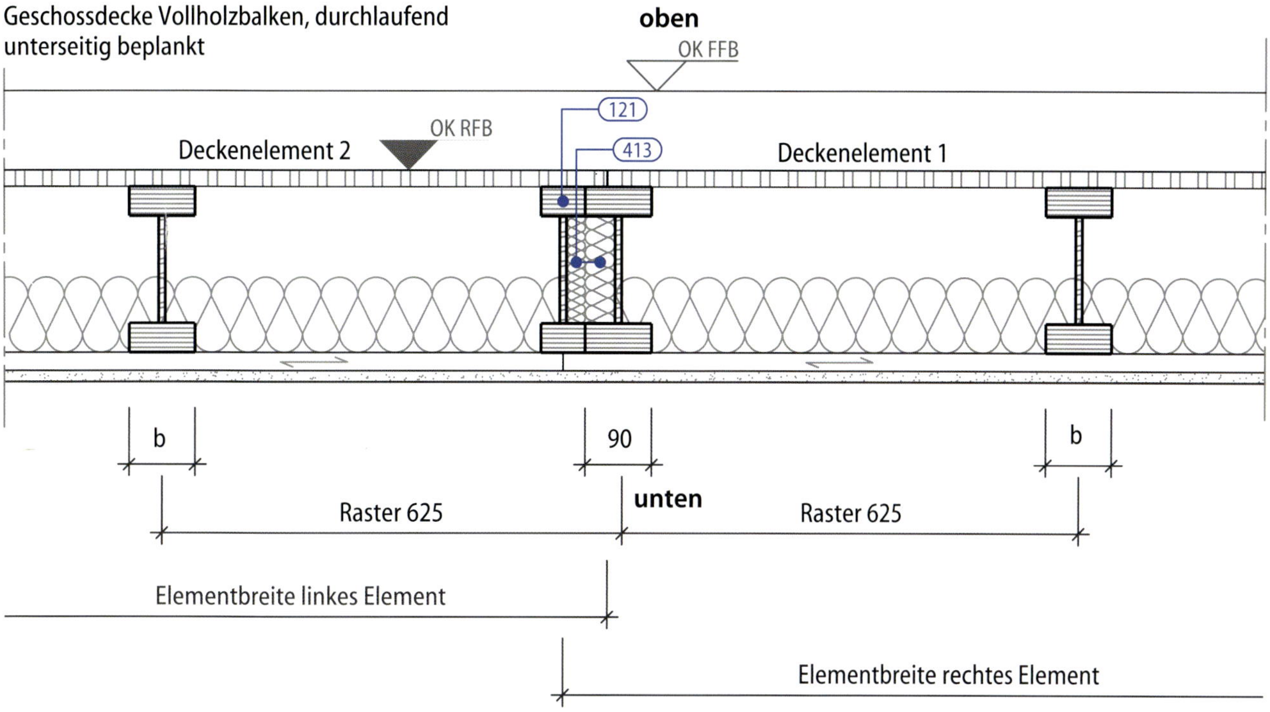

(121) 60/220 mm zusätzlicher Deckenbalken (Holzstegträger) als Elementabschluss
(413) 25 + 40 mm Stegdämmung am Holzstegträger

Montagereihenfolge M 1:20
1 Deckenelement 1 einbauen
2 Deckenelement 2 montieren
aneinander anschließen
Plattenstöße verklammern
3 Gipsplatten + Verspachtelung
4 Fußbodenaufbau herstellen

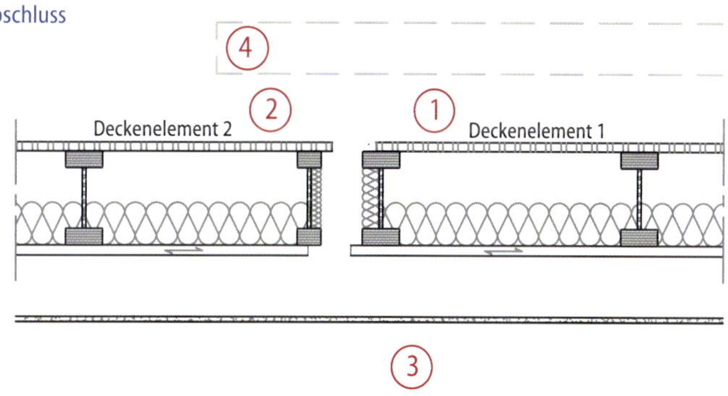

5.4.6 Anschluss Unterzug an Decke

Detail 5.4.6.1 M 1:10
Unterzug unter Decken:
uz-gdrx001

Vertikalschnitt
Unterzug Vollholzquerschnitt
doppelt beplankt, ohne Installationsebene
Geschossdecke Vollholzbalken, durchlaufend
unterseitig beplankt

Bauteilaufbauten siehe Kapitel 4:
Innenwand: iwrxxoXXXb
Geschossdecke: gdrxxaXXXa

(125) 60/220 mm Verklotzung (KVH) - sofern statisch erforderlich
(127) b/h Unterzug
(510) 8,0 x 140 mm Schrauben
(510a) 8,0 x 160 mm Schrauben

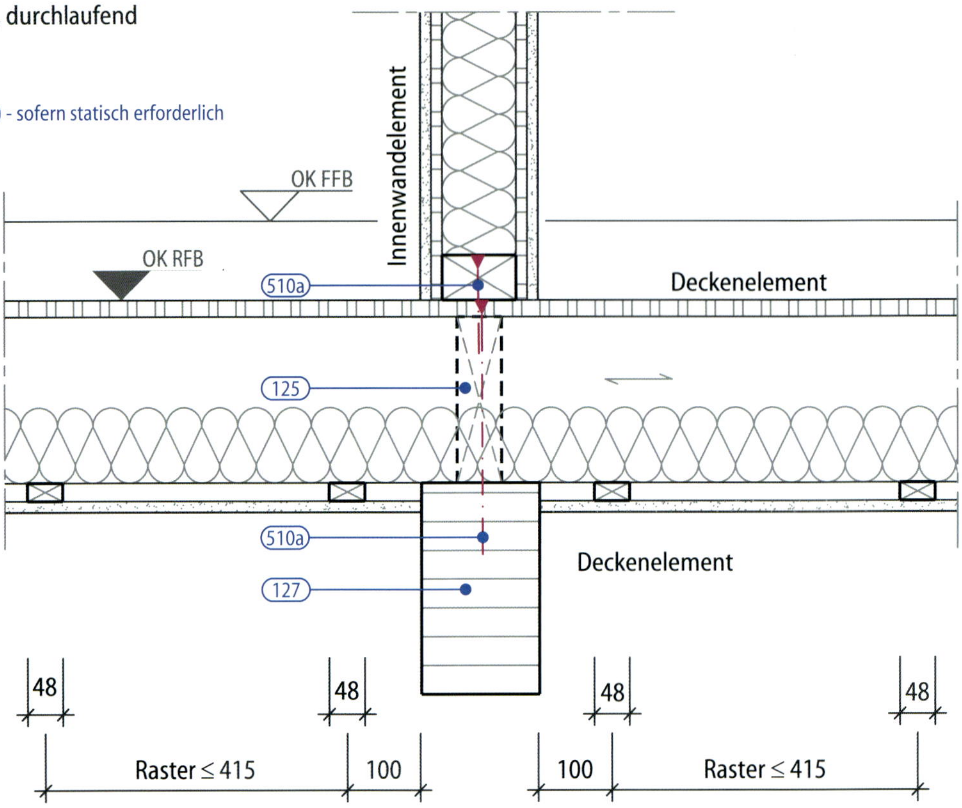

Montagereihenfolge M 1:20
1 Montage Unterzug (EG)
2 Deckenelement auf Unterzug auflegen
3 von oben verschrauben
4 Montage Innenwandelement (OG bzw. DG)
5 nach HLS/E-Installationen: Dämmung
6 Holzwerkstoffplatte OSB montieren
7 Gipsplatten und Verspachtelung
8 Fußbodenaufbau herstellen

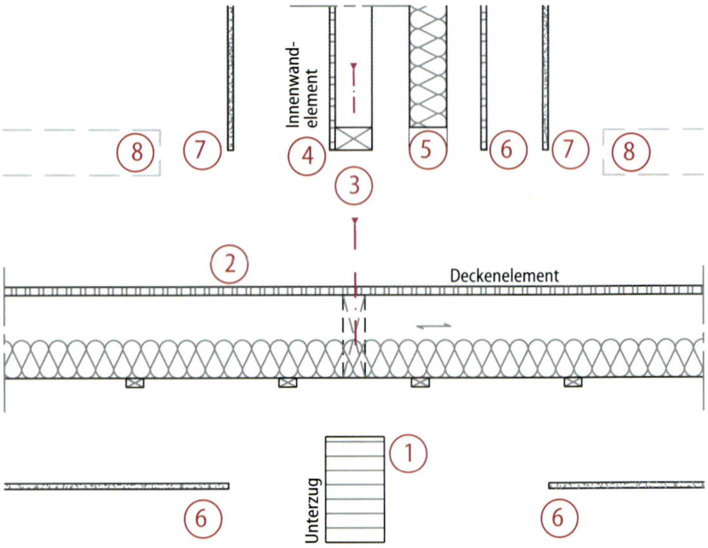

Detail 5.4.6.2 M 1:10
Unterzug unter Decken: uz-gdrx002

Vertikalschnitt
Unterzug Vollholzquerschnitt
doppelt beplankt, ohne Installationsebene
Geschossdecke Sichtbalken, durchlaufend
unterseitig nicht beplankt

Bauteilaufbauten siehe Kapitel 4:
Innenwand: iwrxxoXXXab
Geschossdecke: gdrxxsXXXo

(125) 160/220 mm Verklotzung Sichtholz (KVH SI)
(510) 8,0 x 160 mm Schrauben

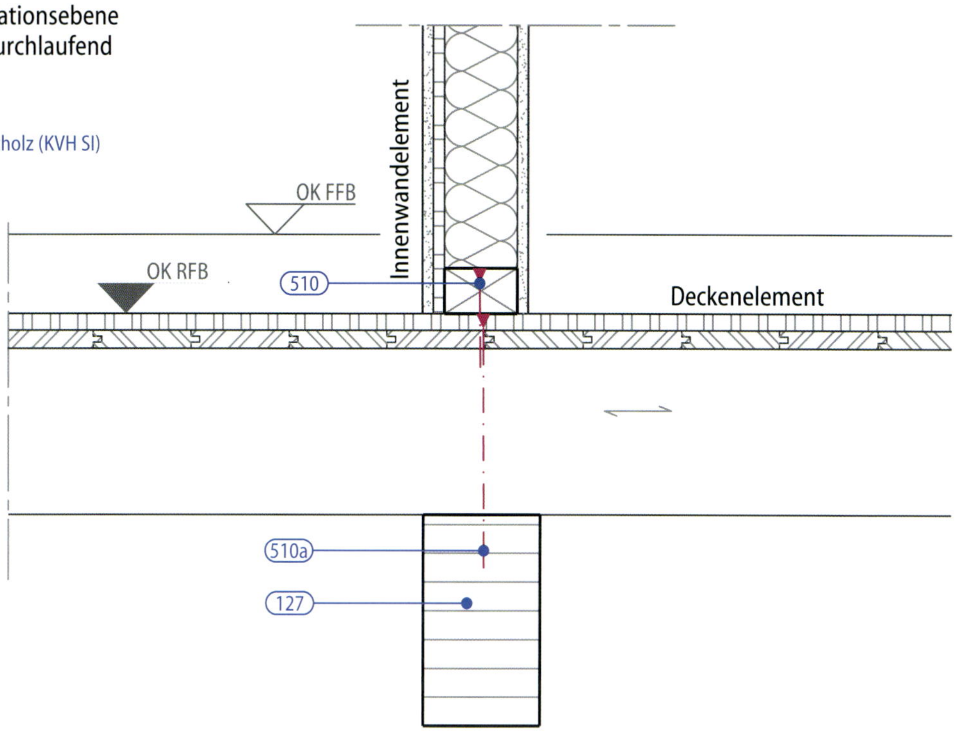

Montagereihenfolge M 1:20
1 Montage Unterzug (EG)
2 Deckenelement auf Unterzug auflegen
3 von oben verschrauben
4 Montage Innenwandelement (OG bzw. DG)
5 nach HLS/E-Installationen: Dämmung
6 Gipsplatten und Verspachtelung
7 Fußbodenaufbau herstellen

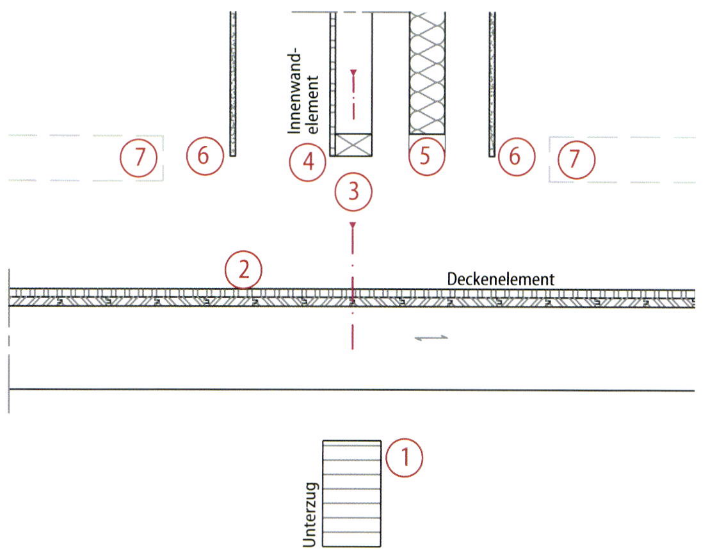

Detail 5.4.6.3 M 1:10
Deckengleicher Unterzug in Decken: uz-gdrx003

Vertikalschnitt
Unterzug, deckengleich, Vollholzquerschnitt
doppelt beplankt, ohne Installationsebene
Geschossdecke Vollholzbalken, durchlaufend
unterseitig beplankt

Bauteilaufbauten siehe Kapitel 4:
Innenwand: iwrxxoXXXb
Geschossdecke: gdrxxaXXXa

(125) 60/220 mm Verklotzung (KVH) - sofern statisch erforderlich
(127) b/h Unterzug
(141) 60/100 mm Auflagerholz KVH
(510) 8,0 x 140 mm Schrauben

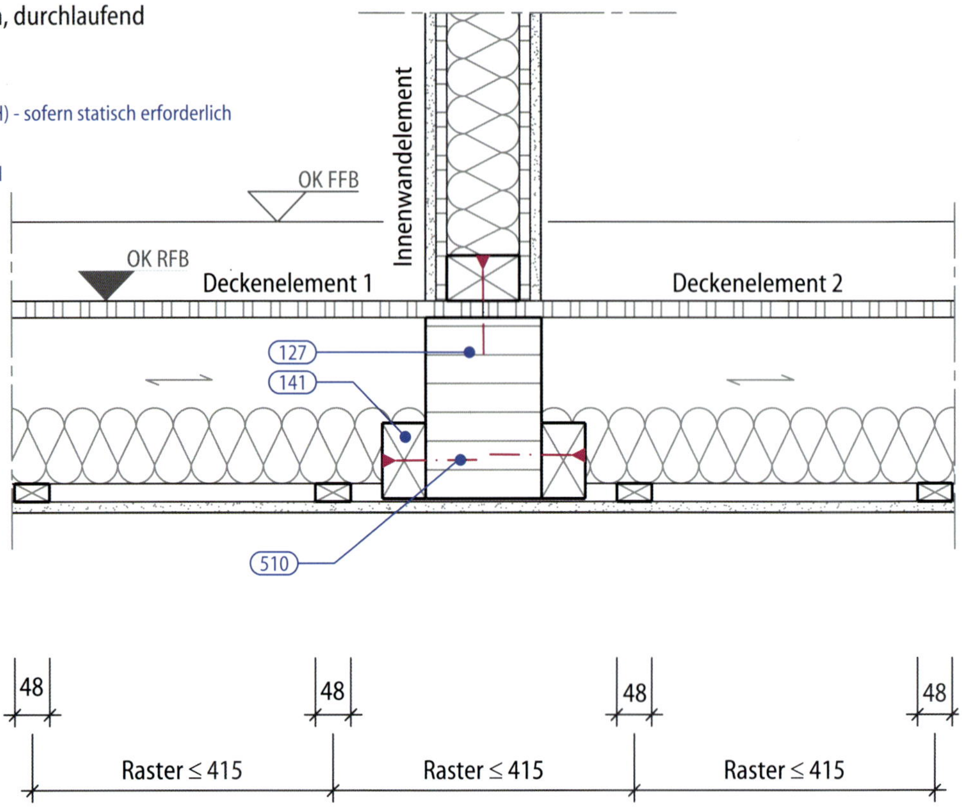

Montagereihenfolge M 1:20
1 Montage Unterzug (EG)
2 Deckenelemente 1 und 2 aufUnterzug auflegen
Beplankungsüberstand mit Unterzug verklammern
3 Montage Innenwandelement (OG bzw. DG)
4 nach HLS/E-Installationen: Dämmung
5 Holzwerkstoffplatte OSB montieren
6 Gipsplatten und Verspachtelung
7 Fußbodenaufbau herstellen

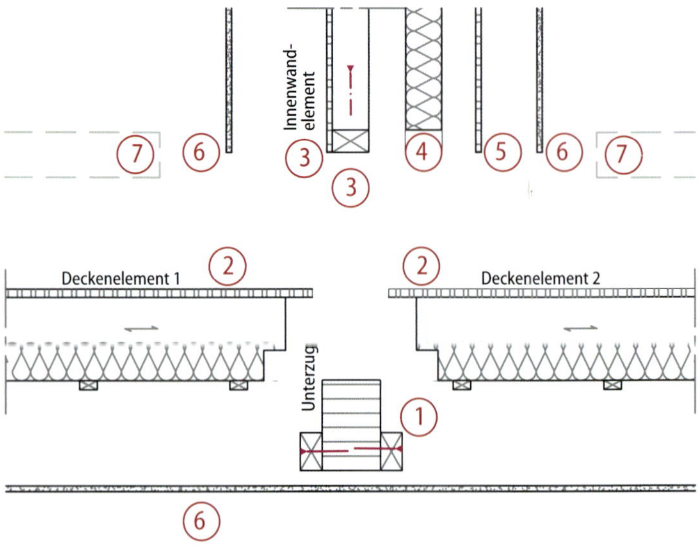

5.4.7 Anschluss Außenwand an Decke gegen Außenluft

Detail 5.4.7.1 M 1:10
auskragende Decke: awro-darx001

Vertikalschnitt
Geschossdecke Vollholzbalken, durchlaufend
unterseitig beplankt
WDVS

Hinweis: WDVS als Untersicht kann bis 1m Rücksprung mit gleichem Dämmstoff wie bei der Außenwand ausgeführt werden. Bei größerem Rücksprung ist zu prüfen, ob eine Zulassung für die Untersicht bei Decken (horizontaler Einbau) vorliegt. Die WDVS-Befestigung muss statisch nachgewiesen sein (siehe Kapitel 4.7.5).

- (112) 60/200 mm Wandschwelle (KVH)
- (113a) 80/200 mm Wandrähm (KVH od. BSH)
- (113b) 100/220 mm Verklotzung (KVH od. BSH) zwischen auskragenden Deckenbalken
- (122) 39/220 mm Randbalken (z.B. LVL)
- (140) Installationsebene möglich
- (312) mind. 12 mm OSB-Platte (bzw. Holzwerkstoffplatte MDF/DWD/DHF sowie SP, BFU),
- (410) 40 -120 mm Holzfaserdämmung
- (430) 40 - 100 mm Mineralfaserdämmung (geklebt und gedübelt)
- (510) 8,0 / X mm Schrauben
- (641a) Luftdichtheitsklebeband, Verklebung in der Vorproduktion
- (641b) Luftdichtheitsklebeband, Verklebung bei der Montage
- (721) 8 - 10 mm Außenputz
- (744) Anputzleiste mit Kompriband
- (747) Putzeckprofil mit Gewebe und Trofkante

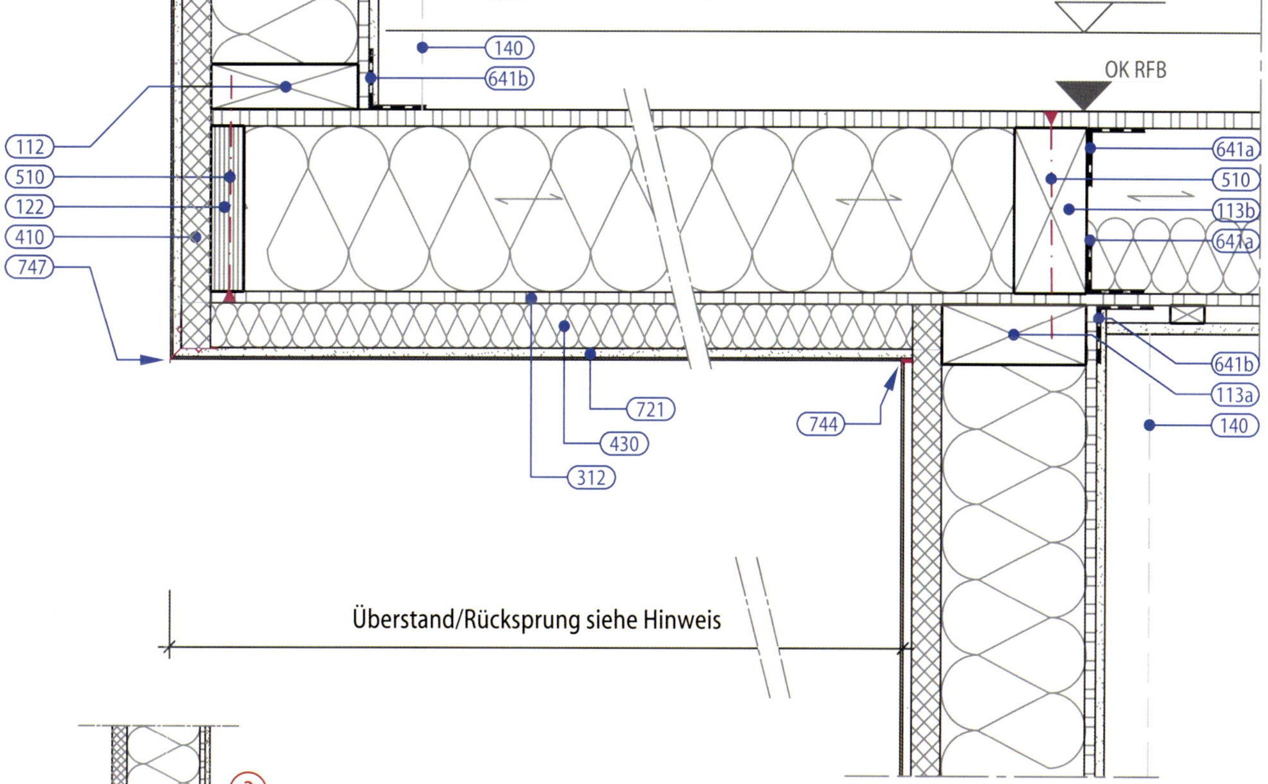

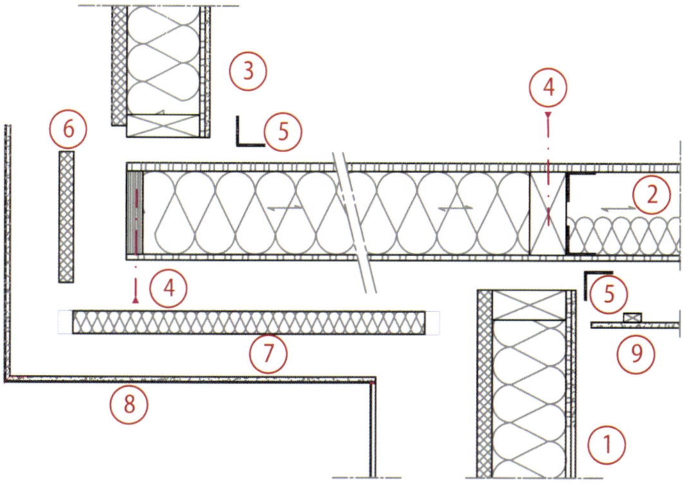

Montagereihenfolge M 1:20
1 Wandelement EG
2 Deckenelement
3 Wandelement OG
4 Elementverschaubung
5 luftdichte Verklebung
6 Ergänzung Außendämmung der Außenwand
7 Dämmung der Untersicht
8 Außenputz: zuerst Putzeckprofil mit Tropfkante, Grundputz mit Armierungsgewebe, Oberputz
6 Deckenbeplankung Gipsplatten und Verspachtelung

Detail 5.4.7.2 M 1:10
auskragende Decke: awrh-damx001

Vertikalschnitt
Geschossdecke Brettsperrholz, durchlaufend
unterseitig beplankt
Holzverschalung

Hinweis: Die Befestigung der Deckenbekleidung an der Untersicht einschließlich Unterzug muss statisch nachgewiesen sein.
Luftdichtheit am Deckenelementstoß durch Einlage eines Kompribandstreifens in den Stoß und Abkleben des gesamten Stoßes im Bereich des Deckenüberhangs.

- (112) 60/200 mm Wandschwelle (KVH)
- (113) 80/200 mm Wandrähm (KVH od. BSH)
- (122) 39/220 mm Randbalken (z.B. LVL)
- (140) Installationsebene
- (250) 60/240 mm Holzstegträger
- (270) 60/60 mm Rahmen NH
- (276) 40/60 mm Grundlatte
- (277) 30/50 mm Traglatte
- (330) Verschalungen, Fassadenbeplankung
- (410) 100 mm Holzfaserdämmung
- (510) 8,0 / X mm Schrauben
- (641) Luftdichtheitsklebeband
- (881) Lüftungsgitter

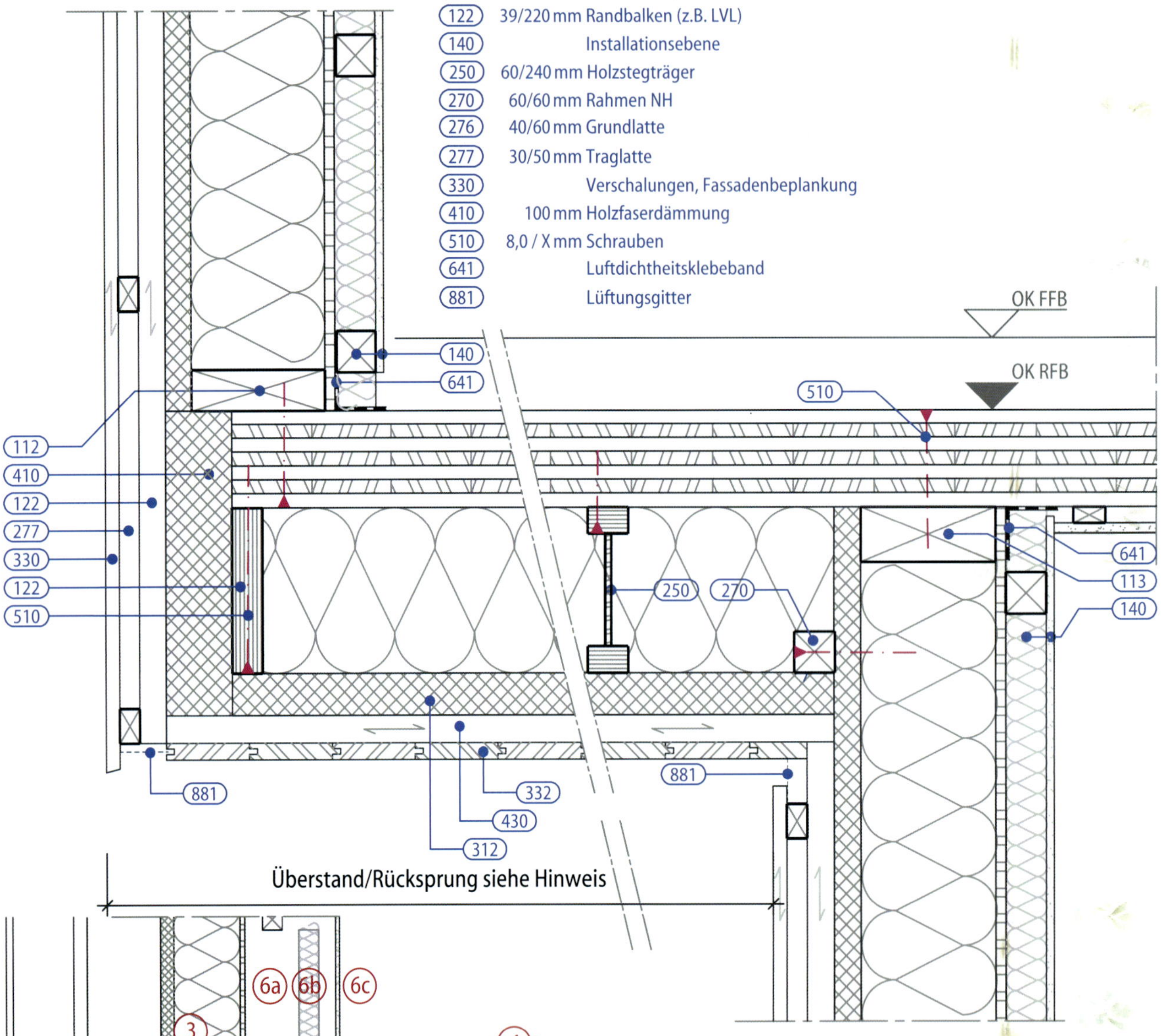

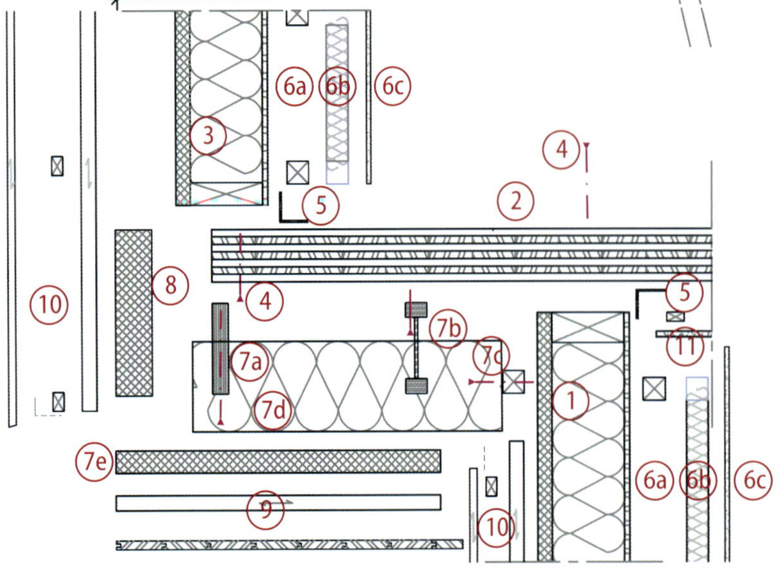

Montagereihenfolge M 1:20
1 Wandelement EG
2 Deckenelement Brettsperrholz
3 Wandelement OG
4 Elementverschaubung
5 luftdichte Verklebung
6 a, b, c Installationsebene
7 a bis e Dämmung der Untersicht
8 Ergänzung Außendämmung der Außenwand
9 Bekleidung Untersicht
10 Bekleidung der Außenfassade inkl. Lüftungsgitter
11 Deckenbeplankung Gipsplatten und Verspachtelung

5.5 Dachanschlüsse (Schrägdach)

Abb. 5.11: Dach mit thermisch getrennten Sparren, vor Ort aufgeschlagen

Abb. 5.14: Elementiertes Dach – der Dachüberstand wird auf der Baustelle verschalt.

Abb. 5.12: Vorgefertigte Dachelemente auf der Baustelle

Abb. 5.15: Walmdachelement

Abb. 5.13: Montage von Dachelementen auf der Baustelle

5.5.1 Traufe: Anschluss Dach an Außenwand

Detail 5.5.1.1 M 1:10
Traufe: awro-sdrh001

Außenwand mit Rahmenwerk
mit Installationsebene
Putzfassade
Dach mit Vollholzsparren
hinterlüftete Dachhaut
abgehängte Decke

Bauteilaufbauten siehe Kapitel 4:
Wand: awropiXXX110a
Dach: sdrhza103a

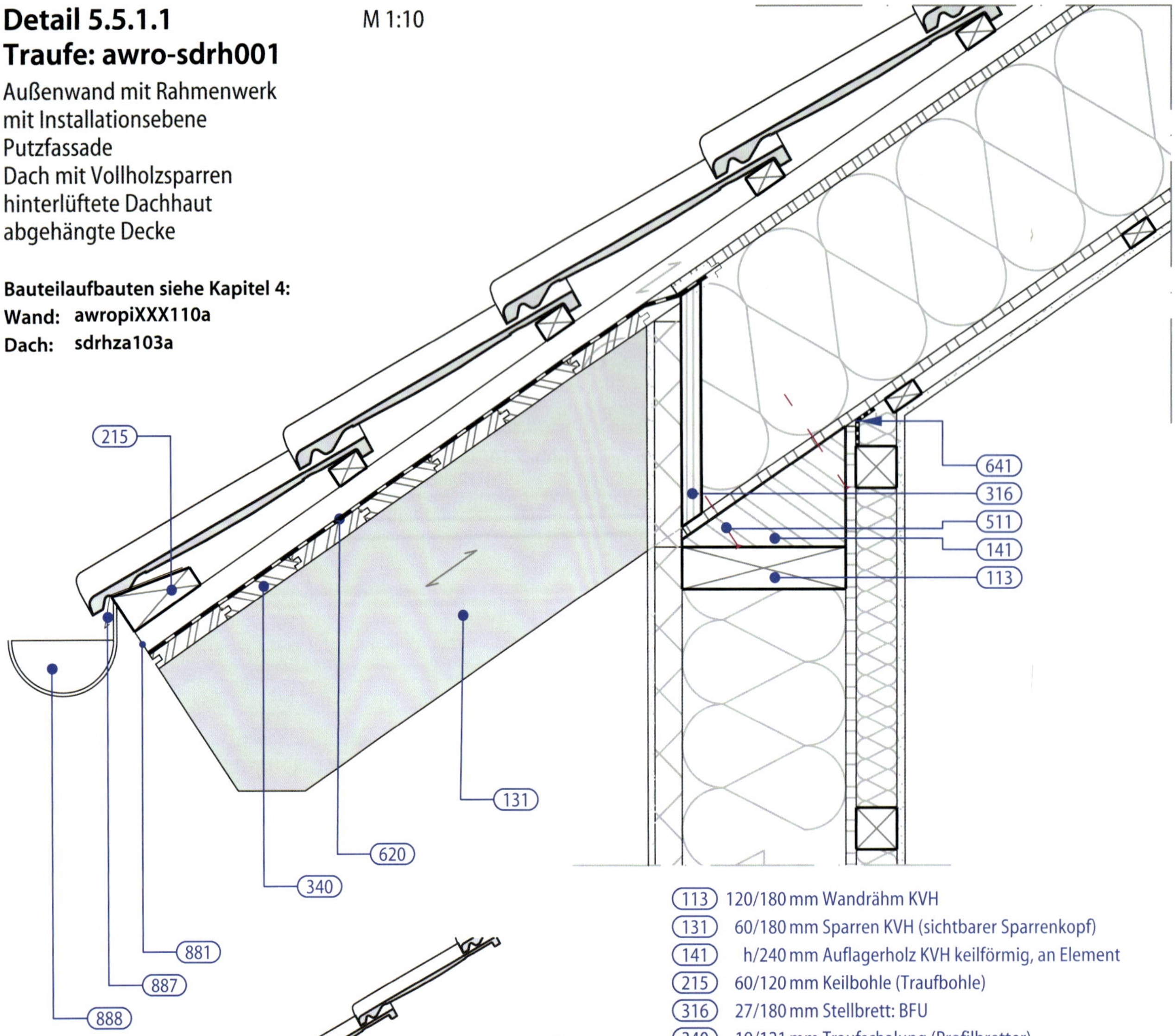

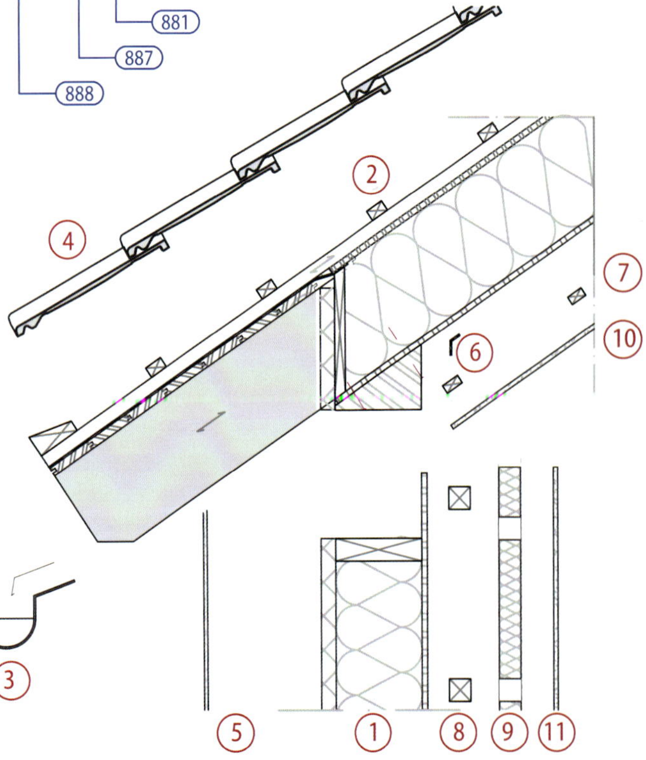

(113) 120/180 mm Wandrähm KVH
(131) 60/180 mm Sparren KVH (sichtbarer Sparrenkopf)
(141) h/240 mm Auflagerholz KVH keilförmig, an Element
(215) 60/120 mm Keilbohle (Traufbohle)
(316) 27/180 mm Stellbrett: BFU
(340) 19/121 mm Traufschalung (Profilbretter)
(511) 6,0 x 210 mm Tellerkopfschraube (Sparrenbefestigung)
(512) (n. Statik) Aufdachdämmungsverschraubung
(620) 0,5 mm Unterdeckbahn sd <= 0,2 m
(641) 60 mm breites Luftdichtheitsklebeband
(881) Lüftungsgitter
(887) 150 /60 /15 Rinneneinlaufblech
(888) 333 er Rinne mit Rinnenhalter (6-teilig)

Montagereihenfolge M 1:20

1 Wandelement
2 Dachelement inkl. Dachlattung
3 Rinneisen, Einlaufblech, Rinne
4 Dacheindeckung
5 Außenputz: zuerst vorkomprimiertes Dichtungsband um die Sparren in Putzebene kleben, Grundputz mit Armierungsgewebe, Oberputz
6 luftdichte Verklebung
7 Traglattung unter Dach
8 Rahmen Installationsebene
9 Installationen und Dämmung
10 Dachbeplankung Gipsplatten
11 Wandbeplankung Gipsplatten und Verspachtelung

Detail 5.5.1.2
Traufe: awrh-sdrh001

M 1:10

Außenwand mit Rahmenwerk
mit Installationsebene
hinterlüftete Fassade
Dach mit Vollholzsparren
hinterlüftete Dachhaut
abgehängte Decke

Bauteilaufbauten siehe Kapitel 4:
Wand: awrhhiXXXa
Dach: sdrhzaXXXa

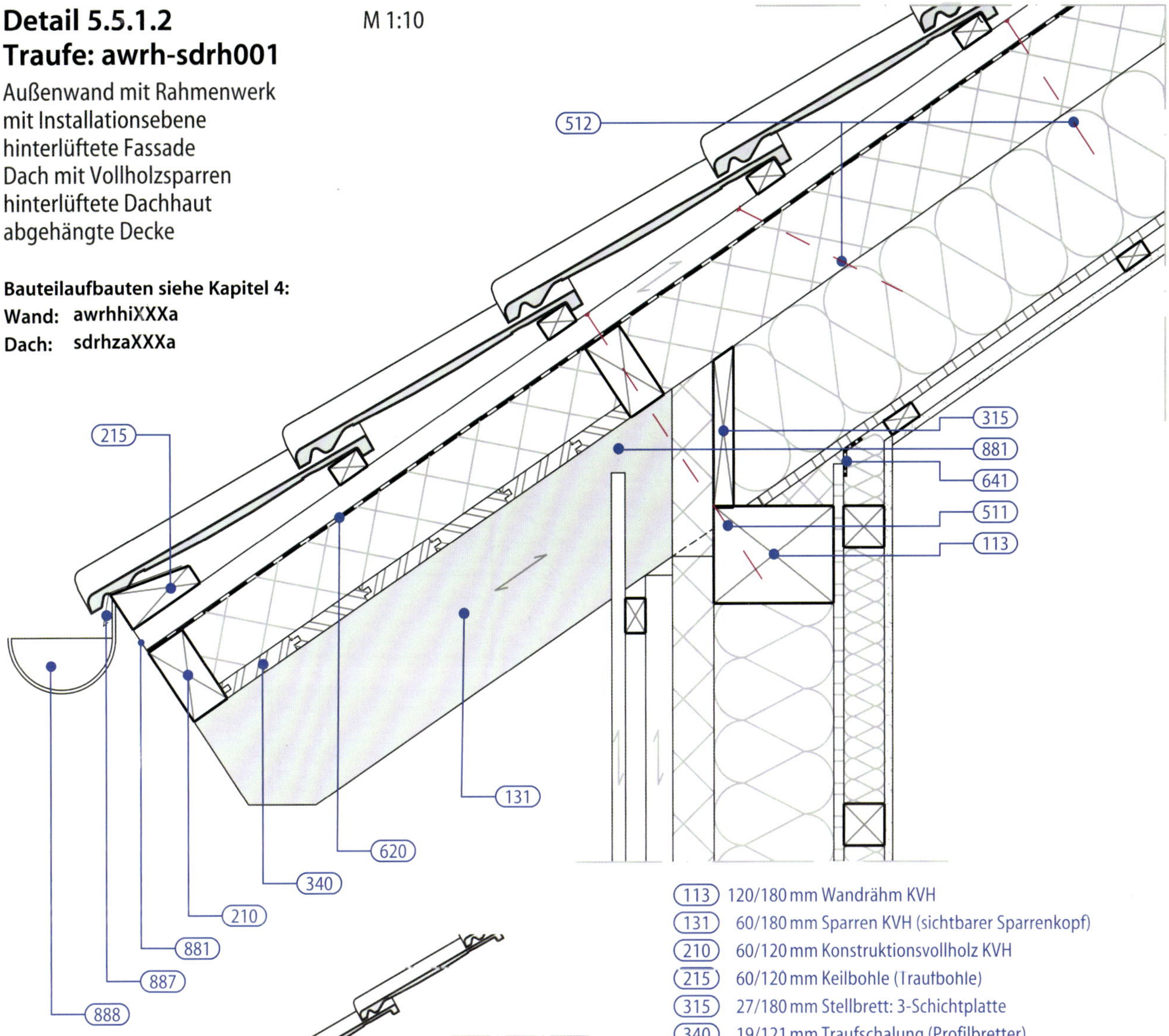

113	120/180 mm	Wandrähm KVH
131	60/180 mm	Sparren KVH (sichtbarer Sparrenkopf)
210	60/120 mm	Konstruktionsvollholz KVH
215	60/120 mm	Keilbohle (Traufbohle)
315	27/180 mm	Stellbrett: 3-Schichtplatte
340	19/121 mm	Traufschalung (Profilbretter)
511	6,0 x 210 mm	Tellerkopfschraube (Sparrenbefestigung)
512	(n. Statik)	Aufdachdämmungsverschraubung
620	0,5 mm	Unterdeckbahn sd <= 0,2 m
641	60 mm	breites Luftdichtheitsklebeband
887	150 /60 /15	Rinneneinlaufblech
888	333 er	Rinne mit Rinnenhalter (6-teilig)

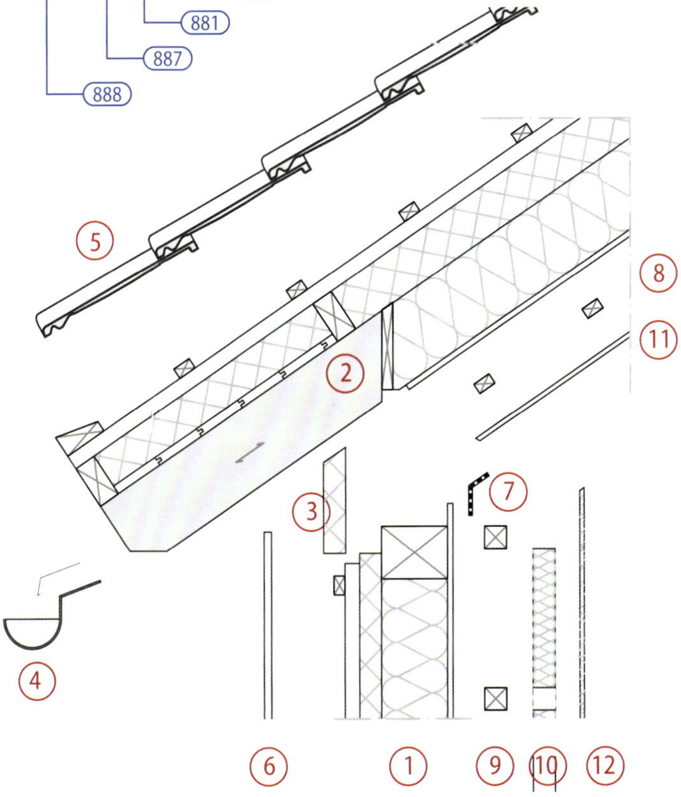

Montagereihenfolge M 1:20

1 Wandelement inkl. Traglattung
2 Dachelement inkl. Dachlattung
3 Dämmkeil
4 Rinneisen, Einlaufblech, Rinne
5 Dacheindeckung
6 Fassadenbekleidung, Lüftungsgitter
7 luftdichte Verklebung
8 Traglattung unter Dach
9 Rahmen Installationsebene
10 Installationen und Dämmung
11 Dachbeplankung Gipsplatten
12 Wandbeplankung Gipsplatten und Verspachtelung

Detail 5.5.1.3
Traufe: awrh-sdrh002

M 1:10

Außenwand mit Rahmenwerk
mit Installationsebene
hinterlüftete Fassade
Dach mit Vollholzsparren
hinterlüftete Dachhaut
abgehängte Decke

Bauteilaufbauten siehe Kapitel 4:
Wand: awjhhiXXXa
Dach: sdjhzaXXXa

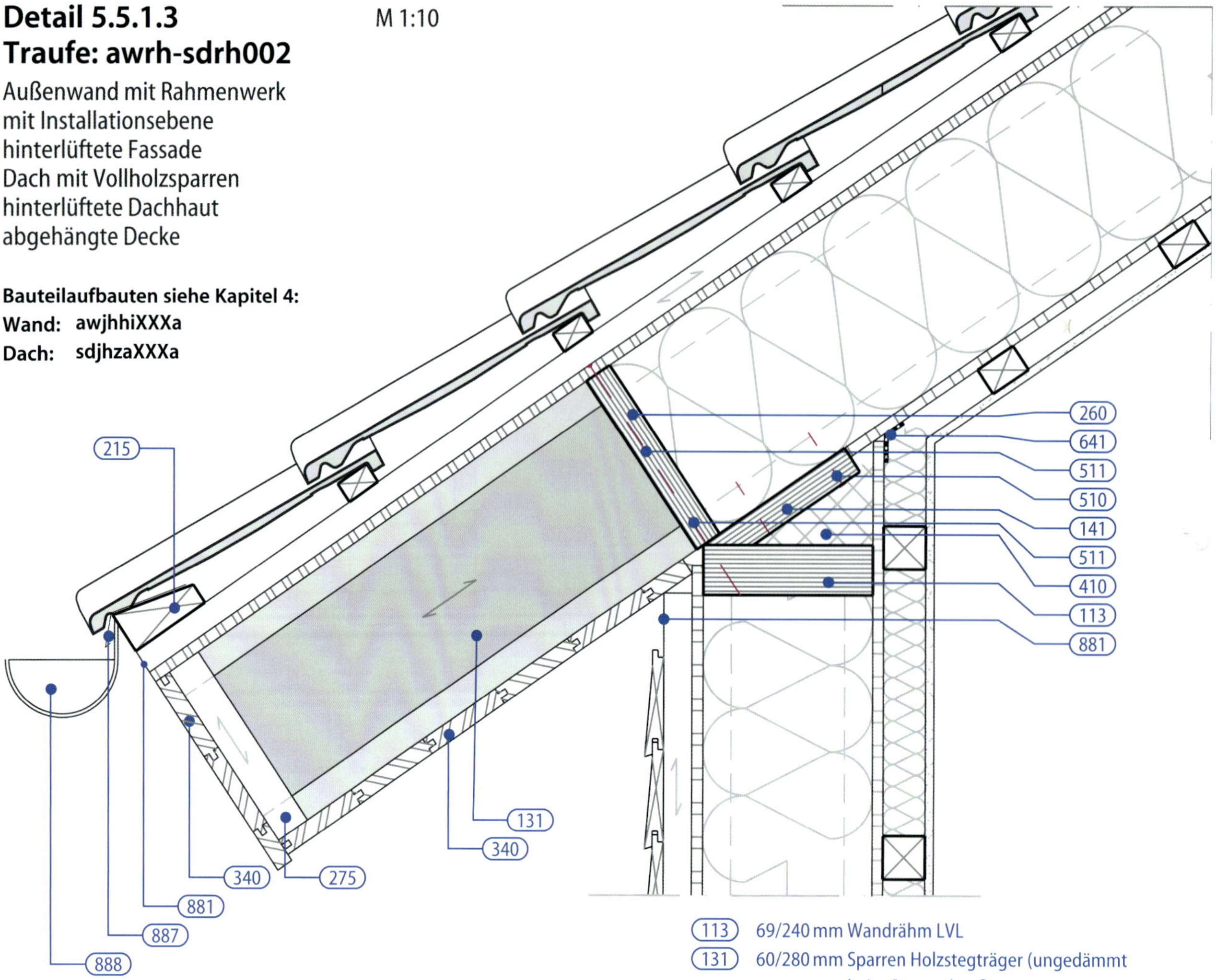

113	69/240 mm	Wandrähm LVL
131	60/280 mm	Sparren Holzstegträger (ungedämmt beim Sparrenkopf)
141		Widerlager KVH
215	60/120 mm	Keilbohle (Traufbohle)
260	27 mm	Furnierschichtholz LVL
275	30/50 mm	Dachlatte
340	19/121 mm	Traufschalung (Profilbretter)
410		Holzfaserdämmung
510	(n. Statik)	Schrauben
511	6,0 x 380 mm	Tellerkopfschraube (Sparrenbefestigung)
641	60 mm	breites Luftdichtheitsklebeband
881		Lüftungsgitter
887	150 /60 /15	Rinneneinlaufblech
888	333 er	Rinne mit Rinnenhalter (6-teilig)

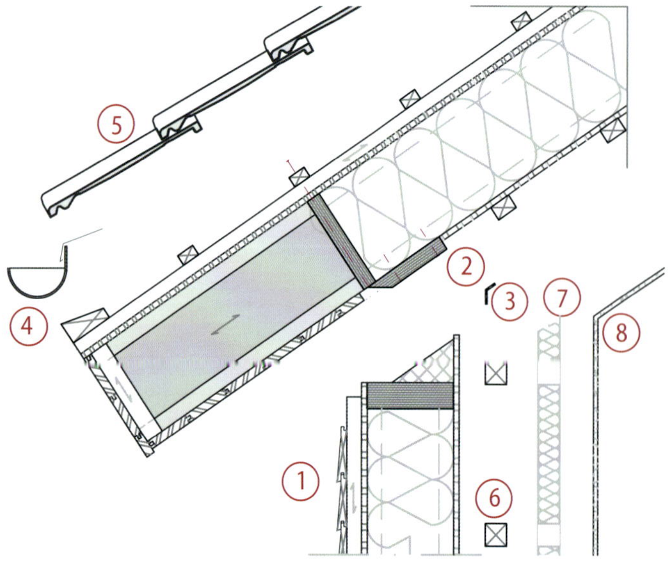

Montagereihenfolge M 1:20

1 Wandelement inkl. Fassadenbekleidung
2 Dachelement inkl. Dachlattung und Traglattung (innen)
3 luftdichte Verklebung
4 Rinneisen, Einlaufblech, Rinne
5 Dacheindeckung
6 Rahmen Installationsebene
7 Installationen und Dämmung
8 Dachbeplankung Gipsplatten und Wandbeplankung Gipsplatten sowie Verspachtelung

Detail 5.5.1.4 M 1:10
Traufe: awjo-sdjh001 - ohne Dachüberstand

Außenwand mit Holzstegträger
ohne Installationsebene
Putzfassade
Dach mit Holzstegträger
hinterlüftete Dachhaut
Dachunterseite direkt beplankt

Bauteilaufbauten siehe Kapitel 4:
Wand: awjopoXXXb
Dach: sdjhznXXXb

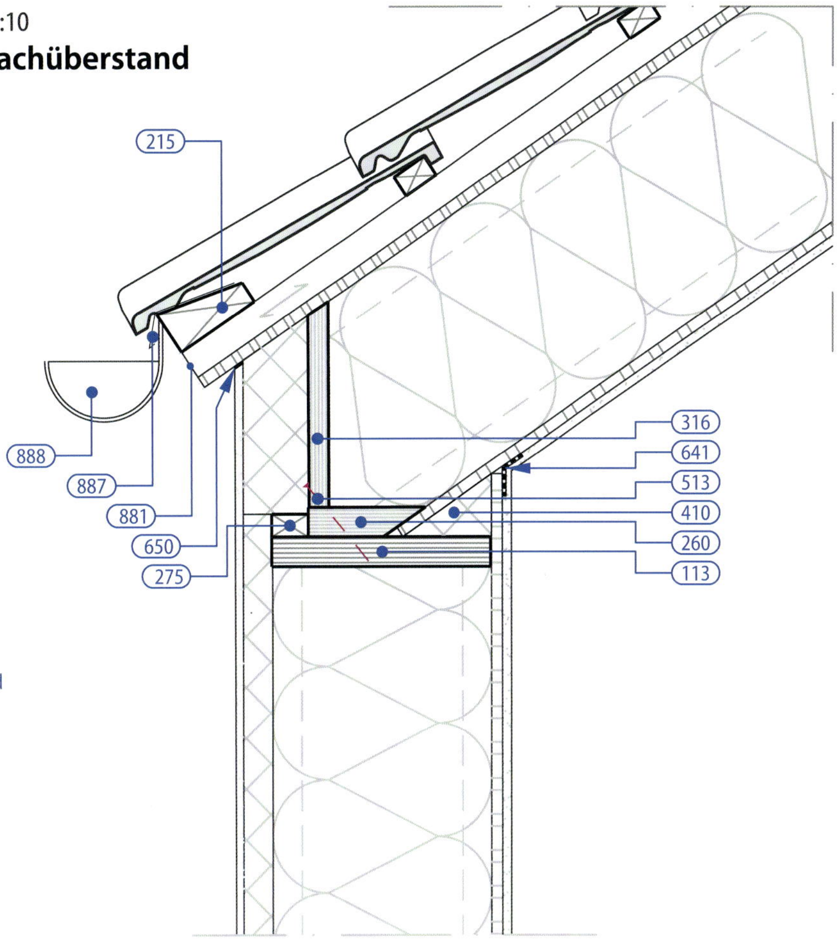

(113) 39/300 mm Wandrähm LVL
(215) 60/120 mm Keilbohle
(260) 39 mm Furnierschichtholz LVL
(316) 27 mm Stellbrett BFU
(275) 30/50 mm Dachlatte als Montageanschlag
(410) Holzfaserdämmung
(513) (n. Statik) Vollgewindeschraube
(641) 60 mm breites Luftdichtheitsklebeband
(650) vorkomprimiertes Dichtungsband
(881) Lüftungsgitter
(887) 150 /60 /15 Rinneneinlaufblech
(888) 333 er Rinne mit Rinnenhalter (6-teilig)

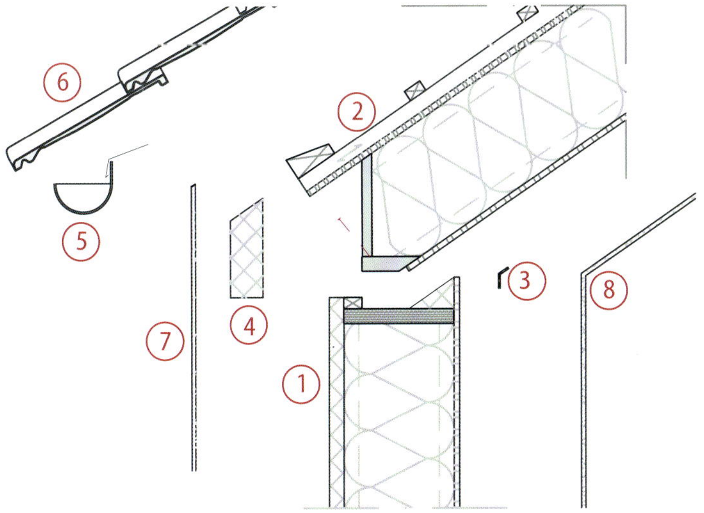

Montagereihenfolge M 1:20
1 Wandelement
2 Dachelement inkl. Dachlattung
3 luftdichte Verklebung
4 Dämmstreifen einsetzen
5 Rinneisen, Einlaufblech, Rinne
6 Dacheindeckung
7 Außenputz: Grundputz mit Armierungsgewebe, Oberputz
8 Dachbeplankung Gipsplatten und Wandbeplankung Gipsplatten sowie Verspachtelung

Detail 5.5.1.5 M 1:10
Traufe: awro-sdrh002

Außenwand mit Rahmenwerk
mit Installationsebene
Putzfassade
Dach mit Sichtholzsparren
hinterlüftete Dachhaut
ohne Unterdecke

Bauteilaufbauten siehe Kapitel 4:
Wand: awropiXXXa
Dach: sdshzsXXXo

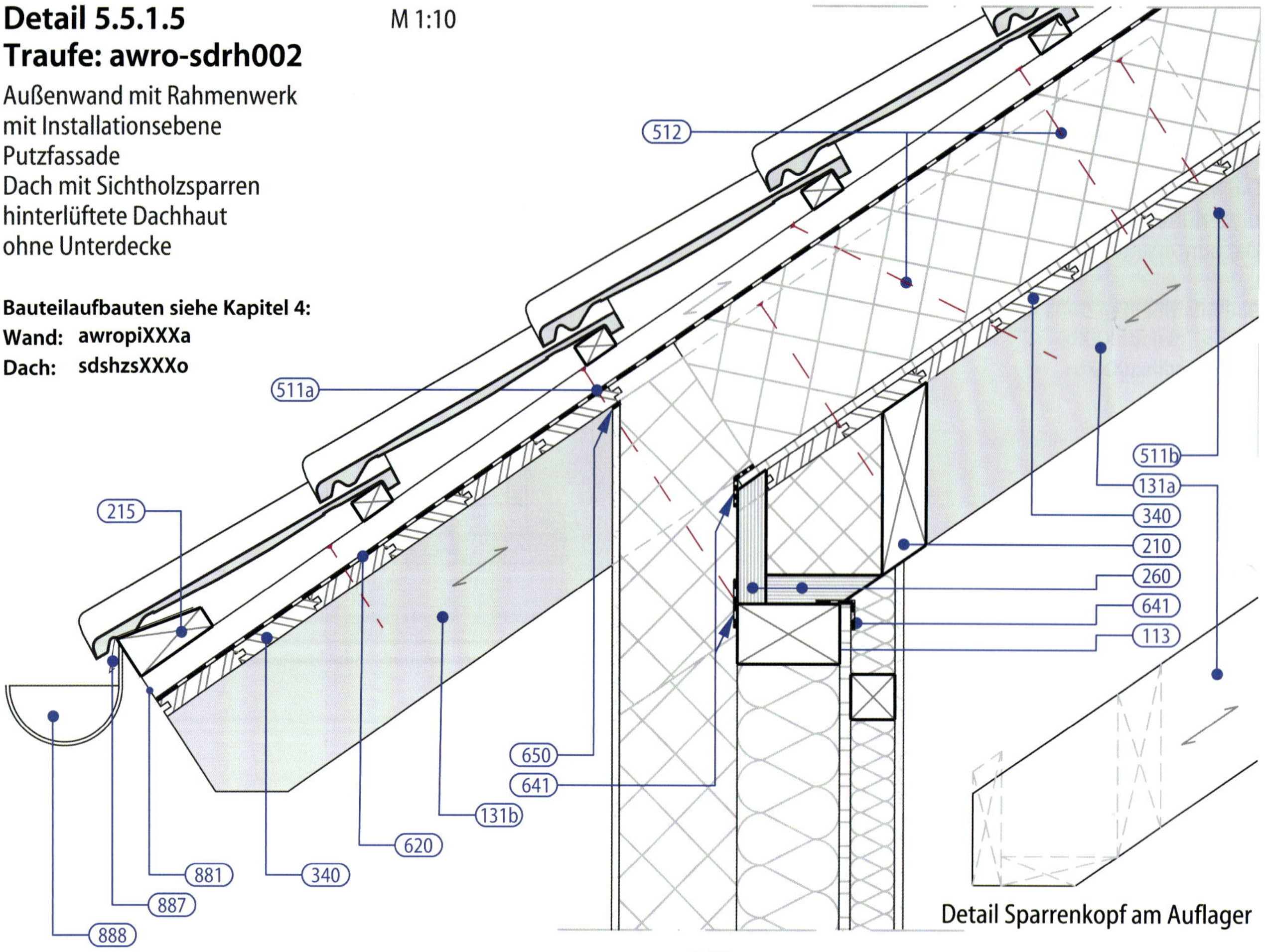

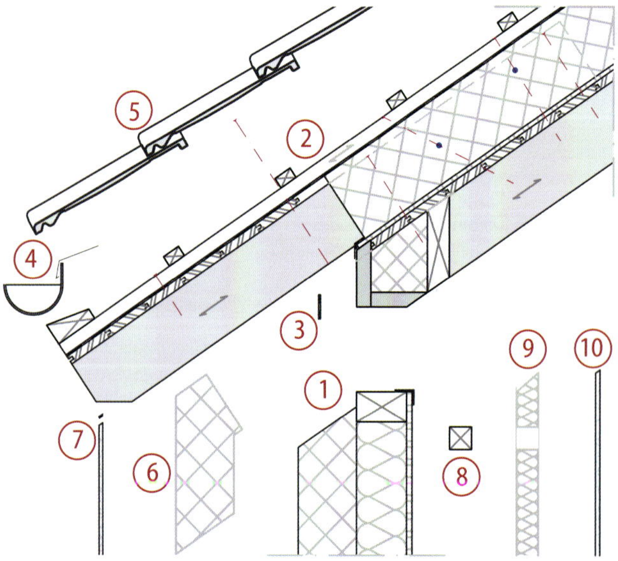

- (113) 80/140 mm Wandrähm KVH
- (131a) 60/180 mm Sichtsparren KVH Si
- (131b) 60/180 mm sichtbarer Sparrenkopf KVH, aufgedoppelt
- (210) 60/260 mm Konstruktionsvollholz KVH
- (215) 60/120 mm Keilbohle (Traufbohle)
- (260) 39 mm Furnierschichtholz LVL
- (340) 19/121 mm Traufschalung (Profilbretter)
- (511a) 6,0 x 440 mm Tellerkopfschraube (Sparrenbefestigung)
- (511b) 6,0 x 280 mm Tellerkopfschraube (Befestigung Sparrenkopf)
- (512) (n. Statik) Aufdachdämmungsverschraubung
- (620) 0,5 mm Unterdeckbahn sd <= 0,2 m
- (641) 60 mm breites Luftdichtheitsklebeband
- (650) vorkomprimiertes Dichtungsband
- (881) Lüftungsgitter
- (887) 150 /60/15 Rinneneinlaufblech
- (888) 333 er Rinne mit Rinnenhalter (6-teilig)

Montagereihenfolge M 1:20

1. Wandelement inkl. Traglattung
2. Dachelement inkl. Dachlattung
3. luftdichte Verklebung
4. Rinneisen, Einlaufblech, Rinne
5. Dacheindeckung
6. Traufbereich ausdämmen
7. Außenputz: zuerst vorkomprimiertes Dichtungsband um die Sparren in Putzebene kleben, Grundputz mit Armierungsgewebe, Oberputz
8. Rahmen Installationsebene
9. Installationen und Dämmung
10. Wandbeplankung Gipsplatten und Verspachtelung

Detail 5.5.1.6 M 1:10
Traufe: awro-sdnh-ddnk001

Außenwand mit Rahmenwerk
ohne Installationsebene
Putzfassade
Dach mit Nagelplattenbinder (NPB)
hinterlüftete Dachhaut
ohne Unterdecke

Bauteilaufbauten siehe Kapitel 4:
Wand: awropoXXXb
Dach: sdshzsXXXo
Decke: ddnkkaXXXa

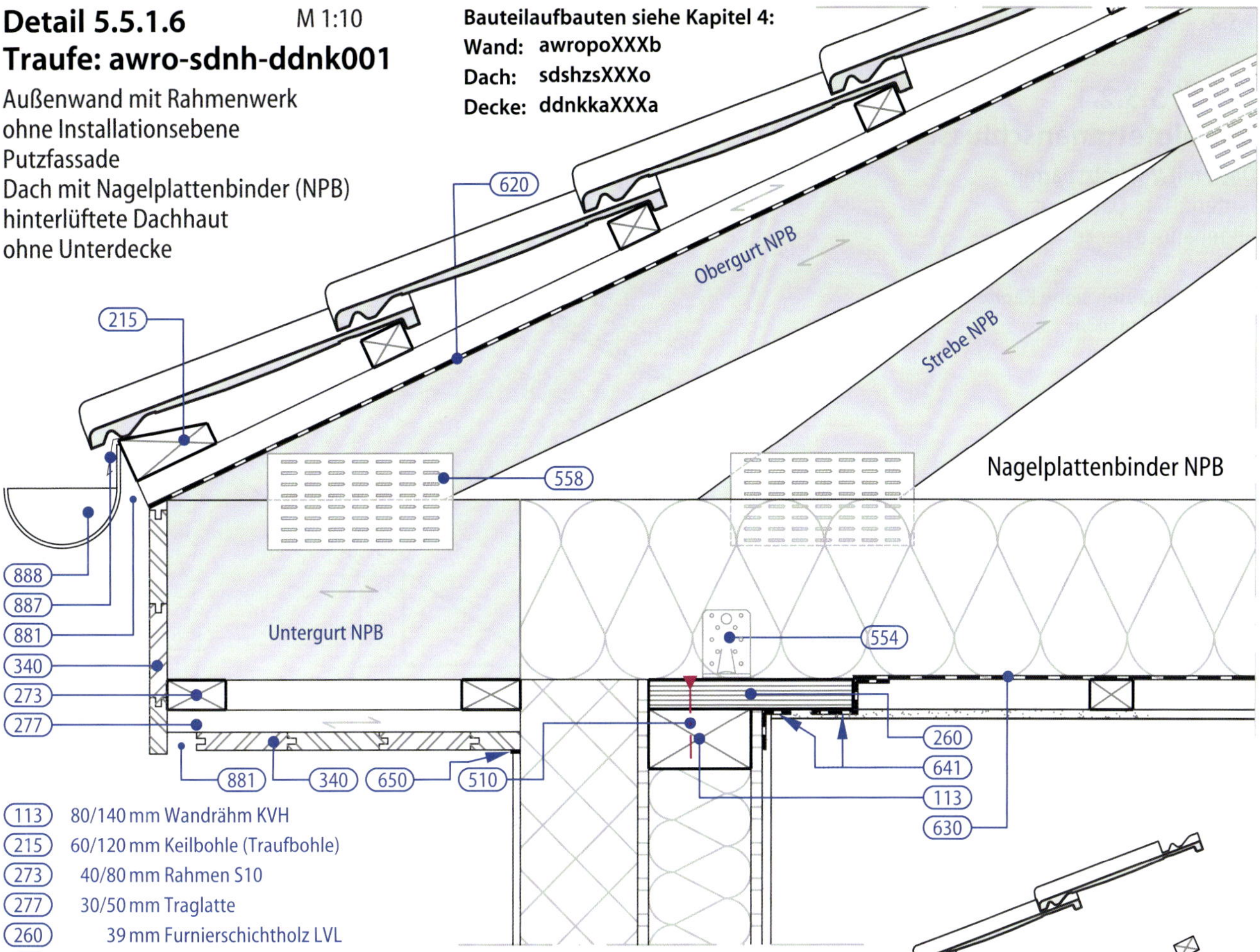

113	80/140 mm	Wandrähm KVH
215	60/120 mm	Keilbohle (Traufbohle)
273	40/80 mm	Rahmen S10
277	30/50 mm	Traglatte
260	39 mm	Furnierschichtholz LVL
340	19/121 mm	Traufschalung (Profilbretter)
510	(n. Statik)	Schrauben
554	(n. Statik)	Stahlwinkel
558	(n. Statik)	Nagelplatte
620	0,5 mm	Unterdeckbahn sd <= 0,2 m
630	0,5 mm	Dampfbrems-/Luftdichtheitsmembrane, diffusionsvariabel
641	60 mm	breites Luftdichtheitsklebeband
650		vorkomprimiertes Dichtungsband
881		Lüftungsgitter
887	150/60/15	Rinneneinlaufblech
888	333 er	Rinne mit Rinnenhalter (6-teilig)

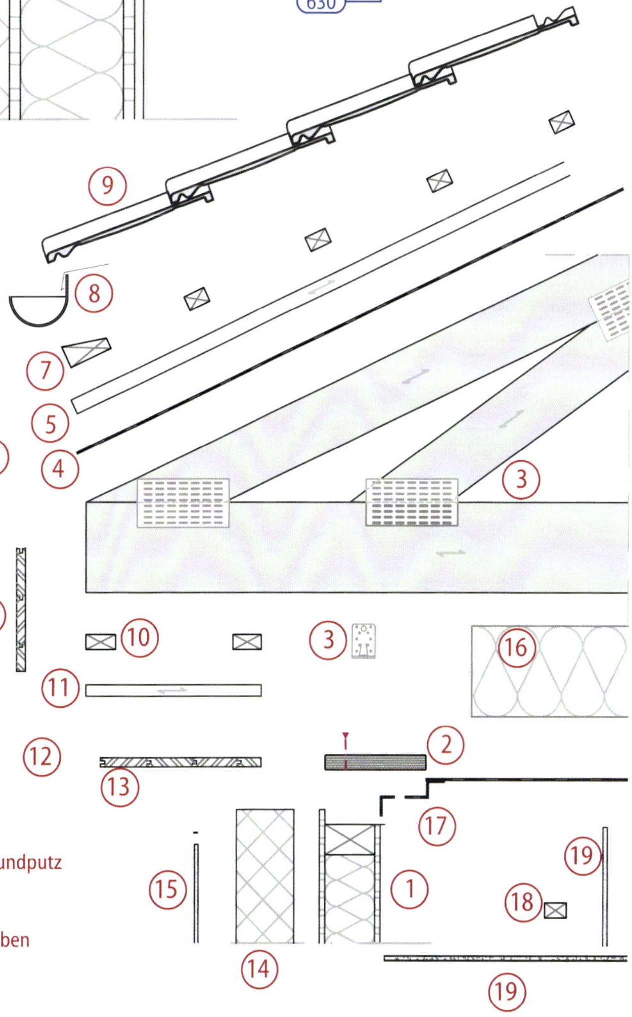

Montagereihenfolge M 1:20

1 Wandelement stellen
2 Furnierschichtholz als Ringanker auf Rähm auflegen (sofern erforderlich)
3 Nagelplattenbinder stellen und nach Vorgaben Statik befestigen
4 Unterspannbahn
5 Konterlattung (inkl. Nageldichtband)
6 Lüftungsgitter
7 Traufbohle und Dachlattung
8 Rinneisen, Einlaufblech, Rinne
9 Dacheindeckung
10 Rahmen unter Traufüberstand
11 Traglattung
12 Lüftungsgitter
13 Traufschalung montieren
14 Fassadendämmung
15 Außenputz: zuerst vorkomprimiertes Dichtungsband an Schalung, dann Grundputz mit Armierungsgewebe, Oberputz
16 Dämmung in Untergurtebene des Nagelbinders
17 feuchtvariable Dampfbremse als luftdichte Ebene einbauen, luftdicht verkleben
18 Traglattung an Decke
19 Wand- und Deckenbeplankung Gipsplatten und Verspachtelung

5.5.2 Anschluss Dach an Mittelpfette/Kehlbalkenlage

Detail 5.5.2.1 M 1:10
Mittelpfettenanschluss: mp-sdrh001

Dach mit Vollholzsparren
hinterlüftete Dachhaut
abgehängte Decke

Bauteilaufbauten siehe Kapitel 4:
Dach: sdrhza103a

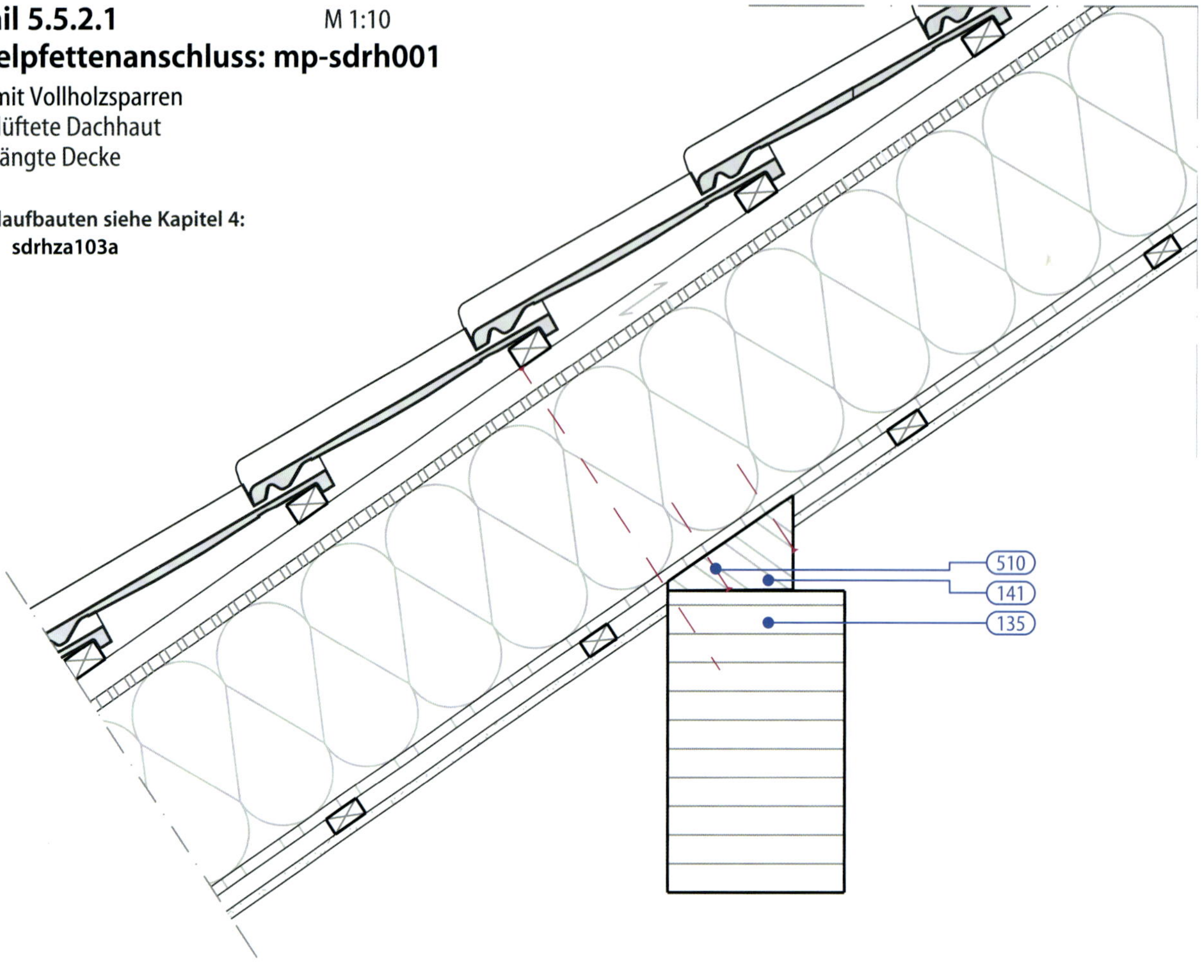

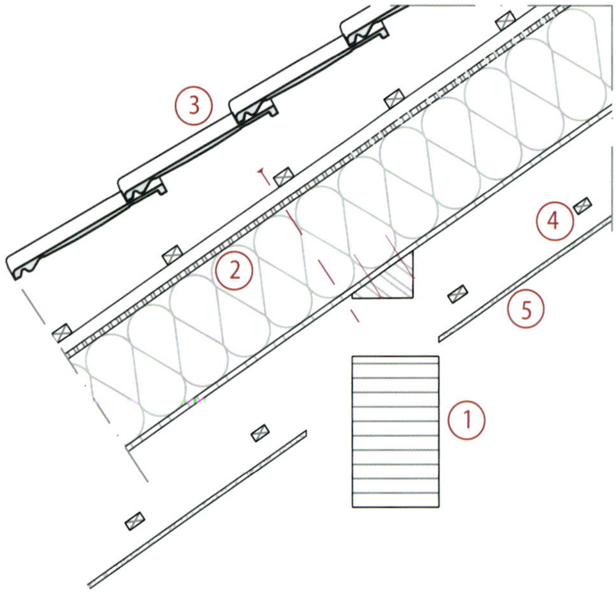

(135) (n. Statik) Mittelpfette BSH
(141) h/b mm Auflagerholz KVH keilförmig, an Element
(510) 6,0 x 140 mm Schrauben

Montagereihenfolge M 1:20
1 Mittelpfette montieren
2 Dachelement inkl. Lattung montieren
3 Dacheindeckung
4 Traglattung (ggf. Elektro-Installationen)
5 Dachbeplankung Gipsplatten und Verspachtelung

Detail 5.5.2.2 M 1:10
Anschluss Spitzbodendecke: ddrk-sdrh001 - unbeheizt!

Dach mit Vollholzsparren
hinterlüftete Dachhaut
abgehängte Decke
Decke mit Vollholzbalken
voll gedämmt
abgehängte Decke

Hinweis: Bei unbeheizten Dachräumen muss besonders auf die Luftdichtheit geachtet werden, um Kondensat auf kalten Bauteilflächen zu vermeiden. Das betrifft insbesondere die Bodentreppe. Der Dachraum muss belüftet sein.

Bauteilaufbauten siehe Kapitel 4:
Dach: sdrhzaXXXa
Decke: ddrkkaXXXa

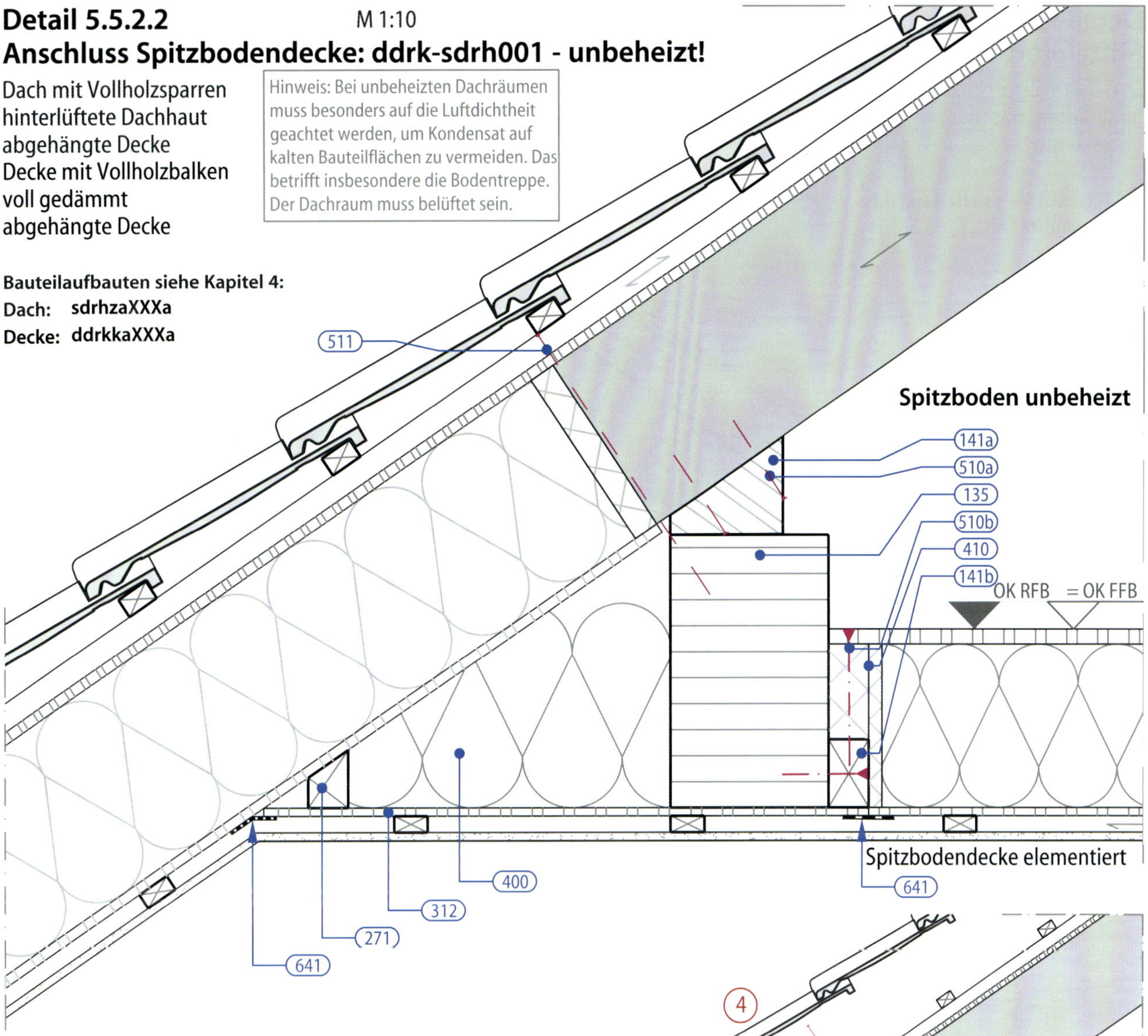

(135) (n. Statik) Mittelpfette MP (BSH)
(141a) h/240 mm Auflagerholz KVH keilförmig, an Element
(141b) 60/80 mm Auflagerholz (KVH) mit MP nach Statik verschraubt
(271) Kantholz, abgeschrägt
(312) 12 mm OSB-Platte
(400) Dämmstoff (wie Dachdämmung)
(410) 2 Stk. Holzfaserdämmung als Elementabschluss zw. Deckenbalken
(510a) 6,0 x 140 mm Schrauben
(510b) 6,0 x 140 mm Schrauben
(511) 8,0 x 400 mm Tellerkopfschrauben
(641) 60 mm breites Luftdichtheitsklebeband

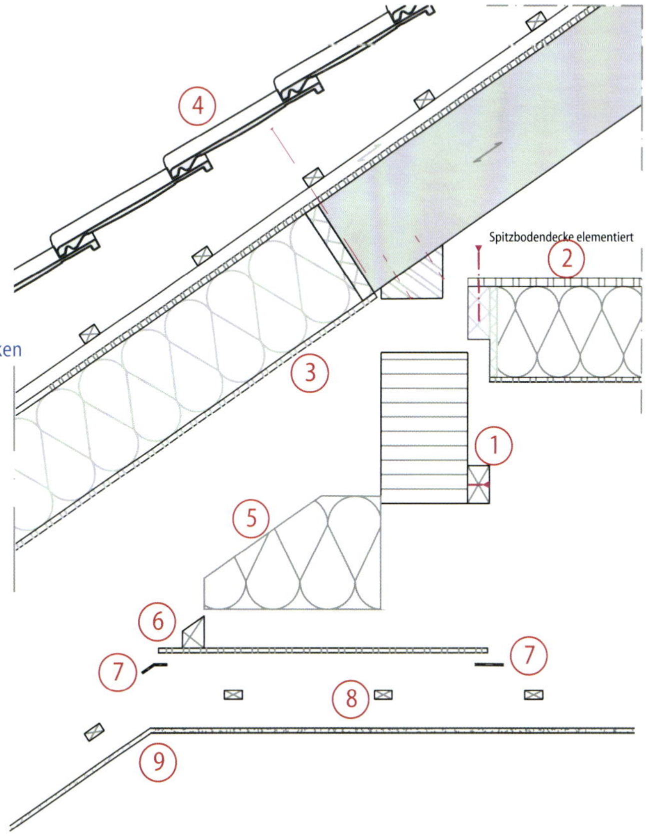

Montagereihenfolge M 1:20
1 Mittelpfette montieren
2 Spitzbodendeckenelement montieren
3 Dachelement inkl. Lattung montieren
4 Dacheindeckung
5 zwischen Mittelpfette und Dachschräge dämmen
6 OSB-Platte inkl. Unterkonstruktion montieren
7 luftdichte Verklebung
8 Traglattung (ggf. Elektro-Installationen)
9 Beplankung Gipsplatten und Verspachtelung

Detail 5.5.2.3 Mittelpfette: mp-sdrh002

M 1:10

Dach mit Vollholzsparren
hinterlüftete Dachhaut
abgehängte Decke

Bauteilaufbauten siehe Kapitel 4:
Dach: sdrhzaXXXa

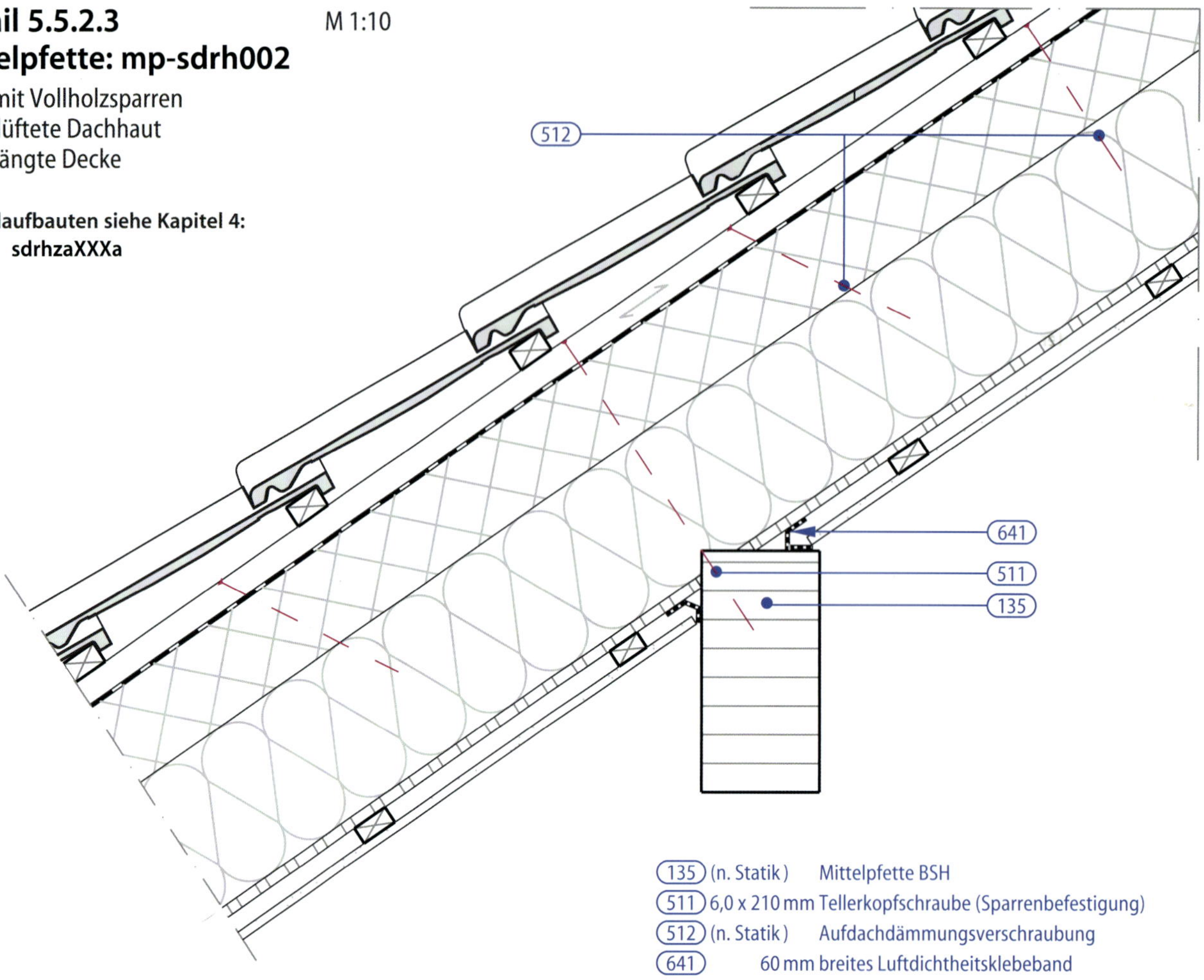

(135) (n. Statik) Mittelpfette BSH
(511) 6,0 x 210 mm Tellerkopfschraube (Sparrenbefestigung)
(512) (n. Statik) Aufdachdämmungsverschraubung
(641) 60 mm breites Luftdichtheitsklebeband

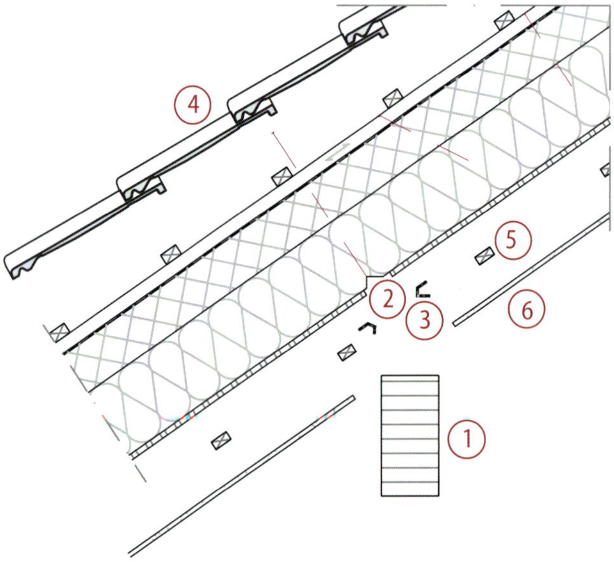

Montagereihenfolge M 1:20

1 Mittelpfette montieren
2 Dachelement inkl. Lattung montieren
3 luftdichte Verklebung
4 Dacheindeckung
5 Traglattung (ggf. Elektro-Installationen)
6 Dachbeplankung Gipsplatten und Verspachtelung

Detail 5.5.2.4 M 1:10
Mittelpfette/Kehlbalkenlage: gdrx-sdrh001
Anschluss Spitzbodendecke

Dach mit Vollholzsparren
hinterlüftete Dachhaut
abgehängte Decke
Decke mit Vollholzbalken
Hohlraumbedämpfung
abgehängte Decke

Bauteilaufbauten siehe Kapitel 4:
Dach: sdrhzaXXXa
Decke: gdrxxaXXXa

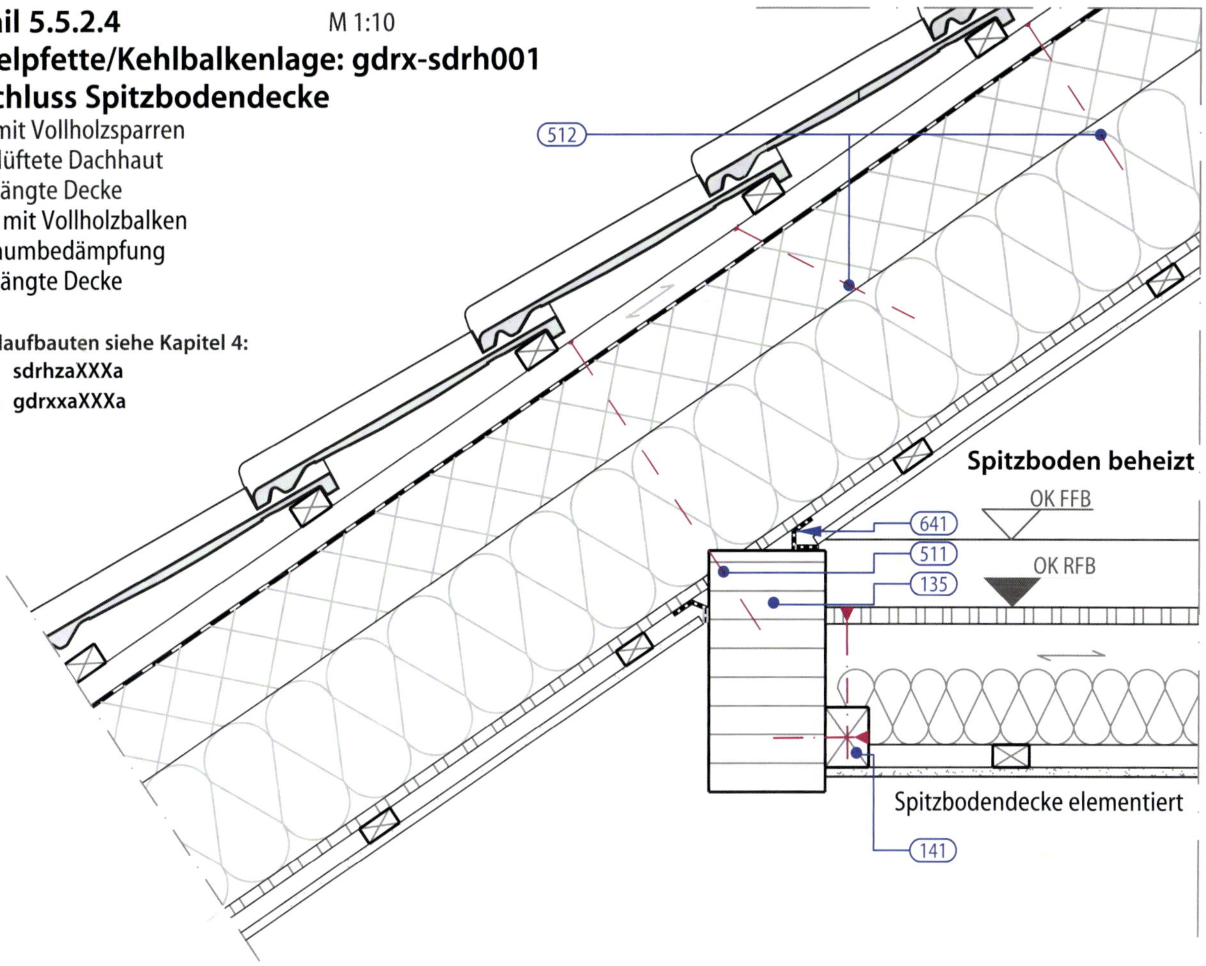

(135) (n. Statik) Mittelpfette MP (BSH)
(141) 60/80 mm Auflagerholz (KVH) m. MP n. Statik verschraubt
(511) 6,0 x 210 mm Tellerkopfschraube (Sparrenbefestigung)
(512) (n. Statik) Aufdachdämmungsverschraubung
(641) 60 mm breites Luftdichtheitsklebeband

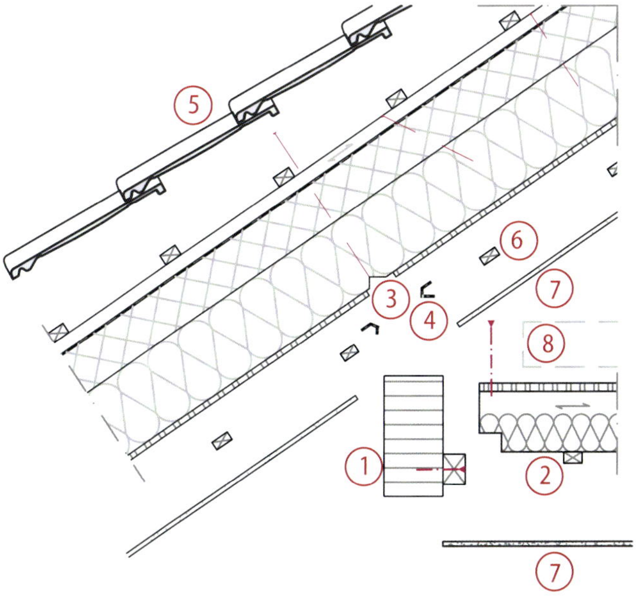

Montagereihenfolge M 1:20
1 Mittelpfette montieren
2 Spitzbodendeckenelement montieren
3 Dachelement inkl. Lattung montieren
4 luftdichte Verklebung
5 Dacheindeckung
6 Traglattung (ggf. Elektroinstallationen)
7 Dachbeplankung Gipsplatten und Verspachtelung
8 Fußbodenaufbau bei genutztem Spitzboden einbauen

Detail 5.5.2.5 M 1:10
Dach an Spitzbodendecke: sdjh-gdjn001
parallel zur Traufe gespannt - ohne Mittelpfetten

Dach mit Holzstegträgern
hinterlüftete Dachhaut
abgehängte Decke
Decke mit Holzstegträgern
Hohlraumbedämpfung
abgehängte Decke

Bauteilaufbauten siehe Kapitel 4:
Dach: sdjhzaXXXa
Decke: gdjknaXXXa

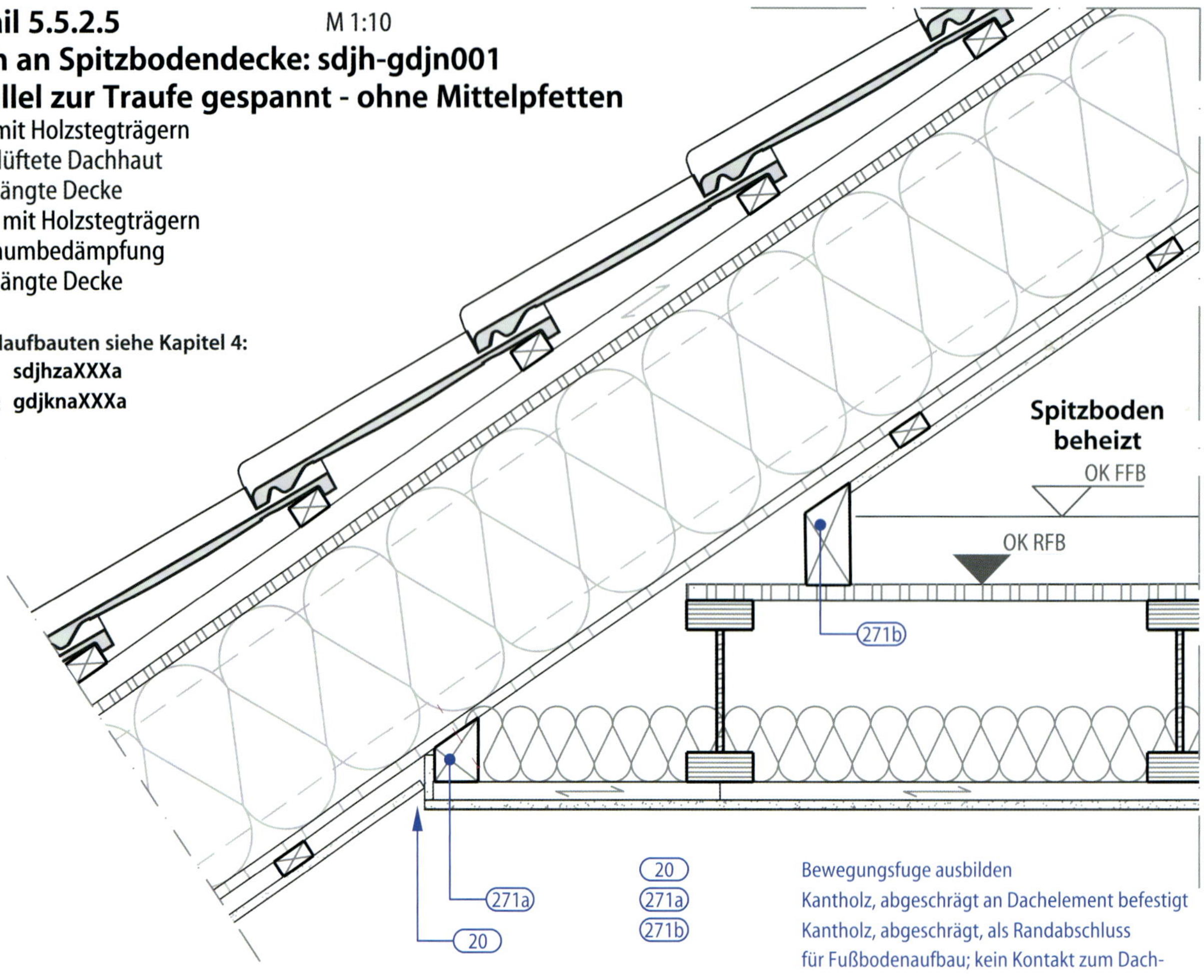

(20) Bewegungsfuge ausbilden
(271a) Kantholz, abgeschrägt an Dachelement befestigt
(271b) Kantholz, abgeschrägt, als Randabschluss für Fußbodenaufbau; kein Kontakt zum Dachelement (Luft wegen Durchbiegung!)

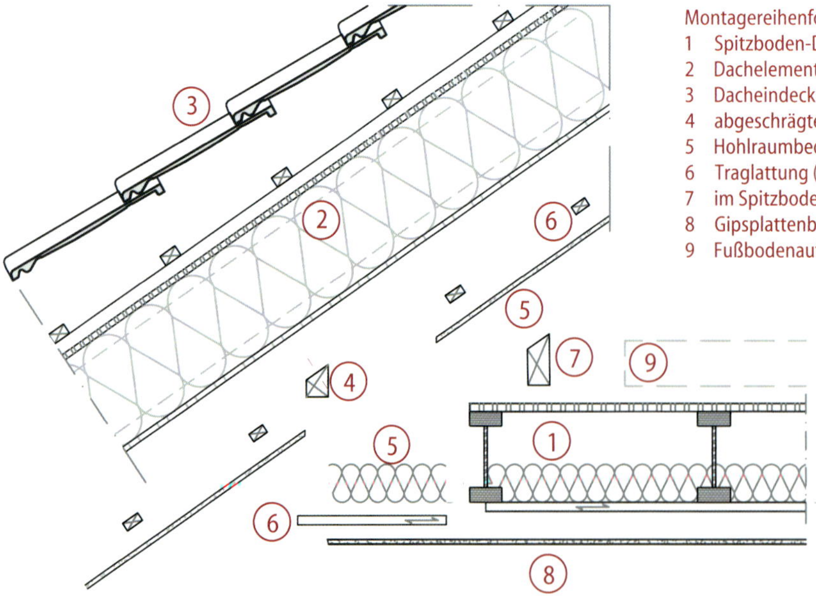

Montagereihenfolge M 1:20
1 Spitzboden-Deckenelement montieren
2 Dachelement inkl. Lattung montieren
3 Dacheindeckung
4 abgeschrägtes Kantholz an Dachelement schrauben
5 Hohlraumbedämpfung zwischen Decke und Dach ergänzen
6 Traglattung (ggf. Elektroinstallationen)
7 im Spitzboden Rahmenholz als Randabschluss montieren
8 Gipsplattenbeplankung und Verspachtelung
9 Fußbodenaufbau bei genutztem Spitzboden einbauen

Hinweis: Bei einfach stehendem Pfettendachstuhl ohne Mittelpfetten verläuft die Deckenspannrichtung der Spitzbodendecke parallel zur Traufe. Die mögliche Dachdurchbiegung muss bei der Detailplanung berücksichtigt werden.

Detail 5.5.2.6 M 1:10
Mittelpfette/Kehlbalkenlage: gdsx-sdsh001
Anschluss Spitzbodendecke

Dach mit Sichtholzsparren
hinterlüftete Dachhaut
nur Aufdachdämmung
Decke mit Sichtbalken
ungedämmt
ohne Unterdecke

Bauteilaufbauten siehe Kapitel 4:
Decke: gdsxxsXXXo
Dach: sdrszsXXXo

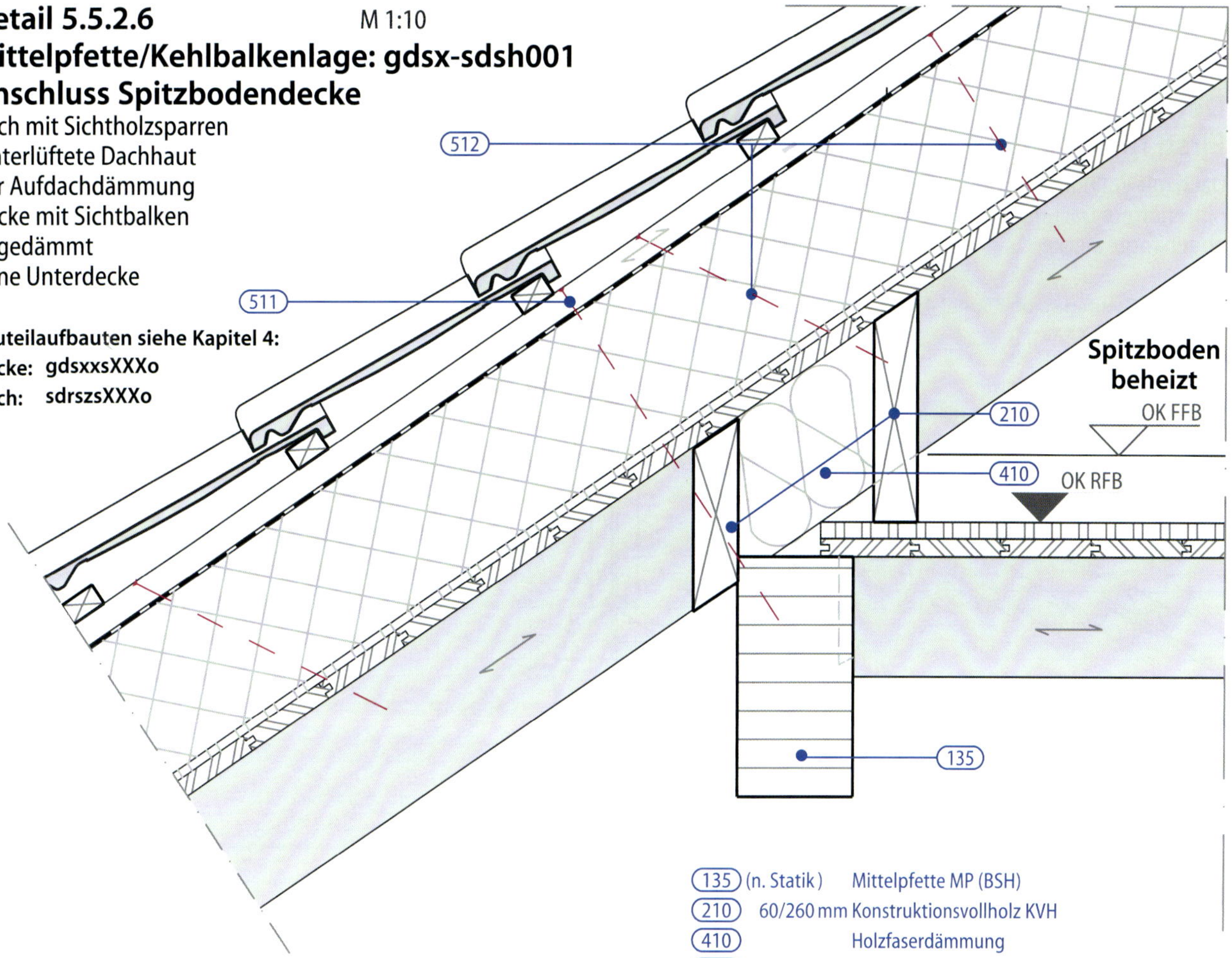

(135) (n. Statik) Mittelpfette MP (BSH)
(210) 60/260 mm Konstruktionsvollholz KVH
(410) Holzfaserdämmung
(511) 6,0 x 210 mm Tellerkopfschraube (Sparrenbefestigung)
(512) (n. Statik) Aufdachdämmungsverschraubung

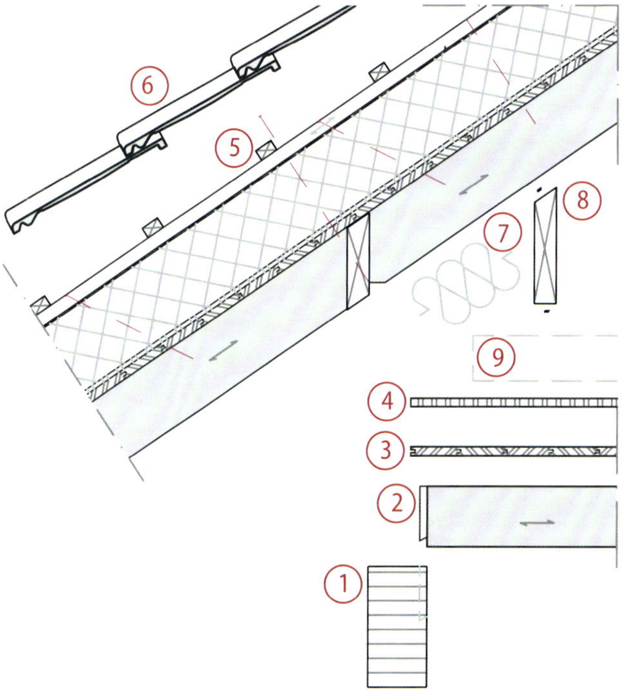

Montagereihenfolge M 1:20
Hinweis: Die Schritte 1 bis 4 sollten zur Erhöhung der Arbeitssicherheit nach Möglichkeit am Boden vormontiert werden und als komplettes Deckenelement mit Mittelpfetten am Stück montiert werden.

1 Mittelpfetten positionieren
2 Kehlbalken mit CNC-gefrästem Schwalbenschwanz oder nicht sichtbaren Schwalbenschwanzverbindern in Mittelpfetten von oben einschieben
3 Sichtschalung montieren
4 aussteifende OSB-Beplankung montieren
5 Dachelement inkl. Lattung montieren
6 Dacheindeckung
7 oberhalb der Mittelpfetten ausdämmen (Hohlraumbedämpfung)
8 senkrechte Abstellung als Randabschluss zwischen Sparren einbauen, mit Kompribändern umlaufend anschließen (Schallschutz nach unten)
9 Fußbodenaufbau bei genutztem Spitzboden einbauen

5.5.3 Firstdetails

Detail 5.5.3.1 M 1:10
First: fp-sdrh001

Dach mit Vollholzsparren
hinterlüftete Dachhaut
abgehängte Decke

Bauteilaufbauten siehe Kapitel 4:
Dach: sdrhzaXXXa

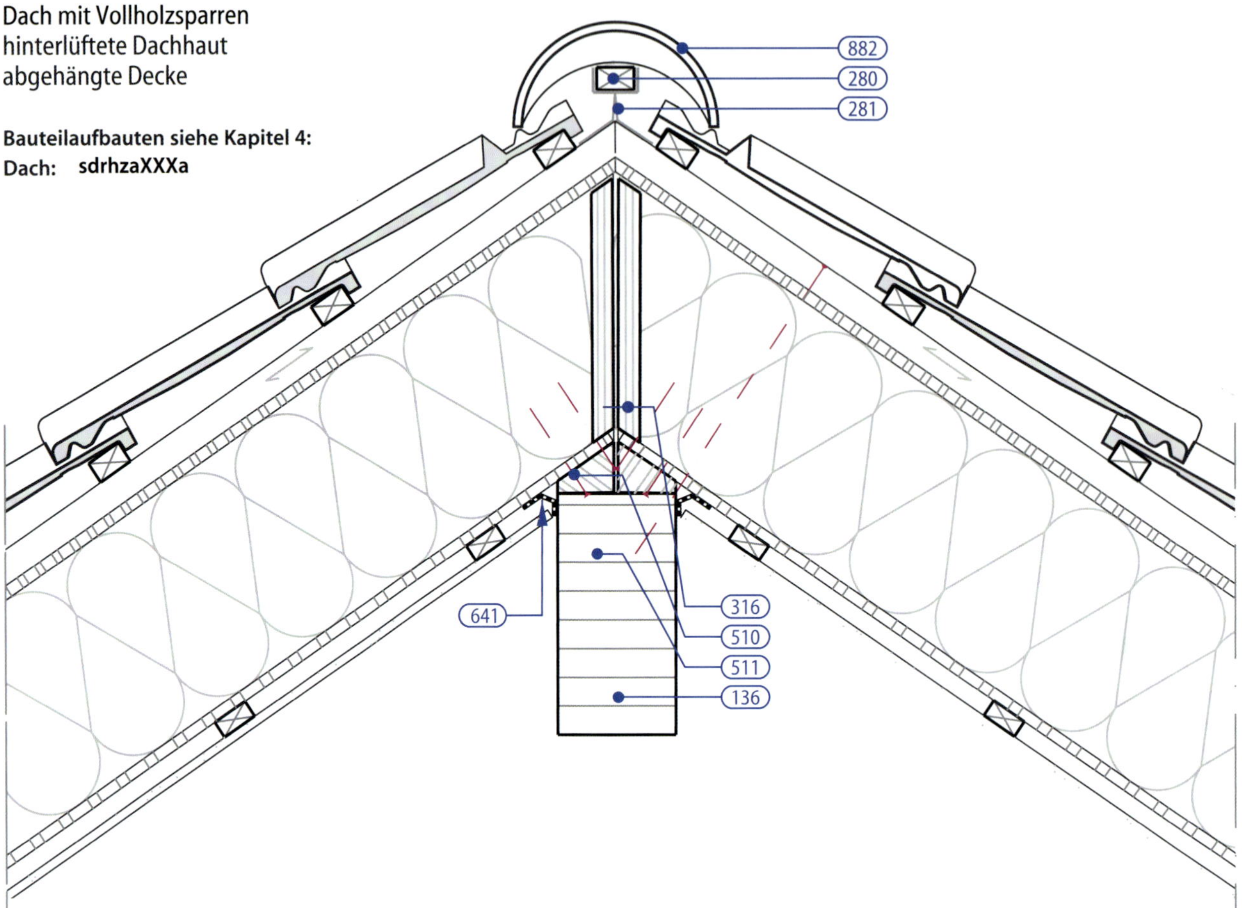

136	(n. Statik)	Firstpfette (BSH)
280	30/50 mm	Firstlatte (Dachlatte S13)
281		Firstlattenhalter
316	27/180 mm	Stellbrett: BFU
510	6,0 x 140 mm	Schrauben
511	8,0 x 210 mm	Tellerkopfschraube (Sparrenbefestigung)
641		breites Luftdichtheitsklebeband
882		Trockenfirst

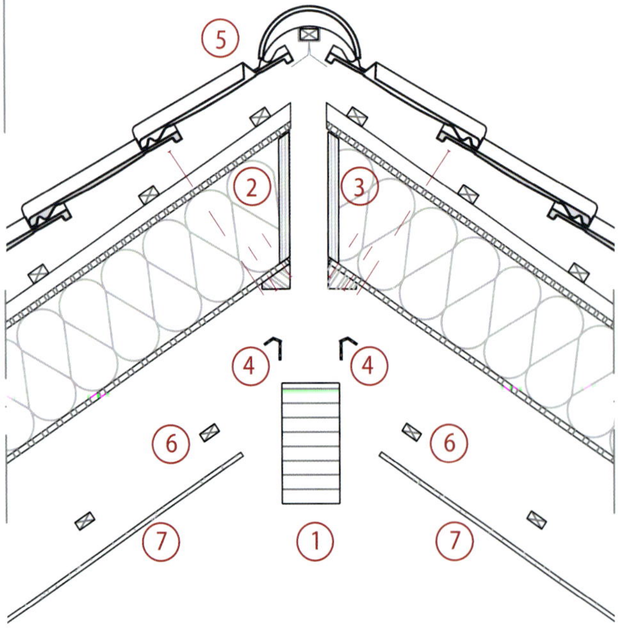

Montagereihenfolge M 1:20
1 Firstpfette montieren
2 Dachelement 1 inkl. Lattung montieren
3 Dachelement 2 inkl. Lattung montieren
4 luftdichte Verklebung
5 Dacheindeckung
6 Traglattung (ggf. Elektroinstallationen)
7 Dachbeplankung Gipsplatten und Verspachtelung

Detail 5.5.3.2 M 1:10
First: fp-sdrh002

Dach mit Vollholzsparren, ungedämmt
hinterlüftete Dachhaut
ohne Unterdecke

Bauteilaufbauten siehe Kapitel 4:
Dach: sdrhzaXXXa - ohne Dämmung

Hinweis: Bei unbeheizten Dachräumen muss besonders auf die Luftdichtheit geachtet werden, um Kondensat auf kalten Bauteilflächen zu vermeiden. Das betrifft insbesondere die Bodentreppe. Der Dachraum muss belüftet sein.

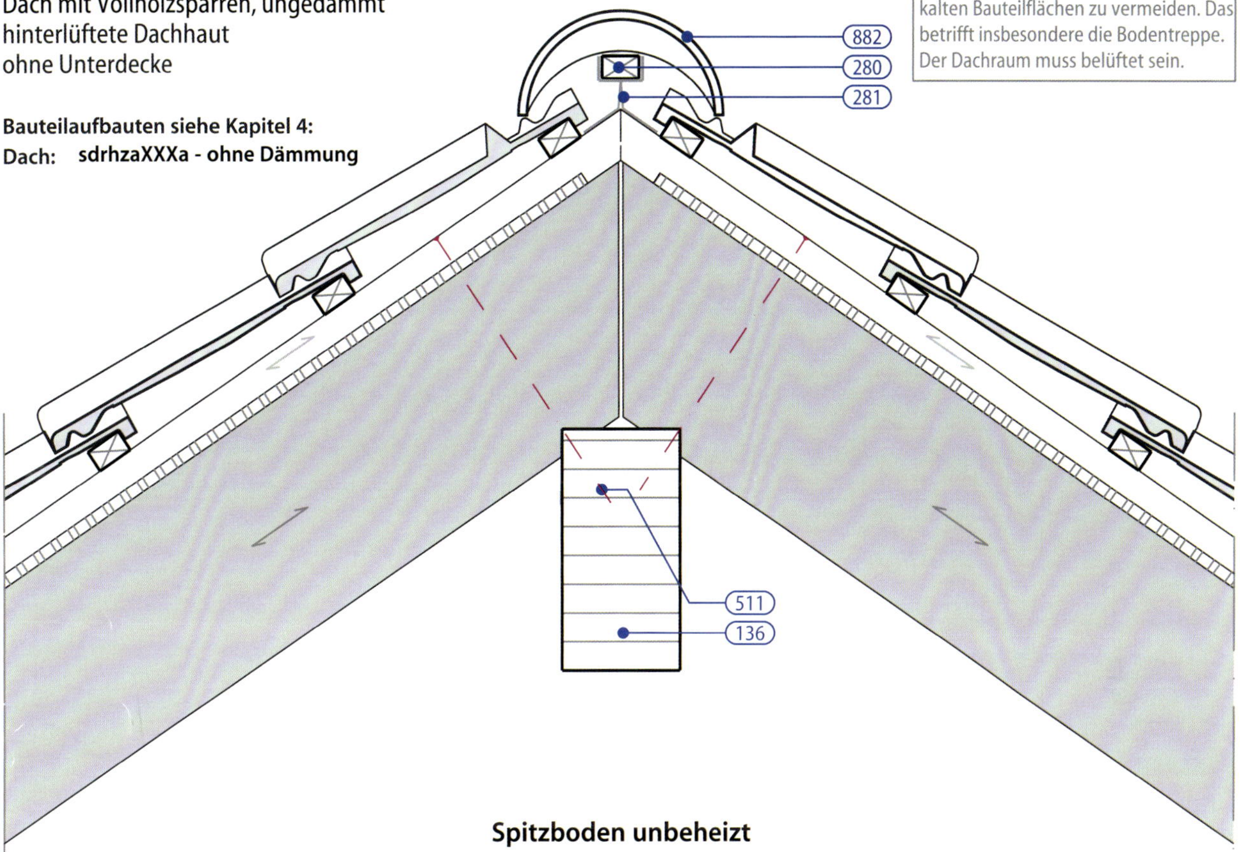

Spitzboden unbeheizt

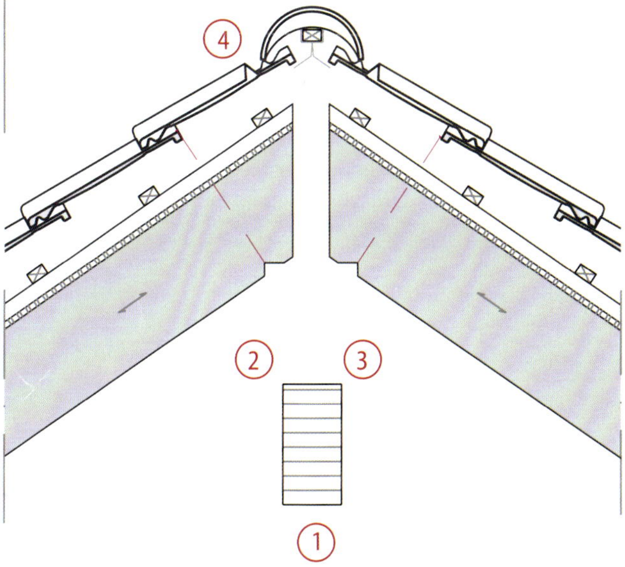

- (136) (n. Statik) Firstpfette (BSH)
- (280) 30/50 mm Firstlatte (Dachlatte S13)
- (281) Firstlattenhalter
- (511) 8,0 x 210 mm Tellerkopfschraube (Sparrenbefestigung)
- (882) Trockenfirst

Montagereihenfolge M 1:20

1 Firstpfette montieren
2 Dachelement 1 inkl. Lattung montieren
3 Dachelement 2 inkl. Lattung montieren
4 Dacheindeckung

Detail 5.5.3.3
First: fp-sdrh003

M 1:10

Dach mit Vollholzsparren
hinterlüftete Dachhaut
Zwischensparren- und Aufdachdämmung
abgehängte Decke

Bauteilaufbauten siehe Kapitel 4:
Dach: sdrhza102a

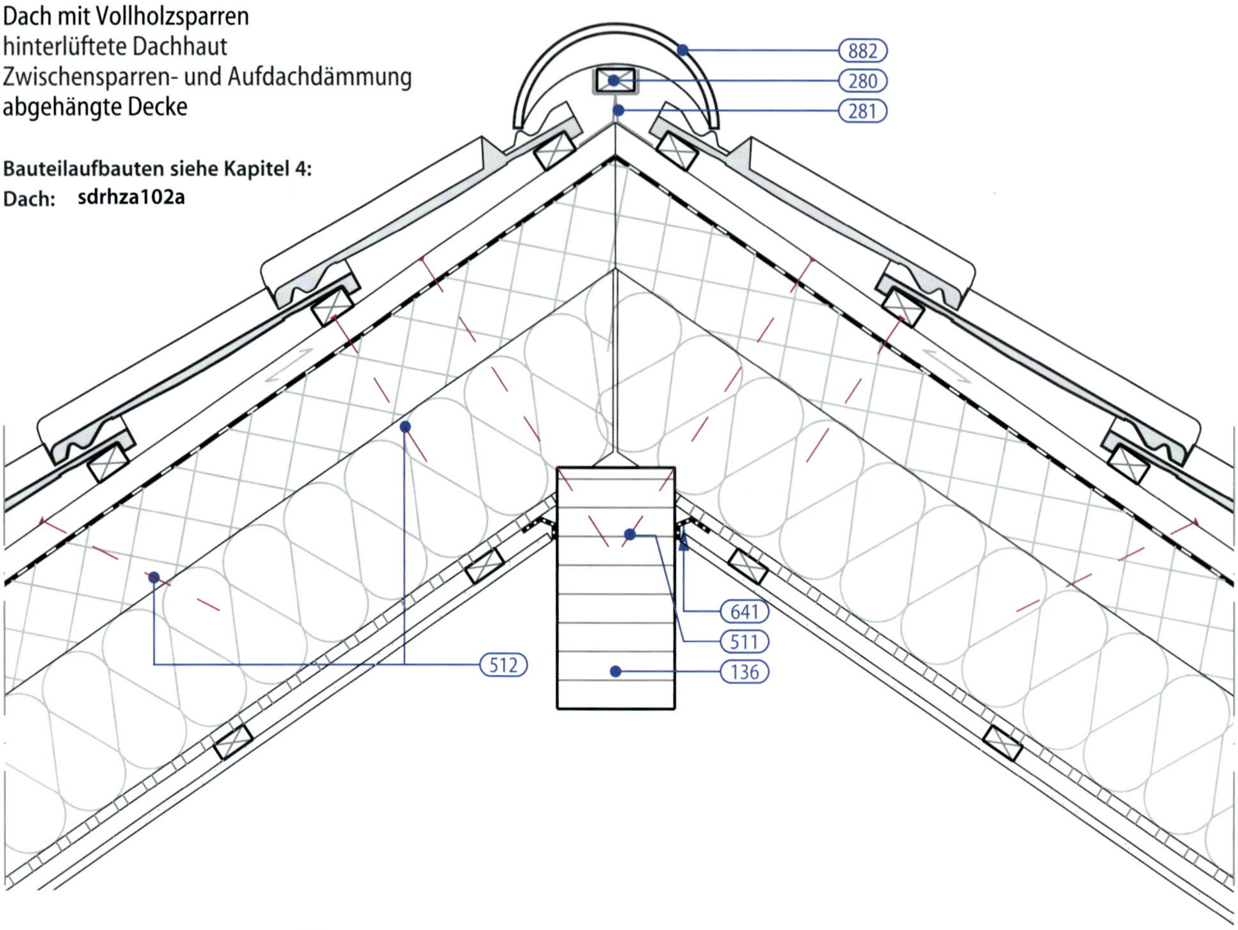

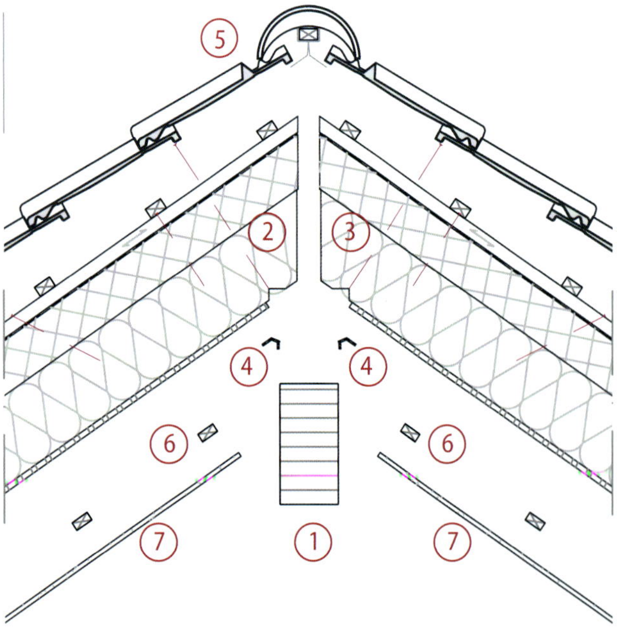

(136) (n. Statik) Firstpfette (BSH)
(280) 30/50 mm Firstlatte (Dachlatte S13)
(281) Firstlattenhalter
(511) 6,0 x 210 mm Tellerkopfschraube (Sparrenbefestigung)
(512) (n. Statik) Aufdachdämmungsverschraubung
(641) 60 mm breites Luftdichtheitsklebeband
(882) Trockenfirst

Montagereihenfolge M 1:20
1 Firstpfette montieren
2 Dachelement 1 inkl. Lattung montieren
3 Dachelement 2 inkl. Lattung montieren
4 luftdichte Verklebung
5 Dacheindeckung
6 Traglattung (ggf. Elektroinstallationen)
7 Dachbeplankung Gipsplatten und Verspachtelung

Detail 5.5.3.4
First: fp-sdjh001

M 1:10

Dach mit Holzstegträger
hinterlüftete Dachhaut
abgehängte Decke

Bauteilaufbauten siehe Kapitel 4:
Dach: sdrhza103a

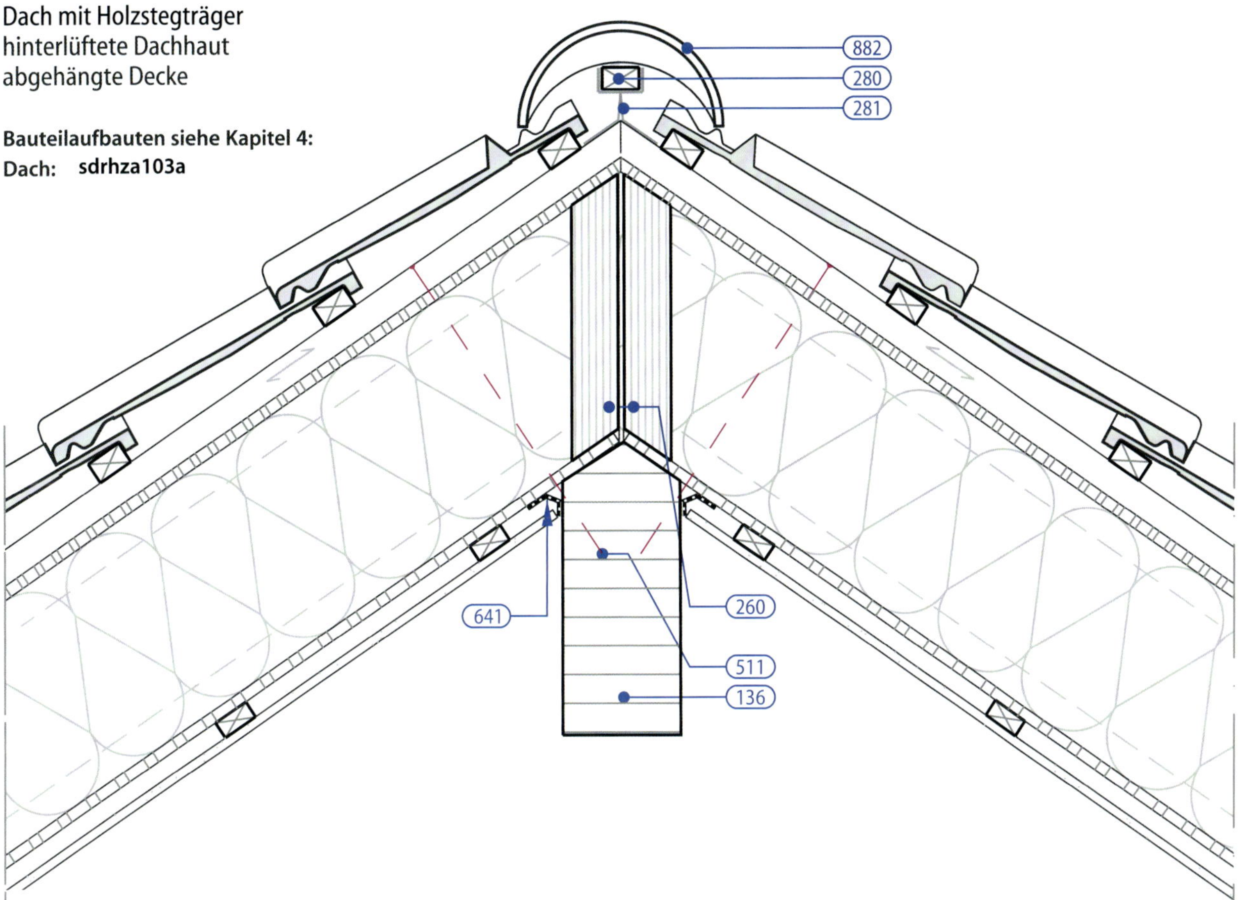

136 (n. Statik)		Firstpfette (BSH) oben beidseitig abgeschrägt
280	30/50 mm	Firstlatte (Dachlatte S13)
260	63 mm	Furnierschichtholz LVL
281		Firstlattenhalter
511	8,0 x 210 mm	Tellerkopfschraube (Sparrenbefestigung)
641		breites Luftdichtheitsklebeband
882		Trockenfirst

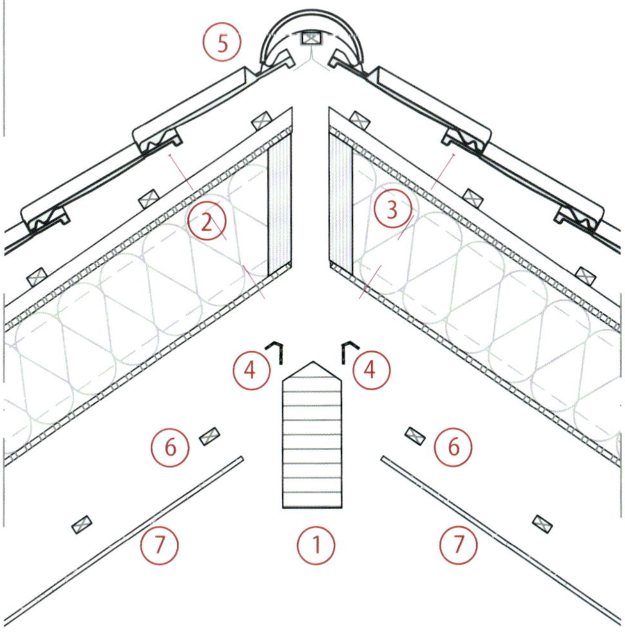

Montagereihenfolge M 1:20

1 Firstpfette montieren
2 Dachelement 1 inkl. Lattung montieren
3 Dachelement 2 inkl. Lattung montieren
4 luftdichte Verklebung
5 Dacheindeckung
6 Traglattung (ggf. Elektroinstallationen)
7 Dachbeplankung Gipsplatten und Verspachtelung

Detail 5.5.3.5
First: fp-sdsh001

M 1:10

Dach mit Sichtsparren
hinterlüftete Dachhaut
Aufdachdämmung
ohne Unterdecke

Bauteilaufbauten siehe Kapitel 4:
Dach: sdshzsXXXa

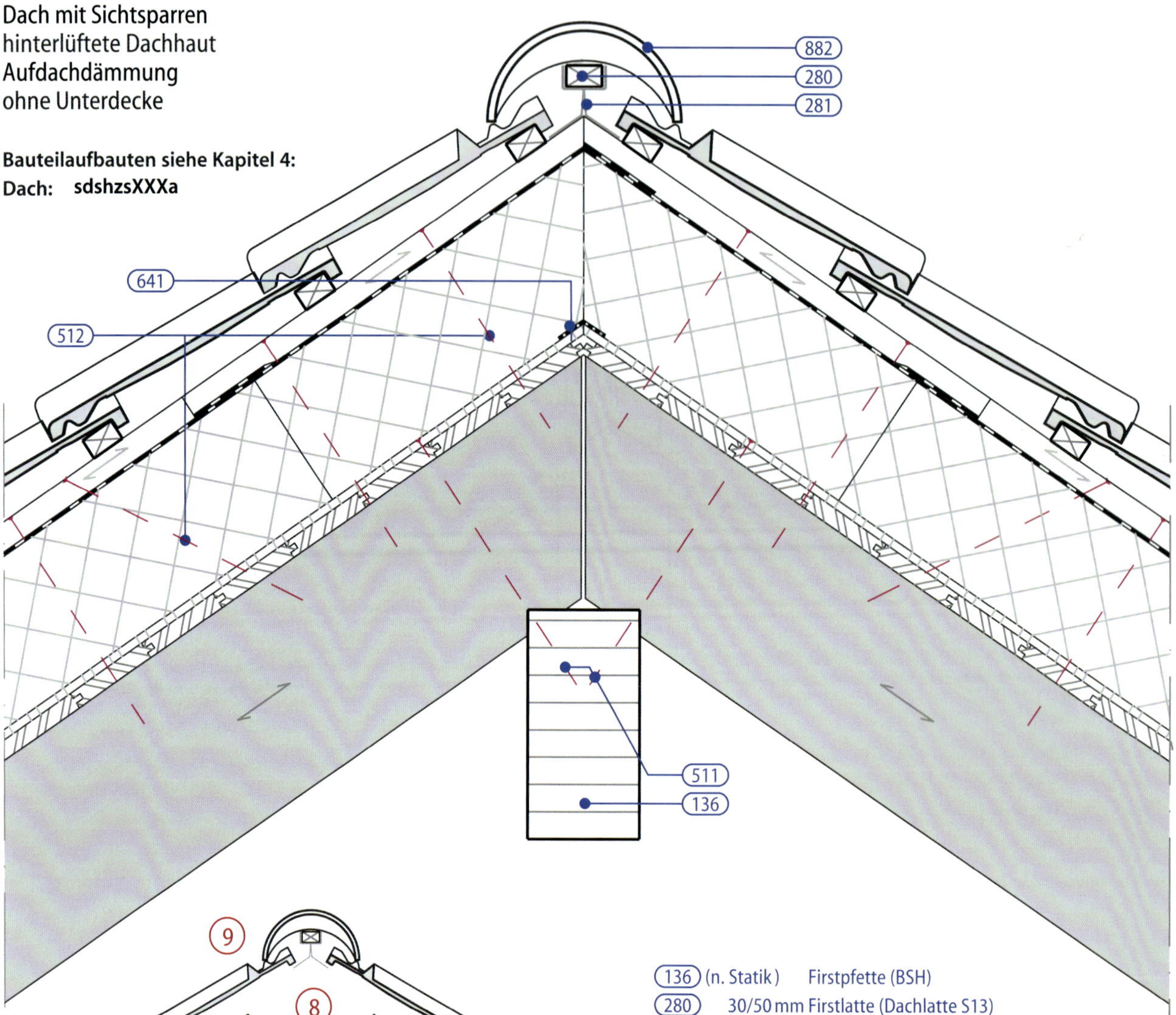

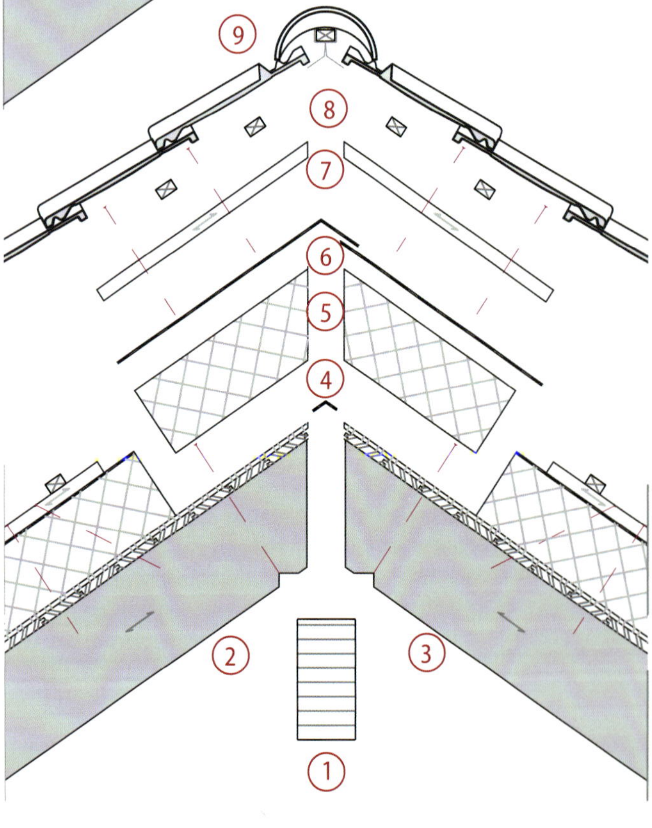

(136) (n. Statik) Firstpfette (BSH)
(280) 30/50 mm Firstlatte (Dachlatte S13)
(281) Firstlattenhalter
(511) 8,0 x 210 mm Tellerkopfschraube (Sparrenbefestigung)
(512) (n. Statik) Aufdachdämmungsverschraubung
(641) Luftdichtheitsklebeband
(882) Trockenfirst

Montagereihenfolge M 1:20

1 Firstpfette montieren
2 Dachelement 1 inkl. Lattung montieren
3 Dachelement 2 inkl. Lattung montieren
4 luftdichte Verklebung
5 Dämmung am First ergänzen
6 Unterdeckbahn ergänzen, Bahnen untereinander verkleben
7 Konterlattung ergänzen
8 restliche Dachlattenreihen anbringen
9 Dacheindeckung

5.5.4 Ortgang: Anschluss Dach an Außenwand

Detail 5.5.4.1 Ortgang: awro-sdrh001

M 1:10

Außenwand mit Rahmenwerk
mit Installationsebene
Putzfassade
Dach mit Vollholzsparren
hinterlüftete Dachhaut
abgehängte Decke

Ortgang-Variante 1: Außenwand bis OK Sparren

Bauteilaufbauten siehe Kapitel 4:
Wand: **awropiXXX110a**
Dach: **sdrhza103a**

Hinweis: bei Dachüberstand ohne sog. Flugsparren am Ortgang: Auskragung der Lattung über letzte Konterlatte bei Dachlatte $^{30}/_{50}$ max. 250 mm und bei Dachlatte $^{40}/_{60}$ max. 350 mm

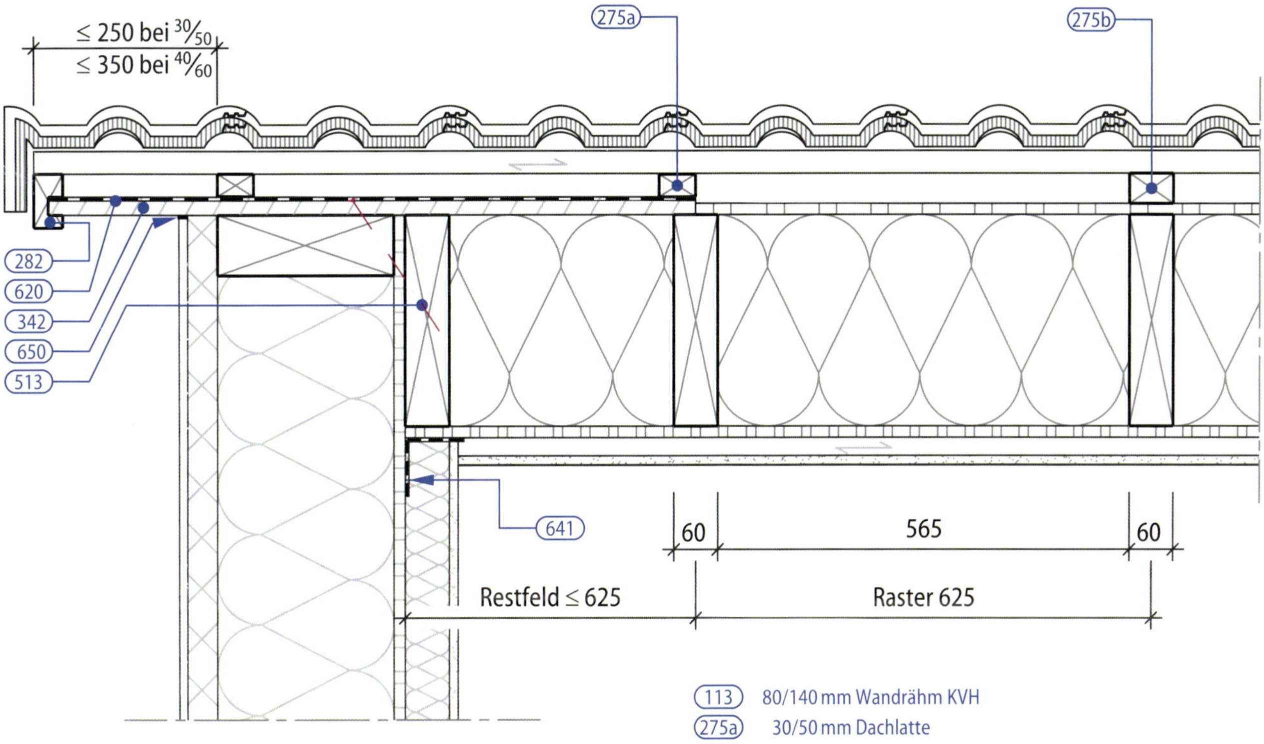

113	80/140 mm Wandrähm KVH
275a	30/50 mm Dachlatte
275b	40/60 mm Dachlatte
282	40/72 mm Nutrahmen NH
342	24 mm Ortgangschalung (Profilholz o. 3-Schicht-Platte)
513	(n. Statik) Vollgewindeschraube
620	0,5 mm Unterdeckbahn sd <= 0,2 m
641	60 mm breites Luftdichtheitsklebeband
650	vorkomprimiertes Dichtungsband

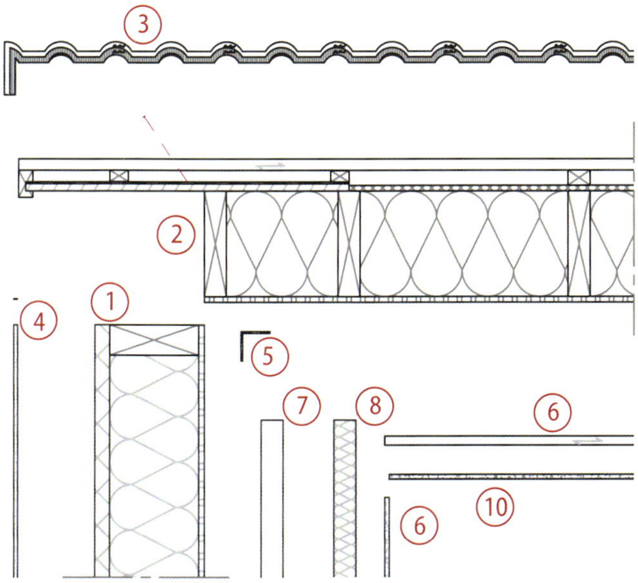

Montagereihenfolge M 1:20

1 Wandelement
2 Dachelement inkl. Dachlattung und Dachüberstand
3 Dacheindeckung
4 Außenputz: zuerst Anputzleiste APU an Ortgangschalung, Grundputz mit Armierungsgewebe, Oberputz
5 luftdichte Verklebung
6 Traglattung unter Dach
7 Rahmen Installationsebene
8 Installationen und Dämmung
9 Wandbeplankung Gipsplatten
10 Deckenbeplankung Gipsplatten und Verspachtelung

Detail 5.5.4.2
Ortgang: awrh-sdrh001

M 1:10

Außenwand mit Rahmenwerk
mit Installationsebene
hinterlüftete Fassade
Dach mit Vollholzsparren
hinterlüftete Dachhaut
abgehängte Decke

Ortgang-Variante 2: Außenwand bis UK Dachelement

Bauteilaufbauten siehe Kapitel 4:
Wand: awrhhiXXXa
Dach: sdrhzaXXXa

> Hinweis: bei Dachüberstand ohne sog. Flugsparren am Ortgang: Auskragung der Lattung über letzte Konterlatte bei Dachlatte 30/50 max. 250 mm und bei Dachlatte 40/60 max. 350 mm

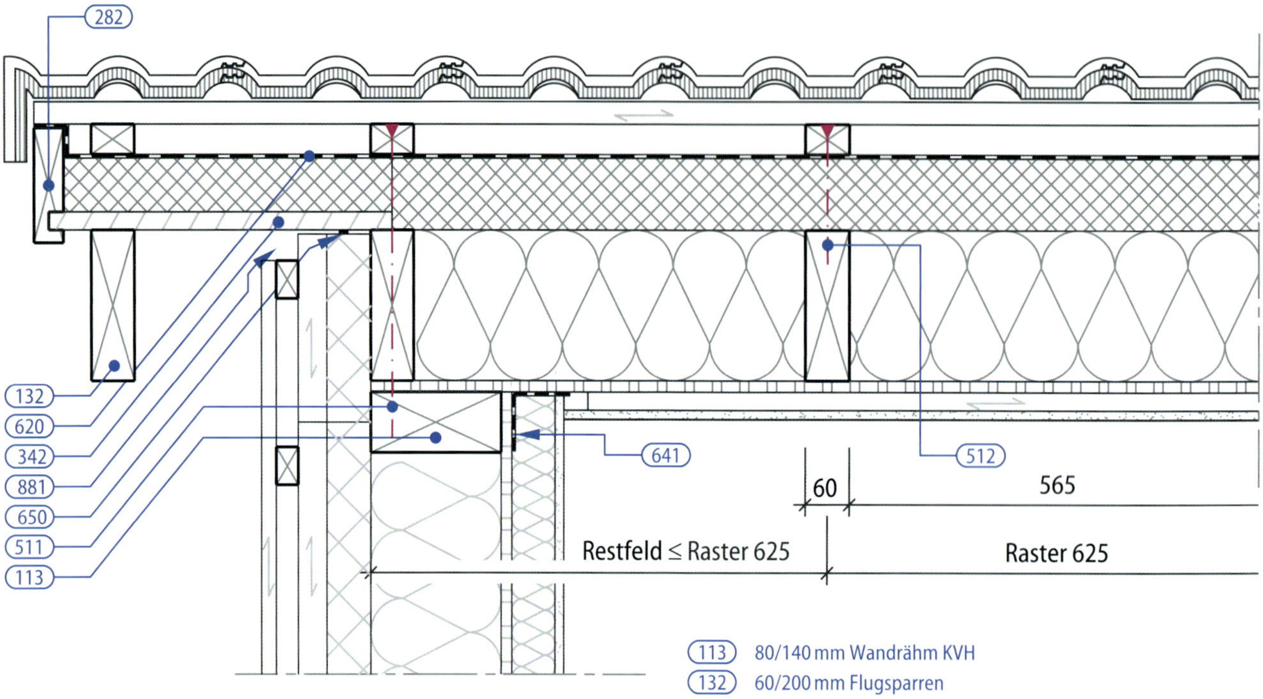

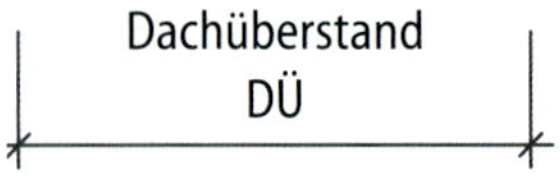

- (113) 80/140 mm Wandrähm KVH
- (132) 60/200 mm Flugsparren
- (282) 40/160 mm Nutrahmen NH
- (342) 24 mm Ortgangschalung (Profilholz o. 3-Schicht-Platte)
- (511) (n. Statik) Tellerkopfschrauben
- (512) (n. Statik) Aufdachdämmungsverschraubung
- (620) 0,5 mm Unterdeckbahn sd <= 0,2 m
- (641) 60 mm breites Luftdichtheitsklebeband
- (650) vorkomprimiertes Dichtungsband
- (744) APU-Leiste (Anputzleiste)
- (881) Lüftungsgitter

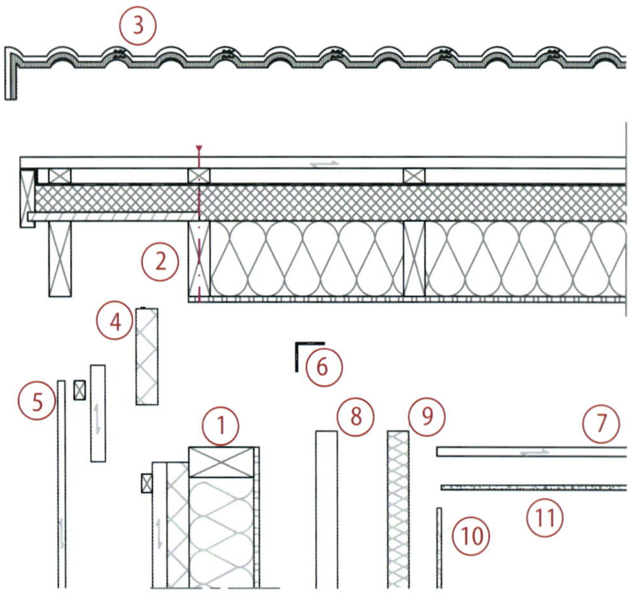

Montagereihenfolge M 1:20
1 Wandelement
2 Dachelement inkl. Dachlattung und Dachüberstand
3 Dacheindeckung
4 Ergänzung Dämmplatte inkl. Kompriband am Ortgang
5 Außenfassade: zuerst Grundlattung am Ortgang, Traglattung und Lüftungsgitter parallel Ortgang montieren und Fassadenverkleidung anbringen
6 luftdichte Verklebung
7 Traglattung unter Dach
8 Rahmen Installationsebene
9 Installationen und Dämmung
10 Dachbeplankung Gipsplatten
11 Wandbeplankung Gipsplatten und Verspachtelung

Detail 5.5.4.3
Ortgang: awjo-sdjh001

M 1:10

Außenwand mit Holzstegträger
ohne Installationsebene
Putzfassade
Dach mit Holzstegträger
hinterlüftete Dachhaut
Dachunterseite direkt beplankt

Ortgang-Variante ohne Dachüberstand

Bauteilaufbauten siehe Kapitel 4:
Wand: awjopoXXXb
Dach: sdjhznXXXb

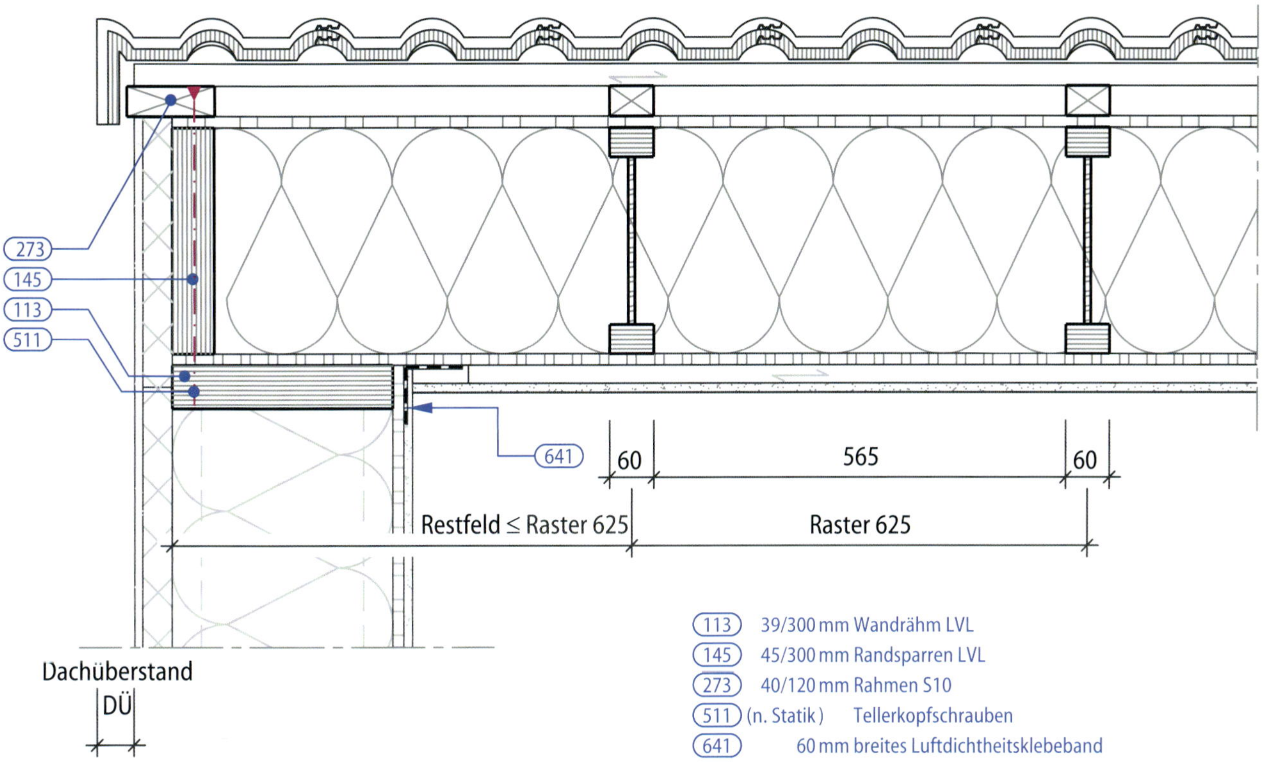

- (113) 39/300 mm Wandrähm LVL
- (145) 45/300 mm Randsparren LVL
- (273) 40/120 mm Rahmen S10
- (511) (n. Statik) Tellerkopfschrauben
- (641) 60 mm breites Luftdichtheitsklebeband

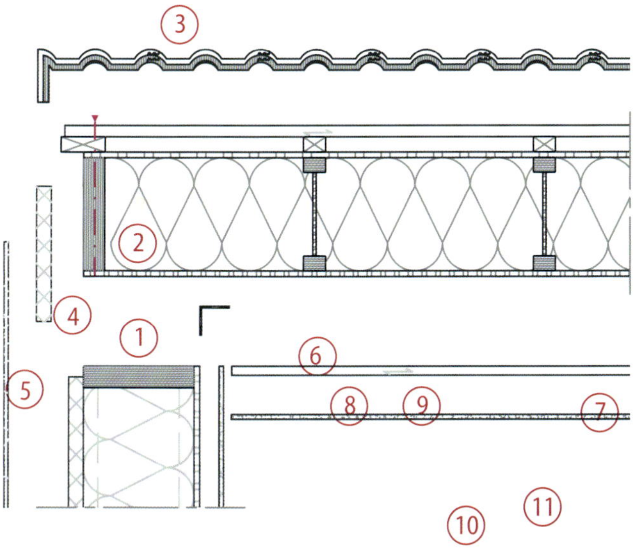

Montagereihenfolge M 1:20

1 Wandelement
2 Dachelement inkl. Dachlattung und Dachrand
3 Dacheindeckung
4 Ergänzung Dämmplatte am Ortgang
5 Außenputz: Grundputz mit Armierungsgewebe, dann Oberputz
6 luftdichte Verklebung
7 Traglattung unter Dach
8 Rahmen Installationsebene
9 Installationen und Dämmung
10 Dachbeplankung Gipsplatten
11 Wandbeplankung Gipsplatten und Verspachtelung

Detail 5.5.4.4
Ortgang: awro-sdsh001

M 1:10

Außenwand mit Rahmenwerk
mit Installationsebene
Putzfassade
Dach mit Sichtholzsparren
hinterlüftete Dachhaut
ohne Unterdecke

Ortgang-Variante 4: innen sichtbare Sparren

Bauteilaufbauten siehe Kapitel 4:
Wand: **awropiXXXa**
Dach: **sdshzsXXXo**

Hinweis: bei Dachüberstand ohne sog. Flugsparren am Ortgang: Auskragung der Lattung über letzte Konterlatte bei Dachlatte $^{30}/_{50}$ max. 250 mm und bei Dachlatte $^{40}/_{60}$ max. 350 mm

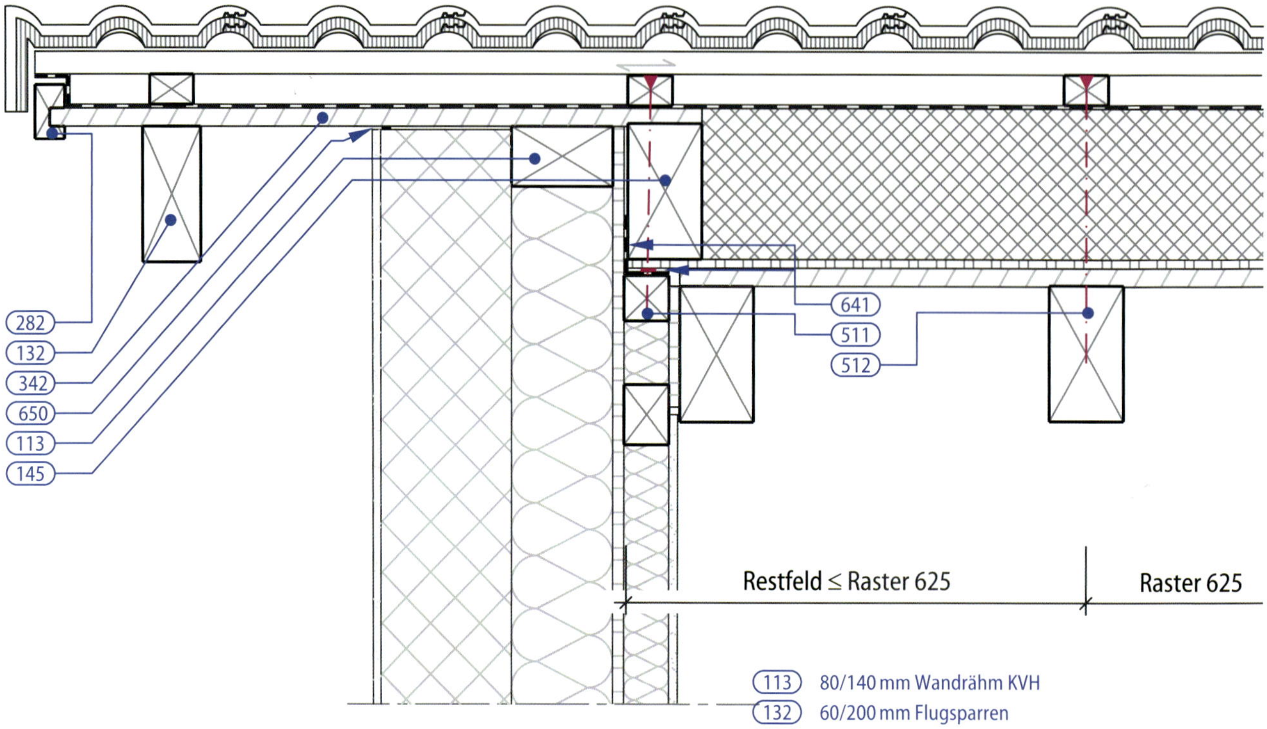

113	80/140 mm	Wandrähm KVH
132	60/200 mm	Flugsparren
282	40/160 mm	Nutrahmen NH
342	24 mm	Ortgangschalung (Profilholz o. 3-S-Platte)
511	(n. Statik)	Tellerkopfschrauben
512	(n. Statik)	Aufdachdämmungsverschraubung
620	0,5 mm	Unterdeckbahn sd <= 0,2 m
641		Luftdichtheitsklebeband und Kompriband
650		vorkomprimiertes Dichtungsband
744		APU-Leiste (Anputzleiste)
881		Lüftungsgitter

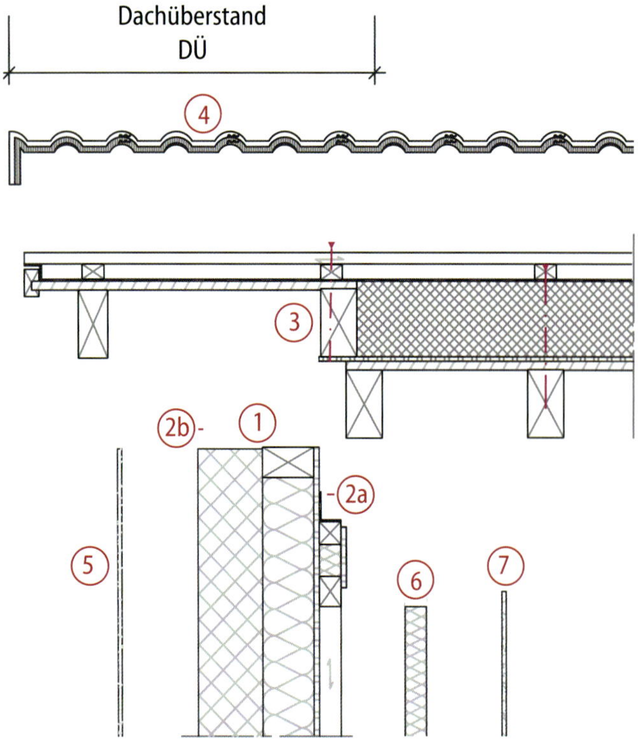

Montagereihenfolge M 1:20
1 Wandelement inkl. Rahmen Installationsebene
2a Kompriband einlegen für luftdichten Anschluss
2b Kompriband auf Holzfaser-Putzträgerplatte einlegen
3 Dachelement inkl. Dachlattung und Dachüberstand
4 Dacheindeckung
5 Außenputz: zuerst Anputzleiste APU an Ortgangschalung, Grundputz mit Armierungsgewebe, Oberputz
6 Installationen und Dämmung
7 Wandbeplankung Gipsplatten und Verspachtelung

5.5.5 Elementstoß Dach

Detail 5.5.5.1 M 1:10
Elementstoß Dach: sdrh-sdrh001

Dach mit Vollholzsparren
hinterlüftete Dachhaut
abgehängte Decke

Bauteilaufbauten siehe Kapitel 4:
Dach: sdrhza103a

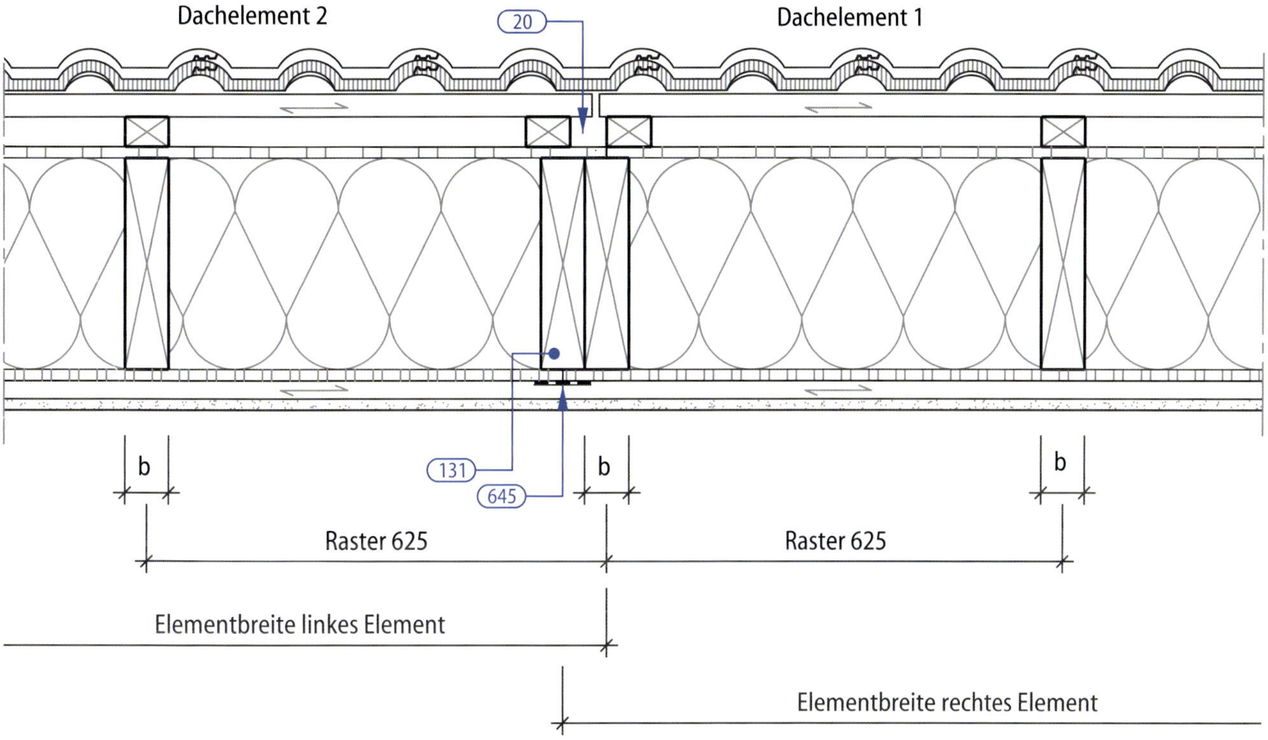

(20) 50 mm Fuge - Platz für Klammergerät (Elementverbindung am Plattenstoß)
(114) 60/280 mm zusätzlicher Sparren als Elementabschluss
(646) Elementstoß luftdicht verklebt

Montagereihenfolge M 1:20
1 Dachelement 1 einbauen
2 Dachelement 2 montieren
aneinander anschließen
Plattenstöße verklammern
3 Dach decken
4 Elementstöße luftdicht verkleben
5 Traglattung anbringen
6 Gipsplatten und Verspachtelung

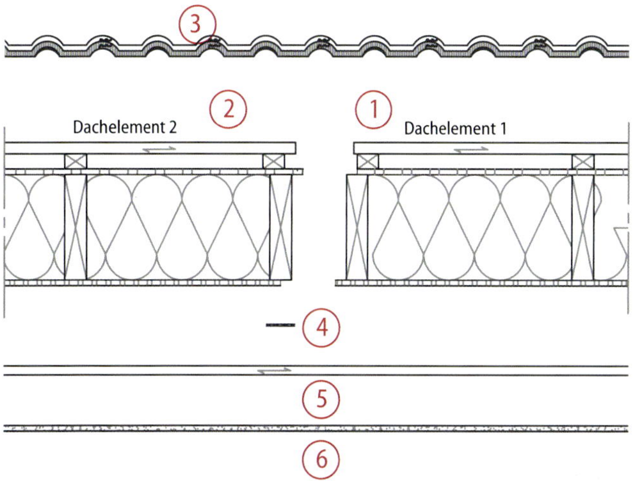

Detail 5.5.5.2 M 1:10
Elementstoß Dach: sdrh-sdrh002

Dach mit Vollholzsparren
hinterlüftete Dachhaut
abgehängte Decke

Bauteilaufbauten siehe Kapitel 4:
Dach: sdrhzaXXXa

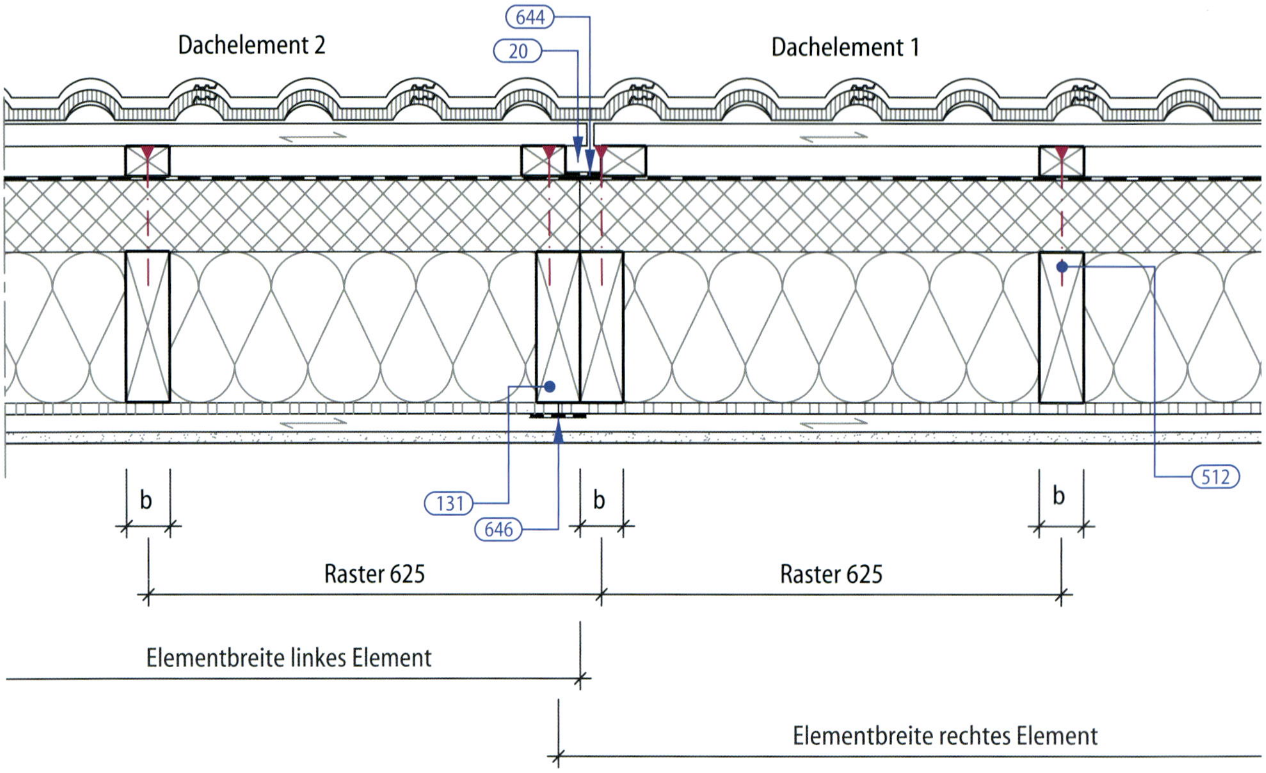

(20) 50 mm Fuge - Platz für Klammergerät (Elementverbindung am Plattenstoß)
(114) 60/200 mm zusätzlicher Sparren als Elementabschluss
(512) (n. Statik) Aufdachdämmungsverschraubung
(644) Verklebung Unterdeckbahn
(646) Elementstoß luftdicht verklebt

Montagereihenfolge M 1:20
1 Dachelement 1 einbauen
2 Dachelement 2 montieren
aneinander anschließen
Plattenstöße verklammern
3 Unterdeckbahn am Elementstoß abkleben
4 Dach decken
5 Elementstöße luftdicht verkleben
6 Traglattung anbringen
7 Gipsplatten und Verspachtelung

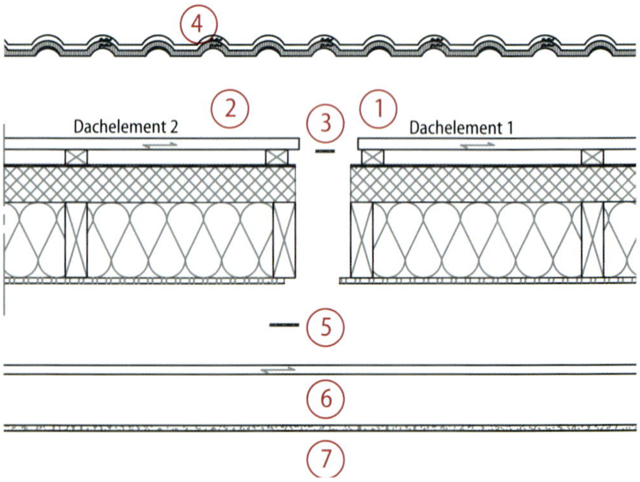

Detail 5.5.5.3 M 1:10
Elementstoß Dach: sdjh-sdjh001

Dach mit Holzstegträger
hinterlüftete Dachhaut
Dachunterseite direkt beplankt

Bauteilaufbauten siehe Kapitel 4:
Dach: sdjhznXXXb

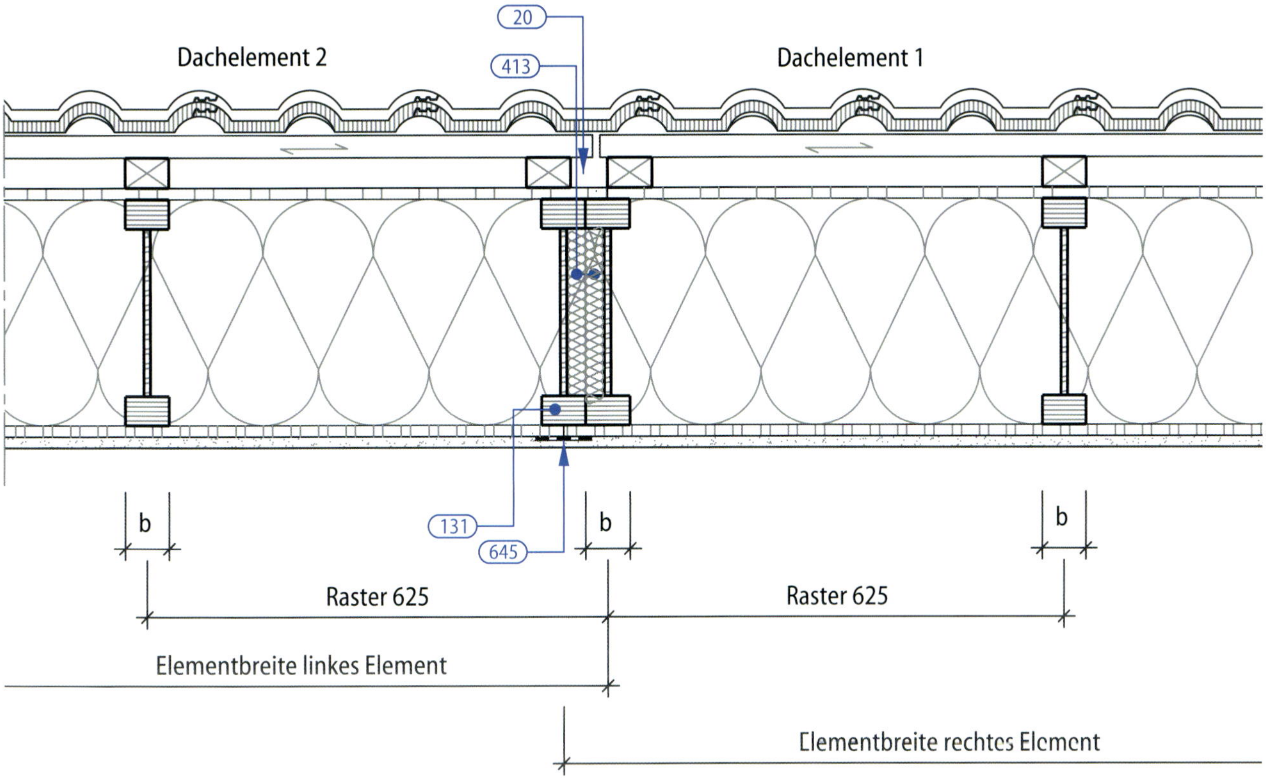

(20) 50 mm Fuge - Platz für Klammergerät (Elementverbindung am Plattenstoß)
(114) 60/300 mm zusätzlicher Sparren (Holzstegträger) als Elementabschluss
(413) 2 x 25 mm Stegdämmung am Holzstegträger
(646) Elementstoß luftdicht verklebt

Montagereihenfolge M 1:20
1 Dachelement 1 einbauen
2 Dachelement 2 montieren
aneinander anschließen
Plattenstöße verklammern
3 Dach decken
4 Elementstöße luftdicht verkleben
5 Traglattung anbringen
6 Gipsplatten und Verspachtelung

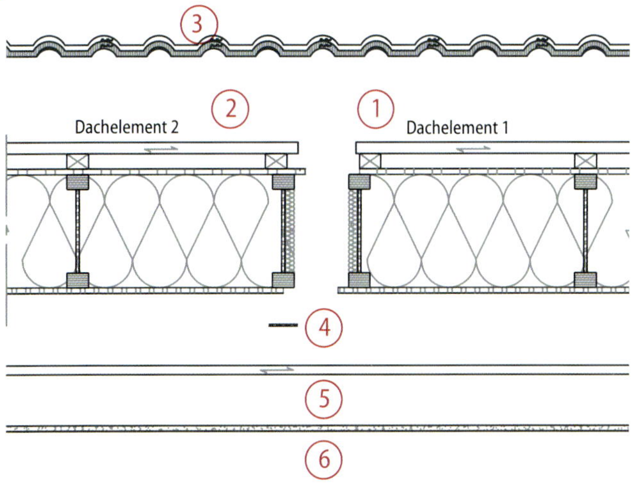

Detail 5.5.5.4 M 1:10
Elementstoß Dach: sdsh-sdsh001

Dach mit Sichtholzsparren
hinterlüftete Dachhaut
ohne Unterdecke

Bauteilaufbauten siehe Kapitel 4:
Dach: sdshzsXXXo

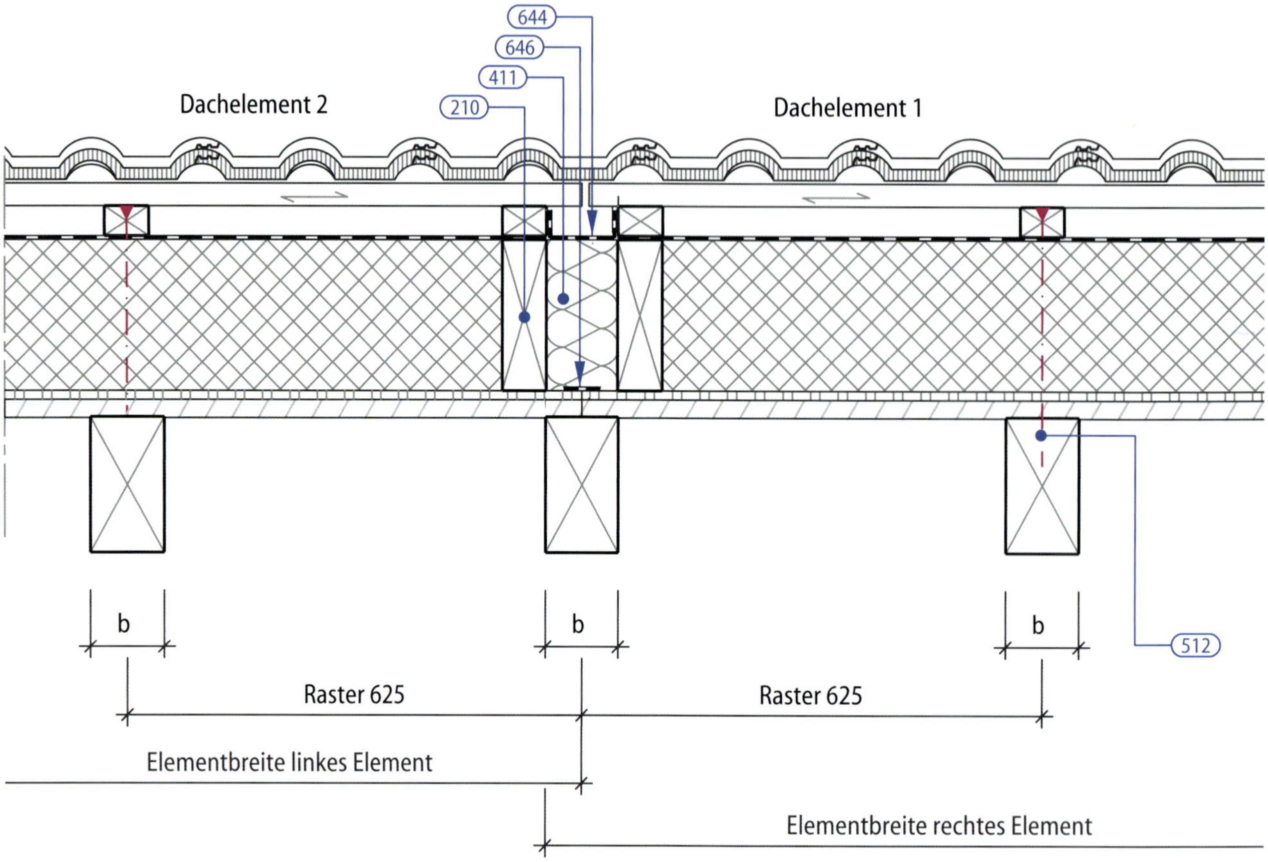

(210) 60/200 mm Konstruktionsvollholz KVH
(411) 100/200 mm Holzweichfaserdämmung (Ausdämmung nach Elementmontage)
(512) (n. Statik) Aufdachdämmungsverschraubung
(644) Verklebung Unterdeckbahn
(646) Elementstoß luftdicht verklebt

Montagereihenfolge M 1:20
1 Dachelement 1 einbauen
2 Dachelement 2 montieren und aneinander anschließen
Plattenstöße verschrauben (im Zwischenraum Dämmebene)
3 Elementstoß luftdicht verkleben
4 Montageraum ausdämmen (flexible Holzweichfaserdämmung)
5 Unterdeckbahn am Elementstoß abkleben
6 Dach decken

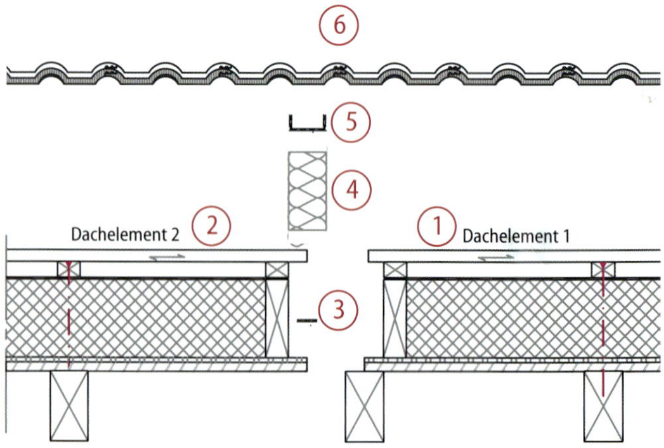

5.5.6 Pultfirst: Anschluss Dach an Außenwand

Detail 5.5.6.1 Pultfirst: awro-sdrh001

M 1:10

Außenwand mit Rahmenwerk
mit Installationsebene
Putzfassade
Dach mit Vollholzsparren
hinterlüftete Dachhaut
abgehängte Decke

Bauteilaufbauten siehe Kapitel 4:
Wand: awropiXXX110a
Dach: sdrhza103a

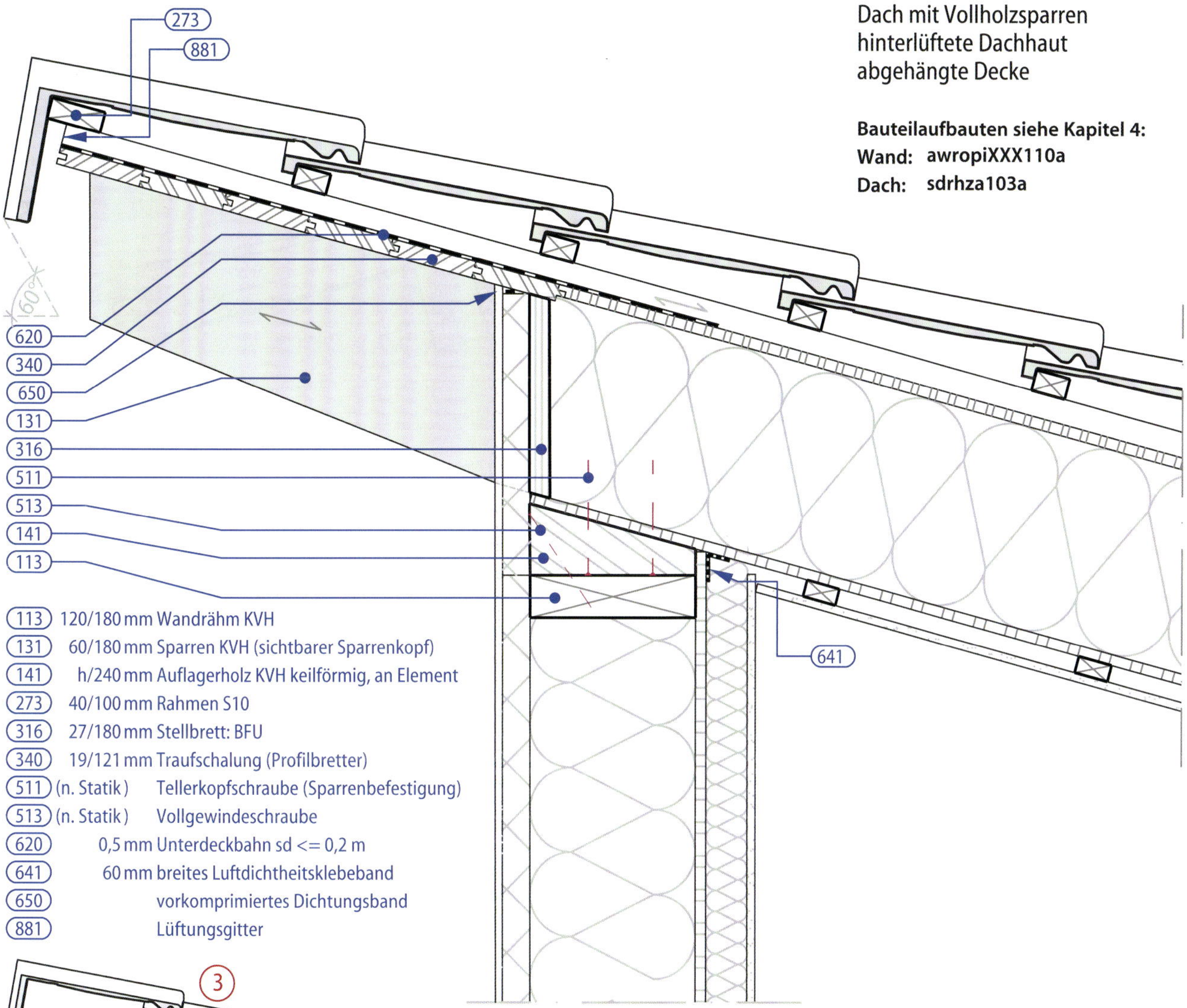

(113) 120/180 mm Wandrähm KVH
(131) 60/180 mm Sparren KVH (sichtbarer Sparrenkopf)
(141) h/240 mm Auflagerholz KVH keilförmig, an Element
(273) 40/100 mm Rahmen S10
(316) 27/180 mm Stellbrett: BFU
(340) 19/121 mm Traufschalung (Profilbretter)
(511) (n. Statik) Tellerkopfschraube (Sparrenbefestigung)
(513) (n. Statik) Vollgewindeschraube
(620) 0,5 mm Unterdeckbahn sd <= 0,2 m
(641) 60 mm breites Luftdichtheitsklebeband
(650) vorkomprimiertes Dichtungsband
(881) Lüftungsgitter

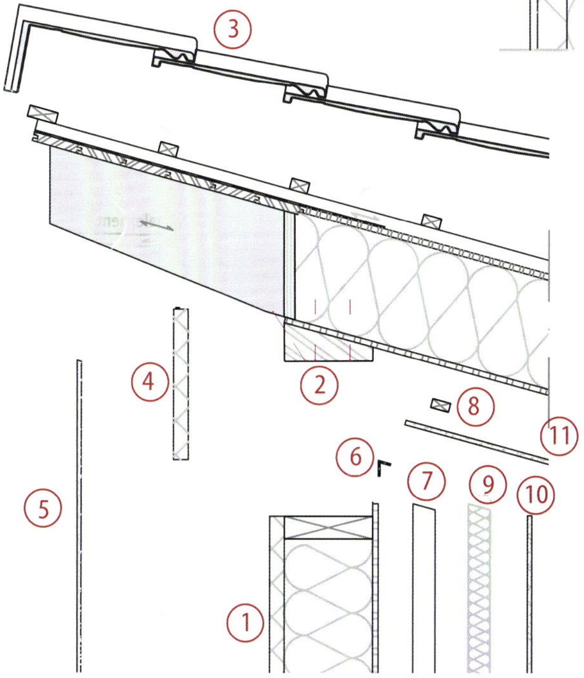

Montagereihenfolge M 1:20
1 Wandelement
2 Dachelement inkl. Dachlattung
3 Dacheindeckung
4 Ergänzung Putzträger-Dämmplatte, oben zuerst vorkomprimiertes Dichtungsband um die Sparren kleben
5 Außenputz: Grundputz mit Armierungsgewebe, Oberputz
6 luftdichte Verklebung
7 Rahmen Installationsebene
8 Traglattung unter Dach
9 Installationen und Dämmung
10 Wandbeplankung Gipsplatten
11 Dachbeplankung Gipsplatten und Verspachtelung

Detail 5.5.6.2 Pultfirst: awrh-sdrh001

M 1:10

Außenwand mit Rahmenwerk
mit Installationsebene
hinterlüftete Fassade
Dach mit Vollholzsparren
hinterlüftete Dachhaut
abgehängte Decke

Bauteilaufbauten siehe Kapitel 4:
Wand: awrhhiXXXa
Dach: sdrhzaXXXa

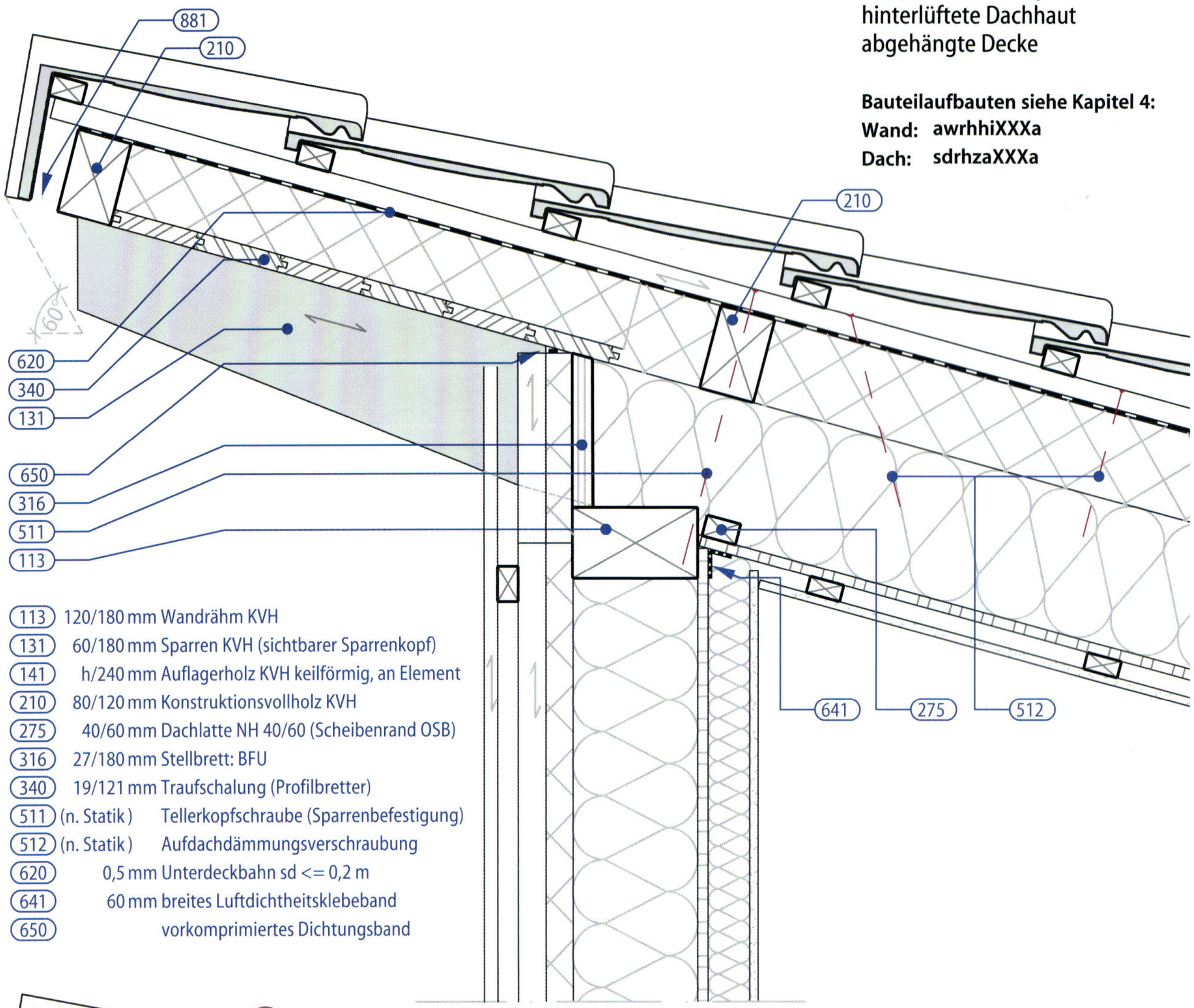

(113) 120/180 mm Wandrähm KVH
(131) 60/180 mm Sparren KVH (sichtbarer Sparrenkopf)
(141) h/240 mm Auflagerholz KVH keilförmig, an Element
(210) 80/120 mm Konstruktionsvollholz KVH
(275) 40/60 mm Dachlatte NH 40/60 (Scheibenrand OSB)
(316) 27/180 mm Stellbrett: BFU
(340) 19/121 mm Traufschalung (Profilbretter)
(511) (n. Statik) Tellerkopfschraube (Sparrenbefestigung)
(512) (n. Statik) Aufdachdämmungsverschraubung
(620) 0,5 mm Unterdeckbahn sd <= 0,2 m
(641) 60 mm breites Luftdichtheitsklebeband
(650) vorkomprimiertes Dichtungsband

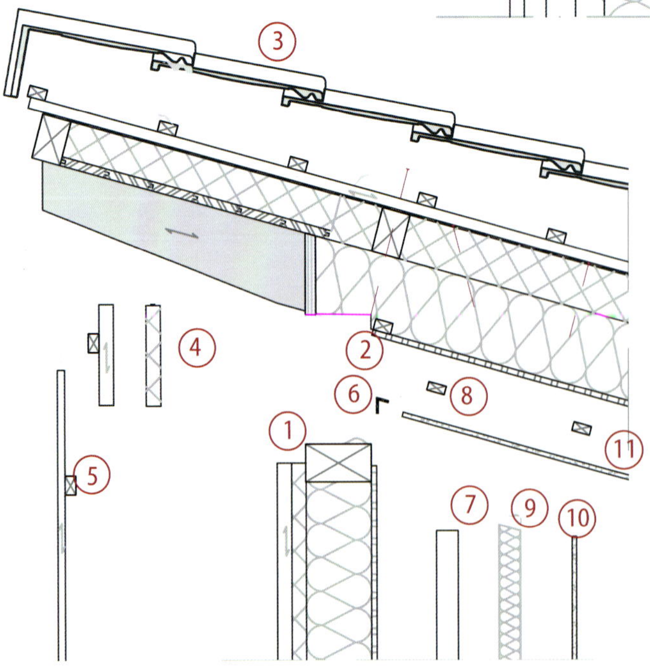

Montagereihenfolge M 1:20

1 Wandelement
2 Dachelement inkl. Dachlattung
3 Dacheindeckung
4 Ergänzung Putzträger-Dämmplatte, oben zuerst vorkomprimiertes Dichtungsband um die Sparren kleben
5 Fassadenbekleidung mit Unterkonstruktion
6 luftdichte Verklebung
7 Rahmen Installationsebene
8 Traglattung unter Dach
9 Installationen und Dämmung
10 Wandbeplankung Gipsplatten
11 Dachbeplankung Gipsplatten und Verspachtelung

5.5.7 Anschluss versetztes Pultdach

Detail 5.5.7.1 M 1:10
Versetztes Pultdach: awrh-sdrh001

Außenwand mit Rahmenwerk
mit Installationsebene
hinterlüftete Fassade
Dach mit Vollholzsparren
hinterlüftete Dachhaut
abgehängte Decke

Bauteilaufbauten siehe Kapitel 4:
Wand: awrhhiXXXa
Dach: sdrhzaXXXa

- (220) (n. Statik) Brettschichtholz BSH als Wanduntergurt und Pfette
- (260) (n. Statik) Furnierschichtholz LVL als Sparrenauflager
- (313) 15 o. 16 mm hydrophobierte MDF-Platte (DWD, DHF …)
- (510) (n. Statik) Verschraubung Sparrenauflagerholz mit Pfette
- (511) (n. Statik) Tellerkopfschraube (Sparrenbefestigung)
- (512) (n. Statik) Aufdachdämmungsverschraubung
- (620) 0,5 mm Unterdeckbahn sd <= 0,2 m
- (641) 60 mm breites Luftdichtheitsklebeband
- (869) Lüfterziegel
- (881) Lüftungsgitter
- (889) 15/150/100 Brustblech mit Schürze

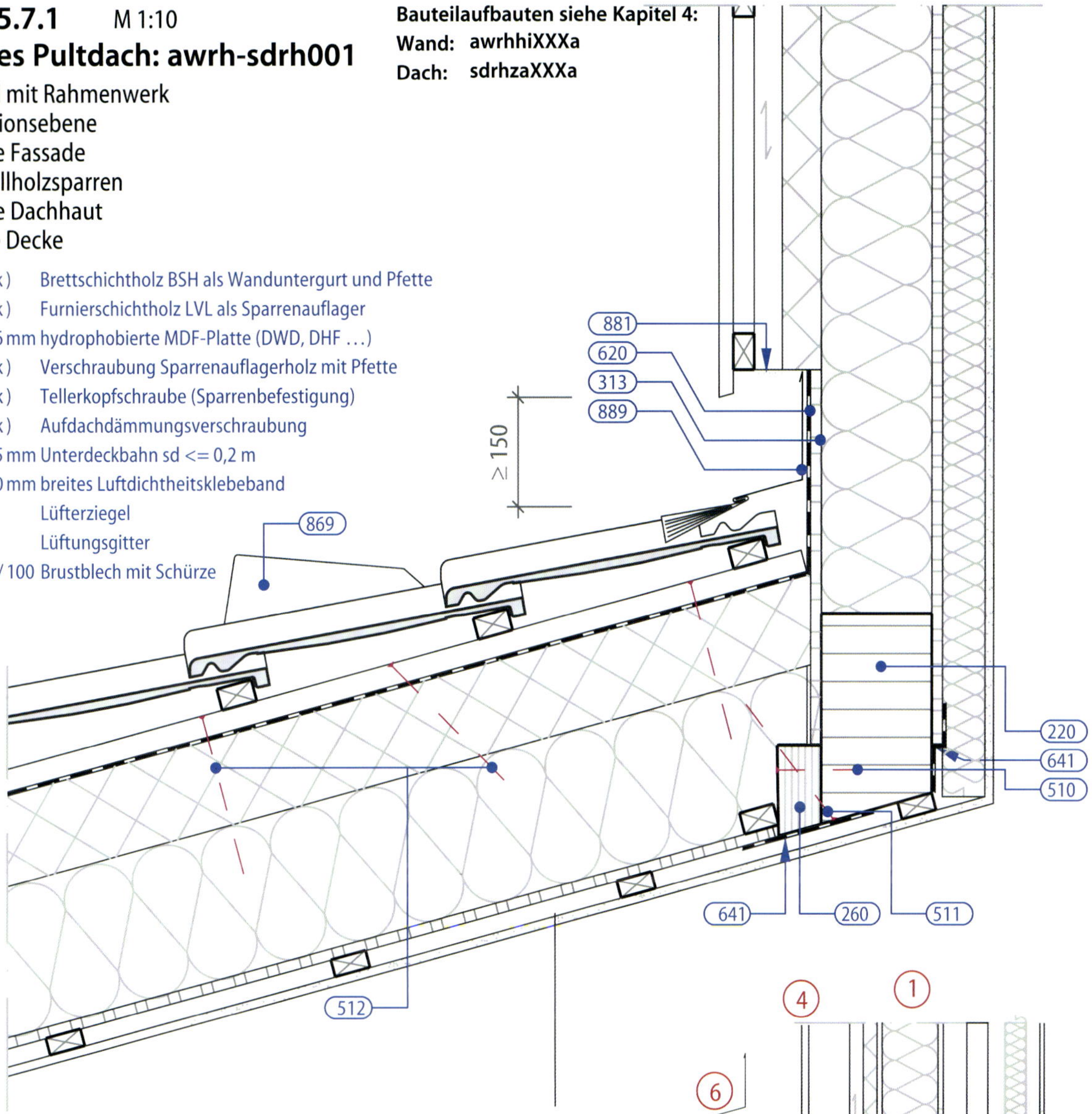

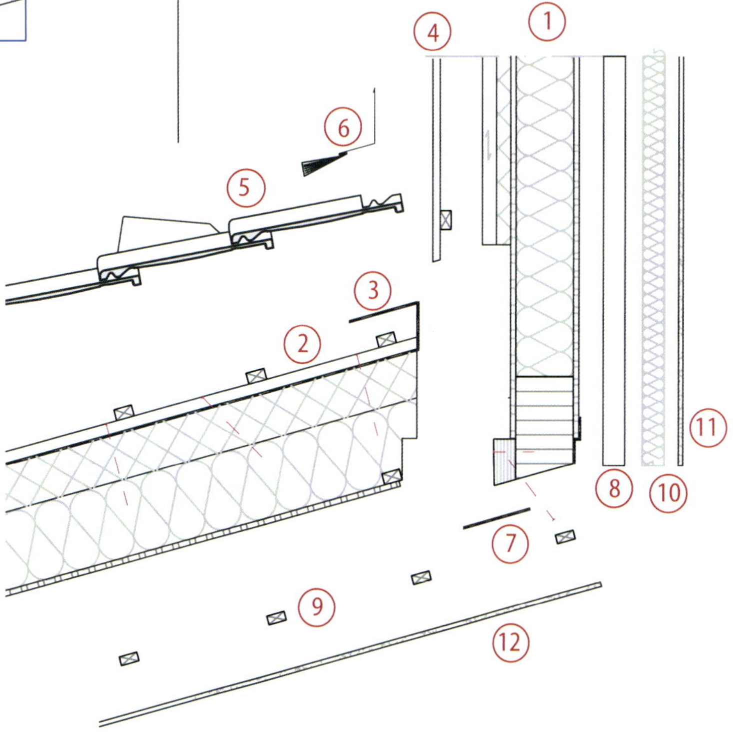

Montagereihenfolge M 1:20
1. Pult-Wandelement mit integrierter Pfette montieren
2. Dachelement inkl. Dachlattung
3. Unterdeckbahn an aufgehender Wand anschließen
4. Fassadenbekleidung mit Unterkonstruktion
5. Dacheindeckung
6. Brustblech mit Schürze montieren
7. luftdichte Verklebung
8. Rahmen Installationsebene
9. Traglattung unter Dach
10. Installationen und Dämmung
11. Wandbeplankung Gipsplatten
12. Dachbeplankung Gipsplatten und Verspachtelung

5.5.8 Anschluss Gebäudetrennwand an Dach

Detail 5.5.8.1 M 1:10
Raumabschließende Wand F60-B an Dach: twrg-sdrh001

hochfeuerhemmende Wand mit Rahmenwerk
ohne Installationsebene
im Gefach Mineralwolle oder Holzfaserdämmung
Dach mit Vollholzsparren
hinterlüftete Dachhaut
abgehängte Decke

Bauteilaufbauten siehe Kapitel 4:
Wand: twrg6o101b bzw. twrg6o110b
Dach: sdrhza103a

Hinweise:
- Wände mit Brandschutzanforderungen müsssen bis unter die Dachhaut verlaufen.
- brennbare Dachlattung darf nicht durchlaufen, stattdessen Blech-U-Profil verwenden.
- verbleibenden Hohlraum unter der Dacheindeckung mit nichtbrennbarem Material ausfüllen.

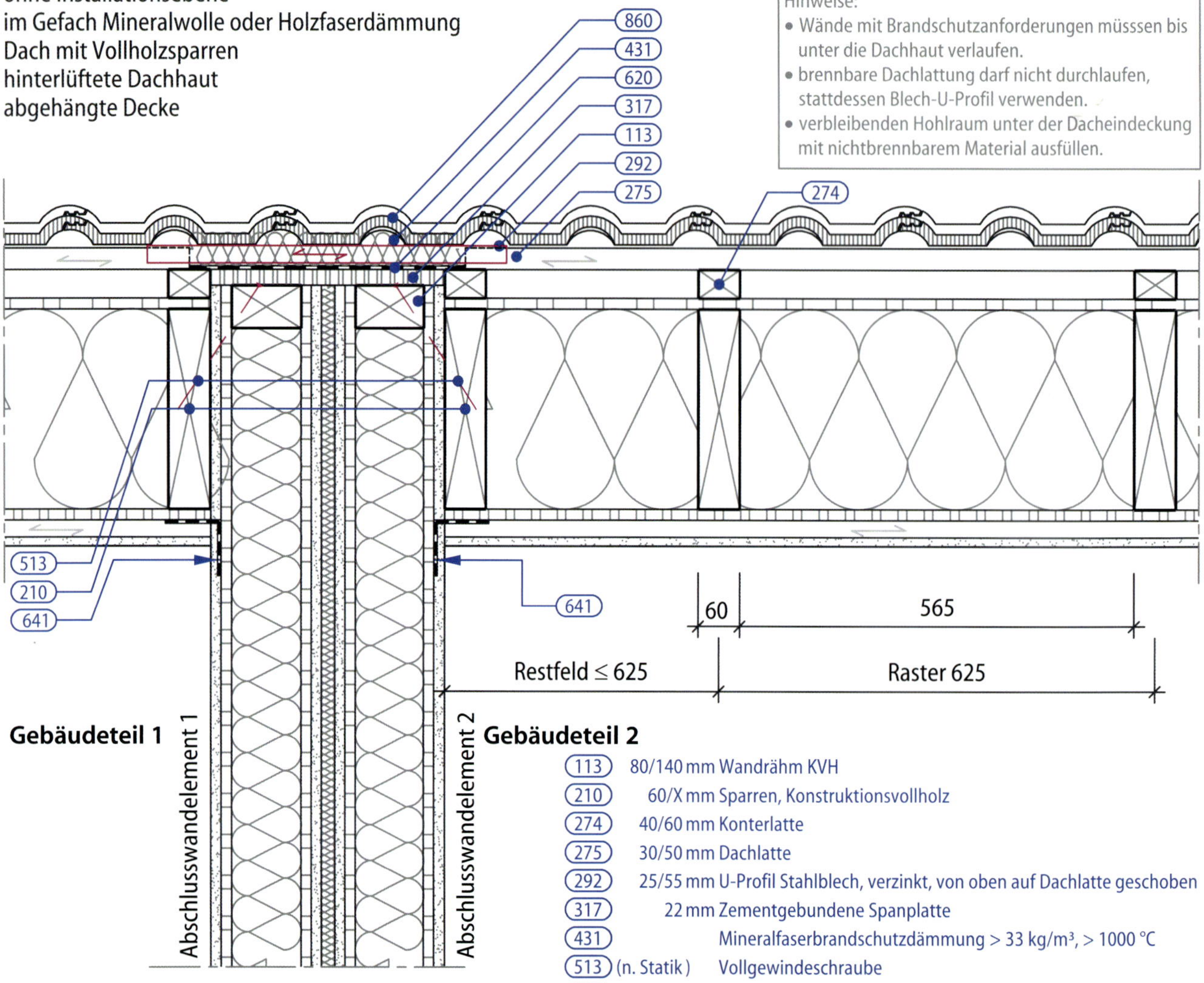

(113) 80/140 mm Wandrähm KVH
(210) 60/X mm Sparren, Konstruktionsvollholz
(274) 40/60 mm Konterlatte
(275) 30/50 mm Dachlatte
(292) 25/55 mm U-Profil Stahlblech, verzinkt, von oben auf Dachlatte geschoben
(317) 22 mm Zementgebundene Spanplatte
(431) Mineralfaserbrandschutzdämmung > 33 kg/m³, > 1000 °C
(513) (n. Statik) Vollgewindeschraube
(620) 0,5 mm Unterdeckbahn sd <= 0,2 m
(641) 60 mm breites Luftdichtheitsklebeband
(860) Dacheindeckung Schrägdach

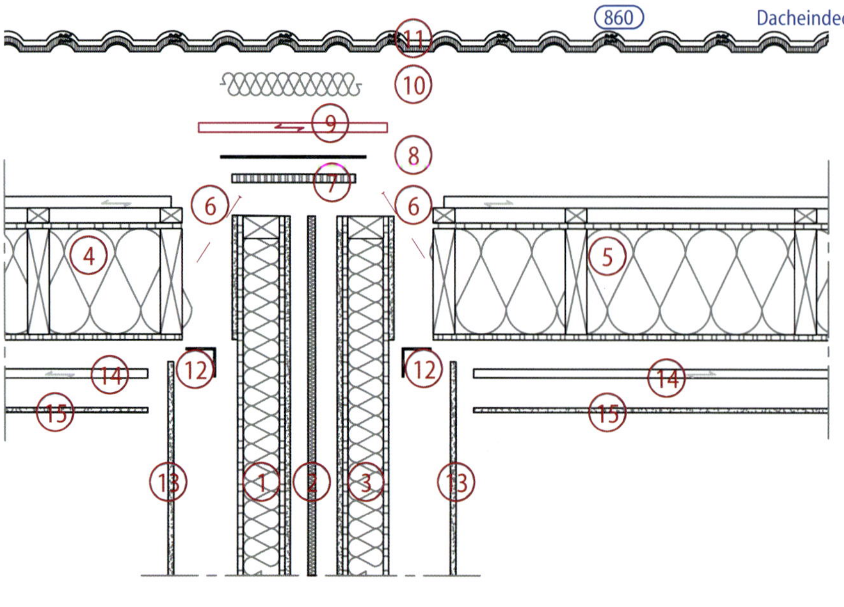

Montagereihenfolge M 1:20
1 Wandelement Gebäudeteil 1
2 Trennwanddämmung
3 Wandelement Gebäudeteil 2
4 Dachelement Gebäudeteil 1 inkl. Dachlattung
5 Dachelement Gebäudeteil 2 inkl. Dachlattung
6 Diagonalverschraubung Dach- und Wandelemente
7 zementgebundene Spanplatte
8 Unterdeckbahn
9 metallische U-Schiene als Dachlattung über Trennwand
10 Mineralwolleinlage, hohlraumschließend
11 Dacheindeckung
12 luftdichte Verklebung
13 Wandbeplankung Gipsplatten
14 Traglattung unter Dach
15 Deckenbeplankung Gipsplatten und Verspachtelung

Detail 5.5.8.2 M 1:10
Gebäudeabschlusswand F30 - F90 an Dach: twrg-sdrh002

F30 -F90 Doppel-Wand mit Rahmenwerk
mit Installationsebene
im Gefach Mineralwolle oder Holzfaserdämmung
Dach mit Vollholzsparren
hinterlüftete Dachhaut
abgehängte Decke

Bauteilaufbauten siehe Kapitel 4:
Wand: twrggi110a
Dach: sdrhza102a

Hinweise:
- Wände mit Brandschutzanforderungen müsssen bis unter die Dachhaut verlaufen.
- brennbare Dachlattung darf nicht durchlaufen, stattdessen Blech-U-Profil verwenden.
- verbleibenden Hohlraum unter der Dacheindeckung mit nichtbrennbarem Material ausfüllen.

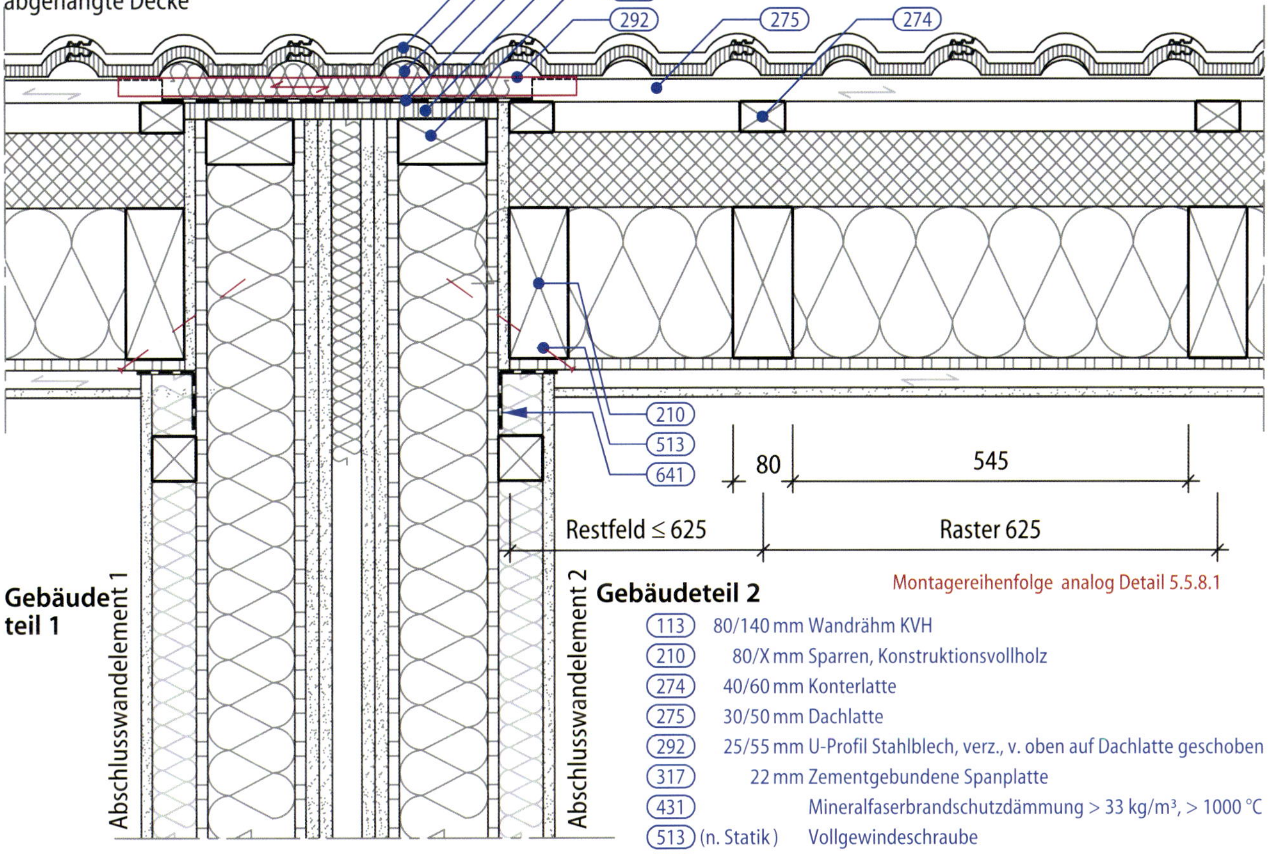

Montagereihenfolge analog Detail 5.5.8.1

- (113) 80/140 mm Wandrähm KVH
- (210) 80/X mm Sparren, Konstruktionsvollholz
- (274) 40/60 mm Konterlatte
- (275) 30/50 mm Dachlatte
- (292) 25/55 mm U-Profil Stahlblech, verz., v. oben auf Dachlatte geschoben
- (317) 22 mm Zementgebundene Spanplatte
- (431) Mineralfaserbrandschutzdämmung > 33 kg/m³, > 1000 °C
- (513) (n. Statik) Vollgewindeschraube
- (620) 0,5 mm Unterdeckbahn sd <= 0,2 m
- (641) 60 mm breites Luftdichtheitsklebeband
- (860) Dacheindeckung Schrägdach

Detail 5.5.8.3 M 1:10
Gebäudeabschlusswand F30 - F90 an Dach: twmg-sdjh001

Bauteilaufbauten siehe Kapitel 4:
Wand: twmg9o101a
Dach: sdjhza110a

Montagereihenfolge analog Detail 5.5.8.1

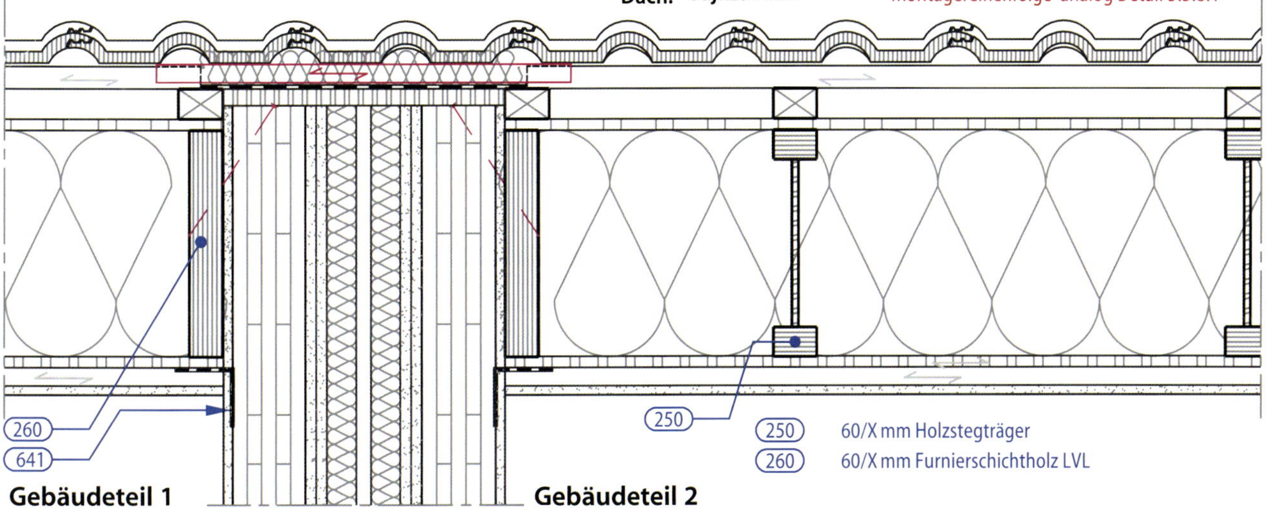

- (250) 60/X mm Holzstegträger
- (260) 60/X mm Furnierschichtholz LVL

5.5.9 Anschluss Dachflächenfenster in Dach

Detail 5.5.9.1 M 1:10
Dachflächenfenster: dff-sdrh001

Dach mit Vollholzsparren
hinterlüftete Dachhaut
abgehängte Decke

Bauteilaufbauten siehe Kapitel 4:
Dach: sdrhzaXXXa

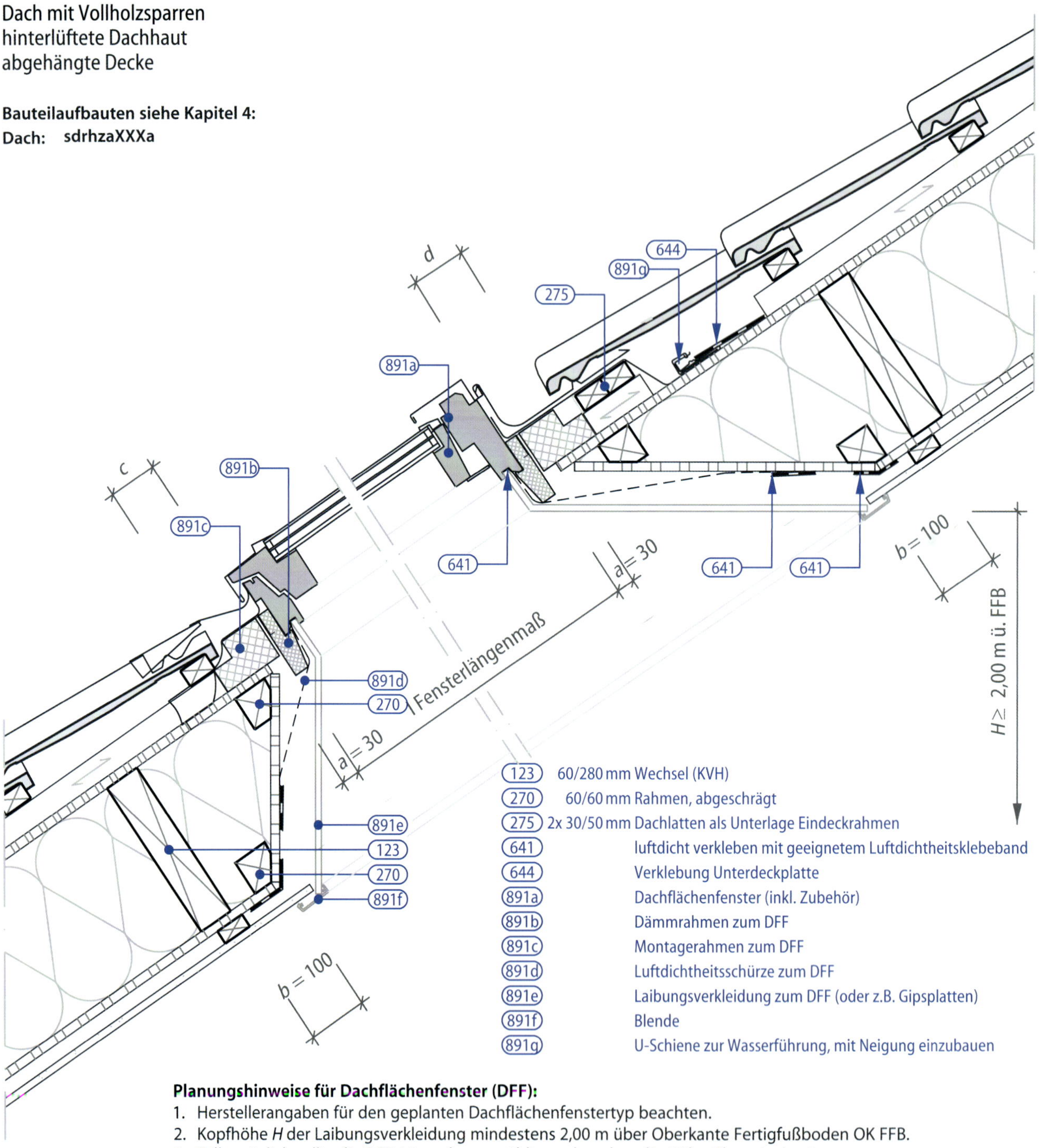

(123) 60/280 mm Wechsel (KVH)
(270) 60/60 mm Rahmen, abgeschrägt
(275) 2x 30/50 mm Dachlatten als Unterlage Eindeckrahmen
(641) luftdicht verkleben mit geeignetem Luftdichtheitsklebeband
(644) Verklebung Unterdeckplatte
(891a) Dachflächenfenster (inkl. Zubehör)
(891b) Dämmrahmen zum DFF
(891c) Montagerahmen zum DFF
(891d) Luftdichtheitsschürze zum DFF
(891e) Laibungsverkleidung zum DFF (oder z.B. Gipsplatten)
(891f) Blende
(891g) U-Schiene zur Wasserführung, mit Neigung einzubauen

Planungshinweise für Dachflächenfenster (DFF):

1. Herstellerangaben für den geplanten Dachflächenfenstertyp beachten.
2. Kopfhöhe *H* der Laibungsverkleidung mindestens 2,00 m über Oberkante Fertigfußboden OK FFB.
3. Falls möglich sollte die DFF-Länge *l* so gewählt werden, dass die Höhe Glasunterkante so angeordnet ist, dass eine sitzende Person horizontal hinausschauen kann (Augenhöhe ca. 1,10 bis 1,20 m).
4. Öffnungsmaß oben und unten jeweils *a* = ca. 3 cm größer als die DFF-Länge *l* planen.
   Die Öffnungsbreite mit beidseits ca. 2,5 cm Einbauluft größer als DFF-Breite planen.
5. Wenn eine Auswechselung eingebaut wird, dann Abstand *b* der Wechsel ca.
   10 cm vom Lot (unten) bzw. von der Waage (oben) des Einbaumaßes berücksichtigen.
6. Abstand *c* der unteren DFF-Rahmenkante von der Dachlattung gemäß Herstellerangaben (z.B. 8 cm).
   Dieses Maß bestimmt die tatsächliche Höhenlage des Fensters. → Nr. 2 beachten!
7. Die direkt oberhalb des DFF anschließenden Dachziegel/-steine müssen den vom DFF-Hersteller vorgegebenen Abstand *d* einhalten (z.B. 6 cm bis 15 cm).
   Gegebenenfalls sind die Dachziegel/-steine unten zu kürzen.

Abb. 5.16: Luftdichte Verklebung eines Dachflächenfensters im Dachelement

5.6 Dachanschlüsse (Flachdach)

Bei Flachdächern stellt sich grundsätzlich die Frage, in welche Richtung entwässert werden soll: zu einem in den in der Dachfläche liegenden Innenablauf (Dachgully) oder nach außen zum Dachrand. Dementsprechend ist ein Gefälle nach innen oder nach außen von mindestens 2 % herzustellen. Dieses Mindestgefälle zum Zeitpunkt der Montage ist erforderlich, um auch bei einer zulässigen Durchbiegung der Flachdachkonstruktion in der Nutzungsphase des Gebäudes den Wasserablauf sicherzustellen. Bei den hier gezeigten Bauteilaufbauten mit einer Dämmung oberhalb der Tragkonstruktion wird das Gefälle durch die Dämmschicht als sogenannte Gefälledämmung erzeugt.

Jedes Flachdach muss über Notüberläufe so entwässert werden, dass es zu keinem schädlichen Wasseraufstau kommt, wenn der eigentliche Ablauf verstopft sein sollte. Das überlaufende Wasser muss so nach außen abfließen, dass es sichtbar wird, wenn eine Verstopfung des eigentlichen Ablaufs vorliegt. So kann erkannt werden, ob eine Abflussreinigung notwendig ist.

5.6.1 Attika

Detail 5.6.1.1 M 1:10
Flachdach-Attika
Außenwand: awrx-fdro001

Vertikalschnitt
Außenwand mit Rahmenwerk
ohne (oder mit) Installationsebene
Flachdach oberseitig gedämmt
unterseitig beplankt

Bauteilaufbauten siehe Kapitel 4:
Außenwand: awjxxoXXXa
Flachdach: fdroaa101a

(112) 60/200 mm Wandschwelle (KVH)
(113) 80/200 mm Wandrähm (KV oder BSH)
(122) 39/220 mm Randbalken (z.B. LVL)
(140) Installationsebene möglich
(316) 27/280 Baufurnierholz BFU (Seekieferplatte)
(330) hinterlüftete Fassade möglich
(343) Attikaabdeckung Metall inkl. Halterungen
(410) 100 mm Holzfaserdämmung
(510) 5,0 x 100 mm Schrauben
(620) Unterdeckbahn sd <= 0,2 m
(641) Luftdichtheitsklebeband
(871) Flachdach-Abdichtungsbahn
(889) d = 10 mm Edelstahl-Rundstab als Unterlage für Schrägstellung

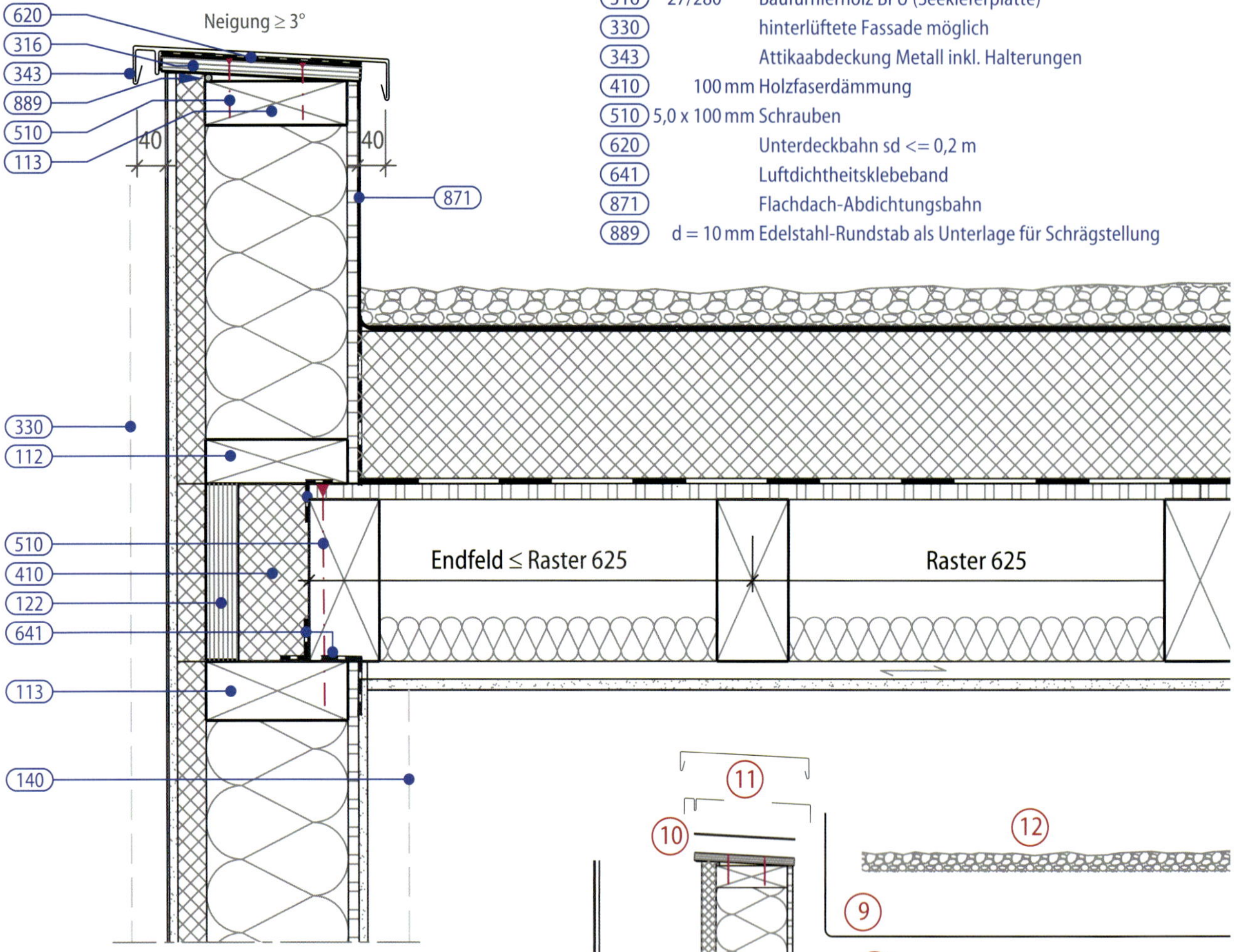

Montagereihenfolge M 1:20
1 Montage der Außenwand
2 Flachdachelement auf Wände auflegen und mit Wänden verschrauben
3 luftdicht verkleben
4 Dämmung einlegen
5 Randbalken montieren
6 Montage des Attika-Elementes
7 Dampfbremse
8 Flachdachdämmung
9 Flachdachabdichtung
10 Unterdeckbahn
11 Attikaabdeckung montieren
12 Kiesschüttung
13 Holzfaser-Putzträgerplatte ergänzen
14 Fassade verputzen (oder hinterlüftete Fassade montieren)
15 Gipsplatten und Verspachtelung

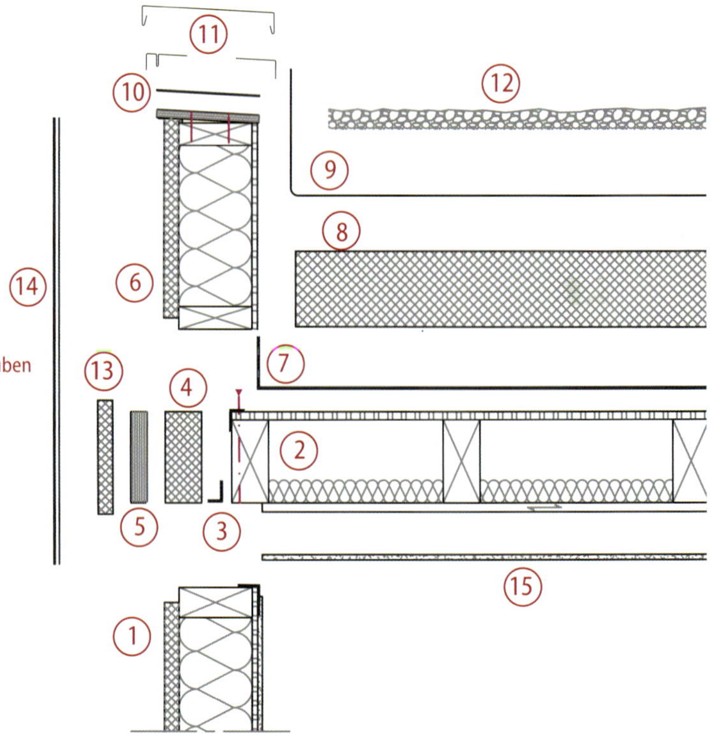

5.6.2 Anschluss Flachdachrand mit Dachüberstand an Außenwand

Detail 5.6.2.1 M 1:10
Flachdachrand mit Dachüberstand an Außenwand: awrh-fdmo001

Vertikalschnitt
Außenwand mit Rahmenwerk
mit Installationsebene
Flachdach oberseitig gedämmt
Massivholzdecke (BSP)

Bauteilaufbauten siehe Kapitel 4:
Außenwand
Wand: awrhhiXXXa
Flachdach: fdmoas101o

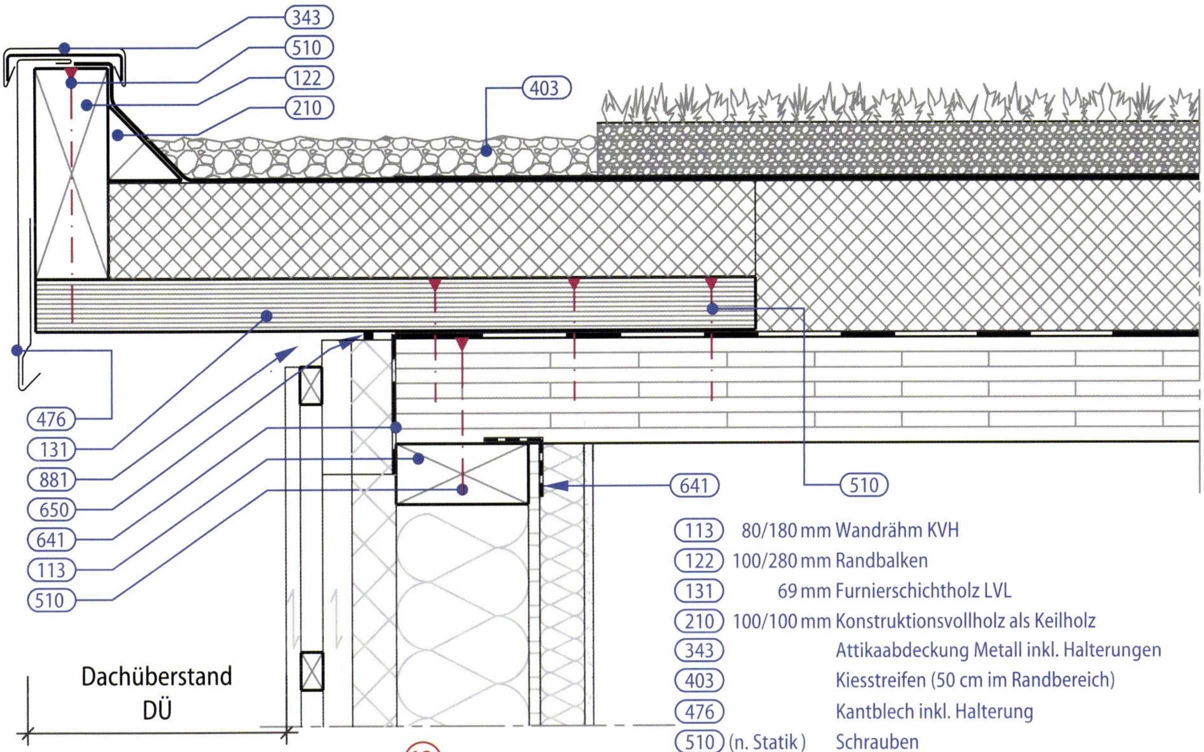

- (113) 80/180 mm Wandrähm KVH
- (122) 100/280 mm Randbalken
- (131) 69 mm Furnierschichtholz LVL
- (210) 100/100 mm Konstruktionsvollholz als Keilholz
- (343) Attikaabdeckung Metall inkl. Halterungen
- (403) Kiesstreifen (50 cm im Randbereich)
- (476) Kantblech inkl. Halterung
- (510) (n. Statik) Schrauben
- (620) 0,5 mm Unterdeckbahn sd <= 0,2 m
- (641) luftdichte Verklebung
- (650) vorkomprimiertes Dichtungsband
- (744) APU-Leiste (Anputzleiste)
- (881) Lüftungsgitter

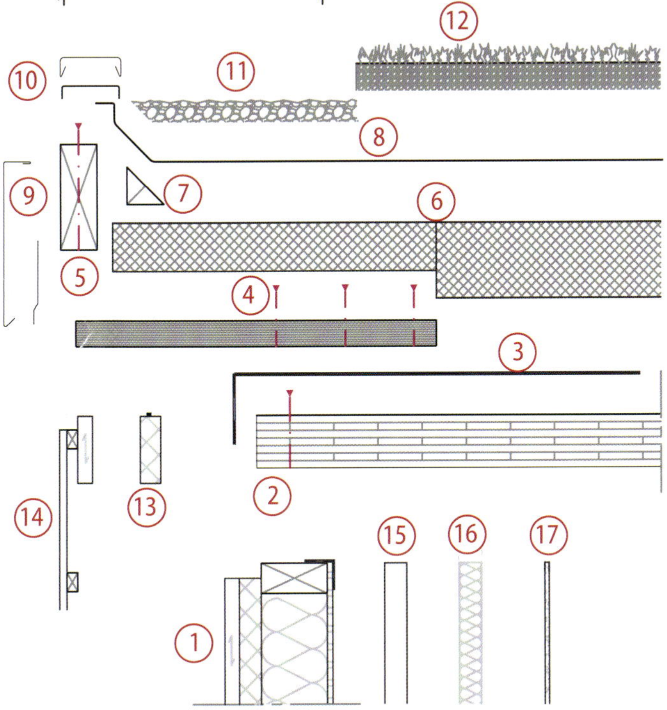

Montagereihenfolge M 1:20

1 Montage der Außenwand
2 Massivholz-Deckenelement montieren
3 Dampfbremsbahn und luftdichte Verklebung
4 Furnierschichtholz Dachrandelement
5 Randholz montieren
6 Flachdachdämmung
7 Keil montieren
8 Flachdachabdichtung
9 Dachrandverkleidung (Blechverkleidung)
10 obere Dachrandabdeckung
11 Kiesstreifen am Dachrand
12 Substratplatten auslegen, Sedumsaat aussäen
13 Ergänzung Dämmplatte inkl. Kompriband am Ortgang
14 Außenfassade: zuerst Grundlattung am Ortgang, Traglattung und Lüftungsgitter parallel Ortgang montieren und Fassadenverkleidung anbringen
15 Rahmen Installationsebene
16 Installationen und Dämmung
17 Wandbeplankung Gipsplatten und Verspachtelung

5.7 Fensteranschlüsse und Verschattungseinrichtungen

Moderne Fenster aus Holz, Holz-Aluminium, Aluminium, Kunststoff (PVC) oder Kunststoff mit Alu-Vorsatzschale können in Holzrahmenbauten montiert werden. Um den Energiestandard KfW-EH 55 zu erreichen, werden Fenster mit einer Dreifach-Wärmeschutzverglasung mit „warmer Kante" als thermisch getrenntem Randverbund (kein Aluminium am Glasrand) benötigt. In den Details wird der Fensterrahmen vereinfacht dargestellt und steht für alle vorgenannten Rahmenmaterialien.

Bei den Verschattungseinrichtungen stehen 3 grundsätzliche Systeme zur Verfügung:

- Rollladen,
- Außenraffstore (Jalousie) und
- Senkrechtmarkise (Screen).

Alle sind mit einem Elektromotor auszustatten, damit die luftdichte Ebene von Gurtrollern oder Kurbelstangenkupplungen durchbrochen werden muss und damit bei Bedarf mit einer Steuerung auf die Sonneneinstrahlung automatisch reagiert werden kann.

Abb. 5.17: Jalousie, in die Holzkonstruktion integriert

Abb. 5.18: Aluminiumfensterbank mit darunter angeordneter EPDM-Folie (Folie aus Ethylen-Propylen-Dien-Kautschuk); diese wird seitlich in die Laibungen hochgeführt als zweite wasserführende Ebene

Abb. 5.19: Fensterlaibung, außen abgedichtet

Abb. 5.20: Fenster mit einem Laibungsbrett

5.7.1 Fensteranschlüsse – prinzipielle Angaben

Die Details 5.7.1.1 bis 5.7.1.3 zeigen im Maßstab 1:5 die einzelnen Bauteile und Anschlüsse stellvertretend für alle nachfolgenden Details im Maßstab 1:10. Auf die Abdichtung unterhalb der Fensterbank als zweite wasserführende Ebene ist bei der Ausführung besondere Aufmerksamkeit zu richten.

Tabelle 5.1: Maße von Fensteröffnungen (Fensterhöhen) – Höhenmaße für Fenster, Fensterbrüstungen und Fenstertüren bei gleicher Sturzhöhe[1)]

Rahmenbreite seitlich, unten und oben 12 cm + 1,5 cm Einbauluft:	0,135 m
Blendrahmenbreite umlaufend 9 cm + 1,5 cm Einbauluft:	0,105 m
bei offen stehendem Flügel: Blendrahmen + Flügelbreite auf Anschlagsseite:	0,130 m
Dicke der Laibungsverkleidung (seitlich und oben):	0,030 m
Dicke der Fensterbank (innen) inklusive Unterbau/Befestigung:	0,040 m

Fensterhöhen					
Unterkante Sturz über FFB (Rohbauöffnung)	**2,010 m**	**2,135 m**	**2,260 m**	**2,385 m**	**2,510 m**
lichte Durchgangshöhe bei geöffneter Tür	1,875 m	2,000 m	2,125 m	2,250 m	2,375 m
fertige Öffnung nach Laibungsverkleidung	1,980 m	2,105 m	2,230 m	2,355 m	2,480 m

Brüstungshöhen (BRH) im Rohbau (bezogen auf geplante OK FFB)						
Unterkante Sturz über FFB (Rohbauöffnung)		**2,010 m**	**2,135 m**	**2,260 m**	**2,385 m**	**2,510 m**
bei Rohbauöffnungshöhe des Fensters	**0,635 m**	1,375 m	1,500 m	1,625 m	1,750 m	1,875 m
	0,760 m	1,250 m	1,375 m	1,500 m	1,625 m	1,750 m
	0,885 m	1,125 m	1,250 m	1,375 m	1,500 m	1,625 m
	1,010 m	1,000 m	1,125 m	1,250 m	1,375 m	1,500 m
	1,135 m	0,875 m	1,000 m	1,125 m	1,250 m	1,375 m
	1,260 m	0,750 m	0,875 m	1,000 m	1,125 m	1,250 m
	1,385 m	0,625 m	0,750 m	0,875 m	1,000 m	1,125 m
	1,510 m	0,500 m	0,625 m	0,750 m	0,875 m	1,000 m
	1,635 m	0,375 m	0,500 m	0,625 m	0,750 m	0,875 m

Oberkante Innenfensterbank						
Unterkante Sturz über FFB (Rohbauöffnung)		**2,010 m**	**2,135 m**	**2,260 m**	**2,385 m**	**2,510 m**
bei Rohbauöffnungshöhe des Fensters	**0,635 m**	1,415 m	1,540 m	1,665 m	1,790 m	1,915 m
	0,760 m	1,290 m	1,415 m	1,540 m	1,665 m	1,790 m
	0,885 m	1,165 m	1,290 m	1,415 m	1,540 m	1,665 m
	1,010 m	1,040 m	1,165 m	1,290 m	1,415 m	1,540 m
	1,135 m	0,915 m	1,040 m	1,165 m	1,290 m	1,415 m
	1,260 m	0,790 m	0,915 m	1,040 m	1,165 m	1,290 m
	1,385 m	0,665 m	0,790 m	0,915 m	1,040 m	1,165 m
	1,510 m	0,540 m	0,665 m	0,790 m	0,915 m	1,040 m
	1,635 m	0,415 m	0,540 m	0,665 m	0,790 m	0,915 m

Tabelle 5.1: (Fortsetzung)

Oberkante Blendrahmen (geöffnetes Fenster)[2]		Fenster als Rettungsweg: OK im Lichten max. 1,20 m (MBO § 37 (5))				
Unterkante Sturz über FFB (Rohbauöffnung)		**2,010 m**	**2,135 m**	**2,260 m**	**2,385 m**	**2,510 m**
bei Rohbauöffnungshöhe des Fensters	**0,635 m**	1,480 m	1,605 m	1,730 m	1,855 m	1,980 m
	0,760 m	1,355 m	1,480 m	1,605 m	1,730 m	1,855 m
	0,885 m	1,230 m	1,355 m	1,480 m	1,605 m	1,730 m
	1,010 m	1,105 m	1,230 m	1,355 m	1,480 m	1,605 m
	1,135 m	0,980 m	1,105 m	1,230 m	1,355 m	1,480 m
	1,260 m	0,855 m	0,980 m	1,105 m	1,230 m	1,355 m
	1,385 m	0,730 m	0,855 m	0,980 m	1,105 m	1,230 m
	1,510 m	0,605 m	0,730 m	0,855 m	0,980 m	1,105 m
	1,635 m	0,480 m	0,605 m	0,730 m	0,855 m	0,980 m

1) Alle Maße beziehen sich auf die Oberkante Fertigfußboden (OK FFB).
2) Fenster als Rettungsweg: OK im Lichten maximal 1,20 m gemäß § 37 Abs. 5 MBO

Tabelle 5.2: Maße von Fensteröffnungen (Fensterbreiten) – Höhenmaße für Fenster, Fensterbrüstungen und Fenstertüren bei gleicher Sturzhöhe[1]

Rahmenbreite seitlich, unten und oben 12 cm + 1,5 cm Einbauluft:	0,135 m
Blendrahmenbreite umlaufend 9 cm + 1,5 cm Einbauluft:	0,105 m
bei offen stehendem Flügel: Blendrahmen + Flügelbreite auf Anschlagsseite:	0,130 m
Dicke der Laibungsverkleidung (seitlich und oben):	0,030 m
Dicke der Fensterbank (innen) inklusive Unterbau/Befestigung:	0,040 m
Breite Stulp:	0,130 m

bei Rohbauöffnungsbreite	**lichte Öffnungsbreite bei offenem Fenster (ab 1,51 m zweiflügelig mit Stulp)**	**lichte Breite zwischen den Laibungen innen**	**sichtbare Glasbreite (ab 1,51 m mit Stulp)**
0,635 m	0,400 m	0,575 m	0,365 m
0,760 m	0,525 m	0,700 m	0,490 m
0,885 m	0,650 m	0,825 m	0,615 m
1,010 m	0,775 m	0,950 m	0,740 m
1,135 m	0,900 m	1,075 m	0,865 m
1,260 m	1,025 m	1,200 m	0,990 m
1,385 m	1,150 m	1,325 m	1,115 m
1,510 m	1,275 m	1,450 m	1,125 m
1,635 m	1,375 m	1,575 m	1,245 m
1,760 m	1,500 m	1,700 m	1,360 m
1,885 m	1,625 m	1,825 m	1,485 m
2,010 m	1,750 m	1,950 m	1,610 m
2,135 m	1,875 m	2,075 m	1,735 m
2,260 m	2,000 m	2,200 m	1,860 m
2,385 m	2,125 m	2,325 m	1,985 m
2,510 m	2,250 m	2,450 m	2,110 m

1) Alle Maße beziehen sich auf die Oberkante Fertigfußboden (OK FFB).

Detail 5.7.1.1
Fenster M 1:5
vertikal
allgemeine Angaben

Beispiel: Putzfassade

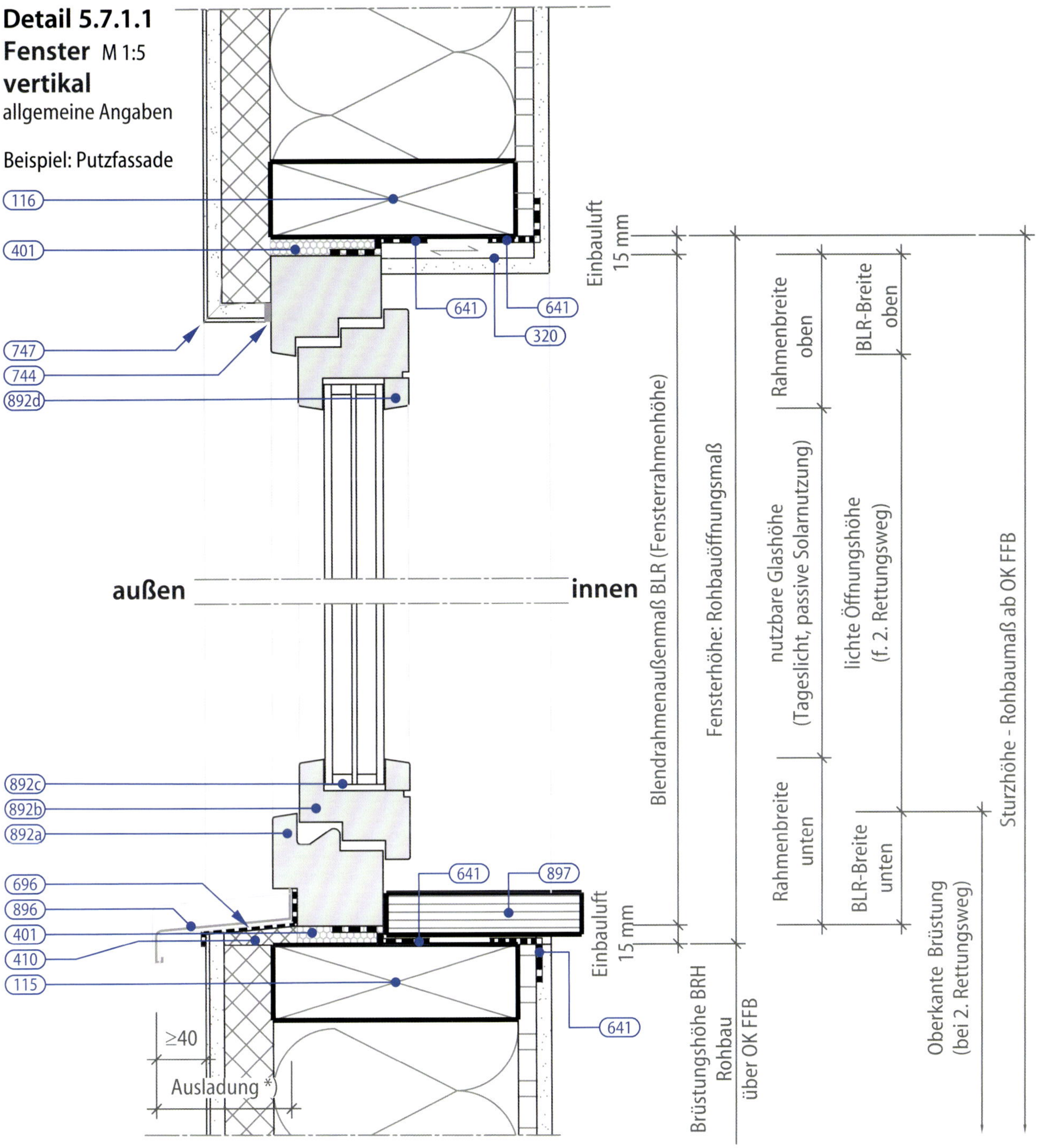

115	Brüstungsriegel
116	Sturz
320	Laibungsverkleidung mit Innenausbauplatte + UK
401	Fugendämmung (PU-Montageschaum oder vorkomprimiertes Dichtband)
410	Holzfaserdämmung als Keil unter der Fensterbank
641	Luftdichtheitsklebeband
696	Abdichtung unter der Fensterbank (EPDM, Bitumenband, ...)
744	APU-Leiste (Anputzleiste)
747	Tropfkantenprofil
892a	Fenster: Blendrahmen BLR
892b	Fenster: Flügelrahmen FLR
892c	Fenster: Glasrandverbund "warme Kante"
892d	Glashalteleiste
896	Fensterbankprofil (Aluminium)
897	Innenfensterbank

*) Ausladungstiefen Alu-Fensterbank in [mm]:
50, 70, 90, 110, 130, 150, 165, 180, 195, 210, 225, 240, 260, 280, 300, 320, 340, 360, 380, 400
(lieferbare Maße Herstellerangaben div. Hersteller)
Vorderer Schenkel: 25 mm oder 40 mm
Schenkel am BLR: 25 mm
Neigung der Fensterbank: 5° (teilw. auch 6°)

Detail 5.7.1.2

Fenster M 1:5

horizontal

allgemeine Angaben

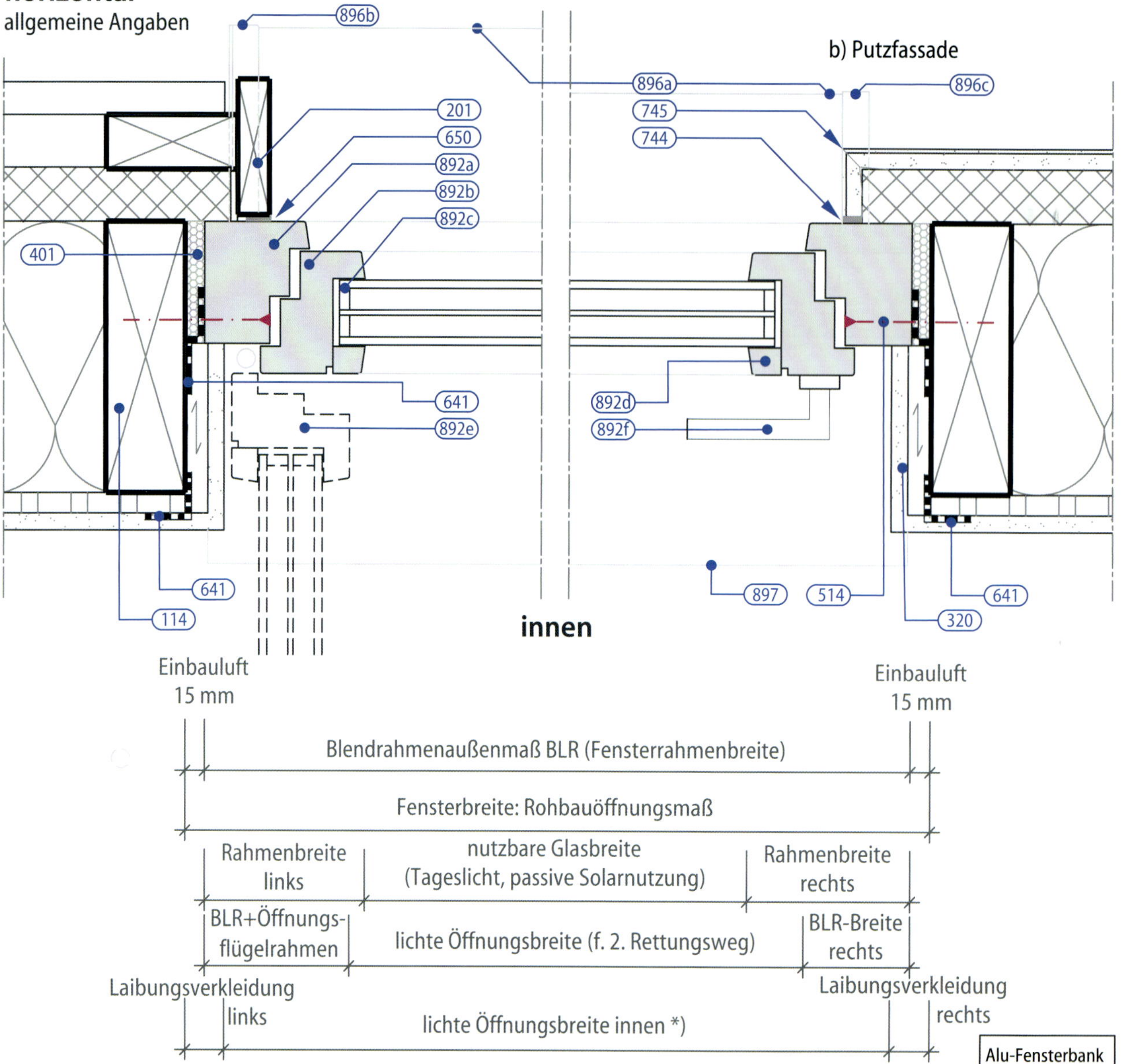

Bei dem dargestellten Fenster handelt es sich um ein „DIN-links-Fenster" bzw. „DIN L":
Der Öffnungsflügel ist von innen gesehen links angeschlagen (der Fenstergriff ist rechts).

114	Wandstiel	892a	Fenster: Blendrahmen BLR
201	Laibungsbrett	892b	Fenster: Flügelrahmen FLR
320	Laibungsverkleidung mit Innenausbauplatte + UK	892c	Fenster: Glasrandverbund "warme Kante"
401	Fugendämmung (PU-Montageschaum oder vorkomprimiertes Dichtband)	892d	Glashalteleiste
410	Holzfaserdämmung als Keil unter der Fensterbank	892e	geöffneter Flügelrahmen
514	Fensterstock-Schrauben (Vollgewinde)	892f	Fenstergriff / Griffolive
641	Luftdichtheitsklebeband	896a	Fensterbankprofil (Aluminium)
650	vorkomprimiertes Dichtungsband (Kompriband)	896b	Fensterbank-Aufsteckprofil f. Klinker (auch f. Holz)
744	APU-Leiste (Anputzleiste)	896c	Fensterbank-Aufsteckprofil f. Putzfassade
745	Kantenprofil (Gewebeeckwinkel)	897	Innenfensterbank

*) In Planzeichnungen (z.B. Baueingabeplanung, Werkplanung) sind i.d.R. die Rohbauöffnungsmaße angegeben. Für die Nutzung sind die lichten Öffnungsmaße entscheidend. Es ist hilfreich, die Bauherrschaft bzw. später Nutzende auf diese Maßunterschiede hinzuweisen, damit das bei der Planung der Innenausstattung Berücksichtigung finden kann.

Detail 5.7.1.3 M 1:5

Fensteransicht von außen ohne äußere Beplankung und ohne Fassadenverkleidung Zweite Abdichtungsebene unter der Fensterbank

Laibungsverkleidung gestrichelt dargestellt

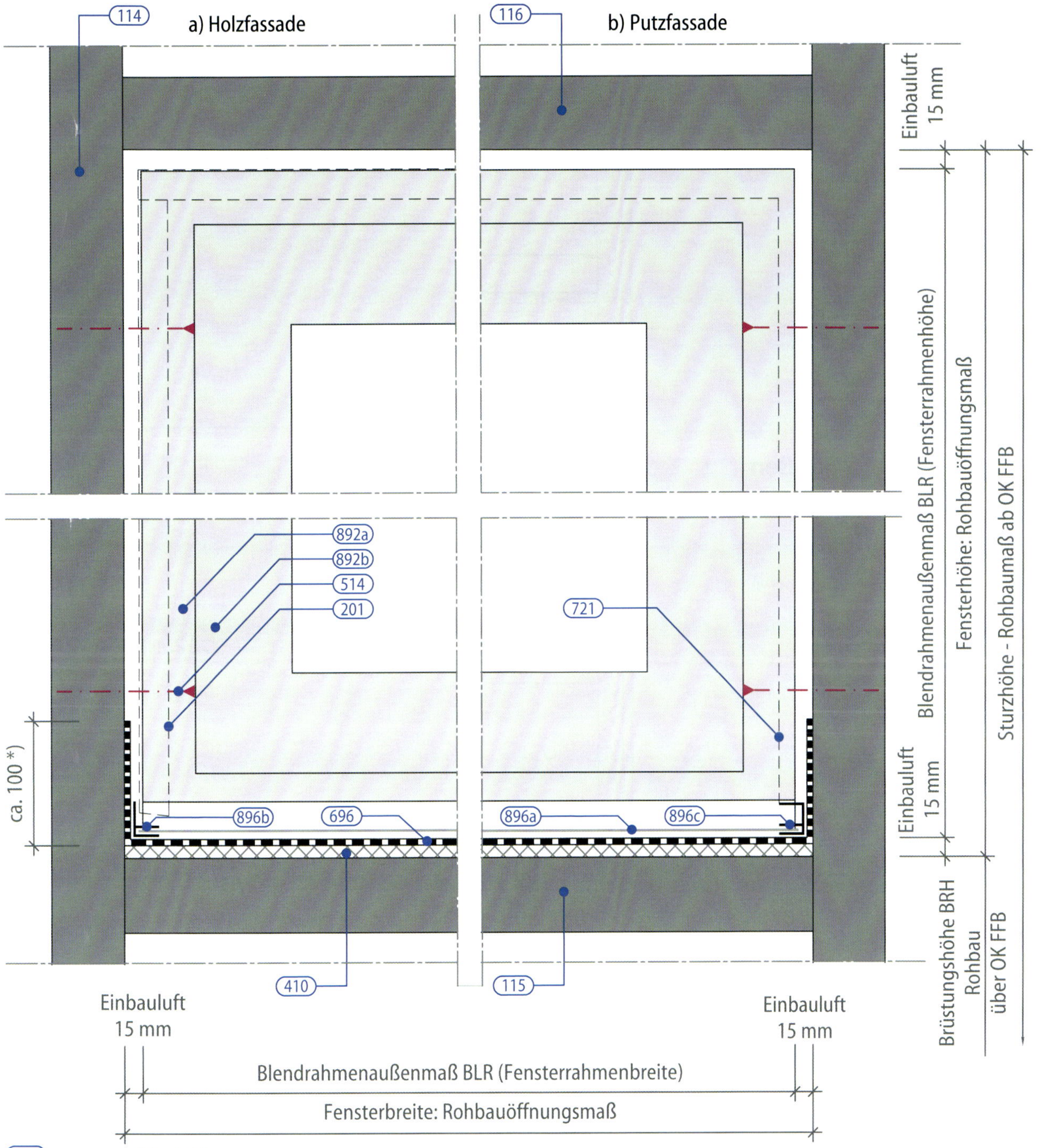

(114) Wandstiel
(115) Brüstungsriegel
(116) Sturz
(201) Laibungsbrett
(410) Holzfaserdämmung als Keil unter der Fensterbank
(514) Fensterstock-Schrauben (Vollgewinde)
(696) Abdichtung unter der Fensterbank
(721) Außenkante Laibungsputz
(892a) Fenster: Blendrahmen BLR
(892b) Fenster: Flügelrahmen FLR
(896a) Fensterbankprofil (Aluminium)
(896b) Fensterbank-Aufsteckprofil f. Klinker (auch f. Holz)
(896c) Fensterbank-Aufsteckprofil f. Putzfassade

*) Die zweite wasserführende Ebene als Abdichtung unter der Fensterbank ist in den Laibungen seitlich hochzuführen. Diese Abdichtung ist auch am Fensterrahmen anzuschließen und mit Gefälle unterhalb der Fensterbank nach außen zu führen.

5.7.2 Fensteranschlüsse ohne Verschattungseinrichtungen

Detail 5.7.2.1 M 1:10
Fensteranschluss
Außenwand: awro-fe001

Außenwand mit Rahmenwerk
ohne Installationsebene
ohne Verschattung
2-flügeliges Fenster mit Stulp

Bauteilaufbauten siehe Kapitel 4:
Außenwand: awrxxoXXXb

siehe auch Bauteilbeschreibungen in Detailzeichnungen 5.7.1.1 bis 5.7.1.3

Vertikalschnitt

außen

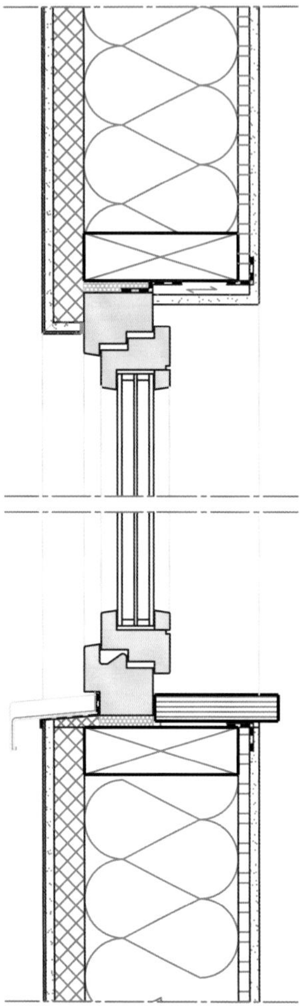

innen

Horizontalschnitt

außen

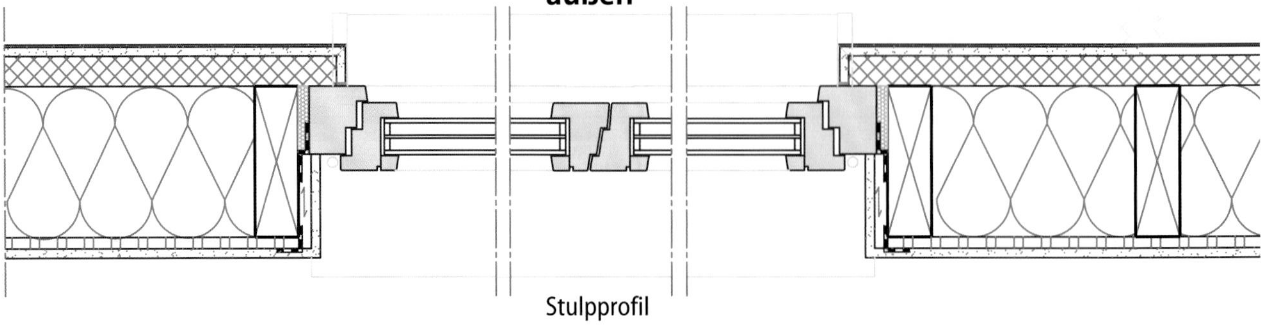

Stulpprofil

innen

Detail 5.7.2.2 M 1:10
Fensteranschluss
Außenwand: awjo-fe001

Außenwand mit Holzstegträger
ohne Installationsebene
ohne Verschattung

Bauteilaufbauten siehe Kapitel 4:
Außenwand: awjopiXXXa

siehe auch Bauteilbeschreibungen in Detailzeichnungen 5.7.1.1 bis 5.7.1.3

Vertikalschnitt

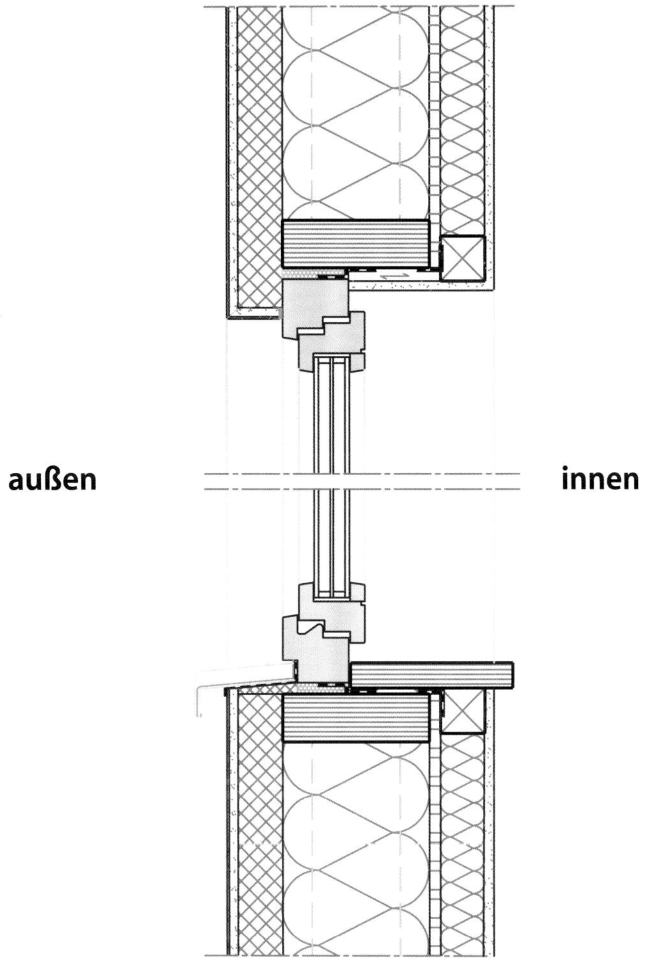

Horizontalschnitt

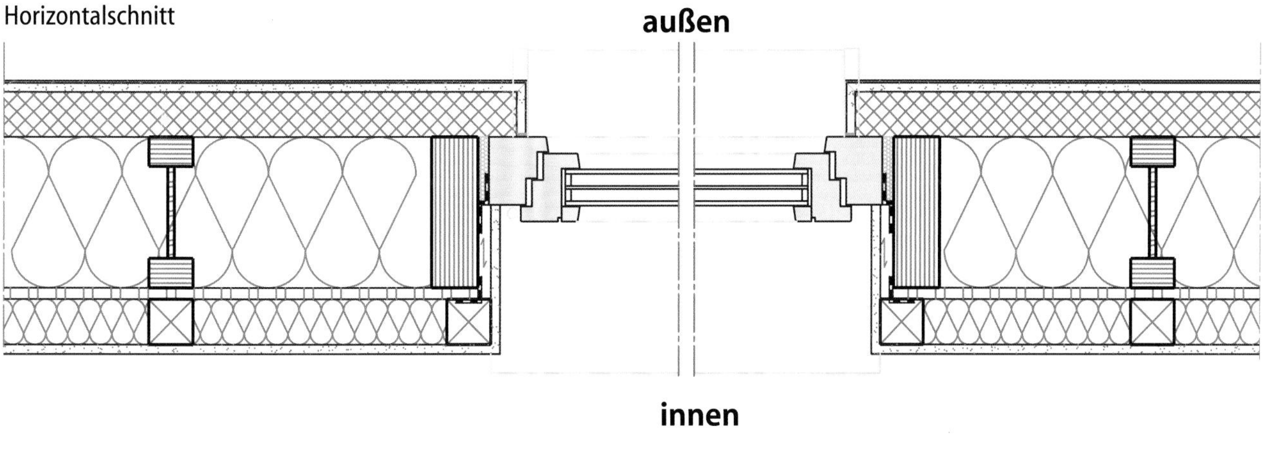

Detail 5.7.2.3 M 1:10
Fensteranschluss
Außenwand: awrh-fe001

Außenwand mit Rahmenwerk
mit Installationsebene
Holzverschalung vertikal
ohne Verschattung

Bauteilaufbauten siehe Kapitel 4:
Außenwand: awrhhiXXXa

siehe auch Bauteilbeschreibungen in Detailzeichnungen 5.7.1.1 bis 5.7.1.3

Vertikalschnitt

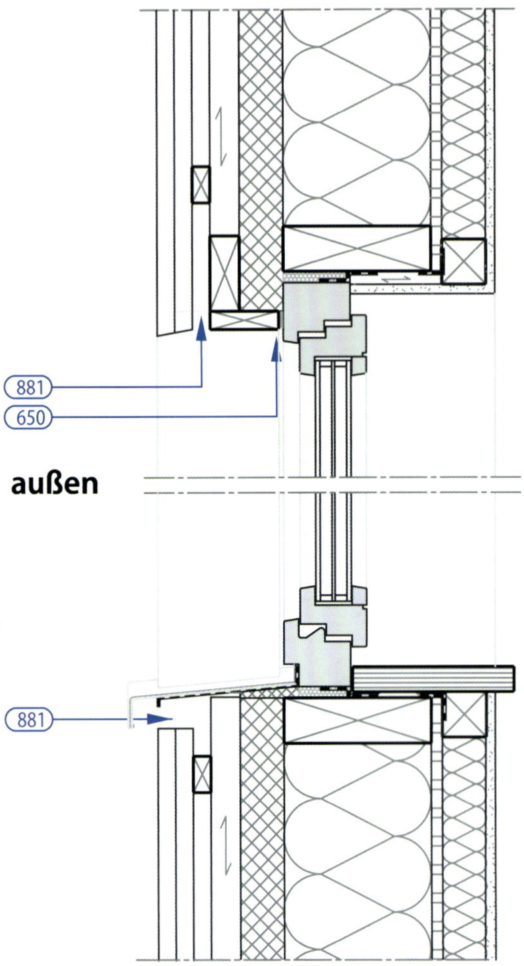

881 Lüftungsgitter
650 vorkomprimiertes Dichtungsband (Kompriband)

Horizontalschnitt

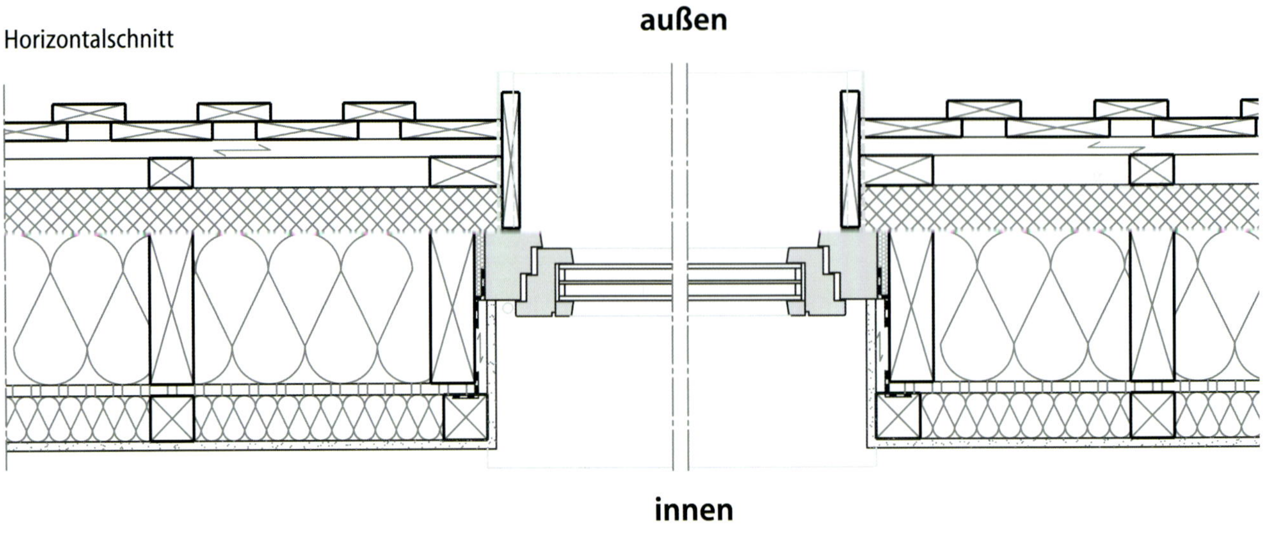

Detail 5.7.2.4 M 1:10
Fensteranschluss
Außenwand: awrh-fe002

Außenwand mit Rahmenwerk
mit Installationsebene
Vormauerziegel
ohne Verschattung

Bauteilaufbauten siehe Kapitel 4:
Außenwand: awrhziXXXa –

siehe auch Bauteilbeschreibungen in Detailzeichnungen 5.7.1.1 bis 5.7.1.3

Vertikalschnitt

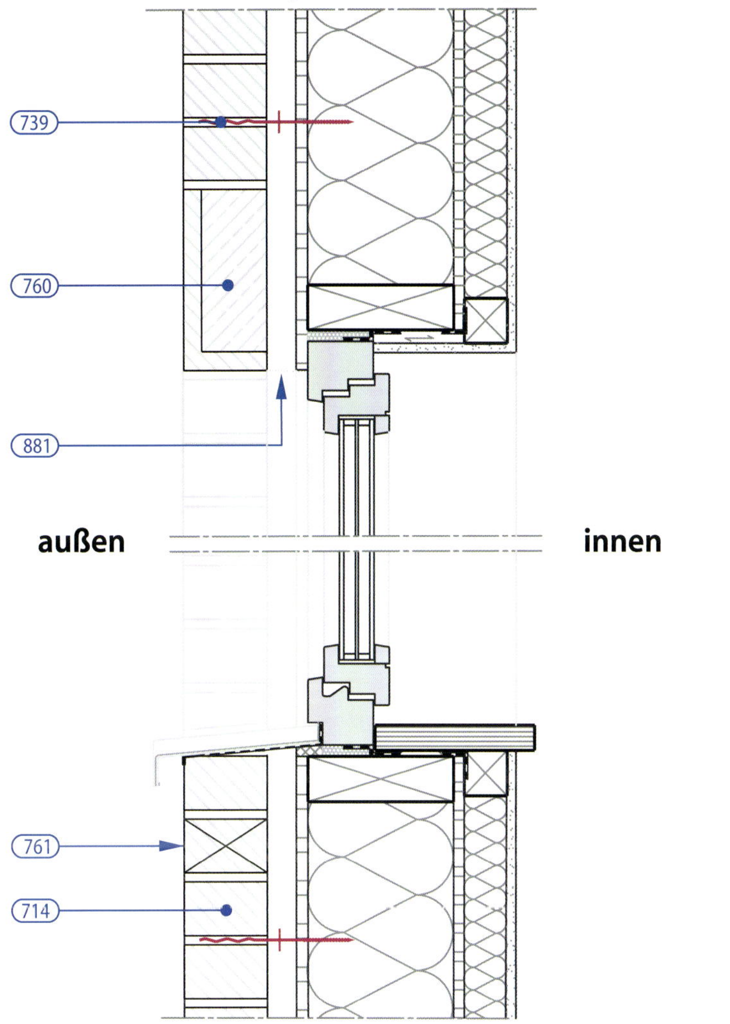

(714) 115 mm Ziegelmauerwerk Vollziegel
(739) 210 mm Luftschichtanker, einschraubbar
(760) Fertigteilsturz (mit Klinkerblende)
(761) offene Stoßfuge (Belüftung)
(881) Lüftungsgitter

Horizontalschnitt

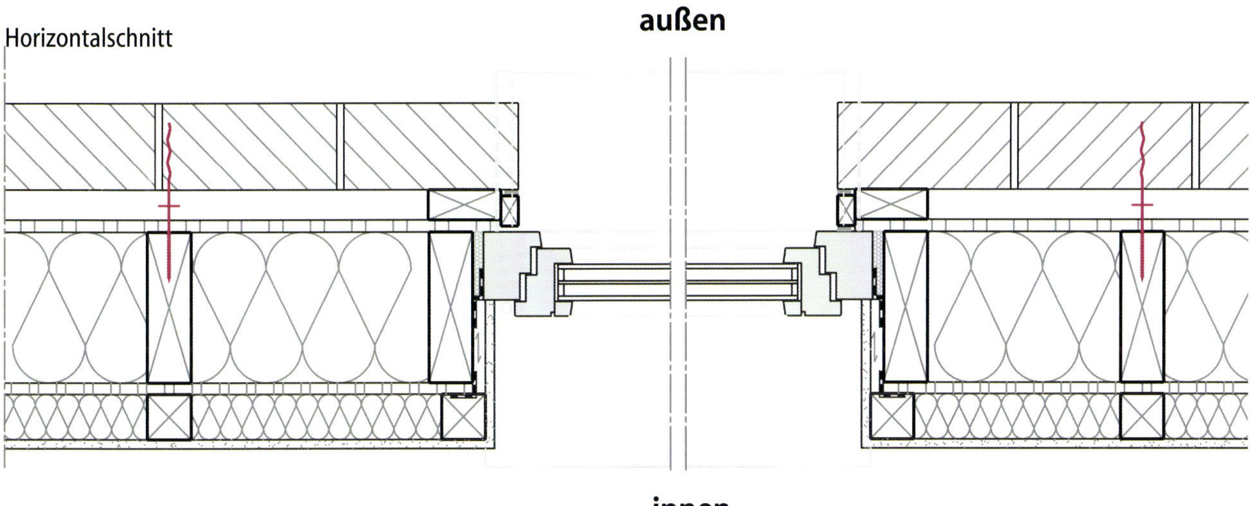

5.7.3 Fensteranschlüsse mit Verschattungseinrichtungen

Detail 5.7.3.1 M 1:10
Fensteranschluss
Außenwand: awro-fe002

Bauteilaufbauten siehe Kapitel 4:
Außenwand: awrxxoXXXb

siehe auch Bauteilbeschreibungen in Detailzeichnungen 5.7.1.1 bis 5.7.1.3

Außenwand mit Rahmenwerk
ohne Installationsebene
mit Verschattung (Vorbau-Rollladen, fassadenintegriert)
2-flügeliges Fenster mit Stulp

Vertikalschnitt

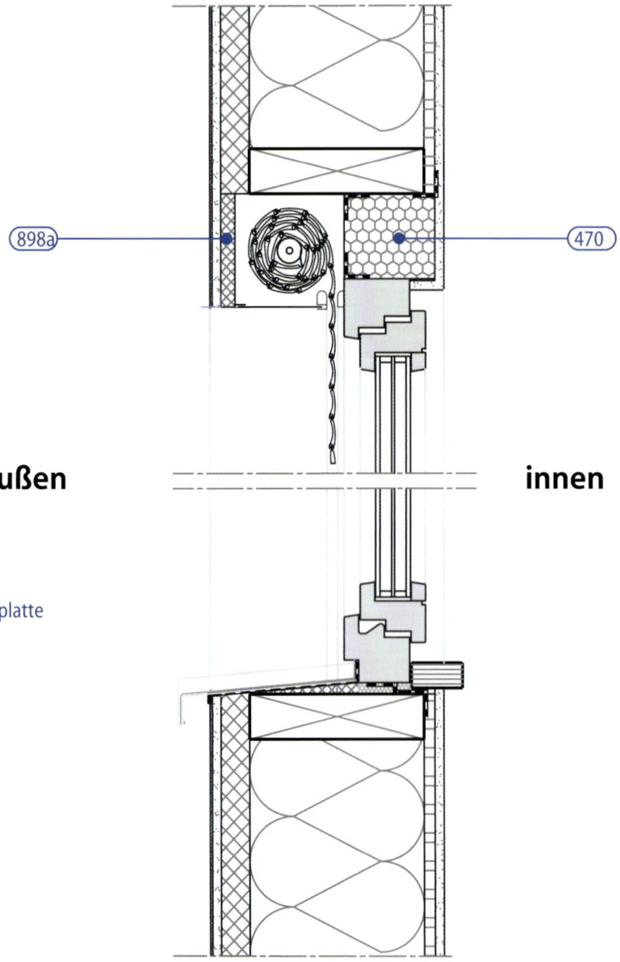

470	Polyurethandämmung (PUR/PIR)
898a	fassadenintegrierter Vorbaurollladen mit Putzträgerplatte
898b	Rollladenführungsschiene

Horizontalschnitt

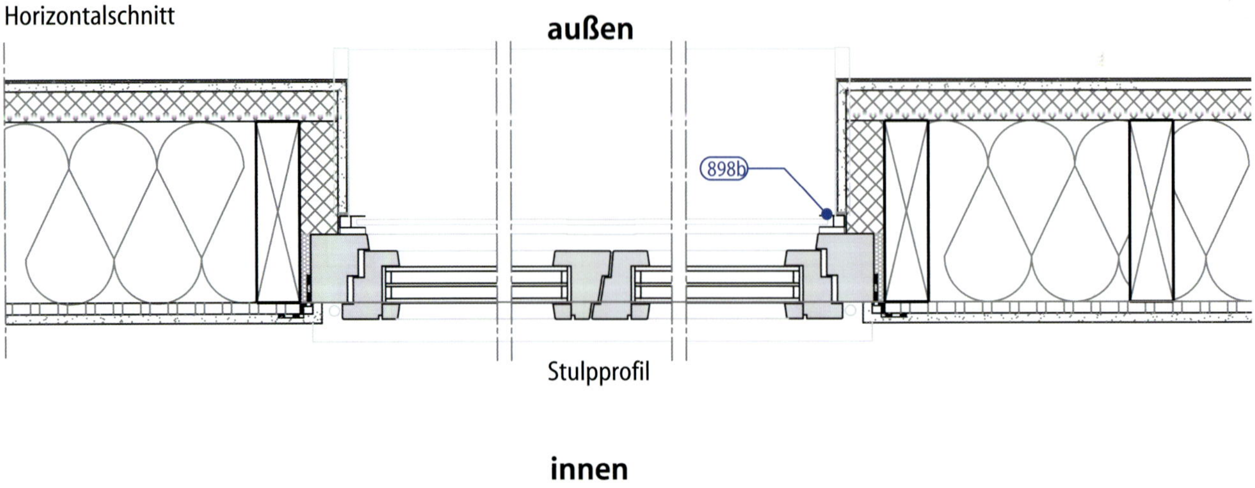

Detail 5.7.3.2 M 1:10
Fensteranschluss:
Außenwand: awjo-fe002

Außenwand mit Holzstegträger
ohne Installationsebene
mit Verschattung (Außenjalousie/Raffstore)

Bauteilaufbauten siehe Kapitel 4:
Außenwand: awjopiXXXa

siehe auch Bauteilbeschreibungen in Detailzeichnungen 5.7.1.1 bis 5.7.1.3

Vertikalschnitt

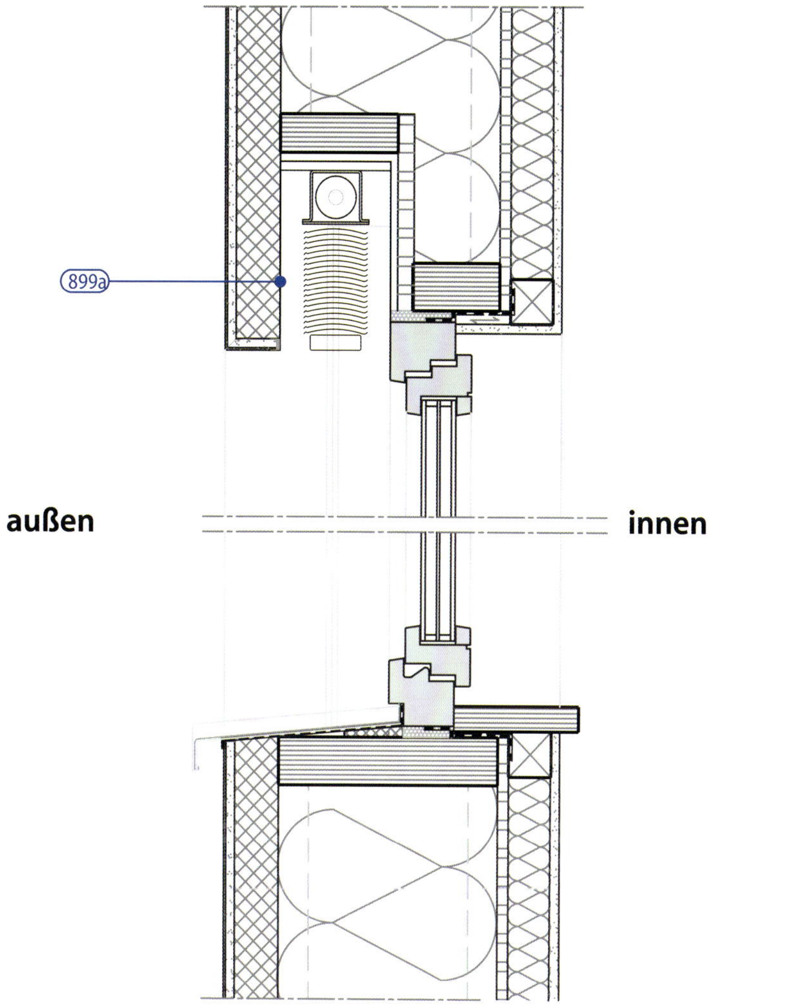

(899a) fassadenintegrierter Jalousiekasten
(899b) Jalousieführungsschiene

Horizontalschnitt

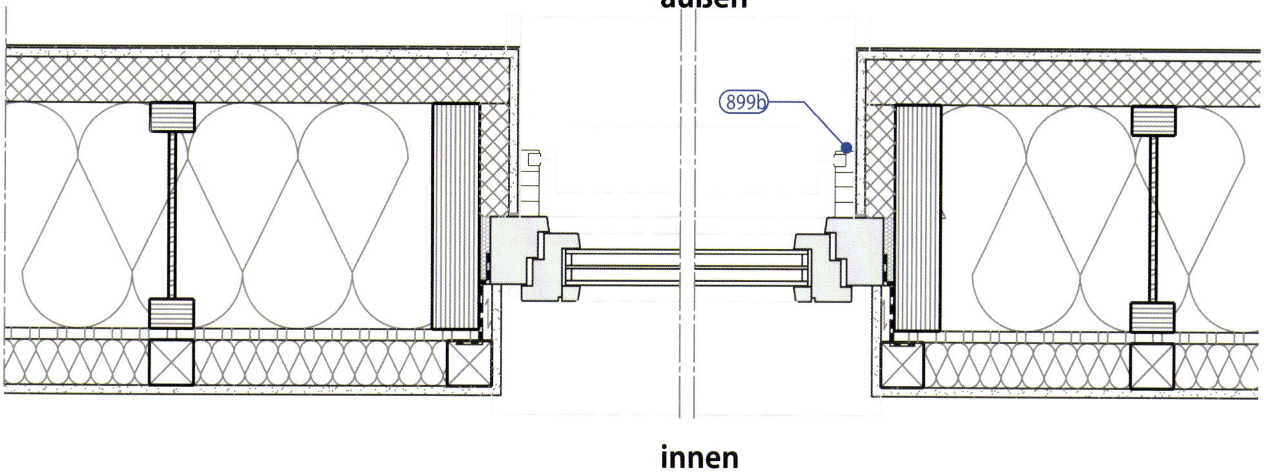

Detail 5.7.3.3 M 1:10
Fensteranschluss
Außenwand: awrh-fe003

Außenwand mit Rahmenwerk
mit Installationsebene
Holzverschalung vertikal
mit Verschattung (Außenjalousie/Raffstore)

Bauteilaufbauten siehe Kapitel 4:
Außenwand: awrhhiXXXa

siehe auch Bauteilbeschreibungen in Detailzeichnungen 5.7.1.1 bis 5.7.1.3

Vertikalschnitt

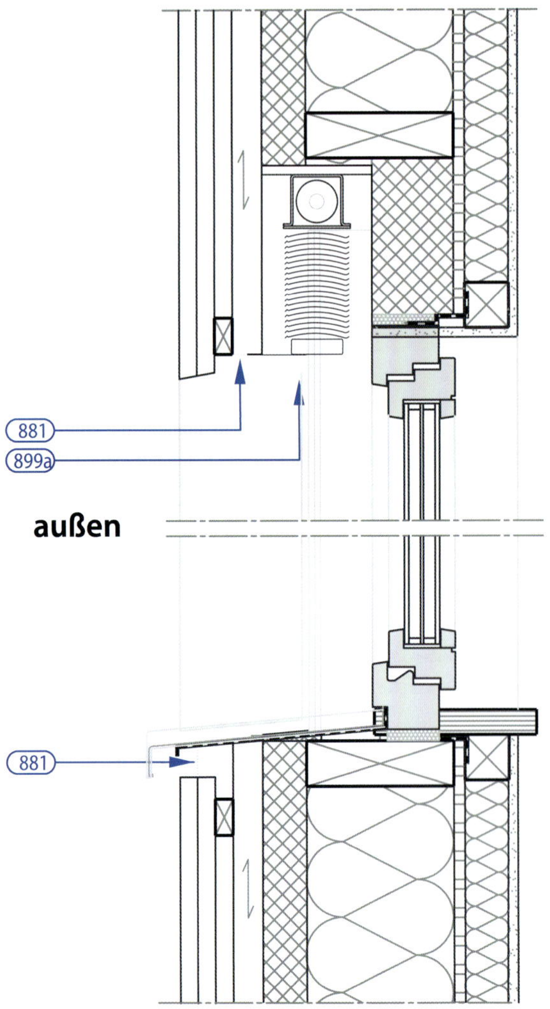

881 Lüftungsgitter
899a fassadenintegrierter Jalousiekasten
899b Jalousieführungsschiene

Horizontalschnitt

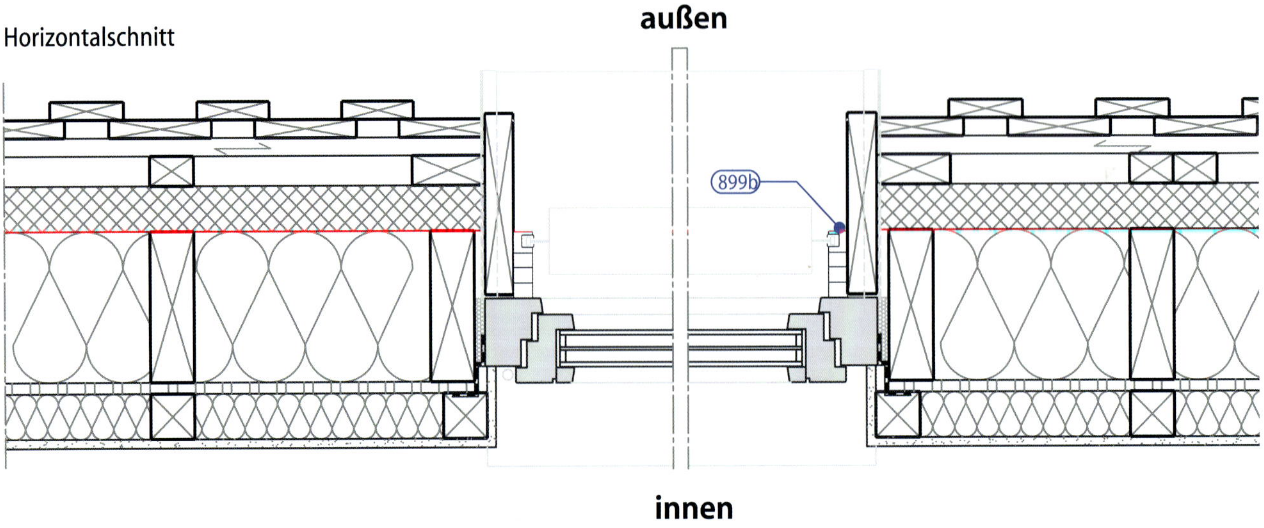

Detail 5.7.3.4 M 1:10
Fensteranschluss
Außenwand: awrh-fe004

Außenwand mit Rahmenwerk
mit Installationsebene
Vormauerziegel
mit Verschattung (Vorbau-Rollladen, fassadenintegriert)

Bauteilaufbauten siehe Kapitel 4:
Außenwand: awrhziXXXa

siehe auch Bauteilbeschreibungen in Detailzeichnungen 5.7.1.1 bis 5.7.1.3

Vertikalschnitt

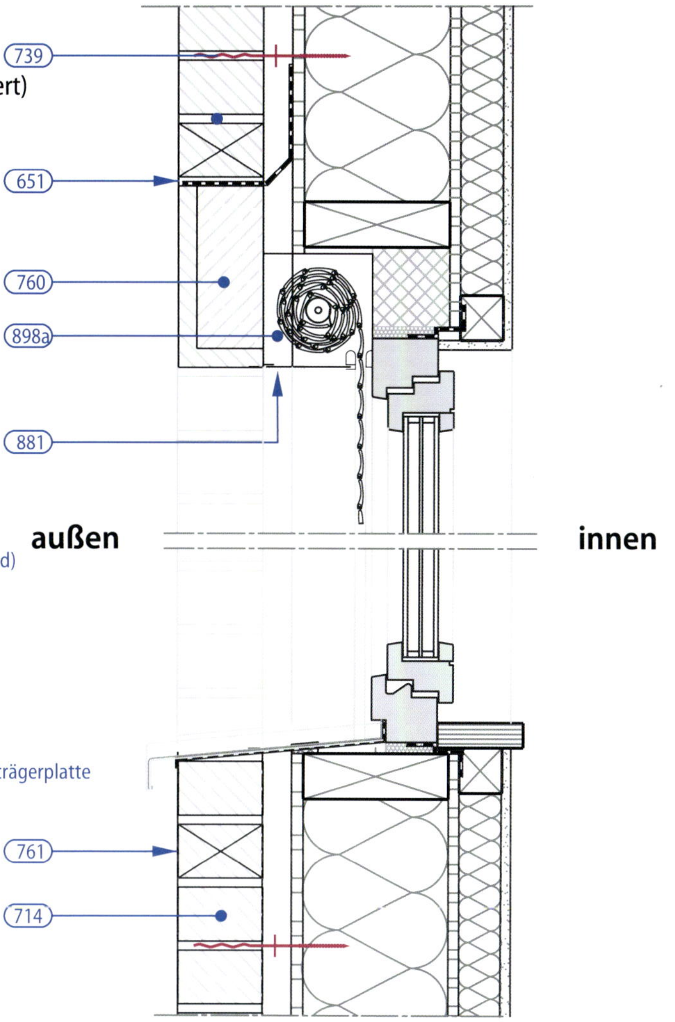

650	vorkomprimiertes Dichtungsband (Kompriband)
651	EPDM-Bahn
714	115 mm Ziegelmauerwerk Vollziegel
739	210 mm Luftschichtanker, einschraubbar
760	Fertigteilsturz (mit Klinkerblende)
761	offene Stoßfuge (Belüftung)
881	Lüftungsgitter
898a	fassadenintegrierter Vorbaurollladen mit Putzträgerplatte
898b	Rollladenführungsschiene

Horizontalschnitt

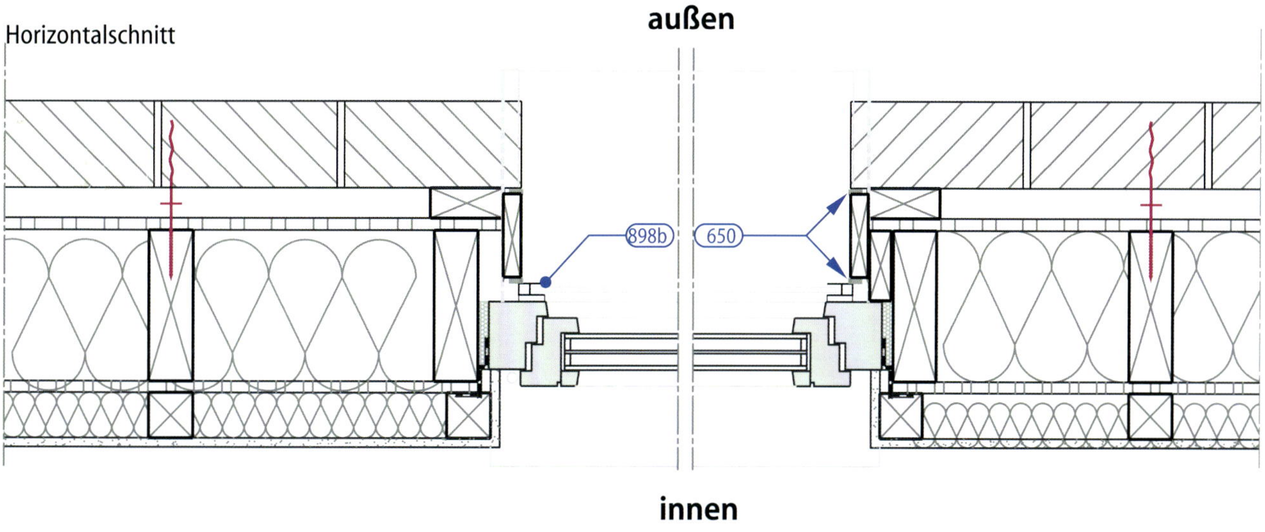

5.7.4 Fenstertüranschlüsse bei Balkonen und Terrassen

Detail 5.7.4.1 M 1:10
Fenstertür als Balkonaustritt
Außenwand: awrx-gdrx001

Vertikalschnitt - siehe auch Detail 5.4.1.1
Außenwand mit Rahmenwerk
ohne Installationsebene
Geschossdecke mit Vollholzbalken
unterseitig beplankt

Bauteilaufbauten siehe Kapitel 4:
Außenwand: awrxxoXXXb
Geschossdecke: gdrxxnXXXa

I) Wandbereich mit Fenstertür:

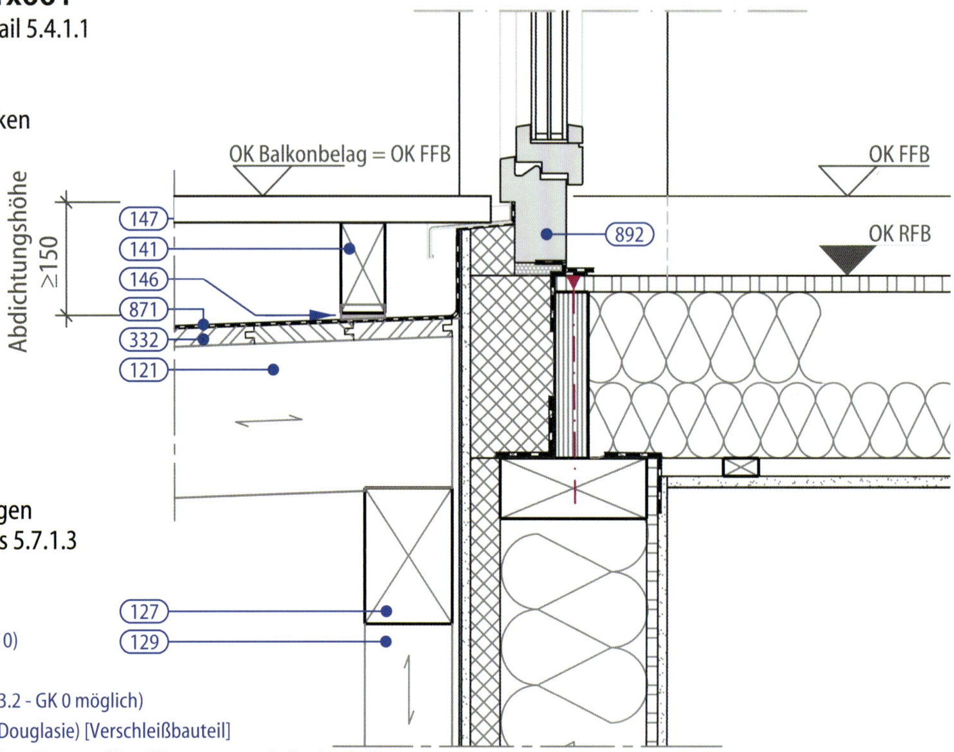

siehe auch Bauteilbeschreibungen
in Detailzeichnungen 5.7.1.1 bis 5.7.1.3

(121) (n. Statik) Deckenbalken (GK 0)
(127) (n. Statik) Unterzug (GK 0)
(129) 120/120 mm Pfosten (GK 3.1 o. 3.2 - GK 0 möglich)
(141) 60/120 mm Auflagerholz (z.B. Douglasie) [Verschleißbauteil]
(146) Höhenausgleichsklotz (Kunststoff) auf Kreuzungspunkt Deckenbalken
(147) 35 mm Balkon-/Terrassendiele (z.B. Douglasie) [Verschleißbauteil]
(332) 24 mm Schalung Nut und Feder N+F
(748) Wandanschlussprofil (auf Grundputz befestigen m. WDVS-Schrauben)
(871) Flachdach-Abdichtungsbahn *)
(887) Rinneneinlaufblech
(888) Rinne mit Rinnenhalter
(892) Fenster: Blendrahmen BLR mit Verbreiterung

II) Wandbereich ohne Fenstertür:

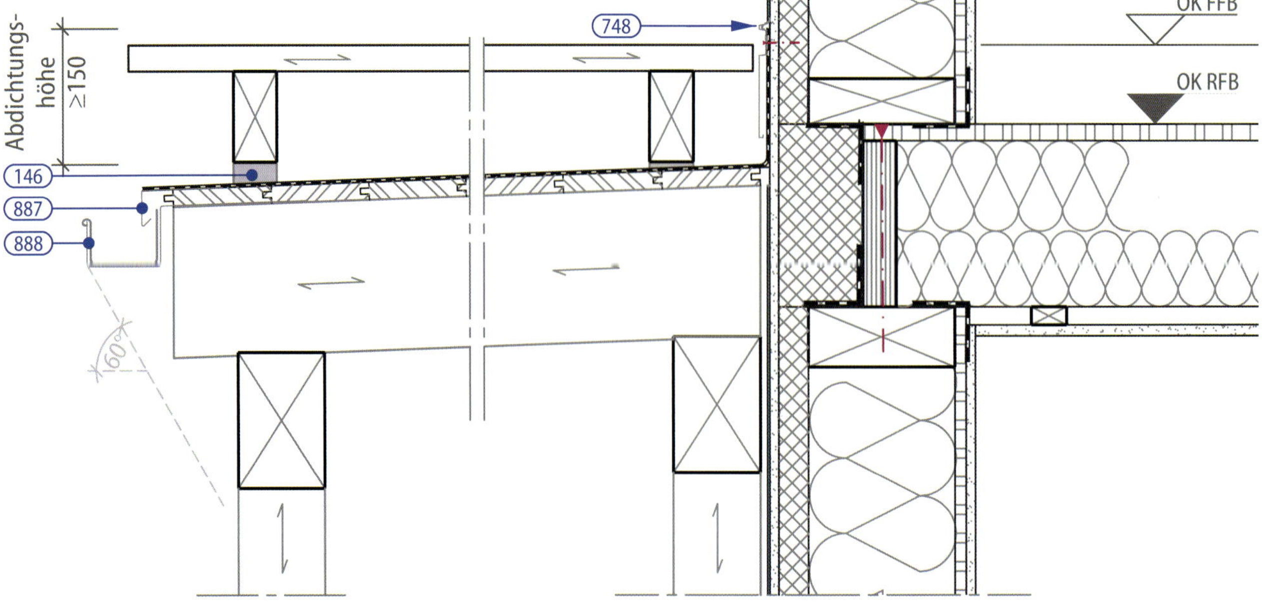

*) Die Abdichtungsbahn als wasserführende Ebene ist an aufgehenden Bauteilen mindestens 15 cm hochzuführen. Der Gehbelag des Balkons ist mit Fugen als Rost auszuführen, wenn die Oberkante des Gehbelags weniger als 15 cm Abstand zur Oberkante des unteren Blendrahmens der Tür aufweist.

Detail 5.7.4.2 M 1:10
Fenstertür als Terrassenaustritt
Außenwand: awro-bobb010

Vertikalschnitt - siehe auch Detail 5.2.1.1
Außenwand mit Rahmenwerk
mit Installationsebene
Putzfassade
Bodenplatte mit
Perimeterdämmung

siehe auch Bauteilbeschreibungen
in Detailzeichnungen 5.7.1.1 bis 5.7.1.3

Bauteilaufbauten siehe Kapitel 4:
Wand: awropiXXXa
Bodenplatte: bobbxxXXXo

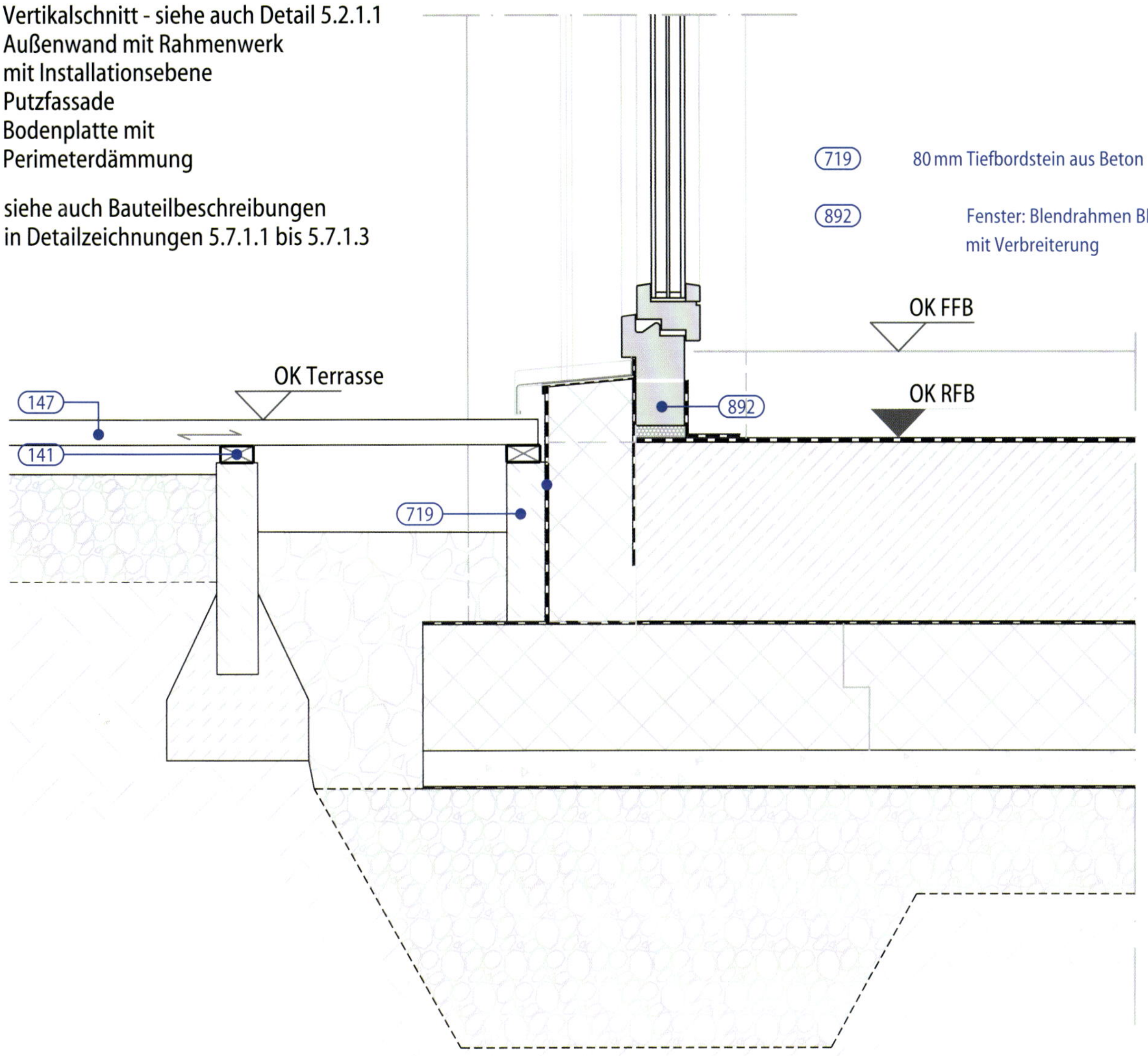

Zur Verringerung der Wärmebrücke soll die Bodenplatte im Bereich der bodentiefen Fenster- und Türelemente bis zur Rahmenkante zurückspringen:

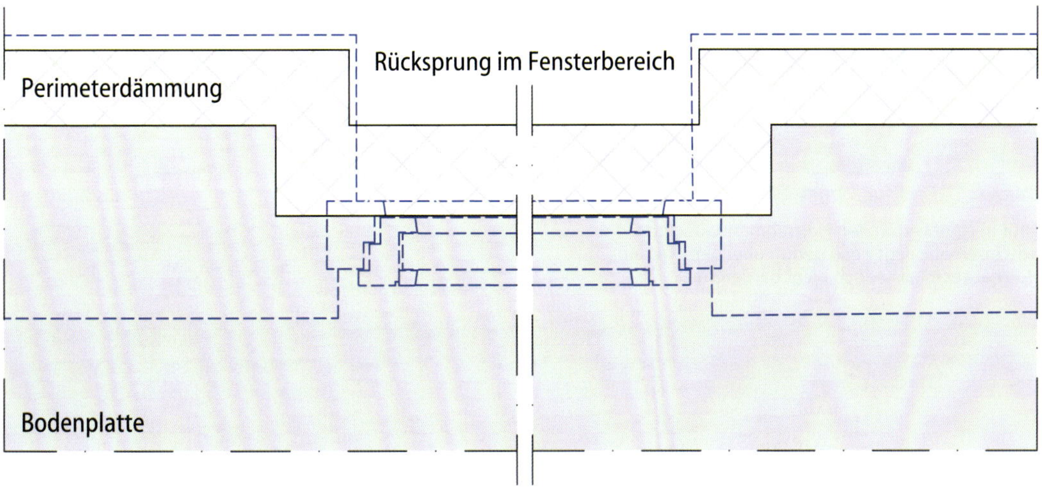

5.8 Haustüranschlüsse

Abb. 5.21: Haustür in einer Holzrahmenbauwand

Abb. 5.22: Haustür in einer verputzten Holzrahmenbauwand – die Erdgeschosshöhe liegt hoch genug über dem Terrain, für Holzhäuser ideal, jedoch nicht barrierefrei.

Abb. 5.23: In Fluchtrichtung nach außen aufschlagende Haustür eines öffentlichen Gebäudes mit barrierefreiem Übergang

5.8.1 Haustüranschluss horizontal

Detail 5.8.1.1 M 1:10
Haustüranschluss
Außenwand: awro-ht001
Außenwand mit Rahmenwerk
ohne Installationsebene
ohne Verschattung
Haustür mit feststehendem Seitenteil

Bauteilaufbauten siehe Kapitel 4:
Außenwand: awrxxoXXXb

siehe auch Bauteilbeschreibungen in Detailzeichnungen 5.7.1.1 bis 5.7.1.3

Horizontalschnitt

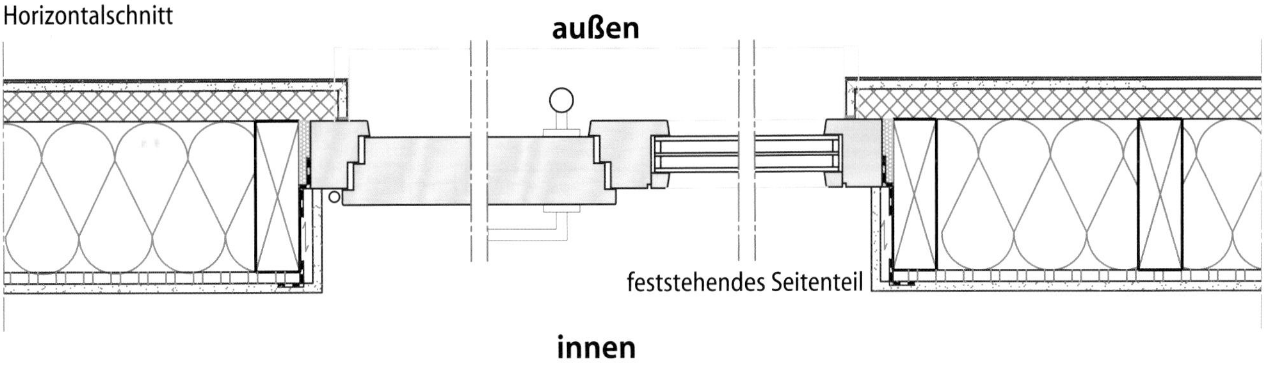

Detail 5.8.1.2 M 1:10
Haustüranschluss
Außenwand: awrh-ht001
Außenwand mit Rahmenwerk
mit Installationsebene
Holzverschalung vertikal
Haustür ohne Seitenteile

Bauteilaufbauten siehe Kapitel 4:
Außenwand: awrhhiXXXa

siehe auch Bauteilbeschreibungen in Detailzeichnungen 5.7.1.1 bis 5.7.1.3

Horizontalschnitt

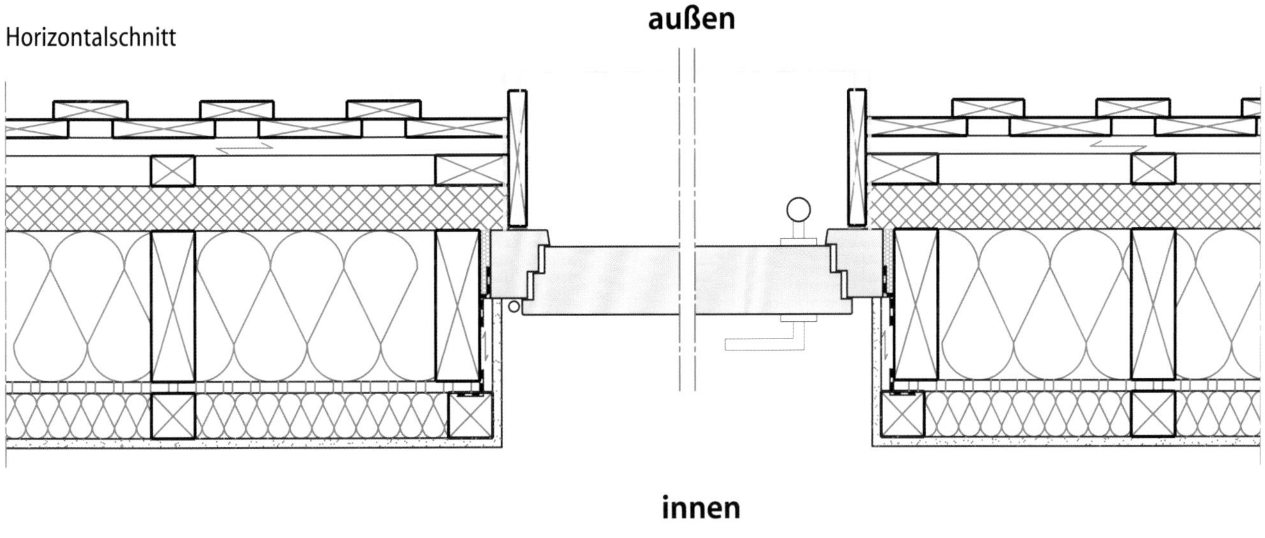

5.8.2 Haustüranschluss vertikal an Sockel

Detail 5.8.2.1 M 1:10
Haustür barrierefrei
zu Außenwandsockel: awro-bobb002

Vertikalschnitt - siehe auch Detail 5.2.1.2
Außenwand mit Rahmenwerk
mit Installationsebene
Putzfassade
Bodenplatte mit
Schaumglasschotter

Bauteilaufbauten siehe Kapitel 4:
Wand: awropiXXXa
Bodenplatte: bobbxxXXXo

siehe auch Bauteilbeschreibungen
in Detailzeichnungen 5.7.1.1 bis 5.7.1.3

(554) 50/50/4 mm Stahlwinkel.
(641) Luftdichtheitsklebeband
(693) Geotextil
(694) Abdichtung am Sockel
(752) 150 mm Feinsplitt, verdichtet
(754) Pflasterung
(755) 30 mm Gitterrost verzinkt o. Edelstahl Maschenweite 10/30 mm
(756) 30/30/3 mm Stahlwinkelrahmen f. Gitterrost

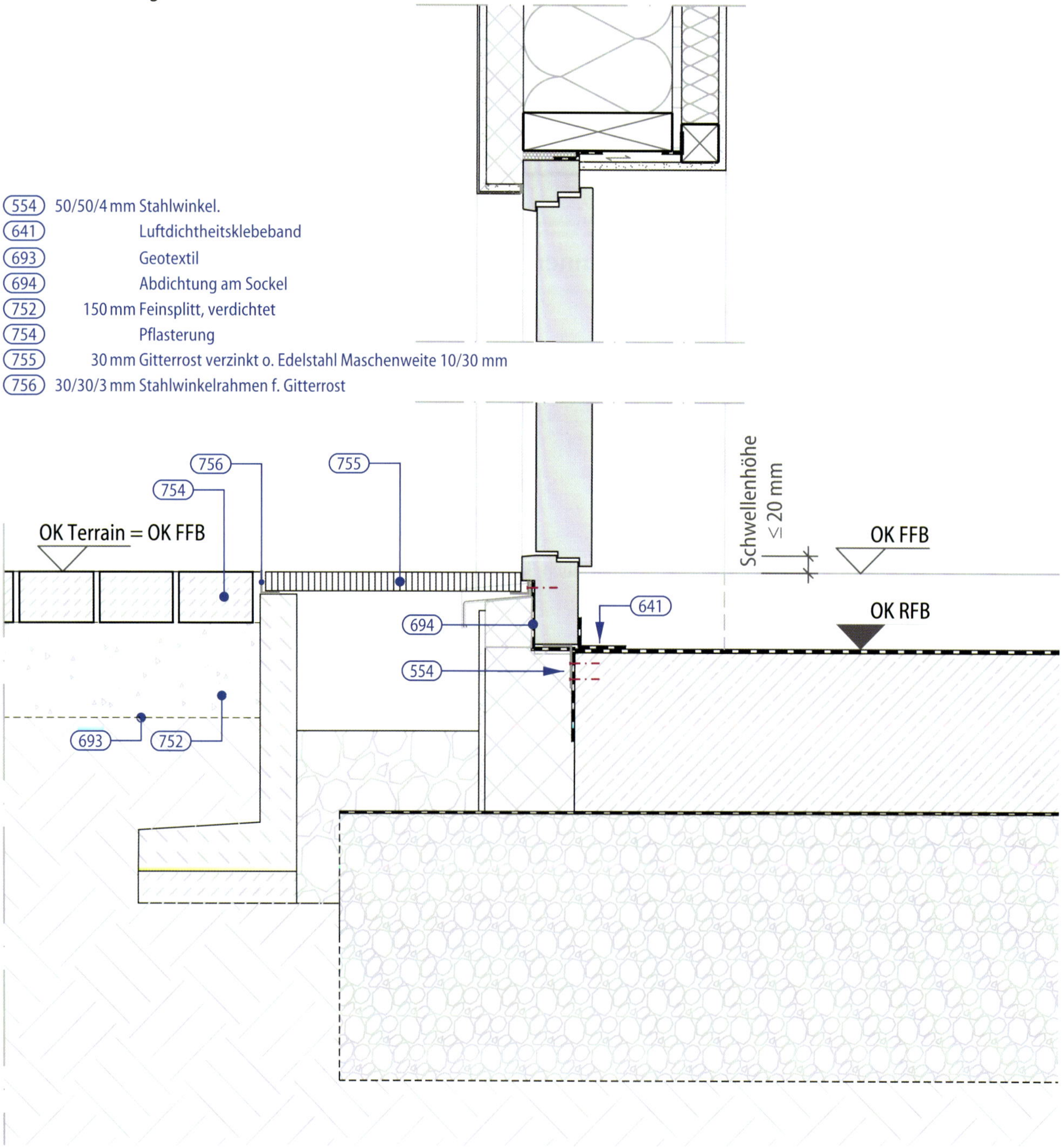

Detail 5.8.2.2 M 1:10
Haustür
zu Außenwandsockel: awrh-kdbn001

Vertikalschnitt - siehe auch Detail 5.2.2.3
Außenwand mit Rahmenwerk und Holzfassade
mit Installationsebene

beheizter Keller

siehe auch Bauteilbeschreibungen
in Detailzeichnungen 5.7.1.1 bis 5.7.1.3

Bauteilaufbauten siehe Kapitel 4:
Wand: **awrhpiXXXa**
Kellerdecke: **kdbnxxXXXo**

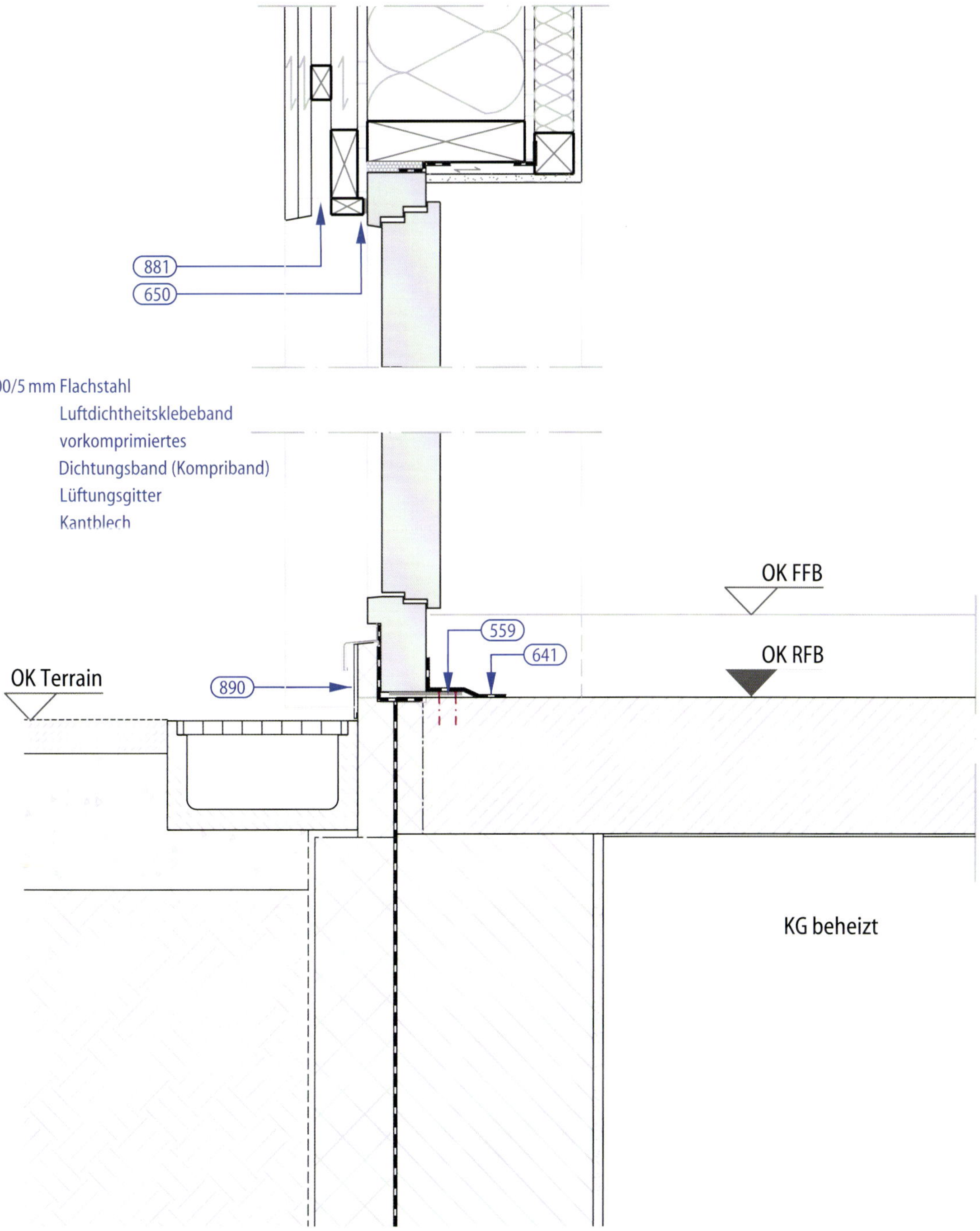

(559) 50/100/5 mm Flachstahl
(641) Luftdichtheitsklebeband
(650) vorkomprimiertes Dichtungsband (Kompriband)
(881) Lüftungsgitter
(890) Kantblech

5.9 Innentüranschlüsse

Detail 5.9.1.1 M 1:5
Innentüranschluss
Innenwand: iwrx-it001

Vertikalschnitt
Innenwand mit Rahmenwerk

siehe Tabelle 5.3

Bauteilaufbauten siehe Kapitel 4:
Innenwand: iwrxxoXXXb

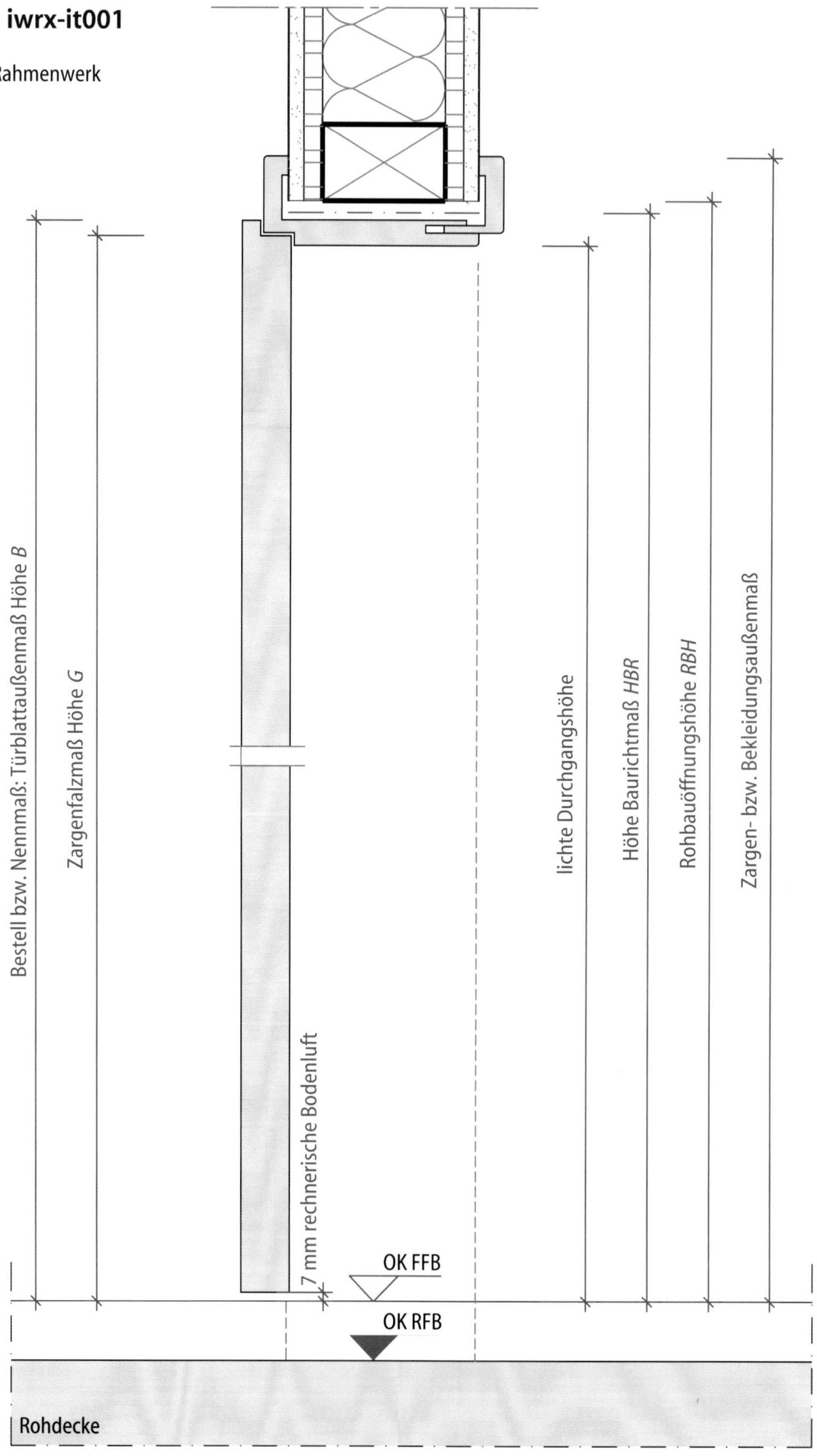

Detail 5.9.1.2 M 1:5
Innentüranschluss
Innenwand: iwrx-it002

Horizontalschnitt
Innenwand mit Rahmenwerk

Bauteilaufbauten siehe Kapitel 4:
Innenwand: iwrxxoXXXb

Bei der dargestellten Tür handelt es sich um eine „DIN-links-Tür" bzw. „DIN L":
Der Öffnungsflügel ist von dem Raum aus gesehen , in den sich die Tür öffnet,
links angeschlagen (der Türgriff ist rechts).

siehe Tabelle 5.4

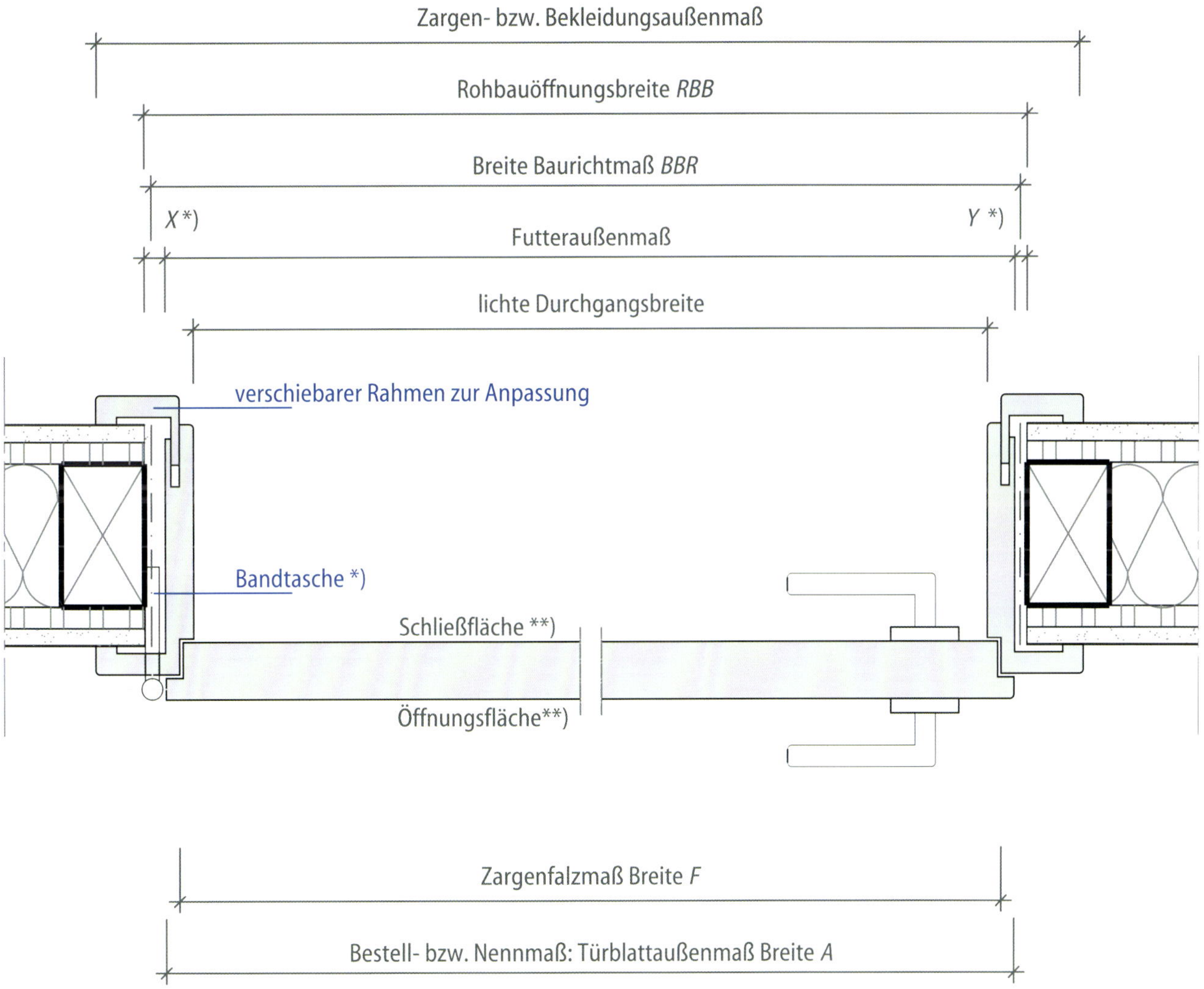

*) Aufgrund der Bandtasche kann es sein, dass die Zarge nicht genau mittig in der Rohbauöffnung plaziert werden kann. Deshalb sind die Maße X und Y nicht unbedingt gleich. Sollte eine exakte mittige Ausrichtung gewünscht werden, so muss die Bandtasche im Wandstiel ausgefälzt werden.

**) Bezeichnung der Seiten eines Türblattes zur Unterscheidung bei abweichenden Oberflächenausführungen.

Tabelle 5.3: Innentürhöhen in mm nach DIN 18101[1)] (siehe Detail 5.9.1.1)

Baurichtmaß *HBR*	**Rohbauöffnungsmaß** *RBH*	**Nennmaß gefälztes Türblatt** *B*	**Nennmaß stumpfes Türblatt**
2000	2010	1985	1972
2125	2135	2110	2097
2250	2260	2235	2222
2375	2385	2360	2347
2500	2510	2485	2472

1) DIN 18101 „Türen – Türen für den Wohnungsbau – Türblattgrößen, Bandsitz und Schlosssitz – Gegenseitige Abhängigkeit der Maße" (2014)

Tabelle 5.4: Innentürbreiten in mm nach DIN 18101 (siehe Detail 5.9.1.2)

Baurichtmaß *BBR*	**Rohbauöffnungsmaß** *RBB*	**Nennmaß gefälztes Türblatt** *A*	**Nennmaß stumpfes Türblatt**	**Zargenfalzmaß** *F*
625	635	610	584	591
750	760	735	709	716
875	885	860	834	841
1000	1010	985	959	966
1125	1135	1110	1084	1091
1250	1260	1235	1209	1216

6 Haustechnik

In diesem Kapitel wird der Einbau der Bauelemente der Haustechnik in den Holzrahmenbau vertieft. Auf die Planungsgrundlagen und -anforderungen von Elektrotechnik, Sanitärinstallationen, Heizungsanlage und mechanischer Lüftung im Holzrahmenbau wird in Kapitel 2.5 näher eingegangen.

6.1 Integration der Haustechnik im Holzbau

Die Verlegung von Rohrleitungen direkt auf den Rohdecken ist einfach (Abb. 6.1), kann jedoch bei Nachfolgearbeiten beim Estrichlegen Probleme bereiten. Auch passt nicht jeder Leitungsquerschnitt in den zur Verfügung stehenden Raum. Deshalb kommt man nicht umhin, Leitungen in die Holzkonstruktion selbst einzubauen.

Aussparungen bzw. Durchbrüche in Holzbauteilen

Auf den nachfolgenden Seiten wird die Integration von Aussparungen/Durchbrüchen für Haustechnikinstallationen in Holzbauteile dargestellt. Abb. 6.2 vermittelt einen Eindruck von der Vielzahl verschiedener Rohre, die in den Holzbaukörper integriert werden müssen. Durchbrüche für Installationen in Holzbauteilen zeigen die Abb. 6.3, 6.4 und 6.14.

Sofern kein besonderer Vermerk an den dargestellten Details bezüglich zusätzlicher Nachweise angegeben ist, können diese Aussparungen oder Durchbrüche ohne Verstärkung ausgeführt werden.

Abb. 6.1: Rohrleitungen auf der Rohdecke

Abb. 6.2: Heizungs-, Lüftungs-, Frischwasser- und Abwasserrohre in einem Holzrahmenbau

Abb. 6.3: Aussparung in Konstruktionshölzern:
a) durchtrennte Wandschwelle für Abwasserrohr;
b) Fräsung im Wandständer für Elektroinstallation

Abb. 6.4: Rechteckaussparung in Wanduntergurt

Aussparungen für Rohrleitungen durch Wanduntergurt/Schwelle

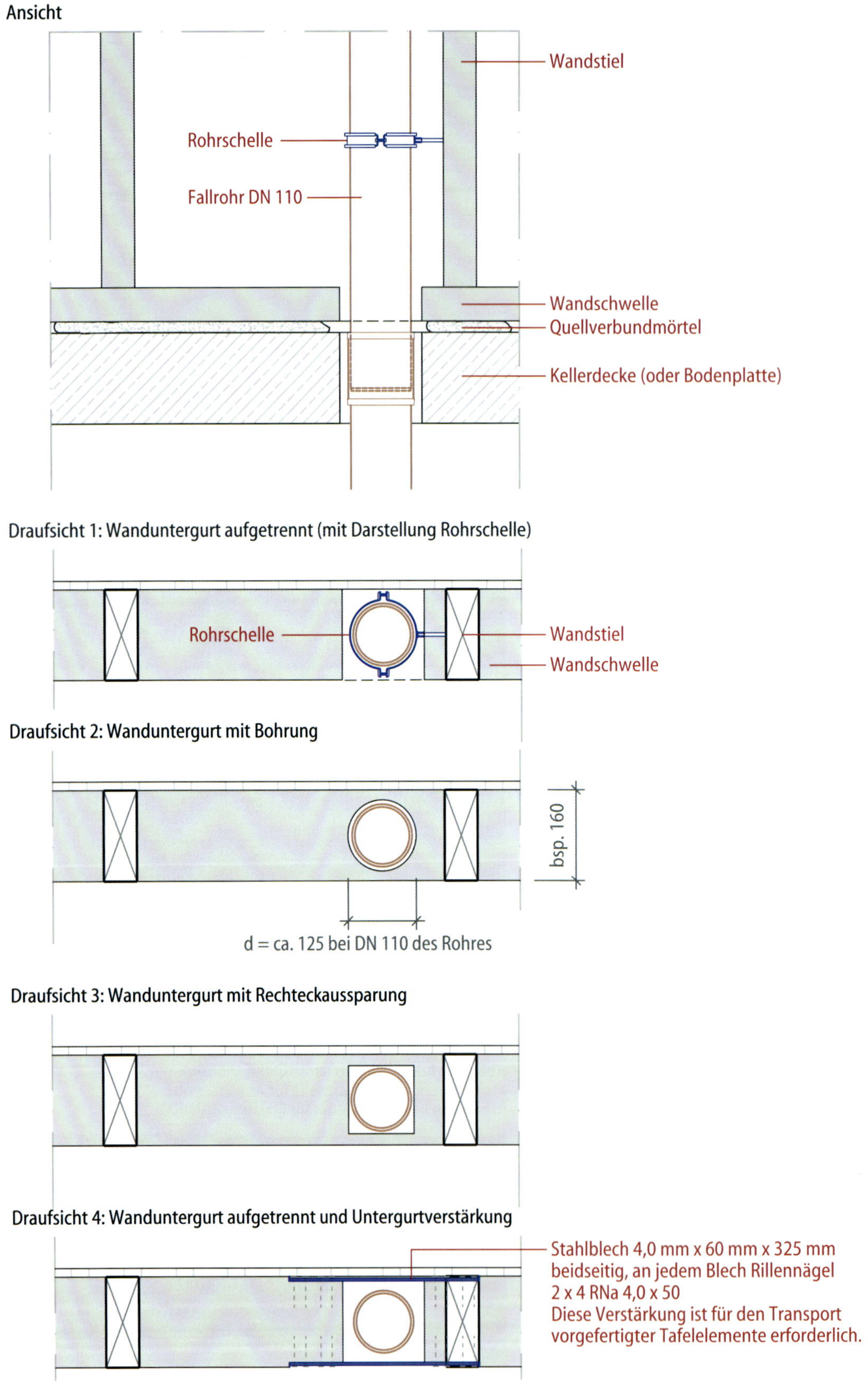

Abb. 6.5: Aussparungen für Rohrleitungen durch den Wanduntergurt bzw. die Wandschwelle

Durchbrüche in Schwellen und Rähm

Ansicht

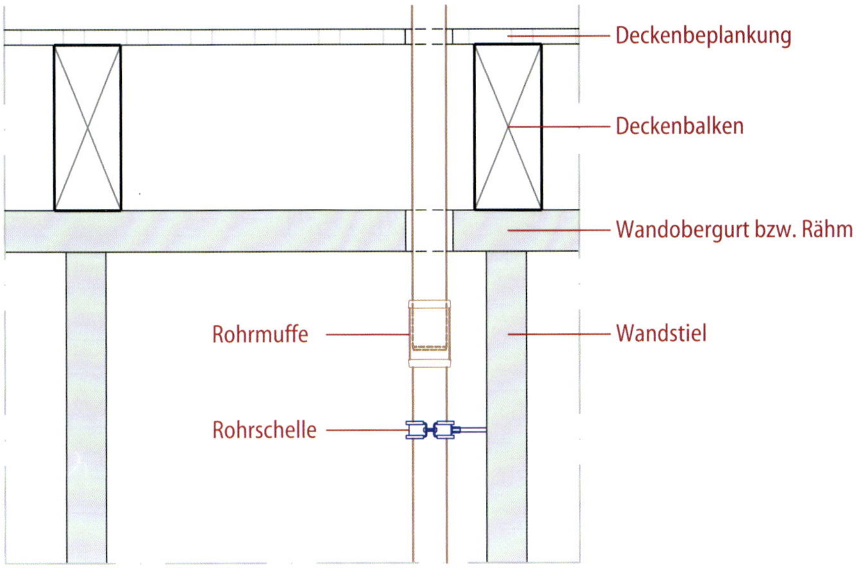

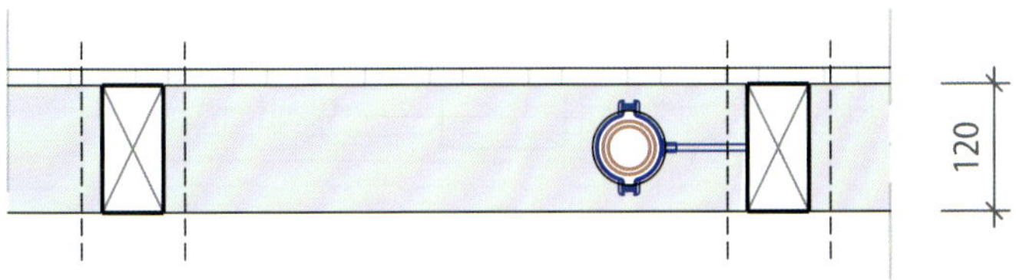

Draufsicht 2: Wandobergurt / Rähm mit Bohrung (gilt auch für Wandschwelle)

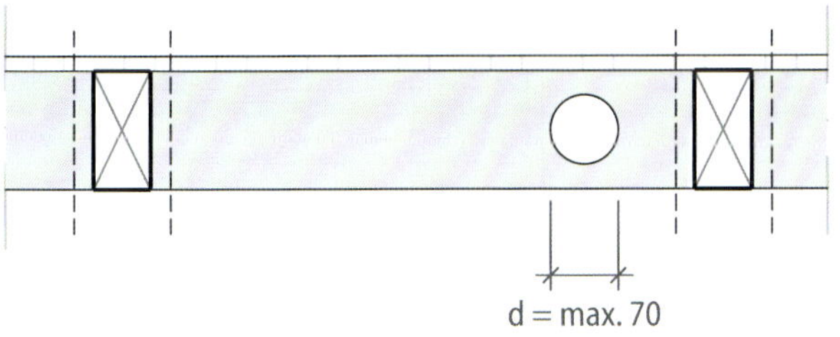

ohne Verstärkung möglich

Draufsicht 3: Wandobergurt / Rähm mit Rechteckaussparung am Rand (gilt auch für Wandschwelle)

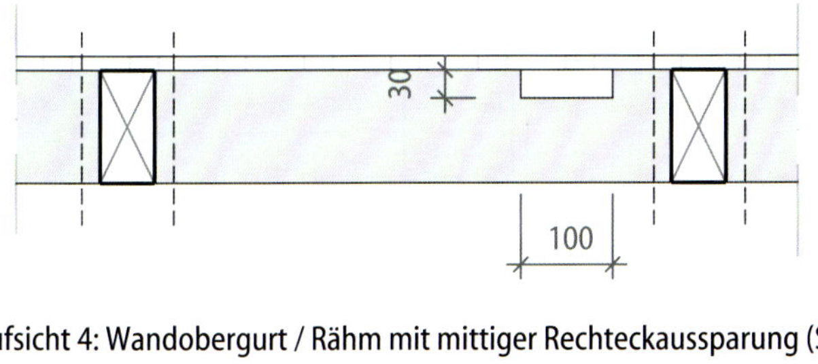

ohne Verstärkung möglich

Draufsicht 4: Wandobergurt / Rähm mit mittiger Rechteckaussparung (Schlitz) (gilt auch für Wandschwelle)

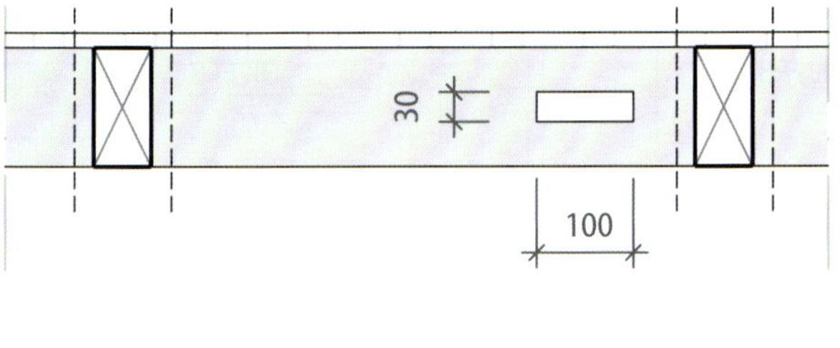

ohne Verstärkung möglich

Abb. 6.6: Durchbrüche in Schwellen und Rähm

Durchbrüche in Wandpfosten bzw. -stielen

Varianten a) und b) sind mit einfachem Wandstiel ohne Verstärkungen möglich

*) Empfehlung Installationszone Achse 30 cm über Oberkante Fertigfußboden oder unter Unterkante Deckenunterseite

**) Für Variante a) muss die Achse der Installationszone 30 cm über Oberkante Fertigfußboden oder unter Unterkante Deckenunterseite angeordnet sein.

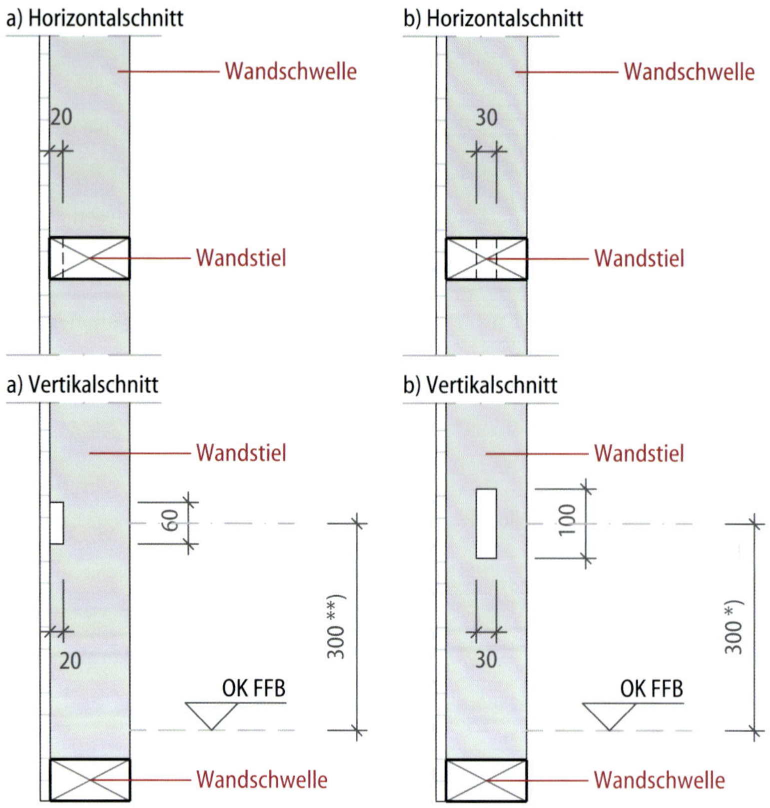

Varianten c) bis e) sind mit Doppelstielstiel ohne Verstärkungen möglich.

Bei Wandstielen mit mindestens 6/18 cm ist jeweils ein einfacher Wandstiel ohne Verstärkungen möglich.

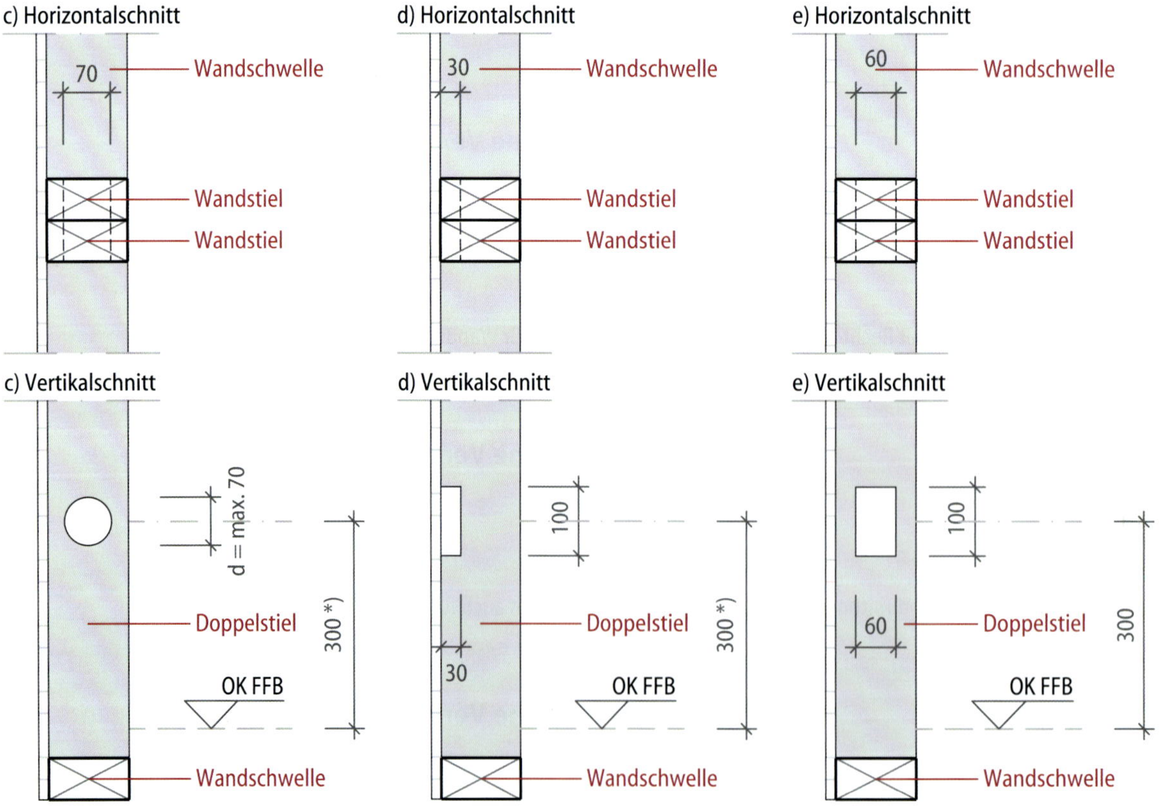

Abb. 6.7: Durchbrüche in Wandpfosten bzw. -stielen

Durchtrennungen von Rähmen, Schwellen, Wandpfosten

a) Detail größere Durchtrennung von Rähm (Obergurt) oder Schwelle

Ansicht

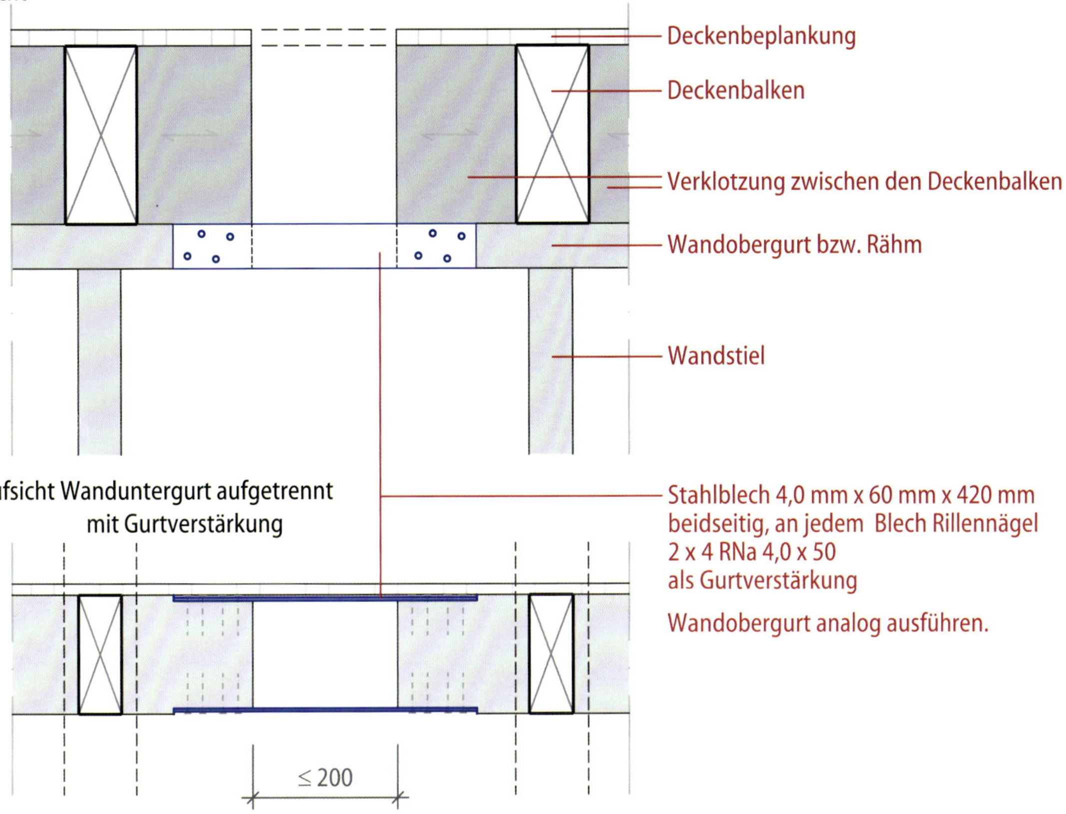

b) Detail für größere Öffnungen für Installationsdurchführungen über mehrere Gefache von Wänden.
Einbau eines Unterzuges analog Fenster- und Türöffnungen. Ein statischer Nachweis ist erforderlich.

Wandansicht

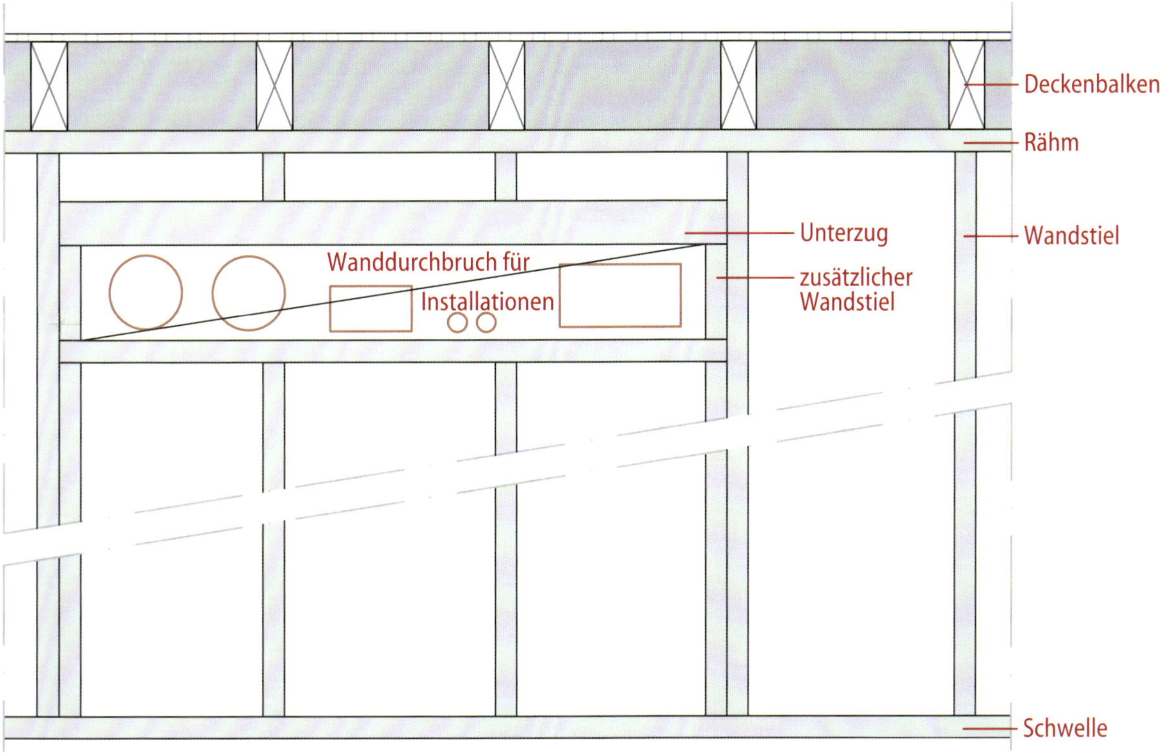

Abb. 6.8: Durchtrennungen von Rähmen, Schwellen, Wandpfosten

Maximale Größe von Durchbrüchen in Wandbeplankungen

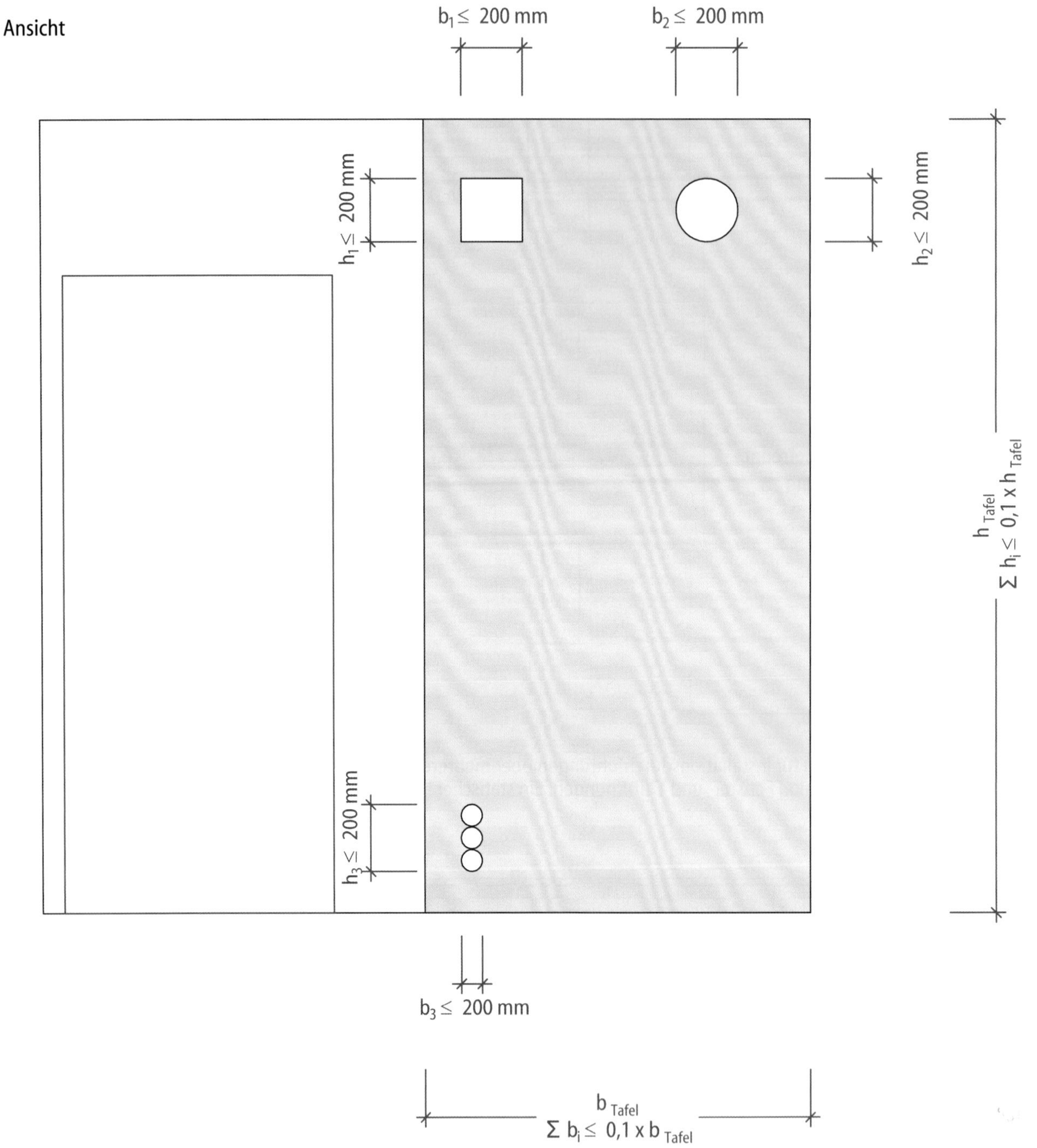

Abb. 6.9: Maximale Größe von Durchbrüchen in Wandbeplankungen

Ausklinkungen in Deckenbalken

a) Detail: obere Ausklinkung am Auflager, a = 4 cm

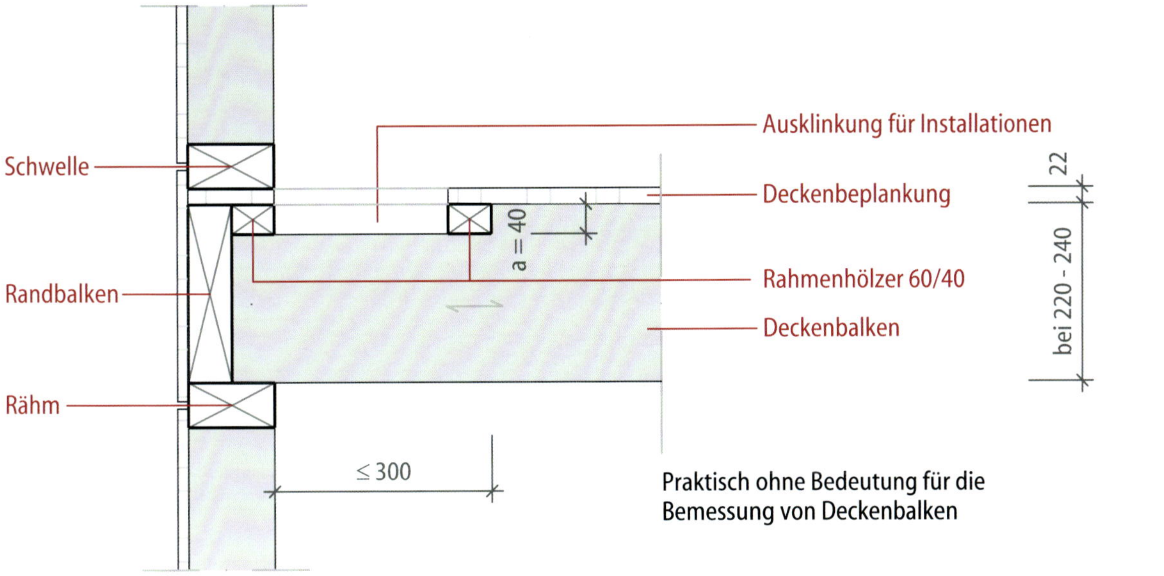

b) Detail: obere Ausklinkung am Auflager, a = 8 cm

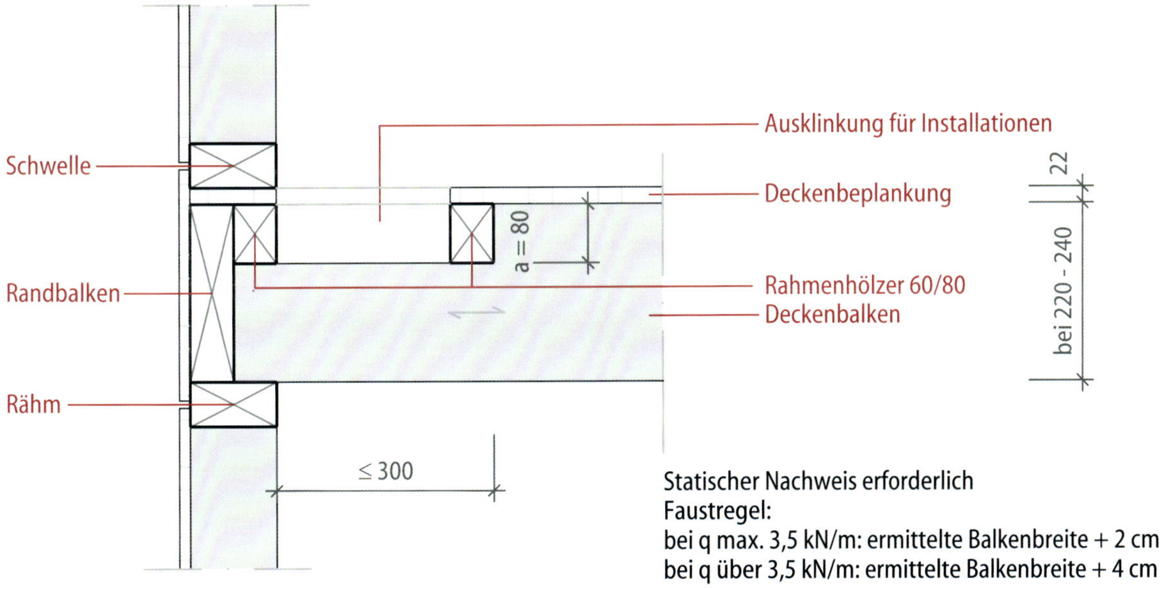

c) Detail: obere Ausklinkung an beliebiger Stelle, a = 4 cm (Bei a > 4 cm ist ein statischer Nachweis erforderlich!)

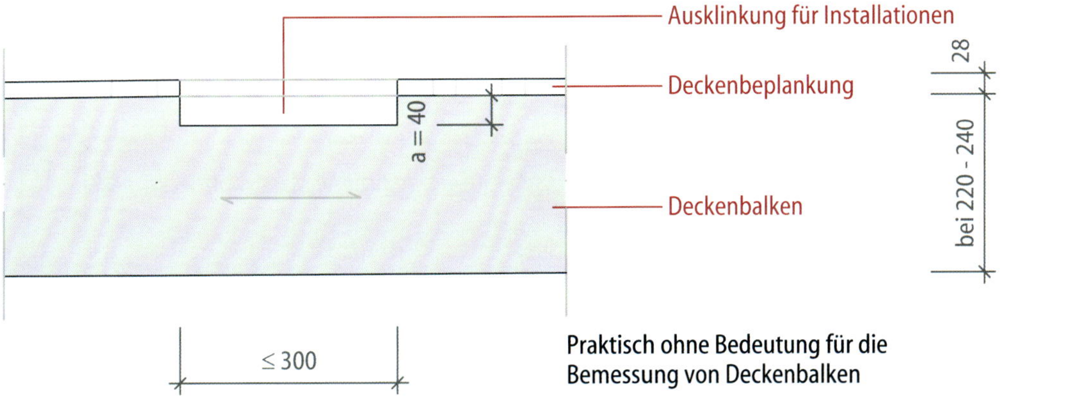

Abb. 6.10: Ausklinkungen in Deckenbalken

Detail: Tragbalken mit Aufdoppelung, Installationsraum a = 8 cm

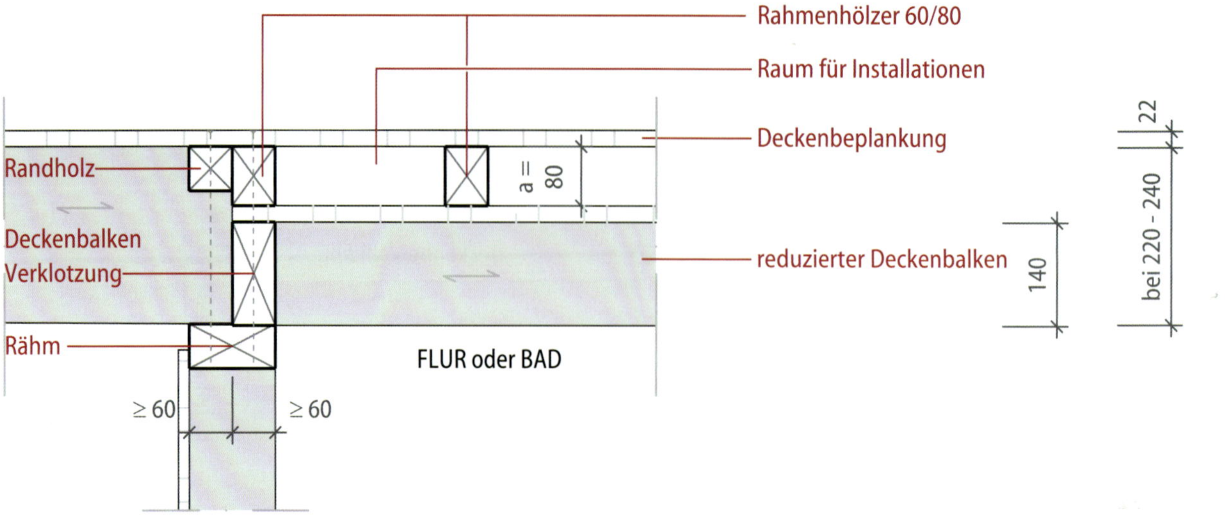

Abb. 6.11: Flachkanal mit Aufdoppelung

Detail: bei geringen Stützweiten ausgeklinkter Deckenbalken, a = 8 cm

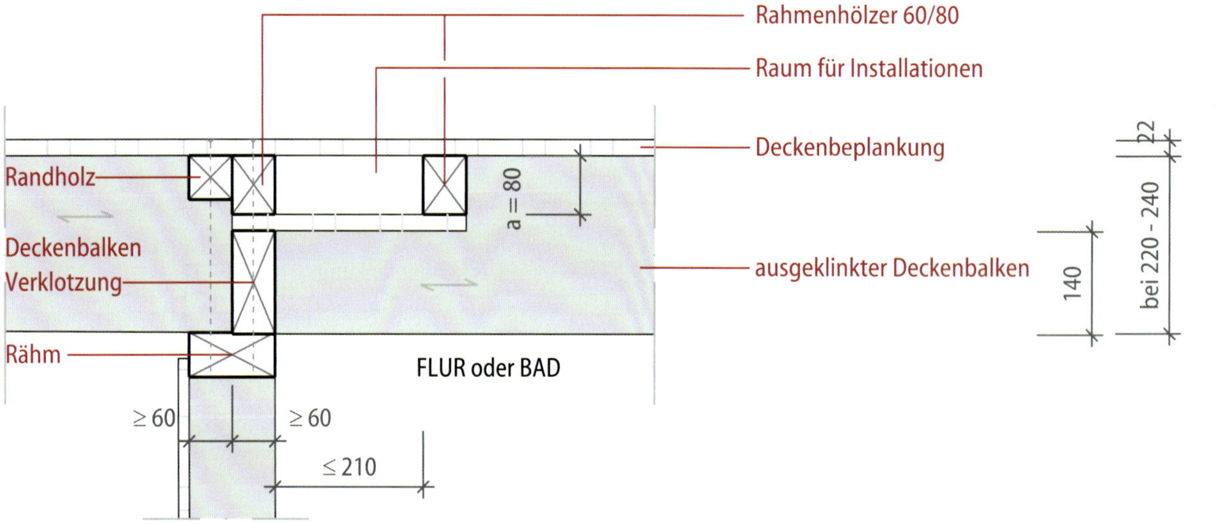

Abb. 6.12: Flachkanal in Ausklinkung liegend

Detail: Tragbalken mit Aufdoppelung, Ausklinkung a = 8 cm

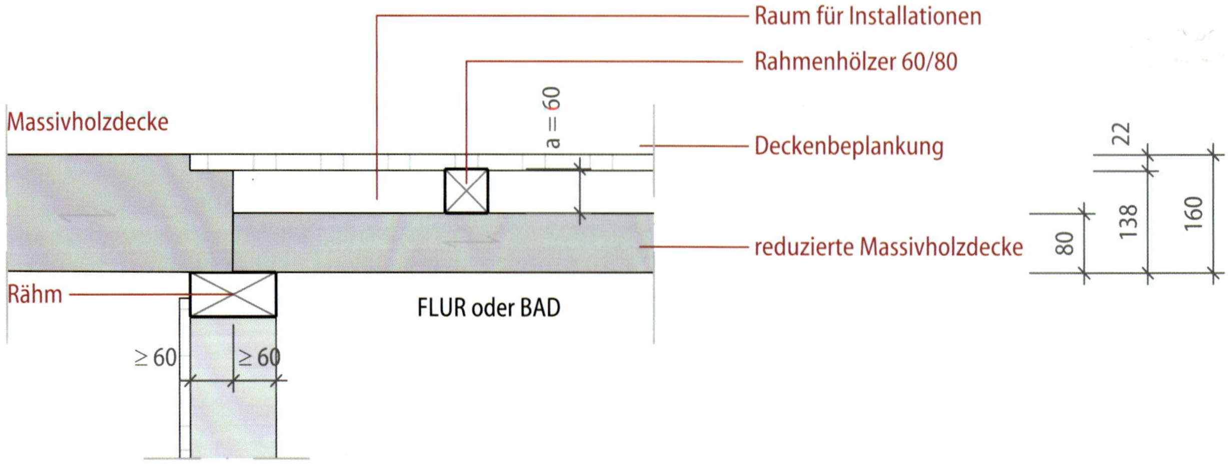

Abb. 6.13: Massivholzdecke mit Aufdoppelung

Ohne genauere Nachweise dürfen die Seitenlängen von Einzeldurchbrüchen in den Wandbeplankungen von Tafeln höchstens 20 cm betragen. Zugleich darf die Summe aller Seitenlängen der Durchbrüche nicht mehr als 10 % der Tafelbreite bzw. Tafelhöhe betragen.

In Deckenbereichen mit kleinen Stützweiten (über Fluren, Bädern) können niedrige Tragbalken mit einer Aufdoppelung horizontalen Installationsraum schaffen, ohne dass eine generelle Erhöhung des Deckenaufbaus erforderlich wird Diese Variante ist auch für freiliegende Holzbalken geeignet.

Bei Holzbalkendecken geringer Stützweiten können an den Auflagern entlang der Wände Luftleitungen größeren Querschnitts (Flachkanäle) in Ausklinkungen untergebracht werden. Das Prinzip ist auch für freiliegende Holzbalken geeignet.

In Massivholzdecken mit kleinen Stützweiten (über Fluren, Bädern u.Ä.) können niedrigere Platten mit einer Aufdoppelung horizontalen Installationsraum schaffen, dass eine generelle Erhöhung des Deckenaufbaus nötig wird.

Grundsätzlich ist es bei Holzstegträgern einfach, Durchbrüche im Stegbereich herzustellen, wobei die in Kapitel 2.4 angesprochenen statischen Anforderungen zu beachten sind. Grundsätzlich ist zu beachten, dass alle Durchbrüche in der Mitte des Steges angeordnet werden müssen, wobei bei Produkten der Firma STEICO runde Durchbrüche mit einem maximalen Durchmesser von 25 mm und rechteckige Durchbrüche mit maximal 14 mm × 40 mm überall im Steg platziert werden dürfen. Zu beachten ist, dass rechteckige Durchbrüche in den Ecken mit einem Radius von mindestens 10 mm abzurunden sind. Bei Finnjoist-Trägern können Öffnungen mit einem Durchmesser bis maximal 20 mm an beliebiger Stelle angeordnet werden.

Je nach Belastung der Holzstegträger kann es bei Durchbrüchen erforderlich sein, eine Stegverstärkung, wie sie Abb. 6.15 zeigt, einzubauen. Dies wird vom Tragwerksplaner vorgegeben.

Hinweis:

Wenn längere Rohre im rechten Winkel zur Balkenlage in der Konstruktionsebene eingebaut werden sollen und dafür Aussparungen hergestellt werden, muss bei der Montage des Gebäudes darauf geachtet werden, dass die entsprechenden Rohre bereits auf der Baustelle vorhanden sind und während der Montage eingelegt werden können. Ansonsten könnte es passieren, dass ein nachträglicher Einbau nicht mehr möglich ist.

Abb. 6.14: Durchbruch in Wandobergurt/Wandrähm

Abb. 6.15: Stegverstärkung an Rohrdurchbrüchen

Abb. 6.16: Lüftungsrohre in Stegträgern

Stegdurchbrüche bei Holzstegträgern

Für lieferbare Holzstegträger: STEICOjoist SJ und FinnJoist FJI

Für die gängigen Holzstegträger-Produkte gilt für die Abstände von Öffnungen zu Einzellasten F und Abstände zwischen Öffnungen

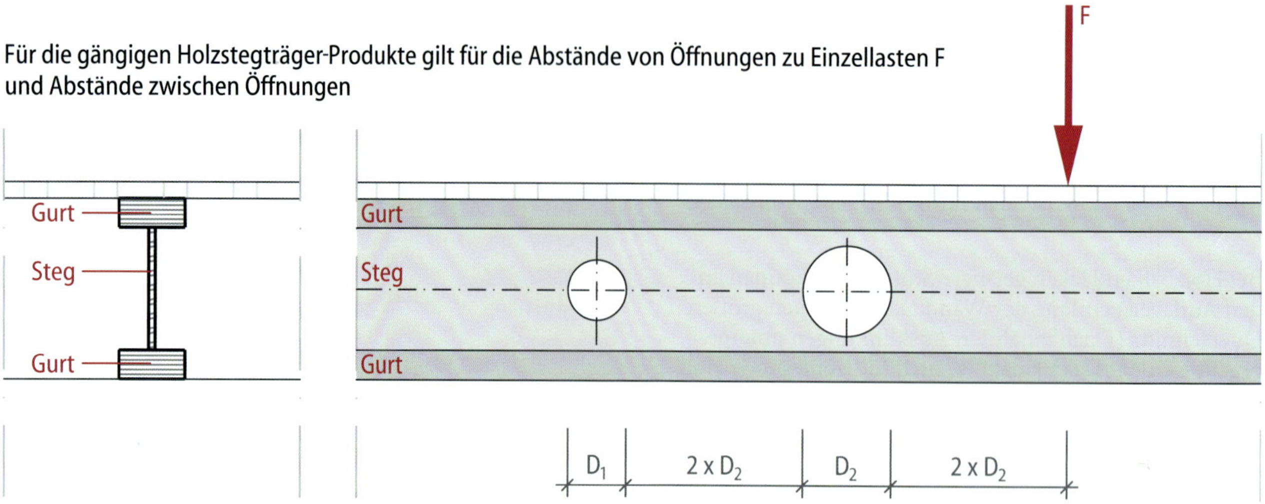

Rechtecköffnungen: Ecken abrunden mit Radius r: SJ mind. 20 mm, FJI mind. 10 mm

Bohrungen mit d max. 20 bzw. 25 mm an beliebiger Stelle möglich

Nur bei SJ: mehrere runde Öffnungen in der Mittelachse bis d = 38 mm

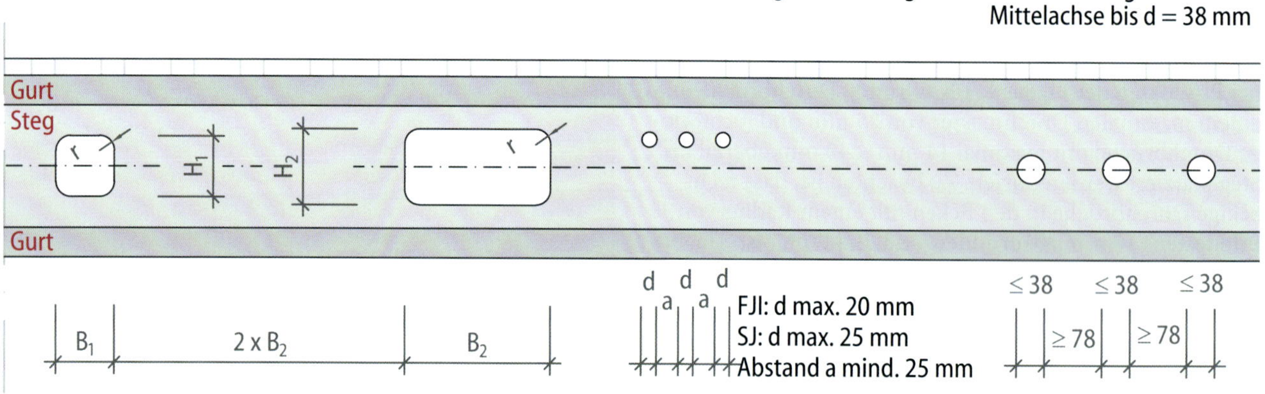

Mindestauflagerabstand von Öffnungen
Unterschiedlich bei STEICOjoist SJ und FinnJoist FJI

Nur bei STEICOjoist SJ möglich: Rechteck max. 14 mm x 40 mm an beliebiger Stelle

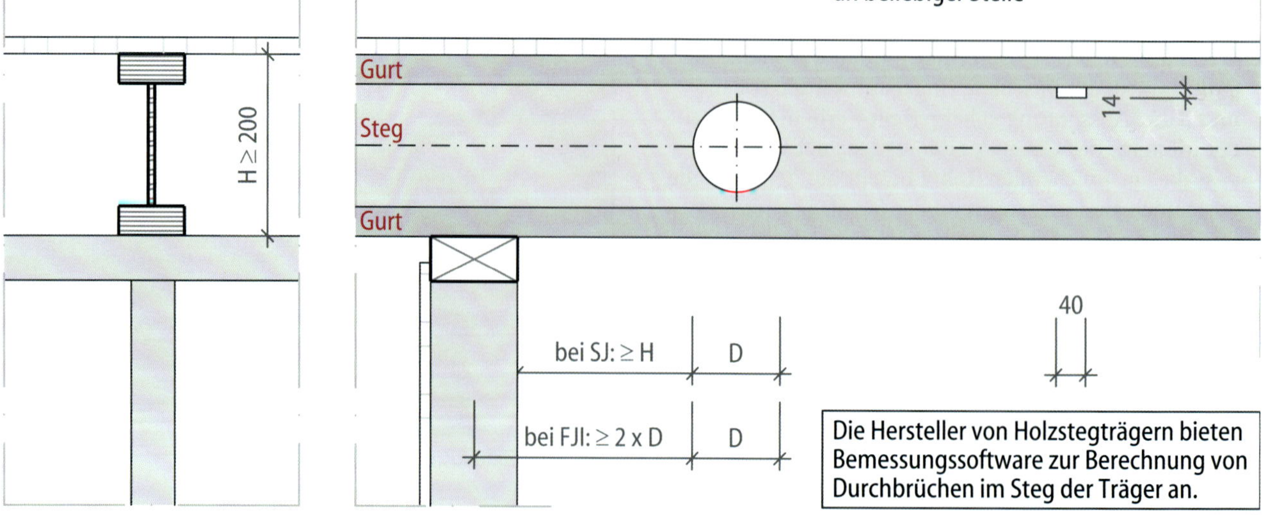

Abb. 6.17: Stegdurchbrüche bei Holzstegträgern

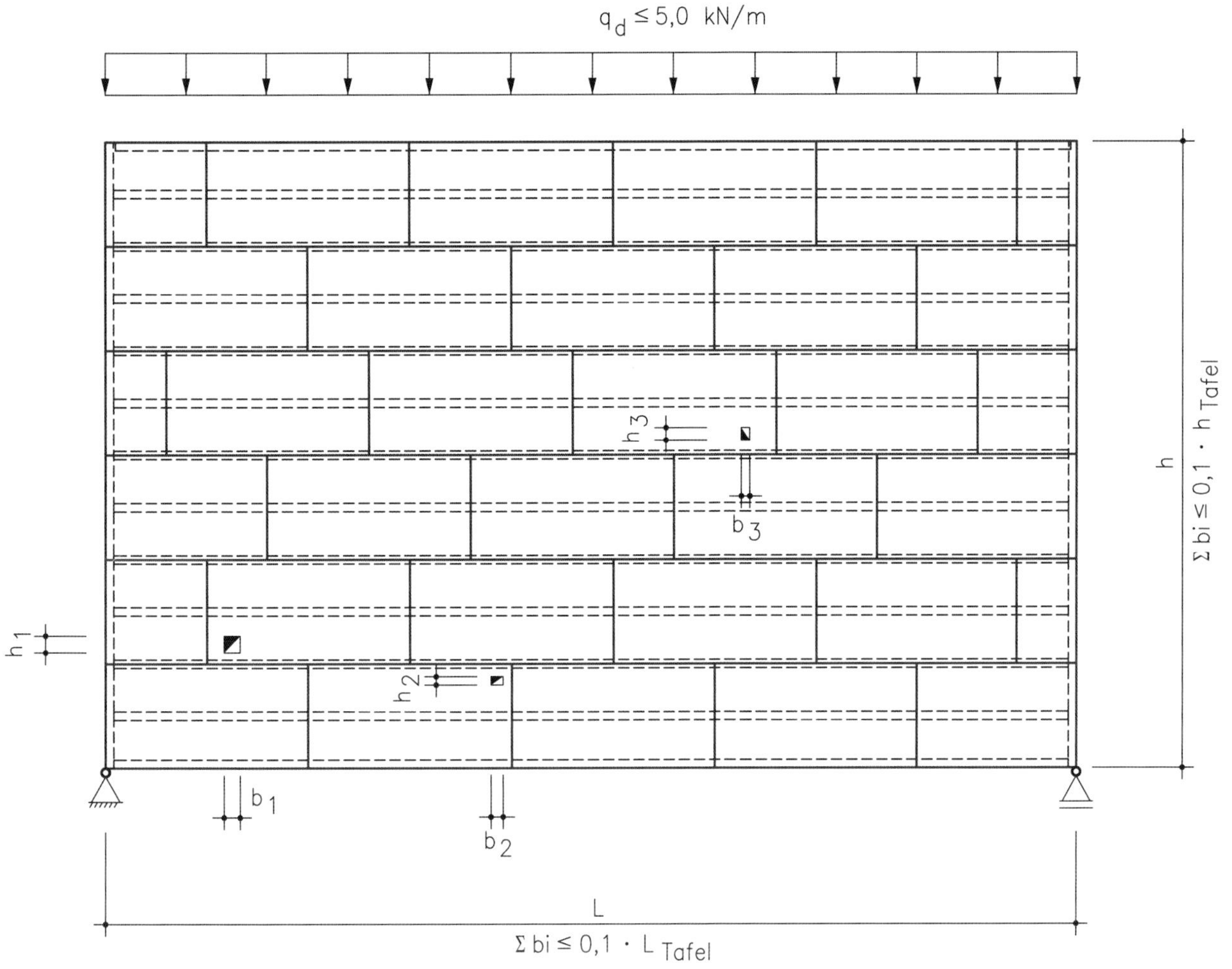

Abb. 6.18: Aussparungen in Deckenbeplankungen

Ohne genaueren Nachweis zulässige Durchbrüche in Deckenscheiben:

- $h_i \leq 20$ cm und $b_i \leq 20$ cm (höchste zulässige Größe eines einzelnen Durchbruchs)
  und zugleich:
- Summe aller Durchbruchlängen (b_i) < 10 % der Tafellänge
- Summe aller Durchbruchhöhen (h_i) < 10 % der Tafelhöhe

Die zulässigen Durchbrüche in Beplankungen von Deckenscheiben sind nur selten geeignet, die Anforderungen aus der Haustechnik zu erfüllen.

6.2 Hauseinführung durch den Versorger

In manchen Orten oder Teilgebieten einer Gemeinde oder Stadt erfolgt die Elektroversorgung noch über Freileitungen. In solchen Fällen schreibt der Versorger vor, die Elektrohauseinführung über das Dach vorzunehmen. Dazu wird ein Dachständer auf dem Dach befestigt, der dann als Metallrohr durch die dämmende Hülle in den oberen Dachraum eindringt. Ein solches Rohr stellt eine erhebliche Wärmebrücke dar und es ist nicht auszuschließen, dass sich innen Kondensat bildet. In Abb. 6.20 und 6.21 ist ein solcher Dachständer zu sehen.

Bei einer solchen Versorgungsart sollte im Vorfeld geklärt werden, ob es nicht möglich ist, neben das Gebäude einen Mast zu stellen und von dort die Stromleitung von unten in das Gebäude einzuführen. Das hat neben der Vermeidung von Kondensat am Stahlrohr den Vorteil, dass bei einer möglicherweise späteren Umstellung der Versorgung und Verlegung der Leitungen in die Straßen ohne großen Aufwand die Hauseinführung nachträglich geändert werden kann.

Abb. 6.19: Hauseinführung im KG sowie Anschlüsse für Lüftungsrohre

Abb. 6.20: Dachständer für Elektroversorgung außen auf dem Dach

Abb. 6.21: Dachständer für Elektroversorgung aus Abb. 6.20 von innen. Im vorgefertigten Dachelement wurde dafür eine Aussparung vorbereitet, die nachträglich ausgedehnt werden muss. Das Rohr ist auch luftdicht an die OSB-Platte anzuschließen. Am Mastrohr kann Kondensat entstehen.

Hauseinführung durch die Bodenplatte

Beispiel: Haus auf Bodenplatte mit Dämmung unter der Stahlbetonplattengründung

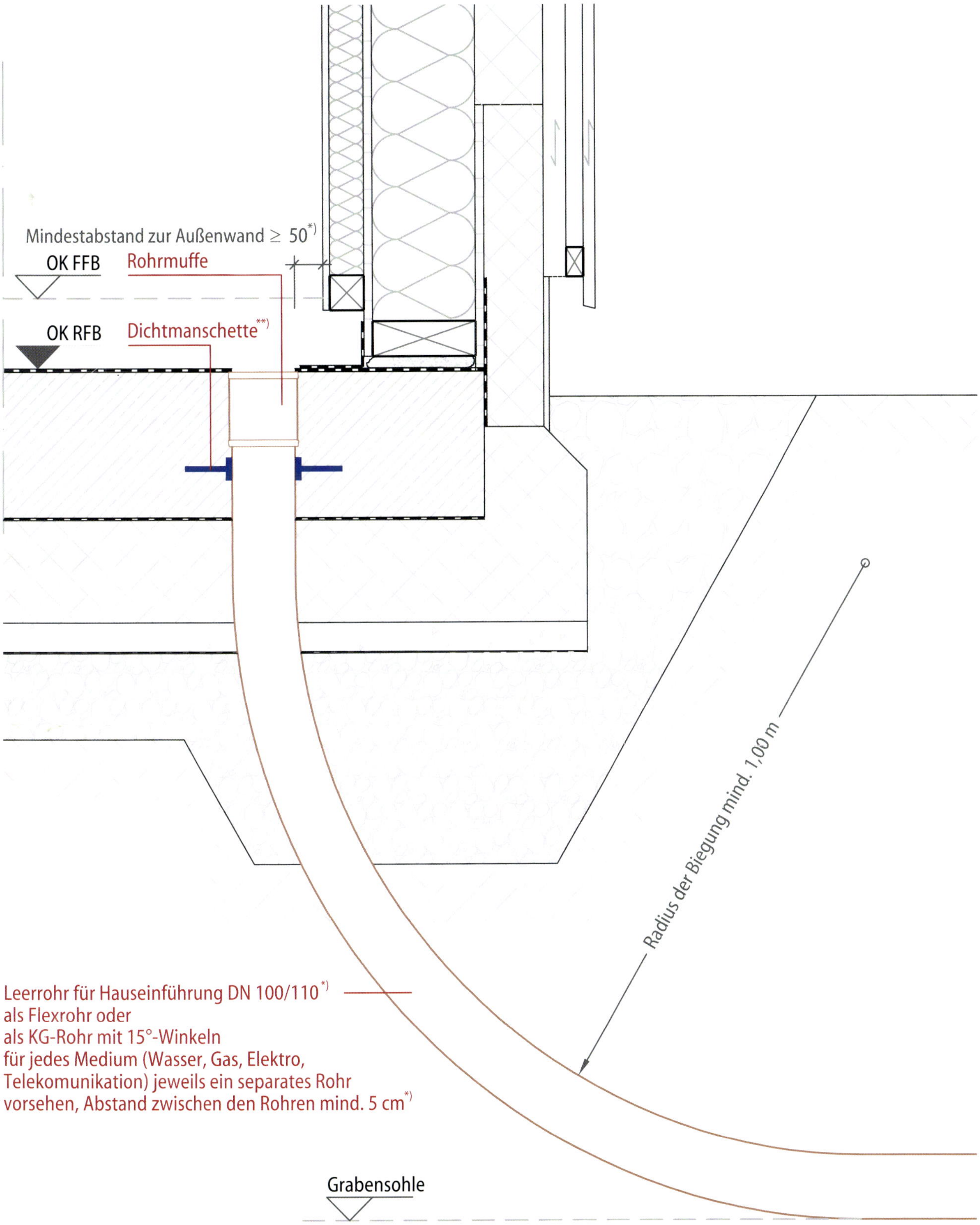

*) Der Abstand von Wänden, die Rohrdurchmesser und die Lage der Hauseinführungen sind mit den Versorgern abzusprechen.

**) Die Hauseinführungen sind gas- und druckwasserdicht herzustellen.
Die eingeführten Versorgungsleitungen sind am Leerrohr fachgerecht abzudichten.
Anstelle einzelner Rohre können auch vorkonfektionierte Mehrsparten-Hauseinführungen verwendet werden.

Abb. 6.22: Hauseinführung durch die Bodenplatte

Hauseinführung durch Kellerwand mit Mehrspartenhauseinführung

Beispiel: unterkellertes Haus

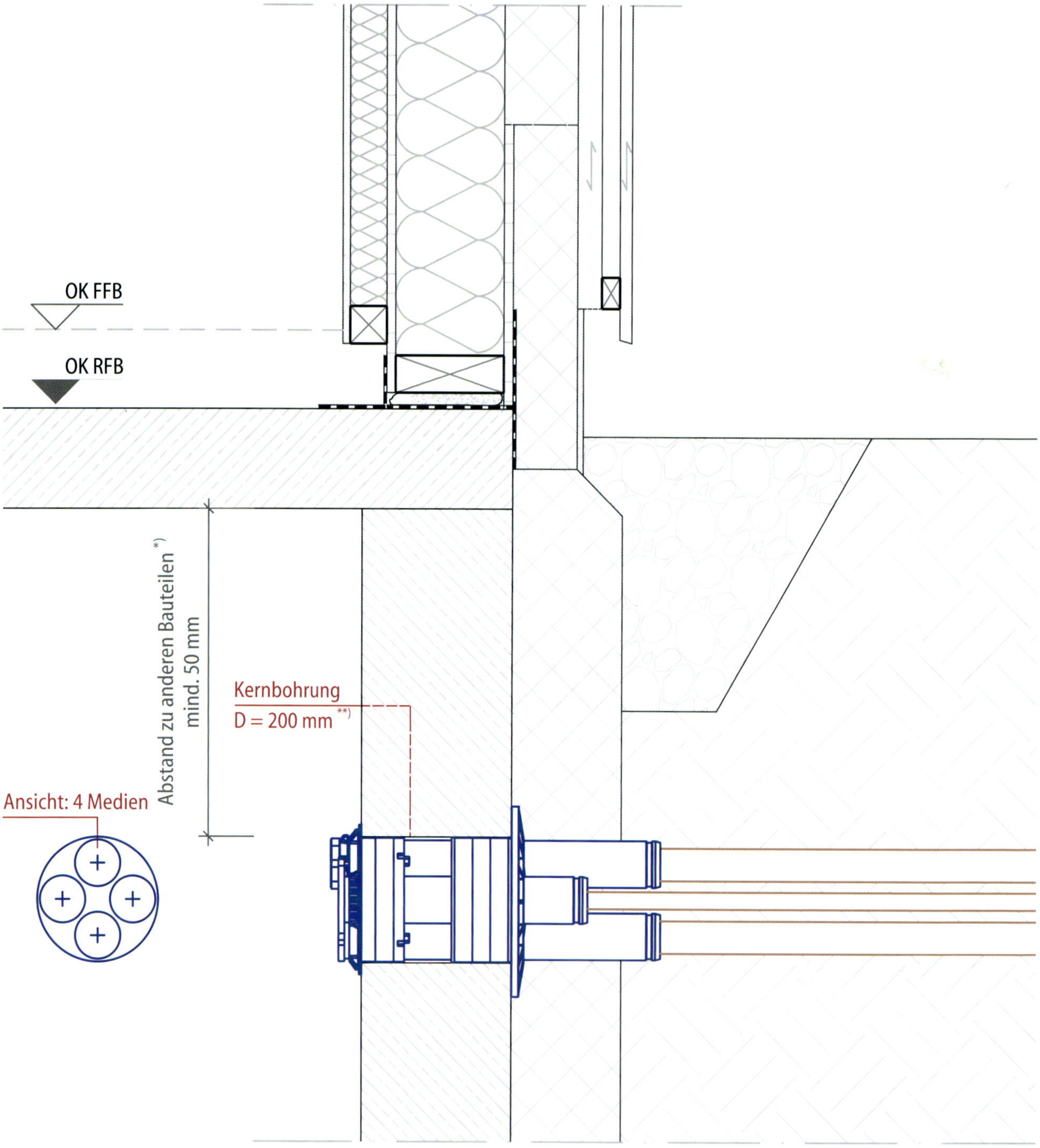

*) Abstände zu anderen Bauteilen und die Lage der Hauseinführungen sind mit den Versorgern abzusprechen.

**) Die Hauseinführungen sind gas- und druckwasserdicht herzustellen.
Durchmesser der Kernbohrung gemäß Herstellerangabe der vorkonfektionierten Mehrsparten-Hauseinführung.
Anstelle einer Kernbohrung kann bei Betonfertigteilen eine runde Öffnung bereits im Fertigteil vorgesehen werden.

Abb. 6.23: Hauseinführung durch die Kellerwand mit Mehrspartenhauseinführung

6.3 Montage Elektroinstallation

Es ist zu beobachten, dass der Aufwand für Elektroinstallationen stetig zunimmt. Beispielhaft zeigt Abb. 6.24 eine Hauptverteilung während der Installation. Für eine Ausführung entsprechend den für Elektroinstallationen vorgegebenen Verlegetrassen der Kabelverlegung empfiehlt es sich, wie in Abb. 6.25 dargestellt, Ausfräsungen an den Wandstielen vorzunehmen (siehe auch Kapitel 2.5.1.3).

Abb. 6.24: Elektrohauptverteilung während der Installation

Abb. 6.25: Ausfräsungen an den Wandstielen für Elektroleitungen

Abb. 6.26: Vorbereitung der Elektroverkabelung eines Sternenhimmels mit kleinen Spots im Badezimmer

Abb. 6.27: Die Decke aus Abb. 6.26 nach Montage der Gipsplatten ...

Abb. 6.28: ... und nach der Fertigstellung

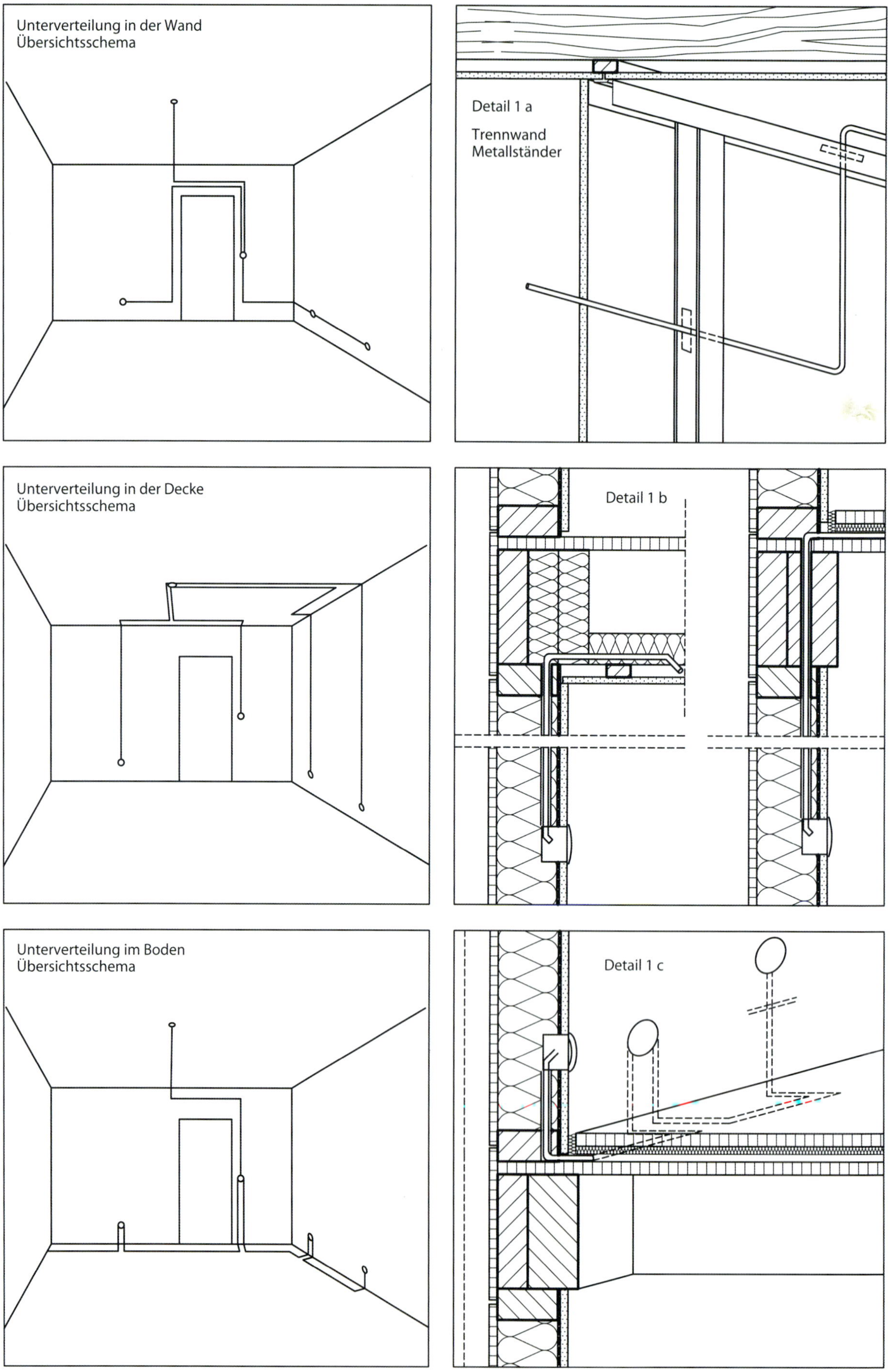

Abb. 6.29: Anordnung von Elektroleitungen in den Wänden

6.4 Montage Sanitärinstallation

Für die Montage von Sanitärinstallationen wird empfohlen, Objektträger, die von verschiedenen Herstellern angeboten werden, zu verwenden. Beispiele dafür sind in Abb. 6.30 und 6.31 dargestellt.

Abb. 6.30: Toilettenträgergestell mit Spülkasten an einer Holzrahmenbauwand

Abb. 6.31: Wandintegrierter Waschtischträger

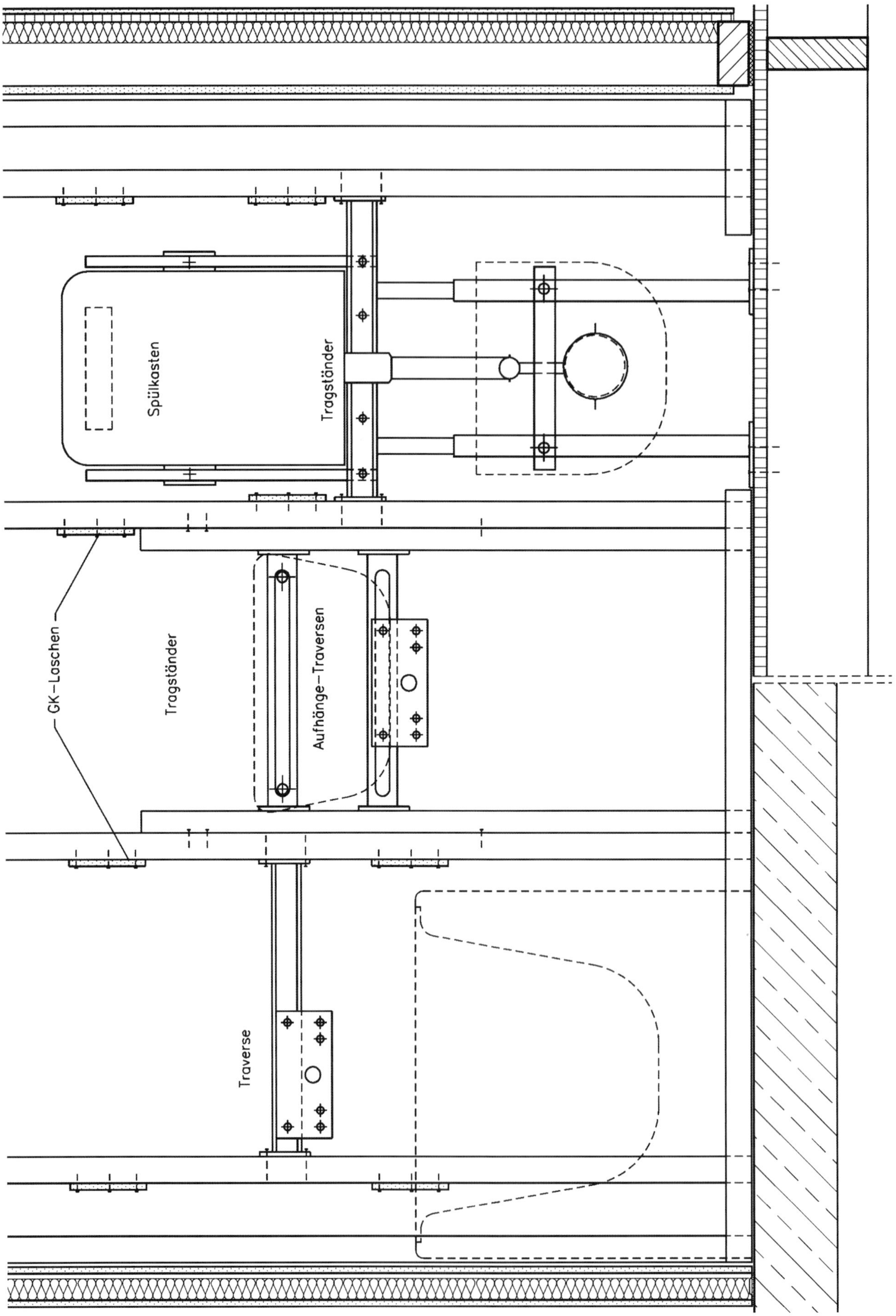

Abb. 6.32: Installationswand mit Metallständern als Doppelständerwand: Ansicht

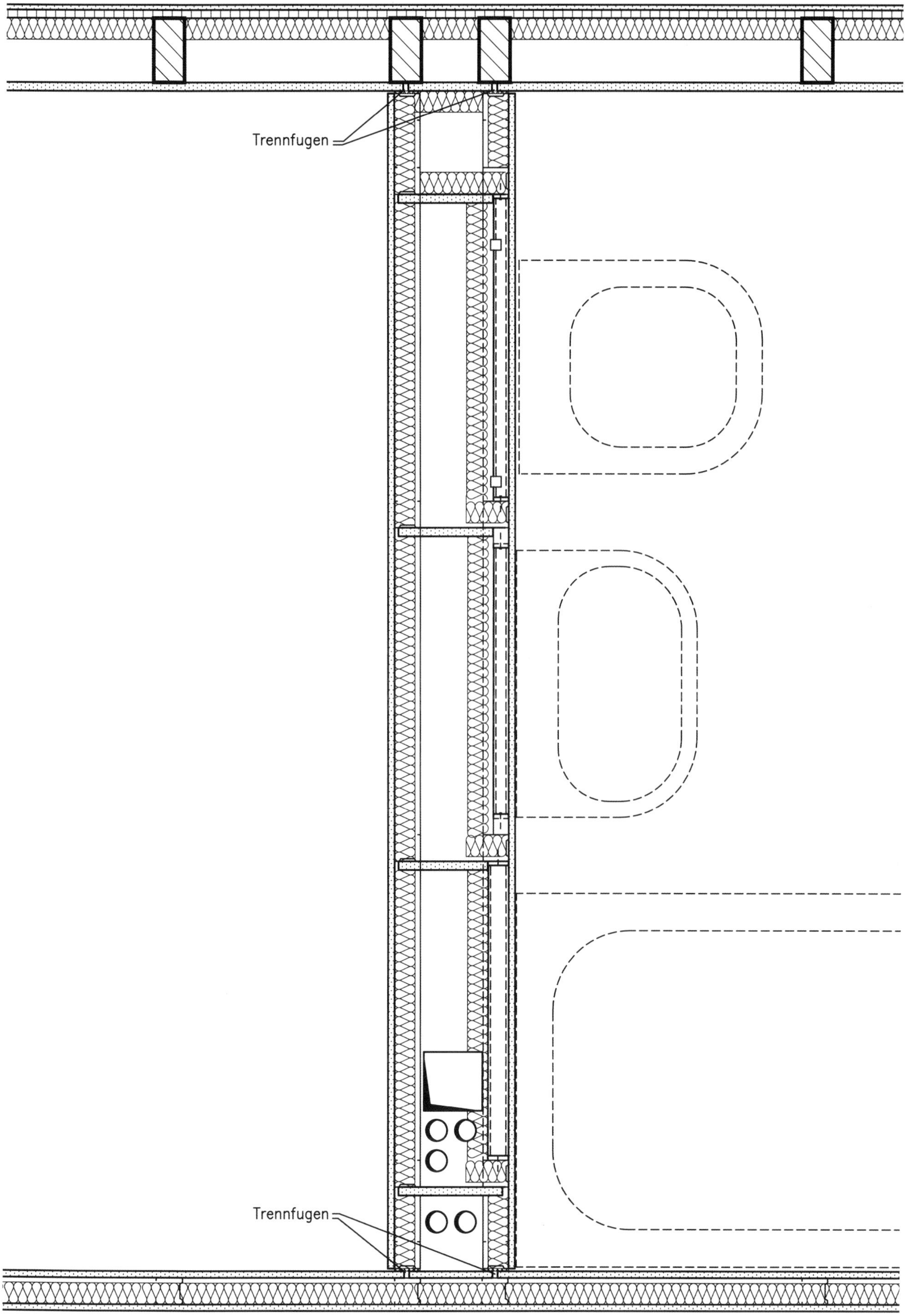

Abb. 6.33: Installationswand mit Metallständern als Doppelständerwand: Draufsicht

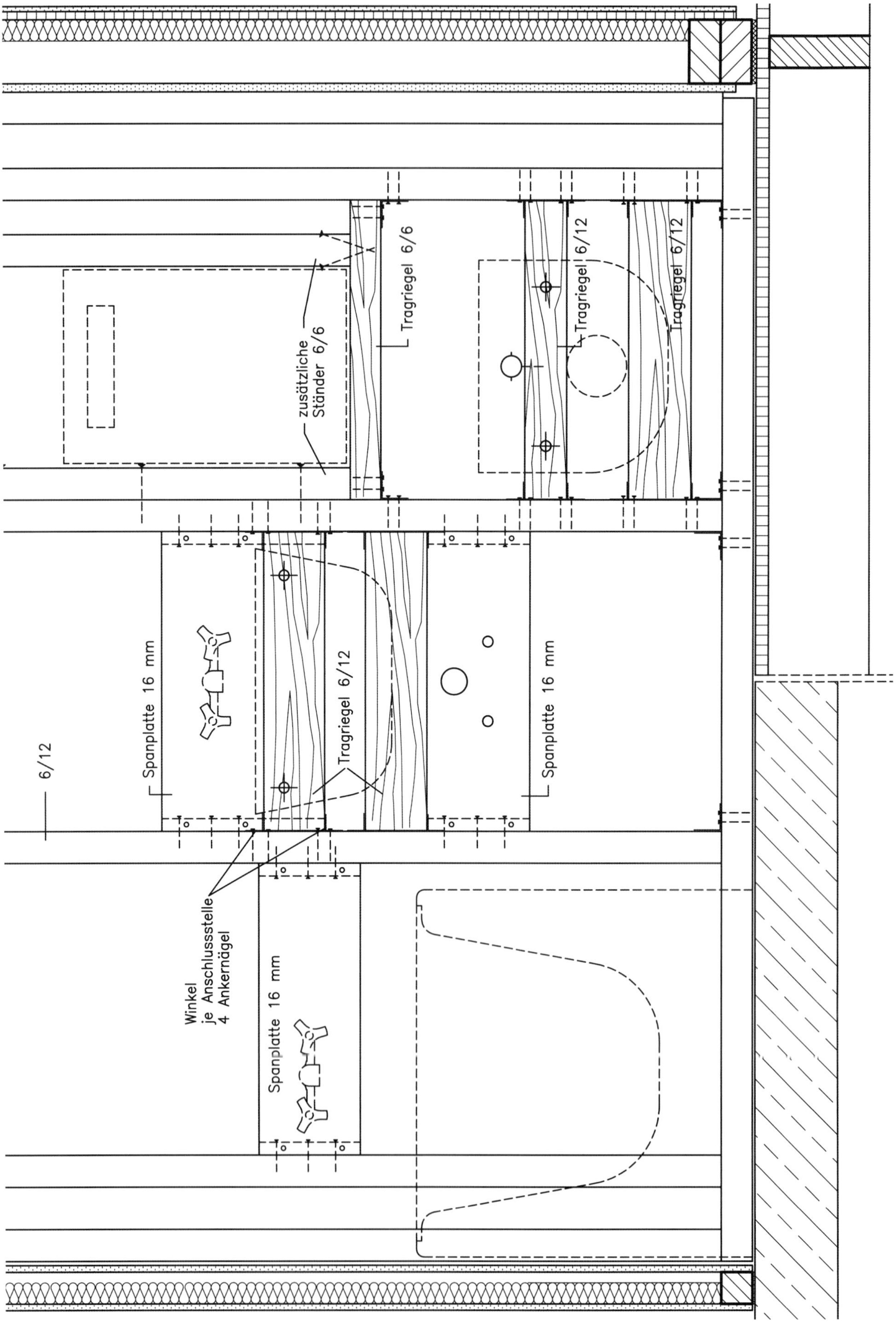

Abb. 6.34: Installationswand mit Holzständern als Doppelständerwand: Ansicht

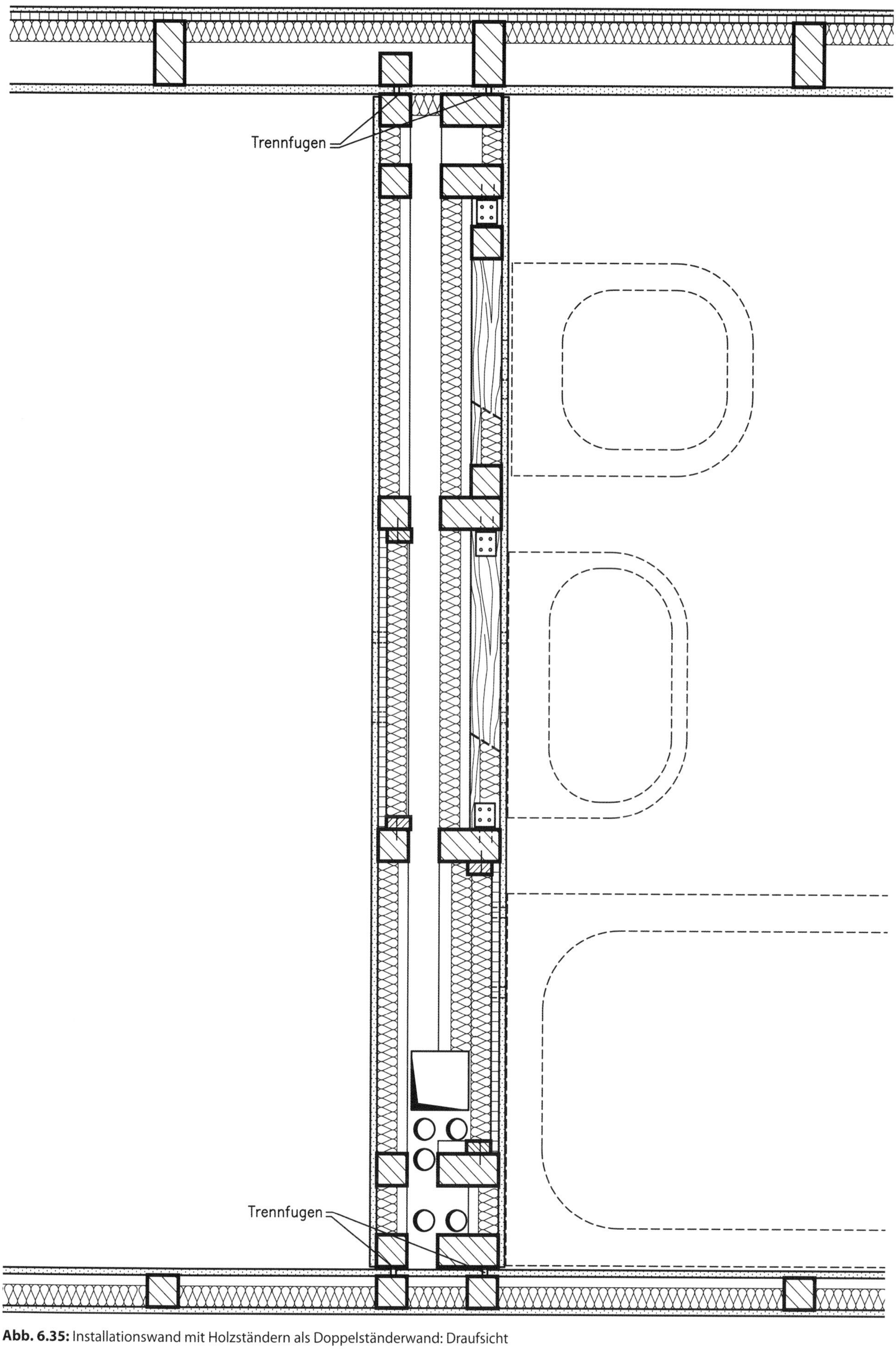

Abb. 6.35: Installationswand mit Holzständern als Doppelständerwand: Draufsicht

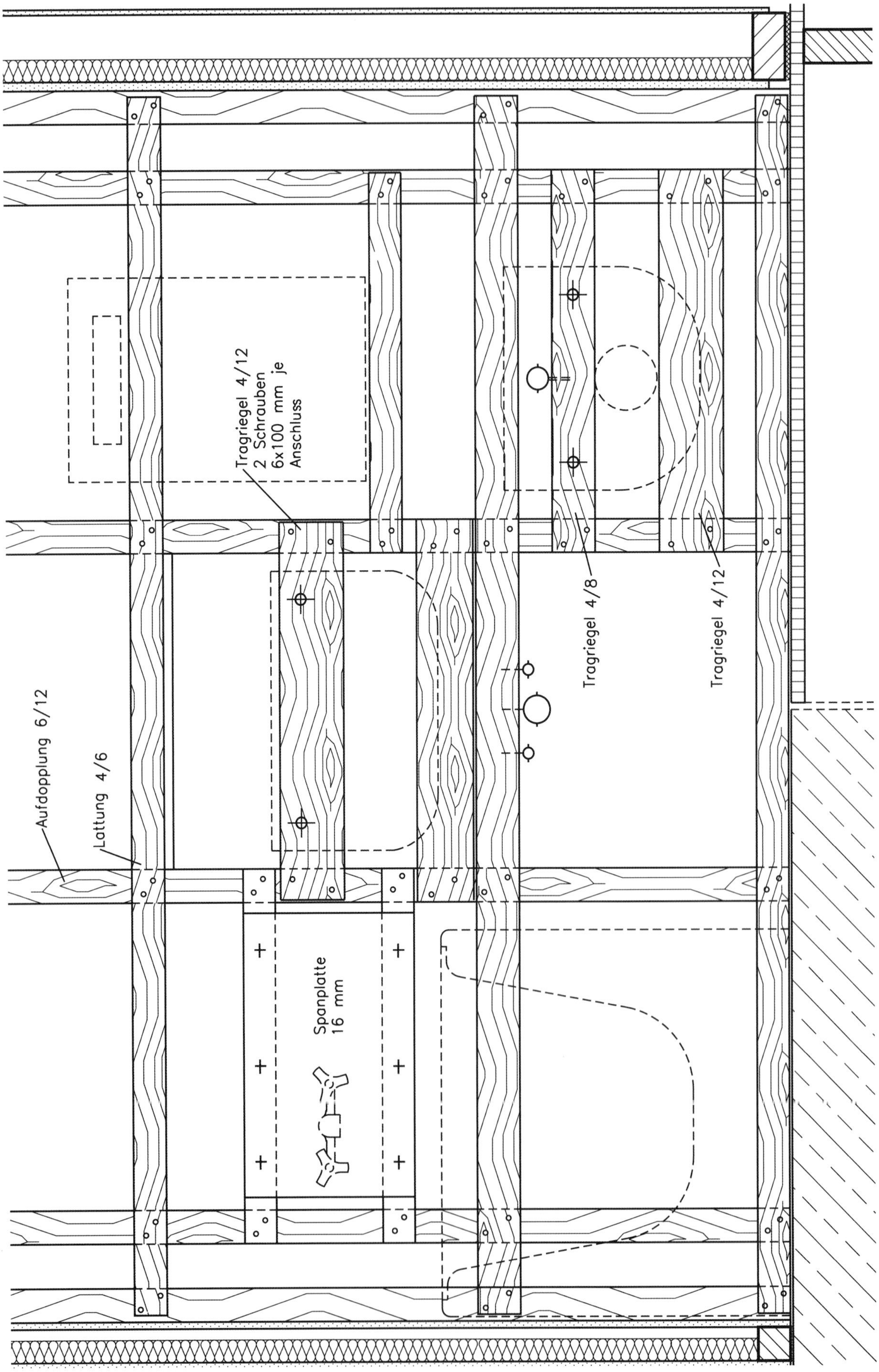

Abb. 6.36: Installationswand als Wandaufdoppelung: Ansicht

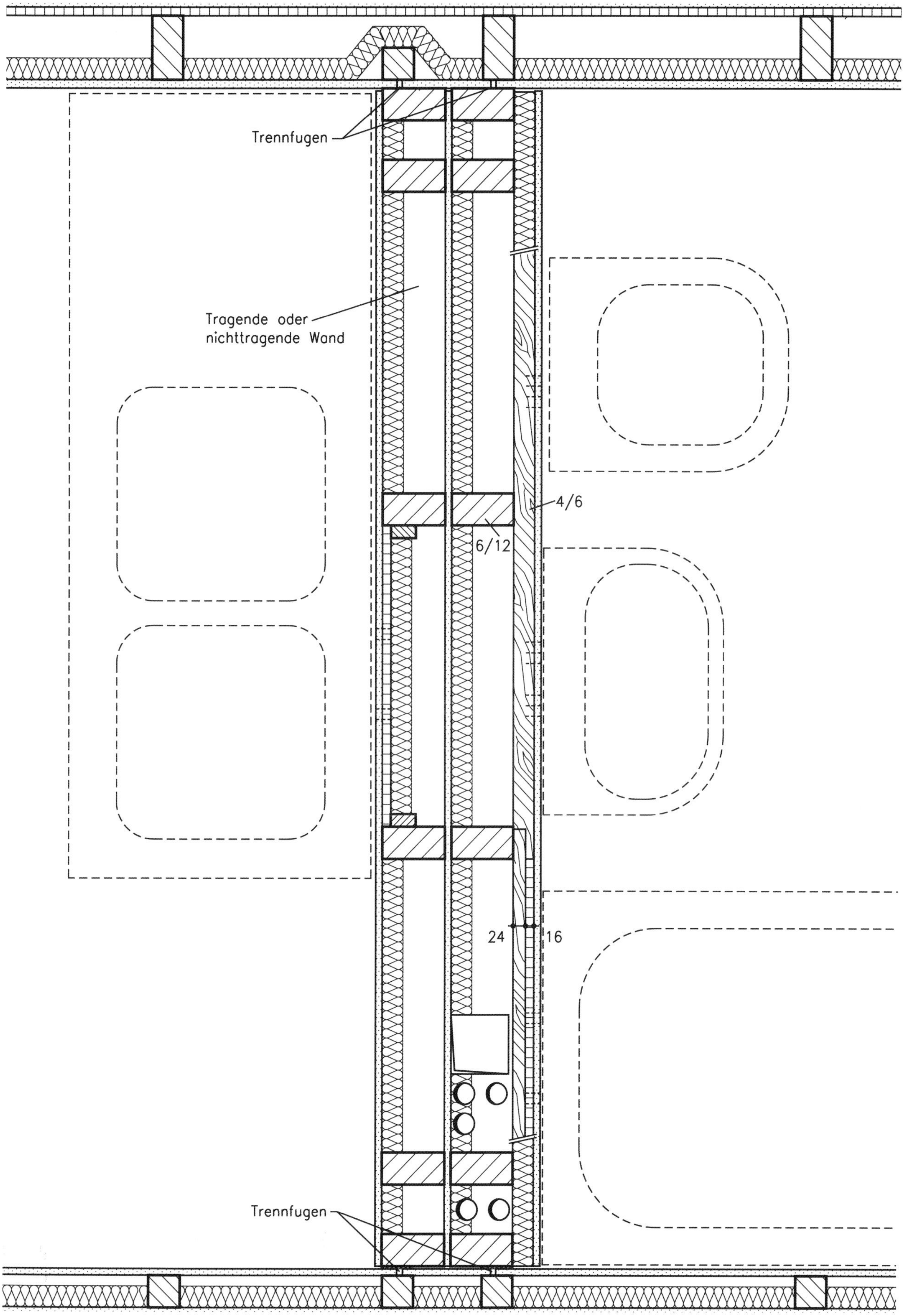

Abb. 6.37: Installationswand als Wandaufdoppelung: Draufsicht

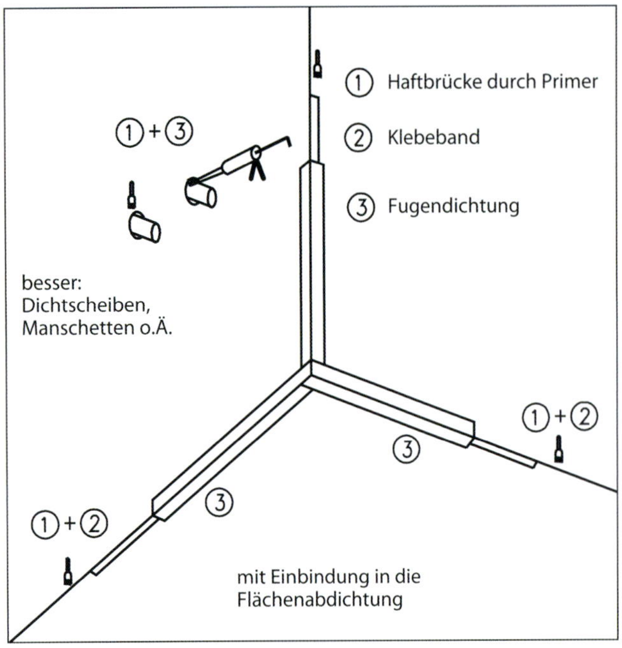

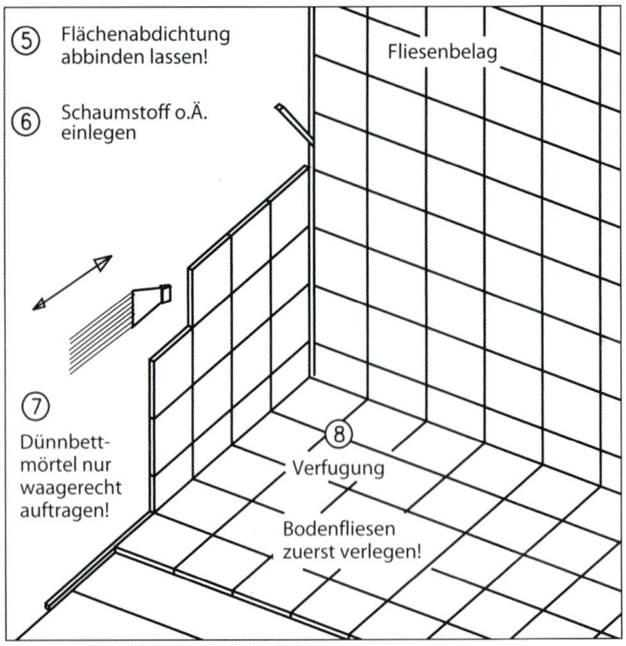

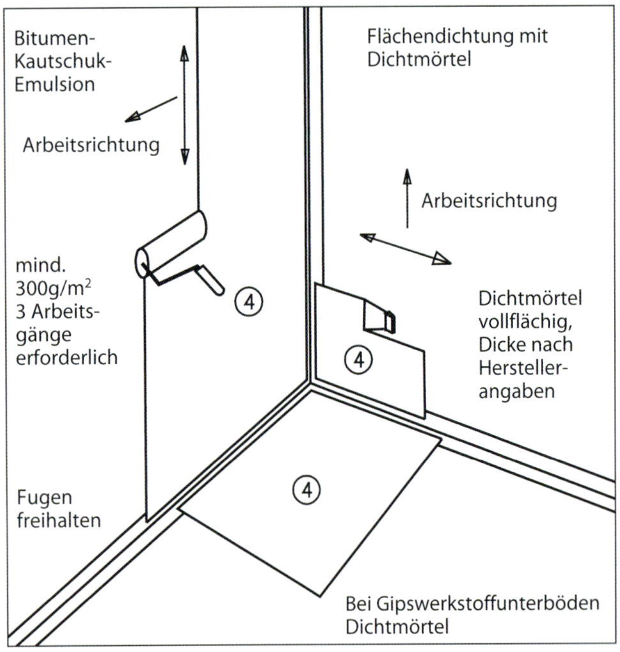

Abb. 6.38: Abdichtungen im Sanitärbereich

Abb. 6.39: Bodenebene Dusche mit Abdichtungsband

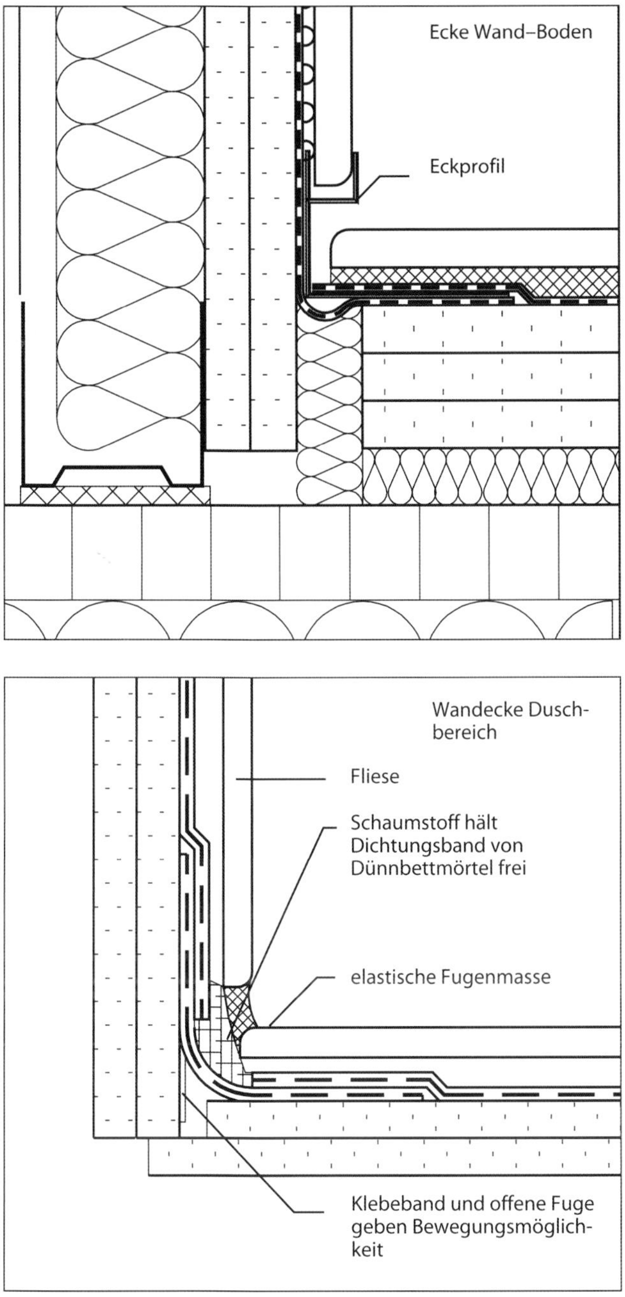

Abb. 6.40: Abdichtungen in Ecken von gefliesten Bereichen

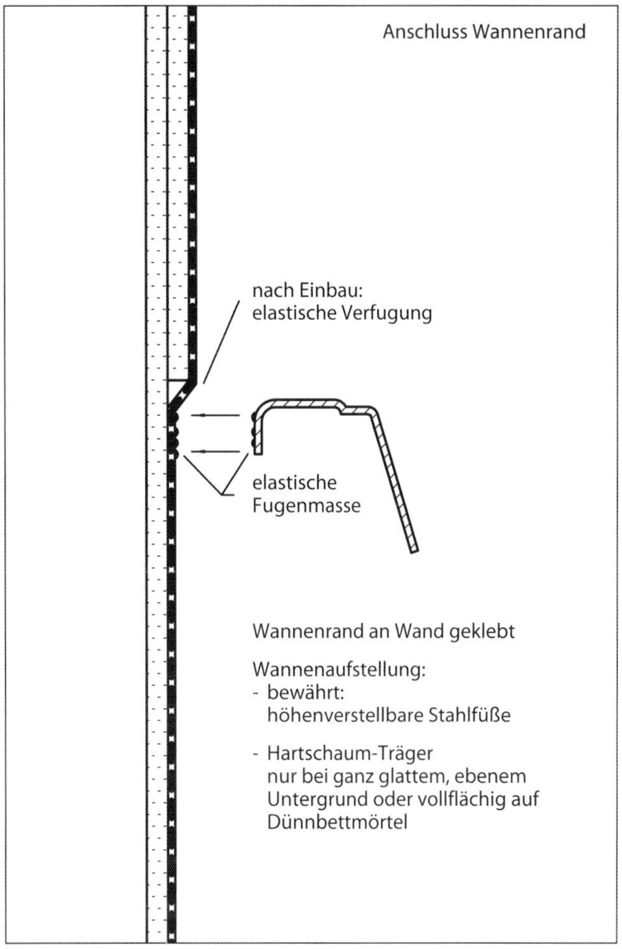

Abb. 6.41: Anschluss Wannenrand

6.5 Montage Heizungsinstallation

6.5.1 Heizungsanlage

Je geringer der Heizwärmebedarf eines Gebäudes, desto kleiner kann die Heizungsanlage ausfallen. Wird, wie in Abb. 6.42 gezeigt, die Heizung z.B. in einer Nische im Spitzboden installiert, so kann zur Sicherheit eine Wasser-Auffangwanne zum Einsatz kommen, die bei Arbeiten an der Heizungsanlage oder bei unplanmäßigem Wasseraustritt dieses Wasser sicher in Richtung Abfluss führt. Eine solche Wanne verfügt über einen Geruchsverschluss, der bei Trockenheit funktioniert (z.B. bei Wassereintritt aufschwimmender Ball), sodass im Gegensatz zu einem Siphon ein sicherer Verschluss gegen Kanalgase gegeben ist.

Für hocheffiziente Gebäude mit gut gedämmter Gebäudehülle gibt es sogenannte Wärmepumpen-Kompaktgeräte (Abb. 6.43), um vom fossilen Energieträger Erdgas wegzukommen, bei gleichzeitig geringem Platzbedarf für die Haustechnik. In einem Gehäuse mit relativ geringen Abmessungen sind sowohl die Wärmeerzeugung als auch die Lüftungsanlage untergebracht. Die Wärmepumpe nutzt als Energiequelle die Fortluft der Lüftungsanlage, nachdem der integrierte Wärmetauscher schon über 90 % der in der Abluft enthaltenen Wärmemenge an die Frischluft abgegeben hat.

6.5.2 Heizwärmeverteilung

Bei der Wärmeverteilung der Heizwärme über Wandheizflächen können die in Kapitel 2.5.5 erwähnten Gipsfaserplatten mit integrierten Heizschläuchen eingebaut werden. Es gibt auch die Möglichkeit, dass der Installateur anhand von Kupferleitblechen mit Endlosrohr, die von hinten an die Gipsplatten angebracht werden, solche Heizflächen vor Ort herstellt (Abb. 6.44).

Der Anschluss von Flächenheizungen (Wandheizflächen oder Fußbodenheizung) erfolgt über Heizkreisverteiler, in denen elektrisch angesteuerte Ventile bei Wärmebedarf den jeweiligen Heizkreis öffnen. Dazu befindet sich in jedem beheizten Raum ein elektrischer Raumthermostat. Abb. 6.45 und 6.46 zeigen zum einen einen offenen Heizkreisverteiler, der mit einer bauseits zu erstellenden Abdeckung verschlossen werden kann, und zum anderen einen fertigen Verteilerkasten mit abschließbarem Deckel.

Heizkreisverteiler können auch ganz ohne Kasten direkt in die Tragebene der Holzbaukonstruktion eingebaut werden (Abb. 6.47). Das gezeigte Foto weist aber auf ein anderes grundsätzliches Problem von Heizung und Sanitärinstallationen in Holzgebäuden hin: Sobald gelötet wird, besteht erhöhte Brandgefahr. Die Vergrößerung des betreffenden Ausschnitts in Abb. 6.48 zeigt dies deutlich.

Abb. 6.42: Platzsparende Montage von einem Pufferspeicher mit Auffangwanne im Spitzboden

Abb. 6.43: Kompakt-Wärmepumpe mit integriertem Lüftungsgerät

Abb. 6.44: Wandheizung durch von hinten auf die Gipsplatte bauseits aufgebrachte Kupferleitbleche mit Endlosrohr

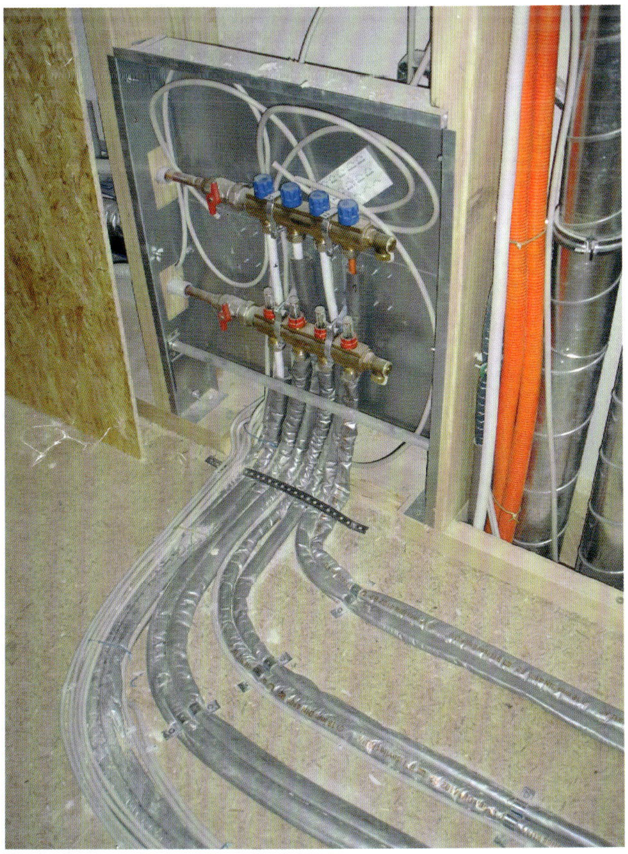

Abb. 6.45: Offener Heizkreisverteiler

Abb. 6.46: Heizkreisverteiler mit abschließbarem Deckel

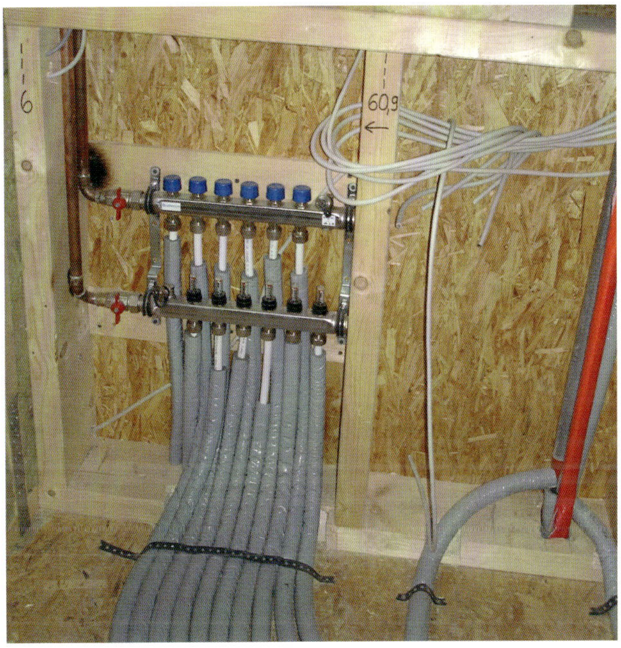

Abb. 6.47: Heizkreisverteiler ohne Kasten in der Holzkonstruktion

Abb. 6.48: Brandgefährlich: Vom Löten ist der Wandstiel bereits angekokelt. Sinnvoller ist es, Rohrsysteme mit Pressfittings einzusetzen.

6.5.3 Kamine

Kamine benötigen mindestens 5 cm Abstand zu Holzkonstruktionen und brennbaren Baustoffen. Dementsprechend sind Durchbrüche von vornherein so herzustellen, dass der fertige Kamin diesen Mindestabstand sicher einhält. Solche Durchbrüche werden im Zimmererhandwerk als „Auswechslungen“ bezeichnet (Abb. 6.49). Die quer zur eigentlichen Balkenlagenrichtung eingebauten Hölzer nennt man „Wechsel“.

Damit der Kamin so durch diese Auswechslung geführt wird, dass er sich nicht bewegen kann, muss er fixiert werden. Während es früher üblich war, in Decken- und Dachebene den Spalt zwischen den Wechselhölzern und dem Kamin mit Beton auszugießen, ist dieses Vorgehen bei modernen Holzrahmenbauten nicht erwünscht. Als günstige und elegantere Lösung bieten sich metallische Verbinder an, die in Abb. 6.50 zu sehen sind. Der verbleibende Spalt zwischen Kamin und Wechselholz muss mit einem nicht brennbaren Dämmstoff, wie z.B. Steinwolle, ausgefüllt werden.

Der Dachdurchbruch des Kamins stellt nicht nur eine Wärmebrücke dar, sondern ist auch bezüglich der Luftdichtheit besonders zu betrachten. Auch wenn, wie oben erwähnt, ein Mindestabstand zu brennbaren Baustoffen einzuhalten ist, ist es dennoch erlaubt, luftdichte Klebebänder an den Kamin anzuschließen. Da viele Produkte von Kaminformsteinen eine sehr poröse Oberfläche haben, ist ein luftdichter Anschluss nicht sicher herstellbar. Deshalb ist der Kamin mindestens an der Dachdurchführung vorab zu verputzen. Dazu ist es ggf. notwendig, dass die Kamin-Formsteine noch vor dem Mauern des Kamins an allen Seiten verputzt werden. So kann sichergestellt werden, dass auch im engen Zwischenraum an Wänden der Putz vorhanden ist (Abb. 6.51).

Auch außen muss der Kamin abgedichtet werden: Das betrifft zum einen den sicheren Übergang zur Dachhaut und zum anderen die Verklebung mit der zweiten wasserführenden Ebene (Abb. 6.52). Der Kamin kann z.B. mit Blech verkleidet werden (Abb. 6.53).

Wenn ein Ofen direkt an der Außenwand platziert ist und ein Ofenrohr unmittelbar nach außen geführt werden soll, gilt gleichermaßen eine Abstandsregelung, die den Bereich festlegt, in dem keine brennbaren Baustoffe enthalten sein dürfen (Abb. 6.54).

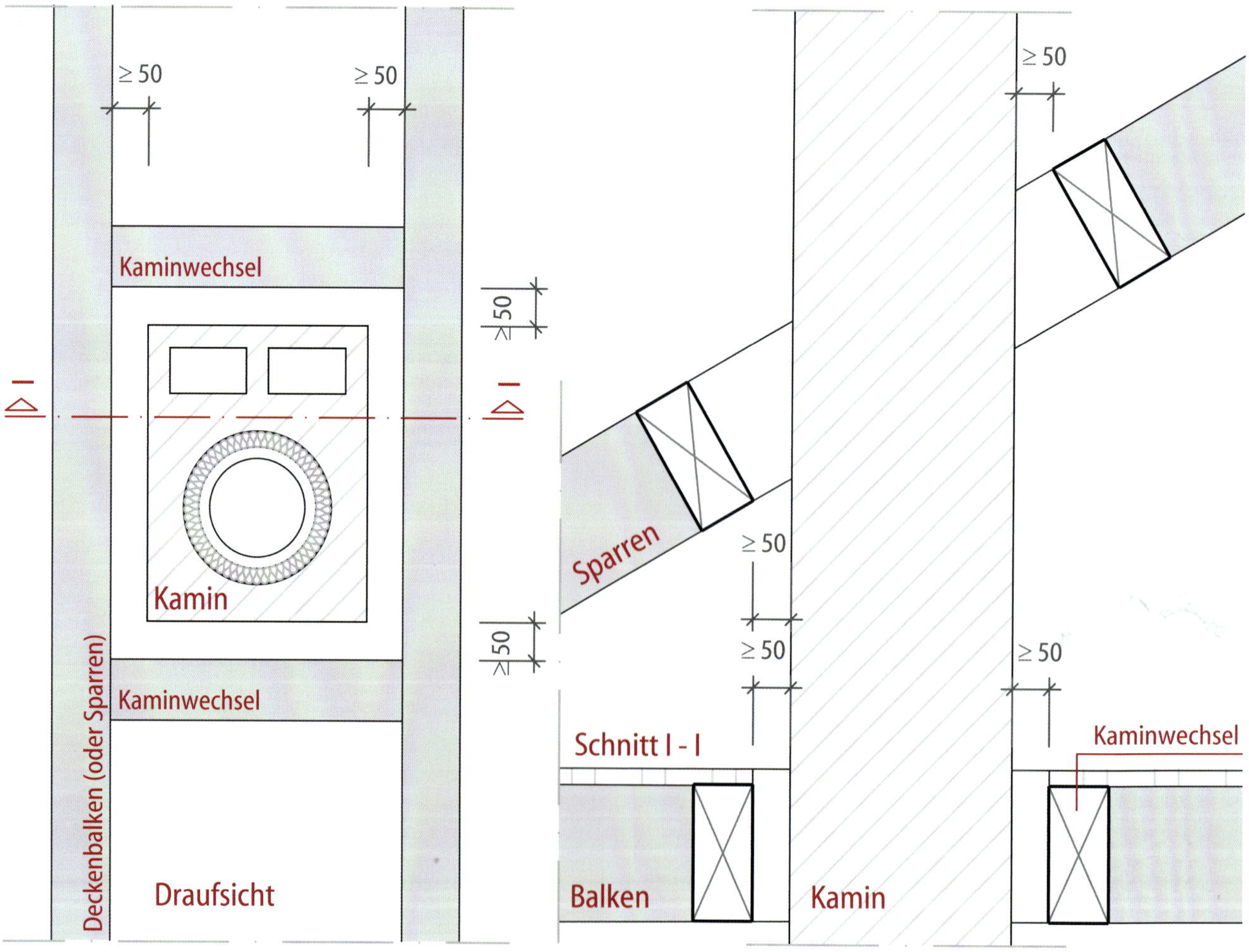

Abb. 6.49: Auswechslungen für Kamine

Abb. 6.50: Kaminfixierung über Metallteile in der Deckenaussparung

Abb. 6.51: Vorverputzte Kaminsteine in der Dachdurchführung

Abb. 6.52: Kamin außen mit Verklebung an die zweite wasserführende Ebene

Abb. 6.53: Kaminverkleidung aus abgekantetem Zinkblech

Abb. 6.54: Außenwanddurchführung eines Ofenrohres

6.6 Montage Lüftungsinstallation

Der Aufstellungsort eines Lüftungsgerätes hängt vom Platzbedarf und von der Leitungsführung ab. Nicht genutzte Dachbodenbereiche bieten sich dafür an (Abb. 6.55). Auf der obersten Geschossdecke können die Lüftungsrohre verlegt werden, die dann über Deckenventile die Räume mit Luft versorgen.

Abb. 6.55: In einem Dachraum installiertes Lüftungsgerät

Die Lüftungsrohre können sichtbar eingebaut werden (Abb. 6.56 und 6.57) oder in Bereichen, die später abgehängt oder abgekoffert werden (Abb. 6.58 und 6.60). Bei schmalen Fluren besteht ggf. die Möglichkeit, wegen der geringen statischen Spannweite die Balkenhöhe zu reduzieren. Dadurch wird die Aufhängung unterhalb der Rohre nicht so tief ausfallen.

Abb. 6.57: Zwischen sichtbaren Deckenbalken eingebautes und sichtbar bleibendes Lüftungsrohr

Abb. 6.58: In einem Flur unter der Rohdecke eingebaute Lüftungsrohre mit Schalldämpfer, die jeweils über den Türen in die Räume führen. Im weiteren Bauverlauf wird darunter eine Gipsplattendecke abgehängt.

Abb. 6.56: Sichtbar im Raum eingebautes Lüftungsrohr mit Lüftungsventil

Abb. 6.59: Deckenabhängung unter Rohrinstallationen in einem Flur

Abb. 6.60: Abkofferung von Leitungen in einer Raumecke mit Revisionsklappe

Abb. 6.63: In der Vorfertigung vorbereitete Rohrstücke für Frischluft und Fortluft – von außen

Abb. 6.61: Abgehängte Decke mit Lüftungsrohr und Auslassöffnung an der Stirnseite

Abb. 6.64: In der Vorfertigung vorbereitete Rohrstücke für Frischluft und Fortluft – von innen

Abb. 6.62: Lüftungsrohre, in der Konstruktionsebene verlegt

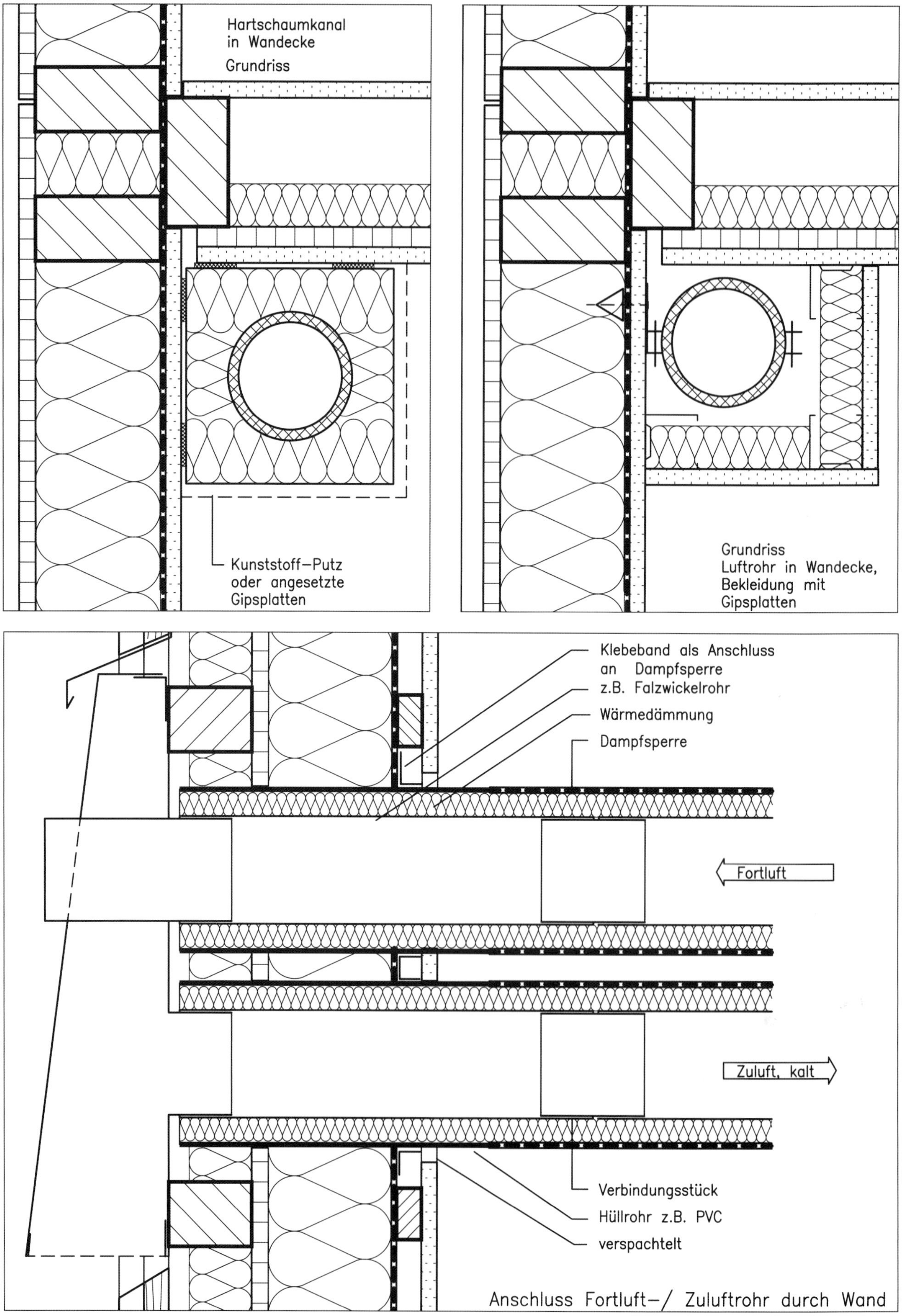

Abb. 6.65: Leitungsverlegungen von Rohrleitungen in Holzrahmenbauten, Rundkanal mit Abkofferung

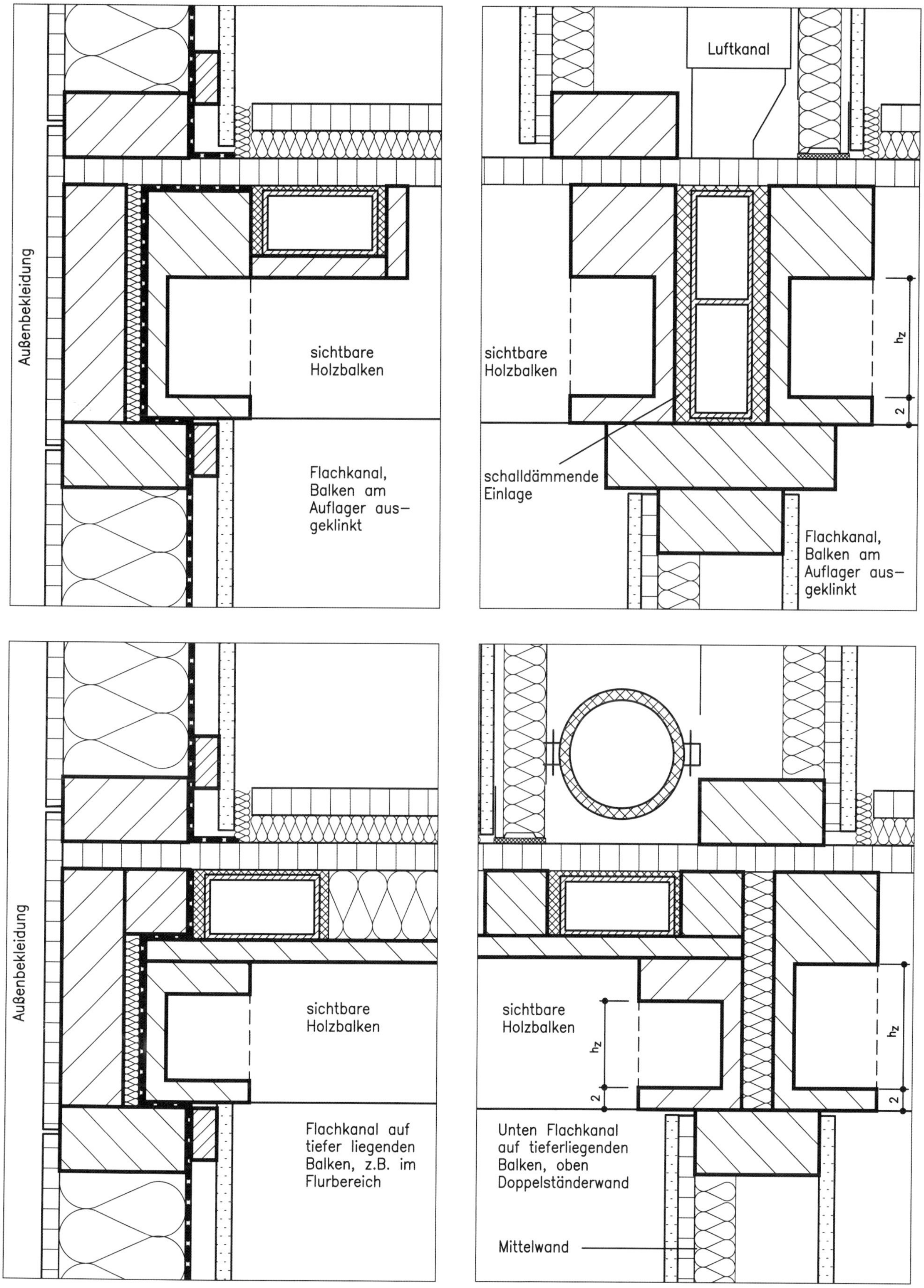

Abb. 6.66: Leitungsverlegungen von Rohrleitungen in Holzrahmenbauten, Flachkanal

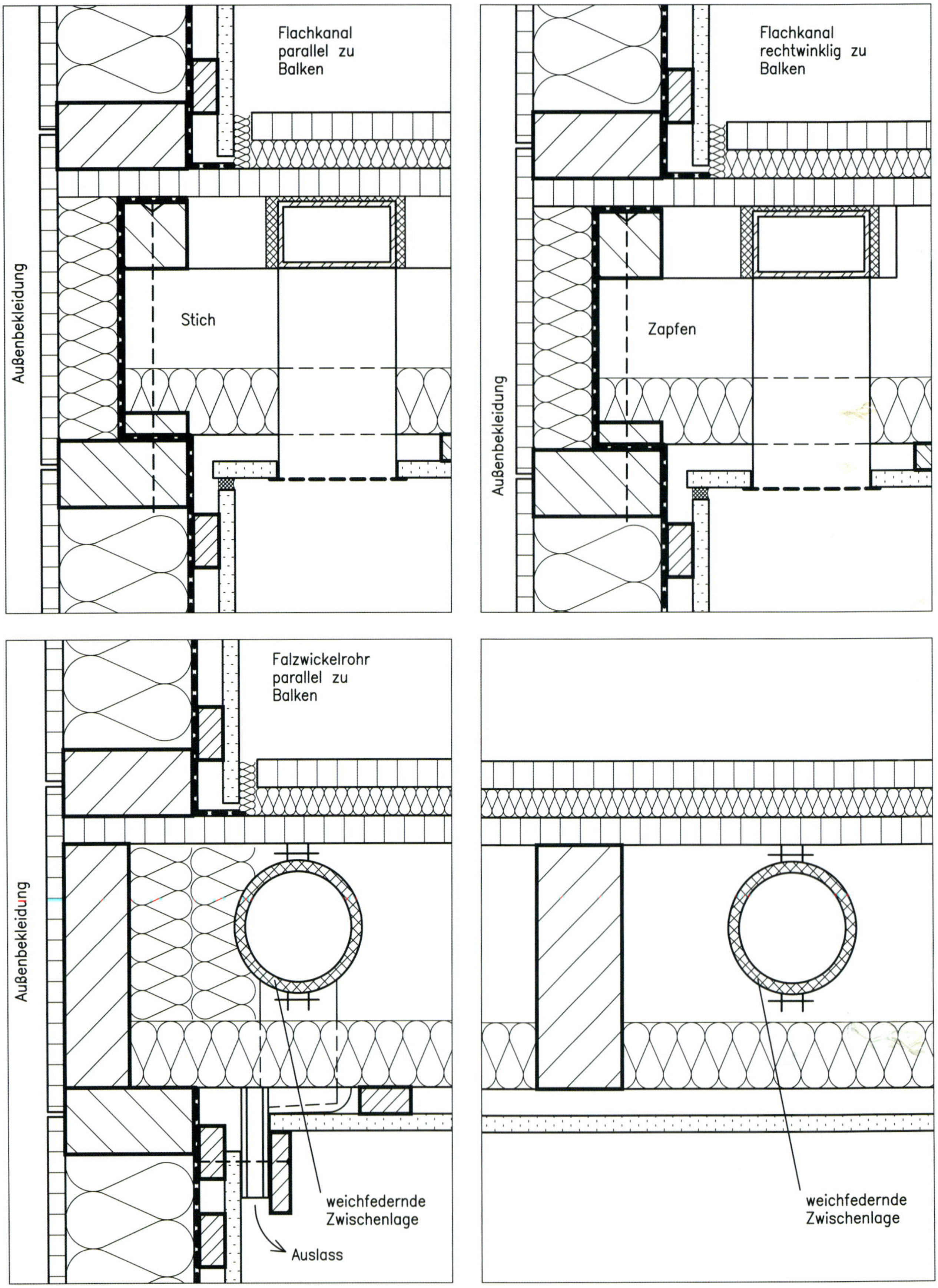

Abb. 6.67: Leitungsverlegungen von Rohrleitungen in der Deckenebene

Ab Gebäudeklasse 3 bedarf es der Brandschutzplanung für die Leitungsführung von Lüftungsrohren. Wenn diese über Trennungen von Brandabschnitten bzw. Geschossdecken verlaufen, sind Brandschutz- bzw. Rauchschutzvorkehrungen zu treffen. In der Regel werden selbstschließende Klappen eingesetzt. Da die meisten Produkte lediglich für Nassbauweisen, also Mauerwerk und Beton, geprüft sind und nur dafür entsprechende Prüfzeugnisse bzw. Zulassungen vorliegen, werden im Holzbau oftmals hilfsweise Betonvergüsse an den Durchführungspunkten hergestellt. Ein solches Vorgehen ist aus Sicht des Holzbaus zwar nicht konsequent, aber in den meisten Fällen der einzig mögliche Lösungsansatz (Abb. 6.68).

Abb. 6.68: Einbetonierte Brandschutzklappe in einer Holzdecke

Abb. 6.69: Vorgefertigtes Badmodul in der Produktionshalle

6.7 Vorgefertigte Fertigbäder als Raummodule

Zur Beschleunigung der Bauabläufe ist es sinnvoll, darüber nachzudenken, die Bäder und Toilettenräume, ggf. auch Haustechnikräume, komplett vorgefertigt auf die Baustelle zu liefern. Abb. 6.69 bis 6.71 vermitteln einen Eindruck von einer solchen Vorgehensweise.

Abb. 6.70: Badmodul bei der Verladung

Abb. 6.71: Badmodul bei der Montage auf der Baustelle

6.8 Montage Solarthermie und Fotovoltaik

Die Betrachtungen dieses Kapitels gelten im Wesentlichen sowohl für thermische als auch für stromerzeugende Solaranlagen, also für Solarthermie und Fotovoltaik (PV), wenn nicht gesondert auf eine Art der beiden Sonnenenergiegewinnungssysteme explizit hingewiesen wird.

Zwei Möglichkeiten gibt es für die Montage von Solaranlagen auf Dachflächen: die Aufdach- und die Indachmontage der Solarmodule. Sehr weit verbreitet ist die Aufdachmontage, bei der die wasserführende Dachhaut selbst unterhalb der Solaranlage verläuft und ein Abstand zwischen den auf einer Tragkonstruktion montierten Solarmodulen vorhanden ist. Im Gegensatz dazu liegen bei der Indachmontage die solargewinnenden Elemente in der Dacheindeckungsebene (Abb. 6.73).

Aufdachmontage

Bei Schrägdächern mit Ziegel- oder Dachsteineindeckung durchdringen die in der Konterlattenebene befestigten Halterungen die wasserführende Dacheindeckung. An diesen Durchdringungen müssen geeignete Dachsteine zum Einsatz kommen. Das können herkömmliche Lüfterziegel oder Lüftersteine sein oder spezielle Sonderziegel bzw. Sonderdachsteine für die Solarträger. Nicht geeignet ist das oft praktizierte Einschlitzen der Standardziegel/-dachsteine mittels Winkelschleifer, denn dadurch wird die Dacheindeckung selbst beeinträchtigt. Die Bruchgefahr ist stark erhöht und die Gewährleistung der Hersteller geht verloren für die so veränderten Dachbauteile. Zur Vermeidung von Schäden an der Dacheindeckung sollte zumindest bei neu zu errichtenden Gebäuden und Dachstühlen die Montage der Solaranlagen durch die Firma erfolgen, die auch die Dacheindeckung ausführt, und nicht durch Installateure (bzw. Solateure). Lediglich die elektrischen Hauptanschlussleitungen bei der Fotovoltaik oder die wasserführenden Leitungen bei Solarthermie führen dann anschließend die Fachhandwerker aus.

Für die Einhaltung von Randabständen der Verbindungsmittel reicht die Befestigung der Halter auf üblicherweise nur 6 cm breiten Konterlatten nicht aus. Die erforderliche Anzahl von Verbindungsmitteln findet auf diesen Konterlatten keinen Platz. Zudem stimmen i. d. R. die Sparrenabstände nicht mit dem Dacheindeckungsraster überein, sodass die Solarhalterungen nicht immer gut zu den möglichen Durchdringungsstellen der Eindeckung passen. Deshalb wird angeraten, eine Bohle oder ein Rahmenholz mit 6 cm x 14 cm parallel zu der Dachlattung auf den Konterlatten anzubringen (Abb. 6.72). Damit lassen sich die Halterungen genau passend zur Eindeckung ausrichten und statisch ausreichend befestigen.

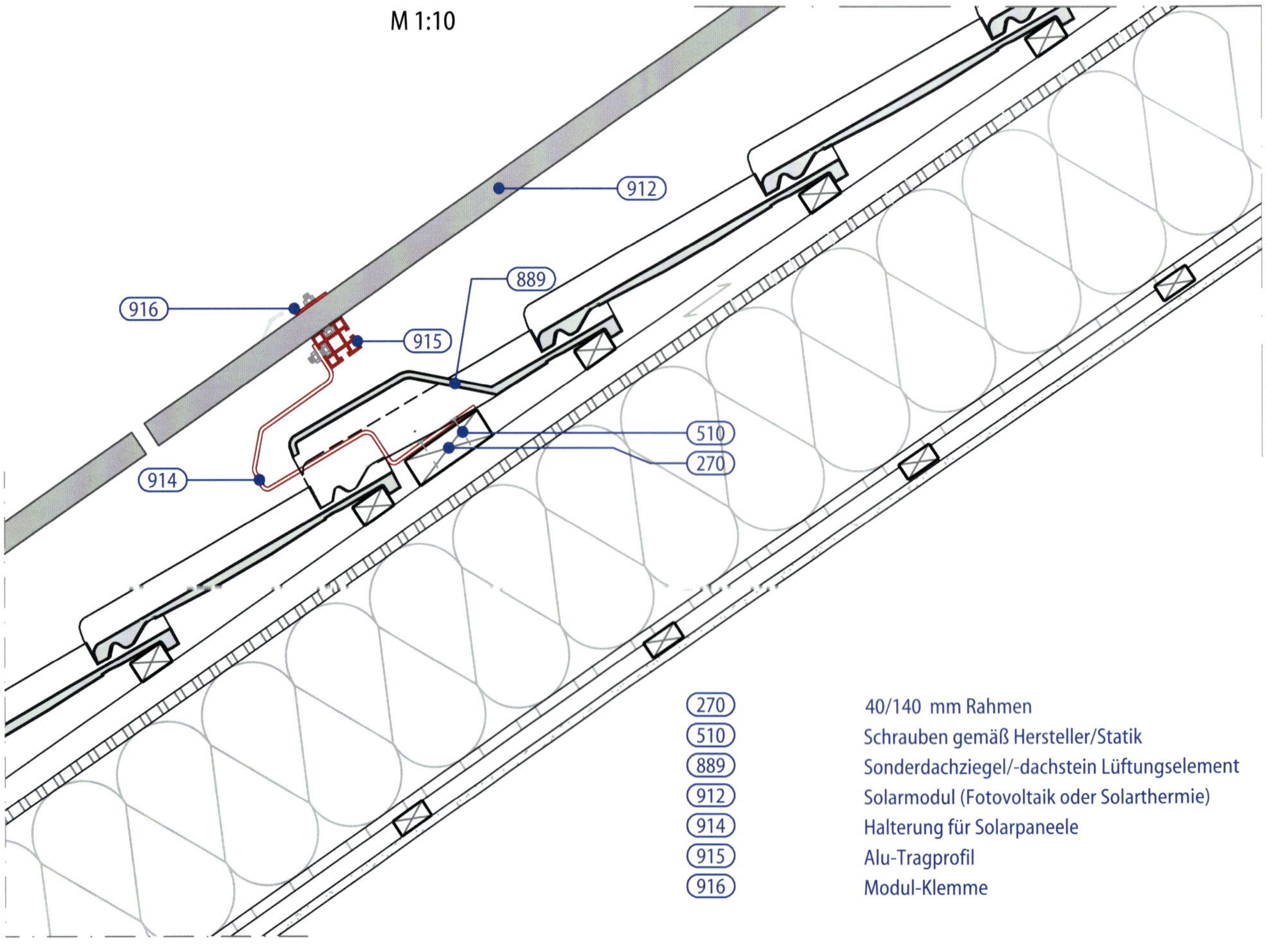

Abb. 6.72: Aufdachmontage von Solarmodulen

Bei Flachdächern sollten Durchdringungen der Dachhaut durch Solargestelle grundsätzlich vermieden werden. So kommen dort meistens aufgestellte Tragsysteme mit Beschwerungen zum Einsatz.

Indachmontage

Eine Version von Indachlösungen besteht aus Dachdeckungsmaterialien, die selbst mit Fotovoltaikelementen bestückt sind und die mit der eigentlichen Dacheindeckung verlegt werden. So entsteht eine eine einheitliche Optik, insbesondere dann, wenn die Farbe der Dacheindeckung zur Fotovoltaik passt. Diese Variante ist hochpreisiger als Aufdachlösungen.

Alternativ dazu gibt es als zweite Indachversion die Verlegung von Solarmodulen (Thermie und PV) in der Ebene der eigentlichen Dacheindeckung, wobei die Wasserführung durch darunterliegende Kunststoffwannen sichergestellt wird (Abb. 6.73).

Kabelführung

Eine Möglichkeit besteht darin, die Anschlussleitungen bis zum Dachrand und von dort in einem Leerrohr in der Außenhülle nach unten zum Aufstellort des Wechselrichters bzw. der Solarspeicher zu verlegen. Alternativ erstreckt sich die Leitungsführung durch das Hausinnere zu den Anschlusspunkten. Im letzteren Fall müssen zum einen die zweite wasserführende Ebene unterhalb der Dacheindeckung und zum anderen auch die Dämm- und die luftdichte Ebene durchstoßen werden. An diesen Stellen müssen alle Anschlüsse jeweils dicht ausgeführt werden (Abb. 6.74).

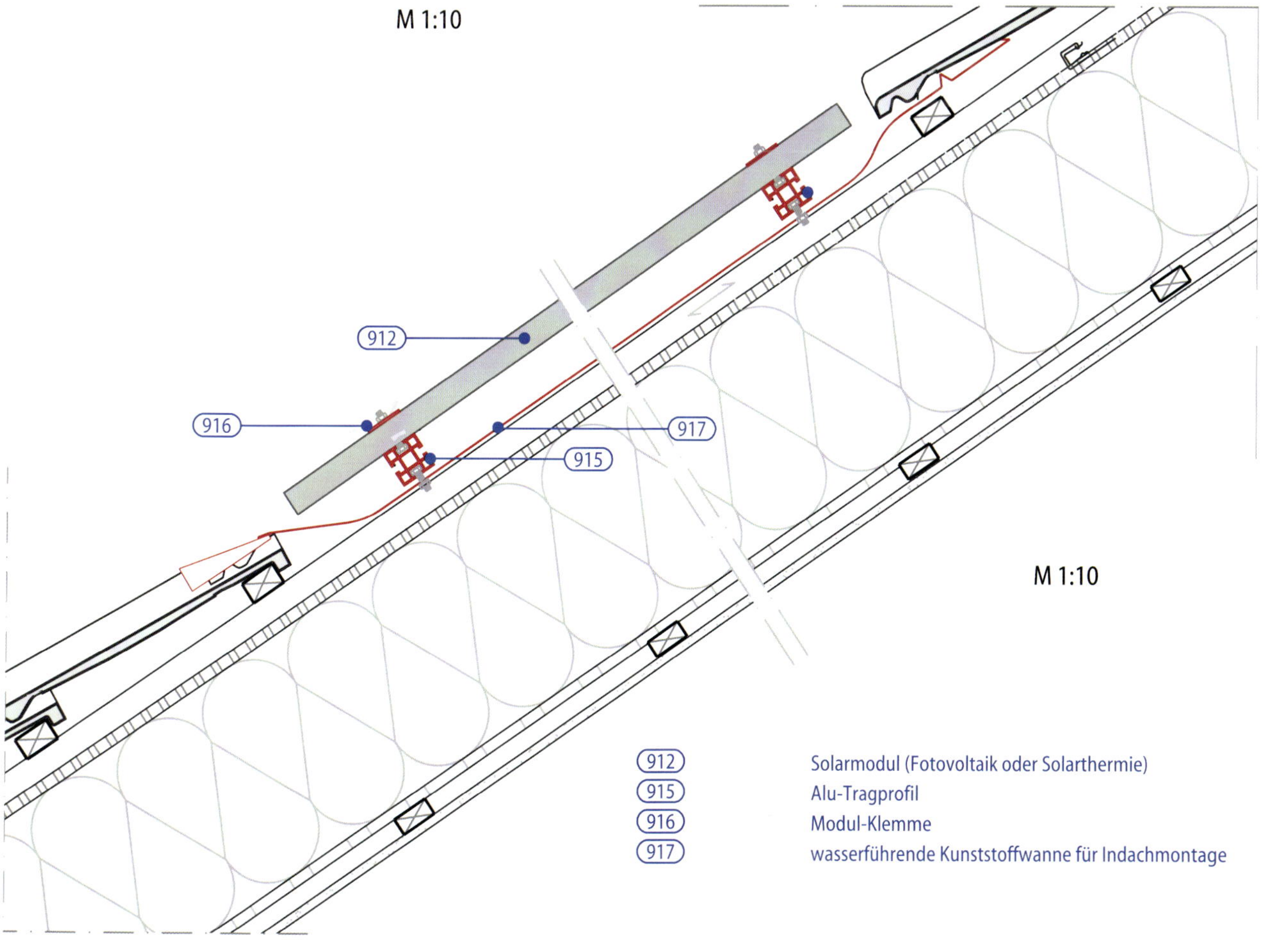

Abb. 6.73: Indachmontage von Solaranlagen

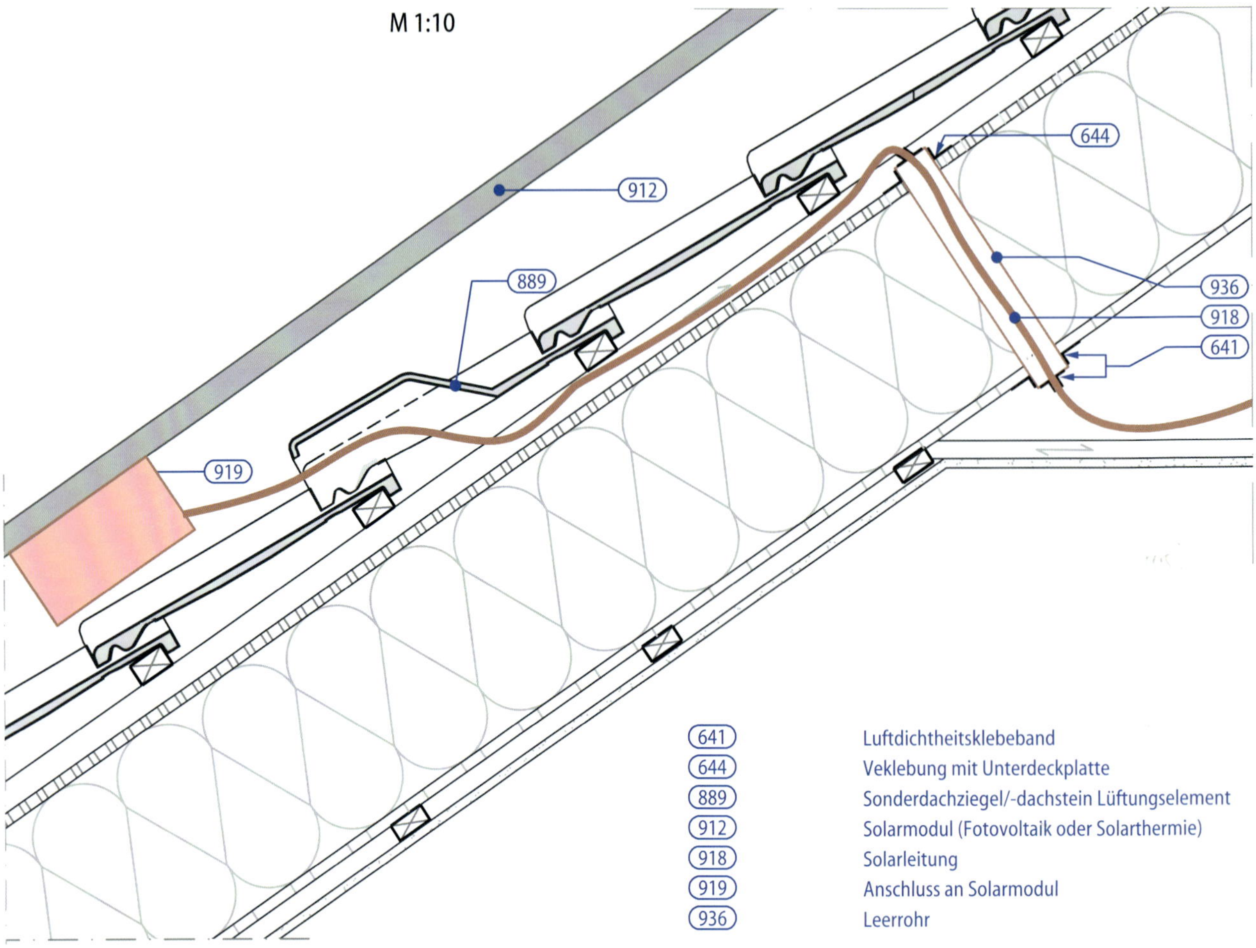

Abb. 6.74: Führung von Solarleitungen

7 Literaturverzeichnis

A

Arbeitsgruppe Hochbau im Arbeitskreis Digitalisiertes Bauen im Hauptverband der Deutschen Bauindustrie e.V. (Hrsg.): BIM im Hochbau. Berlin: 2019

B

Bauhaus der Erde gGmbH: Naturbasierte Materialien - Wege zum klimaneutralen Bauen in Deutschland. Berlin: 2024

Bauministerkonferenz (Hrsg.): Musterbauordnung (MBO) – Fassung November 2002 – in der Änderungsfassung vom 13.05.2016

Bundesbildungszentrum des Zimmerer- und Ausbaugewerbes gGmbH (Hrsg.): Bemessungstafeln Holzbau nach DIN 1052:2004-08. Zusammengestellt von Schopbach, Holger. Kassel: 12. März 2009

Bundesbildungszentrum des Zimmerer- und Ausbaugewerbes gGmbH und Berufsförderungswerk des Hessischen Zimmerhandwerks e.V. (Hrsg.): DIN 1052 – Zimmermannsmäßige Verbindungen

Bundesministerium des Innern, für Bau und Heimat (Hrsg.):

- ÖKOBAUDAT – Informationsportal Nachhaltiges Bauen. www.oekobaudat.de
- WECOBIS – Ökologisches Baustoffinformationssystem: 4. Gesundheitliche Auswirkungen und Richtwerte für Innenräume – 4.1 Formaldehyd. www.wecobis.de

Bundesministerium für Ernährung und Landwirtschaft (BMEL): Der Wald in Deutschland – Ausgewählte Ergebnisse der vierten Bundeswaldinventur. Berlin: 2024

Bundesministeriums für Verkehr, Bau und Stadtentwicklung (Hrsg.): Bekanntmachung über die Nutzung und die Anerkennung von Bewertungssystemen für das nachhaltige Bauen. Berlin: 15.04.2010

Bundesministerium für Wirtschaft und Energie (Hrsg.):

- Energieeinsparverordnung – EnEV: Zweite Verordnung zur Änderung der Energieeinsparverordnung vom 18. November 2013
- Entwurf eines Gesetzes zur Vereinheitlichung des Energiesparrechts für Gebäude – Artikel 1: Gesetz zur Einsparung von Energien zur Wärme- und Kälteerzeugung in Gebäuden (Gebäudeenergiegesetz – GEG). Berlin: August 2020

Bundesverband der Energie- und Wasserwirtschaft e.V. (Hrsg.): Technische Anschlussbedingungen TAB 2019 für den Anschluss an das Niederspannungsnetz. Stand Februar 2019

Bundesverband Deutscher Fertigbau; Deutscher Holzfertigbau-Verband; Zentralverband des Deutschen Baugewerbes; Zentralverband der Deutschen Elektro- und Informationstechnischen Handwerke (Hrsg.): Praxishilfe zur Risiko-und Sicherheitsbewertung für Räume oder Orte aus üblichen Holztafel- bzw. Holzrahmen-, Holzskelett- und Holzmassivbauweisen. Berlin: Stand 2. Dezember 2019

D

Deutsche Gesetzliche Unfallversicherung e.V. (DGUV) (Hrsg.): Belastungskonzept zur Vereinbarung über Dachlatten aus Nadelholz mit CE-Zeichen. Berlin: 08. Juli 2022

DGUV, ZVDH, Holzbau Deutschland im ZDB, GD Holz, DeSH, BDF, & HDH: Vereinbarung über Dachlatten mit CE-Kennzeichnung aus Nadelholz. Berlin: 08. Juli 2022

Deutsches Institut für Bautechnik (Hrsg.): Richtlinie für die Überwachung von Wand-, Decken- und Dachtafeln für Holzhäuser in Tafelbauart nach DIN 1052 Teil 1 bis Teil 3. Fassung Juni 1992

Deutsches Institut für Normung e.V. (Hrsg.): DIN-Fachbericht 4108-8: Wärmeschutz und Energie-Einsparung in Gebäuden – Teil 8: Vermeidung von Schimmelwachstum in Wohngebäuden. Beuth Verlag Berlin: September 2010

Deutsches Institut für Normung e.V. (Hrsg.): DIN EN 13964:2014-08 Unterdecken – Anforderungen und Prüfverfahren. Berlin: 2014

E

Eicke-Hennig, Werner: Kleine Geschichte der Dämmstoffe „Erster Teil", in: Zeitschrift für Wärmeschutz, Kälteschutz, Schallschutz, Brandschutz wksb 66/2011

F

Fachverband Luftdichtheit im Bauwesen e.V. (Hrsg.): Präparation des Gebäudes für die Luftdichtheitsmessung – Checkliste für das Verfahren B der DIN EN 13829

Fachkommission Bautechnik der Bauministerkonferenz: Muster einer Verordnung über das Übereinstimmungszeichen (M-ÜZVO). Berlin: Juni 2018

G

Gütegemeinschaft Holzbau Ausbau Dachbau e.V.: Erläuterung zum Bauprodukt nach MVV TB, Teil C, Lfd. NR. C 2.3.1.4 „Beidseitig bekleidete oder beplankte nicht geklebte Wand-, Decken- und Dachelemente, z. B. Tafelelemente für Holzhäuser in Tafelbauart". 2024

H

Hauser, Gerd: Gutachten „Das sommerliche Wärmeverhalten eines Gebäudes bei Verwendung von Holzfaserdämmstoffen im Vergleich zu mineralischen Dämmstoffen. Kassel: 04.12.2014

HOLZABSATZFONDS – Absatzförderungsfonds der deutschen Forst- und Holzwirtschaft (Hrsg.): INFORMATIONSDIENST HOLZ: Wärmebrücken, in: Holzbau Handbuch Reihe 3, Teil 2, Folge 7, 5/2008

Holzbau Deutschland – Institut e.V. (Hrsg.):

- Merkblatt: Lüften nach Konzept. Berlin: Ausgabe Dezember 2011

- Befestigung von Unterdeckplatten auf Satteldächern. Berlin: 2022
- INFORMATIONSDIENST HOLZ: Fachregeln des Zimmererhandwerks 02 – Balkone und Terrassen. Berlin: Ausgabe Dezember 2015
- INFORMATIONSDIENST HOLZ: Konstruktionsvollholz KVH und Balkenschichtholz (Duobalken, Triobalken), in: Holzbau Handbuch Reihe 4, Teil 2, Folge 1
- INFORMATIONSDIENST HOLZ: Kruse, D., & Dehne, M.: Holzbau Handbuch Reihe 3, Teil 5, Folge 1: Brandschutzkonzepte für mehrgeschossige Gebäude und Aufstockungen. Berlin: 2019
- Information: Checkliste der wichtigsten Statischen Angaben: Wohnhaus in Holztafel-/Holzrahmenbauweise – für Planer. Berlin: Ausgabe November 2016
- Merkblatt: Holzsortimente und Vorzugsquerschnitte. Berlin: Ausgabe Juli 2016
- Merkblatt: Checkliste der wichtigsten Statischen Angaben: Wohnhaus in Holztafel-/Holzrahmenbauweise – für Ausführende. Berlin: Ausgabe November 2016
- Merkblatt: Dachlatten mit CE-Zeichen. Berlin: Ausgabe Januar 2018
- Information: Qualitätsklassen für zulässige Verformungen im Holzbau. Berlin: Ausgabe Februar 2018
- INFORMATIONSDIENST HOLZ: Fachregeln des Zimmererhandwerks 01–Außenwandbekleidungen aus Holz. Berlin: Ausgabe Januar 2020
- INFORMATIONSDIENST HOLZ: Holzschutz Bauliche Maßnahmen, in: Holzbau Handbuch Reihe 5, Teil 2, Folge 2, 11.2015
- INFORMATIONSDIENST HOLZ: Holzfaserdämmstoffe – Eigenschaften, Anforderungen, Anwendungen, in: Holzbau Handbuch, Reihe 4, Teil 5, Folge 2
- INFORMATIONSDIENST HOLZ: Holzfaser-Wärmedämmverbundsysteme – Eigenschaften, Anforderungen, Anwendungen, in: Holzbau Handbuch Reihe 4, Teil 5, Folge 3
- INFORMATIONSDIENST HOLZ: Kann Natur denn schädlich sein? Berlin: Ausgabe August 2019
- Zahlen und Fakten zu Baukonjunktur und den Mehrfamilienhausbau mit Ausblick auf den Holzbau. Berlin: 27.02.2020
- Merkblatt: Korrosionsschutz von Verbindungsmitteln im Holzbau. Ausgabe Juni 2020
- Merkblatt: Begriffe und Klassifizierungen für den Holzbau. Ausgabe Juli 2020
- Merkblatt: Windsogverankerung der Sparren von Satteldächern, Ausgabe September 2019 und April 2020

Horn, Gerrit: Passivhäuser in Holzbauweise. Köln: Bruderverlag Albert Bruder, 2011

Horn, Gerrit: Ressource Holz bei Passivhäusern. (P. I. Darmstadt, Hrsg.) Tagungsband Passivhaustagung: 2021

I

Institut für Holzbau – Hochschule Biberach – Schwaner, Kurt; Bosch, Gerhard (Hrsg.): Zukunft Holz – Statusbericht zum aktuellen Stand der Verwendung von Holz und Holzprodukten im Bauwesen und Evaluierung zukünftiger Entwicklungspotentiale. Auszug bestehend aus: Inhaltsverzeichnis, Anlage A – Stichwortverzeichnis, Anlage E – Themenliste, Zusammenfassung, Einführung, Einflußfaktoren

Institut für Holztechnologie Dresden gGmbH (Hrsg.): Umwelt-Produktdeklarationen für Bauprodukte nach EN 15804. Dresden: 2012

Krause-Czeranka, T.: Richtiger Umgang mit Verwendbarkeitsnachweisen und Abweichungen. (RM Rudolf Müller Medien GmbH & Co. KG, (Hrsg.), Köln: 2012

S

Studiengemeinschaft Holzleimbau e.V. (Hrsg.):

- Brandwandersatzwand in Brettsperrholzbauweise: Allgemeines bauaufsichtliches Prüfungszeugnis Nr. P-SACO2/III-635, Wuppertal: Dezember 2018
- Brettsperrholz-Merkblatt, Wuppertal: 2. überarb. Aufl., August 2016
- Merkblatt zu ansetzbaren Rechenwerten für die Bemessung nach DIN EN 1995-1-1 für Vollholz, keilgezinktes Vollholz, Balkenschichtholz (Duobalken/Triobalken), Brettschichtholz aus Nadelholz oder Pappel, Brettsperrholz, Furnierschichtholz, Wuppertal: 12. Aufl. Mai 2018
- BS-Holz-Merkblatt, Wuppertal: 12. überarb. Aufl., April 2019

T

Johann Heinrich von Thünen-Institut (Hrsg.): Thünen Report 78 – Entwicklung der Rahmenbedingungen für das Bauen mit Holz in Deutschland: Eine Innovationssystemanalyse im Kontext der Evaluation der Charta für Holz 2.0. Braunschweig: Juni 2020

Teibinger, M., & Horn, Gerrit: Unser Holzhaus – planen und bauen. Stiftung Warentest (Hrsg.), Berlin: 2024

V

Verband Dämmstoffe aus nachwachsenden Rohstoffen e.V. (Hrsg.):

- Merkblatt: Checkliste Holzfaser WDVS – Übergabe putzfähiger Untergrund, 2. Auflage
- Merkblatt: Anwendung von Unterdeckplatten aus Holzfasern
- Merkblatt: Deklaration der Wärmeleitfähigkeit von Holzfaserdämmstoffen, 3. Auflage

Verband für Dämmsysteme, Putz und Mörtel e.V. und Verband Dämmstoffe aus nachwachsenden Rohstoffen e.V. (Hrsg.): Qualitätsrichtlinien für Dämmstoffe zur Verwendung in Wärmedämmverbundsystemen (WDVS) aus Holzfasern (WF). 1. Auflage, Stand: Januar 2020

Verband für Dämmsysteme, Putz und Mörtel e. V. (Hrsg.): VDPM Merkblatt - WDVS an Untersichten: Hinweise für die Planung. Berlin: 2024

Z

Zentralverband des Deutschen Baugewerbes e.V. (Hrsg.): ZDB-Information: Dämmstoffe nach DIN 4108-4:2017-03 – Bemessungswerte, Kennzeichen, Bestellung und Qualitätszeichen. Berlin: März 2017

Zentralverband des Deutschen Dachdeckerhandwerks – Fachverband Dach-, Wand- und Abdichtungstechnik e. V. (Hrsg.): Deutsches Dachdeckerhandwerk – Regelwerk, Köln: 2024

Zentralverband des Deutschen Baugewerbes e.V., Bundesverband Deutscher Fertigbau e.V., Deutscher Holzfertigbau Verband e.V. und Zentralverband der Deutschen Elektro- und Informationstechnischen Handwerke (Hrsg.): Praxishilfe zur Risiko- und Sicherheitsbewertung für Räumlichkeiten mit Schlafgelegenheiten in Wohngebäuden. Berlin: 1. Oktober 2020

Zitierte Normen

DIN 1052-11: Holzbauwerke – Herstellung und Ausführung von Holzbauwerken – Teil 11: Vorgefertigte Wand-, Decken- und Dachelemente – Anforderungen an die Herstellung, Dezember 2022

DIN 1946-6: Raumlufttechnik – Teil 6: Lüftung von Wohnungen –Allgemeine Anforderungen, Anforderungen an die Auslegung, Ausführung, Inbetriebnahme und Übergabe sowie Instandhaltung, Dezember 2019

DIN 1986-100: Entwässerungsanlagen für Gebäude und Grundstücke – Teil 100: Bestimmungen in Verbindung mit DIN EN 752 und DIN EN 12056, Dezember 2016

DIN 4074-1: Sortierung von Holz nach der Tragfähigkeit – Teil 1: Nadelschnittholz, Juni 2012

DIN 4102-2: Brandverhalten von Baustoffen und Bauteilen; Bauteile, Begriffe, Anforderungen und Prüfungen, September 1977

DIN 4102-4: Brandverhalten von Baustoffen und Bauteilen – Teil 4: Zusammenstellung und Anwendung klassifizierter Baustoffe, Bauteile und Sonderbauteile, Mai 2016

DIN 4103-1: Nichttragende innere Trennwände – Teil 1: Anforderungen und Nachweise, Juni 2015

DIN 4108-2: Wärmeschutz und Energie-Einsparung in Gebäuden – Teil 2: Mindestanforderungen an den Wärmeschutz, Februar 2013

DIN 4108-3: Wärmeschutz und Energie-Einsparung in Gebäuden – Teil 3: Klimabedingter Feuchteschutz – Anforderungen, Berechnungsverfahren und Hinweise für die Planung und Ausführung, März 2024

DIN 4108-4: Wärmeschutz und Energie-Einsparung in Gebäuden – Teil 4: Wärme- und feuchteschutztechnische Bemessungswerte, November 2020

DIN 4108-7: Wärmeschutz und Energie-Einsparung in Gebäuden – Teil 7: Luftdichtheit von Gebäuden – Anforderungen, Planungs- und Ausführungsempfehlungen sowie -beispiele, Januar 2011

DIN 4108-10: Wärmeschutz und Energie-Einsparung in Gebäuden – Teil 10: Anwendungsbezogene Anforderungen an Wärmedämmstoffe – Werkmäßig hergestellte Wärmedämmstoffe, November 2020

DIN 4109-1: Schallschutz im Hochbau - Teil 1: Mindestanforderungen, Januar 2018

DIN 4109-5: Schallschutz im Hochbau - Teil 5: Erhöhte Anforderungen, August 2020

DIN 4109-32: Schallschutz im Hochbau – Teil 32: Daten für die rechnerischen Nachweise des Schallschutzes (Bauteilkatalog) – Massivbau, Juli 2016

DIN 4109-33: Schallschutz im Hochbau – Teil 33: Daten für die rechnerischen Nachweise des Schallschutzes (Bauteilkatalog) – Holz-, Leicht- und Trockenbau, Juli 2016

DIN 4109-34: Schallschutz im Hochbau – Teil 34: Daten für die rechnerischen Nachweise des Schallschutzes (Bauteilkatalog) – Vorsatzkonstruktionen vor massiven Bauteilen, Juli 2016

DIN 4109 Beiblatt 1/A2: Schallschutz im Hochbau – Beiblatt 1: Ausführungsbeispiele und Rechenverfahren; Änderung A2, Februar 2010

DIN 18015-1: Elektrische Anlagen in Wohngebäuden – Teil 1: Planungsgrundlagen, Mai 2020

DIN 18015-3: Elektrische Anlagen in Wohngebäuden – Teil 3: Leitungsführung und Anordnung der Betriebsmittel, September 2016

DIN 18040-2: Barrierefreies Bauen – Planungsgrundlagen – Teil 2: Wohnungen, September 2011

DIN 18101: Türen – Türen für den Wohnungsbau – Türblattgrößen, Bandsitz und Schlosssitz – Gegenseitige Abhängigkeit der Maße, August 2014

DIN 18180: Gipsplatten – Arten und Anforderungen, September 2014

DIN 18181: Gipsplatten im Hochbau – Verarbeitung, April 2019

DIN 18202: Toleranzen im Hochbau – Bauwerke, Juli 2019

DIN 18203-3 Toleranzen im Hochbau – Teil 3: Bauteile aus Holz und Holzwerkstoffen, August 2008

DIN 18534-1: Abdichtung von Innenräumen – Teil 1: Anforderungen, Planungs- und Ausführungsgrundsätze, Juli 2017

DIN 20000-1: Anwendung von Bauprodukten in Bauwerken – Teil 1: Holzwerkstoffe, Juni 2017

DIN 20000-5: Anwendung von Bauprodukten in Bauwerken – Teil 5: Nach Festigkeit sortiertes Bauholz für tragende Zwecke mit rechteckigem Querschnitt, Januar 2024

DIN 68800-1: Holzschutz – Teil 1: Allgemeines, Juni 2019

DIN 68800-2: Holzschutz – Teil 2: Vorbeugende bauliche Maßnahmen im Hochbau, Februar 2022

DIN EN 300: Platten aus langen, flachen, ausgerichteten Spänen (OSB) – Definitionen, Klassifizierung und Anforderungen, September 2006

DIN EN 312: Spanplatten – Anforderungen, Dezember 2010

DIN EN 315: Sperrholz – Maßtoleranzen, Oktober 2000

DIN EN 316: Holzfaserplatten – Definition, Klassifizierung und Kurzzeichen, Juli 2009

DIN EN 338: Bauholz für tragende Zwecke – Festigkeitsklassen, Juli 2016

DIN EN 520: Gipsplatten – Begriffe, Anforderungen und Prüfverfahren, Dezember 2009

DIN EN 622-3: Faserplatten – Anforderungen – Teil 3: Anforderungen an mittelharte Platten, Juli 2004

DIN EN 634-1: Zementgebundene Spanplatten – Anforderungen – Teil 1: Allgemeine Anforderungen, April 1995

DIN EN 634-2: Zementgebundene Spanplatten – Anforderungen – Teil 2: Anforderungen an Portlandzement (PZ) gebundene Spanplatten zur Verwendung im Trocken-, Feucht- und Außenbereich, Mai 2007

DIN EN 636: Sperrholz – Anforderungen, Mai 2015

DIN EN 1991-1-1: Eurocode 1: Einwirkungen auf Tragwerke – Teil 1-1: Allgemeine Einwirkungen auf Tragwerke – Wichten, Eigengewicht und Nutzlasten im Hochbau, Dezember 2010

DIN EN 1991-1-1/NA: Nationaler Anhang – National festgelegte Parameter – Eurocode 1: Einwirkungen auf Tragwerke – Teil 1-1: Allgemeine Einwirkungen auf Tragwerke – Wichten, Eigengewicht und Nutzlasten im Hochbau, Dezember 2010

DIN EN 1995-1-1: Eurocode 5: Bemessung und Konstruktion von Holzbauten – Teil 1-1: Allgemeines – Allgemeine Regeln und Regeln für den Hochbau, Dezember 2010

DIN EN 1995-1-1/NA: Nationaler Anhang – National festgelegte Parameter – Eurocode 5: Bemessung und Konstruktion von Holzbauten – Teil 1-1: Allgemeines – Allgemeine Regeln und Regeln für den Hochbau, August 2013

DIN EN 12056-1: Schwerkraftentwässerungsanlagen innerhalb von Gebäuden – Teil 1: Allgemeine und Ausführungsanforderungen, Januar 2001

DIN EN 12369-1: Holzwerkstoffe – Charakteristische Werte für die Berechnung und Bemessung von Holzbauwerken – Teil 1: OSB, Spanplatten und Faserplatten, April 2001

DIN EN 12467: Faserzement-Tafeln – Produktspezifikation und Prüfverfahren, Juli 2018

DIN EN 13168: Wärmedämmstoffe für Gebäude – Werkmäßig hergestellte Produkte aus Holzwolle (WW) – Spezifikation, April 2015

DIN EN 13353: Massivholzplatten (SWP) – Anforderungen, September 2022

DIN EN 13859-1: Abdichtungsbahnen – Definitionen und Eigenschaften von Unterdeck- und Unterspannbahnen – Teil 1: Unterdeck- und Unterspannbahnen für Dachdeckungen, Juli 2014

DIN EN 13984: Abdichtungsbahnen – Kunststoff- und Elastomer-Dampfsperrbahnen – Definitionen und Eigenschaften, Mai 2013

DIN EN 13986: Holzwerkstoffe zur Verwendung im Bauwesen – Eigenschaften, Bewertung der Konformität und Kennzeichnung, Juni 2015

DIN EN 15643: Nachhaltigkeit von Bauwerken - Allgemeine Rahmenbedingungen zur Bewertung von Gebäuden und Ingenieurbauwerken, Dezember 2021

DIN EN 16351: Holzbauwerke – Brettsperrholz – Anforderungen, Juni 2021

DIN EN 16516: Bauprodukte: Bewertung der Freisetzung von gefährlichen Stoffen – Bestimmung von Emissionen in die Innenraumluft, Oktober 2020

DIN EN ISO 10456: Baustoffe und Bauprodukte – Wärme- und feuchtetechnische Eigenschaften – Tabellierte Bemessungswerte und Verfahren zur Bestimmung der wärmeschutztechnischen Nenn- und Bemessungswerte, Mai 2010

DIN EN ISO 14040: Umweltmanagement – Ökobilanz – Grundsätze und Rahmenbedingungen (ISO 14040:2006 + Amd 14:2020), Februar 2021

DIN EN ISO 14044: Umweltmanagement – Ökobilanz – Anforderungen und Anleitungen (ISO 14044:2006 + Amd 1:2017 + Amd 2:2020), Februar 2021

DIN EN ISO 16000-1: Innenraumluftverunreinigungen – Teil 1: Allgemeine Aspekte der Probenahmestrategie (ISO 16000-1:2004), Juni 2006

8 Stichwortverzeichnis

A

Abdichtung 126 ff., 200, 275,
Abgasleitung 155
Abluftanlage 148
Abminderungsfaktor 72 f. abP
– allgemein
bauaufsichtliches Prüfzeugnis
24
Abschlusswand
-, Details 388 ff.
Absturzsicherung 54
Abwasser 143
Abwasserentsorgung 143
Abwasserleitung
-, Dichtheit 143 abZ,
allgemeine
bauaufsichtliche Zulassung 24
Anschluss 350
Arbeitssicherheit 54
atmende Wände 20 Attika
-, Detail 456
Aufenthaltsraum 53
Aufsparrendämmung 88
Ausbauplatte 179
Außenwand 36, 229,
348, 363
-, Details 231, 340 ff., 356 ff.,
364 ff., 372 ff., 388 ff.,
392 ff., 402 ff., 424 ff.
Außenwandbauteile 88
Außenwandbekleidung 89,
232 f.
-, vorgehängt 232
Aussparung 481 f.
Aussparungsplan 213
Aussteifungselement 92

B

Badezimmer 139
Balkenschichtholz 157 f.
Balkon 87, 472
Balkonaustritt 472
Balkonbalken 87
Balloon-Framing 40
Barrierefreies Bauen 48, 131
Bauart 24 ff., 73 ff.,
-, genehmigung 24
-, mittel 73
-, schwer 73 Bauelement
-, vorgefertigt 52
-, Lagerung 53
Baufeuchte 83
Baufurniersperrholz 176
Bauschnittholz 159
Baustelleneinrichtung 53
Baustoffe
-, brennbar 57
Baustoffklasse 57
Bauteil 57 ff., 207, 212
-, bauaufsichtliche
Anforderung 56
-, Feuerwiderstandsdauer 57
-, Anforderung 60
Bauteilbezeichnung 35
Bauteildarstellung 208
Bauteildicke 53
Bauteilkatalog 35
-, dataholz.eu 35
Bauteilmasse 212
Bauteilschicht 46
Bedachung 57
-, harte 58
-, weiche 58
Befestigungsmittel 206, 213
Beplankung 93 ff., 172
-, Mindestdicke 94
-, Verbindung 94
-, Befestigung 95
-, Stoß 95, 97 f.
Betondecke 216
Bilanzierungsverfahren nach
GEG 68
BIM – Building-Information-
Modelling 34
Biomasseheizung 153
Blechformteil 199
Blechprofil 186
Blitzschutz 126
Blower-Door 78
Bodenplatte 213ff., 482
-, Details 218, 350
Bohle 171
Brandschutz 28, 56, 60, 118,
124, 150
-, Anforderung 56
Brandschutzkonstruktion 57
Brettschichtholz 160, 165
Brettsperrholz 162, 167
Brüstungshöhe 459

C

CAD-Zeichenprogramm 34
Calciumsilikatplatte 197
Carports 89
CE-Kennzeichnung 157

D

Dach 303, 309
Dachdurchführung 155, 508
Dachentwässerung 144
Dachflächenfenster
-, Detail 454
Dachkonstruktion 108
Dachüberstand 457
Dämmstoff 187, 195 f., 196,
Dampfsperrbahn 200
Dampfsperre 20, 203
dataholz.eu 35
Deckenanschluss
-, Details 404 ff.
Deckenbalken 108, 142, 487 f.
-, Stützweite 110
-, Ausklinkung 487
Deckenelement 91, 275, 404 ff.
Deckenhohlraum 142
Deckenplatte 214
Deckenscheiben 93 f.
Deckenverkleidung 273, 280
-, Feuerwiderstandsklasse 280
Dichtheitsprüfung 142
Dichtungsband 205
Differenzdruckverfahren 78
Diffusion 84
diffusionsoffen 84
Dreischichtplatte 167, 175
Dübel 199,
Durchbiegung 101, 104
Durchbruch 489, 491
Durchdringung 82

E

Ebenheitsabweichung 214
Eigenüberwachung 30
Einfeldträger 104, 108
Elektroanlagen 134
Elektroinstallation 127 ff.,
481, 495
Elektroinstallationsdose 129
Elektroversorgung 492
Elementabmessung 53
Elementstoß 380
-, Details 380 ff., 416 ff., 445 ff.
Energieausweis 68
Energiebedarf 68 f.
Energiebilanz 74
Energieeffizienz 74
Energieverbrauch 67
Entwässerungsanlage 143
Entwässerungsleitung 144
Entwässerungsrohre 145
Entwurfsgrundlagen 46
Estrich 275
Eurocode 5 90, 93 ff.

F

Faserzementplatte 185 f.
Fassadenbahn 204
Fassadenbekleidung 184
Fassadenbeplankung 184
Fassadentafel 238
Fassadenziegel 187
Fehlerlichtbogen 135
- , Schutzeinrichtung (AFDDs)
135
Fehlerstromschutz 134 f.
Fenster
-, Details 454 ff.
Fensteranschluss 83, 464
-, Details 464 ff.
Fenstereinbau 84
Fensterflächenanteil 72
Fensterhöhe 459
Fenstertür 78, 275
- Details 472 f.
Fernwärme 125
Fertighausindustrie 20
Festigkeit
-, Kennwert 106
Feuchtenachweis 85
Feuchteschutz 20, 84, 147, 212
Feuchträume 127
Feuerwiderstandsklasse 57,
212
Filter 151
First
-, Detail 436
Flachdach 88, 328, 455
-, Details 329
Flachdachgaube 313
Flachdachrand 457
-, Details 457
Flüssigkleber 204
Folie 200, 202
Folienanschluss 81
Formaldehyd 44
Fotovoltaik 137
Fotovoltaikanlage 137, 153
Fremdüberwachung 30
Furnierschichtholz 169 f.
-, Querschnitte 169
Fußbodenaufbau 275 ff.
Fußbodenheizung 154

G

Gasbrennwerttherme 153
Gaube 313
Gebäudeaussteifung 90
Gebäudebeheizung 152

Gebäudeenergiegesetz (GEG) 68, 71
Gebäudeklasse 21 f.
Gebäudesimulation
-, thermisch 72
Gebäudetrennwand 388
-, Details 388 ff.
Gebrauchsklasse 85 ff.
Gebrauchslast 104
Gebrauchstauglichkeit 105, 107
Geländermaß 346
Geneigtes Dach 318 ff.
-, Details 318
Gerüst 54
Gesamtenergiedurchlassgrad 72
Geschossdecke 108, 275, 279 ff., 299 ff.,
-, Details 281, 300
Geschossstoß 100
Geschosswohnungsbau 24 f.
Gesund bauen 42
Gipsfaserplatte 181, 239
Gipskartonplatte 179 f.
-, Montage 180
Gipswerkstoff 126
Glaser-Verfahren 85
Gussasphaltestrich 277
Güteüberwachung 30
Gütezeichen 30

H

Hartfaserplatte 177
Hausanschluss 125
Hauseinführung 492 f.
Haustechnik 118, 123 f., 481 ff.
Haustechnikinstallation 118
Haustür 474
Haustüranschluss
-, Detail 475
Heizkörper 154
Heizung 119, 151
Heizungsinstallation 506
Hinterlüftete Fassade 369, 377
Hinterlüftung 230
Hinweis zur Europäisch-Technischen Bewertung (ETA) 25
Höhenmaße 46
Holzbalkendecke 280
Holzbau
-, Raster 46
Holzbauplanung 34, 213
Holzbaustatik 116
Holzdiele 277
Holzfaserplatte 175
Holzfassade 232
Holzfassadenelement 80
Holzfeuchte 82 f., 104, 159
Holzgebäude
-, hocheffizient 74
Holzmassivbauwand 40
Holzofen 154
Holzrahmenbau 15
-, Baustoffe und Bauprodukte 157
-, Dachsystem 309
-, diffusionsoffen 20
-, Gaubenkonstruktion 312
-, Grundlage 17
Holzschutz 85, 158
Holzschutzmaßnahme 86
Holzsortiment 159
Holzstegträger 168
Holztafel 91, 93 f.
Holztafelbau 26 f., 90
Holztafelbauart 39, 84
-, Wand 84
Holzunterzug 272
Holzweichfaserdämmung 192
Holzwerkstoff 126, 158
Holzwerkstoffplatte 80, 93, 172, 229
Holzwolleleichtbauplatte 178
Horizontalkräfte 91

I

Infiltration 77
Innenausbauplatte 179
Innenwand 264 ff., 392 ff.
-, Details 264 ff., 392 ff.
-, tragende 412
-, nichttragend 414 f.
Innenecken
-, Details 372
Innentüranschluss 478
Innenwandanschluss
-, Details 398 ff
Innenwanddecke
-, Details 395 ff.
Innenwandstoß
-, Details 398 ff
Installation 118, 123
Installationsebene 81, 124, 229
Installationswand 498 ff.

J

Jahres-Heizwärmebedarf 76
Jahres-Primärenergiebedarf QP 69

K

Kabelbund 82
Kamin 155, 508
Kamindurchführung 155
Kanaltyp 149
Kantholz 171
Kehlbalkenlage
-, Detail 430, 433, 435
Kellerdecke 213, 224, 225 ff.
-, Details 225 ff.
Kellerwand 360, 494
-, Details 360 ff.
KFW-Effizienzhaus 75 f., 152, 348
-, Förderung 75
-, Referenzwert 69, 75
Klebeband 180
Klebstoff 162, 200
Konstruktionsholz 158
Konstruktionskatalog 18
Konstruktionsvollholz 82, 159, 164
Körperschallübertragung 123, 145
Kranstandort 55
Kunststoffdübel 199

L

Ladereihenfolge 53
Landesbauordnung 21, 67
Längenänderung 216
Lasteinwirkungsdauer 105 ff.
Leckageortung 79
Legende 208
Lehmbauplatte 183
Leistungserklärung 158
Leitungsdurchführung 118
Leitungsführung 124, 133
Luft- und Trittschalldämmung 61 f.
Luftdichte Installation 129
Luftdichtheit 20, 200
Luftdichtigkeit 76 ff.
Luftdichtigkeitsmessung 79
Lüften 44
Luftschichtdicke 85
Lüftung 146
Lüftungsanlage 123 f., 147 ff.
Lüftungsinstallation 510
Lüftungskonzept 147
Lüftungsöffnung 88 f.
Lüftungsplanung 151
Lüftungsrohr 146, 150
Lüftungstechnik 119
Luftvolumen 78

M

Massivholz 164
Massivholzbau 40, 84
Massivholzdecke 298
Massivholztafeln 167
Maßtoleranz 213, 216
MDF-Platte 174
Membran 203
Mindesteinbindetiefe 95
Mineralfaserdämmung 193
Mittelpfette
-, Details 430, 432
Musterbauordnung (MBO) 21, 56
MVVTB, Musterverwaltungsvorschrift Technische Baubestimmung 25

N

Nadelholz 159
Nageldichtband 206
Nagelplattenbinder 310, 314
Nagelplattenbinderdach 314
Nassbau 348
Nassestrich 84, 275 f.,
Nassraum 127
Naturdämmstoff 195 f.
Netzwerkinstallation 138
Niedrigenergiehaus 74
Nomenklatur 35, 208
Notentwässerung 144
Nutzungsklasse 106 f.

O

Oberflächenqualität 161
Ofen 153 ff.
ÖKOBAUDAT 46
Ökobilanz 45
Ökologisch bauen 45
Ortgang
-, Detail 441 ff.
OSB-Platte 94, 173

P

Passivhaus 74, 76
Pendelstütze 112
Perimeterdämmung 194
Pfettenabstand 109
Pfettendach 310 f.
Platform-Framing 40
Plattenrand 94
Polystyroldämmung 193, 187
Potenzialausgleich (Erdung) 125
Primärenergiebedarf 75
Produktnormen 105, 162
Profilblech 232
Profilholz 184
Pultdach 451
Pultfirst 445
Putzfassade
-, Details 350 ff., 364, 372 ff.
Putzträgerplatte 237
PV-Anlage 139

Q

Qualitätsklasse 101 ff.
Querschnittabmessung 107

R

Rähm 483
RAL-Gütezeichen 31
Rampe 49
Randabstand 95
Randrippe 93, 97
Rauchwarnmelder 135
Raumluftmessung 44
Rauspund 184
Regenwasseranlage 144
Reinigungsöffnung 146
Rillennagel 198
Rippen 93, 95
Rohbauöffnungsbreite 460
Rohrleitung 1123, 141 ff., 145, 481, 512 ff.
-, Führung 142, 145, 149
Rohrleitungsdämmung 151

S

Sanitär/Frischwasser 119
Sanitärbereich
-, Abdichtung 504
Sanitärinstallation 118, 139, 497
Sanitärraum 52
Satteldachgaube 313
Schalldämmmaß 213
Schalldämmung 60, 63
Schalldruckpegel 61

Schallschutz 61, 123
Schallschutzniveau 64
Schaumglasdämmung 194
Scheibensteifigkeit 98
Schiefer 232
Schleppdachgaube 313
Schrägdach 423
Schraube 198
schwebende Stöße 93
Schwelle 482 ff.
Schwerlastanker 198
Schwindmaß 82
Schwingung 101
SiGeKo 54
Sockel 348 f.
-, Details 350 ff.
Sonneneintragskennwert 72
Spanplatte 172f., 177
Sparren 87 f.
Sparrendach 310 f.
Sparrenkopf 87
Spitzbodendecke 303, 411, 431
-, Details 411 ff., 431, 433 ff.
Stabdübel 199
Stahlholmtreppe 339
Standardbaustoff 18
Statik 90
Stegdurchbruch 490
Steifigkeit 103 ff.
Steildach 87, 102
Streckenlast E_d 104, 111
Stroh 195
Sturz 459
Stütze 108, 272

T

Tauwasser 20
Terrasse 89, 472
Terrassenaustritt 473
Toleranzmaß 213, 216
Tragfähigkeit 101, 106 f.
-, Nachweis 106
Tragwerksplanung 90, 114
Tragwerksraster 35
Transmissionswärmeverlust 68
Transportmaß 52
Transportschutz 52
Traufe 424
Trennfuge 275
Trennwand
-, Details 259
Treppe 51, 332 ff., 340 ff.
-, Berechnungsgröße 377
-, Details 340 ff.
-, gewendelt 334
-, rund 336
Treppenbefestigung 338
Treppenberechnung 343
Treppenlauf 332
Treppenlochgröße 337
Treppenöffnung 337, 343
Treppenwange 342
Tür 49, 98, 474

U

Überhitzung 71
Überstromschutzeinrichtung 134
Umweltproduktdeklaration (EDP) 45
Unterdeckbahn 202
Unterkante 89
Unterkonstruktion 98, 279
Unterlegscheibe 199
Unterspannbahn 202
Unterzug 108 f., 272, 418
-, Details 418 ff.
U-Wert 70, 208,

V

Vakuumdämmpaneel 196
vBG – vorhabenbezogene Bauartgenehmigung 26
Ventil 146, 150
Verankerung 98
Verbindungsmittel 94 ff.
Verformungsgrenzwert 101
Verschalung 184
Verschattungseinrichtung 458, 464
Verwendbarkeitsnachweis 24
Vollholzprodukte 159
Vorbemessung 18
Vorfertigung 29, 35
Verformung 82, 93, 101
Vorwandinstallation 81, 142
Vorzugsquerschnitt 159

W

Walmdachstuhl 312
Wand 96, 229, 350
-, Details 255 ff.
Wandanschluss 398 ff.
Wandaufbau 89
Wandbeplankung 486
Wandelement 48
Wandflächenheizung 154
Wandpfosten 485 f.
Wandscheibe 92, 96 ff.
-, Belastung 98 f.
Wandtafel 96 f.
Wandverankerung 99
Wärmebrückenzuschlag 70
Wärmedämmung 189
Wärmedämmverbundsystem (WDVS) 230
Wärmedurchgangskoeffizient 70, 208, 212
Wärmeleitfähigkeit 187
Wärmepumpe 153
Wärmeschutz 64, 67 ff.
Wärmespeicherkapazität 212
Wasserdampfdiffusion 84
Wassereinwirkungsklasse 126 f.
WDVS-Befestigung 200
WDVS-Dübel 200
Windaussteifung 91
Windkräfte 91
Winkelabweichung 214
Wohnung
-, barrierefrei 49
Wohnungstrennwand 270 ff.
-, Details 270, 402 ff.

Z

Zählernische 129
Zellulosedämmung 192
Zementbauplatte 179
ZiE – Nachweis der Verwendbarkeit von Bauprodukten im Einzelfall 24
Zusatzmaßnahme 88